山西省煤矿典型灾害防治技术与示范

雷　云◎主编

SHANXISHENG MEIKUANG DIANXING ZAIHAI FANGZHI JISHU YU SHIFAN

中国矿业大学出版社
· 徐州 ·

内容提要

本著作主要包括近距离煤层上保护层开采的关键技术，矿井火灾防治技术，松软低透气性煤层大采高综采工作面“U＋3”型瓦斯抽采技术，井上下联合抽采“三区联动、三级治理”技术，低渗透高瓦斯煤层增透技术，大直径钻孔治理上隅角瓦斯技术，高瓦斯厚煤层综放工作面以孔代巷瓦斯治理技术，大同矿区双系煤层开采瓦斯、火灾综合治理技术，强突煤层综合治理技术，露天矿典型灾害防治技术10个方面的内容，每部分内容附有详细工程案例，以深入浅出的方式，真实记述了山西省煤矿灾害治理的发展历程和取得的成果。

本书可为山西省煤矿企业、安全管理部门、安全技术企业单位、高等院校等的工程技术与管理人员提供很好的借鉴和指导，对提高山西省煤矿安全技术管理水平具有积极意义。

图书在版编目(CIP)数据

山西省煤矿典型灾害防治技术与示范 / 雷云主编
.—徐州：中国矿业大学出版社，2023.4
ISBN 978-7-5646-5811-3

Ⅰ.①山… Ⅱ.①雷… Ⅲ.①煤矿－灾害防治－山西
Ⅳ.①TD7

中国国家版本馆CIP数据核字(2023)第079239号

书　　名　山西省煤矿典型灾害防治技术与示范
主　　编　雷　云
责任编辑　王美柱
出版发行　中国矿业大学出版社有限责任公司
（江苏省徐州市解放南路　邮编221008）
营销热线　(0516)83885370　83884103
出版服务　(0516)83995789　83884920
网　　址　http://www.cumtp.com　**E-mail**:cumtpvip@cumtp.com
印　　刷　苏州市古得堡数码印刷有限公司
开　　本　880 mm×1230 mm　1/16　**印张** 29.5　**字数** 955千字
版次印次　2023年4月第1版　2023年4月第1次印刷
定　　价　258.00元

《山西省煤矿典型灾害防治技术与示范》

编写人员名单

顾　　问　游　浩　令狐建设　张丑宏　赵青云　李霄尖　李张军
宋爱山　郝永冰　张宝忠　崔中平　姜扣生　张志雄
殷军练　王怀伟　赵红星　张选明　郭　杉　康　毅

主　　编　雷　云

副 主 编　付　巍　孙　亮　秦兴林　张　哲　左明明　刘　勇　贺昌斌
任仲久　李　杰　邹永洺　汪精浩　贾　男　高　宏　梁文勖
刘　锋　石　光　王长彬

参编人员　马文伟　闫循强　李润芝　汪开旺　张清清　陈永涛　范加锋
钟后选　钱志良　高中宁　薛彦平　单大阔　杨　刚　赵晓亮
赵　洋　彭　贺　高璟盎　王　刚　王金山　王晓峰　邓　强
邓鹏江　邢万里　邢宇浩　刘　东　刘立春　刘思迪　闫斌移
安　冬　孙佳磊　李　飞　吴　谦　余伟伟　邹　庆　宋官林
迟羽淳　张铁严　张　衡　苗春桐　赵岳然　姜进军　袁圣秋
徐明亮　谢正红　高宏烨　高　巍　郭云峰　曹文梁　梁忠秋
葛　震　董　贺　董　强　韩　超　程晓强　裴　越　樊志刚
高　野　韩　兵　程士宜　李　博　秦　政　陈绍川　王金成
詹　远　杜才溢　张　宏　于佳强　张　尧　王彦力　薛恩思
王金华　刘天龙　连现忠　张　帆　张　鹏　范小乐　金广东
韩俊丰　樊宇鹏　刘勇勇　姚　涛　康　旭　于义朋　弓艳忠
郭超超　张建武　靳艳龙　穆小峰　张　铭　姬治岗　蒋大鹏
李素海　乔　治　朱海涛　梅　歌　滑春雷　刘　楠　冯铁铭
贺海龙　赵　玲　王亚军　董子龙　刘山中　张志锋　张丽敏
常志华　孙百强　张　凡

序

山西省煤炭资源丰富，煤炭行业的发展在很大程度上带动了山西省的经济发展，但煤矿的灾害防治问题始终伴随在煤炭资源的开采过程中，随着科技的不断进步，山西省的煤矿灾害防治技术水平得到大幅度的提高。党的二十大报告重点提出，要坚持安全第一、预防为主，建立大安全大应急框架，完善公共安全体系，提高防灾减灾救灾和急难险重突发公共事件处置保障能力。积极稳妥推进碳达峰碳中和，立足我国能源资源禀赋，坚持先立后破，有计划分步骤实施碳达峰行动，深入推进能源革命，加强煤炭清洁高效利用，加快规划建设新型能源体系，这为新时期做好煤矿灾害治理提供了依据、指明了方向。

为系统总结山西省煤矿典型灾害防治技术，推广先进的煤矿灾害防治技术及装备，提高山西省煤矿灾害防治水平，中煤科工集团沈阳研究院有限公司山西分院（以下称"山西分院"）组织一批常年在山西省从事煤矿安全生产管理与技术工作的科研人员，以坚实的理论基础为支撑，全面总结凝练在山西省井工煤矿和露天煤矿成功实施的煤矿灾害防治技术，编写了本书。

本书首先对山西省煤炭产业发展情况进行具体分析，充分剖析煤炭产业发展历程中的各个不同阶段的特征；其次通过对山西省的煤炭资源分布情况以及不同煤田的具体情况进行充分的调查研究，针对不同煤田提出相应的灾害防治技术。全书主要包括近距离煤层上保护层开采的关键技术，矿井火灾防治技术，松软低透气性煤层大采高综采工作面"U＋3"型瓦斯抽采技术，井上下联合抽采"三区联动、三级治理"技术，低渗透高瓦斯煤层增透技术，大直径钻孔治理上隅角瓦斯技术，高瓦斯厚煤层综放工作面以孔代巷瓦斯治理技术，大同矿区双系煤层开采瓦斯、火灾综合治理技术，强突煤层综合治理技术，露天矿典型灾害防治技术10个方面的内容，每部分内容均附有详细工程案例，以深入浅出的方式，真实记述了山西省煤矿灾害治理的发展历程和取得的成果。

本书是山西分院全体科研人员的智慧结晶，可为山西省煤矿企业、安全管理部门、安全技术企业单位、高等院校等的科研、工程技术与管理人员提供很好的借鉴和指导，对提高山西省煤矿安全技术管理水平具有积极意义。

本书涉及的技术成果均以煤矿现场为依托，研究过程中各煤炭企业提供了研究基础与工作条件，也获得了各政府监管部门及协会组织领导的支持与认可，顾问团队在本书编写过程中提供了宝贵建议及专业意见，在此一并表示感谢。

编　者

2023年1月

目　录

第1章 概 述

1.1 山西煤炭发展历史

中国是世界四大文明古国之一，中华文明也是世界上唯一的绵延五千年从未间断而传承至今的文明。山西是华夏民族的发祥地之一，在中华文明史上占有重要地位。中国是世界上发现和利用煤炭最早的国家之一，煤炭作为重要的燃料和工业原料，对推动社会发展、方便人民生活具有重要作用。

山西素有煤乡之称，有着悠久的用煤历史。在长期的生产实践中，勤劳勇敢的山西人民发现、开采、利用了煤炭。他们用自己勤劳的双手，描绘出一幅绚丽的关于煤炭开发的历史画卷。在讲述山西煤炭史之前，先让我们说说山西煤的形成和"煤炭"这个名词的历史演变过程[1]。

煤是植物遗体在自然界经历复杂的变化而形成的。地球形成已有46亿年以上的历史，在漫长的岁月里，地球在不停地转动，地壳在不停地运动，地球上的生物也在不断地发展。约3亿年前是地质学上称为古生代的石炭纪。那时，地球上还没有人类，气候温暖而湿润，出现了茂盛的森林和生长旺盛的水生植物。死去的植物堆积在湖泊沼泽底部，再被其他沉积物所覆盖。到了早石炭世晚期，华北大陆开始沉降，海水高涨起来，淹没了原来茂盛的原始森林。在空气隔绝、细菌参与的生物化学作用下，植物遗体开始腐烂分解，变为泥炭。又经过相当长的时期，海底升起，露出水面，在地壳运动作用下，由于高温和压力的物理化学作用，泥炭中的碳元素含量逐渐增加，腐殖酸的含量不断降低直至完全消失，泥炭变为褐煤。再由于地壳的下降，压力不断增大，深度不断增加，在地质作用下褐煤变为烟煤。烟煤受到更大压力和温度的作用，变质程度继续增加，就形成了无烟煤。山西的含煤地层主要分为上石炭统太原组、下二叠统山西组及中下侏罗系大同组，还有少量的新生界古近系。

煤层的形成必须具备四个条件：一是植物的大量繁殖；二是温暖潮湿的气候；三是适宜的古地理环境，免遭完全氧化的自然地理条件；四是地壳运动的配合。某一地区如果同时具备上述四个条件，并且各个条件都彼此配合得很好，持续时间较长，就能形成很多、很厚的煤层，成为具有开采价值的重要煤田。如果这些条件配合短暂，虽然也能生成煤，但不一定具有开采价值。

以上四个条件长期而完美的配合作用，使得山西拥有了得天独厚的煤炭资源，最终才得以形成今天大同、宁武、西山、河东、沁水、霍西六大煤田和浑源、繁峙、五台、垣曲、平陆五大产煤地。

1.1.1 山西古代和近代煤炭发展史

我国史籍浩如烟海，但对煤炭的记载却寥若晨星，而其中有关山西煤炭的史料更是少之又少。煤炭在春秋战国时被称为"石涅"或"涅石"，秦朝时称"㶿"，西汉时又称为"石墨"。以上都是把煤作为黑石或黑土、黑墨或烟灰。到了南北朝时期才有"石炭"之称，把煤的本质——"炭"表达了出来。古代把石墨与炭确定为同一种类，可书写，可供燃烧。《辞源》上讲煤可引申作墨之称。明朝陆深所著的《河汾燕闲录》中讲道："石炭即煤也。东北人谓之楂，南人谓之煤，山西人谓之石炭"[2]。

煤炭是古人在利用火的过程中发现的。人类从自然界的大火中获得了熟食，从而受到启发，开始有目的地利用火。用火改变了人类"茹毛饮血"的原始状态，进而发展为用火御寒、驱逐猛兽、照明、改善居住条件等。

煤炭自燃自古有之。在山西省河曲县，由于煤炭的自燃，出现了"火山"现象。据《大清一统志》记载："火山在河曲县南六十五里，……黄河东岸山上有孔，以草投孔中，焰烟上发，可熟食"。《舆地广记》

卷十九记载："治平七年(1064年)置火山县，熙宁四年县废，有火山、黄河"。这里所讲的河曲县曾是火山县和现在还有的火山村，皆因煤炭自燃而得名。

还有，如大同侏罗系煤层最早在第四纪早更新世(Q_1)，即距今约200万年前就开始自燃，仅在雁崖3号和11号煤层古火区就已烧掉了大约2 000万吨煤。而且大同煤田的一些地方，煤层自燃至今仍在继续。地下煤层自燃灭火问题目前仍是世界性的难题。

关于山西煤炭早期的文字记载见于春秋战国时成书的《山海经》。《山海经·北山经》中记有："孟门之山，其上多苍玉，多金，其下多黄玉，多涅石"；"贲闻之山，其上多苍玉，其下多黄垩，多涅石"。"孟门之山"在今山西省的吉县西南，河东煤田南部乡宁矿区内；"贲闻之山"在今山西省静乐县以东，系指太行山一带沁水煤田的东北部。"涅石"，即明矾煤(涅是可做黑色染料的矾石，涅石即明矾煤)，指的就是今天的煤炭。

在阳泉平定一带，广泛流传着女娲氏炼五色石补天的神话，相传女娲氏在平定东浮山上设灶炼石，用煤做燃料。明代学者陆深，根据民间传说和当地群众自古以来用煤烧塔火的习俗，认定女娲氏用煤来炼石补天，为此写了一篇《浮山遗灶记》。明末清初学者顾炎武在《天下郡国利病书》中认为"此即后世烧煤之始"。所谓女娲氏补天，虽是传说，但平定地处盛产煤炭的阳泉矿区，露头煤很多，人们很早发现并利用煤来烧火应当是可信的。在大同矿区至今还有"木头不着石头着"的谚语，并流传着是天火把石头引着，人们才知道这里的黑石能燃烧，可以取暖做饭的故事。

在太原西山矿区，流传着另一个传说：古时有个放羊娃，一天在山坡上放羊时，发现有几处石头着了火，就把这种可以燃烧的石头拿回家，用于烧饭取暖。当然这些仅是传说，由于远古时期，薪木充足易得，而煤的开采相对比较困难，用煤做燃料还是偶然和个别的现象。

但之所以有这些传说并记载于典籍，从一个侧面印证了山西在古代已发现煤，利用煤做燃料，煤对人们的生活已经产生了一定的影响。

山西是我国发现和利用煤炭最早的地区之一，素有"煤炭之乡"的称号。先秦地理名著《山海经·北山经》就记载山西有煤；北魏《水经注》中就真实地记录了大同附近煤层自燃情景；隋唐时期，人们对煤炭的认识逐步深化，煤业得到封建统治者的重视，开采规模和应用范围日益扩大。唐开成五年(840年)，日本僧人入山西转赴西安途中，曾目睹了太原西山煤炭开发和利用之盛况。1958年秋，长治城内发现一唐代舍利棺，舍利放在石函内的金属盒中，石函周围填满了煤。

山西自古以来就有对煤炭开采和利用的记录[3]。山西民众对煤炭的利用最早可以追溯到新石器时代。自汉代以后，煤炭的开采量、开采技术、运销方式以及使用范围日益广泛，从满足日常生活的基本能源需求到成为冶铁铸造重型工业的主要燃料，煤炭在中国古代社会始终是进行社会生产的主要能源。

宋元时期，山西煤业进一步发展，成为全国重点产煤地。宋代朝廷为了鼓励发展采煤业，采取了一些减免税收措施。从封建朝廷对煤炭的征税、免税政策看，煤炭生产已有较大规模，煤炭已广泛进入商品市场。1978年，山西省考古研究所在稷山县马村发掘了一批金代砖墓，墓中就发现了煤和焦炭，各约250 kg。一座墓中发掘出这样多的煤与焦炭，这在全国尚属首例。可见当时山西人民已广泛利用焦炭，而且炼焦技术已趋成熟，标志着山西煤炭加工利用已经起步。北宋朝廷还设立了石炭税收和监督机构，到元代，官府进一步加强了对煤炭的课税管理。

明清时期，山西煤炭开采、运销、加工利用等都有新的发展，煤炭开采技术和管理水平都得到较大提高。《明一统志》载：山西许多地区都产煤。大同煤炭自明代正统年间(1436—1449年)即供居民、军队烧用。到清代，山西煤炭产品除供本省外，还远销河南、河北、陕西、内蒙古、北京等地。同治年间，中国出现了洋务运动。山西一些官僚、地主、商人、绅士在外国资本的影响下，在煤炭市场日益扩大和高额利润的刺激下，纷纷投资办矿，促进了各类煤窑的发展。

据《清续文献通考》载："光绪三十二年……石炭产额最多者首推直隶，次为山西、陕西、山东、河南。"山西居第二位。民国初年统计资料载，当时山西平定、太原等45个县即办有煤窑240余处。阳泉地区民办煤窑星罗棋布，仅蒙村一地就有煤窑十数处。

鸦片战争以前，山西地区开始逐渐以煤炭取代柴薪，煤炭成为当时人们日常生活的必需品，民用和手工业用煤大增。由于对煤炭的普遍使用,山西人民对煤炭的种类有了充分的认识,并对煤炭从出烟、气味、形状等方面进行了一定区分。煤炭凭借其可燃性好、耐燃性强的特点,成为人们取暖过冬的重要保障。晚清以前,晋煤还被广泛应用于各类手工制造业,如为冶金、制药、酿酒、制瓷、制砂、烧砖、制石灰、制硫黄、铸钱等提供能源。

晚清前后,山西省内居民自主获取煤炭的方式有两种:一是通过城镇内煤店购买其从煤窑批购转卖的煤炭;二是通过本地小贩购买其从煤窑专门运送的煤炭。此外,政府还会给不同的社会阶层发放煤炭钱,以接济他们购买煤炭取暖过冬,包括鳏、寡、孤、独、私塾学子以及囚犯等;或是将煤炭税用作救灾款项,以起到稳定社会的作用。

煤炭逐渐深入山西百姓的日常生活的同时,其需求也逐步延伸至其他领域。其一为节日耗用,山西地区民间出现节假日点燃炭火的风俗,依名称大致可分为两种:一种是据其外形类似宝塔或棒槌,称为"塔火""棒槌火";另一种则根据百姓点燃炭火,乞求兴旺的美好愿景,称为"兴旺火""旺火"。"添仓"等节日至今仍流传于山西各地,成为一种特色民俗被山西人所传承。其二为祭祀煤神的耗用,山西煤炭业祭祀的神明,因地而异,主要有女娲、窑神、太上老君、山神等。煤神崇拜反映了古代人们对大自然的非理性的认识,祭祀过程充满了迷信色彩,但是也形象地折射出煤炭业者的社会心态。窑工祈求平安,煤窑生产者和官僚们渴望趋利致富,这种祈福消灾的祭祀正是特定历史阶段下特定社会阶层的心理写照。

在晚清以前,山西地区对煤炭资源仍基本停留在依靠土法开采的阶段,传统手工采煤的方式作为当时的主流生产方式,本少利微,加之交通和商贸条件有限,难有市场,因而未成规模。煤窑基本依靠就近出售和自产自销等方式来消化产量。

晚清时期煤炭被广泛应用于冶铁业,晚清前期,受交通条件的限制,冶铁业往往靠近煤炭产地,这样可以节省运费和冶炼成本,便于获利。我国古代煤炭加工利用的一个重大成果是用煤炼焦,清代冶铁普遍采用的"熔铸之法"就是焦炭冶铁。当时的炼焦工人已经能够从煤炭之中提炼获取黑矾、硫黄这类副产品,并且炼焦的用煤标准已经相当接近现代,而这种先进的冶铁技术甚至还传到了山西省外。对山西省内冶铁业而言,大部分的煤炭需求都依赖省内煤炭开采。但晚清前的冶铁业和煤炭开采业还停留在手工作业阶段,虽然在空间上有一定的集聚趋势,但因资源分布和地形地貌的限制,布局仍然相对分散。

鸦片战争之后,外国资本开始逐步侵入山西冶铁业和煤矿开采业。列强一方面依靠海关特权增加其进口铁制品的数目,另一方面则直接在境内开办冶铁企业或是以货币优势垄断并控制冶铁行业。特别是甲午战争之后,煤炭资源开采方面的竞争十分激烈。直至收回矿权的"保矿运动"之后,山西保晋矿务有限公司(以下简称"保晋公司")成立,机械化生产方式使山西省煤炭产业发展迅速,当地煤窑的生产规模也不断扩大,煤炭课税甚至已经成为当时最重要的地方税收来源之一。并且,煤炭产量的增长和民用需求的增加打开了晋煤的销路,当然,晚清以前晋煤外运受交通条件限制,运销数额相对有限。随着近代工业的兴起,新型煤炭开采技术的引进,以及铁路的兴建,晋煤的外销市场扩大不少,冶炼工业的煤炭需求进一步上涨。

煤炭在山西民众的日常生活中逐渐普及,并且逐渐形成一个独立的产业——采炭业。明清时期,采炭业在前代的基础上继续发展。清朝初年,朝廷采取"重农抑商"政策,采炭业发展较慢。康雍乾时期,随着农业和手工业生产的发展,煤炭的需求量增加,朝廷对煤炭的管理逐渐放宽,煤炭产业有了较快的恢复和发展。

我国古代煤炭的开采技术到明清时期趋于完善,很多技术在这一时期走在世界前列,其中有很多独创性的技术,至今在煤炭生产中依然有借鉴之处。当然,由于历史的局限性,这些方法主要还是以原始落后的手工业生产方式为主。清代煤窑大多采用露天开采,也有的是沿煤层裸露处向地下打平硐或斜井取煤,往往以掘为采,工作面不大,巷道较长。直到19世纪末,山西的煤矿在勘探、凿井、采掘、排水、通风、井下和井上运输各个生产环节中,几乎全靠人力,其生产规模很小,煤窑生产时间多集中在农闲时节,开工时间通常不足半年,通常只能开采最顶层的煤,所产煤炭水分高、灰分大,不适合工业使用,并且在排水和通风方面存在严重的安全隐患,加之运输成本高、投资风险大、资金短缺、劳动力不足、市场需求少等问题，致使小型煤窑发展潜力受限。因此，清朝后期，以新法开采煤窑的呼声越发强烈了。

与宋元时期相比，明清时期中国城市手工业日趋繁荣，市镇经济日益发展，城市人口逐渐增加，商业资本呈现扩张的态势。这种趋势的延展在客观上为封建经济的进一步解体和资本主义生产关系萌芽的发展提供了条件，也有力地促进了煤炭产业的发展。清代以后，山西煤窑数量与开采规模均有所增加，开采技术不断进步，煤矿工人的分工进一步细化。管理也不断地完善，在“人伙柜”之下，还可以进一步划分为“卖店掌柜”“管账先生”“看炭先生”和“跑窑先生”。“把总”主要负责煤窑井下的安全设施与采煤的技术和装备，但当时山西省境内煤窑的安全设施几近于无，一旦发生水灾、火灾、瓦斯事故，即井毁人亡。煤炭的广泛开采也给山西省的经济带来了重要的影响。明清时期，吕梁地区的煤炭开采业发展较快，煤炭的开采技术不断提高，行业内的分工越来越呈现出专业化的趋势。晋南地区的煤炭产业发展较晚，但是发展速度较快。

古代由于技术水平的限制，煤炭的商品化程度较低。明清时期煤炭在运输和销售方面有所发展，但仍旧是小农经济社会下的原始生产模式，与西方工业化生产方式相比还有巨大的差距，这不仅制约着我国煤炭产业的发展，而且严重阻碍了我国近代化工业进程。民国以前，山西煤炭主要依靠马、牛等畜力运输，同时，由于煤炭的产地主要是在交通不便的山区，因此，人力运输也占有很大比例。特别是晚清时期，山西的交通状况较为落后，运输效率较低。随着市场经济的发展和商品运输业务量的上升，明清时期已经出现了专门承揽各种货物运输的车行、骡马行、驼帮等运输组织，运输业已经成为一个专门的行业，从传统的运销一体的商业模式中脱离出来了。但是彼时的运输业还不够成熟，存在很多风险和隐患，因而并没有普遍流行起来。

随着煤炭产业的发展，从顺治年间开始，政府在一定程度上开始重视煤炭的运输问题，并出台了相应的运输政策，但是环境的约束导致运输条件和运输工具无法实现彻底的革新和改善，这在很大程度上阻碍着煤炭的外运及大规模使用。到了清中后期，在西方工业化的影响下，清政府也开始为解决煤炭运输问题实行一些建设性的措施，开始修筑铁路来解决运输问题。民国以前，山西境内没有公路，煤炭的中短途运输主要通过驿路。与之相比，民国时期山西煤炭运输的近代化主要体现为改变了之前主要依靠畜力以及人力托运为主的运输方式，转而以铁路、新式公路和轻便铁轨为主要的运输方式。近代交通工具的广泛使用，大大提高了山西煤炭外运的能力和效率，极大地提升了山西煤炭开采的产量，晋煤外运从此真正开始。但由于当时种种政治、经济和社会原因，新式运输工具产生的运输成本也起伏不定，这在很大程度上影响了山西省煤炭产业运输的近代化水平。

在煤炭销售方面，明清时期，规模较小的煤窑，一般会直接出售煤炭，或由买主到窑购买，或派人挑运到市场销售。随着销售的发展，出现了牙侩、牙行及大批的店铺。在交通相对便利，尤其是水运交通畅通的地方，煤炭的行销范围相对较广，批发和零售两种销售形式均存在。资本与实力较为雄厚的商人，会选择在市镇或者交通枢纽开设专营的煤店，从煤窑直接批发煤炭进行销售；而资本与实力较为薄弱的小商人则会直接到煤窑从事小本贩运，还有的采煤户将其开采的煤炭用肩挑或车拉的方式运到市镇销售或者批发给煤店，并且由于后一种方式所需要的资本较少，故较为普遍。在煤炭交易的过程中，还出现了许多活跃在煤炭交易市场中参与煤炭交易的炭牙。另外，虽然清代煤炭产业取得了一定的进展，但仍然有很多因素对其发展产生了严重的阻碍，比如落后的煤炭生产技术、交通运输方式的阻碍，以及因循守旧的生产经营方式和古代社会思想观念的制约。

明清时期，矿冶业主要分为官营和民营两种，总的发展趋势是官营手工业不断衰落，民营手工业发展迅速。当时统治者的矿业政策大体来说主要有两种倾向，即鼓励开采和封禁。康熙中期以后，清政府逐步放松矿禁政策，这大大鼓励了招商采煤，促使山西省开办煤窑的数量增加。为了保证矿业税收掌握在政府手里，清朝在对煤炭产业的管理上，建立了采煤执照制度，配套以相关的立法、税收管理，既方便了封建官府对煤窑的控制与管理，也减少了因乱采乱挖所发生的争讼斗殴事件，这是我国矿业法规的雏形，也是我国在矿业管理上的一大进步。在开矿方面则继续推行“招商承办”制度，以调动煤商的积极性，掀起了开办煤矿的高潮，商办煤窑数量增加，煤炭成为商品经济的重要组成部分。山西地区煤窑出现了资本主义生产关系萌芽，商人和地主开始兴办煤窑，煤窑生产关系中出现了雇佣关系，但是这种微弱的资本主义萌芽在技术、设备、资金及封建主义的压迫和摧残等限制因素下并没有发展壮大起来。随着山西省煤炭资源开采范围的扩大，社会的需求量也越发庞大，煤炭的交易活动越来越频繁，销售市场也不断扩大，专门进行煤炭交易的炭市出现。

民国以前，山西煤炭的经营管理类型有三种："一字号""堂主制"和"人伙柜"，清朝中期以后，以第三种经营管理方式在山西地区最为普遍。而煤窑的经营方式依其资金来源同样可分为三种：官窑、军窑、民窑。但这种传统体制下的企业，存在许多先天性的缺陷。相比之下，同一时期的西欧已经发展出成熟的公司制度和股票市场，企业经营与资本运营分道扬镳。清末洋务运动兴起之后，随着西风东渐，以及山西省煤炭需求的变化所引起的煤炭开采技术、运输方式、运销范围及用途等方面的明显进步，山西省内的传统采炭业完成了向煤炭产业的转化。以保晋公司为代表的近代煤炭企业在煤炭产业的企业资本运作方面，受西方股份制思想的影响，广泛采取股份制的融资方式，投资者从传统的以商人为主，逐渐向着政府、官僚、商人、地主均投身于煤炭产业的趋势发展。

民国时期，在民办煤炭工业发展的同时，官僚资本也开始了对晋煤开采的垄断。民国二年(1913年)山西成立平定建昌公司。民国四年(1915年)平定中孚公司成立，这一年，晋煤首次参加巴拿马国际博览会，被称为"煤中皇后"，誉溢中外。民国五年(1916年)，孝义华兴公司成立。民国七年(1918年)和八年(1919年)，平定、广楼、中兴、富昌、济生及大同宝恒公司相继成立。民国九年(1920年)大同同宝公司成立。阳泉保晋公司于民国八年(1919年)购置1台美国割煤机，这是山西煤矿首次使用的采煤机械。民国十八年(1929年)，阎锡山挪拨军费100万元(银币，下同)，集股金50万元开办晋北矿务局。民国二十二年(1933年)，由阎锡山任董事长的大同矿业分公司成立。民国二十三年(1934年)，西北煤矿第一厂在太原西山白家庄成立；民国二十五年(1936年)，西北煤矿第二厂在崞县成立，西北煤矿第三厂在灵石富家滩成立；抗日战争胜利后，民国三十五年(1946年)，西北煤矿第四厂在太原东山成立。抗日战争期间，一批官商、地主纷纷开矿，山西煤业一度振兴。据《中国实业志》记载：民国二十三年(1934年)，山西已有64个产煤县，有大小煤窑1 425处，矿区总面积324.8 km^2，开采面积93 km^2，矿工223万余人，年产原煤203万t，总产值595万元。民国二十六年(1937年)，日军侵入山西，以"军管理"名义侵占了大同、轩岗、阳泉、西山、富家滩、潞安等各大煤矿。民国三十四年(1945年)，抗日战争胜利后，阎锡山返回太原，接收了山西各大煤矿。民国三十六年(1947年)春，阳泉煤矿的46部车床被运至太原，并入太原机械厂生产军火，致使煤炭生产急转直下。翌年，全省煤产量仅有198.8万t，为民国三十一年(1942年)的32%。

民国时期山西省的煤炭销售市场主要分为省内市场、国内市场和国际市场。山西省煤炭产业由于种种原因较多地局限于省内狭小的市场空间，在国内占据的市场份额很小，在国际煤炭市场上的份额更小。我们通过这三个市场具体分析了民国时期煤炭需求的变化以及对山西省输出煤炭的可能影响和山西煤炭销售对需求变化的实际支持力度。其中，省内需求具有稳定性、分散性和主导性。当时山西省内用煤，仍以生活用煤为主，尤其以传统农村家庭生活和农业、手工业生产过程中的煤炭需求为主，这种市场没有更大的发展空间。一家一户为一个生产单位的组织形式导致传统农村都市化程度不高，人口比较稳定，而且煤的使用已经达到了相当高的水平，这使山西省的家庭用煤市场的扩展潜力相当有限。而各县一些炼焦炭、烧石灰、烧磺、炼铁、造酒和制造面粉等工业，都产生了对煤炭较为稳定的需求。加之近代工业又非常薄弱，这些情形大大限制了晋煤的省内需求。

购买力不足是山西煤炭省内需求不大的一个直接原因。清代山西就有用票号的票据兑换制钱、充当一部分货币角色的现象。民国初年，山西票号损失严重，人们日常使用的制钱的信用受到了打击，再加上时局不稳，制钱贬值很快，山西省的一般商业受到了严重的打击，这让许多山西人收入减少，影响了人们的购买力。而频繁的战乱，以及烟土、金丹等毒品的长期泛滥，致使大量农家破产，从而进一步导致了农村市场的萧条，民国时期山西农村工业用煤的潜力已经不复存在了。货币贬值以后，物价上涨，人们购买商品越来越困难，同时煤窑主获取的利润也相应贬值，这对于煤炭市场和煤窑投资都是不小的打击。

除此之外，当时山西省的工业用煤虽然随着新型工业、交通运输业的出现，省政府对工业建设的规划和引导,以及其自身资本的不断积累而在一定程度上扩大了需求,但也并不理想。1914 年到 1930 年是近代机械工业发展的黄金时期,机械工业为军事服务的目的更为强烈,工厂不断积累资金、变更组织、改革制度、增添设备,经济效益大大增强。除官办的机械工业外,当时山西省内还有不少独资或合资的私人机械工厂,但是民族资本创办的机械工业在规模上和资金上与官营相比都较小。在这些近代企业中,电力在山西省的使用使山西省近代工业明显区别于传统工业,随后面粉、制铁等其他类型的近代工业也有所发展。

铁路通行后,煤炭的销售对象也有所改变。铁路通行前,煤炭主要供家庭及冶铁业做燃料。随着铁路的铺设运营,铁路、机器工业用煤为煤炭产业开辟了新的市场。铁路与沿线煤炭产业的发展是互相促进的,铁路本身是耗煤大户,铁路机车和铁路后勤所需的大量煤炭都是由沿线各大煤矿提供的。另外,近代煤矿大量使用新兴机器进行生产,本身用煤量也颇大。但山西省内的近代工业煤炭需求只是在 20 世纪 30 年代中期才得到发展,并且在与本省丰富的煤炭资源禀赋相较之下显得不值一提。

正因为山西省内的煤炭市场较小,所以山西省煤炭产业非常需要开拓省外市场。省外需求具有相对的竞争性,客观上讲,得益于工矿、交通业的发展,民国时期形成了广阔的全国煤炭消费市场,这一时期全国工业发达地区对煤炭需求量出现了较大幅度的增长。从全国的煤炭需求结构分析,虽然家庭生活消费仍然占据首位,但是工矿及交通运输业的用煤比例从民国初年到 20 世纪 30 年代逐渐上升,这反映出近代工业(包括运输业)作为最重要的国内需求的确促进了煤炭行业的销售。从全国范围的地区煤炭需求结构来分析,沿海地区工业分布较为集中,但煤炭储量少,近代工业对外省煤炭的需求主要来自沿海地区。工业较为发达的华北地区和以重型工业为主的东北地区,属于富煤地区,除满足本地区用煤外甚至有充足的余煤用于外销。基于以上分析,煤炭的省外需求具有广阔的市场空间,但是山西省煤炭产业的发展与此很不相称,抗日战争前其年产量不及全国总产量的 1/10。除阳泉煤炭销售外省外,山西省出产的大部分煤炭都是本省自用。

出口需求往往易受世界政治、经济、环境的影响,特别是在近代中国长期作为西方资本主义国家的原料掠夺和商品倾销市场的这一背景下。民国时期的煤炭出口需求变化大致可以分为两个阶段:一是从第一次世界大战后到 20 世纪 30 年代,世界主要资本主义国家进入经济恢复和建设期,国际煤炭市场对煤炭需求旺盛,山西煤炭在这一时期,不仅第一次走出国门,而且由于其优良的品质得到国际煤炭市场的认可而出现了出口增长的趋势。二是进入 20 世纪 40 年代后,日本人逐渐控制了中国内陆的重要煤矿来发展其战时军事经济,煤炭出口量激增,主要被出口到日本。山西阳泉、西山、大同地区的矿藏也被大量开采运往日本和东北地区,只有少量销往京津一带和山西境内。然而,除抗日战争时期山西煤矿因日本人的掠夺式开发而出现出口激增外,第一次世界大战后正常的煤炭出口需求并没有使山西省优质煤炭在全国煤炭出口比例中占据优势地位,这是由内外因共同作用所导致的。由于中国北方连年战乱,铁路运输受阻,山西煤炭承受着高昂的运费,除此之外沉重的捐税负担也严重限制了山西煤炭的出口和外销,这是内因;由于当时中国的关税服务于政治,法国控制下的越南煤和日本控制的煤矿生产的煤炭大肆在中国倾销,占领了中国国内的大量市场,晋煤出口需求始终受国际政治、经济环境的影响,这是外因。

民国时期山西煤炭运输改以铁路、新式公路和轻便铁轨为主,山西省的道路交通在政府的统一规划和集中建设下取得了长足的发展,华北地区出现的相对完整的铁路运输系统,更是大大便利了煤炭的外运。正太铁路的全线通车对沿线物资的运输和销售发挥了重要作用,修筑至阳泉之后,山西省煤业界即积极准备晋煤的外销活动,晋煤外运也从此真正开始了。民国时期山西省的公路干线在布局上,均以省会太原为中心,向周边辐射至全省的各个交通隘口。

近代的交通运输方式为交通线沿路的煤矿输出煤炭提供了便利,各矿内部也相继建立了运煤的轻便铁轨,刺激了煤炭运输量的增长,为规模化经营煤炭产业提供了可能性。但是汽车与铁路列车的出现及广泛应用,只是从表面上宣告了近代交通工具的诞生,要完全取代传统的运输工具,需要一个漫长的过程。实际上,山西省内传统的运输工具直到 20 世纪 80 年代才被完全取代。民国时期,汽车与铁路相对传统的运输工具,并不占优势。加之山西省道路交通布局不合理以及战争期间军队对交通线的占领和破坏直接或者间接地提高了煤炭运输成本，这在当时山西省煤炭产业近代化程度不断提高、煤炭产量节节攀升的情况下，已经成为山西省煤炭产业发展的最大瓶颈，并且直接削弱了山西煤炭在国内外煤炭市场上的竞争力，直接导致煤炭销售困难，使丰富的山西煤炭资源不能有效地满足近代工业生产对煤炭日益增长的需求。对外输出量与山西省作为煤炭资源大省的客观实际不相符合，对外输出量不足直接影响煤炭企业的盈利水平和扩大再生产能力，这不利于企业积累生产性资金扩大再生产，影响了技术改造和规模化经营，间接地导致山西省煤炭生产以规模化经营方式的供给能力相对不足，分散的、小规模的土法生产不足以在市场竞争中抵抗机械化生产技术的冲击。

民国时期，山西煤炭在销售市场和销售方式方面也出现了若干近代化的特征，突出表现为山西煤炭借助铁路和轮船将销售范围扩大到海内外市场。与以往主要以本地民用和解决部分就近工矿业煤炭需求的格局不同，这一时期随着开采技术的提升和交通运输业的发展，煤炭的行销范围大大拓宽，同时通过博览会等展销方式，大大提升了山西煤炭的业内知名度。为了应对日益激烈的竞争和减少晋煤外运的成本，大型煤炭企业采用了新型的销售方式。它们凭借雄厚的资本实力和对运输销售环节的垄断，强行制定各煤炭企业甚至是土法小煤窑的销售配额，这就是山西省当局和省内煤炭企业制定的联合销售、分产合销的销售策略。一方面分产合销的销售方式表明煤炭产量的增加导致竞争日趋激烈，另一方面股份制专业销售公司的成立便利了煤炭的销售，提高了山西省煤炭产业的竞争力，在中国内地甚至远达海外的销售也进一步刺激了山西省煤炭开采的产量。

山西近代化的煤炭开采技术主要是在洋务运动之后从西方引进的。煤炭产业的近代化采掘技术在民国时期得到了进一步的应用和发展，这主要表现在大型煤炭企业中。与之前的山西煤炭开采相比，民国时期随着机械化采掘方式的发展，山西省煤炭产业在地质勘探、坑道采掘、排水通风、电力照明、坑道运煤、采煤方式以及安全保障等方面均取得极大的进展。在发展的过程中不同程度地采用新式生产方式，尤其是各类机器的使用以及电力的广泛运用，极大地提高了山西省煤炭产业的发展水平，大大提升了煤炭开采的效率。同时，伴随着开采近代化程度的不断深入，煤炭企业在勘探开采的过程中培养了大量技术工人。以上因素通过积极的示范效应，发挥了较大的正外部性，促进了山西省工业的近代化。但是，传统的土法采煤并没有销声匿迹，反而在市场需求的影响下持续表现出活力。

土法生产其实是有其深厚的社会经济基础的。传统的农村煤炭消费在较为落后的地区占据了能源消费的主导地位，从根本上来说，这反映出中国传统小农经济模式的特色，交通运输方面的落后状况在一定程度上也是其衍生的问题。因此，民国时期山西省煤炭产业的工业化呈现明显的二元结构特征并延续了下来，即使是在近代化的煤炭采掘方式——大机器化生产出现的情况下，传统的中小型土窑仍大量存在。这种二元结构具有延续性、竞争性和互补性三大特征。二元结构的延续性主要是指山西煤炭产业未能从二元转向一元，即未能全部转为机械化生产，煤炭产业从传统土窑向大机器生产转化艰难。而山西地区小农经济背景下的消费结构、交通运输水平和煤炭开采技术水平的相互交织对此有深远影响，从根本上反映了中国传统农业经济生产方式对近代化的阻碍和抵抗。

更深一步来看，山西省煤炭产业化的二元性质实质是中国近代以来农业、农村文明向工业、城市文明曲折转型的缩影，根深蒂固的小农经济模式成为山西煤炭产业走向近代化乃至整个中国经济迈向现代化的最大障碍。中小型煤窑模式的延续实质上是传统小农生产模式的延续，尤其适应经济相对落后的地区。在丰富的资源条件下，即使运输成本高、开采条件差，土法煤窑仍旧遍地开花，家庭收入增长的追求使传统运输手段成为理性选择。而无论商业还是手工业的繁荣，都是传统农村家庭的理性选择，在国际市场、国内市场扩展，外国工厂、机器、技术不断被引进的近代社会中，所有变革的获利因素都被传统家庭生产方式与劳动力利用模式所包围、运用以至异化，具体到煤炭生产，就是形成了中小型煤窑的延续及与大机器采掘相对峙的煤炭产业的二元性质。

近代中国企业主要是效仿西方企业的组织管理模式。民国时期出现的新兴煤炭企业就是按照近代企业的模式运行的。山西煤炭企业股权结构的变化与资本运作，主要是煤炭企业用近代新式生产方式代替传统的生产方式，用近代新式制度代替传统落后的旧制度的过程，以及这一过程中所体现出的人的意识形态发生的相关变化。

尽管民国时期山西的煤炭企业呈现出许多近代化的特征，但民国以前，几乎没有资本运作和股份公司。彼时矿冶业主要有官营和民营两种类型，总的发展趋势是官营逐渐衰落，民营发展迅速。产生这种趋势的原因主要是统治者逐渐认识到煤炭一类的矿产资源与小民的日常生活密切相关，同时官窑的效率低下和滋生的贪污腐败也不利于矿业的发展。民营煤窑多是作为农业的一种副业，从生产的组织形式来讲，只是简单的合作关系，不存在雇佣、被雇佣的经济强制关系，与商业无关。相应地，不同组织形式的煤窑筹措资本的方式也有所不同，总的来说有两种：多人出资形式和个人出资形式。资金主要来源于财力雄厚的大商人以及少量的官办资本，而民间筹资特别是农村筹集资金，几乎可以忽略不计。

由于煤窑的开凿周期长，且需要投入大量的资金，同时还具有一定的风险性，在传统技术条件下，会有许多不可预知、难以解决的意外情况发生。再加上资源型重工业对资金较高的依赖程度，源源不断的资金供给对资源型重工业的长期发展是不可或缺的。直至晚清前后，资金困难的问题仍然是阻碍山西煤炭企业发展的重要因素。为了筹措到大量资金，规避风险，煤炭业采用股票融资是大势所趋，也是煤炭业进一步发展的必要条件。而煤炭业作为资源性行业，普通的资金借贷难以满足其对资金的高要求，势必要依赖于金融机构和新的融资方式。但是近代中国金融的发展与渗透进程是不平衡的，新式金融机构和各种金融工具主要集中在通商口岸与大型城市，而煤矿矿区主要位于中国的广大乡村。当时，乡村主要是实物借贷，私人尤其是有血缘关系的亲人之间的融资状况较为广泛，金融工具的不发达，导致高利贷在广大农村较为普遍，煤炭业资金来源也以民间借贷为主。

民国时期，山西农村金融发展的基本特点为：农村借贷的机构化程度偏低，且分布不平衡，各县甚至一县一村中的金融发展状况都是不同的；近代化的新式金融机构在广大乡村没有得到推广；农民的借贷利率总体而言是较高的，同时由于借贷的期限较短，无法满足农民为了开发煤矿而需要的贷款；山西农村地区各种各样的高利贷较为普遍。这些情况说明，民国时期山西乡村的金融环境还不能支撑广大乡村正常的资本积累和技术进步，还不能满足山西广大乡村经济的近代化的资金需求。因此，山西近代煤炭企业通过这种方式能贷得的金额小，风险大，机构化程度低，直接影响了煤炭企业的投资，是制约煤炭业近代化进程的一个重要因素。

基于煤炭企业的资源性特征以及西方股份制思想在中国的广泛传播，近代山西的煤炭企业广泛采取了股份制的融资方式。投资者从以传统商人为主，逐渐转变为政府、官僚、普通民众合股创立。具体来说，民国时期山西煤炭企业股权结构主要有四部分内容：工人工资折作股份、民间募股、官方资本和民间多人合资。事实证明，股票融资相比其他筹资方式，优势明显，尽管在当时股票融资遇到了一些困难，但从股份合作的角度分析可以发现，这一时期所产生的契约并没有明确合同双方管理权利的边界，并且在当时的股权合作模式之中，出包人有更大的主动权，对整个煤窑的发展有更大的话语权。因此，民国时期近代化煤炭企业虽然在生产规模、生产手段、管理经营上都有了长足的发展，但很多地方仍然保留着中国传统的经营管理模式，而这些落后的经营管理模式，不利于资本的集聚和煤矿的科学合理的生产，更不利于煤窑扩大规模和生产设备的更新。

民国时期，山西煤炭企业资本运作方式的近代化进程明显加速，其绩效也相对良好。山西“保矿运动”的发生从侧面反映出这一时期山西煤炭企业已经出现了股权投资的近代企业资本运作方式，在一定程度上也映射出了山西经济近代化的逐步转型。一些新式的煤炭企业不仅发行股票，成立了股东大会，还有董事会用来负责公司的经营管理，监事会用来监督公司的各级管理人员是否营私舞弊。

民国初年出台了一系列关于矿业的相关法律来征收煤炭税。大多数情况下煤炭税的征收主要是按照煤窑的产量采取一种“包税”的方式，煤窑产量则是根据运煤工具来估算的。煤窑所产煤炭一般依靠车辆、牲畜和人力运送，根据地形的特点选择不同的运输方式，而煤炭税的征收多根据运输工具容量来进行估算。根据煤炭运输方式收税，对于煤矿企业来讲一定程度上减小了其资本运营的压力，囤积滞留的煤炭无须缴纳煤炭税，减少了企业资金投入成本，同时降低了企业运营风险。也有部分地区的煤炭税征收是按照煤炭的产量来进行的，收税对象也主要是运销的煤炭，还有部分地区是不征收煤炭税的。民国时期煤炭的税收虽然已经有了明确的规定，但由于客观条件的限制，在征收过程中无法与规定完全一致，而且煤炭税征收的具体情况各地不一致，因此尚未实现规范化、制度化。煤炭企业的税收负担与其资本循环有密切关联，不同性质的企业税收征收方式和征收金额不同。例如，保晋公司、中兴公司、开滦公司分别是民国时期由民族资本、官僚资本和外国资本控股经营的企业，通过对其进行比较可以发现，民族资本企业所担负的运费成本和税捐成本高昂，导致其竞争力极低，而且严重影响其正常的生产经营和资本运作。

进入近代社会，企业是市场活动的重要主体之一，人力资源则是企业的核心，近代化的人力资源管理模式要达到企业利益和员工权益“双赢”效果。清代的煤窑组织形式是研究近代山西煤炭产业人力资源管理模式的主要对象，在清末发生的变化一方面是投入成本小见效快的民族资本煤窑，使煤窑的资本主义经营管理特征更加明显；另一方面是出现如保晋公司这样的近代股份制公司，成为山西省境内人力资源管理模式近代化水平最高的代表之一。特别是就煤窑工人而言，明清时期，山西煤炭资源丰富，煤窑数量众多，很多贫民因无力购置牲畜驮煤贩卖而充工役以谋生。因此山西煤窑均为雇工经营，煤窑工人绝大部分是煤窑附近地区无地或者少地的贫苦农民，因而当时煤窑工人的招募呈现一定的资本主义雇佣关系。煤窑工人基本没接受过职业教育，绝大多数工人是在劳动过程中向老工人学习相关技能。在这样“传帮带”的教育中，包含着一代代煤窑工人的创新，这也是煤窑技术进步的一种途径。并且由于开采技术不断进步，对煤矿工人的管理也不断地完善。

山西煤窑的经营管理绩效从人力资源管理水平上说，就是各主体之间的利益分配关系和与之相关的煤窑整体经营状况，因为人力资源管理的最优状态是人力资源配置合理情况下的企业利润最大化和个体利益分配最优化。从管理规范上分析，民国以前的煤窑中已经形成了从窑主到工人中间包括窑头、把头等中间管理层的层级明确的管理机制。但这种机制也存在很多问题，其缺乏科学管理模式，导致工人劳动效率很低，安全保障很差，煤矿事故频发，这样的生产状态极不利于改进生产工具和新技术的引进。虽然政府有意识地进行了一些整顿，但收效甚微。

清末，山西煤矿业的发展衍生出了一个新的阶层，即新兴矿主阶层。与之前的矿主不同，新兴矿主阶层大多具有雄厚的经济实力或是强有力的政治话语权，且大多出身于官僚、军人、士绅以及著名的晋商等。新阶层煤窑开采规模更大，设备更加先进，其内部的组织管理也渐趋规范化，他们以追求利润为目的，商业性很强。另外，由于清末政府政策和民族资本实力增强对煤炭企业实现近代化的合力作用，人民对于开矿的态度发生变化，矿主社会地位逐步提高。因而新兴的矿主集团逐渐发展壮大，对近代山西煤炭产业经营管理模式产生重大的影响。通过统计研究发现，民国时期山西省仍以中小煤窑作为主导的组织经营模式长期存在，但与民国以前又有所不同，主要表现在两方面：各主体之间的利益分配更加合理明确；管理层的管理水平和煤矿工人生存状态得到改进。

近代中国煤矿的诞生，以引进西方先进的采煤技术设备为主要标志。山西省的近代煤矿业是从近代煤矿发展的第二阶段(1895—1936)才起步的。山西省真正意义上的近代企业建立时间要比东南沿海地区晚，但呈现出自己独特的二元化特征发展模式：传统的家庭手工业和手工作坊式的工业占据较大比例，而资源禀赋优势和强大的政府干预使得重工业领域近代化程度较为明显且发展较快。煤炭行业作为山西省的重要产业也不例外。伴随着清末振兴实业的运动和山西、四川发生的保矿保路运动，保晋公司成为民国前期山西省工业近代化的代表，其经营管理的近代化主要体现在设立了股东大会、董事会、监事会等机构，用来规范企业的经营管理。

保晋公司的制度设计较为先进，权利与责任的边界较为清晰。借鉴西方的股份有限公司广泛筹集社会资本创办企业的经验，保晋公司在公司内部设立了主权机构、领导机构、执行机构，区分了各个机构的权利、责任、义务，以董事会领导下的经理负责制作为管理制度。在企业员工的招聘方面，山西新式的煤炭企业逐渐从传统的荐举制转变为近代的考试录用制，这有效地提高了企业员工的专业化水平，减少了“外行领导内行”现象的发生，提高了经营管理的效率。由荐举制到考试录用制，是保晋公司在人事制度方面的一大进步。当然，这并不意味着保晋公司从根本上杜绝了请托的现象。此外，民国时期，山西煤炭企业的专门人才逐渐增加，管理方式逐渐向近代化的方向靠拢。保晋公司较为注重矿业专门人才的运用，故此，保晋公司员工的知识结构不断发生变化，矿业专门人才逐渐增加，具有大学本科及以上学历的员工数量也在逐渐增加。

保晋公司的工人大多是破产农民和手工业者，大概可分为采煤、运输、司机、提水、杂工五种。在对煤矿工人的管理方面，由传统的封建把头制转变为近代的工人制度，减轻了煤矿工人的负担，提高了煤矿工人的生活水平等。另外，以简单分工、手工劳作为开采方式，在工人组织管理上具有一定的传统人身依附的雇佣关系的中小煤窑从清代时期延续到了民国时期，由于窑主、把头的粗暴管理和压榨，雇佣工人生活水平极为低下，生产生活环境较为恶劣，种种不公平的待遇使他们被迫奋起反抗，在清代各种争讼案件频发，不利于煤炭的稳定生产。与土法煤矿的生产招工方式不同，保晋公司的新式招工管理方法，不仅实现了对劳动力的需求和劳动价值的充分发挥，还有助于生产安全、顺利地进行。进入民国时期，以新式经营形式经营管理的煤窑数量和规模扩大，内部分工也更为明确细化，资本主义形式的雇佣关系在中型煤窑得到进一步发展。

总而言之，中国传统社会自 19 世纪后期开始了由传统农业文明向近代工业文明转型的近代化进程。煤炭作为山西地区主要的能源资源，在中国近代化进程开始之初，近代生产方式就已经在煤炭产业开始普及。洋务运动时期，中国出现的以保晋公司为代表的新式煤炭企业无论是在煤炭生产，还是在煤炭企业管理等方面，其近代化的程度均已大幅度提高。但由于交通不便等原因，此时山西省包括煤炭在内的众多行业的近代化程度并没有明显的提高。

至民国时期，山西省煤炭产业近代化进程大大加速，很多地区出现能够使用机器生产和蒸汽动力的近代工业企业，各类机器的使用以及电力的广泛运用，极大地提高了山西省煤炭产业的发展水平。特别是在煤炭运销等方面，这一时期大量现代化运输手段（铁路、新式公路和轻便铁轨等）取代了传统的运输方式（畜力以及人力手工托运），这从根本上提高了山西煤炭外运的能力和效率，晋煤外运从此真正开始。但受制于当时社会背景，新式运输工具产生的运输成本起伏不定，导致了山西省煤炭产业运输近代化的不彻底性。

股份制这一组织形式的出现是山西省煤炭产业近代化的另一个突出表现。集股使山西省的煤炭企业能够在较短的时间内以较低的投资风险积累较多的资金，在企业的融资、经营、监管等方面也取得了良好的效果。并且以政府、官僚、商人、地主为主要投资者的群体更有利于企业的生存，这也是一种对近代资本运作的有益探索。值得一提的是，当时山西新式的煤炭企业已经采用了西方的新式招工方法，员工选聘也逐渐从传统的荐举制转变为近代的考试录用制。

山西省煤炭产业的近代化是中国煤炭产业近代化的重要一环。煤炭产业作为一种能源产业，对近代中国经济的发展产生巨大的带动作用，能够有力支撑其他产业的发展，为之后的能源革命和动力革命奠定了坚实的基础。与之前的山西煤炭开采相比，近代，特别是民国时期山西省煤炭产业在发展的过程中采用的新式生产方式、培养的大量技术工人，不仅大大提升了煤炭开采的效率，同时这种积极的示范效应也发挥出一定的正外部性，客观上促进了山西工业的近代化[4]。

1.1.2 山西现代煤炭发展现状

山西煤炭产业从中华人民共和国成立初期薄弱的基础起步，不断发展壮大，成为今天我国重要的能源供应基地[5]。

1. 中华人民共和国成立初的恢复与建设时期

中华人民共和国成立后，山西煤炭工业进入了新的历史发展时期。中华人民共和国成立初期，由于长期战乱，山西大大小小的煤矿绝大部分不是水淹，就是起火燃烧，地面设施也基本被摧毁。为了迅速恢复矿井生产，中共山西省委和省政府派得力干部到中央直属煤矿和地方重点煤矿学习调研，开展生产自救，进行民主改革，建立新的生产秩序，激发煤矿职工的劳动积极性。在国家和地方资金、技术、设备等方面的大力支持下，山西煤炭工业快速发展，形成了国家统配与地方煤矿并举，大、中、小型矿井建设相结合的新型煤炭工业体系。截至 1975 年年末，国家和地方累计投入煤矿建设资金 6.79 亿元，建立了大同、阳泉、西山、汾西、潞安、轩岗、晋城等 7 个中央直属统配矿务局和霍县、东山、南庄、小峪、荫营、西峪 6 个地方统配煤矿，山西煤炭工业初具雏形。同时，煤炭产量也大幅提高，由中华人民共和国成立初期的 267 万 t，提高到 1975 年的 7 541 万 t，增长 27 倍多，平均年递增率为 14%；煤炭供应区域由 1949 年的华北地区扩大到 1975

年的华北、华东、中南、西北、东北五大区的25个省、区、市；煤炭铁路外调出省量由1949年的62万t(占生产量的23.2%)，提高到1975年的4 245万t(占生产量的56.3%)。

在国民经济恢复时期，国家共投资3.34亿元，用于向山西煤矿提供采煤设备、排水设备、运煤车辆、提升运煤设备，使半机械化采煤的产量占到40%，工作面和巷道运煤机械化率分别达到50%和80%。机械设备的水平提高与更新，使山西煤炭生产飞速发展。到1953年年底，山西中央直属煤矿由8处增长至15处，原煤产量增至392万t，地方国营煤矿恢复至65处，年生产能力达500万t，经过整顿私营煤矿由中华人民共和国成立初期的3 620处减为1 514处，但年生产能力却提高至315万t。全省煤矿3年完成投资3 976万元，年生产能力达1 105万t(不含私营煤矿)，煤炭工业总产值占全省工业总产值的比例由1949年的26.1%上升至1952年的33.3%，原煤产量由1949年的267万t，猛增至1 000万t以上，占全国原煤总产量的比例由1949年的8.4%上升至1952年的15.3%。

在煤矿大规模建设时期，建设方针是老矿井技术改造与新矿井建设相结合，大、中、小型矿井建设相结合，合理布局，协调发展。在对旧矿改造中，第一个五年计划，中直煤矿对大同煤峪口斜井等8对矿井进行了改扩建，设计能力由253万t/a提高到660万t/a，累计完成投资1 407万元。“二五”时期，对潞安石圪节矿、大同永定庄矿、西山杜儿坪矿进行改扩建，使其生产能力由225万t/a提高至315万t/a，完成投资5 863万余元。同时，地方国营煤矿完成7对矿井的改扩建，增加生产能力64万t/a，完成投资939万余元。1963—1965年三年经济调整时期，中直煤矿新开工改扩建矿井两对，设计能力分别由21万t/a和45万t/a提高到36万t/a和90万t/a，完成投资分别为1 638万余元和1 108万余元。1966—1975年，即国民经济“三五”和“四五”时期，虽有“文化大革命”干扰，山西中直煤矿根据原煤炭部要求，仍将大同矿务局忻州窑等11对矿井列入改扩建计划，设计能力由693万t/a增至1 429万t/a，累计完成投资2.8亿元。地方煤矿由于“文化大革命”干扰，1960—1973年煤炭产量徘徊不前，为缓解全国煤炭供应紧张局面，1974年由国家投资，对山西地方20对矿井开工进行改扩建，设计能力由342万t/a扩大至756万t/a，到1975年投产6对，净增生产能力138万t/a，完成投资943.77万元。

在新矿建设中，中华人民共和国成立初期，山西集中财力、物力，对11对中直矿井、4对省营矿井进行恢复重建，新建矿井设计能力为672万t/a，累计完成投资6 797万元。“一五”时期，山西中直煤矿恢复和新建矿井27对，设计能力为1 413万t/a，完成投资1 764.8万元；地方煤矿重点建设10对矿井，设计能力为450万t/a，完成投资2 228万元。1958年，山西煤矿建设在“大跃进”形势下，规模急剧膨胀，中直矿务局区开工新建矿井57对，其中56对是在1958—1959年两年间一哄而上建立的，严重违背了客观经济规律，所以43对随即停建，造成巨大经济损失。“二五”时期，中直煤矿开工投产和在建完成项目共完成投资1亿元，停建项目投资2 768.9万元。地方煤矿开工建设矿井19对，停建9对、投产9对，投产能力为267万t/a，完成投资4 940万元。三年调整时期，1965年中直煤矿新建汾西高阳矿井，设计能力为120万t/a，1973年建成投产，共完成投资6 247万元。开工新建晋城凤凰山斜井，设计能力为150万t/a，于1970年建成投产，完成投资5 743万元。“三五”和“四五”时期，由于“文化大革命”的影响，山西煤矿建设规模缩小，速度减缓。10年间，中直煤矿开工新建矿井3对，恢复矿井建设1对。地方国营煤矿先后开工新建矿井17对，设计能力为372万t/a，由于管理混乱、投资不足，到1975年年底，17对矿井只有2对矿井投产，设计能力仅为40万t/a，共完成投资966万余元。具体建设项目见表1-1。

表1-1 山西煤炭工业恢复与建设时期投资建设情况汇总表

时期	项目	投资		项目	成效
恢复时期	设备投资	国家/亿元	3.34	采煤设备22台，电钻231台，提升运输设备149台，通风设备191台，排水设备156台，煤车2 300辆	半机械化采煤产量占到40%，工作面机械化率达50%，巷道运煤机械化率80%
	新建项目	国家/万元	6 797	3个中直煤矿11对矿井，两个省营煤矿4对矿井重建；新建阳泉四矿七尺斜井	16对矿井设计能力为672万t/a

表 1-1(续)

<table>
<tr><th>时期</th><th>项目</th><th colspan="2">投资</th><th>项目</th><th>成效</th></tr>
<tr><td rowspan="4">“一五”时期</td><td rowspan="2">改造项目</td><td>国家/万元</td><td>1 407</td><td>大同煤峪口斜井等 8 对中直煤矿改扩建</td><td>设计能力由 253 万 t/a 提高到 660 万 t/a</td></tr>
<tr><td>地方/万元</td><td>1 689.71</td><td>地方国营列入国家计划的 8 对矿井改扩建</td><td>形成生产能力 126 万 t/a</td></tr>
<tr><td rowspan="2">新建项目</td><td>国家/万元</td><td>1 764.8</td><td>恢复和新建矿井 27 对,设计能力为 1 413 万 t/a,投产 11 对</td><td>增加生产能力 756 万 t/a</td></tr>
<tr><td>地方/万元</td><td>2 228</td><td>新建、恢复大同、太原、忻县、晋东南等 10 对矿井</td><td>设计生产能力为 450 万 t/a</td></tr>
<tr><td rowspan="4">“二五”时期</td><td rowspan="2">改造项目</td><td>国家/万元</td><td>5 863</td><td>潞安石圪节立井、大同永定庄立井、西山杜儿坪改扩建</td><td>生产能力由 225 万 t/a 提高到 315 万 t/a</td></tr>
<tr><td>地方/万元</td><td>939</td><td>地方国营 7 对矿井改扩建</td><td>增加生产能力 64 万 t/a</td></tr>
<tr><td rowspan="2">新建项目</td><td>国家/亿元</td><td>1.00</td><td>新建矿井 57 对(停建 43 对),投产 7 对</td><td>新增生产能力 778 万 t/a</td></tr>
<tr><td>地方/万元</td><td>4 940</td><td>新建矿井 19 对(停建 9 对),投产 9 对</td><td>投产能力为 267 万 t/a</td></tr>
<tr><td rowspan="4">“三五”
“四五”
时期</td><td rowspan="2">改造项目</td><td>国家/亿元</td><td>2.8</td><td>大同矿务局忻州窑等 11 对矿井改扩建</td><td>设计能力由 693 万 t/a 提高到 1 429 万 t/a</td></tr>
<tr><td>国家扶持地方/万元</td><td>943.77</td><td>大同姜家湾等 20 对矿井改扩建</td><td>设计能力由 342 万 t/a 扩大至 756 万 t/a,净增产能 414 万 t/a</td></tr>
<tr><td rowspan="2">新建项目</td><td>国家/亿元</td><td>1.20</td><td>汾西矿务局高阳立井、晋城矿务局凤凰山斜井</td><td>设计能力 270 万 t/a</td></tr>
<tr><td>地方/万元</td><td>966</td><td>宁武东汾煤矿、大同吴官屯煤矿</td><td>设计能力仅为 40 万 t/a</td></tr>
</table>

注:根据山西煤炭志编纂办公室《山西煤炭志资料长卷》和《山西煤炭大典》资料整理。

2. 能源基地大规模建设时期

十一届三中全会后,我国进入改革开放的黄金时期。由于经济高速增长,能源短缺成为制约经济增长的主要瓶颈,为此,国家确立了“优先发展能源工业”的方针,山西依托资源优势、地理区位优势和雄厚的煤炭工业基础,成为国家开发建设的重点。从此,山西开始了大规模、高强度开发的能源基地建设时期。

“五五”时期,山西煤炭工业建设投资由 1976 年的 1.6 亿元增加到 1980 年的 4.66 亿元,矿井建设得以迅速发展。全省国家统配煤矿 63 对矿井,生产能力为 4 695 万 t/a。尽管如此,国民经济发展对煤炭需求急剧增长而造成的煤炭供应缺口仍很突出,国家又提出了“大中小一齐上,国家、集体、个人一齐上”的推动煤炭开采方针,在国家投入资金的带动下,在煤炭开采利好政策的推动下,地方国营和非国营煤矿均在快速发展,乡镇煤矿出现了迅猛增长的趋势。至 1980 年,地方国营煤矿达到 186 处,年生产能力 2 023 万 t;全省地方非国营煤矿达到 1 066 处,乡镇煤矿 2 671 处,年产原煤4 000 万 t 以上。全省年产量达到1.21亿 t,实现总产值 23.79 亿元。全省国营煤矿 5 年实现利润 22 亿元,上缴利税 28.05 亿元,极大地缓解了国家能源短缺。原煤产量由 1975 年的 7 541 万 t 增加到 1980 年的 1.21 亿 t。

“五五”时期,由于全国经济建设的需要,山西把矿井改扩建当作煤炭建设的重要任务来抓,到 1980 年,中直煤矿续建了“四五”期间开工的 10 对改扩建矿井,净生产能力为 500 万 t/a。同时新开工改扩建矿井 3 对,设计能力由 90 万 t/a 扩大至 150 万 t/a,完成投资 5 552 万元。开工新建矿井两对,完成投资 1 984 万余元。地方国营新开工改扩建矿井 53 对,设计能力由 998 万 t/a 扩大到 1 858 万 t/a,共完成投资 2.9 亿元。开工新建矿井 12 对,总设计能力为 281 万 t/a,完成投资 2 527 万余元。

“六五”“七五”时期是山西煤炭工业高速发展时期。1980 年,中共中央和国务院做出建设山西能源基地的决策后,国务院和山西省政府组织 200 多个单位、1 400 余名专家,对建设山西能源重化工基地进行深入的研究和论证[6]。1983 年 2 月,编制出《山西能源重化工基地建设综合规划》(以下简称《规划》)。《规划》提出到 20 世纪末山西原煤产量达 4 亿 t 的目标;确定对现有生产矿井进行改扩建和技术改造;充分发挥老矿区作用,在老矿区内或周围建新井,充分发挥老矿区在人力、物力、设施等方面支援新井建设的作用;重点建设一批新基地(如古交、平朔等),加快新井建设步伐;大力发展洗选加工、综合利用和坚持铁路先行等8条方针;确定了包含大同、宁武和平朔、常村新区在内的动力煤基地;建设阳泉、晋城无烟煤基地;发展西山、霍西煤田及河东煤田中、南段的炼焦煤基地。《规划》为山西煤炭工业稳步、健康、协调发展提供了科学的理论依据。

在国家《规划》指导下,"六五"期间,山西煤炭产业进入高速发展与大规模建设时期。煤矿工业矿井投资累计完成29.4亿t,新增生产能力1 925万t/a。其中,国有重点煤矿投资19.53亿元,新增生产能力1 284万t/a;地方煤矿投资9.87亿元,新增生产能力641万t/a。在旧矿改造中,中直7个矿务局对7对生产矿井进行了改扩建,总设计能力由810万t/a扩大到1 710万t/a,完成投资7.538亿元。开工新建大中型矿井10对,总设计能力为2 430万t/a,投资预算25.325亿元。1985年,中美合资开发的平朔安太堡一号矿井开工建设,设计能力为1 533万t/a,预算投资6.5亿美元,1987年9月正式建设投产,其建设速度之快,世界罕见。地方中小型煤矿此时主要以改扩建为主要形式,到1985年,地方国营煤矿新增设计能力602万t/a,共完成投资1.056亿元。原社队所有的乡镇煤矿在这一时期也通过改扩建,净增生产能力达到489万t/a,共完成投资1.044亿元。同时,地方国营煤矿开工新建矿井12对,总设计能力为501万t/a,投资预算5.388亿元。原煤产量从1980年的1.21亿t猛增到1985年的2.14亿t,增长76.9%。

"七五"期间,山西煤矿产业在"五五""六五"基础上,继续高速发展。五年间矿井投资累计完成50.83亿元,是"六五"期间的1.7倍,新增生产能力3 264万t/a。其中国有重点煤矿投资41.1亿元,新增生产能力2 146万t/a,地方煤炭投资9.73亿元,新增生产能力1 118万t/a。中直煤矿开工新建设矿井2处,投产的新建矿井5处。地方国营煤矿开工新建矿井14处,"六五"结转的新建矿井有7对建成投产,总设计能力41万t/a。乡镇煤矿开发新建矿井9对,设计能力83万t/a,至1990年共完成投资717万元,均未投产,结转"八五"时期续建。平朔安太堡露天煤矿于1985年7月开工,1987年9月投产,建成了采矿及配套工程,年产原煤1 533万t。原煤产量从1985年的2.14亿t增长到1990年的2.86亿t,增长33.6%。

"八五"期间,山西煤炭工业仍处于高速发展时期,投资不断攀升。五年间矿井投资累计完成93.04亿元,约为"五五""六五""七五"期间投资总额,新建矿井80处,新增生产能力3 042万t/a。其中国有重点煤矿投资58.17亿元,新建矿井9处,新增生产能力1 846万t/a;地方煤矿投资34.87亿元,新建矿井71处,新增生产能力1 196万t/a。1991年,大同矿区四台矿、太原古交矿区东曲矿、阳泉矿区贵石沟矿3对特大型现代化矿井相继建成投产,不仅为山西,也为全国煤矿建设史书写了新的篇章。3座特大型矿井的建成投产,年设计能力净增1 300万t,使山西省统配煤矿的设计能力超过1亿t,进一步增强了统配煤矿的发展后劲。原煤产量从1990年的2.86亿t增长到1995年的3.47亿t,增长21.3%。

山西煤炭工业在经历了"六五"时期的"有水快流","七五"时期的以安全为中心的全面整顿后,"八五"时期山西地方煤炭工业步入稳步发展阶段,到1995年年末,全省共有地方煤矿6 267个,见表1-2。

表1-2 山西能源基地大规模建设初期建设项目汇总表

时期	类型	投资	项目	成效
"五五"时期	中直煤矿/亿元	4.16	潞安五阳、阳泉二矿、西山杜儿坪改扩建	设计能力由396万t/a扩大到885万t/a
	地方煤矿/亿元	2.9	改扩建矿井53对	设计能力由998万t/a扩大到1 858万t/a

表 1-2(续)

时期	类型	投资	项目	成效
“六五”时期	中直煤矿/亿元	19.53	新建大中型矿井 10 对	设计能力为 2 430 万 t/a
	地方煤矿/亿元	9.87	地方国营煤矿开工新建 12 对	地方国营设计产能 501 万 t/a
“七五”时期	中直煤矿/亿元	41.1	开工新建古交屯兰矿(一期),晋城成庄矿;镇城底矿、炉峪口矿、嘉乐泉矿、燕子山矿、马兰矿等 5 矿建成投产	新增产能 2 146 万 t/a
	地方煤矿/亿元	9.73	地方国营煤矿开工新建 14 处	新增产能 1 118 万 t/a
“八五”时期	中直煤矿/亿元	58.17	开工新建矿井 9 处	新增产能 1 846 万 t/a
	地方煤矿/亿元	34.87	地方国营煤矿开工新建 71 处	新增产能 1 196 万 t/a

注:根据山西煤炭志编纂办公室《山西煤炭志资料长卷》资料整理。

3. 煤炭工业结构调整时期

20 世纪 90 年代中期开始,尤其是 1997 年,亚洲金融危机爆发,煤炭市场供大于求。受宏观经济发展环境与煤炭市场双重影响,以资源开采和初加工为主体的山西煤炭经济大起大落。煤炭市场疲软、煤价一路走低,煤炭工业跌入谷底,关井压产成为必然。煤炭产业进入结构调整期。

1996—2000 年,山西煤炭工业发展速度首次放慢,投资与建设规模均有所下降。五年间矿井投资累计完成 78.98 亿元,与“八五”时期相比,投资减少了 14.06 亿元,新建矿井 50 处,新增生产能力 1 618 万 t/a。其中,国有重点煤矿投资 61.04 亿元,新建矿井 3 处,新增生产能力 580 万 t/a;地方煤矿投资17.94亿元,新建矿井 47 处,新增生产能力 1 038 万 t/a。“九五”期间,山西共建成高产高效矿井 29 座,其中包括古交矿井、阳泉贵石沟矿井、潞安常村矿井、晋城成庄矿井等一大批现代化矿井,尤其是 2000 年特大型现代化露天煤矿——安家岭矿进入调试、试生产阶段,标志着山西矿井建设达到了国际先进水平;与此同时,各级政府与煤炭管理部门重点展开关井压产工作,依法取缔非法开采和关闭不合理的小煤矿取得阶段性成果。到 2000 年年底,全省已累计关闭各类小煤矿 4 051 处,压产 7 980 万 t/a,小煤矿随意布点、越层越界、乱采滥挖现象得到初步遏制,办矿秩序和生产经营秩序趋于好转。到 2000 年年末,全省境内共有各类煤矿 5 551 处,其中,国有重点煤炭企业共有生产矿井 68 处,地方国有煤矿 340 处,集体、乡镇及其他煤矿 5 143 处,山西全部矿井生产能力 3 亿多吨。原煤产量从 1995 年的 3.47 亿 t 下降到 2000 年的 2.52 亿 t,下降 27.4%,全省煤炭行业面临前所未有的困难。

4. 煤炭工业“十年黄金”发展期

进入 21 世纪后,煤炭需求旺盛、煤价持续上涨,煤炭工业又一次进入了投资与建设的高峰期。在此背景下,山西煤炭工业步入了“十年黄金”发展期。

2001—2010 年,是山西煤炭工业发展又好又快、对全省经济社会发展贡献突出的时期,这期间煤炭产业结构加速优化、发展方式加快转变。“十五”期间,山西煤炭工业飞速发展,投资与建设规模急剧膨胀。五年间矿井投资累计完成 214.25 亿元,其中,国有重点煤矿投资 129.23 亿元,新建矿井 7 处,新增生产能力 2 386 万 t/a;地方煤矿投资 85.02 亿元,新建矿井 49 处,新增生产能力 1 040 万 t/a。同时,山西煤炭工业着手结构调整,坚持“上大扶优”和“关小淘汰”并重,努力提高产业集中度和集约化水平。一方面围绕三大煤炭基地建设,加快推进建设了一批大型现代化高产高效矿井,另一方面,到规划期末,全省共关闭了 4 578 处开采落后、浪费资源、安全没有保障、生产力低下的小煤矿。2005 年,山西晋北、晋中、晋东三大煤矿基地共建有矿井 4 085 处,其中国有重点煤矿 96 处、地方煤矿 359 处、乡镇煤矿 3 630

处。全部矿井核定生产能力4.79亿t/a。从2002年开始，随着煤炭价格的上涨，煤炭产业进入超常规发展阶段，煤炭产量大幅度增加。山西原煤产量从2000年的2.52亿t迅猛增长到2005年的5.54亿t，增长1倍多，年均增长17.1%。

“十一五”期间，煤矿企业兼并重组取得重大成果。为了改变山西小煤矿呈现的“弱、小、散、乱”的格局，解决资源浪费、环境破坏、事故频发等问题，2009年，山西省委、省政府启动了煤矿企业兼并重组。2009年全省关闭矿井489处，2010年关闭527处。全省重组整合累计关闭矿井1 505处，基本完成淘汰落后产能2.6亿t/a；又形成11个千万吨级以上的大型煤炭集团，72个300万吨级的煤炭企业，从根本上改变了煤矿多、小、散、乱、差的状况；率先在全国煤炭行业进入全新的大矿发展阶段。到2010年年末，全省煤炭行业办矿主体由2 000多家减少到130多家，煤矿数量由“十五”期末的4 278座减少到1 053座，单井平均规模提高6倍多，由16.8万t/a提高到120万t/a；初步构建了4个年生产能力亿吨级的特大型煤炭集团，3个年生产能力5 000万吨级以上的大型煤炭集团；打造了7家全国500强企业；全省共建成安全质量标准化矿井318座，其中国家级54座，占到全国的22.3%；全省105座矿井被中国煤炭工业协会评为“安全高效矿井”，占到全国的29%；采煤机械化程度达到81%，处于全国领先水平(其中，国有重点煤矿机采率100%，综采率达到96%)。

“十一五”时期，是山西煤炭工业发展又好又快、对全省经济社会发展贡献突出的时期。煤炭产量由2005年的5.54亿t增加到2010年的7.41亿t，平均每年以3 700万t的速度递增；五年共生产煤炭31.8亿t，比“十五”期间增加10.5亿t，增长49%，占全国同期煤炭生产总量的23%。全行业实现销售收入15 576亿元，比“十五”期间增加11 134亿元。全行业实现利润1 339亿元，比“十五”期间增加973亿元，增幅为266%。累计上缴税金2 151亿元，比“十五”期间增加1 644亿元，增幅为324%。

“十一五”期间，全行业固定资产投入2 060亿元，比“十五”期间增加1 699亿元，增幅4.7倍。其中，非煤产业投资925亿元，比“十五”期间增加825亿元，增长8.25倍；矿井建设和改造投资1 135亿元，比“十五”期间增加874亿元，增加3.35倍。全行业科技投入288.36亿元，比“十五”期间增加153.8亿元，增长114%。2009年省内7大煤炭企业用于科技投入的资金达到33.9亿元，比2005年增加20.16亿元，增长146.72%。共建造21个煤炭企业技术中心，省属五大煤炭企业集团全部建立了国家级技术中心，3个博士后工作站全部投运。产、学、研机制已经形成，作用突出。“十一五”期间共有265项科技成果通过鉴定，有268项获省部级科技成果奖。潞安集团煤炭间接液化核心技术获国家发明专利46项，高纯度多晶硅提纯技术达到国际先进水平，“喷吹煤”被认定为国家高新技术产品，“矿用救生舱”填补了国内空白，通过国家安全技术鉴定并获准生产，潞安集团被评为“国家创新型试点企业”。

5. 煤炭工业转型发展时期

“十二五”时期，是山西煤炭行业发展史上不凡的五年，国内煤炭价格出现有史以来最大幅度、最长周期的连续性下滑。煤炭价格的大幅度下跌，对煤炭大省山西的经济影响巨大，从一定意义上说，山西煤炭产业进入了转型发展期，即煤炭市场低迷形势下调整转型发展的历史时期。

“十二五”时期，山西省积极应对煤炭市场下行压力，煤炭经济有了新发展。全省煤炭行业按照省委、省政府促进煤炭经济平衡运行的战略部署，认真贯彻落实“煤炭20条”“煤炭17条”和“减轻企业负担、促进工业稳定运行60条”等一系列重大政府措施。加强对煤炭经济运行的宏观调控和分析预测，引导企业科学组织生产经营；加强煤炭企业与电力等用户长期战略合作；严格落实国家和山西省一系列煤炭脱困政策，全省煤炭经济保持了平衡发展态势。“十二五”时期，全行业累计生产煤炭47亿t，比“十一五”时期增加15.2亿t，增幅47.8%，其中2015年生产9.75亿t。完成煤炭出省销售量30多亿吨，比“十一五”时期增加5.5亿t，增幅22%，实现销售收入增加254.91%，实现税费增加118.62%，2015年出省销售量6亿多吨。煤炭对全省规模以上工业经济增长的贡献率稳定在55%以上。

努力夯实安全生产基础，煤炭安全生产形势有了新的转变。全行业牢固树立安全生产“红线”意识，责任意识和底线意识；全面推进安全质量标准化矿井建设，加强安全生产大检查，促进煤炭安全生产。“十二五”时期比“十一五”时期，全省煤炭生产安全事故起数、死亡人数分别下降65.22%和78.02%；“十二五”时期，煤炭百万吨死亡人数实现了“双零”以下目标，全省煤炭安全生产形势实现了由持续明显好转向稳定好转迈进。

全力推进煤矿建设，煤矿现代化水平有了新提升。全省煤炭企业兼并重组整合圆满完成，进入了大规模整合改造和现代化矿井建设阶段，整合矿井多达 788 座，全行业克服各种不利因素的影响，坚持推进重组整合与加快现代化矿井建设相结合，全力推进煤矿现代化建设，矿井建设整体水平进一步提高。全行业累计完成固定资产投资 7 497 亿元，“十二五”时期比“十一五”时期煤矿固定资产投资增加 264%。“十二五”时期开工建设煤矿 729 座，投产 377 座。

积极推进循环多元发展，产业转型有了新进展[3]。构建煤炭工业转型综改试验框架，编制了《转型综改试验区煤炭工业实施方案(2012—2015)》，建立了全行业转型标杆项目储备库；煤炭循环经济园区和循环产业链条建设深入推进，积极推进煤制油、煤制烯烃、煤制天然气等一批转型重大项目，煤焦化、煤气化、煤液化产业链发展进一步加快；以“煤控电、煤参电、电参煤、组建新公司”为新模式，煤电联营、煤电一体化快速推进，全省主力火电企业 80%以上实现了煤电联营，煤层气抽采利用大幅度增加。非煤经济已经成为煤炭经济的重要组成部分，以循环经济发展模式为特征的煤炭转型发展步入快车道。“十二五”时期非煤完成固定资产投资 2 690 亿元，非煤项目固定资产投资增加 191%，非煤收入增加 696%。

1.2 山西煤矿灾害与安全生产状况简述

1.2.1 山西煤矿灾害现状分析

1. 山西煤矿灾害防治总体情况

煤矿重大灾害防治工作是防范煤矿生产安全事故的重点和难点，事关煤矿长治久安，事关煤炭行业高质量发展。山西省是我国重要的煤炭生产基地之一，全省下辖 11 个地级市全部有煤炭生产企业，各区域内受开采煤层赋存条件影响，生产期间致灾因素和防治技术手段不同。山西省煤矿灾害类型主要为瓦斯灾害、火灾、水害、矿压、粉尘等，热害在山西生产矿井中显现不严重[7]。

(1) 瓦斯灾害

瓦斯灾害是山西省煤矿最严重的灾害之一，全省高突矿井共有 282 座，其中，高瓦斯矿井 226 座，煤与瓦斯突出矿井 56 座，分别占全省煤矿总数的 25.4%和 6.3%。高突矿井主要分布在山西省中南部的阳泉、晋城、潞安、西山、离柳、汾西、东山、霍州、霍东、乡宁等矿区。其中阳泉、晋城、潞安、西山、离柳等 5 个矿区的煤层瓦斯含量比较大，煤矿瓦斯灾害比较严重。

(2) 火灾

全省容易自燃Ⅰ类煤矿 36 座，自燃Ⅱ类煤矿 489 座，不易自燃Ⅲ类煤矿 233 座，现有火区数量 5 个。目前山西省煤矿开采的煤层，除沁水煤田的长治(潞安)、晋城矿区外，均有自燃倾向，其中尤以大同煤田、朔州、忻州、太原矿区和阳泉矿区开采的 15 号煤层矿井自然发火较为严重。

(3) 水害

全省水文地质类型中等煤矿 789 座，水文地质类型复杂煤矿 19 座，水文地质类型简单煤矿 2 座。山西省自北向南水文地质条件具有由简单向中等的变化规律，大同煤田、宁武煤田、河东煤田北部，水文地质条件简单，局部较复杂。沁水煤田、霍州煤田、西山煤田含水层多，含水性较强，水文地质条件中等，局部复杂。从垂直剖面分析，自上而下含水层含水具有由弱到强的变化趋势。

(4) 矿压

山西总体矿压灾害显现尚不明显，只有晋北地区及其他地区少部分矿井显现比较明显，全省共有 2 座冲击地压矿井。因此，对于此类灾害的防治工作总体重视程度尚有待提高，特别是对于冲击地压防治、矿压显现诱导采空区瓦斯异常涌出防治、深部开采巷道维护及通风密闭设施维护等工作都有待加强。

(5) 粉尘

矿井粉尘灾害防治工作总体水平欠佳，由于部分地区开采煤层无煤尘爆炸危险，绝大多数矿井防尘、除尘工作尚未得到重视。矿井粉尘灾害不仅体现在具有爆炸倾向的粉尘会产生爆炸危害，重点还在于粉尘对从业人员的职业健康危害，其次是对机械电器等的危害等。

2. 各地区煤矿灾害现状分析

（1）晋中市煤矿灾害现状分析

晋中市下辖共计 11 个区、县（市），共有矿井 125 座（其中，煤与瓦斯突出矿井 16 座、高瓦斯矿井 25 座、低瓦斯矿井 84 座），矿井主要分布在除太谷县、祁县、榆社县以外的 8 个地区。晋中市瓦斯灾害问题相对比较突出。煤层瓦斯压力最大可达 2 MPa，瓦斯含量最大可达 22 m^3/t。开采煤层自燃倾向性Ⅲ类至Ⅱ类。

（2）太原市煤矿灾害现状分析

太原市煤矿分布在下设 4 县（市），包括太原直辖区、清徐县、娄烦县和古交市，共有矿井 47 座，其中煤与瓦斯突出矿井 6 座，高瓦斯矿井 14 座，低瓦斯矿井 27 座。太原地区矿井均位于西山煤田范围内，大部分矿井的灾害较为类似。煤层瓦斯压力最大为 1.80 MPa，瓦斯含量最大为 15.49 m^3/t。太原区域的矿井现主要开采西山煤田的上组煤，开采煤层为 02 号、03 号、2 号、4 号层，各煤层层间距较近，为近距离煤层群开采。太原市煤矿煤层自燃倾向性以Ⅱ类至Ⅲ类为主，矿井自然发火并不严重，但矿井水害较严重。

（3）阳泉市煤矿灾害现状分析

阳泉市下辖平定县、盂县及城区、矿区、郊区，阳泉煤田位于山西省东部地区，面积约 26 000 km^2，阳泉地区共有生产建设矿井 34 座。阳泉矿区煤层属于变质程度稍低的无烟煤，同时是我国煤与瓦斯突出频率最高、瓦斯涌出量最大、自然灾害最严重的矿区之一，煤层瓦斯压力最大达 2.3 MPa，瓦斯含量高达 24 m^3/t。煤层突出危险性大、地质构造复杂、煤层碎软、透气性差，属于典型的低渗碎软突出难抽采煤层。阳泉地区以回采 15 号煤层为主，15 号煤层属于Ⅲ类不易自燃煤层，但部分 15 号煤层或其顶板岩层含有大量黄铁矿结核，硫含量最高达 10%，黄铁矿氧化性比 15 号煤活泼，导致矿井工作面采空区遗煤自然发火危险性大。

（4）长治市煤矿灾害现状分析

长治市为晋东南地区中心城市，下辖 4 个区、8 个县，共有矿井 112 座，其中煤与瓦斯突出矿井 2 座，高瓦斯矿井 47 座，低瓦斯矿井 63 座。煤矿主要分布在除平顺县、黎城县、沁县以外的 9 个县区。全市含煤面积约 8 500 km^2，探明储量 274 亿 t，主要开采煤层有 2 号、3 号、9+10 号、15 号煤层。煤层瓦斯压力最高为 1.38 MPa，瓦斯含量最高达 17.6 m^3/t，煤层地质构造较复杂。煤层透气性差，钻孔瓦斯流量衰减较快，工作面瓦斯来源一般为本煤层和邻近层瓦斯涌出。开采煤层自燃倾向性大部分为Ⅱ类至Ⅲ类。

（5）晋城市煤矿灾害现状分析

晋城市辖区内共有矿井 129 座，其中生产矿井 92 座，建设矿井 37 座。矿井主要分布在泽州县、沁水县、高平市、阳城县等地区。煤层瓦斯压力最高为 3.83 MPa，瓦斯含量最大为 23 m^3/t。煤层自燃倾向性以Ⅲ类至Ⅱ类为主。

（6）吕梁市煤矿灾害现状分析

吕梁市区域煤矿分布在 12 区、县（市），辖区内共有矿井 108 座。吕梁地区主要开采霍西煤田和河东煤田，煤田主要分山西组和太原组，吕梁地区山西组主采煤层为 2 号、4 号、5 号煤层，部分区域为 4 号、5 号煤层合并。太原组主采煤层为 6 号、8 号、9 号、10 号煤层，主要有主焦煤、肥煤、瘦煤、气煤、1/3 焦煤、贫煤等。煤层瓦斯压力最高为 2.4 MPa，瓦斯含量最高为 13.5 m^3/t，开采煤层大部分为Ⅱ类易自燃煤层或者Ⅲ类不易自燃煤层。

（7）临汾市煤矿灾害现状分析

临汾共有矿井 62 座，其中高瓦斯矿井 11 座，低瓦斯矿井 51 座。区域内煤层主要以焦煤为主，但是大部分区域埋藏浅，煤层有露头，瓦斯含量不大。高瓦斯矿井主要分布在临汾西部河东煤田的乡宁县、临汾东部沁水煤田的安泽县(4座)和古县(2座)。煤层瓦斯压力最高为0.65 MPa,瓦斯含量最高为5.31 m^3/t。煤层自燃倾向性以Ⅲ类至Ⅱ类为主。

(8) 运城市煤矿灾害现状分析

运城市区域内共有矿井6座,矿井全部分布在河东煤田的河津市下化乡附近,与临汾境内的王家岭、吉宁矿相邻。其中高瓦斯矿井2座,低瓦斯矿井4座,生产炼焦煤。煤层瓦斯数据与临汾乡宁区域基本相同。煤层自燃倾向性以Ⅲ类至Ⅱ类为主,火灾问题较小,但区域内小窑较多,易发生突水事故。

(9) 大同市煤矿灾害现状分析

大同市区域内所采煤田属大同煤田,以动力煤为主,大同矿区侏罗系煤层资源基本回采完毕,现主采煤层为石炭系3-5号煤,平均煤厚16 m。煤层瓦斯赋存具有典型的"两低两高"(低瓦斯赋存、低透气性、大采高全煤厚开采、高瓦斯涌出量)特征。主要煤层属易自燃煤层,同时矿井由3-5号煤层向8号煤层延深过程中奥灰水影响较大。

(10) 朔州市煤矿灾害现状分析

朔州市区域内开采煤田主要包含大同煤田(朔州南部)和宁武煤田,以动力煤为主。朔州矿区内露天矿井占有较大比例,井工矿目前影响矿区安全生产的主要因素为奥灰水,但随着矿井开采深度增加,矿井深部采区受地质构造影响,瓦斯问题也逐渐显现。朔州地区3-5号煤层瓦斯含量最高为4 m^3/t,瓦斯压力约为0.3 MPa。

(11) 忻州市煤矿灾害现状分析

忻州市区域内开采煤田主要包含河东煤田(主要为河东煤田的北部)和宁武煤田。瓦斯压力约为0.70 MPa,瓦斯含量约为6.8 m^3/t。

河东煤田主要位于河曲县、保德县等地区,以焦煤和瘦煤为主。保德县主采8号气煤,随着开采深度的增加,其瓦斯含量、瓦斯压力逐渐增大。

宁武煤田主要位于忻州的中部,以动力煤为主。整个忻州地区,煤矿灾害防治难度较大的区域主要以宁武煤田东北部的轩岗矿区为代表,同时矿区内部分煤矿水文地质条件复杂。

1.2.2 山西煤矿安全生产影响因素分析

经济发展过程中,煤炭一直都是我国的主要能源和重要原料。随着经济的快速发展,对能源的需求量不断增加,因此,煤炭的供应量也不断增加,从而导致煤矿企业煤炭生产量不断攀升,对煤炭资源的开发速度也不断提升,随之而来的煤矿安全事故的风险越来越高。因此,为了更好地保证生产过程中不出现安全事故,对生产方面的安全问题要给予足够重视。近年来,山西省煤矿安全事故成了制约煤矿企业安全生产的重要影响因素。

1. 影响煤矿安全生产的主要因素

(1) 安全意识因素

一些煤矿生产工人在平时作业期间对安全问题的重视程度不够,缺乏安全事故的应急处置教育,在开展具体工作期间太过注重经济收益,容易忽略煤矿采掘期间潜藏的安全风险,严重影响了煤矿采掘工作的顺利开展,危及施工人员的生命安全。因此,提高煤矿从业人员的安全意识是十分关键的。

(2) 生产技术因素

随着科学技术的不断发展,煤矿生产机械化和自动化程度越来越高,尤其随着智能化技术和设备的涌现,一些大型煤矿逐渐实现工作面无人化。但是由于各地区经济发展不平衡,部分企业在生产技术方面依然较为落后,没有积极开发和应用新技术、新设备,特别是一些小型煤矿,其机械化程度较低,主要依靠人工完成掘进工作,受到井下生产恶劣环境的影响,容易发生灾害事故,导致人员伤亡。

(3) 设备设施因素

设备设施因素也是影响煤矿安全生产的重要因素。如一些机器设备老化陈旧后未被及时替换,将导致煤矿机械设施的安全监管工作无法顺利进行。其中更关键的问题为,部分安全监测设施没能获得实时更替,比如,煤矿瓦斯的感应设施、通风检测设施等。

(4) 人才流失因素

因为无法为技术工人创造优厚条件，煤矿公司中的专业人才大量流失，从而导致无法确保煤矿生产的安全性。煤矿生产期间潜存的技术性问题无法被实时检测到，不能及时排除，致使煤矿生产期间出现大量安全事故。

2. 煤矿安全生产事故的控制措施

（1）加强职工的安全管理意识

煤矿工人的安全管理观念是影响煤矿安全生产的关键因素，因此，煤矿企业必须加强对工人的教育和培训，提升其安全管理意识。同时，还应对可能遇到的安全问题编制应急预案，最大限度地减少人员伤亡与经济损失。另外，还需要提升工人对防治粉尘的重视程度，使其能够充分意识到粉尘对煤矿安全采掘的重大影响，以免因为粉尘带来安全事故。

（2）提高机电设备管理水平

① 不断完善煤矿机电设备的监管机制。特别是不断完善井下机电设备的安装、运输与操作监管体系，如利用包机责任制的监管模式，即将机械设备整体移交给专人负责，同时利用相应的奖惩机制，有效提高机电设备的监管效果。

② 对机电设备进行日常维护。机电设备负责人必须高度重视煤矿设备检修工作台账记录工作，定期检验与修理机电设备，对机电设备中产生问题的部件及时更换，对检验出的问题及时解决，并登记在册。

③ 将安全资金适度投入到机电设备的维护工作中，将老化、过时的机电设备替换掉，不断引进先进设备和先进技术，保障煤矿机电设备的正常、高效运行。

（3）构建技术运用的创新模式

在新的煤矿开采形势下，煤矿安全生产受到现有技术的局限性的影响，亟须积极探索研究开发新材料、新工艺、新策略。比如，使用采场围岩控制技术对各种煤层地质及开采条件进行科学研究，对急倾斜、大采高、大采深采场矿山压力显现规律可以有较为精确的判断，同时，对于围岩破坏与平衡机理的分析更为准确，从而实现对采场围岩控制技术的不断完善。

（4）加强监督，彻底排除安全隐患

在煤矿生产过程中，企业要提高对安全监管的重视程度，扩大安全检测的范围，避免违规操作，及时发现施工过程中潜存的安全隐患。例如，矿井采掘企业应该编制安全生产责任规范，对人员的职责进行科学分配，保证每道工序中的职责均落实到具体人员，从而提高监督管理水平，保证矿井采掘的安全进行。矿井监管单位应该根据矿井企业的有关信息，进行安全监管记录，根据风险等级对管理信息进行监管，保证风险报表和解决方案充分贯彻落实到整个矿井采掘过程中[8]。

（5）注重煤矿企业的文化建设和员工的技能培训

安全是煤炭企业的头等大事，保障安全生产是煤矿公司运行中的基本任务。企业应积极开展安全知识宣讲活动，使工作人员不断学习新的安全知识，从而有效提升煤矿公司整体生产工作的安全性。此外，要注重采矿工人的技能培训工作，提升工人的整体素质。在所有人都重视安全生产的情况下，整个生产工作的安全性便会得到提高。

煤炭为我国的经济发展和人民生活水平的提高提供了重要的能源基础，但是煤炭开采过程中出现的矿难会给国家带来重大的人员和经济损失。随着科学技术的发展、现代信息化系统的开发和应用、人员素质的不断提高、煤矿企业相关管理制度的不断完善，煤矿灾害发生次数与过去相比有了大幅度下降。

1.2.3 山西煤矿安全生产历程回顾

山西煤炭资源的地位一直位居全国第一，煤炭是山西省最大的优势矿产资源。山西煤炭资源自北向南分布在大同、宁武、西山、沁水、霍西、河东等产煤区，含煤面积为 6.2 万平方千米，占全省总面积的 39.5%。到 1999 年年底，煤炭资源总储量为 2 681.62 亿 t，其中可采和预可采储量为 702.8 万 t，占总储量的 26.21%。基础储量为 1 167.63 亿 t，占资源总储量的 43.54%；其余 1 513.99 亿 t 为可行性低的资源（含原表外储量），占资源总储量的 56.46%。

山西是我国的煤炭储量、产量、调出量大省，基础储量占全国的30%以上，产量和调出量分别约占全国的25%和75%。山西是我国以煤炭为主的能源战略实施的关键，煤炭工业在山西经济发展中具有重要的战略地位。山西煤炭工业走过了极不平凡的发展历程，承载了兴晋富民和支援全国经济建设的历史担当，推动了我国工业化的进程，堪称“支撑共和国发展的脊梁”，也取得了弥足珍贵的深刻启示。

山西煤炭工业走过了恢复、建设、改革和转型发展的艰难历程。从经济体制看，经历了由计划经济到社会主义市场经济的转变；从全国和山西经济格局看，经历了从全面恢复煤炭生产和建设、形成全国煤炭生产供应中心，到建设成为国家能源基地、新型能源基地、综合能源基地，再到争当能源革命排头兵的转变；从煤炭工业发展情况看，经历了由小到大，由弱到强，由强到优，由数量规模扩张型到集约高效、质量效益型的转变，由传统能源向绿色、清洁能源的转变，由事故频发的高危行业向安全有保障的行业转变。

山西煤炭工业经历了中华人民共和国成立初期全面恢复煤矿生产和建设的历史时期，1975年年末，全省发展到13个综合机械化采煤队，综合机械化采煤的优势初步显现。地方煤矿积极进行矿井建设和环节改造，提高了矿井综合生产能力。1978年，全省煤炭产量接近亿吨，山西成为全国煤炭生产供应中心。

1978年，也是改革开放初期，山西煤炭工业贯彻“调整、改革、整顿、提高”八字方针。1979年，国家分配给山西44套国外先进综采设备，加上国内综采设备，统配煤矿普遍采用了综合机械化采煤。地方煤矿坚持“以矿养矿、分期改造、由小到大、逐步提高”，全省矿井综合生产能力得到大幅提高。1986年，全省89个产煤县，乡镇煤矿发展到6 459处，乡镇煤矿原煤产量超亿吨，占全省煤炭产量的42%。1987年，建成投产了年产1 533万t的平朔安太堡露天煤矿，是我国首个中外合资大型现代化露天煤矿，被誉为中国改革开放的“试验田”。

1990年，全省7个统配矿务局采煤机械化程度达到94.03%，其中综采62.25%，矿井运输、提升、排水、通风全部实现机械化。到1997年，全省各类煤矿数量发展到历史最高峰10 971处，原煤产量3.3亿t，外调量1.93亿t，分别占到全国的1/4和3/4。

1998年开始，受亚洲金融危机的影响，全国煤炭产量严重供大于求，山西煤炭“多、小、散、乱”的弊端集中显现，山西煤炭进入了脱困、调整、改革、整治和提升水平的时期。在这一时期，积极推进公司制改革和企业集团化经营。轩岗矿务局实施破产，由大同煤矿集团有限责任公司(以下简称“同煤集团”)重组，形成了北部以同煤集团为主体的动力煤集团；西山煤电、汾西矿业、霍州煤电三大公司共同组建了山西焦煤集团有限责任公司，形成了强大的规模和品牌优势。其他国有重点企业完成了公司制改革。一批地方煤炭企业联合改造组建了区域性集团，成为全国煤炭百强企业。

1998年开始关井压产，2001年开展煤矿安全专项整治。在这期间，山西煤炭工业不断尝试、不断实践：2004年全面推进地方煤矿采煤方法改革；2005年率先在全国开展煤炭资源整合和有偿使用；2006年开展煤炭工业可持续发展政策措施试点；2008年率先开展大规模的煤炭资源整合和煤矿兼并重组。通过关井压产、安全整治、整合重组，山西煤炭“多、小、散、乱”格局得以根治，全省各类煤矿由1997年的1万多处减少到1 053处，年产30万吨及以下的小煤矿全部淘汰，形成了4个亿吨级、3个5 000万吨级的集团公司，山西煤炭进入大矿时代。

这一时期，全省原煤产量连续上“台阶”，2005年突破5亿t，2007年突破6亿t，2010年突破7亿t，2011年突破8亿t，2012年突破9亿t，2014年达到历史峰值9.77亿t。安全形势持续好转，百万吨死亡人数降到0.1以下。

山西原煤产量从2001年的2.76亿t增加到2016年的8.32亿t，增加201.45%，但山西煤炭百万吨死亡人数和全国煤炭百万吨死亡人数都趋于稳定下降，分别下降96.81%和96.84%，如图1-1所示[9]。2001—2016年山西煤矿共发生重特大事故77起，死亡1 858人，分别占全国煤矿重特大事故起数和死亡人数的20.29%、21.7%，其中，特大事故18起，死亡人数880人，如图1-2所示[10]。从图1-2中可以看出，2004年发生的重特大事故起数最多，2007年死亡人数最多。

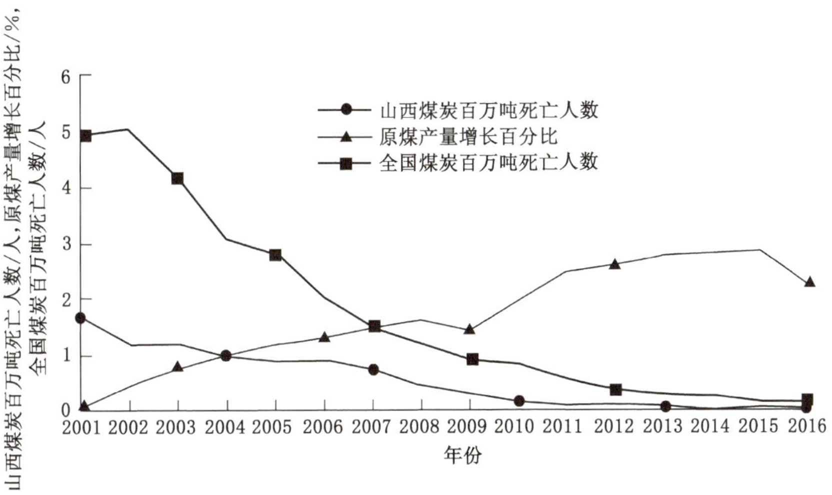

图 1-1　2001—2016 年山西煤矿安全状况分析

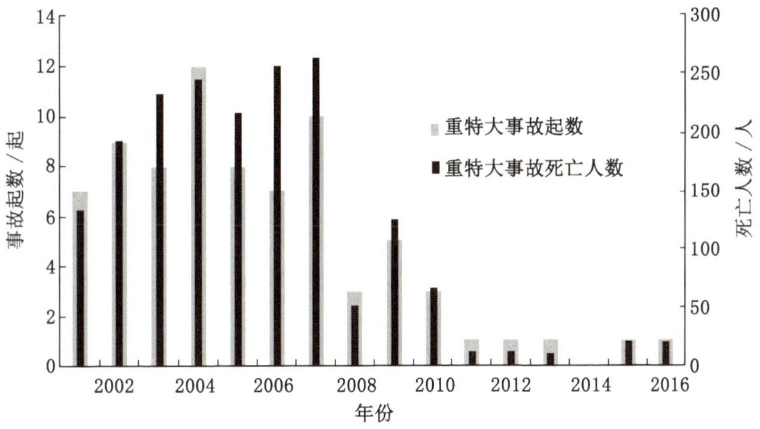

图 1-2　重特大事故发生起数和死亡人数年度分布

2017 年全国煤炭产量在连续三年下降后首次回升,山西作为煤炭资源大省,煤炭产量同比增长 3.5%,2018 年煤炭产量再同比增长 3.7%。随着煤炭产量的增加,煤矿安全问题也随之而来。根据山西煤矿安全监察局数据资料(表 1-3 和表 1-4),2017 年山西省累计发生煤矿生产安全事故 29 起,死亡 64 人,同比增加 10 起、20 人,分别上升 53%和 45%;2018 年累计发生煤矿生产安全事故 28 起,死亡 30 人,较 2017 年大幅度下降。

表 1-3　2017—2018 年山西煤矿事故按经济类型和事故等级统计表

事故等级	国有重点煤矿				地方煤矿			
	事故起数/起		死亡人数/人		事故起数/起		死亡人数/人	
	2017	2018	2017	2018	2017	2018	2017	2018
事故合计	17	13	42	14	12	15	22	16
一般事故	12	13	13	14	9	15	10	16
较大事故	4	0	19	0	3	0	12	0
重大事故	1	0	10	0	0	0	0	0
特别重大事故	0	0	0	0	0	0	0	0

表 1-4　2017—2018 年山西省煤矿事故按事故类型统计表

事故类型	事故起数		死亡人数		平均每起事故死亡人数/人
	事故起数/起	所占比例/%	死亡人数/人	所占比例/%	
顶板	13	22.8	26	27.7	2.0
瓦斯	0	0	0	0	0
机电	17	29.8	17	18.1	1.0
运输	12	21.1	13	13.8	1.1
爆破	0	0	0	0	0
水害	1	1.7	6	6.4	6.0
火灾	0	0	0	0	0
其他	14	24.6	32	34.0	2.3
合计	57	100.0	94	100.0	1.6

2019 年以来，我国煤炭行业步入“结构化去产能、系统性优产能”的发展阶段，由于煤炭行业面临着生产能力过剩的问题，山西省煤矿压力较大，事故发生较多，死亡人数相较 2018 年有所增加。

2020 年，在“十三五”规划收官、疫情反复的大环境下，山西省政府加大了对煤炭的管控，山西省内部条件比较优越的地方重组矿井复产，智能化采煤工作得到广泛推广，安全性增加，死亡人数相比 2019 年减少。

2021 年，山西省煤矿发生生产安全事故 8 起，死亡 11 人，百万吨死亡人数 0.009，同比分别下降了 33.33%、56%和 60.43%；太原、大同、朔州、忻州、阳泉、长治、晋城等地和潞安化工、山西焦煤、晋能控股晋城事业部、中煤平朔等企业所辖煤矿全年未发生死亡事故，安全生产创历史最好水平。

山西煤炭工业发生了巨大的变化，取得了辉煌的成就，体现在以下几点[11]。

1. 集约化水平明显提升

2018 年，平均单井规模达到 157 万 t/a，是 1949 年平均单井规模 0.08 万 t/a 的 1 962.5 倍，最大矿井规模达到 2 000 万 t/a。2018 年，全国年产量超过 6 000 万 t 以上的煤炭企业有 15 家，山西省有 6 家；中国进入世界 500 强的煤炭企业有 10 家，山西省有 4 家，分别为晋煤集团、阳煤集团、潞安集团、同煤集团。山西煤炭由矿井多、规模小、装备水平低发展到矿井少、规模大、装备水平高的现代化大矿时代。

2. 煤炭保障供应能力明显增强

煤炭年产量由 267 万 t 发展到近 10 亿 t，年产量 58 年保持全国第一。中华人民共和国成立 70 年累计生产原煤 192.4 亿 t，占全国产量的四分之一，外调量累计 130.3 亿 t，占全国外调量近四分之三。2018 年，山西省煤炭产量为 9.26 亿 t，比 1949 年煤炭产量 267 万 t 增长近 346 倍，占 2018 年全国煤炭产量的 25.2%，比 1949 年的 8.2%提高了 17 个百分点。2018 年，山西煤炭外调量超 6 亿 t，比 1949 年外调量 62 万 t 增加近 1 000 倍。

3. 煤矿装备技术水平跨越提升

煤矿井下生产由“手刨肩扛、畜力拉运”提升为机械化、自动化和智能化开采。2018 年，全省采煤机械化程度达到 100%，掘进机械化程度提高到 91%；全省已有 29 座矿井的 42 个综采工作面实现了自动化、智能化；一大批井下变电所、水泵房、压风机房实现无人值守，一批井下带式输送机实现了远程集中控制；36 座煤矿使用了掘锚一体化设备，实现了高效快速掘进。

4. 煤矿基本建设能力大幅度提高

经过 70 年的发展，山西煤矿建设从设计、施工、质检到工程监理形成了完善的煤矿建设体系。建设规模、技术和工程质量等都位居全国先进水平。煤矿设计单位发展到 35 家，专业施工队伍 21 家，监理公司 15 家，质监站 20 个。一批项目被评为全国煤炭优秀工程，一大批项目被评为省级优秀工程和文明工地。山西省煤炭工业的规模化、机械化、信息化、现代化水平明显提高，这都得益于煤炭基本建设打下的坚实基础。

5. 安全保障能力明显提升

全省煤炭百万吨死亡人数由1949年的14.98降至2004年的1以下(0.980),2011年降至0.1以下,2016年降至0.053,2018年降至0.033,煤矿安全由重特大事故频发到持续稳定好转,达到世界发达国家水平。

6. 职工素质明显提升

中华人民共和国成立前,全省98%的矿工是文盲。中华人民共和国成立后,党和政府通过多种形式办教育,煤矿教育从无到有得到快速发展。全省煤矿变招工为招生3.68万人,比例达90%以上,关键技术工种人员文化程度达到中专以上。全行业职工队伍由1949年的3万多人发展到2017年在岗职工102.65万人,其中煤矿在岗职工68.56万人。煤炭产业大军由文盲半文盲为主体转变到以中专以上为主体的有知识、有技术的专业型队伍。

7. 行业形象明显改观

山西煤炭行业一度被贴上"傻大黑粗、小脏乱差"的标签,"私挖滥采、矿难、黑色GDP、煤老板、暴发户"等负面新闻总是与山西联系在一起,经过近十几年的治理和发展,山西煤炭告别了"傻大黑粗"和"事故多发"的负面形象,塑造了"强高富美"的行业形象。

8. 能源革命的示范引领作用初步显现

近年来,山西省扎实实施煤炭供给侧结构性改革,在"减、优、绿"上狠下功夫,退出落后产能和发展先进产能全国领先。2016—2019年,全省共关闭煤矿106座,退出过剩产能11 556万t/a。煤矿数量降到978座,其中生产矿井637座,生产能力10亿t/a,先进产能6.8亿t/a,占总生产能力的68%。山西煤炭工业正在以开展能源革命综合改革试点为抓手,构建清洁低碳、安全高效的现代能源体系。

第2章　山西煤炭资源分布及煤田地质概况

2.1　山西煤炭资源分布情况

山西是我国的产煤大省，煤炭资源极其丰富，全省面积为15.7万平方千米，含煤面积就达到约6.2万平方千米，约占全省面积的2/5。山西煤炭资源储量充足，分布广泛，据《中国统计年鉴2011》，山西煤炭资源储量占全国煤炭资源总量的1/3。山西承担着全国煤炭资源生产任务的1/4以上，2020年，全国规模以上原煤产量约38.4亿t，山西省以10.80亿t的成绩排名第一，占全国原煤产量的28.13%；2021年，全国规模以上原煤产量约40.71亿t，山西省以11.93亿t的成绩排名第一，占全国原煤产量的29.30%；全省煤炭外运总量占全省生产总量的2/3，被人们称为“煤炭之乡”[12]。

山西省有118个县，其中有91个县区有煤矿，拥有晋北、晋中、晋东三个大型煤炭基地，大同煤田（大同地区）、宁武煤田（忻州地区）、河东煤田（运城地区）、西山煤田（太原地区）、沁水煤田（晋城地区）、霍西煤田（临汾地区）六大煤田和大同、平朔、轩岗、河保偏、东山、霍东、岚县、西山、晋城等19个大矿区，全省6个煤田、3个大型煤炭基地、19个煤炭矿区区划如图2-1所示。

山西省煤炭分布均匀，11个地级市中有10个都是资源大市，全国排名前100的煤炭生产大县，37个位于山西省。截至2021年年底，山西省拥有煤矿879座。山西省煤炭类型从北部大同的动力煤、中部晋中的炼焦煤，到东南部晋城的无烟煤，形成了5大煤炭生产基地。山西还有石膏、芒硝、白云岩、铝土矿、硫铁矿、铁矿、铜矿等12种其他优势矿产资源[13]。山西资源型城市主要优势矿产见表2-1。

表2-1　山西资源型城市主要优势矿产

城市	主要优势矿产
大同	煤、铁、氧化锰、钢、铅锌、金
阳泉	煤、铁、铝土、硫铁、陶瓷原料、耐火黏土、石灰岩、石膏
长治	煤、铁、铝土、石灰岩、白云岩、硅石
晋城	煤、铁、铝土、黏土
朔州	煤、高岭岩、石灰岩、铝矾土、耐火黏土、云母、石墨、石英、沸石、长石、铁
晋中	煤、铁、铝土、耐火黏土、石膏
运城	铁、钴、铝、铝土、锌、银、芒硝、磷、煤、水泥灰岩
忻州	煤、铁、铝、钛、钒、钼、金、银、铜
临汾	煤、油页岩、铁、铜、锌、铝、金、钴、水泥灰岩、膨润土、花岗岩、耐火黏土、麦饭石
吕梁	煤、铝土、含钾岩石、铁、冶金用石英岩、水泥灰岩、硫铁、砖瓦用黏土

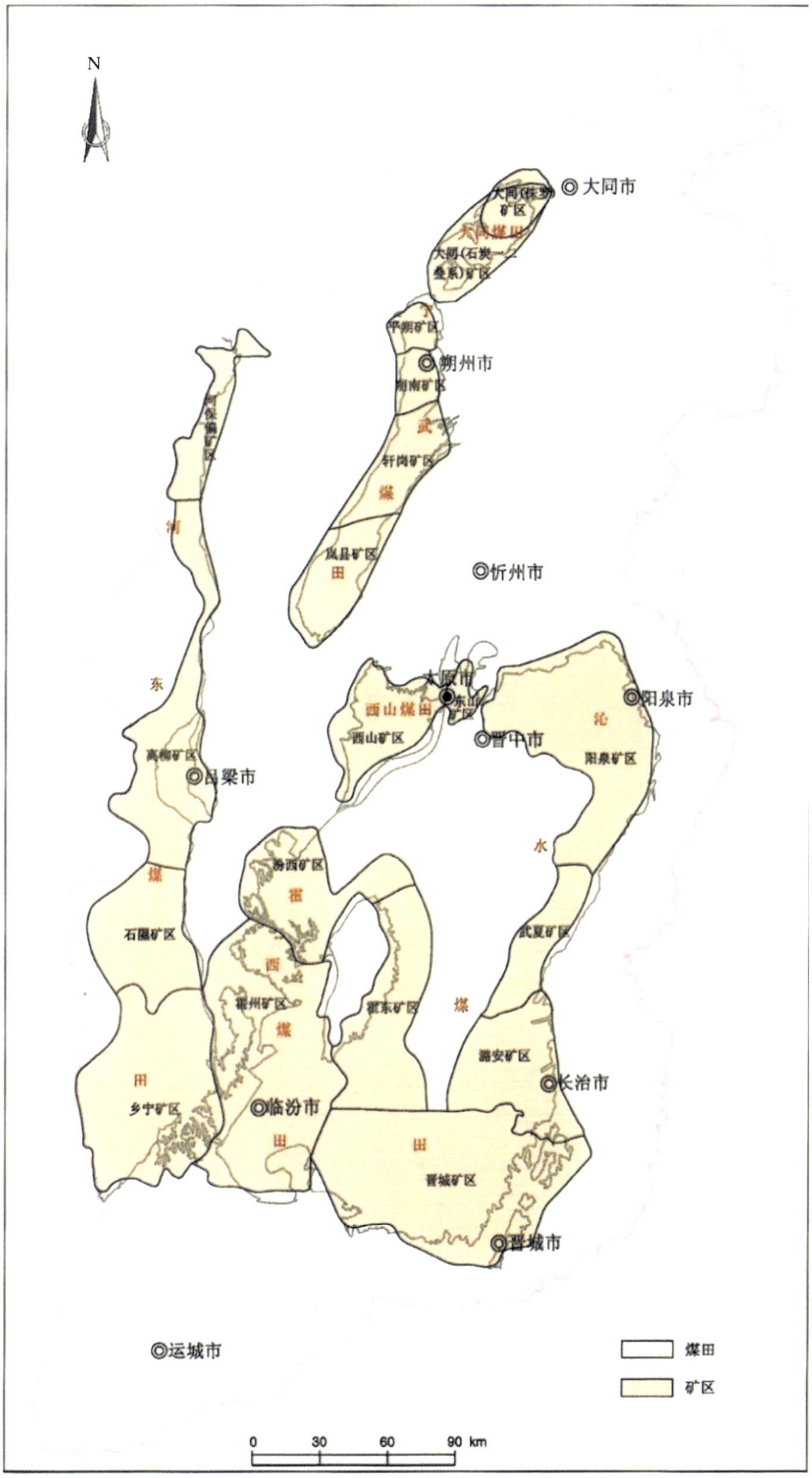

图 2-1　山西煤田及矿区区划

2.2 山西主要煤田概况及地质特征

2.2.1 宁武煤田

1. 煤田概况

宁武煤田位于山西省的中北部宁武至静乐一带，呈北北东向，长约 160 km，宽约 20 km，含煤面积 3 706 km^2。与大同煤田类似，兼有侏罗系煤和石炭-二叠系煤，侏罗系煤以气煤为主，石炭-二叠系煤以气煤为主，并有长焰煤、气肥煤、肥煤、1/3 焦煤及焦煤。侏罗系煤叠加于石炭-二叠系煤之上，主要含煤地层为侏罗系大同组与石炭-二叠系太原组、山西组。煤田为北北东向的向斜，东翼平缓，西翼较陡，正断层发育并常成矿区、井田的边界。

2. 煤层分布

(1) 宁武煤田侏罗系煤层

含煤地层为侏罗系中统大同组，含煤 8 层，其中仅 2 号和 6 号煤层局部可采，分布于化北屯一带。宁武煤田侏罗系煤层特征见表 2-2。

表 2-2　宁武煤田侏罗系煤层特征表

煤层编号	煤层厚度 $\left(\frac{最小—最大}{平均}\right)$/m	结构	稳定性
1	$\frac{0\sim0.80}{0.10}$	简单	不稳定
2	$\frac{0.55\sim1.72}{1.29}$	简单	较稳定
3	$\frac{0.30\sim0.50}{0.40}$	简单	较稳定
$3_下$	$\frac{0\sim0.16}{0.05}$	简单	不稳定
4	$\frac{0\sim0.44}{0.20}$	简单	不稳定
5	$\frac{0\sim0.35}{0.20}$	简单	不稳定
6	$\frac{0\sim5.81}{3.22}$	简单	不稳定
7	$\frac{0\sim0.80}{0.50}$	简单	不稳定

(2) 宁武煤田石炭-二叠系煤层

太原组和山西组共含煤 12 层。

山西组共含煤 4 层。1 号、2 号、3 号煤层均不可采。仅位于底部的 4 号煤层全煤田普遍发育，厚度大，稳定性好，是宁武煤田主要可采煤层，平均厚 6.07 m，在北部平朔矿区厚 10.60～17.42 m，平均厚达 13.23 m。4 号煤层局部分叉为 4-1 号和 4-2 号两个分层，在分叉区，4-1 号煤层平均厚 3.63 m，4-2 号煤层平均厚 2.70 m，顶板岩性多为不同粒度的砂岩，底板岩性多为砂质泥岩、泥岩、粉砂岩。

太原组共含煤 8 层。其中 9 号、11 号为全区稳定可采煤层，5 号、6 号、7 号、8 号为局部可采煤层。位于上、中部的 5—8 号煤层均为局部可采或零星可采薄煤层。下部 9 号煤层是宁武煤田主要可采煤层，平均厚 11.16 m，在平朔、轩岗、岚县局部地段有分叉合并现象，在分叉区，上分层 9-1 号煤层平均厚度 4.24 m，下分层 9-2(9)号煤层平均厚度 9.63 m。顶板岩性在煤田北部多为砂质泥岩、海相泥岩、泥灰岩，向南泥灰岩比例增大，并逐步过渡为以灰岩为主。底板岩性多为砂质泥岩、泥岩，其次为粉砂岩、细砂岩。10 号煤层位于太原组下部，发育不稳定，厚度变化很大，尖灭频繁，局部可采或零星可采，主要分布于北部平朔、轩岗矿区，煤层平均厚 1.26 m，顶、底板岩性均为砂质泥岩。11 号煤层位于太原组底部，是平朔、朔南矿区主要可采煤层，平均厚 2.47 m，顶板岩性多为泥灰岩、灰岩、泥岩，底板岩性多为细砂岩、中砂岩，其次为粉砂岩、砂质泥岩。宁武煤田石炭-二叠系可采煤层特征见表 2-3。

表 2-3　宁武煤田石炭-二叠系可采煤层特征表

含煤地层	煤层编号	煤层厚度 (最小—最大/平均)/m	顶板岩性	底板岩性	煤层结构	煤层稳定性
山西组	4	0.20～17.42/6.07	砂岩	砂质泥岩	简单	稳定
	4-1	0.52～12.2/3.63	砂岩	砂质泥岩	简单	稳定
	4-2	0.22～5.67/2.70	砂岩	砂质泥岩	简单	稳定
太原组	5	0.05～5.88/1.26	砂质泥岩	砂质泥岩	简单	不稳定
	6	0.41～4.27/1.47	砂质泥岩	泥岩	简单	不稳定
	7	0.30～1.49/0.97	砂质泥岩	泥岩	简单	不稳定
	8	0.30～3.10/0.94	砂质泥岩	泥岩	简单	不稳定
	9	2.05～16.71/11.16	砂质泥岩	砂质泥岩	简单	稳定
	9-1	0～21.54/4.24	砂质泥岩	泥岩	简单	稳定
	9-2(9)	2.05～16.7/9.63	砂质泥岩	砂质泥岩	简单	稳定
	10	0～4.65/1.26	砂质泥岩	砂质泥岩	简单	不稳定
	11	0～6.52/2.47	泥灰岩、灰岩	砂岩	简单	稳定

3. 地质构造特征

宁武煤田位于华北克拉通盆地北缘，为一对称复式向斜，主要受偏关—神池隆起和五台—恒山隆起南支的云中山隆起夹持，北起平鲁，北东被洪涛山相隔与大同煤田相望，南经朔州、宁武、石家庄镇，南至静乐县南部，是晚古生代成煤后受多期构造运动控制形成的北东-北南向狭长带状展布的残余盆地。盆地南部沿北东向展布，北部轴向发生迁移和改变，近北南向展布，东西宽约 30 km，向斜轴延伸长约 160 km，从北到南可划分为平鲁向斜、朔县平原向斜和宁武向斜 3 个次级构造单元，南部宁武向斜东西边界分别受芦家庄—娄烦逆冲断裂和春景洼—西马坊逆冲断裂控制。煤田内保存了上古生界和侏罗系两套含煤岩系，石炭-二叠系含煤岩系主要出露于宁武煤田的两翼和北部平鲁地区，侏罗系含煤岩系主要出露于宁武盆地的核部。受加里东运动的影响，盆地基底呈北东高南西低，奥陶系马家沟组遭受不同程度风化剥蚀，缺失上奥陶统与下石炭统；到晚石炭世开始接受晚古生代沉积，属于巨型华北克拉通陆表海沉积盆地的一部分，其遵循盆内构造演化与沉积充填特征，海水整体从东南部合肥、徐州入侵，导致向西北本溪组至山西组灰岩厚度和层数逐渐减少，宁武盆地本溪组至石盒子组从下到上发育潮坪、潟湖、三角洲、河流相沉积序列，整体为海退背景，太原组和山西组是该盆地北部主要含煤岩系，共揭示 1—11 号煤层，总厚 0.06～42.8 m，其中山西组 4 号、太原组 9 号、11 号煤层为稳定可采煤层；印支期宁武北部隆升剥蚀，缺失三叠系；燕山期多期伸展-挤压作用，充填了永定庄组、大同组、云冈组河流-湖泊和洪积扇沉积，形成逆冲断裂带和现今煤田的形态，后期在北部朔县—平鲁及大同向斜西南地区侏罗系被抬升剥蚀；喜山期受北西-南东向张扭应力，区域上发育“多”字形走滑拉分断陷盆地，即山西地堑系。

2.2.2 大同煤田

1. 煤田概况

大同煤田位于山西省北端，侏罗系煤和石炭-二叠系煤兼有，含煤面积 1 673 km^2，侏罗系煤以弱黏煤及不黏煤为主，石炭-二叠系煤以长焰煤、气煤为主。侏罗系煤叠加于石炭-二叠系煤之上，在北部略有超出。主要含煤地层为侏罗系大同组和石炭-二叠系太原组、山西组。大同煤田在漫长的地质史中，大体经历了 6 个发展演化阶段：① 早中太古代沉积、构造变动及岩浆活动和变质作用阶段；② 晚太古代到晚元古代变质、剥蚀阶段；③ 早古生代海相碳酸盐岩稳定沉积、隆起剥蚀阶段；④ 晚古生代海陆交互相稳定沉积、构造改造阶段；⑤ 中生代内陆盆地稳定沉积、构造改造阶段；⑥ 新生代隆起剥蚀、伸展拉伸阶段。

2. 煤层分布

（1）大同煤田侏罗系煤层

大同组含煤层共 20 余层，其中主要可采或局部可采煤层 14 层，分别为 2 号、3 号、4 号、7 号、8 号、9 号、10 号、11-1 号、11-2 号、11-3 号、12 号、13 号、14 号、14-2 号煤，见表 2-4。

表 2-4 大同侏罗系煤层主要可采煤层特征表

含煤地层	煤层编号	煤层厚度 $\left(\frac{最小—最大}{平均}\right)$/m	一般间距/m	顶板岩性	底板岩性	煤层结构	煤层稳定性
侏罗系中统大同组 J_2d	2	$\frac{0.10\sim7.45}{2.28}$		砂质泥岩	砂质泥岩	简单	较稳定
	3	$\frac{0.05\sim2.24}{0.79}$	34	砂质泥岩	砂质泥岩	简单	稳定
	4	$\frac{0.15\sim1.60}{0.89}$	15	砂质泥岩	中粒砂岩	简单	稳定
	7	$\frac{0.01\sim2.56}{1.02}$	14	砂质泥岩	砂质泥岩	较简单	稳定
	8	$\frac{0.05\sim3.67}{1.07}$	21	中粒砂岩	砂质泥岩	简单	较稳定
	9	$\frac{0.02\sim1.62}{0.64}$	17	泥岩	中粒砂岩	简单	局部稳定
	10	$\frac{0.10\sim1.34}{0.64}$	17	中粒砂岩	泥岩	较简单	不稳定
	11-1	$\frac{0.00\sim2.2}{0.71}$	12	泥岩	中粒砂岩	简单	不稳定
	11-2	$\frac{0.02\sim4.70}{1.61}$	7	砂质泥岩	中粒砂岩	较简单	稳定
	11-3	$\frac{0.04\sim1.06}{0.52}$	4	中粒砂岩	细粒砂岩	简单	不稳定
	12	$\frac{0.10\sim4.02}{2}$	14	细粒砂岩	砂质泥岩	简单	稳定
	13	$\frac{0.15\sim6.39}{2.78}$	14	砂质泥岩	中粒砂岩	较简单	稳定
	14	$\frac{0.14\sim8.12}{4.99}$	8	砂质泥岩	砂质泥岩	简单	较稳定
	14-2	$\frac{0.10\sim3.35}{1.2}$	6	砂质泥岩	砂质泥岩	简单	稳定

大同侏罗系的煤炭资源已全部被占用，历年来开采强度很大，所剩资源已不多，目前有的矿井煤炭资源已接近枯竭，正向深部石炭-二叠系延伸。

(2) 大同煤田石炭-二叠系煤层

主要含煤地层为太原组和山西组，含煤 15 层，其中：山西组含山$_1$ 号、山$_2$ 号、山$_3$ 号、山$_4$ 号共 4 层煤，仅山$_4$ 号煤层局部可采。太原组含煤 11 层，其中 3 号、5 号、3-5 号、8 号为全区稳定可采煤层，2 号、8-1 号、9 号局部或零星可采。

大同煤田石炭-二叠系可采煤层特征见表 2-5。

表 2-5　大同煤田石炭-二叠系可采煤层特征

含煤地层	煤层编号	煤层厚度 $\left(\frac{最小—最大}{平均}\right)$/m	顶板岩性	底板岩性	煤层结构	煤层稳定性
山西组	山$_4$	$\frac{0.20\sim9.97}{2.44}$	砂质泥岩	碳质泥岩	简单	稳定
太原组	2	$\frac{0.11\sim4.49}{2.06}$	砂岩	砂质泥岩	简单	较稳定
	3	$\frac{0.25\sim10.16}{3.89}$	细粒砂岩	砂质泥岩	简单	稳定
	5	$\frac{0.76\sim21.50}{10.10}$	砂砾岩	砂质泥岩	较简单	稳定
	3-5	$\frac{10.90\sim25.55}{17.58}$	砂砾岩	泥岩	简单	稳定
	8	$\frac{0.35\sim10.69}{4.57}$	泥岩	泥岩	简单	稳定
	8-1	$\frac{0.28\sim5.29}{2.15}$	泥岩	泥岩	简单	稳定
	9	$\frac{0.10\sim3.52}{0.82}$	砂质泥岩	泥岩	简单	不稳定

山西组山$_4$ 号煤层位于山西组下部，山西组底砂岩 K_3 之上，主要分布于大同煤田的中部偏东，煤层平均厚 2.44 m，顶板岩性多为砂岩、砂质泥岩，底板岩性多为碳质泥岩，结构简单。

太原组 1 号煤层仅零星分布，多不可采。2 号煤层局部可采，煤层平均厚 2.06 m，结构简单，在分布区内稳定性较好，顶板岩性多为砂岩、泥岩，底板岩性多为砂质泥岩、碳质泥岩。3 号煤层位于太原组上部，稳定性较好，是太原组重要的可采煤层，煤层平均厚 3.89 m，煤田南部史家屯编为 4 号，煤层平均厚达 5.97 m，稳定性好，顶板岩性多为细粒砂岩、砂质泥岩，底板岩性多为砂质泥岩。4 号煤层上距 3 号煤层 2.10 m 左右，煤厚多在 1.00 m 以下，局部零星可采，稳定性差。5 号煤层(在煤田南部煤层编号为 9 号)位于太原组上、中部，全煤田普遍发育，稳定性好，是大同煤田主要可采煤层，全煤田范围内平均厚度 10.10 m，顶板岩性多为砂砾岩、砂质泥岩，底板岩性多为砂质泥岩、细砂岩。在魏家沟、塔山、同忻区及左云南一带，3 号煤层和 5 号煤层合并为 3-5 号煤层，平均厚度达 17.58 m。6 号煤层、7 号煤层发育于太原组中下部，煤层厚度小，稳定性差，零星可采。8 号煤层位于太原组下部(在煤田南部的玉井区编号为 11 号)，上距 7 号煤层约 6.50 m，全煤田普遍发育，是煤田内的主要可采煤层之一，平均厚4.57 m，顶板岩性多为泥岩、泥灰岩，底板岩性多为高岭质泥岩、泥岩、细砂岩。9 号煤层、10 号煤层位于太原组下、底部，仅零星可采，顶板岩性多为砂质泥岩，底板岩性多为高岭质泥岩、泥岩。

3. 地质构造特征

大同煤田位于华北克拉通盆地北缘，北接阴山隆起构造带，东、南以口泉—鹅毛口逆冲断裂为界，西邻吕梁山脉，且东西被洪涛山背斜相隔与宁武盆地相望，整体呈北东-南西向不对称复式向斜，为一典型的二叠系-侏罗系双系含煤盆地。受加里东运动的影响，盆地基底早古生代地层北东高南西低，奥陶系马家沟组遭受不同程度风化剥蚀，缺失上奥陶统、志留系、泥盆系及下石炭统，到晚石炭世开始接受晚古生代沉积，属于巨型华北克拉通沉积盆地的一部分，与其他区具有相似的构造演化与沉积充填特征，发育本溪组、太原组、山西组、石盒子组和石千峰组潟湖-三角洲-河流相沉积序列；印支运动时本区内整体隆升缺失三叠系沉积；燕山期多期伸展-挤压作用，充填了永定庄组、大同组、云冈组、左云组河流-湖泊和洪积扇沉积，并在煤田东缘形成逆冲断裂带；喜山期煤田东部及南部发育"多"字形走滑拉分断陷盆地，即山西地堑系。其中太原组是该区二叠系主要含煤岩系，为三角洲-河流相沉积，呈北东薄南部厚的特征，共揭示 1—10 号煤层，总厚 0.06～48 m。

2.2.3 西山煤田

1. 煤田概况

西山煤田位于山西省中部吕梁山东麓，太原市西 15 km，地理坐标为东经 110°51′49″～112°30′00″，北纬 37°23′51″～38°02′12″，南北长 75 km，东西宽 20～50 km，平面上呈倒梨形，面积约 1 855 km^2。赋存石炭-二叠系煤，兼有炼焦用肥煤、焦煤、瘦煤及动力用贫煤、无烟煤，主要含煤地层为石炭-二叠系太原组与山西组。

2. 煤层分布

山西组含煤 7 层，太原组含煤 7 层。

1 号煤层位于山西组中部，虽厚度变化较大，但层位稳定，全煤田均可见其踪迹，平均煤厚 0.55 m，零星可采或局部可采。2 号煤层位于山西组中部，煤层平均厚度 2.75 m，结构简单，为上煤组主要可采煤层，顶板岩性多为砂质泥岩、细砂岩，底板多为泥岩、砂质泥岩。3 号煤层位于山西组中下部，古交、西山及东社矿区的西部一带，平均厚度 2.01 m，结构简单，大部可采，亦为上煤组主要可采煤层，顶板岩性多为砂质泥岩、泥岩、细砂岩，底板多为泥岩、砂质泥岩。4 号煤层位于山西组下部，主要分布于东社及清交，平均厚 1.86 m，结构简单，属局部可采煤层，顶板岩性多为砂质泥岩、泥岩、碳质泥岩，底板多为中砂岩、砂质泥岩。

太原组共含煤 7 层，其中 8 号、9 号煤层为全区稳定可采煤层，6 号、7 号煤层为局部可采煤层，5 号、10 号、11 号煤层为不可采煤层。5 号煤层位于太原组顶部，分布零星，为不稳定不可采煤层。6 号煤层位于太原组上部，主要分布于清交及西山一带，煤层平均厚度 1.62 m，结构简单，属局部可采煤层，顶板岩性多为砂质泥岩、石灰岩，底板多为泥岩、砂质泥岩。7 号煤层位于太原组中部，主要分布于古交及西山，煤层平均厚 0.68 m，结构简单，薄煤层局部可采，顶板岩性多为砂质泥岩、石灰岩，底板多为泥岩、砂质泥岩。8 号煤层位于太原组下部，主要分布于古交、西山及清交一带，煤层平均厚 3.53 m，结构复杂，是主要可采煤层，顶板岩性多为砂质泥岩、灰岩，底板多为细砂岩、砂质泥岩。9 号煤层位于太原组底部，平均厚度 3.14 m，结构简单，属局部可采煤层，西山及东社一带稳定可采，古交矿区和清交矿区局部或大部可采，顶板岩性多为砂质泥岩、泥岩，底板多为泥岩、砂质泥岩。10 号、11 号煤层位于太原组底部，分布极为零星，全煤田未见可采点，属不稳定不可采煤层。西山煤田石炭-二叠系可采煤层特征见表 2-6。

表 2-6　西山煤田石炭-二叠系可采煤层特征表

含煤地层	煤层编号	煤层厚度 $\left(\frac{最小—最大}{平均}\right)$/m	顶板岩性	底板岩性	煤层结构	煤层稳定性
山西组	2	$\frac{0\sim8.98}{2.75}$	砂质泥岩	泥岩	简单	稳定
	3	$\frac{0\sim7.19}{2.01}$	砂质泥岩	泥岩	简单	稳定
	4	$\frac{0\sim5.30}{1.86}$	砂质泥岩	砂岩	简单	较稳定

表 2-6(续)

含煤地层	煤层编号	煤层厚度 $\left(\frac{最小—最大}{平均}\right)$/m	顶板岩性	底板岩性	煤层结构	煤层稳定性
太原组	6	$\frac{0\sim4.33}{1.62}$	砂质泥岩、石灰岩	泥岩	简单	较稳定
	7	$\frac{0\sim1.71}{0.68}$	砂质泥岩、石灰岩	泥岩	简单	较稳定
	8	$\frac{0.93\sim6.93}{3.53}$	砂质泥岩、灰岩	细砂岩、砂质泥岩	复杂	稳定
	9	$\frac{0\sim9.15}{3.14}$	砂质泥岩	泥岩	简单	稳定

3. 地质构造特征

西山煤田位于祁吕弧形构造东翼外带部位，在大地构造单元上处于中朝准地台山西断隆的中部，北部紧邻盂县—阳曲东西褶断带，东南邻挽近地槽太原盆地及沁水坳陷，西为吕梁隆起。西山煤田主要构造格局为南北、东西向构造及北东东向构造发育。区内主要南北向构造有：马兰向斜、水峪贯向斜、云梦山褶皱带和官地背斜等；正断层有榆林西断层、北社断层、西冶断层和水峪贯断层等。主要的东西向构造有：乔家山背斜，盘道—马家山断层等。主要的北东东向构造有：安庄断裂带，九龙塔断裂带，红岩子断裂带，古交构造带(由古交断层、头南峁断层、土地沟断层等分别构成 2 个地垒)，王封—李家社—原相—兆峰构造带(分东段——王封，中东段——李家社，中西段——原相，西段——兆峰)，杜儿坪断裂带，平地窑—碾底沟构造带(由平地窑、瓦窑村、碾底断层构成地垒)和煤田东部与太原盆地接壤的边界断裂——清交断裂带。主要的北东和北北东向构造有：晋祠断层和风声河、圪嵺沟断层。整个煤田经历了吕梁期结晶基底形成、燕山期构造格架形成和喜山期大陆裂谷活动 3 个构造发展阶段。主要出露地层有上石炭统本溪组，上石炭统-下二叠统太原组，下二叠统山西组，中二叠统下石盒子组，上二叠统上石盒子组、石千峰组，下三叠统刘家沟组、和尚沟组及中三叠统二马营组。前寒武系、寒武系和中-下奥陶统构成含煤地层的基底，分布在煤田的西部和北部，新生界不整合于较老基底之上。

2.2.4　霍西煤田

1. 煤田概况

霍西煤田位于山西省中南部，含煤面积 7 192 km^2，赋存石炭-二叠系煤，以炼焦用肥煤、1/3 焦煤及瘦煤为主。主要含煤地层为石炭-二叠系太原组和山西组，共含煤 12 层。区内全部为炼焦煤。煤田北部的山西汾西矿业(集团)有限责任公司(简称汾西矿业集团公司)现有矿井以高硫煤为主。向南占该煤田约 70%面积的矿区，则生产高挥发分的炼焦煤。

2. 煤层分布

主要含煤地层山西组和太原组共含煤 12 层。

山西组含煤 3 层，大部或局部可采。1 号煤层位于上部，主要分布于汾孝、霍州、乔家湾，平均煤厚 1.00 m，结构简单，顶板多为砂质泥岩、泥岩，底板多为泥岩、砂质泥岩。2 号煤层位于中部，在煤田内普遍发育，汾孝、霍州、乔家湾、襄汾一带稳定可采，煤层厚达 3.26 m 左右；在交口、灵石矿区一带局部可采，平均煤厚 0.80 m 左右。煤田范围内煤层平均厚 1.54 m，结构简单，顶板多为砂质泥岩、泥岩，底板多为泥岩、砂质泥岩。3 号煤层位于下部，在襄汾一带较稳定并且大部可采，平均厚约 2 m；在交口、灵石、汾孝矿区一带不稳定，局部可采。煤田范围内煤层平均厚 1.05 m，结构简单，顶板多为砂质泥岩、泥岩，个别为粉砂岩，底板多为泥岩、砂质泥岩，个别为细砂岩。

太原组含煤 9 层，其中 6 号、7 号、9 号、10 号、11 号可采或局部可采。上部 4 号、5 号煤层仅零星可采，且不稳定。煤层的顶板多为砂质泥岩、泥灰岩，底板多为泥岩、砂质泥岩。中部 6 号煤层，主要分布于灵石、霍州，不稳定，局部或零星可采，平均煤厚 0.73 m，结构简单，顶板多为砂质泥岩、泥岩、细砂岩，底板多为泥岩、砂质泥岩。7 号煤层主要分布于汾孝、交口、灵石，煤层平均厚 0.68 m，结构简单，不稳定，局部或零星可采，顶板多为砂质泥岩、泥岩、泥灰岩，底板多为泥岩、砂质泥岩、细砂岩。中下部 8 号煤层，平均煤厚 0.55 m，结构简单，不稳定，局部或零星可采，煤层顶板多为砂质泥岩、石灰岩，底板多为泥岩、砂质泥岩。9 号煤层位于太原组下部，分布于汾孝、霍州、灵石、乔家湾矿区，稳定或较稳定，平均煤厚 1.08 m，结构简单，全区大部可采，顶板多为砂质泥岩、灰岩，底板多为泥岩、砂质泥岩。下部 10 号煤层，全煤田普遍发育，稳定或较稳定，煤层平均厚 3.49 m，结构简单—中等，全区可采，是煤田内主要可采煤层，顶板多为砂质泥岩、泥岩、细砂岩，底板多为泥岩、砂质泥岩。11 号煤层位于太原组下部，主要分布于霍州、灵石、交口、乔家湾，稳定或较稳定，煤层平均厚度 2.47 m，结构简单，全区可采，顶板多为砂质泥岩、泥岩、细砂岩，底板多为泥岩、砂质泥岩。太原组最下部 12 号煤层分布零星，属不稳定、不可采煤层，其顶板为透镜状泥灰岩及其相当层位。霍西煤田石炭-二叠系可采煤层特征见表 2-7。

表 2-7　霍西煤田石炭-二叠系可采煤层特征表

含煤地层	煤层编号	煤层厚度 $\left(\frac{最小—最大}{平均}\right)$/m	顶板岩性	底板岩性	煤层结构	煤层稳定性
山西组	1	$\frac{0\sim2.33}{1.00}$	砂质泥岩	泥岩	简单	较稳定
	2	$\frac{0\sim4.60}{1.54}$	砂质泥岩	泥岩	简单	稳定
	3	$\frac{0\sim4.08}{1.05}$	砂质泥岩	泥岩	简单	较稳定
太原组	6	$\frac{0\sim2.00}{0.73}$	砂质泥岩	泥岩	简单	不稳定
	7	$\frac{0.10\sim2.46}{0.68}$	砂质泥岩	泥岩	简单	不稳定
	9	$\frac{0\sim2.70}{1.08}$	砂质泥岩、灰岩	泥岩	简单	稳定
	10	$\frac{0\sim10.90}{3.49}$	砂质泥岩	泥岩	简单	稳定
	11	$\frac{0\sim7.91}{2.47}$	砂质泥岩	泥岩	简单	稳定

3. 地质构造特征

霍西煤田的东部边界为霍山断裂。断裂南起广胜寺，北至灵石峪口、军寨一带（或介休市东南），走向长约 60 km，其东侧为太岳山群片麻岩逆冲于奥陶系灰岩上，西侧为新生代地层掩盖石炭-二叠纪地层，它是煤田东部边界的中段。煤田的东北部边界隐伏于晋中断陷中，断陷的最大深度超过 3 km，沉积了巨厚的新生代地层，其深部基岩为三叠纪地层，断陷南部边缘的介休板峪、平遥佛殿沟残留有破碎的含煤地层，依此推测，断陷深部可能存在石炭-二叠纪地层。

霍西煤田的西部和西南部边界为离石—紫荆山断裂带，走向南北，出露长度 270 km。断裂带西侧是完整的鄂尔多斯盆地边界，而东侧则是若干个具有独立构造形态的地块，其中南段是霍西煤田的西部边界，黑龙关以南的南东向断层组是煤田的西南边界；现今将南东向断层组作为离石—紫荆山断裂带的延伸部分，根据目前资料其依据并不充分。

北部以煤层露头为界。清交断层向西延伸部分可能为煤田的北部构造边界。南部以近东西走向的正断层作为煤田的边界。煤田中的临汾块凹和塔儿山块凸相邻，前者未受岩浆岩侵入，后者是由燕山期岩浆岩侵入晚古生代地层构成的地块。煤田整体走向南北，块凸整体走向北东，二者呈 50°～60°斜交。

霍西煤田和塔儿山块凸之间有着显著不同的地质特征。塔儿山块凸以南为运城断陷，其最大深度大于 5 km，沉积了巨厚的新生代地层。因此，霍西煤田被东、西两个巨大向斜，南、北两个巨大断陷所围限，形成了特殊的构造形态。

2.2.5　沁水煤田

1. 煤田概况

沁水煤田位于山西省东南部，地理坐标为东经 111°44′39″～113°45′20″，北纬 35°28′33″～38°8′22″，位于太行山隆起带和吕梁山隆起带之间，沁水盆地赋煤构造带的大部。沁水煤田总体呈长轴状、沿北北东向延伸、中间收缩的复向斜构造，核部地层平缓，位于沁水、沁县和榆社一线。沁水煤田是山西省最大的晚古生代煤田，南北长约 300 km，东西宽 75～100 km，含煤面积约 27 301 km^2。

2. 煤层分布

山西组含煤 4 层，编号为 1 号、2 号、3 号、4 号煤。1 号煤位于山西组上部，主要分布于沁源、安泽、左权一带，煤厚 0～2.30 m，平均厚 1.24 m，结构简单，基本不稳定，除安泽区外，属局部可采。该煤层在安泽区发育较好，煤厚 2.20～2.30 m，平均厚 2.25 m，结构简单，稳定并全区可采。2 号煤层位于山西组上部，上距 1 号煤层 7～22 m，平均约 10 m，主要分布于沁源北、沁水西、武乡、左权一带，煤层厚度变化大，厚 0～6.86 m，平均厚 1.10 m，结构简单，不稳定，属局部可采。3 号煤位于山西组下部，上距 2 号煤层 6.70～16.21 m，平均 9.27 m 左右。除昔阳—和顺区未见该煤层外，3 号煤在煤田范围内广泛发育，是沁水煤田的主要可采煤层，煤田范围内煤层厚度变化很大，在沁源北、沁水西、太原东山和平遥区有时会出现尖灭，煤田范围内煤厚 0～9.05 m，平均厚 3.65 m。煤层在沁水东、阳城、晋城一带结构较复杂，在高平东区、西区较简单，在其他地区均简单，在沁源北、沁水西、太原东和平遥一带不稳定，局部可采，在左权、寿阳稳定—较稳定，大部可采。4 号煤层位于山西组下部，仅分布于阳泉、寿阳，上距 3 号煤层 18～22 m，平均 20 m 左右，煤厚 0.10～3.55 m，平均厚 1.14 m，结构简单，不稳定，局部可采。

太原组含煤 14 层，编号为 5 号、6 号、7 号、8 号、9 号、10 号、11 号、12 号、13 号、14 号、15 号、$15_下$ 号、16 号、17 号煤。5 号煤层位于太原组上部，仅分布于沁水东区，上距 4 号煤层 8～15 m，平均 13 m 左右，煤厚 0～1.74 m，平均厚 0.84 m，结构简单，不稳定，零星可采。6 号煤层位于太原组上部，仅分布于沁源、沁水东、阳城和平遥一带，上距 5 号煤层 6～18 m，平均 13 m 左右，煤厚 0～2.80 m，平均厚 0.72 m，结构简单，不稳定，局部可采。7 号煤层位于太原组中部，仅分布于沁源北、沁水和平遥地区，上距 6 号煤层 6～24 m，平均 15 m 左右，煤厚 0～2.55 m，平均厚 0.5 m，结果简单，极不稳定，零星可采。8 号煤层位于太原组中下部，仅分布于沁源北、武乡、左权、昔阳、和顺、阳泉、寿阳、太原东山等区，煤厚 0～3.64 m，平均厚 0.93 m，结构简单，不稳定，局部可采。9 号煤层位于太原组下部，煤厚 0～6.69 m，平均厚 1.15 m，结构简单，稳定—较稳定，大部分可采或局部可采。10 号煤层位于太原组下部，上距 9 号煤层 3～22 m，平均 12 m 左右，仅在平遥、武乡、左权偶有赋存，但厚度小、稳定性差，煤厚 0～2.54 m，平均厚 1.00 m，结构简单，不稳定，零星可采。11 号煤层位于太原组下部，仅在寿阳、左权见其踪迹，且厚度小、稳定性差，煤厚 0.05～1.34 m，平均厚 0.59 m，结构简单，极不稳定，不可采。12 号煤层位于太原组下部，仅在寿阳、左权见其踪迹，稳定性差，煤厚 0.35～2.25 m，平均厚 1.06 m，结构简单，不稳定，局部可采。13 号煤层位于太原组下部，仅在太原东山见其踪迹，且厚度小、稳定性差，煤厚 0～1.72 m，平均厚 0.84 m，结构简单，不稳定，零星可采。14 号煤层位于太原组下部，仅在左权、潞安见其踪迹，且厚度不大、稳定性差，煤厚 0～1.35 m，平均厚 0.87 m，结构简单，不稳定，局部可采。15 号煤层位于太原组下部，在煤田范围内普遍发育，是沁水煤田的主要可采煤层，煤层发育情况变化较大，煤厚 0～12.55 m，平均厚 3.35 m，结构复杂，是稳定可采煤层。在潞安区，15 号煤层分叉为三层，编号为 15-1 号、15-2 号、15-3 号煤层。$15_下$ 号煤层位于太原组底部，其分布范围主要在沁源—安泽、潞安—武乡、阳泉—寿阳一带，上距 15 号煤层 2.66～8.50 m，平均 5.44 m 左右，煤厚 0～10.72 m，平均厚 1.72 m，在安泽区结构简单、全区稳定可采，其他地区结构简单、不稳定，局部可采。16 号煤层位于太原组底部，主要分布在沁源南区、北区，上距 $15_下$ 号煤层约 3.50 m，煤厚 0～3.80 m，平均厚 1.61 m，结构简单、不稳定，零星可采。沁水煤田石炭-二叠系可采煤层发育特征见表 2-8。

表 2-8 沁水煤田石炭-二叠系可采煤层特征表

含煤地层	煤层编号	煤层厚度 $\left(\frac{\text{最小—最大}}{\text{平均}}\right)$/m	顶板岩性	底板岩性	煤层结构	煤层稳定性
山西组	1	$\frac{0\sim2.30}{1.24}$	砂质泥岩	泥岩	简单	不稳定
	2	$\frac{0\sim6.86}{1.10}$	砂质泥岩	细砂岩	简单	不稳定
	3	$\frac{0\sim9.05}{3.65}$	砂质泥岩	粉砂岩	简单	稳定
	4	$\frac{0.10\sim3.55}{1.14}$	砂质泥岩	细粒砂岩	简单	不稳定
太原组	5	$\frac{0\sim1.74}{0.84}$	砂质泥岩	砂质泥岩	简单	不稳定
	6	$\frac{0\sim2.80}{0.72}$	砂质泥岩	泥岩	简单	不稳定
	8	$\frac{0\sim3.64}{0.93}$	灰岩、泥岩	泥岩	简单	不稳定
	9	$\frac{0\sim6.69}{1.15}$	灰岩、泥岩	砂岩、泥岩	简单	稳定—较稳定
	10	$\frac{0\sim2.54}{1.00}$	砂质泥岩	泥岩	简单	不稳定
	12	$\frac{0.35\sim2.25}{1.06}$	砂质泥岩	砂质泥岩	简单	不稳定
	13	$\frac{0\sim1.72}{0.84}$	砂质泥岩、石灰岩	砂质泥岩、粉砂岩	简单	不稳定
	14	$\frac{0\sim1.35}{0.87}$	石灰岩	砂质泥岩	简单	不稳定
	15	$\frac{0\sim12.55}{3.35}$	砂质泥岩、石灰岩	砂质泥岩、泥岩	复杂	稳定
	$15_下$	$\frac{0\sim10.72}{1.72}$	砂质泥岩、泥岩	砂质泥岩、泥岩	简单	不稳定
	16	$\frac{0\sim3.80}{1.61}$	砂质泥岩、细砂岩	细砂岩、砂质泥岩	简单	不稳定

3. 地质构造特征

沁水煤田是在华北克拉通基础上发展、分异而成的克拉通内断陷盆地。盆地主体构造为北北东向复向斜，南北翘起端呈箕状斜坡，东西两翼基本对称，西翼地层倾角相对稍陡，一般为10°～20°，东翼相对平缓，一般为10°左右。背、向斜褶曲发育，总体来看，西部以中生代褶曲和新生代正断层相叠加为特征，东北部和南部以中生代东西向、北东向褶曲为主，盆地中部以北北东-北东向褶曲发育为主，局部地区受后期构造运动的改造，轴向改变。断层主要发育于东西边缘地带，断裂规模和性质不同，以正断层居多，断层走向长从几百米到数十千米不等，断距从几米到几千米，有的可能是导致岩浆上升的通道，断层延伸方向以北东向为主，局部呈近东西向和北西向延伸。

沁水煤田内部构造线呈北北东向展布，南北两端受边界构造影响，构造线方向偏转为北东东向或近东西向，呈宽缓盆地状。构造样式和变形强度由盆地内部向盆缘有规律地变化，内部以开阔的短轴褶曲和高角度正断层为主，褶曲对称，两翼岩层倾角一般不超过10°；盆缘褶曲两翼岩层倾角增大，多数不对称，轴面向盆内倾斜并发育向外侧逆冲的逆断层，显现盆地内部构造稳定、边缘活动性增强的基本规律。沁水盆地内部不同地区构造特征不同，盆地西部以中生代褶曲和新生代正断层相叠加为特征，东北部以中生代东西向、南北向褶曲为主，盆地中部北北东-北东向褶曲发育。断层主要发育于盆地东西边缘地带，在盆地中部有一组近东西向正断层，即双头—襄垣断裂构造带。根据盆地内不同地区构造样式的差异，煤田内部划分为 12 个构造区带，分别为寿阳—阳泉单斜带（Ⅰ）、天中山—仪城断裂构造带（Ⅱ）、聪子峪—古阳单斜带（Ⅲ）、漳源—沁源带状褶曲构造带（Ⅳ）、榆社—武乡褶曲构造带（Ⅴ）、娘子关—坪头单斜带（Ⅵ）、双头—襄垣断裂构造带（Ⅶ）、古县—浇底断裂构造带（Ⅷ）、安泽—西坪背斜隆起带（Ⅸ）、丰宜—晋义带状褶曲构造带（Ⅹ）、屯留—长治单斜带（Ⅺ）、固县—晋城单斜带（Ⅻ）。

2.2.6 河东煤田

1. 煤田概况

河东煤田位于山西省西部，地理坐标为东经 110°16′45″～111°19′31″，北纬 35°29′43″～39°39′55″。东依吕梁山，西抵黄河，北自偏关、河曲经保德、兴县、离石、柳林、临县、蒲县、隰县，南止于乡宁、河津，南北呈狭长条带状展布，长约 460 km，东西宽 30～60 km，石炭-二叠系含煤面积 15 532 km^2。

2. 煤层分布

河东煤田现行的煤层编号不尽统一，本书对煤层进行了统一编号，分段对应关系见表 2-9。

表 2-9　河东煤田山西组、太原组煤层编号对比表

地区	不同煤层编号对应关系									
含煤岩组煤田统一编号	山西组					太原组				
	1	2	3	4	5	6	7	8	9	10
北段原编号★	1	3	4	6	8	9	10	11	13	15
中段原编号★★	1	2	3	4	5	6	7	8	9	11
南段原编号★★★	1			2	3	7	8		10	11

注：★北段指河曲、保德、兴县、临县北；★★中段指临县南、柳林、离石、中阳、石楼；★★★南段指吉县、蒲县、乡宁。

山西组含煤 5 层。上部的 1 号煤层仅在临县、三交一带发育，煤层平均厚度 0.92 m，结构简单，属局部可采煤层，煤层顶板多为砂质泥岩、泥岩，底板多为泥岩、砂质泥岩。2 号煤层在三交、柳林、石楼一带发育较好，煤层平均厚 0.87 m，结构简单，在三交局部可采，在柳林、石楼一带零星可采，煤层的顶板多为砂质泥岩、泥岩，底板多为泥岩、砂质泥岩。3 号煤层位于山西组中部，在煤田中北部的兴县、临县、三交北、三交、柳林、石楼一带发育较好，煤层平均厚 1.11 m，结构简单，煤层顶板多为砂质泥岩、泥岩、粉砂岩，底板多为泥岩、粉砂岩。4 号煤层位于山西组下部，在煤田中北部的柳林、石楼一带与 3 号煤层（有时与 5 号煤层）合并，在保德、石楼一带煤层平均厚度 1.94 m，结构简单，为主要可采煤层，在南部乡宁王家岭区（原编号 2 号煤层）煤厚 3.09～8.56 m，平均厚6.20 m，在隰县、蒲县一带厚 2.10～3.18 m，煤层顶板多为砂质泥岩、泥岩、细砂岩，底板多为泥岩、砂质泥岩。5 号煤层位于山西组下部，以北部河曲、保德、兴县、临县及柳林一带发育较好，煤层平均厚2.24 m，结构简单—中等，较稳定，在南部隰县、蒲县、乡宁、王家岭一带（原编号 3 号煤层）为局部可采或零星可采，煤层顶板多为粉砂岩、泥岩、细砂岩、砂质泥岩，底板多为泥岩、砂质泥岩。

太原组含煤 5 层。在煤田北部河曲、保德一带，煤层厚度巨厚。太原组有 3 层巨厚煤层，上、中、下分别为 7 号、8 号、9 号煤层。6 号煤层位于太原组顶部，在河曲、保德、三交、柳林、蒲县一带，煤层平均厚 1.59 m，结构简单，较稳定，属于局部可采煤层，煤层的顶板多为灰岩、泥灰岩、海相泥岩，底板多为泥岩、砂质泥岩、粉砂岩。7 号煤层位于太原组上部，在河曲、保德、临县、石楼、蒲县、王家岭一带，煤层平均厚 1.82 m，结构简单，大部可采，煤层顶板多为砂质泥岩、泥岩、细砂岩，底板多为泥岩、砂岩、砂质泥岩。8 号煤层位于太原组中部，在河曲、保德、临县、三交北、三交、石楼一带，煤层平均厚 2.90 m，结构简单，稳定可采，煤层顶板多为砂质泥岩、泥灰岩、灰岩，底板多为泥岩、砂质泥岩。9 号煤层位于太原组下部，全煤田普遍发育，是煤田内的主要可采煤层，煤层平均厚度 5.49 m，结构简单—中等，在河曲、石楼、乡宁一带结构复杂，稳定—较稳定，煤层顶板多为灰岩、碳质泥岩、泥岩，底板多为泥岩、砂质泥岩。10号煤层位于太原组最下部，属不稳定、不可采煤层。河东煤田石炭-二叠系可采煤层特征见表2-10。

表2-10 河东煤田石炭-二叠系可采煤层特征表

含煤地层	煤层编号	煤层厚度 $\left(\frac{最小—最大}{平均}\right)$/m	顶板岩性	底板岩性	煤层结构	煤层稳定性
山西组	2	$\frac{0\sim2.31}{0.87}$	砂质泥岩	泥岩	简单	不稳定
	3	$\frac{0\sim2.73}{1.11}$	砂质泥岩	泥岩	简单	不稳定
	4	2.79	砂质泥岩	泥岩	简单	较稳定
	5	$\frac{0\sim11.40}{2.24}$	粉砂岩	泥岩	简单—中等	较稳定
太原组	6	$\frac{0\sim8.05}{1.59}$	灰岩	泥岩	简单	较稳定
	7	$\frac{0\sim13.36}{1.82}$	砂质泥岩	泥岩	简单	较稳定
	8	$\frac{0.05\sim10.90}{2.90}$	砂质泥岩	泥岩	简单	稳定
	9	$\frac{0.55\sim17.60}{5.49}$	灰岩、泥岩	泥岩、砂质泥岩	简单—中等	稳定—较稳定

3. 地质构造特征

河东煤田的主体构造为河东单斜，河东单斜隶属鄂尔多斯盆地东部边缘部分。煤田东界和南界为离石—紫荆山断裂带、管头—河底断裂，西以山西—陕西行政边界与鄂尔多斯盆地主体为界。地层走向近南北，总体向西倾斜，自东向西依次出露石炭纪、二叠纪、三叠纪地层。东部边缘为陡坡带，地层倾角较大，内部呈背、向斜相间的构造格局；北部以向西倾的单斜为主；中部形成典型的东部翘起、向西倾伏的鼻状构造；南部整体为向北西倾斜的单斜构造，之上叠加北北东向的褶曲。

煤田从北至南分为河保偏、离柳、石隰、乡宁4个煤炭矿区。根据构造形态及展布形式，进一步可划分4个次级构造区。需要指出的是，此处构造区的划分与构造单元划分的主体不同，因此应与构造单元划分结果相区别。

（1）河保偏构造区

河保偏构造区基本为一走向南北、倾向西的单斜构造，地层倾角一般为5°～10°；构造区南段西部的外围主要为因岩浆岩体侵入形成的紫荆山隆起及四周发育近南北向的小型褶曲构造。

（2）离石—柳林构造区

离石—柳林构造区由3个更次一级构造组成，分别为离石盆地、王家会背斜、柳林—吴堡鼻状构造。

离石盆地：吕梁复式背斜西翼，经隆起剥蚀残留下的孤立短轴向斜盆地，即离石—中阳向斜，走向近南北；南北长40 km，东西宽4～16 km。两侧南北向断层较大者有朱家店断层（落差70～100 m）、炭窑村断层（落差约500 m）等。西盘上升出露老地层，东盘为煤系，致使离石煤盆地为西陡（最大倾角>30°）、东缓（倾角约10°）的箕形断陷盆地。

王家会背斜：为轴向南北，呈"S"形展布于离石—中阳向斜与柳林—吴堡鼻状构造之间，为东翼陡、西翼缓的不对称背斜，因轴部隆起而局部煤层被剥蚀。

柳林—吴堡鼻状构造：总的形态为东部翘起，向西、北西、南西 3 个方向倾斜。地层倾角一般为 5°～10°，北端与离石盆地交接部位发育有一系列近南北向的断裂，较大者有湍水头断层，落差 500～600 m，延展 50 km。轴部发育有聚财塔地堑，由两条东西向正断层构成，宽 450 m，落差 80～160 m。

(3) 石楼—隰县构造区

石楼—隰县构造区总体为走向南北、向西倾斜的单斜构造，地层倾角一般为 2°～5°；表现形式为坳中有隆的构造，石楼背斜及东侧的留誉向斜，一般西翼相对东翼较缓；区内以褶曲为主，断层稀少。

(4) 乡宁构造区

乡宁构造区总体为向北西倾斜的单斜构造，在单斜基础上叠加发育北东向展布的褶曲，主要为薛关—峪口向斜及古驿窑曲背斜，地层倾角一般为 5°～10°。在东南缘煤层露头附近，有走向北东的小褶曲和走向相同、倾向北西、落差较小的正断层，且延伸长度较短。

2.2.7　部分煤产地煤层可采情况

除以上六大煤田外，山西省另有浑源、五台、繁峙、灵丘、广灵、阳高、平陆、垣曲等若干规模较小的煤产地，以石炭-二叠系含煤岩系为主，有少量侏罗系、古近系含煤岩系，资源规模均甚小[14]。

(1) 浑源煤产地

主要含煤地层为山西组和太原组，共含煤 8 层。

2 号煤层位于山西组中部，煤层平均厚 0.60 m，结构简单，稳定性差，零星可采，煤层顶板多为泥岩、细砂岩，底板多为粉砂岩。3 号煤层位于太原组上部，太原组与山西组分界砂砾岩(K_4)之下，煤层厚 0.20～3.21 m，平均厚 1.70 m，煤层结构简单，稳定性较好，局部或大部可采，煤层顶、底板多为粉砂岩。4 号煤层位于太原组上部，煤层厚 8.77～12.55 m，平均厚 10.00 m，顶、底板多为粉砂岩，煤层结构复杂，稳定性好，全区可采，是浑源煤产地主要可采煤层。5-3 号煤层位于太原组中部，煤层平均厚 9.50 m，煤层结构复杂，全区可采，顶板多为粉砂岩，底板多为泥岩。5-4 号煤层位于太原组中部，上距 5-3 号煤层约 5.00 m，煤层厚 0.75～1.07 m，平均厚 0.80 m，顶板多为粉砂岩，底板多为泥岩。6-1 号、6-2 号、7 号煤层位于太原组中下部及底部，煤厚一般为 1 m 左右，临界可采。浑源煤产地可采煤层发育特征详见表 2-11。

表 2-11　浑源煤产地可采煤层发育特征表

含煤地层	煤层编号	煤层厚度 $\left(\frac{最小—最大}{平均}\right)$/m	顶板岩性	底板岩性	结构
山西组	3	$\frac{0.20～3.21}{1.70}$	粉砂岩	粉砂岩	简单
太原组	4	$\frac{8.77～12.55}{10.00}$	粉砂岩	粉砂岩	复杂
	5-3	$\frac{1.12～11.36}{9.50}$	粉砂岩	泥岩	复杂
	5-4	$\frac{0.75～1.07}{0.80}$	粉砂岩	泥岩	简单
	6-1	$\frac{0.53～0.90}{0.60}$	灰岩	泥岩	简单
	6-2	$\frac{0.62～1.38}{1.00}$	泥岩	粉砂岩	简单
	7	$\frac{0.30～2.30}{1.10}$	细砂岩	泥岩	简单

(2) 繁峙煤产地

繁峙煤产地的煤层产于古近系玄武岩喷发间断面，是在玄武岩喷发间断期间沉积而成的。煤层的厚度小，稳定性差，变质程度低。区内的煤层编号以其所在风化界面分别命名为 T 煤层、b 煤层、W 煤层、y 煤层、R 煤层，煤层薄，分布极不稳定。各煤层发育特征见表 2-12。

表 2-12　繁峙煤产地煤层发育特征表

煤层	最小厚度/m	最大厚度/m	平均厚度/m	分布区内稳定性
R	0.20	1.30	0.60	不稳定
y	0.15	1.50	1.00	不稳定
W	0.70	1.00	0.85	较稳定
b	0.70	1.50	0.88	较稳定
T	0.73	1.00	0.79	较稳定

(3) 平陆煤产地

平陆煤产地内有石炭-二叠系含煤地层，山西组与太原组各含可采煤层 2 层。山西组 2 号煤层位于山西组中部，平均煤厚 0.94 m，属较稳定、结构简单、大部可采煤层，煤层顶板多为砂岩，底板多为泥岩。3 号煤层位于山西组下部，平均煤厚 0.59 m，结构简单，不稳定，局部可采，煤层顶、底板多为泥岩。

太原组 13 号煤层位于太原组下部，平均煤厚 1.00 m，不稳定，局部可采，煤层顶、底板多为泥岩。15 号煤层位于太原组底部，煤层厚 0.13～3.57 m，平均煤厚 3.00 m，较稳定，结构简单，大部可采，煤层顶板多为泥岩，底板多为砂质泥岩。平陆煤产地山西组、太原组煤层发育特征见表 2-13。

表 2-13　平陆煤产地山西组、太原组煤层发育特征表

含煤地层	煤层编号	煤层厚度 $\left(\frac{最小—最大}{平均}/\mathrm{m}\right)$	顶板岩性	底板岩性	煤层结构	煤层稳定性
山西组	2	$\frac{0.48\sim1.35}{0.94}$	砂岩	泥岩	简单	较稳定
	3	$\frac{0.20\sim0.92}{0.59}$	泥岩	泥岩	简单	不稳定
太原组	13	$\frac{0.48\sim1.59}{1.00}$	泥岩	泥岩	简单	不稳定
	15	$\frac{0.13\sim3.57}{3.00}$	泥岩	砂质泥岩	简单	较稳定

(4) 垣曲煤产地

垣曲含煤盆地内有古近系成家坡组与石炭-二叠系山西组、太原组两套含煤岩系。

古近系成家坡组含煤 21 层，单层煤厚 0.10～0.80 m，最厚 1.20 m。煤层呈透镜状、窝子状产出，很不稳定，以薄煤层为主。

石炭-二叠系山西组 2 号煤层位于山西组顶部，煤层厚 0.33～3.50 m，平均厚2.00 m，属不稳定、结构简单、局部可采煤层，煤层顶、底板多为泥岩。3 号煤层上距 2 号煤层约 5.00 m，煤层厚 0～1.00 m，平均厚 0.50 m，属不稳定、结构简单、零星可采煤层，煤层顶、底板多为泥岩。石炭-二叠系太原组 11 号煤层位于太原组底部，平均煤厚仅 0.50 m，属不稳定、结构简单、零星可采煤层，煤层顶板多为泥岩，底板多为石灰岩。12 号煤层，位于太原组底部，煤层厚 0～4.87 m，平均厚约 2.00 m，属较稳定、结构复杂、大部可采煤层，煤层顶、底板多为石灰岩。垣曲煤产地山西组、太原组煤层发育特征见表 2-14。

表 2-14　垣曲煤产地山西组、太原组煤层发育特征表

含煤地层	煤层编号	煤层厚度 $\left(\frac{最小—最大}{平均}\right)$/m	顶板岩性	底板岩性	煤层结构	煤层稳定性
山西组	2	$\frac{0.33\sim3.50}{2.00}$	泥岩	泥岩	简单	不稳定
	3	$\frac{0\sim1.00}{0.50}$	泥岩	泥岩	简单	不稳定
太原组	11	$\frac{0\sim1.00}{0.50}$	泥岩	石灰岩	简单	不稳定
	12	$\frac{0\sim4.87}{2.00}$	石灰岩	石灰岩	复杂	较稳定

2.3　山西煤炭基地及煤炭矿区区划

我国煤炭工业中长期发展规划建设 13 个大型煤炭基地，其中位于山西省的有晋北、晋中、晋东 3 个大型煤炭基地。

国家发展改革委按照煤炭资源赋存条件及煤炭开发布局，将山西省 3 个大型煤炭基地进一步区划了 19 处煤炭矿区，其分布情况如下[15]。

(1) 晋北大型煤炭基地

位于山西省北部，跨大同、朔州、忻州、太原 4 市 18 个县(市)。大同煤田、宁武煤田及河东煤田北部区划有大同侏罗系、大同、平朔、朔南、河保偏、轩岗、岚县 7 个煤炭矿区。含煤面积为 6 134 km^2。

(2) 晋中大型煤炭基地

位于山西省中部及中西部，跨太原、吕梁、晋中、临汾、长治、运城 6 市 31 个县(市)。太原西山煤田、河东煤田中南部、霍西煤田、沁水煤田西翼区划有离柳、石隰、乡宁、西山、汾西、霍州、霍东 7 个煤炭矿区。含煤面积为 21 770 km^2。

(3) 晋东大型煤炭基地

位于山西省中东部，跨太原、晋中、阳泉、长治、晋城、临汾 6 市 24 个县(市)。沁水煤田北、东、南翼区划有东山、阳泉、武夏、潞安、晋城 5 个煤炭矿区。含煤面积为 16 002 km^2。

2.4　山西煤炭资源储量及用途分类

山西煤炭资源勘查区 582 处，勘查覆盖面积 33 362.68 km^2。按地质勘查工作阶段划分勘探(精查) 287 处，勘查面积 9 965.07 km^2；详查 146 处，勘查面积 7 087.04 km^2；普查 138 处，勘查面积 15 382.39 km^2；预查 11 处，勘查面积 928.17 km^2。共查明煤炭资源量 2 844.39 亿 t，保有煤炭资源量 2 619.35 亿 t，另预测级资源量 786.45 亿 t。山西煤炭资源分布概况见表 2-15。

表 2-15 山西煤炭资源分布概况

煤炭基地	煤炭矿区	面积/km²	资源总量/亿 t	勘查查明				勘查保存		预测(2 000 m 以浅)	
				勘查/核查区数	面积/km²	资源储量/亿 t	预测级资源量/亿 t	资源储量/亿 t	预测级资源量/亿 t	面积/km²	潜在资源量/亿 t
晋北	大同 J	564.54	74.69	29	564.54	74.69	0	35.56	0		0
	大同	1 672.67	279.13	26	1 672.67	279.13	48.81	260.77	48.81		0
	平朔	418.50	139.42	18	418.50	139.42	0	125.84	0		0
	朔南	599.24	68.85	3	599.24	68.85	108.60	68.85	108.60		0
	轩岗	932.01	137.24	30	790.01	104.85	32.85	97.37	32.85	142.00	32.40
	岚县	1 039.79	155.61	15	582.90	50.43	8.58	49.48	8.58	456.89	105.18
	河保偏	906.79	159.62	19	835.57	143.49	3.22	136.87	3.22	71.22	16.13
	合计	6 133.54	1 014.56	140	5 463.43	860.86	202. 06	774.74	202.06	670.11	153.71
晋中	离柳	3 519.56	380.14	56	3 109.75	305.43	18.70	297.04	18.70	409.81	74.71
	石隰	2 624.40	294.86	2	46.52	0.68	0	0.68	0	577.88	294. 18
	乡宁	4 252.87	299.79	26	2 923.90	151.92	126.72	145.04	126.72	1 328.97	147.87
	西山	1 915.14	198.00	42	1 915.14	198.00	4.84	182.60	4.84		0
	汾西	1 890.72	182.13	38	1 628.29	149.29	30.16	132.63	30.16	262.43	32.84
	霍州	3 569.19	301.35	40	1 855.11	135.63	12.76	122.94	12.76	1 714.08	165.72
	霍东	3 998.10	203.75	32	3 273.85	136.21	80.45	134.00	80.45	724.25	67.54
	合计	21 769.98	1 860.02	236	14 752.56	1 077.16	273.63	1 014.93	273.63	7 017.42	782. 86
晋东	东山	275.21	28.25	9	220.77	19.07	0	17.96	0	54.44	9.19
	阳泉	4 868.51	446.48	57	3 558.82	290.47	63.02	267.27	63.02	1 309.69	156.02
	武夏	1 346.68	82.61	19	1 219.17	65.86	52.30	62.36	52.30	127.51	16.75
	潞安	2 945.07	214.08	34	2 596.62	168.31	65.75	154.92	65.75	348.45	45.78
	晋城	6 566.40	492.61	74	5 370.37	354.54	126.22	320.34	126.22	1 196.03	138.06
	合计	16 001.87	1 264.03	193	12 965.75	898.25	307.29	822.85	307.29	3 036.12	365.80
其他	合计	180.92	8. 12	13	180.92	8.12	3.47	6.83	3.47		
全省		44 086.31	4 146.73	582	33 362.66	2 844.39	786.45	2 619.35	786.45	10 723.65	1 302.37

煤炭资源储量按煤的主要工业用途分类，全省查明煤炭资源储量 2 844.39 亿 t，其中无烟煤 565.80 亿 t、贫煤 473.89 亿 t、炼焦烟煤 1 484.02 亿 t、非炼焦烟煤及其他 320.68 亿 t。另有预测级资源量 786.45 亿 t，其中无烟煤 215.25 亿 t、贫煤 215.44 亿 t、炼焦烟煤 265.27 亿 t、非炼焦烟煤及其他 90.49 亿 t。各矿区资源储量按工业用途分类情况详见表 2-16。

表 2-16 山西查明煤炭资源储量按工业用途分类 单位：亿 t

煤炭矿区	查明资源储量	其中按工业用途区分			
		无烟煤	贫煤	炼焦烟煤	非炼焦烟煤及其他
大同 J	74.69	0	0	0	74.69
大同	279.13	0	0	210.94	68.20
平朔	139.42	0	0	100.04	39.38
朔南	68.85	0	0	9.17	59.68
轩岗	104.85	0	0	104.81	0.03
岚县	50.43	0	0	50.43	0

表 2-16(续)

煤炭矿区	查明资源储量	其中按工业用途区分			
		无烟煤	贫煤	炼焦烟煤	非炼焦烟煤及其他
河保偏	143.49	0	0	83.86	59.63
晋北合计	860.86	0	0	559.25	301.61
离柳	305.43	0	9.02	284.03	12.38
石隰	0.68	0	0	0.68	0
乡宁	151.92	14.51	38.44	98.97	0
西山	198.00	9.38	73.99	114.62	0.01
汾西	149.29	1.92	2.94	144.37	0.06
霍州	135.63	1.85	1.46	132.31	0
霍东	136.21	4.62	49.22	82.31	0.06
晋中合计	1 077.16	32.28	175.07	857.29	12.51
东山	19.07	1.41	6.53	11.13	0
阳泉	290.47	167.37	106.15	16.95	0
武夏	65.86	13.15	40.77	11.94	0
潞安	168.31	32.39	111.65	24.27	0
晋城	354.54	318.98	32.88	2.69	0
晋东合计	898.25	533.30	297.98	66.98	0
其他	8.12	0.22	0.84	0.50	6.56
全省	2 844.39	565.80	473.89	1 484.02	320.68

2.5　山西煤变质程度及煤种分布

山西煤变质程度的划分总的是以北纬 38°，即阳曲—盂县东西向构造带为界。北部以低变质煤为主，煤变质程度普遍较低，煤种较单一。如大同煤田的石炭-二叠系煤层以气煤为主(受煌斑岩影响者除外)。中侏罗世大同组煤层则为单一的弱黏结煤。宁武煤田的侏罗系煤层也属气煤，石炭-二叠系煤层在煤田浅部以气、肥煤为主，在深部则出现焦瘦煤。河东煤田北段(临县以北)的石炭-二叠系煤层以气煤为主，挥发分在 33%以上。其他如浑源煤产地石炭-二叠系煤层为气煤，五台煤产地石炭-二叠系的煤层为肥煤。总体看来都以低变质煤为主，中变质的肥煤只占少量。山西中部的阳泉—太原西山—离石东西一线为中高变质煤带。东段在阳泉至太原清交区一带为无烟煤，向西至离石一带变为中变质的焦煤和高变质的瘦煤，挥发分为 18%～24%。吕梁山至霍山间的霍西煤田灵石—霍县一带为低-中变质煤，挥发分为 22%～36%，大部分为肥煤及肥气煤。北部孝义、汾阳间有瘦煤。沁水煤田煤变质程度稍高。北部的寿阳—阳泉—昔阳和南部的高平—晋城—阳城—翼城一带为挥发分低于 10%的无烟煤带，属高变质煤。中部的古县、王陶和武乡、蟠龙一带的浅部为焦煤和瘦煤，挥发分为 14%～20%，属中到高变质煤。其余如太原东山、屯留、长子一带则以挥发分为 10%～14%的贫煤为主，属高变质煤[16]。

总体而言，山西煤变质程度和煤种分布显示有一定的规律性，即南部变质程度比北部高，东部变质程度比西部高。中部和南部有两个东西向的中高或高变质煤带，上部山西组煤的挥发分也略高于下部太原组煤。从煤种分布来看，中部的河东煤田、霍西煤田、太原西山煤田和宁武煤田南部以炼焦煤为主，是重要的焦煤基地；北部大同煤田的中侏罗世大同组，以弱黏结煤为主，是重要的动力煤基地；沁水煤田东北部、阳泉和东南部的高平、晋城以无烟煤为主，是重要的动力煤、化肥及民用煤基地。

第3章　近距离煤层上保护层开采关键技术与示范

我国是以煤为主要能源的国家，约90%的煤矿是井下作业，煤层赋存条件复杂多变，特别是近十多年来，随着开采深度的增加，开采条件更加复杂，出现了高地应力、高瓦斯、高非均质性、低渗透性和低强度煤体的特征。《煤矿安全规程》明确规定："具备开采保护层条件的突出危险区，必须开采保护层。选择保护层应当遵循下列原则：(一) 优先选择无突出危险的煤层作为保护层。矿井中所有煤层都有突出危险时，应当选择突出危险程度较小的煤层作保护层。（二）应当优先选择上保护层；选择下保护层开采时，不得破坏被保护层的开采条件。开采保护层后，在有效保护范围内的被保护层区域为无突出危险区，超出有效保护范围的区域仍然为突出危险区。"保护层开采的目的是对被保护层卸压，释放被保护层的弹性势能，增大煤层的透气性，以利于瓦斯的运移和解吸，降低被保护层的瓦斯含量及内能[17]。保护层开采后，被保护层的应力变形状态、煤结构和瓦斯动力参数都将发生显著的变化。开采层周围的岩层和煤层向采空区方向移动、变形，其范围受岩层卸压角和移动角所限制。岩层经过不断移动，使得应力重新分布，在采空区上方形成自然冒落拱，压力则传递给采空区以外的岩层承受。这样，就对开采层周围的煤层(包括突出煤层在内)和岩层产生采动影响，突出煤层的瓦斯动力参数将发生重大变化。随着距开采层距离的加大，岩石移动和变形减弱，煤层和岩层受采动影响也逐渐减弱，其规律一般按指数曲线变化。在采空区岩石移动直接影响范围内，地层应力降低，突出层卸压，在垂直煤层层面方向发生膨胀变形[18]，由此，在煤层和岩层内，不仅产生新的裂缝，而且原有裂缝也有所扩大，这就使得煤层透气性增大数十倍到数百倍。

本章将以汾西矿业集团中兴煤业为例介绍近距离煤层上保护层开采关键技术研究与应用。汾西矿业集团中兴煤业地处山西省交城县岭底乡，是重要的焦煤产出企业之一。现阶段中兴煤业开采薄煤层保护层面临煤层瓦斯动力灾害等问题。中兴煤业保护层开采时综合考虑保护层及被保护层开采工艺，开展重大灾害综合治理技术研究，将灾害治理与资源回收相结合，为近距离煤层群条件下开采薄与极薄煤层保护层的重大灾害综合治理提供技术支撑，开创了矿井安全、经济、高效的新模式，社会效益、经济效益显著。

3.1　近距离保护层开采技术问题分析

中兴煤业位于山西省交城县岭底乡郭家庄以北，距交城县城约10 km，井田地理坐标为北纬37°37′17″～37°39′29″，东经112°04′27″～112°08′22″。307国道从交城县城通过，井田内有简易公路与交城县城和307国道相通，距307国道约5 km，距交城县城约7 km，交通较为便利。

矿井开拓方式为多水平斜井开拓，采用长壁顶板垮落法开采工艺。中兴煤业+760 m水平(生产)开采上组煤2#、4#、5#煤层，+680 m水平(未建)开采下组煤6#、8#、9#煤层，根据该井田的煤层赋存条件，由上而下顺序开采，一次性开采全高。同一层煤采用顺序开采方式，由浅入深，先易后难，由近及远，初期先采上煤组；目前主要开采2#煤层，2#煤层分为四个采区，目前生产采区为一、三采区，一采区煤层底板标高为+690～+810 m，三采区煤层底板标高为+540～+780 m。

中兴煤业目前主采2#煤层，煤层厚度为1.6～2.3 m，平均厚度为2.1 m，煤层倾角为2°～10°，平均倾角为7°。煤层原始瓦斯含量为6～9 m^3/t，原始瓦斯压力为0.56 MPa，瓦斯放散初速度ΔP为18～27 mmHg，煤层坚固性系数f为0.25～0.35，钻孔瓦斯流量衰减系数为0.382 0～0.410 4 d^{-1}，透气性系数为0.015 5～0.043 7 $m^2/(MPa^2 \cdot d)$。上覆02#煤线厚度为0.7～1.2 m，含夹矸一层，夹矸厚度为

0.1～0.15 m，煤层倾角为 2°～8°，平均倾角为 5°。下部 $4^{\#}$ 煤层平均厚度为 2.4 m，煤层原始瓦斯含量为 7.05 m^3/t，原始瓦斯压力为 0.44 MPa，瓦斯放散初速度 ΔP 为 9 mmHg，煤层坚固性系数 f 为 0.34，钻孔瓦斯流量衰减系数为0.46～1.126 7 d^{-1}，透气性系数为 0.005 6～0.008 5 $m^2/(MPa^2 \cdot d)$。

目前，中兴煤业主采 $2^{\#}$ 煤层，下部为 $4^{\#}$ 煤层，平均层间距约为 3.0 m。$2^{\#}$ 煤层上部为 $02^{\#}$ 煤线，平均层间距约为 10.0 m。其中 $2^{\#}$ 煤层和 $4^{\#}$ 煤层为突出煤层，具有突出危险性。煤层综合柱状见图 3-1。

地层单位				平均深度/m	柱状 1:500	平均厚度/m	岩石名称	岩性描述
系	统	组	段					
二叠系	下统	山西组		764.85	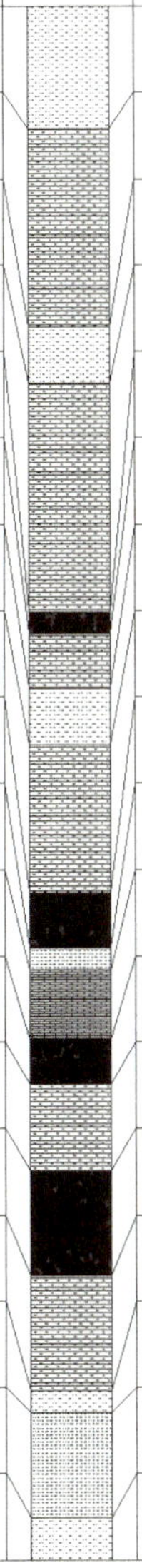	4.40	细粒砂岩	灰色，胶结较硬，夹有机质带，层面含白云母片，夹粉砂岩薄层
				769.25		7.15	泥岩	深灰色，水平层理，含植物叶片化石及砂质泥岩薄层，节理发育
				776.40		2.00	细粒砂岩	灰色，胶结较软，夹有机质带及粉砂岩薄层，中部夹砂薄层
				778.40		8.20	泥岩	深灰色，含大量植物叶片化石，中部夹砂质泥岩薄层，下部节理发育
				786.60		0.80	$02^{\#}$煤	半亮煤
				787.40		2.00	泥岩	深灰色，含大量植物叶片化石，中部夹砂质泥岩薄层，下部节理发育
				789.40		2.00	粉砂岩	暗灰色，夹砂质泥岩条带及细砂岩薄层，含白云母片
				791.40		5.30	泥岩	深灰色，含大量植物叶片化石，中部夹砂质泥岩薄层，下部节理发育
				796.70		2.10	$2^{\#}$煤	黑色，粉末状，油脂光亮为主，内生裂隙发育，半坚硬，属半亮煤
				798.80		0.80	砂质泥岩	灰黑色，遇水膨胀，含植物根部化石
				799.60		2.50	砂质泥岩	灰黑色、中细粒、坚硬，条带状，具水平节理
				802.10		2.40	$4^{\#}$煤	黑色，粉末及碎块状，玻璃光泽为主，属半亮煤，内生裂隙发育，半坚硬
				804.50		3.10	泥岩	灰黑色，中厚层状，平坦状断口，含丰富植物化石，破碎呈团块状
				807.60		1.50	$5^{\#}$煤	黑色粉末及碎块状，玻璃光泽为主，内生裂隙发育，属半亮煤
				809.10		4.10	泥岩	灰黑色，中厚层状，参差状断口，含植物化石，性脆，局部含少量砂质
				813.20		0.80	细粒砂岩	灰色，薄层状，脉层理，成分以石英、岩屑为主，半坚硬，较完整
				814.00		3.80	砂质泥岩	深灰色，平坦状断口，性脆，含砂不均，具剪节理，破碎，呈团块状
				817.80		1.50	细粒砂岩	灰色，中厚层状，斜节理，夹灰黑色砂质泥岩及泥岩条带，半坚硬

图 3-1　煤层综合柱状图

以往中兴煤业根据煤层瓦斯基础参数对煤层作出相关鉴定，据此制定瓦斯治理相关措施，但在保护层开采影响下针对瓦斯赋存方面的评价较少，考虑瓦斯赋存特征及瓦斯基础参数对保护层开采具有重大意义。

中兴煤业近距离煤层开采过程中邻近煤层瓦斯的运移与储存特征复杂，开采时不仅要考虑开采煤层对顶底板岩层的卸压增透效应，还要考虑采动裂隙场条件下的瓦斯流动规律，卸压瓦斯运移与覆岩裂隙时空演化关系，即近距离煤层群采动条件下煤岩层的垮落与破坏机制及煤岩体裂隙时空演化与分布规律，采动应力场、裂隙场与瓦斯流动场相互作用机理，裂隙发育与分布特征，基于覆岩运动结构的煤层底板岩体应力状态与变形破坏规律，采动裂隙场对瓦斯流动的作用机制，瓦斯在采动煤岩体裂隙场中的流动规律，等等。

因此，研究保护层与被保护层的相互影响关系，是研究中兴煤业近距离煤层保护层开采灾害综合治理关键技术中急需解决的问题之一。中兴煤业 2# 煤层保护层开采后将会导致大量瓦斯涌入采空区后方及覆岩裂隙中。因此，研究近距离煤层群保护层开采后覆岩空间结构破坏特征与瓦斯运移规律是研究保护层的卸压瓦斯抽采技术的基础。

在突出矿井的煤层群中首先开采非突出危险煤层（保护层），从而对突出危险煤层起到保护作用，减少或消除其突出危险性，达到防止煤与瓦斯突出的目的。保护层开采后，顶底板岩层发生移动变形，进而使被保护层卸压，消除局部应力集中，煤层透气性大幅度增加，煤层瓦斯解吸，同时采用预先施工好的钻孔或是巷道抽采卸压瓦斯，可以有效降低煤层瓦斯压力，消除煤层的突出危险性，将高瓦斯突出煤层转变为低瓦斯非突出煤层，从而实现被保护层的安全高效开采。钻孔抽采是国内外瓦斯抽采的主要方式[19]，有地面钻孔抽采和井下布孔抽采两种方式。地面钻孔抽采方式即由地面向开采层打钻抽采瓦斯，美国和苏联采用的较多；我国只在少数矿区进行过试验。目前在国内一些矿区已开始着手地面钻孔抽采瓦斯的试验，为煤层气的开发进行部署。井下布孔抽采方式在各个矿井并不完全相同，基本方式有穿层钻孔和顺层钻孔两种。

目前，中兴煤业抽采方式主要有顺层钻孔抽采、穿层钻孔抽采两种，但是抽采方式相对混乱，均是针对瓦斯抽采空白带而采取的局部抽采方式，没有形成体系。因此，针对保护层与被保护层提出成熟的瓦斯抽采体系对中兴煤业近距离煤层保护层开采灾害综合治理具有重大意义。

3.2 保护层开采可行性及危险性分析

3.2.1 保护层开采可行性分析与保护层确定

1. 02# 煤线作为上保护层可行性分析

煤线结构简单，煤层稳定，为了达到卸压效果和方便施工，把煤线和其底板的泥岩作为保护层一起开采，工作面采高定为 1.5 m，煤线平均开采深度为 750 m。依据开采保护层有关规范，保护层与被保护层之间的有效垂距，依据式(3-1)确定。

$$S_{上}=S_{上}'\beta_1\beta_2 \tag{3-1}$$

式中 $S_{上}'$——上保护层的理论有效垂距，m。$S_{上}'$与工作面长度 L 和开采深度 H 有关，参照表 3-1 取值。当 $L>0.3H$ 时，取 $L=0.3H$，但 L 不得大于 250 m。中兴煤业 02# 煤线设计工作面长度为 71 m，作为 2# 煤层上保护层时，$S_{上}'=29$ m。

β_1——保护层开采的影响系数，当 $M\leqslant M_0$ 时，$\beta_1=M/M_0$；当 $M>M_0$ 时，$\beta_1=1$。中兴煤业 02# 煤线开采厚度 $M=1.5$ m，保护层的最小有效厚度 $M_0=0.7$ m，所以，$M>M_0$，$\beta_1=1$。

M——保护层的开采厚度，m。

M_0——保护层的最小有效厚度，m，参考图 3-2。

β_2——层间坚硬岩层（砂岩、石灰岩）含量系数，以 η 表示坚硬岩层在层间岩石中所占的百分比，当 $\eta\geqslant50\%$时，$\beta_2=1-0.4\eta/100$；当 $\eta<50\%$时，$\beta_2=1$。中兴煤业 02# 煤线与 2# 煤层间以泥岩、粉砂岩为主，所以 $\eta<50\%$，则 $\beta_2=1$。

经计算 $S_{上}=S_{上}'\beta_1\beta_2=29$ m。

理论分析上保护层的最大有效垂距为 29 m。02# 煤线与 2# 煤层间距为 10 m，所以，02# 煤线作为 2# 煤层的上保护层理论上是可行的。

依据《防治煤与瓦斯突出细则》第六十一条：优先选择上保护层，选择下保护层时，不得破坏被保护层的开采条件；开采煤层群时，在有效保护垂距内存在厚度 0.5 m 及以上的无突出危险煤层的，除因与突出煤层距离太近威胁保护层工作面安全或者可能破坏突出煤层开采条件的情况外，应当作为保护层首先开采。结合理论分析，02# 煤线作为 2# 煤层的保护层是可行的。

表 3-1　$S_{上}'$与开采深度 H 和工作面长度 L 之间的关系

开采深度 H/m	上保护层的理论有效垂距 $S_{上}'$/m						
	L=50 m	L=75 m	L=100 m	L=125 m	L=150 m	L=200 m	L=250 m
300	56	67	76	83	87	90	92
400	40	50	58	66	71	74	76
500	29	39	49	56	62	66	68
600	24	34	43	50	55	59	61
800	21	29	36	41	45	49	50
1 000	18	25	32	36	41	44	45
1 200	16	23	30	32	37	40	41

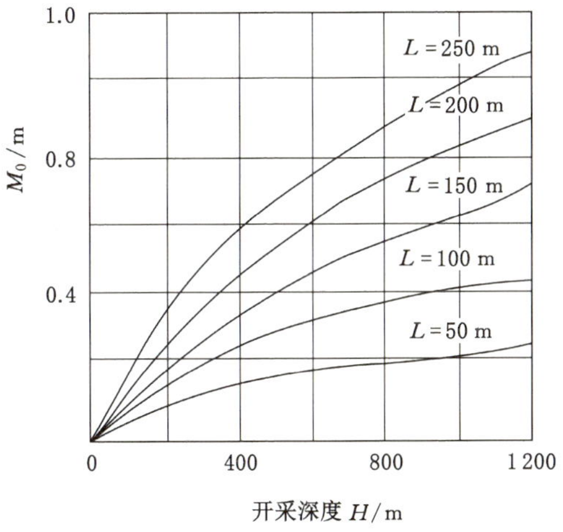

图 3-2　保护层工作面始采线、停采线和煤柱的影响范围

2. 02# 煤线作为上保护层开采条件分析

区域防突措施包括开采保护层和预抽煤层瓦斯两种措施。开采保护层属于卸压瓦斯抽采技术，抽采效果非常好，因此在煤层群开采条件下应首先采用保护层开采技术。影响保护层层位的因素很多，首先要对各开采煤层的基本参数进行测试，掌握煤层瓦斯的赋存规律，分析各个煤层的瓦斯突出危险性；其次，在充分论证的基础上，选择无突出危险煤层或是突出危险性相对较小的煤层作为保护层开采，必要的情况下也可选择软岩层作为保护层开采。确定保护层层位时，无论选择上保护层开采，还是选择下保护层开采，都不得破坏被保护层的开采条件。与此同时，还要兼顾保护层开采后对于被保护层的保护效果，即在保证保护层开采时，能对被保护层进行有效的卸压瓦斯抽采，同时对抽采的卸压瓦斯进行计量。

煤线一般厚度为 1.0 m，结构简单稳定。对于厚煤层来说，煤层厚度变化对巷道掘进、工作面回采一般影响不太大。但是对于薄煤层来说，煤层厚度变化对巷道掘进和工作面回采影响较大。薄煤层回采巷道的掘进涉及破顶或卧底，或者既破顶又卧底。当煤层厚度变化时，将影响巷道掘进工艺、掘进速度，煤层变厚时，破顶或卧底量小，巷道掘进速度将加快，但是巷道两帮的支护强度需要加强；当煤层厚度变薄时，巷道破顶或卧底量大，巷道掘进速度降低，巷道两帮大部分为岩体，支护强度可以适当降低。薄煤层厚度变化时对回采工艺的影响较大，通常煤层厚度小于 0.8 m 时就不宜采用综合机械化回采工艺，如果煤层硬度大，当煤层厚度小于 1.0 m 时就不宜采用综合机械化回采工艺。采用综合机械化回采工艺开采薄煤层，当煤层厚度变小时，开采设备要割大量的岩石，要求采煤机功率高、系统可靠性高，采煤机截齿强度大等；当煤层厚度变大时，对回采工艺影响较小，但是当煤层厚度超出液压支架活动范围时，会给工作面顶板管理、工作面煤壁管理带来困难。02# 煤线原始瓦斯含量为 5.301 5 m^3/t，从瓦斯方面分析，02# 煤线作为 2# 煤层的上保护层是可行的。为了达到卸压效果并考虑容易施工，设计 02# 煤线工作面沿顶掘进，把底板的泥岩作为保护层一起开采，采高为 1.5 m。从开采条件分析，可以将 02# 煤线作为 2# 煤层的保护层。

3.2.2 保护层与被保护层之间有效保护范围确定

1. 确定保护层保护范围

根据《防治煤与瓦斯突出细则》要求，煤层首次开采保护层需对其的保护范围和保护效果进行考察，为后面的保护层开采提供依据。在保护层先行开采后，其顶底板周围的岩层和煤层向采空区移动、变形，其影响范围受岩石卸压及移动角所限制，并且与煤层的厚度、倾角、层间岩性、开采范围、开采深度等因素有关。因此，保护层开采后的防突有效范围应根据矿井实际考察结果来确定，依据原国家安全生产监督管理总局发布的《保护层开采技术规范》(AQ 1050—2008)，保护范围确定内容如下：

(1) 保护层开采沿倾斜方向的保护范围

保护层工作面沿倾斜方向的保护范围按卸压角划定，卸压角与煤层倾角有关，对应关系如图 3-3 所示，保护层沿倾斜方向的卸压角见表 3-2。

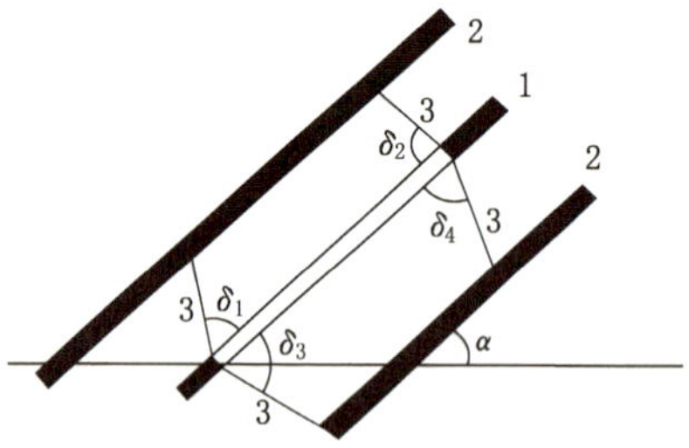

1—保护层；2—被保护层；3—保护范围边界线。

图 3-3 保护层工作面沿倾斜方向的保护范围

表 3-2 保护层沿倾斜方向的卸压角

煤层倾角 α/(°)	卸压角 δ/(°)			
	δ_1	δ_2	δ_3	δ_4
0	80	80	75	75
10	77	83	75	75
20	73	87	75	75
30	69	90	77	70
40	65	90	80	70
50	70	90	80	70
60	72	90	80	70
70	72	90	80	72
80	73	90	78	75
90	75	80	75	80

(2) 保护层开采沿走向方向的保护范围

① 正在开采的保护层采煤工作面，必须超前于被保护层的掘进工作面，其超前距离不得小于保护层与被保护层之间层间垂距的两倍，并不得小于 30 m。

② 对已经停采的保护层工作面，停采时间超过 3 个月且卸压比较充分，该保护层工作面的始采线、停采线和煤柱留设对被保护层沿走向的保护范围按卸压角 $\delta_5=56°\sim60°$ 来划定，保护层工作面始采线、停采线和煤柱的影响范围如图 3-4 所示。

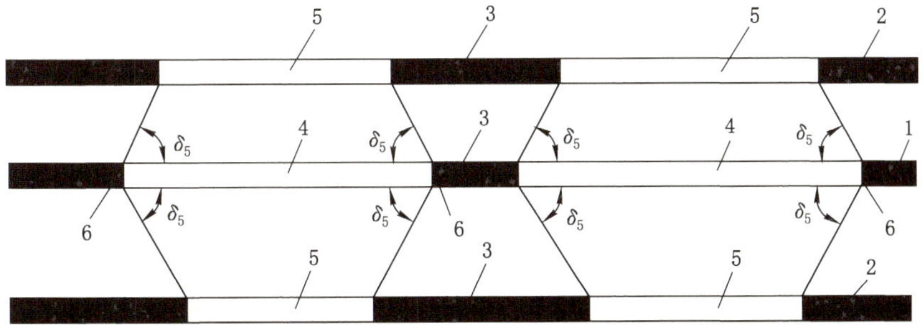

1—保护层；2—被保护层；3—煤柱；4—采空区；5—保护范围；6—始采线、停采线。

图 3-4　保护层工作面始采线、停采线和煤柱的影响范围

(3) 开采上保护层的最小层间距

开采上保护层时，下部被保护层不被破坏的最小层间距可采用式(3-2)确定：

$$R_{min}=\frac{10\cos\alpha}{MK\beta_1\beta_2} \tag{3-2}$$

式中　R_{min}——允许采用的最小层间距，m；

K——顶板管理系数；

M——保护层的开采厚度，m；

α——煤层倾角，(°)。

2. 被保护层保护范围计算

根据中兴煤业目前实际情况，结合中兴煤业地质报告和已有采掘工作面的作业规程、地层柱状图、采掘工程立面图、采区石门剖面图等技术资料，依照关于"保护层与被保护层有效保护范围的确定"进行保护范围的计算。由于中兴煤业 02# 煤线开采多个工作面，而开采保护层计算方法相同，因此以 3203 保护层工作面计算为例。

(1) 3203 保护层工作面沿煤层倾向保护范围

当煤层倾角 $\alpha=5°$ 时，煤层间距 $h=10$ m，依据表 3-2 则有 $\delta_3=75°$，$\delta_4=75°$。$\tan\delta_3=\frac{h}{x_q}$，经计算 $x_q=2.68$ m，即被保护层沿倾斜方向被保护范围为 $71-2\times2.68=65.64$ (m)。

(2) 3203 保护层工作面沿煤层走向保护范围

因中兴煤业 3203 保护层工作面停采时间超过 3 个月且卸压比较充分，因此工作面沿煤层走向保护范围应符合上述要求，该保护层工作面的始采线、停采线和煤柱留设对被保护层沿走向的保护范围按卸压角 $\delta_5=56°\sim60°$ 来划定。

(3) 开采上保护层的最小层间距

开采上保护层时，3203 保护层工作面平均煤层倾角为 5°，则下部被保护层不被破坏的最小层间距为：

$$R_{min}=\frac{10\cos\alpha}{MK\beta_1\beta_2}=6.80\ (\text{m})$$

理论计算的最小层间距 6.80 m 小于两煤层之间的平均层间距 10 m，因此，开采 3203 保护层工作面满足不破坏下部被保护层的原则。

3.2.3 近距离保护层开采瓦斯动力灾害危险性分析

1. 近距离煤层群下保护层开采卸压瓦斯运移与汇集特征

煤层开采将引起岩层移动与破断，并在岩层中形成采动裂隙。按性质采动裂隙可分为两类：一类为离层裂隙，是随岩层下沉在不同岩性地层之间出现的沿层裂隙，它可使煤层产生膨胀变形而使瓦斯卸压，并使卸压瓦斯沿离层裂隙流动；另一类为竖向破断裂隙，是随岩层下沉破断形成的穿层裂隙，它构成上下层之间的瓦斯通道。煤层的采动会引起其周围岩层产生"卸压增透"效应，即引起周围岩层地应力封闭的破坏（地应力降低、卸压，孔隙与裂缝增生张开）、层间岩层封闭的破坏（上覆煤岩层垮落、破裂、下沉，下位煤岩层破裂、鼓起）以及地质构造封闭的破坏（封闭的地质构造因采动而开放、松弛），三者综合导致围岩及煤层的透气性系数大幅度增加，为卸压瓦斯高产高效抽采创造条件[20]。煤层卸压瓦斯的流动是一个连续的两步过程：第一步，以扩散的形式，瓦斯从没有裂隙的煤体流到周围的裂隙中去；第二步，以渗流的形式，瓦斯沿裂隙流到抽采钻孔处。卸压瓦斯的运移与岩层移动及采动裂隙的动态分布特征有着紧密的关系。

依据采场煤岩层采动裂隙的动态分布规律和卸压瓦斯运移规律可以分析得出，在采空区上方的横向方向上，瓦斯涌出状况可分为初始卸压增透增流带、卸压充分高透高流带和地压恢复减透减流带，此"三带"划分适用于采场顶板的裂隙带和弯曲下沉带。近距离煤层群上覆岩层采动裂隙横向分带模型如图 3-5 所示。

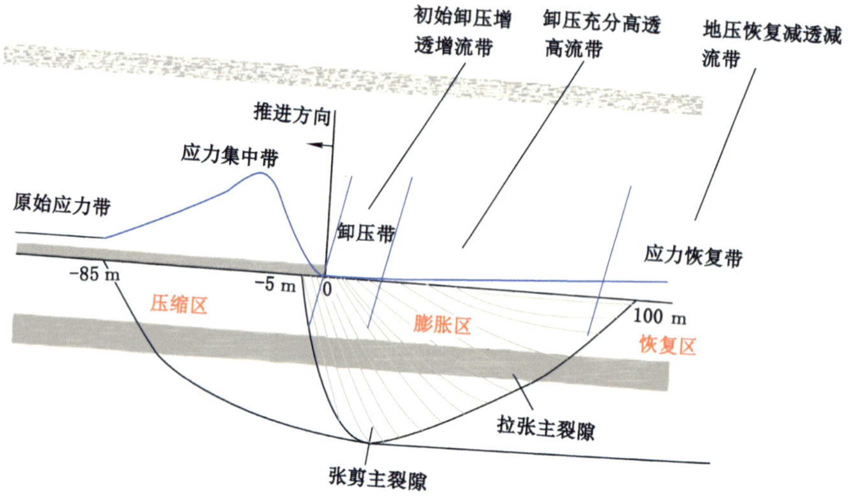

图 3-5　近距离煤层群上覆岩层采动裂隙横向分带模型

煤层开采引起工作面周围应力重新分布，围岩卸压膨胀，透气性系数增大几十倍到几百倍，垮落带、裂隙带的出现使处于卸压范围内的邻近层通过采动裂隙网络与开采层的采空区相连通，在邻近层与开采层的采空区之间形成一个瓦斯压力梯度场，邻近层的瓦斯则在压差作用下通过贯穿裂隙以扩散或渗透形式源源不断涌向采空区。瓦斯涌出分为"四带"，分别是瓦斯自然涌出带、瓦斯涌出变化带、瓦斯涌出活跃带、瓦斯涌出衰减带，如图 3-6 所示。

① 瓦斯自然涌出带：它在空间位置上与原始应力区对应，岩层的透气性系数为原始值。煤、岩的瓦斯动力参数保持其原始值，瓦斯涌出量按负指数规律自然衰减。

② 瓦斯涌出变化带：此带与应力集中区出现位置一致，由于受集中应力作用，岩层的透气性系数低于其原始值，该带瓦斯涌出量小于瓦斯自然涌出带的瓦斯涌出量。

③ 瓦斯涌出活跃带：岩层进入应力降低区，围岩的透气性系数显著增大，使得该区的煤、岩层瓦斯解吸加剧涌向采煤工作面或抽采钻孔，瓦斯涌出量不断增加并达到最大，瓦斯压力急剧下降。此带最适宜打钻孔抽采瓦斯。

④ 瓦斯涌出衰减带：该区在空间位置上与应力恢复区一致。由于围岩应力逐渐恢复，岩层的透气

性系数不断减小，加之邻近煤、岩层瓦斯大量涌出后瓦斯含量大幅度减小，该区的瓦斯涌出随时间的推移不断变小直至为零。

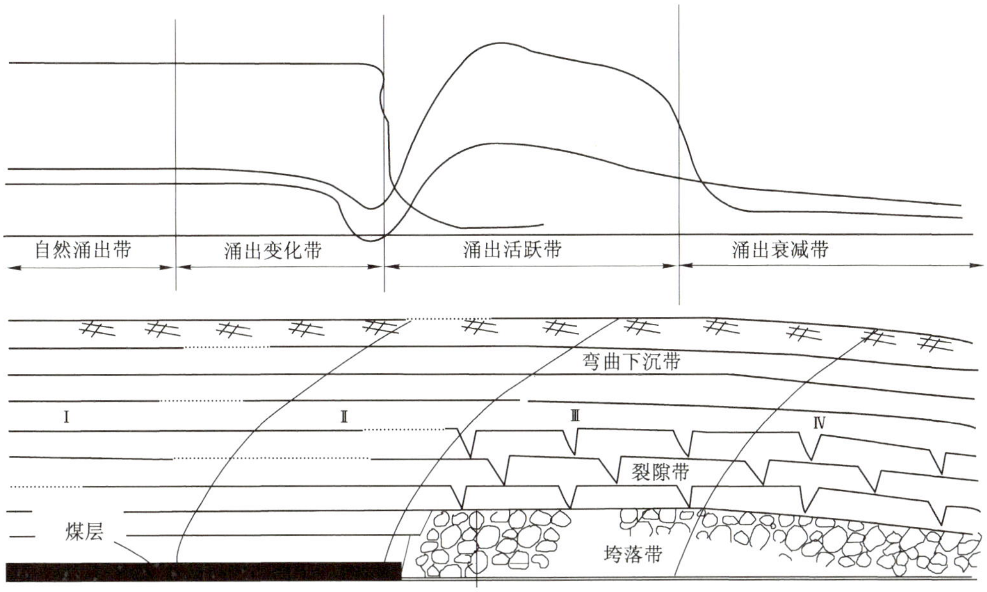

图 3-6　保护层开采顶板瓦斯带示意图

2. 近距离保护层开采覆岩裂隙分区特征

随着工作面的推进，覆岩裂隙状态和应力分布均会发生变化，可将裂隙划分为三个区域，即裂隙闭合区、裂隙平稳区、裂隙充分发育区。

裂隙闭合区：该区域位于煤巷应力集中地带，包括开切眼、工作面附近。该区煤体在集中应力作用下裂缝和孔隙封闭、收缩，煤岩体渗透率降低，瓦斯逸散困难。因此，该区域煤体瓦斯压力和瓦斯含量升高，为突出危险升高区。

裂隙平稳区：该区表现为应力平稳，煤岩体的赋存情况相差不大，裂隙发育及其分布未有较大出入，基本呈原煤岩状态，瓦斯含量和瓦斯压力与原始状态基本一致，为突出危险性无异动区。

裂隙充分发育区：该区域位于采空区的上方。其分布的高度基本上与“三带”中的裂隙带一致，在走向上，采空区的中间位置为充分卸压点，在倾向上，因受煤层倾角影响，回风巷附近为其充分卸压点。此区易出现“卸压增流”现象，分析原因为该区煤岩体经工作面回采充分卸压，煤岩体应力不断后移，从而产生大量的裂隙，煤岩体渗透率大幅度增加，与此同时，瓦斯解吸加快，压力急剧下降。该区域瓦斯运移比较活跃，可布置钻孔进行卸压瓦斯抽采。因该区域吸附瓦斯较多转化为游离瓦斯，煤体应力得以充分释放，此区域的瓦斯治理相对会取得较好的成效，因此对应的煤与瓦斯突出程度将大幅度减小，为突出危险性降低区。

3. 近距离保护层开采突出危险性分析

随着保护层的开采，本煤层及其上覆煤岩层应力调整，出现膨胀变形，卸压瓦斯释放，导致突出煤层的危险性出现变化。在保护层工作面上方，随着工作面的推进，保护层采空区内冒落岩石逐渐被压实，处于此地带的煤层及岩层重新支承上覆岩层压力，但此时应力值小于原始应力值，煤层仍保留一定的膨胀变形，瓦斯经过长期的自然排放或人工抽采，已处于衰竭状态。

02# 煤线保护层工作面回采过程中，由于应力集中，煤体的裂缝和孔隙收缩，透气性降低，瓦斯流量变小。由前述的理论计算得知，距离 02# 煤线 10 m 的 2# 煤层，其安全岩柱厚度可保证保护层工作面的安全回采。同时，在掘进工程中，未发现有较大的断层等地质构造带，为保护层工作面的回采创造了更好的条件。

02# 煤线保护层与 2# 煤层层间距约为 10 m，保护层开采卸压后，2# 煤层卸压瓦斯将沿穿层裂隙直接进入保护层开采空间，因此对于被保护层 2# 煤层，必须采取通风系统优化和瓦斯抽采措施。而对于 02# 煤线保护层工作面开采，在设计采高的情况下可以进行回采，开采过程中应进行周期来压的观测，应力、瓦斯浓度的监测以及工作面断层的探测。

3.3 近距离煤层上保护层开采煤岩体动力学演化特征试验

3.3.1 模拟试验台及试验测试系统

1. 试验位移观测系统

试验中使用 XTDIC 三维光学摄影测量系统对模型表面位移进行监测。XTDIC 系统是一种光学非接触式三维变形测量系统，用于物体表面形貌、位移以及应变的测量和分析，可得到三维应变场数据，测量结果可直观显示。

该系统采用两个高精度相机实时采集物体各个变形阶段的散斑图像，利用数字图像相关算法实现物体表面变形点的匹配，根据各点的视差数据和预先标定得到的相机参数重建物体表面计算点的三维坐标；并通过比较每一变形状态测量区域内各点的三维坐标的变化得到物体表面的位移场，进一步计算得到物体表面应变场。新的散斑系统集成了动态变形系统与轨迹姿态分析系统，在散斑计算的同时对物体表面特殊点的位移变化和轨迹姿态做进一步分析计算。

该系统由可调节的测量头、控制箱和一台高性能的计算机组成。控制箱用以实现软硬件信号的连接。

拍摄标志点的前方交会示意和 XTDIC 系统分别如图 3-7、图 3-8 所示。系统构件组成如下：

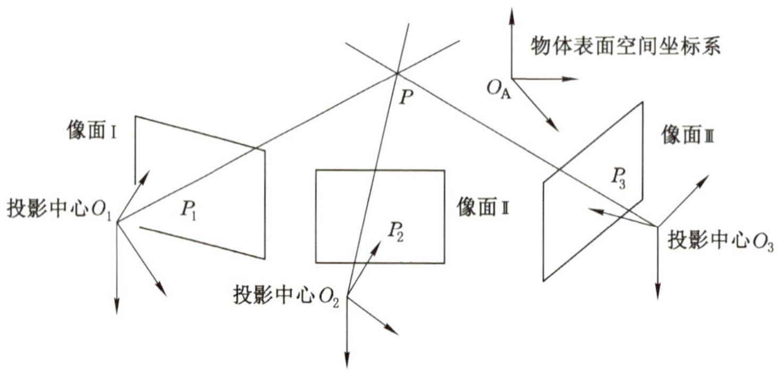

图 3-7　拍摄标志点的前方交会示意图

图 3-8　XTDIC 三维光学摄影测量系统

① 系统测量软件：系统测量软件安装在高性能的台式机或笔记本电脑上；

② 编码参考点：由一个中心点和周围的环状编码组成，每个点有独立的编号；

③ 非编码参考点：圆形参考点，用来得到测量物体相关部分的三维坐标；

④ 专业数码相机：固定焦距可互换镜头的高分辨率数码相机；

⑤ 高精度定标尺：用极精确的已经测量的参考点来确定其长度。

模型装填过程中，在模型内布设应力监测装置，观测工作面开采过程中采动支承应力分布与变化情况。监测方法是采用 YJZ-32A 智能数字应变仪（图 3-9）采集预先埋入模型中的 BW-5 型微型压力盒（图 3-10）的电信号数据，然后进行数据成图与分析。

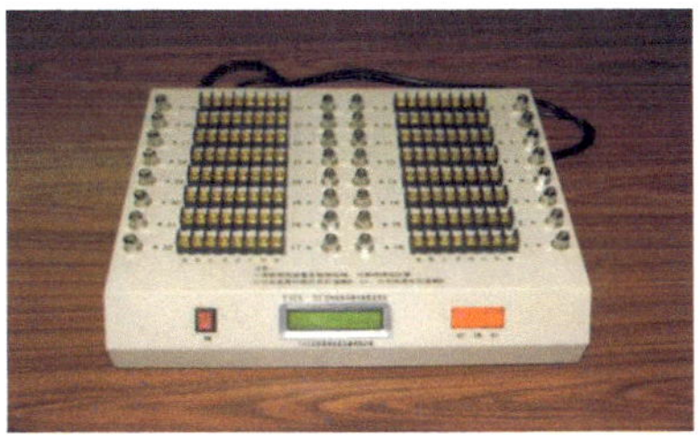

图 3-9　YJZ-32A 智能数字应变仪

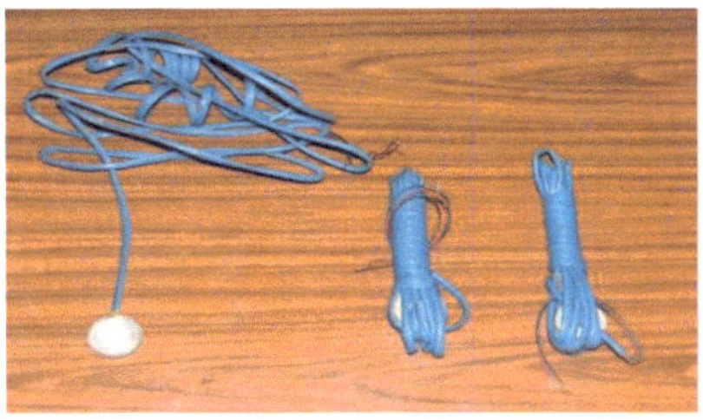

图 3-10　BW-5 型微型压力盒

2. 试验加载系统

压力加载主要由 ZYDL-YS200 微机控制电液伺服岩体平面相似材料模拟试验系统（图 3-11）配套的伺服加载控制系统实现。液压系统是其加载的动力源，工作压力以及工作速度调节由伺服比例阀和阀板组件完成，根据试验过程中的载荷要求，由计算机、DOLI 系统、反馈元件、负荷传感器组成的闭环反馈系统调节电磁溢流阀，来实时调整伺服比例阀的状态，从而完成试验的要求。在控制过程中，计算机实时采集各个加压板的压力以及位移，其采集的数据曲线包括压力-时间曲线和压力-位移曲线，如图 3-12 和图 3-13 所示。

图 3-11　微机控制电液伺服系统

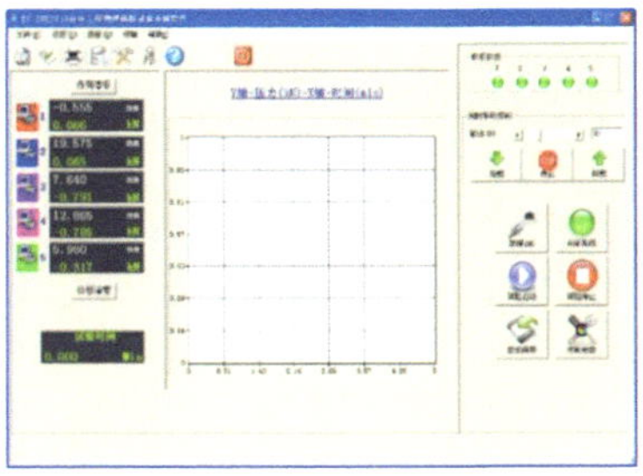

图 3-12　压力-时间曲线

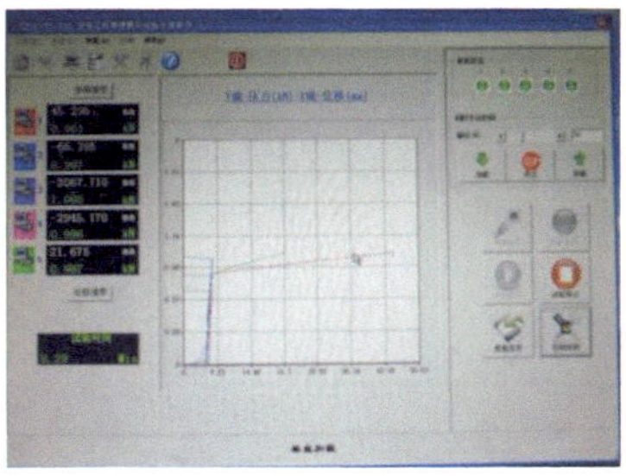

图 3-13　压力-位移曲线

3.3.2 相似材料模拟试验模型设计与制作

1. 试验材料的选取

根据相似理论，在模型试验中应采用相似材料来制作模型，相似材料的选择、配比以及试验模型的制作方法对材料的物理力学性质具有较高的要求，对模拟试验的成功与否起着决定性作用。在模型试验研究中，选择合理的模型材料及配比具有重要意义。根据本次相似模拟的实际需要及模拟煤岩层的力学属性，选择石英砂作为骨料，石灰、石膏作为胶结物，坚硬岩层用水泥代替石膏作为胶结物，根据各种材料不同的配比做成标准试件，并测出其视密度、抗拉强度、抗压强度。

2. 试验模型设计

(1) 工程原型条件

以中兴煤业 2# 煤层 3203 工作面开采为工程背景，02# 煤线 3203 保护层工作面作为上保护层开采，把 02# 煤线和下部 0.4 m 的泥岩都作为保护层一起开采，所以工作面采高为 1.5 m；2# 煤层为下被保护层，煤层平均厚度为 2.1 m，保护层与被保护层平均层间距为 10.0 m，02# 煤线平均倾角为 5°，2# 煤层平均倾角为 7°。各岩层物理力学参数如表 3-3 所示。

表 3-3 煤岩物理力学性质指标

编号	岩性	厚度/m	密度/(kg/m³)	抗压强度/MPa	岩石视密度/(g/cm³)
21	砂质泥岩	11.0	2 685	15.4	2.685
20	泥岩	6.0	2 587	18.5	2.587
19	细粒砂岩	2.0	2 623	39.2	2.623
18	泥岩	9.55	2 587	18.5	2.587
17	细粒砂岩	4.4	2 623	39.2	2.623
16	泥岩	7.2	2 587	10.4	2.587
15	细粒砂岩	2.0	2 623	39.2	2.623
14	泥岩	6.0	2 587	10.4	2.587
13	02# 煤	1.0	1 470	8.0	1.470
12	泥岩	2.0	2 587	10.4	2.587
11	粉砂岩	2.0	2 586	50.1	2.586
10	泥岩	5.3	2 566	10.4	2.566
9	2# 煤	2.1	1 460	8.0	1.460
8	砂质泥岩	1.0	2 651	20.7	2.651
7	砂质页岩	1.0	2 000	30.1	2.000
6	页岩	0.8	2 100	31.2	2.000
5	4# 煤	2.4	1 490	8.0	1.490
4	泥岩	3.5	2 610	18.5	2.610
3	5# 煤	1.5	1 470	8.0	1.470
2	泥岩	4.0	2 610	18.5	2.610
1	细粒砂岩	1.0	2 623	39.2	2.623

(2) 模式设计

为了对比分析单小面和双大面保护层开采的保护效果，针对中兴煤业 02# 煤线、2# 煤层的实际情况，需要做两架试验模型，第一架：单小面保护单大面条件下；第二架：双大面保护单大面条件下。为了达到试验要求，模型架要求有足够大的刚度，且具有一定的宽度，以保证模型的稳定性。根据现场工程背景及实验室条件，选择辽宁工程技术大学采矿工程研究中心的立式平面模型试验台(长×高×宽＝3.0 m×0.3 m×1.5 m)的相似材料模型架。

本试验为考察近距离煤层群上保护层开采(下邻近层瓦斯压力高)的情况下，顶底板岩层位移及裂隙场演化关系，但是试验条件下采动过程中的应力变化造成的底板位移不明显，因此，在最下层铺设一层弹簧，模拟下部煤层瓦斯压力 1.5 MPa。通过弹力模拟下部 5#、6# 煤岩瓦斯压力对 2#、4# 煤向上的膨胀能，以便于观察明显的底板位移和岩层裂隙。弹簧的力学性质指标如表 3-4 所示。

表 3-4　弹簧力学性质指标

弹簧个数/个	弹性模量/Pa	单圈刚度/(N/mm)	实际最大载荷/N
15	1.66×10^4	390	4.0×10^4

弹簧的弹性模量：$E=1.66\times10^4$ Pa。

铺设弹簧个数：15 个。

3.3.3　单小面保护单大面相似材料模拟试验

1. 模型制作

根据相似材料模拟试验的近似准则，确定其工程原型与模型的长度比 $\alpha_L=50$，密度比 $\alpha_R=1.5$，强度比 $\alpha_\sigma=75$，时间比 $\alpha_t=7.07$。模型装填尺寸长×宽×高＝3 000 mm×300 mm×1 500 mm。

模型和原型相似的主要指标为模型的视密度、抗拉强度和抗压强度，间接考虑变形、剪切强度、弹性模量、泊松比等指标。在表 3-5 中找出与模拟岩层换算后相接近的模型强度值，那么该值的材料配比即代表模型强度相对应的岩层。各岩层换算指标及材料配比见表 3-6。

表 3-5　砂子、石灰、石膏相似材料配比表

配比号	材料配比				抗压强度/10^{-2} MPa	抗拉强度/10^{-2} MPa	视密度/(g/cm³)	备注
	砂胶比	胶结物		水分				
		石灰	石膏					
337	3∶1	0.3	0.7	1/9	36.800	4.400	1.7	采用石英砂
335		0.5	0.5	1/9	25.100	2.300	1.7	
373		0.7	0.3	1/9	14.000	1.900	1.7	
437	4∶1	0.3	0.7	1/9	29.800	2.700	1.7	
455		0.5	0.5	1/9	20.800	2.500	1.7	
473		0.7	0.3	1/9	13.400	1.800	1.7	
537	5∶1	0.3	0.7	1/9	17.712	2.864	1.7	
555		0.5	0.5	1/9	13.653	1.961	1.7	
573		0.7	0.3	1/9	6.897	0.972	1.7	
637	6∶1	0.3	0.7	1/9	3.165	0.417	1.7	
655		0.5	0.5	1/9	0.902	0.086	1.7	
673		0.7	0.3	1/9	0.763	0.064	1.7	
737	7∶1	0.3	0.7	1/9	0.837	0.079	1.7	
755		0.5	0.5	1/9	0.685	0.058	1.7	
773		0.7	0.3	1/9	0.592	0.037	1.7	

表 3-6 相似模拟试验材料配比表

编号	岩性	模型厚度/cm	分层数	岩石抗压强度/MPa	岩石视密度/(g/cm^3)	模型抗压强度/MPa	模型视密度/(g/cm^3)	配比号
21	砂质泥岩	22.0	11	15.4	2.685	0.21	1.79	455
20	泥岩	12.0	6	18.5	2.587	0.25	1.72	355
19	细粒砂岩	4.0	2	39.2	2.623	0.52	1.75	955
18	泥岩	18.0	9	18.5	2.587	0.25	1.72	355
		1.1	1					
17	细粒砂岩	8.0	4	39.2	2.623	0.52	1.75	955
		0.8	1					
16	泥岩	14.0	7	10.4	2.587	0.14	1.72	373
		0.4	1					
15	细粒砂岩	4.0	2	39.2	2.623	0.52	1.75	955
14	泥岩	12.0	6	10.4	2.587	0.14	1.72	373
13	02# 煤	2.0	2	8.0	1.470	0.11	0.98	555
12	泥岩	4.0	2	10.4	2.587	0.14	1.72	373
11	粉砂岩	4.0	2	50.1	2.586	0.67	1.72	955
10	泥岩	10.0	5	10.4	2.566	0.14	1.71	373
		0.6	1					
9	2# 煤	2.4	2	8.0	1.460	0.11	0.98	555
		1.8	1					
8	砂质泥岩	2.0	1	20.7	2.651	0.28	1.77	437
7	砂质页岩	2.0	1	30.1	2.000	0.40	1.33	973
6	页岩	1.6	1	31.2	2.000	0.42	1.33	973
5	4# 煤	4.0	4	8.0	1.490	0.11	0.99	555
		0.8	1					
4	泥岩	6.0	2	18.5	2.610	0.25	1.74	355
		1.0	1					
3	5# 煤	3.0	3	8.0	1.470	0.11	0.98	555
2	泥岩	8.0	4	18.5	2.610	0.25	1.74	355
1	细粒砂岩	2.0	1	39.2	2.623	0.52	1.75	955

为了方便建立模型，同时在不影响试验效果的前提下，将 02# 煤线及 2# 煤层近似看成水平煤层。模拟采高＝实际生产采高/几何常数。02# 煤线采高为 1.5 m，几何常数为 50，模拟采高约为 3.0 cm；2# 煤层的实际采高为 2.1 m，几何常数为 50，模拟采高约为 4.2 cm；4# 煤层的实际采高为 2.4 m，几何常数为 50，模拟采高约为 4.8 cm。

模拟进尺＝实际日进尺/几何常数。该矿实际每日安排三个班次，两班生产，一班检修。生产班每班完成 3 个循环即进 6 刀。每刀进尺为 600 mm，所以生产班每班进尺 6×0.6 m＝3.6 m，所以生产班模拟进尺为 3.6 m/50＝7.2 cm，试验中为方便开挖将模拟进尺近似为 7 cm。

模拟开采间隔＝24/时间常数，实际生产中每班为 8 h，所以试验的开采间隔为 8 h/7.071＝1.131 h＝67.86 min，为方便试验，模型每隔 70 min 开采一次。

本次模型模拟开采 02# 煤线，左端留设 75 cm 煤柱以去除边界影响，当开采 225 cm 时，停止开采。总体效果如图 3-14 所示。

图 3-14　中兴煤业保护层开采相似材料试验总体效果

对于模型上方直到地表未模拟的上覆岩层，采用加压系统加载方式实现。依据几何相似常数得到模拟岩层的厚度不能反映全部柱状图，对上覆未能堆砌煤岩层采取等效应力载荷加载的方法进行施加。依据上覆岩层自重应力场，采用应力相似常数，折算成模拟应力值。按式(3-3)和式(3-4)计算：

$$\sigma = \sum_{i=1,j=1}^{n} \gamma_i H_j \tag{3-3}$$

式中　γ_i——第 i 层煤岩分层重度，i 为 $1,2,3,\cdots,n$；

H_j——第 j 层煤岩分层厚度，j 为 $1,2,3,\cdots,n$；

σ——模拟地层位置处实际应力值。

$$\sigma_m = \frac{\sigma}{\alpha_y} \tag{3-4}$$

式中　σ_m——模型加载应力值；

α_y——应力相似常数。

则模型实际加载压强为：

$$\sigma = \sum_{i=1,j=1}^{n} \gamma_i H_j = 16.17\ (\text{MPa})$$

$$\sigma_m = \frac{\sigma}{\alpha_y} = \frac{16.17}{75} = 0.22\ (\text{MPa})$$

通过液压系统装置加载等效于岩层的自重应力 16.17 MPa，根据相似比计算出试验须加载应力为 0.22 MPa。

为了研究中兴煤业近距离保护层开采的顶底板矿压显现规律，布置 4 条平行于工作面走向的应力测线，4 条测线共布设 24 个测点，各测点采用压力盒记录覆岩应力变化。测线Ⅰ布置在 02$^{\#}$ 煤线上方 200 mm 的泥岩中，由测点 1、2、3、4、5、6 组成，其中测点 1 和测点 6 距离模型两侧边界 500 mm，相邻两测点间距 400 mm；测线Ⅱ布置在 02$^{\#}$ 煤线下方 60 mm 的粉砂岩中，由测点 7、8、9、10、11、12 组成，其中测点 8 和测点 12 距离模型两侧边界 500 mm，相邻两测点间距 400 mm；测线Ⅲ布置在 2$^{\#}$ 煤层上方 60 mm 的泥岩中，由测点 13、14、15、16、17、18 组成，其中测点 13、18 距离模型两侧边界 500 mm；测线Ⅳ布置在 4$^{\#}$ 煤层上方 30 mm 的砂质页岩中，由测点 19、20、21、22、23、24 组成，其中测点 19、24 距离模型两侧边界 500 mm，相似模型应力测点布置如图 3-15 所示。

为了掌握底板膨胀等变化规律，采用三维光学摄影测量系统测量模型变形移动，对于相似材料模型表面这种较大幅面的测量工程，一般的标志点测量无法满足要求。因此，针对位移监测推荐使用规则的图案作为散斑，利用模板喷涂技术制作材料表面散斑，如图 3-16、图 3-17 所示。利用 XTDIC 三维光学

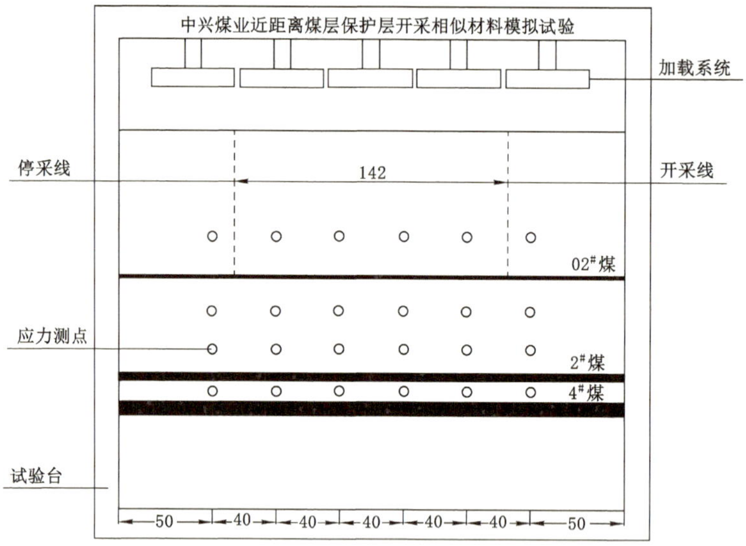

图 3-15　相似模型应力测点布置

摄影测量系统实现位移监测，保护层开采相似材料试验位移监测布置如图 3-18 所示。

图 3-16　喷涂模板

图 3-17　喷涂模板应用

图 3-18　保护层开采相似材料试验位移监测布置

2. 单小面保护层开采效果分析

(1) 煤岩体应力变化规律

为了考察 02# 煤线开采后下伏煤岩体应力变化情况，在铺设试验模型前布置了 3 条应力观测线来进行观测，分别为Ⅱ、Ⅲ、Ⅳ测线，测线Ⅱ布置在 02# 煤线下方 60 mm 的粉砂岩中，测线Ⅲ布置在 2# 煤层上方 60 mm 的泥岩中，测线Ⅳ布置在 4# 煤层上方 30 mm 的砂质页岩中，共布置 18 个应力传感器，1# 应力传感器布置在Ⅱ测线距开采线右侧 290 mm 处，然后从右到左每隔 400 mm 依次布置 2#、3#、4#、5#、6# 应力传感器，Ⅲ测线应力传感器从右到左依次记作 7#、8#、9#、10#、11#、12#，Ⅳ测线应力传感器从右到左依次记作 13#、14#、15#、16#、17#、18#。开采前通过设置参数将应力传感器所受载荷统一设置为零，随着开采的进行，各应力传感器数值随着开采所受载荷变化而变化，各传感器平均2 min采集并传输一次数据。02# 保护层煤层在分别推进 15 m、30 m、45 m、60 m、71 m 的过程中，将 3 条观测线的 18 个应力传感器采集到的数据绘制成垂直应力变化曲线，如图 3-19 至图 3-22(图中数据均为试验数据)所示。

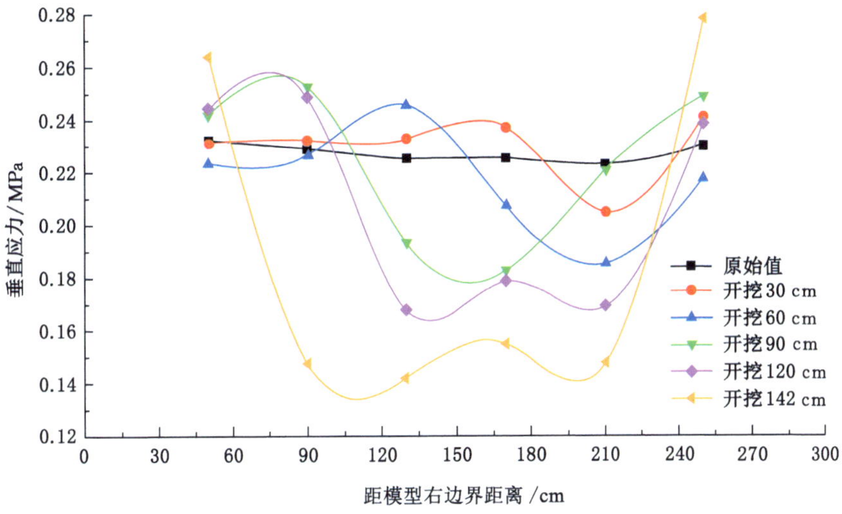

图 3-19　Ⅱ测线垂直应力曲线

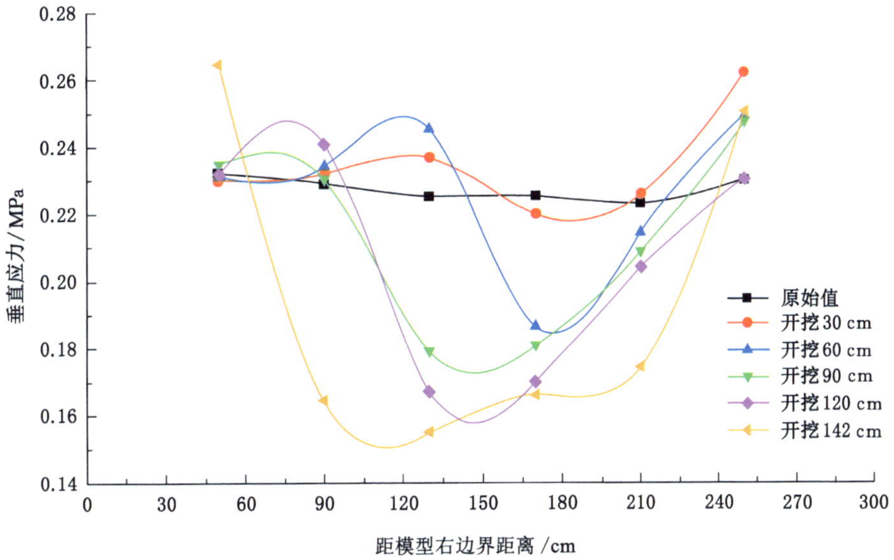

图 3-20　Ⅲ测线垂直应力曲线

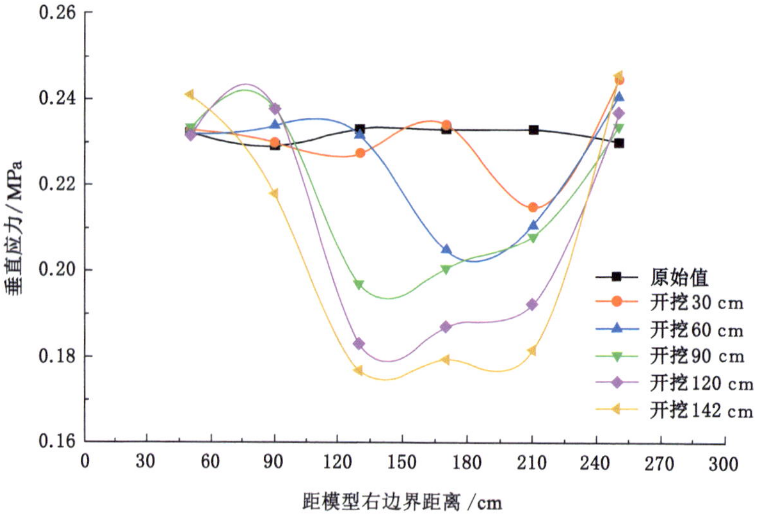

图 3-21 Ⅳ测线垂直应力曲线

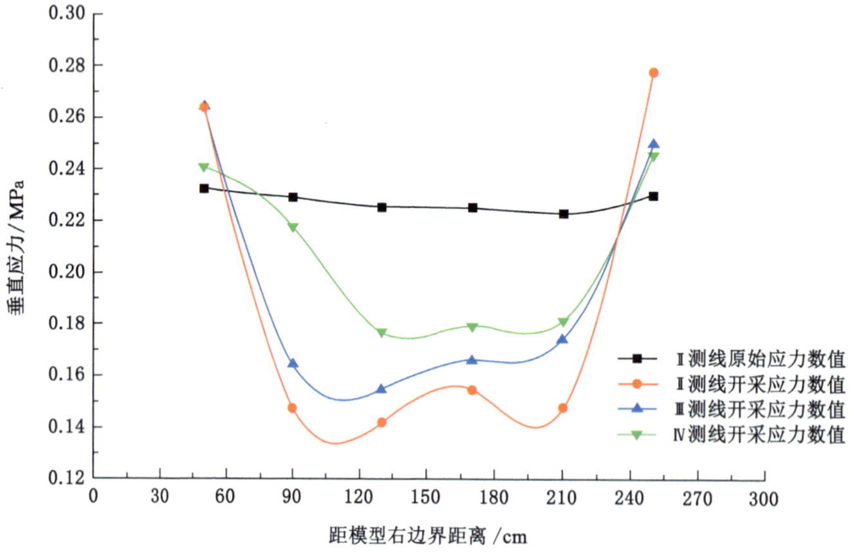

图 3-22 三条测线垂直应力曲线

如图 3-19 所示，Ⅱ测线上的原始垂直应力平均值为 16.4 MPa，当工作面由右向左推进 15 m 时，工作面前方出现应力集中现象，应力增加到 18.1 MPa，采空区下部区域应力释放，卸压区域呈“V”字形，且呈对称分布，最小应力出现在中间位置，为 15.6 MPa，比原始岩层应力下降了 0.8 MPa；当工作面推进 30 m 时，开切眼前方应力集中程度较 15 m 时增大，应力增加到 18.6 MPa，采空区下部区域应力进一步降低，最小值为 14.1 MPa；随着推进距离的加大，开切眼及工作面侧的应力集中程度进一步加大，同时采空区下部的卸压程度也在增加；工作面推进 45 m 时，开切眼侧应力增加到 19.65 MPa，采空区下部区域应力降低，应力最小值为 13.28 MPa；当工作面推进 60 m 时，应力分布转变为非对称状态，此时，采空区后方开始出现应力恢复区。同时，随着工作面继续推进，有效卸压范围继续增大，当工作面推进 71 m 时，工作面前方的支承应力增加到 19.65 MPa，应力最小值为 10.28 MPa，应力降低区长度占工作面长度的 61.2%。

Ⅲ测线位于Ⅱ测线下方，原始垂直应力平均值为 17.32 MPa，相对Ⅱ测线原始垂直应力有所增大。当工作面由右向左推进 15 m、30 m、45 m、60 m、71 m 时，同样在工作面前方依次出现应力集中现象，应力最高值达到 19.05 MPa，工作面后方采空区下部区域应力降低，卸压区域仍呈“V”字形，应力最小值为 11.4 MPa，比原始岩层应力下降了 5.9 MPa，且应力降低区长度占到工作面长度的 43.9%。

Ⅳ测线位于 2# 煤层与 4# 煤层中间的砂质页岩中，主要用于监测 02# 煤层开挖后 4# 煤层的应力变化规律。如图 3-21 所示，Ⅳ测线上的原始垂直应力平均值为 17.5 MPa，与Ⅲ测线相近。随着工作面由右向左推进 15 m、30 m、45 m、60 m、71 m，在工作面左下方出现应力集中现象，应力最高值达到 18.5 MPa，工作面后方采空区下部区域应力先降低后逐渐增大，卸压区域仍呈现左低右高的“V”字形，应力最小值为 13.3 MPa，比原始岩层应力下降了 4.2 MPa，且应力降低区长度占工作面长度的 32.6%。

对比Ⅱ、Ⅲ、Ⅳ测线垂直应力可知，02# 煤层开挖后，随着工作面的推进，垂直应力有规律向前动态变化，在工作面前后方分别形成应力集中区和应力降低区，且应力峰值随着工作面的推进不断前移，应力降低区也随之前移，并在工作面向前推进一定距离后有所恢复。由此可知，上保护层开采后，其煤层底板岩层经过了压缩—膨胀—再压缩的过程，下伏煤岩体存在变形，但岩层变形程度随着深度的增加而逐渐减小。此外，随着深度增加，底板岩层卸压区域也逐渐减小，Ⅱ、Ⅲ、Ⅳ测线应力降低区长度占工作面长度的比例由 61.2%下降到 32.6%，如图 3-22 所示。

(2) 下伏煤岩体位移变化规律

随着工作面的推进，采空区周围原有应力平衡状态受到破坏，引起应力的重新分布，从而导致下伏煤岩体的变形、破坏与移动，并且由下向上发展。为了掌握底板膨胀等变化规律，本试验采用三维光学摄影测量系统测量模型变形移动，通过相机实时捕捉模型表面散斑点位移变化来描述岩体变化规律，从而实现整个模型开挖过程的位移监测。采集到的垂直位移随工作面推进距离变化云图如图 3-23 所示。

如图 3-23(a)、图 3-23(b)所示，当 02# 煤层开挖 3.5 m 时，并没有产生较大的位移变形，而当工作面开挖 15 m 时，云图发生变化。根据坐标系规定(正值为 Y 轴正向，负值为 Y 轴负向)可知，工作面前方下伏煤岩体开始呈现压缩状态而后方下伏煤岩开始出现膨胀状态，但由于开挖距离较短，云图在数值上表现仍不明显，工作面前方云图数值为−11～−5 mm，工作面后方云图数值为 7.5～15 mm。当工作面开挖 30 m 时，工作面前方压缩开始增大，其数值为−120～−28 mm，工作面后方膨胀区域也相继增大，其正值最大为 74.5 mm。同时，膨胀区后方开始呈压缩稳定趋势。当工作面开挖 45 m 时，工作面前方压缩位移量继续增加，最大值为−170.5 mm，工作面后方膨胀区位移量也随着工作面继续开挖而继续增大，最大值为 156 mm，此时的膨胀区后方出现压缩稳定区域，压缩稳定位移量在−1～74.5 mm。相对 45 m 时，当工作面开挖 60 m 时，工作面前方压缩负值最大值达到−220～−199.5 mm，而工作面后方膨胀正值达到 170.5～229 mm，压缩稳定区域也随着工作面继续开挖稳定在 74.5 mm。当工作面开挖 71 m 时，停采线左侧为压缩区，其负值为−259.5～−213 mm，与此同时，膨胀区相对 60 m 时向左移动，且膨胀最大值达到 287.5 mm，而压缩稳定区此时达到最大，同时数值也最终稳定在 74.5 mm。根据工作面开采 15 m、30 m、45 m、60 m、71 m 的云图可知，随着工作面开采，压缩—膨胀—压缩稳定的过程呈动态前进，卸压区域逐渐增大。根据最终开采形态确定卸压区域占工作面整体长度的 82.8%～83.7%，由此推断出倾向卸压角为 58°～60°。

根据 XTDIC 数字散斑系统位移监测结果可知，随着 02# 煤层保护层的开采，在工作面前方一定范围内，底板发生垂直向下的位移，且位移量随支承压力的增大而增加。而底板采空区下部岩层整体呈向上移动状态，在 02# 煤层开采初期，底板位移量较小，随着工作面的继续推进，采空区内底板煤岩体的向上位移逐渐增加，保护范围内的下被保护层产生膨胀变形，但是随着向底板深部的延伸，岩层的移动量越来越小。此结果表明煤柱区底板因支承压力作用而压缩，采空区则因卸压而发生膨胀，位移变化规律与应力变化规律相对应。

3. 煤岩体覆岩采动规律

02# 煤层回采过程中，回采初期，直接顶逐渐出现离层现象，随着工作面的推进，采空区范围逐渐扩大，当工作面推进 20 m 时，直接顶及以上岩层出现首次垮落，垮落高度约为 6.1 m，初次垮落步距为 20 m。

当工作面推进 30 m 时，基本顶岩层出现垮落，此时在采空区上覆岩层两端产生大量断裂裂隙，此次垮落高度约为 8.3 m，且顶板出现较大离层；当工作面推进 41 m 时，基本顶再次出现较大垮落，出现周期来压，来压步距为 11 m，此时离层处高度约为 15.1 m。当工作面推进 55 m 时，基本顶第三次垮落，

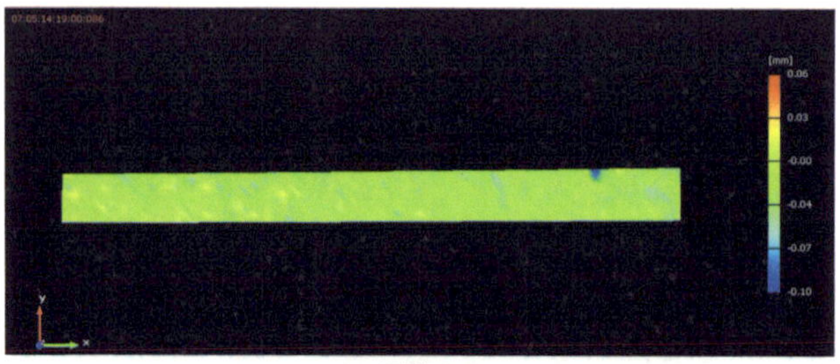

(a) 开挖 3.5 m

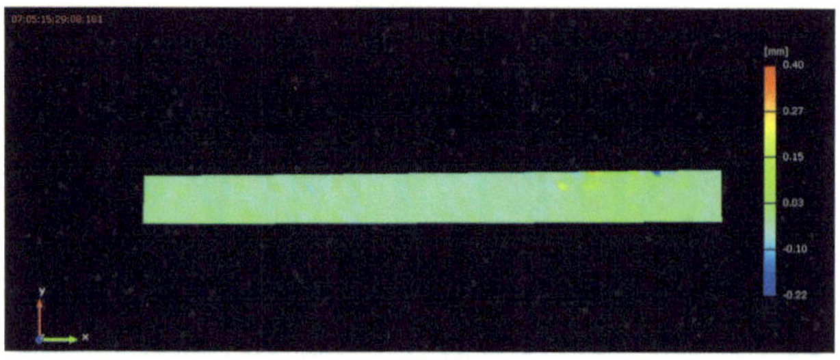

(b) 开挖 15 m

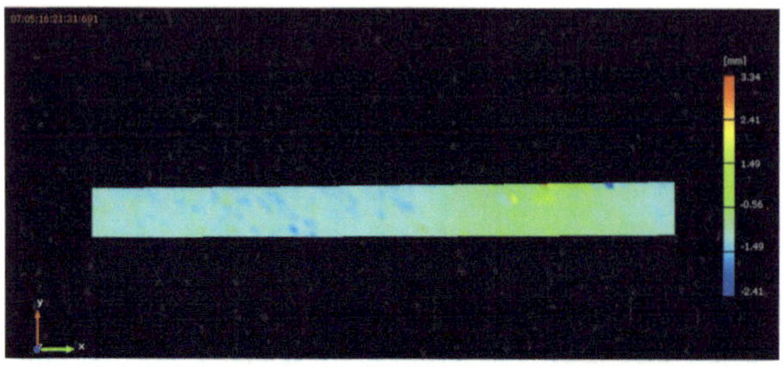

(c) 开挖 30 m

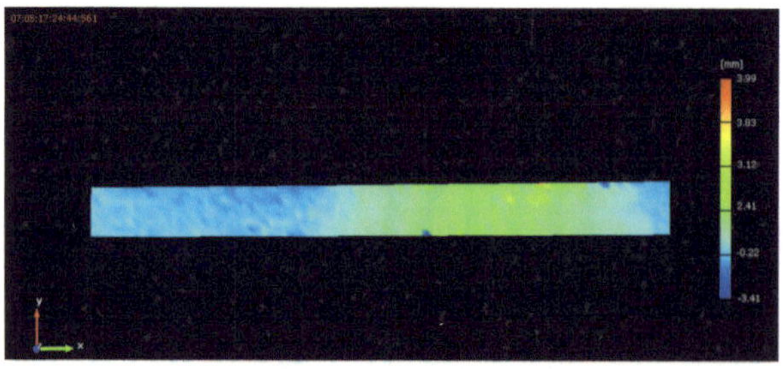

(d) 开挖 45 m

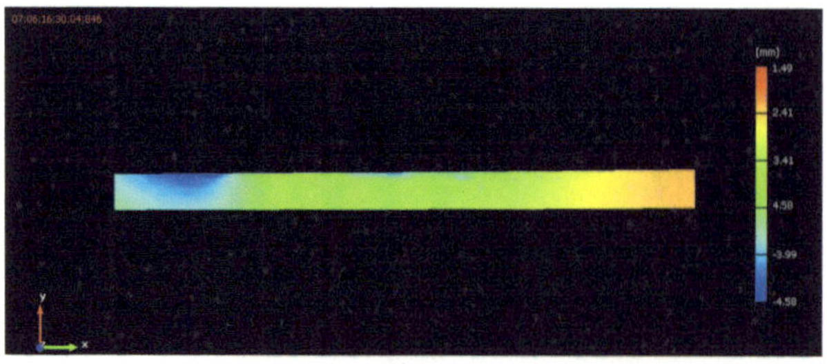

(e) 开挖 60 m

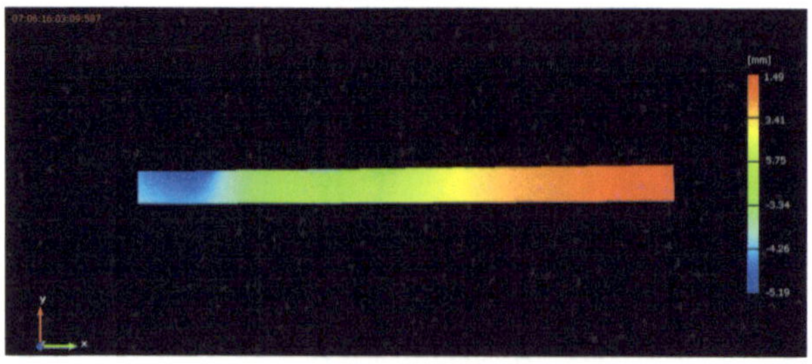

(f) 开挖 71 m

图 3-23　02# 煤层下伏煤岩层垂直位移云图

垮落步距为 14 m，上覆岩层离层裂隙最大高度发展到距煤层顶板 17.4 m。

当工作面推进 65 m 时，顶板离层裂隙高度达到 58.4 m，且采空区上方裂隙开始明显发育，在采空区后方距工作面 27～58 m 范围内，裂隙开始变为压实状态。

随着工作面不断向前推进，裂隙不断向上发育，工作面推进 71 m，工作面和开切眼上方裂隙发育基本对称，采空区后方的裂隙不断地经历不发育、发育丰富、裂隙压实阶段，开切眼处顶板断裂线为 55°左右向上发育，工作面煤壁处断裂线以 62°左右向上发育。02# 煤层开采上覆岩层的移动情况如图 3-24 所示。

(a) 开挖 0 m

(b) 开挖 3.5 m

(c) 开挖 20 m

(d) 开挖30 m

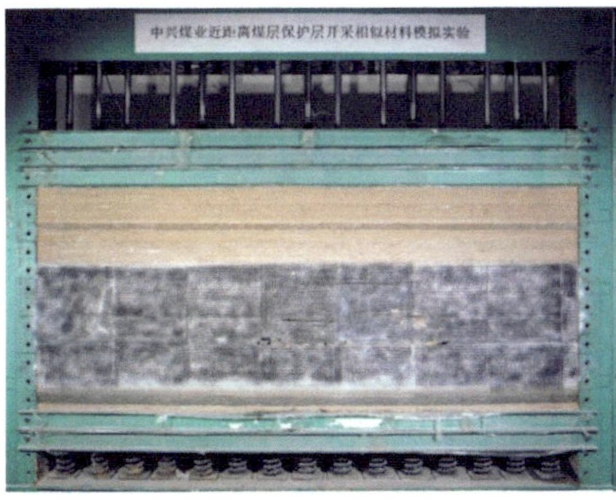

(e) 开挖 40 m

(f) 开挖 55 m

(g) 开挖 65 m

(h) 开挖71 m

图 3-24　02# 煤层开采上覆岩层的移动情况

以离层率 r_b 定量描述采动过程中覆岩离层的动态变化。根据试验数据，绘出当工作面推进 71 m 时覆岩离层发展的过程，如图 3-25 所示。

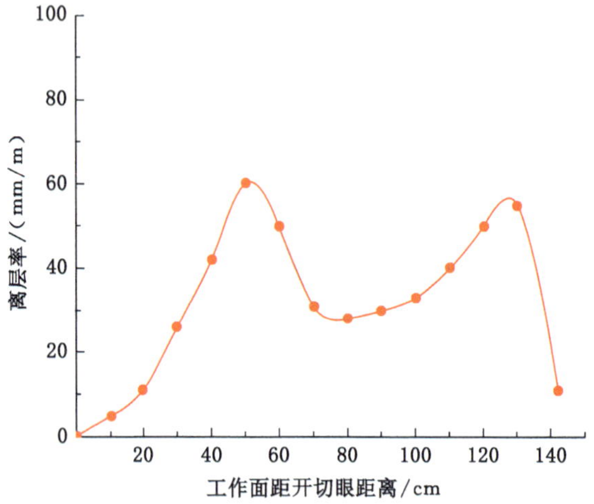

图 3-25　开切眼至采煤工作面覆岩离层率分布

由图 3-25 可以看出，离层裂隙分布在开采过程中的时间与空间上呈现 3 个阶段的特征：随工作面推进，离层裂隙不断增长，采空区中部离层率最大，$r_b=60‰$；经工作面初次及周期来压后，采空区中部离层裂隙趋于压实，离层率下降，$r_b=28‰$；远离开切眼的工作面附近，覆岩离层裂隙仍然保持，离层率较大，$r_b=55‰$。

为定量描述采动裂隙的发育程度，以裂隙密度 f_d（即单位厚度的裂隙条数，条/m）表示裂隙的发展过程。根据试验数据，绘出当工作面推进 71 m 时破断裂隙密度发展的过程，如图 3-26 所示。

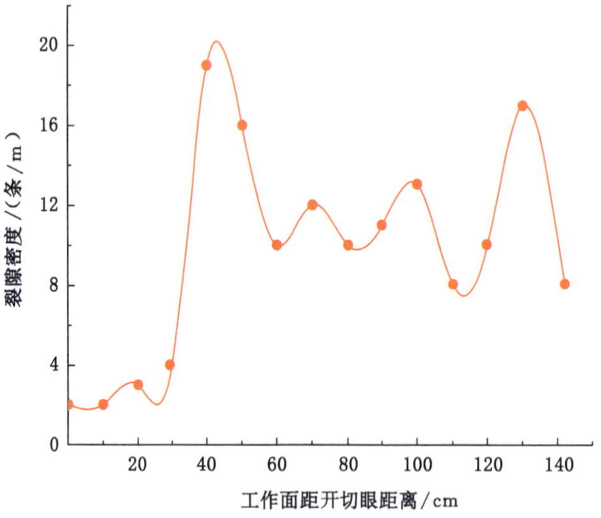

图 3-26　开切眼至采煤工作面覆岩裂隙密度分布

由图 3-26 可以看出，覆岩破断裂隙的发生、发展同离层率分布规律相似，也分为三个阶段：① 开切眼到顶板初次来压前。在这一阶段内，顶板岩层随着工作面的推进，由初次开挖的弹性变形向塑性变形、破坏发展，直到出现破断裂隙，且裂隙密度不断增加，至工作面初次来压时，裂隙密度达到最大。② 顶板初次来压后周期性矿压显现的正常回采期。此阶段内随覆岩的垮落，破断裂隙向较高层位发展，但当工作面推进一定距离后，采空区中部垮落矸石被重新压实，裂隙密度迅速减小。③ 工作面以及开切眼附近。由于支架等支撑作用，在此阶段覆岩破断裂隙分布的密度仍然很大。

3.3.4　双大面保护单大面相似材料模拟试验

1. 模型的设计与制作

（1）模型设计

根据相似材料模拟试验的近似准则，确定其工程原型与模型的长度比 $\alpha_L=100$，密度比 $\alpha_r=1.5$，强度比 $\alpha_\sigma=150$，时间比 $\alpha_t=10$。模型装填尺寸长×宽×高＝3 000 mm×300 mm×1 200 mm。根据表 3-5 中相似比换算关系得出双大面保护单大面的各岩层材料配比见表 3-7。同理，采用加压系统加载方式实现。依据上覆岩层自重应力场，根据应力相似常数，折算成模拟应力值。最终，通过液压系统装置加载等效于岩层的自重应力 24 MPa，根据相似比计算出试验需加载应力为 0.16 MPa。

表 3-7　相似模拟试验材料配比表

编号	岩性	模型厚度/cm	分层数	岩石抗压强度/MPa	岩石视密度/(g/cm³)	模型抗压强度/MPa	模型视密度/(g/cm³)	配比号
24	细粒砂岩	6.0	3	39.2	2.623	0.261 3	1.75	355
23	泥岩	6.0	3	18.5	2.587	0.123 3	1.72	637
22	砂质泥岩	11.0	6	15.4	2.685	0.102 6	1.79	655
21	泥岩	6.0	3	18.5	2.587	0.123 3	1.72	637
20	细粒砂岩	2.0	1	39.2	2.623	0.261 3	1.75	355
19	泥岩	9.55	5	18.5	2.587	0.123 3	1.72	637
18	细粒砂岩	4.4	2	39.2	2.623	0.261 3	1.75	355
17	泥岩	7.2	4	10.4	2.587	0.069 3	1.72	573
16	细粒砂岩	2.0	1	39.2	2.623	0.261 3	1.75	355
15	泥岩	6.0	3	10.4	2.587	0.069 3	1.72	573
14	02# 煤	1.0	1	8.0	1.470	0.053 3	0.98	673
13	泥岩	2.0	1	10.4	2.587	0.069 3	1.72	573
12	粉砂岩	2.0	1	50.1	2.586	0.334 0	1.72	337
11	泥岩	5.3	3	10.4	2.566	0.069 3	1.71	573
10	2# 煤	2.1	1	8.0	1.460	0.053 3	0.98	673
9	砂质泥岩	1.0	1	20.7	2.651	0.138 0	1.77	473
8	砂质页岩	1.0	1	30.1	2.000	0.200 6	1.33	455
7	页岩	0.8	1	31.2	2.000	0.208 0	1.33	455
6	4# 煤	2.4	1	8.0	1.490	0.053 3	0.99	673
5	泥岩	3.5	2	18.5	2.610	0.123 3	1.74	637
4	5# 煤	1.5	1	8.0	1.470	0.053 3	0.98	673
3	泥岩	4.0	2	18.5	2.610	0.123 3	1.74	637
2	细粒砂岩	1.0	1	39.2	2.623	0.261 3	1.75	355
1	砂质泥岩	5.0	3	20.7	2.651	0.138 0	1.77	473

第二架模型的模拟采高＝实际采高/几何常数。02# 煤层考虑现场实际采高为 1.5 m，几何常数为 100，确定试验模拟的采高约为 1.5 cm；2# 煤层的实际采高为 2.1 m，几何常数为 100，模拟的采高约为 2.1 cm；4# 煤层的实际采高为 2.4 m，几何常数为 100，模拟的采高约为 2.4 cm。

模拟进尺＝实际日进尺/几何常数。该矿实际每日安排三个班次，两班生产，一班检修。生产班每班完成 3 个循环即进 6 刀。每刀进尺为 600 mm，生产班每班进尺 6×0.6 m＝3.6 m，所以生产班模拟进尺＝3.6 m/100＝3.6 cm，试验中为方便开挖将模拟进尺近似为 4 cm。

模拟开采间隔=24/时间常数，实际生产中每班为 8 h，所以模拟的开采间隔为 8 h/10=0.8 h=48 min，模型每隔 48 min 开采一次。

本次模型模拟开采 02$^{\#}$ 煤层。根据数值模拟结果，得出双大面开采的最佳工作面长度为 110 m。本次模型开采第一个工作面时，右端留设 35 cm 煤柱以去除边界影响，当开采 145 cm 时，停止开采，留 5 cm 小煤柱用以模拟沿空留巷应力变化规律。然后继续开采第二个工作面，距离左端 40 cm 时停止开采。

根据相似比计算出试验需加载应力对应模型上方直到地表未模拟的上覆岩层自重应力为0.11 MPa。

第二架模型共布置 2 条平行于工作面走向的应力测线，2 条测线共布设 18 个测点，各测点采用压力盒记录底板煤岩体应力变化。测线Ⅰ布置在 2$^{\#}$ 煤层中，布设测点 1、2、3、4、5、6、7、8、9 共 9 个测点，其中测点 1 和测点 9 距离模型两侧边界 100 mm，相邻两测点间距 350 mm；测线Ⅱ布置在 4$^{\#}$ 煤层中，布设测点 10、11、12、13、14、15、16、17、18 共 9 个测点，其中测点 10 和测点 18 距离模型两侧边界 100 mm，相邻两测点间距 350 mm，相似模拟应力测点布置如图 3-27 所示。

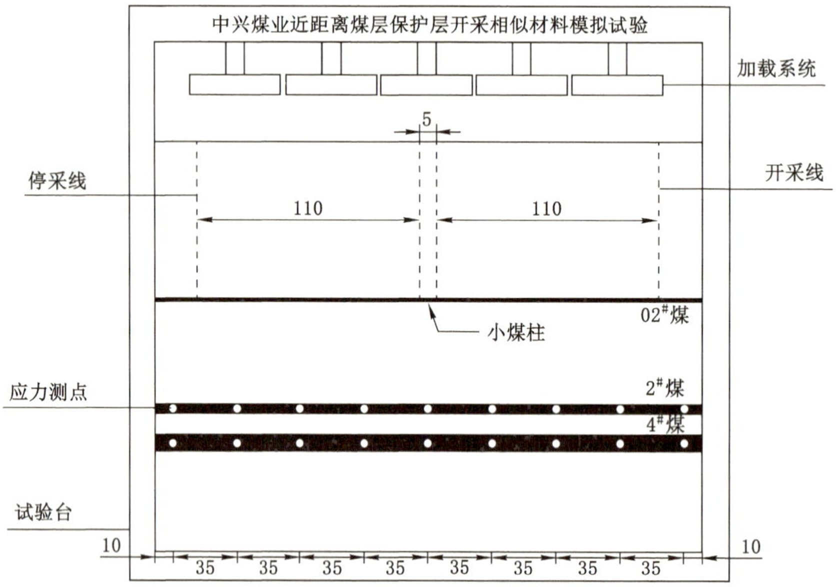

图 3-27　相似模型应力测点布置(第二架模型)

第二架模型仍利用 XTDIC 三维光学摄影测量系统实现位移监测，保护层开采相似材料试验位移监测布置如图 3-28 所示。

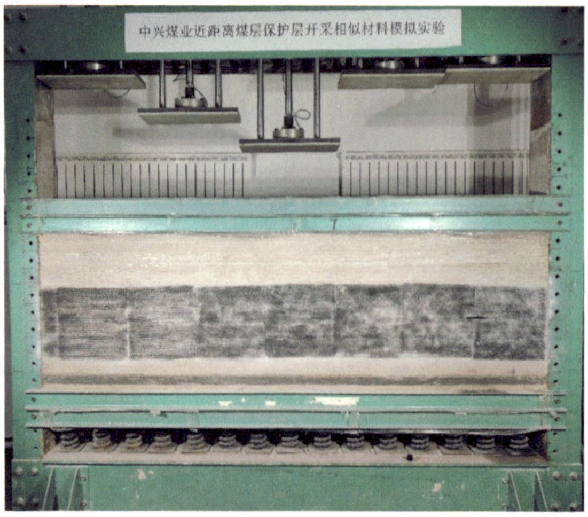

图 3-28　保护层开采相似材料试验位移监测布置(第二架模型)

（2）模型制作

① 模型铺装

a. 依据清单将模型堆砌工具准备到位。

b. 将模型清理干净，在试验台内部两侧壁面上粘贴塑料布，保证岩层垮落，减小边界摩擦。

c. 在试验台下部安装铺设一层弹簧，在弹簧上部铺垫隔板。

d. 将纵向加载装置安装到位，以便铺装完成后对模型进行纵向加载。

e. 安装槽钢，槽钢安装前先清理干净，然后用塑料薄膜包裹，以减少槽钢与相似模拟材料粘连。

f. 配料，单次铺设层厚不超过 2 cm，如有岩层厚度大于 2 cm 则将其分层，这部分工作在配料表中完成，具体配料时完全参考配料表。

g. 按线装填，并按坐标埋设应力盒。应力传感器无缝隙面朝上，应力传感器头附近连线埋设过程中呈“S”形分布，剩余线尽量沿岩层走向穿过，横穿容易使岩层形成原始断裂，对垮落造成影响。

h. 人员分工，共需要五人参与模型堆砌，配料一人，搅拌两人，夯实一人，看线统筹一人。

配料人员：负责根据配料表将所有用料调配好放到指定地点；

搅拌人员：加水搅拌，拌好后将料送至夯实人员手中；

夯实人员：将料放入模型中，铺平并夯实；

看线人员：负责在夯实的过程中，依据参考线作出调整。

② 模型晾干

模型堆砌完成后，拆下面板晾干。

③ 模型开采前准备

a. 待模型晾干后，在其最上层均匀铺设 25 cm×25 cm×1 cm 木板，铺满整个上表面，其作用是保证纵向加载时上部受力的均匀。

b. 对模型进行纵向加载，将覆岩未能铺设的岩层经过换算得出需要加载的应力，通过配重将其均匀地加载于模型上部。

c. 连接应力传感器，将测线按顺序连接到泰斯特静态数据采集仪上，通道与应力盒编号对应。接通数据采集仪，将应力盒灵敏度参数输入对应通道，平衡后准备记录应力数据。

d. 设计数据记录表格，方便记录数据，横坐标为测点距工作面距离，纵坐标为应变值。测点距工作面距离依据开挖步距、测点位置确定。数据表格为 excel 表格。

e. 布置散斑点，按照位移测点布置图将测点布置在设计好的位置。

④ 数据采集

a. 应力采集，应力数据记录过程为每次开挖完成后或模型发生垮落后记录一组应力值。测试内容依据数据记录表格内容直接填写。应力记录及时生成曲线。

b. 图像采集，开采过程中及时对较为明显的岩层移动变形现象进行拍照记录。开挖前对整体试验模型进行拍照记录，试验所拍摄图片中需显示出即将开挖的是哪一步，用以表明图像所示现象出现的时间节点。开挖过程中及开挖后试验图片记录视变形是否明显而定，若相对之前图片未发生明显变化，则不予拍照。

c. 位移散斑采集，开挖全过程使用 XTDIC 系统进行位移散斑采集，同时对模型进行散斑处理。

2. 双大面保护层开采效果分析

（1）煤岩体应力变化规律

为了考察 02# 煤层开采后下伏煤岩体应力变化情况，在铺设试验模型前布置了 2 条应力观测线，分别为Ⅰ、Ⅱ测线，共布置 18 个应力传感器，1# 应力传感器布置在Ⅰ测线距模型右侧100 mm处，然后从右到左每隔 350 mm 依次布置 2#、3#、4#、5#、6#、7#、8#、9# 应力传感器，Ⅱ测线应力传感器从右到左依次记作 10#、11#、12#、13#、14#、15#、16#、17#、18#。开采前将应力传感器所受载荷统一设置为零，随着开采的进行，各应力传感器随着开采所受载荷变化而变化，各传感器平均2 min采集并传输一次数据。02# 煤层保护层在分别推进 30 cm、60 cm、90 cm、110 cm 的过程中，将 2 条观测线的 18 个应力传感器采集到的数据绘制成垂直应力变化曲线，如图 3-29（图中数据均为试验数据）所示。

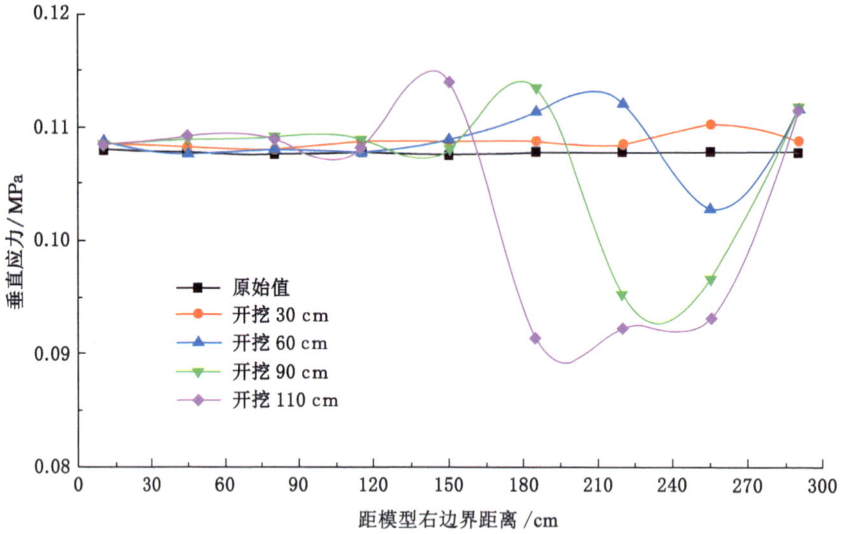

(a) 右面开挖Ⅰ测线垂直应力曲线

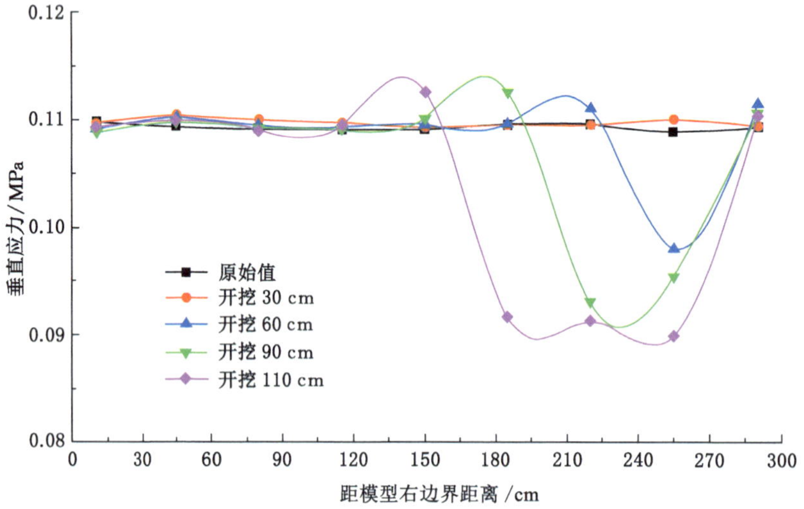

(b) 右面开挖Ⅱ测线垂直应力曲线

图 3-29　右面开挖时垂直应力曲线

如图 3-29(a)所示，Ⅰ测线上的原始垂直应力平均值为 16.2 MPa，随着工作面由右向左推进 30 m 时，工作面前方出现应力集中现象，应力增加到 16.8 MPa，但是由于测点布置的间距为 35 m，两点曲线并不能反映采空区下方应力释放状态。从图中可知，工作面推进 30 m 时，采空区下方出现应力释放，当工作面推进 60 m 时，工作面前方约 10 m 集中应力增加到 17.1 MPa，此时出现采空区下部区域应力释放，卸压呈“V”字形，且呈对称分布，最小应力出现在中间位置，为 15.5 MPa，比原始岩层应力下降了0.7 MPa；当工作面推进 90 m 时，开切眼前方应力集中程度较 60 m 增大，应力增加到17.4 MPa，采空区下部区域应力进一步降低，最小值为 13.8 MPa；随着推进距离的加大，开切眼及工作面侧的应力集中程度进一步加大，同时采空区下部的卸压程度也在增加；工作面推进 110 m 时，应力分布转变为非对称状态，此时，采空区后方开始出现应力恢复区，开切眼侧应力增加到 17.4 MPa，采空区下部区域应力降低，应力最小值为13.5 MPa，应力降低区长度占工作面长度的 71.8%。

如图 3-29(b)所示，Ⅱ测线位于Ⅰ测线下方约 4 m，原始垂直应力平均值为 16.4 MPa。随着工作面由右向左推进 30 m、60 m、90 m、110 m，在工作面前方依次出现应力集中现象，应力最高值达到

17.6 MPa，工作面后方采空区下部区域应力降低，卸压区域仍呈现"V"字形，应力最小值为13.4 MPa，比原始岩层应力下降了 3.0 MPa，且应力降低区长度占工作面长度的 68.9%。

如图 3-30(a)所示，在右面保护层开采后进行 110 m 的工作面开采，当工作面由左向右推进 30 m 时，工作面前方出现应力集中状态，应力增加到 16.4 MPa，由于测点布置间距为 35 m，两点曲线并不能反映采空区下方应力释放状态。但是根据试验可知，工作面推进 30 m 时，采空区下方出现应力释放，当工作面推进 60 m 时，工作面前方约 10 m 集中应力增加到 17.1 MPa，此时出现采空区下部区域应力释放，卸压呈"V"字形，且呈对称分布，最小应力出现在中间位置，为 14.7 MPa，比原始岩层应力下降了 1.2 MPa；当工作面推进 90 m 时，开切眼前方应力集中程度较 60 m 增大，应力增加到17.6 MPa，采空区下部区域应力进一步降低，最小值为 13.5 MPa；随着推进距离的加大，开切眼及工作面侧的应力集中程度进一步加大，同时采空区下部的卸压程度也在增加；工作面推进 110 m 时，应力分布转变为非对称状态，此时，采空区后方开始出现应力恢复区，开切眼侧应力增加到 17.9 MPa，采空区下部区域应力降低，应力最小值为 13.4 MPa，应力降低区长度占工作面长度的 70.9%。

如图 3-30(b)所示，Ⅱ测线位于Ⅰ测线下方约 4 m，随着工作面由左向右推进 30 m、60 m、90 m、110 m，在工作面前方依次出现应力集中现象，应力最高值达到 17.7 MPa，工作面后方采空区下部区域应力降低，卸压区域仍呈"V"字形，应力最小值为 14.1 MPa，比原始岩层应力下降了 1.9 MPa，且应力降低区长度占工作面长度的 68.1%。

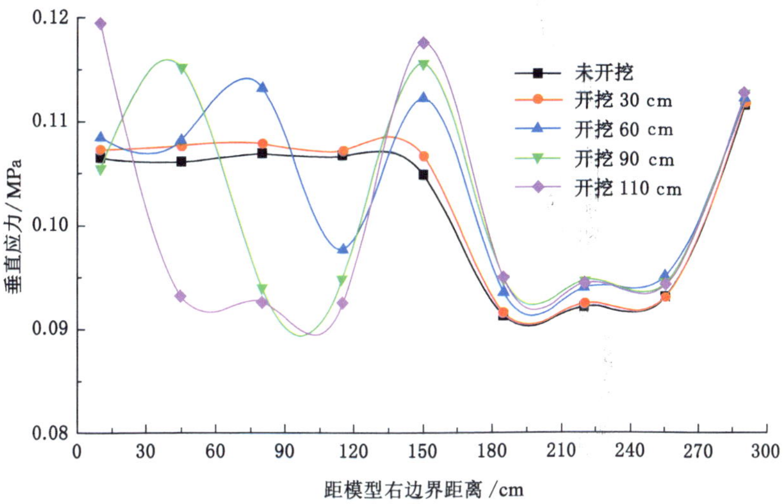

(a) 左面开挖Ⅰ测线垂直应力曲线

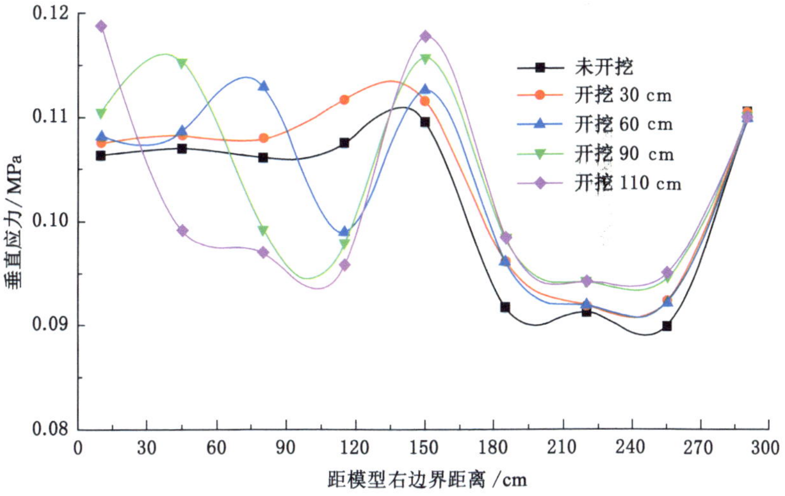

(b) 左面开挖Ⅱ测线垂直应力曲线

图 3-30　左面开挖时垂直应力曲线

此外，需要注意的是两个工作面中间煤柱处应力由起初的 16.2 MPa 增加到 17.7 MPa，说明此处由于工作面开采，煤体处于高应力状态，工作面布置后此处作为沿空留巷时，工作面边界高应力会集中向巷道释放。因此，针对双大面保护层开采，沿空留巷需要采取高强度支护措施，尤其是工作面超前支护区段，必要时，可采取高强度主动支护手段，以保证巷道稳定性。

（2）下伏煤岩体位移变化规律

本次试验仍采用三维光学摄影测量系统测量模型变形移动，采集到的 02# 煤层下伏煤岩层垂直位移云图如图 3-31 所示。

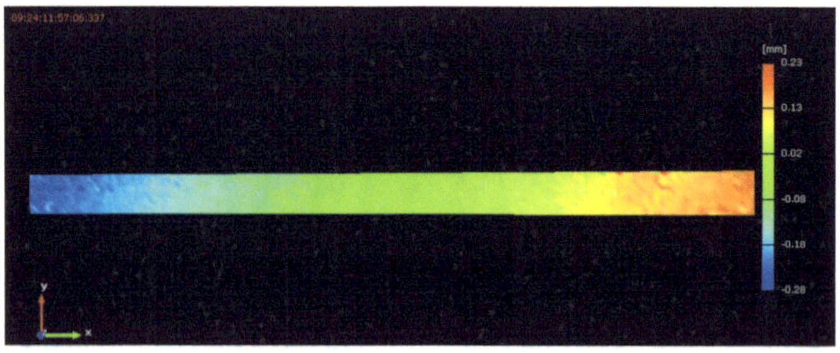

(a) 右面开挖 30 m

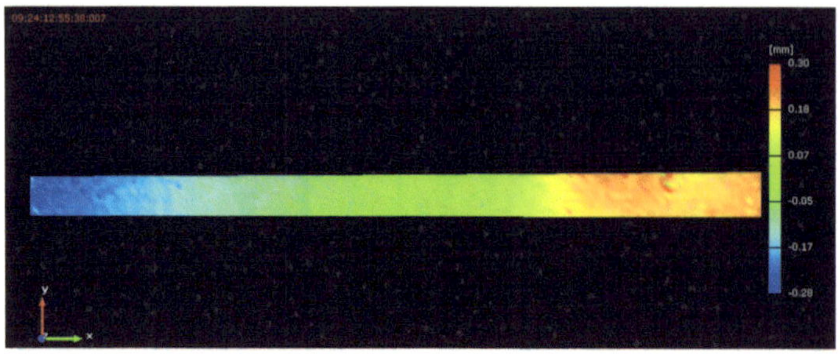

(b) 右面开挖 60 m

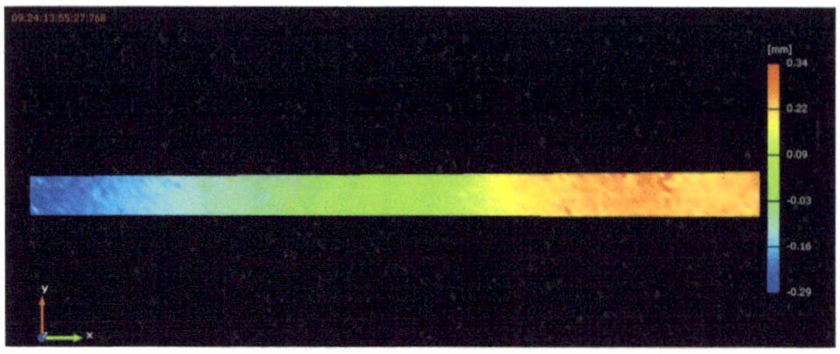

(c) 右面开挖 90 m

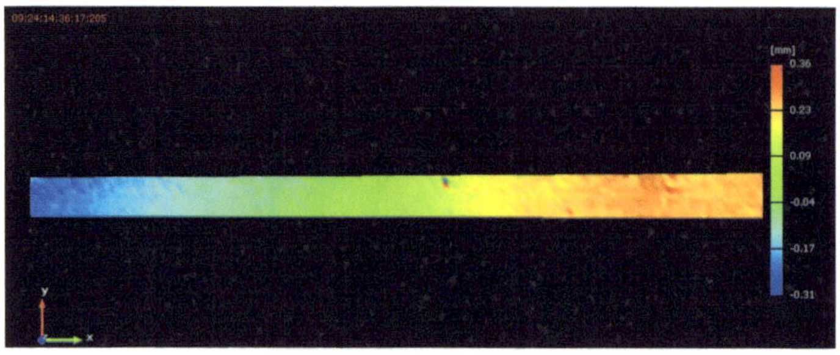

(d) 右面开挖 110 m

图 3-31　02# 煤层下伏煤岩层垂直位移云图（第二架模型）

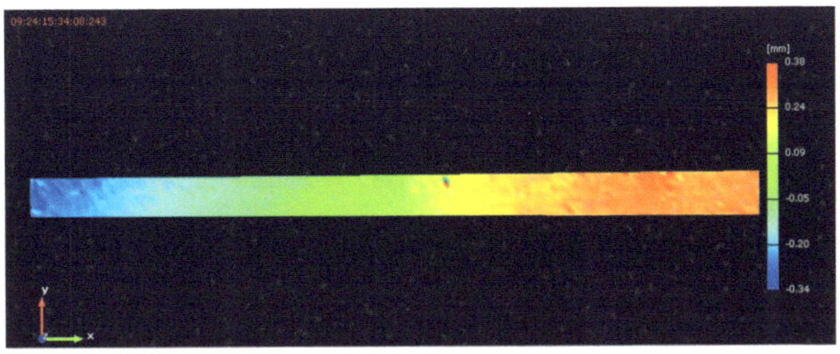

(e) 左面开挖 30 m

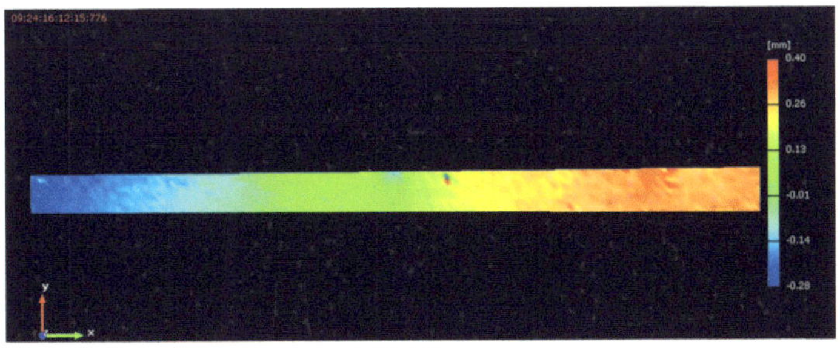

(f) 左面开挖 60 m

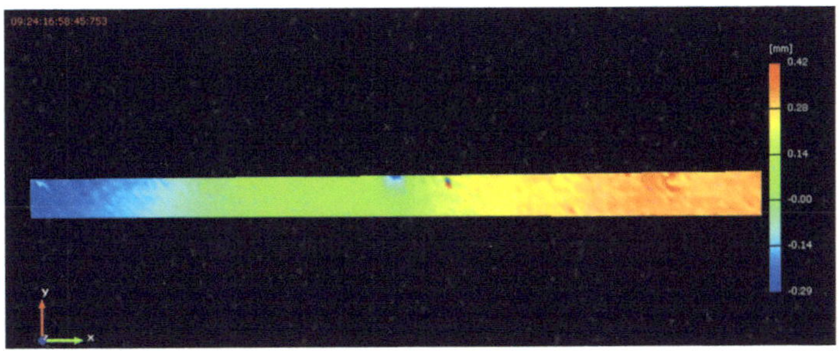

(g) 左面开挖 90 m

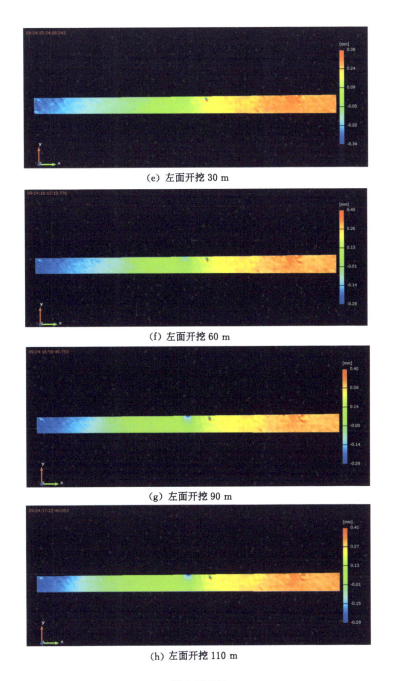

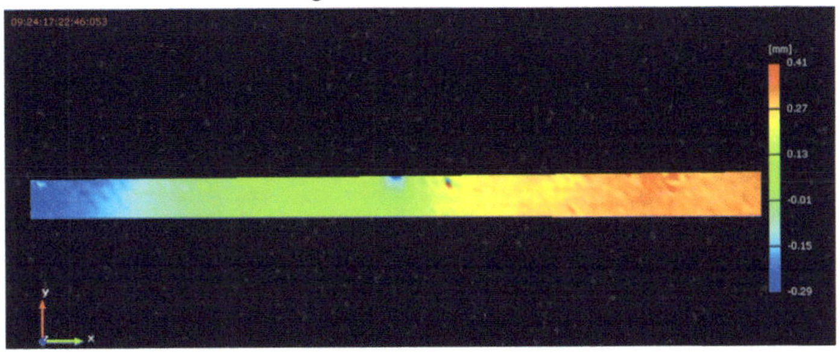

(h) 左面开挖 110 m

图 3-31(续)

如图 3-31 所示，当 02# 煤层右面开挖 30 m 时，并没有产生较大的位移变形，而当工作面开挖60 m时，云图发生变化，根据坐标系规定(正值为 Y 轴正向，负值为 Y 轴负向)可知，工作面前方下伏煤岩体开始呈现压缩状态而后方下伏煤岩体呈膨胀状态，但由于开挖距离较短，云图在数值上表现仍不明显，工作面前方云图负值为－0.5～0 mm，工作面后方云图正值为 7～18 mm。当工作面开挖 90 m 时，工作面后方膨胀区域继续增大，其数值最大为 22 mm。同时，膨胀区后方开始呈压缩稳定趋势。当工作面开挖 110 m 时，工作面前方压缩位移量逐渐稳定，最大值为－4 mm，工作面后方膨胀区位移量也随着工作面继续开挖而继续增大，最大值为 36 mm，此时的膨胀区后方呈压缩稳定区域，压缩稳定位移量为 23～36 mm。当 02# 煤层左面开挖 30 m 时，工作面前方压缩负值约为－5 mm，工作面后方膨胀正值达到 9 mm，但是右面受到左面开采影响，开始逐渐压缩稳定，由 23 mm 下降到 21 mm。当工作面开挖 60 m时，工作面前方压缩值开始增大，其值约为－11 mm，工作面后方膨胀区域也相继增大，其正值最大为 13 mm。同时，两个工作面之间煤柱区域出现压缩负值，约为－10 mm。当工作面开挖 90 m 时，工作面前方压缩位移量继续增加，最大值为－14 mm，工作面后方膨胀区也随着工作面开采长度增加而继续增大，直至稳定在 14 mm，此时的膨胀区后方出现压缩稳定区域，压缩稳定位移量开始小于 14 mm。当工作面开挖 110 m 时，工作面前方压缩值稳定在－23 mm，工作面后方膨胀区逐渐减小，呈压缩稳定趋势，压缩稳定区数值稳定在 7 mm。此时，煤柱区域压缩负值达到最大，稳定在－29 mm。根据双大面工作面开采 30 m、60 m、90 m、110 m 情况可知，工作面开采仍然呈压缩—膨胀—压缩稳定的动态前进过程，卸压区域逐渐增大。根据最终开采形态确定卸压区域长度占两个工作面整体长度的 72.8%。

根据 XTDIC 数字散斑系统位移监测结果可知，随着 02# 煤层保护层的开采，在工作面前方一定范围内，底板发生垂直向下的位移，且位移量随支承压力的增大而增加，位移变化规律与应力变化规律相对应。同时，两次相似材料模拟试验证明，保护层保护范围随保护层工作面长度增加而增加。

(3) 煤岩体覆岩采动规律

02# 煤层开采上覆岩层的移动情况如图 3-32 所示。

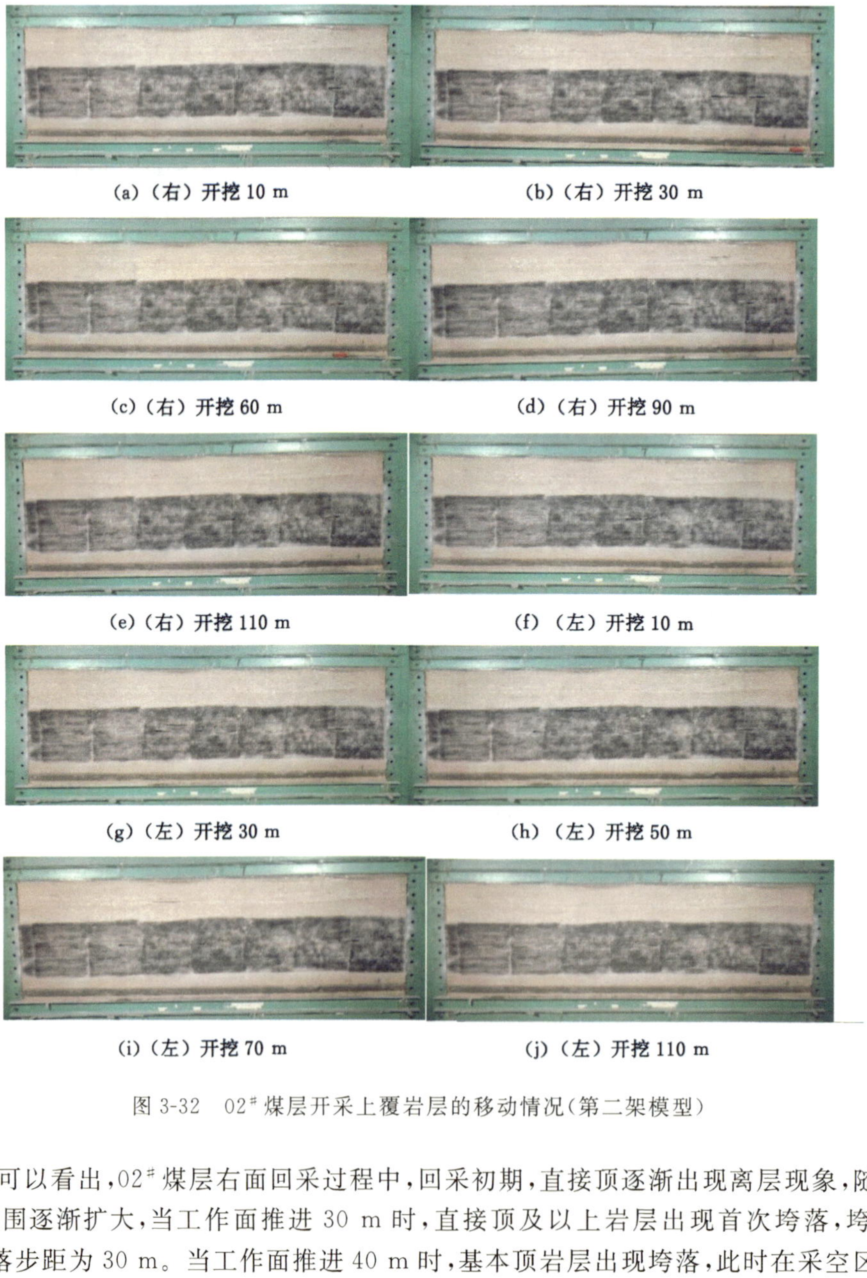

(a)（右）开挖 10 m　(b)（右）开挖 30 m

(c)（右）开挖 60 m　(d)（右）开挖 90 m

(e)（右）开挖 110 m　(f)（左）开挖 10 m

(g)（左）开挖 30 m　(h)（左）开挖 50 m

(i)（左）开挖 70 m　(j)（左）开挖 110 m

图 3-32　02# 煤层开采上覆岩层的移动情况(第二架模型)

由图 3-32 可以看出，02# 煤层右面回采过程中，回采初期，直接顶逐渐出现离层现象，随着工作面的推进，采空区范围逐渐扩大，当工作面推进 30 m 时，直接顶及以上岩层出现首次垮落，垮落高度约为 4.5 m，初次垮落步距为 30 m。当工作面推进 40 m 时，基本顶岩层出现垮落，此时在采空区上方上覆岩层两端产生大量断裂裂隙，此次垮落高度约为 15.5 m，且顶板出现较大离层；当工作面推进 60 m 时，基本顶再次出现较大垮落，出现周期来压，来压步距为 20 m，此时离层处高度约为 36.3 m。当工作面推进 83 m 时，基本顶第三次垮落，垮落高度为 3.8 m，垮落步距为 23 m，上覆岩层离层裂隙最大高度发展到距煤层顶板 42 m 处。工作面推进 110 m 时，顶板离层裂隙高度达到 52.6 m，且采空区上方裂隙开始明显发育，在采空区后方距工作面 24～103 m 范围内，裂隙开始呈压实状态。随着工作面不断向前推进，裂隙不断向上发育，工作面和开切眼上方裂隙发育基本对称，采空区后方的裂隙不断地经历不发育、发育丰富、裂隙压实阶段，开切眼处顶板断裂线以 56°左右向上发育，工作面煤壁处断裂线以 58°左右向上发育。

02# 煤层左面回采过程中，回采初期，直接顶逐渐出现离层现象，随着工作面的推进，采空区范围逐渐扩大，当工作面推进 30 m 时，直接顶及以上岩层出现首次垮落，由于受右侧已开采工作面影响，垮落高度为 5 m，且垮落离层较大，初次垮落步距为 30 m。当工作面推进 50 m 时，基本顶岩层出现垮落，此时在采空区上方上覆岩层两端产生大量断裂裂隙，此次垮落高度约为 16.2 m，且顶板出现较大离层；当工作面推进 70 m 时，基本顶再次出现较大程度的垮落，出现周期来压，来压步距为 20 m，此时离层处高度约31.8 m。工作面推进 110 m 时，顶板离层裂隙高度达到 52.6 m，且采空区上方裂隙开始明显发育，在采空区后方距工作面 18～98 m 范围内，裂隙开始呈压实状态。随着工作面不断向前推进，裂隙不断向上发育，工作面和开切眼上方裂隙发育基本对称，采空区后方的裂隙不断地经历不发育、发育丰富、裂隙压实阶段，开切眼处顶板断裂线以 50°左右向上发育，工作面煤壁处断裂线以 66°左右向上发育。

两个小面开采完毕后顶板垮落呈现“W”形，由此分析，煤柱区域顶板应力随着左面开采而逐渐增大，进一步说明此处由于工作面开采，煤体处于高应力状态，工作面布置后此处作为沿空留巷时，工作面边界高应力会集中向巷道释放，巷道需要采取高强度支护措施以保证沿空留巷的稳定性。

3.3.5　保护层开采倾向卸压角探测

1. 探测目的

根据《防治煤与瓦斯突出细则》要求，煤层首次开采保护层需对其的保护范围和保护效果进行考察，为后面的保护层开采提供依据。在保护层先行开采后，其顶底板周围的岩层和煤层向采空区移动、变形，其影响范围由岩层卸压及移动角所限制，并且与煤层的厚度、倾角、层间岩性、开采范围、开采深度等因素有关。因此，保护层开采后的防突有效范围应根据矿井实际考察结果来确定。

2. 探测仪器

本次探测使用 YTJ20 钻孔探测仪（图 3-33），YTJ20 钻孔探测仪结构紧凑，性能相对稳定，便于携带，使用简单。仪器主要包括 YTJ20 钻孔探测仪接收器、电缆、探杆、探头（摄像头）等。

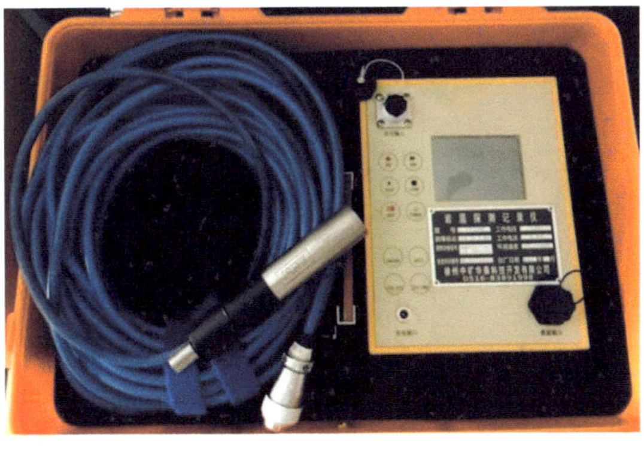

图 3-33　YTJ20 钻孔探测仪

3. 探测原理及方法

由上述保护层底板变形破坏与应力分析可知，保护层工作面刚开始推进时，工作面前方底板处于应力增高状态，下伏煤岩层处于压缩状态，底板向下移动。随着工作面继续推进，采空区扩大，采空区下方煤岩层处于卸压状态，采空区底板岩层开始向上运动，采空区向上的位移量随着采空区的范围增大而增大。采空区下方的煤岩体处于膨胀状态，同时，该区域会产生大量的采动裂隙。因此，本试验在采煤工作面前方一定距离布置下向钻孔，观测钻孔内部原始裂隙形态，当工作面推进到钻孔附近时，再次观测钻孔内部裂隙发育情况，与原始裂隙进行对比，根据观测到裂隙变化的位置从而推测出底板卸压的角度。

钻孔探测仪通过半导体器件能将光学影像转化为数字信号，将钻孔内所测图像，经电缆传输到显示器显示并存储。钻孔探测仪工作原理如图 3-34 所示。使用钻孔探测仪时，首先将探头安放在所需要观测的钻孔中，将电缆线与图像接收器连接，通过探头内发光二极管照明，从图像接收器的显示屏上即可看到清晰的图像；移动输送杆时，还可以从显示屏上看到动态图像。当钻孔图像中出现明显的层理、节理、裂隙等情况时，可启动摄像按钮，将图像记录在记忆卡中，同时记录所摄图像在钻孔中的位置，探测完毕后可与计算机连接，分析和处理图像。

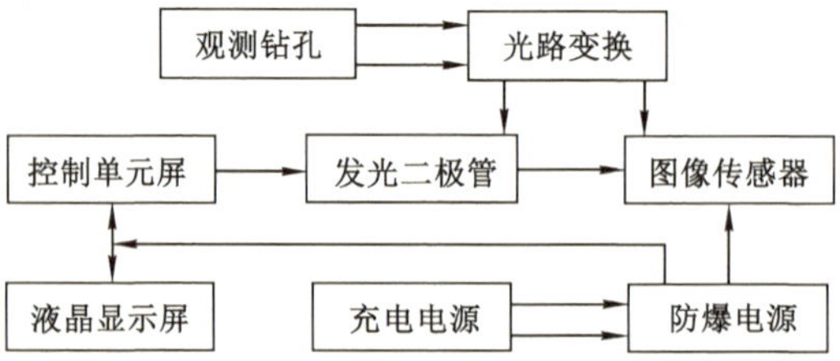

图 3-34　YTJ20 钻孔探测仪工作原理

4. 探测钻孔施工设计

3203 保护层工作面走向长度为 1 160 m，倾斜长度为 75 m。设计在 3023 高抽Ⅰ巷右帮施工本煤层穿层钻孔 4 个，共分为 2 个钻孔组，钻孔组间距为 10 m，第一组钻孔在距离 3203 保护层工作面 30 m 处开始施工，钻孔组内钻孔间距为 2 m，开孔高度距底板 0.5 m，钻孔深度为 10 m，钻孔直径为 42 mm，钻孔总计进尺为 40 m。

设计在 3023 高抽Ⅱ巷左帮施工本煤层穿层钻孔 4 个，共分为 2 个钻孔组，钻孔组间距为 10 m，第一组钻孔在距离 3203 保护层工作面 50 m 处开始施工，钻孔组内钻孔间距为 2 m，开孔高度距底板 0.5 m，钻孔深度为 10 m，钻孔直径为 42 mm，钻孔总计进尺为 40 m。

探测钻孔角度参数见表 3-8。具体施工参数见图 3-35 至图 3-37。

表 3-8　探测钻孔角度参数

孔号	1#	2#	3#	4#	01#	02#	03#	04#
方位角/(°)	30	30	30	30	30	30	30	30
倾角/(°)	25	25	25	25	25	25	25	25

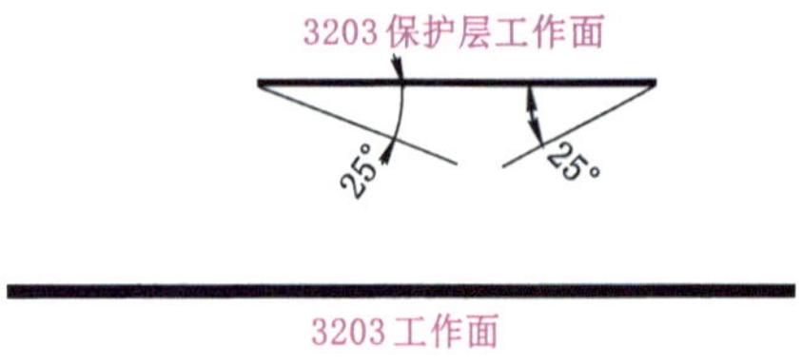

图 3-35　钻孔布置剖面图

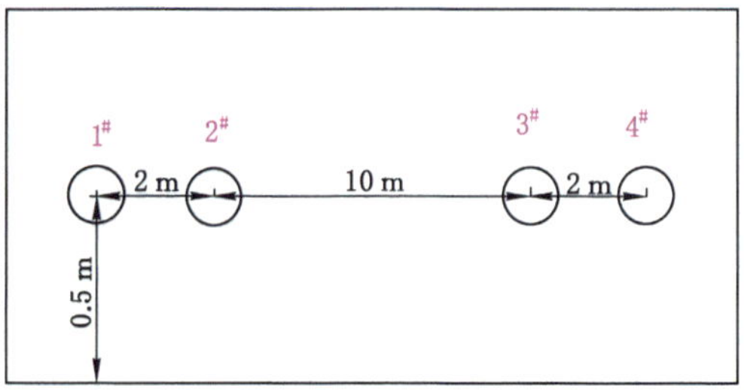

图 3-36　钻孔组布置示意图

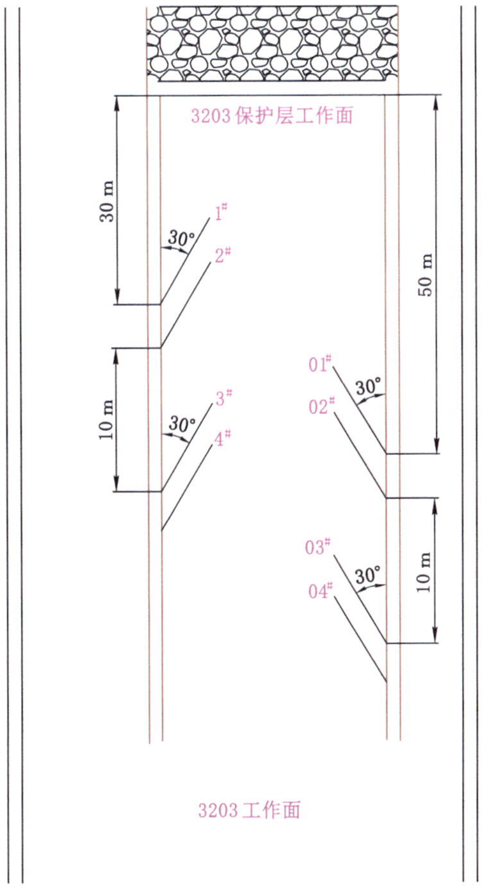

图 3-37　钻孔布置平面图

5. 探测结果分析

通过对 3023 高抽Ⅰ巷与 3023 高抽Ⅱ巷的穿层钻孔持续监测，分别对采动影响前与采动影响后的各钻孔进行了探测，得到了未受采动影响的钻孔窥视影像与受采动影响后产生采动裂隙的钻孔窥视影像。将获得的完整窥视资料处理后得到的多张图片进行分析，现将采动裂隙的时空演化规律与实际卸压角总结如下：

(1) 1#、2# 钻孔探测结果

从该组钻孔获得的图像分析可得，如图 3-38 所示，未受扰动时，钻孔内均为完整围岩，未见裂隙；开采扰动后，钻孔前端非常完整，基本没有裂隙，在工作面后方 9.54 m、煤层下方 5.11 m 处出现裂隙，裂隙范围一直延伸到钻孔底部，岩体破碎且完整性差。

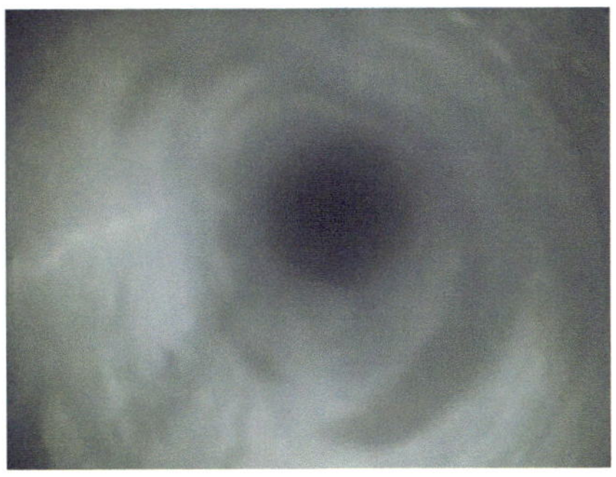
(a)

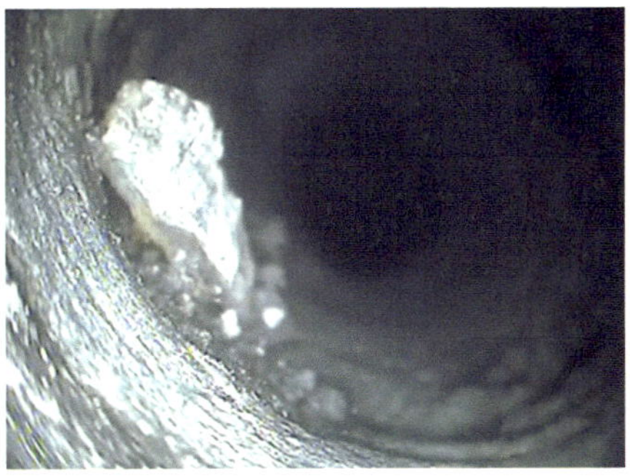
(b)

图 3-38　1#、2# 钻孔采动前后探测图

(2) 3#、4#钻孔探测结果

从该组钻孔获得的图像分析可得，如图 3-39 所示，未受扰动时，钻孔内均为完整围岩，未见裂隙；开采扰动后，钻孔前端非常完整，基本没有裂隙，在工作面后方 10.21 m、煤层下方 5.41 m 处出现裂隙，裂隙范围一直延伸到钻孔底部，岩体破碎且完整性差。

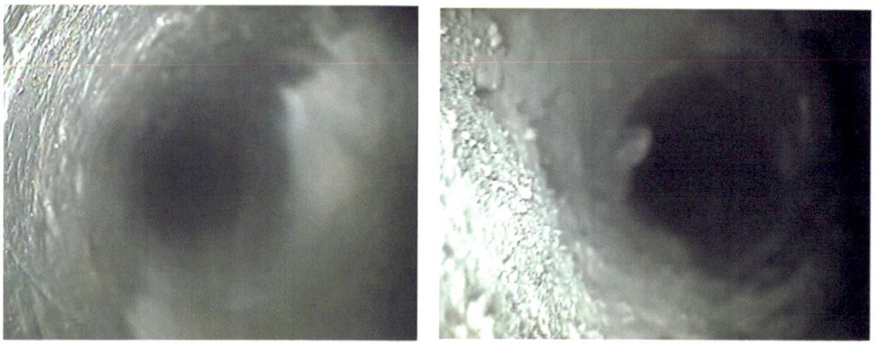

(a) (b)

图 3-39　3#、4#钻孔采动前后探测图

(3) 01#、02#钻孔探测结果分析

从该组钻孔获得的图像分析可得，如图 3-40 所示，未受扰动时，钻孔内均为完整围岩，未见裂隙；开采扰动后，钻孔前端非常完整，基本没有裂隙，在工作面后方 9.77 m、煤层下方 5.28 m 处出现裂隙，裂隙范围一直延伸到钻孔底部，岩体破碎且完整性差。

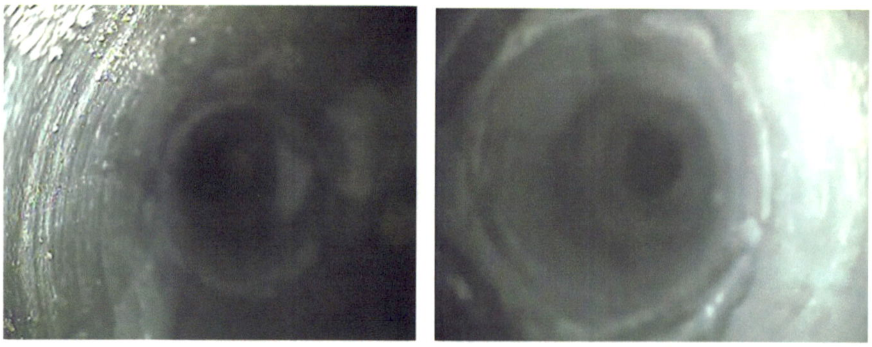

(a) (b)

图 3-40　01#、02#钻孔采动前后探测图

(4) 03#、04#钻孔探测结果分析

从该组钻孔获得的图像分析可得，如图 3-41 所示，未受扰动时，钻孔内均为完整围岩，未见裂隙；开采扰动后，钻孔前端非常完整，基本没有裂隙，在工作面后方 10.39 m、煤层下方 5.54 m 处出现裂隙，裂隙范围一直延伸到钻孔底部，岩体破碎且完整性差。

分析 4 组钻孔测得的采动前后裂隙演化对比数据可得，在工作面开采过后，受采动扰动影响，其底板周围的岩石和煤层向采空区移动、变形并产生大量裂隙，计算得出保护层沿倾斜方向的卸压角约为 61°。

6. 下伏煤岩体破坏裂隙分布规律

随着工作面推进和采空区的形成，采场周围的应力重新分布，造成在周围煤体一定范围内出现应力增高区（支承压力区），在支承压力作用下，煤体底板煤岩层发生不同程度的移动，如图 3-42 所示。

近距离煤层群上保护层回采时在工作面前后的 4 个应力区带中，由岩层移动形成了 4 个不同的裂隙发育区，沿采煤工作面推进方向上瓦斯渗流能力的变化分为：原始渗流区（原始应力区）→渗流减速减

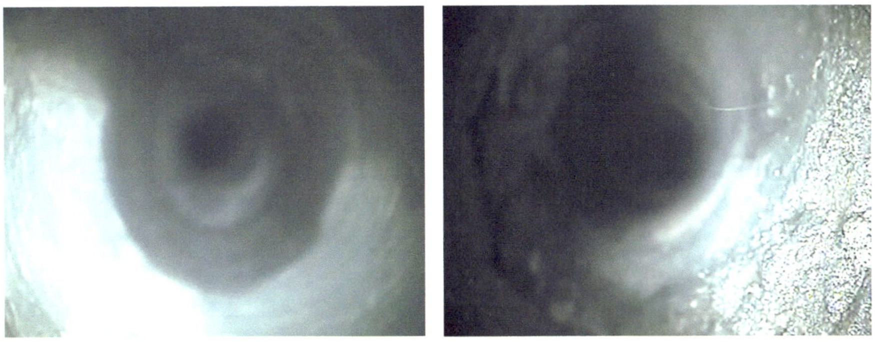

(a)　　(b)

图 3-41　03#、04# 钻孔采动前后探测图

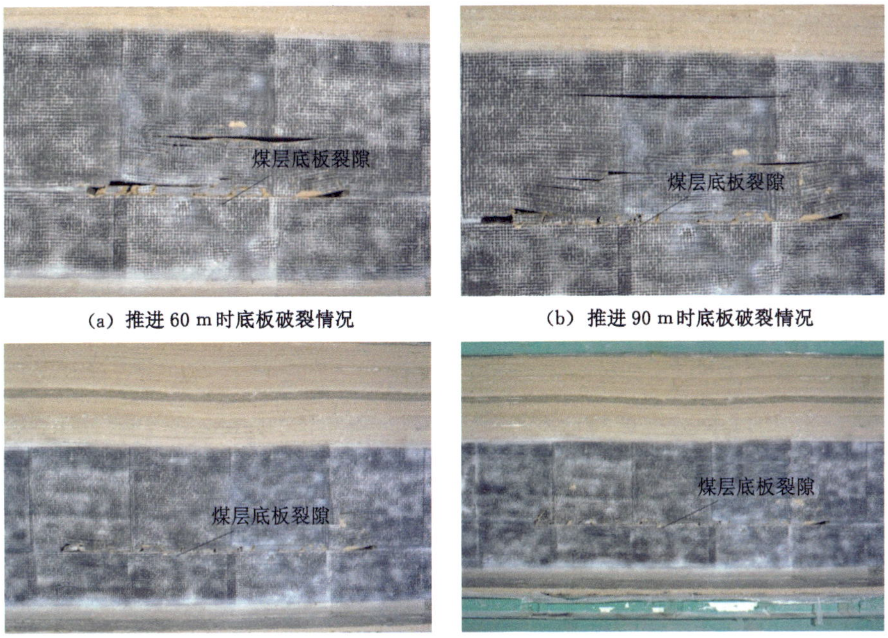

(a) 推进 60 m 时底板破裂情况　　(b) 推进 90 m 时底板破裂情况

(c) 推进 120 m 时底板破裂情况　　(d) 推进 142 m 时底板破裂情况

图 3-42　煤层底板裂隙随推进距离变化

量区（压缩区）→渗流急剧增速增量区（卸压膨胀陡变区）→渗流平稳增速增量区（卸压膨胀平稳区），卸压膨胀陡变区和卸压膨胀平稳区统称为膨胀区。近距离上保护层开采底板应力场与破坏裂隙分布规律示意如图 3-43 所示。

如图 3-43 所示，煤层底板在煤柱区应力一直处于上升（增压）状态，底板煤岩体处于压缩状态；而在采空区下方底板应力总是处于下降（卸压）状态，底板煤岩体处于膨胀状态。也就是说正常回采阶段底板煤岩体总是处于增压（压缩区）→卸压（膨胀区）→恢复（实压区）的过程，且随着工作面推进而重复出现，在压缩区与膨胀区的交界处，底板岩体容易产生剪切变形而发生剪切破坏；处于膨胀状态的底板岩体则容易产生离层裂隙及破断裂隙，所以，岩体在煤柱边缘区内最容易产生裂隙并发生破坏。煤层底板受开采矿压作用，岩层连续受到周期性破坏，其底板导气性也发生明显变化，下部卸压瓦斯将沿着裂隙通过扩散和渗流的方式进入上部采掘作业空间。

煤层底板水平变形明显出现两个区域，开切眼前方一定距离煤层的水平移动方向与回采方向一致；工作面后方一定距离煤层的水平移动方向与回采方向相反，两区域煤层水平移动呈现不对称性，卸压区煤层受到水平拉伸和挤压作用，使得该区域煤体机械破坏增加，有利于煤层底板裂隙发育，增加煤体的透气性。这里将近距离煤层群上保护层开采条件下自开采煤层底板至下部煤层的最深裂隙称为“底板导气裂隙

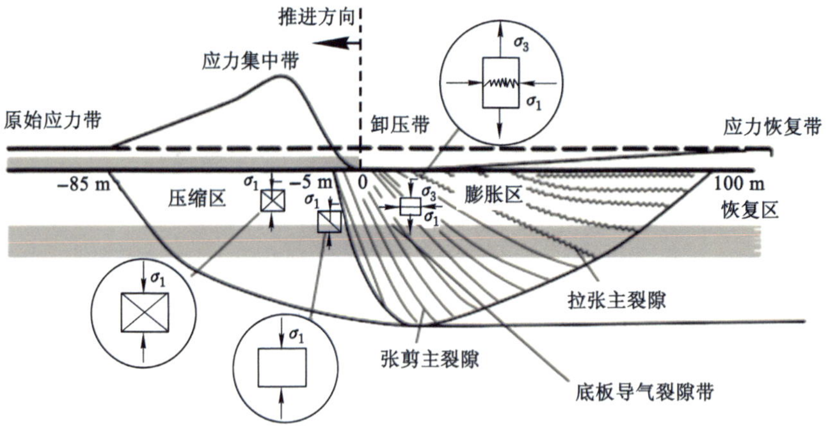

图 3-43　近距离上保护层开采底板应力场与破坏裂隙分布规律示意图

带”。由于“底板导气裂隙带”的存在，下部煤层的透气性将提高成百上千倍。“底板导气裂隙带”的深度和开采深度及下部煤岩体的物理力学性质有关。在此深度范围内，一般分布三种裂隙：① 竖向张裂隙，分布在紧靠02#煤线的底板最上部，是底板膨胀时层向张力破坏所形成的张裂隙。② 层向裂隙，主要沿层面以离层形式出现，一般位于底板浅部裂隙较发育区，在采煤工作面推进过程中底板受矿压作用而压缩—膨胀—再压缩反向位移沿层向薄弱结构面离层所致。③ 剪切裂隙，一般分为两组，以约60°的角度，分别反向交叉分布，这是由采空区与煤壁(及采空区顶板冒落再受压区)岩层反向受力剪切形成的。这三种裂隙相互穿插无明显分界。当它们与下部卸压瓦斯沟通时，下部瓦斯将顺着裂隙进入上部空间。

7. 保护层开采底板破坏深度分析

采场附近煤体上的支承压力超过其极限强度，在煤壁附近形成非弹性区，按照弹塑性软化模型，分别处于弹性、软化和流动的区域相应地称为弹性区、塑性区、破碎区，如图 3-44 所示。非弹性区包括破碎区和塑性区，其范围 x_s 为：

$$x_s=\frac{1}{\zeta_1}\ln\left\{\frac{1}{\sigma}\left[P-\zeta_2\left(l^{(S_c-\sigma_c)/\zeta_2}-1\right)\right]\right\} \tag{3-5}$$

式中，$\zeta_1=\dfrac{2fk_p}{h}$，$k_p=\dfrac{1+\sin\varphi}{1-\sin\varphi}$，$\zeta_2=\dfrac{M_0S_1}{2fk_p}$，$P=K_{max}\gamma H$，$S_c=\dfrac{2C\cos\varphi}{1-\sin\varphi}$，$M_0=\tan\theta_0$，$S_t=\tan\alpha$。

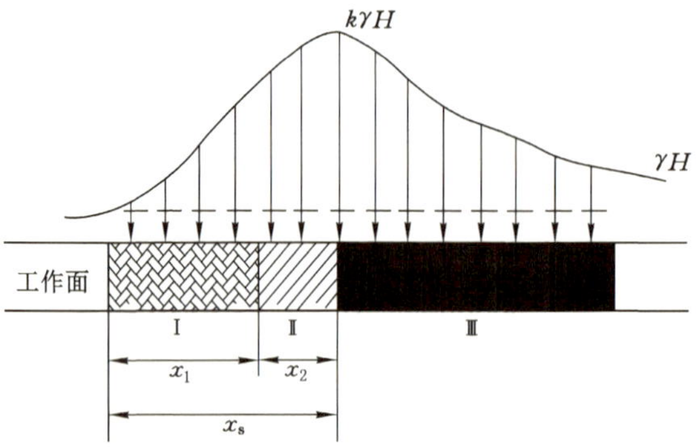

Ⅰ—破碎区；Ⅱ—塑性区；Ⅲ—弹性区。

图 3-44　工作面前方煤体变形区域

以上各式中符号的意义如下：

f——岩层与顶底板之间的摩擦系数；

h——煤层厚度；

φ——煤体的内摩擦角；

σ_c——单轴压缩时的残余强度；
P——最大支承压力；
K_{max}——峰值应力集中系数；
γ——上覆岩层的视密度；
H——煤层采深；
M_0——煤体塑性软化模量；
θ_0——煤体塑性软化角；
S_t——塑性区煤体应变梯度；
α——塑性区煤层顶板变形角之和；
C——煤体的黏聚力。

塑性区范围 x_2 为：

$$x_2 = \frac{h}{M_0 S_t}(S_c - \sigma_c) \tag{3-6}$$

破碎区范围 x_1 为：

$$x_1 = x_s - x_2 \tag{3-7}$$

随着工作面的推进，底板中水平应力因受垂直应力的集中和卸压的影响，也出现了应力升高和降低的现象。在煤体下方的浅部水平应力相对集中，深部卸压；而在采空区下方浅部卸压，深部相对集中。多数岩层都含有原先存在的裂缝，这些裂缝通常称为节理，煤层底板岩层也是同样。开始时，节理中的压力较小，不足以使节理真正张开。而在采动后，在采空区前方与竖直方向角度呈23°左右的方向上，支承压力会逐渐增加，当支承压力的分力大于底板岩层的抗剪强度时，节理就会以剪切模式滑动。若分离继续加大，岩层就会发生断裂，形成采动裂隙，底板岩层的活动如图3-45所示。

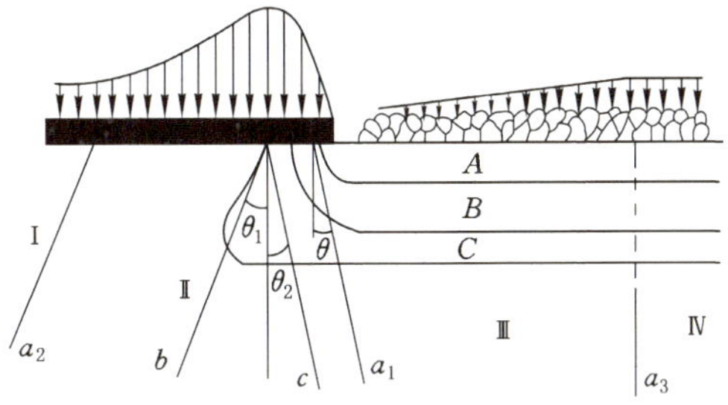

Ⅰ—原始应力区；Ⅱ—应力升高区(压缩区)；Ⅲ—应力降低区(膨胀区)；Ⅳ—应力恢复区(重新压实区)；
A—拉伸破裂区；B—层面滑移区；C—岩层剪切破裂区；a_1，a_2，a_3—原岩应力等值线；b—高峰应力传播线；
θ—原岩应力传播角，10°～20°；θ_1—高峰应力传播角，20°～25°；θ_2—剪切力传播角，10°～15°。

图3-45　底板活动全貌

根据矿山压力控制理论，在煤层底板中煤柱支承压力随深度衰减的规律为：

$$\sigma_z = K_{max}\gamma H e^{-0.0167h} \tag{3-8}$$

式中　K_{max}——矿山压力最大集中系数，$K=\dfrac{1+\sin\varphi}{1-\sin\varphi}$；
φ——岩石的内摩擦角，(°)；
γ——上覆岩层的平均视密度，g/cm^3；
H——采深，m。

当支承压力 σ_z 作用于底板岩体的分力 $\sigma_z\cos(\varphi_1+\theta_2)$ 大于底板岩体的抗剪强度 τ_c，即 $\sigma_z\cos(\varphi_1+\theta_2)>\tau_c$ 时，底板岩体将发生剪切破坏，即

$$\sigma_z = K_{max}\gamma H e^{-0.0167h} > \tau_c \tag{3-9}$$

$$h = 59.88\ln\frac{K_{max}\gamma H\cos(\varphi_1+\theta_2)}{\tau_c} \tag{3-10}$$

式中　τ_c——底板岩层的抗剪强度，MPa；

h——底板破坏深度，m。

由式(3-10)可见，煤层底板破坏深度将会随采深的增大而增大，因而在大采深情况下，近距离煤层群采动将造成严重的底板破坏，其底板导气性将大幅度增加，下部卸压瓦斯将沿着裂隙通过扩散和渗流的方式进入上部采掘作业空间。

3.4　近距离煤层群上保护层开采卸压瓦斯治理方案设计

根据瓦斯抽采半径、保护层工作面开采倾向卸压范围和3203保护层工作面、3203工作面布置方式，提出复合瓦斯抽采技术进行保护层开采卸压瓦斯抽采及未保护范围煤体瓦斯抽采，如图3-46所示。该技术采用立体式多方位瓦斯抽采防突技术，合理设计3203保护层工作面及3203工作面通风方式，配置合适风量，利用通风降低工作面及回风巷瓦斯浓度，保证工作面安全生产的同时减少瓦斯资源浪费。

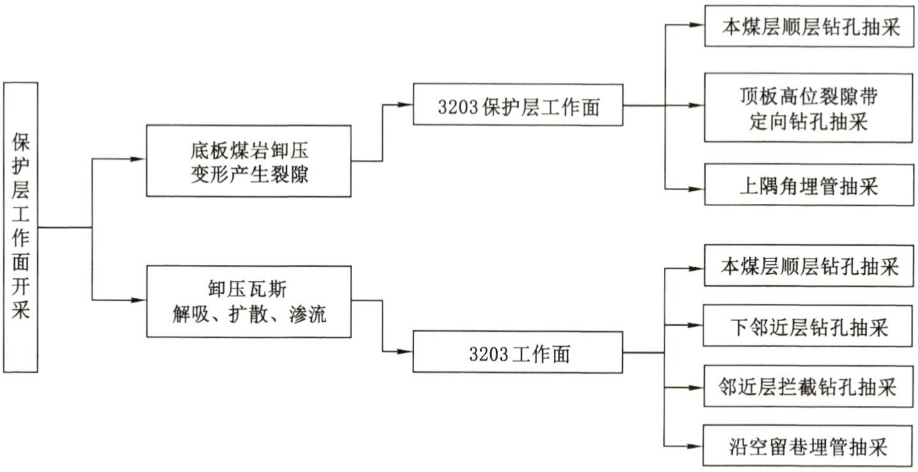

图3-46　保护层及被保护层瓦斯抽采技术

3.4.1　保护层瓦斯抽采技术

1. 顺层钻孔瓦斯抽采技术

3203保护层工作面走向长度为1 160 m，工作面长度为75 m。为使本煤层瓦斯抽采彻底，在3203保护层工作面回风巷右帮施工本煤层顺层钻孔194个，根据瓦斯抽采半径(3 m)确定相邻钻孔之间距离为6 m，第一个钻孔距离3203保护层工作面开切眼6 m，孔深为65 m，钻孔直径为75 mm，开孔高度为1 m，倾角随着工作面倾角变化而随时调整，钻孔总计进尺为12 610 m，如图3-47所示。

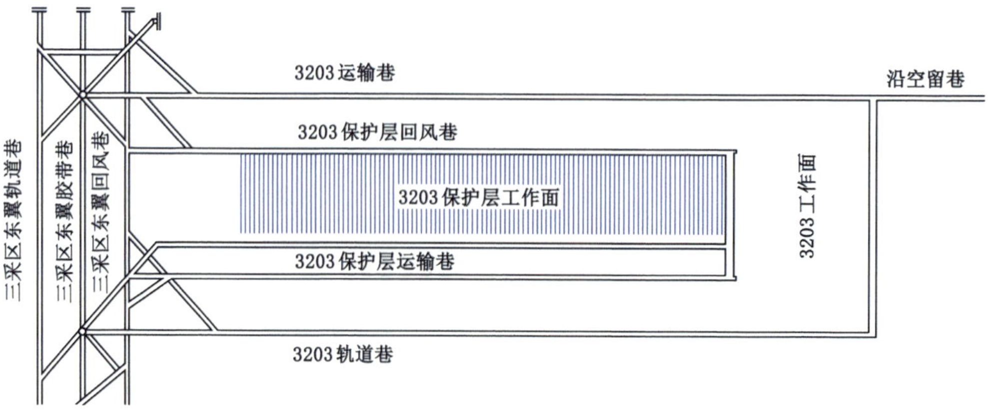

图3-47　3203保护层工作面顺层钻孔示意图

2. 顶板高位裂隙带定向钻孔抽采技术

(1) 钻场布置

在 3203 保护层工作面回风巷右帮开设 5 个钻场，第一个钻场距开切眼 280 m，最后两个钻场间距为 120 m，其余钻场间距均为 220 m，钻场大小为长×宽×高=9 m×4 m×2.5 m。

(2) 顶板高位裂隙带定向钻孔

在钻场内采用 ZDY6000LD 型千米钻机施工顶板高位裂隙带定向钻孔，每个钻场施工主孔 4 个，孔径为 96 mm。钻场内孔间距为 1 m，钻孔开孔距钻场底 1.5 m，倾角为 5°。其中 1、5 钻场 1#—4# 钻孔孔深分别为 150 m、160 m、170 m、180 m，4# 主孔在 90 m 处开设 1 个分支孔，分支孔孔深为 90 m；2、3、4 钻场 1#—4# 钻孔孔深分别为 250 m、260 m、270 m、280 m，4# 主孔在 140 m 处开设 1 个分支孔，孔深为 140 m。

根据以往工作面瓦斯抽采情况，工作面裂隙带位置为 5～10 倍采高(7～14 m)，7 倍采高处抽采效果较好，故确定钻孔垂高为 10 m。1#、2#、3# 孔终孔位置距 3203 保护层工作面运输巷右帮距离分别为 12 m、24 m、36 m，4# 主孔开设 1 个分支孔，主孔终孔位置距 3203 保护层工作面运输巷右帮 65 m，分支孔终孔位置距 3203 保护层工作面运输巷右帮 53 m，如图 3-48 和图 3-49 所示。

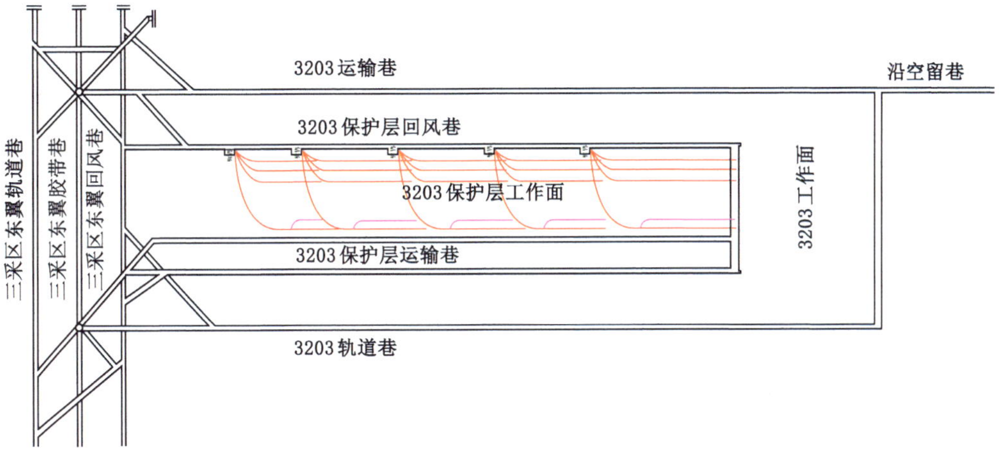

图 3-48 3203 保护层工作面顶板高位裂隙带定向钻孔平面示意图

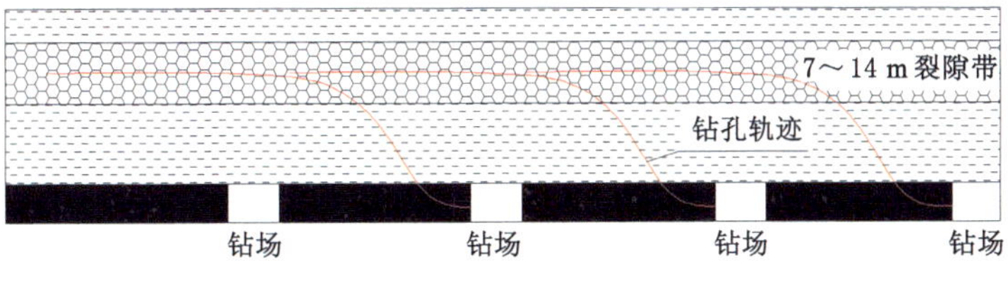

图 3-49 3203 保护层工作面顶板高位裂隙带定向钻孔剖面示意图

3. 上隅角迈步式埋管抽采技术

为抽采保护层工作面后方采空区内邻近层由于卸压作用而涌出的瓦斯，在工作面上隅角采用迈步式埋管抽采技术，将上隅角积聚的瓦斯抽采至三采区回风巷。具体办法为在 3203 保护层回风巷左帮铺设一路 ϕ325 mm 瓦斯抽采管路，并将其连接在三采区回风巷低负压 ϕ820 mm 抽采干管路上，管路末端100 m使用树脂管，每隔 6 m 加一个等径三通，如图 3-50 所示。

4. 通风方案

(1) 通风方式

3203 保护层工作面采用运输巷进风，回风巷回风的"U"形通风方式，具体通风如图 3-51 所示。

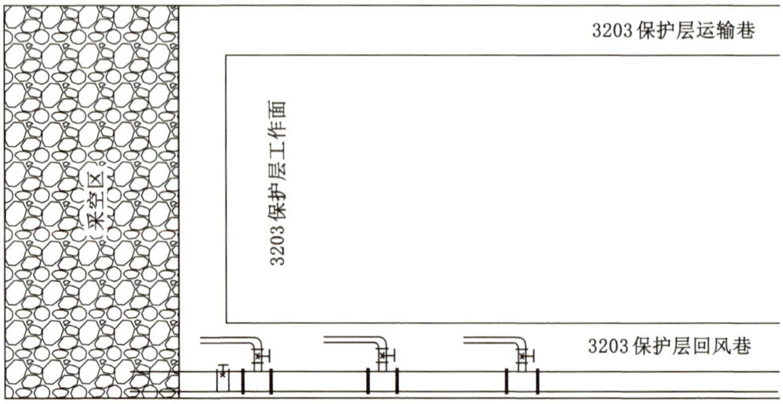

图 3-50 3203 保护层工作面上隅角迈步式埋管抽采示意图

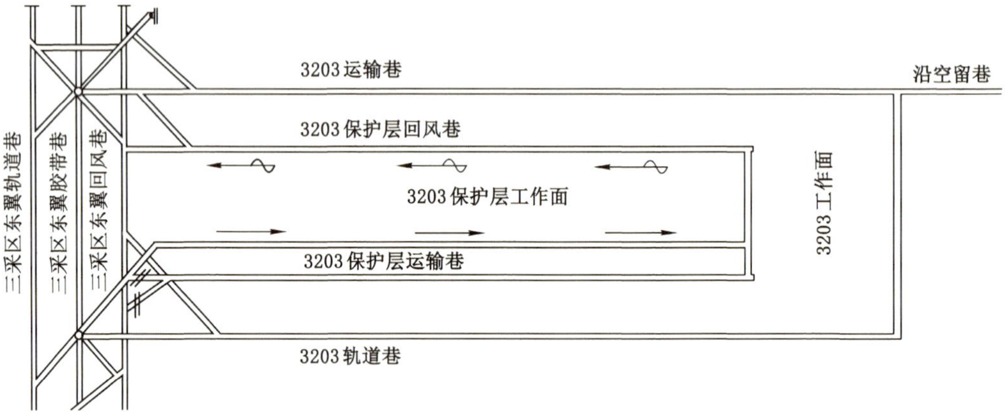

图 3-51 3203 保护层工作面通风示意图

(2) 配风量

风量取值采用工程类比法。根据以往 02# 煤层工作面开采经验，结合瓦斯管理规定，初步设计 3203 保护层工作面风量为 1 200 m^3/min。

3.4.2 被保护层瓦斯抽采技术

1. 顺层钻孔瓦斯抽采技术

为抽采 3203 工作面 2# 煤层赋存的瓦斯，在 3203 运输巷右帮布置顺层钻孔 245 个。顺层钻孔孔间距为 6 m，第一个钻孔距停采线 6 m，孔深为 150 m，开孔高度为 1.4 m，钻孔施工倾角根据工作面倾角随时调整，钻孔的方位角为 90°，总计进尺 36 750 m。在运输巷左帮布置本煤层顺层钻孔 265 个，孔间距为 6 m，第一个钻孔距停采线 6 m，孔深为 150 m，开孔高度为 1 m，倾角根据工作面煤层倾斜方向确定，钻孔的方位角为 270°，总计进尺 39 750 m。

在 3203 轨道巷前进方向左帮，每隔 6 m 施工顺层钻孔对工作面进行瓦斯预抽，第一个钻孔距停采线 6 m，孔深为 70 m，钻孔距离巷道底 1～1.2 m，倾角根据工作面倾角变化方向确定，钻孔的方位角为 270°，顺层钻孔共 265 个，总进尺 18 550 m，如图 3-52 所示。

2. 下邻近层钻孔瓦斯抽采技术

(1) 钻场布置

在 3203 运输巷右帮布置 24 个钻场，第一个钻场布置在距停采线 60 m 处，其余钻场间隔为 60 m，钻场大小为长×宽×高=4 m×5 m×2.7 m。

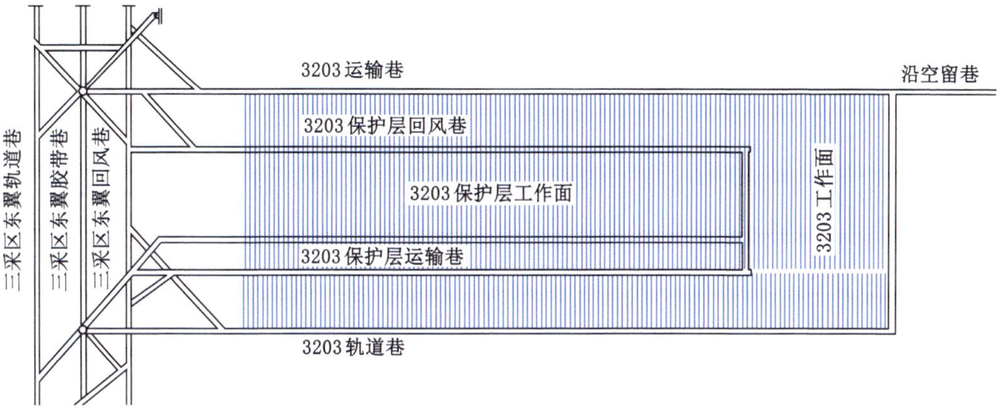

图 3-52　3203 工作面顺层钻孔抽采示意图

(2) 下邻近层钻孔

在 3203 运输巷钻场内布置 8 个下邻近层钻孔，钻孔呈扇形布置，间距为 0.6 m，钻孔垂高为 8.1 m，共计施工钻孔 192 个，钻孔总进尺为 13 440 m。因工作面所采的 $2^{\#}$ 煤层与下邻近层的平均层间距为 3.1 m，煤层平均厚度为 1.5 m，故下邻近层钻孔施工至 $5^{\#}$ 煤层底板 0.5 m 处，钻孔深度为 70 m，如图 3-53 所示。

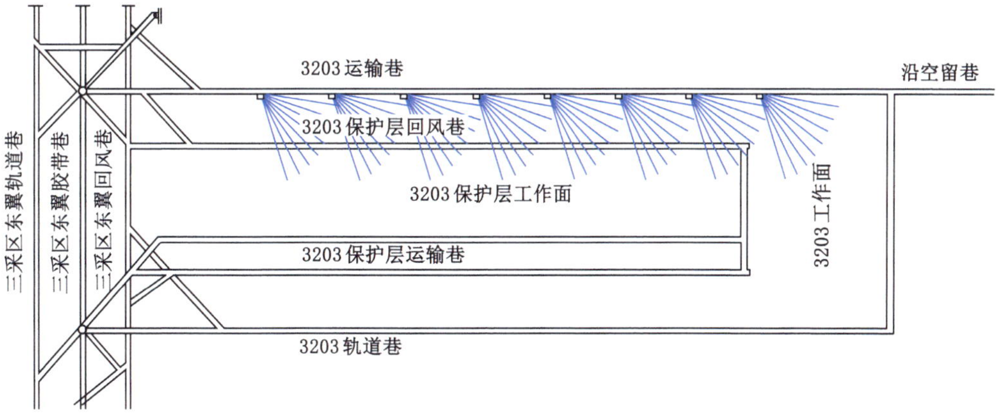

图 3-53　3203 工作面下邻近层钻孔抽采示意图

3. 邻近层拦截钻孔瓦斯抽采技术

在 3203 运输巷钻场每个钻场内布置 6 个下邻近层拦截钻孔，用于抽采 $02^{\#}$ 煤保护层开采后 $2^{\#}$ 煤层下煤层的卸压瓦斯，钻场内在距离钻场底部 0.8 m 高度，每隔 0.5 m 向下 1°打设一个 144 m 拦截钻孔，钻场内钻孔终孔间距为 10 m。钻孔的终孔位置位于 3203 保护层运输巷右帮巷道轮廓线 20 m 处，于 $2^{\#}$ 煤层底板下 2 m。钻孔呈扇形布置，共计施工钻孔 114 个，如图 3-54 所示。

4. 沿空留巷埋管抽采

3203 工作面为 Y 形通风，采空区后部、上部常常积聚瓦斯，为确保工作面的安全生产和提高瓦斯抽采效果，设计在沿空留巷施工过程中，在留巷墙体上每充填 2 包充填料后预留一根 ϕ200 mm 无缝钢管，预埋管距顶板 300 mm，且距工作面最近的预埋管距工作面开切眼不得超过 6 m，如图 3-55 所示。在每一根预埋管上设置一个闸阀和瓦斯抽采参数观测孔，沿空留巷预埋管通过闸阀和瓦斯抽采参数观测孔连接到留巷瓦斯抽采支管道上。为提高采空区埋管抽采瓦斯效果和保证工作面的安全生产，设计在工作面回采过程中，距工作面最近的 3～5 个预埋孔同时抽采。此外，如果在回采过

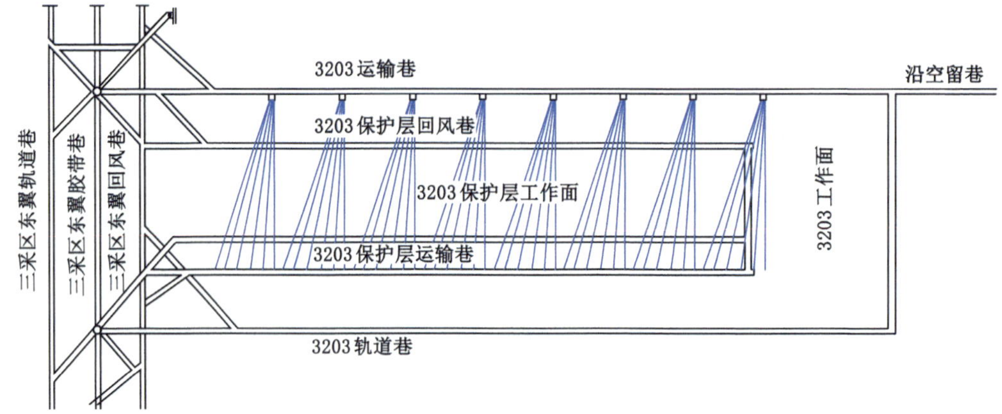

图 3-54　3203 工作面下邻近层拦截钻孔抽采示意图

程中出现瓦斯异常情况时，可以通过打开其他预埋管上布置的瓦斯阀门进行瓦斯抽采，从而避免瓦斯积聚或者大量瓦斯涌出。

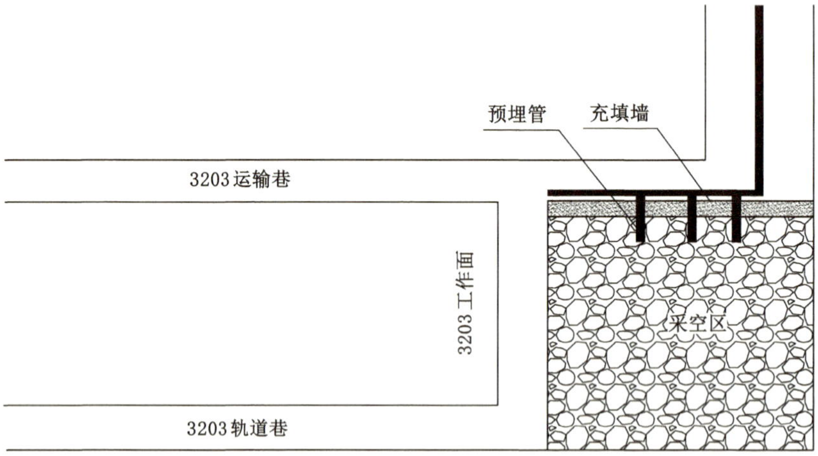

图 3-55　3203 工作面沿空留巷埋管抽采示意图

3.4.3　工作面通风治理卸压瓦斯技术

1. U 形通风方式

(1) U 形通风方式的特征

U 形通风方式是我国大部分采煤工作面采用的通风方式，系指采煤工作面有两条巷道，一条为进风巷，一条为回风巷，上行通风时，其下巷为进风巷，上巷为回风巷，下行通风时，则相反。后退式 U 形通风方式对了解煤层赋存情况，掌握瓦斯和火灾的发生、发展规律，较为有利。由于巷道均维护在煤体中，因而巷道的漏风率较少。但存在以下缺点：

① 上隅角瓦斯浓度高。U 形通风方式的采场边界通常是封闭的，当回采区段采用由上向下（沿倾斜）连续时，其上部边界是区段煤柱，下部边界是未采动的煤体，靠近开切眼一侧为采区煤柱，这些均属于不漏风边界。当采煤工作面推进一定距离，出现初次来压之后，采空区瓦斯涌出量会明显增加，当工作面采用上行通风时，大面积采空区释放的瓦斯会混入空气中，由下部逐渐向上部积累，瓦斯浓度相应增高，造成上隅角瓦斯积聚。所以，U 形后退式通风方式多适用于瓦斯涌出量不大，且不易自然发火的煤层开采中，对瓦斯涌出量很大，且易自然发火的煤层，必须采用一系列特殊的技术措施，才可应用。

② 随着基本顶周期性的断裂，基本顶破断造成变形和滑落，使采空区垮落带垮落的破碎煤岩体被压实。破碎煤岩体和破断基本顶之间紧密接触，但是在采空区与工作面相邻的部分，基本顶还没有达到垮落的程度，于是出现了基本顶和采空区之间形成空隙的情况。

③ 工作面直接顶初次垮落后，一般随着放顶而在采空区垮落。岩石破碎后，杂乱堆积，岩体的总体力学性质类似于散体。工作面由于岩层破碎后体积膨胀，因此直接顶垮落后，堆积的高度要大于直接顶岩层原来的厚度。

④ 岩石破碎后的块度及排列状态是影响碎胀系数 K_p 的重要因素。例如，坚硬岩层若大块破断且排列整齐，则碎胀系数较小；若岩石破碎后块度较小且排列较乱，则碎胀系数较大。

(2) U形通风方式风流流场和瓦斯场规律分析

① 工作面模型的建立

在保护层工作面实际测得数据的基础上建立几何模型，见图3-56。模型的坐标原点为模拟回风巷矩形的中心点，即图3-56中左边坐标系原点所在位置。x 轴由回风端指向进风端，y 轴指向顶板，z 轴沿着回风巷风流方向。

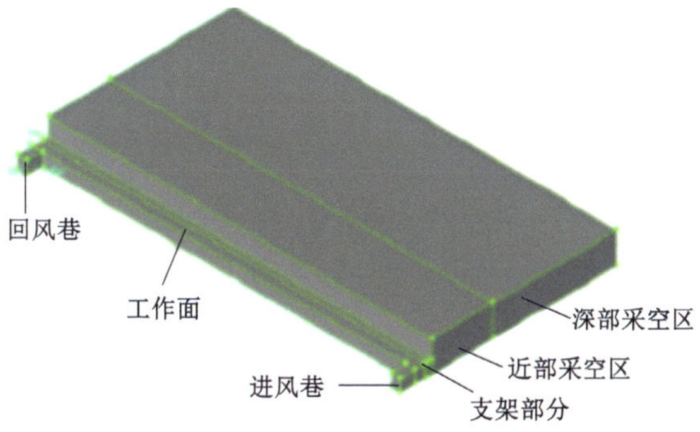

图3-56　U形通风工作面模型图

回风巷出口设为压力出口，出口压力为－40 Pa，进风巷进口设为压力进口，进口压力为0 Pa。气体成分的体积分数为甲烷0.1%，氧气21%，其余为氮气。

② U形通风采场风流流场规律

从数值模拟的结果可以发现，工作面向采空区漏风分为明显的进风部分和回风部分，大致为靠近进风巷一侧为进，靠近回风巷一侧为出。工作面向采空区漏风和采空区气体渗流场是不对称的。

进、回风巷与工作面垂直，空气从进风巷流入采场，经过工作面和采空区汇合到回风巷。进风巷端刚进入工作面时类似于射流，射流以很大的速度垂直工作面流动，风流必须完成90°的转向，在工作面进风端风流原来方向上的动压急剧减小，动压转变成静压，在下隅角形成一个高压中心。在此高压中心的作用下，附近区域成为工作面向采空区漏风相对集中的区域。而回风端漏风的区域就没有进风端这样集中，因此形成了采空区风流渗流场的不对称和进风端单位长度工作面漏风量绝对值大于回风端单位长度工作面漏风量。

③ 采场瓦斯的分布

采场瓦斯在三维空间上的分布规律见图3-57。采场内进风巷侧(A附近区域)瓦斯浓度较低，在采场另一侧的采空区深部(图中B附近区域)瓦斯浓度最高。瓦斯浓度从A到B逐渐升高。

在距工作面较近的采空区内由于风流流动方向是从进风侧向回风侧，瓦斯呈现向回风侧运移的趋势，从进风侧向回风侧，瓦斯浓度逐渐增大。上隅角和回风巷则成为整个工作面瓦斯浓度较高的区域。

在工作面的回风端瓦斯浓度梯度较大，在工作面进风端瓦斯浓度梯度较小。这主要是由前面讨论的工作面漏风的情况造成的。因为工作面回风端瓦斯浓度梯度的增加主要是来自采空区气体的流入，而从进风巷到回风巷采空区瓦斯对于工作面瓦斯浓度的贡献逐渐增加。

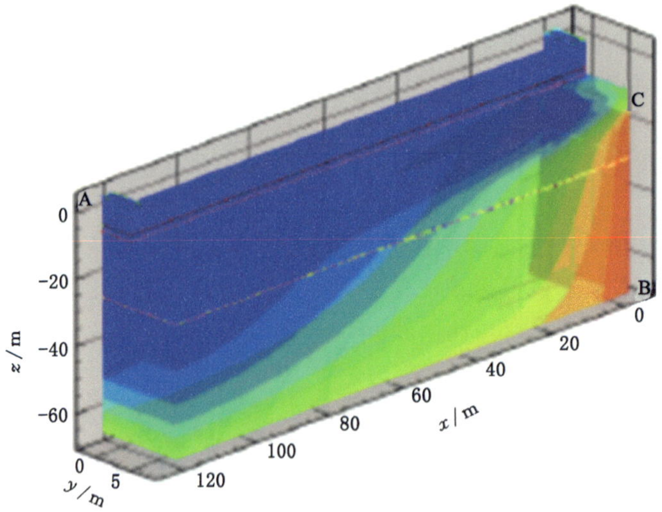

图 3-57　模型瓦斯浓度分布云图

分析模拟结果可以发现，工作面可能发生瓦斯积聚的区域有两个：

a. 工作面上隅角附近(包括支架部分)

此区域积聚瓦斯为 U 形通风一源一汇形式的最大弊端。其瓦斯集聚的原因为：一，在采空区漏风流的作用下，采空区内瓦斯运移及瓦斯浓度呈有规律地分布，工作面回风端附近成为采空区气体集中流出的地点，从而使上隅角附近瓦斯浓度明显高于工作面其他部分。二，在采空区靠近上隅角附近有一个低压中心，在此区域附近的气体流动速度非常慢，甚至导致局部处于涡流状态，因此采空区和煤壁涌出的高浓度瓦斯难以进入主风流中，而在上隅角循环运动聚集在涡流区中，形成上隅角局部瓦斯集聚。这是上隅角瓦斯集聚的主要原因之一。

b. 采煤机附近和支架顶部区域

由于试验模拟的是均匀释放瓦斯，但是在实际生产中采煤机采煤和支架放煤瓦斯涌出都是相对集中的。尤其是靠近进风巷的工作面附近，显示有一个较为明显的涡流，涡流运动使采空区和煤壁涌出的大量高浓度瓦斯难以进入主风流中。但此区域并不像上隅角那样有大量采空区的气体流入，结果也没有形成连续的瓦斯超限。实际生产中当采煤机在此区域工作时，新暴露于空气中的采落煤释放大量瓦斯，在得不到足够的风流吹散时，就会造成瓦斯聚集。由于采煤机在工作中不断移动，此区域不会造成连续的瓦斯超限。因此，此区域相对来说是采煤机在工作面移动时更容易造成瓦斯积聚的地方。

(3) 瓦斯治理措施

① 节源措施

节源就是要减少工作面向采空区的漏风。从上面的分析知道，主要的漏风是在工作面进回风端部分。因此可采用的方法有：

a. 在工作面上、下隅角吊挂挡风帘；

b. 在工作面上、下隅角筑封堵墙。

② 开流措施

改变通风系统：采用 U+L 形、Y+L 形等通风方式，改变采空区的漏风汇方向，可治理上隅角瓦斯积聚的问题。

2. Y 形通风方式

Y 形通风方式是指在工作面上、下端各设一条进风巷，另在采空区一侧设回风巷，如图 3-58 所示。通过计算得出辅助进风巷和主进风巷的风量配比，由上、下巷同时进风，而后风流流经工作面，经过采空区到达沿空留巷，利用一部分的漏风将采空区瓦斯排出。Y 形通风工作面能位最低点是留巷的末端，而 U 形通风工作面的能位最低点是上隅角。因此可得知 Y 形通风上隅角不易产生瓦斯积聚，工作面采用此种通风方式，可以很好地解决采煤工作面上隅角的瓦斯超限问题。另外，工作面上、下端均为进风巷，保证了设备、管道、人员都在瓦斯含量低的风流中，提高了采煤工作的安全性和高效性。实行沿空留巷，可以完全取消区段煤柱，实现无煤柱开采，提高资源回收率。没有煤柱影响区的应力集中，不仅可以消除煤与瓦斯突出危险，还可以降低巷道掘进工程量，减少掘进费用，加快工作面的准备。该方式巷道维护简单，维护费用减少，矿井生产条件得到改善，有利于生产的集中化。

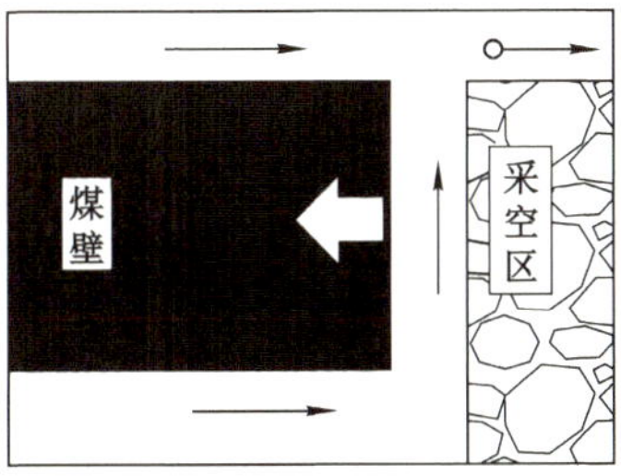

图 3-58　Y 形通风系统示意图

图 3-59 为 Y 形通风系统条件下，模型内瓦斯浓度立体分布图。由图 3-59 可知，采用此种通风方式时，沿采空区延伸方向，瓦斯浓度呈阶梯形分布，高浓度瓦斯主要集中在采空区深部，在采空区深处倾斜方向上浓度值基本分布均匀，浓度均达到峰值，z 轴方向上瓦斯浓度呈曲面分布。

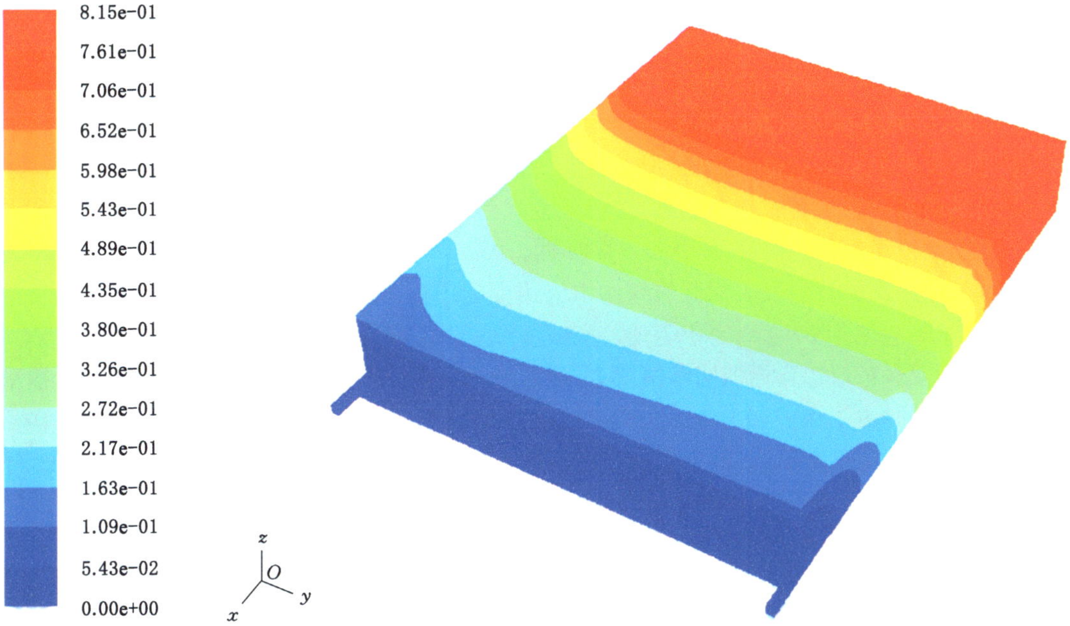

图 3-59　Y 形通风瓦斯浓度立体分布图

为了与 U 形通风系统结果相比较，同样选取 Y 形通风模型 $z=1.5$ m 做切面，图 3-60 是 Y 形通风瓦斯浓度等值线分布图。由图可以更加直观看出 $x—y$ 平面上瓦斯浓度分布规律和瓦斯浓度增大程度。可以看出，与 U 形通风相比，Y 形通风瓦斯浓度增大的趋势较缓和，约在工作面后方 60 m 处瓦斯浓度增大到 10%，约在工作面后方 130 m 时，瓦斯浓度增大趋势加快，工作面后方 160 m 处，瓦斯浓度接近峰值，高浓度瓦斯大约充斥三分之一采空区。等值线在沿空留巷回风口处汇集，主进风巷与工作面交界处压力最大，能位最高，沿空留巷末端能位最低，故由主副进风巷流入新鲜风流时，通过漏风携带采空区一部分高浓度瓦斯流入回风巷，并在出口处汇集。与 U 形通风相比较，Y 形通风漏风多，解决了上隅角瓦斯浓度超限的问题。

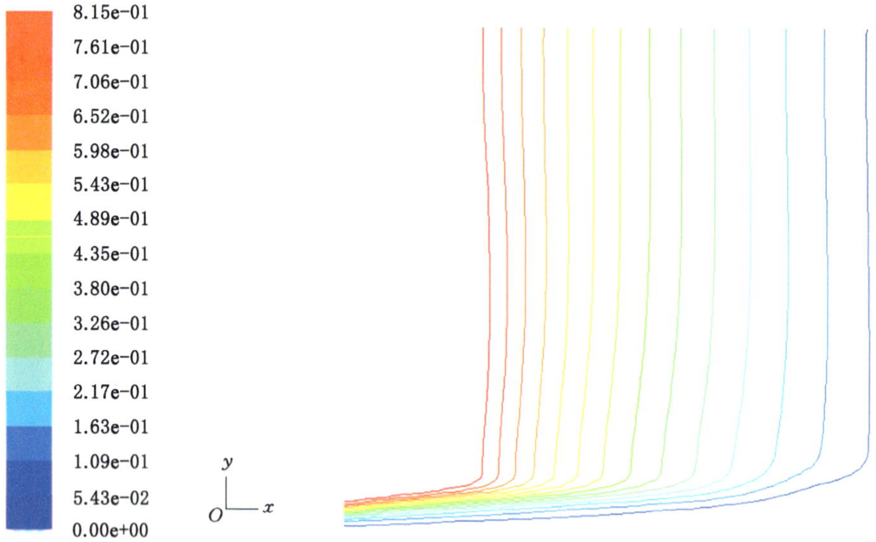

图 3-60　Y 形通风 $z=1.5$ m 瓦斯浓度平面等值线图

3. 不同类型工作面通风方式优缺点分析

① 目前普遍采用的工作面 U 形通风方式由于上隅角及回风顺槽瓦斯浓度经常超限，严重影响煤矿的正常生产，制约着高产高效采煤技术的推广应用及综合经济效益的提高。因此，国内外都在配合采煤工艺改革的基础上积极探索和改进工作面通风方式。

② 近年来，国内外试验和推广的 Y 形、W 形和双 Z 形通风方式虽然能较好地分源治理采煤工作面的瓦斯，但要求维护采空区巷道，这不仅增大了巷道的支护和维护强度，而且往往因巷道两帮封闭不严(这几类方式本身要求回风巷有部分漏风)造成采空区后方漏风较大，易在采空区后方形成较大的含氧带，增加了采空区残煤的氧化时间.易引起残煤自燃。因此，这几类通风方式在工作面顶板破碎、巷道难以维护的煤层，以及煤体自然发火期短的煤层中应用受到严重限制。

4. 通风方式的确定

结合中兴煤业保护层工作面的实际情况，下进风巷采掘期间作为上被保护层的卸压瓦斯抽采巷道，需要始终维护。同时由于保护层工作面平均层厚 1.0 m，施工一条专用排瓦斯尾巷，成本费用较高。保护层工作面作为保护层进行回采，需要风量较大。因此使用 Y 形通风方式可以较好地解决采煤工作面上隅角瓦斯超限问题，工作面上、下端均处于通风流中，可以改善作业环境，实行沿空留巷，可以提高采区采出率。

3.5　近距离上保护层开采卸压效果分析

3.5.1　保护层瓦斯抽采效果考察

3203 保护层工作面原始瓦斯含量为 5.3 m^3/t，原始瓦斯压力为 0.47 MPa，煤层坚固性系数 f 为 0.36，瓦斯放散初速度 ΔP 为 10 mmHg，吸附常数 a、b 值分别为 19.36 m^3/t、1.26 MPa^{-1}，孔隙率为 5.8%，水分为0.58%，灰分为 11.62%，挥发分为 14.72%。

3203 保护层工作面自 2019 年 7 月 1 日至 2019 年 10 月 1 日，累计推进 412 m，3203 保护层工作面在正常回采期间，工作面设计平均日产量为 933.6 t，实际平均日产量为 745.5 t，平均风量为 907.879 m^3/min，回风巷瓦斯平均浓度为 0.145%，平均风排瓦斯量为 1.23 m^3/min，平均瓦斯抽采总量为 3.532 m^3/min，绝对瓦斯涌出量为 4.883 m^3/min，平均瓦斯抽采率为 72.11%，大于 40%，符合工作面瓦斯抽采率的规定，具体情况见表 3-9。

表 3-9　正常回采期间 3203 保护层工作面瓦斯综合情况表

日期	平均日产量/t	平均风量/(m^3/min)	工作面平均瓦斯浓度/%	回风巷平均瓦斯浓度/%	平均风排瓦斯量/(m^3/min)	平均瓦斯抽采量/(m^3/min)	绝对瓦斯涌出量/(m^3/min)	平均瓦斯抽采率/%
7 月 1 日	760.7	873	0.09	0.10	0.87	3.01	3.88	77.58
7 月 11 日	894.2	873	0.10	0.12	1.05	2.93	3.98	73.62
7 月 21 日	720.7	868	0.14	0.16	1.39	3.59	3.98	65.08
7 月 31 日	814.1	963	0.12	0.18	1.73	3.13	4.86	64.40
8 月 10 日	854.2	908	0.16	0.17	1.54	3.05	4.59	66.45
8 月 20 日	760.7	923	0.14	0.18	1.34	3.80	5.14	73.79
8 月 30 日	960.9	892	0.15	0.15	1.34	4.21	5.55	75.85
9 月 9 日	960.9	908	0.14	0.16	1.41	4.46	5.87	75.99
9 月 19 日	720.6	946	0.14	0.15	1.42	4.14	5.56	74.46
9 月 29 日	373.3	946	0.12	0.15	1.42	4.00	5.42	73.80

此外，根据绝对瓦斯涌出量计算公式，3203 保护层工作面绝对瓦斯涌出量为 2.87 m^3/min，而工作面实际绝对瓦斯涌出量为 4.883 m^3/min，进而推断来源于 3203 工作面绝对瓦斯涌出量为 2.013 m^3/min。

1. 瓦斯浓度变化分析

根据表 3-9 作出 3203 保护层工作面在正常回采期间的瓦斯浓度变化曲线，如图 3-61 所示。由图 3-61 可知，在工作面开采初期，工作面与回风巷瓦斯浓度呈上升趋势，但随着时间延长，工作面与回风巷瓦斯浓度呈缓慢下降趋势。由此推断，在正常回采过程中，随着保护层工作面推进，下煤层瓦斯不断涌入保护层工作面，但随着抽采力度加大及风量增加，工作面及回风巷瓦斯浓度开始缓慢降低。

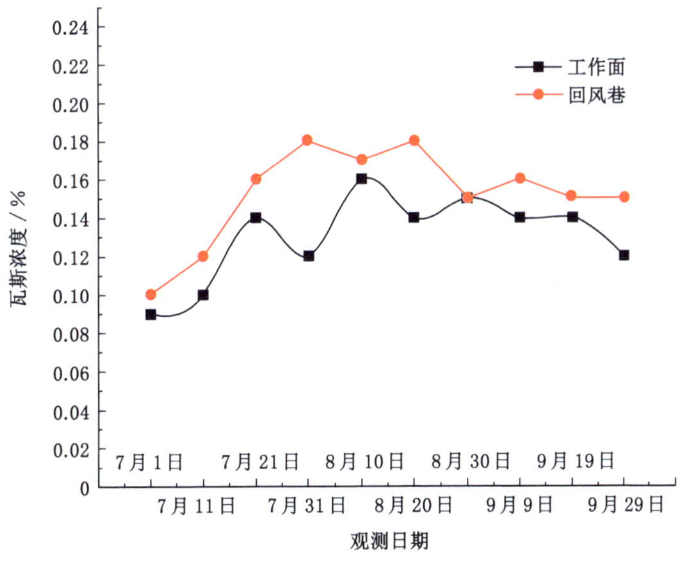

图 3-61　3203 保护层工作面正常回采期间瓦斯浓度变化曲线

2. 瓦斯抽采量分析

根据 3203 保护层工作面正常回采期间统计的各瓦斯抽采量制成表 3-10，同时作出 3203 保护层工作面在正常回采期间的各瓦斯抽采量变化曲线，如图 3-62 所示。

表 3-10 正常回采期间 3203 保护层工作面各瓦斯抽采量

日期	顺层钻孔瓦斯抽采量 /(m^3/min)	高位裂隙带钻孔瓦斯抽采量 /(m^3/min)	上隅角瓦斯抽采量 /(m^3/min)	瓦斯抽采总量 /(m^3/min)
7 月 1 日	0.69	1.27	1.05	3.01
7 月 11 日	0.63	1.21	1.09	2.93
7 月 21 日	0.77	1.76	1.06	3.59
7 月 31 日	0.55	1.77	0.81	3.13
8 月 10 日	0.85	1.12	1.08	3.05
8 月 20 日	0.96	1.86	0.98	3.80
8 月 30 日	1.25	1.93	1.03	4.21
9 月 9 日	1.29	1.98	1.19	4.46
9 月 19 日	1.29	1.79	1.06	4.14
9 月 29 日	1.28	1.73	0.99	4.00

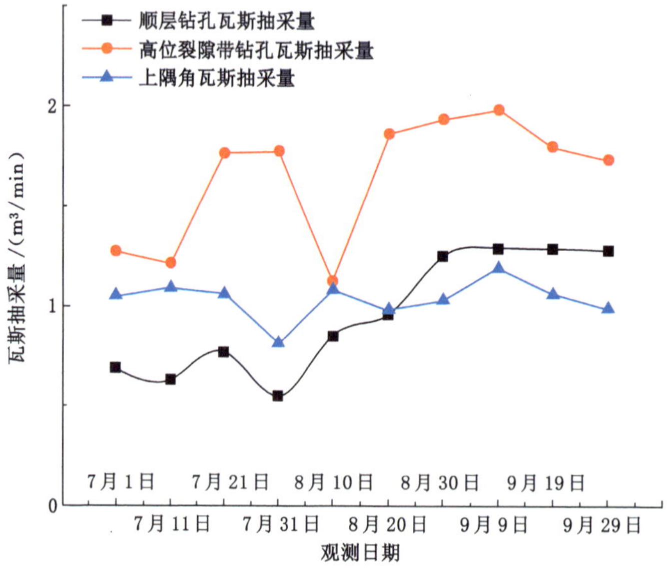

图 3-62 3203 保护层工作面正常回采期间瓦斯抽采量变化曲线

(1) 顺层钻孔抽采量分析

3203 保护层工作面顺层钻孔主要用于抽采本工作面开采过程中的本煤层瓦斯，抽采负压约 22 kPa。从正常回采过程中顺层钻孔抽采情况看，顺层钻孔瓦斯抽采量保持稳定状态，平均抽采量为 1.90 m^3/min，浓度在 23%左右，纯量在 0.437 m^3/min 左右，处于高浓度抽采期。由此可知，正常回采期间本煤层顺层钻孔瓦斯抽采技术对本煤层瓦斯抽采效果明显。

(2) 顶板高位裂隙带定向钻孔抽采量分析

顶板高位裂隙带定向钻孔主要用于抽采 3203 保护层工作面开采后下煤层卸压后涌入采空区及裂隙带的游离瓦斯。在抽采初期，抽采负压在 21 kPa 左右，但是高位钻场内瓦斯浓度却较低，瓦斯浓度约为 11%，处于预抽期。在工作面推进过程中，采空区第一次垮落后，瓦斯抽采浓度开始大幅度增加，在此期间，钻场内瓦斯浓度在 15%～17%之间。目前，高位钻场裂隙带钻孔处于稳定抽采期，但是相对高浓度抽采期瓦斯浓度有所降低，浓度稳定在 10.2%左右。

此外，顶板高位裂隙带钻孔孔深在 150～180 m 之间，分支钻孔孔深在 90～140 m 之间，钻孔有效抽采范围较大，根据图 3-62 中高位定向钻孔瓦斯抽采量与抽采时间及推进距离的关系可知，定向钻孔开始进入抽采稳定期，并随着工作面的回采，抽采效果逐渐出现衰减趋势。当工作面推进到钻场终孔附近时，由于裂隙发展，瓦斯大量涌出，钻孔抽采率呈稳步增加趋势。由此得出结论，顶板高位裂隙带定向钻孔瓦斯抽采浓度呈现低—高—低的规律，也说明了该瓦斯抽采技术抽采效果较好。

(3) 上隅角瓦斯抽采量分析

从上隅角瓦斯埋管抽采的观测站数据看，上隅角瓦斯浓度较低，浓度在 3.1%左右。这主要是因为保护层工作面为 U 形通风，下煤层瓦斯涌入保护层工作面采空区，但是由于上隅角瓦斯抽采埋管长度较短，负压较小，采空区瓦斯抽采不彻底，应进一步增加抽采管路，增加抽采负压，提高采空区瓦斯抽采率。但是，从目前采空区瓦斯抽采量看，上隅角瓦斯抽采对于采空区瓦斯抽采具有一定效果。

3.5.2　被保护层卸压瓦斯抽采效果考察

保护层工作面未开采期间，3203 工作面平均风量为 1 100 m^3/min，回风巷平均瓦斯浓度为 0.43%，平均风排瓦斯量为 4.75 m^3/min，平均瓦斯抽采总量为 6.55 m^3/min，绝对瓦斯涌出量为 11.30 m^3/min。具体情况见表 3-11。

表 3-11　正常回采期间 3203 工作面瓦斯综合情况表

日期	平均风量 /(m^3/min)	工作面平均瓦斯浓度/%	回风巷平均瓦斯浓度/%	平均风排瓦斯量 /(m^3/min)	平均瓦斯抽采量 /(m^3/min)	绝对瓦斯涌出量 /(m^3/min)	平均瓦斯抽采率 /%
7 月 1 日	1 371	0.12	0.50	6.86	7.84	14.70	53.33
7 月 11 日	1 004	0.10	0.42	4.22	6.01	10.23	65.21
7 月 21 日	1 098	0.10	0.42	4.61	6.46	11.07	58.36
7 月 31 日	1 024	0.10	0.40	4.10	6.23	10.33	60.30
8 月 10 日	1 032	0.16	0.50	5.16	7.17	12.33	53.79
8 月 20 日	1 083	0.16	0.46	4.98	6.71	11.69	57.42
8 月 30 日	1 113	0.18	0.42	4.67	6.09	10.76	56.62
9 月 9 日	1 032	0.16	0.36	3.72	5.89	9.61	61.30
9 月 19 日	1 118	0.18	0.44	4.92	6.88	11.80	58.34
9 月 29 日	1 126	0.10	0.38	4.28	6.21	10.49	67.86

根据 3203 保护层工作面正常回采期间统计的 3203 工作面各瓦斯抽采量制成表 3-12，同时作出 3203 工作面在保护层工作面正常回采期间的各瓦斯抽采量变化曲线，如图 3-63 所示。

表 3-12　正常回采期间 3203 工作面各瓦斯抽采量

日期	顺层钻孔瓦斯抽采量 /(m^3/min)	下邻近层钻孔瓦斯抽采量 /(m^3/min)	邻近层拦截钻孔瓦斯抽采量 /(m^3/min)	沿空留巷埋管瓦斯抽采量 /(m^3/min)	瓦斯抽采总量 /(m^3/min)
7 月 1 日	2.41	1.89	2.16	1.38	7.84
7 月 11 日	1.90	1.44	1.58	1.09	6.01
7 月 21 日	1.93	1.52	1.73	1.28	6.46
7 月 31 日	1.86	1.62	1.73	1.02	6.23
8 月 10 日	2.12	1.7	2.06	1.29	7.17
8 月 20 日	2.05	1.71	1.90	1.05	6.71
8 月 30 日	2.08	1.52	1.67	0.82	6.09
9 月 9 日	1.98	1.53	1.64	0.74	5.89
9 月 19 日	2.21	1.80	1.86	1.01	6.88
9 月 29 日	2.08	1.32	1.90	0.91	6.21

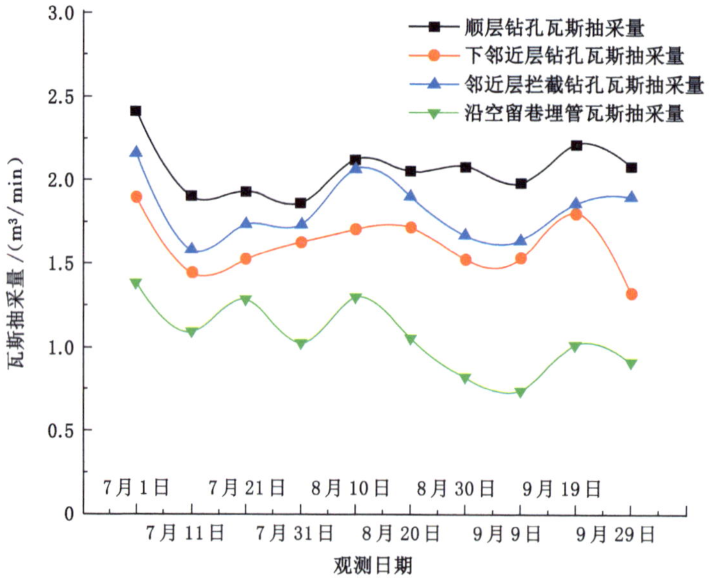

图 3-63　3203 工作面各瓦斯抽采量变化曲线

(1) 顺层钻孔瓦斯预抽采量分析

在保护层工作面未开采时,用顺层钻孔进行预抽采。在预抽采初期,负压为 15 kPa,瓦斯浓度及抽采纯量相对较低,浓度为 4.8%～5.6%,平均瓦斯抽采量为 2.06 m^3/min,平均抽采纯量为 0.103 m^3/min,瓦斯抽采纯量较小,抽采效果不佳。3203 保护层工作面开始回采一段时间后,底板煤岩层出现卸压,此时调整负压为 24 kPa,3203 本煤层顺层钻孔瓦斯抽采能力上升,浓度为 17%～22%。如图 3-63 所示,平均瓦斯抽采量为 2.2 m^3/min,平均抽采纯量为 0.484 m^3/min,且随着保护层继续开采,本煤层顺层钻孔瓦斯抽采量呈上升趋势。由此可见,保护层开采使 3203 工作面出现裂隙,工作面煤层出现更多游离态瓦斯,达到了明显的预抽效果。

(2) 下邻近层钻孔瓦斯抽采量分析

3203 工作面下邻近层钻孔用于抽采本工作面下伏煤层赋存瓦斯,保护层工作面开采初期,由于钻孔为向下孔且抽采范围较小,瓦斯抽采量并没有出现较大的变化,负压为 15 kPa 左右,瓦斯抽采量为 1.44 m^3/min,浓度为 3.6%～4.1%,抽采纯量为 0.06 m^3/min。随着保护层工作面继续开采,3203 工作面卸压区域逐渐增大,瓦斯抽采量呈现小幅度增长并逐渐稳定下降,在负压为 15 kPa 下,钻孔平均抽采量为 1.9 m^3/min,浓度稳定在 4.5%～5.6%,抽采纯量为 0.11 m^3/min,这说明保护层开采对下邻近层钻孔影响较小,起到一定卸压作用。

(3) 邻近层拦截钻孔瓦斯抽采量分析

3203 工作面邻近层拦截钻孔用于抽采 3203 工作面下伏煤层由于保护层开采卸压产生的瓦斯。由于钻孔布置在岩层中,因此保护层未开采及开采初期,瓦斯抽采量较小,负压为 22 kPa,瓦斯抽采量为 0.95 m^3/min,浓度为 1.2%～2.3%,钻孔内抽采纯量为 0.01 m^3/min,基本达不到预期效果。当 3203 保护层工作面开采距离增加,3203 工作面卸压范围增大时,邻近层拦截钻孔抽采效率大幅增加。如图 3-63 所示,抽采负压为 23 kPa,瓦斯抽采量为 1.98 m^3/min,并且瓦斯抽采量保持稳定状态,瓦斯浓度为6.5%左右,抽采纯量为 0.13 m^3/min。由此说明,保护层开采不仅能够使 3203 工作面下伏煤层瓦斯卸压释放,而且能使 3203 工作面瓦斯卸压释放。

(4) 沿空留巷埋管瓦斯抽采量分析

沿空留巷埋管设计用来抽采 3203 工作面开采后方采空区及垮落带瓦斯,避免 3203 工作面瓦斯浓度增大,瓦斯超限。在 3203 保护层工作面开采期间,3203 工作面处于停采状态,因此,在保护层开采初期，沿空留巷埋管抽采瓦斯抽采效率稍有增加，而当保护层开采后，沿空留巷瓦斯抽采量处于稳定状态，负压为20～25 kPa，浓度为1.2%～2.2%，瓦斯抽采纯量为0.02 m^3/min。

3.5.3　2# 煤层卸压效果考察

1. 走向与倾向保护范围考察

3203保护层工作面超前3203工作面距离大于30 m且工作面停采时间超过3个月，卸压比较充分，根据规定“对已经停采的保护层工作面，停采时间超过3个月且卸压比较充分的工作面的始采线、停采线和煤柱留设对被保护层沿走向的保护范围卸压角按56°～60°来划定”，因此，3203工作面走向保护范围卸压角理论上为56°～60°。

随着3203保护层工作面的推进，2# 煤层经历了应力集中、卸压和恢复阶段。根据相似材料数值模拟试验及现场测试，最终确定3203保护层开采的倾向卸压角为58°～60°，按照最小卸压角得出3203保护层工作面开采后倾向卸压的范围约为63 m，未卸压范围为127 m。

2. 煤层瓦斯含量评价

根据保护层工作面开采卸压及钻孔瓦斯抽采情况，中兴煤业在3203工作面运输巷150 m区域内布置6个区域措施效果检验钻孔，测定残余瓦斯含量，检验钻孔施工过程无异常，检验结果如表3-13所示。

表3-13　煤层残余瓦斯含量测定结果

位置	钻孔编号	所测煤层	方位角/(°)	倾角/(°)	取样深度/m	残余瓦斯含量/(m^3/t)
距停采线627 m处	1#	2# 煤层	0	−9	50	4.87
	2#		0	−8	150	5.21
距停采线700 m处	3#	2# 煤层	0	−8	50	4.81
	4#		0	−9	150	5.22
距停采线777 m处	5#	2# 煤层	0	−6	50	4.91
	6#		0	−8	150	5.37

根据3203工作面定点所测得2# 煤层残余瓦斯含量得出，2# 煤层3203工作面残余瓦斯含量为5.27 m^3/t，结合煤层可解吸瓦斯量公式及煤在标准大气压力下的残存瓦斯含量公式得出：

$$W_j = W_{CY} - W_{CC} \tag{3-11}$$

$$W_{CC} = \frac{0.1ab}{1+0.1b} \times \frac{100 - A_d - M_{ad}}{100} \times \frac{1}{1+0.31M_{ad}} + \frac{\pi}{\rho} \tag{3-12}$$

式中　W_j——煤的可解吸瓦斯量，m^3/t；

a，b——吸附常数；

A_d——煤的灰分，%；

M_{ad}——煤的水分，%；

π——煤的孔隙率；

ρ——煤的密度，t/m^3；

W_{CY}——煤层的残余瓦斯含量，m^3/t；

W_{CC}——煤在标准大气压力下的残存瓦斯含量，m^3/t。

将试验所测的数据代入式(3-11)、式(3-12)，经过计算得出 W_j=1.38 m^3/t，根据《煤矿瓦斯抽采达标暂行规定》中要求的采煤工作面回采前煤的可解吸瓦斯量指标(工作面日产量≤1 000 t，可解吸瓦斯量≤8 m^3/t)，2# 煤层最大残余瓦斯含量为5.37 m^3/t，小于8 m^3/t，煤的可解吸瓦斯量 W_j=1.38 m^3/t<8 m^3/t，符合规定。

3. 煤层瓦斯压力评价

在中兴煤业3203工作面运输巷测定残余瓦斯含量的同时，进行了残余瓦斯压力测定，检验钻孔施工过程无异常，检验结果见表3-14。

表3-14 煤层残余瓦斯压力测定结果

位置	孔号	所测煤层	方位角/(°)	倾角/(°)	残余瓦斯压力/MPa
距停采线627 m处	1号	2#煤层	0	−9	0.36
距停采线700 m处	3号	2#煤层	0	−8	0.44
距停采线777 m处	5号	2#煤层	0	−6	0.41

根据上述实测数据，2#煤层最大残余瓦斯压力为0.44 MPa，小于0.74 MPa，符合《防治煤与瓦斯突出细则》规定，且在检验钻孔施工过程中，钻孔无喷孔、顶钻及其他突出预兆，2#煤层3203工作面瓦斯治理达标。

4. 煤层透气性系数及孔隙率评价

3203保护层工作面开采一定时间后，3203工作面卸压后，煤层透气性系数及煤层孔隙率必然会发生改变，经过取样实验室测定，得出保护层开采后2#煤层透气性系数及孔隙率，见表3-15。

表3-15 2#煤层透气性系数及孔隙率测定结果

煤层	a/(m^3/t)	b/MPa^{-1}	钻孔瓦斯流量/(m^3/d)	孔隙率/%	煤层透气性系数/[m^2/(MPa^2·d)]
2#	14.6	2.28	5.3	4.05	1.08

02#煤保护层开采后，3203工作面煤层的孔隙率发生了明显改变，由3.5%增加到4.05%，煤层透气性系数也由0.043 7 m^2/(MPa^2·d)增加到1.08 m^2/(MPa^2·d)，煤层透气性系数增大24倍。由此说明被保护层卸压明显，保护层开采对瓦斯治理具有一定效果。

5. 煤层膨胀变形量评价

依据《防治煤与瓦斯突出细则》相关规定，以煤层膨胀变形量3‰为指标确定煤层卸压范围，煤层膨胀变形量测定结果如表3-16所示，煤层膨胀变形量变化曲线如图3-64所示。

表3-16 2#煤层膨胀变形量测定结果

距离/m	112	107	103	98	93	85	80.25	71.85	66.45	59.85
膨胀变形量/‰	0	0	0	0	0	0	0	0	−0.02	−0.05
距离/m	56.25	49.65	46.65	41.85	36.45	29.25	22.05	15.45	8.25	1.65
膨胀变形量/‰	−0.07	−0.09	−0.10	−0.12	−0.13	−0.13	−0.14	−0.15	−0.10	−0.06
距离/m	−5.55	−7.95	−12.75	−19.35	−23.55	−28.95	−34.95	−40.35	−45.15	−49.95
膨胀变形量/‰	−0.03	0.04	0.07	0.12	0.23	0.35	0.38	0.36	0.38	0.39
距离/m	−59.55	−70.95	−73.95	−78.75	−81.15	−82.35	−84.75	−89.55		
膨胀变形量/‰	0.40	0.39	0.40	0.40	0.41	0.42	0.43	0.42		

膨胀变形量正值表示煤体膨胀变形，负值表示压缩变形。初始膨胀变形量基本为零，随着保护层工作面的推进，采动应力逐渐前移，被保护层发生压缩变形，并在工作面前方应力集中位置压缩量达到最大值。随着工作面进一步推进，煤体开始卸压，特别是进入采空区后卸压程度更为明显，膨胀变形量继而转变为正值，说明该阶段煤体进入卸压状态发生膨胀变形。

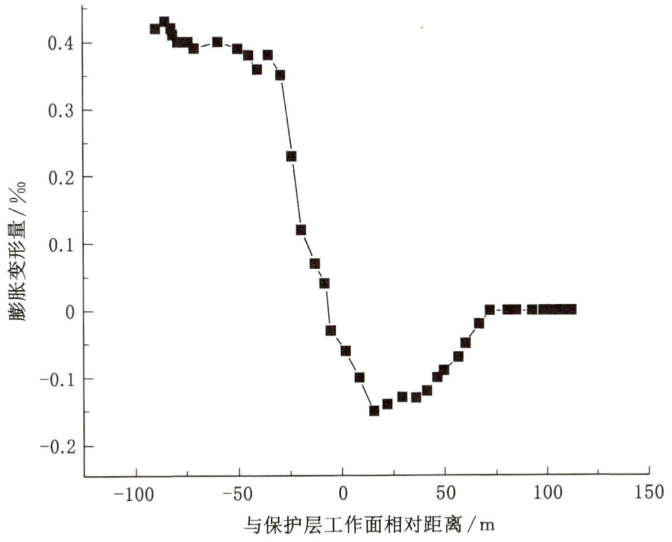

图 3-64　2# 煤层膨胀变形量变化曲线

6. 被保护层工作面采掘作业中消除突出危险性的效果检验考察

现场跟踪考察了北翼瓦斯治理巷、3203 工作面、1209 材料巷的突出预测参数，测定了每米钻屑量指标 S、每两米钻屑瓦斯解吸指标 K_1，同时考察了采掘过程中煤层地质构造及产状变化及采取“四位一体”防突措施过程中喷孔、夹钻、片帮、瓦斯异常、响煤炮等瓦斯动力现象。各指标分布统计见表 3-17、表 3-18。

表 3-17　2# 煤钻屑瓦斯解吸指标 K_1 分布统计表

K_1 值分布范围/[mL/(g・min$^{1/2}$)]	0～0.1	0.1～0.2	0.2～0.3	0.3～0.4	0.4～0.5	>0.5
占总次数的比例/%	2.6	80.7	16.7	0	0	0

表 3-18　2# 煤钻屑量指标 S 分布统计表

S 值分布范围/(kg/m)	0～2	2～3	3～4	4～5	5～6	>6
占总次数的比例/%	14.9	85.1	0	0	0	0

对跟踪收集到的钻屑瓦斯解吸指标 K_1 数据和钻屑量 S 数据进行分析整理可知：钻屑瓦斯解吸指标 K_1 和钻屑量指标 S 都比较低，没有出现超标现象；K_1 值最大为 0.27 mL/(g・min$^{1/2}$)，最小值为0.05 mL/(g・min$^{1/2}$)，一般为 0.1～0.2 mL/(g・min$^{1/2}$)(占 80.7%)，且预测过程中无瓦斯动力现象；S 值最大为 2.6 kg/m，最小为 1.7 kg/m，一般为 2～3 kg/m(占 85.1%)，且预测过程中无瓦斯动力现象。

3.5.4　4# 煤层卸压效果考察

1. 保护层瓦斯抽采效果考察

1207 保护层工作面自 2021 年 3 月 24 日至 2021 年 4 月 24 日累计推进 282 m，1207 保护层工作面在正常回采期间，工作面设计平均日产量为 933.6 t，实际日产量为 872.6 t，平均风量为 1 258.22 m^3/min，回风巷瓦斯平均浓度为 0.145%，平均风排瓦斯量为 7.29 m^3/min，平均瓦斯抽采总量为 13.50 m^3/min，绝对瓦斯涌出量为 20.79 m^3/min，平均瓦斯抽采率为 65.02%，大于 40%，符合工作面瓦斯抽采率的规定，具体情况见表 3-19。

表 3-19 正常回采期间 1207 保护层工作面瓦斯综合情况表

日期	平均日产量/t	平均风量/(m^3/min)	工作面平均瓦斯浓度/%	回风巷平均瓦斯浓度/%	平均风排瓦斯量/(m^3/min)	平均瓦斯抽采量/(m^3/min)	绝对瓦斯涌出量/(m^3/min)	平均瓦斯抽采率/%
3 月 24 日	872	1 240	0.30	0.50	6.20	13.81	20.01	69.02
3 月 29 日	880	1 275	0.34	0.70	8.93	14.18	23.11	61.36
4 月 4 日	876	1 275	0.32	0.66	8.42	12.60	21.02	59.94
4 月 9 日	876	1 275	0.28	0.68	8.67	11.52	20.19	57.06
4 月 14 日	870	1 240	0.26	0.56	6.94	14.02	20.96	66.89
4 月 19 日	873	1 240	0.22	0.50	6.20	14.22	20.42	69.64
4 月 24 日	860	1 240	0.20	0.46	5.70	14.12	19.82	71.24

(1) 瓦斯浓度变化分析

根据表 3-19 作出 1207 保护层工作面在正常回采期间的瓦斯浓度变化曲线,如图 3-65 所示。由图 3-65 可知,在工作面开采初期,工作面与回风巷瓦斯浓度呈上升趋势,但随着时间推移,工作面与回风巷瓦斯浓度均呈现缓慢下降趋势。由此推断,在正常回采过程中,随着保护层工作面开采,下煤层瓦斯不断涌入保护层工作面,但随着抽采力度加大及风量增加,工作面及回风巷瓦斯浓度开始缓慢降低。

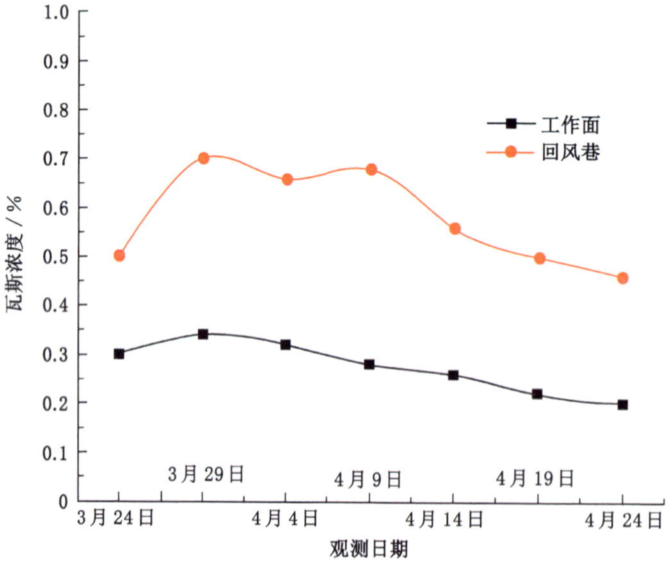

图 3-65 1207 保护层工作面正常回采期间瓦斯浓度变化曲线图

(2) 瓦斯抽采量分析

根据 1207 保护层工作面正常回采期间统计的各瓦斯抽采量制成表 3-20,同时作出 1207 保护层工作面在正常回采期间的各瓦斯抽采量变化曲线,如图 3-66 所示。

表 3-20 正常回采期间 1207 保护层工作面各瓦斯抽采量

日期	顺层钻孔瓦斯抽采量/(m^3/min)	高位裂隙带钻孔瓦斯抽采量/(m^3/min)	上隅角瓦斯抽采量/(m^3/min)	瓦斯抽采总量/(m^3/min)
3 月 24 日	2.21	6.68	4.92	13.81
3 月 29 日	2.24	7.76	4.18	14.18
4 月 4 日	1.45	7.38	3.77	12.60

表 3-20(续)

日期	顺层钻孔瓦斯抽采量/(m^3/min)	高位裂隙带钻孔瓦斯抽采量/(m^3/min)	上隅角瓦斯抽采量/(m^3/min)	瓦斯抽采总量/(m^3/min)
4 月 9 日	1.42	6.69	3.41	11.52
4 月 14 日	1.12	7.35	5.55	14.02
4 月 19 日	1.45	7.97	4.8	14.22
4 月 24 日	1.28	7.21	5.63	14.12

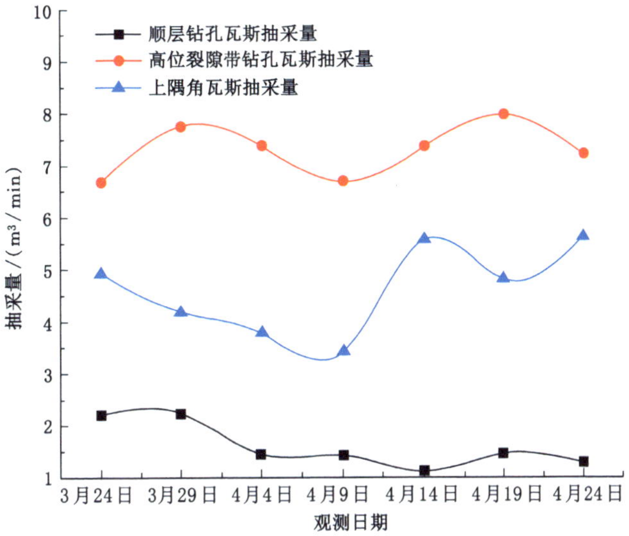

图 3-66　1207 保护层工作面正常回采期间瓦斯抽采曲线图

① 顺层钻孔瓦斯抽采量分析

1207 保护层工作面顺层钻孔主要用于抽采本工作面开采过程中本煤层瓦斯，负压在 24 kPa 左右。从正常回采过程中顺层钻孔抽采情况看，顺层钻孔瓦斯抽采量呈平稳下降趋势，平均抽采量为 1.6 m^3/min，浓度在 4%左右，纯量在 0.06 m^3/min 左右。由此可知，正常回采期间本煤层顺层钻孔瓦斯抽采技术对本煤层瓦斯抽采效果一般。

② 高位裂隙带钻孔瓦斯抽采量分析

顶板高位裂隙带定向钻孔主要用于抽采 1207 保护层工作面开采后下伏煤层卸压后涌入采空区及裂隙带的游离瓦斯。在抽采初期，抽采负压在 16 kPa 左右，但是高位钻场内瓦斯浓度却较低，瓦斯浓度约为 13%，处于预抽期。在工作面推进过程中，采空区第一次垮落后，瓦斯抽采浓度开始大幅度增加，在此期间，钻场内瓦斯浓度在 16%～19%之间。高位钻场裂隙带钻孔处于稳定抽采期，但是相对高浓度抽采期瓦斯浓度有所降低，浓度稳定在 13%左右。根据图 3-66 中高位定向钻孔瓦斯抽采量与抽采时间及推进距离的关系可知，抽采效果相对稳定，证明顶板高位裂隙带定向钻孔瓦斯抽采技术抽采效果较好。

③ 上隅角瓦斯抽采量分析

从上隅角瓦斯埋管抽采的观测站数据看，负压在 20 kPa 左右。从正常回采过程中上隅角瓦斯抽采情况看，上隅角瓦斯平均抽采量为 4.6 m^3/min，浓度在 7.9%左右，纯量在 0.36 m^3/min 左右，属于高浓度抽采期。由此可知，正常回采期间上隅角瓦斯抽采技术对本煤层瓦斯抽采效果明显。

(3) 1207 运输巷钻孔瓦斯抽采量分析

从运输巷钻孔抽采情况看，瓦斯抽采量基本保持稳定状态，钻孔抽采期间的抽采负压为 15～18 kPa，平均抽采瓦斯浓度为 12%，平均抽采量为 2.1 m^3/min，纯量在 0.252 m^3/min 左右。由此可知，运输巷钻孔抽采对本煤层瓦斯治理起到一定的作用。

(4) 1207 材料巷钻孔瓦斯抽采量分析

从材料巷钻孔抽采情况看，瓦斯抽采量基本保持稳定状态，钻孔抽采期间的抽采负压为 14～16 kPa，平均抽采瓦斯浓度为 16%，平均抽采量为 2.5 m^3/min，纯量在 0.4 m^3/min 左右，处于高浓度抽采期。由此可知，材料巷钻孔抽采对本煤层瓦斯治理效果明显。

2. 走向与倾向保护范围考察

由前述可知，1207 工作面走向保护范围卸压角理论上为 56°～60°，1207 工作面倾向保护范围卸压角理论上为 58°～60°，按照最小卸压角得出 1207 保护层工作面开采后倾向卸压的范围约为 68 m。

3. 煤层瓦斯含量评价

1207 工作面可采长度为 1 056 m，倾向长度为 187 m。此次评价测定范围为 1207 工作面，在 1207 材料巷以 270°的方位角每 50 m 施工一个检验孔，每个检验孔取 3 个 4# 煤测点进行残余瓦斯含量测定，各个测点测定结果如表 3-21 所示。

表 3-21　1207 工作面残余瓦斯含量测定结果

钻孔地点	钻孔位置	钻孔深度/m	瓦斯含量/(m^3/t)
材料巷	巷道 175 m 处	70	3.37
		120	3.05
		166	2.36
	巷道 225 m 处	55	3.84
		123	3.47
		155	3.87
	巷道 275 m 处	64	3.42
		102	3.82
		161	3.99
	巷道 325 m 处	48	3.40
		92	3.59
		136	3.64
	巷道 375 m 处	55	3.51
		104	3.88
		156	4.00
	巷道 425 m 处	32	3.37
		83	3.75
		130	2.67
	巷道 475 m 处	24	3.41
		72	3.11
		114	3.89
	巷道 525 m 处	58	4.31
		110	3.84
		153	4.12

由表 3-21 可知，实测 4# 煤层最大残余瓦斯含量 $W_{CY}=4.31\ m^3/t$。根据《煤矿瓦斯抽采达标暂行规定》中要求的采煤工作面回采前煤的可解吸瓦斯量指标(工作面日产量≤1 000 t，可解吸瓦斯量≤8 m^3/t)，4# 煤层最大残余瓦斯含量为 4.31 m^3/t，小于 8 m^3/t，$W_j=0.42\ m^3/t\leqslant 8\ m^3/t$，符合规定。

4. 煤层瓦斯压力评价

煤的残余相对瓦斯压力(表压)按式(3-13)计算：

$$W_{CY}=\frac{ab(P_{CY}+0.1)}{1+b(P_{CY}+0.1)}\times\frac{100-A_d-M_{ad}}{100}\times\frac{1}{1+0.31M_{ad}}+\frac{\pi(P_{CY}+0.1)}{\rho P_a} \tag{3-13}$$

式中　W_{CY}——残余瓦斯含量，m^3/t，取 4.31 m^3/t；

a,b——吸附常数；

P_{CY}——煤层残余相对瓦斯压力，MPa；

P_a——标准大气压力，0.101 325 MPa；

A_d——煤的灰分，%；

M_{ad}——煤的水分，%；

π——煤的孔隙率，%；

ρ——煤的密度，t/m^3。

4# 煤层吸附常数和孔隙率测定结果如表 3-22 所示。

表 3-22　吸附常数和孔隙率测定结果

吸附常数		煤质分析			孔隙率/%
$a/(m^3/t)$	b/MPa^{-1}	水分 M_{ad}/%	灰分 A_d/%	挥发分 A_{ad}/%	
23.812 5	1.030 6	0.67	5.9	14.72	6.49

煤的密度 $\rho=1.26\ t/m^3$，把表 3-22 中数据代入式(3-13)，可计算出 4# 煤层残余相对瓦斯压力 $P_{CY}=0.18\ MPa<0.74\ MPa$，煤层残余瓦斯压力符合要求。

5. 煤层膨胀变形量评价

依据防突相关规定，以煤层膨胀变形量 3‰为指标确定煤层卸压范围，煤层膨胀变形量变化曲线如图 3-67 所示，4# 煤层膨胀变形量测定结果如表 3-23 所示。初始膨胀变形量基本为零，随着保护层工作面的推进，采动应力逐渐前移，被保护层发生压缩变形，并在工作面前方应力集中位置压缩量达到最大值。随着工作面进一步推进，煤体开始卸压，特别是进入采空区后卸压程度更为明显，膨胀变形量继而转变为正值，说明该阶段煤体进入卸压状态发生膨胀变形。

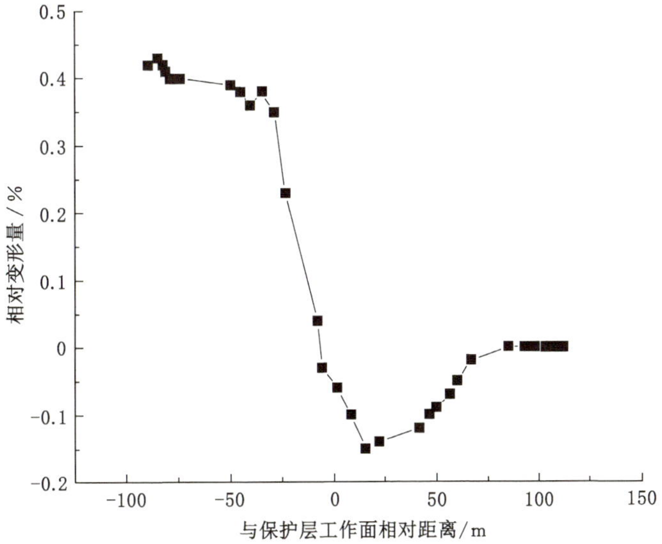

图 3-67　4# 煤膨胀变形量变化曲线

表 3-23　4# 煤层膨胀变形量测定结果

距离/m	112	107	103	98	93	85	80.25	71.85
膨胀变形量/‰	0	0	0	0	0	0	0	0
距离/m	66.45	59.85	56.25	49.65	46.65	41.85	36.45	29.25
膨胀变形量/‰	−0.02	−0.05	−0.07	−0.09	−0.10	−0.12	−0.13	−0.13
距离/m	22.05	15.45	8.25	1.65	−5.55	−7.95	−12.75	−19.35
膨胀变形量/‰	−0.14	−0.15	−0.10	−0.06	−0.03	0.04	0.07	0.12
距离/m	−23.55	−28.95	−34.95	−40.35	−45.15	−49.95	−59.55	−70.95
膨胀变形量/‰	0.23	0.35	0.38	0.36	0.38	0.39	0.40	0.39
距离/m	−73.95	−78.75	−81.15	−82.35	−84.75	−89.55		
膨胀变形量/‰	0.40	0.40	0.41	0.42	0.43	0.42		

6. 被保护层工作面采掘作业中消除突出危险性的效果检验考察

现场跟踪考察了 4# 煤层的材料巷、运输巷、南翼瓦斯治理巷的突出预测参数，测定了每米钻屑量指标 S、每两米钻屑瓦斯解吸指标 K_1，同时考察了采掘过程中煤层地质构造及产状变化及采取“四位一体”防突措施过程中喷孔、夹钻、片帮、瓦斯异常、响煤炮等瓦斯动力现象。各指标分布统计见表 3-24、表 3-25。

表 3-24　4# 煤钻屑瓦斯解吸指标 K_1 分布统计表

K_1 值分布范围/[mL/(g·min$^{1/2}$)]	0～0.1	0.1～0.2	0.2～0.3	0.3～0.4	0.4～0.5	>0.5
占总次数的比例/%	15	85	0	0	0	0

表 3-25　4# 煤钻屑量指标 S 分布统计表

S 值分布范围/(kg/m)	0～2	2～3	3～4	4～5	5～6	>6
占总次数的比例/%	28.5	71.5	0	0	0	0

对跟踪收集到的共 354 组钻屑瓦斯解吸指标 K_1 和钻屑量指标 S 数据进行分析整理可知：钻屑瓦斯解吸指标 K_1 和钻屑量指标 S 都比较低，没有出现超标现象；K_1 值最大为 0.18 mL/(g·min$^{1/2}$)，最小为 0.05 mL/(g·min$^{1/2}$)，一般为 0.1～0.2 mL/(g·min$^{1/2}$)(占 85%)，且预测过程中无瓦斯动力现象；S 值最大为 2.4 kg/m，最小为 1.7 kg/m，一般为 2～3 kg/m(占 71.5%)，且预测过程中无瓦斯动力现象。

3.6　保护层各工作效果情况总结

① 通过理论分析得出，02# 煤线作为上保护层的最大有效垂距为 29 m，而 02# 煤线与 2# 煤层间距为 10 m，因此 02# 煤线作为 2# 煤层的上保护层理论上可行。当 02# 煤线工作面采高为 1.5 m 时，2# 煤层发生突出危险的概率较小，通过开采 02# 煤线工作面对 2# 煤层进行保护可行。

② 开展了近距离保护层开采的相似材料模拟试验，上保护层开采后，其煤层底板岩层经过了压缩—膨胀—再压缩的过程，下伏煤岩体存在变形，但岩层变形程度随着深度的增加而逐渐减小。随着工作面开采，压缩—膨胀—压缩稳定的过程呈动态前进，卸压区域逐渐增大。根据最终开采形态确定卸压区域长度占工作面整体长度的 82.8%～83.7%，倾向卸压角为 58°～60°。现场卸压角探测结果显示，在保护层开采过后，受采动扰动影响，其底板周围的岩石和煤层向采空区移动、变形并产生大量裂隙，保护层沿倾斜方向的卸压角约为 61°。

③ 根据双大面保护单大面相似材料试验可知，应力规律与位移规律均符合单小面开采时变化规

律，同时确定 02# 煤线两个 110 m 保护层工作面采高 1.5 m 开采能够满足 2# 煤层被保护层开采要求。

④ 确定了保护层工作面卸压瓦斯抽采方案：本煤层钻孔抽采、顶板高位裂隙带定向钻孔抽采、上隅角迈步式埋管抽采；被保护层工作面卸压瓦斯抽采方案：本煤层钻孔抽采、下邻近层钻孔抽采、邻近层拦截钻孔抽采、沿空留巷埋管抽采。同时，确定了 3203 保护层工作面采用 U 形通风，3203 工作面采用 Y 形通风。

⑤ 通过数值模拟分析了工作面各种通风方式的优缺点和治理瓦斯的机理，确定了双大面保护层工作面的通风方式为 Y 形通风方式。

⑥ 中兴煤业保护层开采后，瓦斯抽采率提高了 10%，孔隙率增大到 4.05%，透气性系数增大到 1.08 $m^2/(MPa^2 \cdot d)$，透气性系数增大 24 倍；3203 工作面煤层膨胀变形量最大为 0.42‰，超过0.3‰，符合防突相关规定；保护范围卸压角在 56°～60°之间，说明保护层开采后被保护层卸压效果明显。工作面经过保护层开采及瓦斯抽采后，残余瓦斯压力最大为 0.4 MPa，残余瓦斯含量最大为 5.27 m^3/t，可解吸瓦斯量为 1.38 m^3/min，符合规定要求。钻屑瓦斯解吸指标 K_1 和钻屑量指标 S 都没有出现超标现象，被保护层工作面采掘作业中消除突出危险性的效果显著。

第4章 矿井火灾防治技术与示范

4.1 内因火灾产生机理

煤炭在一定的外部(适量的通风供氧)条件下,自身发生物理化学变化,产生并积聚热量,温度升高,达到自燃点而形成的火灾称之为内因火灾[21]。内因火灾在整个矿井火灾事故中,所占比例达到90%左右。内因火灾主要发生在采空区、遗留的煤柱、煤巷的高冒区以及浮煤堆积的地点。

煤自燃是自然界存在的一种客观现象。早在200万年前,大同侏罗系煤层就已经开始自燃,仅在雁崖3号和11号煤层古火区就已烧毁大约20 Mt煤,燃烧特征十分明显。据统计,仅我国北方7省露头着火面积就达72 km^2,累计烧毁煤量4.2×10^9 t以上,现仍然以每年3 000多万吨的燃烧速度发展。煤层火灾危及人员生命,烧毁设备及有用资源,严重危害矿井安全与正常生产,早已成为煤炭行业广为关注并力图治理的主要灾害之一。

4.1.1 煤自然发火的机理

早在17世纪,人们就开始研究探索煤自燃问题,根据研究探索的结果,到目前为止,提出了多种煤炭自燃学说,其中主要有黄铁矿导因学说、细菌导因学说、酚基导因学说以及煤氧复合作用学说等[22-25]。煤氧复合作用学说得到大多数学者的赞同,进入20世纪90年代,国内外学者又相继提出了一些更具体的学说。

1. 自由基作用学说

该学说认为,煤作为一种有机岩石,是一种以碳、氢为主要成分的有机大分子物质,必然与橡胶、塑料具有相似的自氧化机理。在外力(如地应力、采煤机的切割等)作用下煤体破碎,产生大量裂隙,必然造成煤分子链的断裂。分子链断裂本质就是链中共价键的断裂,从而产生大量自由基。自由基可存在于煤粒表面,也可存在于煤体内部新生裂纹表面,为煤自然氧化创造了条件。当有氧气存在时,发生氧化反应生成过氧化物,自由基同时放出热量使得煤温缓慢上升,并使过氧化物自由基进一步反应放出大量一氧化碳、二氧化碳等气体,生成新的自由基继续与氧反应产生更多的热使煤温进一步升高。如此反复,在合适的蓄热条件下煤温大幅度升高,从而导致燃烧。运用自由基反应机理,李增华对部分煤自燃现象作出了一些合理的解释,如采煤机割煤时工作面一氧化碳浓度增加以及压裂的煤柱易自然发火等。

2. 电化学作用学说

该学说认为煤中含有铁的变价离子,组成氧化还原系Fe^{2+}/Fe^{3+},氧化还原系Fe^{2+}/Fe^{3+}在煤的氧化反应中起催化作用,在煤中引起电化学反应,产生具有化学活性的链根,从而极大地加快煤的自动氧化过程,引发自燃。

3. 氢原子作用学说

该学说认为煤在低温氧化过程中,由于煤中氢原子在煤中各大分子基团间的运动,增强了煤中各基团的氧化活性,从而促进煤的自燃。

4. 基团作用理论

该学说模拟了煤中孔隙的树状结构,提出所有有效孔所构成的树状结构能够到达煤粒表面,使煤中各基团与氧气能充分作用,从而导致煤的自燃。

煤氧复合作用学说存在的问题有：煤氧复合最初的导因是什么，煤氧复合作用过程如何，各种临界参数如何测定，低温阶段热效应如何测定，如何确定煤最短自然发火期，氧如何在煤中运输，其动力何在，过程如何。

4.1.2　煤自燃的过程

煤炭的自燃过程按其温度和物理化学变化过程，分为潜伏期（或称准备期）、自热期、自燃期和熄灭期 4 个阶段[23]。潜伏期与自热期为煤的自然发火期。煤的自然发火期是指从煤层（火源处的）被开采破碎、接触空气起，至出现发火和冒烟等自燃现象或温度上升到自燃点为止所经历的时间，以月或天为单位。煤层的自然发火期取决于煤的内部结构和物理化学性质、被开采后的堆积状态参数、裂隙或孔隙率、通风供氧、蓄热和散热等外部环境。

1. 潜伏期（准备期）

自煤层被开采、接触空气时起至煤温开始升高时止的时间区间称为潜伏期。在潜伏期，煤与氧的作用以物理吸附为主，放热很少，无宏观效应，经过潜伏期后煤的燃点降低，表面的颜色变暗。潜伏期长短取决于煤的分子结构、物化性质，煤的破碎和堆积状态、散热和通风供氧条件等对潜伏期的长短也有一定影响，改善这些条件可以延长潜伏期。

2. 自热期

自温度开始升高起至温度达到燃点的过程叫自热期。自热过程是煤氧化反应自动加速、氧化生成热量逐渐积累、温度自动升高的过程。其特点如下：① 氧化放热较多，煤温及其环境（风、水、煤壁）温度升高；② 产生 CO、CO_2 和碳氢（C_mH_n）类气体产物，并散发出煤油味和其他芳香气味；③ 有水蒸气产生，火源附近出现雾气，遇冷会在巷道壁面凝结成水珠，即出现所谓“挂汗”现象；④ 微观结构发生变化。

3. 燃烧期

煤温达到其燃点后，若能得到充分的供氧（风），则发生燃烧，出现明火。这时会产生大量的高温烟雾，其中含有 CO、CO_2，以及碳氢类化合物。若煤温达到燃点，但供风不足，则只有烟雾而无明火，此即干馏或阴燃。煤炭干馏或阴燃与明火燃烧稍有不同，其产生的 CO 多于 CO_2，温度也较明火燃烧要低。

4. 熄灭期

若及时发现，且采取有效的灭火措施，煤温降至燃点以下，燃烧熄灭。

4.1.3　影响煤自燃的因素

煤由常温到发生自燃需要同时具备三个条件，即煤本身具有自燃倾向性，有连续不断的供氧条件和热量易于积聚的客观环境。煤的自燃倾向性是煤自然发火的内部条件，连续不断的供氧和热量易于积聚的客观环境是煤自燃的外部条件。各种煤都有其自燃倾向性，有的虽然没有发火，只是外部条件还没有达到促使其发展成火灾而已。因此，煤矿井下任何采煤地点都有可能发生内因火灾。煤的煤化程度，硫、磷含量，内在水分，煤质结构（层理、节理发育程度及疏松程度），着火温度等均属于煤自燃倾向性的内因。苏联将煤的着火温度、吸附氧的能力、氧化时有害气体产出量、可风化性和易碎性作为衡量煤自燃倾向性的主要指标。在生产实践中，即使在同一矿井、开采同一煤层，煤本身自燃倾向性基本相同的条件下，由于开采地点采用的采煤方法和通风状况不同，自然发火的危险性也不一样。如果采用的采煤方法丢煤量少，对已采过的旧巷或采空区能及时而又严密加以密闭，自然发火的危险性就小；而如果再能实行合理可靠的通风，保持风流稳定，把漏向采空区的风量减少到最低限度，煤自然发火的危险性还可进一步降低。这也说明，煤自然发火除了与自燃倾向性有关外，还同外部条件有关。我们研究煤矿内因火灾，除了要研究煤的自燃倾向性之外，还必须研究促使煤自燃的外部条件，这样才能有针对性地实施防灭火工作。

影响煤自然发火的因素，可以归纳为以下几点：

1. 煤变质程度

自然界中植物遗体在温度、压力的综合作用下，历经漫长的地质过程，首先生成褐煤，进而向烟煤、无烟煤过渡递变，这一过程被称为煤的变质作用或称煤的炭化作用。煤的变质序列是：褐煤变为低变质烟煤(长焰煤、气煤),再进一步变成中变质烟煤(肥煤、焦煤)、高变质烟煤(瘦煤、贫煤),甚至变为无烟煤、石墨。煤变质程度决定了煤挥发分的多少。试验表明:挥发分越高则越容易自然发火。腐泥煤的挥发分达 60%~70%,有时高达 90%;腐植煤的挥发分随变质程度而变化,如褐煤为 45%~55%,烟煤为 10%~50%,无烟煤为 10%以下。实践表明,在相同采煤方法和通风制度下,挥发分不同的煤自然发火概率有较大差别。表 4-1 所示为某矿区 1961—1964 年不同挥发分煤的自然发火次数。

表 4-1　某矿区 1961—1964 年不同挥发分煤的自然发火次数

挥发分 V_{daf}/%	<30	30~35	36~40	41~45	46~50	51~55	不明	合计
自然发火次数/次	6	27	43	51	15	0	16	158
比例/%	3.8	17.1	27.2	32.3	9.5	0	10.1	100

从表 4-1 中可以看出,煤的自燃倾向随煤变质程度增高而减小,变质程度越高,自燃倾向越小。褐煤因其变质程度低,自燃倾向性比烟煤大得多。在烟煤中以变质程度最低的长焰煤自燃倾向性最大。无烟煤的自燃倾向性最小。

2. 煤的风化作用

煤的风化作用主要包括物理风化和化学风化两种。物理风化是指温度变化和水的机械作用对煤的破坏作用;化学风化是指空气及水中的氧对煤的氧化作用,或称煤的缓慢氧化过程。

煤遭到风化以后,其结构发生变化,煤质变得疏松,颜色变浅,光泽暗淡,硬度和机械强度降低。风化作用引起的煤化学性质变化,恰恰与煤的变质作用所引起的变化趋势相反,煤中的水分、灰分、挥发分和氧含量都在逐渐增加,烟煤中再度产生“次生腐殖酸”,煤的碳含量、氢含量、发热量、黏结性及焦油产率等都随之逐渐减少。所以,随着风化作用加深,煤将逐渐丧失炼焦、干馏等价值。从理论上讲,已风化的煤就失去了自燃倾向性。埋藏浅的煤层,由于距地表较近容易遭受严重风化,其自燃倾向性就小;相反,埋藏较深的煤层,煤的风化程度较低或根本没有风化,自燃倾向性则大。

3. 煤的孔隙率和粉碎程度

煤的孔隙率和粉碎程度对自然发火倾向性有直接影响。煤的孔隙率越大,煤质也就越疏松、易碎,粉碎的粒度越小,其表面积越大,煤的氧化表面积也越大,氧化速度加快。所以,煤的孔隙率和粉碎程度越大,煤就越易自燃。实践证明,采空区和平巷带式输送机尾部自然发火的概率约占 60%以上,特别是平巷带式输送机转载点处,不仅有带式输送机清扫装置清扫的煤粉,而且又有输送机头尾洒漏的润滑油脂混合在内,进一步加快了煤的氧化速度。在生产过程中及时清除这些地点的煤粉对预防煤的自然发火十分重要。

4. 地质因素

地质因素有煤的节理、裂隙、断层、褶曲破碎带、岩浆侵入带以及煤层厚度与倾角等。地质构造破坏地区煤变得松软易碎,形成大量裂隙,加之断层带处的水力联系,使煤体变得潮湿,从而加剧了煤的氧化作用。岩浆侵入地带,煤被局部干馏,煤的自燃倾向性增强。厚煤层、特厚煤层与倾角大的煤层自然发火危险性大。因为开采厚煤层、特厚煤层和倾角大的煤层时,丢煤较多,特别是采用不合理的采煤方法之后,更容易形成大量丢煤;受采动应力影响,留置在采空区的煤柱受到严重破坏,形成大量的碎煤和裂隙,同时,厚煤层、特厚煤层和大倾角煤层的采空区封闭又十分困难,这些都是增加煤炭自燃危险性的因素。统计资料表明,厚煤层和特厚煤层采空区内自然火灾次数占采空区发火总数的 84%。

5. 煤的含水率

煤中的水分能使煤体松散,形成细微裂隙,加速氧化。所以,被水浸过、潮湿的煤更易自燃。试验证明,煤的含水率在 1%~4%之间时,有助于煤自燃,超过 4%又将抑制煤的氧化作用,不利于煤的自燃。在生产过程中对煤体实施注水,使煤体含水量保持在 4%以上,可有效抑制煤的氧化、防止自然发火。

6. 煤的组分

煤的组成十分复杂,主要由有机质和无机矿物质组成,此外还有含量不同的水分。煤中的有机物质由原始植物演变而来，主要由碳、氢、氧三种元素组成，此外还有少量的氮、硫和微量的磷、砷、氯等元素。由于碳、氢、氧、氮、硫等主要元素在煤中的比例不同，煤的组成结构不同。煤中的无机组分主要有水分和矿物质两种。

煤中可燃烧物质主要是挥发分、固定碳和部分硫，这些也是煤燃烧过程中发热量的主要来源。挥发分的多少取决于成煤原始物质及其转变环境和变质程度的深浅。挥发分含量越高，其自然倾向性越强。煤中固定碳含量高，灰分含量低，则容易自然发火；反之，固定碳含量较低的煤，其内在灰分含量则较高，在某种程度上会抑制煤的自燃。煤中的硫分为有机硫、硫化铁硫和硫酸盐硫，这3种硫的总和称全硫，有机硫和硫化铁硫可燃烧挥发，这2种硫含量越高煤就越容易自燃。

7. 煤岩组分

煤是一种可供燃烧的有机岩，它和岩石组分一样，也由各种成分组成。宏观煤岩组成包括丝炭、镜煤、暗煤和亮煤4种。

丝炭具有纤维状结构和丝绢光泽，色暗黑、脆度大、易碎，在煤层中呈透镜体沿层理面分布。丝炭灰分很低，没有黏结性，含碳量高，含氢量低，表面吸附能力强，在低温下，吸氧量大，吸附速度快。所以，丝炭自燃倾向性极强，起点火物的作用。

镜煤的光泽明亮如镜，呈乌黑色，结构均质致密，性较脆，具有贝壳状断口和眼球状断口。在煤层中常呈大小不一的透镜体条带分布，垂直条带方向内生裂隙发育。镜煤的灰分一般较低，挥发分较高，在一定的变质阶段具有较强的黏结性，自燃倾向性强。

暗煤光泽暗淡，具有粒状结构，较坚硬。在煤层中多呈较厚的条带或分层存在，有时单独组成煤层。暗煤结构不像丝炭、镜煤结构那样简单均一，而是由多种成分组成，灰分较高，这和其成煤条件有关。暗煤形成于活水有氧的条件，大部分有机体被厌氧细菌分解掉了，只有抵抗分解能力较强的稳定成分保存下来。暗煤内在灰分较高，有抑制自燃的作用，自燃倾向性较差。

亮煤光泽明亮，煤岩特征与镜煤相似，但其灰分高于镜煤，裂隙较少，在煤层中呈带状或薄分层存在。在显微镜下观察基本和暗煤一样，属于复杂煤岩组分。

根据所含的4种煤岩成分的不同，可将煤划分为4种类型：光亮型煤、半亮型煤、半暗型煤和暗淡型煤。光亮型煤主要由镜煤和亮煤组成，内生裂隙发育，脆度较大，易碎成煤粒，吸附氧的能力强，属于自燃倾向性强的煤层。半亮型煤主要由镜煤、亮煤和暗煤组成，有时含有丝炭夹层。在煤层中，通常镜煤与亮煤组成亮的条带，暗煤与丝炭组成暗的条带。半光亮型煤灰分稍高于光亮型煤，自燃倾向性低于光亮型煤。半暗型煤主要由暗煤和亮煤组成，也有镜煤和丝炭的透镜体以及薄夹层存在。半暗型煤内生裂隙不发育，比较坚硬，灰分亦大，自燃倾向性差。暗淡型煤主要由暗煤组成，少数也有含矿物杂质较多的亮煤。暗淡型煤内生裂隙不发育，灰分高，硬度和韧性都大，属于自燃倾向性较差的煤层。

8. 煤层中瓦斯

煤层中的瓦斯通常以游离状态和吸附状态存在于煤体孔隙、裂隙、缝隙中和表面上，吸附瓦斯在采煤过程中卸压或煤体温度升高后，便产生解吸现象，吸附瓦斯转变为游离瓦斯而具有流动性。所以，采动之前以高压状态存在于煤体中的瓦斯对煤与空气的接触起抑制作用，可以阻止煤的氧化。

当煤层中的瓦斯以自身压力从煤体涌出或被抽采出后，煤体中瓦斯压力下降，瓦斯含量随之降低，并且出现煤体脱水现象，导致煤体内水分减少，这样就增加了煤体与空气接触的概率，形成较充分的氧化条件，加速了煤的自燃。

9. 开采因素

开采因素主要指采煤技术因素和管理因素。开采技术因素主要有开拓方式、采煤方法以及准备和回采顺序等。自燃倾向性极强的特厚煤层，开拓方式的选择对抑制自然发火极为重要。开采倾斜或急倾斜的特厚煤层时，可以采取阶段式的开拓方式。近年来放顶煤采煤方法在开采特厚煤层中的广泛应用，使煤层自然发火势态日趋恶化。在开拓方式、开采方法和准备开采顺序上遵循“由上而下、从里向外、先前而后、及时封闭”的原则，可使自然发火问题得到解决。缓倾斜和水平煤层可以选择盘区式的开拓方式，但对单一煤层的盘区集中运输巷道的布置位置却有不同意见：把盘区集中运输巷布置在煤层底板岩层中，既能减少煤层中半永久性巷道数量，节省巷道维护费用，又可减少自然发火概率，但是，在岩层中开掘巷道费用大、成本高，不经济；在煤层中开掘盘区集中运输巷道，科学合理地确定巷道保护煤柱尺寸，减少矿压对煤柱的采动影响，使煤柱不被压碎，采后及时封闭，对抑制煤的自然发火也是有效的。

采煤方法与煤的自然发火有密切关系。选用仓房、房柱、短壁、刀柱等采收率低的采煤方法，自然发火概率较高。这几种采煤方法除了丢煤多，采收率低外，采后顶板局部冒落或根本不冒落，冒落的顶板岩石无法将采空区填满充实，都不利于防止煤的自燃，特别是埋深浅的和近距离煤层群选用这些采煤方法时，由于采动影响地面容易出现裂缝或层间裂缝互相沟通，可形成漏风通道，丢弃在采空区的浮煤能获得充分氧化条件，因而会加速自燃。

管理因素主要是指生产过程的管理和采空区的管理。生产过程要尽量减少浮煤的丢失，及时清扫输送机头尾浮煤和溜煤井周围的浮煤。工作面回采结束后采空区要立即构筑永久密闭加以封闭，断绝采空区供风通道。

10. 通风管理因素

通风管理是影响煤自然发火的重要因素，包括风网结构，采区风量分配，风压的合理确定，采空区的封闭，通风控制设施位置的选定和通风设施工程质量，等等。因此，矿井通风管理技术必须认真研究风火关系，选择合理的风网结构和科学的管理方法。

4.2 内因火灾的预测与预防

4.2.1 煤的自然发火预测技术

1. 煤的自燃倾向性测试

煤的自燃倾向性是煤在常温下氧化能力的内在属性，所有煤炭都具有自燃倾向性，只是不同的煤种氧化能力有所不同，自然发火危险程度不同。煤的自燃倾向性是评价煤矿煤层自然发火危险程度的一个重要指标。

由于煤的组成成分及结构比较复杂，因此国内外对煤的自燃倾向性鉴定方法没有统一标准。目前我国普遍采用《煤自燃倾向性色谱吸氧鉴定法》(GB/T 20104—2006)对煤的自燃倾向性进行鉴定分析。该标准依据煤氧复合理论，采用1 g干煤在常温(30 ℃)、常压(101 325 Pa)下的物理吸附氧量作为分类的主要指标，并综合考虑干燥无灰基挥发分及含硫量来对煤自燃倾向性进行分类，分类指标见表4-2和表4-3。

表4-2　煤样干燥无灰基挥发分 $V_{daf}>18\%$ 时自燃倾向性分类

自燃倾向性等级	自燃倾向性	煤的吸氧量 $V_d/(cm^3/g)$
Ⅰ类	容易自燃	$V_d>0.70$
Ⅱ类	自燃	$0.40<V_d\leqslant0.70$
Ⅲ类	不易自燃	$V_d\leqslant0.40$

表4-3　煤样干燥无灰基挥发分 $V_{daf}\leqslant18\%$ 时自燃倾向性分类

自燃倾向性等级	自燃倾向性	煤的吸氧量 $V_d/(cm^3/g)$	全硫 $S_Q/\%$
Ⅰ类	容易自燃	$V_d\geqslant1.00$	$\geqslant2.00$
Ⅱ类	自燃	$V_d<1.00$	
Ⅲ类	不易自燃		<2.00

此外，也可以采用行业标准《煤自燃倾向性的氧化动力学测定方法》(AQ/T 1068—2008)对煤的自燃倾向性进行鉴定分类。该方法通过测试煤在低温氧化阶段和快速升温阶段临界点的氧化动力学参数

来评价煤的自燃倾向性，其分类见表4-4。

表4-4 煤的自燃倾向性分类指标

自燃倾向性分类	判定指数 I
容易自燃	$I<600$
自燃	$600\leqslant I\leqslant 1\ 200$
不易自燃	$I>1\ 200$

煤作为一种由多种高分子化合物和矿物质组成的复杂非均质混合体，其化学结构非常复杂，物理化学性质和煤岩成分差异很大。煤的自燃倾向性是煤的一种自然属性，它表示煤与氧相互作用的能力。影响煤的自燃倾向性的因素很多，其中影响比较大、人们认识又比较清楚的有煤变质程度、煤岩组分、水分、含硫量、孔隙率与脆性等，多样的影响因素导致了不同煤层自燃倾向性存在差异，不能只选一个或部分有代表性的煤层进行鉴定。

煤层自然倾向性根据生产实践，用统计的方法确定，在煤层开采过程中出现下列情况之一的，便可定为自然发火煤层：

① 煤自燃引起明火；

② 煤自燃产生烟雾；

③ 煤自燃产生煤油味；

④ 在采空区或巷道风流中测得的CO浓度超过矿井实际统计的自然发火临界值，或其他自然发火预测指标超过自然发火临界值。

2. 煤层自然发火期预测

自然发火是煤的属性之一，并且具有时效性。不同煤层的自燃危险程度可以用自然发火期来衡量。煤的自然发火期指煤层自被开采暴露于空气中(或与空气接触)到发火所经历的时间，是煤层自燃危险在时间上的量度。自然发火期越短的煤层，其自燃危险性越大。通常所说的自然发火期是指最短自然发火期，即在最有利于煤自燃发展的条件下，煤炭自燃需要的时间。煤的自然发火期除了受煤本身物理化学组成等内在因素的影响外，还与煤的破碎程度、通风供氧、蓄热环境、防火措施等外在开拓开采条件有关。因此，不同区域(不同矿井、采区甚至采煤工作面)的煤层自燃情况存在较大的差异，煤层的自然发火期往往也有很大的差别。

自然发火期是煤自然发火的主要特征参数，也是指导煤矿现场防灭火工作的重要依据，目前常用统计法、类比法和试验测定法确定。统计法是在矿井生产建设期间，对煤层的自燃情况进行统计和记录，逐一比较同一煤层发生的自燃情况，以发火时间最短者作为该煤层的自然发火期。类比法根据煤自燃倾向性鉴定资料，并参考煤层地质条件、赋存条件和开采方法与之相似的采区或矿井，进行类比，估算得出。试验测定法即通过试验的手段来近似模拟井下煤体的自然发火过程，通过测试获取煤自然发火过程中的不同特征参数信息来计算分析煤层的自然发火期。

煤的自然发火期不能仅靠试验确定，实验室条件不可能真实模拟矿井煤层自燃的外部影响因素，如地质构造、推进度、漏风强度等。它所能反映的仅仅是特定试验条件下(如气体流速、煤起始温度、散热条件等)煤的升温时间，并不能代表矿井中煤的实际自然发火期，实验室所测定出的发火期可称为煤的最短理论发火期。

在现场实际中，煤层最短自然发火期一般按如下规定统计：

① 煤层巷道从揭露煤层之日起，至该巷道发生自然发火之日止，为该巷道的煤层自然发火期。

② 采煤工作面从工作面开切眼之日起，至发生自然发火之日止，为该工作面的煤层自然发火期。

当现场煤层出现自然发火时，其自然发火期如果小于试验确定的结果或以往统计、类比结果，应以现场实际发火期为准。

3. 采空区自然发火“三带”测定

采煤工作面采空区自然发火是工作面防火的重点和难点，采煤工作面切顶线向采空区方向形成的散热带、氧化带和窒息带称为采空区自然发火“三带”，其合理划分和确定是采煤工作面采空区防火的重要依据。采空区自然发火“三带”示意如图 4-1 所示。

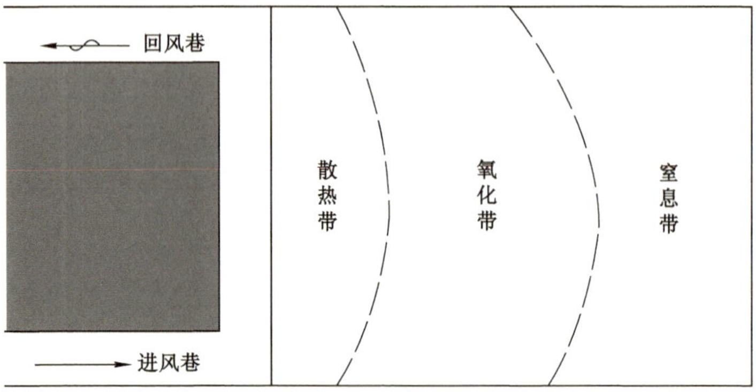

图 4-1　采空区自然发火“三带”示意

从工作面切顶线以里向采空区方向，依次为散热带、氧化带和窒息带。散热带紧靠工作面，虽有遗煤，但由于顶板冒落的岩块松散堆积，漏风强度大，氧化生成的热量被及时带走，因此不能构成热量积聚条件，一般不会发生自燃。氧化带由于冒落岩块逐渐被压实，漏风强度减弱，遗煤氧化蓄热易引发自燃。窒息带内冒落岩块基本压实，漏风基本消失，氧浓度进一步下降至临界氧浓度以下，不再具备维持煤继续氧化升温的供氧条件，氧化反应减缓或停止。

《煤矿防灭火细则》第十四条规定开采容易自燃和自燃煤层时，同一煤层应当至少测定 1 次采煤工作面采空区自然发火“三带”分布范围。当采煤工作面采煤工艺、巷道布置、通风方式、地质条件等发生重大改变，导致工作面的推进度、采空区漏风量、遗煤分布规律等发生变化时或开采煤层出现火成岩侵入等特殊情况时，采空区自然发火“三带”分布范围将受到影响，应重新测定。采空区自然发火“三带”划分的方法一般有 3 种：

① 按照煤自然发火临界氧浓度指标来划分，一般可分为散热带（氧气浓度＞18％）、氧化带（5％≤氧气浓度≤18％）、窒息带（氧气浓度＜5％）。

② 按照采空区内的漏风风速来划分，分为散热带（漏风风速＞0.24 m/min）、氧化带（0.1 m/min≤漏风风速≤0.24 m/min）、窒息带（漏风风速＜0.1 m/min）。

③ 按照采空区内的温升率来划分，如果采空区内的温升率大于 1 ℃/d 时，就认为已进入氧化带。

目前，采空区自然发火“三带”的划分尚无具体的统一标准和依据，使用较多的是临界氧浓度指标法。

采空区自然发火“三带”现场测点布置有两种方式：一种是分别沿采空区进风巷、回风巷设置数个测点，如图 4-2 所示；另一种是沿工作面架后设置数个测点，如图 4-3 所示。前一种方式设点简单，但监测点范围受限，不能完全反映整个采空区气体的分布；后一种方式设点工作难度大，但与采空区实际气体分布吻合度高。每个测点可设置气体取样装置和温度测试装置，可采用束管监测系统或人工取样分析系统对气体进行测试分析。

4.2.2　矿井火灾的安全监控技术

从 20 世纪 60 年代起，国内外诸多学者就着手对矿井通风系统的火灾监测进行研究。早期的带式输送机火灾监测常采用温度继电器、易熔合金、热敏材料等。德国使用 50 ℃易熔合金作为感热释放器，配合 CO 气敏元件进行带式输送机系统火灾监测；美国使用温度继电器和感热充气塑料管等；苏联使用温度传感器监测，可实现自动断电和自动喷水灭火处理。

国内对巷道火灾监测系统和自动灭火装置的研究起步较晚，经过多年的努力已取得了一些研究成果，如研究制成了 KHJ-1 型矿井火灾监控系统及自动灭火装置等。但现有的矿井火灾监测技术存在一定的局限性，导致早期报警准确率低、火源位置难以确定以及成本高，只能对局部火灾进行监测，不能对

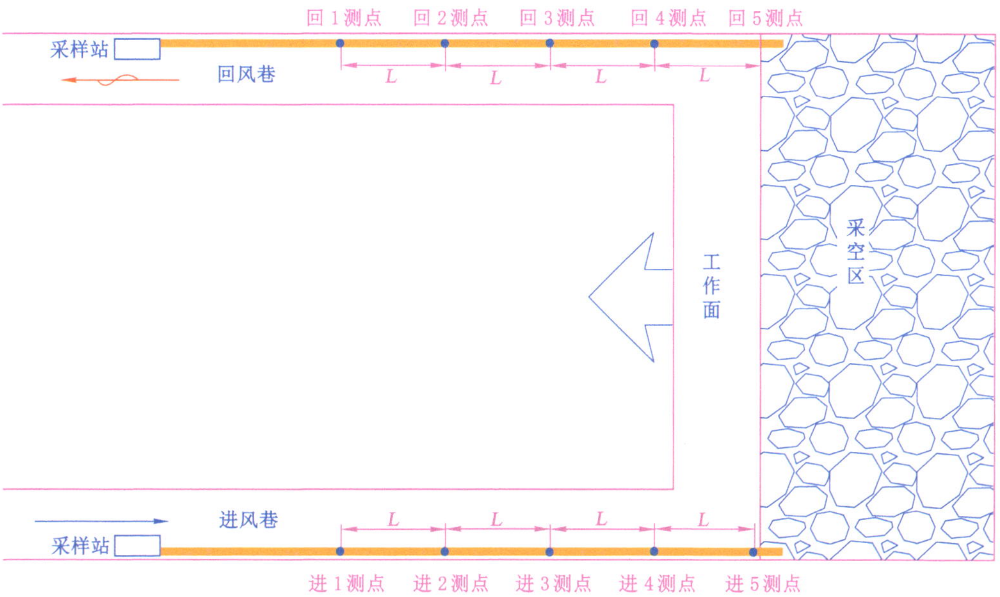

图 4-2　两巷布置法测点布置示意

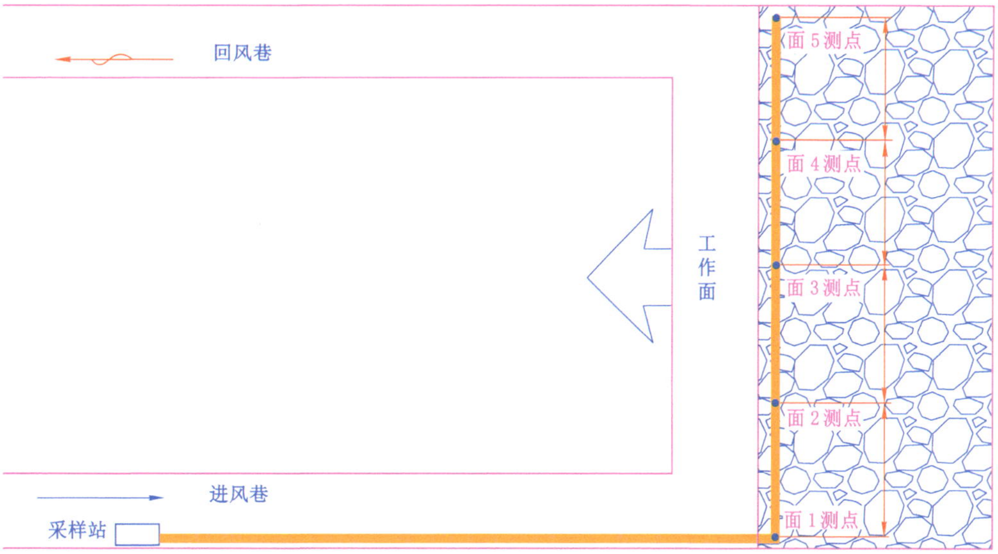

图 4-3　架后布置法测点布置示意

运输巷全长和全矿井进行监测。近几年来，国内研究机构相继研制了包括高精度温度传感器、烟雾传感器和火焰传感器在内的火灾探测装置，对矿井通风系统进行火情探测。同时中煤科工集团沈阳研究院、重庆研究院先后研制开发了以 PN 结测温电缆和光纤技术为依托的缆式温度在线实时监测系统，该系统主要由井下基站、井下分站、测温电缆、本安电源和地面总站等组成，每段电缆可接若干传感器，每个井下分站又连接测温电缆，井下分站通过井下基站与地面总站相连，实现实时监测。该系统不仅测点容量大、监测范围广、定位准确，而且可以实时掌握各测点的温度变化趋势，使通风系统火灾早期定位预测预报成为可能。由于国内各个矿井条件不同，传统的火灾传感器也有较大的发展，如国内的一些研究机构研制出了包括高精度温度传感器、烟雾传感器和火焰传感器在内的火灾探测装置，应用于巷道火灾监测的烟雾传感器和 CO 传感器。

1. 离子感烟传感器

离子感烟原理是利用放射性元素在一定的电压作用下能自然形成稳定电场的特点，通过火灾阴燃阶段产生的烟雾粒子以扩散的方式进入电场后吸附带电离子，从而改变原有的电场分布，形成与烟雾浓度相应的微弱电流变化，最终实现火灾的早期监测。由此可见，离子感烟传感器能感知到阴燃及明火火灾所产生的可见与不可见燃烧产物，且有较高的灵敏度，抗粉尘干扰能力强。所以在井下环境复杂的采矿行业，在诸如掘进工作面、发火煤层、机电硐室、带式输送机运输转载点等需要连续不间断进行火灾预测预报的井下场所，多选用离子感烟传感器以完成井下火灾的预测预报工作。

2. 光电感烟传感器

光电感烟是利用了光的散射原理。火灾发生初期，燃烧物的缓慢燃烧陆续产生烟雾，而可见烟雾对光将产生遮掩和散射的现象，这一现象可使原有的光电流发生与烟雾浓度相应的变化，进而实现火灾的早期监测。但是由于此类原理的传感器选择性较差，误报率相对较高。

3. CO 传感器

目前比较成熟的 CO 传感器是金属氧化物的二氧化锡薄膜气体传感器。它是通过制备具有多晶结构的 SnO_2 膜，在高温下晶格表面氧被吸收而产生负电荷，然后晶格表面的电子又转移到被吸收的氧分子中使空间电荷层形成正电荷，这样产生了阻挡电流的电势垒，当 CO 气体存在时，带负电荷的氧离子数减少，使得电势垒减小，也就是传感器的阻抗降低，通过测量传感器的电阻，就能够检测出 CO 的浓度，其阻值与气体浓度呈对数关系。此外，还有电化学式 CO 传感器，它需要由外界来施加特定的电压。电化学式气体传感器通过被测气体与电解质反应产生的电流来检测气体的浓度。电化学式气体传感器的主要优点是检测气体的灵敏度高，选择性好。但是，该类传感器价格高，使用寿命一般只有 1～3 a 且存在中毒现象，无法预知其是否失效。

目前国内外在火灾的早期监测中，多采用感烟传感器和 CO 传感器并用的监测方法，二者取长补短，既扩大了火灾监测的覆盖面，又提高了报警的准确度，效果良好。近年来，随着气味传感器的问世，开始出现根据煤自然发火过程中的气味变化来评判煤矿火灾的态势和火灾类型的方法，逐步形成了气味分析法。

4.2.3 矿井火灾的预报及探测技术

1. 束管监测分析预报技术

束管监测分析预报技术，即通过束管监测系统分析采空区和防火钻孔内 CH_4、CO、CO_2、O_2、N_2、C_2H_6、C_2H_4、C_2H_2 等气体成分，判断是否存在自然发火隐患，为决策提供科学依据，及时采取有效措施，将隐患消除在萌芽之中，同时根据 CO、C_2H_6、C_2H_4、C_2H_2 等气体浓度变化趋势，判断自然发火隐患治理效果，束管监测系统在矿井防灭火预测预报方面发挥了极其重要的作用。

煤矿自然发火束管监测系统一般由束管、采样控制、气体分析、数据采样、数据分析、打印输出和联网调度 7 部分组成，其结构原理如图 4-4 所示。

系统工作原理如下：束管监测系统主要由束管取样系统和地面气体分析中心组成，通过束管将监测点气体抽取到地面，利用气相色谱分析仪连续分析气体组分浓度，通过各组分浓度的变化对煤层氧化自燃过程进行判断分析并进行煤自然发火的早期预测预报。该系统能够对井下的气体成分及浓度变化实现有效的实时监测，并在地面监测中心对煤自燃灾害的发生发展进行分析预测，实现了煤自燃预测预报的智能化、自动化，操作方法简便。该系统在实际应用中也存在一些问题，由于需要将气样采集至地面进行分析，当束管管线较长时，束管抽出阻力大，从而使得气体抽出时间太长，同时井下管路的维护工作量也大。

2. SF_6 漏风检测技术

示踪气体漏风检测技术是矿井检测漏风通道常用的一种检测技术。1974 年，美国首次采用这一技术检测井下漏风情况，近几年我国也多次应用这一技术来检测工作面漏风和矿井外部漏风情况。

SF_6 是一种无色、无味的不燃性惰性气体。SF_6 不溶于水，不为井下物料所吸附，热稳定性好，且在

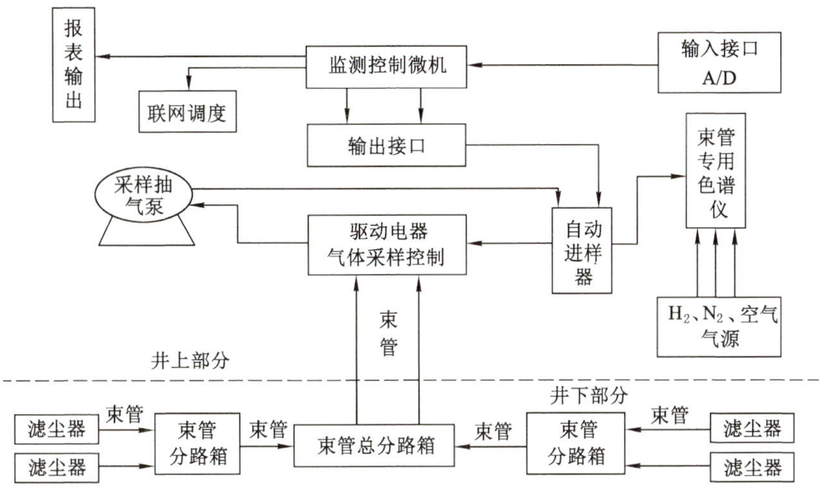

图 4-4　煤矿束管监测系统结构原理图

矿井环境中自然本底值极低，为 $10^{-15}\sim10^{-14}$ g/cm^3。SF_6 示踪气体在矿井空气中无沉降，不凝结，与空气混合快，检出精度高，带电子捕获器的气相色谱仪的检测精度可达 8×10^{-12}，是当前矿井检测漏风通道的一种理想的示踪气体。利用 SF_6 检测漏风通常有瞬时释放法和连续定量释放法两种方法。

（1）瞬时释放法

瞬时释放法，就是在漏风通路的主要进风口瞬时释放一定量的 SF_6 气体，然后在几个预先估计的漏风通路出口收集气样，通过分析气样中是否含有 SF_6 及采集到 SF_6 气体的时刻来具体确定漏风通道和漏风速度。其具体方法如下：

① 根据矿井通风系统分析可能的漏风通道、漏风源、漏风出口。

② 在地面将气体装入球胆，带往选定的漏风源处释放。

③ 在漏风出口每隔一定时间采集气样。

④ 将采集的气样送实验室分析，测定浓度。

⑤ 根据气样分析结果确定漏风情况。

瞬时释放法的技术要点是准确把握第一次采样时间与合理安排采样时间间隔。第一次采样时间是在综合考虑 SF_6 的释放地点与采样地点的距离、漏风风流的速度和 SF_6 的扩散速度等因素的基础上确定的。一般小范围的漏风区域可在放样 5 min 以后开始采样，大范围的漏风区域不应超过 30 min。采样时间间隔初期较短，可取 5～10 min，后期可以长一些。瞬时释放法简单易行，但取样时间较难掌握。如果掌握不好，就可能会错过 SF_6 的最高浓度点，使分析结果产生误差。

（2）连续定量释放法

连续定量释放法在需要考察的井巷进风流中，连续定量地释放 SF_6 气体，然后分别在顺风风流方向设定的采样点采集气样。如果沿途不漏风或者向外漏风，则沿途各点风流中的 SF_6 浓度保持不变；如果沿途有漏风涌入时，则风流中 SF_6 气体的浓度就会下降。通过对采样点 SF_6 浓度变化的分析，即可求得漏风量，从而找出漏风规律。连续定量释放法具有取样时间容易掌握、能定量测定漏风量以及测定结果误差小等优点。

4.3　内因火灾防治技术

4.3.1　开采技术措施

生产实践表明，合理的开拓系统与开采方法对防止自燃火灾的发生起着决定性的作用。国内不少自然发火相当严重的矿井通过改革不合理的开拓系统与采煤方法迅速扭转了火灾频发的被动局面。对于自然发火严重的矿井，从防止自燃火灾的角度出发[26]，扼制自然发火的 4 个条件是最小的煤层暴露角、最大的煤炭采出率、最快的开采速度、易于隔绝的采空区。满足上述要求的具体技术措施如下。

1. 采用岩石巷道

在自燃危险程度较大的厚煤层或煤层群开采中，运输大巷和回风大巷，采区上山和下山，集中运输平巷和集中回风平巷等服务时间比较长的巷道，如果布置在煤层里，一是要留下大量的护巷煤柱，二是煤层容易受到严重的切割。其后果是增大了煤层与空气接触的暴露面积，煤柱容易受压碎裂，自然发火概率增大。因此，为了防止自燃火灾，应尽可能采用集中岩巷和岩石上山。

2. 区段巷道采用垂直重叠布置

近水平或缓倾斜厚煤层分层开采，区段巷道的布置有内错和外错两种基本方式。内错式布置在采空区上、下分层巷道形成的台阶煤柱内侧，容易形成蓄热氧化易燃隅角带。外错式下分层开采时煤柱顶煤冒落堆积也易于形成易燃带。

上述两种布置方法对防止采空区浮煤自然发火都有一些不利的影响，因此采用分层平巷沿铅垂线重叠布置的方式。这样可以减小煤柱尺寸或不留煤柱，巷道避开了支承压力的影响，容易维护，同时也消除了内错式布置造成的蓄热氧化易燃隅角带和外错式布置形式的工作面顶板虚实交接压力大、顶煤破碎易自燃的缺点。

3. 区段巷道分采分掘布置

在倾斜易自燃煤层单一长壁工作面，一般情况下都是上区段运输巷和下区段回风巷同时掘进，两巷之间往往要开一些联络眼，随着工作面的推进，这些联络眼被封闭并遗留在采空区内。在这种情况下，联络眼很难严密封闭，煤柱经联络眼的切割，再加上受采动影响，受压破坏，极易形成上区段老空区自然发火。分采分掘就是区段采煤工作面的进、回风巷同时掘进，这样上下相邻区段的进、回风巷之间就不必再掘进联络眼，可以有效减少此类自燃火灾。

4. 采用合理的采煤方法

合理的采煤方法能够提高矿井先天的抗自然发火能力。多年的实践表明，降低煤层自然发火的可能性应从以下几个方面着手：少丢煤或不丢煤；控制矿山压力，减少煤柱破裂；避免上行开采，遵循先采上煤层、再采下煤层的正常开采顺序；合理布置采区；回采时尽量避免过分破碎煤体；加快工作面回采速度，使采空区自热源难以形成；及时密闭已采区和废弃的旧巷；注意选择回采方向，不使采区回风巷过分受压或长时间维护在煤柱里。

5. 推广无煤柱开采技术

无煤柱开采顾名思义就是在开采中取消各种维护巷道和隔离采空区的煤柱。这种开采方法不仅获得了良好的经济技术效果，而且在预防煤柱自然发火方面已取得成效。无煤柱开采有助于防治自然发火的关键在于取消了煤柱，消除了自然发火的根源。尤其是在近水平或缓倾斜厚煤层的开采中，将水平大巷、采区上(下)山、区段集中运输巷和回风巷布置在煤层底板岩石里，采用跨越回采，取消水平大巷煤柱和采区上(下)山煤柱；采用沿空掘巷或留巷，取消区段煤柱、采区间煤柱；采用倾斜长壁仰斜推进、间隔跳采等措施，对于抑制煤柱发火都起到了十分重要的作用。推广无煤柱开采技术，取消区段煤柱、采区间煤柱，存在的问题是相邻采空区遗留残柱浮煤的地方，停采线上由于漏风而可能发火，万一发生自燃火灾，由于采区或区段之间无隔离带而连成一片，难以封闭。但是实践表明，对自然发火只要采取并坚持有效的综合治理手段，在“防”字上狠下功夫，无煤柱采空区的自燃是可以预防和消除的。

6. 坚持正常的回采顺序

煤层群开采时，有的矿井为了追求短期效益，违背自上而下依次开采的顺序，先采厚煤层，后采中厚及薄煤层，破坏了邻近煤层的完整性，为日后的自然发火防治工作制造了困难。上山采区正常的回采顺序应该先采上区段，后采下区段；下山采区则相反。如果违背这一回采顺序，会导致上(下)山巷道维护在采空区内，断面受压缩小，通风阻力增大，采空区漏风严重，自然发火频繁。由此可见，开采技术与自然发火的关系极为密切，坚持正常的回采顺序可以为煤层火灾防治工作创造有利条件，降低煤层自然发火的概率。

4.3.2　注浆防灭火技术

预防性灌浆是防止自然发火较有成效、应用广泛的一项措施。所谓预防性灌浆就是将水、浆按适当配比，制成一定浓度的浆液，借助输浆管路送往可能发生自燃的采空区以防止自燃火灾发生的措施。预防性灌浆的作用一是隔氧，二是散热。浆液流入采空区后，固体物沉淀，充填于浮煤缝隙之间，形成断绝漏风的隔离带。有的还可能包裹浮煤，隔绝浮煤与空气的接触防止氧化。而浆水所到之处，会增加煤的外在水分，抑制自热氧化过程的发展，同时对已经自热的煤炭有冷却散热的作用。

用于制备泥浆的固体材料最好选用含砂量不超过 30%的砂质黏土，或者由脱水性好的砂子和渗入性强的黏土制成，其中砂子含量按体积计不得超过 10%。近些年来，为保护环境和土地资源，不再使用黄土而采用粉煤灰作为灌浆材料，有的也用页岩或矸石破碎后制成泥浆，效果也较好。

制作泥浆时，水土比（浆液中水的体积与固体材料自然堆积体积之比）的确定相当重要。泥浆浓度越大，泥浆的黏度越高，稳定性与致密性也越好，包围隔绝的效果越好。但浓度过高，会造成输送困难，容易堵管；浓度过低，则防火效果不好。通常根据泥浆的运送距离、煤层倾角、灌浆方法与季节确定水土比。在实际使用中，通常采用的水土比为(3～6)∶1。

输送浆液的压力有两种。一种是静压输送，另一种是加压输送。当静压不能满足要求时应采用加压输送。输浆倍线表示输浆管路阻力与压力之间关系，用 N 表示。

静压输送时：

$$N = L/H \tag{4-1}$$

加压输送时：

$$N = L/(H + h) \tag{4-2}$$

式中　L——浆液自地面管路的入口至灌浆区管路的出口管线总长度，m；

H——浆液入口与出口之间的高差，m；

h——泥浆泵的压力高程，m。

输浆倍线一般控制在 3～8 之间。过大时，应加压；过小时，容易发生裂管跑浆事故，可在适当的位置安装闸阀进行增阻。

注浆量依据《煤炭矿井设计防火规范》(GB 51078—2015)计算，其中矿井每日注浆时间一般不超过 8 h，最多不宜超过 10 h，取注浆时间为 8 h。

$$Q_k = \frac{GWh(\delta + 1)M}{\rho HLN't} \tag{4-3}$$

式中　Q_k——矿井每小时注浆量，m^3/h；

G——工作面日产量，t/d；

W——工作面注浆宽度，m；

h——注浆材料覆盖厚度，m；

δ——土水比倒数；

M——浆液制成率；

ρ——煤的密度，t/m^3；

H——工作面回采高度，m；

L——工作面长度，m；

t——注浆时间，8 h/d；

N'——注浆添加剂防灭火效率因子。

地面泄浆管道一般选用钢管或铸铁管。井下灌浆管道应根据灌浆压力选取。灌浆压力小于 1.6 MPa 时，可选用水、煤气输送管；灌浆压力大于 1.6 MPa 时，应选用无缝钢管。在现场的实际使用中，注浆管路管径可按式(4-4)计算：

$$d_{临}=\frac{1}{30}\sqrt{Q_{浆}/\pi v_{临}} \tag{4-4}$$

式中 $d_{临}$——按临界流速初步确定的管道直径，m；

$v_{临}$——管道中的临界流速，m/s；

$Q_{浆}$——小时注浆量，m^3/h。

实际流速计算：

$$v=\frac{4Q_{浆}}{3\ 600\pi d^2} \tag{4-5}$$

式中 v——管道中的实际流速，m/s；

d——所选择的管道直径，m。

管道中的实际流速必须大于临界流速，若实际流速小于临界流速，需重新选择管径。

垂直管道管壁厚度按式(4-6)计算：

$$\delta=0.5d\left(\sqrt{\frac{0.010\ 2R_Z+0.004\ 1P}{0.010\ 2R_Z-0.013\ 3P}}-1\right)+\alpha_{附}+b \tag{4-6}$$

式中 δ——管壁厚度，mm；

R_Z——许用应力，无缝钢管为 78 452.8 kPa，焊接钢管为 58 839.6 kPa；

d——管道直径(内径)，mm；

P——管内应力，kPa；

$\alpha_{附}$——考虑管壁厚度不均等的附加厚度，无缝钢管为 1～2 mm；

b——考虑垂直管道磨损量的附加厚度，可取 1～4 mm。

水平管道管壁厚度按式(4-7)计算：

$$\delta=\frac{0.010\ 2Pd}{1.428\ 4nR_Z}+\alpha_{附} \tag{4-7}$$

式中 n——管道质量与壁厚不均的变动系数，取 0.9；

δ、P、d、$\alpha_{附}$ 含义同前。

预防性灌浆按与回采的关系分采前预灌、随采随灌和采后封闭灌浆 3 种。采前预灌是在工作面尚未回采前对其上部的采空区进行灌浆。这种灌浆方法适用于开采老窑多的易自燃特厚煤层。随采随灌是随着采煤工作面推进的同时向有发火危险的采空区灌浆，这是预防性灌浆采用的主要方法。随采随灌又分为钻孔灌浆、埋管灌浆和洒浆 3 种方式。采后灌浆则是采空区封闭后，利用钻孔向工作面后部采空区内注浆。

4.3.3 惰气防灭火技术

惰性气体简称为惰气。矿井防灭火所用的惰气是指不能助燃的气体，与化学上的惰气在概念上有所区别。常用的惰气有氮气和二氧化碳，在煤炭自燃的防治应用领域，氮气由于纯度高(纯度达 97%)、对人与环境安全性更好，因此应用比较广泛。

1. 氮气防灭火

氮气的存在形式有液态和气态，两种形态的灭火方式均有比较显著的防灭火效果。自 20 世纪 50 年代始，国内外煤矿企业陆续将氮气防灭火技术运用到煤矿井下，并且取得了显著的防灭火效果。1996 年，我国已有 21 个矿区、34 个综放工作面采用注氮防灭火技术。进入 21 世纪以来，由于制氮装备和技术的不断发展以及煤矿现场的实际需要，氮气防灭火技术已经在国有重点煤矿获得了广泛应用，已成为综放工作面防治煤自然发火的一项重要技术措施。对于目前煤矿防灭火来说，注氮防灭火已经逐渐发展为大多数煤矿采用的常规防灭火措施。

利用注氮系统压注惰气泡进行防灭火工作近年来取得了一定的进展。压注惰气泡灭火的原理如下：增大采空区的环境湿度，降低采空区顶部煤体的温度，同时可以延长氮气在采空区的留存时间，从而达到惰化采空区空间、使高温火区窒息缺氧而熄灭的目的。它兼有降温和惰化两个作用，弥补了采用单一注氮、注浆措施的不足，具有独特的防灭火性能。主要工艺为利用井上、井下的制氮机产生氮气，通过注氮管路流经泡沫发生器产生惰气泡，沿管路压向采空区高温火区。

2. 二氧化碳防灭火

二氧化碳防灭火技术是对预处理区注液态或气态 CO_2 来进行防灭火的技术。该技术充分利用了 CO_2 分子量比空气大、抑爆性强和阻燃等特点，可在一定区域形成 CO_2 惰化气层，并且因 CO_2 密度大，易沉积于底部，对低位火源具有较好的控制作用，并能挤压出有害气体以控制火区灾情。

由于 CO_2 具有灭火能力强、速度快、使用范围广、对环境无污染等优点，因此，在我国矿井的煤层火灾防治过程中得到广泛应用并取得了显著的防灭火效果，如我国窑街和兖州等矿区都曾经有过 CO_2 治理煤层火灾的历史，并且使用效果良好。液态 CO_2 防灭火系统由地面液态 CO_2 槽车、输气管路、水液汽化器、流量计等构成。液态 CO_2 由低温液体槽车等专用设备从化工厂运到矿井，在地面将液态 CO_2 直接汽化成气体，经由注浆或者专用输送管路输送至灭火地点，并选择适合的释放口位置注入火区。

4.3.4　阻化剂防灭火技术

阻化剂又称阻氧剂。最初是将一些无机盐类化合物的溶液喷洒在煤块上，起到隔阻氧化、防止煤层自燃的作用，故称为阻化剂。随着对阻化防灭火技术研究的深入，新型阻化剂产品不断出现，对于阻化剂的阻化机理也有许多不同的见解。阻化剂防灭火是一项新技术，由于其具有工艺简单、适用范围广、经济有效等特点，受到煤矿工作者和有关学者的瞩目。

阻化剂由一些无机盐类化合物组成，如氯化钙（$CaCl_2 \cdot 6H_2O$）、氯化镁（$MgCl_2 \cdot 6H_2O$）、氯化铵（NH_4Cl），以及水玻璃（$x Na_2O \cdot y SiO_2$）等。目前德国、捷克和日本等国家已经把阻化剂防火技术应用于生产实际，我国虽起步较晚，但在广大工程技术人员、专家、学者的共同努力下，在不少矿井已经成功地采用了这种防火新技术，且收到了很好的效果。

阻化剂防灭火工艺分 3 类：喷洒阻化剂、压注阻化剂和雾化阻化剂。

① 喷洒阻化剂。该工艺就是在采煤工作面用阻化剂喷射泵向采空区喷洒阻化剂溶液。

② 压注阻化剂。该工艺就是向可能发生自燃或已开始氧化的煤体内打钻孔压注阻化剂。

③ 雾化阻化剂。该工艺是在采空区的入口处，用发雾器将阻化剂雾化，由漏风流将阻化剂溶液微粒带入工作面后部采空区，以阻止采空区遗留的浮煤氧化。

4.3.5　凝胶防灭火技术

胶体是指含分散颗粒的尺寸在 1～100 nm 的分散系。在适当的条件下，溶胶或高分子溶液中的分散颗粒相互联结成为网络结构，水介质充满网络之中，体系成为失去流动性的半固体状态的胶冻，处于这种状态的物质称为凝胶。凝胶是胶体的一种特殊存在形式，是介于固体与液体之间的一种特殊状态，它一方面显示出某些固体的特征，如无流动性，有一定的几何外形，有弹性、强度和屈服值等；但另一方面它又保留了某些液体的特点，例如离子的扩散速率在以水为介质的凝胶中与水溶液中相差不多。

为了封阻煤体中的裂隙或扑灭高位处的火灾，凝胶较其他防灭火介质具有优越性。近年来，凝胶作为一种新型的防灭火材料，在煤矿自燃火灾的防治中获得了较广泛的应用。

1. 凝胶防灭火的特点

胶体中 90% 左右均是水，凝胶易于将流动的水分子固定起来，从而充分发挥了水的防灭火作用。成胶前液态的溶液能渗入煤体的裂隙和微小孔隙中，成胶后就堵塞了这些孔隙和裂隙，与煤体一起形成一个凝胶整体，封堵煤的裂隙及采空区的漏风通道，使氧分子无法进入煤体的内部。同时，胶体能在煤的表面形成一层保护凝胶层，隔绝煤氧结合，水蒸发形成的水蒸气也使得采空区氧气浓度降低，减少了煤与氧分子的接触机会。凝胶具有很好的热稳定性，在高温下胶体仍有很好的完整性而不破灭。此外，凝胶具有很好的阻化性能，促凝剂和基料本身就是一种很好的阻化剂，能够阻止煤的自燃，起到了一般阻化剂的阻化效果。凝胶的成胶时间可以控制，可以根据不同的发火情况和现场使用的工艺设备，调节其促凝剂和基料的比例，从而控制凝胶的成胶时间。

通过钻孔或煤体裂隙进入高温区后，一部分凝胶的水分迅速汽化，快速降低煤表面温度，残余固体形成隔离，阻碍煤氧因接触而进一步氧化自燃。另一部分随着煤体的温度的升高，在不远处及煤体孔隙中形成胶体，包裹煤体，隔绝氧气，使煤氧化、放热反应终止。随着注胶过程的不断进行，成胶范围不断扩大，火势熄灭圈增大直至整个火源熄灭。完全干涸的胶体还可以降低原煤体的孔隙率，使其通过的空气量大大减少，从而抑制煤层的复燃。

目前用于防治矿井火灾的凝胶较多，但是不同的矿井对材料又有不同的要求。根据煤矿火灾的特点，矿井防灭火凝胶材料的选择应遵从以下原则：

① 无毒无害，对井下工作人员的身体健康没有危害，对设备无腐蚀，对环境无污染。

② 价格低廉，工艺设备简单。防灭火材料要有经济实用性，同时由于受到井下特定工作环境的限制，要求工艺设备简单，便于在矿井下现场应用。

③ 要有良好的堵漏性。将氧气进入煤层的通道堵塞后，就会大大地降低其空间氧气的浓度，同时，外界的氧气很难进入采空区。

④ 具有渗透性好的性能。要能够很容易地进入松散煤体的内部，从而与煤体形成有机的整体，使氧分子很难进入煤体内部。

⑤ 要有良好的耐高温性能。煤炭自燃区域往往温度很高，因此材料在高温下不分解，保持原有的特性，才能充分发挥其防灭火效果。

⑥ 吸热性能好。材料应具有较高的比热容，这样可以加速高温煤层温度的降低。

2. 凝胶种类

凝胶材料主要有无机凝胶和有机凝胶两大类。

(1) 无机凝胶

对于由两种原料在水中经过物理或化学作用形成的胶体，通常把主要成胶原料称为基料，把促成基料成胶的材料称为促凝剂或胶凝剂。无机凝胶主要是由基料、促凝剂和水按照一定比例配置成的水溶液发生凝胶作用而形成的，胶体内充满水分子和一部分其他物质。

矿井防灭火常用硅凝胶，水玻璃是基料，碳酸氢铵或硫酸铵或铝酸钠为促凝剂。无机凝胶存在失水后会干裂、粉化和灭火后的火区易复燃的不足。防火时，基料占 8%～10%，促凝剂占 3%～5%；灭火时，基料占 6%～8%，促凝剂占 2%～4%。成胶时间由基料和促凝剂的比例而确定，一般基料与促凝剂在水溶液中的比例越大，成胶时间越短。如当基料为 90～100 kg/m^3，促凝剂为 20 kg/m^3 时，成胶时间为 7～8 min；当基料不变促凝剂为 30 kg/m^3 时，成胶时间为 3～4 min；当基料不变促凝剂为 50 kg/m^3 时，成胶时间为 25 s。

(2) 有机凝胶

有机凝胶也称高分子凝胶。高分子凝胶是指分子量很高(通常为 10^4～10^6)的高分子化合物的溶液。这种高分子化合物吸水能力很强，与水接触后，会在短时间内溶胀且凝胶化，最高吸水能力可达自身质量的千倍以上。目前用于矿井的高分子防灭火材料以聚丙烯酰胺、聚丙烯酸钠为主要成分。这种胶体材料与水玻璃凝胶相比，使用时仅采用单种材料，使用量小，通常为 0.3%～0.8%，在井下使用方便，且对井下环境无污染。这种胶体附着力强，可充分包裹煤炭颗粒，隔绝与氧气的接触。

高分子凝胶材料的不足在于其成本较高，且吸热与成胶能力均不如由水玻璃与碳酸氢铵构成的铵盐凝胶。

(3) 复合胶体

在黄土、粉煤灰或其他原料的泥浆中，将成胶材料按一定比例添加到泥浆中，使泥浆稠化，形成浆体凝胶，也称复合胶体。因复合胶体含有固体介质，即使胶体脱水后仍可较好地包裹煤体，可克服一般水凝胶的缺点，因而具有更好的防灭火性能。

4.3.6 开放式综放采空区有害气体置换技术

目前，国内外针对采空区瓦斯抽采与控制采空区自燃方法进行了许多研究，积累了一定的经验。但由于地质条件、开采方法以及巷道布置等不同，所采用的方法和工艺参数也有所差别，达到的实际效果也不一样。根据采煤工作面周围巷道布置，结合国内外现有采空区瓦斯抽采方法分析，设计采用开放式综放采空区有害气体置换技术。

开放式综放采空区有害气体置换技术，是在传统综放采空区气体抽采技术的基础上，结合综放采空区瓦斯抽采技术，利用现代监测监控技术和方法，实现矿井采空区瓦斯和煤层自燃的综合治理。其技术途径如下：在对采空区有害气体进行抽采时，通过气体测控等手段，及时向采空区注送氮气，阻止新鲜空气进入采空区引起自然发火，使采空区内的有害气体逐渐被氮气置换。采空区气体置换过程，也就是建立采空区瓦斯抽采与注氮的动态平衡过程，在这一过程中，采空区氧浓度始终控制在5%以下。

为保证采空区有害气体置换的实施效果，采空区有害气体置换应按照“边抽边注，控制抽量，监测监控”的原则进行，即向采空区先注入一定量的氮气再进行瓦斯抽采，抽采的同时连续向采空区注氮，为防止向采空区漏风，保障氮气平稳向采空区深部推移，要控制抽采量，原则上注入氮气量大于瓦斯抽采量的 1.1 倍。一旦在采空区出现高温或火区，应加大注氮量，以期迅速控制火灾。此时，可增调另一台井下移动式制氮机，通过设置在回风平巷密闭和运输平巷密闭上的注氮口，分两路同时向采空区注氮。

采空区瓦斯浓度 C_t 与抽采时间 t 符合下列关系：

$$C_t = C_0\left(1-\frac{Q}{V}\right)^t \tag{4-8}$$

式中　C_t——抽采 t 小时后的采空区瓦斯浓度，%；

C——抽采前采空区瓦斯浓度，%；

Q——采空区瓦斯抽采流量，m^3/h；

V——采空区体积，m^3；

t——抽采时间，h。

4.3.7　泡沫防灭火技术

1. 三相泡沫技术

针对常规灌浆、凝胶覆盖面小，氮气灭火降温能力差等现有防灭火技术的不足，为解决综放采空区等井下大空间煤自燃火灾治理的难题，相关学者研究发明了集固、液、气三相介质防灭火性能于一体的三相泡沫防灭火技术及装备。

三相泡沫是一种体积大、密度小、表面被浆液包围的气泡群，它由固态不燃物（粉煤灰或黄泥等）、惰性气体和水三相防灭火介质组成。粉煤灰或黄泥等固态物质的浆体通过注入氮气发泡后就形成了三相泡沫，其体积大幅度增加，这些固态物质构成三相泡沫的一部分，可较长时间处于稳定状态，即使泡沫破碎了，具有一定黏度的粉煤灰或黄泥仍然可以较均匀地覆盖在浮煤上，可持久有效地阻碍煤和氧气的接触，防止煤的氧化。由于泡沫的相对密度比较小，且流动性好，堆积性强，可以在采空区内三维流动，因此三相泡沫在采空区中可向高处堆积，它对低、高处的浮煤都能覆盖，能够避免注入的浆体从底部流失，特别适合扑灭井下大空间的煤自燃火灾。同时，注入采空区的氮气因被封闭在泡沫之中，能够较长时间地滞留在采空区中，充分发挥氮气的窒息防灭火功能。

与现有的防灭火技术及材料相比，三相泡沫集固、液、气三相材料的防灭火性能于一体，它利用粉煤灰或黄泥的覆盖性、氮气的窒息性和水的吸热降温性进行防灭火，大大提高了防灭火效率。另外，三相泡沫发泡倍数较高，单位体积的泡沫材料成本低，可为大面积的自燃隐患或火区的防治节约大量资金。

（1）三相泡沫的组成与介质特性

三相介质分别为固相——粉煤灰、液相——水、气相——气，在此三相中，再加入发泡剂，通过发泡器物理发泡，就构成了三相泡沫。

① 粉煤灰

粉煤灰是火力发电厂的固体废物之一。作为固相的粉煤灰在三相泡沫体系中不仅起到支撑骨架作用，有利于保持泡沫的稳定性，同时还起到阻化和隔绝的作用。作为固相，粉煤灰在三相泡沫形成后，与三相泡沫成为一体，是三相泡沫的一部分，起到泡沫的骨架作用，即使泡沫破灭，粉煤灰仍然可以较均匀地覆盖在浮煤上，可持久有效地阻碍煤对氧的吸附，防止煤的氧化，从而有效地防治煤炭自然发火。这是三相泡沫固相在灭火中所起的作用。

② 气

与化学发泡不同，三相泡沫是通过发泡器物理发泡形成的，故泡沫的产生必须外加气源，外加气体通过机械搅拌、涡流运动等形式直接被液相成分包裹起来。因此三相泡沫的气相成分可以采用空气、氮气、二氧化碳等不溶于水或较难溶于水的气体。

从形成三相泡沫的效果来讲，氮气和空气的效果比二氧化碳要好。这是因为氮气和空气的溶水性和被煤体吸附能力都比二氧化碳要小得多，这样就有利于三相泡沫的形成。二氧化碳的溶水性比氮气和空气分别高 55 倍和 51 倍。

从防灭火、抑爆效果来看，氮气三相泡沫比空气三相泡沫的防灭火效果要好。这是由于空气中含有21%的氧，采用空气可能会给采空区带进一些氧气。因此，采用氮气作为三相泡沫的气相成分。氮气主要有两个方面的作用，一方面氮气本身就是一种很好的抑爆材料，能惰化火区；另一方面氮气主要是作为载体将大量的粉煤灰输送到采空区。

③ 水

制备三相泡沫的液相成分为当地生活用水，水作为三相泡沫中固相和气相的载体，起到了十分关键的作用。水是最常用的防灭火材料，其在三相泡沫防灭火时所起的作用主要有以下两点。

a. 冷却作用：对可燃物冷却降温是水的主要灭火途径。水的比热容和汽化热都很大，水的比热容达到4.18 J/(g·℃)，汽化热为 2 256.7 J/g。因此，当水与炽热的燃烧物接触时，在被加热和汽化的过程中，会吸收大量的热量，迫使燃烧物的温度降低而最终停止燃烧。

b. 对氧的稀释作用：水遇到炽热的燃烧物而汽化，产生大量蒸汽，其体积急剧增大，大量的水蒸气将排挤和阻止空气进入燃烧区，从而降低燃烧区内氧气的浓度。

针对粉煤灰(或黄泥)颗粒亲水性强、化学成分复杂、相对密度较大及水中含有多价阳离子的特点，研制出了使粉煤灰(或黄泥)浆液完全发泡的三相泡沫发泡剂，其与两相泡沫的发泡效果对比如图 4-5 所示。

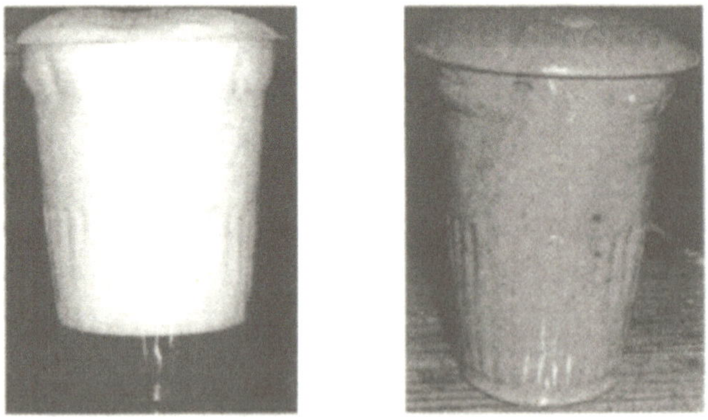

(a) 一般发泡剂难使固相发泡（两相泡沫发泡剂）　(b) 含固相完全发泡的三相泡沫发泡剂

图 4-5　两相泡沫和三相泡沫发泡效果对比

(2) 三相泡沫的流动及防灭火特性

① 三相泡沫在多孔介质中的流动性质

对于水湿介质来说，流动泡沫存在于大孔道中，被捕集气存在于中孔道中，而水相则在小孔道中流动。大量的研究表明，三相泡沫在多孔介质中的流动特性为：气体的流动是由于液膜的破裂与再生成，构成一种不连续相的流动液体并以自由相连续运动。

② 三相泡沫在多孔介质中流动的泡沫再生现象

三相泡沫在采空区多孔介质的流动过程中，泡沫不断地破裂，但也不断地再生。孔隙中三相泡沫或液膜的产生机理为截断、分割和遗留，如图 4-6 所示。

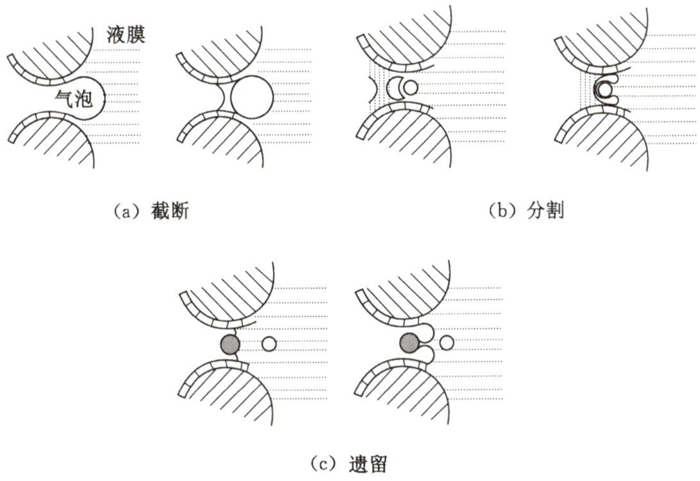

图 4-6　泡沫在孔隙中的产生过程

③ 三相泡沫的渗流过程

采空区内充满了垮落的矸石和遗煤，可以看作一个多孔介质流场。但由于采空区内各处垮落矸石和遗煤的大小、形状、孔隙率极不均匀，其渗透系数变化很大，因此采空区属于非均质介质。又因为采空区内部某点介质的某种性质与通过该点的方向无关，所以采空区又是各向同性介质。

如前所述，对于水湿介质，流动泡沫在大孔道中存在，被捕集气存在于中孔道中，而水相在小孔道中流动，如图 4-7 所示。而大范围连通的自由气体和流动的气泡不可能同时存在，若存在一条贯通的气体通道，则泡沫会从此通道中流动（因为阻力最小），而不会向附近的液相中流动。

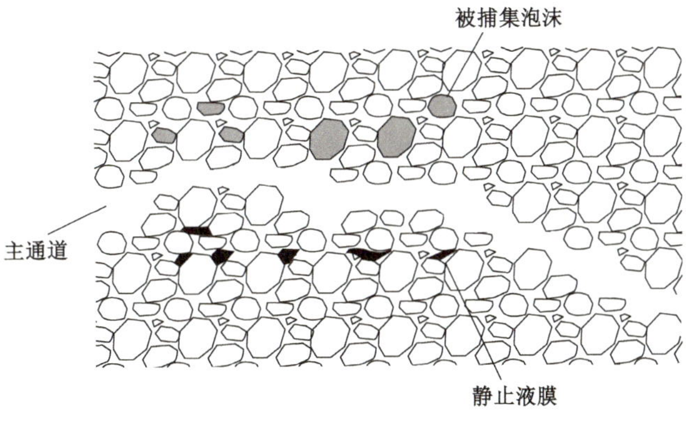

图 4-7　泡沫在多孔介质中的渗流图

多孔介质中的孔隙空间至少有一部分是互相连通的，流体能在这部分连通的孔隙中流动，多孔介质具有让流体通过的这种性质叫作渗透性，互相连通的孔隙体积叫作有效孔隙体积。但有时在连通的通道中包含着一小部分所谓死端孔隙或滞流孔隙，其中的流体实际上是不动的，因此这些互相连通的孔隙体积也是无效的，如图 4-8 所示。岩石的渗透性用渗透率 K 来表示：

$$K=\frac{Q\mu\Delta L}{A\Delta p} \tag{4-9}$$

式中　K——渗透率，m^2；

Q——流量，m^3/s；

μ——流体黏度，Pa·s；

ΔL——岩样的长度，m；

A——面积，m^2；

Δp——岩样两端压差，Pa。

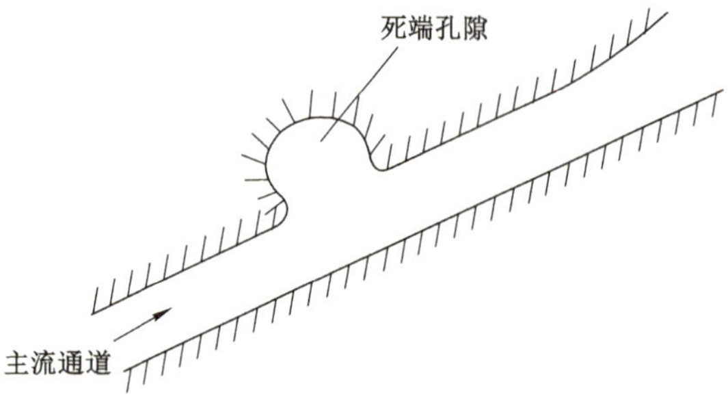

图 4-8　渗流孔隙

渗透率的大小只取决于岩石的孔隙结构和孔隙大小，而与所通过的液体性质无关。

④ 三相泡沫渗流与浆体渗流的区别

在泡沫液与浆液量一定的条件下泡沫液体积量为 Q，泡沫液形成泡沫后体积量为 Q_1。试验中发现浆液很快就从多孔介质底部流了出来，而几乎没有从介质顶端流出；泡沫却能从介质的四周和顶部冒出来。假设浆液在渗流中形成如图 4-8 所示的路径时刚好分配完体积为 Q 的浆液。当泡沫流过该路径时：

a. 泡沫量要比浆液量大得多，这样必然造成泡沫要去寻找别的出路来分配多余的泡沫量。

b. 泡沫在多孔介质中黏度要比浆液大得多，这是因为泡沫在多孔介质中流动时，表面活性剂受质量传递或吸附动力所约束，并保持气泡周围的平衡界面向毛细管轴线收缩。因此，气泡的前缘表面活性剂减少，导致表面张力大于平均的平衡值。反之，表面活性剂在气泡的后面堆积，导致表面张力低于平均平衡值，从而出现了表面张力梯度(其方向指向气泡的前缘)，阻止气泡的移动，这种阻力对于泡沫来说就是黏度，阻力大约是泡沫在多孔介质中有效黏度的 8 倍。黏度大必然在流动中速度就慢，流量就小，这也造成泡沫要去寻找别的出路来分配多余的泡沫量。

c. 泡沫是有体积的，而且黏度很大，但流入小孔隙时，在没有足够压力的情况下(压力不能大于启动压力)，就会将这条通道堵死。

正是这 3 个主要原因造成了泡沫在多孔介质中能向四周流出并能在介质的顶部冒出。浆液渗流如图 4-9 所示。

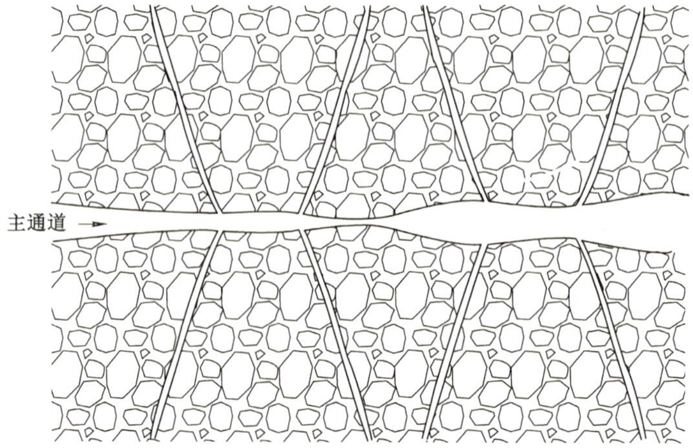

图 4-9　浆液渗流图

(3) 三相泡沫的制备流程及技术参数

① 浆体的制备

通过高压水枪将粉煤灰冲入制浆池，在制浆池内注入清水将粉煤灰浆稀释，调制出浓度约为4：1(水灰比)的粉煤灰浆。

② 三相泡沫发泡器

三相泡沫发泡器如图 4-10 所示，利用文丘里管的流体力学特性，使浆液形成射流而引入气源，解决了浆体压力大、引气难的问题。在发泡器中设置产生湍流的集流器和旋转叶片，使气、液、固三相充分混合并使泡沫细化，从而产生高倍数和稳定的三相泡沫。

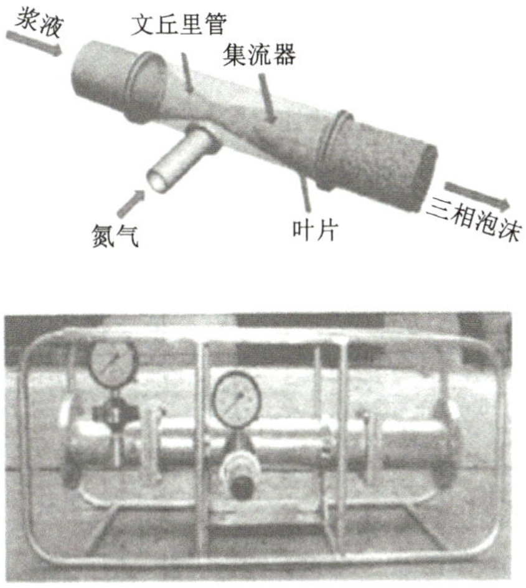

图 4-10　三相泡沫发泡器

③ 三相泡沫制备系统

利用煤矿已有注浆系统，接入过滤器、发泡剂定量添加泵、混合器、发泡器，并引入氮气源，构成三相泡沫制备系统。为同时满足单独注浆需要，设有注浆旁通路。

三相泡沫发泡剂的添加可采用地面和井下两种方式。地面添加方式即在地面将发泡剂通过发泡剂定量添加泵加入注浆管路中，发泡剂随浆体沿注浆管路靠自重流到井下灌注地点，并且在流动过程中发泡剂不断与粉煤灰浆液掺和，能够均匀分散在浆液中，地面添加发泡剂的方式简单、可靠，多数矿井在三相泡沫的应用过程中选择此种添加方式。

④ 发泡装置安装位置的确定

在煤矿井下巷道向采空区注入三相泡沫，需要在发泡器上接氮气管路，而氮气管路出口的压力通常是一定的。因此，应根据三相泡沫在管道中流动的阻力特性合理地选择发泡器的安装位置，使三相泡沫能顺利地注入防灭火区域，从而避免因注浆管路中气体入口处压力过大造成氮气不能进入管路的现象。

根据以上描述，采用直径为 100 mm 的注浆管路，当灰水质量比为 1：4、浆液流量为 20 m^3/h、发泡倍数为 30 倍时，每 100 m 管路中三相泡沫的压力降为 0.15 MPa，考虑 20%的局部阻力和富余系数，每 100 m 管路中三相泡沫的压力降为 0.18 MPa。因此，如果氮气管路末端的出口压力为 0.4 MPa，发泡器离注浆管路出口的位置小于 220 m 就能保证三相泡沫注入采空区。

⑤ 三相泡沫应用工艺流程

首先在粉煤灰站中用高压水枪冲刷粉煤灰堆，形成高浓度的粉煤灰浆，经过两道过滤网，自流输送到制浆池中，在制浆池中再注入清水，将浆液浓度调配适当，之后在地面下浆口通过发泡剂定量添加泵将发泡剂加入注浆管路中，浆液与发泡剂在管道中混合均匀后进入灌浆巷的注浆管路，经过装在管路中的发泡器，在发泡器中接入氮气，氮气与含有发泡剂的粉煤灰浆体相互作用产生出三相泡沫。具体工艺流程如图 4-11 所示。

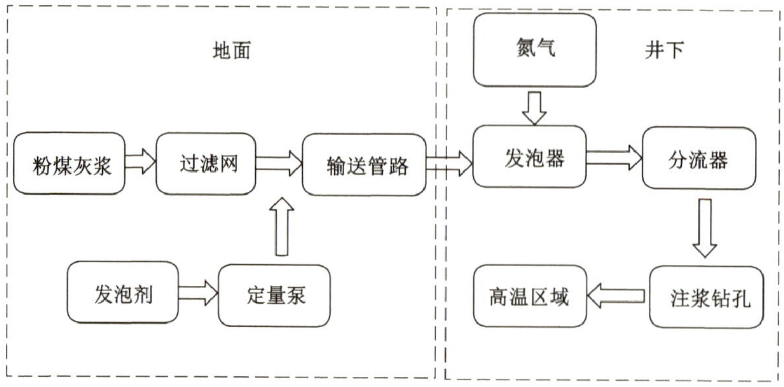

图 4-11　三相泡沫灌注工艺流程

2. 阻化泡沫防灭火技术

(1) 煤自燃阻化剂的研究

煤自燃阻化剂就是通过破坏煤自燃条件来防治煤自燃的。物理阻化剂通过破坏煤自燃的必要物理条件中的一个或多个来达到防治煤自燃的目的;而化学阻化剂则通过直接破坏煤的自身活性化学结构,减弱其氧化放热特性,从根本上解决煤自燃的危险。在煤自燃逐步自活化反应理论中,对煤低温氧化过程起主要作用的官能团及其活性进行了详细的研究,根据其结果,可以有针对性地选择合适的化学阻化剂。

对于阻化剂的使用来说,复配使用比单独使用效果要好,而且物理阻化剂和化学阻化剂的复配要比物-物或化-化复配效果更好。

(2) 化学阻化剂性能优选

化学阻化剂阻化是通过破坏煤的活性官能团而进行的,只要目标煤体没有变,阻化效果就一直存在。和传统的阻化剂相比,化学阻化剂具有更长的阻化衰退期,可以说是从根本上防止煤自燃的发生。

(3) 新型物理阻化剂高分子保水材料的研究

虽然化学阻化剂具有更长的阻化衰退期,但化学阻化剂不可能将煤的氧化放热性完全阻化,只是在一定程度上改变它,也就是说化学阻化剂并不能彻底防止煤自燃,而只是延迟煤自燃过程,使煤自然发火期变长。因此,在使用化学阻化剂进行煤自燃防治过程中,和物理阻化剂复配使用效果会更好。

物理阻化剂就是通过改变煤体或外界环境的物理条件来防止煤自燃的阻化剂。物理阻化剂的阻化机理主要是覆盖堵漏和保水保湿。和传统的物理阻化剂相比较,高分子保水材料具有如下优点:

① 吸水能力强,吸水量可达自身质量的几百倍至上千倍,而传统吸水材料最多仅有几十倍;

② 保水能力强,即使受压也不易失水;

③ 具有弹性、可塑性等力学性能,且性能可调,易于加工。

基于以上优点选择高分子保水材料作为物理阻化剂和化学阻化剂复配使用。高分子保水材料的阻化机理主要是吸水保湿,而不是改变目标煤体自身的氧化特性,因此直接测试其吸水保湿特性表征其阻化能力。经过测试测量,高分子保水材料对蒸馏水的吸水倍数为 510 倍,对自来水的吸水倍数为 463 倍,对生理盐水的吸水倍数为 79 倍。吸水量远远大于卤盐吸水液和硅凝胶等常用保水阻化剂。而且高分子保水材料吸水速度快,保水效果好,并对粉碎煤体有一定的结块作用。

(4) 阻化泡沫的载体泡沫研究

阻化剂要和目标煤体接触才能发挥阻化作用,所以需要一个载体。泡沫具有短时间内填充体积大、流动性好和堆积性好等特点,能够将阻化剂带入不同地形的各种目标煤体之中,使阻化剂和煤充分接触反应,达到较好的阻化效果,而且泡沫本身能够起到覆盖效果,带入的惰性气体能够稀释氧气,带入的水能吸热降温，进一步阻化了煤自燃进程。所以研制发泡倍数高、稳定性好的载体泡沫，对开发煤自燃阻化剂具有重要意义。

采用 Ross-Miles 法对起泡剂的起泡能力进行评价，用高速搅拌法对起泡剂的泡沫性能进行全面评价和研究。选择 FP3 为发泡剂，根据表面活性剂复配理论，试验中选择合适的助剂与发泡剂复配来研究形成稳定水基泡沫的配方。经过试验确定配方：起泡剂 FP3（质量浓度 0.6%）、一类稳泡剂 WP2（质量浓度 0.5%）、二类稳泡剂 ZC3（质量浓度 0.5%）为所要研究的水基泡沫配方。

（5）阻化泡沫施工工艺

载体泡沫的性能是影响新型阻化剂防灭火效果的重要因素。对泡沫液材料进行充分发泡，避免原材料的浪费，同时要产生均匀、细腻、较高倍数的泡沫，除了受泡沫液中表面活性剂的影响，还取决于泡沫发生器的成泡方式，泡沫发生器的结构设计直接关系到泡沫的生成质量和发泡效率。

发泡器种类很多，有涡轮式、孔隙式、网式、同心管式发泡器等。

泡沫是气体分散于液体中的多相分散体系，气体是不连续相，液体是连续相。产生泡沫的最基本条件就是气液接触，只有当气体与液体连续充分地接触时，才有可能产生泡沫。无论采用哪种发泡方式，其基本原理就是压缩气体与泡沫液充分接触，泡沫液形成液膜将压缩气体包裹形成泡沫。

4.3.8　气溶胶防灭火技术

气溶胶的介质是气体，气溶胶是微细的固体颗粒，或微细的液体颗粒和惰性气体在气体介质中悬浮、弥散形成的溶胶状态。气溶胶按形成的方式可分为高温技术气溶胶（通常称“热气溶胶”）和非高温技术气溶胶（通常称“冷气溶胶”）。热气溶胶灭火技术，是将固体燃料混合剂通过自身燃烧反应产生的足够浓度的悬浮固体颗粒和惰性气体释放于着火空间，抑制火焰燃烧，并且使火焰熄灭的技术。烟雾灭火技术就属于热气溶胶灭火技术范畴。冷气溶胶灭火技术通过压力使容器内的超细干粉经喷头喷出，使其悬浮于着火空间，使火焰熄灭。实际上，细水雾灭火技术就是一种冷气溶胶灭火技术。

气溶胶灭火剂生成的气溶胶中，其中固体颗粒主要是金属氧化物、碳酸盐或碳酸氢盐、炭粒以及少量金属碳化物；气体占绝大多数，主要是 N_2、少量 CO_2 和 CO。一般认为，固体颗粒同干粉灭火剂是通过多种机理发挥灭火作用的，如吸热分解的降温作用、气相和固相的化学抑制作用以及惰性气体使局部氧含量下降等。

① 吸热分解的降温作用。在较短时间内由于气溶胶中的固体颗粒吸收了火源释放出的部分热量，火焰温度降低，那么辐射到燃烧表面和用于将已经气化的可燃分子裂解成自由基的热量就会减少，燃烧反应会受到一定程度的抑制。

② 固体颗粒表面对链式反应的抑制作用（固相化学抑制作用）。气溶胶中的固体颗粒具有很大的表面积和表面能，在火场中被加热和发生裂解需要一定的时间，并不可能完全被裂解或气化。固体颗粒进入火场后，受到可燃物裂解产物的冲击，由于它相对活性基团的尺寸要大得多，故与活性基团表面相碰撞时，可瞬间吸附并发生化学作用。

③ 气相的化学抑制作用。在热量的作用下，气溶胶中的固体颗粒裂解产物可能以蒸气或阳离子形式存在，在瞬间可能与燃烧中的活性基团发生多次链式反应。

④ 惰性气体稀释氧作用。气溶胶灭火剂灭火产物中含有 N_2、CO_2、水蒸气等，对燃烧区内的氧浓度具有稀释作用。

4.3.9　MEA 防火隔离带技术

由于煤层厚度、冒放性以及煤质等因素，在综放工作面实际开采过程中要求始终将顶煤放净，尤其对于自然发火现象严重的矿井，在回采过程中沿走向方向在 3～5 m 处需要强制放顶，这样就在采空区留下了一条宽 3～5 m 的矸石条带，在该条带内压注 MEA 就可以形成一条防火隔离带。

MEA 具有很强的固水性和弹塑性，高分子材料胶体同水渗透到矸石的裂隙中，在顶板来压后会使隔离墙变得更加密实，可以防止漏风向采空区渗透，从而达到防止采空区自然发火的目的。

MEA防火隔离带在采空区内部空间高度上沿煤层倾斜方向形成了一道挡风隔离墙，使隔离墙前方的漏风难以通过该墙体，它的存在改变了原采空区“三带”的分布，使原来的散热带、氧化带很快进入窒息带。随着工作面的推进，在采空区内部形成一条无浮煤的地带，与原来的采空区形成了隔离，以该隔离带为起点形成新的采空区“三带”，采空区的发火危险降低。

构筑MEA隔离带的关键是既要确保把顶煤全部放净，又不至于把大量的矸石放下来，影响煤质。同时，要掌握好MEA的配比，浓度要适宜，否则不易在空间高度上堆积，从而影响封堵效果。

4.3.10 密闭工程技术

密闭是煤矿井下的人工构筑物，与巷道煤柱共同组成通风边界，是通风系统中的重要组成部分。它可以调节风流，改变风流的方向，隔绝水、火、瓦斯和其他有害气体，阻挡充填材料侵入工作场所和防止爆炸或避免坚硬难冒顶板大面积瞬时一次垮落时冲击波的破坏。在煤炭氧化自热、自燃过程中，密闭是防止向采空区或火区漏风的具体措施。防灭火密闭的主要作用是阻止空气流入火区和具有爆炸危险的区域，使火区缺氧来抑制煤的氧化，使其窒息。

4.3.11 均压防灭火

采区中的煤体采出后，上覆岩层失去平衡，垮落形成多孔介质体系，压在生产过程中遗留在采空区的煤层顶、底煤和散落的浮煤上。这个垮落空间与相邻煤层采空区、地面及附近巷道有裂隙、孔洞相连通，虽然有密闭隔离，但是渗流状态的漏风联系依然存在，形成垮落空间多孔介质体系，裂隙内的气体是流动的。采空区与周围巷道连通关系有以下两类。

1. 一源一汇，一源二汇，一源三汇，一源多汇

如图4-12(a)所示，采空区仅与工作面连通。无论入口是层流还是紊流，采空区的漏风流动轨迹始终以A为起点，分层次地先后向上隅角B点方向发展。但是，当入口流为层流时，在采空区内射流影响很小；当入口流为紊流时，入口射流影响范围随着入口动压增加不断扩大，直至充满整个采空区，此种情况煤炭易自燃，必须加以防范。

在图4-12(b)、图4-12(c)、图4-12(d)中，由于各点的压力不同，采空区的流动规律将发生很大的变化。例如图4-12(b)，A向B、C方向漏风。因此，为防止工作面上隅角瓦斯超限，用调压的方法使B点的能位高于C点，迫使工作面上隅角瓦斯从A向C流动，这样可以减少工作面风流带出的瓦斯量，增加C点汇（相当于尾巷）排出的瓦斯量。但应注意，在从A向B流动（或从A向C流动）的过程中风速适宜时，可能造成采空区的遗煤发热自燃。

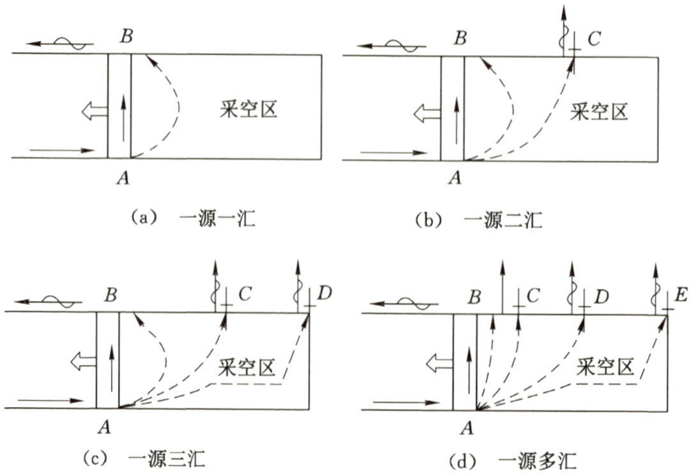

图4-12 一源一汇、一源二汇、一源三汇与一源多汇

2. 二源一汇，二源二汇，二源三汇，多源多汇

如图 4-13 所示，在二源一汇、二源多汇和多源多汇的情况下，采空区的漏风影响范围主要取决于源与汇之间、汇与汇之间的压差以及源与汇之间的漏风量。改变源、汇之间的压差，采空区的漏风方向及漏风量就会发生改变。特别在采用均压灭火，用调压措施改变漏风压差时要特别慎重。若调节得当，可以控制采空区的漏风量及漏风方向，抑制煤的氧化升温，防止采空区遗煤自然发火。否则，可能会促进采空区遗煤自然发火。

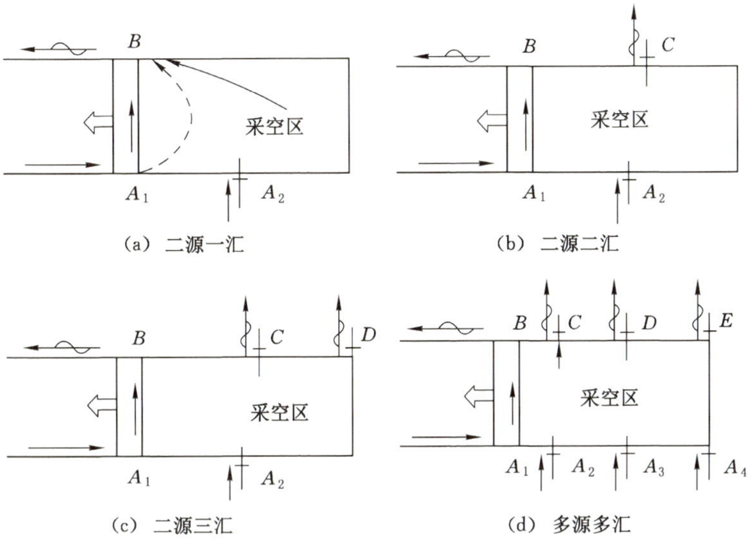

图 4-13 二源一汇、二源二汇、二源三汇与多源多汇

但是，二源二汇或二源多汇及多源多汇漏风量和方向是复杂的，它取决于源、汇间的压差。对于二源三汇的一般情况，A_1、A_2 点为高能位的漏风源，B、C、D 点为低能位的漏风汇，可以推断其漏风状况有 6 种可能。因此，对于多源多汇，采空区漏风是复杂多样的。

根据煤炭自燃机理，采空区漏风是供氧的重要因素。采空区是热量最易积聚的场所，如果杜绝和减少采空区漏风，可使燃烧的火区因缺氧而窒息，起到灭火作用。

均压通风防灭火建立在科学合理的风网关系的基础上，在矿井主要通风机合理运行工况条件下，通过对井下风流的调整，改变有关巷道风压分布，均衡火区或采空区进、回风两侧的风压差，减少和杜绝漏风，使火区内空气不产生流动和交换，断绝氧源，达到窒息惰化火区或抑制煤炭自然发火的目的。因此，均压防灭火的实质是通过风量合理分配与调节，堵风防漏，管风防火，以风治火。

根据使用条件和作用原理不同，均压防灭火技术分为开区均压和闭区均压两类。在生产工作面建立均压系统，以减少采空区的漏风，抑制遗煤自燃，防止 CO 等有害气体涌向工作面，从而保证工作面正常回采的措施称为开区均压。对已经封闭的采空区或自燃区采取的均压措施称为闭区均压。现场多用开区均压进行防火和抑制采空区煤炭自燃，用闭区均压进行灭火。均压防灭火技术可以在不影响工作面正常回采的前提下实施，其工程量小、投资少、见效快。

(1) 风流压能测定的准备工作

压能测定的组织以及测前对所用设备、技术材料的准备工作十分重要，这既是做好压能测定的决定性环节，又是直接关系到测定工作成败的重要内容。

① 测定路线的选择

选择测定路线的原则如下：根据测定的要求和目的，结合采区的生产布局和通风系统的现状，选择一条风流路线长、风量大且包含工作面，能反映工作面或者采区通风系统特征的路线作为主测路线，如

有需要再选择其他路线作为辅测路线。

② 测点布置

测定路线选定后，即可按照风流压能测定的要求，结合采区巷道布置的具体条件，在通风系统示意图上确定测定点的位置和数量，并沿测定路线将测点依次编号。在确定测点布置时一般应遵循下述原则：

a. 测点布置在风流稳定、巷道规整的地点，测点前、后支护完好，巷道内无堆积物；

b. 工作面沿空平巷及可能与之形成漏风通道的另一侧及其他可能的漏风通道两侧；

c. 在风流分叉、汇合及局部阻力大的地点；

d. 测点与风流变化点之间应有一定的距离；

e. 测点应尽可能选在标高控制点附近；

f. 停采线两端、生产工作面两端头。

在井下实测时，还应根据现场的实际情况对个别测点进行调整，甚至临时性地增加或减少一些测点，以便更有效地监测主要巷道和工作面的阻力分布情况。

(2) 风流压能测定方法

采用精密气压计逐点测定法，即将一台精密气压计放置在地面井口附近，作为基点气压计，监测地面气压变化情况。另将一台气压计沿测定路线按选定的测点进行测定，称为测点气压计。基点气压计每隔 5 min 读数，测点气压计在各测点每逢 5 min 或 10 min 读数，测点气压计读数与基点气压计读数时间相对应，以反映地面气压变化对测点读数的影响，保证测点测定结果的可靠性，在各测点测定风流压力的同时，应测量巷道的风速、断面尺寸、气象条件等。如此依次测定全部的测点，待测点气压计返回至井口时再重新校对仪器读数，以检查仪器的误差。至此测定完毕，并记录各测点原始数据。

4.4 外因火灾防治技术

矿难，不仅给遇难矿工家庭带来了极大的伤害，同时也给国家造成了巨大的损失。据有关资料，我国煤矿的外因火灾数约占矿井火灾总数的 10%。随着矿井机械化和电气化程度的提高，外因火灾的比例还会增加。因此，防治矿井外因火灾意义重大。

4.4.1 外因火灾的预防

1. 外因火灾预防的着手点

① 防止失控的高温热源。在煤矿井下，失控的高温热源主要有电气设备过负荷、短路而产生的电弧、电火花，不正确的爆破作业而形成的爆炸火焰，机械设备运转不良而造成的摩擦火花或机械摩擦产生的高温热源，吸烟，使用电炉、灯泡取暖，电焊、气焊、喷灯焊接等明火，瓦斯、煤尘爆炸产生的高温。

② 在井下尽量采用不燃或耐燃支护材料、不燃或难燃材料制品，并防止可燃物的大量积存。目前，井下以金属支护、砌碹支护、锚杆支护、混凝土支护代替木支护，对外因火灾预防极为有利。但是不少矿井，特别是中小煤矿、地方煤矿，不注意用材的配套，在使用金属拱形支架支护大巷的同时，大量地配以易燃的木背板、笆片；井筒虽是混凝土砌碹，但罐道、井梯却用木材制成，极易造成火灾。

③ 防止外因火灾蔓延。外因火灾发生后，在井下采取预防外因火灾蔓延的措施，有效地阻止其蔓延，减小火灾的影响范围。

2. 预防外因火灾的一般性技术措施

(1) 采用不燃性材料

井口房、井架和井口建筑物都应采用不燃性材料进行建筑;进风井筒、回风井筒、平硐、主要生产水平的井底车场、主要巷道的连接处、井下主要硐室和采区变电所等,都应开凿在岩层中或采用不燃性材料进行支护和填实。目前输送机的输送带和电缆均为阻燃性产品,但仍有矿井使用未经阻燃抗静电检测的输送带、电线等,另外机械设备用油也是易燃的材料,发现溢油或漏油必须立即处理。

(2) 设置防火门

在进风井口和进风的平硐口都应安设防火门,以防止井口火灾和附近的地面火灾波及井下。进风井与各生产水平的井底车场连接处都应设置防火门,并定期检查防火门的质量和可靠性。

(3) 设置消防材料库

为了迅速有效地扑灭矿井火灾,每个矿井均必须在井口附近设置消防材料库。井下每个生产水平的主要运输大巷中也应设置消防材料库,配备消防器材并备有消防列车。灭火材料、工具的品种和数量必须满足矿井灭火的需要。灭火时消耗的材料和工具应及时补足。消防材料库中的材料和工具,平时不准拿作他用。井下的火药库、机电硐室、水泵房和采区变电所都要配备足够的灭火器材。

(4) 设置消防水池

每个矿井都要建筑消防水池。井下可用上一水平的水仓作消防水池。井下各主要巷道中应铺设消防水管,每隔一定距离要设消防水龙头。

井下硐室内不准存放汽油、煤油和变压器油。井下使用的润滑油、棉纱和布头等必须集中存放,定期送到地面处理。

3. 杜绝引火源

① 预防明火。井口房和通风机房附近 20 m 内禁止烟火,也不准用火炉取暖。严禁携带烟草、引火物下井,井下严禁吸烟,严禁使用灯泡取暖和使用火炉。

② 预防爆破引火。严格井下爆破规定和制度,井下只准使用矿用安全炸药和电雷管药,严格执行爆破规定,煤矿井下不准用明火或用动力线爆破,不准进行裸露爆破,严禁用煤块、煤粉、炮药纸等易燃物代替炮泥,同时要严格执行“一炮三检”制度。

③ 不准在井下进行电焊、气焊,无法避免在井下施焊的,必须制定安全措施。

④ 预防电气引火。要正确选用易熔断丝(片)和漏电继电器,以便电流短路过负荷或接地时能及时切断电流。高瓦斯矿井选用防爆型电气设备,瓦斯矿井选用安全火花型电气设备。电缆接头采用硫化热补或接线盒。

⑤ 预防摩擦生火。应做好井下机械运转部分的保养维护工作,及时加注润滑油,保持良好的工作状态,防止因摩擦生热而引起火灾。特别是防止输送带摩擦起火和防止摩擦引燃瓦斯。带式输送机应具有可靠的防打滑、防跑偏、超负荷保护和轴承温升控制等综合保护系统。

4. 防止火灾蔓延的措施

限制已发生火灾的扩大和蔓延,是整个防火措施的重要组成部分。火灾发生后利用已有的防火安全设施,把火灾控制在最小的范围内,然后采取灭火措施将其熄灭,对于减轻火灾的危害和损失是极为重要的。具体措施如下:

① 在适当的位置建造防火门,防止火灾事故扩大;

② 每个矿井地面和井下都必须设立消防材料库;

③ 每个矿井必须在地面设置消防水池,在井下设置消防管路系统;

④ 主要通风机必须具有反风系统或设备,反风设施应保持状态良好。

4.4.2　直接灭火法

直接灭火就是用水、砂子、化学灭火器等,在火源附近直接扑灭火灾或挖除火源,这是一种积极的灭火方法。

1. 挖除火源

将已经发热或者燃烧的煤炭以及其他可燃物挖出来消除，运出井外。这是扑灭矿井火灾最彻底的方法，但是使用这种方法的条件是火源位于人员可以到达的地点；火区无瓦斯积聚，无煤尘爆炸危险；火灾处于初期阶段，波及范围不大。这种灭火方法具有一定的危险性，工作中要组织好，制定严格的安全措施，力求在最短的时间内一气呵成，不可干干停停，特别是在新投产的矿井或采区，如果是在煤柱、煤壁内发生的第一把火，为了杜绝后患，应尽可能采取这种方法。

2. 用水灭火

水是最有效、最经济、来源最广泛的灭火材料。水的灭火作用主要表现在以下方面：① 热容量大，1 L水转化成水蒸气时，能吸收 2 256.7 kJ 的热量，所以用水灭火吸热能力强，冷却作用大；② 1 L 水全部汽化时可生成 1 700 L 的水蒸气，大量水蒸气具有稀释空气中的氧浓度的作用，可以包围、隔离火源，对火源起窒息作用；③ 水枪射流具有强有力的压灭火焰的机械作用；④ 浸透火源邻近燃烧物，能够阻止燃烧范围的扩大。

应该注意的是，以下火灾不宜用水扑灭：电气（带电）火灾；轻于水和不溶于水的液体和油类火灾；遇水能燃烧的物质（如电石、金属钾钠等）火灾；精密仪器设备、贵重文物、档案等火灾；硫酸、硝酸和盐酸等火灾。

3. 用砂子或岩粉灭火

用砂子或岩粉直接撒盖在燃烧物体火灾上，将空气隔绝把火扑灭。通常用来扑灭初期的电气火灾和油类火灾，砂子或岩粉的成本低，易于长期存放，所以在机电硐室、炸药库等地方，均应备有防火砂箱或岩粉池。

4. 灌浆灭火

灌浆的材料可以是黄土、粉碎的风化页岩或矸石、电厂飞灰、河沙、石灰等。

5. 灭火剂灭火

(1) 干粉灭火剂

干粉灭火剂应用范围较广。常用的干粉灭火剂有钠盐干粉、氨基干粉以及以磷酸盐为基料的干粉。其中以氨基干粉灭火效果最好，磷酸盐干粉应用最多。干粉灭火的原理为：干粉靠加压气体的压力从喷嘴内喷出，形成一股雾状气流，射向燃烧物，接触火焰和高温后受热分解，吸热并放出不燃气体（NH_3 和 H_2O），可以稀释火区范围内的氧浓度。干粉及其热解产物可抑制碳氢自由基生成，破坏燃烧链反应。细的粉末在高温作用下熔化、胶结，形成覆盖层，从而隔绝氧，进而窒息灭火。

干粉灭火剂可以扑灭 A、B、C、D 类和电气火灾，常见的灭火器有喷粉灭火器。这种灭火器以 N_2 或液态 CO_2 为动力，将干粉喷射到燃烧物上。使用方法是将灭火器提到现场，在离火源 7～8 m 的地方将灭火器直立在地上，然后一手握住喷嘴胶管，另一手打开阀门，并向火源移近，将机内喷出的粉末气流射向火源。

干粉灭火剂被广泛应用于自动灭火系统。例如美国针对采煤机容易产生摩擦火花引燃瓦斯的特点，在采煤机上安装热传感器和干粉灭火剂自动灭火系统。由于干粉灭火时冷却效果不好，所以扑灭燃烧后要立即采取相应的冷却措施，否则可能发生复燃。

(2) 卤代烃灭火剂

常用的卤代烃灭火剂由一种或多种卤族元素（氟、氯、溴）取代甲烷和乙烷中的氢元素化合而成，因此也叫卤代烷灭火剂。其种类有二氟一氯一溴甲烷（CF_2ClBr）、三氟一溴甲烷（CF_3Br）等。

卤代烃灭火剂通常用加压的方法使其液化，灌装在有氮气介质的容器中。使用时只要打开开关，在氮气的压力作用下，灭火剂立即呈雾状喷出，形成密度大、扩散慢的气体，在火区内能滞留较长时间。其作用除了能降低火区氧浓度之外，还可以中断链式反应，阻止燃烧，并兼有一定的窒息和冷却作用，适用于扑救油类、带电设备、档案、文物和精密仪器等贵重物品的火灾。除此之外，卤代烷还有很好的阻爆作用。

（3）惰性气体

1959 年，我国盛行一时的炉烟灭火可谓惰气灭火的雏形，后来有些矿使用的干冰灭火、液氮灭火、湿式惰气灭火都是以惰化火区、窒息火源为基本原理的灭火方法。

液氮灭火有两种形式：一种形式是地面建立液氮汽化系统，特大型液氮槽车将由制氮厂运来的液氮汽化后，借助汽化压力或压缩泵通过水砂充填管路或专用管路送往井下火区；另一种形式是将液氮用小型槽车运往井下，直接喷入火区灭火。

湿式惰气灭火通过燃气涡轮发动机燃烧汽油（柴油），产生以 N_2、CO_2、水蒸气为主要成分的湿式惰气，然后压送进入火区，惰化火区空气，达到防止瓦斯爆炸和灭火的双重目的。

（4）用凝胶处理高温点和自燃火源

凝胶是近年来应用于煤矿井下防灭火较为广泛的材料，由基料[硅酸盐（水玻璃）]＋促凝剂（碳酸氢铵等盐类）＋水（90％左右）组成。其基料和促凝剂都具有阻化作用，且含有大量水分，在一定的压力下，注入高温点周围的煤体中。在成胶前凝胶易于流动，能够渗透到碎裂煤体的内部，既可以起到阻止氧化作用，又可以封堵漏风（裂隙）通道，防止漏风渗入。其内部聚集的大量水分，遇高温受热蒸发，还可以起到吸热降温作用。因此，用凝胶处理高温点和自燃火源效果较好。

（5）泡沫灭火剂

泡沫是一种体积小、表面被液体围成的气泡群。泡沫的粒度小（$d=0.1\sim0.2$ mm），导热性能差，黏着力大，可实现远距离立体灭火，具有持久性和抗燃烧性。泡沫覆盖在火源上，形成严密的覆盖层，且能保持一定时间，使燃烧区与空气隔绝，具有窒息作用。覆盖层还具有防辐射和热量向外传导作用，泡沫中的水分蒸发可以吸热降温，起到冷却作用。泡沫灭火剂可分为化学泡沫灭火剂和空气泡沫灭火剂等。

① 化学泡沫灭火剂。化学泡沫是由两种化学物质的水溶液发生化学反应而生成的。化学泡沫灭火剂对扑灭石油和石油产品以及其他油类火灾十分有效，但不宜用于扑灭醇类、醚类和酮类等水溶液的火灾以及电气火灾。化学泡沫灭火剂的性能好，但成本高。

② 空气泡沫灭火剂。空气泡沫可分为低倍数泡沫、中倍数泡沫和高倍数泡沫三类。高倍数泡沫（发泡倍数在 500～10 000 之间）主要用于扑灭火源集中、泡沫易堆积场合的火灾，如井下巷道、采掘工作面、室内仓库和机场设施等处火灾。

4.4.3　隔绝灭火法

当不能直接将火源扑灭时，为了迅速控制火势，使其熄灭，可在通往火源的所有巷道内砌筑密闭墙，使火源与空气隔绝。火区封闭后其内惰性气体（CO_2 和 N_2 等）的浓度逐渐增加，氧气浓度逐渐下降，燃烧因缺氧而窒息。此种灭火方法称为隔绝灭火法。

1. 密闭墙的结构和种类

火区的封闭是靠密闭墙来实现的。按照存在的时间长短和作用，可将密闭墙分为临时密闭墙和永久密闭墙两种。

（1）临时密闭墙

临时密闭墙的作用是暂时切断风流，控制火势发展，为砌筑永久密闭墙或直接灭火创造条件。对临时密闭墙的主要要求是结构简单，建造速度快，具有一定的密实性，位置上尽量靠近火源。传统的临时密闭墙是在木板墙上钉不燃的风筒布，或在木板墙上涂黄泥，随着科学技术的发展，目前已研制出多种采用轻质材料、能快速建造的密闭墙，如泡沫塑料密闭墙、伞式密闭墙和充气式密闭墙等。

(2) 永久密闭墙

永久密闭墙的作用是较长时间(至火源熄灭为止)地阻断风流,使火区因缺氧而熄灭。对永久密闭墙的要求是具有较高的气密性、坚固性和不燃性,同时又要求便于砌筑和开启。材料主要有砖、片(料)石和混凝土,砂浆作为黏结剂。为了增强气密性和耐压性,一般要求在巷道的四周挖 0.5～1 m 厚的深槽(使墙与未破坏的岩体接触),并在与巷道接触的四周涂一层黏土或砂浆等胶结剂。在矿压大、围岩破坏严重的地区设置密闭墙时,采用两层砖之间充填黄土的结构方式,以增强密闭墙的气密性。

在密闭墙的适当位置应预留设观测孔、措施孔以及排水孔。定期观测密闭墙内外气体浓度、温度及压差。

2. 密闭墙的位置选择

密闭墙的位置选择合理与否不仅影响灭火效果,而且决定施工安全性。过去曾有不少火区在封闭时因密闭墙的位置选择不当而造成瓦斯爆炸。灭火的效果取决于密闭墙的气密性和密闭空间的大小。封闭范围越小,火源熄灭得越快。

封闭火区的原则是密、小、少、快四字。密是指密闭墙要严密,尽量少漏风;小是指封闭范围要尽量小;少是指密闭墙的数量要少;快是指封闭墙的施工速度要快。正确地选择密闭墙位置和封闭火区顺序是成功灭火的关键。密闭墙位置的选择必须遵循封闭范围尽可能小、构筑防火墙的数量尽可能少和施工快的原则。具体的位置应满足以下要求:

① 在保证灭火效果和工作人员安全的条件下,应使被封闭的火区范围尽可能小,密闭墙的数量尽可能少。

② 密闭墙的位置不应离新鲜风流过远。

③ 建立密闭墙的地点,特别是入风侧密闭墙的地点,应选在围岩稳定、没有裂缝的岩石里。

④ 一般来讲,防火墙都要设立在铺设轨道巷道附近,以便运送材料,保证迅速完成密闭墙的建筑。有时因运输不便,建立防火墙的时间拖延过长,容易造成灭火工作失败。

⑤ 在进风侧,防火墙与火源之间不要存在有连通火源点的巷道。这样的巷道最易造成火源的循环而导致火灾气体爆炸。

⑥ 不管有无瓦斯,密闭墙的位置,特别是进风侧应距火源尽可能近些,这样火区瓦斯就不容易超限积聚。同时火区空间小,爆炸性气体的体积小,即使发生爆炸,威力也会减小。

⑦ 在采煤工作面发生火灾时,密闭墙位置应视火源位置而定。

3. 封闭火区的顺序

火区封闭后必然会引起其内部压力、风量、氧浓度和瓦斯等可燃气体浓度变化,一旦高浓度的可燃气体流过火源,就可能发生瓦斯爆炸。因此,正确选择封闭顺序,加快施工速度,对于防止瓦斯爆炸、保证救护人员的安全至关重要。就封闭进、回风侧密闭墙的顺序而言,目前主要有两种:一是先进后回(又称为先入后排),二是进回同时。

4. 封闭火区的方法

① 通风封闭火区。在保持火区通风的条件下,同时构筑进、回风两侧的密闭。这时火区中的氧浓度高于失爆界限(O_2 浓度$>12\%$),封闭时存在着瓦斯爆炸的危险性。

② 锁风封闭火区。从火区的进、回风侧同时密闭,封闭火区时不保持通风。这种方法适用于氧浓度低于瓦斯爆炸界限(O_2 浓度$<12\%$)的火区。

③ 注惰封闭火区。在封闭火区的同时注入大量的惰性气体,使火区中的氧浓度达到失爆界限所经过的时间比爆炸气体积聚到爆炸下限所经过的时间要短。

4.4.4 综合灭火法

综合灭火法就是隔绝灭火法与其他灭火法的综合应用。实践证明，单独使用密闭墙封闭火区，熄灭火灾所需时间较长，容易造成煤炭资源的冻结，影响正常生产。如果密闭墙质量不高，漏风严重，将达不到灭火的目的。因此，通常在火区封闭后，采用向火区内注入泥浆、惰性气体、凝胶或调节风压等方法，加速火区内火的熄灭，这就是综合灭火法。

4.4.5 扑灭和控制不同地点火灾的方法

1. 井口和井筒火灾

① 进风井口建筑物发生火灾时，应采取防止火灾气体及火烟侵入井下的措施：迅速扑灭火源；立即反转风流或关闭井口防火门，必要时停止主要通风机。

② 进风井筒中发生火灾时，为防止火灾气体侵入井下巷道，必须采取反转风流或停止主要通风机运转的措施。

③ 回风井筒发生火灾时，风流方向不应改变。为了防止火势增大，应减少风量。其方法是控制入风防火门，打开通风机风道的闸门，停止通风机或执行抢救指挥部决定的其他方法（以不能引起可燃气体浓度达到爆炸危险为原则）。必要时，撤出井下受威胁的人员。

2. 井底火灾

① 当进风井井底车场和毗连硐室发生火灾时，必须进行反风或风流短路，避免火灾气体侵入工作区。

② 当回风井井底发生火灾时，应保持正常风向，在可燃性气体不会聚积至爆炸极限的前提下，可减少流入火区的风量。

③ 为防止混凝土支架和砌碹巷道上的木垛燃烧，可在碹上打眼或破碹，设水幕。

3. 井下硐室火灾

① 着火硐室位于矿井总进风巷时，应进行反风或风流短路。

② 着火硐室位于矿井一翼或采区进回风所在的两巷道的连接处时，则应在可能的情况下进行风流短路，条件具备时也可采用局部反风。

③ 火药库着火时，应首先将雷管运出，然后将其他爆炸材料运出，如因高温运不出时，则关闭防火门，退往安全地点。

④ 绞车房着火时，应将火源下方的矿车固定，防止烧断钢丝绳，造成跑车伤人。

⑤ 蓄电池机车库着火时，为防止氢气爆炸，应切断电源，停止充电，加强通风并及时把蓄电池运出硐室。

⑥ 无防火门的硐室发生火灾时，应利用挂风障控制入风，积极灭火。

4. 通风巷道火灾

① 倾斜进风巷道发生火灾时，必须采取措施防止火灾气体侵入有人作业的场所，特别是采煤工作面。为此，可采取风流短路或局部反风、区域反风等措施。

② 若火灾发生在倾斜上行回风风流巷道，则应保持正常风流方向，在不引起瓦斯积聚的前提下应减少供风。

③ 若火灾发生在倾斜下行风流巷道，必须采取措施，增加入风量，减小回风风阻，防止风流逆转，但决不允许停止通风机运转。

④ 在倾斜巷道中，需要从下向上灭火时，应采取措施防止垮落岩石和燃烧物掉落伤人，如设置保护吊盘、保护隔板等护身设施。

⑤ 在倾斜巷道中灭火时，应利用中间联络巷和行人巷接近火源。不能接近火源时，则可利用矿车、箕斗，将喷水器下到巷道中灭火，或发射高倍数泡沫、惰性气体进行远距离灭火。

⑥ 位于矿井或一翼总进风巷中的平巷、石门和其他水平巷道发生火灾时，要选择最有效的通风方式(反风、风流短路、多风井的区域反风和正常通风等)，以便救人和灭火。为防止火灾扩大采取短路通风时，要确保火灾有害气体不致逆转。

⑦ 在采区水平巷道中灭火时，一般保持正常通风，根据瓦斯情况增大或减少火区供风量。

5. 采煤工作面火灾

当采煤工作面发生火灾时，一般要在正常通风的情况下进行灭火，且必须做到如下几点：

① 从进风侧进行灭火，要有效地利用灭火器和防尘水管。

② 急倾斜煤层采煤工作面着火时，不准在火源上方灭火，防止水蒸气伤人；也不准在火源下方灭火，防止火区塌落物伤人。要从侧面(即工作面或采空区方向)利用保护台板和保护盖接近火源灭火。

③ 采煤工作面瓦斯燃烧时，要增大工作面风量，并利用干粉灭火器、砂子、岩粉等喷射灭火。

④ 在进风侧灭火难以取得效果时，可采取局部反风，从回风侧灭火，但进风侧要设置水幕，并将人员撤出。

⑤ 采煤工作面回风巷着火时，必须采取有效方法防止采空区瓦斯涌出和积聚。

⑥ 用上述方法无效时，应采取隔绝方法和综合方法灭火。

6. 独头巷道火灾

① 火灾发生在煤巷工作面、瓦斯浓度不超过 2%时，可在通风的情况下采用干粉灭火器、水等直接灭火。

② 火灾发生在煤巷的中段时，灭火过程中必须检测流向火源的瓦斯浓度，防止瓦斯经过火源点，如果情况不清应远距离封闭。若火灾发生在上山中段时，不得直接灭火，要在安全地点进行封闭。

③ 上山煤巷发生火灾时，不管火源在什么地点，如果局部通风机已经停止运转，在无须救人时，严禁进入灭火或侦察，而要立即撤出附近人员，远距离进行封闭。

④ 火源在下山煤巷掘进工作面时，若火源情况不清，一般不要进入直接灭火，应进行封闭。

4.5 瓦斯与火耦合灾害防治技术

为了解决高瓦斯矿井瓦斯超限问题，一般会采取多种方法进行瓦斯治理，包括高位钻孔抽采、上隅角埋管抽采等。高位钻孔抽采位置在回风侧顶板裂隙带内，上隅角抽采位置在回风顺槽进入采空区一定距离内。不同位置的抽采方法耦合作用，使采空区内气体在立体空间内运移，且气体运移受多处瓦斯抽采影响。不同的抽采条件，采空区气体运移及立体“三带”分布不同。本节通过解算，研究瓦斯抽采对采空区气体运移及立体“三带”分布的影响。

4.5.1 高位钻孔对采空区自然发火“三带”的影响分析

1. 高位钻孔单因素影响分析

高位钻孔是在回风巷向煤层顶板施工的钻孔，主要是利用采动应力场中采空区冒落形成的裂隙空间作为瓦斯流动通道，在抽采负压作用下使瓦斯流向钻孔，从而抽出采空区瓦斯，解决上隅角和回风流瓦斯超限问题。高位钻孔终孔位于采空区回风侧上方裂隙带中，一般处于采空区散热带中，一般同时采用多个钻孔抽采。由于在抽采口附近容易形成比工作面回风出口压力更低的低风压区，工作面边界与采空区内外压差变大，工作面向采空区的漏风也增大。

图 4-14 所示为高位钻孔抽采对采空区“三带”影响对比(高位钻孔流量为50 m^3/min)。由图 4-14 可知，高位钻孔抽采只在上隅角附近对采空区“三带”产生微小扰动，对采空区“三带”整体影响不大。这

是由于高位钻孔终孔位于采空区回风侧上方裂隙带中，抽采造成的漏风进入采空区的深度较浅，一般处于采空区散热带中。抽采对深部氧化带范围影响较小。

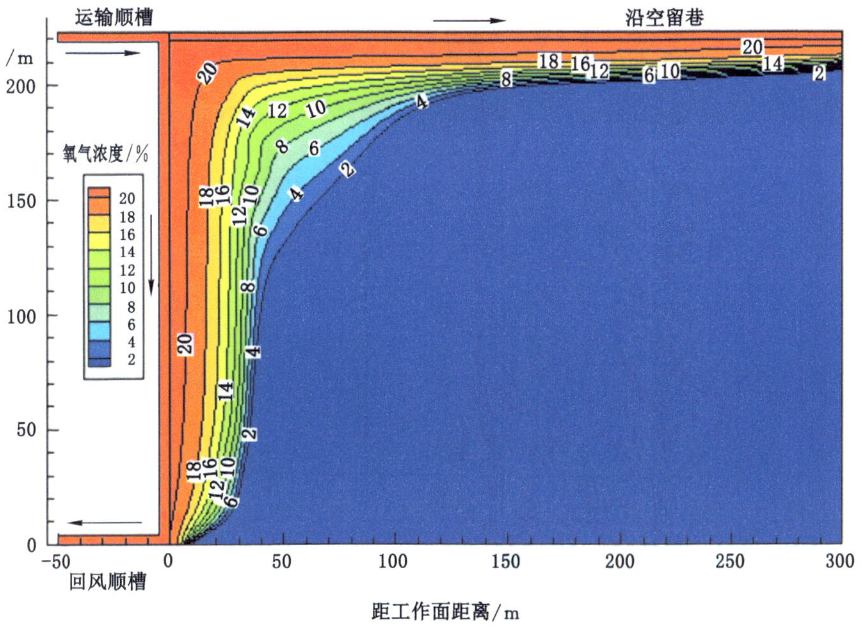

(a) 未采取措施前

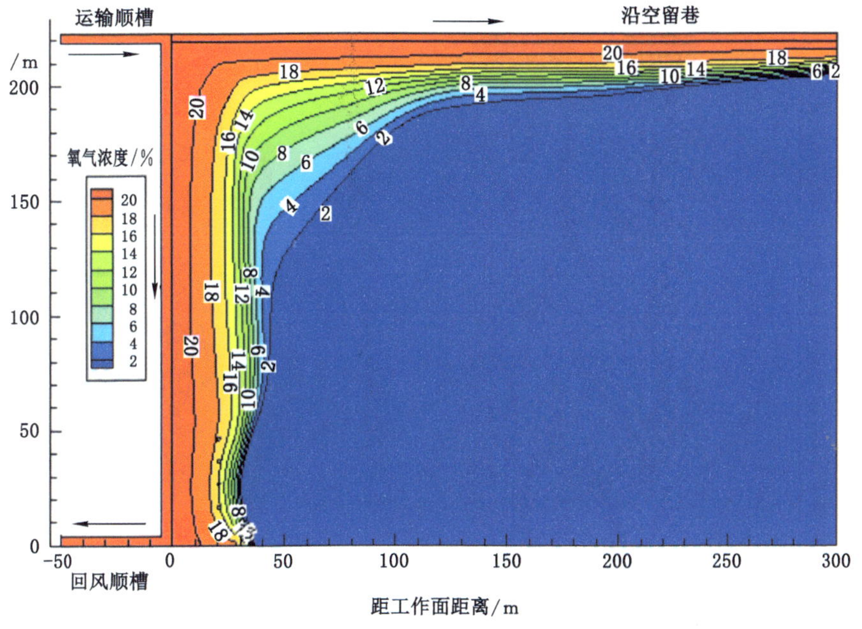

(b) 高位钻孔抽采后

图 4-14　高位钻孔抽采对采空区“三带”影响对比

2. 高位钻孔流量对采空区影响分析

为了了解高位钻孔不同抽采量对采空区氧化带分布的影响，解算了在实际生产条件下，高位钻孔抽采流量 Q 分别为 75 m^3/min、50 m^3/min、25 m^3/min、0 m^3/min 时四种不同的情况。四种不同抽采流量下采空区氧化带分布情况见图 4-15 至图 4-18。

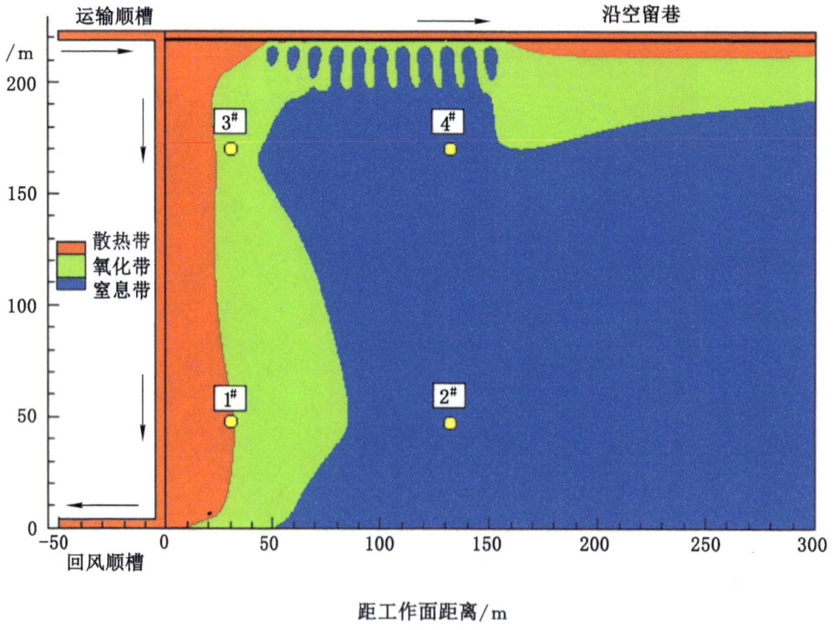

(a) $z=0.5$ m

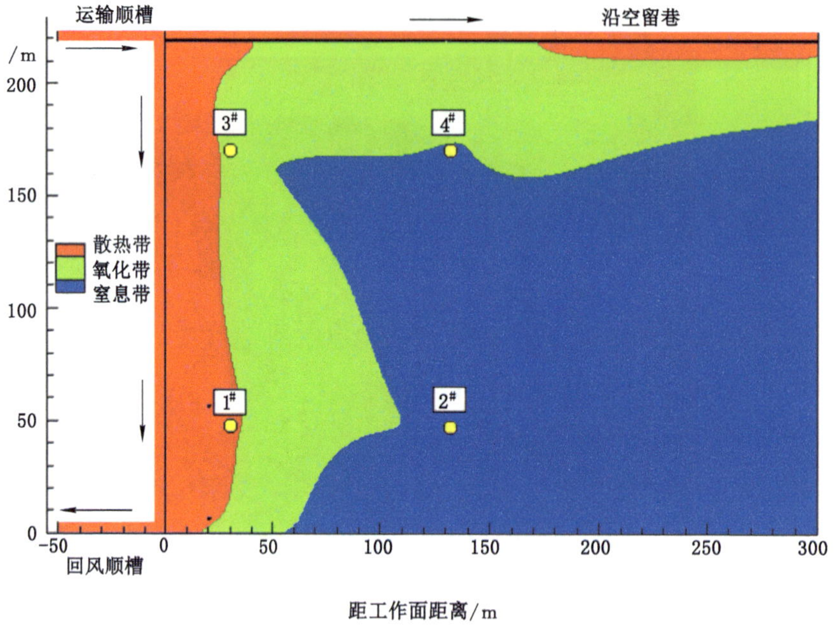

(b) $z=6$ m

图 4-15 采空区“三带”分布($Q=0\ m^3/min$)

由图 4-15 至图 4-18 可以看出，相同位置时，高位钻孔不同抽采流量下的采空区氧化带范围变化不大，说明抽采流量对采空区氧化带范围的影响较小。

对比不同抽采流量时高位钻孔抽采浓度及工作面的瓦斯浓度，结果见表 4-5。

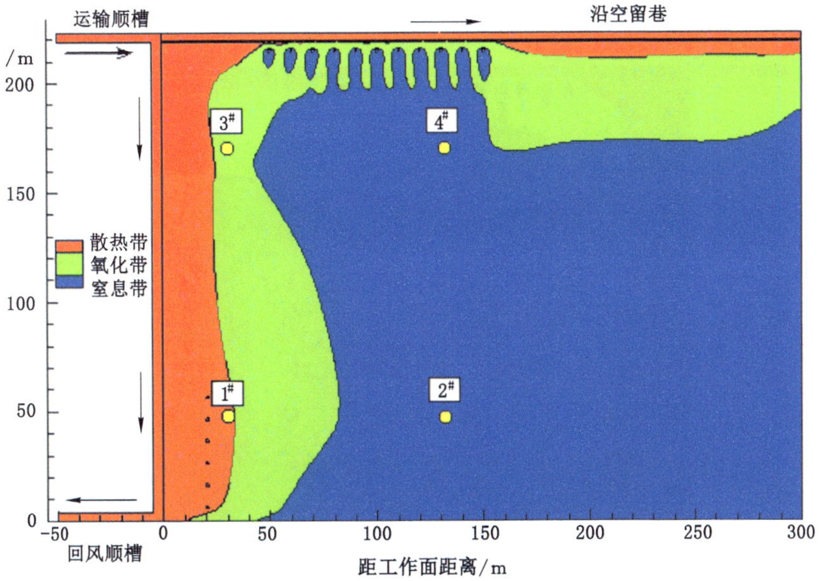

(a) $z=0.5$ m

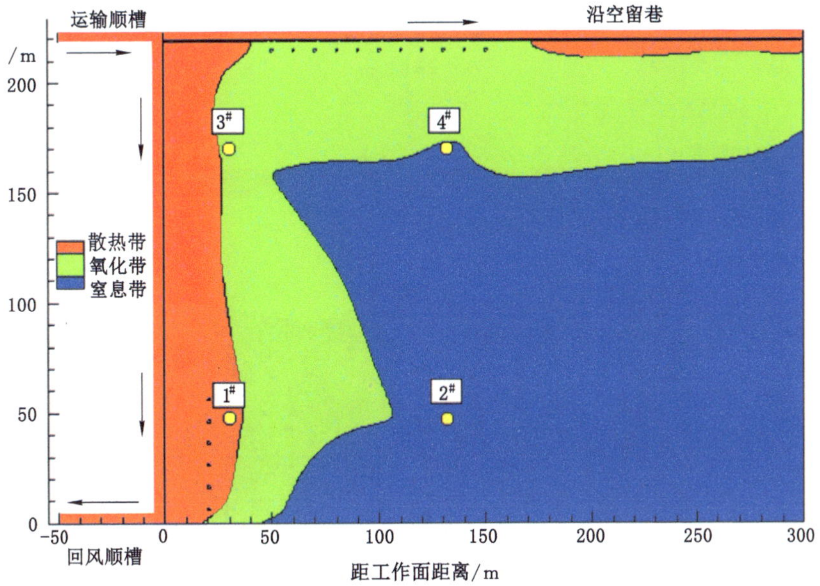

(b) $z=6$ m

图 4-16　采空区“三带”分布($Q=25\ m^3/min$)

表 4-5　回风顺槽抽采调整前后瓦斯浓度(%)对比

抽采地点		$Q=25\ m^3/min$	$Q=50\ m^3/min$	$Q=75\ m^3/min$
高位钻孔	5 m	9.90	9.50	8.86
	15 m	7.61	6.79	6.38
	25 m	7.57	6.57	5.99
	35 m	7.89	6.81	6.11
	45 m	8.80	7.63	6.82
	55 m	11.13	10.04	9.25
上隅角埋管		3.44	2.99	2.62
回风顺槽		0.59	0.54	0.51

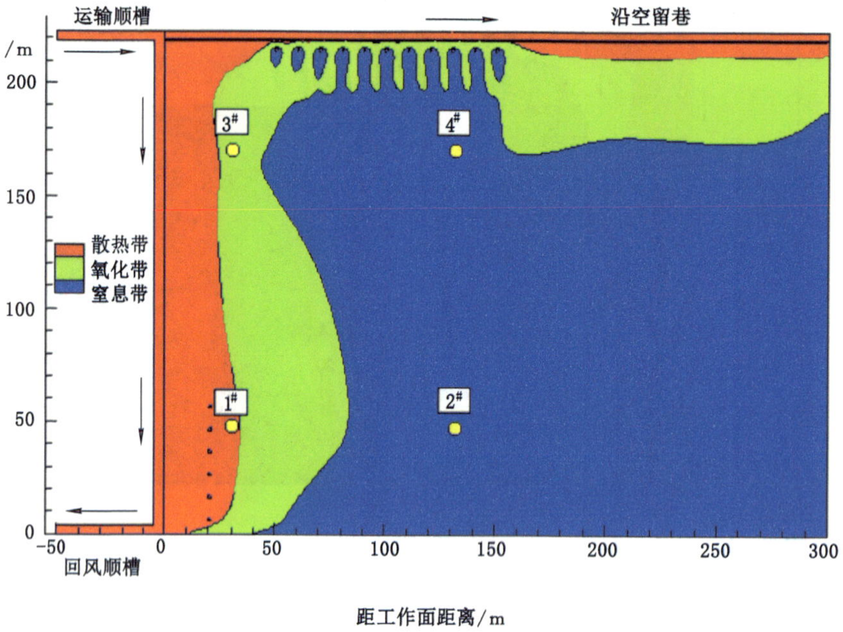

(a) $z=0.5$ m

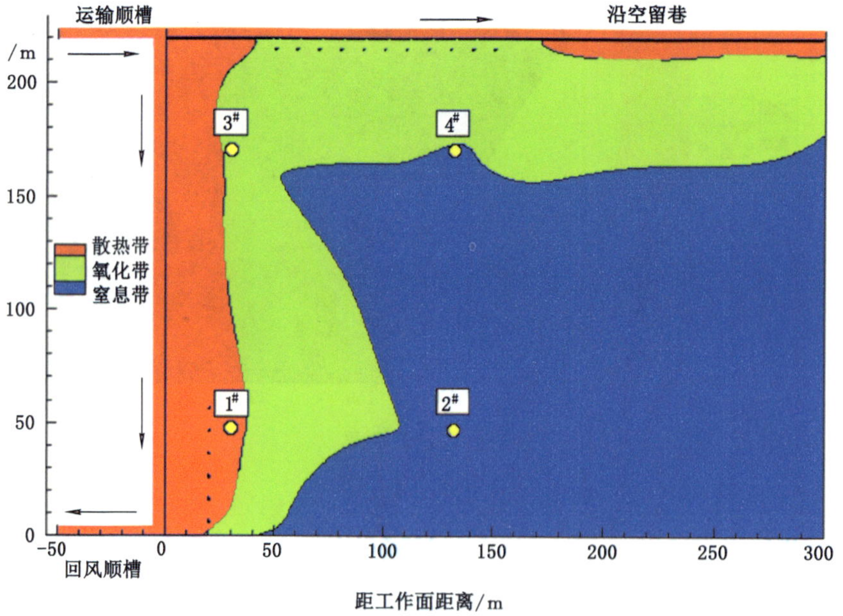

(b) $z=6$ m

图 4-17　采空区“三带”分布($Q=50\ m^3/min$)

由表 4-5 可知，高位钻孔抽采流量越大，高位钻孔抽采的瓦斯浓度越低，同时工作面的瓦斯浓度也降低。由此可以看出，增加高位钻孔的抽采流量，对采空区氧化带影响不大，并且有降低瓦斯超限风险的作用。

4.5.2　上隅角埋管对采空区自然发火“三带”的影响分析

在工作面负压通风系统中，在进风巷、回风巷风流压差作用下，工作面风流一部分从工作面中下部流入采空区，经采空区再回到工作面上部及上隅角。这样必然造成工作面上隅角瓦斯积聚。另外，瓦斯

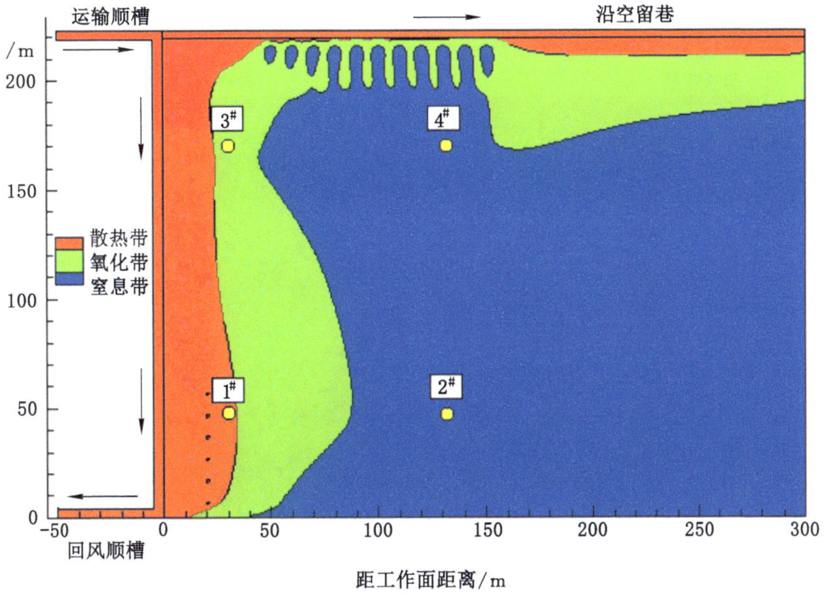

(a)　$z=0.5$ m

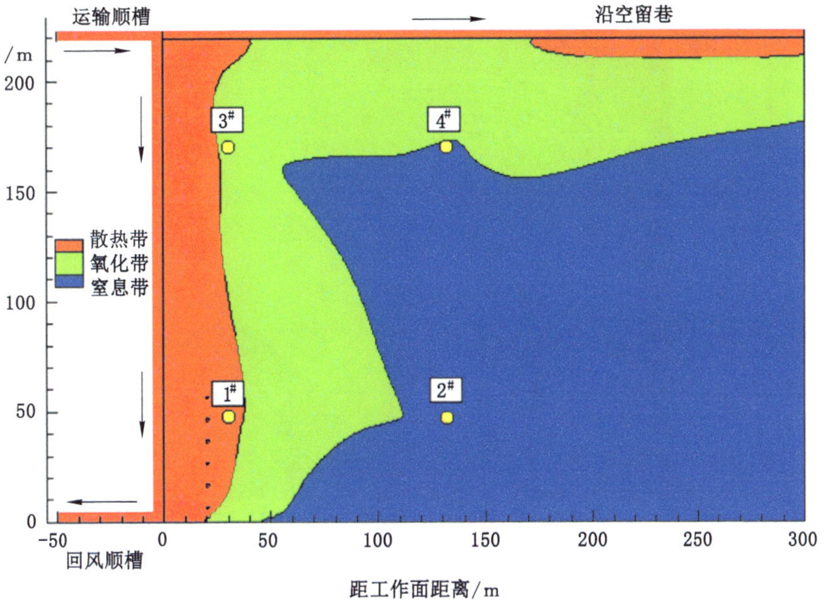

(b)　$z=6$ m

图 4-18　采空区“三带”分布($Q=75\ m^3/min$)

密度相对空气要小，当存在高差时能自然上浮，必然造成采空区中高浓度瓦斯向采煤工作面上隅角运移，从而增加了上隅角瓦斯涌出量。

当采用上隅角埋管进行瓦斯抽采时，工作面向采空区漏风更为严重，且越靠近回风顺槽，工作面向采空区漏风量越大。通过解算上隅角不同抽采条件，研究上隅角对采空区自然发火“三带”的影响。

图 4-19 所示为上隅角埋管抽采对采空区“三带”影响对比。由图 4-19 可以看出，在上隅角风流压差作用下，工作面及沿空留巷的一部分风流流入采空区，采取上隅角埋管抽采措施后加大了工作面及沿

空留巷的漏风量，氧化带范围明显增加。这说明上隅角抽采流量与采空区漏风成正比，抽采强度越大，氧化带范围越大。

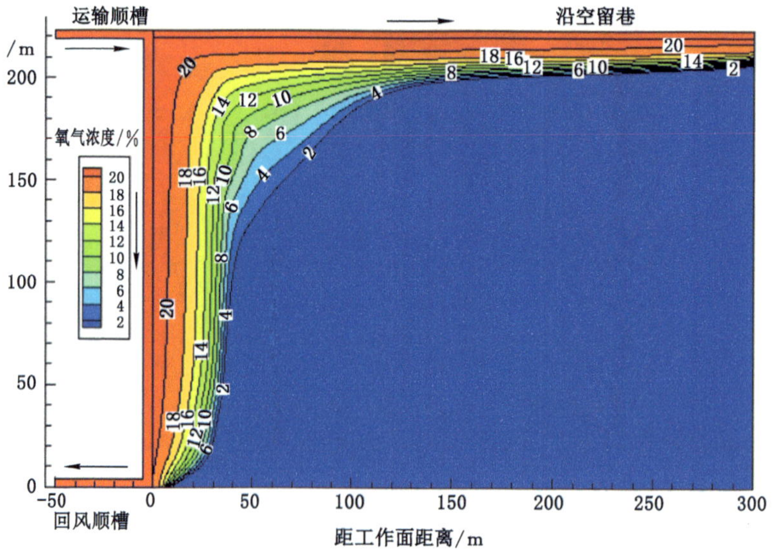

(a) 未采取措施前

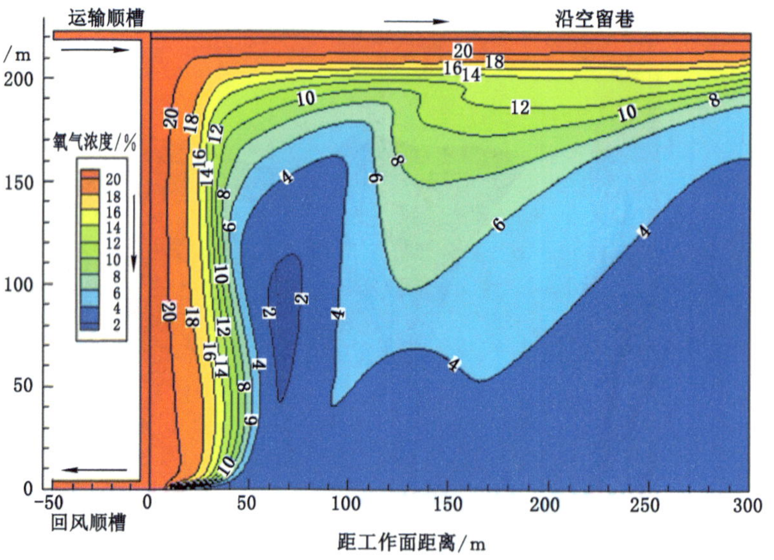

(b) 上隅角埋管抽采后

图 4-19 上隅角埋管抽采对采空区“三带”影响对比

针对五虎山矿实际情况，抽采量 Q 为 192 m^3/min 和 288 m^3/min 两种不同情况的采空区“三带”分布如图 4-20、图 4-21 所示。抽采量 $Q=192$ m^3/min 时，靠近工作面的氧化带宽度为 84 m；抽采量 $Q=288$ m^3/min 时，氧化带宽度为 90 m。抽采量增大后，氧化带面积也明显增加。

4.5.3 随工作面推进，采空区“三带”变化规律分析

高位钻孔布置在采空区上部裂隙带内，随着工作面的推进，裂隙带也随之移动，相互搭接的高位钻孔接替抽采，高位钻孔抽采相对工作面位置变化不大。上隅角埋管抽采参数较为固定，位置变化较小。为了研究氧化带范围随工作面推进的变化规律，对工作面不同推进位置进行模拟，工作面不同位置时氧化带宽度及深度数据见表 4-6，采空区“三带”对比结果如图 4-22 至图 4-25 所示。

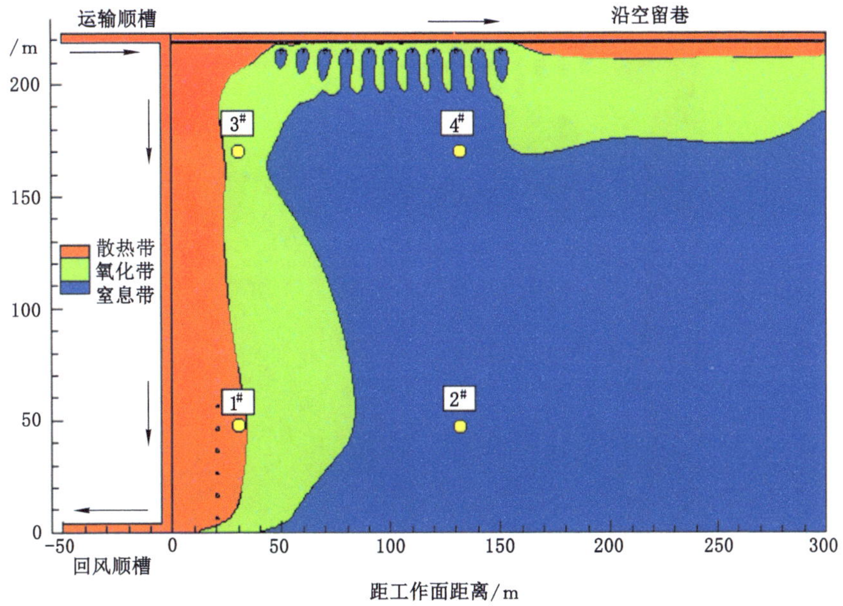

(a)　$z=0.5$ m

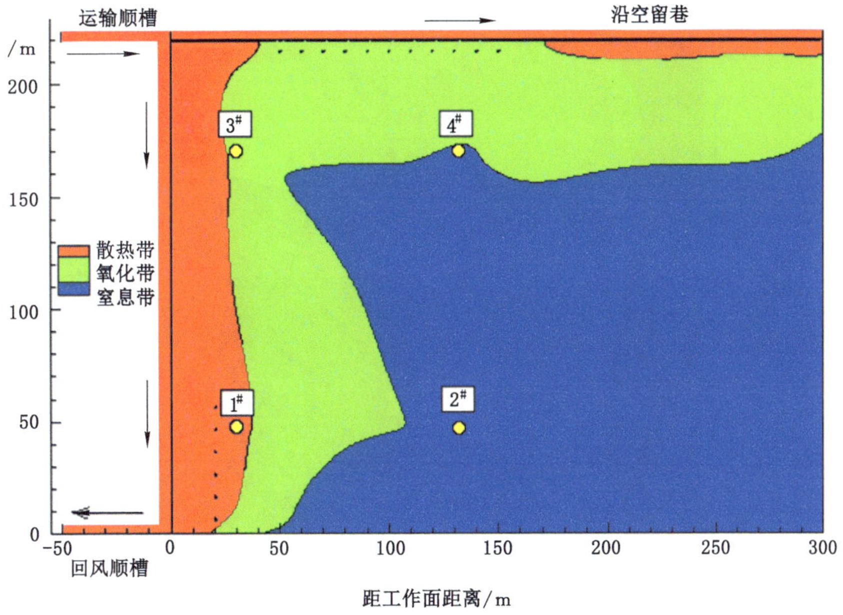

(b)　$z=6$ m

图 4-20　上隅角抽采量 $Q=192\ m^3/min$ 时“三带”分布

表 4-6　工作面不同推进距离时氧化带范围

	第一排钻孔距工作面距离				
	30 m	50 m	70 m	90 m	110 m
氧化带宽度/m	84	93	101	126	136
氧化带深度/m	50	44	90	111	122

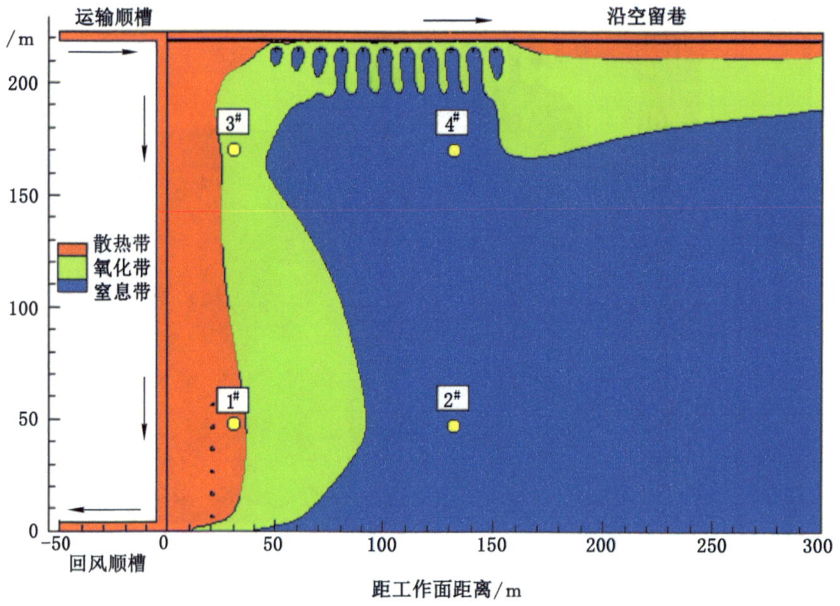

(a) $z=0.5$ m

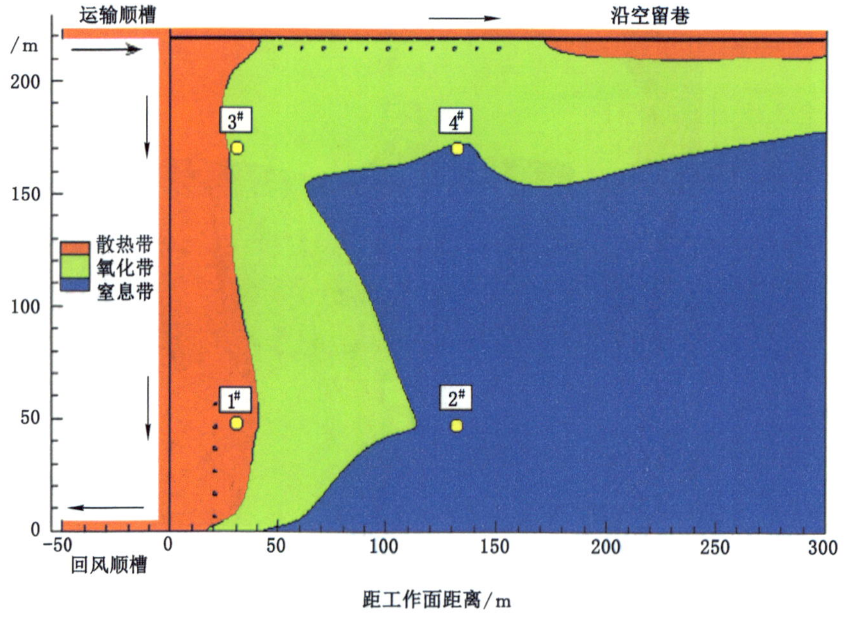

(b) $z=6$ m

图 4-21　上隅角抽采量 $Q=288\ m^3/min$ 时“三带”分布

由表 4-6 可以看出，工作面距抽采位置的距离与采空区氧化带宽度和深度成正比。这是因为随着工作面推进，抽采位置进入采空区深处，漏风也向采空区深部运移，从而造成采空区氧化带范围不断扩大。

随着工作面的推进，在抽采条件不改变的情况下，工作面回风流中的瓦斯浓度变化较小，均在安全范围内，这说明在抽采流量一定的情况下地面钻孔的移动对抽采效果影响不大。工作面推进不同距离时各地点瓦斯浓度结果见表 4-7。

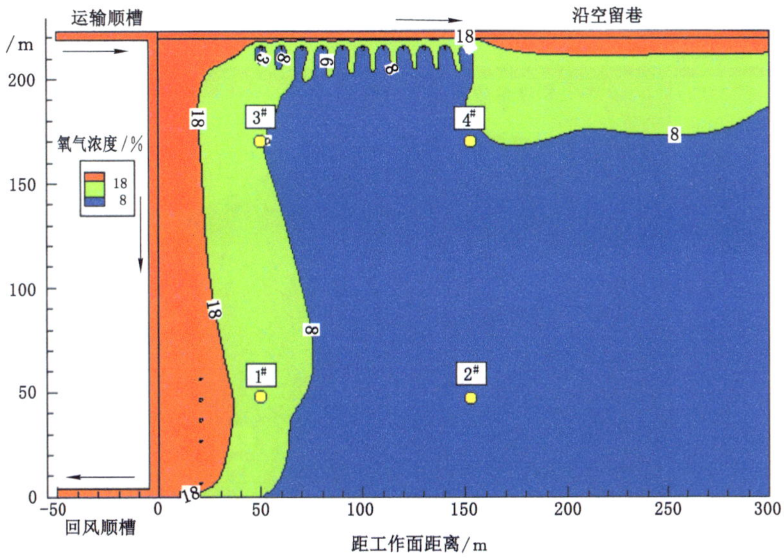

图 4-22　工作面推进第 126 天自燃“三带”分布图

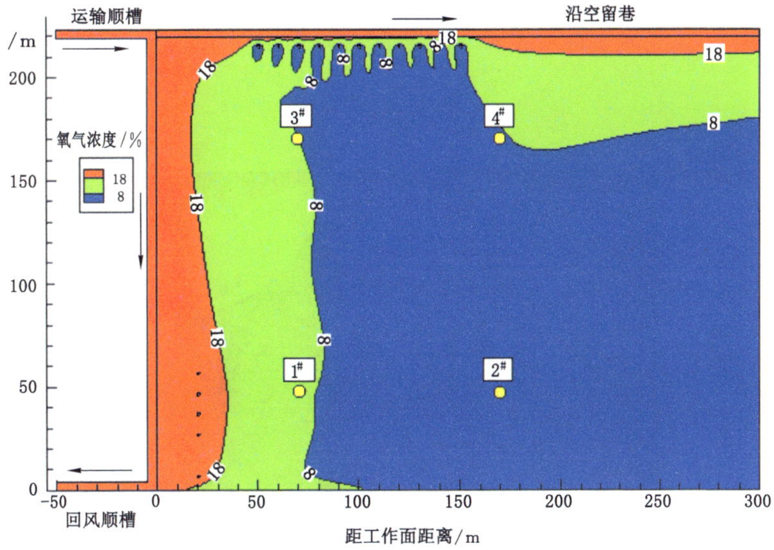

图 4-23　工作面推进第 134 天自燃“三带”分布图

表 4-7　不同推进距离工作面各地点瓦斯浓度(%)

抽采地点		第一排钻孔距工作面距离				
		30 m	50 m	70 m	90 m	110 m
高位钻孔	5 m	10.24	8.29	8.03	8.13	8.38
	15 m	7.11	6.72	6.99	7.16	7.31
	25 m	6.83	6.76	7.11	7.30	7.45
	35 m	7.04	7.35	7.75	7.96	8.12
	45 m	7.87	8.44	8.85	9.07	9.26
	55 m	10.44	10.39	10.71	10.95	11.18
上隅角埋管		3.21	2.88	2.87	2.89	2.95
回风顺槽		0.64	0.66	0.71	0.71	0.73

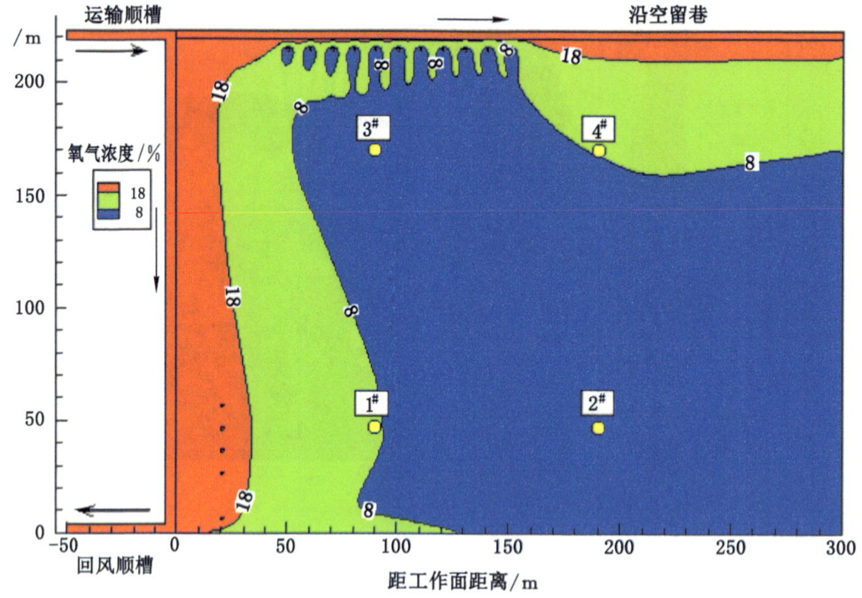

图 4-24　工作面推进第 142 天自燃“三带”分布图

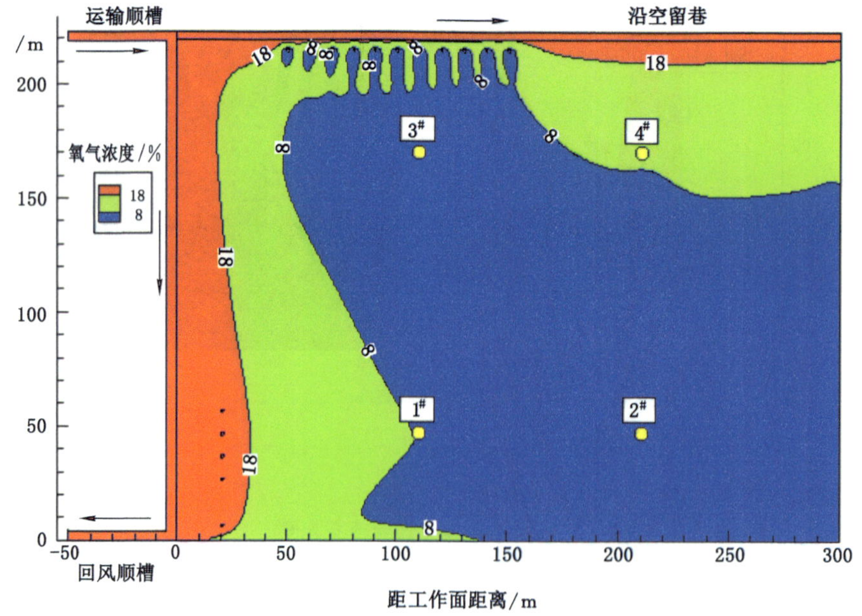

图 4-25　工作面推进第 150 天自燃“三带”分布图

通过上述模拟分析，可以得出如下结论：瓦斯抽采增加采空区漏风，增大氧化带范围；高位钻孔抽采强度变化对氧化带范围影响较小；上隅角抽采流量越大，氧化带范围越大，回风巷瓦斯浓度越小；适当减少浓度较低的钻孔瓦斯抽采量，能够保证瓦斯治理效果的同时，减少采空区漏风，减小氧化带范围。

4.6　火区探测、火区管理与启封

4.6.1　火区探测

1. 井下探测法

(1) 温度测定法

温度测定法可分为接触型和非接触型两种。接触型测温法是在煤壁内钻孔，预埋设测温探头，定期对温度进行检测以发现煤体内高温异常的方法；非接触型测温则是应用远红外成像技术在井下测量煤体升温状况的方法。红外探测仪器有红外测温仪和红外热成像仪，红外测温仪测取点温度，红外热成像仪测取区域温度。试验表明，红外技术对于测量煤堆、露头、巷壁煤柱的温度十分有效。

我国学者应用红外探测技术对煤巷近距离(<10 m)自燃火源位置进行了深入的研究与实践，提出了煤巷近距离红外探测方法。根据巷道壁面的红外探测能量场分布，建立了煤巷煤层自燃高温点的热传导方程，提出了煤巷近距离煤层自燃高温点的反演算法，并用最小能量准则和有限失拟准则解决了反演过程中解的不适定问题，确定了自燃火源的深度、范围和温度。

但是，红外探测技术只能探测表面与仪器垂直物体的温度，而且要求中间无遮挡物，因此，不适用于检测巷道松散煤体内部或相邻采空区内部的温度。

(2) 无线电波法

无线电波法的原理如下：温度传感器将所测温度物理量转变为无线电波传出采空区，巷道内的接收机接收后再将电信号转变为温度的物理量。在采空区，随工作面推进一定距离放置可发射无线电波的温敏传感器，当采空区温度升高时，传感器发射无线电波，巷道内接收机接收到发射信号，记录该信号的发射地点和温度变化量，从而起到探测火源位置与预报作用。该种方法目前尚处于试验阶段，其存在的主要问题是探头的维护难及成本高，对老采空区火源探测不适用。

(3) 地质雷达法

地质雷达法的基本原理如下：发射天线将高频电磁波以宽频短脉冲的形式发射到地下，电磁波在地下介质中传播时，会因介质电性的不同发生不同程度的衰减，遇到不同介电性质的分界面(断层、破碎带、高温带等)时会发生反射，反射信号被接收天线接收，经数字信号处理即可得到反映地下介质的电性分布的雷达图像。可结合具体地质情况加以分析验证，从而探明煤田自燃区的分布情况，为灭火工作提供依据。

(4) 双元示踪法

我国学者在井下进行了双元示踪法试验，其原理是利用灭火剂 1211(CF_2ClBr)在高温下易分解，同时 SF_6 在高温下热稳定性好的特点，通过两种气体在释放时与接收时的浓度对比，判断是否发生了自燃，达到火源探测的目的。该方法在进风侧同时定量释放 SF_6 和 1211，在回风侧检测两种气体的浓度，如果 1211 减少，则说明在示踪气体流经的线路上有高温火源存在。煤炭自燃一般发生在采空区和煤柱内，而这些地点人员无法直接到达，这给准确确定煤炭自燃位置、迅速灭火带来极大的困难。该方法只能定性判定有无高温点，但高温点具体位置与范围则无法确定。另外，CF_2ClBr 明显热解温度在 550 ℃以上，在实际应用中，该温度有些偏高。

(5) 数值分析法

数值分析法的原理如下：在采空区周边测量与火源定位有关的参量(如温度、火灾气体浓度等)，以这些测定参量为边界条件并结合某一数学模型，根据有关理论(如三维非线性流场理论、渗流理论、有限元理论等)进行数学推导，从而确定出这些参量在采空区内达到最大值的点，该点即为煤炭自燃火源点。严格地讲，这仅是一种理论分析方法，其模型是建立在一定假设基础上的，与实际存在着较大差异，且受井下气流及外界因素干扰，在现场应用中存在许多待解决的问题，而且对已采区煤层自燃不能适用。

(6) 指标气体分析法(井下火灾气体测量法)

当煤炭发生自燃时，随着温度的升高会伴随产生 CO、C_2H_6、C_2H_4 等气体。研究证明，这些气体组分与温度有一定的关系，因此这些气体的量可以作为衡量自燃发展程度的指标，故而将它们称为指标气体。该方法通常用仪器或束管检测系统检测煤自燃释放的指标气体，以确定煤氧化的温度和煤炭自燃火源点的大致范围。但用该方法无法确定煤炭自燃的确切位置和发展变化速度，并且受到井下通风因素的影响。指标气体分析法在国内应用极为普遍，可对煤炭自燃火灾发展的态势进行预测预报。

2. 地面探测法

(1) 遥感技术

遥感技术是 20 世纪 60 年代兴起的一种非接触型探测技术，是根据电磁波的理论，应用各种传感器对远距离目标所辐射和反射的电磁波信息进行收集、处理，最后成像，从而对地面各种景物进行探测和识别的一种综合技术。利用地表热效应、植被效应和边界裂隙等综合因子反映到遥感图像上，可实现煤田大面积火灾区域的探测。中国煤炭地质总局航测遥感局等单位做过这方面工作，并完成了我国三北地区煤自燃与环境普查。印度、美国也做过这方面工作，探测深度受地表热辐射背景以及上覆岩层属性、构造的影响，一般为 50～160 m。一些学者将遥感技术应用于煤火的探测，从宏观层面较准确地探测了煤火的分布。利用航空遥感方法进行大面积煤田火区调查时间长，投资大，因此其实用性受到限制。

(2) 地面火灾气体探测法

煤炭自燃火源区域与地面存在一定的压差和分子扩散，而在地表层中产生的一些有代表性的气体是从煤炭自燃火源点垂直方向放射的。据此，在预测煤炭自燃处布置 10～30 m 方形寻找网，在布置网点处打深度为 1～15 m 的钻孔，从中取气样快速分析，根据分析结果绘制气体异常图并根据含量最大的代表性气体确定火源点的大致位置和火灾的燃烧程度。由于利用地面气体探测法时气体须能够不断向上运移而不与其他物质发生化学反应，要使气体能扩散至地面，矿井通风必须是正压通风。地面气体测定法虽能大致确定自燃火源的位置，但它受到采深、自燃火区上覆岩层性质、地表大气流动的影响，因此可作为探测火源的辅助手段。

(3) 磁法勘探

磁法勘探是物探方法中最古老的一种，最初用于研究大地构造及解决地质填图中的一些问题。煤层上覆岩层中一般都含有大量的菱铁矿及黄铁矿结核，当煤炭自燃时，上覆岩层受到烘烤，其中的铁质发生物理化学变化，形成磁性矿物，并且火烧岩高温冷却后保留有较强的热剩磁。火区这一特殊的磁性特征，使磁法勘探火区火源边界成为可能。然而，火烧岩需 400 ℃以上的温度方可有足够的磁性，而对于自燃初期的煤田在温度和规模上都难以达到；在生产矿井采空区中本身就有很多磁性遗留物，给磁法探测火源位置带来了很大干扰；煤层顶底板岩石中分布的铁质结核不均匀，实测的磁异常可能形态复杂，呈星波状或锯齿状变化，测线不完整，平面上连续追踪性较差，因此，磁法勘探更多地应用于煤田自然发火区，而生产的矿井采空区遗煤自燃或煤柱自燃火灾的探测则受到限制。

(4) 电阻率法

电阻率法分为电测深法和电剖面法。

电测深法是在地面的一个测深点上，通过逐次加大供电电极极距，测量同一点的、不同供电电极极距的视电阻率，研究该测深点下不同深度的地质断面情况。

电剖面法沿煤层走向在地面布置观测剖面，观测沿剖面方向视电阻率的变化情况，根据观测结果比较未燃烧区和燃烧区电阻率的变化情况，判断自然发火点的位置与范围。该方法受大地杂散电流干扰大，当测区附近有高压线、大型电机等设备时，测定数据会受到干扰，对区分地质构造与火源则存在多解性，且主要受地形的影响。因此该方法主要应用于露天开采煤矿或煤田的煤炭自然发火火源位置与范围的测定，在埋深较大的矿井探测火源位置难以取得准确结果。

(5) 浅层米测温法

米测温法即 1 m 深度测温，是一种浅层测温方法。通过探测近地表 1 m 深处温度，对所得米温异常进行分析处理，可定性了解地下深处热源的赋存状况。浅层米测温法对浅层着火区的探测效果明显，不受仪器设备、电缆钻孔和巷道等的制约，测量简便易行，是一种较为有效的着火区探测方法。但由于实际地下采空巷道十分复杂，目前尚难以对深部采空巷道进行探测，而且米测温易受地表气温、地形等变化的影响，特别是导气裂隙容易引起米温假异常，因此必须结合钻探等资料进行综合分析。

(6) 同位素测氡方法

该方法由太原理工大学首创。从 20 世纪 80 年代中期以来，太原理工大学进行了地面同位素测氡法探测煤层自燃火源位置与范围的研究，其原理是利用煤岩介质中天然放射性元素氡随温度升高析出率增大的特性，在地面探测氡的变化规律，并经过一系列数据分析处理方法给出火源位置、范围及发展趋势。1996 年以来，研究人员改进了探测方法及仪器，研制了测氡探火数据处理软件包(CDTH)，探测结果可给出火区分布平面图、立体图和火源发展趋势图。目前，探测深度可达到 600 m，理论深度可达 800～1 200 m，且能探测出高温氧化点。该方法操作简便、成本低、精度高、抗干扰能力强，缺点是要求地表有一定的表土层，受水的影响大。目前该方法已在中国山西、山东、内蒙古、河南以及澳大利亚等地自然发火严重的矿区进行了应用，为矿区防灭火工作提供了科学依据。该技术 2000 年 7 月被山西省科技厅鉴定为国际领先水平。

有学者通过研究认为，地下煤自燃造成一个高温高压的环境，在生成大量气体的同时产生压力梯度，燃烧生成的气体可作为载气，对氡气通过微小断裂上升起着重要作用。温度越高，生成的气体量越大，压力梯度越大，气体上升速度越快。

通过试验发现，在煤升温氧化过程中，随着煤温的升高，氡在黄土介质、河砂及空气中有规律地析出，且随着温度的升高，其浓度呈线性上升趋势，其关系如下：

$$C = 6T - a \tag{4-10}$$

式中　C——氡的浓度；

T——温度；

a——常数，随孔隙率的增大而增大，不同介质取值不同，由试验确定。

式(4-10)可作为测氡探火的分析参考式。扩散系数、温度是影响氡在介质中传输能力的主要因素，扩散系数越大、温度越高，氡的传输能力越强。

在同一自燃温度下，距离自燃火源越远，氡的析出量越小。随着温度的升高，离自燃火源越远，氡的析出量减小得越快，变化越明显，呈对数规律变化。向上平均衰减率为 4.1%，从覆岩中由底部向上到 0.5 m处衰减率为 7%，从 0.5 m 到 1 m 处衰减率为 1.2%。当地下煤自燃达到临界温度以上，特别是干裂温度(约 140 ℃)以后，根据地表氡气的异常测值可以判定自燃火区的着火深度。

4.6.2　火区管理

当防治火灾的措施失败或因火势迅猛来不及采取直接灭火措施时，就需要及时封闭火区，防止火灾势态扩大。火区封闭的范围越小，维持燃烧的氧气越少，火区熄灭也就越快，因此火区封闭要尽可能地缩小范围，并尽可能地减少防火墙的数量。开采自燃的煤层时，采区设计应采用后退式布置，采煤工作面必须采用后退式开采，采空区必须及时封闭。采煤工作面开采结束后，必须在 45 d 内进行永久性封闭，每周1次抽取封闭采空区气样进行分析，并建立台账。封闭采空区密闭位置应选在采场压力稳定地点，且要留出以后密闭加固的空间，密闭前后10 m内巷道支护不得拆除，密闭质量必须符合通风设施建筑质量标准化标准要求，墙体四周要掏槽，见硬帮、硬底，与煤岩体接实；密闭墙、墙前10 m内巷道必须喷浆堵漏风，且喷浆厚度不低于100 mm。

1. 防火墙的建立及位置的选择应遵循的原则

① 防火墙要选用不燃性材料构筑，如因时间紧迫无法构筑不燃性防火墙时，可以采用木板等构筑临时防火墙，并在其表面喷涂水泥浆或聚氨酯等进行密封，然后在临时防火墙外再建立不燃性防火墙。

② 低瓦斯火区的防火墙位置应尽可能地接近火区，以缩小火区封闭范围，具有瓦斯爆炸危险时，可适当扩大火区封闭范围。

③ 如使用巷道为全煤巷道，构筑防火墙时要把防火墙周围巷道壁加固、喷涂水泥砂浆。

④ 防火墙应构筑在新鲜风流能够到达的地方，便于日后火区观测，以免形成“盲巷”。防火墙距新鲜风流的距离应在5～6 m之内。

⑤ 防火墙应设立在运输巷附近，便于运料施工，以免因运输不便而延误时间，使火势扩大。

⑥ 在闭墙时必须保证闭墙期间通风，并在闭墙上留设观察孔和措施孔。

2. 防火墙的布置及封闭顺序

用隔绝法扑灭火灾时，要求封闭的空间尽量缩小，防火墙的数量尽量少，构筑密闭的时间则尽可能地短。

对于瓦斯浓度较低的火灾区域，应首先封闭或关闭进风侧的防火墙，然后再封闭回风侧，同时，还应优先封闭向火区供风的主要通道（或主干风流），然后再封闭那些向火区供风的旁侧风道（或旁侧风流）。对于瓦斯浓度较高的火灾区域，在高瓦斯区防火墙和火源之间有瓦斯源存在时，应首先封闭旁侧次要风道，保持主风道的有效通风，然后尽量同时封进、回风侧。在无法实施同时封闭时，为控制火势，在水幕保护下可先封回风侧，再迅速封闭进风侧。

布置防火墙时应预先估计风流逆转和造成瓦斯爆炸的可能性，防止在建立防火墙的过程中发生风流逆转和瓦斯爆炸。如果由于某种原因必须大面积封闭时，防火墙内的风流不可避免地要发生逆转，而且也有大量的瓦斯涌出，应预估发生瓦斯爆炸的可能性。在构筑密闭墙上应留有通风孔，当一切就绪时立即同时关闭，并迅速撤离。

3. 火区快速封闭

当火灾火势迅猛而无法采取直接灭火措施而必须封闭时，应利用轻质膨胀型封闭堵漏材料如聚氨酯快速封闭材料等，建立火区快速封闭。聚氨酯的配置分A、B两组药剂。利用计量泵将两组药剂按一定比例混合，通过喷枪均匀地喷涂在目标物体表面，两组药剂即可在短时间内发生化学反应，由液态变成固态成型，连续喷涂即可形成密封性能良好的轻质膨胀型喷层。

4. 绘制火区位置关系图、建立火区卡片

火区封闭以后，虽然火势已经得到了控制，但是对矿井防灭火工作来说，这仅仅是个开始，在火区没有彻底熄灭之前，应加强火区的管理，待彻底熄灭后启封。火区管理工作包括对火区密闭管理以及观测检查、气体检测及资料分析、整理等工作。

火区位置关系图应标明所有火区和曾经发火的地点，并注明火区编号、发火时间、发火地点、气体组分与浓度等。

对于每一个火区，都必须建立火区管理卡片。火区管理卡片包括以下内容：

① 火区卡片。火区卡片应详细记录火区名称、火区编号、发火时间、发火原因、发火时的处理方法以及发火造成的损失等，并绘制火区位置图。火区卡片如表4-8所示。

表 4-8　火区卡片

火区名称：　　　　　　　　　　　　　　　　　　　　　　　　　　火区编号：

发火时间	年　月　日 时　分	发火地点与标高 （背面附火区位置图）	备注
发火时的情况	火灾处理方法及经过		
	处理延续时间/h		
	火灾波及范围	封闭巷道总长度/m	
		封闭工作面个数/个	
	防火墙数量	临时密闭个数/个	
		永久密闭个数/个	
	注入水量/m^3		
火灾造成的损失	影响生产的时间/h		
	影响生产煤量/t		
	冻结煤量/t		
	设备损失	封闭/台、件	
		烧毁/台、件	
煤层性质	厚度/m		
	倾角/(°)		
煤层自燃参数	自燃倾向性等级		
	最短自然发火期/d		
采煤方法			
采掘起止时间			

② 火区灌注灭火材料记录表。火区灌注灭火材料记录表用于详细记录向火区灌注惰泡以及其他灭火材料的数量和日期，并说明施工位置、设备和施工过程等情况。火区灌注灭火材料记录表样式如表 4-9 所示。

表 4-9　火区灌注灭火材料记录表

火区名称：　　　　　　　　　　　　　　　　　　　　　　　　　　火区编号：

钻孔编号	钻孔位置	打钻起止日期	钻孔参数					套管		灭火材料			备注
			直径/mm	深度/m	设计终孔位置	钻孔岩性	回水温度/℃						

③ 防火墙观测记录表。防火墙观测记录表用于说明防火墙设置地点、材料、尺寸以及封闭日期等情况，并详细记录按规定日期观测到的防火墙内气体组分的浓度、防火墙内温度、防火墙出水温度以及防火墙内外压差等数据。防火墙观测记录表样式如表 4-10 所示。

表 4-10　防火墙观测记录表

火区名称：　　　　　　　　　　　　　　　　　　　　　　　　　　火区编号：

防火墙基本情况	地点			封闭日期		厚度/m	断面积/m^2		建筑材料		施工负责人	
观测日期	防火墙内气体浓度/%								密闭墙内温度/℃	密闭墙出水温度/℃	密闭墙内外压差/Pa	发现情况
	O_2	CO	C_2H_4	C_2H_2	CO_2	CH_4	N_2	H_2				

火区管理卡片是火区管理的重要技术资料，对做好矿井防灭火工作意义重大。火区管理卡片由矿通风管理部门负责填写，并永久保存。

5. 火区检查观测与日常管理

在火区日常管理工作中，防火墙的管理占有重要的地位，因此必须遵循以下原则：

① 每个防火墙附近必须设有栅栏、提示警标，禁止人员入内，并悬挂说明牌。说明牌上应标明防火墙内外的气体组分、温度、气压差、测定日期和测定人员姓名等；

② 定期测定和分析防火墙内、外的气体成分、温度和压差以及防火墙的破损变形情况等，应每天至少检查一次，发现防火墙内外气体成分、温度、压差有异常变化时，每班至少检查一次；

③ 所有测定和检查结果都必须记入防火记录本中，并及时绘制随时间变化的曲线图。这些数据和图表，矿通风部门负责人要按时审阅，发现问题必须采取措施，及时处理，并报矿有关领导。

4.6.3 火区启封

1. 火区火熄灭的条件

《煤矿安全规程》规定：封闭火区，只有经取样化验分析证实，同时具备下列条件时，方可认为火区火已经熄灭，方准启封火区。

① 火区内温度下降到 30 ℃以下，或与火灾发生前该区的空气日常温度相同；

② 火区内的氧气浓度降到 5%以下；

③ 火区内空气中不含有 C_2H_2、C_2H_4，CO 在封闭期间内逐渐下降，并稳定在 0.001%以下；

④ 火区的出水温度低于 25 ℃，或与火灾发生前该区的日常出水温度相同；

⑤ 以上四项指标持续稳定的时间在 1 个月以上。

现场应用时要注意以下几个问题：

① 火区内空气的温度、O_2 浓度、CO 浓度，都应在大气压力稳定或下降期间于回风侧防火墙内或钻孔中测取，并以最大值为准；

② 火区的出水温度应以火区所有出水的防火墙或钻孔中出水的最大温度为准；

③ 在上述地点测得的指标，应保持连续测定时间不少于 30 天，每天不少于 3 次。

判断火区火是否熄灭的条件，要结合前面所述的火区熄灭程度的指标气体综合分析，也就是说在启封前，火区内不应有 C_2H_4 和 C_2H_2 气体。另外，由于受火区漏风、火区内瓦斯涌出等其他因素的影响，虽然火区熄灭的上述条件都满足，但火却未真正熄灭。因此，在火区启封的过程中，要做好预防意外事故的措施，启封后应仔细巡查火情，只有原火源点回风侧的气温、水温、CO 浓度连续 3 天以上无上升趋势，方可认定火区已经熄灭。

2. 火区启封

经过长期观测和综合分析，确认火区已经熄灭的情况下，可以正式启封火区。启封火区前，必须做好一切应急准备，做好启封火区后火灾复燃而重新封闭的准备工作。

火区启封可以采取锁风启封和通风启封两种方法。

(1) 锁风启封火区

锁风启封火区也称分段启封火区，适用于火区范围较大、难以确认火源是否彻底熄灭或火区内存积有大量的爆炸性气体的情况下。

具体做法是：首先在火区进风密闭墙外 5～6 m 的地方构筑一道带风门的临时密闭，形成一个过渡空间，习惯上称为“风闸”，并在这两道密闭之间储备足够的水泥、砂石和木板等材料；然后，救护队员佩戴呼吸器进入风闸内，将风门关好，形成一个不通风的封闭空间。这时，救护队员可将原来的密闭打开，进入火区探查。确认在一定距离的范围内无火源后，再选择适当的地点(一般可距原密闭 100～150 m，条件允许时也可到 300 m)构筑新的带风门的密闭。新密闭建成后，就可将原来的密闭打开，如此重复，一段一段地打开火区，逐步向火源逼近，一直到火区全部启封，恢复正常通风。

锁风启封火区时，一定要确保火区一直处于封闭、隔绝状态。启封的过程中，应当定时检查火区气体，测定火区气温，如发现有自燃征兆，要及时处理，必要时应重新封闭火区。

（2）通风启封火区

通风启封火区也称为一次性打开火区，适用于火区范围较小并确认火源已经完全熄灭的情况下。启封前首先要确定好有害气体的排放路线，撤出该路线上的所有人员，然后选择一个出风侧防火墙，先打开一个小孔进行观察，无异常情况后再逐步扩大，直至将其完全打开，严禁将防火墙一次性全部打开。

打开进、回风侧防火墙后，应采用强风流向火区通风，以冲淡和稀释火区积存的瓦斯。为确保安全，启封火区时，应将工作人员撤出，待1～2 h后，若未发生爆炸和其他异常情况，准备好直接灭火工具，选择一条最短、维护良好的巷道进入发火地点，进行清理、喷水降温、挖除发热的煤炭等工作。

通风启封火区的过程中，应经常检查火区气体，如有异常情况应及时处理。

4.7　典型火灾事故案例分析

4.7.1　灵石县王禹乡南山煤矿“11·12”火灾事故

1. 事故发生及处理经过

2006年11月12日14时至14时40分左右，带班长张松、吴明国与当班工人共计66人从主立井入井，当班无跟班矿领导，入井工人未检身，未携带自救器。入井后，张松带领18名工人进入局部沉积煤层作业区域（当班6个掘进工作面，每个工作面3名工人）；吴明国带领18名工人进入主立井西侧2号煤层作业区域（当班9个掘进工作面，每个工作面2名工人）；井底车场处有2名发牌工，其余工人进入旧立井附近2号煤层作业区域。约17时40分，张松等7人提前出井。19时40分，一名工人对发牌工陈春光、吴映全说，联络巷处烟雾很大，陈春光随即向地面包工头吴映军进行了电话汇报。

事故发生后，矿方未立即向有关部门报告，自行组织人员进行自救，井下被困矿工中有23名工人通过自救脱困，2名遇险矿工被救，并发现了14名遇难矿工，井下仍有20名矿工被困。矿井法人代表、矿长等逃逸。

灵石县人民政府、晋中市人民政府接到事故报告后，立即赶赴事故现场，成立了抢险指挥部。晋中市矿山救护大队接到事故求援电话后，于2006年11月13日7时45分到达事故矿井。8时20分，晋中市矿山救护大队第一小队在采取反风措施后由主立井下至井下进行侦察。进入运输巷发现联络巷Ⅱ还在向外涌出烟气，有毒有害气体浓度如下：CH_4为0.04%、CO为0.012%，温度为35 ℃。在暗斜井中，距西大巷17 m处的三轮车附近发现了10名遇难者遗体，在暗斜井掘进工作面处发现1名遇难者遗体。后因烟雾增大，有害气体浓度增高，无法前行，救护队员返回基地。在了解到着火的炸药库旁还有一个新炸药库且里面还存有大量的炸药、雷管的情况后，指挥部撤出了井下全部人员。

10时40分，指挥部派晋中市矿山救护大队2名队员进入炸药库探查，发现炸药库门是开着的，库门内底板有几团雷管脚线（雷管已爆）。旧炸药库库门关闭，未上锁，左侧砖墙上部有一个约0.3 m^2的孔洞，里面全是白烟，右侧巷道内距巷口4 m处木棚和底板浮煤被引燃，烟雾弥漫，能见度很低，CO浓度为0.216%，未发现炸药。此时汾西矿业集团公司救护大队3个小队到矿增援。

指挥部经过了解分析，认为已着火的是旧炸药库内的炸药，而右侧巷道内的火可能引爆新炸药库内的167箱炸药，时刻威胁着抢救的救护队员，决定暂时停止井下搜救，并且尽力寻找炸药库知情人员，同时由救护队对井口气体进行监测。

14日9时10分，指挥部派汾西队、晋中队2名大队领导带领4名队员下井进入炸药库探查。根据探查情况，抢险指挥部研究制定了灭火方案。10时20分，救护队员进入新炸药库采取了灭火措施。在控制火源后，救护队员下井进行了第二次搜救，在2号煤层采区的2个掘进工作面发现13名遇难矿工遗体，在西大巷发现2名遇难者遗体。随后救护队员对所有巷道再一次搜索，未发现其他8名遇难者，指挥部决定先将26名遇难矿工遗体搬运出井。

15日8时30分，晋中、汾西救护大队3个小队再次入井，分区、分片进行搜救，11时10分，第二组（汾西队）在通向旧立井井底附近的盲巷内发现了8名遇难矿工遗体，并于当日16时40分将8名矿工遗体全部搬运出井。

至此，经过 62 h 的抢救，抢险工作全部结束。事故发生情况及遇难人员分布情况如图 4-26 所示。

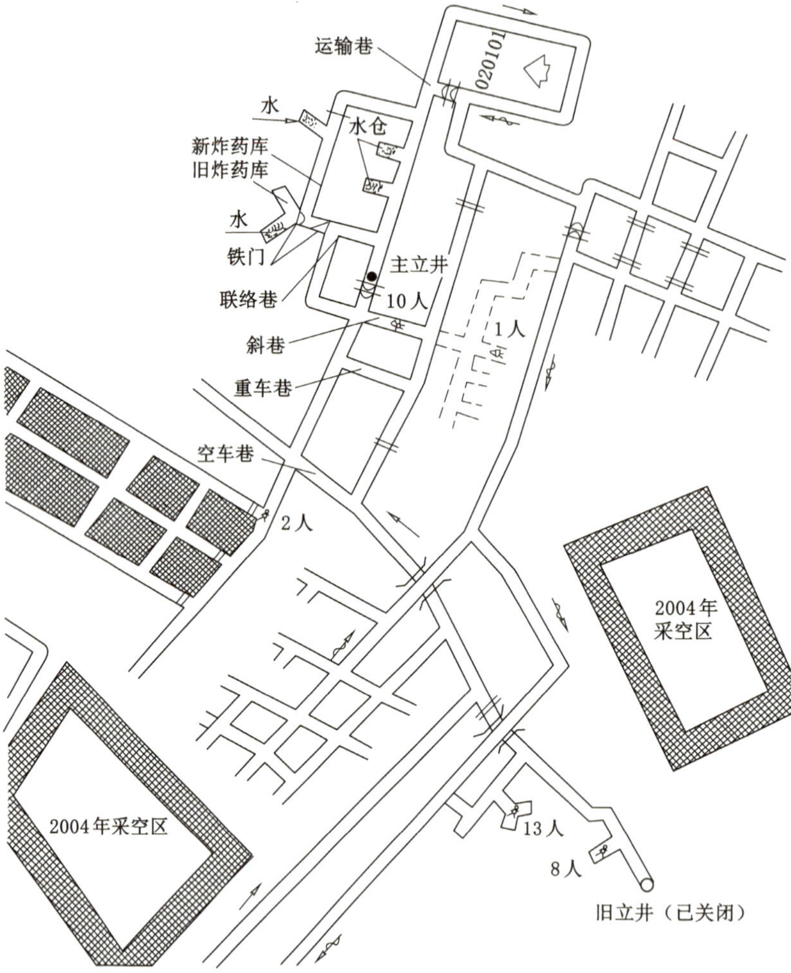

图 4-26　事故发生情况及遇难人员分布情况示意

2. 事故发生的原因

(1) 直接原因

事故直接原因是含有氯酸盐的铵油炸药，存放在井下密闭潮湿的炸药库内，氯酸盐与硝酸铵混合分解放热，井下密闭潮湿的环境促使了炸药分解，分解热量的积聚导致炸药自燃。

(2) 间接原因

① 炸药库设置不合理，采用独头巷道作为炸药库，无独立通风系统，炸药库附近即为水仓，处于通风不畅及潮湿的环境下，从而诱发炸药自燃。

② 矿井炸药管理混乱，矿井储存、使用非法炸药；炸药库内炸药存量达 5 t 左右，远远超过《煤矿安全规程》规定的井下炸药库炸药存放量；没有专职爆破员，矿井工人均可以领用炸药、电雷管，均可以爆破；炸药、电雷管随便丢放在工作面，且炸药、电雷管放在同一个包内保存。

③ 下井人员未佩带自救器，致使发生事故时，井下工人不能有效自救。

3. 事故经验教训

① 该矿违规在井下不合格的炸药库（通风不好、潮湿）超量存储不合格的炸药，是事故发生的根源。

② 煤矿井下炸药库应当通风良好，并进行防潮处理，炸药存储量不得超过 3 d 的使用量，且必须使用煤矿许用炸药。该矿使用的自制炸药性能难以保证稳定，遇空气或水汽发生化学反应，反应产生的热

量如果不能及时散发，积聚的热量完全可以点燃炸药。

4.7.2　东升阳胜煤业有限公司“3·15”较大瓦斯燃烧事故

1. 事故矿井概况

阳胜煤业为国有地方煤矿，隶属山西平定古州煤业有限公司(相对控股)，证照齐全有效，生产能力为 90 万 t/a。矿井现开采 15# 煤层，为高瓦斯矿井，煤层瓦斯含量为 7.11 m^3/t，煤尘无爆炸危险性，煤层自燃等级为Ⅲ级不易自燃。

矿井采用斜井开拓，单水平布置，中央并列式通风，分区开采，采煤方法为综采放顶煤。目前井下有一个采煤工作面、一个备用工作面、三个掘进工作面。

矿井采煤工作面通风方式为“U”形，上部配有走向高位瓦斯抽采巷抽采邻近层瓦斯，上隅角埋管抽采采空区瓦斯，同时采用本煤层顺层钻孔及回风顺槽迎向高、低位穿层钻孔进行瓦斯抽采。如图 4-27 所示。

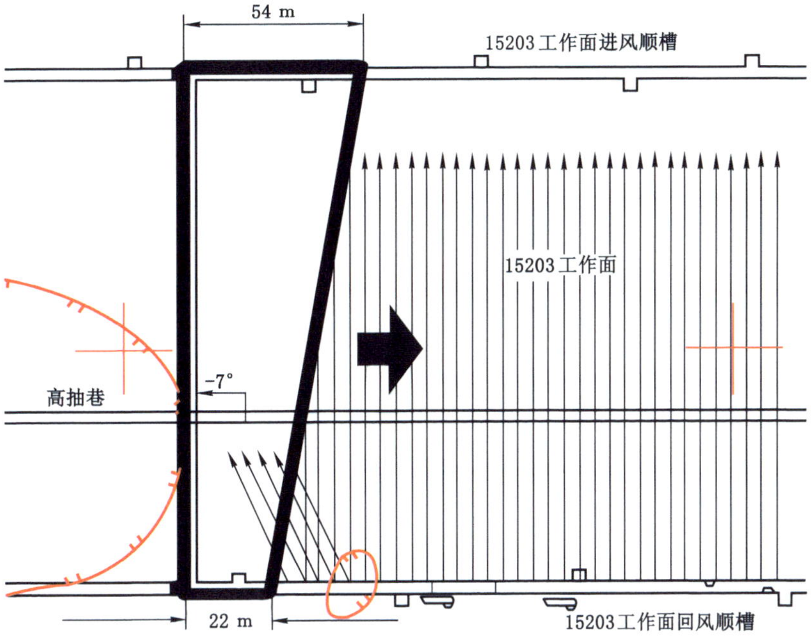

图 4-27　瓦斯抽采钻孔布置图

事故发生在 15203 综放工作面，该工作面长 180 m，顺槽长 680 m，安设支架 119 架。在工作面推进 253 m 时，遇到一个大陷落柱无法推进，煤矿决定开掘第二开切眼布置工作面，并于当年 1 月安装完成、开始推进。到发生事故当天，工作面进风侧推进 54 m，回风侧推进 22 m，采空区内只有部分直接顶垮落。

2. 事故简要经过

初步调查，事故发生的前一天，工作面的上隅角瓦斯超限，随即煤矿组织进行处理。事故当天的零点班，采煤队安排 6 名工人在上隅角处用编织袋装煤进行封堵。当工人边装边垒到早上 5 点时，突然上隅角瓦斯燃烧，致使正在上隅角作业的 3 人被困。瓦斯燃烧引燃工作面回风端头煤体，并逐渐向回风顺槽和工作面支架顶部延展，着火范围扩大，形成井下火灾。

3. 事故原因初步分析

初步调查，事故前 15203 综放工作面未监测到一氧化碳，初步分析，此次火灾为外因火灾。采煤工作面初采期间瓦斯治理措施不到位，造成上隅角瓦斯积聚，是导致事故发生的直接原因。预测被困人员位置如图 4-28 所示。

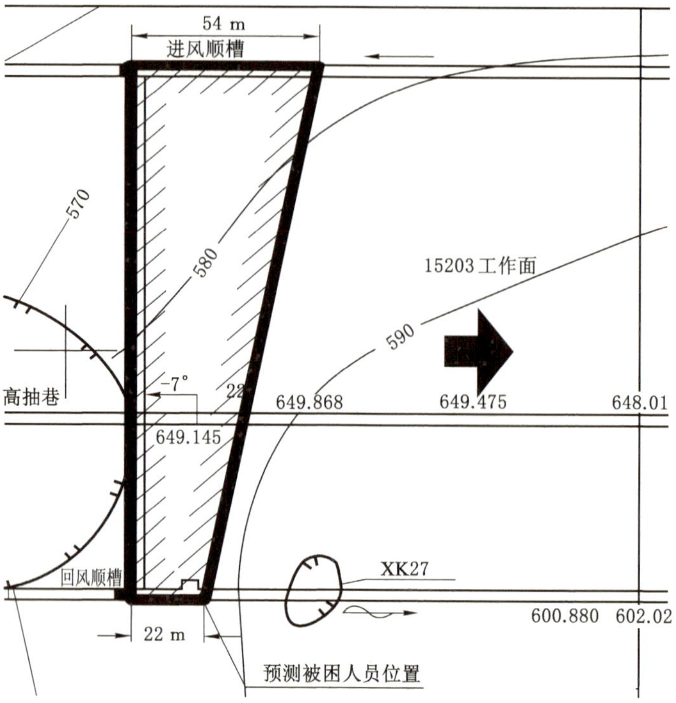

图 4-28　预测被困人员位置

① 15203 综放工作面第二开切眼邻近陷落柱开掘，开采的 15# 煤层上部、14# 煤层、13# 煤层和 K_3 围岩瓦斯含量大，随着工作面推进，邻近层瓦斯会大量涌出。

② 15203 综放工作面第二开切眼初采期间，采空区顶板未完全垮落，空顶面积大，通风断面增大，风流速度减慢，削弱了风排瓦斯效果。

③ 15203 综放工作面开掘第二开切眼后，没有按要求制定初次来压期间治理邻近层瓦斯的有效措施，初采期间采空区与已有的高抽巷没有连通，排放采空区瓦斯的高抽巷未起到作用。

④ 煤矿取消瓦斯尾巷后，没有结合实际情况找到切实可行的治理措施，仅在回风隅角埋管和打孔向高、低位钻孔抽采，初采期间回风侧顶板裂隙较小，钻孔抽采收效甚微。

⑤ 发现上隅角瓦斯超限后，煤矿未认真分析瓦斯超限原因，仅采用简单的方式进行封堵，一定程度上加剧了瓦斯在上隅角的积聚。

4. 事故暴露出的问题

(1) 无视安全规定，瓦斯超限作业

阳胜煤业现采的 15# 煤层瓦斯含量为 7.11～7.89 m^3/t、瓦斯压力为 0.38～0.44 MPa，透气性系数为0.082 9 $m^2/(MPa^2 \cdot d)$，相关瓦斯参数临近突出界限，但矿方没有引起足够重视，瓦斯治理不到位，瓦斯抽采不达标。发生事故的 15203 综放工作面上隅角瓦斯超限，仍进行作业。

(2) 缺少安全措施，技术管理薄弱

采煤工作面专用排瓦斯巷取缔后，阳胜煤业未能认真分析本矿的瓦斯赋存规律，没有学习借鉴辖区内先进的增透、预裂等抽采技术，未研究切实有效的瓦斯治理替代措施。尤其是采煤工作面初采阶段的瓦斯治理技术不成熟，没有针对性地采取顶板预裂、大口径钻孔、伪斜高抽联巷等技术措施，将初采阶段的采空区与瓦斯高抽巷连通，致使初采阶段的采空区瓦斯大量积聚后涌入上隅角。

(3) 没有变化管控，风险防控疏漏

15203 综放工作面第二开切眼设备安装后，工作面倾角较大，为防止窜架，工作面进风端比回风端超前推进 32 m。进风侧已超过初次来压步距，采空区顶板部分垮落，瓦斯大量涌出，而回风侧仅推进 22 m，小于初次来压步距，顶板没有垮塌，导致顶板裂隙没有导通靠近回风侧的高抽巷。针对这一变化，煤矿没有预测和防范，直到事故发生也没有人发现高抽巷不起作用。

(4) 存在重大隐患，现场处置不当

事故发生前，阳胜煤业 15203 综放工作面上隅角瓦斯超限，煤矿没有认真分析原因，没有采取有效的主动治理措施，只是被动地用风帘引流、煤袋砌墙封堵等简单的方式进行处理，没有解决上隅角瓦斯超限的重大隐患，最终导致上隅角瓦斯积聚。

(5) 主体管理不严，责任落实不实

阳胜煤业隶属山西平定古州煤业有限公司，山西平定古州煤业有限公司相对控股经营。由于历史原因，阳胜煤业一直由山西恒信升投资有限公司实际经营，山西平定古州煤业有限公司对该矿的安全投入不足、经营管理松散、安全监管不严，主体责任没有真正落实到位。

(6) 涉嫌违规生产，违反安全指令

由于上隅角瓦斯超限，有关安监部门责令该矿停产整顿。事故抢险过程中，发现阳胜煤业部分入井作业人员未携带人员定位卡，对该矿是否严格执行停产指令停止生产存疑。

5. 事故防范措施

(1) 严格执行瓦斯治理规定

“先抽后采、先抽后建”是源头治理瓦斯的治本之策。煤矿要严格按照《瓦斯抽采达标暂行规定》要求，在系统分析矿井瓦斯赋存和运移规律的基础上，科学制定抽采设计方案，合理安排抽采衔接，有效保障抽采时间，严格抽采达标评判，确保先抽后采、抽采达标。

(2) 严格落实瓦斯治理措施

采煤工作面初采期间采空区形成较大面积的悬顶区域，易积聚高浓度瓦斯。煤矿要结合实际，准确预测初次来压步距，对顶板采用退锚、预裂等处理措施，防止采空区出现大面积悬顶，研究解决初采期间采空区瓦斯治理措施。

(3) 严格进行现场安全管理

要严格按规定安设各类传感器，严格按规定进行瓦斯、一氧化碳检查，发现有害气体浓度异常变化，要及时撤出人员，分析原因，制定有针对性的处理和防范措施，严禁瓦斯超限作业。

(4) 严格进行安全风险管控

扎实开展煤矿安全风险分级管控，对矿井各大系统、主要灾害、安全生产变化细致地进行风险评估、辨识，落实分级管控措施，防范风险演变为事故隐患。切实强化事故隐患排查治理工作，针对煤矿主要灾害和薄弱环节，有针对性地开展常态化的隐患排查治理，加强现场管理，提高质量标准化水平，及时消除事故隐患，防范隐患演变成事故。

(5) 严格落实安全生产责任

煤矿企业要完善安全生产责任体系和技术管理体系，强化基础能力和应急处置能力建设，狠抓重大灾害治理和员工素质提升，全面提升煤矿抗灾能力和安全生产水平。主体企业要强化对所属煤矿的安全管理和业务指导，针对煤矿安全生产的重点、难点和关键环节开展集中整治，有效防范化解重大安全风险，有序提升煤矿安全生产管理水平。

第5章　松软低透气性煤层大采高综采工作面“U+3”型瓦斯抽采技术与示范

我国许多煤层属于低透气性煤层，低透气性煤层成孔难度大，钻孔施工过程中易发生喷孔、顶钻、抱钻等事故，甚至在钻杆连接性差时出现钻杆掉落现象，钻孔成型后稳定性差，易发生孔壁坍塌堵孔现象，严重影响了瓦斯抽采效果[27]。若采用大面积密集钻孔（钻孔间距 1～2 m），施工过程中排出大量煤粉可起到卸荷煤体的作用，可以降低地应力和瓦斯压力，但是施工工程量大、工期长、采掘接替紧张。因此如何安全高效抽采松软低透气性煤层瓦斯已成为制约煤矿瓦斯抽采的技术瓶颈。

随着淮南、铁法、峰峰等矿区高抽巷及底抽巷的引入，采用由高抽巷和底抽巷所构成的“一面多巷瓦斯抽采技术”，为解决单一低渗松软煤层开采时瓦斯涌出量激增和瓦斯抽采孔稳定性问题带来了希望。

晋煤集团赵庄矿地质构造复杂，松软煤层、陷落柱及小型断层较多，煤层瓦斯赋存不规律，煤层透气性很差，瓦斯抽采量衰减快，矿井瓦斯抽采浓度较低，抽采效果较差。仅靠单一、常规的地面或者井下瓦斯抽采均很难有效地突破瓦斯治理瓶颈，瓦斯防治问题甚至已严重影响到正常的掘进作业和矿井的安全高效生产。因此赵庄矿用 U 形通风方式取代之前的多巷通风方式，但 U 形通风的主要问题是会造成工作面上隅角瓦斯超限，因此赵庄矿在 1307 工作面尝试采用“一面五巷”的瓦斯抽采技术，即工作面两个顺槽外加一条高抽巷、两条底抽巷。通过边部底抽巷穿层钻孔掩护两个顺槽掘进，中部底抽巷穿层钻孔抽采回采期间本煤层卸压瓦斯，通过高抽巷抽采上隅角瓦斯，显著提高了工作面的瓦斯抽采率，降低了本煤层的瓦斯含量，同时解决了上隅角瓦斯超限问题。

5.1　“U+3”型巷道布置

晋煤集团赵庄矿 1307 大采高综采工作面位于一盘区，走向长度为 2 084 m，倾向长度为 233 m，煤层厚度为 4.60～6.10 m，平均厚度为 5.36 m，回采高度为 4.6 m，工作面共布置五条巷道，分别为：13071 巷、13072 巷（包括 13072 巷前段和 1307 边部底抽巷）、13073 巷、13074 巷和 13075 巷。其中 13071 巷为进风巷，13073 巷（原 13064 巷）为回风巷，通风方式为 U 形通风。1307 工作面煤炭储量为 319.4 万 t，瓦斯储量为 0.4 亿 m^3。

1307 工作面高抽巷北侧为 13071 巷，南侧为 13073 巷。高抽巷位于 3 号煤层上方，距 13073 巷水平距离 34 m，与 3 号煤层间距约为 28.26～61.63 m（不包含开口阶段），设计长度为 2 262.57 m，巷道断面为矩形，净宽 4.5 m，净高 2.9 m，净断面积为 13.05 m^2。高抽巷开口位置位于 1104 巷，嵌入了两条抽采管路，连接到抽采系统当中，全程密闭抽采。1307 工作面“一面五巷”巷道平面布置如图 5-1 所示，剖面布置如图 5-2 所示。

开采层瓦斯由工作面煤壁、采煤机割落煤涌出瓦斯组成。3 号煤层的开采，其上覆岩层及邻近煤层受开采层的采动影响，卸压范围不断扩大，瓦斯不同程度地沿裂隙依次涌入采空区。根据 1307 工作面煤层的赋存条件、采掘部署、瓦斯涌出特征以及设计供风量等各方面的综合分析，必须对 1307 工作面采空区和邻近层的瓦斯进行分源治理，才能确保工作面正常回采。赵庄矿 1307 工作面瓦斯来源于开采层（含围岩）和邻近层及采空区，其中开采层瓦斯占工作面总瓦斯涌出量的 53.58%，邻近层瓦斯占工作面总瓦斯涌出量的 15%，采空区瓦斯占工作面总瓦斯涌出量的 31.42%。

随着工作面向前推进，负压改变了采空区瓦斯的流场，一部分采空区瓦斯直接进入高抽巷。中部底抽巷抽采本煤层的卸压瓦斯，从而降低本煤层的瓦斯含量。边部底抽巷穿层钻孔安全掩护巷道的掘进。

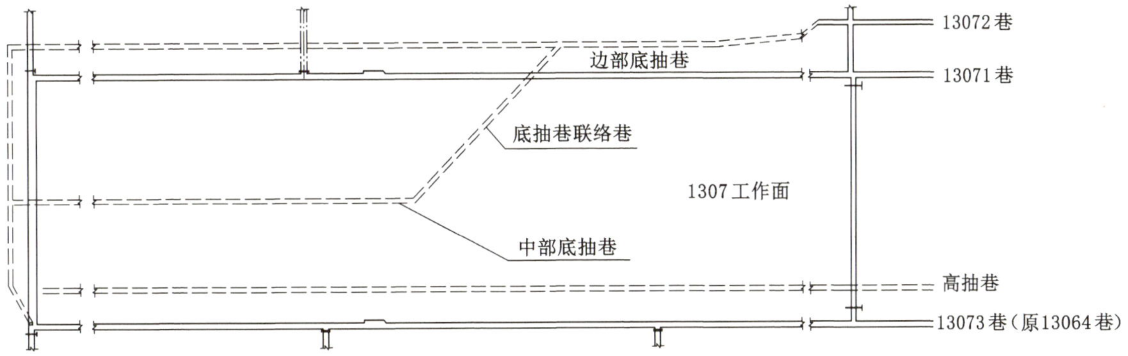

图 5-1　1307 工作面“一面五巷”巷道平面布置

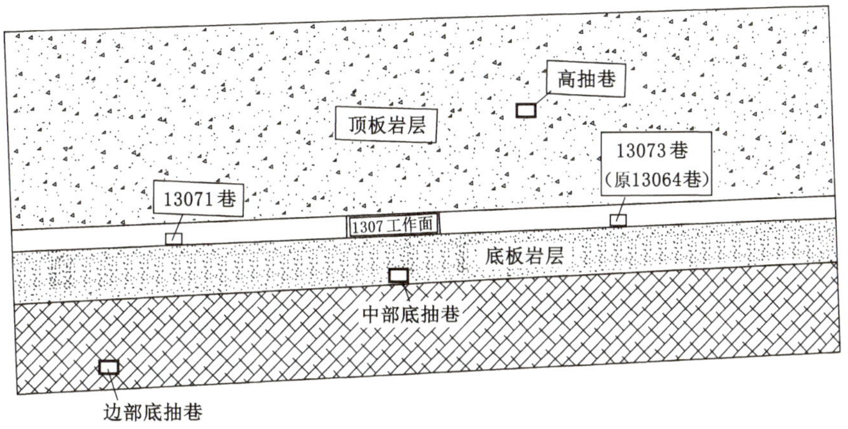

图 5-2　1307 工作面“一面五巷”巷道剖面布置

5.2　边部底抽巷层位选择及钻孔布置

5.2.1　边部底抽巷的层位选择

穿层钻孔预抽煤巷条带瓦斯，主要利用顶(底)板巷道向煤巷条带实施穿层钻孔进行瓦斯抽采，利用巷道和抽采钻孔使煤体卸压，提高煤体的透气性，降低地应力、瓦斯压力和瓦斯含量，达到掩护巷道掘进的目的。煤巷条带是指煤巷掘进工作面及其两侧一定范围内的煤体，赵庄矿在一盘区的 1307 工作面利用该底板岩巷向工作面的两条煤巷待掘区域(含巷道两侧一定范围)施工穿层钻孔进行瓦斯抽采(穿层钻孔预抽煤巷条带)，以掩护两条巷道的安全快速掘进。

边部底抽巷层位选择主要考虑以下 3 个因素：

① 保证钻孔施工，首先应满足穿层钻孔可以控制 13071 巷、13074 巷及其轮廓线外 20 m 范围，其次要尽量避免钻孔钻进过程中遭遇含水层以及坚硬岩层。1307 底抽巷上部 K_6 石灰岩会给穿层钻孔的施工和抽采效果带来很大的影响，因此底抽巷的层位应选择在 K_6 石灰岩的上面距 3 号煤层 15 m 左右的位置，从而避免打钻和封孔的困难。为了避免由于距 3 号煤层的距离过近造成的串孔问题，需要将底抽巷的位置向 13071 巷靠近，将底抽巷的位置定在距 13071 巷 15 m 的位置，首先保证掩护 13071 巷的钻孔的抽采效果达到预期的目标。掩护 13074 巷的穿层钻孔的抽采效果无法达到预期的目标时，在 13071 巷施工顺层钻孔对 13074 巷的瓦斯进行治理。

② 保证掘进效率，首先保证巷道在坚固性系数较小、掘进机组容易切割的岩层中掘进，提高掘进效率。

③ 保证足够的安全距离。应使巷道的底板或顶板沿赋存比较稳定的岩层掘进，同时保证底抽巷与 3 号煤层之间应有足够的安全距离。

考虑上述因素对底抽巷的影响，1307 工作面边部底抽巷的层位最终布置在上距 3 号煤层底板 21.5 m 处。边部底抽巷的设计层位如图 5-3 所示。

地层 系	地层 组	岩石名称	层序号	厚度/m	柱状 1:500
二叠系	山西组	粉砂岩	1	14.0	
		泥岩	2	1.0	
		3#煤层	3	1.3	
		粉砂岩	4	5.2	
		K_7粗粒砂岩	5	9.0	
石炭系	太原组	K_6石灰岩	6	4.5	
		煤线	7	0.4	
		粉砂岩	8	5.6	
		7#煤层	9	1.0	
		粉砂岩	10	2.5	
		细粒砂岩	11	2.0	
		泥岩	12	2.2	
		8-1#煤层	13	0.3	
		粉砂岩	14	16.5	

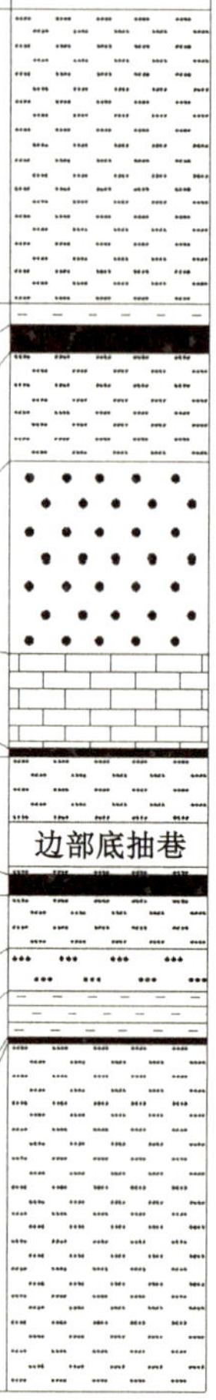

图 5-3 边部底抽巷设计层位

5.2.2 穿层钻孔设计及工艺布置

1. 钻孔预抽煤层瓦斯技术

钻孔预先抽采本煤层瓦斯是目前无保护层降低本煤层瓦斯含量的重要手段[28]，合理选择钻孔瓦斯抽采参数能保证快速有效降低本煤层瓦斯含量，钻孔瓦斯抽采参数的确定和钻孔瓦斯流动规律密切相关。瓦斯在煤层中的流动主要取决于煤层介质的孔隙结构和瓦斯在煤层中的存在状态。当只考虑游离瓦斯时，瓦斯在煤层中流动符合达西定律；而当孔隙直径与气流的分子平均自由程相差不大或比它小时，则达西定律不适用。当考虑煤层孔隙壁面的吸附瓦斯时，渗透率受气体压力影响，在流动气体压力足够大时，仍可使用达西定律。赵庄矿 3 号煤层的透气性较低，瓦斯在煤层中主要以吸附状态存在，吸附瓦斯约占 70%以上，故对于透气性较低的赵庄矿 3 号煤层，煤层的瓦斯流动可参照达西定律进行计算。

按照达西定律，屠锡根教授考察了多个矿井，对顺层钻孔抽采钻孔间距和直径与抽采率的关系进行了回归分析，得出煤层瓦斯的预抽率符合式(5-1)：

$$\delta = \frac{0.05\phi^{0.62}t^{0.6}}{L} \tag{5-1}$$

式中 δ——煤层瓦斯预抽率，%；

L——抽采钻孔间距，m；

ϕ——抽采钻孔直径，mm；

t——抽采时间，d。

在未卸压煤层抽采瓦斯时，煤层瓦斯预抽率主要与抽采钻孔间距、抽采钻孔直径和抽采时间有关，而抽采负压对抽采率的影响较小。

煤体瓦斯以两种状态存在，即游离态和吸附态，并且这两种状态处于动态平衡。研究人员结合煤体瓦斯的渗透性、钻孔周围煤体应力分布等特性，揭示了钻孔预抽原始煤层瓦斯的运移机理。在煤体中施工钻孔后，煤体中瓦斯动态平衡就遭到了破坏，煤体中的原始瓦斯压力和孔周围的应力发生变化，自然渗透性随之改变，煤层中的瓦斯运移也发生了变化。随着抽采瓦斯的继续，压差会越来越大，离钻孔距离较远的煤体瓦斯逐渐缓缓地向钻孔周围扩散，压力也随之下降，一连串连锁反应使得煤体固体骨架发生一定量的收缩，煤体孔隙越来越大，抽采范围越来越广。

通过向 3 号煤层 1307 工作面实施上行集束型密集钻孔，钻孔周围煤层局部卸压。在抽采负压的作用下，通过预先抽出煤层瓦斯，可以降低 1307 工作面本煤层中的瓦斯压力和瓦斯含量，释放煤体中的瓦斯后，煤层发生收缩变形，煤层透气性大大增加，煤层应力集中程度明显降低，从而安全掩护两条顺槽的掘进。

在抽采初期，随着煤体中的游离瓦斯被抽出，瓦斯压力迅速下降，但煤层瓦斯含量的下降速度则比较缓慢，主要由于煤层透气性较差。当瓦斯压力较高时，煤层吸附瓦斯的解吸速率十分缓慢；随着瓦斯压力的下降，瓦斯的解吸速率随之增加，瓦斯含量迅速减少。随着钻孔预抽瓦斯的进行，煤体发生收缩变形，在地应力的作用下，抽采钻孔周围煤层应力重新分布，在钻孔周围形成卸压区。布孔的主要参数有钻孔角度、钻孔间距、钻孔直径、钻孔抽采负压和封孔工艺。

（1）钻孔角度

开采层瓦斯抽采钻孔必须深入开采层的卸压带内，但又要避开垮落带和大的破坏裂隙区，以免抽采钻孔大量漏气，甚至被切断而失效。特别是抽采上开采层时，更要注意和遵循这一布孔原则，即钻孔应穿入卸压角边界附近，所以当需要同时抽采间隔相当距离的多层邻近煤层瓦斯时，就要布置几个层位的抽采钻孔。按图 5-4 所示，采用式(5-2)计算钻孔角度：

$$\tan(\alpha \pm \beta) = \frac{h}{h\cot(\varphi + \alpha) + b} \tag{5-2}$$

式中　α——煤层倾角，(°)；

β——钻孔与水平线的夹角，(°)；

h——开采层距邻近层的距离，m；

φ——煤层开采后的卸压角，(°)；

b——中间巷道隔离煤柱宽度，m；

$h\cot(\varphi + \alpha)$——采煤工作面内部已采区一侧阻碍邻近层卸压的宽度，m。

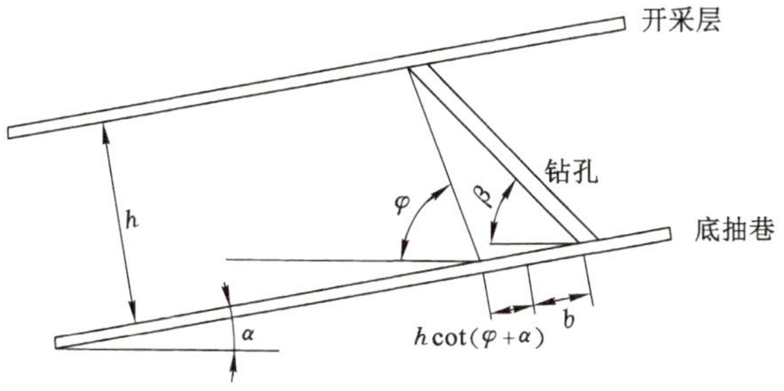

图 5-4　抽采开采层瓦斯钻孔角度的确定

根据赵庄矿边部底抽巷的掩护范围和式(5-2)计算得出，掩护 13071 巷钻孔的仰角为 33°～68°，掩护 13074 巷钻孔的仰角为 21°～40°。

(2) 钻孔间距

根据邻近层瓦斯涌出规律,在未受开采层工作面采动影响而卸压之前,邻近层瓦斯处于原始状态,此时钻孔抽采瓦斯量很小,只有当工作面采过钻孔一定距离后,煤层卸压,瓦斯量才大幅度增加,达到最大值后又逐渐衰减,直到钻孔失去作用。因此,可将钻孔开始抽出卸压瓦斯时滞后于工作面的距离称为"开始抽出距离"或"可抽距离",从开始抽出卸压瓦斯到钻孔失去作用这一段距离称为"有效抽采距离"。

"开始抽出距离"和"有效抽采距离"与邻近层的赋存条件有关。一般来说,上邻近层要大些,下邻近层要小些,层间距远的要大些,近的则小些。"开始抽出距离"是决定第一个抽采钻孔位置的依据,"有效抽采距离"则是确定钻孔间距的基础。为了取得良好的抽采瓦斯效果,钻孔间距要稍小于"有效抽采距离"。根据国内一些矿井的实践经验,为保证在开采层工作面第一次基本顶垮落时能及时抽采大量卸压瓦斯,应在距开切眼 15～20 m 处再增加一个钻孔。不同煤矿对应的"有效抽采距离"也有所不同,只有找出各自的钻孔"有效抽采距离",才能确定钻孔的合理间距。我国钻孔间距的参数经验值如表 5-1 所示。

表 5-1　钻孔间距经验值

层位	层间距/m	有效抽采距离/m	可抽距离/m	合理孔距/m
上邻近层	10	30～50	10～20	16～24
	20	40～60	15～25	20～28
	30	50～70	20～30	27～36
	40	60～80	25～35	32～41
	60	80～100	35～45	42～50
	80	100～120	45～55	50～60
下邻近层	10	25～45	10～15	12～24
	20	35～55	15～20	18～32
	30	45～60	20～25	23～41
	40	70～90	30～35	36～50
	80	110～130	50～60	54～63

① 钻孔间距模型分析

确定了钻孔的有效抽采半径,便可以依据有效抽采半径制定钻孔优化布置方法。假设瓦斯抽采钻孔相互之间没有影响,则每个钻孔的影响区域可以看成圆形,其半径就是实测的有效抽采半径,优化布置问题就转化为圆形之间的排列问题,见图 5-5。实际上抽采钻孔之间流场并不是孤立的,而是相互影响的,这样处理问题虽然缩小了钻孔实际影响区域,但所得的结果在工程上应用更加安全可靠。

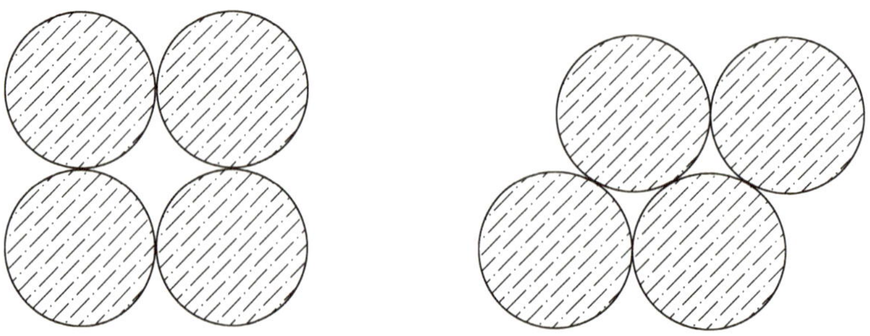

(a)　　(b)

图 5-5　钻孔布置分析

如图 5-5 所示,矩形排列有较大的空白区域,平行四边形排列虽然空白区域较小,但仍存在钻孔无法影响到的区域,因此钻孔影响范围必须相交,见图 5-6。

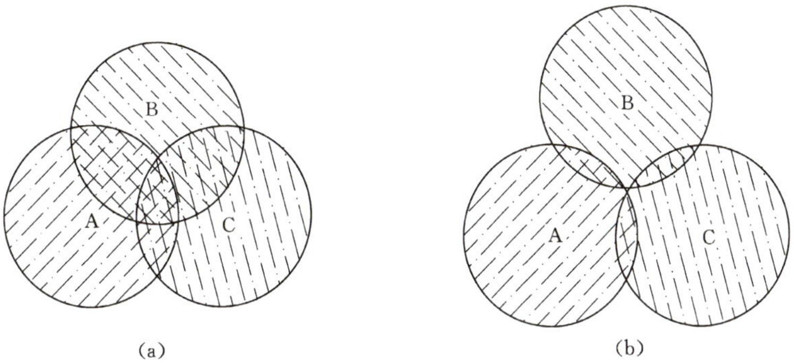

图 5-6　钻孔优化布置分析示意

如图 5-6 所示，设三个圆的面积分别为 S_A、S_B、S_C，相交后的总面积为 S，三个圆的公共面积为 S_{ABC}，每两个圆的公共面积分别为 S_{AB}、S_{BC}、S_{CA}则：

$$S = S_A + S_B + S_C - S_{AB} - S_{BC} - S_{CA} - S_{ABC} \tag{5-3}$$

当三个圆的公共面积 $S_{ABC}=0$ 时，相交后的总面积 S 最大。如图 5-7 所示，为计算钻孔间距，设三个圆相交后的圆心角分别为 α、β、γ，三个圆半径为实测有效抽采半径，则：

$$S = 3\pi R^2 - [(\alpha R^2 - R^2 \sin \alpha) + (\beta R^2 - R^2 \sin \beta) + (\gamma R^2 - R^2 \sin \gamma)] \tag{5-4}$$

$$\alpha + \beta + \gamma = \pi \tag{5-5}$$

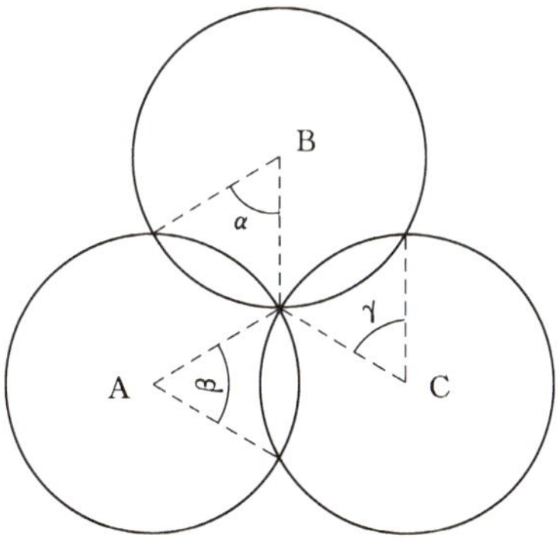

图 5-7　钻孔间距计算示意图

根据式(5-4)和式(5-5)可以推出：

$$S = 2\pi R^2 + R^2 (\sin \alpha + \sin \beta + \sin \gamma) \tag{5-6}$$

只有当 $\alpha=\beta=\gamma=60°$时，相交后的总面积 $S_{max}=(2\pi+\sqrt{3})R^2$，此时钻孔间距均为$\sqrt{3}R$。

通过分析边部底抽巷相关瓦斯抽采参数和钻孔合理间距的计算公式得出，边部底抽巷钻孔的水平间距定为 5 m。

② 优化布置

底抽巷穿层钻孔区域预抽掩护煤巷掘进，垂直巷道方向钻孔布置数量可按照式(5-7)来计算：

$$N_s = \frac{2(30 + B) + R}{3R} \tag{5-7}$$

式中　B——巷道宽度，m；

R——有效抽采半径，m；

N_s——垂直巷道方向上钻孔布置数量。

巷道延伸方向钻孔的布置，间距应均匀，控制区域的有效控制范围应相接或稍有重叠，不留“孤岛”，钻孔布置数量可按式(5-8)来计算：

$$N_t = \frac{L}{\sqrt{3}R} \tag{5-8}$$

式中　L——沿巷道延伸方向，底板巷钻场间距，m；

　　R——有效抽采半径，m；

　　N_t——巷道延伸方向钻孔布置数量。

因此依据计算所得的垂直巷道方向钻孔布置数量 N_s 和巷道延伸方向钻孔布置数量 N_t，即可确定穿层钻孔区域预抽瓦斯优化布置参数，布置方式如图 5-8 所示。

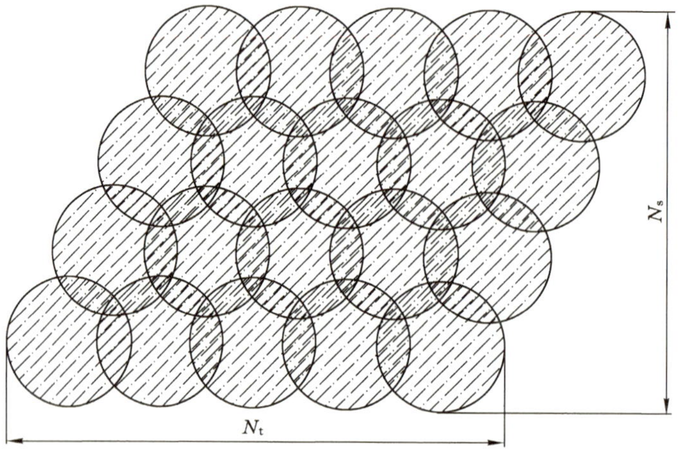

图 5-8　穿层钻孔区域预抽瓦斯优化布置示意

1307 边部底抽巷钻孔间距最初按照 5 m 进行布置，每组设计 10 个钻孔；由于钻孔布置太密易造成穿孔，从第二单元开始对设计进行了调整，第二单元每组布置 6 个钻孔；从第三单元开始每组按照 5 个钻孔进行布置。钻孔布置调整后，钻孔工程量虽然减少了 50%，但是不影响对煤巷瓦斯的抽采效果，所以每组布置 5 个钻孔比较合理。

(3) 钻孔直径

抽采邻近煤层瓦斯钻孔的作用主要是作为引导卸压瓦斯的通道。由于抽采层位的不同，钻孔长度不等，短的十多米，长的数百米，而一般钻孔瓦斯抽采量只有 1～2 m^3/min，少数达 4～5 m^3/min。目前晋城矿区抽采邻近层瓦斯钻孔的直径一般采用 75～94 mm。在 1307 底抽巷试验了 ϕ113/260 mm 扩孔钻头、ϕ133 mm、ϕ113 mm 和 ϕ94 mm 钻头进行钻孔施工，综合考虑不同孔径的施工、封孔及浓度衰减情况，ϕ94 mm 钻头的施工进尺高、封孔易操作，因此，选择 ϕ94 mm 钻头比较合理。在见煤段使用 ϕ260 mm 掏穴钻头对钻孔进行扩孔，增大了抽采面积，提高了抽采效果。

(4) 钻孔抽采负压

开采层的采动使上下邻近层得到卸压，卸压瓦斯将沿层间裂隙向开采层采空区涌出，在布置有抽采钻孔时，抽采钻孔与层间裂隙网形成并联的通道，在自然涌出的状态下，卸压瓦斯将分别向钻孔及裂隙网涌出，若对钻孔施以一定负压进行抽采，则有助于改变瓦斯流动的方向，使瓦斯更多汇入钻孔。实际抽采中，应在保证一定的抽出瓦斯浓度条件下，适当地提高抽采负压。1307 底抽巷抽采负压平均为 14.9 kPa。

(5) 封孔工艺

煤段钻孔全部下 50 mm 筛管(孔内筛管端头加锥形保护罩，防止孔内煤渣压入封孔管内造成气路不畅)，矸段钻孔全部下 50 mm 实管。筛管长度必须超过煤段 1 m 以上。注浆过程中应坚持“小流量、长时间”的原则，使孔内压力逐渐上升，以便水泥浆能够更多地渗入巷道壁，保证封孔的气密性。

1307 边部底抽巷由于受 K_6 石灰岩含水层的影响，在封孔工艺改为“二堵一注”工艺后，钻孔抽采浓度有了很大的提高。封孔时采用“二次注浆”封孔工艺，钻孔抽采浓度能够保持在 40%以上，能够达到预期的目标。

穿层钻孔在见矸段全程使用套管(75 mm)进行护孔，在见煤段全部使用筛管(75 mm)进行护孔，最前段的筛管头采用锥形设计，防止煤渣掉到钻孔内。穿层钻孔采用蛇形管进行连接，在蛇形管连接处全部用"弹簧卡"进行固定。

2. 边部底抽巷穿层钻孔工艺布置

边部底抽巷穿层抽采钻孔布置如下：施工上向钻孔，钻孔覆盖设计巷道左右两帮轮廓线外各 20 m。1307 底抽巷第一至四单元为 60 m 的抽采单元，第一单元钻孔按照 5 m×5 m 进行布置，每组设计 10 个钻孔；为了避免钻孔布置太密易造成串孔，从第二单元开始对设计进行了调整，第二单元每组布置 6 个钻孔；从第三单元起每组按照 5 个钻孔进行布置。从第六单元到第十一单元，每单元宽 120 m，第十二单元宽175 m，从第十三单元到第十五单元每单元宽 120 m，第十六单元宽 55 m。每单元设计 12 组钻孔，每组钻孔左、右两帮各为两排，每排 10 个钻孔，每单元共计 240 个孔。

以第九单元为例，共设计 244 个钻孔，钻孔进尺 11 882 m，每组间距为 5 m，底抽巷穿层钻孔在穿过煤层后，在见矸段施工 0.5 m，底抽巷每组钻孔排间距为 0.5 m(每组钻孔排间距根据现场情况允许在 0.5～1 m 范围调整)。在第八组与第九组、第十六组与第十七组之间施工两组校检孔(与邻近组间隔 2.5 m)，并测试其含量，且在施工时先施工校检孔，校检孔见煤后在煤层内施工 2 m，封孔时分别下注浆管和返浆管，返浆管距筛管大于 2 m，用水泥砂浆封孔。

1307 边部底抽巷第九抽采单元穿层钻孔俯视图如图 5-9 所示。

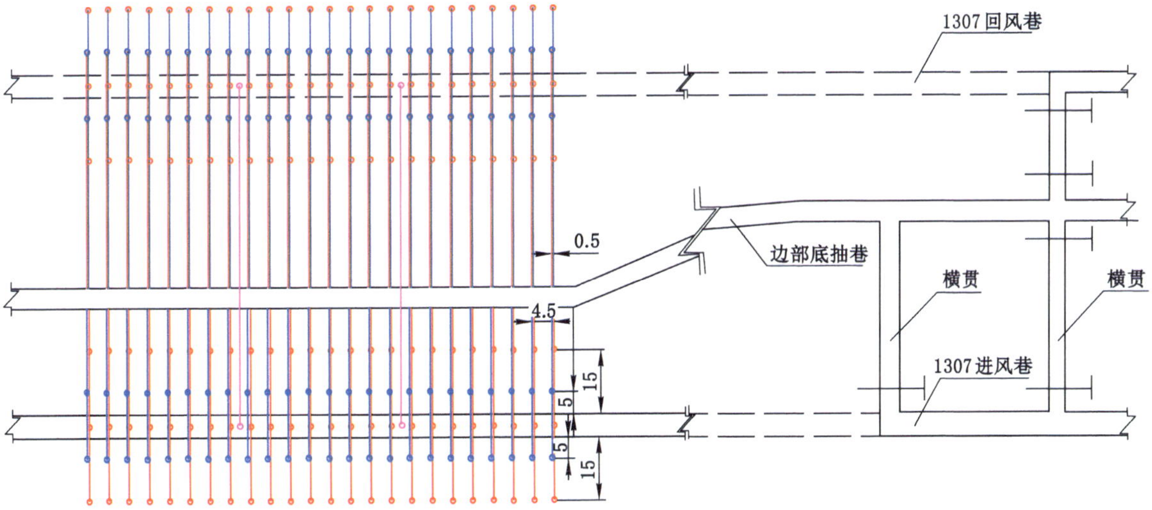

图 5-9 1307 边部底抽巷第九抽采单元穿层钻孔俯视图(单位：m)

以 1307 边部底抽巷第九单元南帮和北帮第一组穿层钻孔为例，表 5-2 为边部底抽巷第九单元南帮穿层钻孔具体的设计参数，表 5-3 为边部底抽巷第九单元北帮穿层钻孔具体的设计参数。1307 边部底抽巷第九抽采单元穿层钻孔剖面图如图 5-10 所示。

表 5-2 边部底抽巷第九单元南帮穿层钻孔设计参数

组别	孔号	孔径/mm	开孔位置		方位角/(°)	倾角/(°)	孔深/m
			距顶距离/m	距帮距离/m			
第一组	1	94	0	0.5	180	69	29.5
	2	94	0.4	0	180	44	38.7
	3	94	0.8	0	180	31	52.4
	4	94	0.4	0	180	53	34.1
	5	94	0.8	0	180	38	44.3

表 5-3　边部底抽巷第九单元北帮穿层钻孔设计参数

组别	孔号	孔径/mm	开孔位置		方位角/(°)	倾角/(°)	孔深/m
			距顶距离/m	距帮距离/m			
第一组	1	94	0	0.5	0	43	42.8
	2	94	0	0	0	31	57.0
	3	94	0.4	0	0	25	73.1
	4	94	0	0.5	0	35	50.8
	5	94	0	0	0	28	63.8

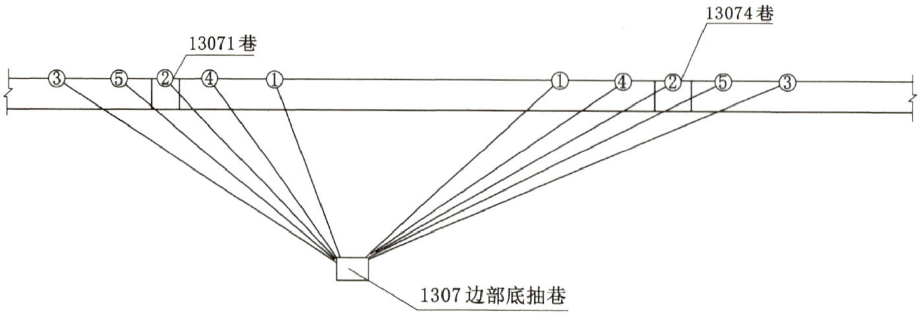

图 5-10　1307 边部底抽巷第九抽采单元穿层钻孔剖面图

5.3　中部底抽巷层位选择及钻孔布置

5.3.1　中部底抽巷层位选择

中部底抽巷(以下称为2号底抽巷)长度为1 180 m,位于1307工作面下方正中间,开口处位于边部底抽巷1 500 m处,巷道宽度为4.7 m,巷道高度为3 m,采取锚网联合的形式进行支护。

一盘区3号煤层瓦斯涌出量衰减较大,煤层透气性较差,同时赵庄矿瓦斯赋存存在明显的区域性差异,致使煤层瓦斯预抽比较困难,因此,1307工作面必须加强瓦斯抽采工作,保证矿井安全生产。

1307工作面3号煤层底板主要为粉砂岩,厚度为5.2 m,向下依次为K_7粗粒砂岩、K_6石灰岩。岩体硬度从低到高分别为:粗粒砂岩、粉砂岩、石灰岩。试验表明,使用同样的钻机、钻具分别在K_6、K_7岩层中钻进,施工相同长度的钻孔时,在K_6岩层中钻进的用时是在K_7岩层中的8～10倍,平均每钻进1 m需要2～3 h,钻进困难。如果底抽巷布置在K_6岩层下部,穿层钻孔施工过程中要穿过K_6岩层,钻进效率就会降低,不能满足对上部3号煤层的抽采时间和抽采效率的要求,无法实现高效开采,因此将K_6岩层作为一个标志层位,3号煤层底抽巷应布置在K_6岩层上部,避免穿层钻孔穿过K_6岩层。

考虑底抽巷与煤层间距对钻孔施工的影响,底抽巷与3号煤层间距越小,钻孔工程量越小,施工角度越小,煤体段越长,有效利用率越高,抽采效率越高。中部底抽巷层位最终选择在距离3号煤层底板7 m左右位置。

5.3.2　中部底抽巷钻孔布置

(1) 钻孔布置

由于1307开切眼底抽巷覆盖工作面钻孔60 m范围内成孔率比较好,所以2号底抽巷从距开切眼60 m处开始布孔。第一、二单元设计长度均为220 m,每单元含钻孔37组,第三、四、五、六单元设计长度均为170 m,每单元含钻孔28组,单组每组设计16个钻孔,双组每组设计15个钻孔,钻孔分四排、两列布置,组间距为3 m,钻孔终孔间排距按照5 m×10 m进行布置,钻孔掩护工作面宽度为150 m,共设计钻孔372组,六个单元,5 766个钻孔,总进尺232 500 m。中部底抽巷穿层钻孔布置平面如图5-11所示。

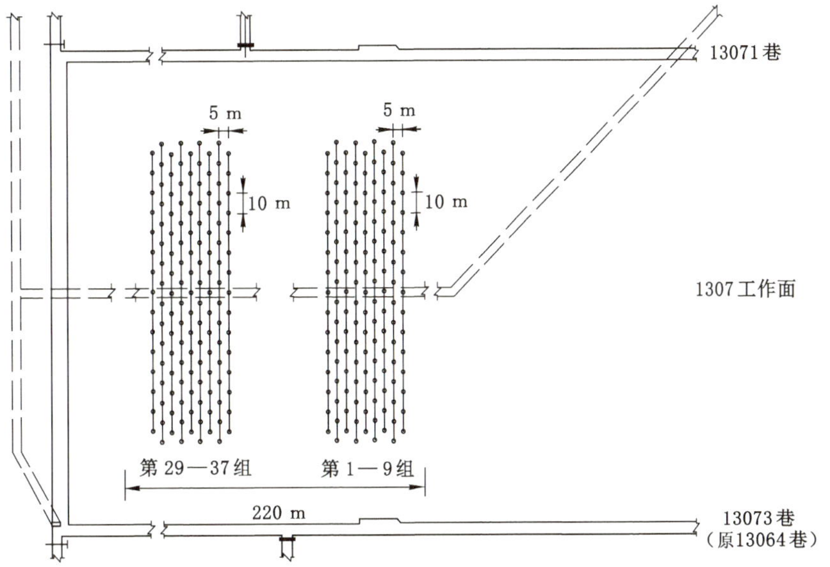

图 5-11　中部底抽巷穿层钻孔布置平面示意

(2) 1 号联络横贯和 2 号联络横贯钻孔设计

1 号联络横贯北帮距拐弯 8 m 处开始布置钻孔，布置钻孔巷道长度为 123 m，组间距为 5 m，终孔间排距按照 5 m×10 m 进行布置，钻孔掩护 1307 工作面 150 m 煤体，共设计 1 个单元，25 组钻孔，91 个钻孔，总进尺 2 525 m。南帮布置钻孔巷道长度为 145 m，组间距为 5 m，终孔间排距按照 5 m×10 m 进行布置，钻孔掩护工作面宽度为 150 m，共设计 1 个单元，30 组钻孔，225 个钻孔，总进尺 9 275 m。

2 号联络横贯距开口 65 m 时开始布置钻孔，组间距为 5 m，终孔间排距按照 5 m×10 m 进行布置，钻孔掩护 1307 工作面 150 m 煤体，共设计 1 个单元，6 组钻孔，90 个钻孔，总进尺 3 977 m。中部底抽巷穿层钻孔剖面如图 5-12 所示。

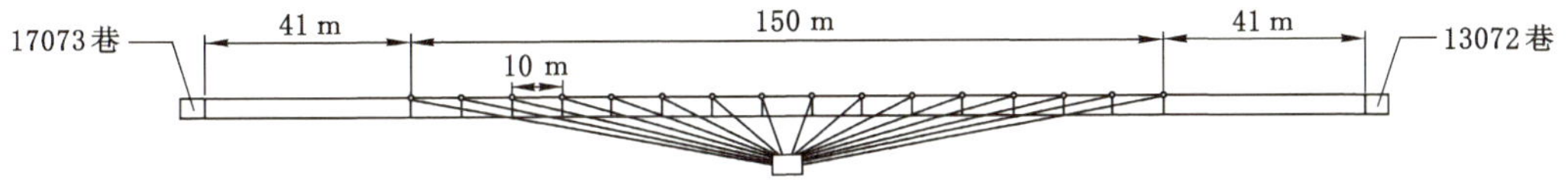

图 5-12　中部底抽巷穿层钻孔剖面示意

以 1307 工作面中部底抽巷南帮穿层钻孔单组和双组为例，中部底抽巷南帮穿层钻孔单组设计具体参数如表 5-4 所示。

表 5-4　中部底抽巷南帮穿层钻孔单组设计参数

组别	孔号	孔径 /mm	开孔位置		方位角 /(°)	倾角 /(°)	见煤距离 /m	止煤距离 /m	孔深 /m
			距顶距离/m	距帮距离/m					
单组	1	94	1.2	0	0	10	45.9	73.8	74.3
	3	94	1.2	0	0	12	39.8	64.0	64.5
	5	94	0.8	0	0	14	33.0	54.2	54.7
	7	94	0.8	0	0	17	27.1	44.5	45.0
	9	94	0.4	0	0	21	20.8	34.9	35.4
	11	94	0.4	0	0	29	15.4	25.8	26.3
	13	94	0	0.5	0	42	10.4	17.8	18.3
	15	94	0	0.5	0	75	7.2	12.4	12.9

中部底抽巷南帮穿层钻孔双组设计具体参数如表 5-5 所示。

表 5-5　中部底抽巷南帮穿层钻孔双组设计参数

组别	孔号	孔径/mm	开孔位置		方位角/(°)	倾角/(°)	见煤距离/m	止煤距离/m	孔深/m
			距顶距离/m	距帮距离/m					
双组	2	94	1.2	0	0	11	42.8	68.9	69.4
	4	94	0.8	0	0	13	36.0	59.0	59.5
	6	94	0.8	0	0	15	30.0	49.3	49.8
	8	94	0.4	0	0	18	23.7	39.6	40.1
	10	94	0.4	0	0	24	18.1	30.3	30.8
	12	94	0	0.5	0	33	12.7	21.8	22.3
	14	94	0	0.5	0	56	8.5	14.5	15.0
	16	94	0	2.35	—	90	7.0	11.5	12.0

(3) 穿层钻孔和顺层钻孔立体抽采

综合考虑赵庄矿 1307 工作面巷道布置和采掘接替情况，在中部底抽巷施工穿层钻孔后，穿层钻孔并不能全部掩护 1307 工作面，存在瓦斯抽采空白带，因此在 1307 工作面中部底抽巷采用了底板岩巷穿层钻孔预抽煤巷条带瓦斯和本煤层顺层钻孔预抽煤巷条带瓦斯立体抽采 1307 工作面卸压瓦斯，钻孔布置如图 5-13 所示。

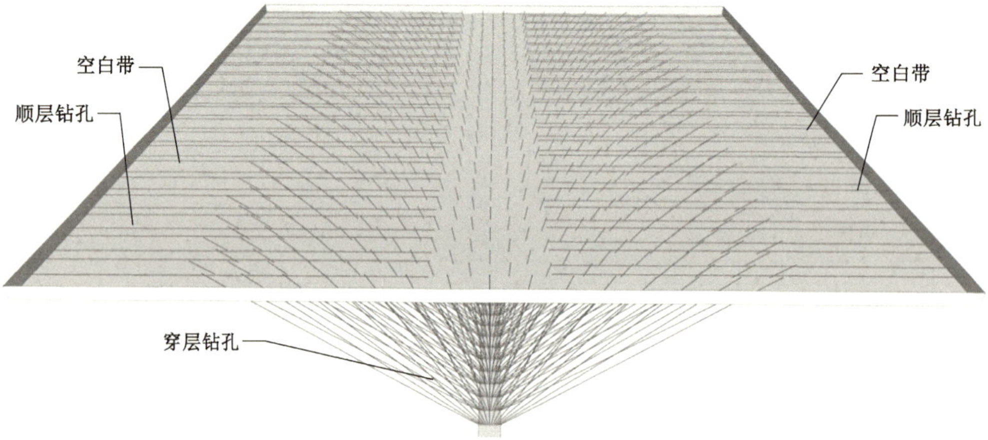

图 5-13　1307 工作面立体抽采示意

通过中部底抽巷穿层区域条带预抽及本煤层区域条带预抽相结合的立体抽采，抽采瓦斯效果显著，消除了煤层瓦斯抽采空白带，降低了工作面瓦斯含量，保障了工作面的安全高效回采。

5.4　顶板裂隙带高度计算及高抽巷的层位布置

5.4.1　顶板裂隙带高度计算

1. 理论计算

理论公式计算方法一：

垮落带的高度可用式(5-9)来计算：

$$H_1 = M/(K-1) \tag{5-9}$$

式中　H_1——沿煤层法向垮落带的高度，m；

M——回采层厚度，m；

K——垮落带岩石碎胀系数，取 1.3。

根据式(5-9)，计算得出 1307 工作面垮落带高度为：

$$H_1=(4.6\sim 6.1)/(1.3-1)=15.3\sim 20.33\ (\mathrm{m})$$

裂隙带的高度：

$$H_2=100M/(2M+3)+6 \tag{5-10}$$

式中　H_2——沿煤层法向裂隙带的高度，m；

M——回采层厚度，m。

根据式(5-10)，计算出 1307 工作面裂隙带的高度为：

$$H_2=100\times(4.6\sim 6.1)/[2\times(4.6\sim 6.1)+3]+6=43.7\sim 46.1\ (\mathrm{m})$$

理论公式计算方法二：

国内外大量学者专家和现场工作人员对煤层开采引起的覆岩破坏特征进行了研究，提出了覆岩破坏范围"三带"分布状态和规律，给出了许多计算裂隙带高度范围的方法与手段[29]，但都存在一些缺点。到目前为止综采条件下的裂隙带发育高度的理论分析还没有形成统一的定量计算公式，一般都是先采用经验公式进行预估，在预估的基础上再进行现场实测确定。

垮落带与裂隙带高度的计算公式如表 5-6 所示。

表 5-6　垮落带与裂隙带高度判别公式

岩性	垮落带高度计算公式	裂隙带高度计算公式
坚硬	$H_m=\dfrac{100\sum M}{2.1\sum M+16}\pm 2.5$	$H_{1i}=\dfrac{100\sum M}{1.2\sum M+2.0}\pm 8.9$
中硬	$H_m=\dfrac{100\sum M}{4.7\sum M+2.9}\pm 2.2$	$H_{1i}=\dfrac{100\sum M}{1.6\sum M+3.6}\pm 5.6$
软弱	$H_m=\dfrac{100\sum M}{6.2\sum M+32}\pm 1.5$	$H_{1i}=\dfrac{100\sum M}{3.1\sum M+5.0}\pm 4.0$
极软弱	$H_m=\dfrac{100\sum M}{7.0\sum M+63}\pm 1.2$	$H_{1i}=\dfrac{100\sum M}{5.0\sum M+8.0}\pm 3.0$

当煤层采高在 3 m 以内时，根据表 5-6 中公式计算的覆岩裂隙带高度与现场实测吻合程度很高，但随着综采放顶煤与大采高等开采技术的普及应用，一次性开采煤层的高度大幅度提升，裂隙带高度经验计算公式需要加以修正。吴仁伦博士在对比大量现场实测与经验计算结果后，提出当煤层采高大于 3 m 时，实测裂隙带高度约为经验公式计算值较大值的 1.3～1.5 倍。因此，进一步对原有经验公式进行修正，修正后的裂隙带高度计算式为：

$$H_s=\begin{cases}H_d & (M\leqslant 3\ \mathrm{m})\\ \lambda H_d & (M>3\ \mathrm{m})\end{cases} \tag{5-11}$$

式中　H_s——修正后的垮落带、裂隙带理论高度，m；

H_d——垮落带、裂隙带高度判别公式；

λ——修正系数，一般取 1.3～1.5；

M——煤层采高。

根据赵庄矿 3 号煤层顶底板岩性可知，该煤层顶板属于中硬岩层，按照表 5-6 中垮落带与裂隙带高度计算的经验公式，计算结果表明：赵庄矿 1307 工作面垮落带最大高度为 27.7 m，裂隙带最大高度为 64.9 m，即裂隙带的高度范围为 27.7～64.9 m。

2. 裂隙带高抽巷瓦斯抽采原理

工作面开采后，采空区顶板形成垮落带、裂隙带和弯曲下沉带，随着时间的加长，采空区顶板岩层移动逐渐稳定，工作面采空区逐渐被压实，但在采空区的四周由于煤柱的支撑作用，顶板岩层内的压缩程度要小于采空区中部，就会在采空区顶板四周形成一个由裂隙组成的连续瓦斯涌出储运通道，俗称“O”形圈。“O”形圈可长期存在，内部存储了大量的高浓度瓦斯，该区域为顶板瓦斯的富集区。

采空区“O”形圈分布如图 5-14 所示。

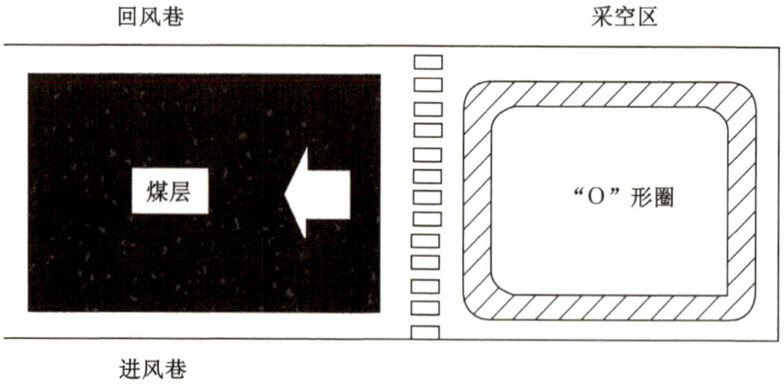

图 5-14　采空区“O”形圈分布

井下巷道卸压瓦斯抽采方法主要利用采动形成的顶板岩层裂隙及高抽巷作为瓦斯运移通道，在抽采负压作用下，邻近层卸压瓦斯沿裂隙进入巷道后经管路抽出，常用的走向高抽巷法如图 5-15 所示，1307 高抽巷剖面如图 5-16 所示。

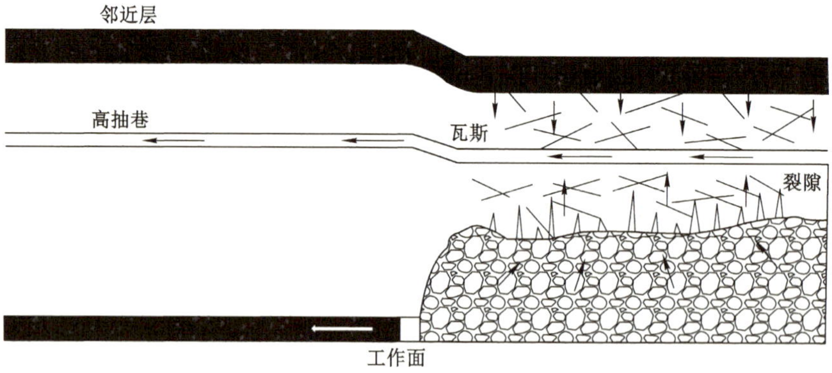

图 5-15　高抽巷抽采采空区及邻近层瓦斯示意

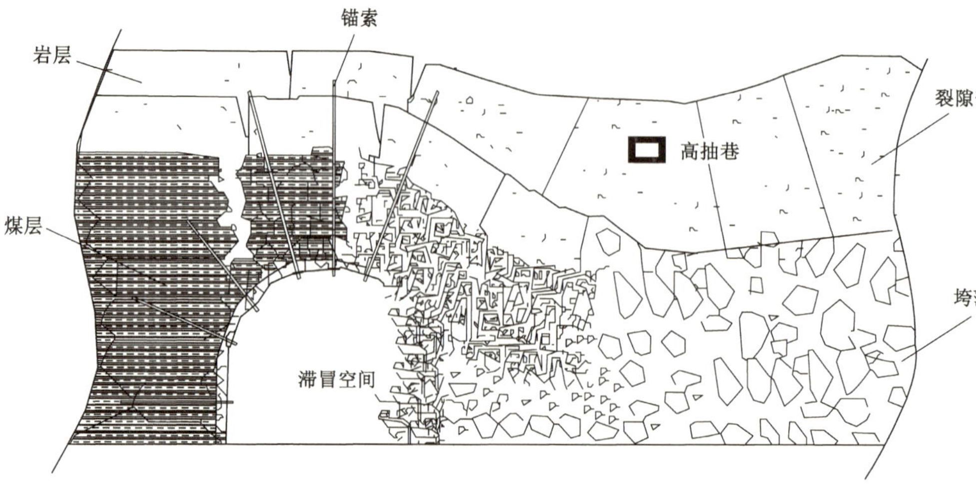

图 5-16　1307 高抽巷剖面示意

高抽巷通常从采区回风巷内以一定的角度施工一段穿层斜巷，达到设计位置水平后施工水平巷道。高抽巷在倾向上位于工作面回风巷侧，与工作面回风巷的水平距离由工作面的长度决定，高抽巷断面不小于 5 m^2；沿走向高抽巷不需要施工至工作面开切眼位置，可留一定的距离；在高抽巷末端向开切眼方向施工部分穿层钻孔，如图 5-17 所示，可解决工作面初采期间的瓦斯涌出问题。在构造带常采用倾斜高抽巷法，但需要具备施工倾斜高抽巷的条件。

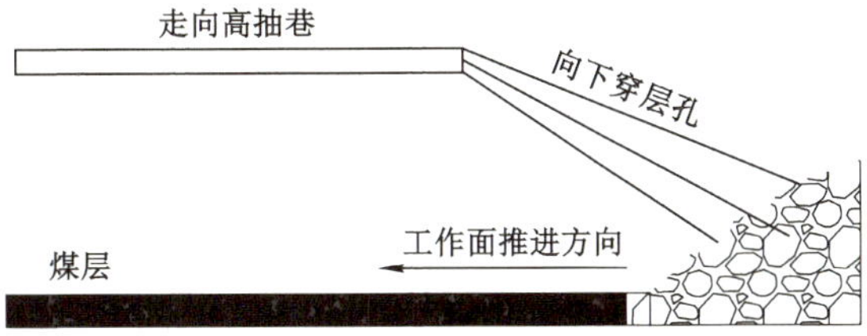

图 5-17　走向高抽巷初采期向下穿层孔瓦斯抽采示意

5.4.2　顶板高抽巷的水平层位和垂直高度

顶板走向高抽巷的布置是否合理，是瓦斯抽采巷道抽采效果好坏的关键。高抽巷所处的立体位置与距回风巷的水平距离和煤层顶板垂距有关。如果高抽巷与回风巷水平距离过大，高抽巷将偏离高浓度瓦斯区域；如果高抽巷与回风巷的水平距离过小，则可能存在巷道漏风问题，在通风负压和抽采负压的作用下，会造成抽采瓦斯浓度降低。如果高抽巷与煤层顶板垂距过小，高抽巷处于垮落带内，可能使高抽巷与采空区直接连通，抽不到高浓度瓦斯，同时高抽巷过早被破坏，服务周期短；如果高抽巷与煤层顶板垂距过大，高抽巷处于裂隙带之上的弯曲下沉带，弯曲下沉带内的岩层保持其原有的完整性，只产生很少的纵向裂隙，透气性差，很难抽出大量瓦斯，卸压瓦斯仍将大量涌向采煤工作面，高抽巷截流效果不理想。因此，根据采动覆岩移动理论分析，如果将高抽巷布置在裂隙带内，将达到抽采瓦斯最佳的效果。

垮落带高度与采高、岩石垮落后碎胀系数有关，裂隙带高度与工作面推进距离和岩石垮落角有关，卸压范围与卸压角有关，一般情况下岩石卸压角大于岩石垮落角。据统计，近水平煤层岩石的卸压角为 65°～85°。

走向高抽巷与回风巷水平距离的确定，应考虑以下几个因素：

① 走向高抽巷布置在卸压带内，其抽采效果好。

② 走向高抽巷若布置在工作面中部，由于距垮落拱顶部较近，与采空区连通性强，易抽入空气，因而不宜布置在中部。

③ 从通风角度看，走向高抽巷靠进风一侧布置，采空区内瓦斯浓度低，顶板巷道抽采效果不好；若靠回风一侧布置，采空区内瓦斯浓度高，顶板巷道抽采效果好。

④ 走向高抽巷布置在回风一侧，太靠近卸压边界，邻近层瓦斯抽出率低。

高抽巷布置如图 5-18 所示。

走向高抽巷距离开采煤层底板的垂高可以按照式(5-12)来计算：

$$H_g = h_1 + h_2 \tag{5-12}$$

式中　H_g——走向高抽巷距离开采煤层底板的垂高，m；

h_1——垮落带高度，m；

h_2——防止高抽巷破坏安全保险高度，取 1.5 倍的垮落带高度，m；

经计算，高抽巷的垂高 $H_g = (20.33 + 1.5 \times 20.33)$ m＝50.83 m。

高抽巷距离回风巷的水平距可以按照式(5-13)来计算：

$$S = H_g \cos(\alpha - \beta)/\sin\alpha + \Delta s \tag{5-13}$$

式中　α——回风巷附近断裂角，(°)；

β——煤层倾角，(°)；

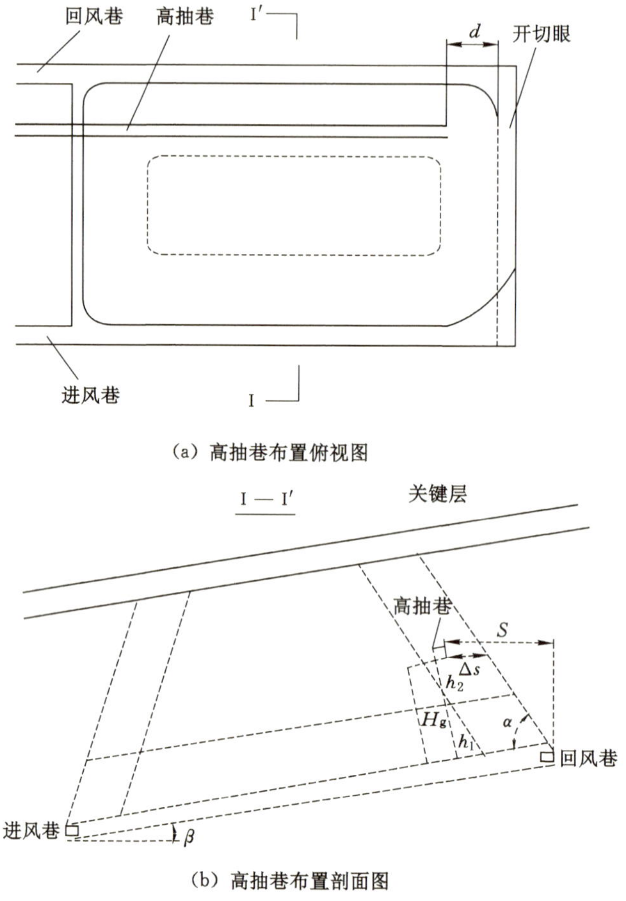

图 5-18　高抽巷布置示意

Δs——高抽巷伸入裂隙带水平投影长度，m。

据现场数据可知：$\alpha=67°$，$\beta=3°$，Δs 一般为 10～25 m，这里取 $\Delta s=13$ m，$H_g=50.83$ m，代入式(5-13)可得 S 约为 37.21 m。

赵庄矿 1307 工作面高抽巷开口位置位于 1104 巷，高抽巷中点距回风巷中点的距离为 34 m，距顶板 40～60 m，这个位置正处在采空区垮落带上部的裂隙带，这既能保证巷道稳定，顶板高抽巷风量大小不受采空区垮落煤和岩石堆积疏密程度限制，又能保证采空区及周边破裂煤体释放的瓦斯比较容易进入高抽巷。

5.5 "U+3"型瓦斯抽采技术应用效果及评价

5.5.1 边部底抽巷穿层钻孔抽采效果评价

赵庄矿在 1307 工作面采用边部底抽巷掩护两条顺槽的掘进，相比掘进工作面顺层钻孔区域预抽，底抽巷穿层钻孔抽采效果优于顺层钻孔的原因有：底抽巷穿层钻孔是穿过岩层再到煤层，岩层起到了保护钻孔的作用，钻孔不易出现漏气现象；底抽巷穿层钻孔通过全程下套管，在见煤段下筛管有效地避免了由于塌孔造成钻孔通道堵塞的问题；底抽巷穿层钻孔在见煤段采用扩孔钻头对煤体进行造穴，增大了抽采面积，同时造穴段受矿压影响，变形后增加了煤层的透气性，提高了钻孔的抽采效果；底抽巷穿层钻孔在岩孔段全部用 QN 水泥进行封孔的封孔工艺，提高了钻孔的封孔质量。具体从边部底抽巷的瓦斯抽采浓度和抽采量方面对边部底抽巷的抽采效果进行评价。

(1) 抽采浓度分析评价

边部底抽巷从第二单元开始穿 K_6 石灰岩层，受 K_6 石灰岩含水层的影响，给钻孔的封孔带来了较大的难度，经过对封孔工艺的不断改进，从第七单元起钻孔的抽采浓度有了一定的提高。1307 边部底抽巷钻孔抽采情况如表 5-7 所示。各单元钻孔抽采最高浓度达 95.2%。

表 5-7　1307 边部底抽巷钻孔抽采基本情况

位置	钻孔进尺 /m	钻孔数量 /个	浓度达 40% 孔数/个	浓度达 20% 孔数/个	最高浓度 /%	总抽采量 /m^3
一单元左帮	4 065	68	8	5	75.6	18 911
一单元右帮	2 065	56	—	—	—	65 342
二单元左帮	3 799	70	1	1	54.2	39 579
二单元右帮	2 207	48	0	2	26.4	31 643
三单元左帮	3 265	70	0	2	24.6	17 119
三单元右帮	3 827	68	0	1	26.2	22 428
四单元左帮	2 784	63	3	28	52.4	15 772
四单元右帮	4 329	72	2	16	64.2	11 469
五单元左帮	5 135	119	3	48	55.4	29 466
五单元右帮	7 010	114	0	3	26.8	26 393
六单元左帮	5 641	126	13	43	68.4	12 234
六单元右帮	7 761	136	12	26	77.9	12 397
七单元左帮	4 301	125	94	6	95.2	32 168
七单元右帮	8 293	138	30	16	92.5	9 901
八单元左帮	5 227	126	58	31	94.6	24 195
八单元右帮	10 870	155	4	21	51.7	7 224
九单元左帮	4 244	97	11	24	78.8	731
九单元右帮	6 997	105	6	14	52.2	627
十单元左帮	3 980	98	—	—	—	—
十单元右帮	3 779	73	—	—	—	—
十一单元左帮	371	9	—	—	—	—
十一单元右帮	2 402	47	—	—	—	—
总计	102 352	1 983	245	287	—	377 599

1307 边部底抽巷不同抽采单元的支管浓度统计如表 5-8 所示。自 2014 年 7 月 8 日开始对边部底抽巷支管浓度进行测定，支管最大浓度为 91.4%。

表 5-8　1307 边部底抽巷抽采单元支管浓度(%)统计

位置	日期											
	7 月 8 日	7 月 14 日	7 月 28 日	8 月 11 日	8 月 25 日	9 月 8 日	9 月 22 日	10 月 6 日	10 月 20 日	11 月 3 日	11 月 17 日	12 月 1 日
第三单元左帮	2.1	7.1	9.8	2.2	1.4	3.5	—	—	19.2	17.3	11.4	—
第三单元右帮	2.3		2.4	4.4	4.4	4.1	9.5	—	—	—	15.7	—
第四单元左帮	17.6	16.7	24.2	20.8	21.2	27.1	10.6	15.2	10.8	12.4	25.4	6.4
第四单元右帮	13.4	21.2	27.6	18.2	29.6	7.2	4.2	—	—	—	24.3	8.1
第五单元左帮	6.6	7.8	6.8	23.2	23.6	13.9	25.8	14.6	20.6	13.7	9.4	6.2
第五单元右帮	7.1	6.9	4.8	10.6	4.7	4.9	9.1	16.3	10.4	21.7	40.3	44.8
第六单元左帮	14.2	11.4	8.6	10.2	6.2	7.1	6.5	13.5	21.4	12.4	5.3	18.5
第六单元右帮	12.4	10.5	13.2	16.6	23.8	24.1	17.4	13.8	24.2	16.2	12.6	19.2

表 5-8(续)

位置	日期											
	7月8日	7月14日	7月28日	8月11日	8月25日	9月8日	9月22日	10月6日	10月20日	11月3日	11月17日	12月1日
第七单元左帮	14.8	24.6	59.8	63.4	76.3	72.2	71.2	67.3	69.2	63.7	72.4	58.4
第七单元右帮	13.2	4.5	5.4	5.4	11.3	10	14.8	11.5	27.2	17.3	21.2	21.4
第八单元左帮	—	16.8	34.2	64.2	79.8	83.4	—	85.9	90.4	84.7	91.4	85.2
第八单元右帮	—	3.9	5.1	8.4	16.5	11.7	—	16.1	38.2	25.3	39.7	35.1
第九单元左帮	—	—	—	—	11.6	40.3	—	20.4	73.6	24.3	70.8	58.6
第十单元左帮	—	—	—	—	—	8.7	—	10.6	21.7	11.3	24.7	6.4
第十单元右帮	—	—	—	—	—	3.6	—	5.3	8.2	4.8	3.9	9.8
第十一单元左帮	—	—	—	—	—	—	—	22.6	19.8	3.4	6.3	5.9
第十一单元右帮	—	—	—	—	—	—	—	20.5	23.6	10.4	4.2	10.5
第十二单元左帮	—	—	—	—	—	—	—	14.3	2.6	2.3	7.5	4.5
第十二单元右帮	—	—	—	—	—	—	—	7.8	3.2	3.1	18.3	15.6
第十三单元左帮	—	—	—	—	—	—	—	—	—	34.2	64.7	51.6
第十三单元右帮	—	—	—	—	—	—	—	—	—	10.5	9.9	24.8
第十四单元左帮	—	—	—	—	—	—	—	—	—	—	15.4	22.4
第十四单元右帮	—	—	—	—	—	—	—	—	—	—	16.3	26.8

对边部底抽巷钻孔的抽采浓度进行统计，抽采浓度在 20%以上的钻孔占 57.1%，具体如表 5-9 所示。

表 5-9 钻孔浓度统计

抽采地点	浓度小于 20%孔数/个	所占钻孔比例/%	浓度在 20%～40%孔数/个	所占钻孔比例/%	浓度大于 40%孔数/个	所占钻孔比例/%
1307 边部底抽巷	399	42.9	287	30.8	245	26.3

(2) 抽采量及抽采效果评价

1307 边部底抽巷穿层钻孔抽采量情况如表 5-10 所示。分别对边部底抽巷的日抽采量、百米钻孔抽采量和单孔平均日抽采量进行统计。边部底抽巷抽采从 2014 年 7 月 28 日至 2014 年 8 月 26 日，平均日抽采量为 2 310.68 m^3，平均百米钻孔抽采量为 0.012 7 $m^3/(min \cdot hm)$，单孔平均日抽采量为 2.6 m^3。

表 5-10 1307 边部底抽巷穿层钻孔抽采量情况

日期	日抽采量/m^3	百米钻孔抽采量/[$m^3/(min \cdot hm)$]	单孔平均日抽采量/m^3
2014 年 7 月 28 日	2 103.97	0.011 721	2.5
2014 年 7 月 29 日	2 124.57	0.011 836	2.6
2014 年 7 月 30 日	1 736.43	0.009 579	2.1
2014 年 7 月 31 日	2 103.91	0.011 606	2.5
2014 年 8 月 1 日	1 938.49	0.010 554 1	2.3
2014 年 8 月 2 日	1 642.31	0.008 942	1.9
2014 年 8 月 3 日	1 983.89	0.010 802	2.3
2014 年 8 月 4 日	1 565.02	0.008 521	1.8

表 5-10(续)

日期	日抽采量/m^3	百米钻孔抽采量/[m^3/(min·hm)]	单孔平均日抽采量/m^3
2014 年 8 月 5 日	1 914.11	0.010 548	2.3
2014 年 8 月 6 日	1 571.73	0.008 661	1.9
2014 年 8 月 7 日	2 658.47	0.014 751	3.2
2014 年 8 月 8 日	2 899.46	0.016 088	3.5
2014 年 8 月 9 日	2 618.68	0.014 530 7	3.1
2014 年 8 月 10 日	2 974.13	0.016 503 1	3.1
2014 年 8 月 11 日	2 927.47	0.016 244	3.5
2014 年 8 月 12 日	3 112.04	0.016 930 191	3.7
2014 年 8 月 13 日	2 465.85	0.013 031 932	2.8
2014 年 8 月 14 日	2 756.44	0.014 567 69	3.1
2014 年 8 月 15 日	2 517.44	0.013 095 298	2.8
2014 年 8 月 16 日	2 875.73	0.014 959 062	3.2
2014 年 8 月 17 日	2 724.62	0.013 984 458	3.0
2014 年 8 月 18 日	2 891.54	0.014 759 382	3.2
2014 年 8 月 19 日	2 697.22	0.013 767 508	3.0
2014 年 8 月 20 日	2 553.1	0.013 031 871	2.8
2014 年 8 月 21 日	1 809.48	0.010 506 55	2.0
2014 年 8 月 22 日	1 979.61	0.011 494 391	2.2
2014 年 8 月 23 日	2 164.92	0.014 539 813	2.3
2014 年 8 月 24 日	2 160.61	0.014 510 867	2.3
2014 年 8 月 25 日	1 888.42	0.012 682 812	2.0
2014 年 8 月 26 日	1 960.72	0.009 525 086	2.1
平均	2 310.68	0.012 742 46	2.6

① 抽采效果评价体系：通过数据统计，对边部底抽巷穿层钻孔预抽煤巷条带煤层瓦斯的抽采量进行计量、评价，每个抽采单元间隔 40 m 布置两个效果检验钻孔，检验钻孔终孔位置布置在煤巷的中央，对抽采后的煤体瓦斯含量进行测定。

② 抽采效果评价。通过统计 1307 工作面边部底抽巷穿层钻孔瓦斯抽采情况的相关数据可得出，实施穿层钻孔抽采后，钻孔平均百米抽采量比本煤层钻孔平均百米抽采量提高了 50 倍，有效促进了瓦斯抽采。煤巷掘进工作面最大瓦斯浓度为 0.48%，说明穿层钻孔区域抽采瓦斯有效降低了掘进工作面的瓦斯涌出量。1307 工作面边部底抽巷各单元抽采区域煤巷掘进工作面瓦斯浓度情况如图 5-19 所示。

煤体原始瓦斯含量为 12.73 m^3/t，经过边部底抽巷的抽采，残余瓦斯含量降低至 8 m^3/t 以下。

5.5.2　中部底抽巷抽采效果评价

(1) 抽采浓度分析

当工作面推进至距抽采钻孔 30 m 时，受工作面采动影响，煤体卸压，煤层透气性增加，钻孔浓度逐步上升；在工作面距钻孔 5～30 m 之间时钻孔抽采浓度相对较高，但是波动较大；在工作面距钻孔 5 m 左右时，大部分钻孔抽采浓度急剧下降；待工作面推过钻孔后，钻孔抽采浓度下降。

随着工作面推进，对揭露的钻孔进行拆除，对抽采系统进行动态管理，可以确保中部底抽巷抽采系统浓度在 25%左右。底抽巷的抽采浓度也受系统调整的影响，平均抽采浓度为 24.3%，最低抽采浓度为10.9%，最高抽采浓度为 33.4%，抽采效果良好。

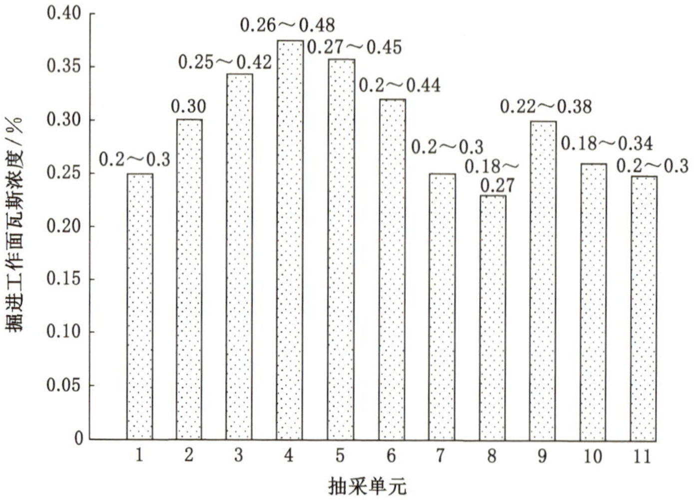

图 5-19　边部底抽巷抽采单元掘进工作面瓦斯浓度情况

中部底抽巷抽采浓度变化曲线如图 5-20 所示。

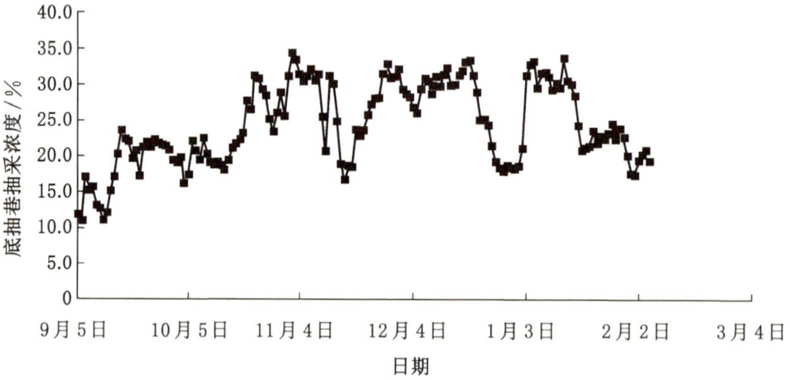

图 5-20　中部底抽巷抽采浓度变化曲线

(2) 抽采量及抽采效果评价

1307 中部底抽巷每 120 m 为一个抽采单元。1307 中部底抽巷从 2013 年 10 月 27 日抽采，截至 2015 年 2 月 5 日，累计抽采量为 233.43 万 m^3，1307 工作面 2014 年 9 月 5 日开始回采，中部底抽巷累计抽采量为 104.92 万 m^3，平均日抽采量为 6 813 m^3。2014 年 9 月 5 日到 2015 年 2 月 5 日，1307 中部底抽巷抽采量统计如图 5-21 所示。

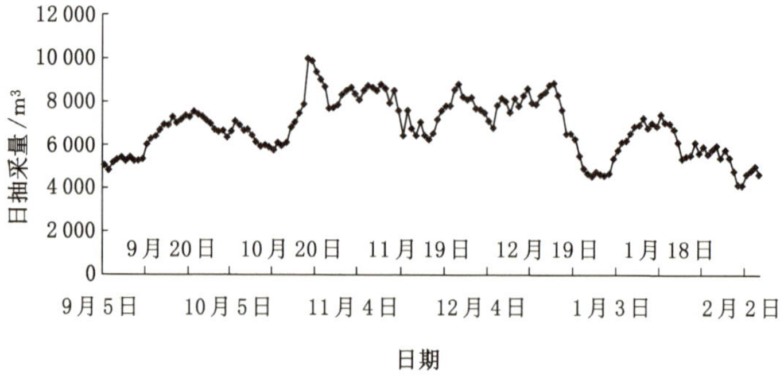

图 5-21　1307 中部底抽巷抽采量随时间变化曲线

1307 工作面回采前中部底抽巷日抽采量约为 5 000 m^3，1307 工作面于 2014 年 9 月 5 日开始回采，回采过程中，随着工作面的持续稳步推进，中部底抽巷的抽采浓度稳定在 30% 左右，日抽采量稳定在 7 500 m^3 左右，最高日抽采量达到 9 971 m^3。抽采纯量一直维持在 2.84～6.92 m^3/min，平均抽采纯量为 4.73 m^3/min。

2014 年 12 月 23 日至 2014 年 12 月 31 日，由于工作面处于停产状态，中部底抽巷日抽采量降至 4 500 m^3左右。后期中部底抽巷抽采系统已全部拆除，在中部底抽巷联络巷巷口进行封闭，将联络巷内钻孔全部打开，于封闭墙内埋设两趟 ϕ355 mm 抽采管路进行抽采。

由于穿层钻孔从 3 号煤层底板进入并穿透整个煤层，打通了 3 号煤层各层间的径向瓦斯流动通道，瓦斯来源充足，抽采效果远远高于本煤层顺层钻孔。经抽采后瓦斯含量平均下降了 4.18 m^3/t。参照邻近 1306 工作面回风巷（未施工中部底抽巷），割煤期间回风巷瓦斯浓度为 0.6%～0.65%，采用底抽巷穿层钻孔条带预抽后，回风巷瓦斯浓度为 0.28%～0.52%。

5.5.3　高抽巷抽采效果评价

高抽巷抽采效果主要受垂直层位、负压、抽采能力等的影响，通过研究高抽巷在不同阶段抽采效果来确定合适的层位及负压对高抽巷的应用具有重要的意义。

1. 高抽巷抽采负压

高抽巷投入使用后，抽采负压是影响高抽巷抽采效果的关键因素。在高抽巷布置合理、工作面配风量适中、抽采负压较低时，高抽巷能够抽取较高浓度的瓦斯。抽采负压较高时，采空区漏风强度增加，抽采混合量较大，但抽采纯度较低。同时，采空区漏风将采空区高浓度瓦斯带出，进而造成工作面上隅角瓦斯超限。

在 1307 工作面回采初期，高抽巷还未进入裂隙带发育区，未能达到有效抽采瓦斯的目的，抽出纯瓦斯量较小；当工作面推进 50 m 左右时，顶板初次来压，抽采负压从 31 kPa 降低到 13 kPa，瓦斯涌出量随工作面向前推进呈上升趋势，高抽巷抽采浓度从 3%提高到 13%。进入有效抽采范围后，抽出纯瓦斯量明显增大。

随着抽采负压的增加，高抽巷对邻近层、采空区的抽采能力增加，当抽采负压增加到 21 kPa 左右时，抽采混量趋于稳定，基本稳定在 300 m^3/min 左右（对应的高抽巷抽采纯量为 45 m^3/min）。截至 2016 年 3 月 6 日，高抽巷的抽采混量基本稳定在 350 m^3/min 左右，最高达到 427.82 m^3/min，抽采负压达到 12～15 kPa。这说明，在基于现有的 2BEC72 型水环式真空泵的基础上，抽采负压在 12～15 kPa 时，能最大限度发挥泵的能力，抽采出的瓦斯混量能够达到最大。1307 工作面高抽巷抽采负压和标况抽采混量的关系曲线如图 5-22 所示。

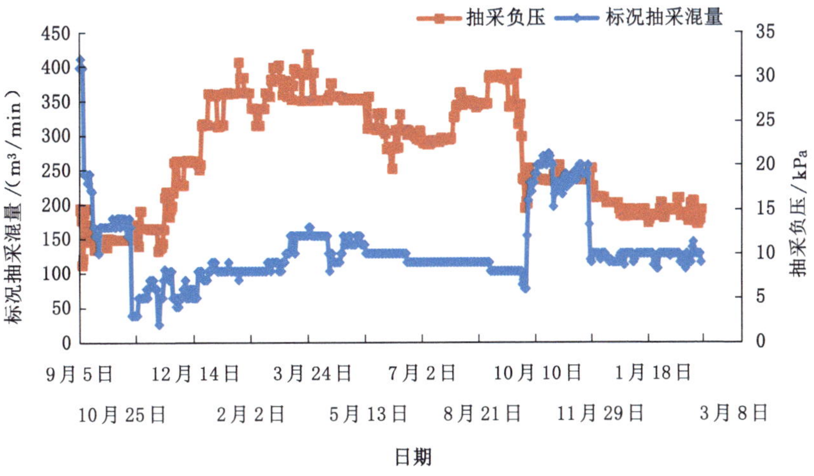

图 5-22　高抽巷标况抽采混量与抽采负压的关系曲线

2. 高抽巷抽采层位

1307 工作面高抽巷从 2014 年 9 月 5 日开始抽采，至 2016 年 1 月 6 日工作面推进 1 786.1 m，高抽巷抽采量和抽采浓度一直保持在较大值。随着工作面的推进，瓦斯抽采量和抽采浓度有所下降，说明高抽巷抽采效果受工作面周期来压和地质条件的影响也会发生周期性变化。工作面推进 247 m 左右时，高抽巷距煤层垂距基本维持在 41 m，此时，抽采浓度均值为 12%，抽采瓦斯量基本在 19 m^3/min 上下波动。当工作面推进 253.4～990.1 m 时，高抽巷距煤层垂距由 41 m 增加至 45 m 左右，抽采瓦斯量由 19 m^3/min 增加至 31 m^3/min 左右，抽采浓度由 12%增加到 14%，且抽采瓦斯量增量拟合直线斜率与抽采瓦斯浓度增量拟合直线斜率均大于高抽巷距煤层垂距增量拟合直线斜率，这说明高抽巷最佳层位大于 45 m。当高抽巷层位达到 51 m 时，抽采纯量最大，为 46.13 m^3/min。高抽巷垂直层位、抽采纯量、抽采浓度随工作面推进的变化曲线如图 5-23 所示。

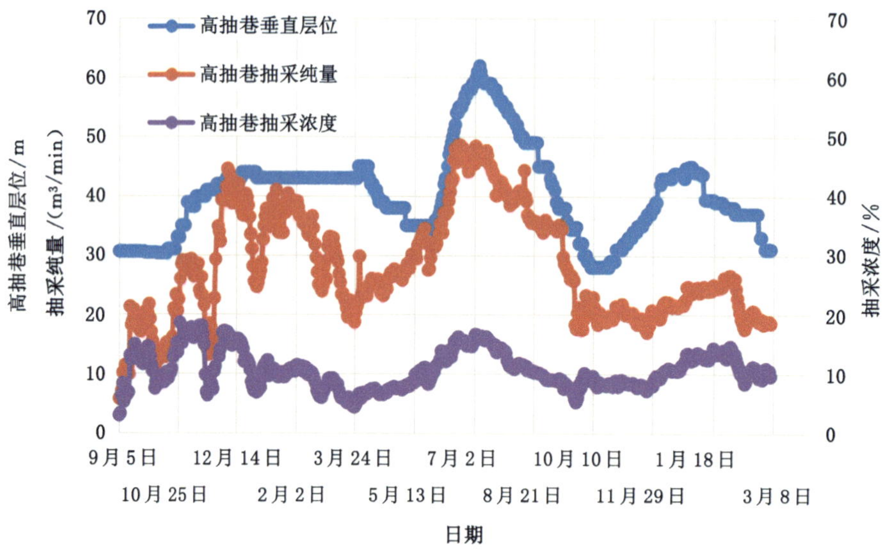

图 5-23　高抽巷垂直层位、抽采纯量、抽采浓度随工作面推进的变化曲线

赵庄矿 1307 工作面高抽巷瓦斯抽采技术能有效控制采空区瓦斯向工作面范围涌出，能够在支架后侧的采空区形成较强的负压场，改变了采空区瓦斯的流经路线，驱使采空区瓦斯流向高抽巷，有效地降低了上隅角瓦斯浓度。

第 6 章　井上下联合抽采“三区联动、三级治理”技术与示范

6.1　规划区:地面钻井瓦斯抽采技术

6.1.1　晋城矿区地面钻井瓦斯抽采现状

地面钻井瓦斯抽采技术作为开发煤层瓦斯主要方法之一,越来越受到主要产煤国家的重视[30]。20 世纪 70 年代初,美国首先利用地面钻井成功开发瓦斯资源,随后澳大利亚、德国、英国、加拿大等国家将成熟的地面定向钻井抽采技术应用于地面瓦斯开采。

我国地面钻井瓦斯抽采技术经过多年实践,在晋城矿区、阳泉矿区、淮南矿区、淮北矿区、平顶山矿区及铁法矿区等得到了广泛应用。据报道,截至 2018 年全国瓦斯总地面抽采量约为 50 亿 m^3。晋煤集团在瓦斯开发过程中形成了一套“清水钻进、活性水压裂、定压排采、低压集输”工艺流程,并形成了瓦斯地面预抽和井上下联合抽采技术体系,率先创立了“采煤采气一体化”煤矿瓦斯治理新模式,解决了井下瓦斯抽采受时间、空间等条件限制的问题,为我国煤炭矿区瓦斯综合治理、保证高瓦斯矿井安全生产探索出了一条新的有效途径。

1992 年晋煤集团开始在潘庄井田开展瓦斯勘探和地面钻井抽采试验工作,1993 年成功施工完成了第一口瓦斯参数井,1994 年施工第一口产气试验井,瓦斯产量最高峰值达 10 000 m^3/d,这是沁水盆地第一口具有工业价值的瓦斯井。截至 2018 年,晋煤集团累计建设完成瓦斯地面抽采井 3 000 余口,日抽采气量突破 330 万 m^3,年抽采能力 18 亿 m^3。

晋煤集团基于“采煤采气一体化”的煤矿瓦斯治理模式,将煤矿区域划分为煤炭生产规划区、煤炭开拓准备区与煤炭生产区,逐步形成了三区联动井上下立体抽采技术,完善了煤炭开采和瓦斯开发统筹规划,实现了瓦斯地面抽采与井下抽采的有机结合。三区联动抽采模式如下:

(1) 规划区开采模式

规划区的煤炭资源一般在 5～8 年甚至更长时间以后方可进行采煤作业,对于此部分煤炭资源有充足的时间进行瓦斯开发。通过地面直井、丛式井、水平井等多种方式进行最大限度超前预抽,可实现瓦斯资源超前开发利用,与煤炭资源错峰开发,减少井下煤层瓦斯预抽时间。根据矿区瓦斯抽采实践,瓦斯开发时间最好超前煤炭开发 15 年进行。

(2) 准备区开采模式

准备区是煤炭生产矿井近期(一般为 3～5 年内)即将进行回采的区域,对于此部分煤炭资源,由于时间太短,完全依靠井下瓦斯抽采不能迅速使瓦斯含量降至规范要求之下,而井上下联合抽采技术,充分发挥“地面压裂技术”与“井下定向长钻孔技术”的优势叠加,为准备区加速转化为生产区创造了可能。

(3) 生产区开采模式

生产区即煤炭生产矿井现有生产区域,煤炭生产区虽然已经实现了区域抽采达标,但为保障煤炭安全高效生产,仍然需要进行本煤层钻孔抽采。如果瓦斯含量和瓦斯压力高于煤矿安全生产容许阈值,应在工作面回采时实施边采边抽瓦斯抽采技术,提高瓦斯抽采率。

6.1.2　地面瓦斯钻井技术

晋煤集团针对无烟煤的特点,经过不断探索、实践,在钻井、压裂、排采和集输等关键环节总结出一

套成熟工艺技术，突破了无烟煤不适合地面瓦斯开发的“禁区”，为我国瓦斯地面开发利用提供了成功案例。

在大量实践过程中，晋煤集团开发了清水钻进技术，即通过清水欠平衡快速钻进技术，以清水代替泥浆作为钻井介质，能够低钻压、大排量钻进，从而获得更快的钻进速度，有效降低钻井成本。随着引进的瓦斯多分支水平井钻进技术被规模化应用，瓦斯水平井钻采技术由单主支多分支水平井向双主支多分支水平井方向发展，大幅度提升了晋城地区的瓦斯开发速度及瓦斯抽采效率。目前，晋城矿区常用的地面井形式主要有采空区钻井、垂直钻孔、定向钻孔、L 形井、U 形井、多分支水平井等。

1. 晋城矿区地面瓦斯钻井工艺分类

(1) 直井

① 一开钻进

采用 ϕ311.1 mm 钻头钻进，钻穿黄土及地表松散岩石层，终孔至比较稳定的基岩下 10 m。下入钢级 J55 外径 244.5 mm 表层套管，下至距一开孔底 0.5 m，采用常规密度水泥固井，水泥返至地表。

② 二开钻进

采用 ϕ215.9 mm 钻头钻进至目的煤层靶区底板以下 30 m，下入钢级 N80 外径 139.7 mm 生产套管，固井水泥返至地表。

(2) 采空区钻井

① 一开钻进

采用 ϕ425 mm 钻头钻进，钻穿黄土及地表松散岩石层，终孔至比较稳定的基岩下 10 m。下入钢级 J55 外径 377.7 mm 表层套管，下至距一开孔底 0.5 m，采用常规密度水泥固井，水泥返高至地表。

② 二开钻进

采用 ϕ311.15 mm 钻头钻进，距采空区 60 m 左右时，需要换氮气施工。二开要求钻进至 3 号煤层底板 22 m 以下，确保满足三开正常施工要求，完钻后提钻下入 ϕ311.15 mm 牙轮钻头多次划眼，全井无阻碍后方可下入钢级 N80 外径 244.48 mm 套管，封固套管底口，水泥返至 3 号煤层采空区底板。二开钻进中应增设防喷装置，配备瓦斯检测仪，钻进进入塌陷带后，要每小时测定一次孔内瓦斯浓度。二开钻进塌陷带段和采空区段上部裂隙较大，钻井液循环漏失严重，易发生卡钻、埋钻等复杂情况。

③ 三开钻进

采用 ϕ215.9 mm 空气潜孔锤钻头钻进，钻穿 15 号煤层至底板下 30 m 完钻，下入钢级 N80 外径 139.7 mm 生产套管，生产套管固井使用 G 级油井水泥，水泥浆密度为 1.6～1.8 g/cm^3，固井水泥返深至 3 号煤层顶板以上 100 m 处。

(3) L 形井

一开采用 ϕ374.7 mm 钻头钻进，至稳定基岩下 5～10 m 终孔，下入钢级 J55 外径 273.1 mm 表层套管，固井水泥返至地表。

二开采用 ϕ241.3 mm 钻头钻进，至目的煤层顶板以上 5 m 处，下入钢级 N80 外径 193.7 mm 套管，固井水泥返至目的煤层顶板上 200 m。

三开采用 ϕ171.5 mm 钻头钻进，进入目标煤层后，达到靶点范围，下入钢级 N80 外径 139.7 mm 套管。

(4) U 形井

一开采用 ϕ311.15 mm 钻头钻进，至稳定基岩下 10 m 终孔，下入钢级 J55 外径 244.5 mm 套管，固井水泥返至地表，为二开的安全钻进创造条件。

二开采用 ϕ215.9 mm 钻头钻进至目的煤层顶板上部，下入取芯钻具进行取芯测试。下入常规钻具钻至目的煤层底板以下 40 m，下入钢级 N80 外径 177.8 mm 生产套管，目的煤层段为钢套管，固井水泥返至地表。

2. 地面定向钻孔施工工艺

定向钻孔是利用钻孔自然弯曲规律或采用人工造斜工具使钻孔按设计的轨迹定向弯曲钻进到预定

靶向目标的一种钻进方法(图 6-1)。

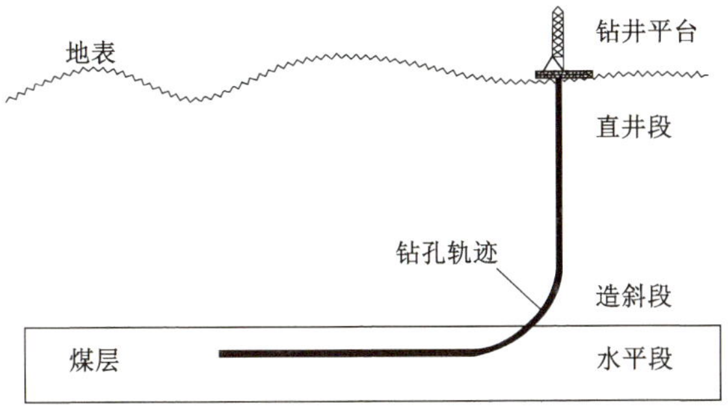

图 6-1 定向钻孔示意

按一个钻场或平台的钻孔数可分为单一定向钻孔、双孔钻、多分支水平钻孔(图 6-2)。多分支水平钻孔的几何形状就像鱼的主骨架一样,有一个主水平钻孔,在主水平钻孔的两侧分布有分支孔,分支孔是在主水平钻孔两侧造斜钻进的。每多一个分支钻孔就相当于用压裂法为主水平钻孔增加了一条裂缝。分支钻孔能够穿越更多的煤层裂缝,最大限度地沟通裂缝通道,增大煤层的渗透率,使流入主水平钻孔的瓦斯量增加,单孔产气量提高。

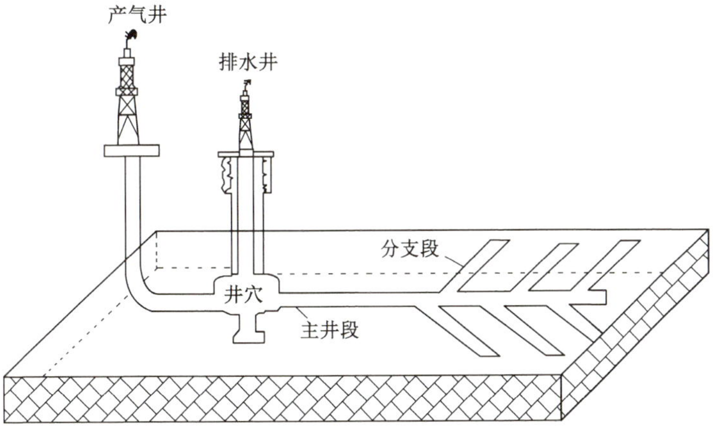

图 6-2 多分支水平钻孔示意

借鉴美国、澳大利亚在多分支水平孔钻进方面的成功经验,结合晋城矿区煤层特点提出以下施工方法:用 ϕ215.9 mm 钻头钻进斜孔段孔眼,用 ϕ177.8 mm 套管下入斜孔段孔眼,然后注入水泥固孔,在钻孔造斜段用 ϕ152.4 mm 钻头,以较小的曲率半径轨迹造斜进入煤层后,钻孔变为水平后顺层钻进 500～1 000 m 长的主水平钻孔。采用 ϕ120.6 mm 钻头由主水平钻孔的端头部往后部依次钻出每个水平分支钻孔,与主水平钻孔成 45°夹角的水平分支钻孔长 100～300 m,全部采用裸眼完孔。

(1) 直孔段钻进工艺

在埋深较浅、地层压力稳定的孔段,选择满足钻进要求、成本低的钻机就可以实现钻进目的。符合要求的钻机主要有 RD20 型车载空气循环介质钻机、TSJ1000 型水循环介质钻机和 TSJ2000 型水循环介质钻机。在用 RD20 型车载空气循环介质钻机钻进时,根据不同的钻进工艺可以选用空气、清水或钻井液等不同的循环介质钻进。根据煤层情况和地层的不同随时更换钻进循环介质。

综合考虑地层压力、孔壁稳定性和经济性等各方面因素后确定孔身结构,直径段通常采用二开孔身结构,见图 6-3。一开用 ϕ311.1 mm 钻头,钻穿覆盖层钻进到基岩风化带后,用 ϕ244.5 mm 套管固孔。二开用 ϕ215.9 mm 钻头,钻至目的煤层顶部以上段用 ϕ177.8 mm 套管固孔。

不同地区的第四系冲积层厚度差异很大,冲积层厚度从十几米到几百米不等,部分地区的冲积层主要是黏土、砂质黏土,部分地区的冲积层含流沙、砾石。在黏土、砂质黏土组成的冲积层中钻进时,孔壁

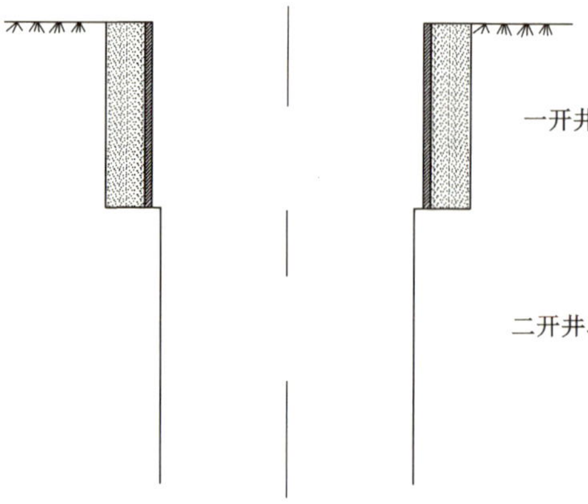

图 6-3　二开孔身结构示意

不易坍塌，容易钻进，在流沙、砾石比较厚的冲积层中施工钻孔时，因岩石松散，极易坍塌，孔壁不易维护，钻进困难。应根据不同地层的稳定性选择不同的钻井液，在黏土、砂质黏土地层中使用清水或膨润土钻进，可以快速冷却钻头，提高钻进效率。在含流沙、砾石的地层中应采用钠基膨润土作为钻井液，钠基膨润土具有较高的黏度和良好润滑能力，有助于成孔。

（2）造斜段及水平段钻孔工艺

造斜段普遍选用双弧剖面钻孔轨迹，首先增斜钻进，然后再以稳定的斜率钻进，稳斜钻进后再增斜钻进。造斜工具产生的斜率误差可以通过增加稳斜段的钻进得到有效纠偏，确保钻孔轨迹的准确性。缩短增斜井段的水平位移和长度可有效减少钻具的摩擦阻力，避免孔内事故。正确选择和合理使用钻具既可提高钻孔速度及井身轨迹控制精度，又可获得曲率均匀、光滑的井眼，避免造成钻进阻卡、粘卡及键槽卡钻等复杂情况。钻具组合的选择是一个十分复杂的问题，所选出的钻具组合不仅要满足井眼的轨迹控制，还要满足强度、通过度及安全钻井的要求。

在造斜段选用螺杆钻具配合造斜件。单纯的螺杆钻具起到井底发动机的作用，能提供给钻头回转动力，但仅靠螺杆钻具是无法完成造斜钻进的。造斜件包括弯接头、弯外管、偏心块、液压可调式弯接头、组合式偏斜工具等，配合螺杆钻具使用形成造斜功能。钻具组合包括钻头、螺杆、弯接头、无磁钻铤、无磁短节、钻铤、无磁加重钻杆、钻杆。随钻测量仪螺杆钻具总成包括溢流阀、螺杆马达、外管、万向节和驱动轴。螺杆钻具的优势体现在螺杆钻具产生回转钻进动力，钻杆无须转动，可有效减少钻杆损耗或钻杆事故。

钻孔轨迹控制就是在钻进过程中让钻孔获得稳定的全角变化率，严格地在设计好的连续轨迹点上和矢量方向上钻进。稳定的钻孔全角变化率可以通过调整和控制动力钻具的工具面来实现，几乎可以完全避免方位偏离现象。根据轨迹全角变化率选择相对应的螺杆钻具，由于地层的不同，在实际造斜施工中，难免会出现一些情况变化，造斜率可能会不稳定，这就要时刻优化施工参数。煤层段采用聚晶金刚石复合片钻头（PDC）钻进主水平钻孔，钻头在煤层中的行进轨迹通过随钻测井（LWD）监测地层自然伽马值和电阻率值来判断。

（3）分支孔段钻进工艺

分支孔的钻孔顺序是由主水平孔的端头部往主水平孔的后部依次在其两侧逐个钻进。分支孔钻进技术中广泛应用悬空侧钻技术，在施工上简单易行。目前悬空侧钻技术在晋城矿区得到了推广应用，钻进过程中马达压差、测斜数据等参数会不断地传回地面，钻进施工人员可以通过这些参数的变化及时判断侧钻是否在预定的轨迹上。钻进分支孔时，首先提起钻头，把钻进积于钻杆的扭力卸载掉，提起钻头至主水平孔设计钻点上部，然后分支孔悬空钻进。钻具组合采取连续滑动的方式侧钻行进，使 30 s 内的钻速相对稳定。分支孔 1～2 m 孔段内钻速应控制在 0.8～1.2 m/h，2～3 m孔段内钻速应控制在 1.2～2.5 m/h，3～5 m 孔段内钻速应控制在 3 m/h。侧钻时工具面角为 140°～150°，避免煤层振动而造成孔壁坍塌。要密切注意摩擦阻力、扭矩等参数在钻进过程中的变化。分支孔钻进完毕后至少需要循环一周以稳定钻孔，然后顺次起钻至下个分支孔钻点。

6.1.3　地面瓦斯 U 形井工程实例

从 2006 年开始，晋煤集团成庄矿井田范围内共计施工垂直井、U 形井、L 形井、采动井、采空井、压抽井、穿煤柱井、穿采空区井等地面钻井 357 口，实现了井田范围全覆盖。截至 2018 年，地面钻井产气量累计 6.9 亿 m^3，年产气量约为 8 000 万 m^3。下面以 U 形井为例，介绍成庄矿 U 形井工程施工实例。U 形井的布置主要位于 3 号煤层四盘区大巷、4327 顺槽，共布置 U 形井 2 组，分近端和远端两种，具体井位布置见图 6-4。

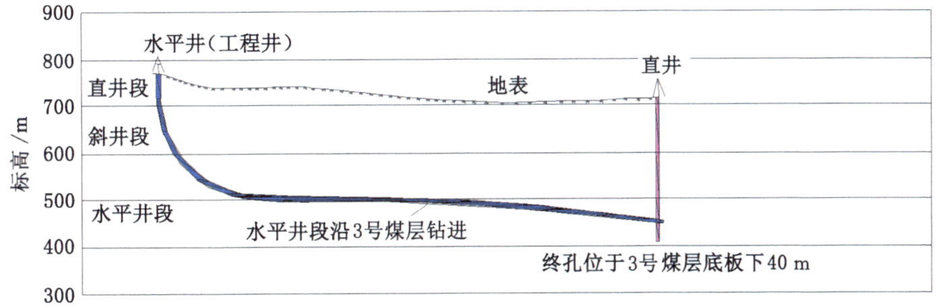

图 6-4　CZD-U10-V-H 剖面图

(1) CZD-U10 井组

CZD-U10V 井为直井，设计终孔层位为 3 号煤层以下 40 m，设计孔深为 316 m。设计基础数据见表 6-1。

表 6-1　CZD-U10V 井设计基础数据

井号	CZD-U10V	井口坐标	
完钻层位	3 号煤层	X=3 942 231.357 6	Y=510 536.261 7
井 别	直井	地面标高/m	715.00
设计井深/m	316	井口标高/m	715.28
钻进方法	清水钻进	完井方式	套管完井

CZD-U10H 井为水平井(工程井)，目的层着陆点位于 3 号煤层中，该井以 8°/30 m 的造斜率着陆于 3 号煤层中，着陆后沿煤层向 CZD-U10V 井钻进并与 CZD-U10V 井对接，再向前延伸约 10 m 完井，该井与 CZD-U10V 井间距约 1 055 m，设计水平段长度为 852 m，设计参数见表 6-2，设计剖面见图 6-4。

表 6-2　CZD-U10H 井设计基础数据

井号	CZD-U10H	井口坐标	
完钻层位	3 号煤层	X=3 941 928.678 5	Y=511 546.910 2
井 别	水平井(工程井)	着陆点坐标	
设计井深/m	1 241	X=3 941 990.361 9	Y=511 340.948 7
钻进方法	清水钻进	靶点坐标	
完井方式	筛管完井	X=3 942 231.357 6	Y=510 536.261 7
地面标高/m	780	井口标高/m	780.28

(2) CZD-U11 井组

CZD-U11V 井为直井，设计终孔层位为 3 号煤层以下 40 m，设计孔深为 533 m。设计基础数据见

表 6-3，设计剖面见图 6-5。

表 6-3　CZD-U11V 井设计基础数据

井号	CZD-U11V	井口坐标	
完钻层位	3 号煤层	X=3 940 958.234	Y=511 529.851
井 别	直井	地面标高/m	975.00
设计井深/m	533	井口标高/m	975.28
钻进方法	清水钻进	完井方式	套管完井

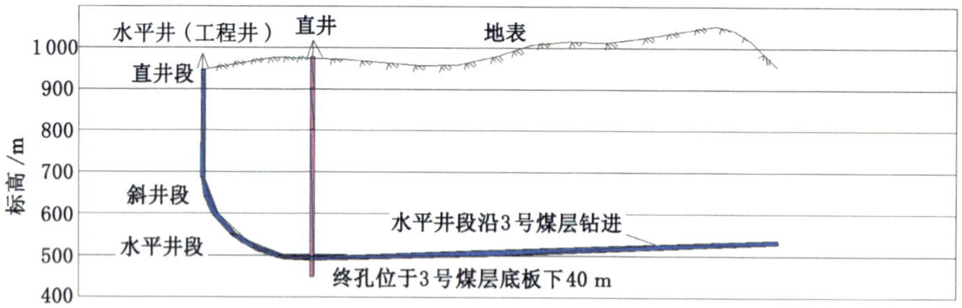

图 6-5　CZD-U11-V-H 剖面图

CZD-U11H 井为水平井(工程井)，目的层着陆点位于 3 号煤层中，水平井的造斜率为 8°/30 m，着陆于 3 号煤层中，着陆后沿煤层向 CZD-U11V 井钻进并对接，再向前延至靶点，设计水平段长度 958 m，设计参数见表 6-4。

表 6-4　CZD-U11H 井设计基础数据

井号	CZD-U11H	井口坐标	
完钻层位	3 号煤层	X=3 941 176.542	Y=511 602.251
井 别	水平井(工程井)	着陆点坐标	
设计井深/m	1 548	X=3 940 964.555	Y=511 531.947
钻进方法	清水钻进	靶点坐标	
完井方式	筛管完井	X=3 940 056.528	Y=511 230.808
地面标高/m	945	井口标高/m	945.28

6.1.4　晋城矿区地面瓦斯钻井抽采效果分析

截至 2018 年，晋煤集团累计建设完成瓦斯地面抽采井 3 000 余口，日抽采气量突破 330 万 m^3，年抽采能力 18 亿 m^3。地面瓦斯钻井的大规模抽采，降低了区域煤层瓦斯含量，下面以成庄矿、寺河矿为例分析地面钻井瓦斯抽采效果。

1. 成庄矿地面钻孔瓦斯抽采效果分析

成庄矿瓦斯井主要集中在井田西部，对该区瓦斯井产气量及其产能影响因素进行分析，以指导瓦斯开发。自 2006 年开始，成庄矿井田内分四期合计施工垂直井 299 口，投运产气 148 口，采掘封堵 49 口，倒吸关井 17 口，其余 85 口因钻井无水、修井等原因暂未产气，产气量较好的地面钻井主要集中在四盘区北翼和五盘区南翼西部。

根据各气井产气量统计，产气量>10 000 m^3/d 的气井有 2 口，3 000 m^3/d<产气量≤10 000 m^3/d 的气井有 3 口，2 000 m^3/d<产气量≤3 000 m^3/d 的气井有 15 口，1 000 m^3/d<产气量≤2 000 m^3/d 的气井有 37 口，500 m^3/d<产气量≤1 000 m^3/d 的气井有 51 口，300 m^3/d<产气量≤500 m^3/d 的气

井有 19 口，产气量≤300 m^3/d 的气井有 21 口。

总产气量>500 万 m^3 的气井有 6 口，占总井数的 4%；300 万 m^3<总产气量≤500 万 m^3 的气井有 28 口，占总井数的 19%；100 万 m^3<总产气量≤300 万 m^3 的气井有 84 口，占总井数的 57%；总产气量≤100 万 m^3 的气井有 30 口，占总井数的 20%。

地面瓦斯井套管直径为 139.7 mm，理论压裂半径为 150 m，实际压裂半径约为 90 m，说明瓦斯井的影响范围在 90 m 左右。根据地面垂直井的布置和产气情况，结合成庄矿衔接工作面布置位置，将地面钻井覆盖区域划分为 7 个区块，根据区块的煤炭储量和年总产气量得出各区块的年瓦斯含量下降量，四、五盘区瓦斯含量下降速度为 0.2～0.3 $m^3/(t·a)$。

2. 寺河矿地面钻孔瓦斯抽采效果分析

(1) 寺河矿东区地面钻井抽采效果

寺河矿在东五盘区布置 14 口抽采效果检验井，该区原始瓦斯含量为 18.98～29.02 m^3/t，经过地面预抽后，3 号煤层残余瓦斯含量降为 8.47～13.76 m^3/t，平均为 10.51 m^3/t，含气量降幅达 55%。寺河矿东区抽采前后煤层含气量对比如图 6-6 所示。

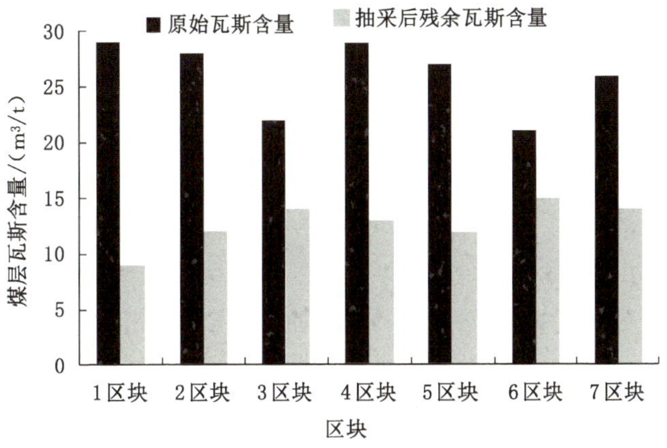

图 6-6　寺河矿东区抽采前后煤层含气量对比

(2) 寺河矿西区地面钻井抽采效果

寺河矿在西二盘区布置 8 口抽采效果检验井，该区原始瓦斯含量为 20.30～26.33 m^3/t，经过地面预抽后，3 号煤层残余瓦斯含量为 11.98～18.07 m^3/t，平均为 14.13 m^3/t，含气量降幅达 42%，瓦斯含量平均每年降低 1 m^3/t 左右。瓦斯井排采过程中剩余气含量变化曲线如图 6-7 所示。

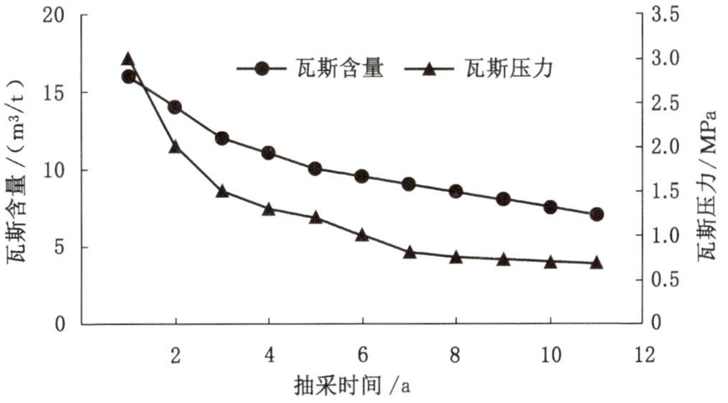

图 6-7　瓦斯井排采过程中剩余气含量变化曲线

(3) 寺河矿地面钻井经济效益分析

地面钻井的施工降低了煤矿井下瓦斯抽采的投入，增加了作业空间。经地面钻井抽采后，瓦斯含量大幅度降低，井下瓦斯抽采工程投入降低 7 476 万元，大幅度提高了巷道的掘进速度。东五盘区 140 余口地面井经过连续 8 年的抽采，巷道掘进速度大幅度提高，比预计工期提前 4 个月，缩短工期近 35%，为矿井的采掘接续提供了保障。经地面钻井大面积、高强度抽采后，煤层瓦斯含量大幅度下降，预期减少施工 2 条巷道，通风方式由原来的“3 进 2 回”变为“2 进 1 回”，仅东五盘区即可节省巷道掘进费用约 8 000 万元，减少了煤柱压煤量 1 300 万 t。地面累计抽采瓦斯 36 亿 m^3，井下抽采近 30 亿 m^3，累计实现收入 100 亿元。

6.2 准备区：井下定向长钻孔预抽煤层瓦斯

随着煤炭开采深度不断加深，煤层瓦斯含量逐步增大，工作面回采过程中，瓦斯涌出问题单靠通风方式难以解决，因此在开采前应对煤层进行预抽，以降低煤层瓦斯含量。常用的井下瓦斯预抽方法有穿层钻孔预抽和顺层钻孔预抽两种。穿层钻孔预抽一般将钻孔布置在底板岩石巷道或邻近煤层中，由钻场向开采层施工钻孔，优点是钻孔能够贯穿煤层全厚，用于低透气性软煤层强化抽采，能够有效地降低煤层瓦斯含量，缺点是施工速度慢、投资大、钻孔有效长度短[31]。顺层钻孔预抽是在巷道中沿着煤层走向或倾向施工钻孔，分为单向钻孔和双向钻孔，优点是钻孔有效抽采长度大、钻孔利用率高、投资小、钻孔流量大，缺点是封孔难度较大、抽采浓度较低、在松软低透气性煤层中施工深度难以保障，尤其是对于煤层突然变厚的相变带，无法控制煤层全厚，对于中厚煤层瓦斯抽采存在局限和盲区[32]。

水平定向长钻孔的应用有效地解决了普通坑道钻机顺层钻孔施工长度短、中厚煤层及厚度变化较大煤层存在抽采盲区的问题，能够进行长距离、长时间、大面积的煤层瓦斯预抽，大幅度提高了煤层瓦斯的抽采效率，为煤矿生产衔接提供了基础保障[33]。晋煤集团成庄矿、寺河矿为高产高效矿井，区域瓦斯含量较高，利用普通坑道钻机施工顺层钻孔，难以满足矿井接续需要，起初从澳大利亚引进千米定向钻机，开展水平定向长钻孔的施工技术研究与抽采模式的探索，之后使用国产千米定向钻机，并取得了良好的抽采效果。

本节以成庄矿为例，主要介绍千米钻机的施工特点以及水平定向长钻孔在本煤层预抽及采空区抽采中的应用。成庄矿由于地质构造相对简单、煤体结构完整、煤体硬度高、煤层透气性好，特别适合水平定向长钻孔施工。矿井在长期的施工实践过程中，总结出了一套水平定向长钻孔综合抽采技术，即利用千米定向钻机施工钻孔距离长的特点，从已有巷道向规划开采区域进行大面积预抽，降低下一区段煤层瓦斯含量，并充分利用千米钻孔精确定位、多分支的特点，对待采掘区域进行详细的“探顶探底”工作，摸清待采掘区域的煤层变化情况，待采煤工作面形成后，利用普通坑道钻机对空白区进行补充及二次抽采。千米钻机的应用大幅度延长了煤层预抽时间（预抽时间可长达 5 年），提高了预抽效率，保证了高瓦斯矿井的正常接续。在水平定向钻孔预抽技术的基础上，成庄矿探索出了煤层顶板定向长钻孔抽采采空区瓦斯技术，同样取得了较好的效果。

成庄矿属于高瓦斯矿井，年瓦斯抽采量约为 1.5 亿 m^3。矿井采用综采放顶煤和大采高开采两种采煤方式。成庄矿根据自身特点不断摸索实践，逐渐形成了自成体系的地面钻井抽采、本煤层千米钻机瓦斯抽采、普通钻孔补充抽采和顶板定向高位钻孔抽采采空区瓦斯技术，抽采能力不断提高，抽采率达 70%以上。

6.2.1 深孔定向钻进技术

深孔定向钻进技术起源于美国、澳大利亚等国家，现已经在我国大范围应用。深孔定向钻进技术作为一项较为成熟的钻进技术现已广泛应用于煤矿瓦斯抽采、地质探测等领域，该技术的关键在于孔内马达驱动装置和轨迹测量系统。

1. 深孔定向钻进技术关键

(1) 孔内马达驱动装置

高压水通过钻杆输送至孔内马达，孔内马达内部的转子在高压水的冲击作用下转动，通过前端轴承带动钻头旋转，达到破煤的目的，在钻进过程中，钻杆本身不转，只是钻头做旋转运动，从而有效地降低钻机的负载。孔内马达的弯接头是一个关键部件，它和钻杆之间有一定的夹角，由于弯接头的作用，钻孔轨迹将不再是传统钻机所形成的略带抛物线形的直线轨迹，而成为一条偏向弯接头方向的空间曲线。马达不同规格(通常为 0.75°、1°、1.25°、1.5°、2°，这个度数指的是钻杆每前进 3 m 所能变化的最小值)的弯接头可以改变钻孔曲率半径，并且在适当位置还可以作分支钻孔进行钻进。孔内马达驱动装置示意见图 6-8。

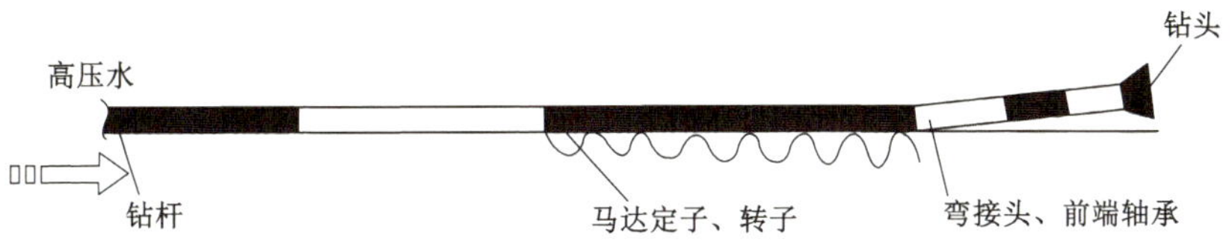

图 6-8　孔内马达驱动装置示意

(2) 轨迹测量系统

定向钻机配套的轨迹测量系统是保证钻孔按照预定的轨迹进行钻进的关键部件，该测量系统在孔内主要的测量参数为方位角、倾角和弯接头方向，根据测量出来的孔内参数可用三角函数计算出每一个测量点的坐标，即可描绘出该空间曲线在水平和垂直平面上的投影图，并与设计的轨迹进行对比，根据偏差情况及时调整弯接头方向，使钻进轨迹最大限度地符合设计要求。

成庄矿所使用的 VLD-1000 系列钻机所配套的测量装置是由澳大利亚 AMT 公司生产的 DDM-MECCA(模块化电子定向钻进监视器)钻进实时测量系统，见图 6-9。其使用 MECCA 远程通信系统在小于 5 s 的时间内即可测量出精确的数据并自动计算出所对应的坐标值，精确度为倾角 ±0.1°，方位角 ±0.5°，从而将测量对施工钻孔过程的影响降到最小。此项成熟的测量技术已经成为大洋洲、北美洲和亚洲煤矿的标准。

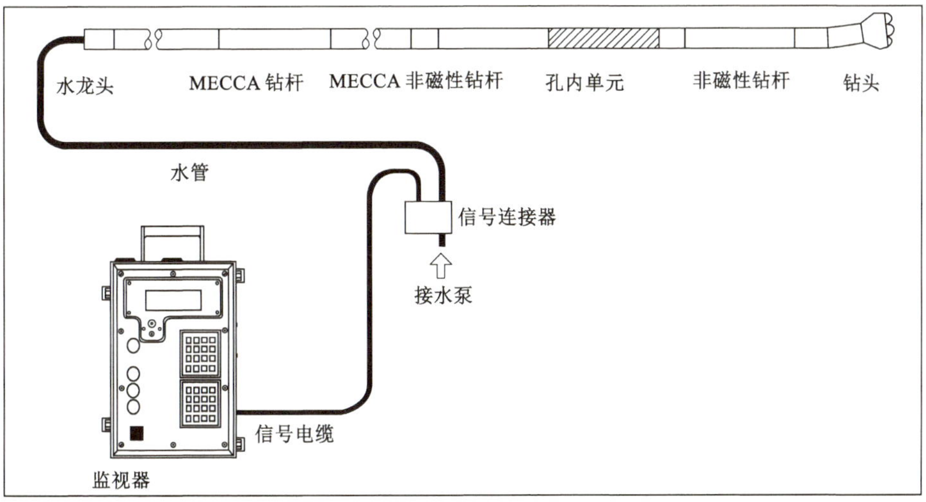

图 6-9　钻进实时测量系统

2. 施工工艺流程

(1) 钻孔设计

施工前，需要由专门的设计人员根据钻孔布置要求，尽可能地收集所有的参考资料(地质、测量、地面钻孔、煤层钻孔等)，确定欲施工钻孔的设计参数，包括垂直面和水平面的投影图，使施工人员明确钻进意图。

(2) 钻孔开孔

首先用直径为 150 mm 的专用扩孔器扩孔 8 m，退出扩孔器后进行封孔工作，然后将孔内马达放入孔内并连接 MECCA 钻杆，安装孔口安全装置(包括防喷孔器和预抽气水分离器)，依照 MECCA 孔外仪的提示进行开新孔操作。

（3）钻进过程

启动水泵，待孔中返水，确认返渣正常后方可开始给压钻进。每 6 m 需要进行一次测量操作，将钻孔的垂直和水平投影坐标相应地画在设计图上，并与设计轨迹进行对比，根据偏移情况调整弯接头方向。由于矿井地质资料不可能精确地表示出煤层的详细起伏变化情况，所以在实际钻进过程中，要求每间隔一定距离将弯接头方向调整为垂直向上，使钻孔快速钻至顶板以确定顶板所处的层位标高，然后后退到合适位置开分支继续钻进，如此反复，再将两探顶点连线的延长线作为下一段钻进时的参考顶板，从而保证钻孔始终在煤层中钻进。

（4）退钻探底

在钻孔施工至设计深度退钻时，每间隔约 50 m 进行一次探底，目的是使钻孔穿透夹矸，为下部软煤带形成一个抽采通道，同时又探测清楚了煤层的厚度情况，更为有效地补充了矿井煤层产状的地质资料。

（5）完孔参数

当钻进结束后，将 DDM-MECCA 测量仪内的数据传输至计算机，经过处理后即可形成相应图表，见图 6-10、图 6-11。

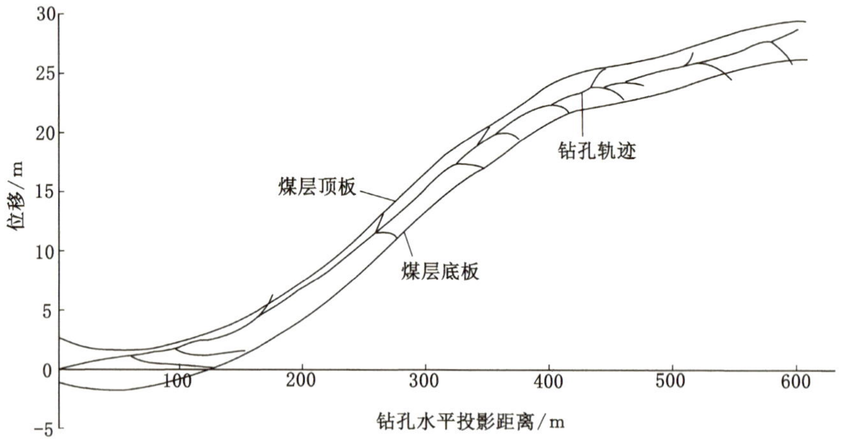

图 6-10　完孔垂直面轨迹图

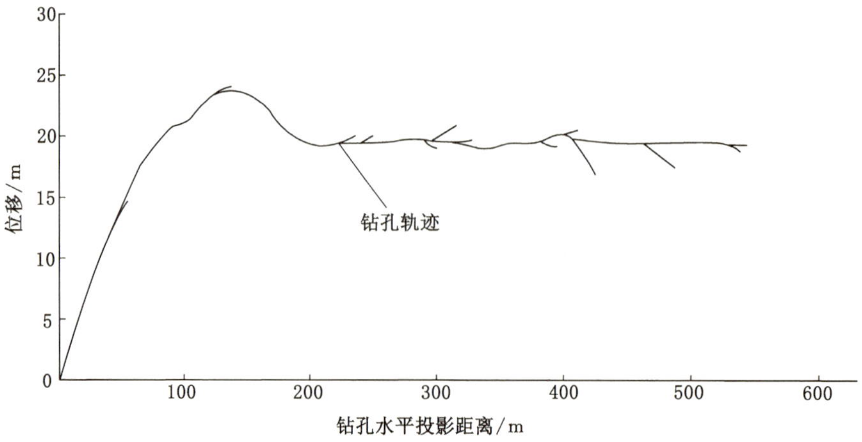

图 6-11　完孔水平面轨迹图

(6) 钻机钻进过程中气、水、煤屑的分离

钻机在钻进过程中,为了有效控制钻场的瓦斯浓度以及做好煤屑的分离工作,保证安全钻进及煤、渣的分选,需要设置气、水、煤屑分离装置,见图6-12。钻机开孔钻进时即对孔内瓦斯进行抽采,保证钻场内的瓦斯浓度保持在规定范围内。经过煤、水二次分离器的作用,煤屑和废水得到分离。在汇流管上安装备抽管,使接抽工序更加安全,当瓦斯量突然增大时能将瓦斯气流及时引入抽采管路中,避免事故的发生。

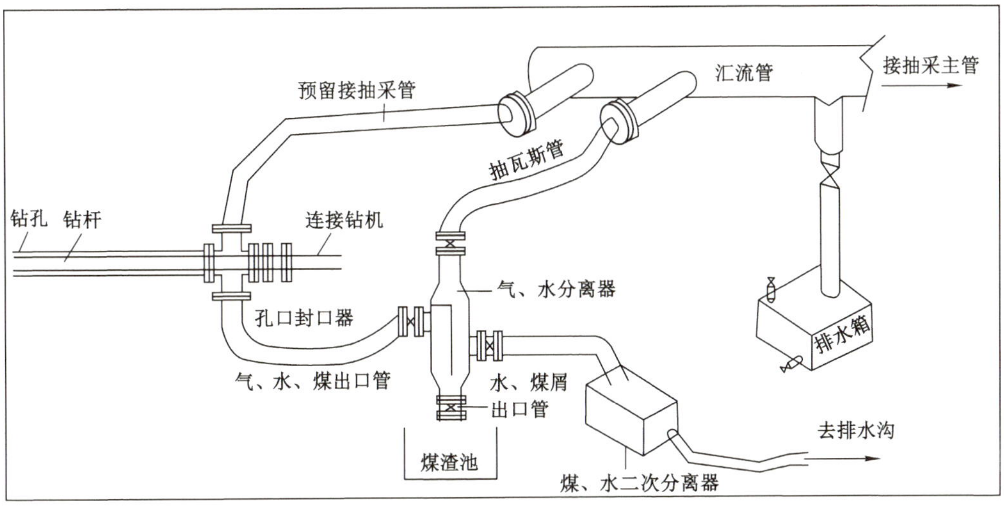

图6-12 气、水、煤屑分离示意图

(7) 设备打捞

由于煤层地质条件的不可预见性,钻孔发生抱钻、卡钻、掉钻的可能性时刻存在,因此有效地实施设备打捞是深孔定向钻进中一项必不可少的关键程序,也是深孔钻进中的关键工艺。可靠的专用工具是设备打捞的基础,常用的工具有公锥、母锥、各种型号的打捞套管,研究相关钻进参数,制定细致、可靠的打捞方案是成功打捞的技术保障,现场实施人员的操作经验和准确的判断力是打捞工作的保障。

(8) 深孔钻进施工注意事项

由于深孔定向钻机特殊的钻进工艺,首先要形成一个钻孔的三维空间概念,才能对弯头方向作出更为准确有效的调整。在钻进过程中需要对每次测量的数据做好记录,包括水压、推进压力、提钻压力、水量、弯接头改变情况、见顶底板情况以及其他说明等,以便遇到钻进事故时采取合适的处理措施。为了有效地控制钻进,应每间隔一定距离预留合适的分支点。由于煤层产状与地质构造的复杂性,要确保分支孔与主孔间留有一定的间距,以避免分支孔与主孔之间的相互影响。另外应避免出现急弯现象,以免造成钻孔阻力的增加。

6.2.2 定向长钻孔预抽和普通钻机补充抽采技术

随着矿井向深部延伸,煤层瓦斯含量和压力逐步增加,严重制约了矿井正常衔接和安全生产。成庄矿结合"大U套小U"巷道布置方式,确定了实施千米钻机施工水平定向长钻孔递进式模块抽采的方法。即在工作面的大U巷道掘进期间,向相邻工作面布置施工定向长钻孔,进行长时间预抽。待煤层瓦斯含量降至安全范围后(一般为瓦斯含量小于8 m^3/t),再在抽采的有效区域内布置工作面进行回采,从而为抽采区域内巷道快速掘进和工作面安全回采创造条件,并在此基础上通过工作面、预抽模块的循环、递进式推进,实现回采煤量和抽采煤量的良性接替。千米钻机递进式模块抽采模式见图6-13。

1. 本煤层工作面千米钻机模块抽采

(1) 抽采备掘巷道钻孔布置模式

随着采煤工作面顺槽的掘进,当顺槽后方具备条件时,采用千米钻机施工水平定向顺层长钻孔对下

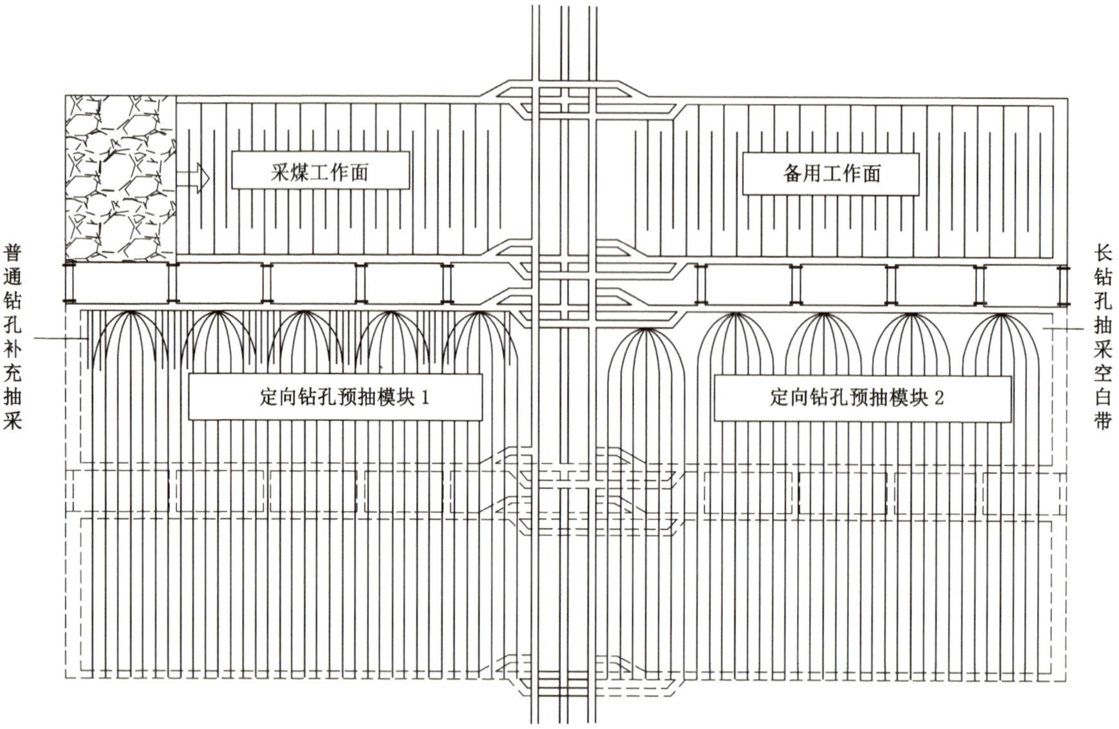

图 6-13　千米钻机递进式模块抽采模式

一工作面备掘区域进行瓦斯预抽，对备掘巷道区域及其周边 20 m 范围内进行全覆盖。水平定向长钻孔在钻场内施工，呈扇形布置，钻场间距为 150～200 m，每个钻场布置 15 个钻孔，钻孔覆盖范围为 300 m×250 m，钻孔长度为 300～500 m，钻孔直径为 96 mm，每个钻孔设 5～10 个分支，钻孔施工每前进 30～50 m 对煤层进行"探顶探底"作业，探明抽采区域煤层产状、厚度，钻孔终孔（分支口）间距为 5 m，两钻场控制范围交叉 50 m，钻孔布置如图 6-14 所示。

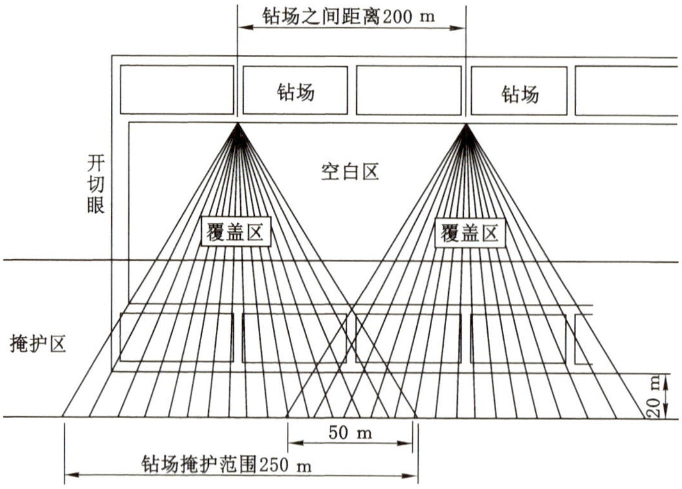

图 6-14　水平定向长钻孔预抽下一阶段备掘区域钻孔布置示意

（2）抽采备采工作面钻孔布置模式

在工作面回风顺槽每隔 400 m 施工一个钻场，利用千米钻机施工顺层长钻孔，钻孔覆盖运输顺槽与回风顺槽之间的待回采区域，每个钻场施工钻孔 20 个，每个钻孔设 5～10 个分支，钻孔长度为 550～800 m，钻孔施工直径为 96 mm，钻孔间距为 3～5 m，每个钻场钻孔覆盖范围一般为 500 m×200 m，钻孔布置见图 6-15。

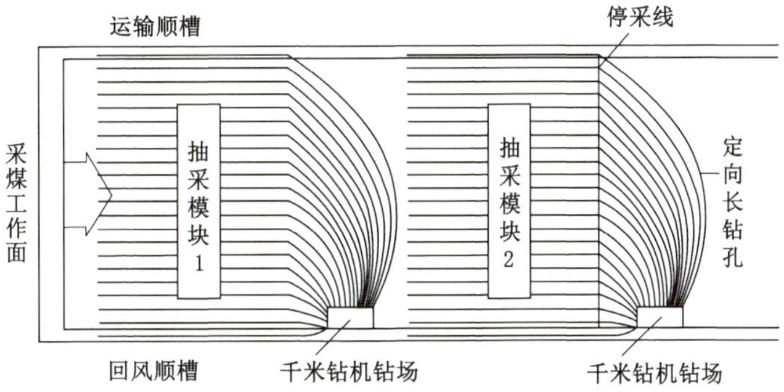

图 6-15　水平定向长钻孔预抽工作面待采区域钻孔布置示意

(3) 掘进工作面千米钻机抽采

在掘进迎头布置钻场，每个钻场内布置 4～7 个钻孔，采用千米钻机施工钻孔，钻孔需覆盖掘进巷道条带区域(图 6-16)，钻孔覆盖长度为 350～600 m，宽度为 50 m，钻孔直径为 96 mm，每个钻孔设计5～10 个分支，探明掘进方向煤层顶底板。钻孔开孔高度控制在距底板 1.3～1.6 m 之间，开孔方位角控制在设计要求±5°范围内，尽量避开锚杆、锚索的影响。钻孔预抽时间为 6 个月至 1 年，待瓦斯含量降至安全范围内开始掘进。

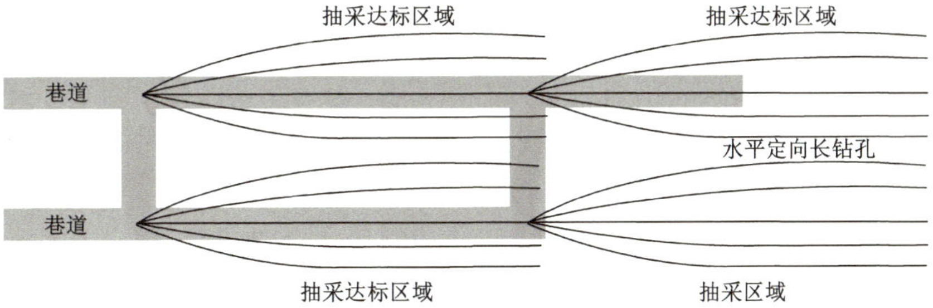

图 6-16　掘进工作面定向钻孔布置示意

(4) 水平长钻孔的封孔工艺

成庄矿 3 号煤层倾角为 3°～8°，对于近水平煤层瓦斯抽采钻孔，封孔是一大难题。为保证成庄矿水平长钻孔封孔质量，矿方采用了囊袋式“两堵一注”式注浆封孔技术。囊袋式注浆封孔器以“两堵一注”带压注浆封孔工艺为理论依据，主要由瓦斯抽采管、囊袋、单向阀、爆破阀、注浆管等部分组成，囊袋长度为 1 m，直径为 100 mm，两囊袋中间注浆段长为 15～20 m。利用注浆管首先向复合囊袋注入一定配比的水泥浆液，囊袋不断膨胀性加压。当囊袋及注浆管中的压力达到预计压力时，爆破阀自动打开，浆液经爆破阀进入两个囊袋之间的密闭空间，封堵钻孔空间。随着浆液的不断注入，钻孔空间中浆液的压力升高，浆液被压入钻孔周围煤岩体裂隙中，有效封堵钻孔中瓦斯的流动通道，实现高效封孔，且囊袋式注浆封孔后，立刻可与抽采管路连接，提高了封孔效率。

2. 本煤层普通钻机补充抽采技术

成庄矿通过使用千米钻机进行水平长钻孔预抽后，煤层瓦斯含量整体大幅度降低，但由于千米钻机受到地质条件及施工技术特点的限制，部分区域存在抽采空白带。为使待采掘区域抽采全覆盖，矿方采用普通坑道钻机对千米钻机进行补充抽采，普通坑道钻机以机械钻机、液压钻机为主，其施工距离一般为 100～200 m，施工地点较为灵活，施工角度调节范围大，能够适应井下复杂的环境，对煤体强度和稳定性没有过高的依赖。

(1) 普通钻机工作面补充抽采

成庄矿在工作面利用千米钻机进行大面积预抽后，由于钻机施工特性，在千米钻场两边会留有三角形抽采空白带，矿井利用普通坑道钻机从工作面回风顺槽向进风顺槽施工钻孔，补充抽采空白带，并覆盖千米钻孔抽采区域，进行二次预抽，保证在大面积预抽区域无死角地带，确保矿井的安全开采。钻孔布置见图 6-17。

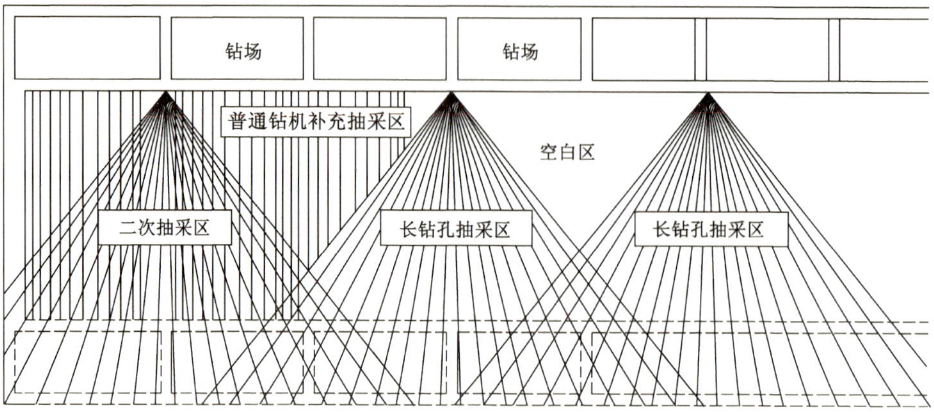

图 6-17　普通钻孔二次抽采及补充抽采示意

成庄矿 3 号煤层采煤工作面长度为 250 m，利用工作面两侧顺槽相向施工的布孔方式进行采煤工作面瓦斯抽采。钻孔间距为 3～5 m，孔深为 150 m，钻孔开孔高度为 1.8 m，倾角与煤层倾角保持一致；所有钻孔与顺槽呈 90°夹角布置，钻孔直径为 94 mm，负压范围为 13～20 kPa，封孔材料选用水泥砂浆，钻孔布置见图 6-18，钻孔布置参数见表 6-5。工作面推进长度 2 500 m，工作面共布置本煤层预抽钻孔 998 个，总进尺为 149 700 m。普通钻孔预抽过程中，钻孔布置根据不同瓦斯含量的区域进行相应调整，煤层预抽时间也不尽相同，但效果检验时必须保证将工作面残余瓦斯含量降到 8 m^3/t 以下，同时回采前将可解吸瓦斯含量降到 4 m^3/t 以内，并满足工作面安全回采的要求。

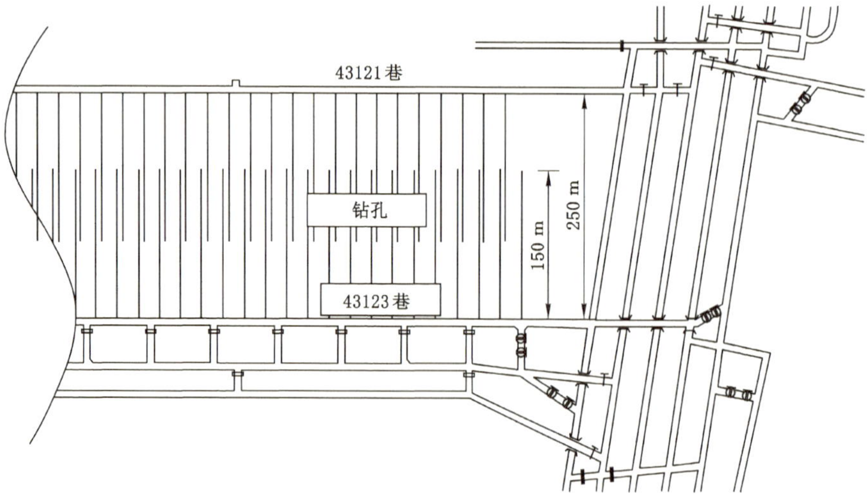

图 6-18　普通钻孔工作面补充抽采钻孔布置平面图

表 6-5　普通抽采钻孔参数

煤层	方位角/(°)	倾角/(°)	孔径/mm	孔深/m	钻孔数量/个	总进尺/m
3 号	90	<8	94	150	998	149 700
9 号	90	<8	94	120	758	90 960
15 号	90	<8	94	120	758	90 960

注：钻孔倾角以工作面煤层实际倾角为准，方位角为与进风巷夹角，倾角以煤层实际倾角为准。

（2）普通钻机掘进工作面补充抽采

掘进工作面前方待掘区域条带，经过千米钻孔进行区域预抽，煤体瓦斯含量整体下降，但局部仍存在高瓦斯含量区，需要使用普通坑道钻机进行局部补充抽采，以保证掘进安全。掘进工作面普通钻孔施工分为双巷掘进迈步式抽采、单巷交替式抽采和单巷双挂耳钻场抽采三种方式。

① 双巷掘进迈步式抽采

双巷掘进迈步式抽采，即在一条巷道前方施工密集超前钻孔对双巷待掘区域进行抽采，待瓦斯含量降到安全范围内时再进行巷道掘进。一条巷道掘进时，在另一条巷道前方开始施工密集钻孔抽采双巷待掘区域。在两条巷道内，瓦斯抽采与掘进交替作业，抽采掩护掘进距离为 100～120 m。钻孔布置见图 6-19。

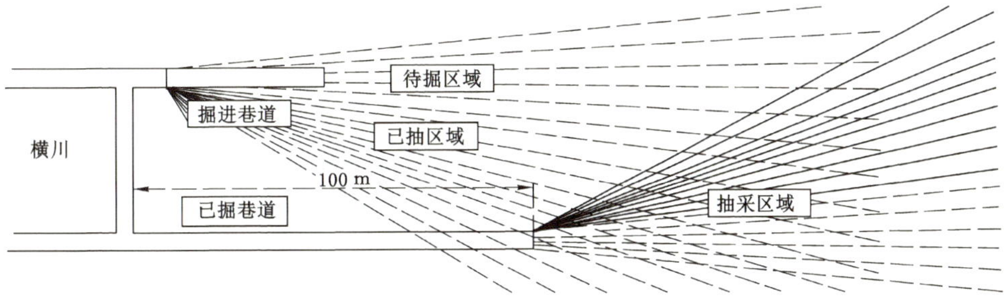

图 6-19　双巷掘进迈步式抽采钻孔布置

② 单巷交替式抽采

单巷交替式抽采，即针对单巷的特点，在两巷联络横川掘出以后，立即在两巷前方施工钻孔抽采，当一个循环掘进完毕后，可连续在已抽采区域内施工下一循环巷道。抽采与掘进循环作业，抽采钻孔一次掩护掘进长度为 240 m。钻孔布置见图 6-20。

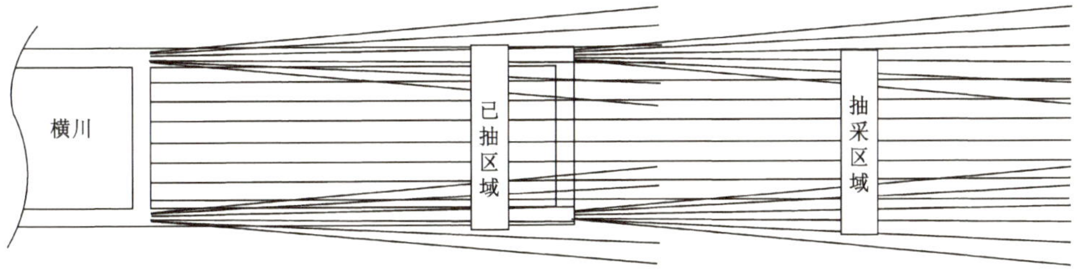

图 6-20　单巷交替式抽采钻孔布置

③ 单巷双挂耳钻场抽采

单巷双挂耳钻场抽采，即掘进工作面沿巷道掘进方向在巷道两侧布置挂耳钻场，钻场尺寸为高×宽×深＝3.0 m×3.0 m×4.0 m，在巷道掘进方向垂直掘进迎头布置超前钻孔。钻场及掘进面迎头各布置 10 个钻孔，三花眼双排布置，钻孔间距为 1.0～2.0 m，钻孔长度为 200 m，钻孔直径为 94 mm，留超前安全距离约 20 m。钻孔布置见图 6-21。

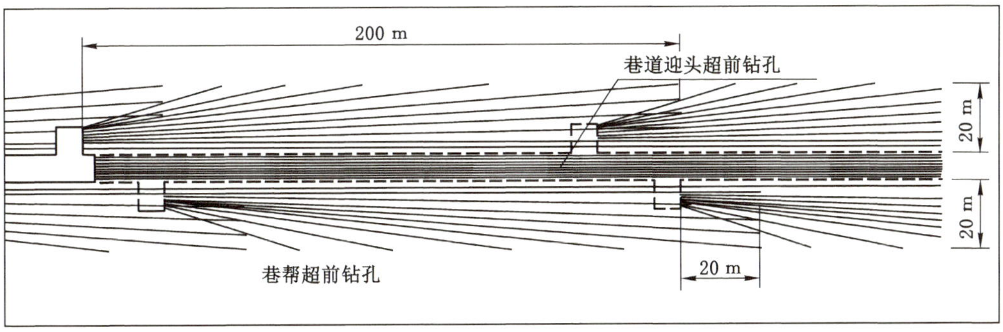

图 6-21　单巷双挂耳钻场抽采钻孔布置

④ 成庄矿 3 号煤层掘进工作面普通坑道钻机预抽实例

成庄矿 3 号煤层工作面顺槽掘进工作面横川贯通后，在巷道两侧布置钻场，钻场规格尺寸设计为：宽 5 m，深 4 m，钻场掘成后，在开口处加强支护。在巷道前方、联络横川及巷道两侧布置钻场施工预抽钻孔，控制巷道两侧 20 m 及巷道前方 200 m 的条带范围。在巷道内侧可将联络巷作为煤柱抽采钻孔的钻场，施工煤柱瓦斯抽采钻孔，根据掘进工作面瓦斯涌出情况，掘进巷道正前方布置钻孔 10 个，钻场内布置钻孔 20 个，联络巷布置钻孔 14 个，每循环共布置钻孔 54 个，平均孔深为 200 m，单循环进尺为 9 688 m。3 号煤层钻孔呈三花形双排布置，开孔高度为 1.2 m、1.8 m，角度与煤层倾角保持一致，待掘巷道范围内钻孔开孔间距为 1 m，横川中及钻场内钻孔间距为 5 m，钻孔长度平均为 200 m，掘进工作面预抽一段时间经检验抽采效果达标后，方可掘进。3 号煤层掘进工作面抽采钻孔布置参数如表 6-6 所示，钻孔布置见图 6-22、图 6-23。

表 6-6　3 号煤层掘进工作面抽采钻孔布置参数

钻孔编号	方位角/(°)	倾角/(°)	孔径/mm	孔深/m	钻孔数量/个	进尺/m	备注
1	29.2	沿煤层	94	34.4	2	68.8	钻场内
2	11.0	沿煤层	94	91.7	2	183.4	
3	6.9	沿煤层	94	151	2	302	
4	5.4	沿煤层	94	201	2	402	
5	2.7	沿煤层	94	200	2	400	
6	15.9	沿煤层	94	62.4	2	124.8	
7	8.4	沿煤层	94	121.3	2	242.6	
8	5.9	沿煤层	94	181	2	362	
9	4.1	沿煤层	94	201	2	402	
10	1.4	沿煤层	94	200	2	400	
1-10	0	沿煤层	94	200	10	2 000	巷道正前方
1-14	0	沿煤层	94	200	14	2 800	联络巷内
合计						7 687.6	

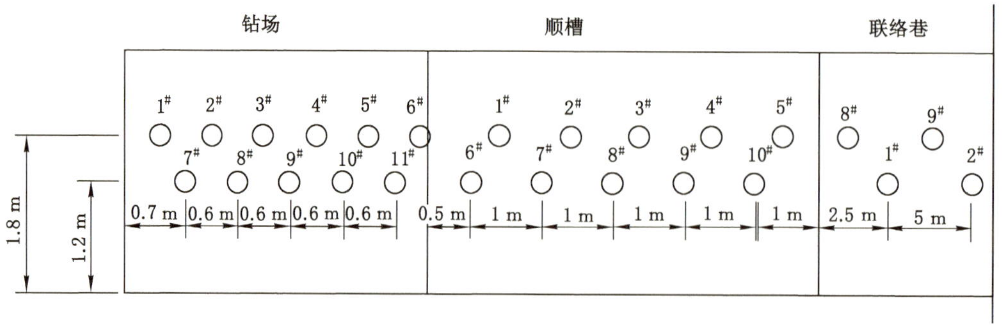

图 6-22　3 号煤层掘进工作面瓦斯钻孔布置剖面图

⑤ 掘进工作面预抽煤层效果检验

顺层长钻孔预抽煤巷区段煤层瓦斯实施以后，需要对预抽区域进行预抽效果检验，如预抽后经检验仍未达到临界值指标以下时，需要采取延长抽采时间或增加抽采钻孔数的补充措施，直到效果检验合格，符合相关要求。工作面在采用顺层长钻孔预抽煤巷条带区域瓦斯等措施并达到预定预抽时间后，须对预抽煤层瓦斯区域进行检验，考察瓦斯抽采效果。对预抽煤层瓦斯区域进行检验前，应当首先分析、检查预抽区域内钻孔的分布等是否符合设计要求，不符合设计要求的，不予检验。

检验的考察指标可用预抽区域的煤层残余瓦斯含量(或残余瓦斯压力)作为主要指标。在采用残余

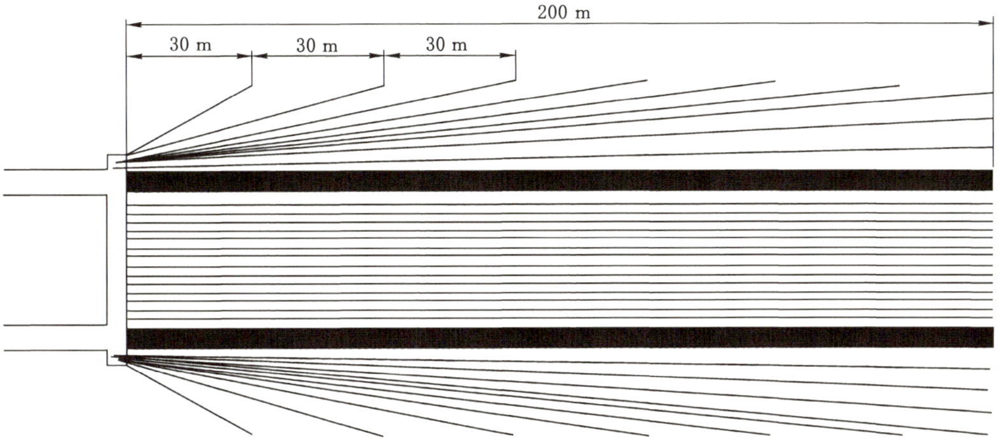

图 6-23　3 号煤层掘进工作面瓦斯钻孔布置示意图

瓦斯含量指标对煤层瓦斯抽采效果检验时，可以依据实际的直接测定值，也可依据预抽前的瓦斯含量及抽、排瓦斯量等参数间接计算的残余瓦斯含量值。

顺层钻孔条带预抽瓦斯区域范围内，要求在预抽的煤巷条带内每隔 20～30 m 至少布置一个检验钻孔，且每个检验区域不少于 5 个检验钻孔，钻孔施工完成后，按照《煤层瓦斯含量井下直接测定方法》(GB/T 23250—2009)测定其残余瓦斯含量。所测定的检验煤样的残余瓦斯含量全部小于 8 m^3/t 的预抽区域预抽效果有效，否则预抽效果无效。预抽效果无效区域应利用原有预抽钻孔继续抽采，同时补打钻孔进行预抽。

检验测试点应布置于预抽煤巷条带的钻孔密度较小、孔间距较大、预抽时间较短的位置，并尽可能远离测试点周围的各预抽钻孔或尽可能与周围预抽钻孔保持等距离，且避开采掘巷道的排放范围和工作面的预抽超前距。另外，在地质构造复杂区域还应适当增加检验测试点。效果检验钻孔布置见图 6-24。

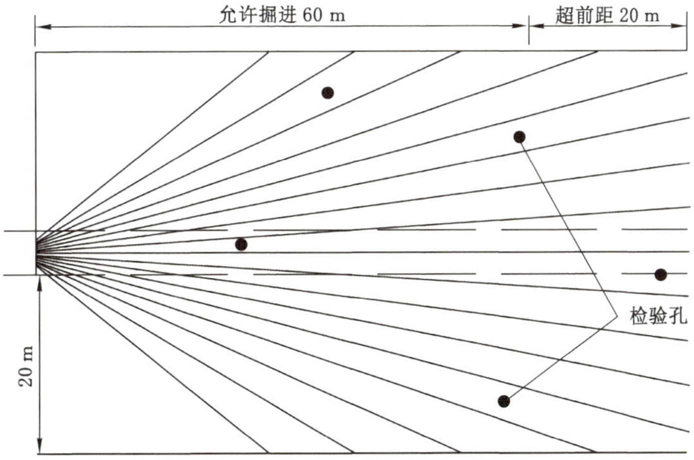

图 6-24　顺层钻孔预抽煤巷条带区域效果检验钻孔布置

3. 本煤层预抽瓦斯抽采效果

(1) 水平定向长钻孔的施工情况

成庄矿 4313 工作面为放顶煤开采工作面，煤层平均厚度为 6.2 m，工作面区域自 2012 年开始施工定向钻孔，到 2016 年施工结束，工作面内共布置了 11 个千米钻机钻场，施工水平定向长钻孔进行模块式抽采，共施工 11 个模块，每个模块中施工 9～18 个钻孔，每个钻孔施工 5～10 个分支，每个模块覆盖区域为 65～207 m，钻孔终孔间距为 5 m，千米钻孔详细参数见表 6-7。水平定向长钻孔实际累计施工进尺为 244 219 m，每个钻场施工时间为 5 个月左右，钻孔平均深度为 320 m，最长深度为 858 m。实际钻孔施工参数见表 6-8。

表 6-7　4313 工作面千米水平定向长钻孔设计参数

钻场名称	开孔高度/m	长度/m	数量/个	覆盖宽度/m	方位角/(°)	倾角/(°)	终孔间距/m	布孔形式
43131 巷 5# 横川钻场	1.3～1.6	275～300	10	207	264～305	−6～0	5	模块
43131 巷 8# 横川钻场	1.3～1.6	153～300	15	162	263～309	−6～0	5	模块
43131 巷 10# 横川钻场	1.3～1.6	115～330	16	168	255～313	−6～0	5	模块
43131 巷 13# 横川钻场	1.3～1.6	112～323	8	132	256～333	−6～0	5	模块
43131 巷 17# 横川钻场	1.3～1.6	154～333	12	210	253～342	−6～0	5	模块
43131 巷 20# 横川钻场	1.3～1.6	145～292	17	100	272～342	−6～0	5	模块
43131 巷 23# 横川钻场	1.3～1.6	121～279	9	85	276～345	−6～0	5	模块
43131 巷 24# 横川钻场	1.3～1.6	94～287	7	83	270～309	−6～0	5	模块
4313 措施巷 1# 钻场	1.3～1.6	750	14	145	142～240	−6～0	5	条带
4313 措施巷 2# 钻场	1.3～1.6	750	12	85	181～242	−6～0	5	条带
4313 措施巷 3# 钻场	1.3～1.6	750	10	65	191～242	−6～0	5	条带

表 6-8　4313 工作面千米钻孔实际施工参数

钻场名称	主孔总数/个	总进尺/m	最深长度/m	施工进尺/(m/d)	施工天数/d
43131 巷 5# 横川钻场	10	19 424	321	134	143
43131 巷 8# 横川钻场	15	25 638	285	149	197
43131 巷 10# 横川钻场	16	16 110	279	120	129
43131 巷 13# 横川钻场	8	15 411	327	230	78
43131 巷 17# 横川钻场	12	26 121	333	196	120
43131 巷 20# 横川钻场	17	16 716	282	85	183
43131 巷 23# 横川钻场	9	20 879	300	191	102
43131 巷 24# 横川钻场	7	10 746	276	158	77
4313 措施巷 1# 钻场	14	53 814	858	198	249
4313 措施巷 2# 钻场	12	12 528	732	169	56
4313 措施巷 3# 钻场	7	26 832	840	100	

(2) 普通钻孔施工情况

在水平定向长钻孔未覆盖的抽采空白带中，利用普通坑道钻机施工加密补充抽采钻孔，在千米钻孔覆盖区域利用普通钻机进行二次覆盖。4313 工作面共施工普通钻孔 13 组，共 851 个，钻孔长度为 20～180 m，间距为 2～5 m，累计施工进尺为 67 974 m。普通钻孔设计参数见表 6-9，钻孔实际施工参数见表 6-10。

表 6-9　4313 工作面普通钻孔设计参数

地点	施工区域	开孔高度/m	钻孔数/个	孔间距/m	方位角/(°)	倾角/(°)	孔深/m
43131 巷	43131 巷停采线以里 181 m	1.3～1.6	91	2	288	−5～0	110
43133 巷	43133 巷停采线以里 152 m	1.3～1.6	76	2	108	0～5	115
43131 巷	43131 巷 5# 至 8# 钻场	1.3～1.6	72	2	288	−5～0	20～110

表 6-9(续)

地点	施工区域	开孔高度/m	钻孔数/个	孔间距/m	方位角/(°)	倾角/(°)	孔深/m
43131 巷	43131 巷 8# 至 10# 钻场	1.3～1.6	45	2	288	−5～0	20～107
43131 巷	43131 巷 10# 至 13# 钻场	1.3～1.6	65	2	288	−5～0	20～81
43131 巷	43131 巷 13# 至 17# 钻场	1.3～1.6	87	2	288	−5～0	20～91
43131 巷	43131 巷 17# 至 20# 钻场	1.3～1.6	82	2	288	−5～0	20～86
43131 巷	43131 巷 20# 至 23# 钻场	1.3～1.6	56	2	288	−5～0	20～71
43131 巷	43131 巷 23# 至 24# 钻场	1.3～1.6	23	2	288	−5～0	20～85
43131 巷	43131 巷 24# 钻场以南 64 m	1.3～1.6	32	2	288	−5～0	20～120
43131 巷	43131 巷(措施巷至开切眼)	1.3～1.6	97	5	288	−5～0	45
43133 巷	43133 巷(措施巷至开切眼)	1.3～1.6	92	5	108	0～5	180
4313 工作面开切眼	4313 工作面开切眼	1.3～1.6	33	5	18	0～2	70

表 6-10 4313 工作面普通钻孔实际施工参数

地点	钻机型号	孔深/m	钻孔间距/m	钻孔数/个	总进尺/m
43131 巷	CMS1-4200/80、ZDY1900S	80～120	2	716	71 600
43133 巷	ZDY-4200LPS	60～180	2	459	45 900
4313 工作面开切眼	ZDY-4200LPS	120	5	88	10 560

(3) 瓦斯抽采效果

43131 巷瓦斯抽采钻孔自 2012 年 6 月 8 日开始进行抽采,2017 年 11 月 3 日停止抽采,抽采总量为 2 065.54 万 m^3,43133 巷、4313 工作面开切眼钻孔抽采总量为 1 419.35 万 m^3。4313 工作面抽采总量为 3 484.89 万 m^3。工作面煤层原始瓦斯含量为 14.2 m^3/t,经过 5 年综合模块式抽采后,煤层瓦斯含量降至 5.81 m^3/t,可解吸瓦斯含量降至 3.43 m^3/t。4313 工作面瓦斯含量变化曲线见图 6-25。

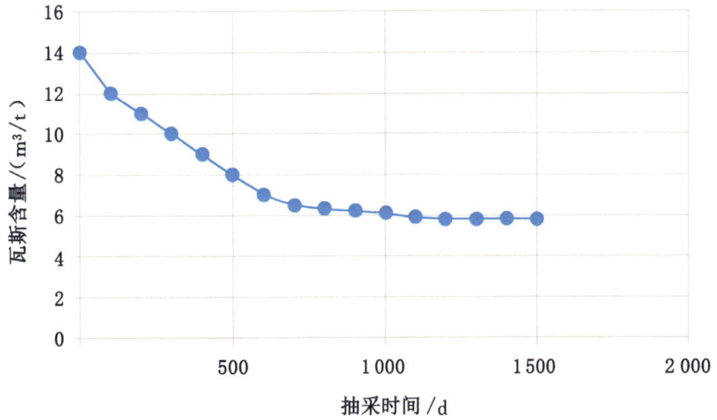

图 6-25 4313 工作面瓦斯含量变化曲线

(4) 水平定向长钻孔与普钻钻孔抽采效果分析

水平定向长钻孔施工时间早于普通钻孔,有效抽采距离长,整体瓦斯流量大于普通钻孔,一般为普通钻孔的 5 倍,水平定向长钻孔瓦斯抽采浓度初期可以达到 70%～80%,后期衰减至 40%。普通钻孔施工时间滞后于水平定向长钻孔,煤体已经受到水平长钻孔抽采扰动,钻孔瓦斯抽采浓度普遍较低,且分布不均,钻孔施工初期瓦斯抽采浓度为 20%～80%,浓度变化较大,钻孔流量衰减速度较快。

6.2.3 顶板水平定向长钻孔抽采采空区瓦斯技术

近年来，随着采煤机械装备技术的发展，大采高综采(放)技术在我国逐渐得到应用。大采高综采工作面由于开采强度大、推进速度快、采空区区域大、采空区遗煤多等因素，瓦斯涌出量增大，从而制约了煤矿安全生产。国内普遍采用高位钻孔抽采采空区裂隙带瓦斯，但存在钻孔工程量大、钻孔定位差、抽采不稳定、抽采量变化大、有效抽采率低的问题。

成庄矿针对综采工作面采空区瓦斯涌出量大的问题，实践了千米钻机深孔钻进技术和配套装备，应用采空区顶板超长(≥350 m)定向高位钻孔瓦斯抽采技术。通过研究确定采空区"三带"分布范围及瓦斯富集区，设计了合理的采空区顶板超长定向高位钻孔布置参数。实践表明，超长定向高位钻孔瓦斯抽采技术具有钻孔定位好、抽采稳定、抽采率高的优点，能够取得显著抽采效果。其基本原理是在工作面采动压力场形成的垮落带及裂隙带内，积聚了大量的高浓度瓦斯，并形成瓦斯流动通道，预先在工作面前方沿顶板裂隙带中上部层位向采空区方向施工钻孔，抽采采空区的瓦斯，能够有效减少采空区瓦斯涌出量，防止工作面和上隅角瓦斯超限。施工工艺是利用千米定向钻机的深孔定向功能，先从回风巷以较大坡度迅速攀升至裂隙带设计层位，再施工 350 m 以上的超长水平钻孔进行抽采，由于定向钻孔的精确定位特性，能够保证长钻孔位于最有利于抽采的裂隙区内，从而提高钻孔抽采效果。

1. 工作面采空区瓦斯涌出规律

成庄矿采用放顶煤采煤法开采 3 号煤层，该煤层顶板内赋存厚度 0.12～0.13 m 的 1 号、2 号不可采煤层，在 3 号煤层底板内有相距 13 m 的局部可采 5 号煤层，相距 30 m 的 9 号可采煤层及相距 70 m 的 15 号可采煤层。回采期间及回采后，1 号、2 号煤层及围岩垮落，大量瓦斯涌入回采空间，5 号煤层卸压瓦斯沿裂隙上移到工作面采空区，因而采空区内瓦斯包括采空区丢煤瓦斯、邻近层及围岩瓦斯、巷道煤柱及顶板和煤岩中的瓦斯。

在 U 形通风工作面，风流从进风巷进入采煤工作面，流经工作面后从回风巷流出，见图 6-26。从流体力学的角度而言，进入工作面的风流端称为源，流出工作面的风流端称为汇，故而此种 U 形通风工作面又称为一源一汇工作面。实际上，风流从进风巷进入采场时，其中有一部分风流将会漏入采空区，把采空区中的瓦斯从上隅角带出，引起回风巷风流中的瓦斯浓度增大。而采空区内瓦斯涌入工作面，除了由于漏风引起外，另一个重要原因是工作面通风期间，采空区与工作面之间存在气压差，造成采空区瓦斯向工作面涌入。由于高位抽采钻孔布置在工作面上覆岩层的裂隙带内，裂隙带中的裂隙与工作面上隅角构成了一个连通系统。裂隙钻孔的抽采负压高于工作面处的风流负压，同时瓦斯又会升浮流入裂隙内，升浮在裂隙内的大量瓦斯就会经裂隙钻孔抽出，从而降低了工作面和上隅角的瓦斯浓度，见图 6-27。

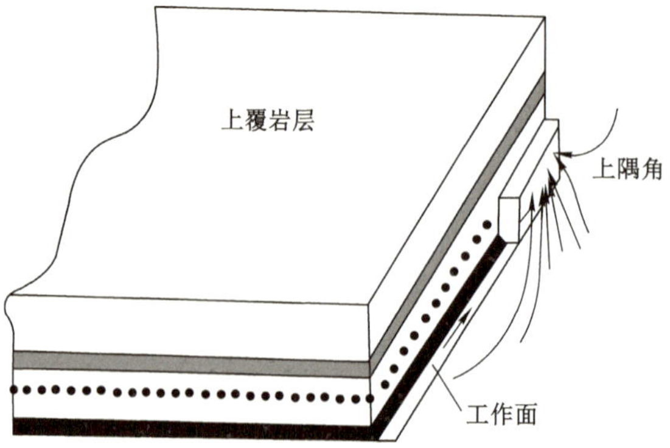

图 6-26 工作面上隅角瓦斯流场示意

依据采空区顶板岩层移动"三带"理论分析，有效的钻孔高度应位于裂隙带范围内。根据理论公式计算，成庄矿放顶煤工作面垮落带高度 $H_m=21\ m\pm2.5\ m$，裂隙带高度 $H_{li}=65.2\ m\pm8.9\ m$，有效钻孔高度应位于垮落带顶端和裂隙带中下部之间的位置。因此按照理论公式，顶板高位钻孔布孔位置应位

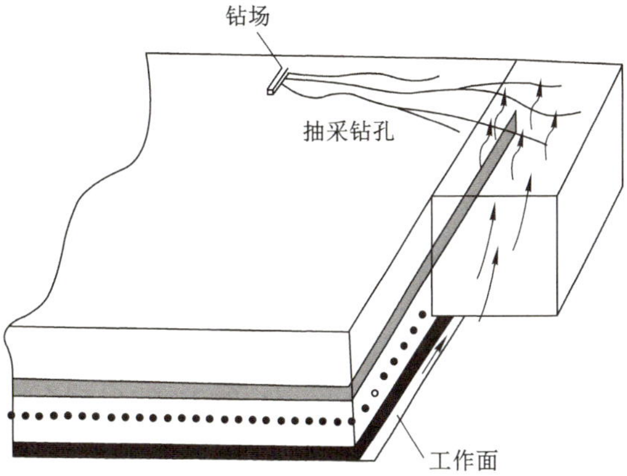

图 6-27　钻孔抽采瓦斯流场示意

于 3 号煤层顶板以上 23.5～74.1 m 之间。

2. 顶板高位超长定向钻孔施工工艺

受普通钻孔无法定向的限制，以往采空区高位钻孔多为倾向钻孔，由于钻孔是由煤层巷道逐渐攀升到裂隙带中的，所以钻孔部分位置处于垮落带，钻孔服务时间短，有效利用率低。为了保证钻孔尽早进入裂隙带，增加钻孔的有效利用长度，通常在煤层顶板上方施工高位钻场，见图 6-28 和图 6-29。由煤巷向上掘进倾斜岩巷至煤层顶板，再从钻场内施工钻孔，巷道及钻场施工费用高，工期较长，且倾斜巷道运输和通风管理困难。

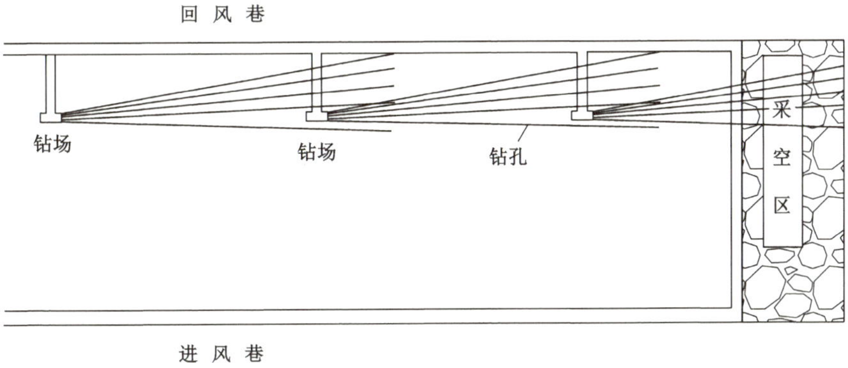

图 6-28　顶板高位钻孔平面示意

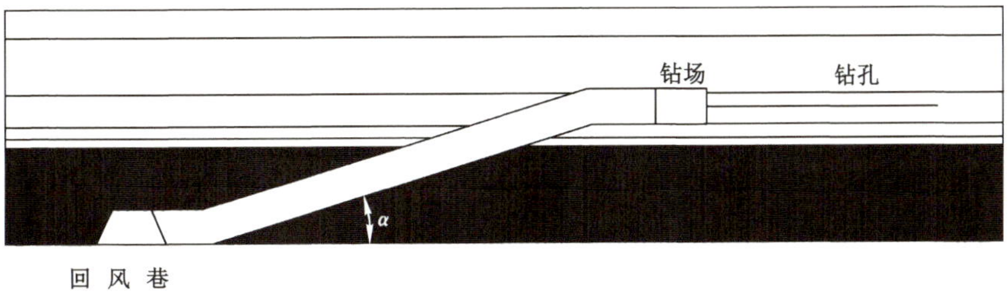

图 6-29　顶板高位钻孔剖面示意

成庄矿在总结以往采空区高位钻孔的经验教训后，创造性地提出用定向钻机施工采空区高位定向钻孔，利用定向钻孔的深孔定向功能，先从巷道以较大坡度迅速攀升至裂隙带，再向裂隙带施工水平钻孔，钻孔随工作面回采逐步塌落，从而大幅度延长了钻孔的服务时间。

钻孔施工前，首先进行施工设计，收集相关的资料，包括等高线、导线点、巷道竣工图、煤层柱状图、钻机型号等,根据顶板岩性推断出“三带”高度,设计出钻孔的布置参数,包括钻孔编号、开孔位置、开孔方位角、倾角、过煤柱段高度、终孔层位、水平宽度等,钻孔设计见图 6-30 和图 6-31。然后施工技术人员根据总设计编制单孔设计图,包括垂直面和水平面的投影图,使钻孔施工人员明确设计意图。钻孔施工结束后,对施工过程中发现的问题进行总结,对下一步钻孔设计进行优化。施工队组根据设计准备现场打钻工作,准备工作结束后开始施工。

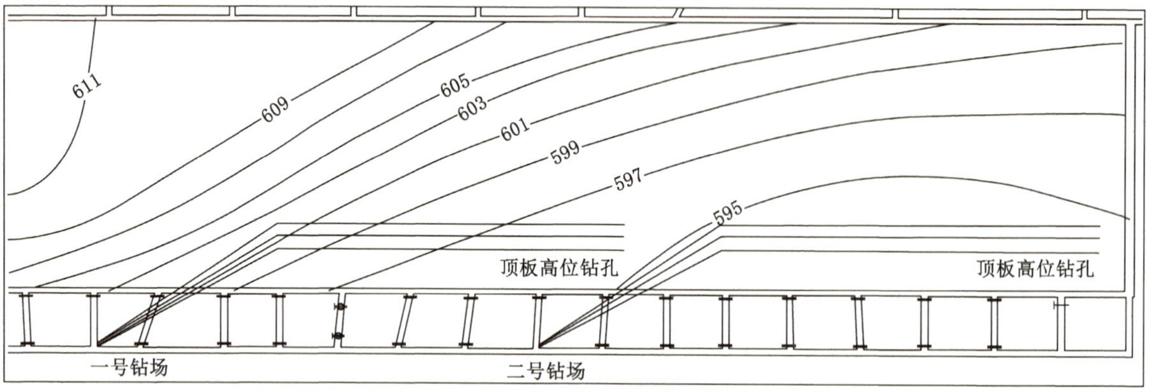

图 6-30　某工作面采空区高位定向钻孔平面设计图

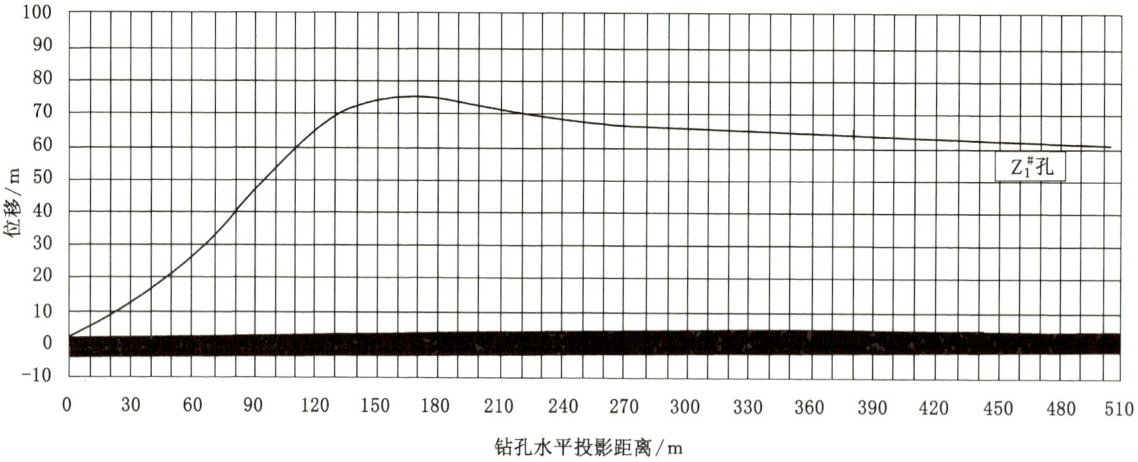

图 6-31　某工作面采空区高位定向钻孔剖面设计图

3. 采空区顶板高位定向钻孔抽采效果

成庄矿先后在 2319 工作面、4318 工作面进行了两期采空区顶板高位定向钻孔工业试验。第一期在 2319 工作面布置了 6 个钻孔,根据钻孔布置方式和抽采效果的比较分析结果,对布孔方式和层位进行了优化,根据优化结果在 4318 工作面进行第二期试验。通过分析前两个工作面的抽采数据,最终确定了适合成庄矿的顶板高位钻孔布置方式,并取得了较好的抽采效果。另外在 4308 工作面老采空区施工高位定向钻孔,探索了新型老采空区瓦斯抽采方法。

(1) 第一期试验工作面抽采情况

成庄矿首先在 2319 工作面进行了最初的顶板高位钻孔抽采采空区瓦斯的工业性试验,得到了初步的钻孔布置参数和抽采效果数据。

① 钻孔施工情况

在 2319 工作面尾部邻近巷道施工高位倾向钻孔,钻孔由煤层顶板逐步爬升到裂隙带,共施工 5 个采空区顶板高位定向钻孔,钻孔平面布置见图 6-32,剖面轨迹见图 6-33。钻孔的终孔位于 3 号煤层顶板以上 26.1～57.3 m，距初采开切眼距离 23～90 m，相关参数见表 6-11。

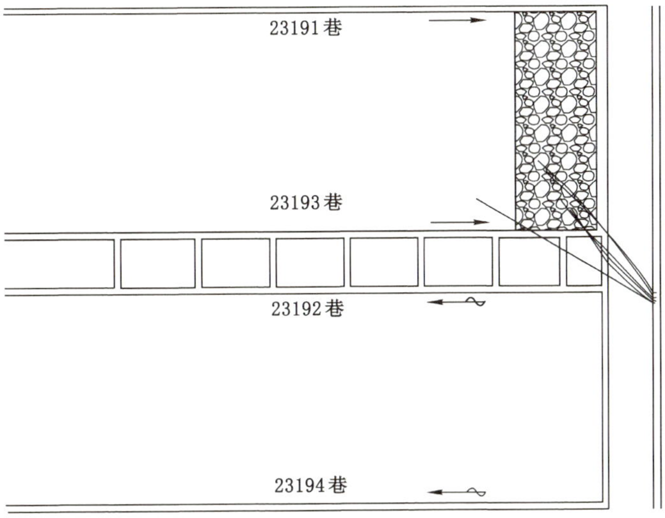

图 6-32　2319 工作面顶板高位定向钻孔平面布置

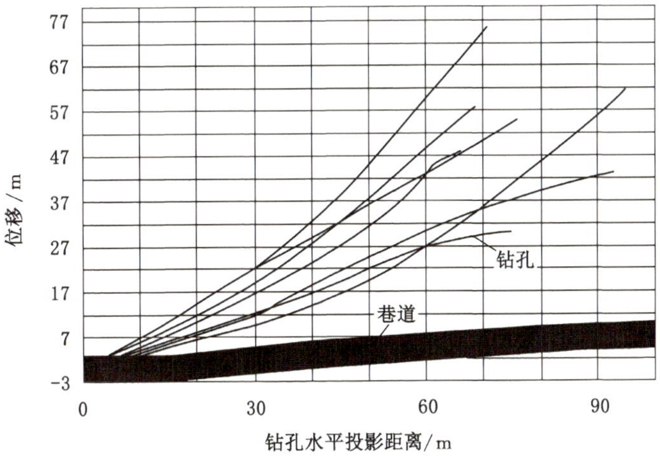

图 6-33　2319 工作面顶板高位定向钻孔剖面轨迹

表 6-11　2319 工作面顶板高位定向钻孔参数

钻孔编号	孔深/m	距初采开切眼距离/m	距 3 号煤层顶板距离/m	距回风巷距离/m
S-1 孔	158	33	26.1	15
S-2 孔	161	23	53.6	25
S-3 孔	182	43	39.1	44
S-4 孔	184	47	57.3	50
S-5 孔	167	24	37.8	16

② 抽采效果分析

2319 工作面回采 22.2 m 时，开始对尾部顶板高位钻孔进行抽采，并记录收集钻孔瓦斯浓度、混量、负压等抽采参数，对各钻孔抽采情况进行分析。

S-1 孔在工作面初采阶段钻孔瓦斯浓度维持在 20%左右，当工作面推进 50 m(过终孔位置 20 m)时瓦斯浓度达到最高，为 63.2%，随后在很短时间内又降至 5%，并基本保持在低浓度抽采；钻孔瓦斯混量基本维持在 3 m^3/min 左右，纯量仅为 0.1 m^3/min，初步判断钻孔终孔位置在垮落带内，见图 6-34。

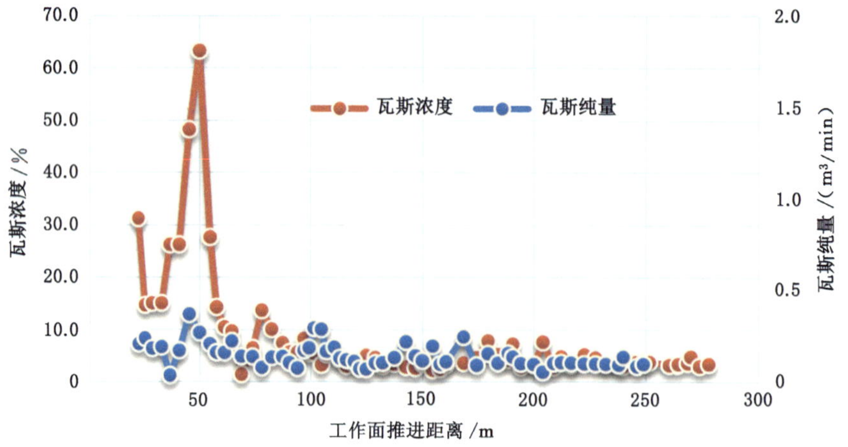

图 6-34　S-1 孔瓦斯浓度、纯量随工作面推进变化曲线

S-2 孔瓦斯初始浓度为 10%，后逐步升高至 50%，并一直维持高浓度抽采。鉴于 S-2 孔瓦斯浓度较高，抽采效果较好，后将其从采空区抽采接入本煤层抽采系统，负压提升后对应的混量由 0.6 m^3/min 提升至 1.4 m^3/min，浓度未发生剧烈变化，纯量达到 1 m^3/min 左右，初步判断钻孔终孔位置在“O”形圈内，见图 6-35。

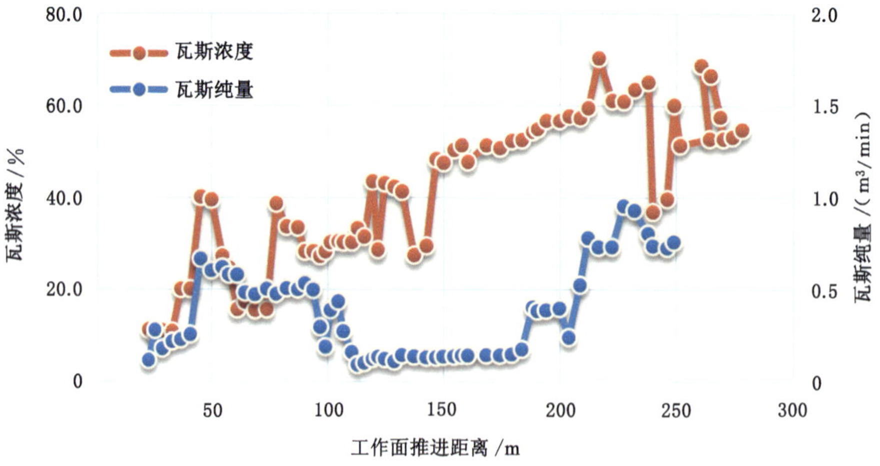

图 6-35　S-2 孔瓦斯浓度、纯量随工作面推进变化曲线

随着工作面回采，采空区顶板垮落，S-3 孔钻孔瓦斯浓度由 10%逐步提升至 30%，工作面在推过终孔 41 m 后钻孔流量开始增大，混量提升至 2 m^3/min 左右，纯量为 0.6 m^3/min。相对 S-2 孔，S-3 孔瓦斯浓度偏小，初步判断 S-3 孔距回风巷距离偏远，分布在“O”形圈边界，见图 6-36。

S-4 孔钻孔瓦斯浓度始终维持在 10%左右，未出现高浓度瓦斯，抽采量基本未变。S-4 孔与 S-3 孔相似，距回风巷距离都偏远，而 S-4 孔层位又高于 S-3 孔，初步判断分布在裂隙带与弯曲下沉带交界处，见图 6-37。

S-5 孔瓦斯浓度始终能达到 50%左右，为了提升瓦斯抽采能力，将其接入高负压抽采系统，混量由原来 0.5 m^3/min 提升至 1.1 m^3/min，而浓度基本未变。初步判断钻孔终孔位置分布在“O”形圈内，见图 6-38。

成庄矿 2319 工作面回采期间风排瓦斯量平均约为 20 m^3/min，顶板高位钻孔抽采量约为 2.5 m^3/min，工作面风排瓦斯量及钻孔抽采瓦斯量见图 6-39。

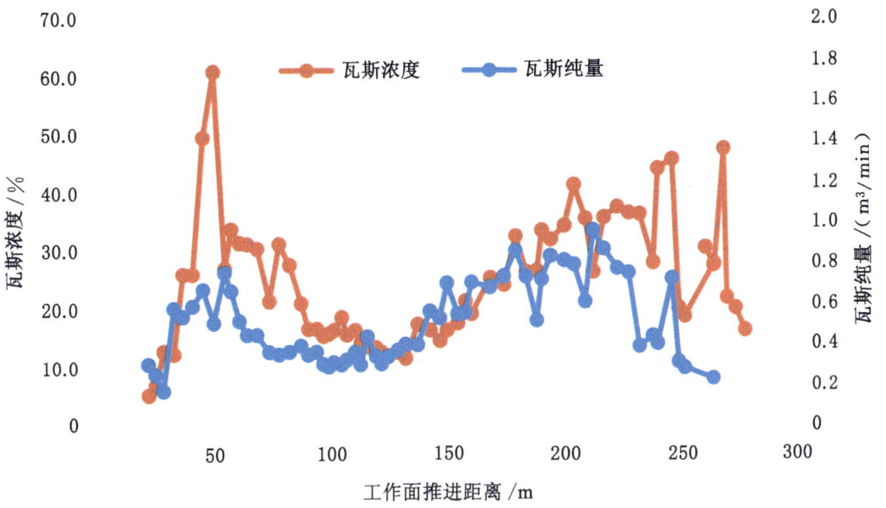

图 6-36　S-3 孔瓦斯浓度、纯量随工作面推进变化曲线

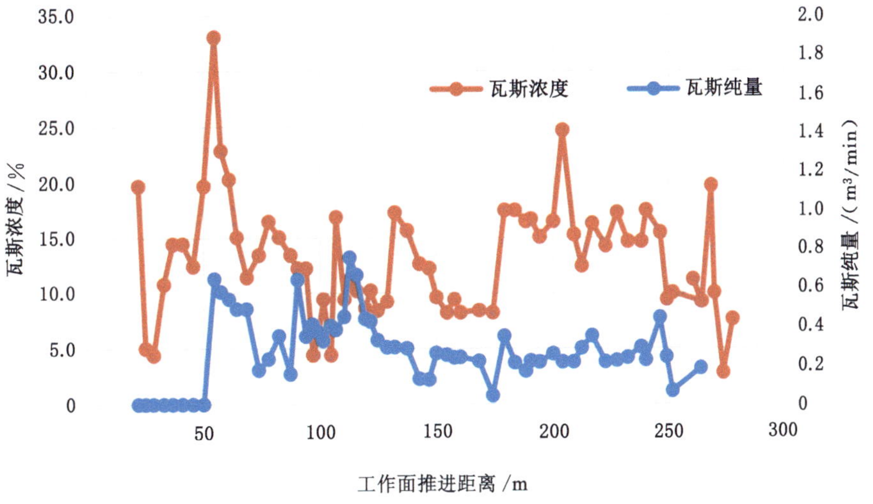

图 6-37　S-4 孔瓦斯浓度、纯量随工作面推进变化曲线

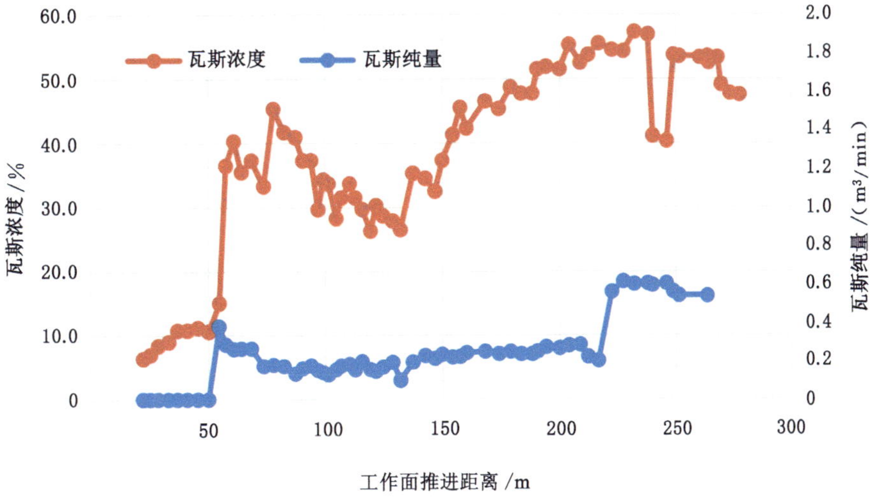

图 6-38　S-5 孔瓦斯浓度、纯量随工作面推进变化曲线

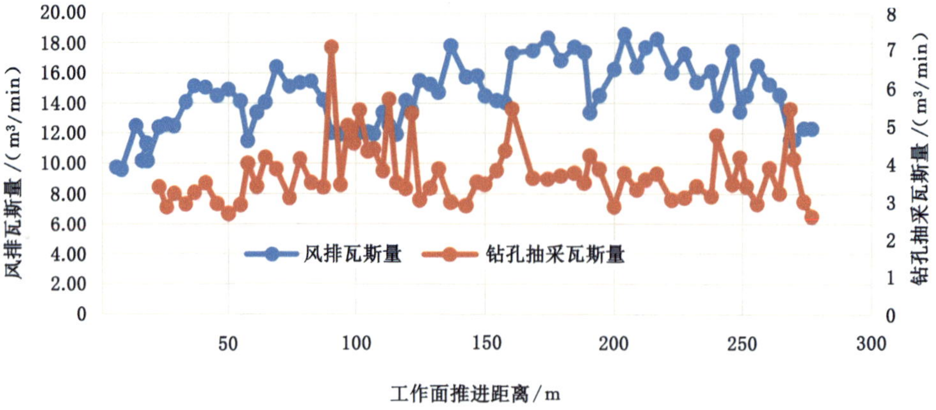

图 6-39 钻孔抽采瓦斯量、风排瓦斯量随工作面推进变化曲线

为验证工作面回采后顶板孔塌落情况，对 S-2、S-4 顶板孔进行了重新掏孔。通过对掏孔相关参数及异常进行分析，得出以下结论：

S-2 孔掏孔过程中返水一直很正常，且钻孔瓦斯浓度一直较高，保持在 40%左右，初步推断 S-2 孔打至裂隙带内的竖向裂隙发育区，该区域为围岩卸压瓦斯和采空区瓦斯积聚场所，只因距垮落带过远，距回风巷较近，卸压不充分，瓦斯流经裂隙进入此区域损失的阻力大，造成流量低，渗水小。S-2 孔终孔层位为 57 m，距回风巷 15 m。

S-4 孔掏孔至 96 m 时出现返水小现象，直到掏完孔返水一直小，且钻孔瓦斯浓度平均为 12%，混量达到 4 m^3/min，初步判断 S-4 孔打至采空区顶板环行裂隙区，此区域为采空区瓦斯上浮富集的区域，因距垮落带较近，卸压充分，裂隙发育，瓦斯流经裂隙进入此区域损失的阻力小，造成流量大，渗水大，套孔时返水小。S-4 孔终孔层位为 61 m，距回风巷 42 m。

综上所述，2319 工作面抽采高浓度瓦斯区域，倾斜方向上分布在距回风巷小于 50 m 的范围内，垂直方向上分布在层位高度 40～60 m 的范围内。

(2) 第二期试验工作面抽采情况

在总结 2319 工作面采空区顶板高位倾向钻孔的经验后，对钻孔布置参数进行了优化，在 4318 工作面施工第二期高位走向钻孔，钻孔出煤柱后直接爬升至裂隙带，并沿着该层位施工水平长钻孔，钻孔水平段设置于裂隙带中，延长了钻孔抽采时间。

① 钻孔施工情况

4318 工作面顶板高位钻孔钻场布置在 43182 巷，共施工了 8 个采空区顶板高位走向钻孔，钻孔长 258～360 m，钻孔终孔层位在 52.9～107.8 m，钻孔布置相关参数见表 6-12，钻孔平面布置见图 6-40，剖面形态见图 6-41。

表 6-12 4318 工作面顶板高位定向钻孔终孔位置参数

钻孔编号	孔长/m	方位角/(°)	倾角/(°)	终孔高度/m	距巷道水平距离/m
R-1	258	30	20	60.2	48.1
R-2	258	30	24	100.0	48.8
R-3	360	51	22	107.8	41.0
R-4	339	37	27	82.6	42.3
R-5	282	27	28	62.1	37.1
R-6	336	37	25	62.5	70.0
R-7	342	32	25	60.8	52.5
R-8	273	35	20	52.9	26.5

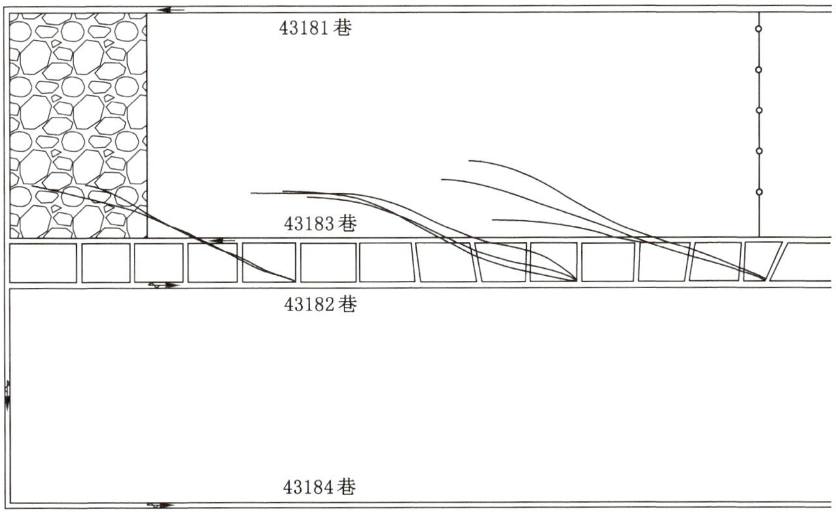

图 6-40　4318 工作面顶板高位定向钻孔平面位置示意图

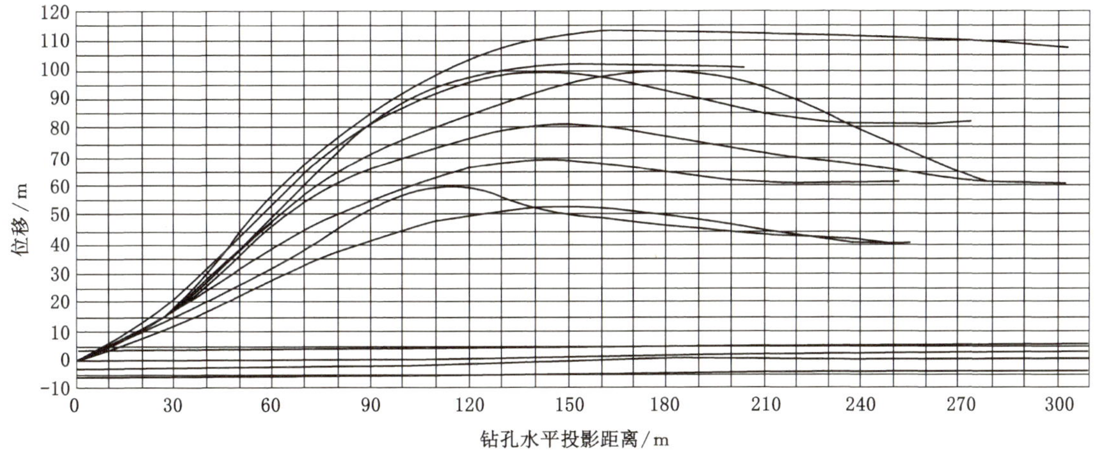

图 6-41　4318 工作面顶板高位定向钻孔剖面图

② 抽采效果分析

高位钻孔抽采时收集钻孔瓦斯浓度、负压、混量等参数，随着工作面逐步推进，适时关闭已进入深部采空区顶板孔，而逐个开启采动影响顶板孔，最后对收集的数据进行总结分析。

R-1 孔在工作面推过钻孔 32 m 后顶板垮塌形成裂隙，瓦斯流量突然增大，浓度达到 60%左右。随着工作面继续推进，流量增加到 8 m^3/min，且浓度保持在 50%左右，瓦斯纯量为 4 m^3/min，且能保持 200 m的推进度，后期顶板垮落稳定，钻孔流量降至 4 m^3/min 左右，浓度降至 40%左右，相应的纯量降至 1.5 m^3/min 左右，见图 6-42。

R-2 孔在工作面推过钻孔 40 m 后顶板垮塌形成裂隙，开始有流量，瓦斯浓度达到 70%左右。随着工作面继续推进，流量增加到 6 m^3/min，且浓度保持在 50%左右，瓦斯纯量为 3 m^3/min，且能保持 200 m的推进度，后期顶板垮落稳定，钻孔流量降至 1 m^3/min 左右，浓度降至 50%左右，相应的纯量降至0.5 m^3/min 左右。比较 R-2 孔和 R-1 孔，R-1 钻孔抽采效果更好，说明这两个孔均在裂隙带内，只是R-2孔层位更高，处于裂隙带上端，见图 6-43。

R-3 孔在工作面推过钻孔 22 m 后顶板垮塌形成裂隙，开始有流量，瓦斯浓度达到 60%。随着工作面继续推进，流量增加到 7 m^3/min，且浓度保持在 50%，瓦斯纯量为 3.5 m^3/min，且能保持 200 m 的推进度，后期顶板垮落稳定，钻孔流量降至 2 m^3/min，浓度降至 30%，相应的纯量降至 0.6 m^3/min，见图 6-44。

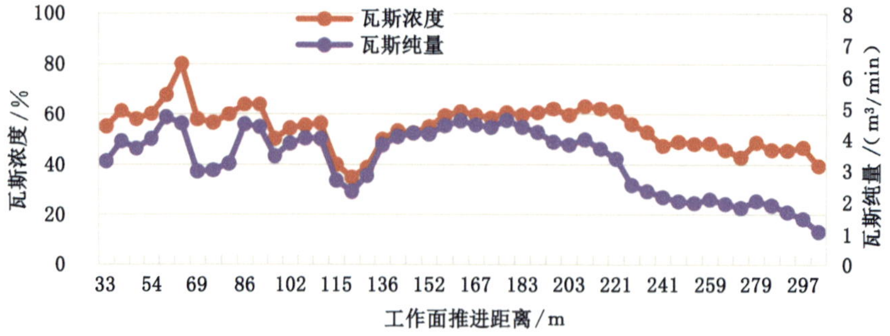

图 6-42　R-1 孔瓦斯浓度、纯量随工作面推进变化曲线

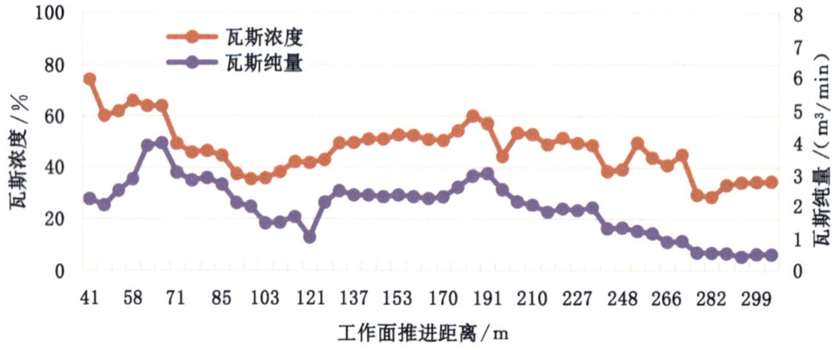

图 6-43　R-2 孔瓦斯浓度、纯量随工作面推进变化曲线

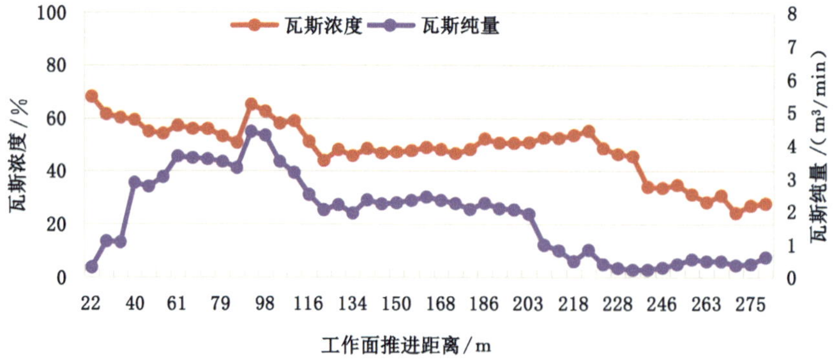

图 6-44　R-3 孔瓦斯浓度、纯量随工作面推进变化曲线

R-4 孔在工作面推过钻孔 42 m 后顶板垮塌形成裂隙，开始有流量，瓦斯浓度达到 60%。随着工作面继续推进，流量增加到 6 m^3/min，且浓度保持在 50%，瓦斯纯量为 3 m^3/min，且能保持 200 m 的推进度，后期顶板垮落稳定，钻孔流量降至 3 m^3/min，浓度降至 30%左右，相应的纯量降至 0.9 m^3/min，见图 6-45。

R-5 孔在工作面推过钻孔 45 m 后顶板垮塌形成裂隙，开始有流量，瓦斯浓度达到 60%左右。随着工作面继续推进，流量增加到 8 m^3/min，且浓度保持在 50%左右，瓦斯纯量为 4 m^3/min，且能保持 200 m的推进度，后期顶板垮落稳定，钻孔流量降至 5 m^3/min 左右，浓度降至 30%左右，相应的纯量降至1.5 m^3/min，见图 6-46。

通过对比分析，可判断 R-3、R-4 和 R-5 三个钻孔均布置在裂隙带内，R-5 孔最低，R-3 孔最高，低层位孔流量大于高层位孔，抽采效果也相对更好。4318 工作面抽采高浓度瓦斯区域，倾斜方向上分布在距回风巷小于 50 m 的范围内，垂直方向上分布在层位高度为 60～80 m 的范围内。

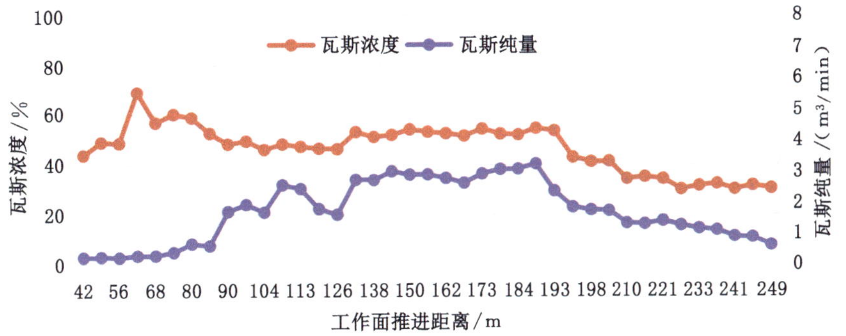

图 6-45　R-4 钻孔瓦斯浓度、纯量随工作面推进变化曲线

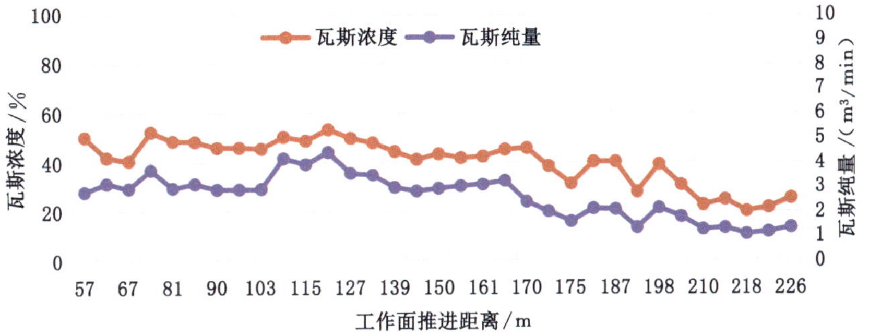

图 6-46　R-5 钻孔瓦斯浓度、纯量随工作面推进变化曲线

4318 工作面抽采试验阶段，统计工作面风排瓦斯量在 9.8～17.6 m^3/min 之间，顶板高位定向钻孔瓦斯抽采量为 5.5～11.1 m^3/min 之间，相较第一期试验工作面(2319 工作面)，瓦斯抽采效率大幅度提高。

(3) 老采空区试验情况

在利用顶板高位定向钻孔抽采现采空区取得成功后，成庄矿又在 4308 工作面试验了高位定向钻孔抽采老采空区瓦斯技术，在 4308 工作面停采线后施工顶板高位钻孔抽采老采空区瓦斯，钻孔施工平面布置见图 6-47，剖面见图 6-48。

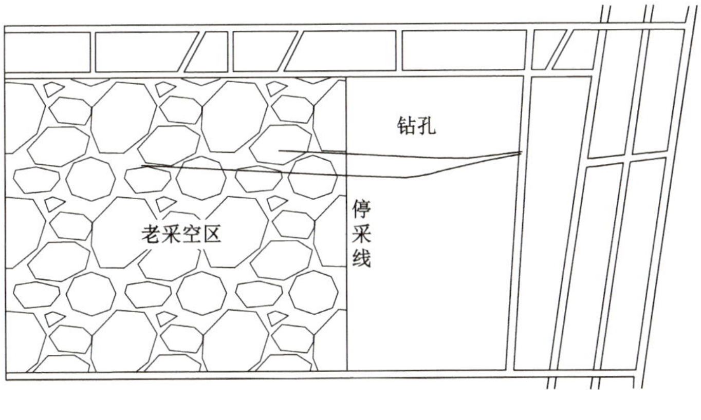

图 6-47　4308 工作面老采空区顶板高位定向钻孔平面布置示意图

钻孔刚开始联抽时，瓦斯浓度和流量分别达到 84%和 9.8 m^3/min，可抽采瓦斯纯量高达 8 m^3/min，随后浓度逐步下降至 30%并趋于稳定，而流量变化不大，瓦斯纯量约为 2.5 m^3/min，并能一直保持这样的抽

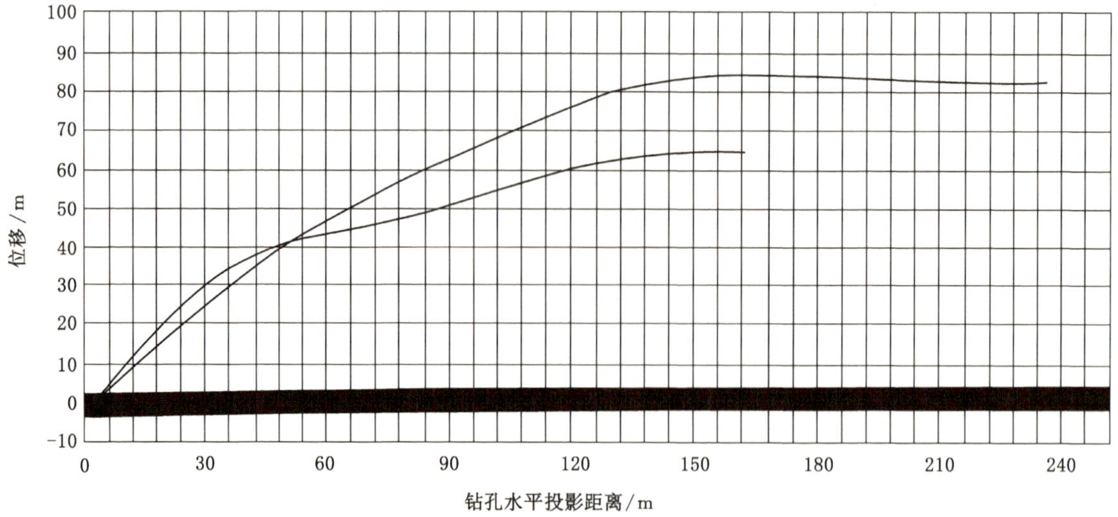

图 6-48　4308 工作面老采空区顶板高位定向钻孔剖面图

采量。这说明老采空区在未抽采前积聚了大量瓦斯，刚开始联抽时浓度相对较高，抽采一段时间后，采空区留煤瓦斯解吸速度趋于稳定，高位定向钻孔抽采的瓦斯浓度和纯量也趋于平稳，见图 6-49。

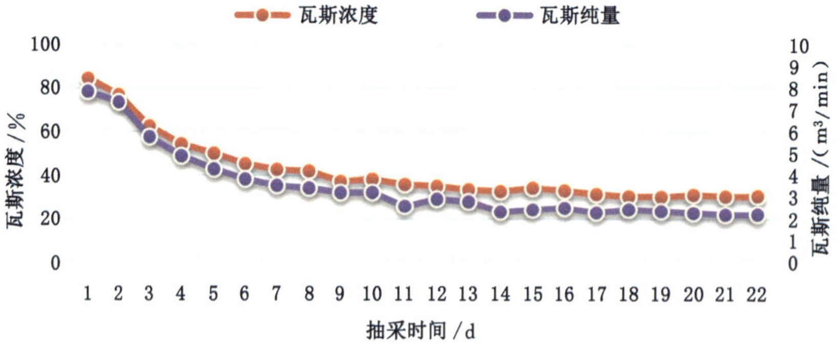

图 6-49　4308 工作面老采空区钻孔瓦斯浓度、纯量随抽采时间变化曲线

6.3　生产区：采煤工作面强化抽采方法设计

6.3.1　抽采方法：双侧顺层平行钻孔预抽煤层瓦斯

抽采钻孔布置：晋煤集团坪上煤业有限公司(以下简称“坪上煤业”)3 号煤层采煤工作面设计长度为 180 m，采用单侧平行长钻孔预抽瓦斯抽采方法时存在钻孔施工难度较大，对煤层赋存条件要求较高等不利因素。因此，本次设计采用双侧平行顺层钻孔抽采开采煤层瓦斯。即设计在采煤工作面胶带进风顺槽、轨道回风顺槽垂直巷道壁向煤体施工平行顺层钻孔，开孔高度为巷道底板以上 1.5～1.7 m，钻孔长度为 100 m。瓦斯预抽钻孔施工完成后迅速连接管路进行预抽。钻孔技术参数见表 6-13，钻孔布置见图 6-50。

表 6-13　平行钻孔技术参数

钻孔形式	钻孔与巷道夹角/(°)	钻孔与水平面夹角/(°)	孔深/m	钻孔直径/mm	开孔高度/m
平行钻孔	90	与煤层倾角相同	100	94	1.5～1.7

注：以上技术参数只供试验参考，须根据效果考察来确定最适合的参数。

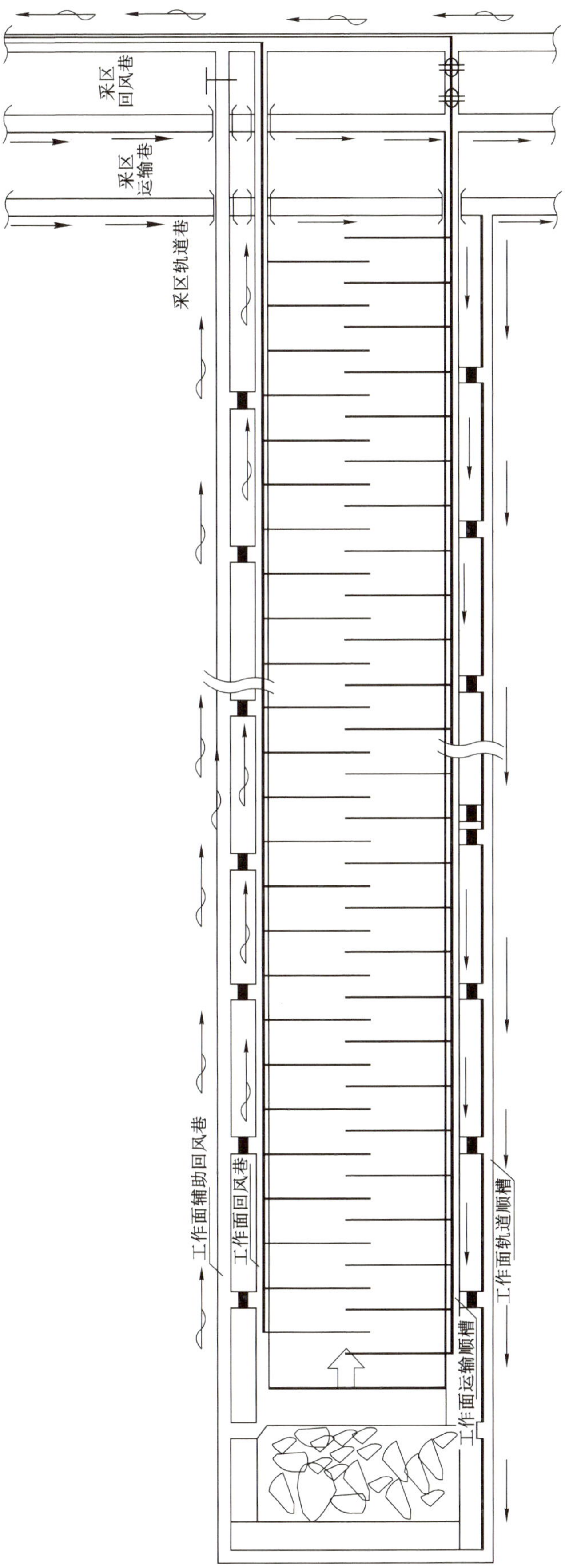

图 6-50　双侧预抽钻孔布置

封孔工艺:钻孔采用“两堵一注”封孔方式,利用一次性囊袋注浆装置进行封孔,囊袋式注浆封孔法原理如图 6-51 所示。该装置通过 2 个囊袋封堵 1 段钻孔,2 个囊袋之间有 1 段塑料管,塑料管上开设有钻孔注浆口,先向囊袋注浆,囊袋膨胀封堵封孔段钻孔,然后囊袋内的浆液通过钻孔注浆口向 2 个囊袋之间的钻孔注浆,并形成注浆压力使浆液向钻孔壁渗透。封孔深度为 12 m。封孔管为直径50 mm的软管(阻燃、抗静电),用胶管连接到支管上后再连接到干管上,最后到达地面泵房。

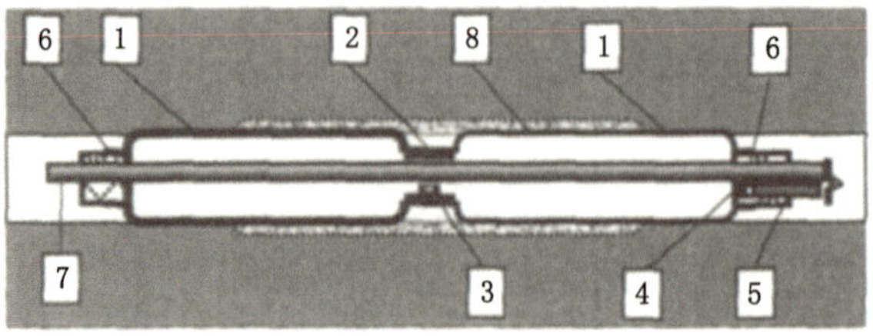

1—囊袋;2—塑料出浆管;3—钻孔注浆阀;4—囊袋注浆阀;5—注浆管;6—塑料堵头件;7—封孔抽采管;8—浆液渗透区。

图 6-51 囊袋式注浆封孔法原理

抽采管路管理:工作面开采后,随着工作面的推进,靠近开切眼的抽采钻孔不断报废,当钻孔距工作面开切眼 20～30 m 时,预计抽采钻孔进入卸压区,进行卸压抽采,随着抽采管路不断变短,靠近开切眼的管路要逐段卸下来,端头用法兰片密封。回采时,工作面两顺槽需要进行超前支护大约 20～30 m,为了不影响生产,需提前拆除管路,这给瓦斯管路的管理造成一定困难,所以可以考虑将靠近工作面开切眼 30 m 内的钻孔用软胶管与抽采管相连,抽采管末端特制一段 2～3 m 长的短管,短管上做几个变径三通,与靠近工作面的钻孔用软管相连,钻孔报废后再向前移动短管,保持短管始终在抽采管路的末端,这样一来,工作面的预抽钻孔可以抽取大量的卸压瓦斯,使本煤层预抽取得较好的抽采效果。

6.3.2 邻近层及采空区瓦斯抽采工艺

1. 邻近层瓦斯抽采工艺

坪上煤业 3 号煤层工作面邻近层瓦斯主要来源于上邻近煤层,坪上煤业可根据 3 号煤层采煤工作面巷道布置特点及煤层赋存条件采用以下几种方法进行邻近层瓦斯抽采。

方法一:顶板高位长钻孔抽采邻近层瓦斯

钻场的选择非常重要,既要考虑施工成本,又要考虑钻场对于钻孔抽采率、抽采时间的影响,还要考虑后期钻场的维护量,考虑解决邻近层瓦斯涌出问题。因此,钻场布置在采煤工作面轨道回风顺槽与辅助回风顺槽连接的横川处。每隔 3～4 个横川(根据 3 号煤层方案设计,工作面两横川间距为 100 m)布置一个施工地点,每个地点施工 5 个钻孔,钻孔终孔均匀布置于距巷道顶板 5～8 倍采高的位置,倾向控制范围为 40 m,走向控制范围为 300～400 m。横川口进行扩帮作业,顶板高位长钻孔平面布置如图 6-52 所示,顶板高位长钻孔设计参数如表 6-14 所示。

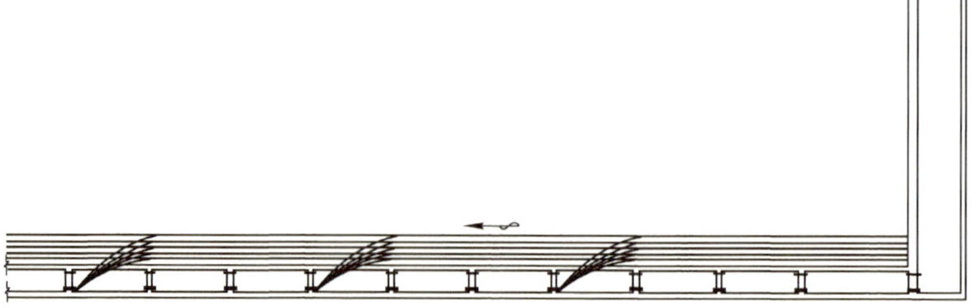

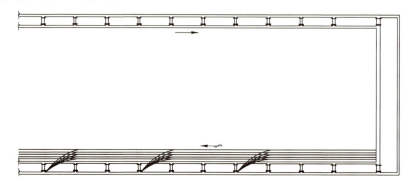

图 6-52 顶板高位长钻孔平面布置

表 6-14　顶板高位长钻孔设计参数

孔号	孔径/mm	孔深/m	距回风巷距离/m	距顶板垂高/m
1#	96	350	8	12
2#	96	380	16	15
3#	96	420	24	18
4#	96	450	32	21
5#	96	480	40	24

注:以上技术参数只供试验参考,须根据效果考察来确定最适合的参数。

方法二:邻近巷道施工高位钻孔抽采邻近层卸压瓦斯

根据坪上煤业采煤工作面巷道布置情况,采煤工作面邻近层瓦斯抽采亦可采用在辅助回风顺槽内施工高位钻孔,主要抽采裂隙带中瓦斯。钻孔布置图见图 6-53。

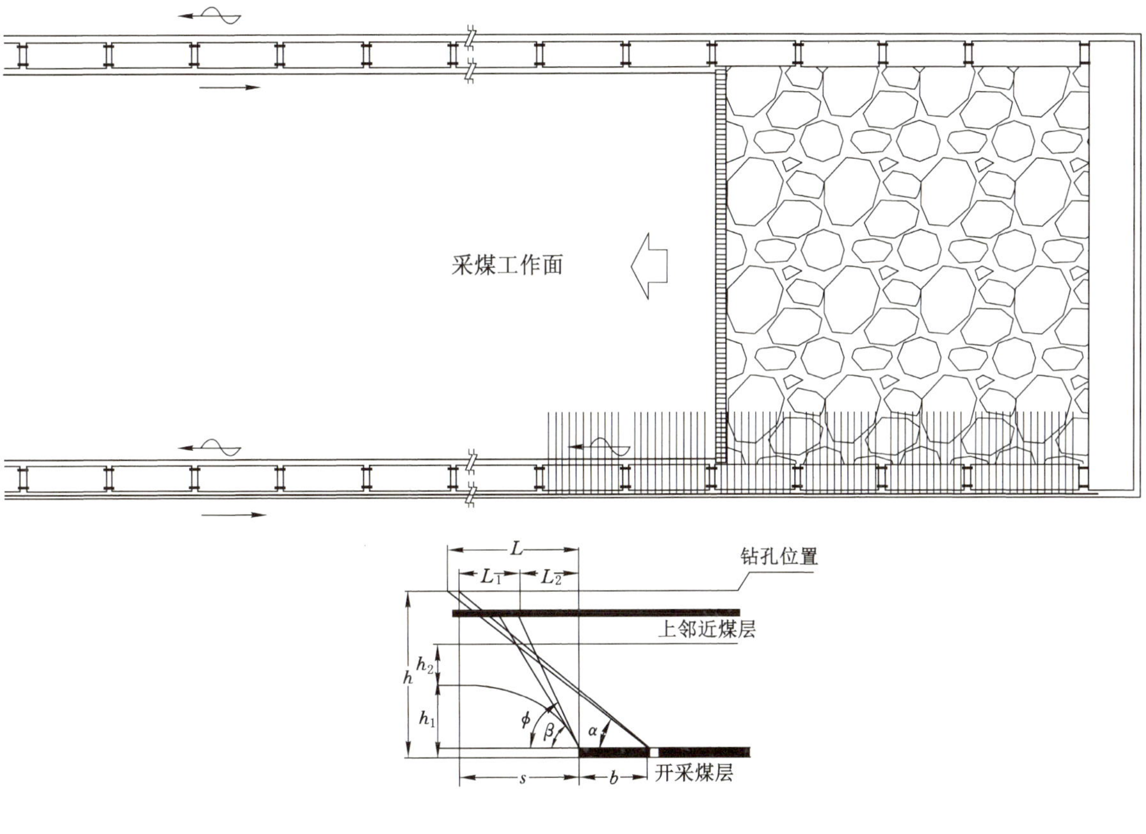

图 6-53　邻近巷道施工高位钻孔抽采邻近层卸压瓦斯钻孔布置

钻孔参数的确定:3 号煤层开采过程中,钻孔终孔为采空区上方裂隙带。钻孔伸入工作面回风巷外帮距离应大于保障钻孔不被破坏距回风巷外帮水平投影长度。经计算,抽采钻孔参数见表 6-15。

表 6-15　钻孔参数

钻孔与巷道夹角/(°)	倾角/(°)	钻孔间距/m	孔深/m	钻孔直径/mm	开孔位置
90	22	10	80	113	巷道顶板

注:以上技术参数为理论数据,须根据效果考察来确定最适合的参数。

封孔工艺:钻孔施工时,采用直径 113 mm 钻头,孔深为 80 m。在孔内插入直径 90 mm 的双抗软管作为抽采瓦斯管。封孔采用“两堵一注”封孔方法。为提高钻孔的抽采瓦斯量,防止钻孔垮孔、堵孔,影响抽采效果，顶板孔内可采用铁套管固孔，以提高钻孔的密封性，每施工完成一个钻孔后立即进行封孔。

2. 密闭横川插管抽采工作面现采空区瓦斯

根据坪上煤业 3 号煤层采煤工作面巷道布置特点，可于工作面轨道回风顺槽与外 U 顺槽之间的横川密闭插入两路瓦斯抽采管路（管径为 457 mm），并在孔口设置阀门以根据工作面回采位置及抽采效果等进行适当的控制，横川密闭墙内用木垛加强支护。当采煤工作面即将采过横川时，打开该横川插管上阀门进行瓦斯抽采。

在横川插管抽采现采空区瓦斯过程中，日常性监测抽采效果，当抽采效果不能满足要求时，可采取补充措施，即在邻近巷道施工大直径钻孔抽采现采空区瓦斯。钻孔直径为 300 mm，钻孔间距为 20～30 m，开孔高度为 1.7 m，钻孔倾角为 3°，钻孔长度约为 32 m。钻孔施工完毕后插入直径为 273 mm 的抽采管并封孔，具体见图 6-54。

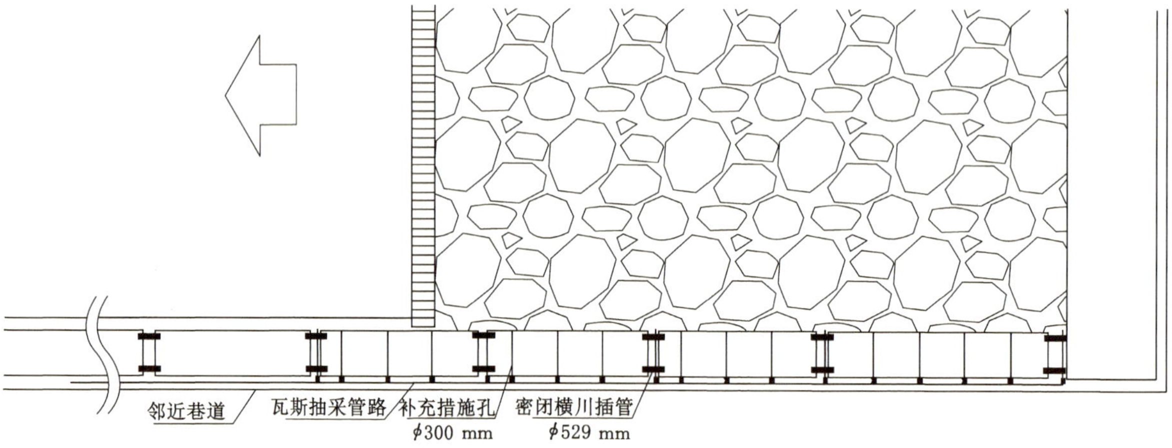

图 6-54　密闭横川插管抽采现采空区瓦斯示意

第 7 章　低渗透高瓦斯煤层增透技术与示范

据统计，我国煤层渗透率大小主要分布区间为 0.002～16.17 mD，渗透率小于或等于 0.1 mD 的煤层约占 35%，渗透率在 0.1～1.0 mD 之间的煤层约占 37%，渗透率大于 1.0 mD 的煤层约占 28%，渗透率大于 10 mD 的煤层较少，说明我国煤层渗透率普遍较低。我国煤矿开采地质条件非常复杂，埋深在 1 000 m以下的煤层占我国煤炭资源总量的 53%，随着开采深度的不断增加，我国大部分煤矿的主采煤层将成为低透气性、高瓦斯开采条件。

人为强迫降低煤层地应力，沟通煤层内的原有裂隙网络或产生新的裂隙，这种技术被称为人为(强化)卸压抽采瓦斯方法。从严格意义上说，层内采动卸压及层外先采卸压，也是人为卸压措施，但由于采动卸压一般讲属于正常开采程序中的一个工艺程序，不用采取其他工具手段，所以人为(强化)卸压抽采瓦斯是指通过水力、爆破力、机械力等手段强迫煤层卸压，增大煤层的透气性能，加快瓦斯解吸，增大瓦斯涌出。一些文献在卸压瓦斯抽采机制方面进行了试验和数值模拟研究。

在井下有巷道时，煤体有自由面，可采用水力压出、水力破裂等方法，使煤体向自由面方向发生移动或松动，使煤体内的裂隙扩大、相互沟通；而水力切割、物化处理等方法，从煤层内取出部分煤或释放瓦斯，或溶解煤中部分物质，使煤层内部形成新的孔穴、槽缝和贯通的裂隙[34]。

总体上，强化卸压抽采方法可分为水力增透方法、爆破增透方法、物理化学法等几种。

本章以此为切入点在论述低渗透高瓦斯煤层增透技术理论的过程中，密切联系实际，书中列举了大量的实际工程，所有工程都是本书编写人员参与完成的，不一定是示范工程，仅是为了说明基础理论的应用方法。

7.1　煤层水力化增透技术

水力化增透指以高压水作为介质与动力，用于致裂、破碎、搬运煤体的方法，包括水力压裂、水力割缝、水力冲孔等[35]。其特点主要体现在两个方面：其一是水对煤体有湿润作用。对煤体进行湿润性注水，不能增加钻孔瓦斯抽采量，但经常湿润的煤层在开采时的瓦斯涌出速度会降低，且煤尘的产生量会减少。其二是当向煤层内压入的水量具有足够的能量时，水力能使煤层内的裂隙劈裂扩展或发生切割作用形成孔穴，这样在煤体内就能形成新的瓦斯流动通道，增加钻孔瓦斯抽采量。

由于用水处理瓦斯较为方便安全，水力化增透得到了较为广泛的重视，以水力割缝为例：水力割缝是在顺层抽采瓦斯钻孔(上向孔水平孔)内，用喷嘴形成的高压水射流，对钻孔两侧煤体进行切割形成一个扁平缝槽，相当于开采一个极薄保护层，促使钻孔附近煤体卸压，提高开采煤层抽采瓦斯率。水力割缝钻孔及系统如图 7-1 所示。

水力割缝一般适用于中硬或软(打钻不自喷)的厚煤层，采用顺层上向孔及水平孔的煤层均可采用水力割缝强化抽采瓦斯措施。目前在山西省应用较广泛的水力化增透措施主要为水力割缝及水力压裂，本节从这两点展开介绍。

7.1.1　低渗透煤层水力割缝技术

1. 低渗透煤层水力割缝技术原理

目前我国煤层开采进入深部区域，煤层渗透性主要受地应力、煤体孔隙裂隙结构以及瓦斯渗流情况

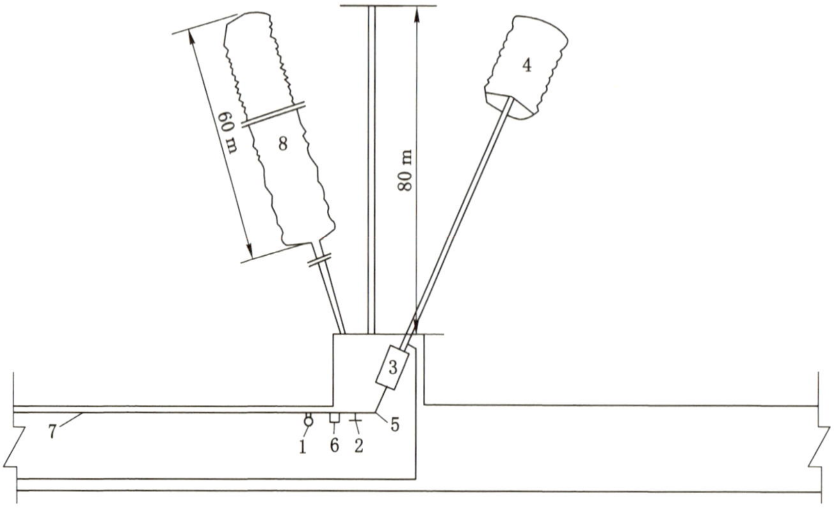

1—压力表；2—高压阀；3—钻割推进装置；4—射流器；5—高压胶管；6—液压系统；7—供水管；8—割成的缝。

图 7-1　水力割缝钻孔及系统

影响，越来越大的地应力使得煤层内部孔隙和裂隙受压闭合变小，深部煤层中煤体表面的吸附作用突出，煤层力学特性、瓦斯赋存运移情况变得复杂，渗透性变小。为了提高我国煤层气抽采量，根据渗流本构规律研究发现提高压力梯度和增加煤层渗透系数可以提高抽采速率，因此有必要采取强化措施对造成赋存量大的根源（孔隙裂隙网）进行沟通扩展，通过张开原始煤层裂隙结构并让其破坏扩展发育新的裂隙才能使得煤层局部卸压，从而改善煤层内部瓦斯的流动情况。但目前的工业应用以及试验中对于提高压力梯度来提高渗透率还处于研究中，减小孔间距的成本很高，增大压强虽有效，但是应用不是很广泛。而增加煤层透气系数目前主要是基于提高孔隙率和煤层裂隙率，其中提高孔隙率成本昂贵难以应用，而提高裂隙率相对来说是一种可行的增透思想。高压水射流割缝是针对卸压增透所采取的有效方法，其在煤层内部形成一定宽度的缝槽后，会在原有裂隙基础上发育出新的裂隙，最终形成裂隙扩展面，改善瓦斯渗流通道，使得周围煤体应力释放，渗透率随之增大，从而达到卸压增透效果。

（1）水力割缝后煤体结构变形机理

低渗透煤层煤体通常位于深部区域，煤体内部结构变形主要由孔隙和裂隙产生。孔隙具有较强的吸附性，孔隙分布不均匀和裂隙发育不完全决定了煤体的非均质性，而研究发现煤体整体破坏变形与煤体的非均质度有关，非均质度越低，材料则越脆，反之非均质度越高则弹缩性越明显。而煤体中裂隙是瓦斯渗流的主要通道，决定着煤层渗透性，因此针对扩展裂隙来研究增透是正确的。裂隙扩展作为煤体结构变形的一个部分，其主要是由于内部结构在受力作用下发生损伤。前人研究发现，煤体微观结构上表现为坚固性系数越大，煤体渗透性越差，反之坚固性系数越小，渗透性越好。然而实际宏观研究中发现，坚固性系数大的煤体本身坚硬，强度大，塑性变形小，承压状态下孔隙变化微弱，会产生较多脆性破裂的裂隙，渗流通道畅通，渗透性好；而松软煤层本身强度小，塑性变形大，承压下孔隙会发生闭合，渗流通道阻塞而透气性差。

从高压水射流破岩机理方面分析发现，当水射流冲割煤岩体时，在冲击动载作用下煤体发生损伤破坏，高压水所带能量迅速以接触点为中心在煤体中传播，使得煤体强度和孔隙裂隙结构遭到破坏。通常在最初切割瞬间，煤体径向和切向由于受压而发生剪切破坏，利用莫尔-库仑（Mohr-Coulomb）准则进行强度判断，发现煤体强度变小。随着时间推移，水射流会在煤体表面产生拉应力，此时煤体垂直裂纹产生较多，这些裂纹和煤体原始空隙会被水射流占据并在其内部造成瞬时强大压力，强大的拉应力会破坏煤体强度同时产生水楔作用，水会不断渗入煤体孔隙裂隙中并在压差作用下使煤体结构变形，裂隙扩展并相互贯通，从而煤体强度弱化，煤体渗透系数增加，渗透率增大。后期在水射流准静态压力作用下，煤体表面在冲击力的冲蚀作用下会在微小裂缝和层理处弱化煤体强度，使得煤体颗粒脱落，加之回流的磨削作用，会对煤体产生二次损伤破坏，微裂纹会发生二次扩展并继续连通，最终形成大量宏观破坏的裂隙。缝槽周围裂隙分布如图7-2所示。

图7-2　缝槽周围裂隙分布

在水射流作用下原始裂隙的发育以及演化趋向于以纵向延伸为主（即向上下覆岩方向延伸），主要是由于煤层受支承压力的作用，在水射流割缝后缝槽两侧煤体会因上覆煤岩层发生向下位移而在纵向上较易产生裂隙贯通和扩展，而在横向上由于围压作用裂隙则不易贯通。局部区域随着多条裂隙产生并扩展相交，会在煤层某一处发生裂隙汇合并进一步密集，从而产生裂隙网络。

（2）水力割缝增透力学机理

高压水射流通过在煤层预留钻孔两侧进行煤体切割，在煤层内部形成一条具有一定深度和高度的扁平缝槽，利用层内自我卸压使得煤层应力释放而发生不均匀沉降，从而形成大量裂隙，以此提高煤层渗透率。

煤层中预置钻孔后，地应力平衡状态会因卸压而重新分布，应力变化大致是钻孔上方应力释放降低，靠近钻孔处应力释放较大，左右两侧应力集中而变大，受这些应力集中区作用煤体被压实，孔隙缝隙空间变小，甚至闭合，使得钻孔周围渗透率低于远处。但当利用高压水射流切割出扁平缝槽后，会在局部范围内达到层内自我卸压，周围煤体会发生向下位移，煤层几何形态会发生变化，缝槽边缘会形成松弛带和破碎区，应力重新分布后会向煤体深部和两边转移，致使远处应力大于钻孔处应力，缝槽裂缝面两侧煤体会受到拉应力作用，并在水平方向发生拉伸破裂，逐渐向煤层顶底板方向延伸；缝槽两侧尖端未割的煤体构成简支梁结构起到预留煤柱的支撑作用，使得缝槽周围煤体完全卸载，缝槽上部煤层应力会因割缝而变小，而两侧尖端会逐渐受拉应力和剪应力的复合作用而应力变大，产生应力集中区，应力大于缝槽两侧。总体来说，割缝后缝槽内应力将出现两侧尖端大于两侧裂隙面的情况，而且未受破坏的煤体单元会表现为弹性，不会再向深部煤层转移而发生应力集中。

缝槽周围应力增高区煤体会发生屈服损伤破坏，裂隙二次发育良好导致渗透率增大，缝槽远处煤体因卸压而使得围岩应力下降，渗透率随着围岩应力的降低而增大，大量吸附态的瓦斯会迅速解吸扩散到裂隙中。高压水射流割缝后应力越大，渗透率越低。对割缝煤体上下两侧和整体进行渗透性测试发现，由于周围煤岩体卸压破坏作用较大，应力降低，上部和下部煤体渗透性显著增强，而在切割煤岩体时，钻孔中水会在压差作用下渗入煤层中，会在一定阶段内影响煤体渗透性，但同时也会使煤体压实区变疏松并伴随产生新裂纹，水分消失后煤层渗透率得到提高。

我国煤层由于地质条件及结构复杂，非均质不连续性强，各向受力差异大。前人研究表明，若垂直于缝槽平面方向的应力越大，卸压率也越高，缝槽周围较近煤体卸压充分，而距离缝槽较远处卸压率低。缝槽的宽度和高度越大，煤层卸压效果越明显，渗透率提高也越明显。

（3）水力割缝后煤层瓦斯非线性渗流机理

煤体是由孔隙和裂隙组成的多孔介质，煤体的孔隙裂隙在一般情况下影响着瓦斯在煤层中的渗流特性。经高压水射流割缝破坏后，煤层中会形成一条缝槽，缝槽周围煤层局部由破碎体组成，属于大空隙的多孔介质，渗流通道系统比较复杂，而未受割缝影响的远处线性层流区域由于孔隙裂隙结构未改变，压力变化情况不明显，瓦斯渗流状态未改变。

水射流割缝后煤层瓦斯运移呈现出分区特点，未扰动煤层瓦斯经过扩散渗流流动到高压水射流割缝区域的破碎体中，会在破碎带局部区域内流动，破碎带中因高压水射流产生的大量裂隙会释放大量瓦斯气体，使得瓦斯流动速度变大，剪应力引起的动量传递变大，从而大量瓦斯流进缝槽内，使得煤层在高压水射流割缝后渗流量增大、渗透率提高。

2. 低渗透煤层水力割缝技术应用实例

(1) 矿井概况

山西马堡煤业有限公司主采 8 号和 15 号煤层，15 号煤层平均厚度为 4.8 m，原始瓦斯含量为 5.52～7.2 m^3/t，煤层透气性系数为 1.09 $m^2/(MPa^2 \cdot d)$，钻孔瓦斯流量衰减系数为 0.062 1 d^{-1}。

(2) 低渗透煤层水力割缝技术应用方案

高压水射流割缝装备由高压水泵(BZW200/45 型)、高压旋转接头(耐压 45 MPa)、高压水射流钻杆(耐压 50 MPa)、高压水射流喷头和喷嘴、高压胶管、阀门、封孔器及封孔材料等部分组成，具体如图 7-3 所示。

图 7-3　高压水射流割缝装备实物

15201 工作面回风顺槽本煤层单孔设计深度 110 m，封孔深度 12 m，为保证钻孔安全及气密性，计划增透割缝起始位置距离钻孔孔口 30 m，即钻孔增透长度 80 m。钻孔增透分 3 段进行，每段 20 m，每段间距 10 m。高压水射流割缝增透试验钻孔布置图、剖面图分别如图 7-4 和图 7-5 所示。

(3) 低渗透煤层水力割缝技术效果考察

对钻孔瓦斯流量与瓦斯浓度进行了连续 20 天的观测记录，对记录数据进行汇总处理分析，得出了割缝作业后瓦斯流量、浓度的变化情况，如图 7-6 和图 7-7 所示。

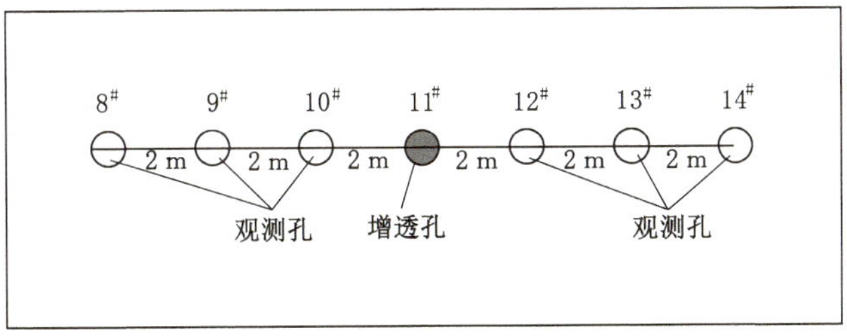

图 7-4　高压水射流割缝增透试验钻孔布置图

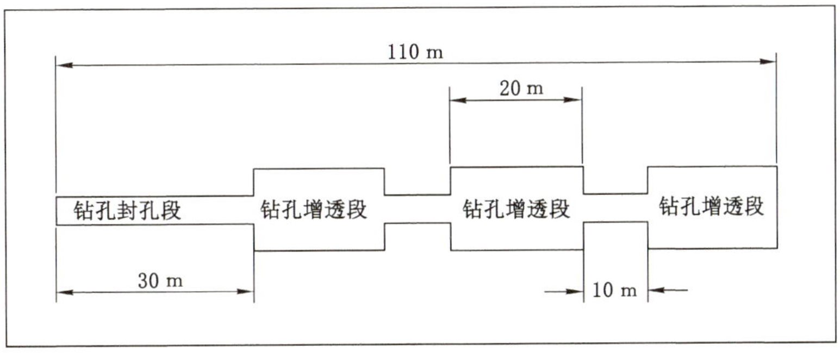

图 7-5　高压水射流割缝增透试验钻孔剖面图

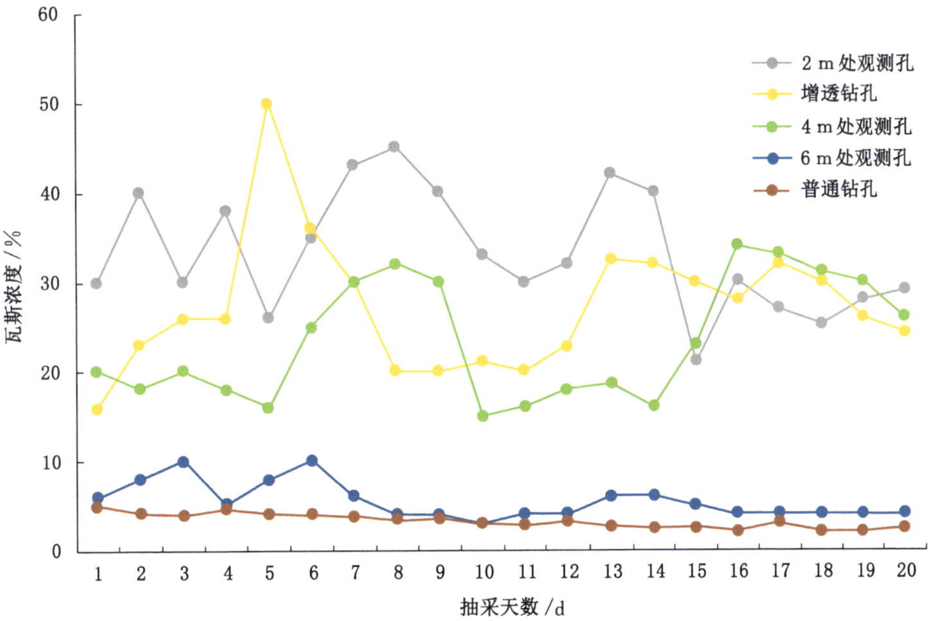

图 7-6　普通钻孔、增透钻孔和各观测孔瓦斯抽采浓度效果图

由图 7-6 和图 7-7 所示距离增透孔 2 m 处的观测孔抽采效果可以得出：在观测孔与增透孔之间的煤体中形成裂纹，宏观考察观测孔的单孔瓦斯抽采浓度、纯量提高效果非常显著，增透后单孔瓦斯抽采纯量提高 80 倍左右，钻孔瓦斯抽采浓度（瓦斯体积分数）提高 8 倍左右，在割缝增透后的 20 天内钻孔瓦斯浓度均保持在 27%左右。

由图 7-6 和图 7-7 所示距离增透孔 4 m 处的观测孔抽采效果可以得出：割缝增透后单孔瓦斯抽采

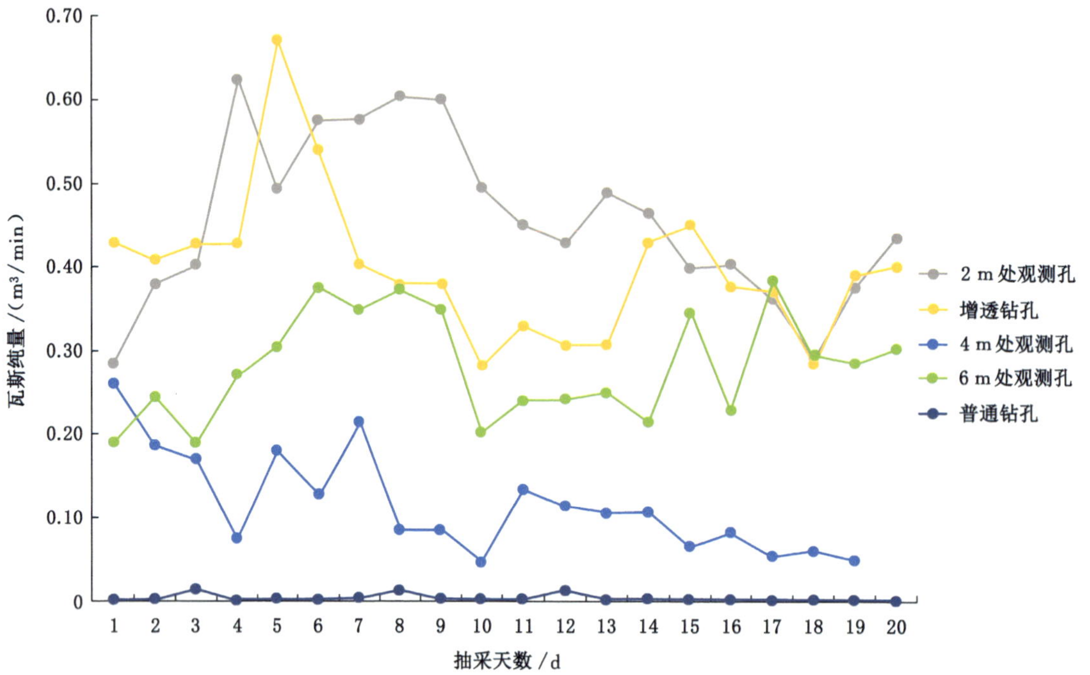

图 7-7　普通钻孔、增透钻孔和各观测孔瓦斯抽采纯量效果图

效果比较明显，现场考察的结果表明，距观测孔 2 m 处的效果有所降低，本煤层钻孔内瓦斯浓度、抽采纯量均有所降低且瓦斯抽采衰减系数增大，但增透后总体单孔瓦斯抽采纯量提高 60 倍左右，钻孔瓦斯抽采浓度提高 5 倍左右，在割缝增透后的 20 天内钻孔瓦斯浓度(瓦斯体积分数)均保持在 24%左右。

由图 7-6 和图 7-7 所示距离增透孔 6 m 处的观测孔抽采效果可以看出：割缝增透后单孔瓦斯抽采效果不明显，在增透后 10 天内，单孔瓦斯抽采浓度和抽采纯量有短暂提高，但持续 10 天后瓦斯浓度和纯量逐渐衰减至普通钻孔的抽采水平，原因是在割缝增透过程中裂纹发育未能达到观测孔的位置，由水力割缝引起的振动效应引起观测孔处的瓦斯涌出量暂时性提高。

通过在 15201 工作面现场应用水力割缝增透技术，煤层透气性得到了提高，有效地卸除了工作面地应力，同时降低了煤层瓦斯压力。钻孔单孔瓦斯抽采量由原来的 0.003 m^3/min 平均提高到 0.25 m^3/min，提高了 80 倍左右，钻孔瓦斯浓度平均提高了 6 倍左右。结果表明，水力割缝增透技术可以提高瓦斯抽采量与浓度，增大瓦斯抽采半径，从而有效地提高瓦斯抽采率，缩短瓦斯抽采时间及减少钻孔工程量。

7.1.2　低渗透煤层水力压裂技术

1. 低渗透煤层水力压裂技术原理

低渗透煤层井下水力压裂增透技术利用高压水作为动力，克服目标煤层围岩应力和煤层自然滤失，大排量注入目标煤层，迫使目标煤层产生新裂隙，连通、扩展既有裂隙，完成煤体内部裂隙空间展布，形成瓦斯渗流通道，从而增大煤层透气性，提高瓦斯抽采率。

压裂过程中，具有不可压缩性的压裂液，在煤体中流动过程是按照先易后难顺序进行的，其先充满压裂钻孔和张开度较大的可视性裂隙，进而在劈裂过程中进入次级裂隙，逐次进入更下一级裂隙，最终深入煤体原生微裂隙；压裂液对煤体的割裂靠其在煤层裂隙内对煤体内部的裂隙面进行支撑，应力集中于裂隙端部，迫使煤层裂隙进一步变大、延伸扩展以及发生滑移，从而使得煤体内部发生分割，该割裂作用不仅使得煤体裂隙以及裂缝空间体积等发生扩展，还使裂隙之间增加了连通，最终形成互相交联的多裂隙瓦斯运移结构。正是该裂隙系统的形成，使得煤体的渗透率显著提升，故可以把水力压裂作为增加低渗透煤层透气性的重要手段。在水力压裂时，伴随裂缝的不断扩展和延伸，剪应力逐渐向钻孔远端转移，压裂孔邻近区应力随之减小。同时由于各裂隙的相互连通，压裂影响区内局部集中应力均匀分布，进而达到卸压效果，卸压的煤体又促进了煤层透气性的提高。水力压裂示意图如图 7-8 所示。

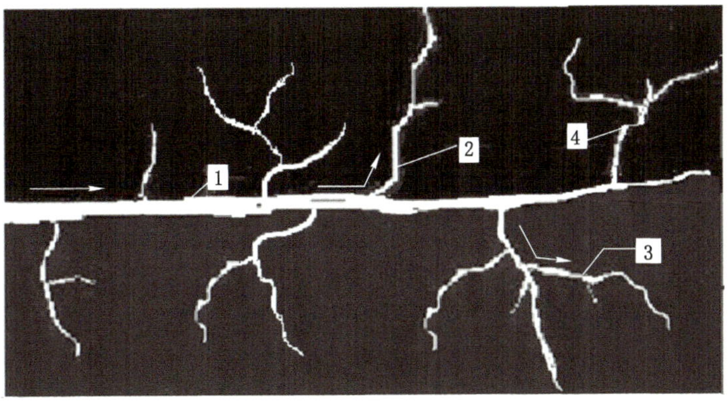

1—压裂孔；2——一级弱面；3—二级弱面；4—滑移面。

图 7-8　水力压裂示意图

压裂过程中不断进入煤体裂隙中的水使得煤体脆性减弱、塑性增强，同时由于煤体中集聚应力及固有瓦斯的快速释放，水对煤体内部结构的复合作用减弱，煤体强度增加。总之，水力压裂将大量高压液体注入煤层，迫使煤层破裂，产生的煤体裂隙短时间内难以完全重新闭合，从而提高了煤层的透气性。

2. 低渗透煤层水力压裂技术应用实例

(1) 矿井概况

以山西马堡煤业有限公司为例，15108 工作面本煤层预抽钻孔抽采瓦斯浓度一般为 15%左右，流量较小，煤层透气性较差。为了增加本煤层预抽钻孔抽采效果，设计在 15108 工作面开展高压水力压裂增透试验。

(2) 水力压裂增透技术应用方案

水力压裂增透技术试验地点选取 15108 工作面回风顺槽，试验巷道位置如图 7-9 所示。

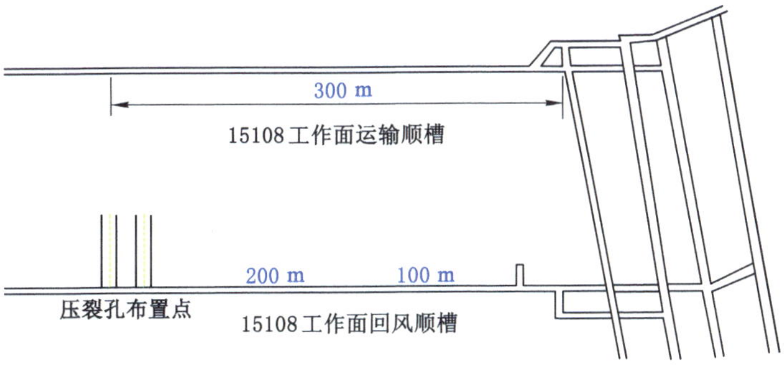

图 7-9　试验地点位置图

根据 15108 工作面煤层特点，共施工钻孔 4 个，其中包括检验孔 2 个，压裂孔 2 个。钻孔布置如图 7-10 所示，钻孔参数如表 7-1 所示。

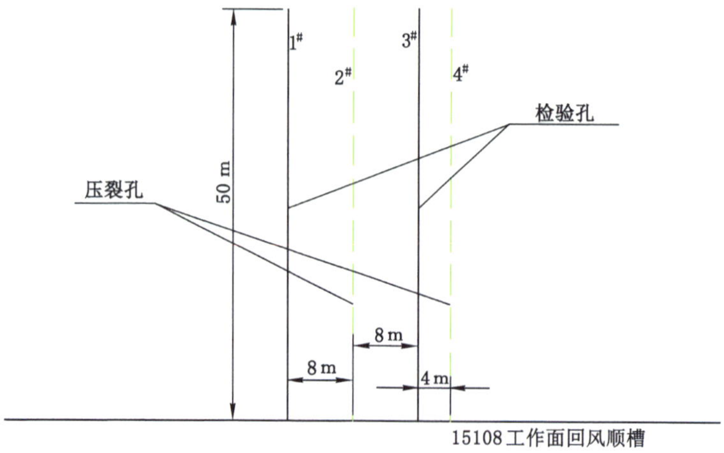

图 7-10 水力压裂增透钻孔布置图

表 7-1 高压水力割缝(压裂)增透钻孔施工参数

孔号	开孔位置	钻孔直径/mm	开孔高度/m	倾角/(°)	与巷道夹角/(°)	钻孔长度/m	封孔长度/m	钻孔性质
1#	15108 工作面回风顺槽	113	1	1	90	50	8	检验孔
2#	15108 工作面回风顺槽	113	1	1	90	50	20	压裂孔
3#	15108 工作面回风顺槽	113	1	1	90	50	8	检验孔
4#	15108 工作面回风顺槽	113	1	1	90	50	20	压裂孔

完成钻孔施工后立即进行封孔，检验孔采用 ϕ65 mm 阻燃抗静电 PVC 管和专用封孔材料封孔，封孔深度 8 m；压裂孔采用橡胶注水封孔器和加厚无缝钢管(直径 32 mm)封孔，无缝钢管每根长 2 m，采用螺纹连接，采用专业封孔材料封孔，封孔长度 20 m，如图 7-11 所示。

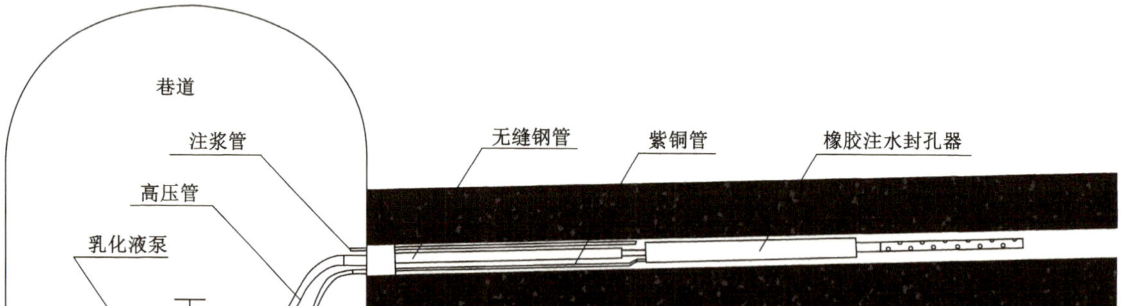

图 7-11 高压水力压裂孔封孔工艺

3. 低渗透煤层水力压裂技术效果考察

开始进行压裂作业，初始压力为 5 MPa，然后逐步提升压力，当发现 3# 观测孔出现滴水现象并有逐渐增大趋势时，将注水压力迅速降低至 4 MPa 左右，随即停泵并关闭闸阀结束注水，试验最高注水压力为 16 MPa，累计注水时间 14 min，注水量 4.2 m^3 左右。注水压力随时间变化曲线如图 7-12 和图 7-13 所示。

由图 7-12 和图 7-13 可知：15108 综放工作面水力压裂试验煤层破裂压力为 16 MPa 左右，压裂半径大于 4 m。

将压裂孔分别连接至瓦斯抽采管路并安装孔板流量计，每天测量单孔瓦斯抽采浓度和流量。连续

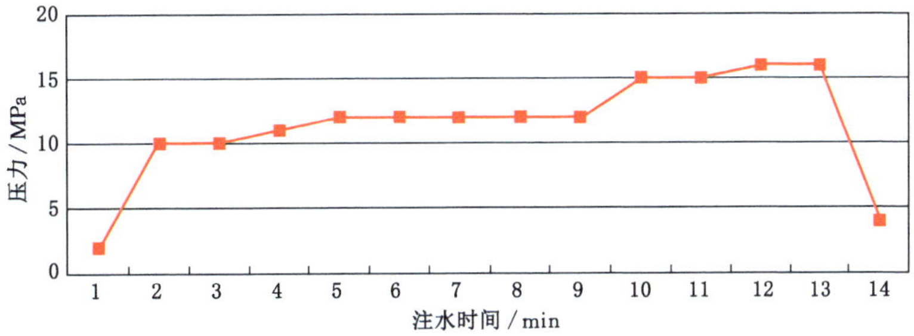

图 7-12　4 号孔压裂时间与注水压力变化图

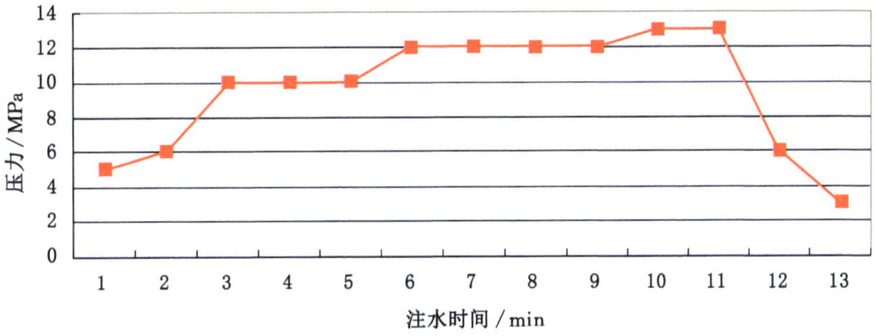

图 7-13　2 号孔压裂时间与注水压力变化图

观测 15 天，并整理数据，见表 7-2。

表 7-2　水力压裂瓦斯抽采观测数据

日期	3# 观测孔		4# 压裂孔	
	浓度/%	流量/(m^3/min)	浓度/%	流量(m^3/min)
7 月 13 日(压裂前)	9.4	0.014 2	10.2	0.015 3
7 月 14 日(压裂前)	8.6	0.010 9	7.7	0.009 2
7 月 15 日(压裂前)	8.5	0.008 7	7.8	0.007 4
7 月 16 日(压裂前)	8.4	0.008 2	7.6	0.007 1
7 月 17 日(压裂前)	8.5	0.008 1	7.6	0.007 0
7 月 18 日	18.2	0.043 1	26.8	0.057 8
7 月 19 日	16.7	0.034 9	21.2	0.042 0
7 月 20 日	14.3	0.028 6	19.7	0.026 7
7 月 21 日	14.6	0.032 8	17.6	0.033 1
7 月 22 日	14.5	0.021 7	19.1	0.027 8
7 月 23 日	13.5	0.021 5	18.8	0.027 8
7 月 24 日	13.5	0.017 9	17.2	0.026 4
7 月 25 日	13.7	0.017 0	16.7	0.026 9
7 月 26 日	13.1	0.018 3	15.7	0.023 8
7 月 27 日	13.4	0.017 7	14.4	0.020 2
7 月 28 日	13.3	0.018 4	14.9	0.021 6
7 月 29 日	12.1	0.016 8	14.9	0.018 9
7 月 30 日	12.6	0.016 4	14.8	0.018 8
7 月 31 日	12.7	0.015 9	14.8	0.019 7
8 月 1 日	12.8	0.016 1	14.9	0.019 4

由表 7-2 可知，$3^{\#}$ 观测孔封孔后瓦斯抽采纯量为 0.014 2 m^3/min，浓度最大为 9.4%；压裂前抽采纯量为 0.008 1 m^3/min，浓度为 8.5%，平均瓦斯抽采纯量为 0.01 m^3/min。压裂后最大抽采纯量为 0.043 1 m^3/min，最大抽采浓度为 18.2%；最小抽采纯量为 0.016 1 m^3/min，最小抽采浓度为 12.1%。压裂后平均瓦斯抽采纯量为 0.021 1 m^3/min，15 天内累计抽采瓦斯 455.76 m^3。

$4^{\#}$ 压裂孔封孔后瓦斯抽采纯量为 0.015 3 m^3/min，浓度为 10.2%；压裂前抽采浓度为 7.6%，抽采纯量为 0.007 m^3/min，平均抽采纯量为 0.009 m^3/min。压裂后最大抽采纯量为 0.057 8 m^3/min，最大抽采浓度为 26.8%；最小抽采纯量为 0.018 8 m^3/min，最小抽采浓度为 14.4%。压裂后平均瓦斯抽采纯量为 0.027 4 m^3/min，15 天内累计抽采瓦斯 591.84 m^3。

水力压裂结束后 $3^{\#}$ 观测孔和 $4^{\#}$ 压裂孔瓦斯抽采浓度随时间变化曲线如图 7-14 所示，瓦斯抽采纯量随时间变化曲线如图 7-15 所示。

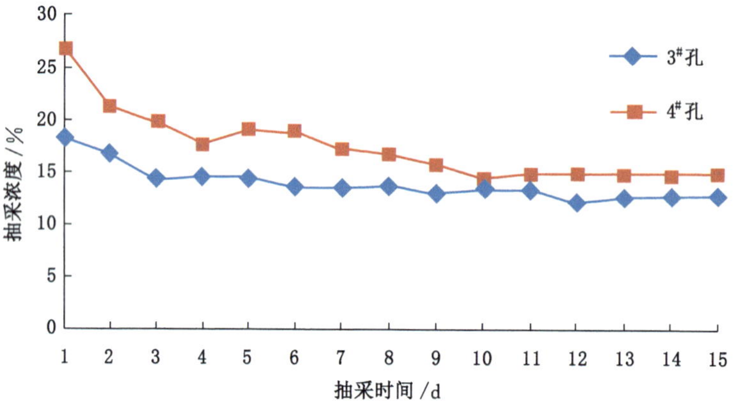

图 7-14　钻孔瓦斯抽采浓度变化曲线

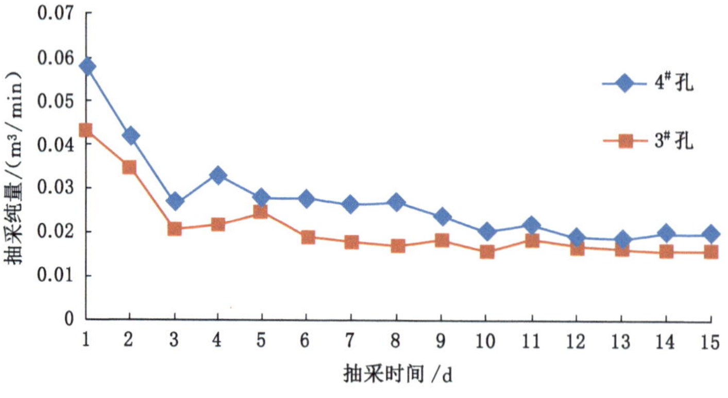

图 7-15　钻孔瓦斯抽采纯量变化曲线

由图 7-15 可知，压裂结束当天瓦斯抽采纯量达最大值，$3^{\#}$ 孔抽采纯量达 0.043 m^3/min，$4^{\#}$ 孔抽采纯量达 0.057 8 m^3/min。瓦斯抽采纯量随时间延长而降低，15 天后 $3^{\#}$ 孔抽采纯量稳定在 0.016 m^3/min 左右，$4^{\#}$ 孔抽采纯量稳定在 0.019 m^3/min 左右。这期间瓦斯抽采量有波动现象，原因是压裂注入煤层的水自然排出，煤层裂隙舒展，形成瓦斯流动通道，使瓦斯抽采量增大。

根据对数据的分析可知，$3^{\#}$ 观测孔水力压裂前后最大瓦斯抽采量增大了约 3 倍，平均瓦斯抽采量增大了约 2.1 倍。$4^{\#}$ 压裂孔注水压裂前后最大瓦斯抽采量增大了约 3.8 倍，平均瓦斯抽采量增大了约 3 倍。根据压裂时观测孔有水涌出现象得知，水力压裂钻孔在煤层走向上的压裂半径大于 4 m。

7.2 煤层气相致裂增透技术

利用高能空气作用于本煤层钻孔煤体，由爆破孔传播出来的冲击波作用于孔壁时孔壁及周围介质就承受着很大的动载荷，致使炮孔周围的介质产生过度粉碎，产生压缩粉碎圈。在粉碎圈边界上，冲击波衰减成为应力波，并以弹性波的形式向介质周围传播。尽管其强度已低于介质的极限抗压强度，但应力波产生的伴生切向(拉)应力仍有可能大于介质的抗拉强度，使介质拉断，形成与破碎区贯通的径向裂缝，从而形成瓦斯流动的通道，增加煤体透气性[36]。

目前常用的高能空气主要有二氧化碳、空气、氮气等，山西省目前暂未大规模应用气相致裂增透技术。

7.2.1 二氧化碳相变致裂增透技术

1. 二氧化碳相变致裂增透技术原理

液态二氧化碳爆破致裂煤体作用可分为两个作用过程：一是液态二氧化碳爆破产生的应力波扰动作用过程；二是爆破产生的高压二氧化碳气体的准静态高压作用过程。高压二氧化碳爆破静态作用时间比应力波动态作用时间长一个数量级，压力值变化不大，因此高压二氧化碳爆破增透对煤体的作用可以看作准静态过程。

(1) 二氧化碳相变致裂增透技术基本原理

① 二氧化碳气体本身没有爆炸性，具有抑制爆炸和燃烧的作用；

② 在温度 31 ℃以下、7.2 MPa 压力时二氧化碳以液态存在；

③ 1.0 kg 液态二氧化碳吸收 60.0 kJ 的热量才能汽化；

④ 当温度超过 31 ℃时，无论压力多大，液态二氧化碳将在 40 ms 内汽化；

⑤ 二氧化碳预裂器内部安装发热装置，热反应过程在完全密闭且充满液态二氧化碳的主体内腔中进行，振动和撞击均无法激活发热装置，因此该设备的充装、运输、正常存放和安装使用具有较高的安全性；

⑥ 液态二氧化碳汽化产生高压波，可以预裂煤层增透，增加煤层渗透性，提高瓦斯抽采率；

⑦ 煤体对二氧化碳的吸附性远高于对瓦斯的吸附性，这使得爆破后的二氧化碳能够滞留，且驱替出大量煤体吸附的瓦斯；

⑧ 煤体对二氧化碳的渗透率高于对瓦斯气体的渗透率 2 个数量级以上，二氧化碳爆破过程中，由于二氧化碳气体的渗流运移，煤体吸附瓦斯的分压减小，瓦斯持续解吸，从而提高瓦斯产量和矿井瓦斯抽采率，其原理如图 7-16 所示。

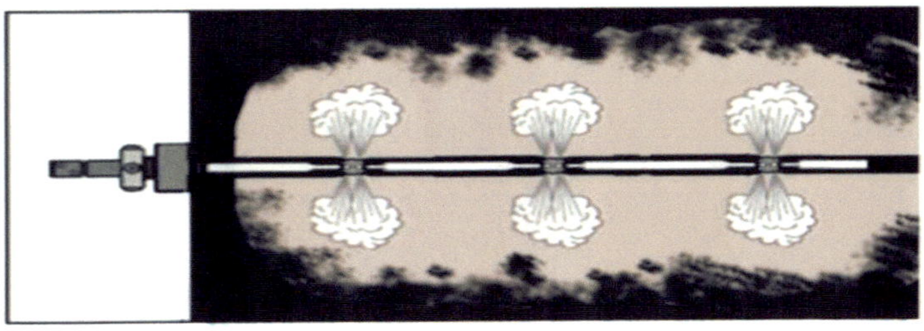

图 7-16　CO_2 致裂器工作原理示意图

(2) 爆破对煤体的作用过程

在无限介质中，二氧化碳在钻孔内爆炸后，产生强烈的应力波和高压气体。爆炸应力波以及高压气体作用下的煤岩破坏是一个相当复杂的动力学过程。

首先是液态二氧化碳受热急剧膨胀变成高压气体作用在钻孔壁上，进而使钻孔周围煤体产生压缩变形，使钻孔周围形成一定区域的压缩粉碎区，此区域称为爆破近区。随着时间延长，压力气体进一步作用，其压力随着时间延长而衰减。当压力降到一定程度时，煤体中的微小裂纹开始发育，形成支段裂隙，在钻孔周围支段裂隙在一定区域内贯通，与爆破初期形成的主裂隙相互沟通，形成环状裂纹，二氧化碳爆破产生的压缩粉碎区的主裂隙以及后期造成的环状裂纹贯通成为裂隙区。在应力波作用后期，其冲击强度变小，影响有限，无法促使煤层裂隙再次发育，只能产生一定范围的震动，故把裂隙区以外的区域称为震动区或爆破远区。钻孔爆破后周围裂隙划分如图 7-17 所示。

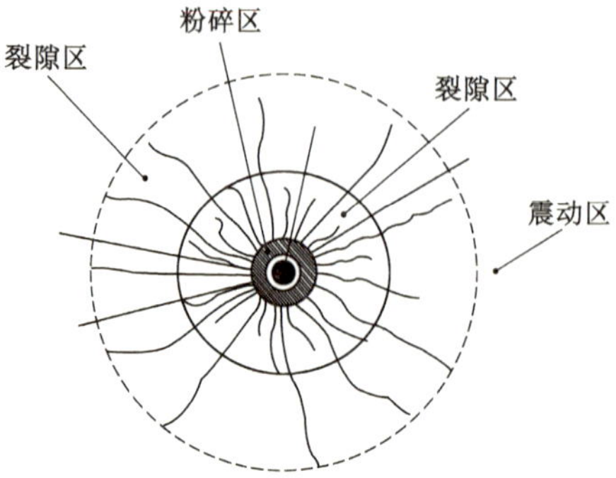

图 7-17　钻孔周围粉碎区、裂隙区、震动区分布示意图

(3) 爆破波在煤体中的传播规律

将煤岩体视为理想弹性体时，可以直接引用弹性理论的结果来研究应力波的传播，它的应力与应变关系符合广义胡克定律，因此，弹性波传播时的煤岩质点运动方程如下：

$$\left.\begin{aligned}\rho\frac{\partial^2 u}{\partial t^2}&=\rho\frac{\partial\sigma_x}{\partial x}+\frac{\partial\tau_{xy}}{\partial y}+\frac{\partial\tau_{xz}}{\partial z}\\\rho\frac{\partial^2 v}{\partial t^2}&=\rho\frac{\partial\tau_{yx}}{\partial x}+\frac{\partial\sigma_y}{\partial y}+\frac{\partial\tau_{yz}}{\partial z}\\\rho\frac{\partial^2 \omega}{\partial t^2}&=\rho\frac{\partial\tau_{zx}}{\partial x}+\frac{\partial\tau_{zy}}{\partial y}+\frac{\partial\sigma_z}{\partial z}\end{aligned}\right\}\tag{7-1}$$

式(7-1)中，ρ 为煤岩体的密度；u,v,ω 分别为质点三个位移分量；$\rho\dfrac{\partial^2 u}{\partial t^2},\rho\dfrac{\partial^2 v}{\partial t^2},\rho\dfrac{\partial^2 \omega}{\partial t^2}$ 为质点三个加速度分量；$\sigma_x,\sigma_y,\sigma_z,\tau_{xy},\tau_{xz},\tau_{yz}$ 为质点的六个应力分量。

依据弹性力学中广义胡克定律，应力和应变之间具有下列关系：

$$\left.\begin{aligned}\sigma_x&=2G\varepsilon_x+\lambda\theta\\\sigma_y&=2G\varepsilon_y+\lambda\theta\\\sigma_z&=2G\varepsilon_z+\lambda\theta\\\tau_{xy}&=G\gamma_{xy}\\\tau_{yz}&=G\gamma_{yz}\\\tau_{zx}&=G\gamma_{zx}\end{aligned}\right\}\tag{7-2}$$

式(7-2)中，$\lambda=\dfrac{\mu E}{(1+\mu)(1-2\mu)}$ 和 $G=\dfrac{E}{2(1+\mu)}$ 为拉梅常数；θ 为应变张量第一不变量，也称相对体积变形，$\theta=\varepsilon_x+\varepsilon_y+\varepsilon_z=\dfrac{\partial u}{\partial x}+\dfrac{\partial v}{\partial y}+\dfrac{\partial\omega}{\partial z}$；$\varepsilon_x,\varepsilon_y,\varepsilon_z$ 为三个正应变分量。

将上述应力和应变关系式联立可得：

$$\rho\frac{\partial^2 u_i}{\partial t^2}=(\lambda+G)\frac{\partial\theta}{\partial x_i}+G\nabla^2 u_i\quad i=1,2,3\tag{7-3}$$

式(7-3)中，∇^2 为拉普拉斯算子。

沿爆破孔径向传播的气爆应力波在相当于装药半径或炮孔半径的 3～4 倍距离区域内传播时，可将其看作平面波的传播。平面波产生的条件为介质的横向尺寸很大，以致质点不能发生横向运动，这与煤岩赋存条件以层状赋存为主的地质状况一致。设 x 坐标轴平行于波的传播方向，则有：

$$\left.\begin{aligned} &u=u(x,t),v=\omega=0\\ &\varepsilon_x\neq 0,\varepsilon_y=\varepsilon_z=0,\theta=\varepsilon_x\\ &\sigma_x\neq 0,\sigma_y=\sigma_z\neq 0\end{aligned}\right\}\tag{7-4}$$

因此，方程可化为：

$$\frac{\partial^2 u}{\partial t^2}=c_{\mathrm{p}}^2\frac{\partial^2 u}{\partial x^2}\tag{7-5}$$

其中，$c_{\mathrm{p}}^2=\dfrac{\lambda+2G}{\rho}$，$c_{\mathrm{p}}$ 为纵波传播速度。

根据胡克定律和平面波的假设可得：

$$\left.\begin{aligned} &\sigma_x=(2G+\lambda)\frac{\partial u}{\partial x}\\ &\sigma_y=\sigma_z=\lambda\frac{\partial u}{\partial x}\\ &\tau_{xy}=\tau_{yz}=\tau_{zx}=0\end{aligned}\right\}\tag{7-6}$$

将已知边界条件及初始条件代入式(7-6)即可求解。相对运动微分方程，质点相对应的传播方式主要包括纵波和横波两种弹性波形式的传播。

纵波传播速度为：

$$c_{\mathrm{p}}=\sqrt{\frac{1+2G}{\rho}}=\sqrt{\frac{E(1-\mu)}{\rho(1+\mu)(1-2\mu)}}\tag{7-7}$$

横波传播速度为：

$$c_{\mathrm{s}}=\sqrt{\frac{G}{\rho}}=\sqrt{\frac{E}{2\rho(1+\mu)}}\tag{7-8}$$

(4) 爆破对煤体作用的力学性能分析

液态二氧化碳相变为气态二氧化碳过程中，1 m^3 液态二氧化碳可汽化成气态二氧化碳的体积为 794 m^3。在煤层钻孔受限空间内，采取液态二氧化碳瞬间相变的方式，相变产生的高能、高压气体瞬间作用于煤体，气体作用于钻孔煤壁形成初始导向裂隙，爆生气体引导的气楔作用促进裂隙在煤体内大范围扩展。二氧化碳爆破致裂原理如图 7-18 所示。

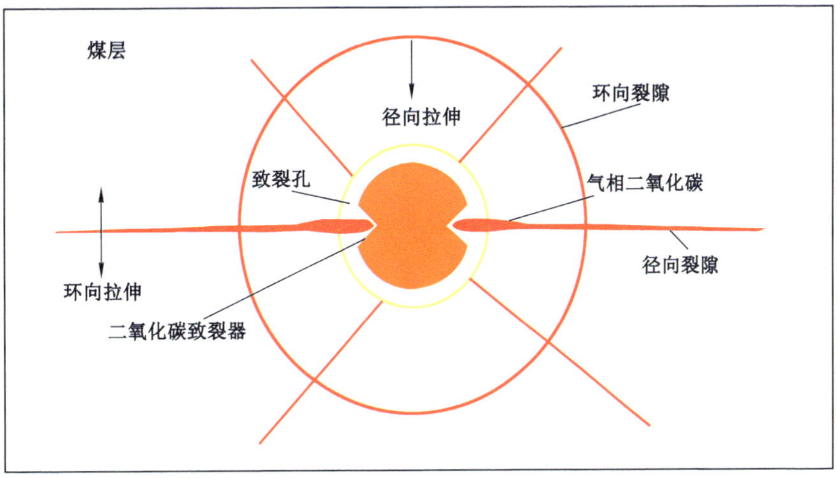

图 7-18　二氧化碳爆破致裂原理

根据煤岩爆破理论结合致裂爆破对裂隙发育力学条件的影响研究，建立了致裂爆破过程的煤体断裂力学模型，如图 7-19 所示。

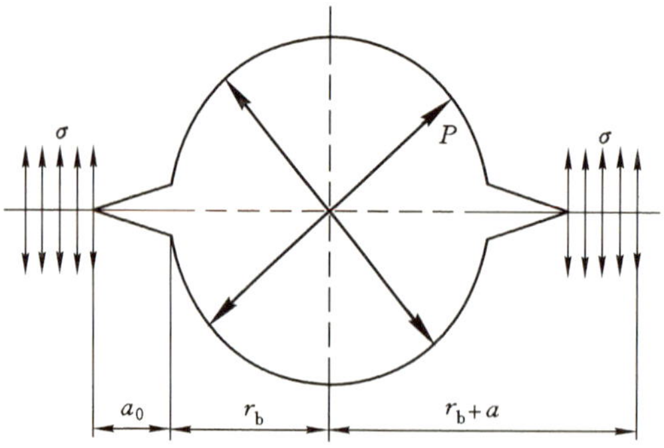

图 7-19　二氧化碳致裂爆破煤体断裂力学模型

裂隙扩展过程中其尖端处的应力强度因子为：

$$K_{\mathrm{I}} = PF\sqrt{\pi(r_b + a)} + \sigma\sqrt{\pi a} \tag{7-9}$$

式中，P 为作用于致裂孔的爆生气体二氧化碳瞬时压力，Pa；F 为应力强度因子修正系数；r_b 为炮孔半径，m；a 为裂隙扩展瞬时长度，m；σ 为聚能流侵彻作用产生的切向应力，N。

当气相二氧化碳流侵彻作用终止时，裂隙尖端处的应力强度因子为：

$$K_{\mathrm{I}} = P_0F\sqrt{\pi(r_b + a_0)} + \sigma\sqrt{\pi a_0} \tag{7-10}$$

式中，P_0 为侵彻终止时爆生气相二氧化碳充满炮孔时的压力，Pa；a_0 为裂隙长度，m。

根据岩石爆破断裂力学理论，当裂隙端部应力强度因子满足 $K_{\mathrm{I}} > K_{\mathrm{IC}}$ 时裂隙开始扩展，其中 K_{IC} 为岩石断裂韧性，裂隙起裂条件[9]为：

$$P_0 > \frac{K_{\mathrm{IC}} - \sigma\sqrt{\pi a_0}}{F\sqrt{\pi(r_b + a_0)}} \tag{7-11}$$

后续爆生气相二氧化碳气楔作用促进裂隙进一步扩展，而裂隙扩展导致爆生气相二氧化碳压力下降，为保证裂隙持续扩展，爆生气相二氧化碳瞬时压力需满足：

$$P_0 > \frac{K_{\mathrm{IC}} - \sigma\sqrt{\pi a_0}}{F\sqrt{\pi(r_b + a)}} \tag{7-12}$$

2. 二氧化碳相变致裂增透技术应用实例

(1) 矿井概况

山西三元煤业股份有限公司（以下简称三元煤业）是晋能集团下辖的主力生产矿井，生产能力为 2.2 Mt/a，目前开采 3 号煤层，为高瓦斯矿井。矿井现阶段开采进入井田深部区域，生产期间瓦斯问题是矿井面临的主要问题之一。实测得出三元煤业 3 号煤层透气性系数为 3.157 $m^2/(MPa^2 \cdot d)$，瓦斯流量衰减系数为 0.035 6 d^{-1}。三元煤业采煤工作面回采期间瓦斯主要来源于本煤层，但由于 3 号煤层透气性差，本煤层钻孔抽采效率较低，工作面生产期间瓦斯异常增大。

(2) 液态二氧化碳致裂增透应用方案

三元煤业 3 号煤层二氧化碳致裂本煤层增透技术试验布置增透效果考察观测孔 11 个，均为垂直钻孔，孔径 94 mm，孔深 120 m；爆破钻孔 10 个，均为斜向钻孔，孔径 94 mm，孔深 80 m。爆破钻孔布置平剖面图如图 7-20 所示。

非爆破钻孔在施工完成后正常封孔并连接至顺槽管路进行抽采，爆破钻孔完成爆破后封孔连接至顺槽管路进行抽采，在抽采管路及顺层钻孔单孔设置瓦斯抽采监测装置，每天观测瓦斯参数，统计管道

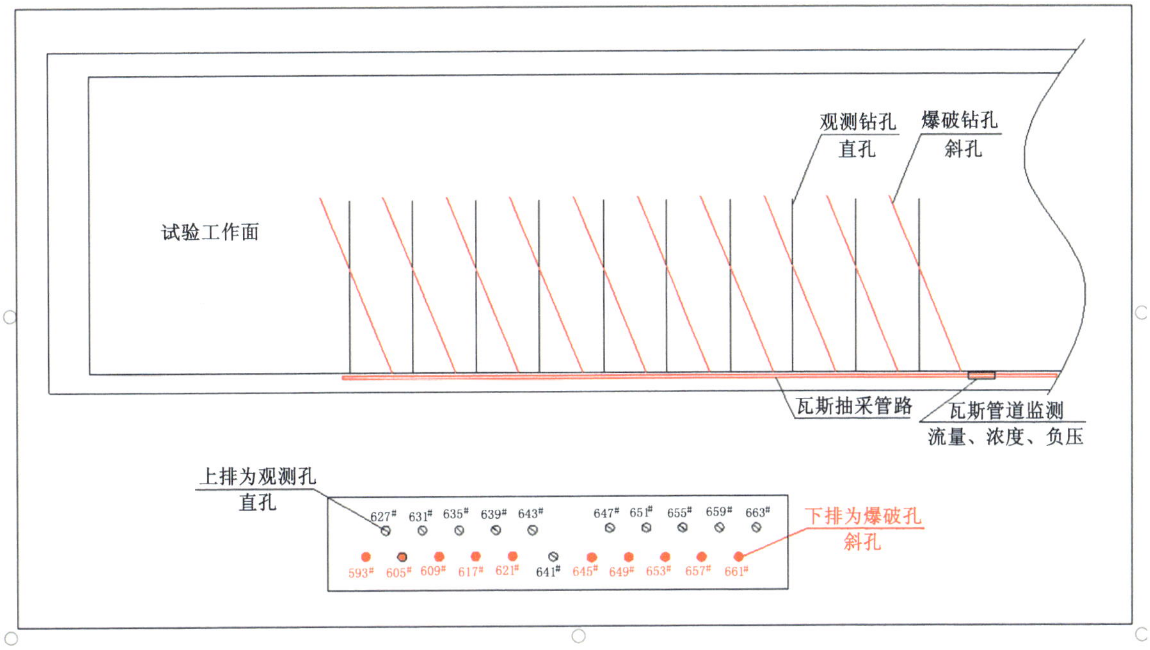

图 7-20　二氧化碳致裂爆破增透试验钻孔及效果考察观测孔布置平剖面图

及钻孔瓦斯流量、浓度和负压。

3. 二氧化碳相变致裂增透技术效果考察

二氧化碳相变致裂爆破本煤层后，在巷道煤壁上形成明显裂隙，从而可以直观地看出二氧化碳相变致裂技术能够有效增加煤层裂隙，导通低透气性煤层瓦斯流动通道，提高本煤层钻孔瓦斯抽采浓度及纯量。工作面顺槽煤壁在爆破后裂隙发育情况见图 7-21。二氧化碳致裂爆破增透效果观测孔瓦斯抽采参数曲线如图 7-22 所示。

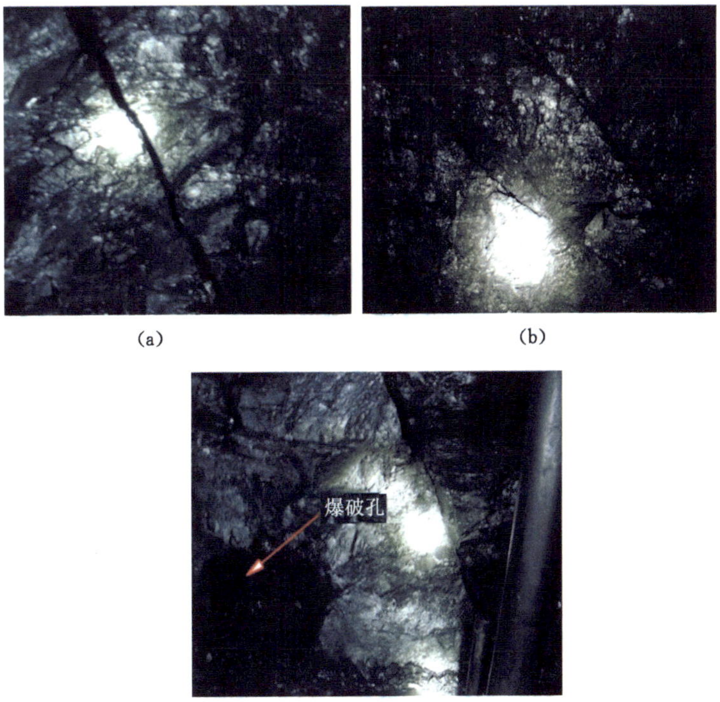

(a)　(b)　(c)

图 7-21　本煤层二氧化碳爆破后顺槽煤壁裂隙发育图

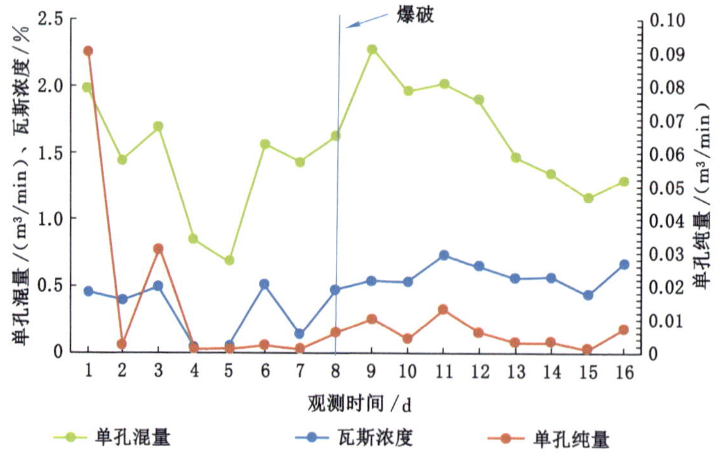

(a) 627# 增透效果观测孔瓦斯抽采参数曲线图

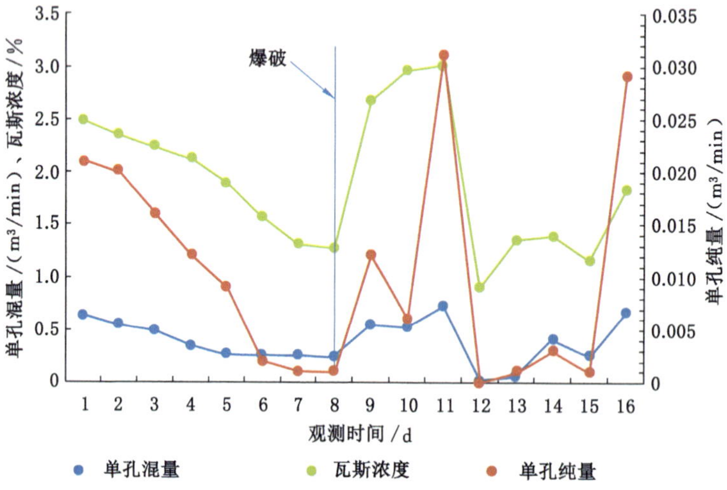

(b) 631# 增透效果观测孔瓦斯抽采参数曲线图

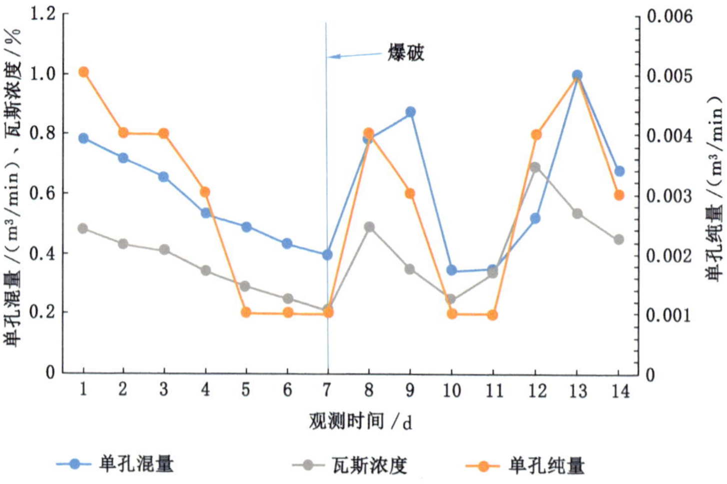

(c) 635# 增透效果观测孔瓦斯抽采参数曲线图

图 7-22 二氧化碳致裂爆破增透效果观测孔瓦斯抽采参数曲线图

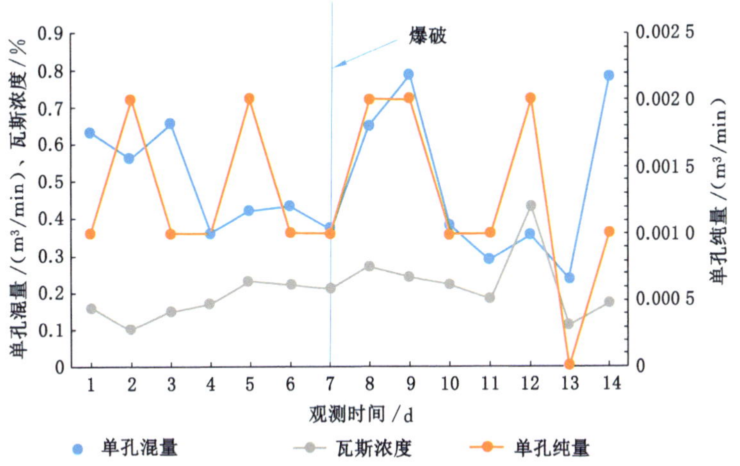

(d) 639#增透效果观测孔瓦斯抽采参数曲线图

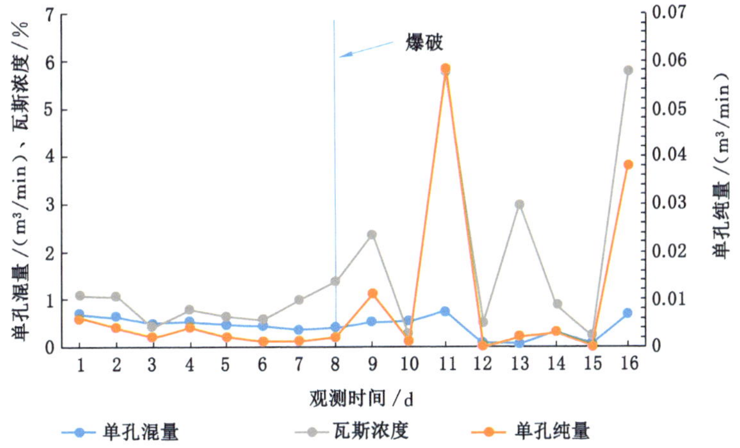

(e) 643#增透效果观测孔瓦斯抽采参数曲线图

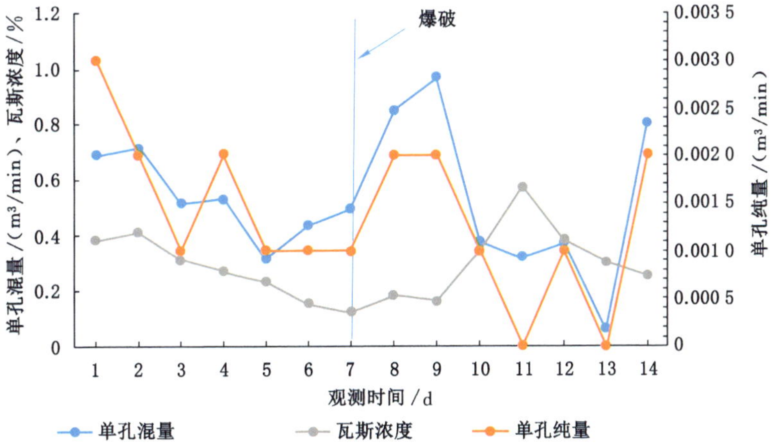

(f) 641#增透效果观测孔瓦斯抽采参数曲线图

图 7-22(续)

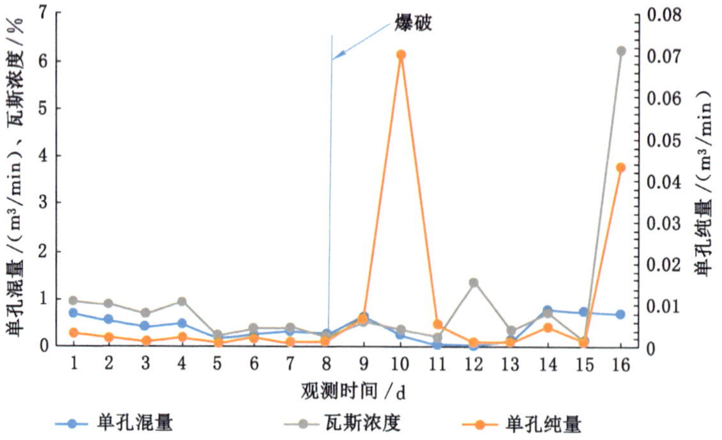

(g) 647#增透效果观测孔瓦斯抽采参数曲线图

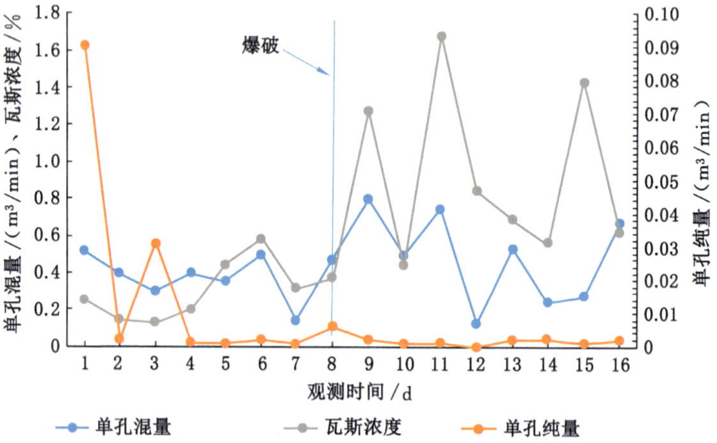

(h) 651#增透效果观测孔瓦斯抽采参数曲线图

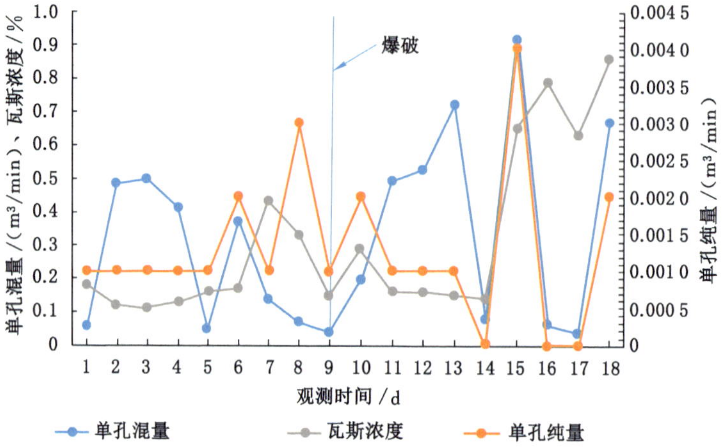

(i) 655#增透效果观测孔瓦斯抽采参数曲线图

图 7-22(续)

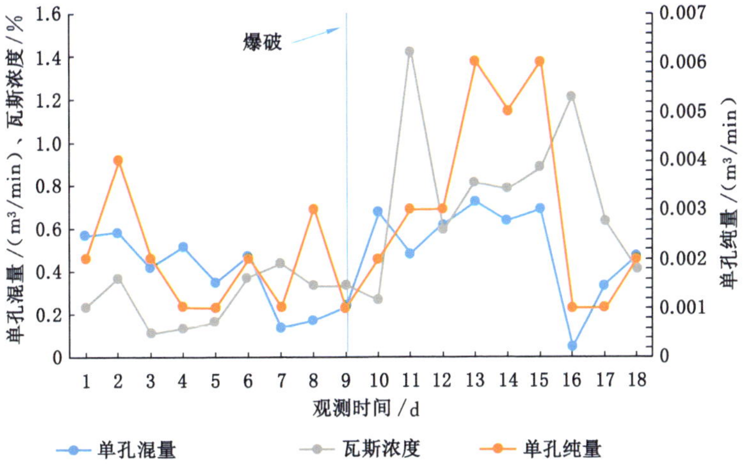

(j) 659#增透效果观测孔瓦斯抽采参数曲线图

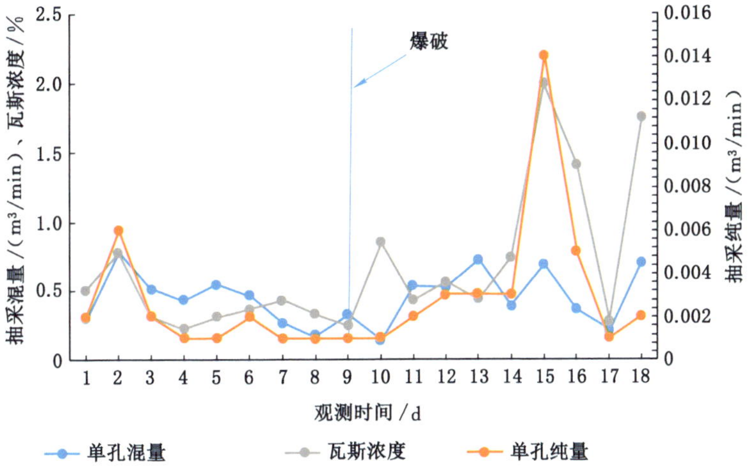

(k) 663#增透效果观测孔瓦斯抽采参数曲线图

图 7-22(续)

爆破增透效果观测孔爆破前后瓦斯抽采参数均值如表 7-3 所示。

表 7-3　爆破增透效果观测孔爆破前后瓦斯抽采参数均值汇总表

观测孔编号	爆破前		爆破后		爆破后瓦斯抽采率提高倍数
	单孔平均瓦斯抽采纯量 /(m^3/min)	单孔平均瓦斯抽采浓度/%	单孔平均瓦斯抽采纯量 /(m^3/min)	单孔平均瓦斯抽采浓度/%	
627#	0.001	1.20	0.002	1.60	0.33
631#	0.006	1.45	0.013	2.40	0.66
635#	0.001	0.30	0.003	0.42	0.40
639#	0.001	0.16	0.002	0.23	0.44
643#	0.001	0.89	0.038	1.30	0.46

表 7-3(续)

观测孔编号	爆破前		爆破后		爆破后瓦斯抽采率提高倍数
	单孔平均瓦斯抽采纯量/(m^3/min)	单孔平均瓦斯抽采浓度/%	单孔平均瓦斯抽采纯量/(m^3/min)	单孔平均瓦斯抽采浓度/%	
641#	0.001	0.21	0.002	0.38	0.81
647#	0.001	0.64	0.016	0.92	0.44
651#	0.001	0.40	0.002	1.10	1.75
655#	0.001	0.21	0.001	0.38	0.81
659#	0.0015	0.23	0.003	0.67	1.91
663#	0.001	0.56	0.004	0.70	0.25

实践表明，三元煤业 3 号煤层属于低透气性煤层，本煤层钻孔在抽采过程中衰减较快，由图 7-22 可以看出 3 号煤层本煤层钻孔抽采过程中瓦斯浓度和流量逐渐衰减的过程。通过实施二氧化碳致裂本煤层增透技术后，二氧化碳相变爆破产生强烈的应力波和高压二氧化碳气体，在煤体上二氧化碳吸附能力远远强于甲烷，从而产生驱替低透气性煤体瓦斯的效果；同时爆破产生的应力波作用于煤体，在钻孔周围产生大量的裂隙，通过这些裂隙通道瓦斯涌向抽采钻孔内，从而实现提高本煤层钻孔瓦斯抽采量的效果。

根据表 7-3，对比爆破前后瓦斯抽采参数可以看出：三元煤业 3 号煤层 1312 工作面实施二氧化碳致裂本煤层增透技术后瓦斯抽采率提高 0.25～1.91 倍。

7.2.2 高能气体扰动致裂增透技术原理

1. 高能气体扰动致裂技术与理论

(1) 应用与发展概况

高能气体扰动致裂技术的原理是将火药注入井筒射孔段，通过点火器使火药在井筒内爆燃，释放出高能气体形成气体脉冲，借助射孔孔眼泄流破裂地层、延伸裂缝。该技术施工工艺简单、作业成本低，压裂过程中载荷加载速率快、峰值高，不仅可以作为一种单独的油、气藏增产改造技术，还能够与水力压裂技术有效结合。高能气体扰动致裂技术在国内已有应用，尤其在鄂尔多斯盆地的致密低渗油气藏，该技术已发展为水井增注的常规技术。其应用范围已从 1 000 m 左右的浅层油藏发展到 6 000 m 以上的深层油层，从低渗致密的油层改造发展到高破裂压力的深层致密气层，从试验区的单井试验发展到相对大面积推广的常规技术，并取得良好的增产效果和经济效益。

当前，高能气体压裂在火药类型和施工工艺方面已发展得较为成熟。在火药类型上先后出现了裸眼弹压裂技术、有壳弹压裂技术、无壳弹压裂技术、液体药压裂技术等；在施工工艺上，从单级压裂发展为多级脉冲压裂，从单纯高能气体压裂技术发展为高能气体射孔复合技术、高能气体-水力压裂复合技术等。但是复合技术大多不能直接应用于煤岩体。

(2) 压力的加载特征

通过与水力压裂的对比来说明高能气体压裂过程中压力的加载特征。水力压裂利用高压水作为动力，克服目标层围岩应力和自然滤失，将高压水大排量注入目标层，迫使目标层产生新裂隙，连通、扩展既有裂隙，完成储层内部裂隙空间展布，形成流体渗流通道。水力压裂过程中有稳定的动力源，裂缝扩展阶段压力整体趋于稳定，但由于介质的不均匀性，压力会出现适量的波动，随着裂隙扩展距离的增大压力值会呈现减弱的趋势。水力压裂过程中井底压力的变化趋势如图 7-23 所示，起裂阶段井底压力随注液时间的延长而逐渐增大；达到裂缝起裂压力后裂缝开裂并进入扩展阶段，该阶段井底压力逐渐回落并趋于稳定;注液结束后进入停泵阶段,由于不再注入压裂液,该阶段井底压力快速回落并最终趋于稳定。高能气体压裂技术是一种基于多种燃速火药的可控脉冲压裂技术,既可压开高破裂压力油层,形成不受地应力控制的多条裂缝,又可形成长时间高压振荡式脉冲,扩大裂缝延伸规模,且不需大型设备,对环境适应性强、无污染,高能气体压裂过程中井底压力的变化趋势见图 7-24。由图 7-24 可知,起裂阶段井底压力随时间的增加而快速增大;达到裂缝起裂压力后裂缝开裂并进入扩展阶段,该阶段井底压力的增速放缓,并逐渐增至峰值压力;之后,随着裂缝的继续扩展,井底压力不断降低并趋于平缓;裂缝即将停止扩展时,压力开始快速降低,最终基本趋于稳定。

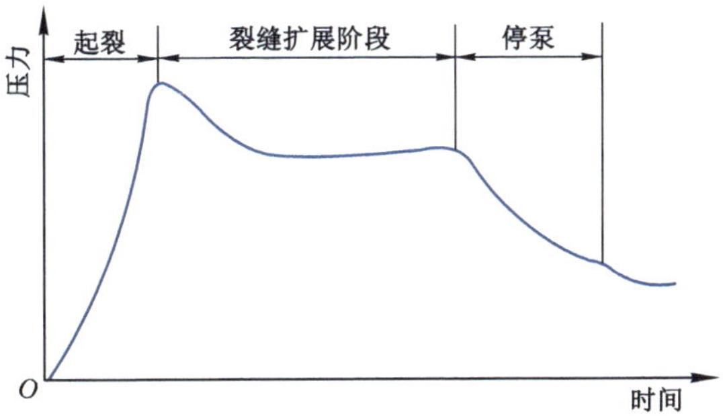

图 7-23　水力压裂过程中井底压力的变化趋势

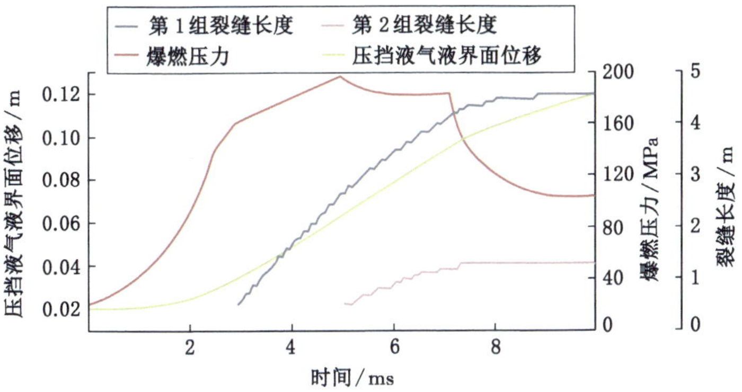

图 7-24　高能气体压裂过程中井底压力的变化趋势

进一步对当前三种常用储层增透方式的加载参数进行统计,见表 7-4,可以看出,爆破致裂、高能气体压裂和水力压裂三种方式的峰值压力与加载速率依次减小,而升压时间与总时间依次增长,其中高能气体压裂的加载速率可达 10^5 MPa/s,压力峰值介于 100～200 MPa。高能气体压裂的高压力峰值与加载速率是确保压裂缝穿层的重要基础。

表 7-4　三种常用储层改造方式的加载参数

致裂方式	压力峰值/MPa	升压时间/s	加载速率/(MPa/s)	过程总时间/s
爆破致裂	$>10^4$	10^{-7}	$>10^8$	10^{-6}
高能气体压裂	10^2	10^{-3}	10^5	10^{-2}
水力压裂	30～50	10^2	$<10^{-1}$	10^4

综上,高能气体压裂过程中能够在 2～3 ms 内迅速将压力提高到 200 MPa 左右,加载速率每秒可达数十万兆帕,与水力压裂过程中的压力峰值(30～50 MPa)与加载速率(0.1 MPa/s)形成鲜明的对比。

2. 高能气体扰动致裂技术应用实例

(1) 矿井概况

新安煤矿位于黑龙江省双鸭山市友谊县境内，地处双鸭山煤田东部，南距分公司七星矿 15 km，西距双鸭山市 65 km、福利屯 57 km，东南距宝清县 46 km。井田境界：东西北三面以各煤层露头为可采边界，南面以南部大断裂为边界，井田走向长7.25 km，倾斜长 4 km，井田面积 29 km^2。新安煤矿交通四通八达，矿区铁路有两条：一条经双鸭山市与佳富线和国铁接轨；另一条和红兴隆国铁接轨。公路有福宝公路从矿区内穿过，交通比较方便。

(2) 高能气体扰动致裂技术装备

“高能气体扰动致裂”试验设备的整机系统主要由空气加压泵、高能胶管、高能储气罐和其他配件组成。

① 空气加压泵

高能加压泵采用柱塞式，其输出额定工作压力为 10～100 MPa，输出气体额定流量为 0.01～0.05 m^3/min，见图 7-25。

② 高能胶管

采用 Q/SXS J02.723 型高能钢丝缠绕胶管，可承受 100 MPa 工作压力，可以满足空气加压泵与储气装置的连接要求，见图 7-26。

图 7-25 空气加压泵

图 7-26 高能胶管

③ 高能储气罐

高能储气罐储气额定量为 0.5 m^3，储气压力大于 100 MPa，通过高能胶管连接释放装置，见图 7-27。高能空气爆破压力表见图 7-28。

图 7-27 高能储气罐

图 7-28 高能空气爆破压力表

为尽可能保证“高能空气爆破冲击”钻孔过程中的安全，需要使井下高能空气储气罐离要处理的钻孔孔口尽可能近，同时考虑井下高能空气储气罐的移动灵活性将高能空气储气罐和配套设施安装在平板矿车上。

④ 高能空气释放装置

进行爆破冲击试验，当压力达到爆破压力时，高能空气释放装置启动，释放高能气体，产生冲击波，使爆破孔和观测孔之间煤体产生裂隙，从而增加煤体透气性。高能空气释放装置结构见图 7-29。

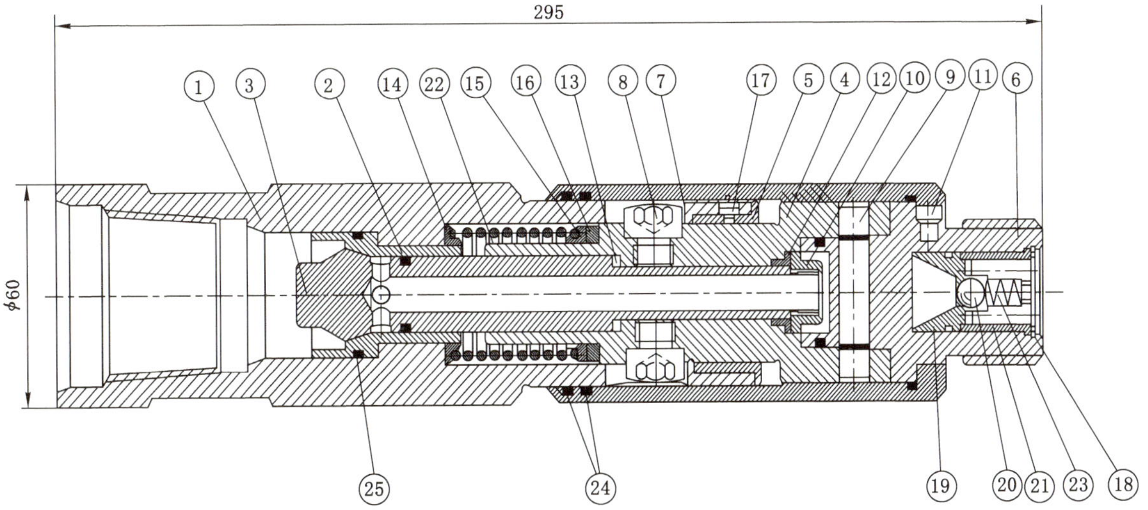

1—连接部件；2—单向阀座；3—单向阀；4—推进活塞；5—套管；6—钻头接头；7—防尘保护；8—推进螺母；9—剪切螺栓；10—螺帽、螺母；11—推进螺栓；12—密封胶圈；13—垫圈 1；14—弹性垫圈 1；15—弹性垫圈 2；16—垫圈 2；17—螺帽；18—夹圈；19—阀座；20—球阀；21—向上的弹性导板；22—弹簧 1；23—弹簧 2；24—清洁圈；25—O 形圈。

图 7-29　高能空气释放装置结构

(3) 高能气体扰动致裂增透工艺技术

采用两种方法对低透气性煤层抽采瓦斯钻孔进行冲孔。第一种方法是利用喷射嘴喷发出的高能空气冲击钻孔周围煤层，这种强力冲击能够破坏煤体内部的结构，经过反复多次冲击，在煤层内部形成多处孔隙，这些孔隙相互连通，大小各异。这些孔隙使得煤体周围的煤层压力降低，从而达到煤体增透的效果。第二种方法是利用高能空气冲击波作为动力源，控制钻孔在煤体内所形成的自由面，通过喷嘴沿煤层对钻孔内煤体瞬间冲击，在冲击和振动的作用下，煤体产生位移或裂隙，从而达到瓦斯抽采增透的目的。

低透气性的煤层煤质松软，经过高能空气的冲击，易出现空洞坍塌的状况，冲击煤体的过程可降低爆破后煤体内部的能量，使瓦斯气体压力降低。对煤体进行卸压之后，孔口排出的空气存有一定的压力，该压力一方面可以保护钻孔防止坍塌；另一方面，该工艺技术中要重点试验、考察钻孔气体余压与钻孔冲击压力的关系，确定其合理值。同时，为防止钻孔塌孔，在进行冲孔工艺试验时，拟沿着钻孔钻进的逆方向进行冲孔，在钻孔纵断面上由孔底至孔口冲扩，在钻孔横断面上由近到远逐渐冲扩，当冲扩至距钻孔口 20 m 左右时停止冲孔，以保证安全。

在工作面推进时，工作面前方煤体中原有的应力平衡状态遭到破坏而卸压，出现裂隙，煤体透气性增加。研究结果表明，工作面卸压区内煤层透气性系数比原始煤层透气性系数提高几十到几百倍，甚至更高。根据工作面前方原始煤体和卸压煤体(暴露煤壁)之间存在瓦斯压力梯度，深部煤体内的瓦斯沿卸压带裂隙向工作面涌出的特征，采用斜向钻孔布置方式，即钻孔与巷道中心线呈 60°～75°夹角，孔底指向工作面方向，以保证抽采钻孔能在失去抽采作用之前抽采到煤层卸压区涌出的大量瓦斯，实现对工作面前方煤体采前预抽(采动卸压抽采)，见图 7-30。

3. 高能气体扰动致裂技术效果考察

(1) 单孔爆破前后瓦斯自然排放对比试验

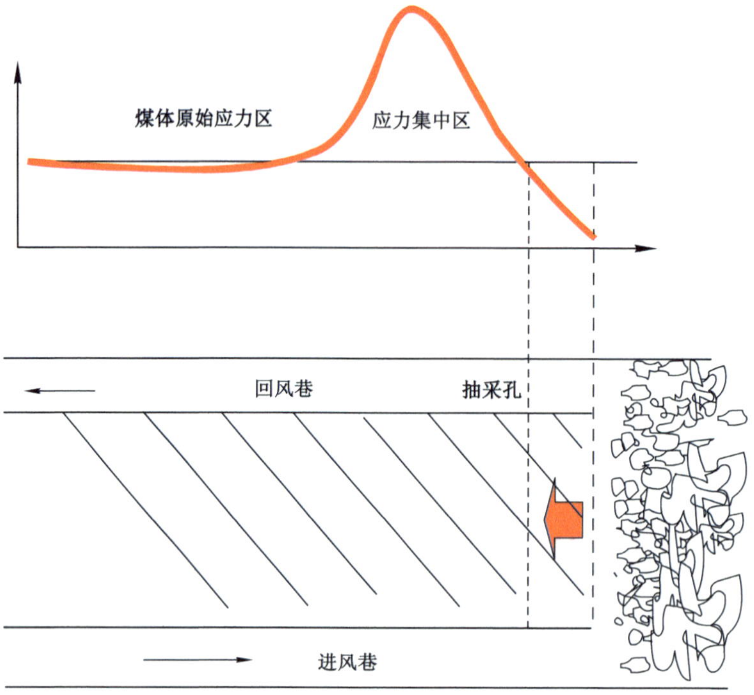

图 7-30 抽采瓦斯钻孔布置

选择新安煤矿六采区－570 八上层左片工作面回风巷施工常规钻孔，封孔后测定瓦斯压力 P_0，卸压后自然排放瓦斯，测定瓦斯涌出量$Q(t)$，时间 t 为 $0—t_1$。在该常规钻孔爆破，测定瓦斯涌出量 $Q(t)$，时间 t 为 $t_1—t_2$。然后进行对比分析，目的是通过一个钻孔爆破前后两个不同阶段瓦斯涌出量的比较，考察高能空气爆破机理和效果。

试验钻孔（单孔）爆破前后瓦斯涌出量变化见表 7-5 和图 7-31。

表 7-5 试验钻孔（单孔）爆破前后瓦斯涌出量变化情况

序号	孔深/m	孔径/mm	倾角/(°)	自然涌出量/(mL/min)	爆破后涌出量/(mL/min)	增长率/%
1	24	75	13	69.17	118.89	71.88
2	26	75	13	74.01	160.87	117.36
3	28	75	13	75.79	193.99	155.96
4	34	75	13	87.28	189.82	117.48
5	38	75	13	93.67	188.23	100.95

(2) 不同爆破深度考察钻孔瓦斯增透效果试验

选择新安煤矿六采区－570 八上层左片工作面回风巷施工爆破孔和考察孔，在高能空气爆破钻孔两侧布置考察钻孔 5 个，要求 5 个钻孔同时完成布置，考察孔安设应力检测仪，然后立即封孔。准备完毕后在高能空气爆破钻孔爆破，之后立即封闭爆破钻孔，测定各考察钻孔的瓦斯压力 P_{0i}，卸压后自然排放瓦斯，测定各考察钻孔的瓦斯涌出量 $Q_i(t)$、增透半径 R_i，计算 λ_i，t 为 $0—t_2$。然后进行对比分析，目的是通过 6 个不同距离的考察钻孔的 P_{0i}、$Q_i(t)$和 R_i 的比较，获得高能空气爆破的增透半径、增透影响范围内距爆破孔不同距离的透气性系数的变化规律和增透效果。现场考察钻孔布置见图 7-32。

试验结果见表 7-6 和图 7-33。

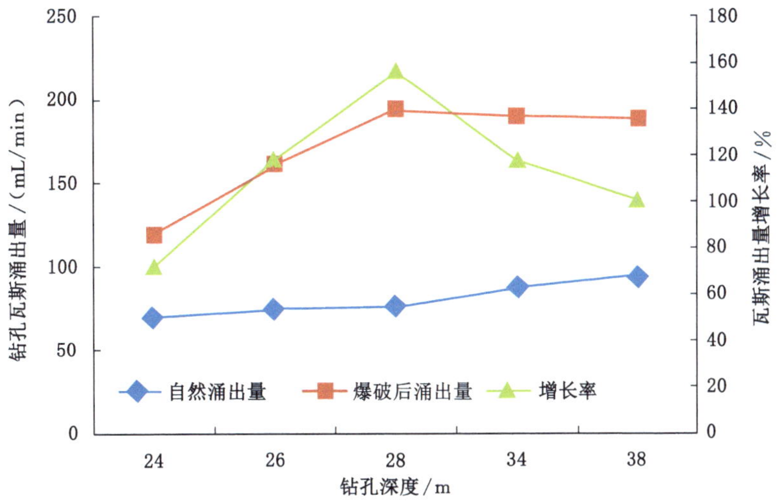

图7-31 试验钻孔(单孔)爆破前后瓦斯涌出量变化情况

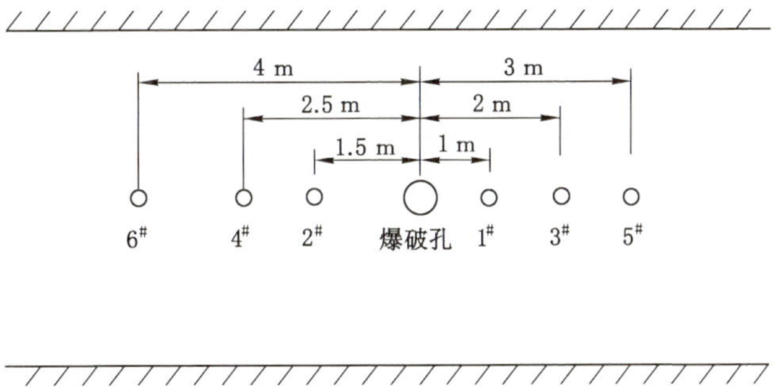

图7-32 现场考察钻孔布置

表7-6 试验钻孔爆破前后瓦斯涌出量变化情况

考察孔编号	孔深/m	孔径/mm	倾角/(°)	自然涌出量/(mL/min)	爆破后涌出量/(mL/min)	增长率/%
1#	32	75	10	80.53	135.11	67.78
2#	34	75	8	84.45	149.04	76.48
3#	36	75	8	84.63	162.53	92.05
4#	38	75	12	74.51	199.50	167.75
5#	44	75	12	94.20	249.79	165.17
6#	48	75	15	98.64	300.60	204.74

(3) 不等距考察钻孔瓦斯抽采效果试验

选择新安煤矿六采区－570八上层左片工作面回风巷施工爆破孔和考察孔，在高能空气爆破钻孔的左右不等距布置考察钻孔6个，要求6个钻孔同时完成布置，准备完毕后在高能空气爆破钻孔爆破，之后封闭爆破钻孔。6个考察钻孔封孔后立即接入抽采系统，要求钻孔的抽采参数相同。测定瓦斯抽采量随时间的变化规律。测定$Q_{抽i}(t)$，t为0—t_2。然后进行对比分析，目的是通过6个不同距离考察钻孔$Q_{抽i}(t)$的比较，获得高能空气爆破增透影响范围和增透效果。

试验结果见表7-7和图7-34。

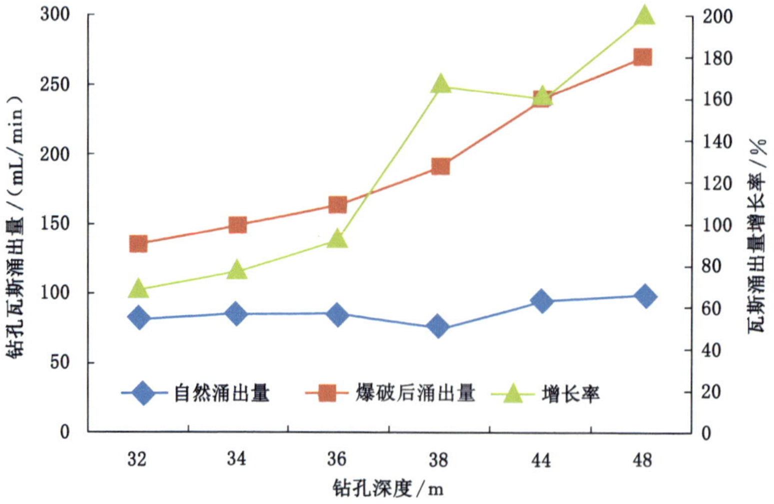

图 7-33　试验钻孔(不同爆破深度)爆破前后瓦斯涌出量变化情况

表 7-7　距爆破孔不同距离考察孔的抽采效果变化情况

考察孔编号	距爆破孔距离/m	孔径/mm	原始瓦斯涌出量/(mL/min)	爆破后瓦斯涌出量/(mL/min)	增长率/%
1#	1.5	75	91.77	196.52	114.14
2#	2.0	75	94.99	244.85	157.76
3#	2.5	75	93.95	262.76	179.68
4#	3.0	75	105.28	186.30	76.96
5#	3.5	75	90.66	130.78	44.25

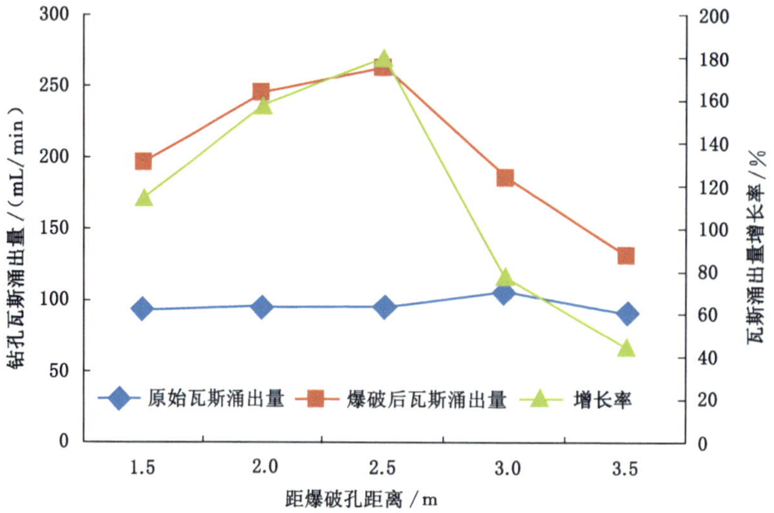

图 7-34　距爆破孔不同距离考察孔的瓦斯涌出量变化情况

地面试验在煤炭科学研究总院沈阳研究院火工试验站进行，对单点爆破装置及多点爆破装置均进行了地面试验，取得了较好的效果，但受条件限制未能进行模拟煤层爆破试验，试验结果见图 7-35 至图 7-37。

(a)　　(b)

图 7-35　单点爆破前后对比（一）

(a)　　(b)

图 7-36　单点爆破前后对比（二）

(a)　　(b)

图 7-37　爆破前后对比

7.3　煤层改性增透技术

所谓煤层改性增透技术，即向煤体中加入对煤中的某种物质有溶解作用的化学剂，可以起到疏通煤层裂隙、提高瓦斯排放能力的作用，即酸化增透技术[37]。

目前岩层酸化增透技术在石油、天然气、页岩气等领域作为一种有效的增产措施而被广泛地应用，尤其是在碳酸盐岩储层、砂岩储层、页岩储层中。曲占庆等系统总结了砂岩深部酸化工艺、前置液酸压工艺、泡沫酸酸压工艺和油乳酸酸化工艺的特点、施工工艺及应用。

我国学者对煤层酸化增透的大多数研究还处于实验室试验阶段。郭涛等提出了酸化时间和酸浓度是煤层酸化增透的两个核心参数，通过试验可求取在不同地区的地质条件下合适的酸化时间和酸浓度。赵文秀等运用 JHGP 型气体渗透率仪得出随着煤岩芯酸化时间的延长，煤岩芯渗透率先大幅升高后略有降低至稳定值的变化规律，认为煤中的黏土矿物可能是导致煤岩芯渗透率降低的主要因素。倪小明等提出多组分酸能与煤中的矿物质发生反应，指出了煤储层酸化增透的改性增透类型选择方法。孙迎新等采用试验并结合 FracproPT 数值模拟方法对煤层增透进行研究，研究了采用基质酸化煤层时，改性增透对煤层透气性的影响范围。李瑞等明确了同类型煤岩，当改性增透浓度较大时，改性增透浓度对酸化效果影响不明显，指出通过改善酸化改造孔、裂隙系统来提高煤岩渗透性的重要性。

7.3.1 酸化增透机理

1. 酸与矿物质的化学反应

煤储层注酸增透通过向煤储层中注入一种或几种改性增透剂，利用改性增透剂对煤储层内胶结物、孔隙裂隙内的矿物质及堵塞物进行溶解、溶蚀等，从而使煤体内的孔隙裂隙间的连通程度得到增强，煤储层导流能力提高，即用化学方法提高煤储层的透气性。其原理见图 7-38。

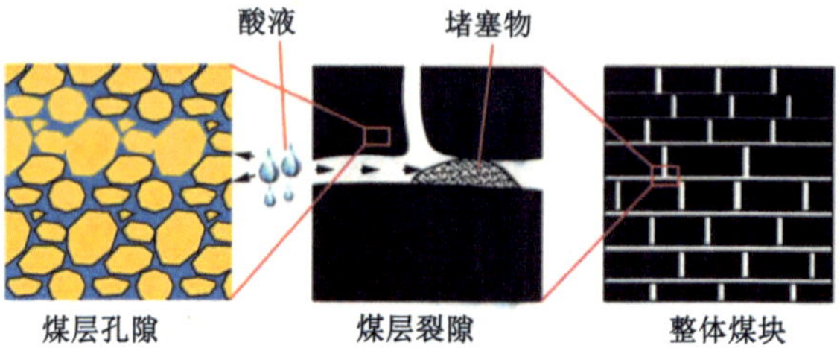

图 7-38 煤层酸化增透原理

不同类型的矿物质与不同类型的改性增透剂反应的化学原理不同。煤层中所含矿物质与改性增透剂的反应情况，可根据注入改性增透剂的种类进行划分。注入改性增透剂的主要成分通常有盐酸、氢氟酸等无机酸和甲酸、乙酸等有机酸。无机酸的化学性质活泼，与矿物质反应的速度较快；有机酸的酸性一般较弱，与矿物质反应缓慢，从而在酸化压裂施工的过程中具有更强的穿透力。

(1) 盐酸与矿物质的化学反应

在煤体中，能与盐酸发生化学反应的主要矿物质有碳酸盐、赤铁矿、菱铁矿、绿泥石等，其主要反应方程式如下：

方解石：$$CaCO_3 + 2HCl \longrightarrow CaCl_2 + CO_2 \uparrow + H_2O$$

白云石：$$CaMg(CO_3)_2 + 4HCl \longrightarrow CaCl_2 + MgCl_2 + 2CO_2 \downarrow + 2H_2O$$

赤铁矿：$$Fe_2O_3 + 6HCl \longrightarrow 2FeCl_3 + 3H_2O$$

黄铁矿：$$FeS_2 + 2HCl \longrightarrow FeCl_2 + H_2S + S$$

菱铁矿：$$FeCO_3 + 2HCl \longrightarrow FeCl_2 + CO_2 \uparrow + H_2O$$

绿泥石：

$$(AlSi_3O_{10})Mg_5(Al,Fe)(OH)_8 + HCl \longrightarrow AlCl_n^{3-n} + SiO_2 + MgCl_2 + FeCl_k^{3-k} + H_2O$$

方解石、白云岩、赤铁矿等矿物能够与盐酸发生完全反应，且反应产物能够全部溶于水；菱铁矿与盐酸反应易发生絮凝，需防止地层堵塞；绿泥石与盐酸发生不完全反应，通常反应较慢，其中的铁、铝、镁成分将从黏土中滤出，水化二氧化硅残渣将残留。

(2) 甲酸、乙酸与矿物质的化学反应

甲酸、乙酸等有机酸的 H^+ 水解度较小，反应强度较弱，通常作为一种辅助酸在硝酸盐矿物、黏土矿物表面形成络合物，可降低反应所需活化能，酸化反应速率将大大提高；同时与硅酸盐矿物中的 Si^{4+}、Al^{3+} 结合成络合离子，消耗了 Si^{4+}、Al^{3+} 的有效浓度，有助于硅酸盐矿物向正向反应进行，增加矿物的消耗量。甲酸、乙酸主要参与方解石、白云石等碳酸盐的反应，其反应式如下：

方解石：$$CaCO_3 + 2HCOOH \longrightarrow Ca(COOH)_2 + CO_2 \uparrow + H_2O$$

$$CaCO_3 + 2H(CH_2COOH)_2 \longrightarrow Ca(CH_2COOH)_2 + CO_2 \uparrow + H_2O$$

白云石：

$$CaMg(CO_3)_2 + 4HCOOH^- \longrightarrow Ca(COOH)_2 + Mg(COOH)_2 + 2CO_2\uparrow + 2H_2O$$

$$CaMg(CO_3)_2 + 4H(CH_2COOH)_2 \longrightarrow Ca(CH_2COOH)_2 + Mg(CH_2COOH)_2 + 2CO_2\uparrow + 2H_2O$$

以上反应过程中生成的盐类都能溶于水，通过抽取就可以将反应后的残酸，包括溶解在其中的盐类排出地层，从而使煤储层的孔隙裂隙率得到提高，同时，生成的二氧化碳具有助排作用。

(3) 改性增透对煤体的溶蚀行为

改性增透对煤体的溶蚀行为是由酸化反应的原理、方式和过程所决定的，主要是分析酸化过程中煤岩体表面形态的变化特征。改性增透剂进入煤体后，与矿物质发生化学反应的同时，将对与其接触的煤基质部分产生溶蚀作用。煤基质中的一些胶质体和堵塞物在改性增透剂的作用下受到侵蚀和溶解，随着改性增透剂返排过程将溶解物带出煤体，煤的孔隙率增大，煤基质的连通性增强。改性增透溶蚀行为主要受改性增透性质、煤岩性质和改性增透剂在煤体中的流动方式的影响。

改性增透剂的物化性质决定了酸化反应的类型和效果。例如，改性增透剂的黏度不同，就导致改性增透流体的流动性存在较大差异，其反应动力学行为也受不同影响。若改性增透剂黏度较大，则改性增透流体流动性较差，酸化反应速度较慢，对煤基质的溶蚀强度较小，但其滤失量会得到有效降低。

煤体是酸化反应的场所，其性质毫无疑问会决定改性增透的溶蚀行为。煤体中矿物质成分、孔隙结构及分布规律的不同，将导致酸化反应类型、范围、强度等不同。例如，煤体中初始孔隙越发育，改性增透溶蚀煤基质就越容易；同等条件下，煤体中矿物质含量高，改性增透对煤的溶蚀作用就更强。

改性增透能够对煤岩体产生溶蚀行为的基本条件是改性增透剂能与煤岩体充分接触。煤体内部形态高低不平，在很大程度上决定了改性增透剂在煤体中的流动形式，在改性增透剂流经的过程中，与改性增透剂接触多的位置，传递的 H^+ 也多，其反应速度更快，溶蚀程度更高。

2. 酸化反应动力学特征

酸化反应过程实质上是一个动力学过程，通过酸化反应动力学分析可定量地分析各种影响因素对酸化反应速度及过程的影响，从而从动力学角度揭示酸化反应的微观机理。酸化反应速度是表征酸化反应剧烈程度的一个重要物理量，它表示单位时间内单位面积煤岩体的溶蚀量，它与反应物的有效质量成正比。若仅考虑改性增透剂浓度的变化，其动力学方程为：

$$\begin{cases} J = -\left(\dfrac{\partial C}{\partial t}\right)\dfrac{V_a}{S_c} = k_a C^m \\ \dfrac{dC}{dt} = \dfrac{De \cdot S_c}{V_a} \cdot \dfrac{dC}{dy} \end{cases} \tag{7-13}$$

式中　J——酸化反应速度，$mol/(cm^2 \cdot s)$；

C——t 时刻的改性增透剂浓度，mol/L；

V_a——参加反应的改性增透体积，cm^3；

S_c——参加反应的煤体表面积，cm^2；

k_a——反应速度常数，$mol^{1-m} \cdot L^m/(cm^2 \cdot s)$；

m——反应级数；

De——改性增透氢离子传质系数，cm^2/s；

dC/dy——酸化反应面垂直方向的氢离子浓度梯度。

对式(7-13)第一式左右两边同时取对数可得：

$$\lg J = \lg k_a + m\lg C \tag{7-14}$$

假设酸化反应速度常数 k_a 和反应级数 m 均为常数，则可以通过旋转圆盘酸化反应试验获得 C 和 J，利用对数作图，再线性拟合，斜率即为级数 m，截距则为 k_a 的对数，从而就确定了酸化反应动力学方程。

对于某一特定的煤体，其酸化反应面积是一定的，改性增透剂一般都是过量的，因此参与酸化反应的改性增透体积也基本不变，所以控制酸化反应速度的途径为：一是要控制氢离子传质系数，即选用不同的改性增透配方；二是控制氢离子传质的浓度梯度。

例如，采用改性增透稠化的方法，降低氢离子向酸化反应面的浓度梯度，即可降低酸岩的反应速度。化学反应过程受多种因素的影响。化学反应的微观效应是分子间的碰撞和重组，化学反应中非活化分子转化为活化分子所吸收的最小能量称为反应活化能，它是衡量化学反应难易程度的一个标志，也间接影响化学反应速度。同时，化学反应速度还受温度的影响，Arrhenius 建立了它们之间的关系：

$$k_a = \omega_0 e^{\frac{E_a}{RT}} \tag{7-15}$$

式中 ω_0——频率因子，$(\mathrm{mol/L})^{-m} \cdot \mathrm{L/(cm^2 \cdot s)}$；

E_a——酸化反应活化能，J/mol；

R——摩尔气体常数，取 8.314 J/(mol·K)；

T——热力学温度，K。

由此，酸化反应动力学方程可表示为：

$$J = \omega_0 e^{\frac{E_a}{RT}} C^m \tag{7-16}$$

为了求得频率因子和酸化反应活化能，同样可以将上式左右两边取对数：

$$\lg J = \lg(\omega_0 C^m) - \frac{E_a}{2.303R} \cdot \frac{1}{T} \tag{7-17}$$

用同一浓度的改性增透剂反复进行旋转圆盘酸岩反应试验，获得不同温度下对应的反应速度，通过线性拟合，由直线截距和斜率即可求出频率因子 ω_0 和酸化反应活化能 E_a，从而可得到考虑温度、活化能的酸化反应动力学方程。

煤储层中的矿物质是多种物质的复合体，发生的酸岩反应通常不止一种。设改性增透剂与岩石 n 种成分发生反应，则改性增透剂与岩石反应的一般热化学方程式为：

$$a_j A_j + b_j B_j = h_j H_j + f_j F_j$$

$$\Delta_r H_m^\ominus = -Q_{rj} \tag{7-18}$$

其中，A_j、B_j 分别为改性增透剂的溶质和煤岩中参与反应的矿物质成分；H_j、F_j 为生成物；a_j、b_j、h_j、f_j 为反应系数；$\Delta_r H_m^\ominus$ 为反应焓，kJ/mol，表示 a_j mol A_j 物质与 b_j mol B_j 物质反应所放出的热量，负号表示放热。

设改性增透体积为 V_a，温度控制函数为 $T(t)$，经过时间 t 后，A_j 物质消耗的物质的量为：

$$N_{A_j} = \int_0^t w_j e^{\frac{E_{a_j}}{RT(t)}} C_{A_j}^{a_j}(t) C_{B_j}^{b_j} V_a \mathrm{d}t \tag{7-19}$$

式中 C_{A_j}——A_j 物质的溶质浓度，mol/L；

C_{B_j}——B_j 物质的溶质浓度，mol/L；

a_j，b_j——化学反应各物质浓度指数。

B_j 物质消耗的物质的量为：

$$N_{B_j} = \frac{b_j}{a_j} N_{A_j} \tag{7-20}$$

若物质 B_j 的摩尔质量为 M_{B_j}，则消耗的煤岩体的矿物质总质量 Δm 为：

$$\Delta m = \sum_{j=1}^{n} M_{B_j} N_{B_j} \tag{7-21}$$

同时，可由式(7-20)和式(7-21)计算出煤岩中酸化反应所放出的总热量 ΔQ_c：

$$\Delta Q_c = \sum_{j=1}^{n} \left(-\frac{N_{A_j}}{a_j} Q_{rj} \right) \tag{7-22}$$

酸化反应过程中消耗的矿物质将影响煤体整体孔隙率，从而影响煤体的渗透率；酸化反应所放出的总热量将影响煤体中温度场的分布，进而影响酸化反应，同时也将影响煤体中瓦斯的吸附解吸规律。

3. 酸化反应效果的影响因素

根据酸化反应的机理，影响酸化反应效果的因素可分为煤储层特征因素和施工工艺因素两类。

（1）煤储层特征因素

煤储层特征因素是指在天然状态下煤储层的固有特性对酸化过程的影响。主要包括煤储层的温度、压力等储层环境因素，煤储层孔隙结构、矿物质种类及含量、煤储层的非均质性等煤体特征参数。

① 煤储层温度。温度越高，改性增透过程中分子的热运动就越剧烈，越有利于 H^+ 的传质速率的增加，从而促进酸化反应的进行。温度变化越大，酸化反应所受的影响越大。

② 煤储层压力。压力对酸化反应速度基本不产生影响，但随着压力的增加，酸化反应的产物 CO_2 的溶解度将增加，在高黏度改性增透体系中有利于酸化反应进行。另外，高压力可使已溶解的 SiF_4 部分转化为氟硅酸，诱发二次反应。

③ 煤储层孔隙结构。煤储层的孔隙结构越发育，其渗透率就越高，改性增透剂渗入孔隙中就越多，酸化反应的接触面积增大，酸化反应速度变快；反之，酸化反应速度变慢。对于高黏度改性增透剂而言，酸化反应主要发生在裂隙中，改性增透剂渗入煤体孔隙的能力降低，煤体孔隙结构对酸化反应的影响程度随之变小。

④ 矿物质种类及含量。煤储层中所含矿物质的种类不同，酸化反应过程中改性增透剂与每一种矿物质发生酸化反应的能力不同。例如，当氢离子质量分数很高时，黏土矿物比长石反应速度快，长石比石英反应速度快，而碳酸盐反应最快。煤储层中含易酸化反应类矿物越多，酸化反应速度越快，酸化效果越好。另外，矿物在地层中所处的位置不同，也同样会影响酸化反应的效果，裂隙中的矿物质比孔隙内的矿物质的酸化反应速度快。

⑤ 煤储层的非均质性。煤储层具有明显的非均质性，沿层理方向的孔隙裂隙更发育，改性增透剂更容易进入煤体内发生酸化反应。若煤储层非均质性太高，改性增透剂在煤体中的滤失量就大；若煤储层非均质性太低，则不利于改性增透剂的定向渗入；当非均质性适中时，煤储层的酸化效果相对更好。

（2）施工工艺因素

施工工艺因素是酸化反应过程中的人为因素，同时也是方便控制的因素，主要包括改性增透剂类型、改性增透剂黏度、改性增透剂浓度等改性增透剂特性和改性增透剂用量、改性增透剂排量、酸化时间等施工参数。针对一个具体的工程背景，需要根据相应的地质特征，设计和调整相应的施工参数，从而达到储层预期的改造效果。

① 改性增透剂类型。改性增透剂的类型决定了酸化反应的实质，不同类型的改性增透剂所表现出来的物理化学性质不同，所产生的酸化效果也不相同，通常根据煤储层中所含矿物质的种类来确定改性增透剂类型。例如，在碳酸盐含量较高的储层中，应选用盐酸作为主体酸。为了适应不同地层中的特殊地层特征，需要在改性增透剂中适当添加一些添加剂来改善改性增透剂的性能，从而实现良好的酸化效果。

② 改性增透剂黏度。改性增透剂的黏度主要影响改性增透剂的流动性，改性增透剂的黏度越高，其流动性越弱，与煤储层的接触面积就越小，酸岩反应速度越慢。工程中可以利用高黏度改性增透剂反应速度慢的特点，实现对煤储层的远距离酸化。

③ 改性增透剂浓度。目前有关改性增透剂浓度对酸化反应速度的影响方面的研究已非常成熟。在低浓度下，酸化反应速度随浓度的升高而加快；当改性增透剂浓度达到28%后，随着浓度的升高，酸化反应速度反而降低。

④ 改性增透剂用量。改性增透剂用量的不同导致酸化反应过程中的面容比不同。酸化反应过程中的面容比越大，改性增透剂与煤储层接触的概率将增大，酸化反应速度增快。实际注酸过程与试验测

试过程相比较而言，实际注酸过程中的面容比远大于试验过程中的，这导致酸化反应速度比实验室测定速度快，但也限制了酸化反应的作用距离。

⑤ 改性增透剂排量。改性增透剂排量决定了改性增透剂在煤储层中的流动状态。当排量较小时，改性增透剂在煤体中以层流方式流动，传质过程以扩散为主；当排量较大时，改性增透剂在煤体中以湍流方式流动，传质过程以强迫对流为主。改性增透剂排量越大，所传输的改性增透 H^+ 越多，当传输 H^+ 的速度大于酸化反应所消耗 H^+ 的速度时，改性增透剂就会向煤储层深部流动，酸化作用的范围就随之增大；反之亦然。

⑥ 酸化时间。改性增透剂与煤储层间的接触时间越长，改性增透剂侵入煤储层内部的距离越远，改性增透剂的溶蚀量就越大，改性增透剂作用范围内的矿物质得到充分反应。但是，并不是酸化时间越长越好，酸化过程中的很多产物可能发生二次反应，很容易产生氟硅酸盐等溶解度较低的物质，从而对煤储层造成堵塞；另外，改性增透剂进入煤储层之后有可能在裂缝中产生较大滤失，从而对煤储层造成无法挽回的伤害。从这两方面来说，酸化时间不能太长。具体施工过程中的最佳酸化时间需要根据现场试验综合评价来确定。

7.3.2 煤岩改性增透试验及效果分析

1. 煤岩酸化增透试验方案

试验煤样采自晋能控股煤业集团三元煤业公司。通过试验确定煤层改性增透体系，研究煤层改性增透效果，依次开展了Ⅰ、Ⅱ、Ⅲ、Ⅳ、Ⅴ等 5 个系列试验。煤样工业分析参数见表 7-8。

表 7-8 煤样工业分析参数

样品来源	煤层编号	M_{ad}/%	A_{ad}/%	V_{daf}/%	$R_{0,max}$/%	煤 阶
三元煤业	3#	2.04	14.50	17.89	1.32	贫瘦煤

系列Ⅰ为煤岩溶蚀率测定试验。通过测定不同质量分数的改性增透剂与煤样改性增透后的溶蚀率，对比分析溶蚀率变化规律，确定煤层改性增透体系中各组分的合理配比。

系列Ⅱ为表面特征观察试验。利用美国 FEI 公司生产的 Q45 型钨灯丝扫描电子显微镜观察煤样酸化前后的表面结构变化特征，分析改性增透对煤样表面的溶蚀、刻蚀作用。

系列Ⅲ为煤体结构测试试验。利用 Micromeritics ASAP 2020 型物理吸附仪和 AUTOPORE 9500 型压汞仪测定各煤样酸化前后的比表面积、孔隙体积、孔隙结构特征等物理参数的变化规律，分析改性增透对煤样孔隙的改造特点。

系列Ⅳ为煤岩成分测试试验。利用 XRD6100 型测试系统和 S8 TIGER 型 X 射线荧光光谱仪测定各煤样酸化前后的矿物质种类、含量等参数的变化规律，掌握改性增透对煤储层中矿物质的作用特征。

系列Ⅴ为渗透率测定试验。利用 MacroMR12-150H-I 型低场核磁共振测试系统测定各煤样酸化前后的渗透率变化规律，分析酸化参数对渗透率的影响特征。

2. 煤岩改性增透后的溶蚀率测定

溶蚀率测定的主要目的是确定改性增透体系的合理配比。改性增透体系中的主体酸液（以 HCl 为例）是决定溶蚀率大小的关键。测试煤样在 HCl 的质量分数为 3%时的溶蚀率，找出适合煤层酸化改性增透体系的合理配比。具体试验过程如下：

首先，将煤样制备成粒径约为 150 目的粉末，用烘箱烘干至恒重；用电子天平称取3.000 0 g煤粉放入惰性塑料瓶中，并编号。

然后，取 30 mL 配制好的不同质量分数的改性增透剂加到对应编号的煤样惰性塑料瓶中，用塑料棒将改性增透剂与煤粉搅拌均匀，将惰性塑料瓶放入 25 ℃的恒温水浴中酸化 3 h（由于煤样为粉末状，可认为 3 h 已充分反应)。

最后,等反应结束后,使用干燥的滤纸过滤掉残酸,将滤纸和改性增透后的煤样烘干至恒重,放入干燥塔中冷却至室温后称重,计算溶蚀率。

在考虑溶蚀率的同时,就试验中的煤样而言,通过黏土稳定剂防膨试验、稠化剂的酸溶性及增黏性试验、络合剂控铁试验、缓蚀剂静态评价试验等可优选出黏土稳定剂为 2%KCl、稠化剂为 0.8%$C_7H_{13}N_4S$、铁离子络合剂为 0.5%EDTA、缓蚀剂为 1%KMS-6,具体试验过程此处不再赘述。

综上所述,煤储层酸化压裂复合改性增透体系的合理组分与配比可表示为"3% HCl+2% KCl+0.8%$C_7H_{13}N_4S$+0.5%EDTA+1%KMS-6",由于在实验室试验过程中不涉及滤失和腐蚀的问题,可不添加稠化剂和缓蚀剂。

3. 煤岩酸化前后的表面特征变化规律

试验设备为美国 FEI 公司生产的 Q45 型钨灯丝扫描电子显微镜(SEM),见图 7-39。设备具有高真空、低真空、环境真空等三种工作模式,当加速电压为 30 kV 时,其二次电子(SE)像分辨率均小于 3.0 nm,背散射电子(BSE)像分辨率小于 4.0 nm,随着加速电压的降低,分辨率也随之降低;加速电压为 30~200 kV;放大倍数为 6~100 万倍;在环境真空模式下可对含水或含油的样品进行直接观察。煤样装载如图 7-40 所示。另外,扫描电子显微镜配合能量色谱仪使用,可实现元素序号 4(Be)~95(Am)的精确探测,便于对扫描电子显微镜视野中的可疑物质做出精确辨识,有助于分析样品的成藏环境、物化性质等。

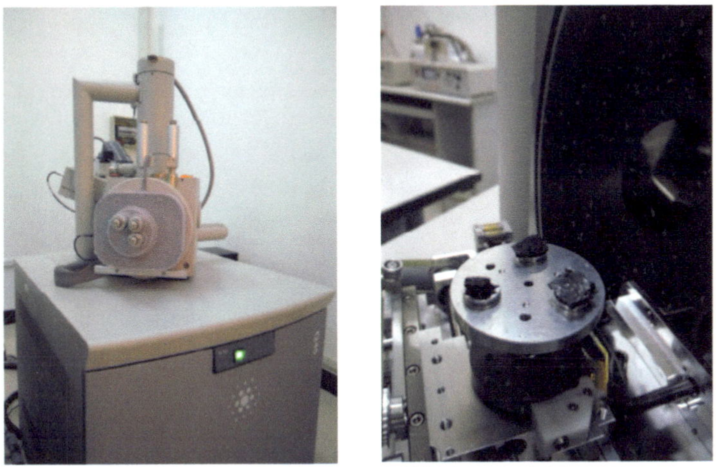

(a) 设备整体　　(b) 载物台

图 7-39　SEM 测试系统

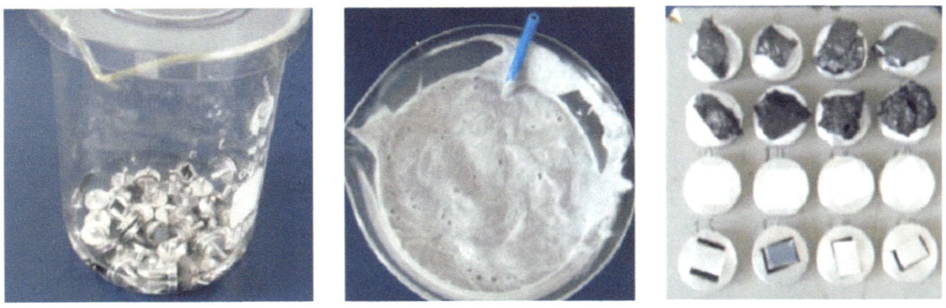

(a) 丙酮浸泡　　(b) 导电胶制备　　(c) 载物盘

图 7-40　煤样装载

首先将煤样制成 1 cm^2 左右大小的薄煤片；然后用烘箱在 60 ℃条件下烘干至恒重；再利用 SEM 观察初始煤样的表面特征。随后按照 CAFAS 改性增透体系配比配制适量改性增透剂，将煤样分别放入惰性塑料瓶中，往每个瓶中加入 30 mL 改性增透剂，轻微摇晃，使煤样与改性增透剂充分接触，并密封塑料瓶，在 25 ℃的恒温水浴中酸化 24 h，反应结束后，将煤样用烘箱在 60 ℃条件下烘干至恒重，再利用 SEM 观察改性增透后煤样的表面特征。

SEM 的测试过程主要包括以下三个步骤：首先，将待观察煤样用双面胶和导电胶粘贴在用丙酮浸泡过的载物盘上；然后，将装好煤样的载物盘安放到设备载物台上，并开始抽真空；最后，当真空度达标后，设置加速电压、放大倍数等参数后进行观察。试验测试结果如图 7-41 所示。

(a) 初始煤样（1 000×）

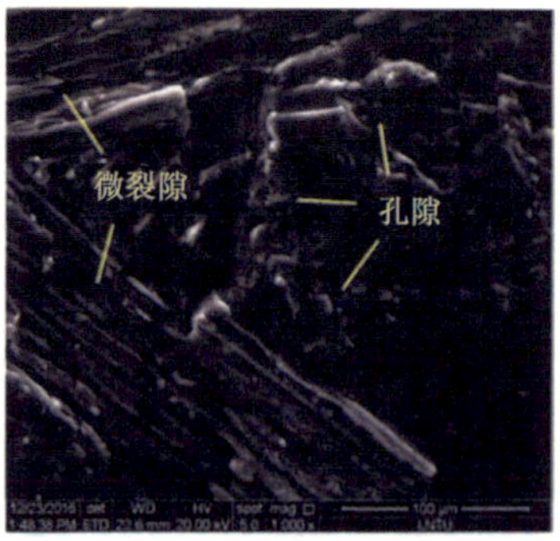

(b) 改性增透后煤样（1 000×）

图 7-41 煤样 SEM 测试结果

由图 7-41 可以发现，煤样在初始状态下孔隙裂隙发育程度较好，在煤样的部分孔隙裂隙中均能观察到一些充填物，能明显观察到零星分布的矿物质。

煤样经改性增透酸化作用后，煤样表面的矿物质、胶状物等充填物被溶蚀，孔隙裂隙轮廓更清晰，裂隙长度、宽度及数量均不同程度增加，孔隙裂隙网络连通程度显著提高。

4. 煤岩酸化前后的煤体结构变化规律

煤层改性增透后的煤体内部结构将不同程度发生变化，利用 AUTOPORE 9500 型压汞仪和 Micromeritics ASAP 2020 型物理吸附仪测定各煤样酸化前后的孔隙体积、比表面积、孔隙结构特征等参数，分析酸化前后煤体结构的变化规律。仪器分别见图 7-42 和图 7-43。

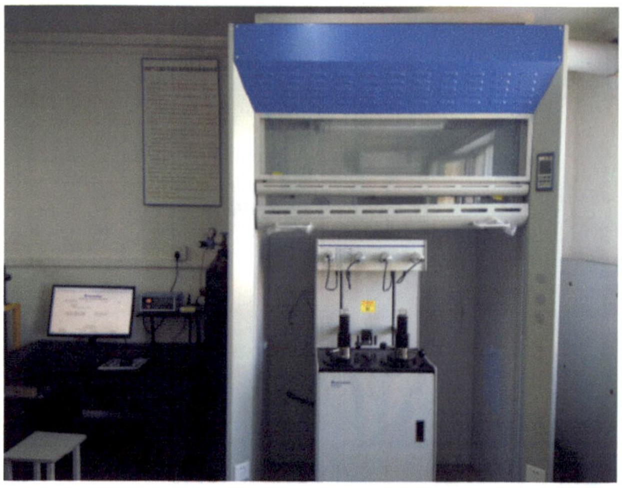

图 7-42 AUTOPORE 9500 型压汞测试系统

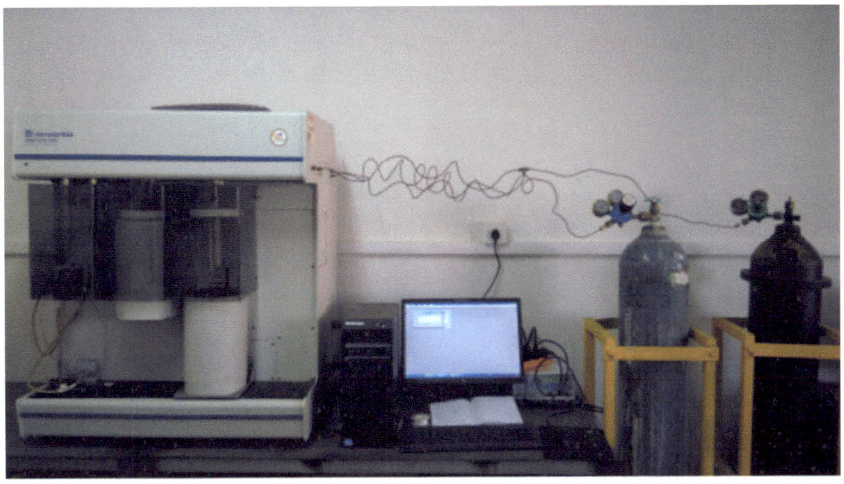

图 7-43 Micromeritics ASAP 2020 型物理吸附仪

(1) 主要试验过程

① 压汞试验

将煤样制成 1 cm^2 见方大小的煤颗粒，然后将煤样分成两份，一份用 CAFAS 改性增透体系于 25 ℃恒温酸化 24 h，另一份不做处理，用于对比，样品按照煤样来源和处理方式进行编号。试验过程中，称量 5 g 左右煤粉放入容积为 15 mL 的膨胀计，并完成密封、安装等工序；随后打开压汞测试系统，在微机控制端设置相应测试参数，分别进行低压分析和高压分析；测试结束后，清洗膨胀计，导出测试数据并分析测试结果。

② 低温氮吸附试验

将适量的块状煤样分成两份，一份用 CAFAS 改性增透体系于 25 ℃恒温酸化 24 h；另一份不做处理，用于对比。酸化处理结束后，将煤样制成 60～80 目的粉末，样品按照煤样来源和处理方式进行编号。试验过程中，称量 3 g 左右煤粉放入样品管，每个样品经 9 h 脱气、质量精测、样品分析、数据处理等流程，其中，测试结果的相关系数必须大于 0.999 才认为数据可靠。

(2) 试验结果及分析

由压汞试验测试结果(表 7-9)，得出煤样酸化前后孔隙率及平均孔径的变化情况，如表 7-10 所示。改性增透后的煤样孔隙率和平均孔径较初始煤样增大，呈现出初始孔隙率越大，改性增透后改变量越大的变化规律。煤的孔隙率增加，说明煤体内部的连通性增强，煤体内流体的有效运移空间增大。煤的平均孔径增大，说明煤体孔隙裂隙内的矿物质、胶结物得到了有效的溶蚀，溶蚀强度越大，溶蚀的深度和范围越大，孔径的改变量就越大。

表 7-9 试验煤样质量与密度

样品来源	类型	压汞测试煤样质量/g	氮吸附煤样质量/g	密度/(g/cm^3)
三元煤业	初始	4.760 0	2.984 8	1.32
	酸化	5.030 0	2.932 4	1.33

表 7-10 煤样酸化前后孔隙率及平均孔径对比

样品来源	初始孔隙率/%	酸化孔隙率/%	孔隙率增加量/%	初始平均孔径/nm	酸化平均孔径/nm	孔径增加量/nm
三元煤业	2.911 0	3.202 5	0.291 5	25.3	25.8	0.5

煤的孔隙率和平均孔径从整体上反映了酸化对各煤样内部结构的改变程度。为了掌握酸化反应对煤体内部不同尺度范围内的作用效果，图 7-44 和表 7-11 分析了煤样改性增透后煤体内部结构随孔径的变化规律。

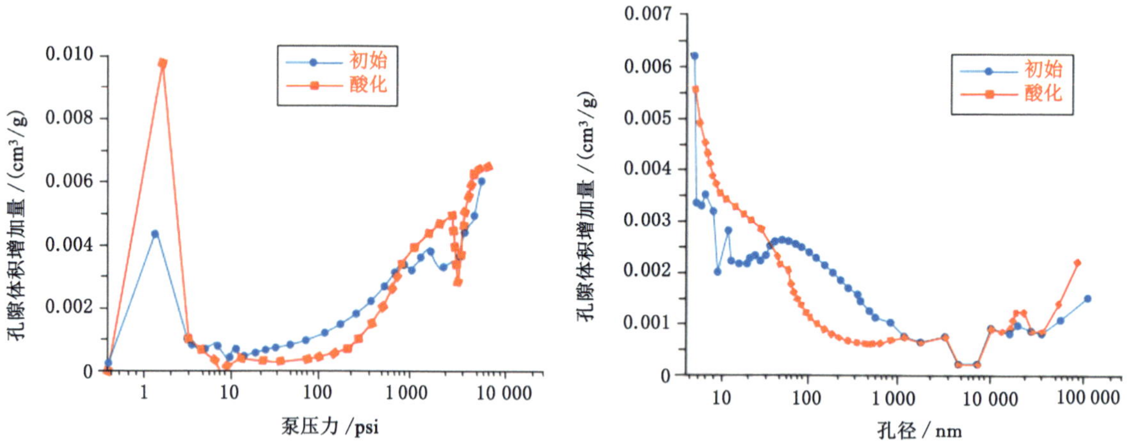

(a) 酸化前后孔隙体积与汞压力关系　　(b) 酸化前后孔隙体积与孔径关系

图 7-44　三元煤业煤样酸化前后压汞曲线

表 7-11　三元煤业煤样酸化前后压汞测试孔隙体积分布

孔隙类别	孔径/nm	初始孔隙体积/(cm^3/g)	初始孔隙体积比/%	酸化孔隙体积/(cm^3/g)	酸化孔隙体积比/%
大孔	>1 000	0.008 76	14.39	0.012 96	19.13
中孔	100～1 000	0.015 72	25.83	0.009 47	13.98
小孔	10～100	0.025 23	41.45	0.034 48	50.89
微孔	<10	0.011 16	18.33	0.010 85	16.01
合计		0.060 87	100.00	0.067 76	100.00

由压汞测试的原理可知，进汞压力随孔径的减小而增大；在相同的压力下，汞更容易进入较大的孔隙空间，表现为孔隙体积增加量大。由图 7-44(a)可看出，当汞压力<5 psi 和汞压力>1 000 psi 时，三元煤业煤样改性增透后所对应的孔隙体积增加量较酸化前大，在图 7-44(b)中对应孔径>10 000 nm 和孔径<100 nm 的孔隙，即大孔和小孔的孔隙分别增大 4.74%、9.44%(表 7-11)；当汞压力为 5～100 psi 时，酸化前后曲线基本重合，该部分孔隙变化差异微小；当汞压力为 100～1 000 psi 时，改性增透后比酸化前的孔隙体积反而减小，究其原因，所选的测试煤样的中孔内可能存在大量黏土矿物，改性增透后发生膨胀，或者是由于所测试的煤样为块状，其非均质性太强导致压汞测试为煤样破坏性试验，无法对同一煤样进行酸化前后的试验对比。(1 psi=6.895 kPa)

根据试验结果，酸化作用对煤样中中大孔孔径尺寸范围内的孔隙体积改变最明显，在汞压力曲线中以 0～5 psi 的初始进汞阶段所表征的孔隙体积改变最明显；孔隙在压汞试验中所能施加的最大汞压力约为 3.0×10^4 psi，该压力下所对应的孔径约为 6 nm，这导致对微小孔信息的测量精度不高，甚至测不到较小孔径的信息，而低温氮吸附试验可弥补此不足。低温氮吸附试验主要通过比表面积、孔隙体积等参数来表征煤样酸化前后孔隙发育程度及结构的变化，测试结果如表 7-12 和图 7-45 所示。平均孔隙率的变化规律一致。

表 7-12　酸化前后煤样比表面积及孔隙体积对比

样品来源	初始比表面积/(m^2/g)	酸化后比表面积/(m^2/g)	比表面积减少百分比/%	初始总孔隙体积/(cm^3/g)	酸化后总孔隙体积/(cm^3/g)	总孔隙体积增加百分比/%
三元煤业	8.160 9	7.708 5	5.54	0.017 018	0.018 211	7.01

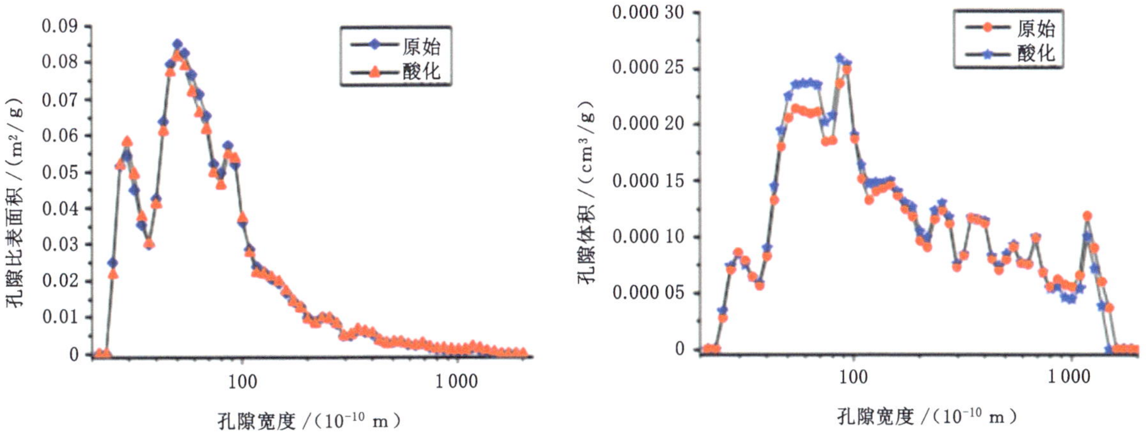

(a) 孔隙宽度与孔隙比表面积关系　　(b) 孔隙宽度与孔隙体积关系

图 7-45　三元煤业煤样酸化前后低温氮吸附测试曲线

煤的比表面积和孔隙体积是反映煤的孔隙结构发育程度的重要参数，比表面积越大，体现出煤体内部的迂曲程度越高，给煤层中的瓦斯赋存提供了广阔的场所，反之，不利于瓦斯储存；煤的孔隙体积越大，煤体内的连通性越高，越有利于煤层中流体的运移。

煤样改性增透后，其比表面积有所降低，说明酸化过程使煤体内部结构变得更简单，减少了瓦斯吸附的场所，有利于瓦斯解吸；随着酸化作用的进行，煤体内部的物质被溶蚀，内部空间变大，从而总孔隙体积增加。无论是比表面积，还是孔隙体积，均体现出随煤阶的增加，酸化作用效果降低。结合煤样初始矿物含量可以推断，对于微小孔而言，煤阶的高低也是影响酸化效果的主要因素。对于高煤阶的煤样，其芳香环聚合化程度较高，分子侧链较少，改性增透对其溶蚀作用较弱；低煤阶煤样则更容易溶蚀。

煤样比表面积和孔隙体积受酸化作用影响较小，低温氮吸附测试曲线的区别甚微。比表面积在孔隙宽度为 2～6 nm 范围内变化明显，在 8～60 nm 范围内的减少量稍微降低，其他区域变化不大；孔隙体积增加明显的区域主要在 10～70 nm 的小孔孔隙内，其他区域的孔隙体积也均有增加。

综上所述，通过压汞试验和低温氮吸附试验对煤样的孔隙体积、比表面积等参数进行测定，实现了对煤岩酸化前后煤体内部结构变化规律的有效表征。初始孔隙率越大，酸化效果越明显，且煤体内的中大孔及裂隙等较大尺度的孔隙空间受酸化作用影响最明显，高煤阶煤的微小孔尺度的孔隙空间受酸化作用的影响甚微。

5. 煤岩酸化前后的煤岩成分变化规律

由上一小节的分析可知，煤岩改性增透后，其内部空间的一些物质被改性增透剂溶蚀，煤体孔隙体积增大，煤岩体中的成分是决定改性增透溶蚀空间大小的物质基础。利用 XRD6100 型测试系统和 S8 TIGER 型 X 射线荧光光谱仪测定各煤样酸化前后的矿物质种类、含量等参数，进而分析煤岩酸化前后成分的变化规律。

(1) 主要试验过程

将适量的块状煤样分成两份，一份用 CAFAS 改性增透体系于 25 ℃恒温酸化 24 h；另一份不做处理，用于对比。酸化处理结束后，将煤样制成 300 目左右的粉末，分别用于 XRD 和 XRF 试验，样品按照煤样来源和处理方式进行编号。

XRD 测试过程中，将制备好的干燥煤样充填到样品靶中，用玻璃板将样品压平实后放入样品仓内，开启 XRD6100 型测试系统，设置好仪器参数，扫描方式为步进式，扫描速度为 3 s/步，角度范围为 2°～120°。采样结束后，利用 MDI Jade 5.0 后处理软件进行寻峰、平滑、积分等处理，最后绘制扫描范围与衍射强度曲线。

XRF 测试过程中，将制备好的干燥煤样装入样品杯中，并放入样品仓，开启 XRF 测试系统，设置采样参数并采集信号；采样结束后，进行矿物质种类和含量分析。

(2) 试验结果及分析

① XRD 试验

煤样酸化前后的矿物成分变化特征 XRD 试验的主要功能是探测被测物质的成分，煤样酸化前后 XRD 测试衍射图谱如图 7-46 所示。

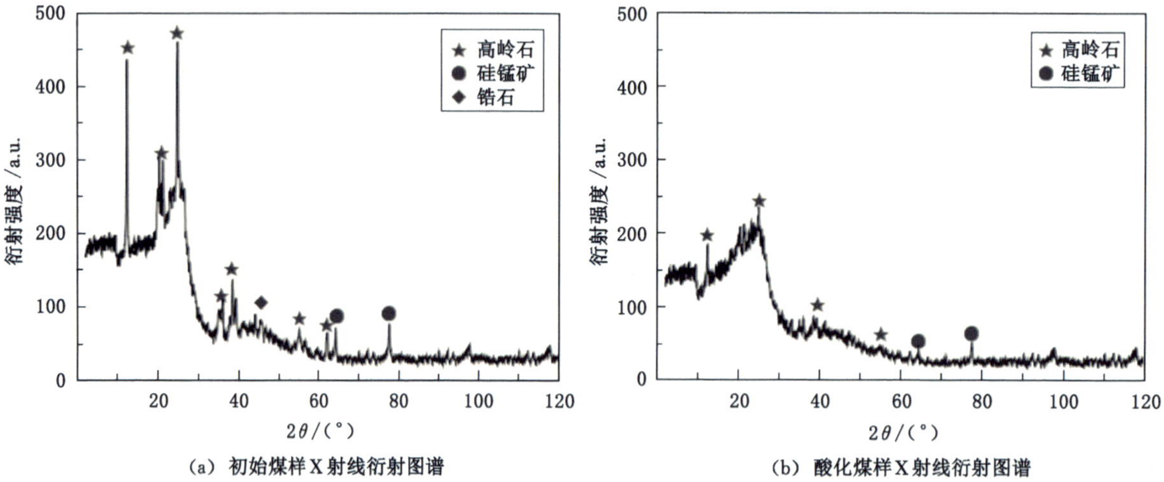

(a) 初始煤样X射线衍射图谱　　(b) 酸化煤样X射线衍射图谱

图 7-46　三元煤业煤样酸化前后的 XRD 图谱

由图 7-46 可知，三元煤业初始煤样富含高岭石及少量硅锰矿和锆石；煤样改性增透后，高岭石的衍射强度骤然降低，且部分高岭石衍射峰和锆石的衍射峰已经消失，硅锰矿的衍射峰几乎没变化。由此可推断，酸化作用溶蚀了煤样中的锆石和部分高岭石，对硅锰矿的溶蚀作用不明显。由以上试验结果可知，酸化过程对三元煤业煤样中易与改性增透剂发生反应的矿物质的溶蚀作用明显，煤样中矿物质含量明显减少。

由于改性增透剂对金属具有很强的腐蚀性，能与多种物质发生化学反应，人们势必会对酸化过程是否影响煤质产生怀疑。煤中含有一定量具有微晶结构的类石墨结构的物质，不同变质程度的煤，其微晶结构存在差异，XRD 衍射图谱也不同。煤的有机质结构如图 7-47 所示。基于这一性质，可以探测煤样酸化过程是否对煤的有机质形态产生影响。

煤中的有机质由无定形组分和微晶两部分组成。无定形组分没有固定的结构，无法形成 X 射线衍射峰；微晶结构的衍射峰与石墨晶体的 002、100 和 110 衍射峰基本一致。根据布拉格方法，可以用芳香碳层片间距、晶核层片直径、晶核层片高度和晶核层片数等参数表征煤中微晶的形态。若以上参数在酸化前后差异较大，证明改性增透对煤质伤害较大；反之，伤害较小或无伤害。

$$d_{002}=\frac{\lambda}{2\sin\theta_{002}} \tag{7-23}$$

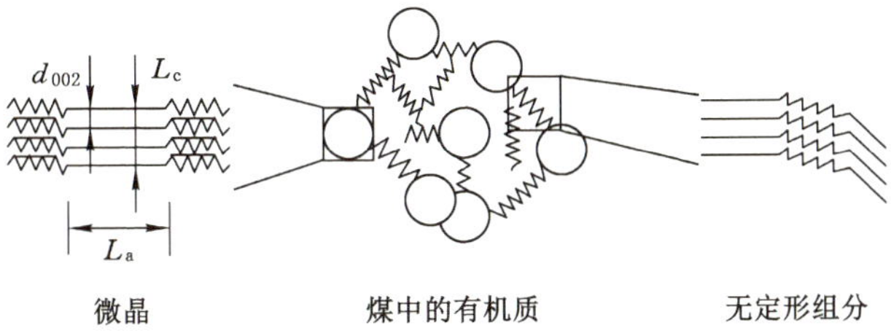

图 7-47　煤的有机质结构

$$L_c = K_1 \frac{\lambda}{\beta_{002}\cos\theta_{002}} \tag{7-24}$$

$$L_a = K_2 \frac{\lambda}{\beta_{100}\cos\theta_{100}} \tag{7-25}$$

$$N_c = \frac{L_c}{d_{002}} + 1 \tag{7-26}$$

式中　d_{002}——芳香碳层片间距，10^{-10} m；

λ——X 射线的波长，1.540 6×10^{-10} m；

θ_{002}，θ_{100}——002、100 峰的峰位，(°)；

L_c，L_a——芳香碳晶核层片高度、直径，10^{-10} m；

K_1，K_2——形状因子，K_1=0.94，K_2=1.84；

β_{002}，β_{100}——以 2θ 表示的 002、100 峰的半高宽，10^{-10} m；

N_c——芳香碳晶核层片数。

根据煤样酸化前后的 XRD 测试结果，提取对应各煤样 002 峰和 100 峰所对应的衍射角和半高宽，根据公式计算各煤样的微晶结构参数，计算结果如表 7-13 所示。

表 7-13　煤样的微晶结构参数

样品来源	类型	$2\theta_{002}$/(°)	$2\theta_{100}$/(°)	d_{002}/Å	L_c/Å	L_a/Å	N_c/Å
三元煤业	初始	23.91	43.02	3.73	14.82	6.08	4.97
	酸化	23.42	42.51	3.74	14.79	6.07	4.95

由表 7-13 可知，煤样酸化前后的微晶结构参数基本不变，说明酸化反应过程未对煤体有机质造成明显破坏；另外，根据“相似相容原理”，CAFAS 改性增透体系以无机酸为主，它对煤中的有机物溶解能力极其有限。因此，煤样酸化过程未对煤的有机质形态造成伤害。

② XRF 试验

XRF 试验主要测定煤岩样中矿物质的含量，最终测试结果以氧化物的形式表示。对三元煤业酸化前后的煤样进行 XRF 测试，测试结果如表 7-14 所示。

表 7-14　煤样酸化前后的矿物质含量

样品来源	类型	SiO_2/%	Al_2O_3/%	TFe/%	CaO/%	MgO/%
三元煤业	初始	2.17	0.81	0.14	5.39	3.06
	酸化	2.16	0.26	0.07	0.32	0.18

由表 7-14 可知，煤样经 CAFAS 改性增透后的矿物质含量大幅度降低，酸化作用明显，CaO 的百分含量由 5.39%降低到 0.32%，这也是酸化反应过程中该煤样产生大量气泡的原因。对比不同种类矿物

的消耗情况，Ca、Mg 类矿物含量大于 Si、Al、Fe 类矿物，这是由于前者主要以碳酸盐形式存在，比较容易与改性增透剂发生反应，后者主要以氧化物形式存在，反应速度比较慢且反应条件相对苛刻。因此，煤层中 Ca、Mg 类矿物含量越大，越有利于酸化反应的进行，酸化效果越好。

6. 煤岩酸化前后的渗透率变化规律

Coates 模型：

$$k_1=\left(\frac{\varphi_{\mathrm{NMR}}}{C_1}\right)^4\times\left(\frac{\mathrm{FFI}}{\mathrm{BVI}}\right)^2 \tag{7-27}$$

SDR 模型：

$$k_2=\left(\frac{\varphi_{\mathrm{NMR}}}{C_2}\right)^4\times T_{2\mathrm{g}}^2 \tag{7-28}$$

改进的 Coates 模型：

$$k_3=\left(\frac{\varphi_{\mathrm{NMR}}}{C_3}\right)^{m_1}\times\left(\frac{\mathrm{FFI}}{\mathrm{BVI}}\right)^{n_1} \tag{7-29}$$

改进的 SDR 模型：

$$k_4=\left(\frac{\varphi_{\mathrm{NMR}}}{C_4}\right)^4\times T_{2\mathrm{g}}^{n_2} \tag{7-30}$$

式中 k_1,k_2,k_3,k_4——对应模型的 NMR 渗透率，mD；

φ_{NMR}——总孔隙率，%；

FFI——可动流体饱和度，%；

BVI——束缚流体饱和度，%；

$T_{2\mathrm{g}}$——弛豫时间 T_2 的几何平均值，ms；

$C_1,C_2,C_3,C_4,m_1,m_2,n_1,n_2$——模型待定参数，通过岩芯试验和回归统计方法计算获得。

以求解 C_1 为例，令 $\lambda=\varphi_{\mathrm{NMR}}^4\left(\frac{\mathrm{FFI}}{\mathrm{BVI}}\right)^2$，$C=\frac{1}{C_1^4}$，则可表示为：

$$k_1=C\lambda \tag{7-31}$$

由式(7-31)可知，渗透率 k_1 与 C 呈线性关系。选取同一批次代表性煤岩样，利用岩芯渗透率进行标定，再结合对应的核磁参数，运用一元回归分析方法即可求得 C（函数图像中的斜率），从而求出 C_1。其他参数的求法与 C_1 类似，只是对于式(7-29)和式(7-30)中的参数求解需要先对式子做对数变换，然后用多元回归统计方法求解即可。

Coates 模型的关键是如何准确求得可动流体与束缚流体体积比，而 SDR 模型则以几何平均弛豫时间 $T_{2\mathrm{g}}$进行计算，它不受束缚水模型的影响，但对于含烃试验测量精度偏低。二者的改进模型的待定系数较多，适用于拥有大量测试样本的情况。

(1) 试验过程

选取适量的块状煤样，先在初始状态下进行 NMR 渗透率测量；测量结束后，将煤样用 CAFAS 改性增透体系分别于 25 ℃恒温酸化 6 h、12 h、18 h、24 h、30 h，每次酸化结束后，再测定改性增透后的 NMR 渗透率，样品按照煤样来源和处理方式进行编号（表 7-15）。NMR 试验设备为 MacroMR12-150H-I 型低场核磁共振测试系统，设备开启后，需要先对孔隙率定标。

表 7-15 NMR 试验煤样物理参数

样品来源	渗透率测定样品质量/g	密度/(g/cm^3)	NMR 成像尺寸/cm
三元煤业	11.930 6	1.32	ϕ5.03×5.10

NMR 测试前，先将煤样放入“98%蒸馏水+2%KCl”的溶液中抽真空饱水 24 h，然后分别测定煤样

饱水状态下的 NMR 信号；随后将样品放入离心机中，以 5 000 r/min 的转速离心 6 h，脱出煤样中的可动流体；最后测定脱水过后煤样中残余水状态下的 NMR 信号。为了直观对比煤样酸化前后渗透率及煤样孔隙结构的变化，同时进行了 NMR 成像试验，NMR 成像煤样无须离心处理，抽真空饱水后直接测试。NMR 测量参数设定中，为了能够精细地反映煤样的孔隙信息，回波时间 T_E 应尽可能短，等待时间 T_W 应相对较长，本次试验采用 CPMG 序列采集样品信号，所选的主要参数为：$T_E=0.081$ ms，$T_W=2\ 000$ ms，NECH＝3 000，NS＝64，试验温度 25 ℃。

（2）试验结果及分析

① 煤样酸化前后的孔隙率

煤样的孔隙参数是核磁共振方法获取渗透率的基础。以各煤样酸化 24 h 前后的 NMR T_2 谱为例，如图 7-48 所示。煤样改性增透后饱水状态的 NMR 信号量较酸化前增加，主要增加在第二个波峰，根据 T_2 谱随孔径的分布特征该峰所表征的是中大孔；改性增透后残余水状态的 NMR 信号量较酸化前降低，同样主要降低在中大孔峰，但微小孔峰也有所降低。由此可以看出，各煤样经酸化作用后的饱水能力增加，束缚残余水能力降低，酸化作用主要对煤岩试样中大孔改造较大。

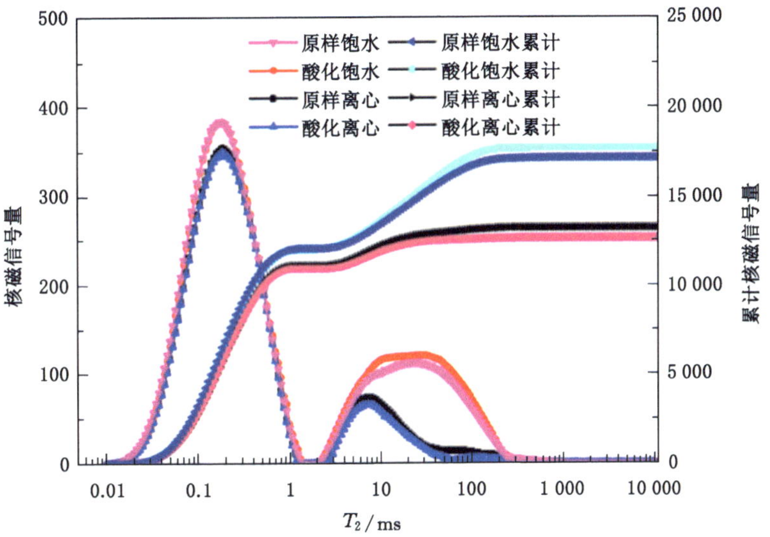

图 7-48 三元煤业煤样酸化前后 T_2 谱特征

根据孔隙率定标曲线（图 7-49）和所测煤样核磁信号得到煤样孔隙率和 T_{2C} 值，如表 7-16 所示。

表 7-16 煤样孔隙率与 T_2 截止值

煤样来源	类型	总孔隙率/%	有效孔隙率/%	残余孔隙率/%	T_{2C}/ms
三元煤业	初始	2.921 0	1.92	5.02	8.406 65
	酸化	3.202 5	2.50	4.72	5.170 92

试验煤样酸化前后的总孔隙率增加 0.28%，残余孔隙率降低 0.30%，从而有效孔隙率增加0.58%。由于酸化的溶蚀和刻蚀作用，煤样孔隙间的连通性增强，T_2 截止值普遍减小，三元煤业试验煤样酸化前后 T_{2C}减小了 3.24 ms。孔隙率的测量结果与压汞法测量结果基本一致。

② 煤样酸化前后的渗透性分析

由于本次试验样品数量较少，获取改进模型参数难度较大，且已经获得了煤样中可动流体与束缚流体的信息，另外煤样对烃类吸附性强，不宜采用 SDR 模型，故选 Coates 模型计算煤样的渗透率，本试验模型参数 $C_1=5.1$。煤样渗透率随酸化时间的测试结果见图 7-50 和表 7-17。

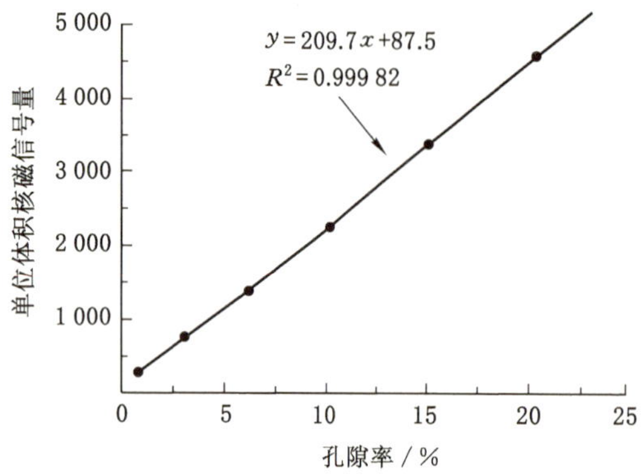

图 7-49　孔隙率定标曲线

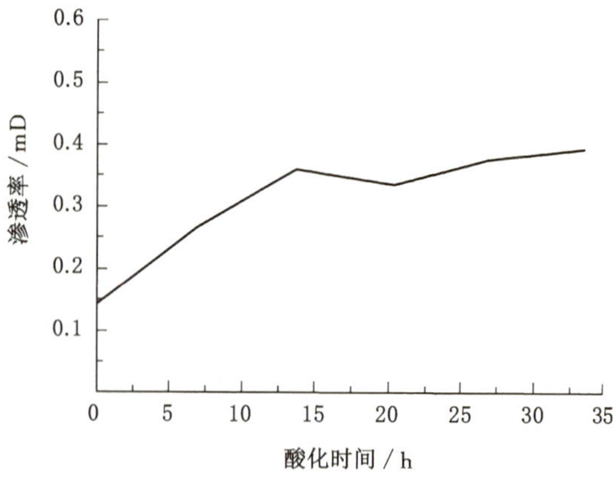

图 7-50　煤样渗透率与酸化时间关系

表 7-17　煤样酸化前后渗透率变化情况

煤样来源	渗透率/mD					
	0 h	6 h	12 h	18 h	24 h	30 h
三元煤业	0.158	0.268	0.353	0.324	0.343	0.358

由表 7-17 和图 7-50 可知，酸化开始后，在 0～12 h 内，煤样渗透率迅速增加，这主要是因为改性增透浓度和矿物质含量均比较高，酸化反应在前期剧烈，渗透率改变较大；酸化 12 h 后，煤样的渗透率增速减缓，甚至有小幅度降低，分析原因是煤内含有黏土类矿物浸泡膨胀所致，受 KCl 防膨剂的作用，渗透率降低幅度有限；随着酸化作用的继续，溶蚀范围和深度更大，渗透率逐渐升高，最终趋于平稳。三元煤业煤样的矿物含量高，酸化反应物质基础充裕，酸化效果明显。三元煤业煤样酸化 24 h 后较酸化前的渗透率增加了 0.185 mD，煤样渗透率变化规律与孔隙率变化规律一致。

③ NMR 成像分析

煤样酸化 24 h 前后的 NMR 图像如图 7-51 所示。图中黑色区域为背景底色；周围清晰的轮廓线是在试件表面包裹一层树叶而得到的；中间蓝色亮点表示煤样内部的含水孔隙，亮点面积越大、亮度越高表示所在区域的孔隙越发育。

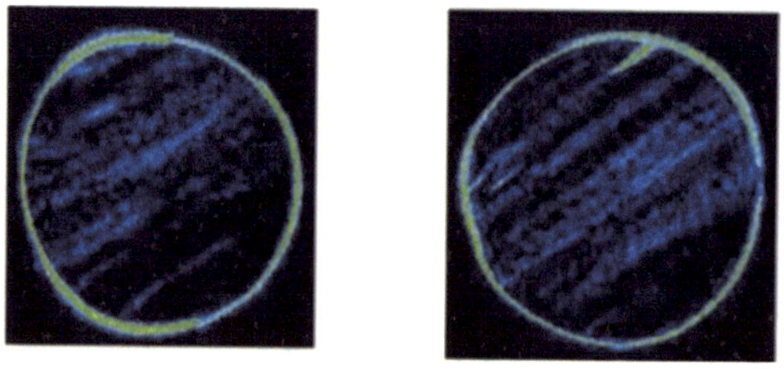

(a) 酸化前　　(b) 酸化后

图 7-51　煤样酸化前后的 NMR 图像

由图 7-51 可知，三元煤业煤样的 NMR 图像中呈现出多条明显的亮色区域，表明其层理发育明显，改性增透剂沿层理进入煤体内部；酸化作用后，层理轮廓更清晰，表明酸化作用使煤样的孔隙连通性增强，酸化效果受煤样的原生孔隙所导向。

7.4　煤层等离子电脉冲波增透技术

我国 95%以上的煤层属于低渗透性煤层，瓦斯透气性系数为 0.004～0.04 $m^2/(MPa^2 \cdot d)$，低渗透性导致煤层瓦斯抽采较为困难，为煤矿生产带来了较大安全风险。针对上述问题，前人提出了超声波技术、顶底板压裂改造、电脉冲技术[38]、CO_2 致裂、高压水力切割等煤层改造方法。然而，由于地质条件、方法及其配套设备的局限性，目前煤矿瓦斯的抽采率仍然处于较低水平。

目前，提高煤层瓦斯抽采率技术主要存在两方面问题：煤层改造程度不充分和过度改造伤害煤层。传统方法主要以增加钻孔的密度和数量，从而增加孔壁面积来增强煤层的泄压、透气能力。这种方式无法改造深部煤层，煤层瓦斯抽采能力提升幅度较为有限，也给煤矿的安全生产带来较大风险。其根本原因在于煤层改造体积不足，常规钻孔周围产生的宏观裂缝无法延展到煤层深部，导致深部储层瓦斯无法有效运移至钻孔内。另外，对煤层的过度改造伤害，如不可控的爆破、大体量的压裂措施使得煤岩储层应力变化而产生破坏性变形，致使煤储层渗透率发生不可逆下降，为后期回采时的工作面管理留下安全隐患。

可控电脉冲波增透技术将电能转化为机械能作用在煤层内部，提高低渗透性煤层的瓦斯抽采能力。前人采用可控电脉冲波的原型样机（QZEB-Ⅰ型，外径 102 mm，长度 8 m，采用入孔电缆控制）在有筛管支护的松软煤层钻孔中探索了增透工程设计参数和增透措施影响范围；而在较硬低渗透性煤层裸眼钻孔中，其冲击密度和增透措施影响范围的确定还需要开展进一步实践研究。

7.4.1　可控电脉冲波作用机理

1. 技术内涵

可控电脉冲波增透技术是一种储层改造的物理增产新技术。所谓可控，是指冲击波的幅值和作用时间可通过调整聚能棒的配方和质量，对不同物性储层做功，使产生的冲击波能量控制在煤岩层抗压强度之下、抗拉强度之上；作业区域可控，是指设备的输出窗口限制了冲击波轴向有效作业区域，即钻孔内增透作业范围，通过精准设计增透工艺参数，形成对煤岩层有限区域的改造作用；重复次数可控，可以根据目标物性，设备产生的冲击波工作次数可控；移动设备作业点位的可控，根据需要实现全孔段均衡增透。新一代改进型可控电脉冲波装置参数见表 7-18。

表 7-18　可控电脉冲波装置参数

项　目	参数值	项　目	参数值
设备外径/mm	90	工作频率/(次/min)	0.5
设备长度/m	5.5	放电电流/kA	50
外壳抗压/MPa	30	放电电压/kV	30
装置储能/kJ	30	冲击波脉宽/μs	>50
聚能棒携带量/颗	100	冲击波峰值压力/MPa	>30
设备质量/kg	70～100	供电形式	防爆锂电池

2. 工艺原理

可控电脉冲波增透技术采用多次、复合电脉冲波，可实现作用效果、作用距离等都可控的过程。与爆燃压裂不同，可控电脉冲波增透技术在煤层中的作用形式分为 3 种：冲击波、压缩波、弹性波，与之对应的作用区域分为裂缝区、裂隙区、弹性区。作用区域如图 7-52 所示。

① 裂缝区：冲击波从钻孔处向煤层内部传递，近孔处煤层吸收了冲击波的较多能量，使该区域内煤层出现宏观裂缝，可沟通钻孔和深部煤层。同时控制冲击波能量，使该区域煤层不形成碎裂形态。

② 裂隙区：冲击波通过裂缝区后，能量大幅降低，进而转变为压缩波。压缩波的强度低于煤层的三

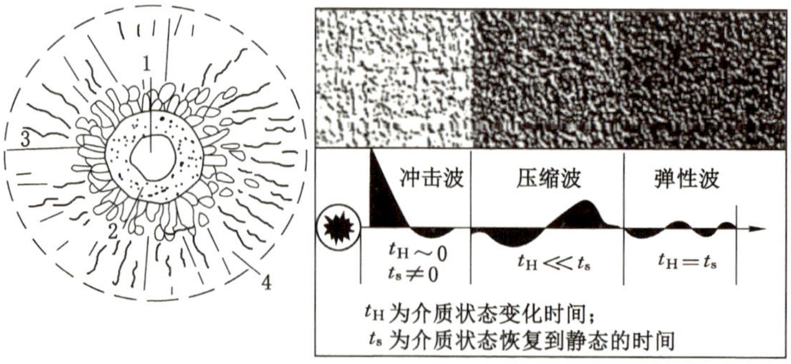

1—爆心；2—裂缝区；3—裂隙区；4—弹性区

图 7-52　可控电脉冲波作用区域示意

轴抗压强度，不会直接使煤层产生宏观破裂。压缩波可使裂缝区外的煤层受强力压缩作用，使质点产生径向扩张和切向应变，形成径向和切向裂隙。

由于该区域波的能量较高，当该波作用在煤层上时，煤层质点受到压缩作用。该作用可分为弹性作用、非弹性作用。非弹性作用因质点位置的改变导致煤层破坏，而弹性作用使煤层质点产生反向位移而破坏。这种正反作用导致煤层沿着钻孔周围径向产生交错裂隙区域。

③ 弹性区：冲击波的能量随着作用距离的增加逐渐减弱，体现为波的振动幅度逐渐减小。冲击波穿透裂隙区后减弱为弹性波，这种波能够引起介质的弹性振动，且弹性振动逐渐减弱。该区域波的能量被煤层全部吸收，因此，该区域又称为冲击波吸收带。

随着在煤层中传递距离的增加，压缩波的能量逐渐被吸收，表现为振动幅度进一步减小。此时，冲击波不具有破坏性，而是能够使煤层质点发生弹性振动，因此，称为弹性波，该区域称为弹性区，能够吸收冲击波的残余能量。

3. 脉冲技术工作流程

可控电脉冲波技术实施设备可大致分为孔外设备和入孔设备两部分，如图 7-53 所示。其中，孔外设备通过中心通缆式钻杆与入孔设备建立信号通信，并向其发送指令和接收入孔设备工作参数。入孔设备包含高压直流电源、储能电容器、能量转换器等，其中，能量转换器中储存聚能棒，电能激发聚能棒产生爆炸，进而产生冲击波；而冲击波以水为介质与煤层进行耦合，最终将电能转化为作用在煤层上的机械能即冲击波。其他辅助设备为钻机、通缆钻杆、水压管线等，用于设备出入钻孔和向钻孔注水。

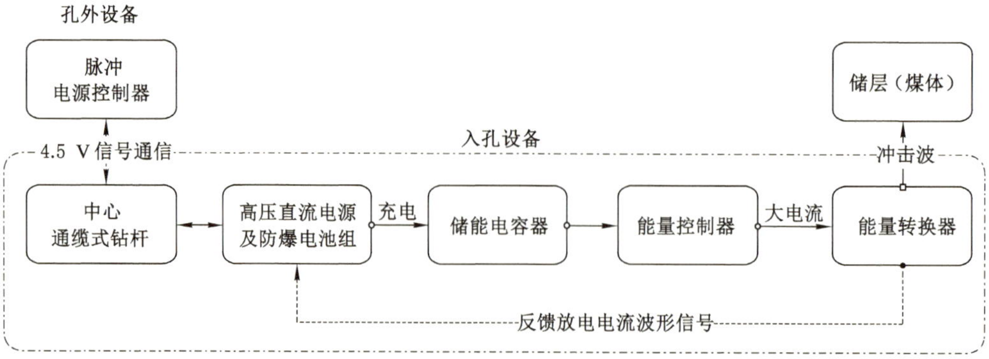

图 7-53　可控电脉冲波工作流程

可控电脉冲波技术实施时，首先通过钻机在煤层中钻孔，通缆钻杆主要作用为传输钻孔外控制设备的指令。孔内设备在接收到经钻杆传输的信号后，高压直流电源给储能电容器充电。充电结束后，聚能棒在水中闪爆，形成的冲击波作用在液体内，液体冲击波作用在煤层上。多个脉冲波相互复合，对煤层进行多次冲击作用，达到储层改造的目的。

7.4.2　可控电脉冲波先导试验

1. 试验区地质概况

选取神华神东保德煤矿为试验对象，矿井设计生产能力为 8.0 Mt/a。矿井位于河东煤田的北部，总体上为平缓的单斜构造形态，并显示波状起伏，地层产状总体为走向 350°，倾向 260°，倾角平均 4°。开采的 8 号煤层直接顶为砂质泥岩，基本顶为粗粒砂岩，底板为泥岩及细粒砂岩。煤层中上部裂隙发育，呈条带状分布，裂隙带间距 120～170 m，裂隙走向 270°，井田地质构造简单。主采 8 号煤层平均厚 6.02 m，回采标高在 500～900 m，煤的坚固性系数 0.72，含 7～8 层夹矸，夹矸最大厚度1.05 m，瓦斯压力梯度 0.50 MPa/hm，煤层透气性系数 0.17～0.8 $m^2/(MPa^2 \cdot d)$，钻孔瓦斯流量衰减系数 0.004 7～0.049 1 d^{-1}。主采 8 号煤层具有透气性低、钻孔衰减系数大、煤壁裂隙发育等客观条件。现阶段矿井瓦斯主要通过钻孔抽采，常规钻孔组瓦斯日均抽采量仅为50 m^3。2015—2019 年鉴定结果显示，矿井绝对瓦斯涌出量 78.48～107.55 m/min，则该矿井为典型的低透气性高瓦斯矿井。

为增大煤层透气性，提高瓦斯抽采效果，同时探究可控电脉冲波增透技术在较硬低透气性煤层裸眼钻孔中的作业效果影响因素，采用改进型的可控电脉冲波设备在该矿 81310 备采工作面的回风巷内进行煤层局部改造试验。与前人所采用设备不同之处在于，改进型可控电脉冲波设备外径缩小到90 mm，长度小于 6 m，单次可携带的聚能棒为 100 颗，单孔作业时间小于 8 h。试验区域工作面走向长度 2 000 m，倾向长度 240 m，煤层倾角 3°～5°。

2. 试验布孔方案

前人首次将可控电脉冲技术应用于保德煤矿 8 号煤层，得出冲击波致裂增透煤层的有效半径大于 15 m，证明冲击波增透煤层存在最佳作用次数。但受当时设备条件限制，可控电脉冲波的影响范围显著小于预期效果，也没有给出适合该区块的最佳作用次数。为深入考察可控电脉冲波在空间上的改造效果，设计 1 个增透孔对应 3 个观测孔，观测孔距离增透孔分别为 5 m、15 m、30 m。

为了提高改造效果，本次依据体积改造原理，即单组改造、多组复合方式进行作业。对各观测孔结果平行对比，以提高试验结果的可信度。本次在矿井 81310 工作面回风巷 9L—18L 联巷间约 720 m 的区域内共进行了 9 组电脉冲波增透试验，组与组之间的距离大于 40 m，第 11L 联巷和第 15L 联巷已布置定向分支孔，增透试验孔组与其保持 50 m 距离。同时，为了避免与同区域内的定向分支孔串孔，本试验钻孔设计深度 180 m，开孔角度 50°，钻孔孔径 133 mm。共计施工钻孔 36 个，其中 9 个增透钻孔，27 个观测钻孔，图中 Z 代表增透钻孔，G 代表观测钻孔；Zx 表示第 x 组增透钻孔，Gx1 表示第 x 组的 1 号观测钻孔。保德煤矿 81310 工作面可控电脉冲波试验钻孔布置如图 7-54 所示。

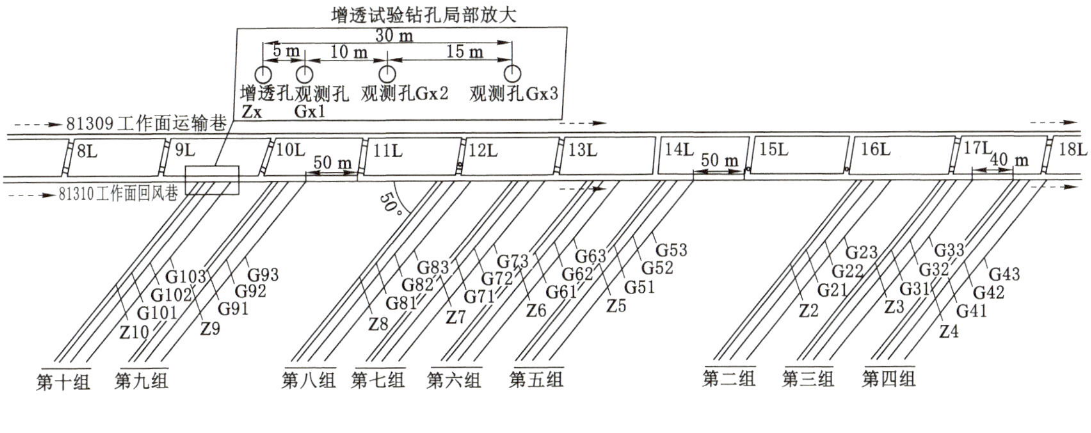

图 7-54　保德煤矿 81310 工作面可控电脉冲波试验钻孔布置

3. 可控电脉冲波增透方案

利用钻机将可控电脉冲波设备与通缆式钻杆连接后送入钻孔内，同时借助通缆式钻杆的特点，实现设备通信与孔内注水的目的。增透作业期间的安全措施包括钻孔注水监测和上风侧远距离操作。即设备入孔后利用钻杆向钻孔内注水，水可以将冲击波耦合到储层外，也可以提供安全的施工环境。钻孔孔口采取封堵及泄压措施，预防安全事故；设备入孔后开始作业前人员撤离至上风侧 50 m，在钻孔下风侧安装瓦斯浓度监测设备。

除了距离因素外，冲击作业次数与裂隙发育程度相关，当达到一定次数后裂隙不再扩展且煤样开始破碎。故本次试验对冲击波的增透参数进行分析，主要思路为采用"单点多次、多点连续"的方式，从钻孔底部向外回退式逐点对煤层进行冲击增透，达到全孔段激励和煤层改造的目的。

本次设置的增透试验参数见表 7-19，在一个点进行 5 次脉冲作业，且各脉冲幅值相同。设置 0.5 次/m和 0.25 次/m 两种冲击密度，对比相同冲击幅值条件下冲击密度对改造效果的影响。受钻孔沉渣及塌孔的影响，设备推送入孔期间遇阻，增透范围即为遇阻位置至孔口封孔段的距离。

表 7-19　可控电脉冲波增透工艺参数

组号	增透范围/m	总冲击次数/次	冲击密度/(次/m)	作业间距/m	单点冲击次数/次
二	160	80	0.50	10	5
三	140	70	0.50	10	5
四	140	70	0.50	10	5
五	140	70	0.50	10	5
六	140	70	0.50	10	5
七	140	70	0.50	10	5
八	140	70	0.50	10	5
九	120	30	0.25	20	5
十	60	30	0.50	10	5

本次试验单孔作业时间为 8～10 h(时间主要耗费在设备出入钻孔上)，试验后将每一个钻孔接通单独的孔板流量计。作业开展过程中，每钻完一组孔后，对该组孔进行增透试验，并记录瓦斯浓度、流量和压力，直至完成全部点位作业。作业完成后接通抽采系统，连续观测并记录试验组钻孔的瓦斯浓度、纯量等参数。

7.4.3　可控电脉冲波煤层增透效果分析

通过对增透孔抽采数据持续半年的统计(2019 年 1 月 22 日至 2019 年 6 月 22 日)，对全部 36 个钻孔瓦斯抽采纯量进行连续、独立监测，结果见表 7-20，增透孔组日均瓦斯抽采流量曲线如图 7-55 所示。

表 7-20　试验孔瓦斯抽采纯量统计

组号	单孔平均抽采纯量/(m^3/d)				观测时间/d
	增透孔	5 m 观测孔	10 m 观测孔	15 m 观测孔	
二	145	346	337	230	89
三	93	531	504	492	61
四	239	378	296	85	76
五	155	336	263	148	58
六	101	390	402	336	52
七	146	393	294	119	47
八	98	377	213	343	52
九	73	244	190	100	46
十	267	433	313	232	56
平均	152	381	325	218	

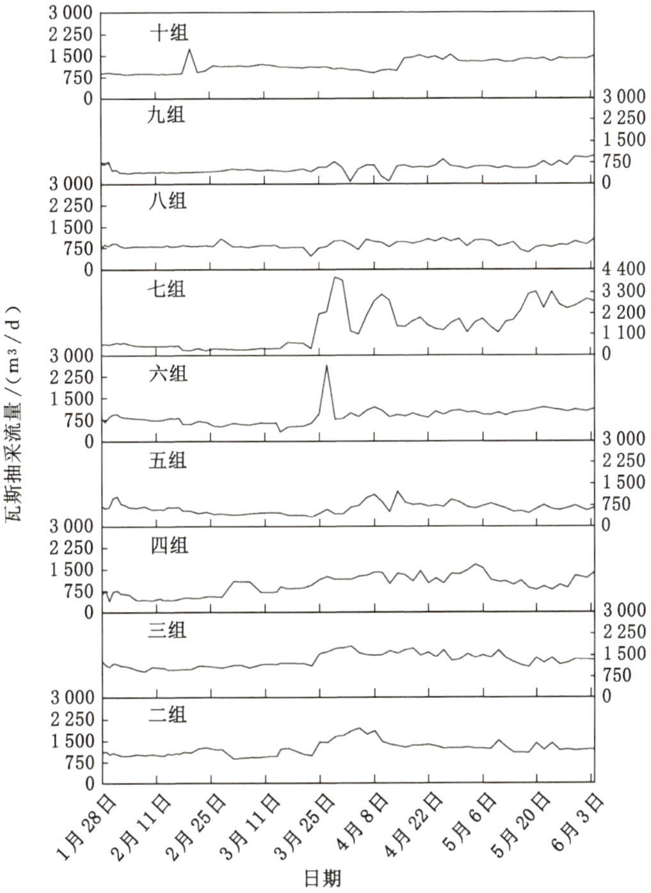

图 7-55　增透孔组日均瓦斯抽采流量曲线

瓦斯抽采总量为 589 915 m^3；增透孔的日平均瓦斯抽采量为 152 m^3，观测孔的日平均瓦斯抽采量为308 m^3，其中，5 m、15 m、30 m 观测孔的日均瓦斯抽采量依次为 381 m^3、325 m^3 和 218 m^3。

冲击密度为 0.5 次/m 的增透钻孔组平均瓦斯抽采流量为 286 m^3/d，钻孔内增透作业范围平均为131 m。与常规孔组抽采流量 50 m^3/d 相比，增透后 30 m 范围内瓦斯抽采流量能够平均提高4.7倍。

当冲击密度为 0.25 次/m 时，钻孔内增透范围为 120 m。该组 5 m、15 m、30 m 观测孔的平均瓦斯抽采流量依次为 244 m^3/d、190 m^3/d、100 m^3/d，明显低于冲击密度为 0.5 次/m 时的抽采效果，但其平均日抽采量为 152 m^3，仍较常规钻孔提高了 2 倍。

通过日均瓦斯抽采量对比，初步确认冲击密度和钻孔内增透作业范围是影响储层改造效果的重要因素。增透改造后瓦斯抽采量显著提高，表明可控电脉冲波在煤层中形成了气体的渗流通道，提高了储层的透气性。

通过图 7-56 可以看出，增透孔的抽采效果普遍低于不同距离上的观测孔。不同组之间同类孔产气量差别较大，但存在明显规律：按照钻孔瓦斯日抽采量大小排序，5 m 观测孔＞15 m 观测孔＞30 m 观测孔＞增透孔。这表明超过 5 m 后，可控电脉冲波增透效果随着距离的增加逐渐减弱。但 30 m 处观测孔的抽采量依然高于增透孔，这一结果也初步揭示出可控电脉冲波的影响半径在 30 m 以上。

7.4.4　冲击密度的验证

为进一步验证冲击密度对可控电脉冲波增透效果的影响，在同一盘区同一煤层内的 81312 工作面辅运巷采用相同钻孔施工参数施工了 10 个钻孔，进行了 4 种设计冲击密度参数的对比验证(0.5 次/m、0.4 次/m、0.3 次/m、0.2 次/m，与实际参数值略有偏差)，钻孔布置如图 7-57 所示，参数设计见表 7-21。

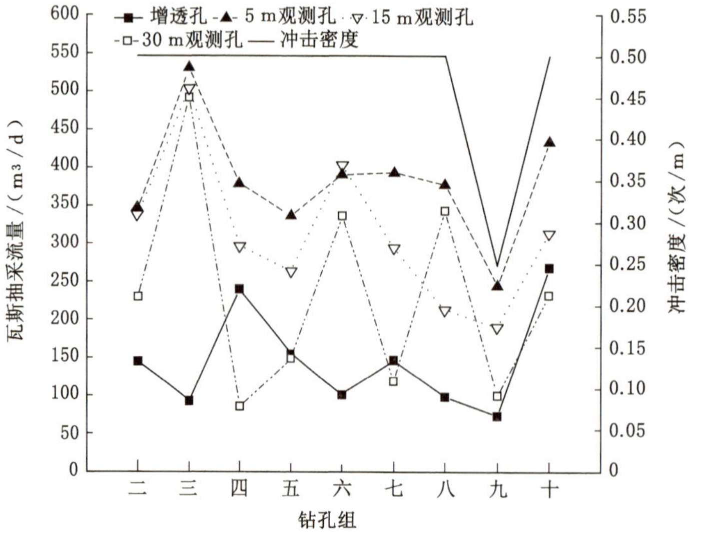

图 7-56　试验孔日均瓦斯抽采量分布

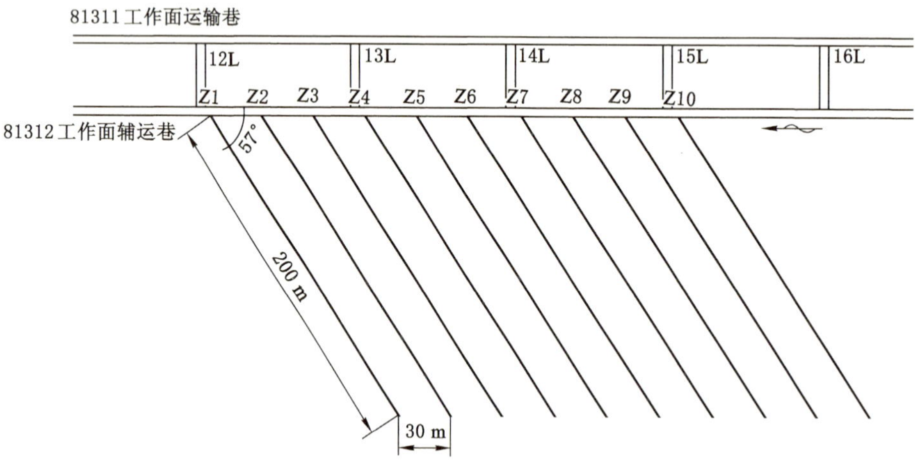

图 7-57　验证孔布置

表 7-21　验证孔增透工艺参数设计

孔号	增透范围/m	总冲击次数/次	冲击密度/(次/m)	作业间距/m	单点冲击次数/次
Z1	110	61	0.56	9	5
Z2	92	51	0.55	9	5
Z3	110	46	0.42	12	5
Z4	85	24	0.28	18	5
Z5	100	42	0.42	12	5
Z6	110	46	0.42	15	5
Z7	100	33	0.33	15	5
Z8	110	37	0.34	15	5
Z9	90	50	0.56	9	5
Z10	110	61	0.55	9	5

对 10 个验证孔的数据进行统计(统计时间为 2019 年 12 月 22 日至 2020 年 2 月 12 日),结果见

表 7-22，日均瓦斯抽采量与冲击密度对比关系如图 7-58 所示。

表 7-22 验证孔瓦斯抽采量统计

孔号	日均瓦斯抽采纯量/m^3	日均抽采瓦斯体积分数 φ/%	观测次数/次
Z1	318.00	64.18	15
Z2	288.10	65.40	15
Z3	116.17	21.80	15
Z4	9.84	1.61	15
Z5	96.80	21.58	15
Z6	135.84	30.82	15
Z7	34.16	7.22	15
Z8	45.76	7.18	14
Z9	306.07	69.45	15
Z10	348.47	79.82	14

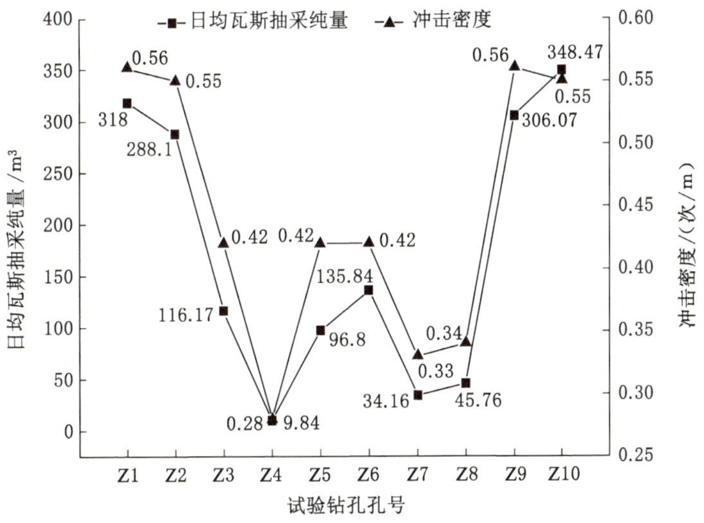

图 7-58 验证孔不同冲击密度下日均瓦斯抽采纯量

由表 7-21、表 7-22 和图 7-58 可以看出，Z4 号孔采用最小冲击次数 0.28 次/m 时，钻孔内增透作业范围为 85 m，无论是瓦斯抽采纯量(9.84 m^3/d)还是体积分数方面，与常规单孔的抽采效果无异；冲击密度增加至 0.34 次/m，钻孔内增透作业范围为 110 m，瓦斯抽采纯量升高至 45.76 m^3/d，接近常规钻孔组的日均抽采量；冲击密度进一步增加至 0.42 次/m，钻孔内增透作业范围为 110 m，瓦斯抽采纯量(96.80～135.84 m^3/d)与体积分数显著提升；当冲击密度为 0.55 次/m 时，平均钻孔内增透作业范围为 100 m，瓦斯抽采纯量与体积分数大幅度提高，瓦斯体积分数为 65.40%～79.82%，瓦斯抽采纯量为 288.10～348.47 m^3/d，这一数值与研究区 81310 工作面采用冲击密度为 0.5 m/次的结果(286.00 m^3/d)相近。

对该组数值进一步细分，当冲击密度同为 0.55 次/m，钻孔内增透作业范围为 92 m 和 110 m 时，其对应的瓦斯抽采纯量分别为 288.10 m^3/d 和 348.47 m^3/d；当冲击密度为 0.56 次/m，钻孔内增透作业范围为 110 m 和 90 m 时，其瓦斯抽采纯量为 318.00 m^3/d 和 306.07 m^3/d。

由此可见，冲击密度和钻孔内增透作业范围的进一步提升可以获得更好的瓦斯抽采效果。针对不同冲击密度，其瓦斯日均抽采纯量对比显示：冲击密度为 0.33～0.34 次/m 的平均瓦斯抽采纯量是冲击密度为 0.28 次/m 的 4.1 倍；冲击密度为 0.42 次/m 时，其平均瓦斯抽采纯量是 0.33～0.34 次/m 对应抽采结果的 2.9 倍；冲击密度为 0.55～0.56 次/m 的平均瓦斯抽采纯量是 0.42 次/m 的 2.7 倍。

由试验结果得出，可控电脉冲波应用在煤体较坚硬、瓦斯含量高、煤层透气性系数低的保德煤矿煤储层时，其施工参数设定为，冲击密度平均 0.5 次/m，钻孔内增透作业范围平均 100 m，可实现最佳的储层增透改造效果。

7.5 煤层超声波增透技术

为提高煤层气井单井产量、减少煤储层伤害，新改造技术被不断探索。其中，功率超声改造技术已得到初步认识，但仍十分有限。

20 世纪 90 年代，徐龙君等首次提出利用超声波技术来提高煤层渗透率的构想，并且对电场、声场对瓦斯气体的吸附、解吸作用进行了深入研究。此后，诸多学者对超声波参数（频率、声波强度）对煤层增透的可行性及效果进行了研究。如于国卿等研究了超声波对煤层孔隙结构的影响，发现超声波主要依靠空化作用实现对煤层的增透，并且认为功率是使煤层变化最重要的因素；师庆民利用微观的方法研究了超声波作用下，煤体内部裂隙的延伸、扩展及发育规律。超声波增透煤层的可行性在实验室得到了充分的验证，但是在现场少有运用。

7.5.1 煤层超声波增透技术原理

声波是一种能够在弹性介质中进行传播的机械波，其在同一介质中传播的速率相同，主要的区别在于频率不同。一般来说，声波频率在 20～10 000 Hz，频率低于 20 Hz 的声波为次声波，超过 20 000 Hz 的声波称为超声波，其中 20 000～100 000 Hz 的超声波应用又称为功率超声。功率超声波煤层致裂增渗是指将很大的能量储存在储能元器件中，然后经过开关将此能量在短时间内释放到负载上，从而形成很高的功率。功率超声波增渗技术先将纯水预先注入目标煤体的钻孔中，对钻孔周边煤层进行充分的湿润后，放入专用声发射探头，启动探头通过声波扩散传递的能量对煤层进行激励改造[39]。由于煤层本身就是非均质储层，存在着诸多天然缺陷、裂缝，当足够能量的超声波作用于煤体孔隙介质后，其增加的应变能达到塑性屈服状态，裂缝开始延伸和扩展，扩大和连通了原有气体孔道，改善了瓦斯渗流通道；另外，传递了超声波的介质，由于传播速度的各向异性，在煤层孔隙介质不同界面处产生了较强的剪应力差，在这种应力差的作用下，渗流通道的堵塞物质被清除，进一步提高了煤层的渗透率。功率超声波增透技术具有方向性好、能量大、穿透能力强、传播距离远等技术优势。该技术不需要向煤层内注入除纯水以外的其他添加物，煤层不会受到污染，同时可以利用换能器电极定向输出超声波，实现有选择性和方向性地改造局部低渗透煤层；通过调节超声波的频率、作业强度和次数，实现不同煤层的可控性和精细化改造，作业中伴生的电磁辐射效应可进一步促进煤层中吸附瓦斯的解吸。

7.5.2 功率超声波增透应用实例

（1）试验地点概述

试验地点选在山西某矿，该矿区走向长 1 800 m，倾斜宽平均 540 m。矿井原南翼采区是瓦斯事故的重灾区。煤层瓦斯含量高，根据地质资料，该区 3 煤瓦斯含量平均为 14.4 m^3/t，7 煤瓦斯含量平均为 12.8 m^3/t，12 煤瓦斯含量平均为 12.5 m^3/t。

本次超声波增透煤层 12 煤层透气性系数为 0.000 2～0.000 6 $m^2/(MPa^2 \cdot d)$，钻孔瓦斯流量衰减系数为 0.055 15 d^{-1}，属于较难抽采类别，存在煤与瓦斯突出的危险性，且具有煤粉尘爆炸性和自燃倾向性。

本实例通过在 12 煤工作面打多个顺层钻孔，利用功率超声波作业和普通钻孔抽采进行抽采效果比较，来验证功率超声波技术的可行性和有效性。

（2）功率超声波增透装置及增透工艺

功率超声波煤层增透装备主要由地面仪、电缆、电源切换装置、磁定位仪、伽马仪、监测模块及换能器组成。地面仪主要通过电源给高聚能电容器充电，之后将储存的电能量传输给换能器，换能器在充满水的钻孔中以液电效应将电能瞬间释放，形成高峰值的爆炸应力冲击波，冲击波穿透整个煤储层，工作频率为3～6次/min。为了适应煤层钻孔的增透作业，将功率超声波驱动源设计成棒状结构，主要由升压器、储能电容、能量转换器等组成。钻孔功率超声波发生装置如图7-59所示。

图7-59 钻孔功率超声波发生装置

发射机控制系统按照设定的流程工作，通过高功率传输电缆，将电能经过适配器传输到发生装置中。发射机为储能电容器充电蓄能，当存储能量达到设定的阈值后，能量控制器迅速接通储能电容器和转换器，存储在电容器中的电能经过能量转换器产生超声波。

现场实施中，当钻孔打好之后，采用钻杆将功率超声波发生装置推送到目标煤层段中，通过高功率传输电缆连接孔内装置和发射机，将孔密封并在钻孔内注满水。将整个钻孔目标层分为几个作业段，依次进行作业。此次作业，从顺层孔底开始，在每个作业段依次进行若干次增透，之后将功率超声波发生装置后退移动到下一个作业段，直到孔口。功率超声波煤层增渗作业如图7-60所示。

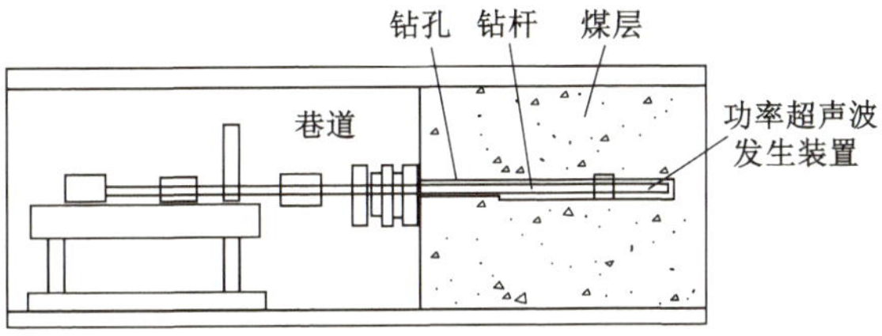

图7-60 功率超声波煤层增渗作业示意

(3) 煤层相关参数及钻孔布置

目标煤层12煤是由1～6个煤分层结合而成的复合煤层，厚度为0.28～4.05 m，平均厚度为2.05 m，含夹矸2层。煤层顶板为致密的细砂岩、泥岩，底板为浅灰色的黏土岩、粉砂岩。

为了比较功率超声波增透技术对煤层改造的影响，在工作面邻近区域分别进行功率超声波增透抽采及常规钻孔抽采。依据功率超声波增透技术原理和现场作业条件，将试验钻孔布置在工作面回风巷中，采用顺层钻孔方式，钻孔深度为90 m。在现场实施中，利用钻杆将功率超声波发生装置送至目标煤层段，同时将孔口密封且在孔里面注满水。将一个增透孔分成若干个作业标段，从里到外实施作业，从孔底开始，在每个作业段重复增透若干次，完成后将功率超声波发生装置后退至下一个作业标段，直到孔口。

此次增透作业频率为50 000 Hz，增透次数为0.5 m/次，工作面钻孔布置方式如图7-61所示。其中，对回风巷的3个钻孔实施了超声波增透作业，超声波钻孔间距20 m，之后在超声波增透区域每隔5 m分别施工若干个钻孔；为避免超声波增透对常规抽采孔的影响，在距离超声波增透孔100 m的位置施工相同数量的普通抽采钻孔，钻孔间距为5 m，采用水泥砂浆封孔，封孔长度为12 m，施工钻孔的参数均一致。

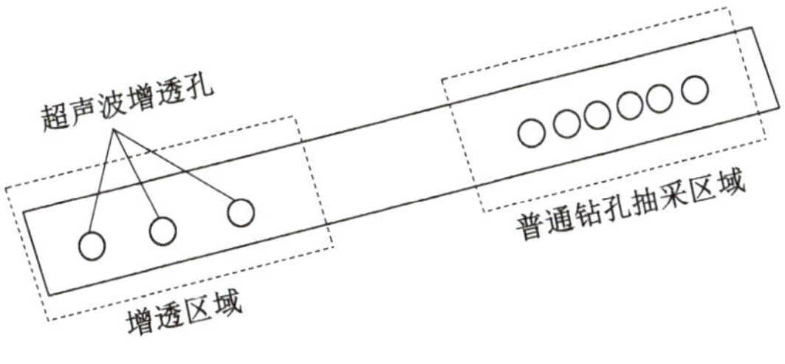

图7-61 钻孔布置示意

7.5.3 功率超声波增透抽采效果分析

功率超声波工作结束后在增透区内施工抽采钻孔进行效果考察，瓦斯抽采负压为 40 kPa，在抽采支管连入干(主)管前安设孔板流量计进行抽采量、混合量的考察及计量。经过测定，抽采 60 d 之后，功率超声波增透区域的煤层瓦斯含量降低到 7.59 m^3/t，达到了防突规定的要求；在同等条件下，施工普通钻孔需要 150 d 抽采瓦斯才能达到防突规定(即<8 m^3/t)要求，并且要采用密集钻孔的方式，即钻孔间距为 3 m。通过对增透前后的数据分析及计算，绘制煤层经过超声波增透与普通瓦斯抽采后的平均单孔瓦斯抽采纯量和浓度的对比曲线，对增透前后瓦斯抽采效果进行对比分析。

各组钻孔 30 d 瓦斯抽采浓度及纯量对比曲线如图 7-62 和图 7-63 所示。经过功率超声波增透与常规瓦斯抽采的单孔日瓦斯抽采纯量如图 7-64 所示。由图 7-62 至图 7-64 可以看出，功率超声波增透后瓦斯抽采浓度比未增透区域瓦斯抽采浓度有大幅提高。未增透区域三组孔平均瓦斯抽采浓度为 26.7%，经过功率超声波增透后平均瓦斯抽采浓度为 60.4% ，是未增透区域瓦斯抽采浓度的 2.26 倍。与原始未增透区域相比，功率超声波增透后抽采钻孔瓦斯抽采纯量有较大的提高。未增透区域平均单孔瓦斯抽采纯量为 0.002 8 m^3/min，功率超声波增透区域平均单孔瓦斯抽采纯量为 0.010 2 m^3/min，经过功率超声波增透后区域的单孔平均瓦斯抽采纯量是未增透区域的 3.64 倍。经过功率超声波增透后，瓦斯流量衰减系数亦同样变小，单孔日瓦斯抽采纯量增加明显。

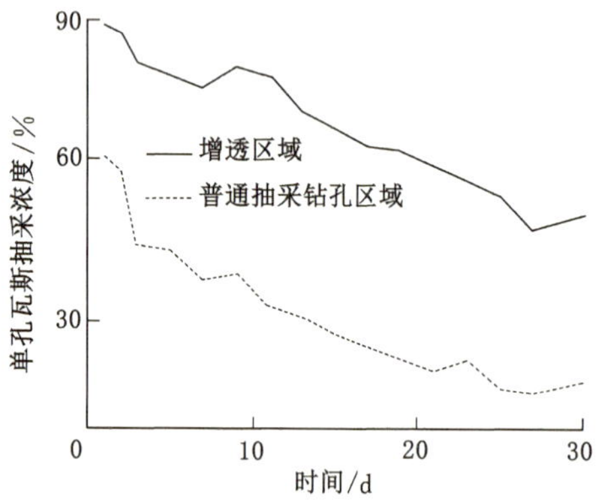

图 7-62 各抽采钻孔平均瓦斯抽采浓度对比曲线

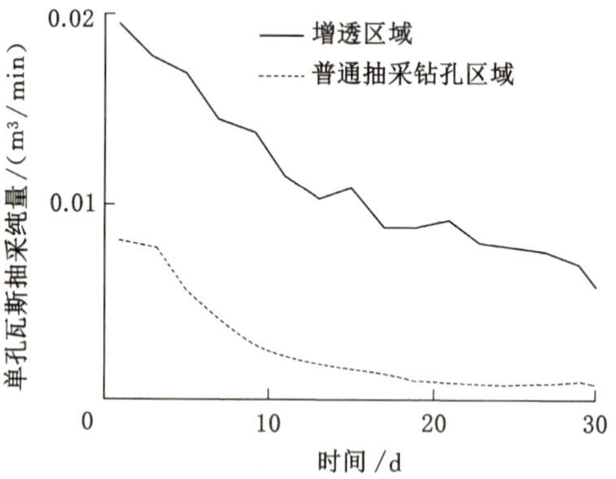

图 7-63 各抽采钻孔平均瓦斯抽采纯量对比曲线

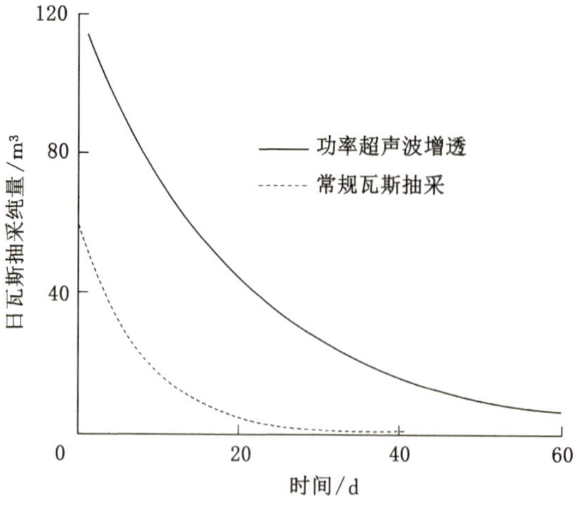

图 7-64 不同条件下抽采钻孔日瓦斯抽采纯量拟合曲线

由上述分析可知，与煤层未增透区域相比较，煤层经过功率超声波增透后瓦斯抽采纯量和抽采浓度都有较大程度提高，极大地增加了煤层的渗透率，促进了瓦斯流动，能够显著地减少煤层瓦斯抽采钻孔工程量，降低工程成本。

7.6　煤层复合增透技术

我国现有的矿井中，有 50%以上的矿井属于高瓦斯矿井或煤与瓦斯突出矿井，且大多数高瓦斯煤层属于低透气性煤层，煤层渗透率一般在(0.001～0.1)×10^{-3} μm^2，平均透气性比美国低 2～3 个数量级。高瓦斯矿井极易引发瓦斯喷出、瓦斯爆炸、煤与瓦斯突出等煤矿安全事故，据统计，煤矿企业所发生的伤亡事故中，瓦斯事故死亡人数占总死亡人数的 70%以上；同时，瓦斯也是一种宝贵的非常规天然气资源，解决高瓦斯低透气性煤层开采过程中瓦斯涌出问题的主要措施是瓦斯抽采，加强瓦斯抽采、实现"先抽后采"已被确立为瓦斯治理的治本之策，从而实现煤与瓦斯共采。

煤层透气性的高低直接决定着瓦斯抽采效果的好坏，由于我国煤层透气性普遍较差，同时随着我国煤矿开采深度的逐步加大，开采条件更趋于复杂，出现了高地应力、高瓦斯、高非均质性、低透气性的煤体特征(图 7-65)，从而导致单个瓦斯抽采钻孔有效影响范围小，预抽钻孔工程量大，抽采效率低，常规的瓦斯抽采方法难以发挥作用，瓦斯爆炸和瓦斯突出的威胁也越来越严重，渗透率低已经成为制约煤层瓦斯抽采的关键因素。

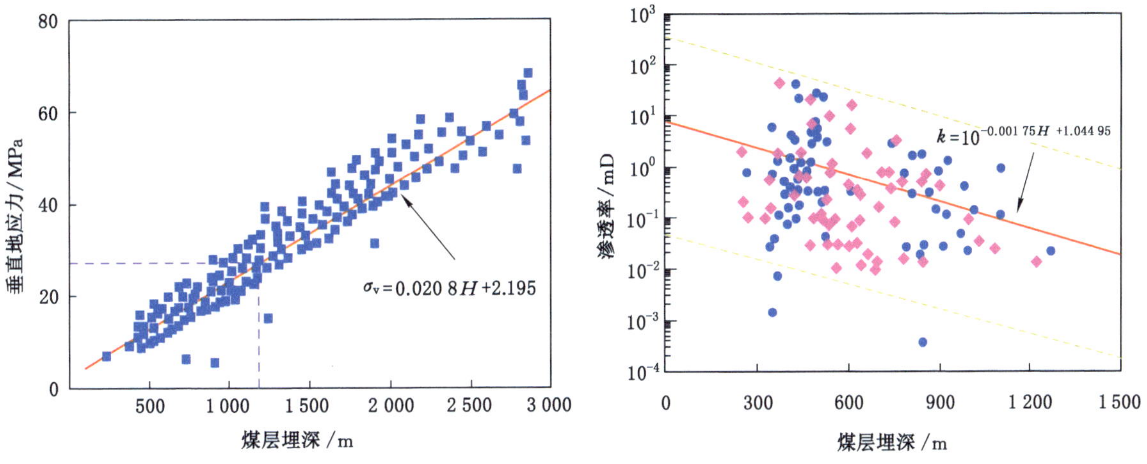

(a)　　　　　　　　　　(b)

图 7-65　煤体特征随埋深变化规律

煤储层的孔隙-裂隙系统是与外界进行物质交换的场所和通道，其发育程度及通畅性直接决定煤储层透气性的高低。在漫长的地质年代中，煤储层中的很多孔隙裂隙已被方解石、白云石、赤铁矿、黄铁矿等矿物质及其他杂质所堵塞。例如，我国华北石炭-二叠纪煤系和河南焦作地区煤储层的裂隙主要被方解石充填，如图 7-66 所示。

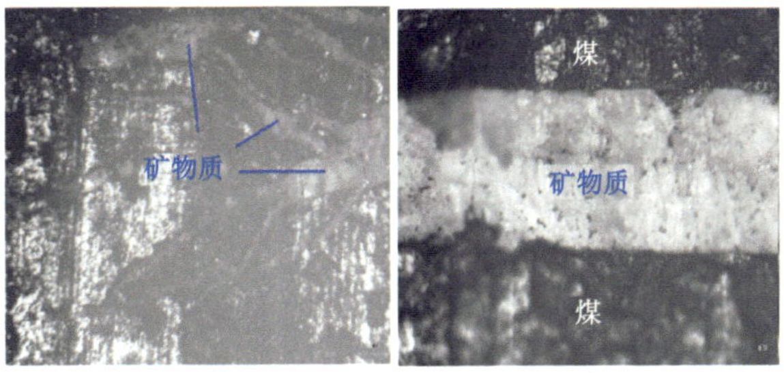

(a)　　　　　　　　　　(b)

图 7-66　煤体裂隙被矿物质充填

整体来说，目前这些增透手段相对单一，在一些地区改造效果不甚理想，无法较好解决含矿物质的低透气性煤层的增透问题，开展两种或多种增透技术相结合的煤层复合增透技术研究势在必行。

目前行业内已有大量专家开展相关研究，本节对气-液两相复合增透技术、煤层原位改性增渗复合增透技术两方面进行介绍。

7.6.1 气-液两相复合增透技术

所谓气-液两相复合增透技术，即将高压水射流割缝增透技术与煤层注气强化瓦斯抽采技术相结合，从而更好地治理煤层瓦斯。

1. 技术原理

(1) 高压水射流割缝增透技术原理

① 水射流割缝后煤体结构变形机理

低渗透煤层通常位于深部区，煤体内部结构变形主要由孔隙和裂隙产生。孔隙具有较强的吸附性，孔隙分布不均匀和裂隙发育不完全决定了煤体的非均质性，而研究发现煤体整体破坏变形与煤体的非均质度有关，非均质度越低，材料则越脆，反之非均质度越高则弹缩性越明显。而煤体中裂隙是瓦斯渗流的主要通道，决定着煤层渗透性，因此针对扩展裂隙来研究增透是正确的。裂隙扩展作为煤体结构变形的一个部分，其主要是由于内部结构在受力作用下发生损伤。前人研究发现，煤体微观结构上表现为坚固性系数越大，煤体渗透性越差；反之，坚固性系数越小，渗透性越好。然而实际宏观研究中发现，坚固性系数大的煤体本身坚硬，强度大，塑性变形小，承压状态下孔隙变化微弱，会产生较多脆性破裂的裂隙，渗流通道畅通，渗透性好；而相反，松软煤层本身强度小，塑性变形大，承压下孔隙会发生闭合，渗流通道阻塞而透气性差。通过研究水射流割缝后煤体结构变形机理，分析变形对瓦斯渗流的影响规律，从而从煤体结构变形的角度证明高压水射流割缝间接起到了增透效果。

从高压水射流破岩机理方面分析发现，当水射流冲割煤岩体时，在冲击动载作用下煤体发生损伤破坏，高压水所带能量迅速以接触点为中心在煤体中传播，使得煤体强度和孔隙裂隙结构遭到破坏。通常在最初切割瞬间，煤体径向和切向由于受压而发生剪切破坏，利用莫尔-库仑(Mohr-Coulomb)准则进行强度判断，发现煤体强度变小。随着时间推移，水射流会在煤体表面产生拉应力，此时煤体垂直裂纹产生较多，这些裂纹和煤体原始空隙会被水射流占据并在其内部造成瞬时强大压力，强大的拉应力会破坏煤体强度同时产生水楔作用，水会不断渗入煤体孔隙裂隙中并在压差作用下发生煤体结构变形，使得裂隙扩展并相互贯通，从而煤体强度弱化，煤体渗透系数增加、渗透率增大。后期在水射流准静态压力作用下，煤体强度会在微小裂缝和层理处弱化，煤体颗粒脱落，加之回流的磨削作用，会对煤体产生二次损伤破坏，微裂纹会发生二次扩展并继续连通，最终形成大量宏观破坏的裂隙。

通过对井下水射流割缝现场试验的缝槽上下侧情况(图 7-67)分析发现，在水射流作用下原始裂隙的发育以及演化趋向于以纵向延伸为主(即向上下方向延伸)，这主要是由于煤层受支承压力的作用，在水射流割缝后缝槽两侧煤体会因上覆煤岩层发生向下位移而在纵向上较易产生裂隙贯通和扩展，而横向上由于围压作用裂隙则不易贯通。局部区域内随着多条裂隙产生并扩展相交，会在煤层某一处发生裂隙汇合并进一步密集，从而产生裂隙网络。

在高压水射流作用下，煤体内部孔隙变化主要集中在中孔和大孔。微孔由于孔径、容积和表面积较小，水射流压力对其作用微弱；而中孔和大孔因孔径和接触表面积大，水压力磨削作用使得孔隙沿最大主应力方向延伸，向最小主应力方向逐渐张开，并逐步沟通相邻孔隙而形成新的割理，这些割理会在水压力作用下二次发育扩展变成裂隙，从而改善瓦斯渗流通道和提高煤层渗透率。

② 水射流割缝增透力学机理

高压水射流通过在煤层预留钻孔两侧进行煤体切割，在煤层内部形成一条具有一定深度和高度的扁平缝槽，利用层内自我卸压使得煤层应力释放而发生不均匀沉降，从而形成大量裂隙，以此提高煤层渗透率。

试验中发现若在煤层中预置钻孔，地应力平衡状态会因卸压而重新分布，应力变化大致是钻孔上方应力释放较小，靠近钻孔处应力释放较大，钻孔左右两侧应力集中而变大，受应力集中作用煤体被压实，孔隙裂隙空间变小，甚至闭合，从而使得钻孔周围渗透率低于远处。但当利用高压水射流切

图 7-67 缝槽周围裂隙分布

割出扁平缝槽后，会在局部范围内达到层内自我卸压，周围煤体会产生向下位移，煤层几何形态会发生变化，缝槽边缘会形成松弛带和破碎区，应力重新分布后会向煤体深部和两边转移，致使远处应力大于钻孔处应力；缝槽裂缝面两侧煤体会受到拉应力作用，并在水平方向发生拉伸破裂，逐渐向煤层顶底板方向延伸；缝槽两侧尖端未割的煤体构成简支梁结构起到预留煤柱的支撑作用，使得缝槽周围煤体完全卸载，缝槽上部煤层会因割缝而应力变小，而两侧尖端会逐渐受拉应力和剪应力的复合作用而应力变大，产生应力集中区，应力大于缝槽两侧。总体来说，割缝后缝槽内应力将出现两侧尖端大于缝槽两侧裂隙面的情况，而且未受破坏的煤体单元会表现为弹性，不会再向深部煤层转移而发生应力集中。

缝槽周围应力增高区煤体会发生屈服损伤破坏，裂隙二次发育良好导致渗透率增大，缝槽远处煤体因卸压而使得围岩应力下降，渗透率随着围岩应力的降低而增大，大量吸附态的瓦斯会迅速解吸扩散到裂隙中。高压水射流割缝后应力越大，渗透率越低。在对割缝煤体上下两侧和整体进行渗透性测试时发现，由于周围煤岩体卸压破坏作用较大，应力降低，上部和下部煤体渗透性显著增强；而在切割煤岩体时，钻孔中水会在压差作用下渗入煤层中，会在一定阶段内影响煤体渗透性，但同时也会使煤体压实区变疏松并伴随产生新裂纹，水分消失后煤层渗透率得到提高。

我国煤层由于地质条件及结构复杂，非均质性、不连续性强，各向受力差异大。前人研究表明，若垂直于缝槽平面方向的应力越大，卸压率越高，缝槽周围较近煤体卸压充分，而距离缝槽较远处卸压率低。缝槽的宽度和高度越大，煤层卸压效果越明显，渗透率提高越明显。

在瓦斯抽采中瓦斯压力是一个重要指标，当利用高压水射流对低渗透煤层割缝增透时，裂隙处瓦斯压力会迅速衰减，这主要是由于裂隙内瓦斯通常是以游离态存在的，高压水射流破坏了孔隙裂隙结构，使得裂隙与外界连通，瓦斯迅速逸出。煤体基质内瓦斯会因裂隙处瓦斯逸出而产生压差，开始从煤基质中解吸出来，但由于煤基质内表面的吸附作用，瓦斯向裂隙的解吸被滞后。根据太沙基有效应力原理，瓦斯压力在水射流割缝后衰减会使得裂隙处有效应力增大的比煤基质处快。煤层中瓦斯对煤体的力学作用通常以有效应力的方式表现。有效应力控制着煤体的孔隙裂隙变形，当水射流割缝后煤层内瓦斯压力会随着排放时间延长而逐渐降低。由于瓦斯压力大的区域吸附能力强，有效应力小，煤体内部因吸附膨胀变形而裂隙和孔隙闭合；而瓦斯压力小的区域有效应力大，与地应力共同作用会在局部区域产生破坏，从而增加裂隙、提高煤层渗透率。但当瓦斯压力降低到一定程度时，由瓦斯引起的变形破坏会减少，在不受其他外力作用下，煤层内裂隙和孔隙变化微弱而使得应力分布趋于稳定。

③ 水射流割缝后煤层瓦斯非线性渗流机理

由于割缝增透后瓦斯流量变大、渗流速度加快，揭示割缝后煤层瓦斯非线性渗流机理有利于完善割缝增透机理。高压水射流割缝后卸压范围内煤体中瓦斯从煤层向缝槽内运移，瓦斯渗流呈现分区特点。由于高压水射流割缝后会产生破碎的煤体，围岩大多处于峰后应力状态或破碎状态，煤体中的渗流一般不符合达西定律，具有非线性、非稳态等特点，而煤体的非达西渗流系统的失稳与分岔是发生煤与瓦斯突出灾害的根源。本部分根据割缝后煤岩体各区域瓦斯渗流的特点，研究其渗流规律，从而揭示割缝煤层瓦斯非线性渗流机理。

煤体是由孔隙和裂隙组成的多孔介质，煤体的孔隙裂隙在一般情况下影响着瓦斯在煤层中的渗流特性。煤层经高压水射流割缝破坏后，其中会形成一条缝槽，缝槽周围煤层局部由破碎体组成，属于大空隙的多孔介质，渗流通道系统比较复杂；而未受割缝影响的远处线性层流区域由于孔隙裂隙结构未改变，压力变化不明显，瓦斯渗流状态未改变。

针对未受高压水射流割缝区域分析，其瓦斯流动以线性层流为主，忽略了瓦斯的惯性力。关于该区域瓦斯流动规律，通常认为扩散运动发生在微孔隙中，主要以浓度梯度为动力，遵循菲克定律向裂隙中扩散；而大孔和裂隙中由于压力梯度的作用，瓦斯遵循达西定律进行渗流。

破碎状态下的缝槽周围煤体，其流动速度介于未扰动煤层的达西渗流速度和缝槽内近似于管流的流速之间，此时由剪应力所引起的动量传递较小，不能用不考虑剪应力效应的达西定律解释。而受高压水射流割缝破坏的缝槽区域由于瓦斯流动速度较大，剪应力会耗散能量，研究该区域瓦斯流动需要考虑瓦斯的剪应力。目前有关学者在达西方程的基础上考虑 N-S 方程中瓦斯黏性剪切应力项，以及瓦斯压力梯度和动能作用，基于质量守恒和压力平衡，把未破坏煤层中瓦斯达西渗流和缝槽内瓦斯 N-S 流动有机联系在一起，提出了基于牛顿第二定律的非线性布林克曼(Brinkman)方程，该方程适合描述高压水射流割缝破坏区域动能、剪切力、瓦斯压力和重力作用下的瓦斯流动规律。

高压水射流割缝后形成的缝槽会连通抽采孔而利于瓦斯抽采，流入其中的瓦斯气体会变为管内自由流动，由于瓦斯渗流阻力微弱，通常研究瓦斯流动时不予以考虑。缝槽区域内瓦斯气体仅受重力、黏性阻力和压力的作用，有关学者在充分考虑瓦斯气体的静压能、动能和势能平衡情况下，基于牛顿第二定律以瓦斯的动能为主，研究发现管道流场的 N-S 方程适合于描述缝槽内瓦斯流动。

总之水射流割缝后煤层瓦斯运移呈现出分区特点，未扰动煤层瓦斯经过扩散渗流流动到高压水射流割缝区域的破碎体中，会在破碎带局部区域内流动，破碎带中因高压水射流产生的大量裂隙会释放大量瓦斯气体，使得瓦斯流动速度变大，剪应力引起的动量传递变大，从而大量瓦斯流进缝槽内，煤层在高压水射流割缝后渗流量增大、渗透率提高。

(2) 煤层注气促抽机理

到目前为止，煤层注气促抽瓦斯的原理还未能完全解释清楚。但是有关 CO_2 等在煤基质中吸附能力强于 CH_4 气体可以置换煤基质中 CH_4 的原理，已经得到专家们的一致认可；而对于 N_2 等在煤基质中吸附能力弱于 CH_4 气体而置换煤基质中 CH_4 的原理，专家们尚有异议。总体而言，煤层注气的作用效果主要包括置换作用、携载作用、稀释扩散作用、膨胀增透效应等。

① 置换吸附-解吸作用

早在 20 世纪甚至更早，国内外专家们发现煤对 CH_4、CO_2、N_2 等气体的吸附能力有强弱之分，并进行了煤对不同气体的吸附解吸试验，得出煤对 CH_4、CO_2、N_2 等占据煤层气组分较多的气体的吸附能力从强到弱的顺序为 $CO_2>CH_4>N_2$，且吸附解吸的过程是可逆的。煤对各种气体的吸附解吸过程是相关联的，也就是说煤基质吸附解吸 CH_4、CO_2、N_2 等气体是可以同时进行的，只不过吸附能力强的气体占据强势地位，吸附能力弱的气体占据弱势地位。如果向煤体中注入高浓度吸附能力强的气体，则必定出现吸附能力强的气体被吸附，吸附能力弱的气体被解吸的现象，这就是煤层注气的置换作用机理。

② 携载作用

煤层是由孔隙、裂隙所组成的多孔介质体系，裂隙是游离态 CH_4 赋存和流动的场所，CH_4 在煤层中的流动过程符合达西定律：气体在煤层裂隙中以渗流为主，渗流速度 u 与压力梯度 gard$p$ 成正比。即

$$u=-\lambda\frac{\mathrm{d}p}{\mathrm{d}x}=-\lambda\,\mathrm{grad}p \tag{7-32}$$

在井下新掘工作面或巷道，煤层深部与煤壁会产生压差，煤层深部 CH_4 会在压力梯度的作用下向巷道或工作面流动，其流动形式包括平面、径向和球面流动等。CH_4 在煤层裂隙中的流动主要受到 3

种形式阻力的影响:黏性阻力、流经裂隙的沿程阻力和与煤基质表面发生质量交换所带来的阻力。

由于 CH_4 沿煤层中层理流动,所以黏性阻力较小。当 CH_4 流经煤层裂隙时产生的沿程阻力与裂隙结构、煤层应力、含水量等有关,是影响 CH_4 在煤体中流动的主要阻力。在管道流中,流体流量和管道的材质、管径决定了沿程阻力的大小,所以人们普遍在适合的经济成本下尽可能地增加管径,以减小沿程阻力,类似地,人们普遍采用增透、采动卸压、开采保护层、水力压裂等措施来提高煤层透气性,以加快 CH_4 在煤层中的流动速度。由于吸附态 CH_4 和游离态 CH_4 处于一个不断地吸附解吸的动态平衡过程中,CH_4 流经裂隙时,就会与煤基质表面吸附态 CH_4 产生质量交换,从而改变局部的渗流状态,减缓 CH_4 的流动速度,而这种质量交换在煤体裂隙中是无处不在的,所以从宏观上看,就相当于在一定程度上产生了阻力,煤质或者说煤对 CH_4 的吸附能力对这种阻力有巨大影响。

对煤层进行注气瓦斯抽采在很大程度上增加了注气孔与抽采孔之间的压差,克服上述各种渗流阻力,增加煤层中 CH_4 的渗流速度,当 CH_4 从吸附态解吸为游离态时,较快的流动速度会在游离态 CH_4 还未吸附到煤基质上时就将其携载出来,最终进入抽采系统,从而打破煤体中的吸附解吸平衡状态,提高煤层瓦斯抽采效率。

③ 稀释扩散作用

菲克定律是描述流体扩散现象的定律,常用于煤层瓦斯流动中解释瓦斯扩散规律,在研究矿井瓦斯涌出规律、瓦斯抽采和煤与瓦斯突出中有重要作用,包括菲克第一定律和菲克第二定律。

菲克第一定律:单位时间内通过垂直于扩散方向的单位截面积的扩散物质流量(称为扩散通量,用 J 表示)与该截面处的浓度梯度成正比。即

$$J=-D\frac{\mathrm{d}C}{\mathrm{d}x} \tag{7-33}$$

式中,J 为扩散通量,$kg/m^2\cdot s$;D 为扩散系数,m^2/s;C 为扩散物质体积浓度,kg/m^3;$\mathrm{d}C/\mathrm{d}x$ 为浓度梯度;"—"号表示扩散方向为浓度梯度的反方向,即扩散组元由高浓度区向低浓度区扩散。

菲克第二定律:在非稳态扩散过程中,在距离 x 处,浓度随时间的变化率等于该处扩散通量随距离变化率的负值。即

$$\frac{\partial C}{\partial t}=\frac{\partial}{\partial x}\left(D\frac{\partial C}{\partial x}\right) \tag{7-34}$$

如果扩散系数 D 与浓度无关,则:

$$\frac{\partial C}{\partial t}=D\frac{\partial^2 C}{\partial x^2} \tag{7-35}$$

式中,C 为扩散物质的体积浓度,kg/m^3;t 为扩散时间,s;x 为距离,m。

在新掘巷道或工作面,煤壁会与煤层深部形成较大的 CH_4 浓度差,煤层深部 CH_4 就会迅速扩散至煤壁,进入巷道。煤层注气后,孔裂隙中 CH_4 浓度被迅速稀释,会与微孔隙内部 CH_4 形成浓度差而导致其扩散出来,被注入的气体携载至抽采系统,此扩散运动随着注气而持续进行;孔隙内 CH_4 持续减少就会导致煤基质上吸附态 CH_4 解吸出来,继续进行扩散运动,煤层瓦斯含量持续降低。同时,由于注入孔裂隙中的 CO_2 或 N_2 与煤基质中吸附态的 CO_2 或 N_2 形成浓度差和分压比,将会与煤基质上的 CH_4 竞争吸附位,煤基质上的 CH_4 继续解吸,煤层瓦斯含量降低。

④ 膨胀增透效应

煤体孔隙、裂隙的多孔介质系统是可压缩的。在油气井开发中,随着油气的开采,地层应力下降,裂隙闭合,含油地层渗透率大幅降低,采用注水开采的目的主要在于驱替提高采收率,另外一个重要作用是要维持油层内部压力,防止石油流出后裂隙闭合,封闭石油运移的通道。同样,由于煤层是由孔隙和裂隙构成的可压缩各向异性双重介质系统,在井下煤层各种水力化措施实施过程中,当水压大于煤层地应力时,煤体破坏变形产生裂隙,达到增透目的;当水排出煤层后,裂隙会重新闭合,为了防止裂隙再次闭合,在煤层注水时加入河砂等磨料来维持水力化措施产生的裂隙,达到较好的增透效果。

周世宁等认为：在吸附解吸 CH_4 的过程中煤体会随之发生膨胀和收缩的现象。这种膨胀和收缩变形与煤变质程度有很大关系，也就是说，煤变质程度越高，其吸附 CH_4 的能力越强，膨胀变形就越大。而在煤体 CH_4 解吸的过程中，煤体会不断产生收缩变形，煤体中的孔裂隙会随之收缩变小，甚至有可能会闭合，当煤体受到采动或者其他形式的扰动影响时，瓦斯渗流扩散通道突然打开，大量 CH_4 解吸出来，在短短的几秒到几十秒的时间内 CH_4 和煤体会喷涌而出，产生煤与瓦斯突出现象。

对煤层进行注气，气体的压力会在一定程度上膨胀支撑渗流扩散通道，抵抗垂直应力对裂隙的闭合作用，提高扩散渗流速度，相当于增加了煤层的透气性系数，这就是煤层注气的膨胀增透效应。

2. 应用实例

(1) 矿井概况

山西马堡煤业有限公司主采 8 号和 15 号煤层，15 号煤层平均厚度为 4.8 m，原始瓦斯含量为 5.52～7.2 m^3/t，煤层透气性系数为 1.09 $m^2/(MPa^2 \cdot d)$，钻孔瓦斯流量衰减系数为 0.062 1 d^{-1}。

本次应用先后在山西马堡煤业有限公司开展了高压水射流割缝增透技术应用、煤层注气技术应用及气-液两相复合增透技术应用。

(2) 技术应用方案

① 高压水射流割缝增透技术方案

见 7.1.1 小节。

② 煤层注气技术方案

为了避免钻孔之间的截流作用，在每个注气试验地点，按照不同距离分组布置瓦斯抽采孔(图 7-68)，抽采孔与注气孔距离设定为 r_i = 1.5 m、2 m、…、4 m。在某注气压力下，13 kPa 负压抽采孔的稳定流量比注气前稳定流量增加 30% 以上，认为此抽采孔在注气孔的影响范围之内，满足条件的 r_i 中最大值即为该注气孔在该注气压力下的注气抽采有效影响半径。

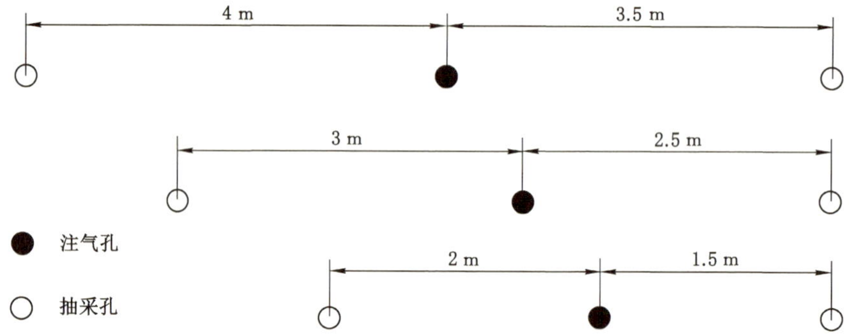

图 7-68　注气有效影响半径考察钻孔布置

③ 气-液两相复合增透技术方案

水射流割缝增透后瓦斯抽采和注气瓦斯抽采试验地点选择在 15201 工作面，在水射流割缝增透现场工业性试验的基础上，在 15201 工作面进行本煤层注气强化抽采试验，由于割缝后注气抽采有效影响半径在 21 d 后稳定于 3.5～4 m 之间，大于水射流割缝增透影响半径(2 m)，所以继续在工作面施工的本煤层顺层钻孔中再选取一组进行试验。在水射流割缝后，增透孔可以作为注气孔继续服务于注气抽采工程，其示意图见图 7-69。

3. 气-液两相复合增透技术效果考察

钻孔平均瓦斯抽采浓度和混量对比见图 7-70 和图 7-71。相比未割缝未注气的煤层瓦斯抽采，割缝后未注气瓦斯抽采浓度提高 3.16 倍，瓦斯抽采混量提高约 1.71 倍；割缝后注气抽采平均瓦斯抽采浓度提高 2.57 倍，瓦斯抽采混量提高 3.43 倍。水射流割缝后煤层瓦斯抽采浓度和混量明显提高的原因在于：割缝后煤体破碎，形成大量孔裂隙，随着瓦斯抽采的进行，深埋煤层地应力导致部分裂隙逐渐闭合，进行煤层注气后，注气压力和注入的气体会为孔裂隙提供支撑作用，维持渗流速度，达到膨胀增透的目

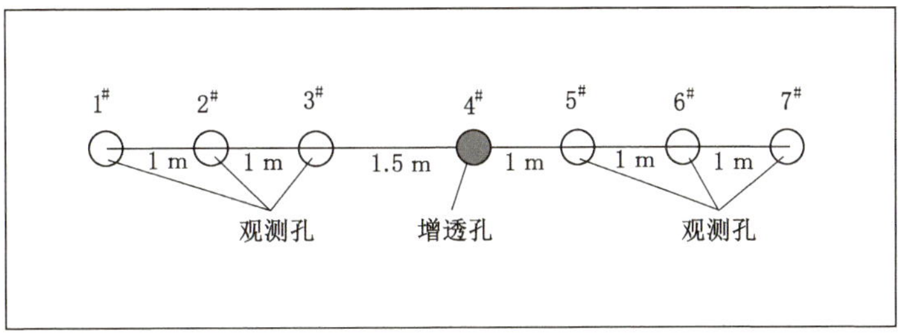

图 7-69 高压水射流割缝增透试验测试抽采半径钻孔布置图

的;同时,注入气体增加了煤层气向抽采孔流动的能量,为煤体中流体流动提供驱动力,克服在低渗透煤层中的流动阻力,促进了煤层瓦斯抽采浓度和混量的提高。

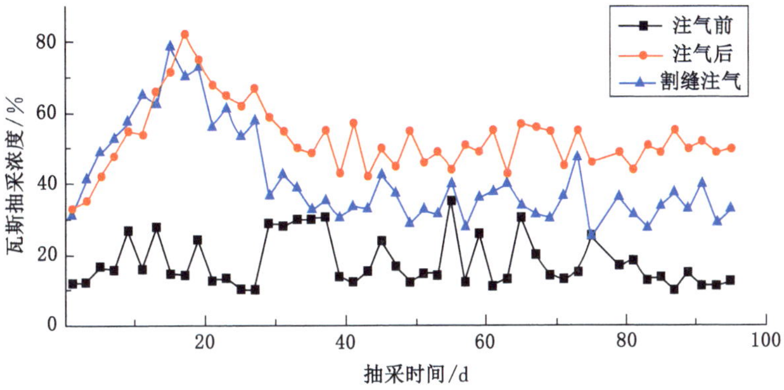

图 7-70 瓦斯抽采浓度对比

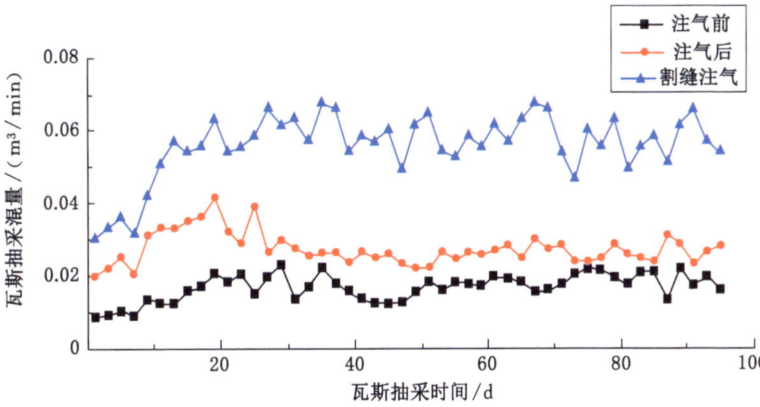

图 7-71 瓦斯抽采混量对比

7.6.2 煤层原位改性增渗复合增透技术

根据不同的地质条件,业内学者提出了诸多的煤层增透方法,按大类可分为物理增透方法和化学增透方法。现有成果多侧重研究低透气性煤层的物理增透方法,而化学增透方法主要用于油气井工程的常用增产手段,对于煤层化学增透技术的研究尚未大量展开,尤其将物理增透和化学增透相结合的复合增透技术的研究尚未大量展开。随着开采深度的增加,煤层瓦斯含量增大,透气性逐渐降低,瓦斯抽采难度增大,单一的煤层增透措施已不能完全满足增透要求,如何充分发挥各种单一增透措施的优势,实施复合高效增透方法与技术是煤层增透发展的必然趋势,问题的复杂程度必然越来越高。

煤层原位改性增渗复合增透技术就是将物理增透方法中的水力压裂技术与化学增透方法相结合，二者在增透过程中必然会相互作用、相互影响，从而更好地治理矿井瓦斯。

其中水力压裂技术原理及应用实例见 7.1.2 小节，酸化增透技术见 7.3 节。

1. 煤层原位改性增渗复合增透技术应用实例

（1）矿井概况

三元煤业主采煤层为 3 号煤层，矿井最大绝对瓦斯涌出量为 14.80 m^3/min，最大相对瓦斯涌出量为 3.07 m^3/t。

试验区域所在的 3 号煤层坚固性系数在 0.53～1.00 之间，煤体强度较高，且为变质程度较高的贫瘦煤，原始孔隙结构发育，有利于压裂过程中裂缝的延展，压裂效率高；试验区域未见较大的地质构造，煤层结构简单，有助于减少压裂过程中压裂液滤失。另外，三元煤业 3 号煤层煤灰成分以二氧化硅（SiO_2）、三氧化二铝（Al_2O_3）为主，含量平均值分别为 48.30%、30.05%，氧化钙（CaO）含量平均值为 8.02%，三氧化二铁（Fe_2O_3）、三氧化硫（SO_3）、氧化镁（MgO）、二氧化钛（TiO_2）、五氧化磷（P_2O_5）、氧化钾（K_2O）、氧化钠（Na_2O）、氧化锰（MnO_2）等含量均在 5% 以下，煤层含 Si、Al、Ca 等矿物质较多，为酸化反应提供了重要的物质基础。试验区域所在煤层适于采用酸化压裂增透技术。

（2）实施方案

本次试验采用顺层钻孔压裂方式，试验区选在 4302 工作面运输顺槽距开口 1 000 m 位置处，设计了 4 组试验钻孔，每组 5 个钻孔，组间距 10 m。本次试验采用分段式点式压裂，每个压裂钻孔压裂 3 段。第一、二及三组中间钻孔为压裂孔，其余钻孔与中间钻孔间距分别为 2 m、3 m、4 m、5 m，孔深设计为80 m，孔径 94 mm，开孔高度 2.2 m，倾角随煤层，封孔深度 15 m。第四组中间钻孔为压裂孔，其余钻孔与中间钻孔间距分别为 2 m、3 m、5 m、10 m，孔深设计为 80 m，孔径 94 mm，开孔高度 2.2 m，封孔深度 15 m，倾角随煤层。钻孔施工参数如表 7-23 所示，钻孔布置如图 7-72 所示。

表 7-23　酸化压裂钻孔施工参数

钻孔组号	钻孔编号	孔径/mm	孔深/m	封孔深度/m	倾角/(°)	孔间距（与主孔间距/m）	组间距/m	开孔高度/m	备注
第一组	1#	94	80	15	同煤层	—	10	2.2	压裂过程分为三段
	1-1#	94	80	15	同煤层	2		2.2	
	1-2#	94	80	15	同煤层	3		2.2	
	1-3#	94	80	15	同煤层	4		2.2	
	1-4#	94	80	15	同煤层	5		2.2	
第二组	2#	94	80	15	同煤层	—	10	2.2	
	2-1#	94	80	15	同煤层	2		2.2	
	2-2#	94	80	15	同煤层	3		2.2	
	2-3#	94	80	15	同煤层	4		2.2	
	2-4#	94	80	15	同煤层	5		2.2	
第三组	3#	94	80	15	同煤层	—	10	2.2	
	3-1#	94	80	15	同煤层	2		2.2	
	3-2#	94	80	15	同煤层	3		2.2	
	3-3#	94	80	15	同煤层	4		2.2	
	3-4#	94	80	15	同煤层	5		2.2	

表 7-23(续)

钻孔组号	钻孔编号	孔径/mm	孔深/m	封孔深度/m	倾角/(°)	孔间距(与主孔间距/m)	组间距/m	开孔高度/m	备注
第四组	4#	94	80	15	同煤层	—	10	2.2	压裂过程分为三段
	4-1#	94	80	15	同煤层	2		2.2	
	4-2#	94	80	15	同煤层	3		2.2	
	4-3#	94	80	15	同煤层	5		2.2	
	4-4#	94	80	15	同煤层	10		2.2	

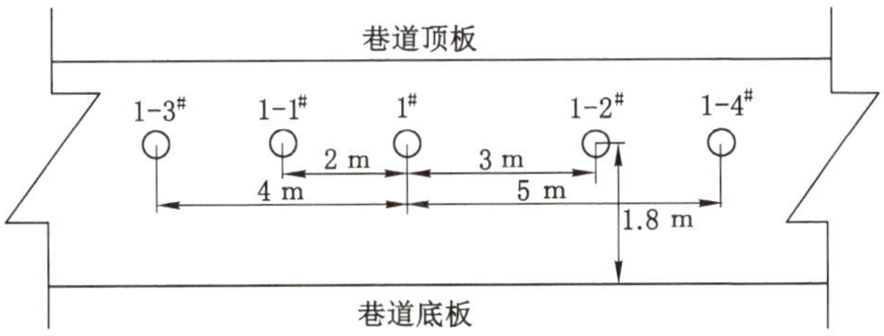

(a) 第一组钻孔断面布置图(第二、三组钻孔同第一组钻孔)

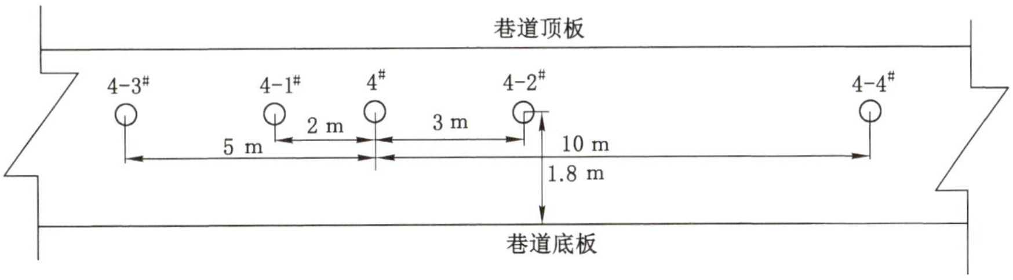

(b) 第四组钻孔断面布置图

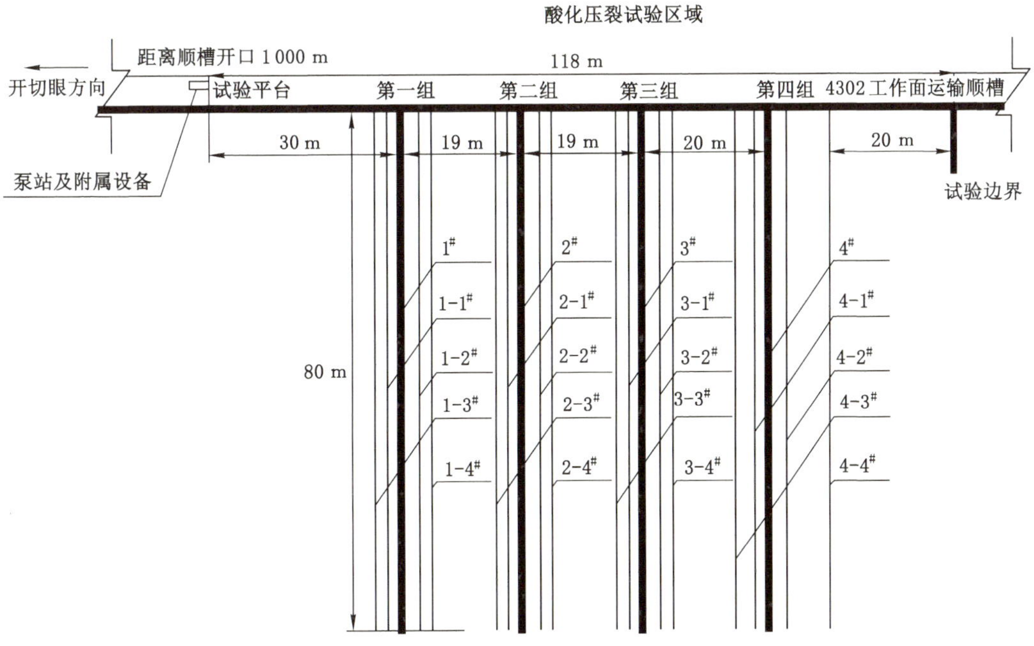

(c) 酸化压裂钻孔施工平面图

图 7-72　压裂钻孔布置设计图

2. 煤层原位改性增渗复合增透技术效果考察

按照酸化压裂增透实施方案在4302工作面运输顺槽共施工了4组酸化压裂钻孔，每组压裂钻孔压裂3段。在第一组钻孔压裂试验过程中，由于煤体非均质、各向异性的特征，压裂过程中裂纹发育方向具有不确定性，在压裂应力的作用下裂纹主要向控制孔方向扩展，但由于钻孔成孔过程中孔壁周围存在原生裂隙以及一些局部弱面，压裂过程中主裂纹尚未延展到观测孔时，钻孔周围产生的环向裂纹已绕过胶囊与压裂钻孔直接导通，导致高压酸液从压裂孔流出。第四组压裂孔与观测孔间距为10 m，由于压裂孔与观测孔距离较远，不利于裂隙的横向持续发育，最终在钻孔高压膨胀胶囊周围形成部分环向微裂隙，少量压裂液通过微裂隙从压裂孔渗出，钻孔整体压裂应力降低，无法形成压裂孔与观测孔的长距离裂隙通道。第二组与第三组钻孔成孔效果较好，压裂孔与观测孔之间形成了横向导通裂隙，高压酸液从观测孔导出，整个压裂过程持续30 min左右，每段注液量为2 m^3 左右。酸化压裂试验记录见表7-24。酸化压裂致裂过程如图7-73所示。

表7-24　酸化压裂试验记录

压裂孔编号	压裂阶段	泵压/MPa	注液时长/min	注液量/m^3	裂隙发育情况
1#	一段(50 m)	20	23	1.6	环向裂隙及横向裂隙
	二段(40 m)	18	35	2.1	环向裂隙及横向裂隙
	三段(30 m)	21	18	1.2	环向裂隙及横向裂隙
2#	一段(50 m)	22	21	1.5	环向裂隙及横向裂隙
	二段(40 m)	22	15	1.0	环向裂隙及横向裂隙
	三段(30 m)	25	32	2.0	导通横向裂隙
3#	一段(50 m)	24	19	1.5	环向裂隙及横向裂隙
	二段(40 m)	26	56	5	导通横向裂隙
	三段(30 m)	21	25	1.7	环向裂隙及横向裂隙
4#	一段(50 m)	22	23	1.6	环向裂隙及横向裂隙
	二段(40 m)	20	21	1.5	环向裂隙及横向裂隙
	三段(30 m)	22	15	1.0	环向裂隙及横向裂隙

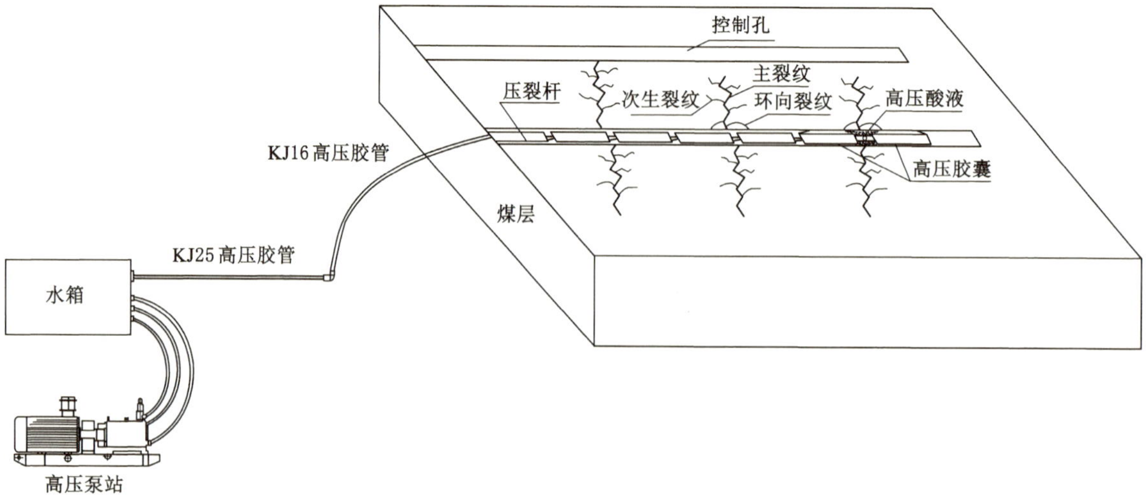

图7-73　酸化压裂致裂过程示意图

由图7-74可以看出，该段压裂试验一共持续了32 min，泵站压力随时间的变化可分为3个阶段。

第一个阶段为启泵增压期，在启动泵站 1 min 之内泵站压力迅速增加到 20 MPa 左右，煤体中形变能量不断积累，裂隙孔隙逐步发育；第二个阶段为压裂稳定期，该阶段持续了 28 min，压力在 20 MPa 左右小范围波动，此时，煤体开始起裂，裂隙不断扩展、延伸并贯通；第三阶段为注液泄压期，该阶段出现在整个压裂过程的第 29 分钟，此时横向裂隙与观测孔导通，泵站压力在 3 min 内从 25 MPa 降为 5 MPa，此时观测孔出现反液现象，说明该段压裂试验成功。现场试验过程见图 7-75 至图 7-77。

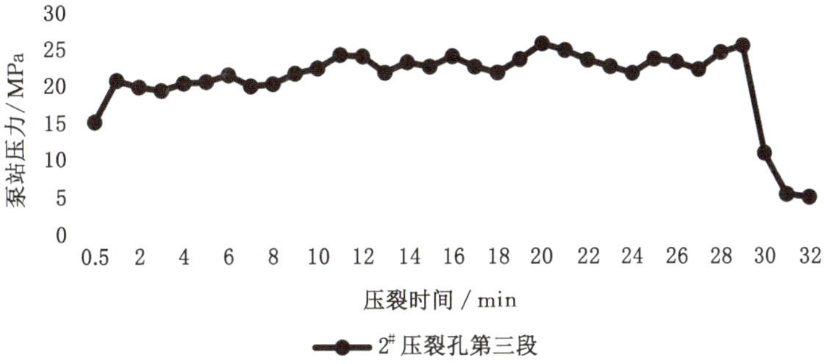

图 7-74 泵站压力变化趋势图

图 7-75 泵站压力实时监测图

图 7-76 压裂成功的观测孔

由图 7-76 可以看出，在压裂试验成功后，压裂孔与观测孔之间形成了横向导通裂隙，高压酸液通过裂隙从观测孔流出。

图 7-77 为针对试验过程出现的孔口高压喷射安全隐患，设计的一种孔口安全防护装置。该装置设

计新颖，实用性强，操作简便，消除了孔口高压过载而造成的安全隐患。

图 7-77　压裂钻孔孔口安全防护装置

压裂试验结束后，再施工其他观测孔，钻孔接抽采系统，通过 CJZ70 型瓦斯抽采综合参数测定仪连续监测酸化压裂试验孔和正常钻孔抽采瓦斯浓度、流量和负压参数，4 组钻孔瓦斯混合流量与浓度的变化如图 7-78 至图 7-89 所示。

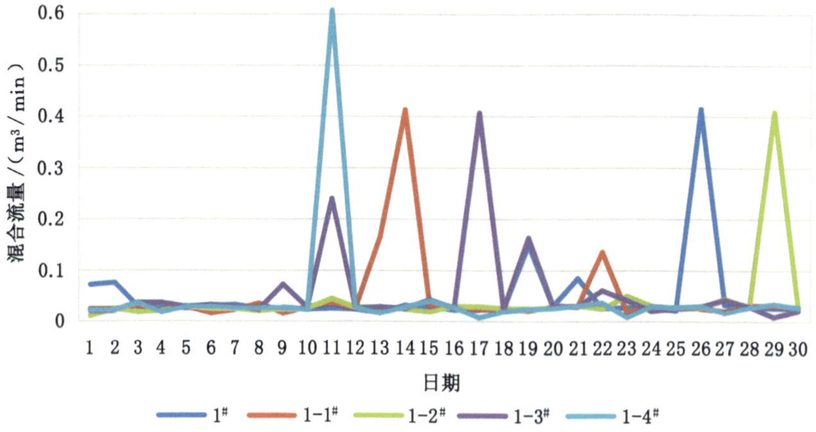

图 7-78　本煤层酸化压裂后钻孔瓦斯抽采混合流量变化图(第一组)

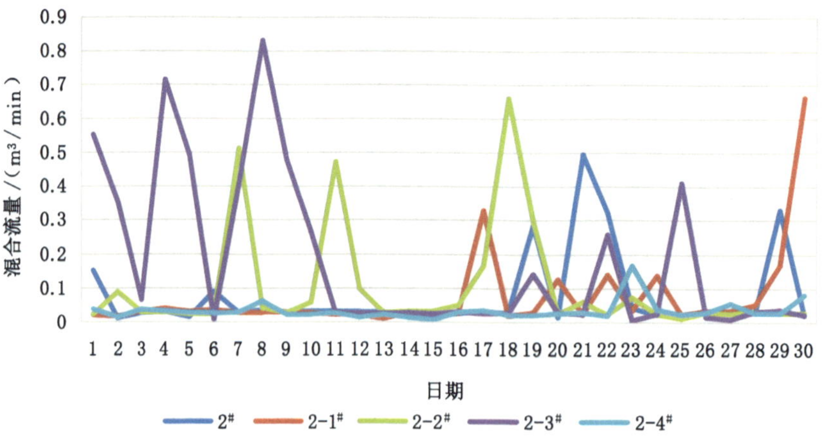

图 7-79　本煤层酸化压裂后钻孔瓦斯抽采混合流量变化图(第二组)

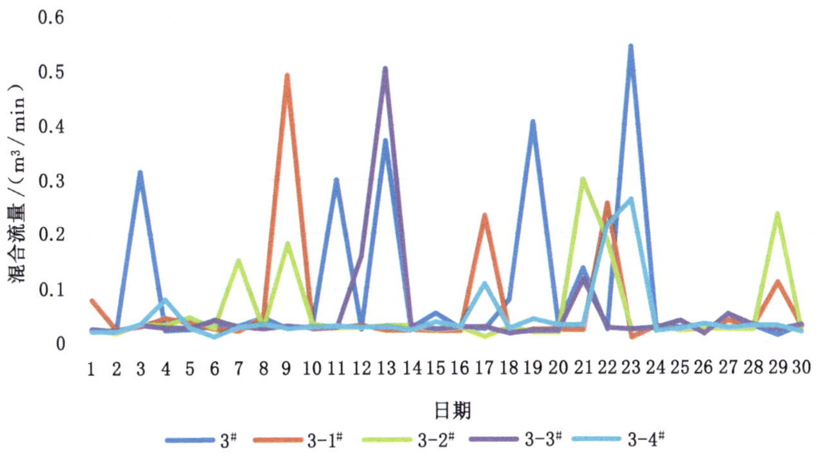

图 7-80　本煤层酸化压裂后钻孔瓦斯抽采混合流量变化图(第三组)

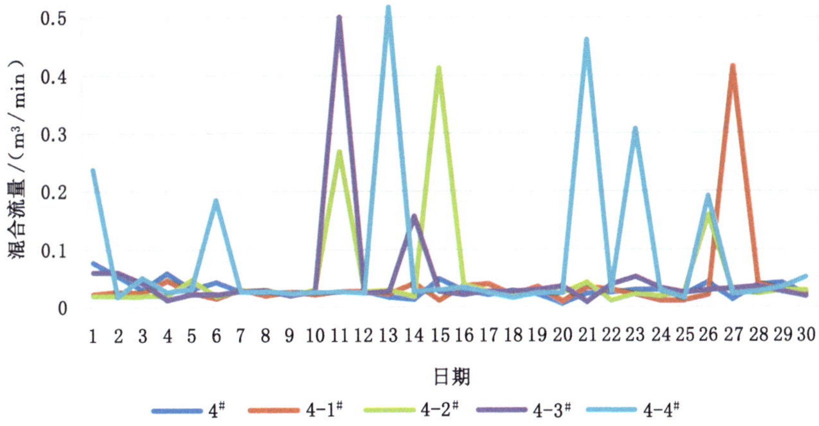

图 7-81　本煤层酸化压裂后钻孔瓦斯抽采混合流量变化图(第四组)

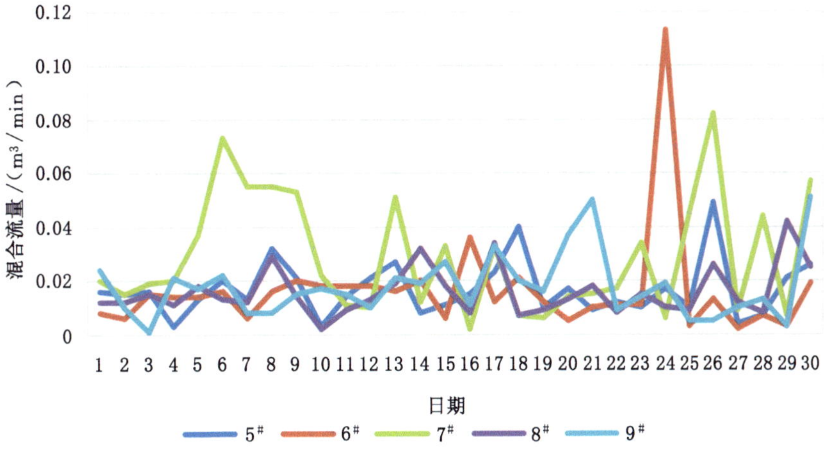

图 7-82　本煤层普通钻孔瓦斯抽采混合流量变化图 1

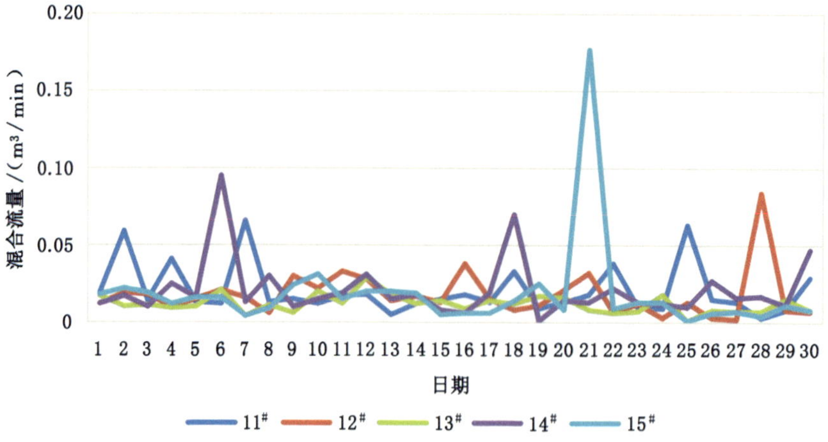

图 7-83 本煤层普通钻孔瓦斯抽采混合流量变化图 2

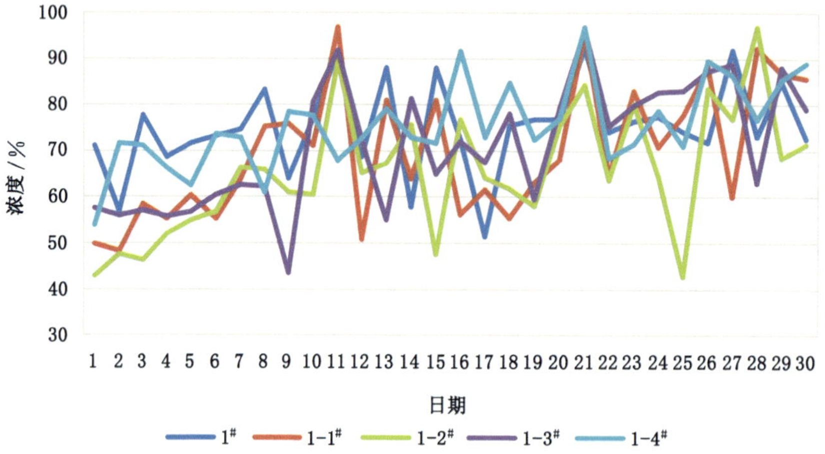

图 7-84 本煤层酸化压裂后钻孔瓦斯抽采浓度变化图(第一组)

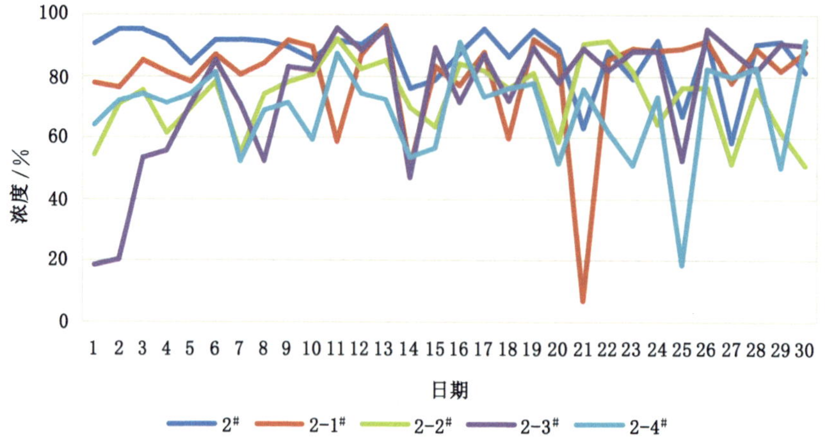

图 7-85 本煤层酸化压裂后钻孔瓦斯抽采浓度变化图(第二组)

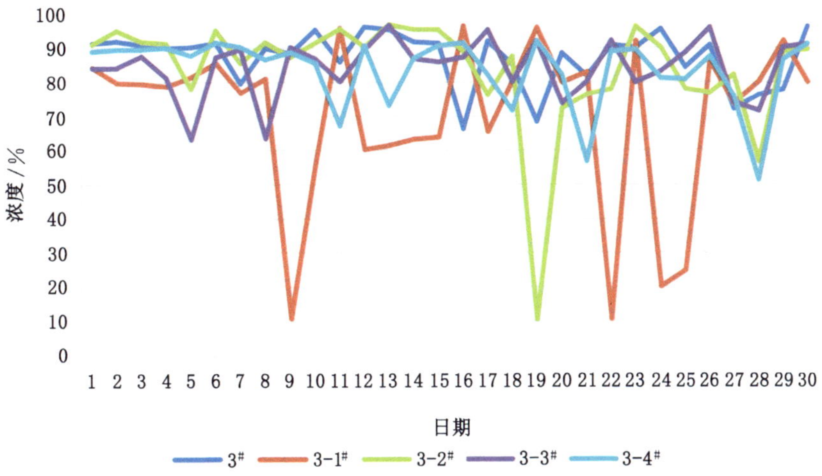

图7-86　本煤层酸化压裂后钻孔瓦斯抽采浓度变化图(第三组)

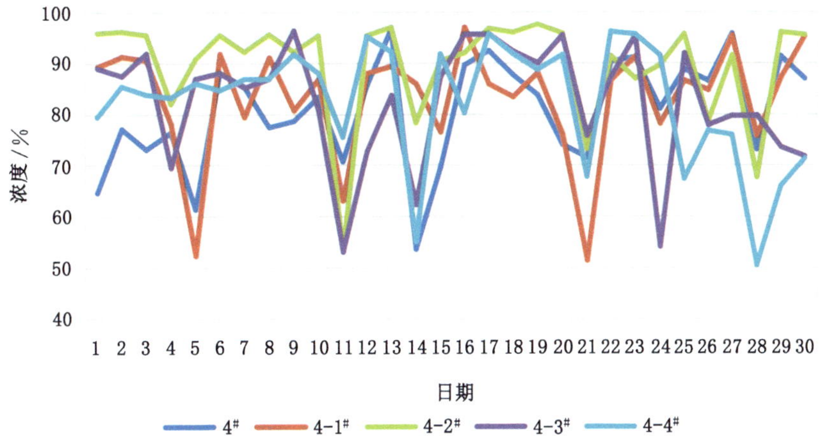

图7-87　本煤层酸化压裂后钻孔瓦斯抽采浓度变化图(第四组)

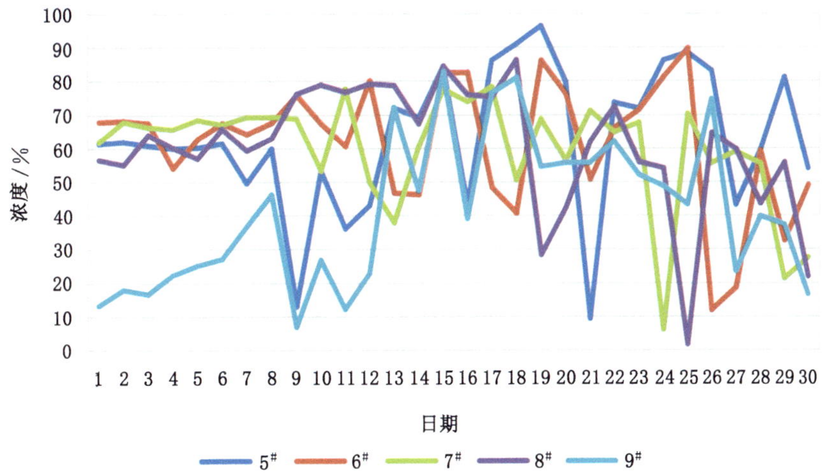

图7-88　本煤层普通钻孔瓦斯抽采浓度变化图1

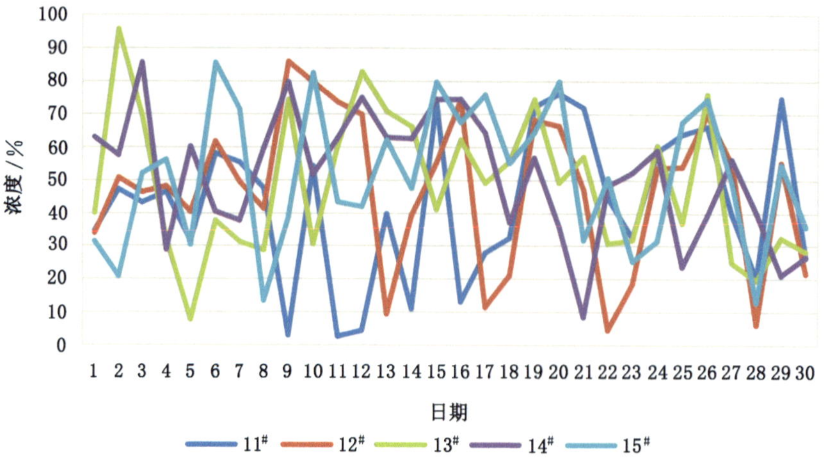

图 7-89　本煤层普通钻孔瓦斯抽采浓度变化图 2

通过连续观测酸化压裂试验孔，并对比普通抽采钻孔试验数据得出：经酸化压裂后，4 组钻孔单孔瓦斯抽采混合流量分别为 0.01～0.607 m^3/min、0.01～0.83 m^3/min、0.01～0.544 m^3/min、0.01～0.517 m^3/min，各组平均单孔混合流量分别为 0.047 m^3/min、0.093 m^3/min、0.061 m^3/min、0.051 m^3/min。本煤层普通钻孔单孔瓦斯抽采混合流量为 0.003～0.177 m^3/min，平均单孔混合流量为 0.019 m^3/min；酸化压裂后，平均单孔混合流量相比普通钻孔组提高了近 2～4 倍。这说明酸化压裂有效提高了煤层裂隙发育程度，增加了裂隙与抽采钻孔之间的连通性，进而提高了钻孔有效抽采流量。

酸化后 4 组钻孔单孔瓦斯抽采浓度分别为 42.8%～96.8%、6.82%～95.6%、10.4%～96.2%、52.4%～97.5%，各组平均单孔瓦斯抽采浓度分别为 71.4%、76.7%、81.9%、83.7%；本煤层普通钻孔单孔瓦斯抽采浓度为 1.64%～95.6%，平均单孔瓦斯抽采浓度为 52.63%。酸化压裂后，酸化钻孔组平均单孔瓦斯抽采浓度相比普通钻孔组提高了近 50%。对比瓦斯抽采浓度数据得出，酸化压裂作用有效地增大了煤体的透气性，增透效果较好，增大了钻孔瓦斯解吸量，提高了钻孔瓦斯抽采浓度。

瓦斯抽采纯量是评价瓦斯绝对抽出量的重要参数，通过对比各钻孔瓦斯抽采纯量可明确各钻孔的瓦斯抽采能力，进一步评价煤层增透效果。

通过图 7-90 至图 7-95 可以看出，酸化后 4 组钻孔单孔瓦斯抽采纯量分别为 0.001～0.412 m^3/min、0.010～0.583 m^3/min、0.009～0.490 m^3/min、0.013～0.476 m^3/min，平均单孔瓦斯抽采纯量分别为 0.033 m^3/min、0.062 m^3/min、0.048 m^3/min、0.041 m^3/min；本煤层普通钻孔单孔瓦斯抽采纯量为 0.000 06～0.092 m^3/min，平均单孔瓦斯抽采纯量为 0.009 m^3/min。酸化后平均单孔瓦斯抽采纯量提高了 3～6 倍，经酸化压裂后的钻孔瓦斯抽采效果明显优于普通钻孔。

1#—4# 观测孔平均单孔瓦斯抽采混合流量分别为 0.047 m^3/min、0.093 m^3/min、0.061 m^3/min、0.051 m^3/min。总体来看，观测孔距压裂孔距离越近，其抽采效果越好。

由于第二组压裂孔成孔效果较好，压裂孔与观测孔之间形成了横向导通裂隙，所以其平均单孔瓦斯抽采混合流量及平均单孔瓦斯抽采浓度均高于其他对比组，其中又以 2-3# 观测孔周边裂隙最为发育，其单孔瓦斯抽采浓度较高，单孔瓦斯抽采混合流量为0.179 m^3/min，远高于总体平均单孔瓦斯抽采混合流量 0.059 m^3/min。

由于第四组压裂孔与观测孔间距为 10 m，间距过大导致压裂孔与观测孔之间的横向裂隙未导通，最终在压裂孔高压膨胀胶囊周围形成部分环向微裂隙，钻孔组平均单孔瓦斯抽采混合流量为 0.051 m^3/min、平均单孔瓦斯抽采浓度为 83.7%、平均单孔瓦斯抽采纯量为0.041 m^3/min，仍远高于普通钻孔数据。

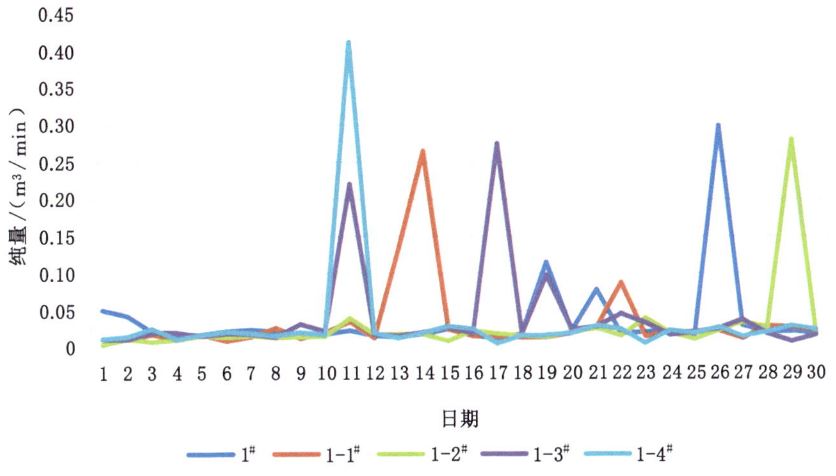

图 7-90　本煤层酸化压裂后钻孔瓦斯抽采纯量变化图(第一组)

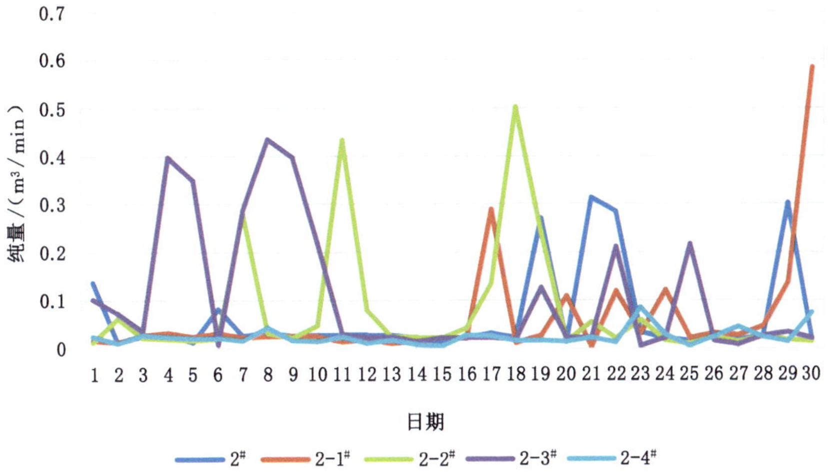

图 7-91　本煤层酸化压裂后钻孔瓦斯抽采纯量变化图(第二组)

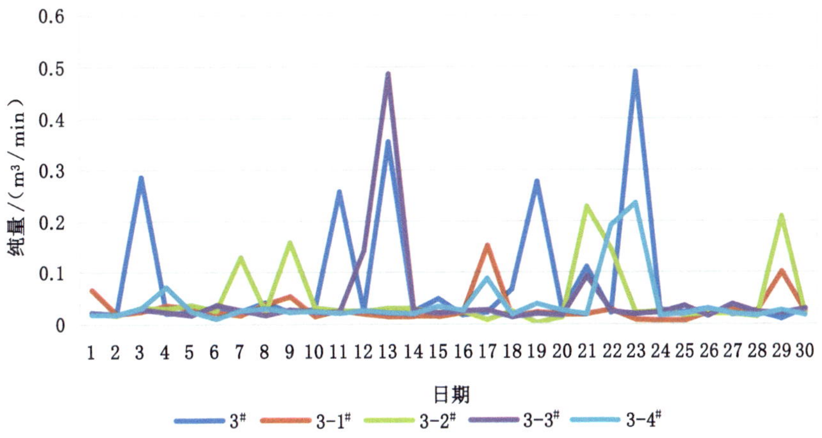

图 7-92　本煤层酸化压裂后钻孔瓦斯抽采纯量变化图(第三组)

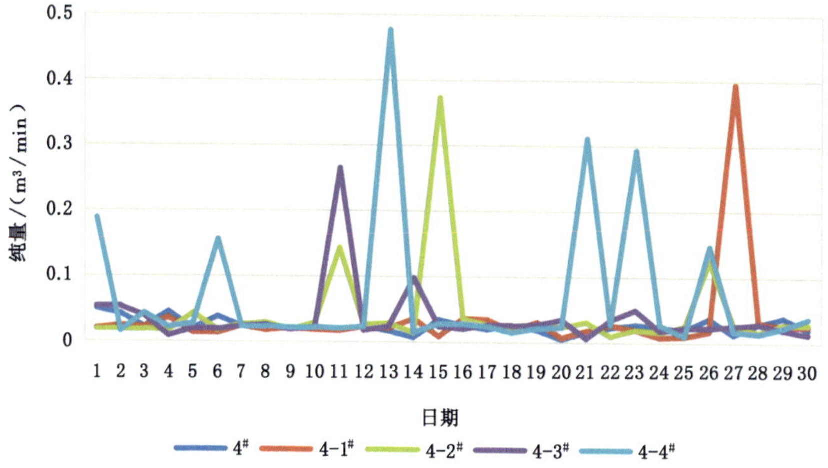

图 7-93　本煤层酸化压裂后钻孔瓦斯抽采纯量变化图(第四组)

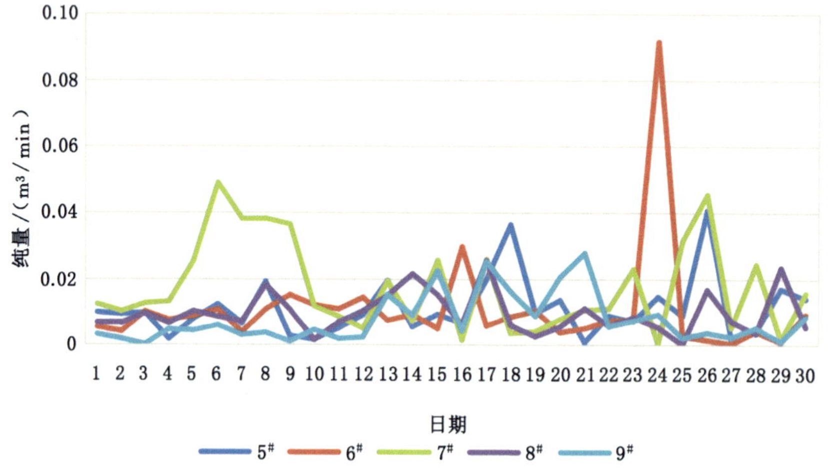

图 7-94　本煤层普通钻孔瓦斯抽采纯量变化图 1

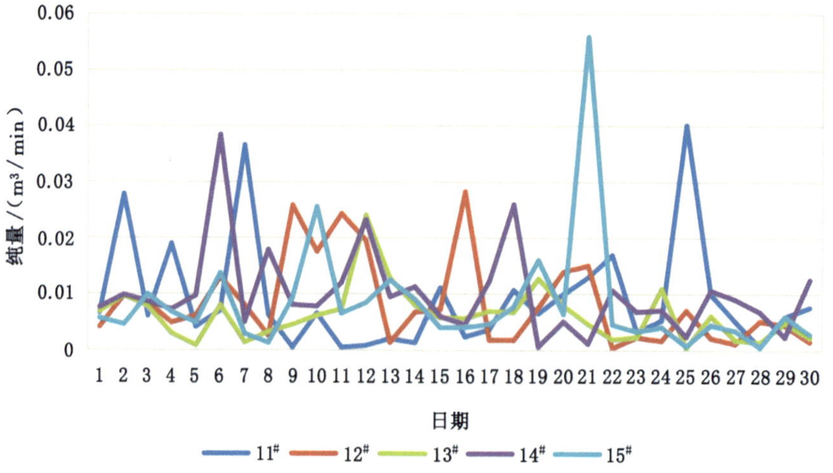

图 7-95　本煤层普通钻孔瓦斯抽采纯量变化图 2

第 8 章　大直径钻孔治理上隅角瓦斯技术与示范

采空区富集的瓦斯被回风流携带至工作面上隅角方向是上隅角瓦斯超限的主要原因之一，在防治上隅角瓦斯灾害的问题上，各地区各煤矿也做了大量的工作，分别开展过均压通风技术或者引风流技术[40-41]、变 U 形通风为 Y 形通风技术[42]、高抽巷抽采瓦斯技术、高位钻孔抽采瓦斯技术、上隅角埋（插）管抽采瓦斯技术等[43-46]的试验工作，取得了不同的上隅角瓦斯治理效果。与此同时，有部分学者[47-55]提出的大直径钻孔替代回风巷的联络巷抽采上隅角瓦斯的思路，为上隅角瓦斯治理提供了新的方向。

中煤科工集团沈阳研究院有限公司研发了一种大直径钻孔抽采技术及装备来治理上隅角瓦斯，该技术利用大型钻机在煤层中施工大直径钻孔替代已取消的专用瓦斯排放巷中的联络巷，通过大孔径钻孔（通常钻孔直径大于 500 mm）可有效地对工作面上隅角瓦斯进行抽采，达到治理上隅角瓦斯的目的。

大孔径抽采钻孔在采煤工作面上隅角处形成一个负压区，改变了上隅角风流场，使其控制半径内的风流流向抽采管。抽采钻孔位置靠近上隅角，则有利于其对工作面上隅角的瓦斯控制；而靠近采空区深部则加强了对深部高浓度瓦斯的抽采，有利于减小采空区瓦斯涌出强度，但对上隅角瓦斯控制效果减弱。不同矿区、不同煤矿，煤层瓦斯赋存、通风方式及抽采条件均不一样，目前应用大直径钻孔抽采上隅角瓦斯的矿井钻孔间距也各有差异，在 10～40 m 之间。

8.1　大直径钻孔治理上隅角瓦斯研究现状

8.1.1　采空区瓦斯抽采技术研究现状

采空区是指在采煤工作面后方随着回采工作向前推进范围逐渐增加的区域。因为采空区是和工作面的通风网络系统相互连通的，在压差的作用下采空区的瓦斯会经过工作面通过回风流排出。如果采空区瓦斯积聚较多或工作面瓦斯涌出量大时，上隅角和回风流瓦斯容易处于超限状态，尤其是当顶板大面积垮落时，会引起采空区瓦斯大量向工作面涌出，造成工作面瓦斯超限，对煤矿安全生产造成威胁。通常采空区瓦斯治理方式主要有两类：一类是通过裂隙带抽采采空区瓦斯，如顶板岩石巷或者钻孔抽采；另一类是直接对采空区进行瓦斯抽采，如埋（插）管、大直径钻孔抽采。按照煤层的赋存条件和巷道布置情况，目前主要采用顶板岩石巷（高抽巷）法、顶（底）板钻场法、顶板高位钻孔法或大直径顶板定向长钻孔法、采空区埋管法等一系列方法进行采空区瓦斯抽采。

1. 顶板岩石巷（高抽巷）法

顶板岩石巷（高抽巷）抽采采空区瓦斯将专用抽采瓦斯巷道布置在工作面顶板的裂隙带中，用巷道抽采采空区卸压瓦斯。在实际应用顶板岩石巷抽采邻近层瓦斯时，科学确定巷道布置的层位是关键。在具体应用中顶板岩石巷（高抽巷）又细化为顶板岩石走向高抽巷和顶板岩石倾向高抽巷。其布置如图 8-1 所示。

顶板岩石走向高抽巷一般在回风下山以一定角度的斜坡打到目标煤层顶板上方裂隙带中，然后沿该层平行回采巷道向开切眼方向布置。

在部分地质构造带和上邻近层已经开采条件下的工作面，为解决正常开采期间的瓦斯抽采问题，通常采用倾斜高抽巷抽采采空区瓦斯。倾斜顶板岩石抽采巷道与工作面采煤线平行，在尾巷沿工作面倾斜方向向工作面上方爬坡至抽采层后，再打一段平巷抽采上邻近层瓦斯，工作面应采用“U＋L”形通风方式。倾斜高抽巷抽采瓦斯的巷道数量可根据抽采巷道有效抽采距离和工作面走向长度确定，以适应工作面上邻近抽采层地质条件的变化。

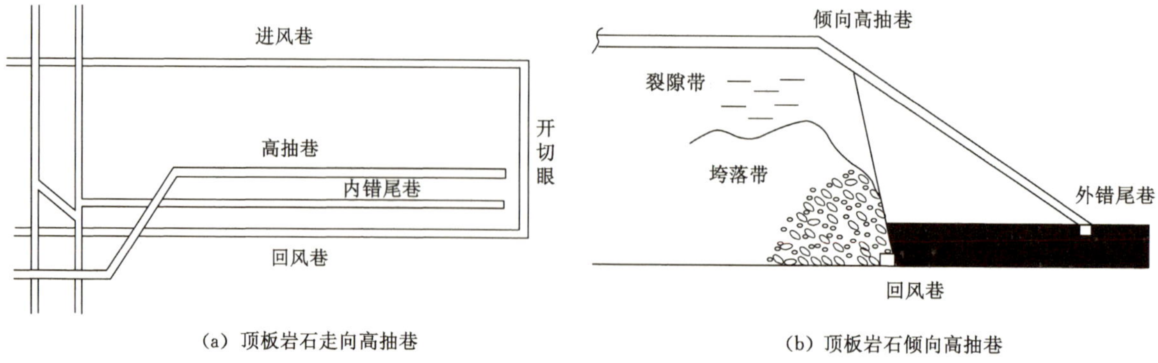

图 8-1　顶板岩石巷(高抽巷)法示意图

2. 顶(底)板钻场法

在工作面回采期间,施工顶板钻孔(底板钻孔)治理采空区瓦斯,钻孔一般较长,见图 8-2。为保证顶(底)板岩石钻孔的施工质量和抽采瓦斯效果,钻孔的施工一般在钻场内进行,钻孔迎工作面的推进方向布置,钻孔覆盖工作面的长度(距离回风巷)约为工作面全长的 1/2 或 2/3,钻孔在平面图上基本上呈扇形布置。每个钻场应布置几个钻孔,应根据钻孔抽采的影响半径和工作面的控制范围来确定,一般每个钻场的钻孔个数为 3～5 个。考虑在工作面推进接近钻场时,钻场内的钻孔因为漏气等原因将不能继续进行抽采,所以下一钻场内布置的钻孔在长度上应与前一个钻场进行搭接,一般两个钻场之间的钻孔重叠长度应保持 20 m 以上。

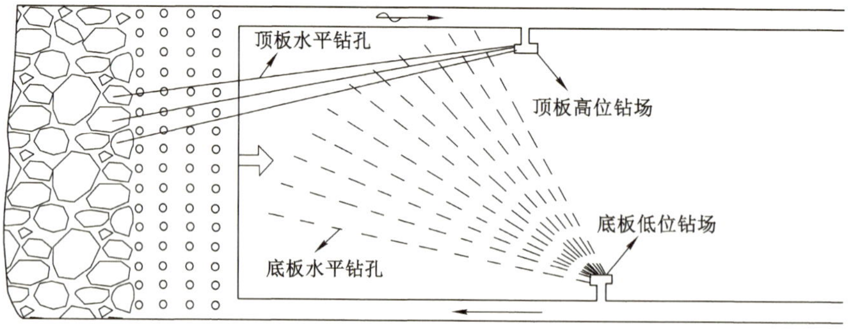

图 8-2　顶(底)板钻场法示意图

3. 顶板高位钻孔法

在工作面回风巷每隔一定距离布置一个钻场,在钻场内施工一定数量的钻孔,钻孔数量和孔径根据抽采量进行适当调整,钻孔终孔点根据不同矿区及煤层的抽采效果控制在工作面倾向一定范围内,终孔位置距煤层法线距离取决于煤层厚度、顶板岩性等条件。高位钻孔主要抽采采空区上方裂隙带、邻近层瓦斯,见图 8-3。

4. 大直径顶板定向长钻孔法

该方法为近年来随着钻机能力提升而新演化而来的瓦斯治理方法,其优点是长钻孔可替代高抽巷及高位钻场。煤矿井下定向钻进技术在瓦斯治理、防治水及地质探测等方面应用广泛,采用大直径顶板定向长钻孔代替高抽巷及普通高位钻孔。大直径顶板定向长钻孔技术不需要额外施工高位钻场,只需在工作面回风巷一端施工 1 个或多个钻场,利用定向钻进技术控制钻孔轨迹爬升至煤层顶板一定层位,根据煤层走向布置 3～5 个长距离定向钻孔,先导钻孔施工完成后将钻孔孔径扩至最终需求孔径,以增大工作面回采后裂隙带导通范围,提升瓦斯抽采效果。

5. 采空区埋管法

(1) 半封闭采空区瓦斯抽采

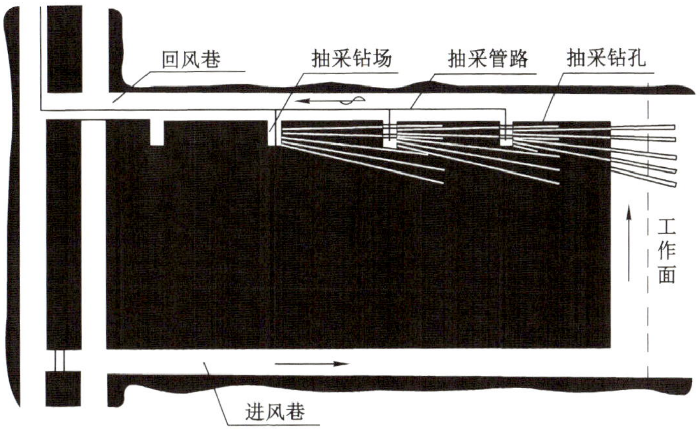

图 8-3　顶板高位钻孔法示意图

在采煤工作面回风巷内预先敷设一条瓦斯抽采管路，瓦斯抽采管路每隔一定距离(如 30 m)设一个三通，并安设阀门及弯管，弯管布置在采煤工作面上隅角。随着工作面的推进，抽采管路及弯管逐渐埋入采空区，弯管埋入一定距离后关闭直管的阀门，同时打开弯管阀门，使用弯管抽采采空区瓦斯。埋管的有效长度约为 30 m，用于抽采积聚在采空区内的瓦斯，如图 8-4 所示。

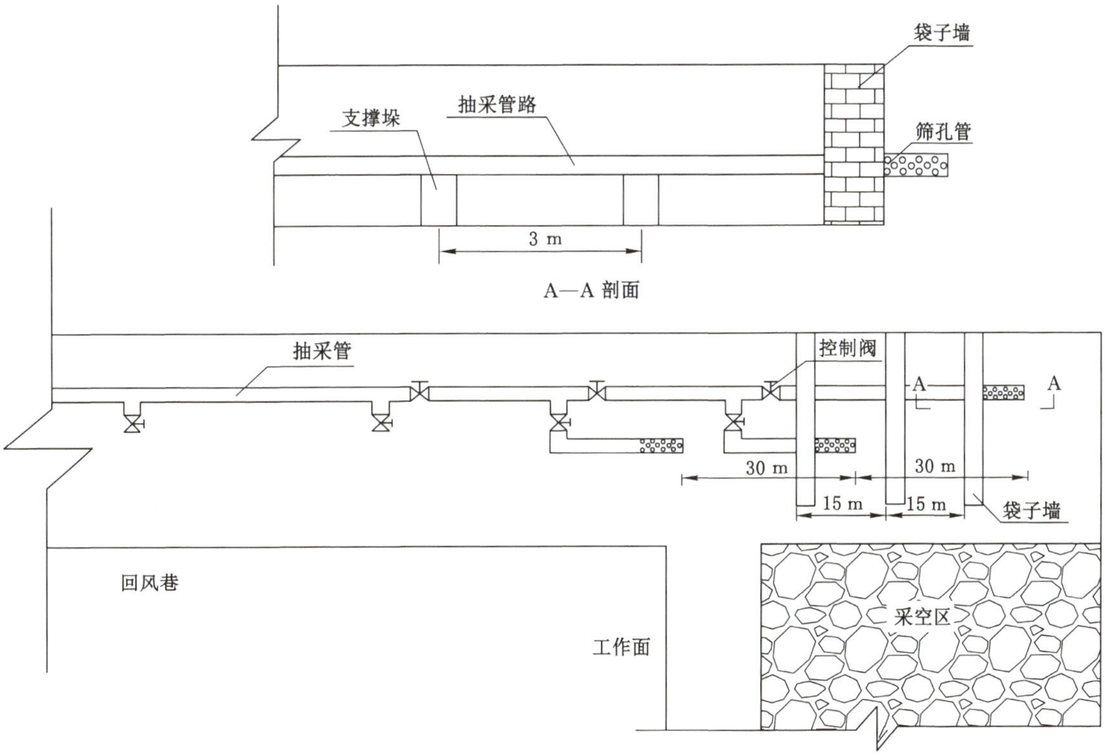

图 8-4　半密闭采空区埋管迈步后退式瓦斯抽采示意图

(2) 全封闭采空区瓦斯抽采

该方法是在巷道中打密闭，然后将管子插入采空区抽采采空区瓦斯，如图 8-5 所示。

另外一种方法是随着回采工作的往前推进，在回风巷一侧的联络巷密闭处埋管对采空区瓦斯进行抽采，见图 8-6。

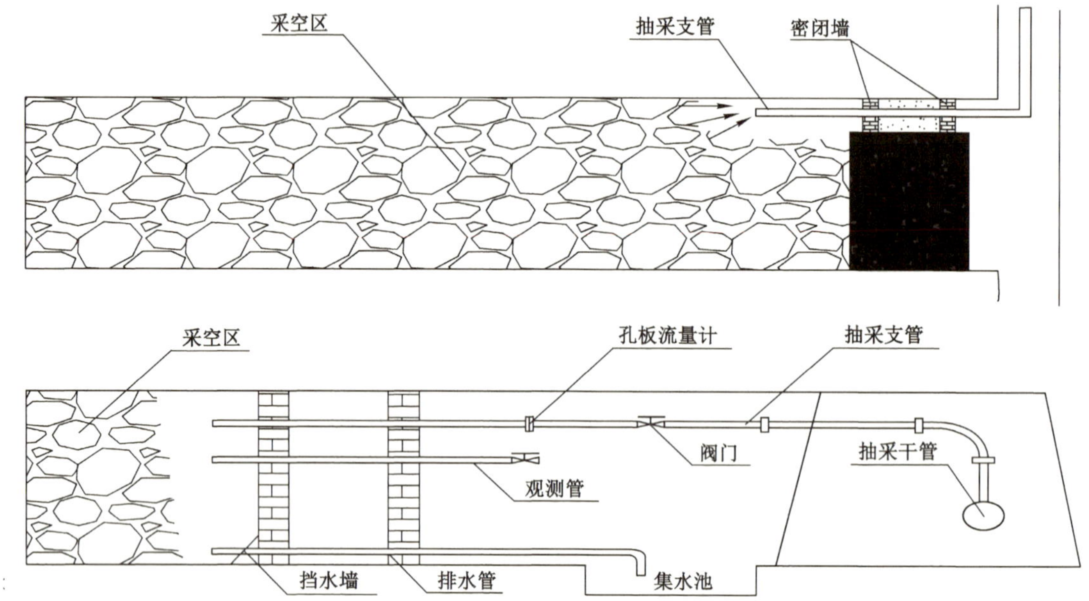

图 8-5　全封闭采空区密闭瓦斯抽采示意图

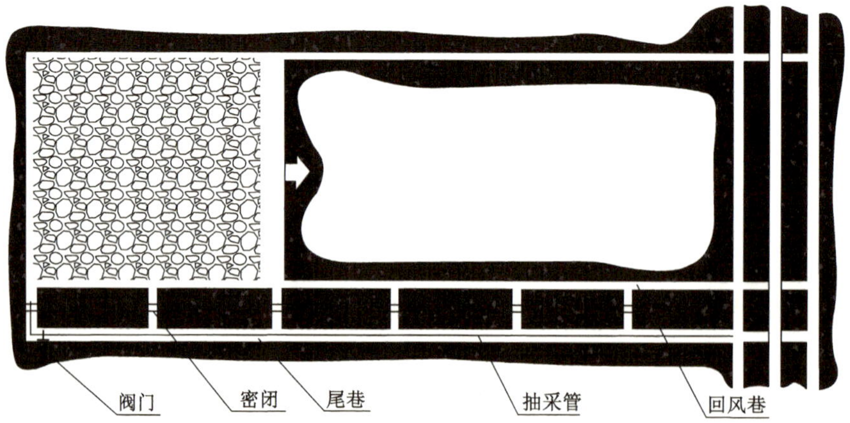

图 8-6　联络巷密闭处埋管抽采采空区瓦斯方法示意图

8.1.2　大直径钻孔治理上隅角瓦斯技术的提出

瓦斯抽采是矿井瓦斯治理的治本措施，按瓦斯来源不同，瓦斯抽采方法可以分为开采煤层抽采、邻近层抽采、采空区抽采及围岩抽采等类别。由于采空区瓦斯涌出往往会造成回风流瓦斯及工作面上隅角瓦斯浓度超限等，所以采空区瓦斯的抽采必须引起足够的重视。

瓦斯集利害于一身，进行矿井瓦斯抽采势在必行。多年来瓦斯治理经验表明，采空区瓦斯是我国煤矿采煤工作面的瓦斯主要来源，同时它也是上隅角瓦斯超限的主要原因之一。

在防治上隅角瓦斯灾害的问题上，各地区各煤矿做了大量的工作，试验了多种措施。但是现有治理技术在部分条件下会受到限制，无法有效解决上隅角瓦斯超限问题。

因此，中煤科工集团沈阳研究院有限公司研发了一种大直径钻孔抽采技术及装备来治理上隅角瓦斯。该技术利用大型钻机在工作面一侧两条巷道的煤柱中施工大直径钻孔（通常钻孔直径大于500 mm），然后布置抽采系统，通过大孔径钻孔可有效地对工作面上隅角采空区瓦斯进行抽采，达到治理上隅角瓦斯的作用。

在上隅角布置大直径钻孔进行瓦斯抽采，就是建立了采煤工作面尾抽系统，同时利用抽采负压改变上隅角附近瓦斯流场，在采煤工作面上隅角处形成一个负压区[40]，使采煤工作面上隅角处瓦斯向抽采管流动，这样瓦斯流在上隅角后方就被吸入抽采系统，使瓦斯到达不了上隅角而避免产生上隅角瓦斯超限问题。

8.1.3　大直径钻孔治理上隅角瓦斯的原理研究

井下工作面通风主要采用 U 形上行通风方式，在这种模式下，风流从进风巷流入、从回风巷流出，部分风流在经过工作面通道时，从下隅角至工作面中部流入采空区。流入采空区的风流和采空区瓦斯混合后又从工作面中部至上隅角漏回工作面，最终经回风巷流出。U 形通风采煤工作面采空区风流场及采空区瓦斯浓度分布见图 8-7、图 8-8。

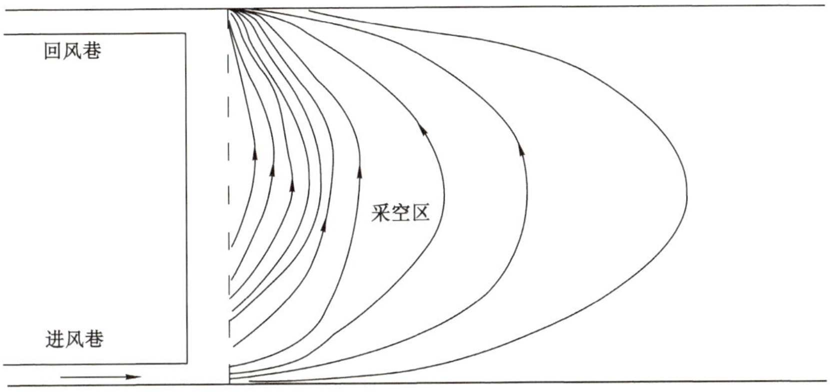

图 8-7　U 形通风采煤工作面采空区风流场示意图

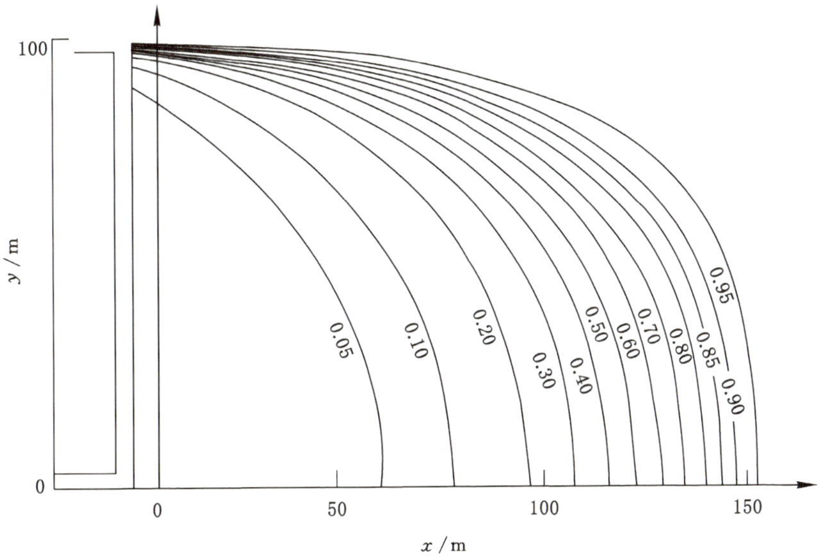

图 8-8　U 形通风采空区瓦斯浓度(%)分布示意图

从图 8-8 中可见，U 形通风方式下，从采空区长度方向看，越远离工作面，瓦斯浓度越高；从沿工作面方向看，进风巷侧采空区内瓦斯浓度低，回风巷侧上隅角处瓦斯浓度高。这是因为在 U 形通风所形成的风流场下，靠近工作面处的瓦斯被从工作面漏入采空区的风流携带到上隅角。同时上隅角由于综采支架的存在，漏风流流经综采支架的后上方，形成不良通风空间，工作面上隅角靠近煤壁和采空区侧风流速度很低，局部处于涡流状态。这种涡流使采空区涌出的瓦斯难以进入主风流中，从而使高浓度瓦斯在上隅角附近循环运动而聚集在涡流区中，形成了上隅角的瓦斯超限。

总的来说就是：一方面，上隅角所处的位置决定其风流处于微风紊流状态，不利于瓦斯的正常排出；

另一方面，上隅角有着充足的瓦斯来源补充。以上两个方面因素大大提高了上隅角瓦斯积聚和超限的概率。

想要降低上隅角瓦斯浓度，就需要在上隅角附近引入某种机制改变风流场，让漏入采空区后富含采空区瓦斯的风流进入一个新的流场，而不汇入上隅角处，减少上隅角瓦斯来源；另外，由于上隅角流场发生改变，风流就不会聚集在上隅角处于涡流状态而不断富积瓦斯，从而从原理上杜绝上隅角瓦斯超限。

布置大直径钻孔在上隅角进行瓦斯抽采，就是利用抽采负压改变上隅角附近瓦斯流场(见图 8-9)，在采煤工作面上隅角处形成一个负压区，使采煤工作面上隅角处瓦斯向抽采管流动，这样瓦斯流在上隅角后方就被吸入抽采系统，使含瓦斯风流到达不了上隅角和无法在上隅角形成涡流聚集高浓度瓦斯，避免产生上隅角瓦斯超限的问题。

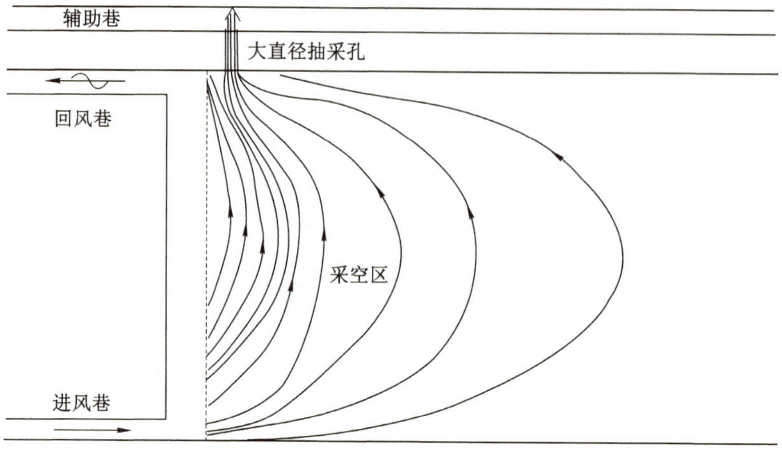

图 8-9　U 形通风上隅角大直径钻孔抽采时采空区风流场示意图

总的来说，利用大直径钻孔在上隅角附近进行瓦斯抽采，解决上隅角瓦斯超限问题，本质上主要是改变上隅角风流场，不让瓦斯在上隅角因涡流而积聚，同时截断随漏风流涌向上隅角的瓦斯来源。

8.1.4　大直径钻孔治理上隅角瓦斯研究现状

叶根飞[47]根据山西煤矿井下巷道布置现状提出施工大直径钻孔替代顺槽横贯抽采上隅角瓦斯的方法，采用多次扩孔工艺形成直径 600 mm 的近水平钻孔。谢生荣等[48]基于“U＋L”形通风系统提出尾巷超大直径管路横接采空区密闭抽采技术，在回风巷与尾巷间施工横贯，在其中埋入 ϕ200 mm 管路并接入铺设于尾巷中的管路(ϕ1 200 mm)抽采系统，在抽采负压作用下截流采空区涌向上隅角的瓦斯，同时实现上隅角和尾巷瓦斯浓度的稳定控制。后来中煤科工集团沈阳研究院有限公司研发了大直径钻孔治理上隅角瓦斯技术及相应的装备，可一次成型大直径钻孔(通常钻孔直径大于 500 mm)并全孔段敷设钢质护管，随后对这种一次成孔抽采上隅角瓦斯的新技术进行了大量的研究和应用，实现了大流量和高浓度瓦斯抽采。

钻孔直径达 500～800 mm 的大直径钻孔治理瓦斯的方法在国内外属首次提出，国内现有钻机(千米定向钻机、ZDY/ZYL 等系列液压钻机)目前均无法满足此大直径钻孔的施工要求。近几年，中煤科工集团沈阳研究院有限公司在引进乌克兰钻煤机技术的基础上，自主研制了大直径钻孔钻机，该设备利用液压油缸推进装置带动旋转的钻具进行大直径钻孔施工，钻孔施工结束后，利用该钻机把护管顶入大直径钻孔内进行钻孔护孔，封孔后完成钻孔施工，然后实施采空区瓦斯抽采。

8.1.5　发展趋势

预计今后很长一段时间内，我国的煤矿机械化水平将会有长足发展，开采设备和开采技术也将会进一步发展。随着煤矿开采深度越来越深，生产规模增大，特别是采空区瓦斯的涌出量增大，这对矿井的瓦斯治理能力提出了更高要求，对于工作开采时间特别长且瓦斯涌出量大的矿井需特别加强采空区瓦斯治理。

由于采空区瓦斯浓度较低，采用埋管抽采和高位钻孔抽采，因其抽采量小，往往效果不好，采用沿空留巷变 U 形通风为 Y 形通风、底板岩巷及高抽巷抽采采空区瓦斯成本太高。因此，提出采用大直径钻孔以大流量、低负压进行采空区瓦斯抽采，对采空区瓦斯涌出量大、上隅角瓦斯经常超限等问题进行有效治理，保证矿井的安全生产。

8.2　大直径钻孔抽采技术与装备简介

8.2.1　大直径钻机结构组成及技术参数

中煤科工集团沈阳研究院有限公司在引进乌克兰钻煤机的基础上，自主研制开发了第一代 ZDJ10000L 型煤矿用履带式坑道钻机（见图 8-10）。该设备利用液压缸推进装置带动旋转的钻具进行大直径钻孔施工，钻孔施工结束后，利用该钻机把钢管送入大直径钻孔内进行护孔，封孔后完成钻孔施工。

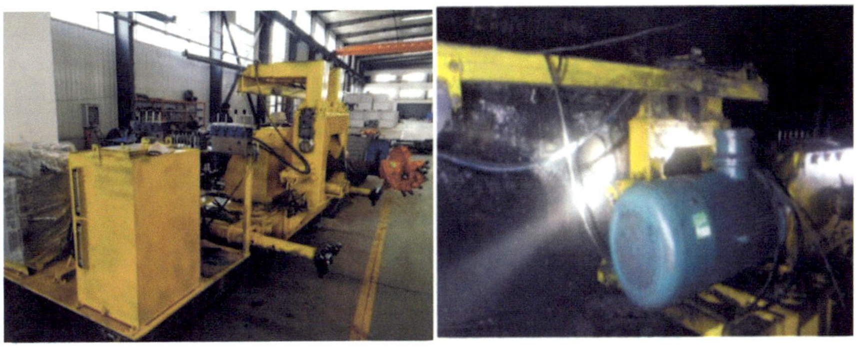

(a)　　(b)

图 8-10　第一代 ZDJ10000L 型煤矿用履带式坑道钻机外观图

它可实现孔内敷管，用于掘进巷道瓦斯抽采、采空区瓦斯抽采等的施工。该钻机施工孔径 260～860 mm，最大钻深可达 100 m。它具有履带自移功能，施工灵活。钻具采用自动对接技术，生产效率高，工人劳动强度低。与同类机组相比具有钻孔直径大、生产效率高、可靠性高、故障率低、安全性好的优势。

第一代钻机在使用过程中遇到各种难题，如松软煤层在退钻后易塌孔无法置入护管，钻杆连接方式不适合高应力和长钻孔施工易断钻杆。后经过技术改进，研制了第二代 ZDJ10000L 型煤矿用履带式坑道钻机（见图 8-11），跟第一代钻机相比，技术参数得到提升的同时，钻机分拆为两个主要部分，利于井下运输。

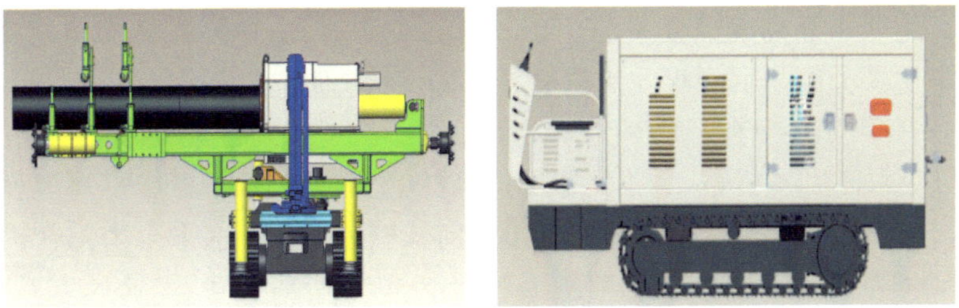

(a) 工作车　　(b) 动力车

图 8-11　第二代 ZDJ10000L 型煤矿用履带式坑道钻机外观图

新钻机采用钻护孔同步施工技术，实现钻杆切削钻进与套管顶推动作同步；利用螺旋钻杆和套管构成的螺旋输送器排渣，从而减少因煤层压力或松软煤质导致的塌孔、废孔现象。该钻机可以针对不同的地质情况选择相应的施工方式一次性钻护成孔，成孔率在 98%以上，可跨越胶带进行钻进施工，具备了在坍塌段快速构建大直径应急救援生命通道的能力。

8.2.2 大直径钻机的优点

① 大直径钻机全部操作过程仅需要 3 人即可完成，大大节省了成本和降低了工人的劳动强度。

② 大直径钻机是履带自移式钻机，移动灵活方便，能够更好地适应井下地形，节省了时间，提高了工作效率。

③ 采用凸轮锁销式钻杆连接机构，避免了钻杆脱节现象，并且可靠性好，降低了工人在井下操作钻机的危险性。

④ 操作方便，维修便利安全。使用该钻机时工人在巷道内操作，因此在检修设备时安全方便，节省了人力，提高了效率。

⑤ 能够快速施工大直径煤层钻孔，钻孔直径可达 500～800 mm。

8.2.3 大直径钻机井下施工工艺

根据目前巷道钻孔施工工艺，主要利用大直径钻机的液压推进装置向侧帮煤层施工钻孔，主要分为预备工作、移机定位工作、施工作业等三个主要操作程序。

第一步是预备工作，主要是在打钻前检查各个系统是否处于初始状态，检查液压油位置是否处于正常状态，检查各个系统状态良好后开机。

第二步是移机定位工作，通过操作钻机使之向前前进，前进过程中应该注意保护好电缆、管路等钻机设施，以防损坏设备。当钻机移动到需要打钻的位置后，调整钻机高度，保持倾斜度和煤层倾角一致，完成固定以后就可以钻孔施工作业。

第三步是施工作业，需要注意的是在施工之前需要拔出打钻范围内的所有锚杆，清理铁丝网等设施，不能影响钻具的钻进和旋转。检查一切正常后打开钻机喷雾装置进行打钻，在打钻过程中应该注意钻机电流显示，当钻机状况异常时可能遇到了地质构造，此时应该降低推进速度或停止钻进。

8.3 大直径钻孔应用实例

大直径钻孔抽采技术与装备在山西多个矿区进行了应用，均取得了较好的应用效果。应用的部分矿井有山西焦煤西山煤电集团公司马兰矿、山西焦煤西山煤电集团公司杜儿坪矿、山西柳林金家庄煤业有限公司、山西柳林兴无煤矿有限责任公司、山西潞安环保能源开发股份有限公司五阳煤矿、山西阳城阳泰集团竹林山煤业有限公司、晋煤集团赵庄矿、中煤平朔集团有限公司山西小回沟煤业有限公司、山西天地王坡煤业有限公司、阳泉市上社煤炭有限责任公司、山西平舒煤业有限公司等。

8.3.1 太原地区

大直径钻孔抽采技术在太原地区主要应用于中煤平朔集团有限公司山西小回沟煤业有限公司 2201 工作面、山西焦煤西山煤电集团公司马兰矿 10610 工作面、山西焦煤西山煤电集团公司杜儿坪矿 72909 工作面。本书主要介绍小回沟煤业有限公司 2201 工作面基本情况。

山西小回沟煤业有限公司为高瓦斯矿井，2201 工作面位于二采区北翼东部，西邻 2202 工作面，东侧为二采区边界，与一采区边界相邻，南邻大巷保护煤柱。2201 工作面煤层平均厚度 2.7 m，可采长度 1 030 m，倾斜长度 240 m，面积 247 200 m^2。采用走向长壁后退式一次采全高综合机械化采煤方法，采空区顶板管理采取全部垮落法。在回采期间采用“U＋外侧瓦斯抽采巷”形通风方式，2201 工作面运输巷进风、回风巷回风。在 2201 工作面抽采巷施工了 12 个大直径钻孔，钻孔直径 580 mm，钻孔工程量总计 180 m。大直径钻孔垂直于煤柱施工，开孔高度 1.2～1.8 m，钻孔间距 12～40 m。

8.3.2 阳泉地区

大直径钻孔抽采技术在阳泉地区主要应用于阳泉市上社煤炭有限责任公司 9206 工作面。

阳泉市上社煤炭有限责任公司为煤与瓦斯突出矿井，在 9208 工作面进风巷向 9206 工作面回风巷施工大孔径钻孔，抽采 9206 工作面回采期间采空区和邻近煤层瓦斯。9208 工作面进风巷与 9206 工作面回风巷之间煤柱宽 12 m，选择在 9206 工作面回风巷与 9208 工作面进风巷之间每 30～50 m 施工 1 个大孔径钻孔代替原设计联络巷对上隅角进行瓦斯抽采，共施工 38 个钻孔，钻孔直径 600 mm。

8.3.3　晋中地区

大直径钻孔抽采技术在晋中地区主要应用于山西平舒煤业有限公司 81118 工作面。

山西平舒煤业有限公司为煤与瓦斯突出矿井，81118 工作面地面位于小寨村(已搬迁)以东 514 m，张家沟以北 300 m，该工作面可采走向长 1 486 m，采长 180 m，煤层平均厚度 1.70 m，煤层倾角 2°～10°，平均 6°，可采储量 61.77 万 t。81118 工作面总体形态简单，为北高南低的单斜构造。现场共施工 6 个钻孔，深度均为 21.5 m，钻孔直径为 550 mm 和 700 mm 两种。

8.3.4　长治地区

大直径钻孔抽采技术在长治地区主要应用于山西潞安环保能源开发股份有限公司五阳煤矿 7609 工作面。

五阳煤矿为高瓦斯矿井，7609 工作面北部为实煤体，南部为 7607 工作面，西部为 80 采区架空人车巷，东部为 76 采区准备巷道。7609 工作面可采长度 1 150 m，巷道布置方式为“单巷布置”，设置一条运输巷、一条回风巷，运输巷长 1 338 m、回风巷长 1 775 m。在 7609 工作面回风巷侧 48 m 间距处有一条 7609 工作面排水巷。根据 7609 工作面巷道布置现状，选择在排水巷往回风巷施工钻孔。现场共施工 14 个钻孔，深度均为 50 m，钻孔直径 550 mm。

8.3.5　晋城地区

大直径钻孔抽采技术在晋城地区主要应用于山西阳城阳泰集团竹林山煤业有限公司 1403 综采工作面。

竹林山煤业有限公司为高瓦斯矿井，1403 综采工作面走向长度 1 330 m、倾向长度 156 m，工作面可采储量 841 254 t，井下标高＋528～＋613 m，工作面埋深＋220～＋310 m。1403 综采工作面西为 1400 回风大巷，北为 1404 工作面，南为 1402 规划工作面实体煤，东为矿界保安煤柱与伏岩山煤矿接壤。工作面煤厚有较大变化，煤厚 2.0～5.6 m，平均 3.1 m。0～300 m 煤厚 4.0～5.6 m，300～500 m 为褶曲主要变坡地段，煤厚 2.5～3.5 m，500～1 290 m 煤厚 2.0～4.1 m。现场在 1403 工作面正巷北帮向 1403 工作面副巷施工钻孔，共施工 13 个钻孔，钻孔深度 30 m，钻孔直径 620 mm。

8.3.6　吕梁地区

大直径钻孔抽采技术在吕梁地区主要应用于山西柳林金家庄煤业有限公司 9202 工作面。

山西柳林金家庄煤业有限公司属于高瓦斯矿井，9202 综采工作面位于矿井 9# 煤层二采区，工作面东面为 9203 工作面胶带巷，西面为实体煤，南面为二采区三条大巷，北面为矿井田边界，上部为 8# 煤层 8204(1)、8202、8203 工作面采空区。9202 综采工作面倾斜长度 200 m，可采长度 590 m，煤层厚度平均 4.88 m。

8.4　大直径钻孔治理上隅角瓦斯数值模拟研究

工作面回采后上覆岩体垮落充填采空区，其内的孔隙结构纵横交错，非常复杂，工作面风流通过时，会有部分漏风进入采空区，从而导致采空区气体流动非常复杂。在工作面回风侧引入新的抽采钻孔后，改变了采空区风流场，进一步加剧了采空区风流的复杂性，因此，需要对采空区瓦斯运移模型进行研究，模拟不同抽采钻孔间距的情况下采空区瓦斯分布规律和风流场变化状况，为抽采参数的设置提供理论依据。本章主要以山西潞安环保能源开发股份有限公司五阳煤矿 7609 工作面为工程背景开展数值模拟研究。

8.4.1 采空区风流流动特征

根据流体力学[56]，任何流体都是大量分子不断运动所形成的。为了研究方便，可将采空区气体视为瓦斯和空气的混合气体，其余含量比较少的气体比如二氧化碳、稀有气体等都可以忽略不计。

工作面有风流通过时，由于采空区存在漏风，与其相邻的采空区垮落岩石孔隙和裂隙中的气体处于流动状态，采空区的垮落岩石又形成了裂隙和孔隙的骨架，因此，在研究采空区瓦斯流动时，可将采空区视为多孔介质。瓦斯在采空区的流动可视为流体在多孔介质中的渗流运动。

采空区上覆岩层垮落后，采空区内岩石中孔隙和裂隙形状不一，大小不同，连通性各不相同，彼此连接的通道各不相同，纵横交错，非常复杂。在实际工程研究中，为了能够简化研究，忽略微观方面的细节，注重宏观构造与运动，可将瓦斯流动看成是连续、均匀的，可以将其当作连续流进行研究。因此，通过研究多孔介质中流体的运动规律来研究瓦斯渗流规律。

采空区内气体流动非常复杂，瓦斯与空气的混合气体流速分布变化大，层流、湍流、过渡流等流体状态同时存在，最终造成瓦斯在采空区内的浓度分布场十分复杂。

8.4.2 多孔介质理论

1. 多孔介质的定义

很多学者达成一致的共识，认为多孔介质是多种物质混合占据共有空间，整体空间由固体物质组成结构骨架并把骨架划分割离成许多密集的微小空隙的介质。多孔介质的特性[49]：

① 多相介质中至少有一两相为非固体；

② 每个单元体必须包含固体颗粒；

③ 由介质的一边至另一边有多条连续的通道。

多孔介质的性质对流体运动有影响，流体的性质也会对流体运动产生影响。

2. 多孔介质的性质

(1) 孔隙率

孔隙率指多种物质结构组成的多孔介质里孔隙体积与该多孔介质总体积之比，多孔介质里的大多数孔隙生成结构复杂多样，而孔隙率越大说明孔隙的数量越多，反之越小，同时孔隙率也是流体传输性能的重要参数，计算公式如下：

$$\varepsilon=\frac{\Delta V_v}{\Delta V}\times 100\% \tag{8-1}$$

式中 ε——多孔介质孔隙率；

ΔV_v——孔隙体积，m^3；

ΔV——总体积，m^3。

(2) 比面

比面 M 指单位体积多孔介质内孔隙的总表面积，其量纲是长度的倒数，计算公式如下：

$$M=\frac{A_s}{V} \tag{8-2}$$

式中 M——比面；

A_s——孔隙的总表面积，m^2；

V——总体积，m^3。

对比面影响大的四个因素为孔隙率及颗粒排列方式、形状、粒径，比面也是重要的结构参数。

(3) 渗透率

用渗透率表征多孔介质渗透性，渗透率是多孔介质传导流体的能力。由达西定律：

$$V=-\frac{k}{\mu}\frac{\partial p}{\partial x}=-K\frac{\partial p}{\partial x} \tag{8-3}$$

式中 V——渗流表面速度，m/s；

k——渗透率，m^2；

$\frac{\partial p}{\partial x}$——压力梯度；

μ——流体的动力黏度，Pa·s；

K——渗透系数，$m^2/(Pa \cdot s)$。

在工作面推进过程中，采空区的孔隙率不断变化，而不是恒定值。采场裂隙沿垂直方向和横向的孔隙率不同。一般而言，采空区的中部距工作面很远处，由于压实度相对比较大，孔隙率相对较小；而靠近工作面的采空区由于还没有被完全压实，其孔隙率比采空区深部小。在垂直方向上，垮落带、裂隙带、弯曲下沉带的孔隙率依次减小。

(4) 可压缩性

可压缩性指多孔介质的体积随压力变化而改变的性质。当外界温度一定时，多孔介质受压缩就会造成孔隙间的体积减小，即

$$\alpha = -\frac{1}{V}\frac{dV}{dp} \tag{8-4}$$

式中　α——多孔介质体积可压缩系数，MPa^{-1}；

dV——孔隙体积变化量，m^3；

dp——内应力变化量，MPa。

8.4.3　采空区瓦斯运移数学模型

1. 基本假设与数学模型

① 采空区内的瓦斯运移是在多种气体混合条件下进行的，采空区混合气体被视为不可压缩气体，与其他流体一样需要遵守基本的守恒定律：质量守恒定律、动量守恒定律。

质量守恒方程：

$$\frac{\partial}{\partial t} + \frac{\partial}{\partial w_i}(\rho u_i) = S_m \tag{8-5}$$

动量守恒方程：

$$\frac{\partial}{\partial t}(\rho u_i) + \frac{\partial}{\partial w_j}(\rho u_i u_j) = \frac{\partial p}{\partial w_i} + \frac{\partial \tau_{ij}}{\partial w_j} + G_i + F_i \tag{8-6}$$

式中　ρ——流体密度，kg/m^3；

t——时间，s；

u_i, u_j——流体速度，m/s；

w_i, w_j——方向分量；

S_m——非稳态质量源项；

p——静压力，Pa；

τ_{ij}——应力张量；

F_i——外部体力，N；

G_i——重力体力，N。

② 采空区内漏风流速较小，气体流动符合达西定律，公式为：

$$\nabla p = -\frac{\mu}{k}u \tag{8-7}$$

式中　∇——一阶微分算子；

k——流体渗透率，m^2；

μ——流体动力黏度，Pa·s。

③ 因存在瓦斯上浮现象，故在模型中应考虑重力效应。

④ 求解采空区渗流选取重整化群 k-epsilon 紊流模型(renormalization group k-epsilon，RNG k-ε)。

⑤ 由于采空区内的矸石和遗煤分布的随机性，将采空区内的多孔介质近似视为各向同性。

2. 采空区孔隙率与渗透率的确定

采空区内多孔介质的孔隙率和渗透率直接影响气体在采空区内的渗流状态，从而影响模拟结果的准确性。传统的孔隙率与渗透率确定方式是将采空区划分为 3 个区域：自由堆积区、载荷影响区与压实稳定区，每个区域孔隙率与渗透率设置为一个常数，没有用到“O”形圈理论，误差很大。本书结合“O”形圈理论，通过分析采空区各位置的煤岩碎胀系数和原始煤岩多孔介质孔隙率来间接估算破碎后煤岩的孔隙率，并以此建立与空间位置有关的采空区多孔介质的孔隙率分布函数。

碎胀系数的定义：

$$K_r = \frac{n_s - 1}{n - 1} \tag{8-8}$$

采空区多孔介质孔隙率函数：

$$n = \begin{cases} 1.16 + 0.36 \times \exp(-0.036\,8x \times (1 - \exp(-0.063\,9 \times (|y + 90|)))) & y \leqslant 0 \\ 1.16 + 0.36 \times \exp(-0.036\,8x \times (1 - \exp(-0.063\,9 \times (|y - 90|)))) & y > 0 \end{cases}$$

式中 n_s，n——分别为原始煤岩与碎胀后煤岩的多孔介质孔隙率，%；

K_r——碎胀系数；

x，y——位置坐标。

采空区渗透率的确定：孔隙介质渗透率是影响采空区内瓦斯流场分布的关键参数，可由 Kozeny-Carman 公式进行计算。

$$k = \frac{D^2}{180} \frac{n^3}{(1-n)^2} \tag{8-9}$$

式中 D——多孔介质骨架的平均粒子直径，μm。

8.4.4 数值模拟物理模型和基础参数设定

本书借助 Fluent 数值模拟软件在无抽采和不同布孔位置条件下，对采空区瓦斯浓度分布和流场进行模拟。

模型建立：如图 8-12 所示，7609 工作面长 220 m，宽 8 m；进风巷道宽 5.5 m，高3.5 m；回风巷道宽 5.0 m，高 3.5 m；采空区长 260 m，宽 220 m；大直径钻孔孔径为 0.55 m。

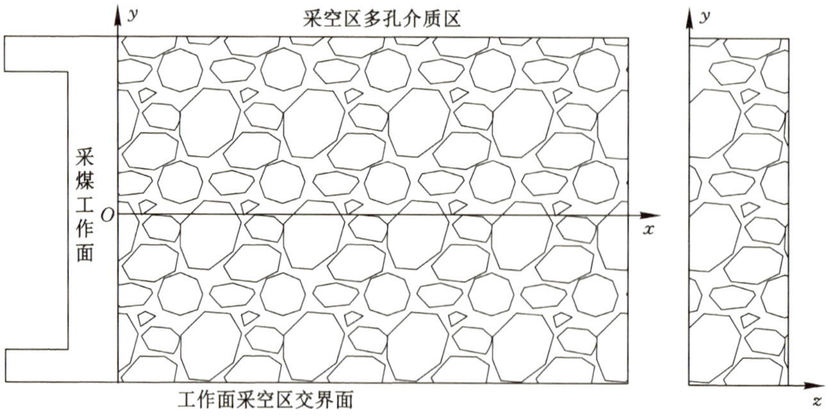

图 8-12 采空区建模示意图

网格划分：如图 8-13 所示，采用非结构化网格划分技术，能自动生成四面体并且在局部复杂结构区域细化，越靠近工作面区域，网格划分越密集，将整个模型划分为 456 400 个网格单元。

边界条件与参数设定：进风口边界条件设为速度入口，入口风速为 3.1 m/s，瓦斯浓度为 0，氧气浓度 21%；回风口设为自由出口；钻孔抽采口设为速度入口，入口风速为 −7.8 m/s；工作面与采空区、抽采孔与采空区的交界处各设为一对内界面，其他面设置为墙体；采空区设为多孔介质区域并对孔隙率、渗透率等进行 UDF 程序编译，假定瓦斯在各部分均匀涌出；考虑重力对瓦斯运移的影响，加

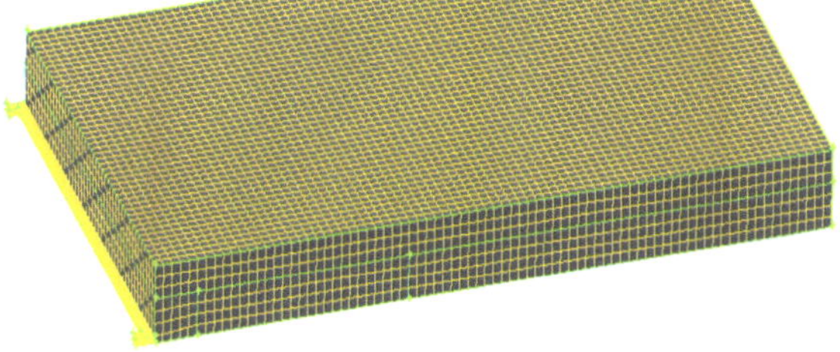

图 8-13　几何模型网格划分

速度设为 $-9.8\ m/s^2$；工作面孔隙率设为 0.95。

8.4.5　采空区瓦斯分布数值模拟分析

对无抽采、大直径钻孔距工作面距离 L 为 10 m、20 m、30 m、40 m、50 m 时的采空区瓦斯浓度分布情况进行模拟，其中二维图均为高度 $z=3$ m 时的截面云图。

图 8-14 给出了无抽采情况下的瓦斯浓度分布图，此时上隅角位置瓦斯严重集聚且瓦斯浓度≥0.75%，且已流入回风巷。可见，应采取相应措施降低该位置的瓦斯集聚程度和瓦斯浓度，减少回风巷风流中的瓦斯气体成分。

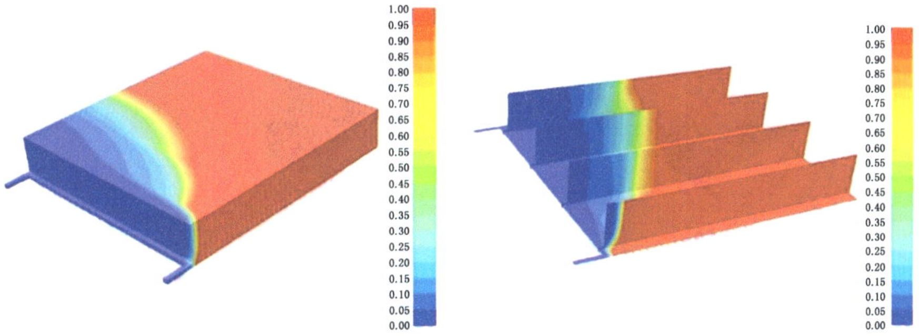

(a) 整体　　(b) $z=3$ m 水平切面及 4 个竖向切面

图 8-14　无抽采情况下瓦斯浓度分布图

1. 抽采孔个数 $n=1$

图 8-15 给出了单孔抽采量 $Q_d=240\ m^3/min$，距上隅角水平距离 $L=10\sim50$ m 时采空区的瓦斯浓度分布图。从中可看出，当抽采孔布置在距上隅角水平距离 $L<10$ m 处时，对上隅角瓦斯的抑制效果较小，且抽采孔距上隅角的距离越近，不仅没有起到降低上隅角瓦斯浓度的作用，反而还会进一步增大该区域附近瓦斯的聚集程度。分析其原因是，抽采孔的抽采风速大于巷道通风的风速，使得采空区的混合气体易于流向风速大的抽采孔位置，可见，若抽采孔越靠近上隅角位置，抽采风流带动的采空区瓦斯会在一定程度上加重上隅角区域附近的瓦斯聚集程度。图 8-16 给出了不同 L 下，抽采量 $Q_d=150\ m^3/min$ 时的采空区的瓦斯浓度分布图，分析可知，此时抽采量对采空区和上隅角瓦斯分布影响的规律与 $Q_d=240\ m^3/min$ 工况下的规律相一致。对比两种工况的模拟结果可知，抽采孔的抽采量越大，抽采孔的影响范围越大；随抽采孔距上隅角距离 L 的增大，抽采孔对上隅角瓦斯浓度的影响有减弱的趋势，且随抽采量 Q_d 的降低减弱得越明显。

综上所述，采空区瓦斯抽采的抽采孔的设计位置并不是越靠近上隅角越好。抽采孔距上隅角的水平距离存在一个临界的最小距离 $L_{cr\_min}(Q_d)$，同时，还存在一个临界的最大距离 $L_{cr\_max}(Q_d)$。因此，合理的抽采孔位置应满足 $L_{cr\_min}(Q_d)<L<L_{cr\_max}(Q_d)$。单孔抽采工况条件下，当 20 m$<L<$40 m 时，对上隅角瓦斯的控制效果相对较好。

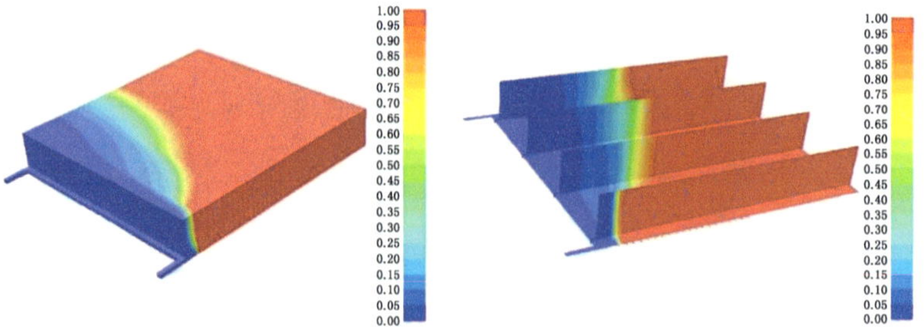

(a) $Q_d=240\ m^3/min$, $L=10\ m$, $n=1$

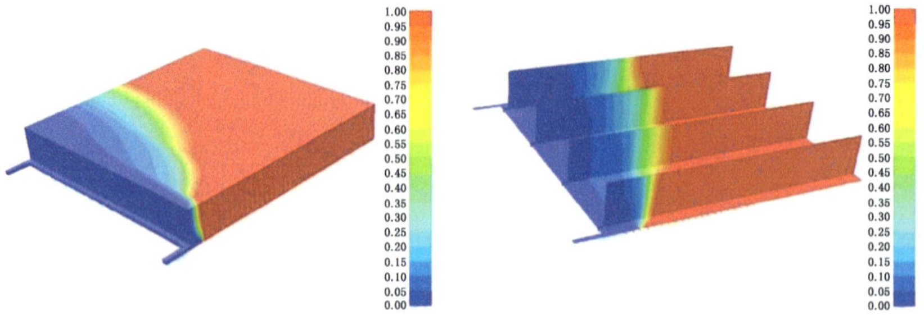

(b) $Q_d=240\ m^3/min$, $L=20\ m$, $n=1$

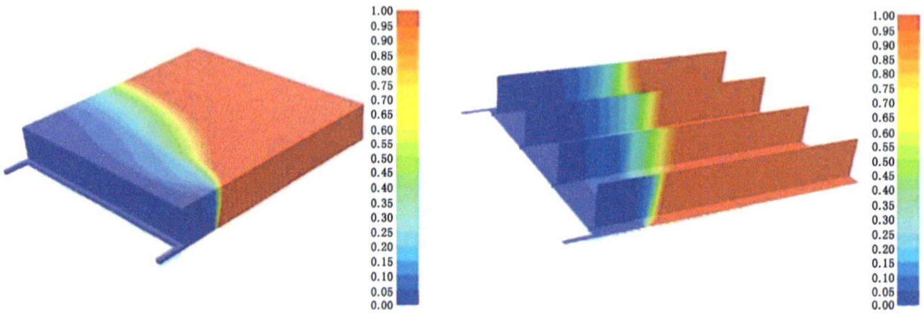

(c) $Q_d=240\ m^3/min$, $L=30\ m$, $n=1$

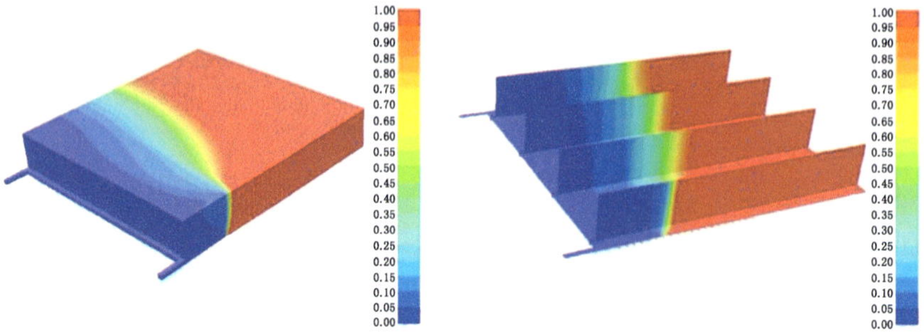

(d) $Q_d=240\ m^3/min$, $L=40\ m$, $n=1$

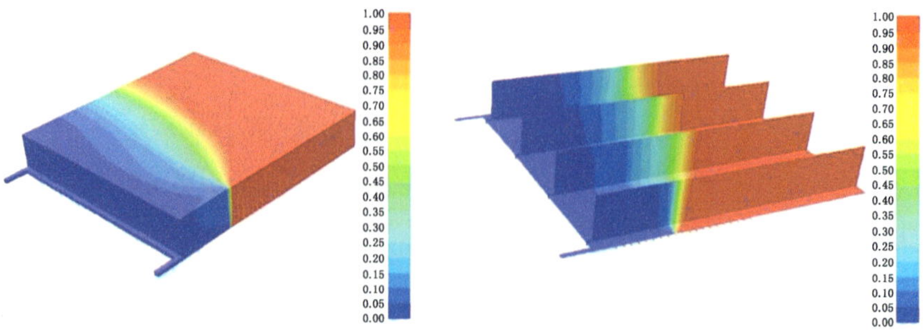

(e) $Q_d=240\ m^3/min$, $L=50\ m$, $n=1$

图 8-15　$Q_d=240\ m^3/min$，$n=1$，$L=10\sim50\ m$ 时采空区瓦斯浓度分布图

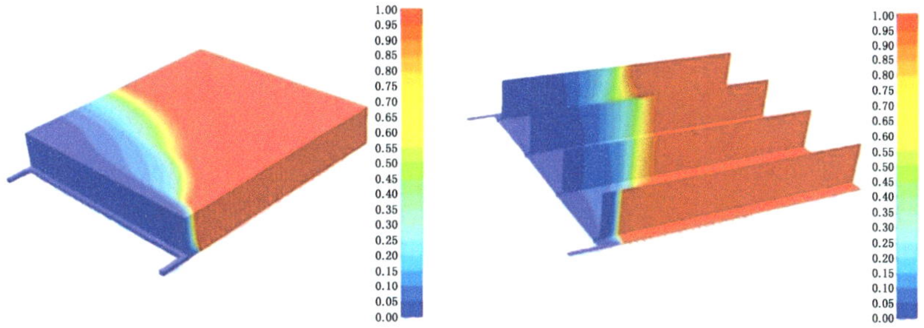

(a) $Q_d = 150\ m^3/min$, $L = 10\ m$, $n = 1$

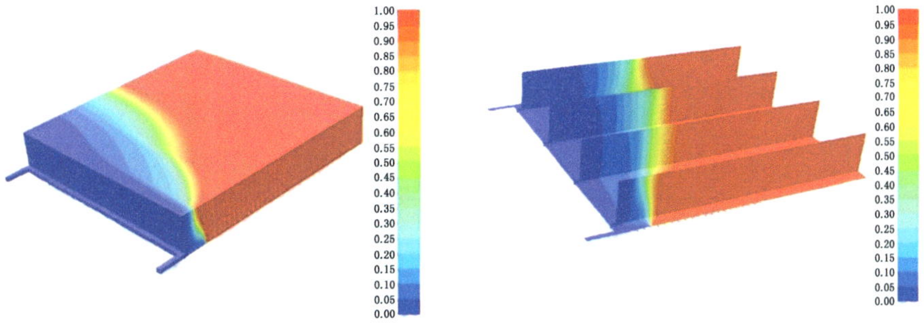

(b) $Q_d = 150\ m^3/min$, $L = 20\ m$, $n = 1$

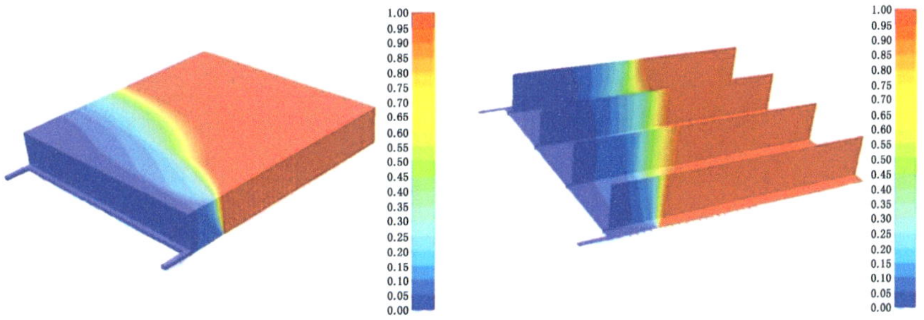

(c) $Q_d = 150\ m^3/min$, $L = 30\ m$, $n = 1$

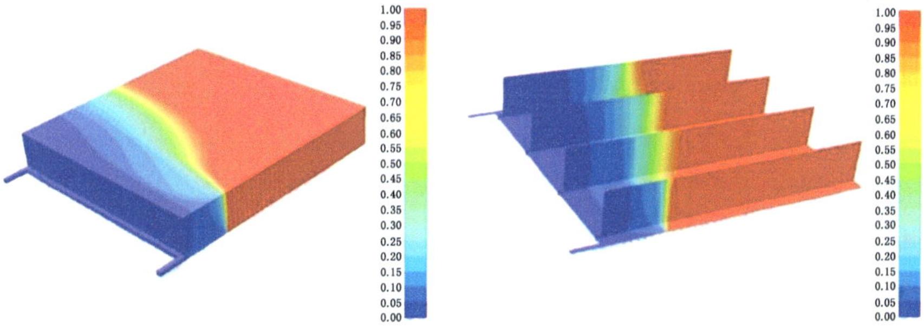

(d) $Q_d = 150\ m^3/min$, $L = 40\ m$, $n = 1$

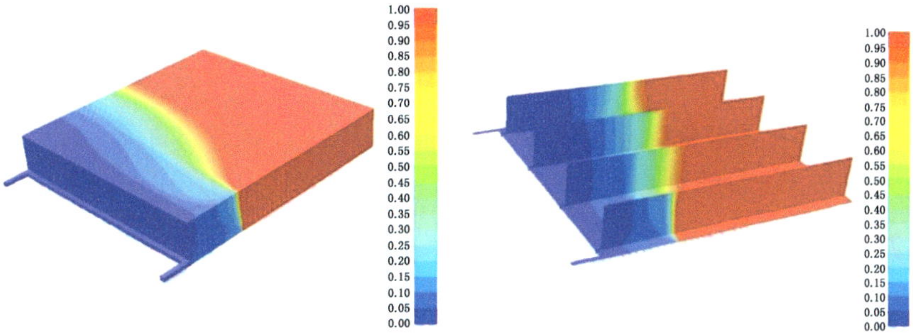

(e) $Q_d = 150\ m^3/min$, $L = 50\ m$, $n = 1$

图 8-16　$Q_d = 150\ m^3/min, n = 1, L = 10 \sim 50\ m$ 时采空区瓦斯浓度分布图

2. 抽采孔个数 $n=2$

图 8-17 至图 8-19 给出了单孔抽采量 $Q_d=150\ m^3/min$，双孔布置抽采孔，孔间距 x_d 为 10 m、20 m 和 30 m，首抽采孔位置 $L=10\sim60$ m 时的瓦斯浓度分布图。对比分析可知，当 $L<10$ m 时，与上述单孔布置类似，此时抽采孔的抽采并不利于对上隅角瓦斯的控制；当 $L>50$ m 时，随抽采孔布置位置 L 的增大，抽采孔对上隅角后上方采空区的抽采范围扩大，这使得上隅角斜上方的高瓦斯区缩小且向采空区深部运移，但对上隅角瓦斯治理的效果越来越差。当抽采孔首孔布置位置 L 相同时，随抽采孔间距 x_d 的增大，抽采孔对采空区上方瓦斯抽采的范围增大，但对上隅角瓦斯浓度的降低效应随之降低。可见，当单孔抽采量 $Q_d=150\ m^3/min$ 时，若双孔布置同时抽采，抽采孔间距不宜超过 30 m，抽采孔最佳的布置位置 $L=20\sim40$ m。

综合分析后得出抽采孔的合理布置参数，见表 8-1。

表 8-1　抽采孔合理布置参数

单孔抽采量 $Q_d/(m^3/min)$	抽采孔数量 n/个	首孔最佳布孔位置 L/m	相邻孔间距 x_d/m
240	≥1	20～50	
150	≥2	20～40	≤30

① 抽采孔距上隅角水平距离 L 存在临界最小距离 $L_{cr\_min}(Q_d)$ 和临界最大距离 $L_{cr\_max}(Q_d)$；若 $L<L_{cr\_min}(Q_d)$（L_{cr} 与该抽采孔的抽采量 Q_d 正相关），则会使得采空区高浓度的瓦斯向抽采孔运移的过程中邻近上隅角区域，加重上隅角区域瓦斯的聚集程度；若 $L>L_{cr\_max}(Q_d)$，则会使得抽采孔对上隅角瓦斯控制的效果降低；因此，首孔最佳的布置位置 $L_{cr\_min}(Q_d)<L<L_{cr\_max}(Q_d)$。

② 其他因素相同情况下，随单孔抽采量 Q_d、抽采孔数量 n 的增加，抽采孔对采空区瓦斯抽采范围和上隅角瓦斯超限的控制效果提高。

③ 其他因素相同情况下，随首孔位置 L 的增大或随孔间距 x_d 的增大，抽采孔对上隅角瓦斯的控制效果随之降低。

上隅角瓦斯浓度观察点坐标 $(x,y,z)=(0\ m,110\ m,3\ m)$，上隅角瓦斯浓度变化曲线见图 8-20。

由图 8-20 可看出，L 为 10 m 时，上隅角瓦斯浓度下降到 0.9%，采空区内部瓦斯浓度分布无明显变化；L 为 20 m 时，上隅角瓦斯浓度下降到 0.7%，瓦斯浓度分布在钻孔附近受到较大影响；L 为 30 m 时，上隅角瓦斯浓度下降到 0.5%；L 为 40 m 时，上隅角瓦斯浓度上升到 0.8%，瓦斯浓度分布在钻孔附近受到较大影响；L 为 50 m 时，上隅角瓦斯浓度上升到 1.7%，瓦斯浓度分布在钻孔附近受到影响很小，但对采空区深部瓦斯浓度分布影响很大。

综上所述，当抽采孔布置在距上隅角水平距离 $L<10$ m 处时，对上隅角瓦斯的抑制效果较小，且抽采孔距上隅角的距离越近，不仅没有起到降低上隅角瓦斯含量的作用，反而还会进一步增加该区域附近瓦斯的聚集程度。其原因是，抽采孔的抽采风速大于巷道通风风速，使得采空区的混合气体易流向风速大的抽采孔位置。可见，若大直径抽采孔靠近上隅角位置，抽采风流带动的采空区瓦斯会在一定程度上加重上隅角区域附近的瓦斯聚集程度。因此，L 在 20～40 m 区间内均可对上隅角起到良好的控制作用，保证上隅角瓦斯浓度小于 0.8%。

8.4.6　采空区流场的模拟分析

采空区流场中流线轨迹可以直观反映钻孔对采空区与上隅角瓦斯运移的影响情况和造成这种影响的原因，为布孔间距的确定提供更多依据，提高模拟结果的准确度。对无抽采和大直径钻孔距工作面距离 L 为 5 m、25 m、45 m 时的采空区流场进行模拟，取上隅角与钻孔局部区域作为观察范围。其中 x 轴 −10～0，y 轴 60～90 的矩形区域为工作面与回风巷，其他区域为采空区。以 x 轴 0

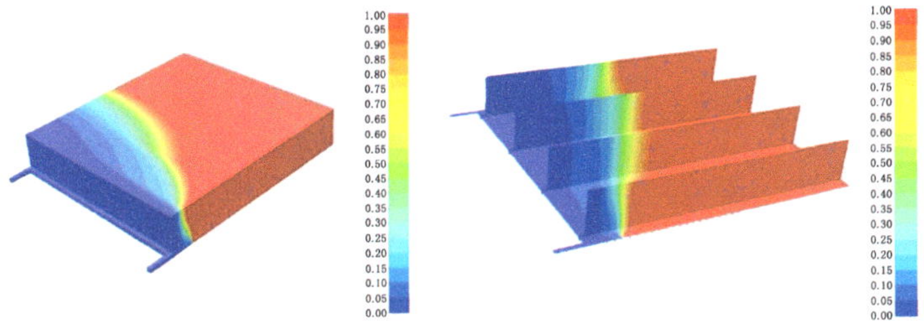

(a)　$L=10$ m，$x_d=10$ m，$n=2$

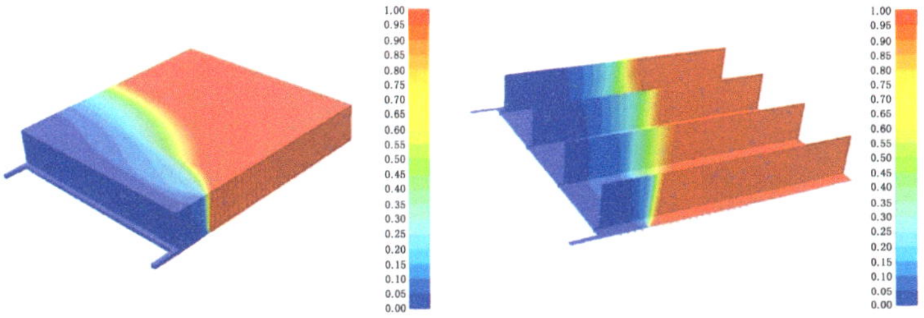

(b)　$L=20$ m，$x_d=10$ m，$n=2$

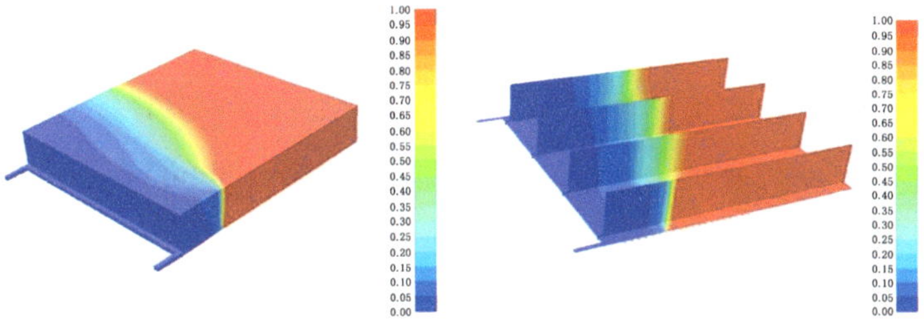

(c)　$L=30$ m，$x_d=10$ m，$n=2$

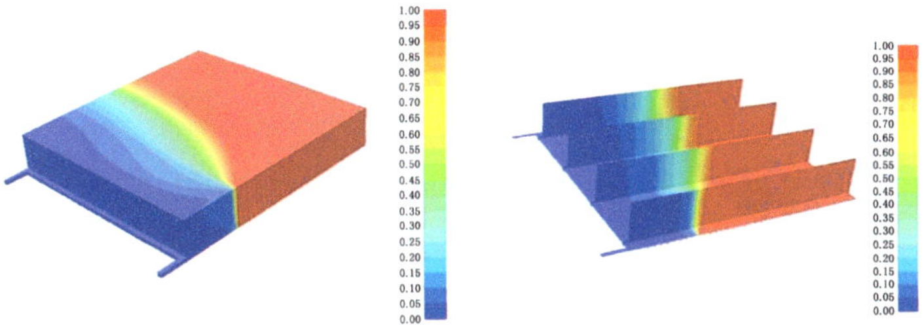

(d)　$L=40$ m，$x_d=10$ m，$n=2$

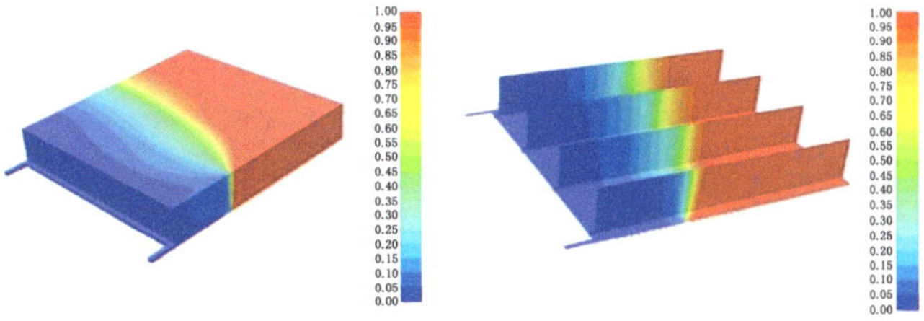

(e)　$L=50$ m，$x_d=10$ m，$n=2$

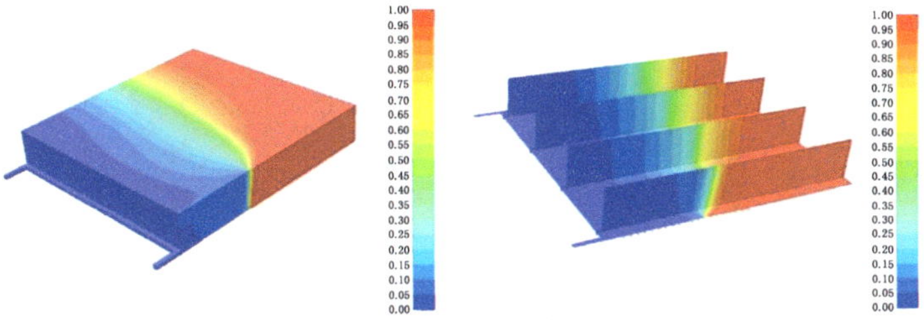

(f)　$L=60$ m，$x_d=10$ m，$n=2$

图 8-17　$x_d=10$ m，$n=2$，$L=10\sim60$ m 时采空区瓦斯浓度分布图

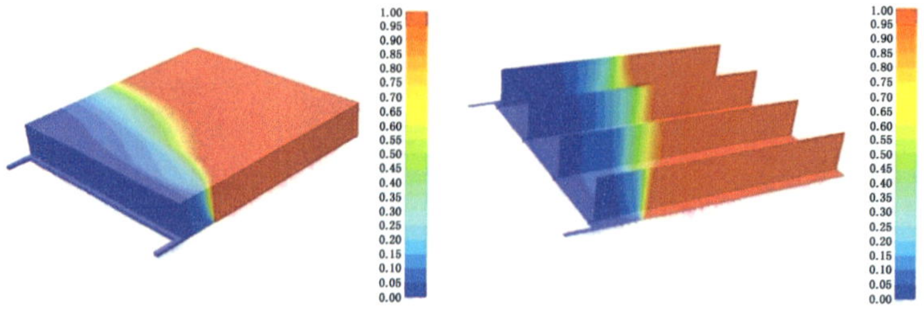

(a) $L=10$ m，$x_d=20$ m，$n=2$

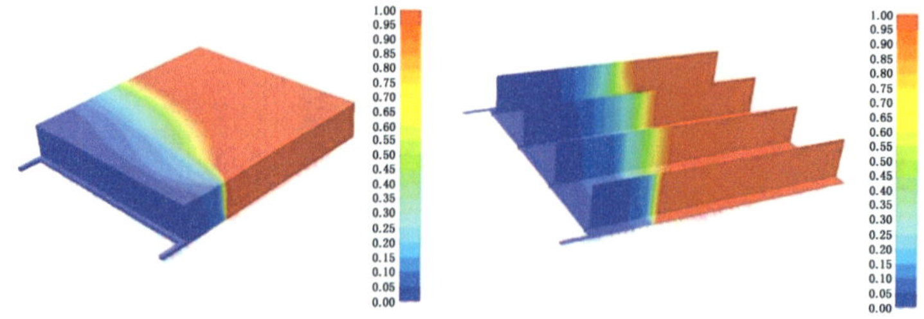

(b) $L=20$ m，$x_d=20$ m，$n=2$

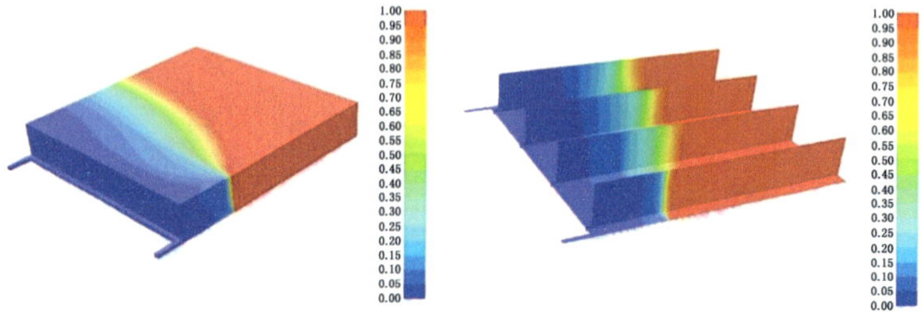

(c) $L=30$ m，$x_d=20$ m，$n=2$

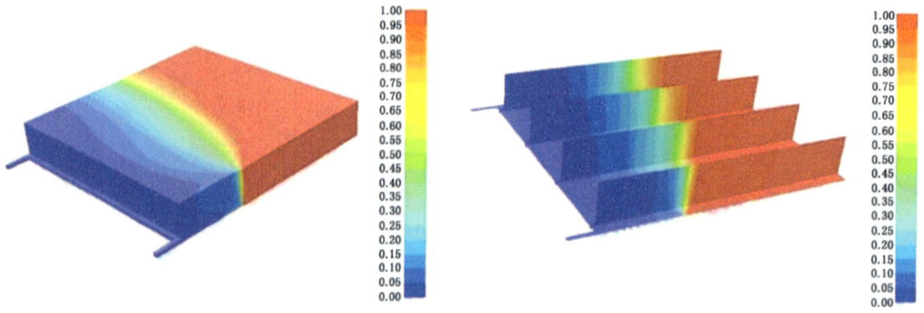

(d) $L=40$ m，$x_d=20$ m，$n=2$

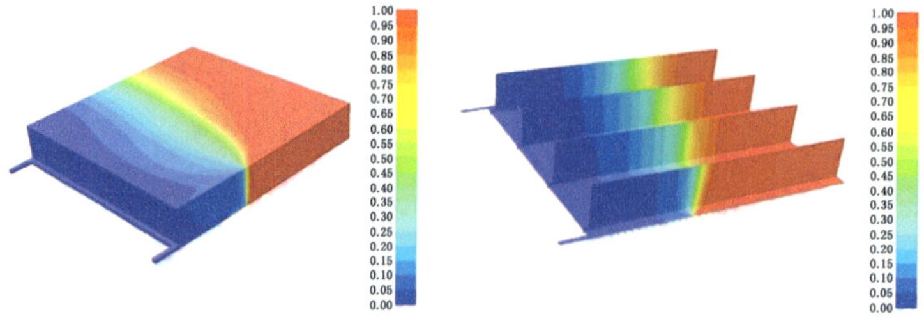

(e) $L=50$ m，$x_d=20$ m，$n=2$

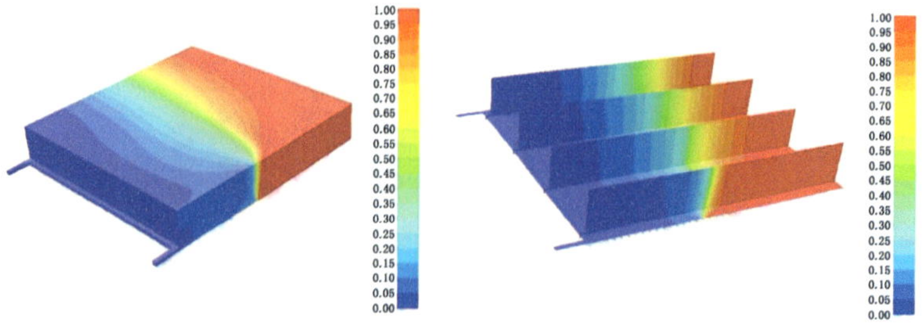

(f) $L=60$ m，$x_d=20$ m，$n=2$

图 8-18　$x_d=20$ m，$n=2$，$L=10\sim60$ m 时采空区瓦斯浓度分布图

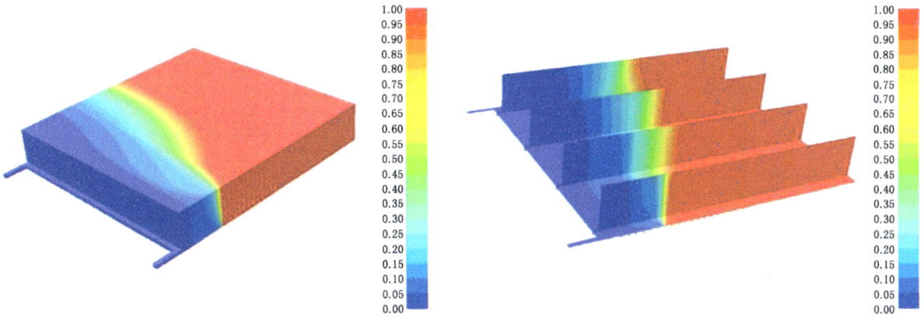

(a) $L=10$ m，$x_d=30$ m，$n=2$

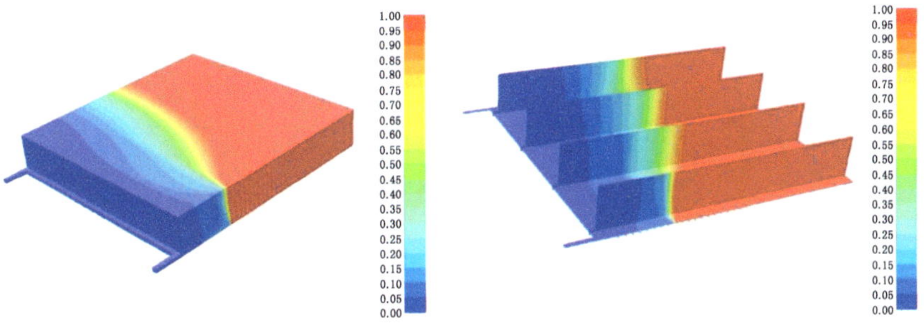

(b) $L=20$ m，$x_d=30$ m，$n=2$

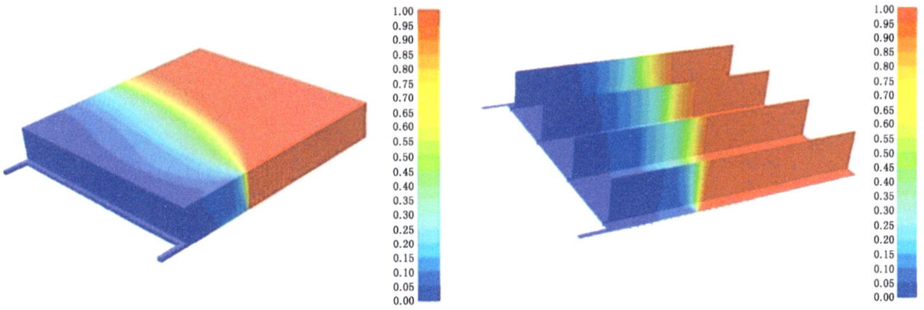

(c) $L=30$ m，$x_d=30$ m，$n=2$

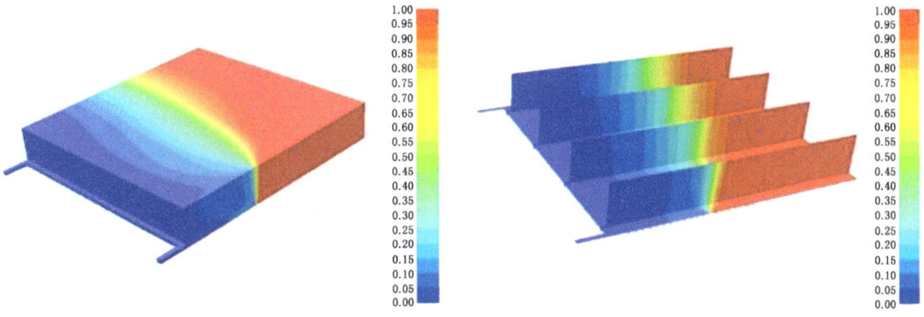

(d) $L=40$ m，$x_d=30$ m，$n=2$

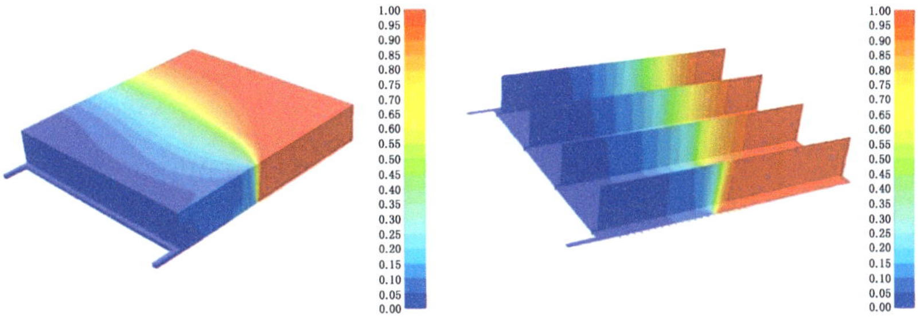

(e) $L=50$ m，$x_d=30$ m，$n=2$

图 8-19　$x_d=30$ m，$n=2$，$L=10\sim50$ m 时采空区瓦斯浓度分布图

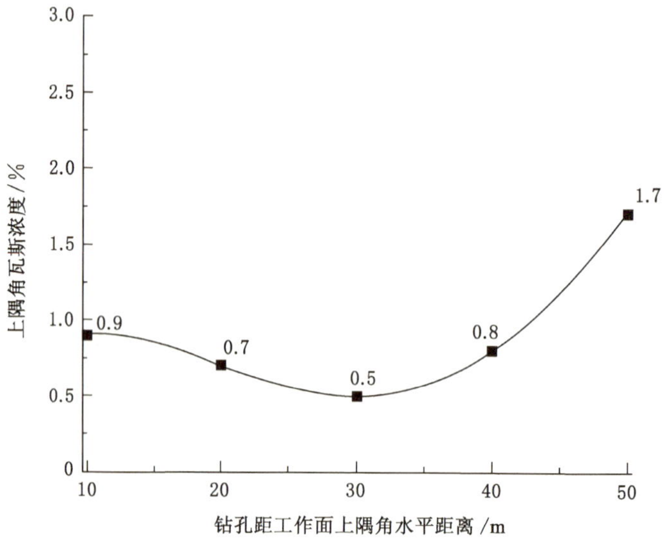

图 8-20　上隅角瓦斯浓度变化曲线

坐标为基点沿着 x 轴正方向每隔 2 个坐标单位设置一条流线，并以设置的先后顺序由 1 开始依次进行编号，具体如图 8-21 所示。

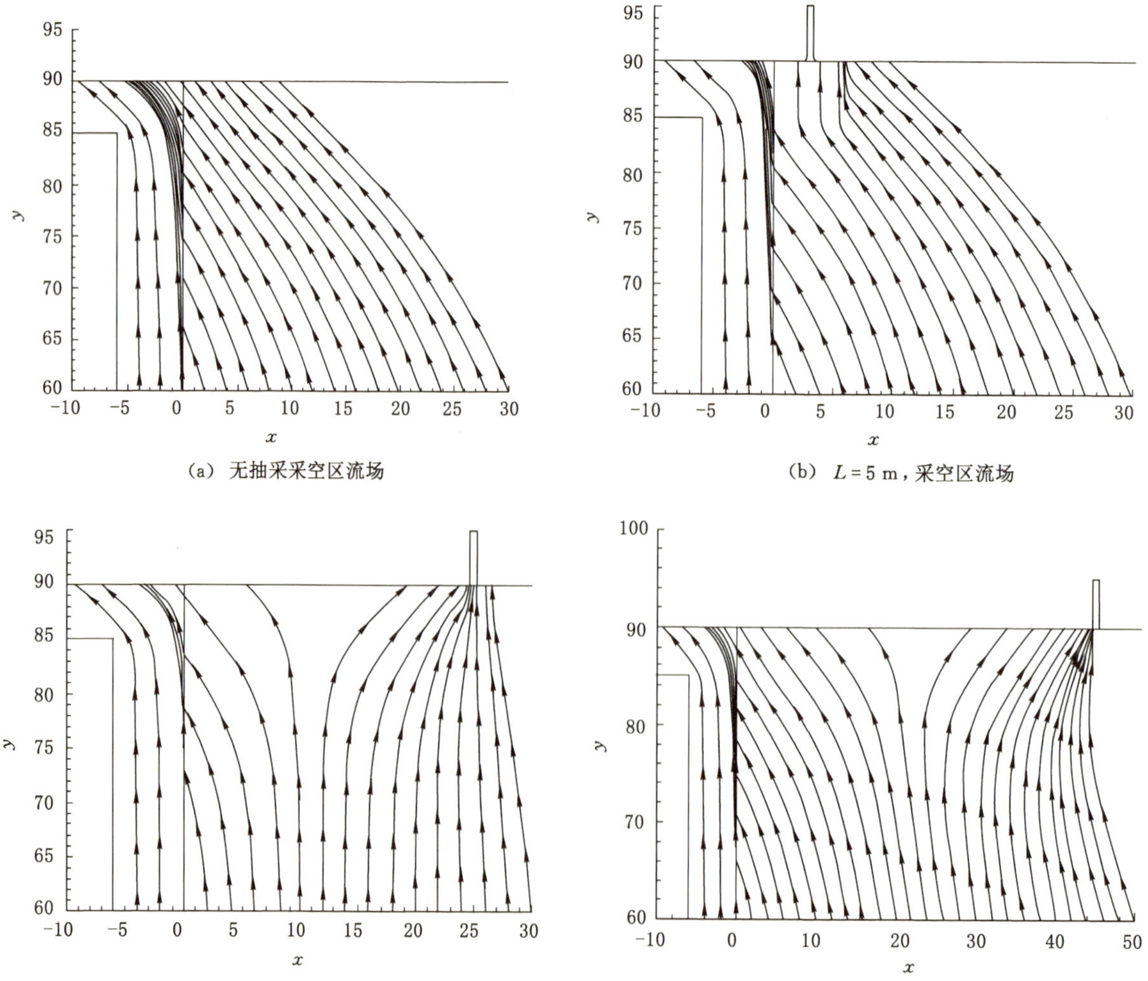

(a) 无抽采采空区流场　(b) $L=5$ m，采空区流场

(c) $L=25$ m，采空区流场　(d) $L=45$ m，采空区流场

图 8-21　采空区流场分布图

L 为 5 m、25 m、45 m 时分别与无抽采时相比，当 L 为 5 m 时，1—6 号流线与直线 $x=0$ 的交点对应的 y 值均没有变化，而 7—10 号流线轨迹在接近钻孔位置时发生偏转，没有进入工作面区域，而 10 号往后的流线没有变化；当 L 为 25 m 时，1—4 号流线在交点处的 y 值增加幅度在 7～12 个坐标单位，而 5 号往后的流线轨迹均向钻孔位置偏转；当 L 为 45 m 时，1—7 号流线在交点处的 y 值增加幅度在 1～3 个坐标单位，4—12 号流线轨迹仍朝向工作面，而 12 号往后的流线轨迹均朝向钻孔位置偏转。由以上分析可知：L 为 5 m 时钻孔对采空区流场的影响范围很小，并不能控制 1—6 号流线区域的瓦斯运移情况，此时大量的瓦斯顺着 1—6 号流线涌入工作面，最终顺着风流汇积到上隅角区域，导致上隅角瓦斯浓度仍超限；L 为 25 m 时，钻孔对 1—4 号流线区域的瓦斯运移有较大的控制作用，大量的瓦斯向钻孔方向运移，从而降低了上隅角瓦斯的浓度；L 为 45 m 时，钻孔对 1—7 号流线区域的瓦斯运移的控制力很小，无法保障上隅角瓦斯不超限，但此钻孔对采空区内部瓦斯运移影响很大。

8.4.7　大直径钻孔间距的初步确定

根据以上对图 8-14 至图 8-19 模拟结果的分析可知：钻孔距离工作面太近只能控制钻孔周边小范围内的瓦斯运移，工作面其他位置仍然有瓦斯涌出，不能解决上隅角瓦斯超限问题；若钻孔距离工作面太远，此时上隅角瓦斯处于失控状态，钻孔只能对采空区深部的瓦斯运移产生影响，失去了原有的作用。钻孔距工作面切顶线距离在 20～40 m 内均可保证上隅角瓦斯浓度小于 0.8%。

在各地的实践应用中，山西小回沟煤业有限公司通过在 2201 工作面开展的大直径钻孔抽采采空区瓦斯试验得到，单孔抽采量为 240 m^3/min，抽采孔数≥1，首孔最佳布孔位置 L 为 20～50 m；单孔抽采量为 120 m^3/min，抽采孔数≥2，首孔最佳布孔位置 L 为 20～40 m；单孔抽采量为 60 m^3/min，抽采孔数≥3，首孔最佳布孔位置 L 为 10～30 m。通过分析大直径钻孔距工作面不同位置时的瓦斯抽采浓度和瓦斯抽采纯量试验结果得出，1 个大直径钻孔抽采影响范围为距工作面 30～50 m。马兰矿在对大直径钻孔抽采瓦斯进行监控过程中发现，随着抽采位置向采空区内转移，大直径钻孔对上隅角的控制减弱，上隅角瓦斯浓度逐渐增大，且当工作面距抽采钻孔间距由 20 m 增加至 30 m 时上隅角瓦斯浓度上升幅度明显增加，打开新钻孔抽采后，上隅角瓦斯浓度迅速下降，随后又逐渐升高。这说明钻孔间距大于 30 m 后不利于控制上隅角瓦斯，钻孔间距选择在 20～30 m 之间比较合适。

因此，可在实际应用大直径钻孔治理上隅角瓦斯过程中，选择钻孔间距在 30 m 左右，同时在现场设置多组不同间距的钻孔，然后考察实际抽采效果，根据理论值和实际值优选出合适的大直径钻孔布置间距，实现对上隅角瓦斯浓度的连续控制，获得最佳的安全效益和经济效益。

8.5　大直径钻孔施工工艺及技术参数研究

在煤矿井下现场试验，在钻孔施工过程中根据钻孔成孔经验，总结钻机操作和施工参数，得到合理的钻机转矩、钻机转速、给进压力和给进力等参数，保证钻孔成孔。同时，在钻孔施工过程中总结大直径钻孔抽采上隅角瓦斯技术流程：根据矿井煤层瓦斯地质条件、瓦斯赋存情况以及回风巷和辅助巷的设施条件和位置高差选择具有出煤运输系统和较低位置的巷道进行大直径钻孔施工，成孔后退钻，利用钻机将钢质护管推入钻孔进行封孔，接着对钻孔两端进行封孔，最终将钻孔末端接入辅助巷中的抽采系统。主要分为钻孔选址、钻孔施工、护管施工、封孔、连接抽采系统 5 个程序。

8.5.1　大直径钻孔施工设计

采煤工作面新鲜风流自进风巷进入工作面后，自工作面流向回风巷，通常路线为弧形，导致上隅角风流不畅，易积聚瓦斯等有害气体，这是出现上隅角瓦斯超限的首要原因。

在上隅角布置大直径钻孔进行瓦斯抽采，就是建立了采煤工作面尾抽系统，同时利用抽采负压改变上隅角附近瓦斯流场，在采煤工作面上隅角处形成一个负压区，使采煤工作面上隅角处瓦斯向抽采管流动，这样瓦斯流在上隅角后方就被吸入抽采系统，使瓦斯到达不了上隅角而避免产生上隅角瓦斯超限的问题。

1. 大直径钻孔施工直径的选择

根据西山煤电杜儿坪矿、马兰矿和镇城底矿以及山西天地王坡煤业有限公司、霍州煤电腾辉矿、阳煤集团二矿、福山能源寨崖底矿等现场实际施工总结的经验，影响大直径钻孔成孔的主要因素有大直径钻孔直径、保护煤柱宽度、煤层坚固性系数以及煤的破坏类型，各矿的大直径钻孔主要施工影响因素统计如表 8-2 所示。

表 8-2　各矿大直径钻孔施工直径和煤层基本参数

矿井名称	钻孔直径/mm	煤柱宽度/m	煤层坚固性系数 f	成孔率/%	煤的破坏类型
西山煤电马兰矿	550	30	0.3～0.5	90	Ⅱ
阳煤集团二矿	580	30	0.7～0.9	87	Ⅱ
西山煤电镇城底矿	580	35	0.6～0.8	84	Ⅱ
西山煤电杜儿坪矿	630	37	1.0～1.2	82	Ⅱ
山西天地王坡煤业有限公司	680	35	1.5～1.8	80	Ⅱ
霍州煤电腾辉矿	750	40	1.0～1.4	74	Ⅲ
福山能源寨崖底矿	780	38	1.2～1.6	70	Ⅲ

由表 8-2 可以看出，随着大直径钻孔直径的增大，钻孔的成孔率呈降低的趋势；保护煤柱的宽度、煤层坚固性系数和煤的破坏类型对大直径钻孔的成孔率起综合作用，如西山煤电马兰矿虽然保护煤柱宽度大，煤层坚固性系数低，但采用 550 mm 直径的钻孔，也能保证较高的成孔率，因此在施工大直径钻孔时，钻孔直径选择应综合上述各因素进行分析，保证大直径钻孔的成孔率。

以五阳煤矿大直径钻孔施工为例：为了保证钻孔成孔率，结合五阳煤矿 7609 工作面煤柱宽度 48 m，煤层坚固性系数 0.3～0.4，坚固性系数低，煤层破碎松软，易发生塑性流变，这样地质条件给施工大直径钻孔造成困难；施工大直径钻孔区域煤的破坏类型为Ⅳ类，大直径钻孔施工区域内存在较多的断层、陷落柱和褶曲等构造，这些地质构造在岩层和煤层中形成破碎带，使煤层起伏不平和横向不连续；参考上述各矿的大直径钻孔施工经验，选择 ZDJ10000L 型大直径钻机，配套钻杆选用 ϕ460 mm 螺旋钻杆，每节长度 0.8 m，钻头选用 ϕ550 mm 螺旋钻头，施工直径 550 mm 的大直径钻孔可保证钻孔的成孔率，加快施工进度，降低施工成本。

2. 大直径钻孔施工参数设计

抽采钻孔在采煤工作面上隅角处形成一个负压区，就改变了上隅角风流场，使其控制半径内的风流流向抽采管。抽采钻孔位置靠近上隅角，则有利于其对工作面上隅角的瓦斯控制，而靠近采空区深部则可加强深部高浓度瓦斯的抽采，有利于减小采空区瓦斯涌出强度，但对上隅角瓦斯控制效果减弱。因此，在上隅角布置大直径钻孔需要考察合理的钻孔间距。

马兰矿在对大直径钻孔抽采瓦斯进行监控过程中发现，随着抽采位置向采空区内转移，大直径钻孔对上隅角的控制减弱，上隅角瓦斯浓度逐渐增大，且当工作面距抽采钻孔间距由 20 m 增加至 30 m 时上隅角瓦斯浓度上升幅度明显增加，打开新钻孔抽采后，上隅角瓦斯浓度迅速下降，随后又逐渐升高。这说明钻孔间距大于 30 m 后不利于控制上隅角瓦斯，钻孔间距选择在 20～30 m 之间比较合适。

根据前面数值模拟分析结果，钻孔间距选择在 30 m 左右，不同矿区、不同煤矿的煤层瓦斯赋存、通风方式及其他抽采条件均不一样，大直径钻孔间距的确定需要根据现场试验确定。

8.5.2　大直径钻孔施工

1. 钻机施工操作程序

① 启动前检查：泵站开机前先检查各操作手柄及部件，其应在初始位置，泵站进回油截止阀必须在开启位置（严禁在该截止阀关闭情况下开启油泵），油位正常后，再按相应的位置闭合电器开关，工况转向开关转向“卸载”位置，在“卸载”状况下启动油泵，泵站在卸荷状态下运转。

将泵站 1 号泵的手动阀工作状态转换至“定位”位置，通过操纵多路阀手柄，行走部的液压马达带动履带，移动主机到巷道内需要的打钻位置。移机过程中操作行走部的人员应密切注意机组移动情况，并在机组前后各安排一人观察，遇到戗底或与巷道壁擦碰时应立即停止，处理戗底并用定向油缸调整机组方位后再移机。移机过程中应特别注意保护电线、电缆及管路，防止碰坏或过度牵拉。

② 现场检查：检查现场顶板、煤帮和支护是否完好；检查油箱内油液，油位指示针应指在中间偏上 2/3 处；检查钻机各部分紧固件是否紧固；检查钻机立柱是否升紧、稳固；检查各油管连接是否无误；检查各操纵手把位置是否正确；检查油箱上的截止阀是否打开。

③ 钻孔方位角、倾角的测量：施工时，以巷道内悬挂的中线、轨道或胶带为参照物进行方位角的确定；调整好方位角后，启动钻机，把坡度规放置在钻机跑道上调整钻机跑道，调整至施工的倾角即可。

④ 启动：待钻机各事项检查无误后 3～5 人合作，一人操作钻机，两人接、卸钻杆，一人负责清煤打杂，先将带钻头的钻杆置于回转器夹持的主动钻杆上，将钻机开关的隔离手柄打至送电位置，开启钻机开关的电源，按动启动按钮启动钻机。

⑤ 固定钻机：将支撑手柄由空挡位置推进至支撑位置，将两根支柱缓慢升起，顶住巷帮稳固住钻机。

⑥ 操作钻机钻进：操作人员将液压阀扳至“运行”位置，在确认卡钻装置松开钻杆至极限位置时，人员远离旋转部分至安全位置后（卡钻装置未松开开启主电机会导致重大事故），先打开内外喷雾开关，再将主电机启动按钮按下，报警电铃报警后，动力部主电机依次启动，通过耦合器、减速机带动钻杆、钻头旋转，再启动相应的推进按钮，在推进液压缸的作用下钻具向一侧煤层并列推进，钻头旋转割煤，钻杆旋转时其上的螺旋叶片往外运煤。

⑦ 加钻杆：当一节钻杆钻进到位后，先停止推进，并视出煤情况稍后停止钻杆旋转，再关闭喷雾。操作微调液压马达将钻杆旋转至定位位置，并操作卡钻装置卡住钻杆的定位块，用专用工具打开钻杆的连接，此时操作起吊绞车将钻杆放置在对接位置，并对接锁紧钻杆。

当对接人员对接好钻具，将卡钻退回之后，将主电机信号按钮按下即可进行打钻。

如上反复循环，在钻机上不断接入钻具，直至钻进到预定深度为止。

⑧ 退钻杆：操作后退手柄、旋转手柄将回转器退至钻机末端，操作人员将钻杆卸下放至指定位置，摆放整齐，以此方式退卸钻杆，直至完成。

2. 钻孔施工结果

钻机操作人员和工人依据钻机操作规程和现场实际情况进行大直径钻孔施工，施工过程中由于地质因素、钻机质量、施工人员素质问题，出现卡钻、掉钻、设备损坏等各种状况，技术人员及时进行跟踪处理，调整钻机转速、进钻速度等施工参数。根据钻孔长度的不同以及工人操作水平和现场适应能力，从打钻至完成护管安装时间由平均 2 个班次到 5 个班次不等。大直径钻孔成孔实物图见图 8-22。

8.5.3　大直径钻孔施工参数

通过多个地区钻孔施工跟踪考察，总结经验后得出：在其他因素一定时，大直径钻孔的成孔效果取决于钻机转速、进钻速度、运输系统工效等施工参数。

1. 钻机转速

钻机额定转速为 60 r/min，钻机转速的大小影响钻孔的走位。转速过大钻头容易带动钻杆往上漂

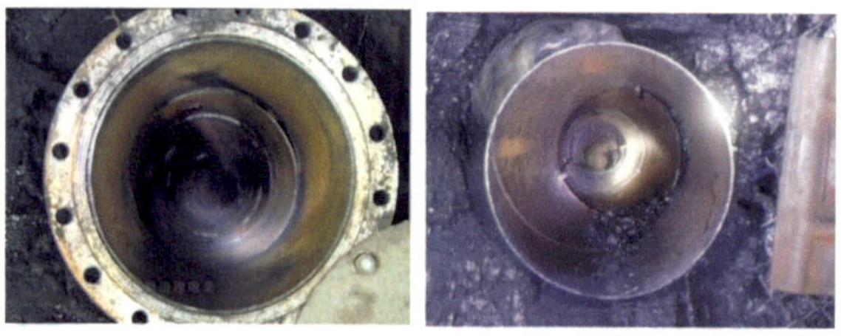

(a)　　(b)

图 8-22　大直径钻孔成孔实物图

导致钻孔打到顶板，转速过小钻头在自重作用下容易带动钻杆往下钻导致钻孔打到底板，这样均不符合抽采钻孔施工标准，容易出现废孔。因此，钻机转速应根据煤质硬度、煤层倾角等因素加以综合考虑。

根据煤矿应用时现场钻机及施工情况、实际成孔效果，当煤的坚固性系数 f 值大于 0.5 或者煤层倾角小时，可采用低转速，如 30～45 r/min；当煤的坚固性系数 f 值小于 0.5 或者煤层倾角大时，可采用高转速，如 45～60 r/min。

2. 进钻速度

基于钻机转速同样的影响后果，同时考虑煤渣排出情况，当煤的坚固性系数 f 值大于 0.5 或者煤层倾角小时，可慢推进，速度采用一节钻杆（长度为 0.8 m）用时 12 min；当煤的坚固性系数 f 值小于 0.5 或者煤层倾角大时，可快推进，速度采用一节钻杆（长度为 0.8 m）用时 8 min。

3. 运输系统工效

现场应用表明，运输系统的好坏对整个钻孔的施工速度有决定性的影响。根据钻孔施工现场数据统计，部分矿井大直径钻孔长度为 50 m 时，平均每个钻孔出煤量在 35 t 左右，遇到煤层酥软时可达 60 t。同一钻孔，运输系统效率高，煤渣排出快、孔口无积煤，则钻孔施工快，煤渣排出慢，则容易堵塞钻孔口导致无法连续进行钻孔施工。根据已完成的工程项目经验，选用机载刮板输送机和带式输送机联合出煤，出煤渣效率不低于 100 kg/min。

8.5.4　大直径钻孔施工工艺

施工大直径钻孔是为了在回风巷与辅助巷之间人为制造一个通道，辅以其他手段达到抽采上隅角瓦斯、降低瓦斯灾害的目的，提升安全水平、提高生产效率。

1. 工艺流程

大直径钻孔抽采上隅角瓦斯工艺流程：根据矿井煤层瓦斯地质条件、瓦斯赋存情况以及回风巷和辅助巷的设施条件和位置高差选择具有出煤运输系统和较低位置的巷道进行大直径钻孔施工，成孔后退钻，利用钻机将钢质护管推入钻孔进行封孔，接着对钻孔两端进行封孔，最终将钻孔末端接入辅助巷中的抽采系统。其主要分为钻孔选址、钻孔施工、护管施工、封孔、连接抽采系统 5 个程序。

2. 钻孔选址

钻孔选址是整个工程具有重要意义的一步，科学合理的选址关系到钻孔的成功率和安全性，大直径钻孔位置必须满足以下因素：① 地质因素。由于现阶段所用钻头不具备破岩功能，在选择位置时要尽量避开陷落柱、断层，避免钻孔塌孔而无法成孔，避免无法穿透煤柱。② 施工因素。钻机体型较大，现场需要有一定的作业空间进行钻机操作，通常巷道宽度不小于 4.5 m。钻机采用螺旋钻杆排渣，上向钻孔利于排渣，因此作业巷道通常选择标高较低的巷道。③ 通风因素。打钻作业地点要有可靠充足的新鲜风流，稀释短时间内大量破煤而解吸出来的瓦斯。

3. 钻孔施工

将主机安装完成后，将钻具摆放好，用钻机吊装设备将钻头、首节钻杆再加装一节钻杆后安装至减速机上。本机操作一般需 3 人，1 人为钻机司机，负责钻机的动作操控；另 2 人负责钻具的运输及对接。

钻孔作业前，先将可能影响钻孔的煤层中的锚杆全部拔出，清理防护网等其他设施至不影响钻具的旋转和推进。

在钻孔过程中应密切注意钻机工作状态，若出现电流明显增大，或钻具振动加剧，或钻出煤炭含有夹矸情况，则有可能遇上了地质构造，应降低推进速度或停止钻进。

4. 护管施工

由于钻孔孔径较大，为保证大直径钻孔一次性成孔，进行钻孔护管参数及施工方法研究，具体如下：

(1) 护管参数

护管参数见表 8-3，具体加工方式及实物见图 8-23。

表 8-3　护管参数(钢管)

管径/mm	单管长度/m	壁厚/mm	连接方式	材质
426	0.8	4	外套式连接	螺旋焊缝钢管

(a)　(b)

图 8-23　单节护管实物图

(2) 护管施工方法

钻孔施工到位后退钻，利用钻机的推力将护管顶入钻孔内，安装完成后，在管口安装防堵筛网，进行封孔，然后将护管与抽采管路连接。护管装配示意图见图 8-24。

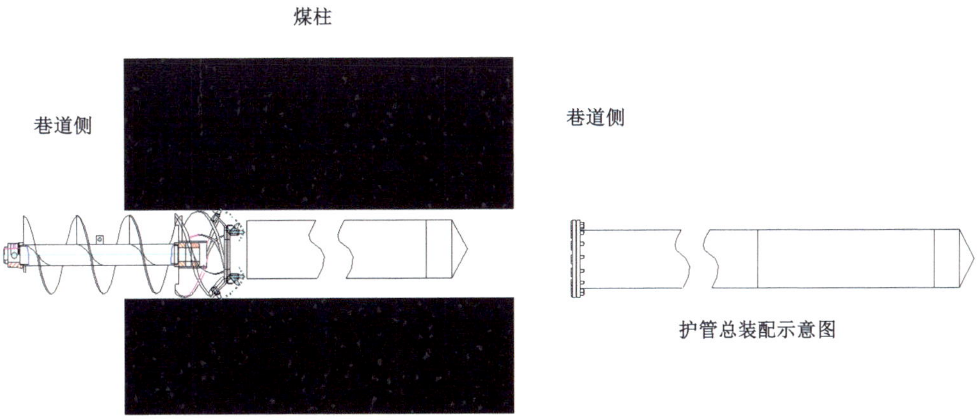

图 8-24　护管装配示意图

5. 封孔

根据各种抽采钻孔封孔方式的适用条件及优缺点，参考山西各矿大直径钻孔封孔经验和封孔后的瓦斯抽采效果，大直径钻孔采用的护管为内插连接，护管之间有缝隙，大直径钻孔为低负压抽采，抽采负压小，由于保护煤柱距离较大，在完成护管施工后，煤柱变形坍塌会对缝隙起到密闭作用，故大直径钻孔封孔可根据钻孔施工实际情况选择水泥封孔和囊袋式注浆封孔的联合封孔方式，囊袋为定制的

MNB400/700 型封孔囊袋，封孔长度为 2 m。

① 采用水泥封孔，具体封孔工艺见图 8-25。

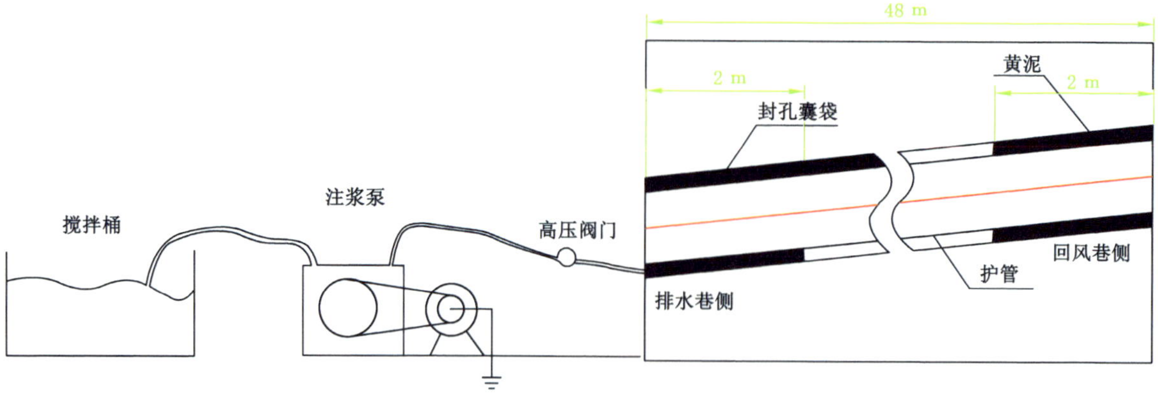

图 8-25　封孔示意图

采用水泥进行封孔，封孔长度为 2 m；封孔就是将护管周围的空隙填堵，将水泥预先制成软硬适当的水泥条，封孔时沿着护管周围将水泥条送到钻孔与护管间隙内预定位置，多人合力将水泥条捣实不留空隙，反复进行以上操作直至将水泥封至孔口。

② 采用囊袋式注浆封孔，具体封孔工艺见图 8-25。

采用囊袋式注浆封孔，封孔长度为 2 m；封孔就是将护管周围的空隙填堵，将事先预制好的封孔囊袋套在套管上并固定牢固，待套管下入钻孔指定位置后，将囊袋注浆管与注浆泵连接，开始向囊袋注浆，注好后将注浆管弯折并用铁丝拧紧防止跑浆。注浆封孔后将护管与支管连接，再将支管与干管连接，干管与主管连接，最后连接到瓦斯抽采系统。为了避免护管内因碰撞晃动而影响封孔质量，降低抽采效果，孔口尚需用水泥砂浆将护管固定牢固或用木楔塞紧。

当大直径钻孔施工在地质构造带内时，需对大直径钻孔周围进行水泥砂浆抹面处理，防止大直径钻孔因地质构造的影响而漏气。

6. 连接抽采系统

在巷道内敷设抽采管路及安装抽采阀门，利用变径接头与不同直径的护管连接，并入抽采系统。

附属装置主要为放水器、计量装置、排渣器等。其中，放水器可以采用自动放水器或人工放水器，必要时连接装置上也可设放水阀门。计量装置用于计量抽采钻孔及管路的抽采浓度、抽采压力、抽采流量等参数。

8.5.5　钻孔施工影响因素

在实际施工过程中，利用新研制的钻机能够很好地一次性穿透煤柱，并且施工效率较高。然而，客观因素和人为因素依然会对钻孔的成孔和精确度造成一定影响。

1. 客观因素的影响分析

大量煤渣的影响：打钻过程中有一半的时间用于处理煤孔中的煤渣。煤渣量主要由四个方面的因素决定：钻孔施工地点的瓦斯含量、应力状态、煤体强度以及钻孔直径。对于一个确定直径的钻孔来说，煤渣量主要取决于其他三方面的因素。煤柱中地应力较大，钻孔形成后地压释放，煤体不断向钻孔方向位移造成较大的煤渣量。此时若煤体坚固性系数较小，煤体较软，在地应力的作用下更加容易造成煤渣量剧增。而煤柱中瓦斯含量较大时，在钻孔裂隙的影响下，煤体中吸附瓦斯释放，既会增加出渣量，又会造成打钻地点瓦斯浓度上升或者超限而影响施工。

2. 人为因素的影响分析

所有的施工均由工人操作，因此除了客观存在的影响因素之外，人为因素对钻孔施工也有不可忽视的影响。根据现场操作情况，总结主要人为影响因素为：

(1) 钻孔施工速度

实践表明，在钻孔施工工艺和煤层条件等客观因素一样的情况下，打钻钻进速度加快，煤渣量减少；反之，煤渣量增大。因此，应告诫施工人员保持钻机转速和钻进速度稳定。

(2) 钻杆的弯曲程度与钻杆的连接形式

钻杆弯曲程度变大，会增加钻杆与钻孔壁之间的摩擦面积，导致单位孔长煤渣量增大。同时，如果钻杆之间连接不紧密，同心度不好，打钻过程中钻杆会左右摆动，也会增加钻杆与钻孔壁之间的摩擦面积，导致单位孔长煤渣量增大。

(3) 司钻人员的操作水平不一致

操作人员对钻机的操作熟练程度不一样，往往会影响器具的使用方式和打钻的速度。

8.6 抽采效果考察

本节主要以五阳煤矿施工的大直径钻孔作为抽采效果考察的基础，通过对不同抽采间距、不同抽采负压、不同抽采钻孔数量以及大直径钻孔抽采影响范围进行考察，以求获得一定的数值基础指导后期钻孔布置参数以及抽采参数的设定。

8.6.1 效果考察实施方案

具体研究方案是依据井下钻孔的具体情况，测定相关参数数据，确定出经济合理的大直径钻孔布孔间距、抽采负压、抽采钻孔数量，由此来减少钻孔施工和抽采工作的盲目性。结合现场参数测定结果，用数理统计方法进行分析，从而确定上隅角瓦斯抽采效果及抽采规律，用于指导实际生产。

总体测量数据工作为：每天详细记录大直径钻孔抽采时的抽采负压、大直径抽采钻孔内瓦斯浓度和流量、工作面上隅角瓦斯浓度、工作面风量、回风巷瓦斯浓度变化情况。

针对不同的考察内容，具体工作分为：

(1) 不同钻孔间距下治理上隅角瓦斯效果考察

此时抽采负压保持在一个固定值，跟踪考察4组不同钻孔间距(实际施工钻孔间距10 m、15 m、25 m、30 m)时钻孔抽采过程中上隅角瓦斯浓度变化情况、配风量变化情况、钻孔内瓦斯浓度变化情况。采用现场实测的方法，确定治理工作面上隅角瓦斯的大直径钻孔经济合理的布孔间距。

此部分考察，以5—14号钻孔为试验钻孔。统一抽采负压，每天(如果条件允许最好每班)详细记录抽采时的抽采负压、大直径抽采钻孔内瓦斯浓度和流量、上隅角瓦斯浓度、工作面风量、回风巷瓦斯浓度。

(2) 不同抽采负压下治理上隅角瓦斯效果考察

此时各钻孔间距保持在一个固定值，跟踪考察1组钻孔在几个不同抽采负压时抽采过程中上隅角瓦斯浓度变化情况、配风量变化情况、钻孔内瓦斯浓度和流量变化情况。采用现场实测的方法，确定出主采煤层治理工作面上隅角瓦斯经济合理的抽采负压。

此部分考察，以1—3号钻孔为试验钻孔。根据五阳煤矿井下瓦斯抽采泵能力选择2～3个抽采负压进行试验，考察过程中每天(如果条件允许最好每班)详细记录抽采时的抽采负压、大直径抽采钻孔内瓦斯浓度和流量、上隅角瓦斯浓度、工作面风量、回风巷瓦斯浓度。

(3) 不同抽采钻孔数量下治理上隅角瓦斯效果考察

此时各钻孔间距保持在一个固定值，跟踪考察4组钻孔在抽1个钻孔和同时抽2个、3个、4个钻孔的情况下，抽采过程中上隅角瓦斯浓度变化情况、配风量变化情况、钻孔内瓦斯浓度和流量变化情况。采用现场实测的方法，确定出主采煤层治理工作面上隅角瓦斯合适的同时抽采钻孔数量。

此部分考察，为排除钻孔间距不一致的影响，以 2—5 号钻孔为试验钻孔，这几个钻孔中除了 4 号和 5 号钻孔间距为 9 m 外，其他几个钻孔间距基本为 10 m，由于相差不大，为保证试验顺利进行，视 4 个钻孔间距为一定值。

在回采过程中，在下一个钻孔进行抽采时不关闭前一个抽采钻孔，一直保持钻孔都在工作状态。具体步骤为：第一步，工作面推进至超过 2 号大直径钻孔 5 m 后开始抽采，此时关闭 1 号抽采孔；第二步，工作面推进至超过 3 号钻孔 5 m 后打开 3 号抽采孔，同时不关闭 2 号抽采孔，保持 2 个钻孔同时抽采；第三步，工作面推移至超过 4 号钻孔 5 m 后，打开 4 号抽采孔，此时不关闭 2 号、3 号抽采孔，保持 3 个钻孔同时抽采。第四步：工作面移动至超过 5 号钻孔 5 m 后，打开 5 号抽采孔，此时不关闭 2 号、3 号、4 号抽采孔，保持 4 个钻孔同时抽采。始终保持所有钻孔处于抽采瓦斯工作状态。

每天(如果条件允许最好每班)详细记录抽采时的抽采负压、大直径抽采钻孔内瓦斯浓度和流量、上隅角瓦斯浓度、工作面风量、回风巷瓦斯浓度。

8.6.2 不同钻孔间距时治理上隅角瓦斯效果考察

1. 效果考察步骤

大直径钻孔抽采分步骤进行考察，每个钻孔进行抽采后，工作面每推进 5 m 对抽采钻孔流量和浓度记录一次。

第一步：工作面推进至超过 8 号大直径钻孔 5 m 后开始抽采。

第二步：工作面推进至超过 9 号大直径钻孔 5 m 后打开 9 号抽采孔，滞后 5 m 关闭 8 号抽采孔。

第三步：工作面推进至超过 10 号大直径钻孔 5 m 后打开 10 号抽采孔，滞后 5 m 关闭 9 号抽采孔。

按上述步骤，始终保持至少一个钻孔处于抽采瓦斯工作状态。

2. 数据观察及分析

单个钻孔独立抽采时，抽采负压基本维持在 4～6 kPa 之间。7609 工作面回采速度为每天割 4 刀煤，每刀进尺 0.8 m，每日进尺 3.2 m。工作面配风量为 3 600 m^3/min，回采过程中，抽采的大直径钻孔中瓦斯浓度基本在 0.5%～4.0%之间，单孔混合流量在 140～180 m^3/min 之间，回风巷瓦斯浓度基本在 0.36%～0.78%之间，8—14 号钻孔间距见表 8-4。

表 8-4 8—14 号钻孔间距

孔号	8	9	10	11	12	13	14
钻孔终孔间距/m		10	15	10	25	10	30

进行不同间距钻孔的抽采效果考察时，7 号钻孔以前的各钻孔均保持关闭状态，待 8 号钻孔进入采空区 5 m 后，打开 8 号钻孔抽采，关闭 7 号钻孔，之后按照前述步骤进行抽采。

观察 7 个连续的大直径钻孔，分别编为 8—14 号，工作面每推进 2 m 收集一次工作面上隅角瓦斯浓度、钻孔抽采瓦斯浓度数据，所测数据均为割煤期间数据，观察结果如图 8-26、图 8-27 所示。

由图 8-26 可知，从工作面推进 5 m 开始工作面上隅角瓦斯浓度变化在 0.30%～0.78%之间，始终小于0.8%。而且可以看出，8—11 号钻孔间距由于较小，为 10 m 和 15 m 两种间距，在工作面进行正常回采时上隅角瓦斯浓度最高不超过 0.49%；而到了 11 号和 13 号钻孔进行抽采时，由于此时钻孔间距较大，分别为 25 m 和 30 m，在工作面推过抽采钻孔 20 m 之后，上隅角瓦斯浓度明显上升较快，在未打开 12 号钻孔抽采前上隅角瓦斯浓度最高达到 0.67%，在未打开 14 号钻孔抽采前上隅角瓦斯浓度最高达到 0.78%。分析认为在进行单孔抽采时，10 m 和 15 m 两种钻孔间距过小，虽然有效控制了上隅角瓦斯浓度，但是不经济，会导致施工钻孔数量剧增，增加不必要的投入；25 m 和 30 m 两种钻孔间距既能控制上隅角瓦斯不超限，又能适当延长布孔间距而减少经济投入，同时又与前章数值模拟的结果“钻孔距工

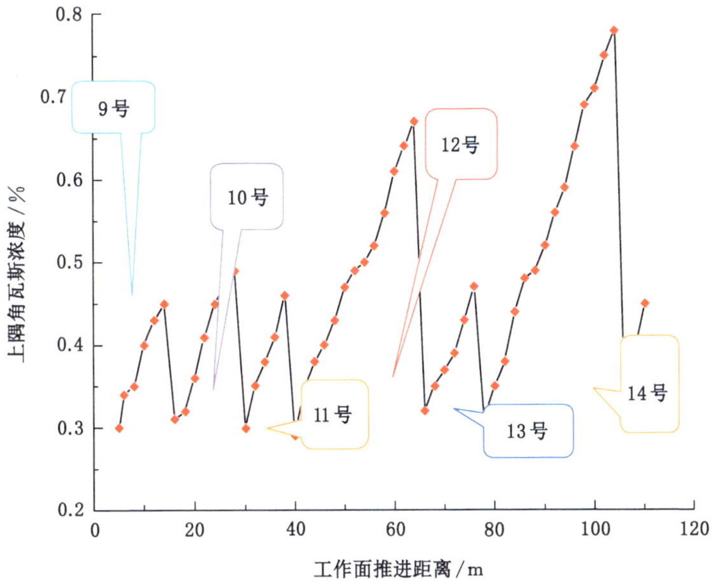

图 8-26 上隅角瓦斯浓度与工作面推进距离关系曲线

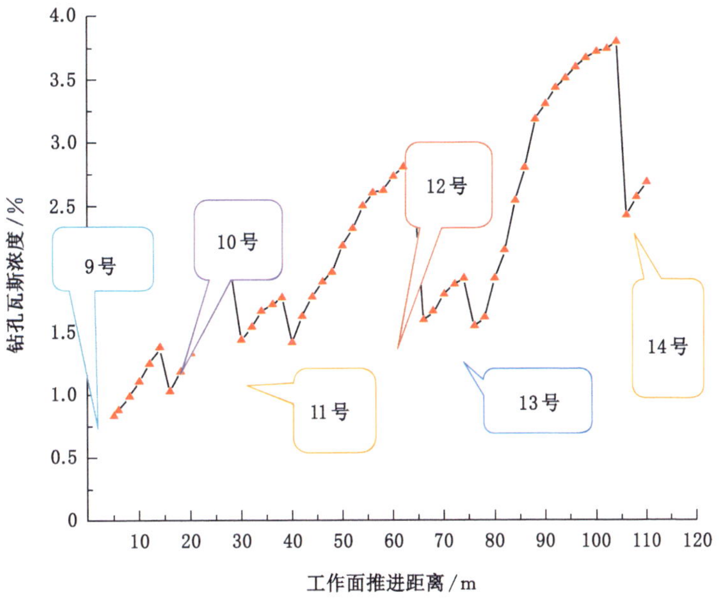

图 8-27 钻孔瓦斯浓度与工作面推进距离关系曲线

作面距离在 15～35 m 内均可保证上隅角瓦斯浓度小于 0.8%”较为相符,证明了数值模拟结果的可靠性。分析认为:单孔抽采时钻孔间距 25 m 和 30 m 均可满足治理上隅角瓦斯的目的。

由图 8-27 可见,每个钻孔内瓦斯浓度随着钻孔与工作面开切眼的距离增加均呈逐渐增高的趋势,整体上钻孔瓦斯浓度在 0.5%以上,在工作面与钻孔距离为 30 m 时钻孔内瓦斯浓度最高可达 3.80%。在较短的 10 m 和 15 m 两种钻孔间距时,钻孔内瓦斯浓度最高不超过 2.0%;而在 25 m 和 30 m 两种钻孔间距时,钻孔内瓦斯浓度能长时间保持在 2.0%以上,最高达 3.80%。

这也从另外一个方面说明钻孔间距适当增大时,有利于大直径钻孔抽采深部区域采空区瓦斯,让漏入采空区后富含采空区瓦斯的风流直接被抽入抽采系统,而不汇入上隅角处,减少了上隅角瓦斯来源,同样也验证了大直径钻孔抽采上隅角瓦斯防止上隅角瓦斯超限的原理的可靠性。

同时对图 8-26 和图 8-27 对比分析可见：在 25 m 和 30 m 两种钻孔间距时，当抽采钻孔距离工作面大于 15 m 时，抽采钻孔内瓦斯浓度上升速率变缓，而上隅角瓦斯浓度上升速率则变快，这说明钻孔抽采对上隅角瓦斯控制能力减弱；当抽采钻孔距离工作面 30 m 时，若不开启下一个抽采钻孔，则上隅角瓦斯浓度很容易突破 0.8%的预警线。

综合分析可以得出结论：单孔抽采时钻孔间距小于 30 m 即可满足治理上隅角瓦斯的目的，选择钻孔间距为 25 m 或者 30 m 则既经济又合理，矿方后期可以根据现场地质条件、煤层构造等实际情况选择 25 m 或者 30 m 钻孔间距。

8.6.3 不同抽采负压时治理上隅角瓦斯效果考察

7609 工作面排水巷大直径钻孔抽采管路接入南丰地面瓦斯泵站低负压抽采系统，南丰地面瓦斯泵站低负压抽采系统安装 2 台 CBF810-2 型水环真空泵，额定抽气量 730 m^3/min，电机功率 900 kW，一用一备。泵站采用 ZYWS-150-400 型全自动软化水设备，并采用双回路供电。井下低负压瓦斯主管为 ϕ630 mm 瓦斯管，高低负压主管分别由南丰地面瓦斯泵站高负压 ϕ1 020 mm 瓦斯抽采管路和 ϕ820 mm 低负压瓦斯抽采管路带抽，运输巷、回风巷干管均为一趟 ϕ426 mm 瓦斯管，高抽巷内布置两趟 ϕ630 mm 瓦斯管。

由于泵站低负压抽采系统能力足够大，因此试验考察两种不同抽采负压时上隅角瓦斯变化情况。此部分考察，以 1—3 号钻孔为一组，通过调节泵站让 1 号钻孔抽采负压基本保持在 10 kPa，2 号钻孔抽采负压基本保持在 5 kPa，按照前述所列步骤观察工作面推过 1 号钻孔和 2 号钻孔后上隅角瓦斯浓度变化情况以及 1 号钻孔和 2 号钻孔内瓦斯浓度、流量变化情况。

2019 年 6 月 25 日至 2019 年 6 月 30 日对 1 号和 2 号钻孔抽采数据进行统计，每推进 2 m 左右测定一次上隅角瓦斯浓度、钻孔内瓦斯浓度、钻孔内混合流量，经实测 1 号钻孔内瓦斯浓度基本为 0.4%～1.1%、2 号钻孔内瓦斯浓度基本为 0.5%～1.8%，具体见表 8-5。

表 8-5　1 号、2 号钻孔瓦斯抽采数据

工作面推进距离/m	1 号钻孔		2 号钻孔	
	上隅角瓦斯浓度/%	钻孔抽采混量/(m^3/min)	上隅角瓦斯浓度/%	钻孔抽采混量/(m^3/min)
5	0.23	221.80		
6	0.27	220.40		
8	0.32	218.20		
10	0.35	220.90		
12	0.38	223.50		
14	0.39	220.30		
15			0.30	152.40
16			0.32	151.80
18			0.36	151.90
20			0.41	149.60
22			0.45	150.50
24			0.47	152.10
26			0.47	148.60

根据表 8-5 中的数据绘制图 8-28。

由上述分析可知，1 号钻孔在抽采负压基本为 10 kPa 左右时，单孔抽采混量明显大于 2 号钻孔在

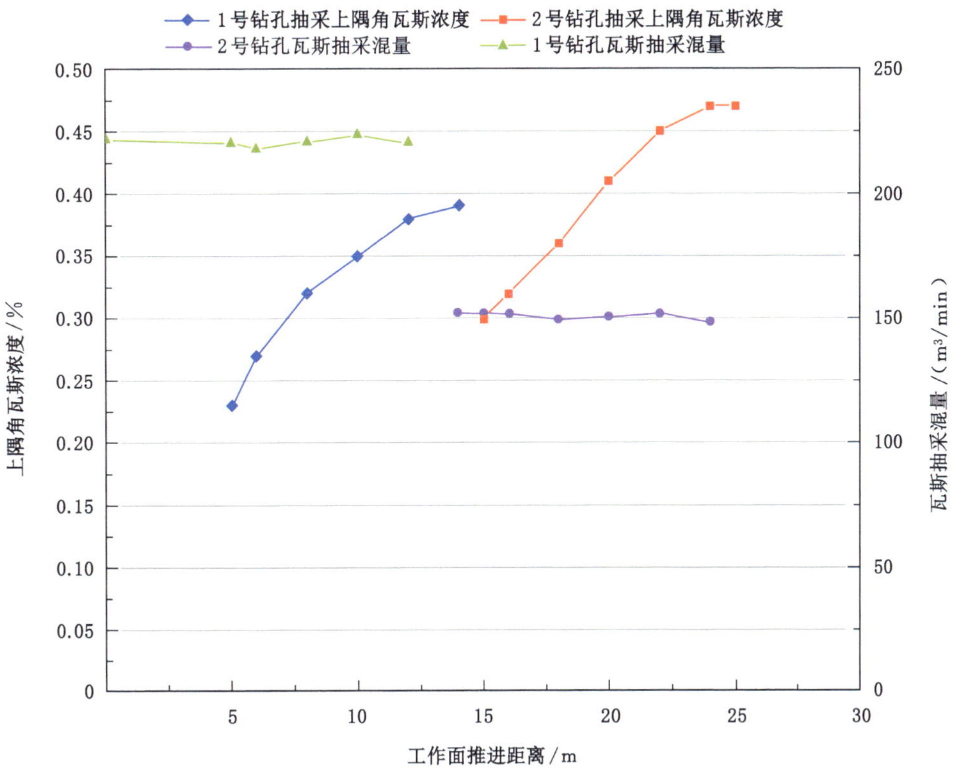

图 8-28　不同抽采负压下钻孔瓦斯抽采数据对比

抽采负压基本为 5 kPa 左右时的抽采混量，并且此时上隅角瓦斯浓度也相对较低一些。这说明同一抽采范围、同一孔径抽采钻孔在负压相差较大时所产生的抽采效果有很大差异，在抽采泵站能够提供较高负压抽采时，可明显降低上隅角瓦斯浓度，有利于上隅角瓦斯控制。

8.6.4　不同抽采钻孔数量时治理上隅角瓦斯效果考察

2019 年 6 月 30 日至 2019 年 7 月 14 日对 2—5 号钻孔抽采数据进行统计，每推进 2 m 左右分别记录每组钻孔进入采空区后上隅角瓦斯浓度、抽采支管内瓦斯抽采浓度和瓦斯抽采混量，在此期间回风巷瓦斯浓度基本在 0.20%～0.78%之间，绘制的曲线如图 8-29 和 8-30 所示。

从图 8-29 和图 8-30 中可见：打开新的抽采钻孔后，上隅角瓦斯浓度迅速变小，钻孔内瓦斯浓度会稍微降低，降幅小于上隅角瓦斯浓度变化幅度；随着抽采钻孔位置向采空区深部转移，大量高浓度采空区瓦斯被抽入抽采系统，瓦斯抽采浓度逐渐升高，最高达 2.32%；随着接入抽采系统的钻孔数量增加，混合流量也逐渐增加，达 260.9 m^3/min，但增幅减缓，此时由于抽采钻孔增多，抽采负压降低较大，因此瓦斯抽采混量不会无限度地增大。分析认为：打开新钻孔后，后方钻孔抽采的瓦斯大部分为采空区内瓦斯，后方钻孔对上隅角瓦斯控制效果减弱，但有利于降低采空区深部瓦斯浓度，截断深部采空区瓦斯向上隅角转移；在工作面产量不变、瓦斯涌出量变化不大时，多个抽采钻孔同时工作，对采空区瓦斯截留的作用最终改善了上隅角瓦斯治理效果；同时由于钻孔瓦斯浓度的增大，增加了瓦斯抽采纯量，整体上减少了工作面采空区瓦斯。因此，根据需要达到的治理上隅角瓦斯效果，仅控制上隅角瓦斯浓度不超限时，在正常回采状况下同时抽采 2 个大直径钻孔；既控制上隅角瓦斯浓度不超限又大量抽采采空区瓦斯时，在正常回采状况下同时抽采 3～4 个大直径钻孔，可根据现场实际需要调整抽采钻孔个数。

8.6.5　其他矿井大直径钻孔抽采效果

1. 山西焦煤西山煤电集团公司马兰矿

矿井低负压抽采系统工况下泵流量为 832 m^3/min，10610 工作面低负压抽采系统管路流量约为

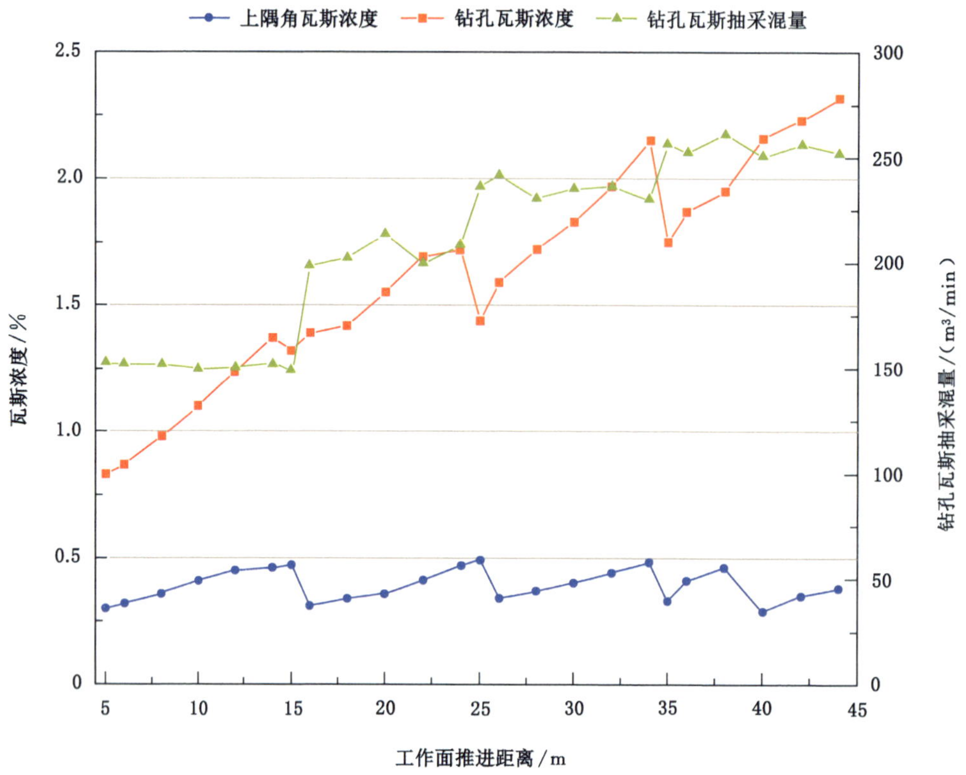

图 8-29　瓦斯参数随工作面推进距离以及抽采钻孔数量变化曲线

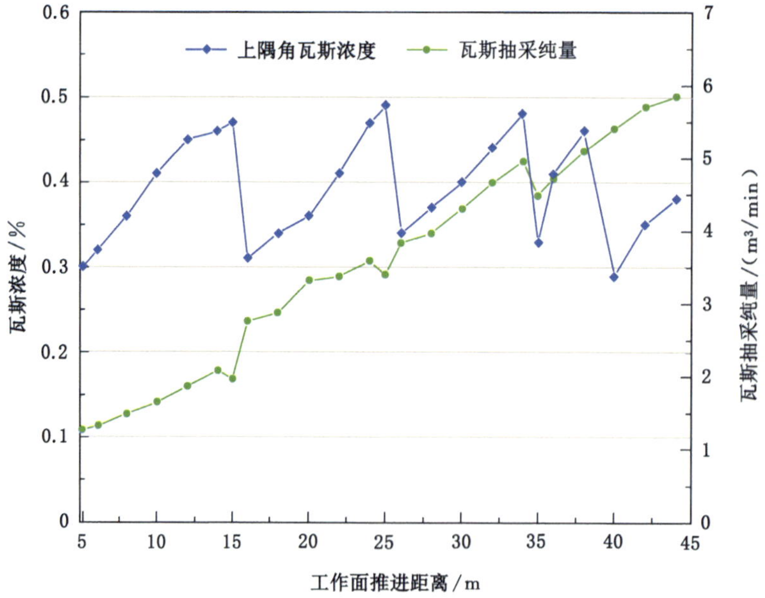

图 8-30　瓦斯参数随工作面推进距离以及抽采钻孔数量变化曲线

100 m^3/min。为了保证大直径钻孔有足够的流量，开启大直径钻孔抽采时关闭上隅角抽采插管。

(1) 大直径钻孔抽采管路浓度的考察

综合考虑马兰矿的抽采瓦斯的实际设备条件确定正常运行情况下接入采空区的抽采管路为 1 组，接替时为 2 组。随着工作面的推进，接入采空区管路进入采空区 5 m 后，即可开启进行抽采，同时关闭采空区内靠后的一组抽采管路，实现工作面上隅角区域附近和采空区内同时连续抽采，既加强了对采空区内瓦斯的控制，又有利于工作面上隅角瓦斯浓度的控制。

大直径钻孔抽采分 6 个阶段进行考察，每个钻孔进行抽采后，工作面每推进 5 m 对抽采钻孔瓦斯流量和浓度记录一次。

一阶段：工作面推进至超过 1 号大直径钻孔 5 m 后，打开 1 号抽采孔开始抽采。

二阶段：工作面推进至超过 2 号钻孔 5 m 后，打开 2 号抽采孔，滞后 5 m 关闭 1 号抽采孔。

三阶段：工作面推进至超过 3 号钻孔 5 m 后，打开 3 号抽采孔，滞后 5 m 关闭 2 号抽采孔。

四阶段：工作面推进至超过 4 号钻孔 5 m 后，打开 4 号抽采孔，滞后 5 m 关闭 3 号抽采孔。

五阶段：工作面推进至超过 5 号钻孔 5 m 后，打开 5 号抽采孔，滞后 5 m 关闭 4 号抽采孔。

六阶段：工作面推进至超过 6 号钻孔 5 m 后，打开 6 号抽采孔，滞后 5 m 关闭 5 号抽采孔。

在 6 个阶段工作面推进过程中，随着工作面与钻孔距离增加，钻孔内瓦斯浓度呈逐渐增高的趋势，在工作面与钻孔距离 25 m 左右时钻孔内瓦斯浓度最高。在新钻孔打开抽采后，后方钻孔瓦斯浓度有下降的趋势，新打开的钻孔内瓦斯浓度与后方钻孔瓦斯浓度相差不多，整体钻孔瓦斯浓度在 2%以上。但由于抽采管路阻力等影响，打开新的抽采钻孔后，后方钻孔流量变小。分析表明，随着抽采位置向采空区深部转移，瓦斯抽采浓度逐渐升高，工作面后方 25 m 处浓度达到最大值。打开新钻孔后，后方钻孔流量变小，浓度降低，抽采瓦斯大部分为采空区内瓦斯，此钻孔对上隅角瓦斯控制效果减弱；为了加大上隅角瓦斯治理效果，关闭后方钻孔，利用新打开的钻孔抽采治理上隅角瓦斯。

(2) 大直径钻孔抽采与上隅角瓦斯浓度的关系分析

每个阶段抽采开始后，随着抽采位置向采空区内转移，大直径钻孔对上隅角的控制减弱，上隅角瓦斯浓度逐渐增大，且当工作面距抽采钻孔间距由 20 m 增加至 30 m 时上隅角瓦斯浓度上升幅度明显增加，打开新钻孔抽采后，上隅角瓦斯浓度迅速下降，随后又逐渐升高，但整个过程中上隅角瓦斯浓度在可控范围内，为 0.3%～0.8%，前后钻孔交替时等特殊情况下，上隅角瓦斯浓度达到 0.8%。

因此，综合考虑大直径钻孔的抽采效果、施工工艺、施工费用和采掘衔接，确定大直径钻孔的布置间距为 30 m。这样既可以将上隅角瓦斯浓度控制在安全范围内，也可以将大直径钻孔的施工工期缩减到最短，保证工作面安全回采的同时，利于采掘衔接。

(3) 抽采能力对大直径钻孔抽采的影响

数据显示，大直径钻孔内瓦斯浓度大于 2%，测试最大值为 3.9%，低负压抽采系统抽采量为 100 m^3/min，能有效控制上隅角瓦斯浓度，但个别情况下，上隅角瓦斯浓度达 0.8%，存在瓦斯超限的可能性。钻孔瓦斯高浓度条件下，抽采量制约了大直径钻孔的抽采效果，10610 工作面配风量为 1 354 m^3/min，根据相关文献及瓦斯治理现场经验，钻孔流量达到工作面配风量的 10%左右，大直径钻孔抽采效果能达到最优状态。按抽采量 135.4 m^3/min 计算，瓦斯抽采纯量比现有条件下增大 0.71～1.38 m^3/min，增大 30%以上。因此，工作面低负压抽采系统抽采能力应该增强，保证大直径钻孔有足够的抽采量。

2. 中煤平朔集团有限公司山西小回沟煤业有限公司

(1) 大直径钻孔抽采影响范围考察

根据山西小回沟煤业有限公司瓦斯抽采的实际情况以及现有的设备条件，结合井下管路情况，将大直径钻孔分为 5 组(每组 1 个大直径钻孔)，在考察每组抽采钻孔瓦斯抽采效果时，将其他 4 组钻孔全部关闭，分别考察每组钻孔的瓦斯抽采效果。随着工作面的不断向前推进，在每组抽采钻孔进入采空区 5 m 后，进行大直径钻孔联网抽采。同时分别记录每个阶段每组钻孔进入采空区后瓦斯抽采浓度和瓦斯抽采纯量。

在工作面推进过程中，随着工作面与钻孔距离增加，钻孔内瓦斯浓度、抽采纯量呈逐渐增高的趋势，但增高趋势会随着工作面与钻孔距离的增大出现转折点。一阶段一组钻孔距离工作面大于 35 m 时，钻孔瓦斯抽采浓度和抽采纯量出现转折点，钻孔瓦斯抽采浓度和抽采纯量呈现变缓趋势；二阶段二组钻孔距离工作面大于 35 m 时，钻孔瓦斯抽采浓度和抽采纯量出现转折点，钻孔瓦斯抽采浓度和抽采纯量呈现变缓趋势；三阶段三组钻孔距离工作面大于 50 m 时，钻孔瓦斯抽采浓度和抽采纯量出现转折点，钻孔瓦斯抽采浓度和抽采纯量呈现变缓趋势；四阶段四组钻孔距离工作面大于 39 m 时，钻孔瓦斯抽采浓度和抽采纯量出现转折点，钻孔瓦斯抽采浓度和抽采纯量呈现变缓趋势；五阶段五组钻孔距离工作面大于 30 m 时，钻孔瓦斯抽采浓度和抽采纯量出现转折点，钻孔瓦斯抽采浓度和抽采纯量呈现变缓趋势。

由上述分析可知，当大直径钻孔距离工作面 30～50 m 时瓦斯抽采浓度、抽采纯量呈现逐渐增大趋势；当大于 50 m 时，瓦斯抽采浓度和抽采纯量增加趋势逐渐变缓，大直径钻孔对工作面风流流场及上隅角瓦斯浓度控制能力减弱。因此可以看出，大直径钻孔抽采影响范围在 30～50 m。

(2) 大直径钻孔与 ϕ113 mm 对穿孔抽采效果考察

考虑瓦斯抽采钻孔的施工难易程度和钻孔施工成本，山西小回沟煤业有限公司提出利用小直径钻孔(钻孔直径 113 mm)穿透 2201 工作面的保护煤柱，进行 2201 工作面采空区瓦斯抽采。为了考察大直径钻孔与 ϕ113 mm 对穿孔抽采效果，统计分析了瓦斯抽采管路抽采浓度、负压、混量和纯量等参数。

2019 年 5 月 18 日—2019 年 5 月 22 日瓦斯抽采管路有 5# 大直径钻孔和 80 个 ϕ113 mm 对穿孔联网抽采，瓦斯抽采管路平均抽采浓度 2.92%、抽采负压 9.52 kPa、抽采混量 143.21 m^3/min、抽采纯量4.29 m^3/min。

2019 年 5 月 23 日 12 点拆除 5# 大直径钻孔，并对 5# 大直径钻孔进行封闭，5 月 24 日—5 月 28 日只有 80 个 ϕ113 mm 对穿孔联网抽采，瓦斯抽采管路瓦斯抽采数据统计如表 8-6 所示。

表 8-6　瓦斯抽采管路 5 月 24 日—5 月 28 日瓦斯抽采数据

日期	抽采浓度/%	抽采负压/kPa	抽采混量/(m^3/min)	抽采纯量/(m^3/min)
5 月 24 日	1.70	16.24	46.16	0.78
5 月 25 日	1.61	17.00	38.78	0.62
5 月 26 日	1.45	17.92	30.18	0.44
5 月 27 日	0.83	16.55	24.50	0.20
5 月 28 日	1.57	14.42	34.80	0.55
平均	1.43	16.43	34.88	0.52

由表 8-6 可知，在瓦斯抽采管路只有 80 个 ϕ113 mm 对穿孔联网抽采时，瓦斯抽采管路平均抽采浓度 1.43%、抽采负压 16.43 kPa、抽采混量 34.88 m^3/min、抽采纯量 0.52 m^3/min。

分析可知，在瓦斯抽采管路只连接 5# 大直径钻孔时平均抽采纯量为 3.77 m^3/min，连接 80 个 ϕ113 mm 对穿孔平均抽采纯量为 0.52 m^3/min，单个 ϕ113 mm 对穿孔平均抽采纯量为 0.006 5 m^3/min，1 个大直径钻孔的抽采纯量相当于 580 个 ϕ113 mm 对穿孔抽采纯量。

(3) 大直径钻孔联合抽采效果考察

为了考察不同数量大直径钻孔联合抽采效果，统计分析了工作面上隅角最大瓦斯浓度、工作面最大日产量及联抽大直径钻孔数量。

在 1 个大直径钻孔抽采时，上隅角瓦斯浓度最大为 0.28%，最高日产量为 3 468 t；在 2 个大直径钻孔抽采时，上隅角瓦斯浓度最大为 0.34%，最高日产量为 4 786 t；在 3 个大直径钻孔抽采时，上隅角瓦斯浓度最大为 0.47%，最高日产量为 6 927 t；在 4 个大直径钻孔抽采时，上隅角瓦斯浓度最大为0.56%，最高日产量为 9 370 t。

由上述分析可知，随着联抽大直径钻孔数量的增加，工作面最高日产量逐渐增大，最高日产量可达 9 370 t；随着工作面日产量逐渐增大，上隅角最大瓦斯浓度也逐渐增大，但在大直径钻孔联合抽采的作用下，实现了对工作面上隅角瓦斯浓度的有效管控，保证了工作面上隅角瓦斯浓度不超限。

大直径钻孔累计瓦斯抽采量为 701 120.67 m^3，抽采浓度平均值为 2.24%，抽采混量平均值为 166.3 m^3/min，2201 工作面回风巷平均瓦斯浓度为 0.32%，上隅角平均瓦斯浓度为 0.40%，上隅角最大瓦斯浓度为 0.67%，由此可以看出，采用大直径钻孔进行采空区瓦斯抽采，能够有效管控工作面上隅角瓦斯，保证工作面的安全生产。尤其是在工作面初次来压阶段，工作面顶板未垮落，顶板裂隙未形成，高位钻孔未能发挥相应的作用，在此阶段大直径钻孔瓦斯抽采浓度最大为 12.40%、最小为 1.95%，并且上隅角未发生瓦斯超限。大直径钻孔瓦斯抽采有效治理了工作面初次来压阶段上隅角瓦斯易超限的难题。

3. 山西焦煤西山煤电集团公司杜儿坪矿

72909 工作面采用“U”形通风，工作面上隅角易产生瓦斯积聚，因此，对工作面上隅角瓦斯浓度进行监测，以验证优化的瓦斯抽采方式能否满足工作面安全生产的需求。随着工作面的推进，工作面上隅角瓦斯浓度不断变化，当工作面推进 21 m 时，工作面上隅角瓦斯浓度最高，达 0.52%，此时正对应工作面直接顶初次垮落阶段。这一时期顶板上覆岩层变形较大，煤岩体破碎，有利于瓦斯的涌出，而且在采动影响下，煤岩体内部吸附状态的瓦斯会解吸为游离状态的瓦斯，游离状态的瓦斯含量增多，也导致了瓦斯含量的增大。虽然这一阶段工作面上隅角瓦斯浓度较高，但是并未对工作面安全生产造成重大影响。此后，随着工作面的推进，发现周期来压时，工作面上隅角瓦斯浓度都会增大，这是由于周期来压为瓦斯涌出提供了动力，而且周期来压期间顶板活动剧烈，为瓦斯涌出提供了有利条件。根据现场监测，工作面上隅角瓦斯浓度峰值基本保持在 0.45%左右，没有对工作面的安全生产造成重大影响。

第9章 高瓦斯厚煤层综放工作面以孔代巷瓦斯治理技术与示范

9.1 示范矿井概况

9.1.1 交通位置

山西和顺正邦神磊煤业有限公司(以下简称“神磊煤业”)井田位于沁水煤田阳泉煤炭国家规划矿区东南部,和顺普查勘探区南部边缘,和顺县230°方向约10 km处的喂马乡西喂马村一带,行政区划隶属和顺县喂马乡管辖。

井田西侧及西北侧有阳(泉)—涉(县)铁路通过,井田东侧及东南侧有阳(泉)—黎(城)207国道通过,距207国道2 km左右,有简易公路与井田相连。该矿距和顺县会里火车站运距约8 km。井田向北40 km至昔阳,向南20 km至左权,西距榆次136 km,东距河北邢台129 km。各乡镇公路四通八达,均可与干线公路相连,村间大道都可通行汽车,交通运输条件较为便利。

9.1.2 地层特征

1. 区域地层特征

区域地层自东而西由老至新为古生界震旦系、寒武系、奥陶系、石炭系、二叠系、中生界三叠系、新生界新近系及第四系。

2. 井田地层特征

井田内赋存的地层由老至新有:奥陶系中统峰峰组;石炭系上统本溪组、太原组;二叠系下统山西组、下石盒子组,上统上石盒子组;第四系。简述如下:

(1) 奥陶系中统峰峰组(O_2f)

埋藏于井田深部,为煤系之基底,下部为角砾状泥质白云岩、角砾状泥灰岩、泥质灰岩夹薄层石膏带,中部为灰黄色厚层状泥灰岩夹豹皮状灰岩,上部为深灰色厚层状石灰岩夹灰黄色、灰色白云质泥岩。本组地层地表未见出露,厚度大于100 m,据314号水文孔揭露最大厚度为163.90 m。

(2) 石炭系上统本溪组(C_2b)

其上部主要为浅灰色、灰色砂质泥岩、泥岩、铝质泥岩和1~2层深灰色透镜状石灰岩,中下部夹1~2层煤线,下底部为山西式铁矿及G层铝土矿。该组地层平行不整合于奥陶系峰峰组石灰岩的侵蚀面之上,沉积厚度受奥灰侵蚀基准面控制,厚11.00~33.98 m,平均23.00 m。

(3) 石炭系上统太原组(C_2t)

其由灰色砂岩,深灰色、灰黑色砂质泥岩、泥岩、石灰岩及煤组成。主要灰岩有3层(K_4、K_3、K_2灰岩),全区稳定,由北向南变厚,其下均直接压煤(11、13、14号煤),是很好的标志层,K_4、K_3灰岩可与西山东大窑、斜道灰岩相对比,K_2灰岩相当于毛儿沟与庙沟灰岩合并层。15号煤下的透镜状灰岩与吴家峪灰岩(L_0)层位相当,$8_上$号煤上的灰岩(南峪灰岩)相当于西山铁磨沟叠锥灰岩。所含煤层自上而下编号为$8_上$、8、$9_上$、9、11、12、13、14、$14_下$、15号等10层煤,15号煤为全区稳定可采煤层,14号煤为较稳定的大部可采煤层，12 号煤仅在 314、312 号钻孔区域可采，为局部可采点，构不成具有工业价值的可采区块，其余煤层为零星可采或不可采煤层。本组为主要含煤地层，厚 105.75～139.59 m，平均 124.00 m，与下伏地层呈整合接触关系。

(4) 二叠系下统山西组(P_1s)

其由灰色、灰白色中细粒砂岩及深灰色、灰黑色砂质泥岩、泥岩和煤组成，为井田重要含煤地层。煤自上而下编号为 1、2、$3_上$、3、4、6 号共 6 层煤，3 号煤为稳定的全区可采煤层，其余煤层为零星可采或不可采煤层。底部 K_7 砂岩(阳泉矿区称第三砂岩)厚 1.80～12.90 m，平均 4.89 m，为灰白色中细砂岩，局部相变为粉砂岩或砂质泥岩，连续沉积于太原组之上。本组地层厚一般为 40.15～67.85 m，平均为 50.00 m左右，与下伏地层呈整合接触关系。

(5) 二叠系下统下石盒子组(P_1x)

其与下伏山西组整合接触，岩性主要由灰色、灰绿色、黄绿色，局部为紫红色泥岩、砂质泥岩、铝土泥岩及灰白色砂岩组成。该组厚度 89.90～148.77 m，平均 117.00 m。

(6) 二叠系上统上石盒子组(P_2s)

井田内本组地层上部多被剥蚀，只残留中、下两段。井田内大面积出露本组的下段地层，中段只有底部的 K_{12} 狮脑峰砂岩出露于北部地势较高一带，上段地层全部被剥蚀。本组地层在井田内残留厚度为 158.92～237.65 m，平均 187.45 m。

9.1.3　含煤地层特征

1. 区域含煤地层特征

区域主要含煤地层为石炭系上统太原组、二叠系下统山西组。

(1) 石炭系上统太原组(C_2t)

该组厚 105～165 m，平均 145 m，为一套海陆交互相含煤地层，由深灰色、灰黑色砂岩、粉砂岩、砂质泥岩、泥岩、煤层及石灰岩组成。其中含煤 10 层，所含煤层自上而下编号为 $8_上$、8、$9_上$、9、11、12、13、14、$14_下$、15 号，其中 15 号煤层全区可采，8、14 号煤层虽层位稳定，但局部可采，其余煤层均为不可采煤层。含石灰岩或泥灰岩 3～4 层，底部灰白色 K_1 砂岩与下伏地层整合接触。

(2) 二叠系下统山西组(P_1s)

本组为一套陆相含煤岩系，由各粒级灰白色砂岩、灰黑色砂质泥岩、泥岩及煤组成，厚 39～70 m，平均 54 m。含煤 6 层，自上而下编号为 1、2、$3_上$、3、4、6 号，其中 3 号煤层层位较稳定，大部可采，2 号煤层虽层位较稳定，但零星可采，其余煤层均不可采。本组以 K_7 砂岩与下伏太原组整合接触。与下伏太原组相比，本组内无石灰岩，多砂岩，色略浅，交错层理发育，植物化石丰富。

根据和顺普查勘探区地质报告，各煤层厚度、稳定性、可采性及煤类见表 9-1。

表 9-1　各煤层特征表

煤层编号	煤层厚度 $\left(\frac{最小—最大}{平均}\right)$/m	稳定性	可采性	煤类
1	$\frac{0\sim0.79}{0.32}$	不稳定	不可采	
2	$\frac{0\sim1.22}{0.38}$	不稳定	不可采	
3	$\frac{0\sim2.50}{1.08}$	较稳定	大部可采	SM、PS、PM、WY
4	$\frac{0\sim0.70}{0.35}$	不稳定	不可采	

表 9-1(续)

煤层编号	煤层厚度 $\left(\frac{最小—最大}{平均}\right)$/m	稳定性	可采性	煤类
6	$\frac{0\sim1.47}{0.65}$	不稳定	不可采	PM
8	$\frac{0\sim3.00}{1.31}$	不稳定	局部可采	PM、PS
9	$\frac{0\sim1.97}{0.72}$	不稳定	不可采	PS、PM
11	$\frac{0\sim1.40}{0.44}$	不稳定	不可采	
12	$\frac{0\sim1.28}{0.46}$	不稳定	不可采	PM
13	$\frac{0\sim0.82}{0.51}$	不稳定	不可采	
14	$\frac{0\sim2.26}{0.72}$	不稳定	局部可采	PM、WY
15	$\frac{2.30\sim8.60}{5.08}$	稳定	全区可采	PM、WY

2. 井田含煤地层特征

井田内主要含煤地层为石炭系上统太原组(C_2t)和二叠系下统山西组(P_1s)。

(1) 石炭系上统太原组(C_2t)

本组厚 105.75～139.59 m,平均 124.00 m,井田主要含煤地层之一,为一套海陆交互相含煤建造。岩性主要为灰色砂岩,深灰色、灰黑色砂质泥岩、泥岩、石灰岩及煤。含煤 10 层,自上而下编号为 $8_上$、8、$9_上$、9、11、12、13、14、$14_下$、15 号煤层,其中 14、15 号煤层为主要可采煤层。含石灰岩 5～6 层,以 K_2、K_3、K_4 灰岩较为稳定。本组下部泥岩中富含黄铁矿结核,动植物化石丰富,依岩性组合特征可分为 5 个旋回,各旋回以充填层序为主,厚度不大。该组据岩性、化石组合及区域对比,自下而上可分为三段。

下段(K_1 底—K_2 底)C_2t_1:

该段厚 37.60～48.20 m,平均 43.38 m,厚度变化不大,主要由深灰色、灰黑色粉细砂岩、泥岩、铝土泥岩及煤组成,泥岩中含大量黄铁矿结核,具水平层理。该段中部含全区稳定可采的 15 号煤层,属障壁-潟湖体系的障壁岛、潮坪、沼泽和泥岩沼泽相沉积。

中段(K_2 底—K_4 顶)C_2t_2:

该段厚 37.20～49.20 m,平均 40.75 m,主要由灰色、深灰色砂岩、黑色砂质泥岩、薄煤层及 3 层灰岩组成。K_2、K_3、K_4 灰岩稳定,可划分为 K_2、K_2 顶—K_3 顶、K_3 顶—K_4 顶三个较大旋回,属碳酸盐台地相沉积。

上段(K_4 顶—K_7 底)C_2t_3:

该段厚 30.95～42.19 m,平均 39.87 m,由灰色、灰白色砂岩及深灰色、灰黑色砂质泥岩、海相泥岩、灰岩组成,含煤 4 层,编号为 $8_上$、8、$9_上$、9 号,煤层均不可采,无经济价值。

综合全区及区域含煤地层对比规律,本组地层属三角洲相和碳酸盐台地海陆交互相沉积,根据岩性、岩相可大体划为 5 个旋回。

K_1 砂体为障壁岛环境，其上出现了一次不太广泛的海侵，沉积了 L_0（相当于太原西山吴家峪灰岩）透镜状灰岩（旋回Ⅰ），海退以后，在广泛的滨海平原上形成了沼泽及泥炭沼泽，地壳的缓慢下沉与有机物的堆积速度相一致，形成了 15 号煤层，15 号煤层厚而稳定，由于水流不畅，处于还原环境，有利于黄铁矿的生成，故 15 号煤层含硫分较高。之后，地壳振荡又趋频繁，出现了三次广泛海侵，沉积了 K_2、K_3、K_4 灰岩和 $14_下$、13、12、11 号煤层（旋回Ⅱ、Ⅲ、Ⅳ），均为不可采煤层。灰岩全区稳定，为很好的对比标志。

第Ⅴ旋回为一套河流-三角洲相沉积，在三角洲平原上有两期河流沉积，出现过两次沉煤环境和一次局部海侵。8、9 号煤层厚度受河道砂体发育程度控制，海水侵入大体为东南方向。

(2) 二叠系下统山西组（P_1s）

本组厚 40.15～67.85 m，平均 50.00 m 左右，为井田主要含煤地层之一。本组为一套陆相含煤建造，主要由泥岩、砂质泥岩、粉砂岩、灰色中细粒砂岩及 1、2、$3_上$、3、4、6 号共 6 层煤组成。其中 3 号煤稳定，全区可采，其余均为不稳定不可采煤层。

综上所述，本组属三角洲平原亚相和潟湖、湖沼相沉积。

K_7 砂体为分流河道沉积，之后为湖沼相、天然堤（S_3）沉积，形成 6、4 号煤。之后为泛滥平原沉积，河流作用加强，湖泊、沼泽时有发育，沉积了 $3_上$、3、2、1 号煤层。随河流分道、潟湖海湾的充填、变浅，形成淡水泥炭沼泽，地壳相对稳定，形成厚度变化不大、含硫分低的 3 号煤层。之后随三角洲向前推进，过渡为以河流为主体的上三角洲平原环境，分流河道、决口扇、泛滥盆地发育，故 1、2 号煤层极不稳定、不可采。

9.1.4　煤层及煤质

1. 煤层

井田内主要含煤地层为石炭系上统太原组和二叠系下统山西组。

山西组含煤 6 层，自上而下分别为 1、2、$3_上$、3、4、6 号煤层，其中 3 号煤层为稳定可采煤层，其他为不稳定不可采煤层。本组平均厚度 50.00 m，本组煤层平均总厚度 3.65 m，含煤系数 7.30%。

太原组含煤 10 层，自上而下分别为 $8_上$、8、$9_上$、9、11、12、13、14、$14_下$、15 号煤层，其中 15 号煤层为稳定可采煤层，14 号煤层为较稳定大部可采煤层，其他为不稳定不可采煤层。本组平均厚度 124.00 m，本组煤层平均总厚度 10.30 m，含煤系数 8.31%。

① 3 号煤层：位于山西组中部，下距 14 号煤层 111.35～133.44 m，平均 121.09 m，煤层厚度 0.73～2.50 m，平均 1.69 m，含 0～1 层夹矸，结构简单，煤层的可采性指数 K_m 为 1，煤层厚度变异系数 r 为 37.09%。根据井田内钻孔揭露情况，井田北部煤层厚、南部煤层较薄，确定该煤层为稳定全区可采煤层。煤层顶板为砂质泥岩、泥岩，底板为细砂岩、中砂岩。井田内 3 号煤层已被开采过。

② 14 号煤层：位于太原组下段上部，下距 15 号煤层 5.43～27.42 m，平均 11.31 m，上距 3 号煤层 111.35～133.44 m，平均 121.09 m，煤层厚度 0.50～1.04 m，平均 0.84 m，含 0～1 层夹矸，结构简单，煤层的可采性指数 K_m 为 0.86，煤层厚度变异系数 r 为 14.40%。根据井田内钻孔揭露情况，确定该煤层为较稳定大部可采煤层。煤层顶板为 K_2 石灰岩、泥岩，底板为泥岩。

③ 15 号煤层：位于太原组下段中部，上距 14 号煤层 5.43～27.42 m，平均 11.31 m，煤层结构简单至复杂，含 1～4 层夹矸，煤层厚度 4.30～7.60 m，平均 5.75 m，煤层的可采性指数 K_m 为 1，煤厚变异系数 r 为 9.50%。根据井田内钻孔揭露情况，确定该煤层为全井田稳定可采煤层。煤层顶板为泥岩、粉砂岩，底板为泥岩。

井田内可采煤层赋存情况见表 9-2。

表 9-2 可采煤层特征表

地层	煤层编号	煤层厚度 $\left(\frac{最小—最大}{平均}\right)$/m	煤层结构（夹矸层数）	煤层间距/m $\left(\frac{最小—最大}{平均}\right)$	顶板岩性	底板岩性	稳定性	可采性
山西组	3	$\frac{0.73 \sim 2.50}{1.69}$	简单（0～1）	$\frac{111.35 \sim 133.44}{121.09}$	泥岩、砂质泥岩	细砂岩、中砂岩	稳定	全区可采
太原组	14	$\frac{0.50 \sim 1.04}{0.84}$	简单（0～1）		石灰岩、泥岩	泥岩	较稳定	大部可采
	15	$\frac{4.30 \sim 7.60}{5.75}$	简单至复杂（1～4）	$\frac{5.43 \sim 27.42}{11.31}$	泥岩、粉砂岩	泥岩	稳定	全区可采

2. 煤质

根据本井田钻孔煤芯煤样分析成果及井下采样化验结果结合精查勘探资料及相邻矿资料，对井田内 3、14、15 号煤层的煤质特征进行评述。

井田内各可采煤层多为玻璃光泽或强玻璃光泽，少数为沥青光泽。颜色多为黑色，条痕呈褐黑色，具条带状结构，贝壳及阶梯状断口。

本区各煤层煤岩类型为微镜惰煤。

本矿区属于贫煤-无烟煤区。

9.1.5 矿井瓦斯及煤尘

1. 矿井瓦斯等级鉴定

根据神磊煤业提供的近几年矿井瓦斯等级鉴定结果的报告，2019—2021 年的瓦斯涌出量测定情况如表 9-3 所示。

表 9-3 神磊煤业 2019—2021 年矿井瓦斯等级鉴定结果汇总表

鉴定年份	瓦斯涌出情况				矿井瓦斯等级
	矿井绝对瓦斯涌出量/(m^3/min)	矿井相对瓦斯涌出量/(m^3/t)	回采最大绝对瓦斯涌出量/(m^3/min)	掘进最大绝对瓦斯涌出量/(m^3/min)	
2019 年	48.74	28.30	39.25	2.01	高瓦斯
2020 年	33.29	23.64	—	—	高瓦斯
2021 年	39.57	24.99	—	—	高瓦斯

2. 煤尘爆炸性、煤的自燃性

2021 年 4 月 1 日，中煤科工集团沈阳研究院有限公司对神磊煤业 15 号煤层进行了煤尘爆炸性鉴定，其结果为：15 号煤层火焰长度 20 mm，岩粉用量 40%，结论为有煤尘爆炸性。

2021 年 4 月 1 日，中煤科工集团沈阳研究院有限公司对神磊煤业 15 号煤层进行了自燃倾向性鉴定，其结果为：自燃倾向性等级为Ⅲ类，自燃倾向性为不易自燃煤层。

9.1.6 矿井瓦斯抽采系统

采用地面永久抽采泵站高、低负压分源抽采，高负压抽采系统主要负责工作面本煤层预抽、掘进工作面瓦斯抽采和邻近工作面瓦斯超前治理抽采，低负压抽采系统主要负责采空区和隅角埋管抽采。

地面瓦斯抽采泵站共安装 2 套高负压抽采系统和 1 套低负压抽采系统。具体如下：

1. 高负压抽采系统

高负压抽采系统Ⅰ：2BEC67 型水环式真空泵两台，一用一备；转速为 240 r/min，抽采泵入口工况压力为52 kPa,泵的抽气量为331 m^3/min,配套电机功率为400 kW,电压为10 kV;主要用于本煤层采煤工作面预抽和边采边抽。

高负压抽采系统Ⅱ:2BEC52型水环式真空泵两台,一用一备;转速为380 r/min,抽采泵入口工况压力为58 kPa,泵的抽气量为185 m^3/min,配套电机功率为315 kW,电压为10 kV;主要用于掘进工作面边掘边抽(服务四采区)。

2. 低负压抽采系统

低负压抽采系统:CBF810型水环式真空泵两台,一用一备;转速为246 r/min,抽采泵入口工况压力为66 kPa,泵的抽气量为734 m^3/min,配套电机功率为900 kW,电压为10 kV;主要用于现采空区和隅角埋管抽采以及老采空区插管抽采。

9.2　150205工作面基本情况

9.2.1　工作面煤层特征及地质条件

1. 工作面煤层特征

150205工作面煤层厚度约5.75 m,含夹矸1～4层,结构较简单,倾角0°～9°,煤层密度1.47 t/m^3,煤层顶底板情况见表9-4。

表9-4　煤层顶底板情况

顶底板名称	岩性名称	厚度 $\left(\frac{最小—最大}{平均}\right)$/m	岩性描述
基本顶	石灰岩	$\frac{5.30～8.30}{6.81}$	灰白色
直接顶	泥岩	$\frac{5.0～9.6}{7.60}$	灰黑色,结构破碎,且水平层理,局部含砂质
伪顶	无		
直接底	铝质泥岩	$\frac{0.2～5.05}{4.85}$	灰黑色,结构破碎,含植物化石,较软,遇水膨胀
老底	砂质泥岩或中、细砂岩	$\frac{6.0～15.10}{7.90}$	本区域15煤底板岩性易出现相变砂质泥岩,灰色、灰黑色,具水平层理,贝壳状断口;中、细砂岩,灰黑色,主要成分为长石、石英,钙质胶结

2. 地质条件

150205工作面煤层为近水平煤层,地质条件相对较简单,对生产影响较小。

3. 水文地质条件

150205工作面水文地质条件相对较简单,顶底板砂岩裂隙水为工作面主要直接充水源。工作面回采过程中K_2、K_3灰岩水受顶板断裂破碎影响将从工作面采空区涌出;另据地质报告,煤层顶底板砂岩含水性弱,以静储量为主,补、径、排条件均较差,对回采威胁较小。

开采过程中应及时将工作面涌水自流到采区水仓,再通过水泵排到中央水仓。局部巷道低洼处应设积水坑,由小水泵、管路系统把水排入采区水仓或导入巷道水沟中排入采区水仓,再排进中央水仓。

9.2.2　工作面位置、周边情况及具体参数

工作面分为两段开采,其中Ⅰ段长度为105 m,回采长度为128 m;Ⅱ段长度为130 m,回采长度为463 m;回采平均推进长度为591 m。采煤机割煤高度为2.6 m,放煤高度为3.15 m,采放高度平均为5.75 m。150205工作面的面积为73 880 m^2。工作面位置及周边概况见表9-5。

表 9-5 150205 工作面位置及周边概况

煤层名称	15 号煤层	开采水平	1 220 m 水平	采区编号	二采区
工作面编号	150205	地面标高/m	$\frac{+1\ 476\sim+1\ 538}{+1\ 507}$	井下标高/m	$\frac{+1\ 205\sim+1\ 253}{+1\ 229}$
工作面位置	工作面位于井田北部				
四周及上下采掘情况	工作面西部与天池能源有限责任公司矿井 150301 工作面采空区相邻，间隔 40 m 保安煤柱，东为实体煤和村庄保护煤柱，南部与一采区采空区相邻，间隔 60 m 保安煤柱，北为二采区巷道保护煤柱				
回采对地面设施的影响	150205 工作面地面为丘陵山地，无地面设施				

9.3 工作面瓦斯涌出量预测

9.3.1 瓦斯涌出量预测基本条件及主要参数

1. 瓦斯涌出量预测基本条件

150205 工作面设计生产能力为 5 000 t/d，采用倾斜长壁综采放顶煤一次采全高的采煤方法，工作面综合回采率约为 93%，主要参数见表 9-6。

表 9-6 150205 工作面的主要参数

工作面名称	回采煤层	工作面设计日产量/t	工作面采高/m
150205	15 号煤层	5 000	5.75

2. 瓦斯涌出量预测主要参数

(1) 煤层瓦斯含量的确定

根据矿井的相关资料，150205 工作面开采 15 号煤层，15 号煤层实测瓦斯含量 3.28～5.58 m^3/t。因此取最大瓦斯含量值 5.58 m^3/t 用于 150205 工作面的瓦斯涌出量预测。15 号煤层瓦斯基础参数测试结果如表 9-7 所示。

表 9-7 15 号煤层瓦斯基础参数测试结果

序号	参数名称	单位	数值
1	煤层瓦斯含量	m^3/t	3.28～5.58
2	煤层瓦斯压力(最大值)	MPa	0.29
3	瓦斯放散初速度(ΔP)	mmHg	15.7～21.8
4	坚固性系数(f 值)		0.39～1.08
5	煤的破坏类型		Ⅱ-Ⅲ类(破坏煤)
6	百米钻孔瓦斯流量衰减系数	d^{-1}	0.023 9
7	煤层透气性系数	$m^2/(MPa^2 \cdot d)$	1.41
8	吸附常数 a 值	m^3/t	40.511～40.850
	吸附常数 b 值	MPa^{-1}	0.716～0.749
9	孔隙率	%	3.62～4.32
10	真相对密度 TRD	t/m^3	1.38～1.39

表 9-7(续)

序号	参数名称		单位	数值
11	视相对密度 ARD		t/m^3	1.33～1.38
12	工业分析值	水分 M_{ad}	%	1.35～1.64
		灰分 A_{ad}	%	19.59～23.04
		挥发分 V_{daf}	%	14.18～15.95

(2) 15 号煤层残存瓦斯含量的确定

根据《综合机械化放顶煤工作面瓦斯涌出量预测方法》(NB/T 10364—2019)规定,纯煤的残存瓦斯含量确定见表 9-8。

表 9-8　纯煤的残存瓦斯含量取值

挥发份(V_r)/%	6～8	8～12	12～18	18～26	26～35	35～42	42～56
$W_c/(m^3/t)$	9～6	6～4	4～3	3～2	2	2	2

根据资料,15 号煤样工业分析挥发分为 14.18%～15.95%,根据表 9-8 所示挥发分在 12%～18%范围内,纯煤的残存瓦斯含量取值范围为 3～4 m^3/t,取 3.2 m^3/t 作为 15 号煤层纯煤的残存瓦斯含量。15 号煤层的平均灰分为 19.59%～23.04%,平均水分为 1.35%～1.64%,得 15 号煤层原煤残存瓦斯含量为 2.19 m^3/t。

9.3.2　瓦斯涌出量预测过程及结果

矿井瓦斯涌出量预测方法为分源预测法[57],按照《综合机械化放顶煤工作面瓦斯涌出量预测方法》(NB/T 10364—2019),采煤工作面瓦斯涌出量计算公式如下:

$$q_c = q_1 + q_2 + q_3 + q_4 \tag{9-1}$$

式中　q_c——采煤工作面相对瓦斯涌出量,m^3/t;

q_1——割煤相对瓦斯涌出量,m^3/t;

q_2——放煤相对瓦斯涌出量,m^3/t;

q_3——工作面采空区相对瓦斯涌出量,m^3/t;

q_4——邻近层相对瓦斯涌出量 m^3/t。

(1) 割煤相对瓦斯涌出量 q_1

$$q_1 = K_1 K_2 K_{fi} \frac{m_1}{M}(W_0 - W_c) \tag{9-2}$$

式中　K_1——围岩瓦斯涌出影响系数;K_1 值选取范围为 1.1～1.3;全部垮落法管理顶板,碳质组分较多的围岩 K_1 可取 1.3;局部充填法管理顶板 K_1 取 1.2;全部充填法管理顶板 K_1 取 1.1;砂质泥岩等致密性围岩 K_1 取值可偏小,这里取 1.3。

K_2——采区内准备巷道预排瓦斯对开采层瓦斯涌出影响系数。

K_{fi}——分层开采第 i 分层瓦斯涌出影响系数,取决于煤层分层数量和顺序,若无分层开采该值取 1。

m_1——割煤高度,m。

M——煤层开采厚度,当采用分层放顶煤开采时为分段高度,m。

W_0——回采前煤体瓦斯含量,m^3/t。

W_c——运出矿井后煤的残存瓦斯含量,m^3/t。

采用长壁后退式回采时,K_2 按下式计算。

$$K_2 = \frac{L - 2h}{L}$$

式中 L——工作面长度，m；

h——巷道预排瓦斯等值宽度，m。

将有关数据代入计算，计算结果见表 9-9。

表 9-9 割煤相对瓦斯涌出量计算表

K_1	K_2	K_{fi}	m_1/M	$W_0/(m^3/t)$	$W_c/(m^3/t)$	$q_1/(m^3/t)$
1.3	1.08	1	0.522	5.58	2.19	1.977

(2) 放煤相对瓦斯涌出量 q_2

$$q_2 = K_1 K_2 K_3 K_{fi} \frac{m_2}{M}(W_0 - W_c) \tag{9-3}$$

式中 K_3——放落煤体破碎度对放顶煤瓦斯涌出影响系数；

m_2——放顶煤高度，m。

K_3 按表 9-10 取值。

表 9-10 放落煤体破碎度对放顶煤瓦斯涌出影响系数 K_3 值

放顶煤垮落角/(°)	≥80	70～80	60～70	≤60
K_3	0.95～1.00	0.85～0.95	0.70～0.85	0.70

将有关数据代入计算，计算结果见表 9-11。

表 9-11 放煤相对瓦斯涌出量计算表

K_1	K_2	K_3	K_{fi}	$q_2/(m^3/t)$
1.3	0.86	0.85	1	1.541

(3) 工作面采空区相对瓦斯涌出量 q_3

$$q_3 = q_y + q_f \tag{9-4}$$

$$q_y = K_4(1 - K_5)(W_0 - W_c) \tag{9-5}$$

$$K_5 = \frac{m_1}{M}K_j + \frac{m_2}{M}K_f$$

$$q_f = \frac{1}{M}\arcsin\alpha\left(\frac{W_0 - W_c}{2}h_{pc} + \frac{W_t}{6}h_{pc}^2\right) \tag{9-6}$$

式中 q_y——遗留煤相对瓦斯涌出量，m^3/t；

q_f——下分层相对瓦斯涌出量，若无分层开采该值取 0，采用分层放顶煤开采可参考上式计算，m^3/t；

K_4——留煤瓦斯涌出不均衡系数，取 K_4=1.2～1.5 或实际计算值；

K_5——综放工作面平均回采率，无实测值按上式计算；

K_j——机采回采率；

K_f——放顶煤回采率；

α——煤层倾角，(°)；

W_t——瓦斯含量梯度，根据实际取值，$m^3/(t \cdot m)$；

h_{pc}——采动影响破坏深度，m。

将有关数据代入计算，计算结果见表 9-12。

表 9-12　工作面采空区相对瓦斯涌出量计算表

预测区域	K_4	K_5	q_y	q_f	$q_3/(m^3/t)$
I	1.5	0.93	0.356	0	0.356

(4) 邻近层相对瓦斯涌出量 q_4

$$q_4 = \sum_{i=1}^{n}(W_{0i} - W_{ci})\frac{m_i}{M}\eta_i \tag{9-7}$$

式中　m_i——第 i 个邻近层煤层厚度，m；

η_i——第 i 个邻近层瓦斯排放率，%；

W_{0i}——第 i 个邻近层煤层原始瓦斯含量，无实测值可按照开采层选取，m^3/t；

W_{ci}——第 i 个邻近层煤层残存瓦斯含量，无实测值可按照开采层选取，m^3/t。

由煤层综合柱状图可知，15 号煤层开采后，对上部有影响的煤层为 14 号等煤层。因邻近层的瓦斯含量无实测值，取 15 号煤层的瓦斯含量。

邻近层瓦斯排放率 η_i 与邻近层至开采层的间距有关。当邻近层位于垮落带中时 $\eta_i=1$。当采高小于 4.5 m 时，η_i 按下式计算或按图 9-1 选取。

$$\eta_i = 1 - \frac{h_i}{h_p} \tag{9-8}$$

式中　h_i——第 i 个邻近层与开采层垂直距离，m；

h_p——受开采层采动影响顶板底岩层形成贯穿裂隙，邻近层向工作面释放卸压瓦斯的岩层破坏范围，m。

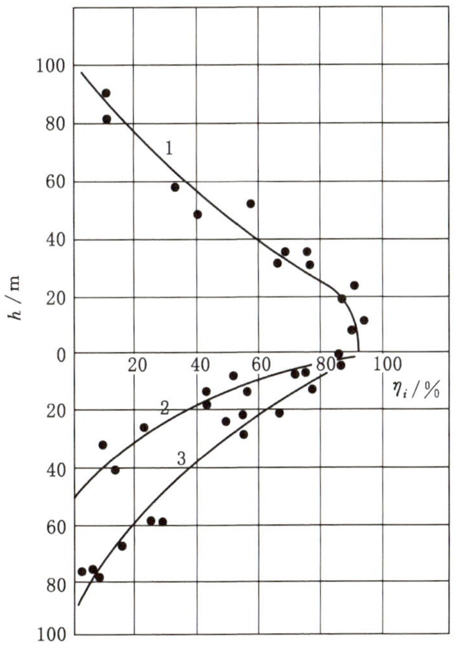

1—上邻近层；2—缓倾斜煤层下邻近层；3—倾斜、急倾斜煤层下邻近层。

图 9-1　邻近层瓦斯排放率与层间距的关系曲线

当采高超过 4.5 m 时，邻近层瓦斯排放率 η_i 按照下式计算：

$$\eta_i = 100 - 0.47\frac{h_i}{M} - 84.04\frac{h_i}{L} \tag{9-9}$$

式中 h_i——第 i 个邻近层与开采层垂直距离，m；

M——工作面采高，m；

L——工作面长度，m。

15 号煤层采高取煤层厚度，超过 4.5 m。

邻近层相对瓦斯涌出量计算结果见表 9-13。

表 9-13　15 号煤层邻近层相对瓦斯涌出量计算结果

邻近层编号	邻近层参数				开采层采高/m	瓦斯排放率 η_i/%	相对瓦斯涌出量/(m^3/t)
	煤厚/m	瓦斯含量/(m^3/t)	残存瓦斯含量/(m^3/t)	距开采层距离 h_i/m			
14 号	0.86	5.58	2.19	9	5.75	93.45	1.36
13 号	0.37	5.58	2.19	31	5.75	77.43	0.48
12 号	0.95	5.58	2.19	40	5.75	70.87	1.14
11 号	0.4	5.58	2.19	43	5.75	68.69	0.46
9 号	0.57	5.58	2.19	56	5.75	59.22	0.57
8 号	0.55	5.58	2.19	66	5.75	51.94	0.48
6 号	0.15	5.58	2.19	84	5.75	38.83	0.10
4 号	0.21	5.58	2.19	90	5.75	34.46	0.12
3 号	1.48	5.58	2.19	116	5.75	15.53	0.39
2 号	0.54	5.58	2.19	121	5.75	11.89	0.11
1 号	0.37	5.58	2.19	130	5.75	5.33	0.03
合计							5.24

150205 工作面瓦斯涌出量预测结果见表 9-14。

表 9-14　150205 工作面瓦斯涌出量预测汇总表

日产量/t	瓦斯涌出量预测值									
	割煤		放煤		采空区		邻近层		合计	
	m^3/t	m^3/min	m^3/t	m^3/min	m^3/t	m^3/min	m^3/t	m^3/min	m^3/t	m^3/min
5 000	1.977	6.87	1.541	5.35	0.356	1.22	5.24	18.21	9.11	31.65

通过对 150205 工作面瓦斯涌出量预测后得出，工作面瓦斯涌出量为 31.65 m^3/min。

9.4　采空区瓦斯抽采原理及巷孔瓦斯治理技术

9.4.1　采空区瓦斯抽采原理

采煤工作面回采后，在采煤工作面上覆岩层中形成“竖三带”和“横三区”，即沿采空区竖直方向由下往上分为垮落带、裂隙带、弯曲下沉带，而在工作面推进过程中沿走向方向又可分为煤壁支撑影响区、离层区和重新压实区[58]。随着工作面的推进，“三带”和“三区”也不断向前移动，采场空间始终处在动态变化的状态，当然处于各带内的煤层瓦斯参数也必然发生很大变化。

垮落带内的煤岩层因垮落而失去了原有的完整性，与开采层的采空区连通，采空区残留煤体的大量解吸瓦斯沿垮落空间运移，在垮落带积聚了大量游离瓦斯；裂隙带位于垮落带上方，采动裂隙较发育，在瓦斯升浮力作用下，并且通风风流对裂隙带影响较小，采空区大量高浓度游离瓦斯积聚在采动裂隙带。因此，垮落带上部、裂隙带下部是抽采瓦斯的理想区带。

煤层开采后在上覆岩层中形成的裂隙主要有两类。一类是离层裂隙，是随岩层下沉在层与层间出现的沿层裂隙；另一类是竖向破断裂隙，是随岩层下沉破断形成的穿层裂隙。采煤工作面运输巷与回风巷的上覆岩层离层区与开切眼及工作面上覆岩层的离层区贯通，形成一个连通的环形圈。一般情况下，开切眼与工作面和工作面运输巷与回风巷构成的几何图形为矩形，矩形周围及上覆岩层受采动的影响发生移动破坏。破坏的机理是，矩形的四边岩层破坏裂缝呈下咬合，矩形四角破坏裂缝呈上面咬合，采空区形成如图 9-2 所示岩层移动形状，称这种岩层移动形状为“O”形圈。

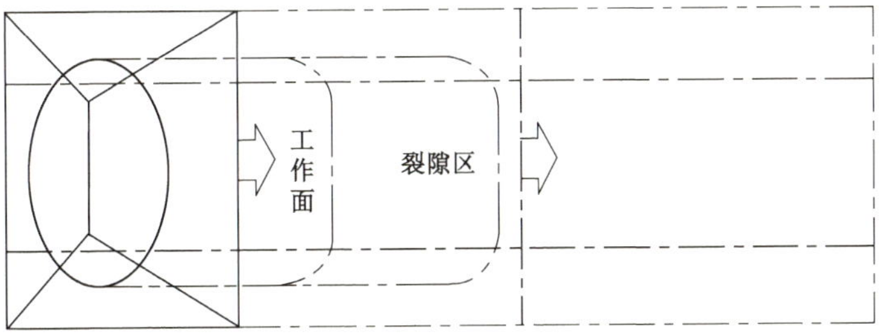

图 9-2　“O”形圈的形成及发展示意图

煤层开采后上覆岩层中形成离层裂隙和竖向破断裂隙，离层裂隙分布呈现两种特征。开始阶段从开切眼开始，随着工作面推进，离层裂隙不断增大，采空区中部离层裂隙最发育；第二阶段采空区中部离层裂隙趋于压实，离层率下降，而采空区四周离层裂隙仍能保持。在顶板任意高度水平，第二阶段和稍后一段时期内，位于采空区中部的离层裂隙基本被压实，而在采空区四周仍存在一连通的离层裂隙发育区。“O”形圈随着工作面的推进是发展变化的，向前推移，其分布主要决定于岩层的岩性、厚度、断块长度及层理等条件。

抽采原理就是利用工作面开采后形成的竖向裂隙带和横向环形裂隙圈的卸压作用进行瓦斯抽采，即将巷道或者钻孔布置在裂隙带和环形裂隙圈内。采煤工作面回采过程中，上覆岩层顶板垮落，顶板岩层及煤层卸压，原来煤层中的瓦斯压力平衡遭到破坏，围岩、煤层、采空区遗煤解吸的瓦斯在抽采负压作用下向钻孔流动，通过钻孔将采空区内瓦斯及时抽出，达到治理采空区瓦斯的目的。

在工作面顶板布置高位钻孔主要是用于抽采裂隙带内积聚的瓦斯。相比较而言，高位钻孔抽采技术具有操作简单、工作投入量少、经济成本低及抽采效果好等优点，被广泛采用。高位钻孔一般布置于回风巷顶板岩层中，即向顶板裂隙带施工钻孔。随着工作面的回采，上覆岩层的卸压使得顶板岩层之间的裂隙逐渐扩张，并与工作面采空区间沟通，逐渐形成瓦斯运移的通道，最终使得采场中的瓦斯在浓度梯度的作用下沿着裂隙通道涌向顶板裂隙带，并在顶板裂隙带中形成瓦斯聚集区。因此在该位置设置高位巷或高位钻孔，通过高位巷或高位钻孔对该区域内瓦斯的精准抽采，改变瓦斯的运移方向，进而有效减少采场中的瓦斯。这可从根本上解决工作面上隅角及回风巷的瓦斯超限问题，保证采掘空间的安全生产。其瓦斯抽采原理如图 9-3 所示。

因此工作面回采时瓦斯抽采方法一般有以下几种：

① 顶板高抽巷抽采。采煤工作面在采空区瓦斯涌出量较大时，可采用顶板走向高抽巷抽采采空区瓦斯。该方法具有抽采时间长、抽采效果好等特点，但工程量大，需在煤层顶板中掘一条巷道。这种抽采方法缺点是：开采初期由于采空区覆岩裂隙尚未较好发育，抽采效果不明显。在煤层上方掘进一条专用巷道（一般为岩巷），需要投入大量的资金，人工成本和时间成本也很高。

② 高位钻孔或边孔抽采。在回风巷帮上，采取掘钻场（布置高位钻孔）或不掘钻场（布置边孔）的方式，通过实践确定出裂隙带的大概层位，在煤帮迎着工作面打上向孔，将终孔布置在裂隙带进行瓦斯抽采。随着开采煤层的推进，采空区覆岩裂隙不断变化，当裂隙发展到抽采钻孔附近时，在钻孔内的抽采

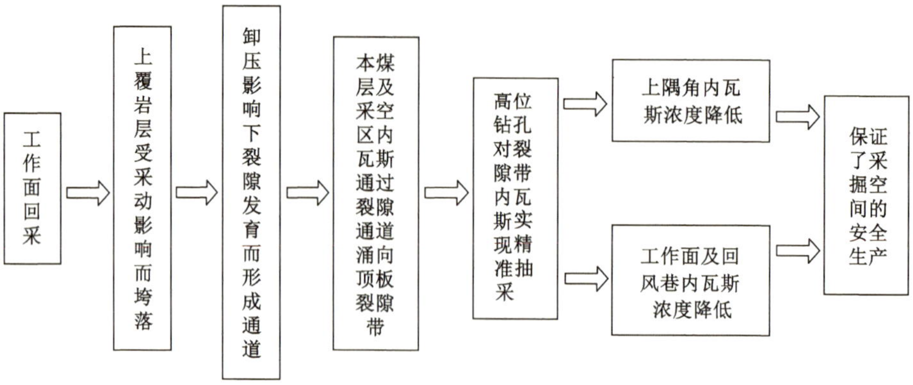

图 9-3　采空区瓦斯抽采原理

负压作用下，通过裂隙带抽采邻近层和采空区的瓦斯，可有效缓解上隅角瓦斯超限问题。受施工工艺所限，这种钻孔的有效抽采长度小，孔径较小，抽采效率不高。采用高位钻场布置高位钻孔时，钻孔的有效抽采长度加长，抽采效果相对得到提高。

③ 以孔代巷（长距离大孔径定向钻孔）抽采。长距离大孔径定向钻孔抽采瓦斯是指利用大功率特定钻机在待采工作面煤层上覆顶板岩层中钻进一条或几条钻孔抽采采空区瓦斯，钻孔层位一般位于煤层回采后裂隙带的下部。当煤层顶板初次垮落后，裂隙带形成，钻孔将会和采空区连通，由于瓦斯的密度小于空气密度，瓦斯将会上浮，采空区内积存的大量瓦斯将会沿裂隙向抽采钻孔流动，然后经钻孔从采空区抽出。

9.4.2　高抽巷与顶板长距离定向钻孔技术

1. 高抽巷技术

高抽巷抽采瓦斯技术原理：高抽巷是在待采工作面煤层上覆顶板岩层中，位于煤层回采后裂隙带下部布置的一条顶板岩（煤）巷。当煤层顶板初次垮落、裂隙带形成后，该顶板巷道与采空区连通，由于瓦斯的上浮作用，采空区内积存的大量高浓度瓦斯沿裂隙向高抽巷流动，大量高浓度瓦斯逐渐充满高抽巷，然后经高抽巷预埋的抽采管路抽至地面。高抽巷抽采瓦斯的实质是改变瓦斯流动方向，使采空区及顶板大量瓦斯不再通过煤壁上隅角进入回风流，相应减少回风流的瓦斯涌出，达到降低瓦斯浓度的目的。如图 9-4 所示。

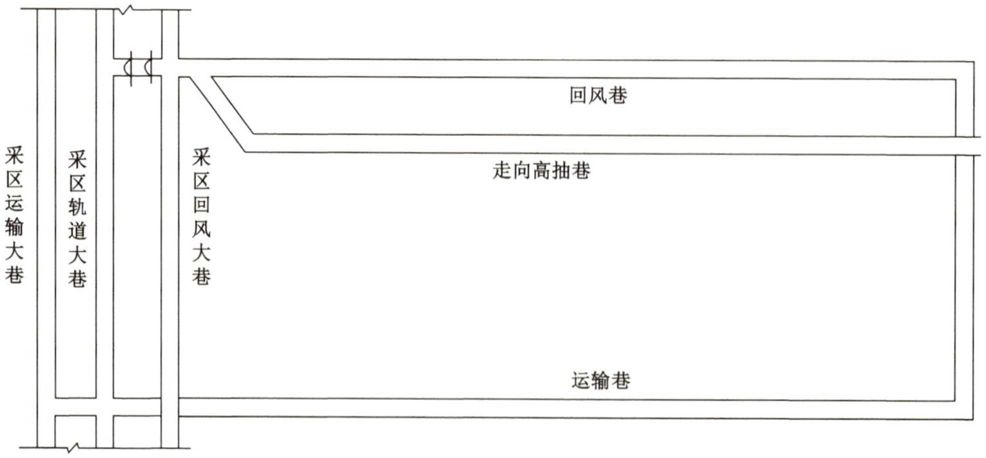

图 9-4　高抽巷布置示意图

高抽巷布置合理与否，将直接影响抽采效果。从矿压角度分析，工作面顶板垮落后，采空区上方分为垮落带、裂隙带和弯曲下沉带。如果高抽巷布置在垮落带，顶板垮落后，高抽巷与采空区直接连通，此时，抽采混合气体量大，但抽采瓦斯量低；如果高抽巷布置在弯曲下沉带，由于裂隙不发育，抽采浓度高，但抽采瓦斯量较低，所以高抽巷应布置在裂隙带内。

从瓦斯抽采效果角度分析，高抽巷的位置选择对于采空区瓦斯的抽采效果起着决定性的作用。巷道如布置在垮落带内，抽采时会造成短路，吸入大量空气，抽采效果差；巷道如布置在裂隙带以上则无法贯通裂隙或裂隙量少，难以达到抽采效果。因此应将巷道布置在顶板裂隙比较发育的范围内。

2. 顶板长距离定向钻孔技术

顶板长距离定向钻孔抽采瓦斯技术原理：顶板长距离定向钻孔抽采瓦斯是指利用大功率定向钻机在待采工作面煤层上覆顶板岩层中钻进一个或几个钻孔抽采采空区瓦斯，钻孔层位一般布置在煤层回采后裂隙带的下部。

与普通钻孔相比，定向钻孔轨迹可控，有效钻孔比例高，都布置在裂隙带内，利用钻孔接力可实现连续稳定的裂隙带抽采，有利于瓦斯流场的稳定形成，所以抽采效果好；长距离裂隙带定向钻孔，将采空区瓦斯流场引导到了采空区深部，大大缓解了隅角积聚瓦斯的压力。

因此钻孔层位布置合理与否，是影响抽采效果的关键因素。从矿压角度分析，如果钻孔布置在垮落带，顶板垮落后，钻孔与采空区直接连通，此时，抽采混合气体量大，但抽采瓦斯量低，同时工作面推过以后钻孔塌陷会比较早，只能抽采工作面附近的瓦斯，抽采采空区的瓦斯效果比较差；如果钻孔布置在弯曲下沉带，由于裂隙不发育，抽采浓度虽然高，但抽采瓦斯量较低，抽采效果依然不好；钻孔只有布置在裂隙带内才能够有较高抽采量的同时保证有较高的抽采浓度。所以应将钻孔布置在裂隙带内，且应该尽量布置在裂隙带的中下部，同时应当选择岩性较稳定的岩层布置钻孔，这是因为如果布置在较软岩层中，随着工作面的推进钻孔塌陷，则瓦斯抽采效果将会受到很大的影响。

根据工作面顶板覆岩“三带”的理论计算结果可知，裂隙带的分布范围为 14.69～50.52 m。为保证抽采的效果，根据以上分析，工作面顶板长距离定向钻孔宜布置在距 15 号煤层顶板 15～30 m 之间，此时工作面的瓦斯抽采效果最好。

9.5　工作面以孔代巷瓦斯治理技术工程应用

9.5.1　技术原理及可行性分析

工作面以孔代巷瓦斯治理技术利用定向钻机施工高位裂隙带钻孔取代高抽巷抽采治理工作面的采空区瓦斯[59]。工作面回采后，受采动影响顶板围岩上部平衡状态被打破，工作面上覆煤岩体受采动作用产生裂隙，继而形成顶板裂隙带。在回采过程中，采空区围岩及遗煤瓦斯大量解吸，在浮力作用下沿裂隙带所形成的瓦斯通道上升至裂隙带上部离层区域，并大量集聚于采空区上覆岩层的“O”形圈内，见图 9-5 和图 9-6。将抽采钻孔布置在瓦斯浓度高、积聚量大的区域，利用抽采系统进行瓦斯抽采，消除上隅角、采空区瓦斯积聚，避免上隅角、回风流瓦斯超限。

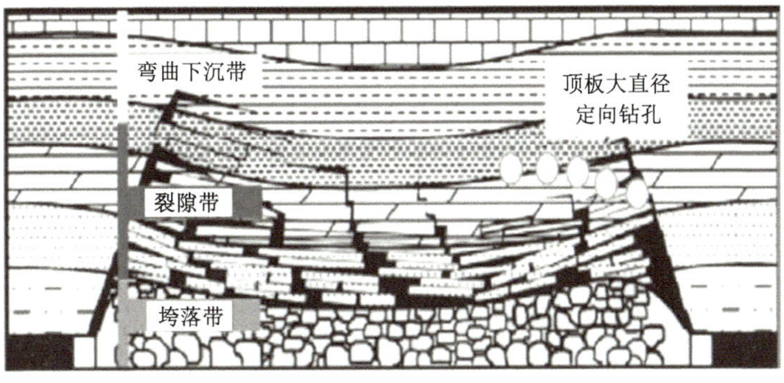

图 9-5　采空区顶板“三带”及定向高位钻孔位置

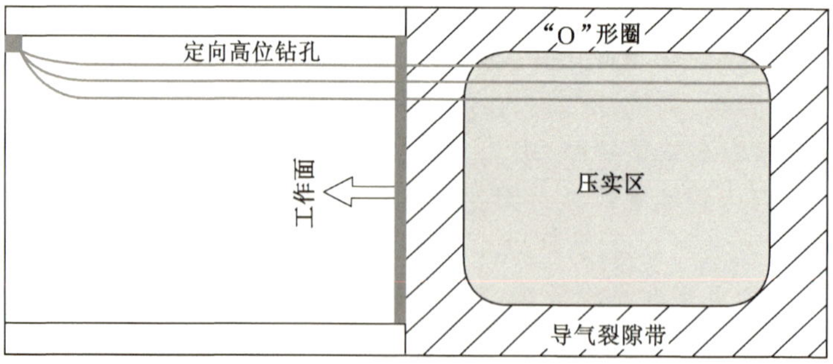

图 9-6　采动裂隙"O"形圈

根据工作面回采期间瓦斯涌出量分析，150205 工作面在回采期间绝对瓦斯涌出量接近 31.65 m^3/min，因此除了采取风排、裂隙带钻孔、埋管等抽采方式外，还必须在 150205 工作面高抽巷内设置定向钻场，向 15 号煤层顶板裂隙带施工定向高位钻孔进行瓦斯抽采。

9.5.2　150205 工作面以孔代巷方案

1. 定向钻场

为保证顶板长距离定向钻孔的钻机施工，根据现场的实际情况，定向钻场位于 150205 工作面高抽巷迎头，钻场开孔帮与 150205 工作面开切眼的距离为 420 m，钻场为马蹄形，钻场开孔帮宽度为 8 m、深度(含扩帮过渡段)为 8 m，钻场高度为 3 m。

定向钻场由高抽巷扩帮形成，原高抽巷宽度和高度均为 3 m，当钻场扩帮时，以巷道中线为准，向巷道两侧扩帮 4 m，扩帮过渡段深度为 3 m。扩帮过渡段与高抽巷夹角为 140.19°。

在施工过程中产生的废水需及时排出，在高抽巷南帮靠近钻场处施工一个水仓，水仓长度为 3 m，宽度为 1.5 m，深度为 1.2 m。因巷道宽度为 3 m，施工水仓后巷道宽度较小，会影响运输及钻机入场，故水仓应向巷道帮内凹陷，凹陷深度为 1 m，即施工水仓处巷道宽度为 4 m。

150205 工作面高抽巷掘进平均倾角为 12°，而钻场内倾角太大会影响钻孔施工，故高抽巷掘进至距钻场 20 m 时，巷道倾角应降低至 0°，以方便钻孔施工，但是施工过程中产生的废水需流至水仓内，故钻场开孔帮应高于水仓处。

综上所述，距钻场 20 m 范围巷道倾角保持在 0°～3°。150205 工作面高抽巷设置一个定向钻场，钻场开孔帮距离工作面开切眼 420 m，如图 9-7 所示。

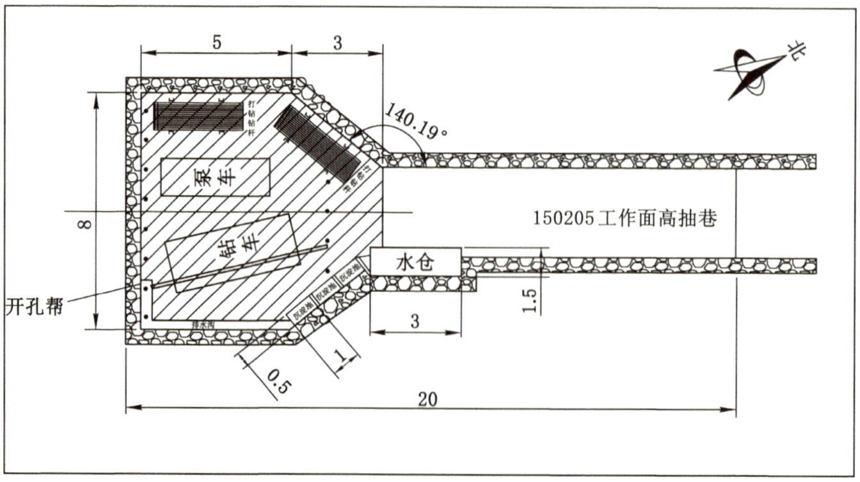

图 9-7　150205 工作面高抽巷定向钻场设计图(单位：m)

2. 钻孔设计

根据 9.5.1 节论述以及定向钻孔施工和抽采经验，本次设计在 150205 工作面高抽巷布置一个钻场，设计 6 个定向钻孔，向 150205 工作面开切眼方向施工，设计总进尺 3 030 m，其中 120 mm 孔径的钻孔进尺 480 m，153 mm 孔径的钻孔进尺 2 550 m。钻孔层位根据分析选取在煤层顶板上方 15～30 m 之间，根据距离回风巷的距离不同，适当区分，如表 9-15 所示。

表 9-15　150205 工作面高抽巷定向钻场钻孔设计参数

钻孔编号	分支编号	开孔方位角/(°)	开孔倾角/(°)	目标方位角/(°)	孔径/mm	钻孔起始位置/m	钻孔终止位置/m	分支长度/m	内错于回风巷北帮距离/m	距煤层顶板距离/m	钻孔进尺/m
1# 钻孔	1#-1	187.0	−3.0	205.88	120、153	0	270	270	5	8	546
	1#-2	205.5	0.5			150	426	276			
2# 钻孔	2#-1	189.0	−1.0			0	270	270	10	12	546
	2#-2	205.9	0.5			150	426	276			
3# 钻孔	3#-1	191.0	2.0			0	270	270	15	16	546
	3#-2	205.9	2.0			150	426	276			
4# 钻孔	4#-1	193.0	4.0			0	270	270	0	20	546
	4#-2	205.9	1.0			150	426	276			
5# 钻孔	5#-1	195.0	6.0			0	423	423	25	24	423
6# 钻孔	6#-1	198.0	8.0			0	423	423	30	28	423

1# 钻孔设计进尺为 546 m，内错于 150205 工作面回风巷北帮 5 m，层位为煤层顶板往上 8 m；
2# 钻孔设计进尺为 546 m，内错于 150205 工作面回风巷北帮 10 m，层位为煤层顶板往上 12 m；
3# 钻孔设计进尺为 546 m，内错于 150205 工作面回风巷北帮 15 m，层位为煤层顶板往上 16 m；
4# 钻孔设计进尺为 546 m，内错于 150205 工作面回风巷北帮 20 m，层位为煤层顶板往上 20 m；
5# 钻孔设计进尺为 423 m，内错于 150205 工作面回风巷北帮 25 m，层位为煤层顶板往上 24 m；
6# 钻孔设计进尺为 423 m，内错于 150205 工作面回风巷北帮 30 m，层位为煤层顶板往上 28 m。

3. 开孔和扩孔

移机定位完成后即可进行开孔和扩孔操作。钻孔开孔之前，在开孔位置将网片剪开 400 mm× 400 mm的开口，便于下钻开孔。ZYL-15000 型钻机使用 ϕ120 mm 打钻钻头和普通钻杆采用旋转钻进方式直接开孔 14 m，然后用 ϕ153 mm 扩孔钻头和普通钻杆采用旋转钻进方式直接扩孔 13 m，最后用 ϕ275 mm扩孔钻头和普通钻杆采用旋转钻进方式扩孔 13 m。见图 9-8。

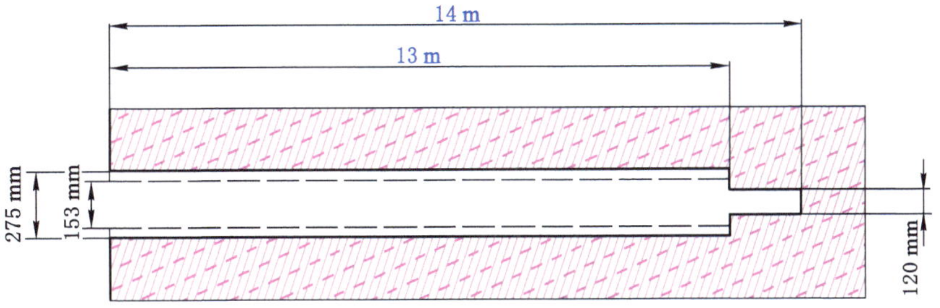

图 9-8　开孔段示意图

4. 钻孔封孔方法

顶板长距离定向钻孔封孔材料如表 9-16 所示。

表 9-16 封孔材料一览表

序号	材料名称	材料规格	使用量	备注
1	封孔管	ϕ200 mm(3 m)	4 根	本表列出了封一个孔所用材料的名称和参考数量
2	注浆管、排气管	ϕ20 mm	20 m	
3	法兰盘	DN150	1 个	
4	封孔管接头		4 个	
5	水泥	强度等级 42.5	300 kg	
6	石膏粉		4 kg	
7	封孔泵		1 台	

① 首先将 ϕ20 mm 注浆管用胶布缠在 ϕ200 mm 封孔管上，缠绕间距为 50 cm，然后将一端已经用石膏封闭的封孔管下入钻孔内，孔外端超出煤壁 20 cm。

② 插入 ϕ20 mm 注浆管和排气管，封上行孔时，外侧为注浆管，封孔管内侧为排气管。

③ 孔口封闭：用石膏粉拌和清水制成膏状物对孔口进行封闭，封闭深度不小于 40 cm，要求封严填实，孔口周围 60 cm 内岩壁用清水冲洗干净后用石膏满敷，孔口封堵后静置 45 min 以上待石膏凝固后才能进行注浆操作。

④ 注浆：将注浆管接上封孔泵，在搅拌筒内搅拌水泥浆，其中水泥和水的比例为 1 包水泥(50 kg)加入约 15 L 水。水泥浆搅拌好以后即可按照封孔泵操作规程的要求进行注浆操作，当排气管往外渗浆时，说明孔内已经注满，此时应用铁丝将排气管扎住并继续注浆使水泥浆渗入煤壁，当煤壁往外渗水冒气泡时，即可停止注浆，并用铁丝将注浆管扎住，用手锯锯断注浆管，注浆完成后要对封孔泵进行清洗。注浆过程中应坚持“小流量，长时间”的原则，使孔内压力逐渐上升，以便砂浆能够更多地渗入煤壁，保证封孔的气密性。封孔完毕后应静置 24 h 使砂浆凝固后才能打钻。如图 9-9 所示。

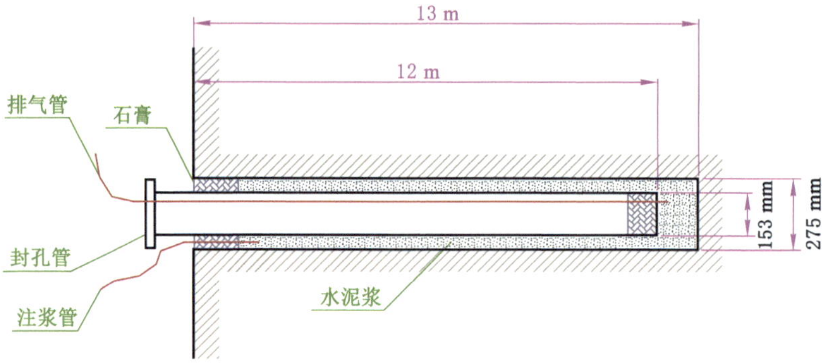

图 9-9 注浆示意图

5. 施工周期

根据钻孔施工工艺，钻孔施工完成后需要进行扩孔，扩孔只能将开分支后的钻孔进行扩孔，故本设计钻进进尺为 3 030 m，扩孔进尺为 2 550 m。

单台钻机每班钻进进尺 42 m，考虑地质变化和进排水影响，日循环 2.5 个班，日循环进尺 42 m×2.5＝105 m，加上开孔、注浆和其他因素影响，正规循环率按 80%，日进度可以达到 105 m×80% ＝84 m。故钻进所需时间为 3 030÷84＝37 d。

单台钻机每班扩孔进尺 60 m，考虑地质变化和进排水影响，日循环 2.5 个班，日循环进尺 60 m×2.5＝150 m，加上其他因素影响，正规循环率按 80%，日进度可以达到 150 m×80% ＝120 m。故钻进所需时间为 2 550÷120＝22 d。

考虑钻机入场和钻孔封孔注浆影响，影响时间暂按 10 d 考虑。

故施工总时间为 37 d+22 d+10 d=69 d。

6. 连接抽采观测

钻孔施工完毕后将钻杆全部退出，卸下孔底马达，按照设计要求完成顶板长距离定向钻孔的封孔工作，封孔连孔时，单孔加装孔板流量计、移动检测装置和阀门，用于监测每个钻孔的抽采效果。所有钻孔统一汇流到自动放水器以后，统一用 DN200 软管连接到抽采支管路。抽采软管上加装孔板流量计、移动检测装置和阀门，用于监测每个钻场的抽采效果。支管路预设 DN200 管路接口，用于连接从钻场接出的抽采软管。每天定时测定钻场及每个顶板长距离定向钻孔的抽采负压、流量、浓度等参数，并做好记录。

9.5.3　综放工作面以孔代巷抽采效果

神磊煤业 150205 工作面自 2021 年 7 月开始回采，顶板长距离定向钻孔抽采段回采期间，150205 工作面最大瓦斯涌出量在 35 m^3/min 左右，其中顶板长距离定向钻孔抽采混量平均 80 m^3/min 左右，抽采浓度在 35%左右，顶板长距离定向钻孔实际抽采纯量在 28 m^3/min 左右。工作面瓦斯抽采率为 80%。工作面回采期间没有出现回风流瓦斯超限现象，从而保证了工作面的安全生产。

第10章　大同矿区双系煤层开采瓦斯与火灾治理技术及示范

10.1　大同矿区煤层赋存特征

10.1.1　大同煤田位置及基本情况

大同煤田位于山西省北部，大同市西南方，地跨大同、左云、右玉、怀仁、山阴等5个市、县。煤田开采历史悠久，储量丰富，交通便利，煤层埋藏较浅，地质构造简单，是我国主要的煤炭生产基地之一。

大同煤田的东北边界为青磁窑断层，东南部和南部以口泉山、煤系露头为界，西部和北部以马道头、左云县城、云西堡、小破堡、西村等连线为界。煤田大致为椭圆形盆地，走向NE-SW，长85 km，倾向宽约30 km，面积1 827 km^2。大同煤田属双纪煤田，石炭-二叠纪煤田和侏罗纪煤田。其中石炭-二叠纪煤田面积1 739 km^2，侏罗纪煤田面积772 km^2，侏罗纪和石炭-二叠纪煤田重合面积684 km^2。侏罗纪煤田北东以青磁窑断层为界，东部与东南部以口泉山的煤系露头为界，南部沿煤系露头直至马道头一带，西部及北部边界则以纸房头、西村等侏罗系剥蚀线为界，北东长47 km，南东宽20 km。

10.1.2　大同煤田地层

大同煤田以太古界片麻岩为基盘，上覆沉积地层由老至新为寒武系、奥陶系、石炭系、二叠系、三叠系、侏罗系、白垩系、古近系、新近系、第四系。详见表10-1。

表10-1　大同煤田地层表

地层				层厚 $\left(\dfrac{一般}{最小—最大}\right)$ /m	地层描述及规划井田地层变化
界	系	统	组		
新生界	第四系	全新统		0～5	主要由亚砂土和砂砾组成，分布于十里河、口泉河及大的沟谷中
		中上更新统		$\dfrac{12}{0\sim40}$	下部为棕黄色砂土夹古土壤层，上部以马兰黄土为主，浅黄色或黄褐色，分选好，结构疏松，垂直节理发育，各井田均有赋存
	古近系、新近系			$\dfrac{15}{0\sim20}$	砖红色、浅棕红色黏土及灰黄色泥岩、玄武岩等为主，主要分布于马道头、潘家窑井田等地
中生界	白垩系	下统	助马堡组	0～30	由紫红色砂质泥岩、灰白色的砂岩组成，零星分布于潘家窑、马道头、东周窑、四台沟井田
			左云组	$\dfrac{50\sim135}{0\sim577}$	由杂色砾岩及黄褐色、紫红色粉砂岩、泥岩和粗砂岩组成，富钙质结核，砾石成分为片麻岩、石灰岩、砂岩、玄武岩、石英岩、燧石等。下部夹不稳定淡水灰岩，厚0.3～6 m，与下伏地层为角度不整合。马道头、潘家窑井田厚0～577 m，平均135 m，东周窑井田一般厚10～50 m，四台井田厚200 m，马脊梁井田内不赋存

表 10-1(续)

地层				层厚 (一般 / 最小—最大) /m	地层描述及规划井田地层变化
界	系	统	组		
中生界	侏罗系	中统	云冈组	66～130 / 0～135	上部石窟段由灰紫色、紫红色砂砾岩、砂岩、粉砂岩组成，有不连续的球状结核。交错层理发育，下段青磁窑段以灰白色、灰黄色中粗砂岩、砂砾岩为主，底部一层砂砾岩厚 5～18 m，定为 K_{21} 标志层，常为大同组 2 号煤层直接顶板。四台、马脊梁井田厚 66～130 m，马脊梁井田厚 15～20 m，潘家窑井田不赋存，马道头井田零星出露
			大同组	180～200 / 0～249.13	以灰色粉砂岩、细砂岩和煤互层为主，中夹薄层泥岩和中粒砂岩、中粗砂岩。底部为灰白色含砾粗砂岩(K_{11})，含煤 22 层，其中可采煤层 14 层左右。马脊梁井田、四台沟井田发育，东周窑井田东北部不赋存，潘家窑井田不赋存，马道头井田西部零星出露
		下统	永定庄组	90～180 / 0～211	由灰紫色、紫红色、灰褐色、灰黄色中粗砂岩、含砾粗砂岩夹粉砂岩、细砂岩和砂质泥岩组成。该地层在东周窑井田厚 190～200 m，马脊梁井田一般厚 155 m，四台沟井田厚 2～65 m，马道头、潘家窑井田厚 90 m 左右。底部为含砾粗砂岩(K_8)，一般厚 10 m，与下伏地层不整合接触
古生界	二叠系	上统	石千峰组	68 / 0～102	砖红色砂岩、粉砂岩、砂质泥岩夹 1～2 层淡水灰岩，底部为一层灰绿色中粗砂岩、含砾粗砂岩，一般厚 9 m。与上石盒子组分界为砂岩(K_7)。该组地层仅在马道头井田出露过
			上石盒子组	130 / 0～398	上部多为紫红色砂质泥岩、中粒砂岩；中下部为紫色、灰绿色粉砂岩、中粒砂岩、砂质泥岩；下部为中粗砂岩夹粉砂岩、砂质泥岩，色相呈黄色、紫色-杂色；底部为黄绿色厚层状砂岩(K_6)，厚 8 m 左右。该组地层赋存于马道头、潘家窑井田。四台、马脊梁、东周窑井田被上覆地层剥蚀，不赋存
		下统	下石盒子组	0～50 / 0～73	上部为灰色、黄绿色砂岩、砂质泥岩及薄层灰色铝土质泥岩。下部为灰色、黄绿色砂质泥岩及灰白色砂岩夹 1～2 层薄煤层。底部为灰白色中粗砂岩(K_4)，一般厚 5 m，与下伏地层整合接触。马道头、潘家窑井田厚 46 m，东周窑井田厚 44～57 m，马脊梁、四台沟井田不赋存
			山西组	25～45 / 0～73	由灰色、深灰色、灰白色砂岩、粉砂岩组成，含煤 4 层，一般底部山$_4$ 号煤层局部可采，底部为灰白色粗砂岩(K_3)，厚 4～15 m。该组地层仅四台井田被上覆地层剥蚀不赋存，潘家窑井田北部不赋存
古生界	石炭系	上统	太原组	0～125 / 0～138	由灰色、深灰色粉砂岩，黑色泥岩、碳质泥岩、高岭岩、高岭质黏土岩，灰白色、灰黄色砂岩及煤组成。含煤 10 余层。底部砂岩为标志层(K_2)，厚 4 m。东周窑井田厚 114～125 m，马脊梁井田平均厚 82 m，四台沟井田厚 0～40 m，马道头井田平均厚 105 m，潘家窑井田北界变薄
			本溪组	15～35 / 0～59	以灰色、灰白色、灰黑色粉砂岩与细砂岩互层为主。最底部奥陶系侵蚀面上有一层山西褐铁矿层，厚度不稳定，呈鸡窝状。其上有一层杂色铝土质泥岩。中下部含一层石灰岩(K_1)，厚 2～5 m。四台沟井田厚 1.5～2.5 m，马脊梁井田厚 7～28 m，东周窑井田一般厚 40 m，马道头、潘家窑井田一般厚 35 m
	奥陶系	下统		0～60 / 0～68	以灰色、深灰色厚层状石灰岩为主，中夹豹皮状灰岩、灰绿色钙质或泥质泥岩。东周窑、马道头、潘家窑井田厚 60 m 左右，马脊梁、四台沟井田沉积尖灭
	寒武系			466 / 0～506	下部以砖红色、紫色泥岩和白云质灰岩为主；中部以灰色中至厚层状、鲕状灰岩为主，中夹紫色、灰绿色泥岩和薄层状泥质条带灰岩及生物碎屑灰岩；上部以灰黄色、紫红色竹叶状灰岩为主，中夹生物碎屑灰岩、泥质条带灰岩与白云质灰岩。四台沟井田变薄为 150 m，马脊梁井田厚 200 m
太古界		集宁群			为一套前震旦系古老杂色深变质岩系，为肉红色、浅灰色花岗片麻岩等，仅出露于大同煤田的边缘部分

10.1.3　大同煤田构造

1. 侏罗纪煤田地质构造

（1）区域构造特征

大同侏罗纪煤田位于山西省北部。其大地构造位置属华北断块内二级构造单元吕梁—太行断块中云冈块坳北部的云冈向斜（即大同煤田）。云冈块坳北以淤泥河、十里河之分水岭为界，与内蒙古断块相邻；东部及南部以口泉大断裂、神头山前断裂与桑干河新裂陷为界；西北部与偏关—神池断坪相接。云冈向斜褶皱轴线长约 40 km，褶皱幅度宽约 15～20 km，向斜轴呈 NE40°左右，北西翼宽缓，南东翼窄陡。其槽部地层为侏罗系，南东翼依次出露二叠系、石炭系、奥陶系、寒武系及中下太古界集宁群。

（2）煤田构造特征

① 褶曲构造

大同侏罗纪煤田总体呈 NE 向不对称向斜构造，主向斜轴在南部为 NE 向，在北部为近 SN 向，两者呈斜接关系。在向斜的东及东南翼边缘，地层倾角变陡，呈直立甚至倒转，但离开断层带，在向斜部位地层倾角很快变为 10°以下。向斜的西及西北翼，地层倾角平缓，一般在 10°以下。向斜主轴位于煤田东南侧，构成东陡西缓的不对称向斜构造。在煤田内部，短轴的背向斜比较发育，但褶皱幅度不大，为宽缓的波状褶曲，轴向多为 NE 向，两翼产状平缓，平均倾角为 5°～6°。

② 断裂构造

煤田东及东南边缘雷公山、七峰山一带，由一系列逆断层和逆掩断层组成。从北到南有青磁窑、王家园、拖皮沟、煤峪口、白洞、鹅毛口等断层。断层的走向除青磁窑断层为 NNW 向以外，其余都呈 NE 或 NNE 向。断层倾角在北部较陡，如青磁窑断层，其倾角为 60°，往南有变小的趋势，鹅毛口断层已经是逆掩断层了。这一系列断层断距较大，最大可达 500～600 m。断层的力学性质多属压性及压扭性。

煤田内大部分地区构造简单，局部如雁崖、挖金湾、王村等井田构造复杂程度中等。全煤田已发现断层 800 多条，绝大部分为高角度正断层，落差大多小于 20 m，最大为 60 多米。这些断层往往组成地堑、地垒或阶梯状的形式。断层的走向主要可分为 3 组：NE 至 NNE 向，NW 向，EW 至 NWW 向。

③ 陷落柱

在本区内先后揭露了规模和形态特征各异的陷落柱近 113 个，其中地表有 3 个，钻孔揭露 1 个，其他均为井下巷道揭露，主要分布于四台、燕子山、云冈、晋华宫、煤峪口、忻州窑、四老沟、白洞等 8 个井田。陷落柱以椭圆形、不规则椭圆形及圆形为主，多为 NE 向分布，柱体长轴方向也基本以 NE 向为主。陷落柱直径大多为数十米，上百米者较少，陷落层位一般达中侏罗统云冈组底部巨厚坚硬的 K_{21} 砾岩层，仅个别垮落至地表。

④ 火成岩

岩浆岩活动可见两期：一是印支期煌斑岩，主要呈岩床式侵入，对石炭-二叠系煤层破坏严重。二是燕山期辉绿岩侵入和玄武岩喷发。辉绿岩呈岩墙侵入，主要为 NE 与 NNE 向，偶见 NW 向，岩墙宽度一般 1 m 左右，最大 3 m。玄武岩喷发主要在煤田西北部旧高山一带，面积不到 1.5 km^2。此期的岩浆岩对含煤地层影响甚微。此外，煤田外围有新生代喜马拉雅期的玄武岩分布，在西北部为古近纪、新近纪的汉诺坝玄武岩；在东北部大同、阳高一带为第四纪玄武岩，即著名的大同火山群。

2. 石炭-二叠纪煤田地质构造

大同煤田北靠内蒙古古陆，东以大同—山阴断裂与大同断陷盆地相邻，西以吕梁山脉西石山为界，南以洪涛山背斜为屏障与宁武煤田相毗连。煤田呈东南陡、西北宽缓的 NE30°～50°走向的向斜盆地，但向斜轴在石炭系，仅在马脊梁井田及其北东方向较为明显，马道头井田及潘家窑井田表现为向北西倾斜的单斜构造。

煤田南东翼煤层埋藏较浅，地层倾角较大，局部直立、倒转，构造较为复杂，断裂多，岩浆岩侵入严重。矿区北、西北翼地层倾角较缓，断裂相对较少，岩浆岩侵入相对较轻。

断裂构造：煤田内断层主要分为三组。一组为 NW 向，一组为 NE 向，另一组为近 EW 向。其中 EW 向断裂最发育，对煤层破坏亦最严重，本组断裂位于马道头井田的中南部，对井田的煤层开采极为不利；NE 向断裂（大型断层），位于潘家窑井田的北部，为一区域性大断裂，为煤田北部岩浆岩溢出的通道。NW 向断裂，小断裂多而密集，主要发育于煤田的中南部。

10.1.4 大同煤田煤层和煤质

1. 侏罗纪煤田煤层和煤质

(1) 侏罗纪煤田煤层特征

大同侏罗纪含煤地层为大同组，煤系厚度为 191 m，含有 11 个煤组，可采煤层或局部可采煤层 21 层，总厚 16～19 m，含煤系数 9.5%。

自上而下各煤组包括的煤层为：

2 号煤组：21、22、23 三个煤分层；

3 号煤组：31、32 两个煤分层；

4-5 号煤组：4、5 两个煤分层；

7 号煤组：71、72、73、74 四个煤分层；

8 号煤组：8 号煤层；

9 号煤组：9 号煤层；

10 号煤组：10 号煤层；

11 号煤组：111、112 两个煤分层；

12 号煤组：121、122 两个煤分层；

14 号煤组：141、142 两个煤分层；

15 号煤组：15 号煤层。

其中主要可采煤层(组)为 23、32、73、9 号煤层，11、12、14 煤组，其余单层不可采，只有合并层可采。详见表 10-2。

(2) 侏罗纪煤田煤质

大同侏罗纪煤属低灰、低硫、低磷、高发热量的动力用煤，也可用作为炼制低灰冶金焦的配煤、生产炼制优质铁合金的优质焦炭。从全煤田看，煤变质程度低，黏结性差，煤类别以弱黏煤和不黏结煤为主。原煤灰分一般低于 15%，局部达 20%以上；硫分一般低于 1%，局部达 3%；发热量一般大于 29 MJ/kg。

2. 石炭-二叠纪煤田煤层和煤质

大同煤田的石炭-二叠系含煤地层为山西组、太原组。

山西组厚 73～104 m，煤田北、西北部被剥蚀尖灭。含煤层一般 5 层，为山$_1$、山$_2$、山$_3$、山$_{4-1}$、山$_4$ 号煤层，煤层厚 0～15.85 m，含煤系数 4.29%～15%，仅山$_4$ 号煤层全煤田较发育，局部可采。

太原组厚 0～134.2 m，一般 85～105 m，含煤 12 层，由上而下为 2、3、4、5^{-1}、5、6、7、8^{-1}、8、9、10、11 号煤层，含煤总厚最厚达 51.13 m，平均 20～22.55 m，含煤系数 21.48%～23.8%。5、8 号煤层为主要可采煤层，局部地段 3-5 号煤层合并为巨厚煤层。详见表 10-3。

3. 大同煤田煤炭资源储量

大同侏罗纪煤田的煤炭资源已经全部开发利用，截至 2006 年年底剩余资源储量大约 30 亿 t。截至 2011 年年末，大同煤矿集团公司所属井田范围内侏罗系煤层可采储量不足 4 亿 t，仅可继续开采 6～10 年。截至 2022 年年末，仅剩余 2 个国有煤矿及零星地方煤矿开采侏罗系煤层，预计可开采 2～4 年。石炭-二叠系煤层储量高达 385 亿 t，仅塔山、同忻两矿井可采储量就达 46 亿 t，目前以塔山、同忻两座千万吨级矿井为主的各煤矿正大力开采石炭纪的煤炭资源，主采煤层为 3-5 号煤层、8 号煤层。

10.1.5 大同矿区双系开采强矿压显现规律

侏罗系煤层的埋深一般不超过 300 m，属浅埋深煤层，为近距离煤层群赋存，以近水平中厚煤层为主，单层最大厚度 7.81 m。石炭系主采的 3-5 号煤层位于已开采侏罗系煤层采空区下方 200 m 左右，现开采区域煤层平均厚度为 15 m 左右，为近水平特厚煤层，采用综采放顶煤开采方法；双系层间广泛分布着细粒砂岩、粉砂岩、中粒砂岩、砾岩以及砂质泥岩等成分，其中砂质岩性岩层占 90%～95%，顶板岩层坚硬完整[60]。多年来，于斌、刘长友、赵军、孟祥斌、刘锦荣等众多国内专家对大同矿区煤田的双系开采的强矿压显现机理做了大量研究，并对顶板控制技术进行研究，保证工作面安全回采。在此以塔山煤矿特厚煤层综放工作面为例叙述大同矿区双系开采强矿压显现规律。

表 10-2　侏罗纪煤层特征表

煤层号	厚度（最小—最大 / 平均）/m	间距（最小—最大 / 平均）/m	顶板岩性	底板岩性	夹石层厚度（最小—最大 / 一般）/m	稳定程度	分布范围
21	0～4.40 / 0.97		砂岩和含砾粗砂岩（K_{21}）	粉砂岩和细砂岩互层	0～1 / 0.1～0.3	极不稳定	东部局部
22	0～4.63 / 0.58	0～15.62 / 1.49	细砂岩和粉砂岩互层	粉砂岩和细砂岩互层	0～1 / 0.2	极不稳定	东部和北部
23	0～4.34 / 0.87	0～21.98 / 2.05 1.23～44.59	细砂岩和粉砂岩互层	细砂岩和粉砂岩互层，夹薄层砂岩及中粒砂岩		较稳定	北部和东部的部分井田
31	0～2.18 / 0.25	0～22.75 / 2.34	细砂岩和粉砂岩互层	细砂岩和粉砂岩互层	0～1 / 0.15～0.2	极不稳定	东部零星分布
32	0～6.51 / 0.82	1.42～37.29 / 13.74	细砂岩和粉砂岩互层	细砂岩和粉砂岩互层，间夹中粗粒砂岩	0～1 / 0.1～0.2	较稳定	东北部和西南部
4	0～1.95 / 0.33	13.74	细砂岩和粉砂岩互层	细砂岩和粉砂岩互层		不稳定	东部零星分布
5	0～1.50 / 0.28	0～16.30 / 2.39	细砂岩和粉砂岩互层	细砂岩和粉砂岩互层		不稳定	西部与东南部
71	0～1.29 / 0.38	0.14～29.76 / 9.11	细砂岩和粉砂岩互层	细、中粒砂岩夹粉砂岩		不稳定	西部零星分布
72	0～1.89 / 0.20	0～26.11 / 3.02	细、中粒砂岩	粉砂岩夹细砂岩	0～1 / 0.1	不稳定	东北部和南部
73	0～2.72 / 0.57	0～29.06 / 6.57	粉砂岩	粉砂岩		较稳定	北部
74	0～2.40 / 0.18	0～11.83 / 1.85	粉砂岩	细砂岩和粉砂岩互层，局部夹中粒砂岩		极不稳定	西南部
8	0～3.67 / 0.79	0～35.42 4.28～37.64 / 18.09	细砂岩和粉砂岩互层	细砂岩和粉砂岩互层	1～2 / 0.1～0.3	较稳定	北部、东南部及南部
9	0～2.15 / 0.75	2.46～46.74 / 18.48	细砂岩和粉砂岩互层	细砂岩和粉砂岩，夹中粒砂岩		较稳定	全煤田大部赋存
10	0～3.37 / 0.69	0～40.72 / 8.96	细砂岩和粉砂岩互层	中、粗粒砂岩，夹少量细砂岩和粉砂岩		不稳定	全煤田大部赋存
111	0～4.88 / 0.90	0～38.74 / 4.66	中、粗粒砂岩夹细砂岩粉砂岩薄层	细砂岩和粉砂岩互层	1～2 / 0.1～0.2	较稳定	10 至 112 号煤层合并区周围，零星分布
112	0～3.98 / 1.17	0～46.90 / 9.59	细砂岩和粉砂岩互层	细砂岩和粉砂岩互层	1～2 / 0.1～0.2	较稳定	北部、中部和西北部
121	0～5.11 / 0.88	0～38.36 / 7.88	细砂岩和粉砂岩互层	细砂岩和粉砂岩互层	1～3 / 0.1～0.3	不稳定	全煤田大部赋存
122	0～4.20 / 0.74	0～32.02 / 4.97	细砂岩和粉砂岩互层	细砂岩、粉砂岩，夹少量中粗粒砂岩	1～2 / 0.2～0.3	不稳定	全煤田大部赋存
141	0～5.62 / 1.28	0～21.01 / 3.51	细砂岩和粉砂岩互层	细砂岩和粉砂岩互层	1～2 / 0.2～0.4	较稳定	全煤田大部赋存
142	0～7.81 / 1.17	0～27.53 / 11.71	细砂岩和粉砂岩互层	细砂岩和粉砂岩互层，夹中粒砂岩	1～2 / 0.2～0.4	不稳定	全煤田大部赋存
15	0～9.55 / 0.46		细砂岩和粉砂岩互层，间夹煤线或薄煤层 1～2 层	上部为细砂岩和粉砂岩，夹煤线，下部为砂砾岩或含砾砂岩	2～3 / 0.1～0.3	极不稳定	东部及中、西部零星分布

表 10-3　石炭纪煤田主要可采煤层特征表

煤层号	厚度 (最小—最大/一般) /m	间距 (最小—最大/一般) /m	顶板岩性	底板岩性	夹石层厚度 (最小—最大/一般) /m	稳定程度	分布范围
山$_4$	0～15.58/0.96～3.57	5～37.7/5.8～22.5	砂岩、砂质泥岩	碳质泥岩	0～6/0～2	较稳定、不稳定	马脊梁井田、东周窑井田、潘家窑井田南部及马道头井田
2	0～9.49/1.20～2.06	0.8～27.03/4.29～20.36	砂岩、泥岩	砂质泥岩、碳质泥岩	0～5/0～2	较稳定、不稳定	东周窑井田、马道头井田
3	0～18.39/2.46～4.47	13.15	细砂岩、粗砂岩、砂质泥岩	砂质泥岩	0～7/0～3	较稳定	马脊梁井田、东周窑井田、马道头井田、潘家窑井田西与 5 号煤层合并
5^{-1}	0～11.93/2.04	0.70～28.28/2.60～3.84	中、粗砂岩	砂质泥岩	0～5/0～1	较稳定、不稳定	马道头井田、潘家窑井田东部、西部与 5 号煤层合并
5	0～41.63/9.86～11.39	0.45～13.26/2.60～3.84	砂砾岩、砂质泥岩	砂质泥岩、细砂岩	0～22/2～6	稳定	四台沟井田西部和其他井田均赋存
6	0～7.79/0.47～1.32	1.30～27.99/4.10～12.10	砂岩、泥岩、碳质泥岩	粉砂岩、砂质泥岩	0～9/0～1	不稳定	零星赋存
7	0～3.92/0.15～0.95	3.30～21.67/9.30～12.73	细砂岩、砂质泥岩、碳质泥岩	细砂岩、砂质泥岩	0～2/0～1	极不稳定	零星赋存
8^{-1}	0～5.61/1.59～3.39	0～16.59/5.45～2.28	砂质泥岩、泥灰岩、细砂岩	砂质泥岩	0～4/0～1	较稳定	东周窑井田、马道头井田与潘家窑井田中南部
8	0～14.59/3.56～4.22	0.8～19.68/1.88～3.78	泥岩、泥灰岩	高岭质泥岩、泥岩、细砂岩	0～7/1～2	稳定、较稳定	除四台沟井田北界、潘家窑井田北部，其他均赋存
9	0～6.82/0.32～0.69	0.88～12.33/3.30～3.46	砂质泥岩、细砂岩	高岭岩、泥岩	0～3/0～1	不稳定	零星赋存
10	0～2.58/0.01～0.53	2.99	砂质泥岩、细砂岩	泥岩	0	极不稳定、稳定	
11	0～0.40	0.20	砂质泥岩、铝土质泥岩	砂质泥岩		极不稳定	
K$_2$	0.40～19.0/4.80						

(1) 工作面地质条件

塔山煤矿石炭系太原组煤层埋深 400～600 m，与侏罗系煤层间距为 250～350 m，煤层赋存厚度大，结构相对复杂，其上部为侏罗系煤层采空区。

塔山煤矿煤层总厚度 86～95.86 m，平均 88.67 m，煤层顶板较为坚硬，覆岩结构相对完整。顶板岩层组成基本为砂质岩层，其中包括砂砾岩、砂岩、粉砂岩、砂质泥岩、泥岩以及高岭质泥岩等。煤层厚度赋存不稳定，交叉合并频繁。石炭系特厚煤层直接顶厚度一般 2～8 m。基本顶岩层厚度平均 20 m，岩性基本为粗粒砂岩以及砂砾岩，岩层硬度相对较高，岩体单轴抗压强度为 70～113 MPa。

塔山煤矿 8106 工作面走向长度 2 741.5 m，倾向长度 217.5 m，埋深约 417.20 m，煤层平均倾角 3°，煤层赋存平均厚度 14.47 m。

塔山煤矿 3-5 号煤层工作面直接底平均厚度 3.94 m，老底平均厚度 9.80 m，直接顶平均厚度 12.52 m，K_3 基本顶平均厚度 15.11 m，该基本顶属于整体稳定性强、强度高、岩性致密岩层，是以石英、长石为主的细砂岩、中砂岩互层。

(2) 工作面生产技术条件

塔山煤矿 8106 工作面采用 SL-500 型采煤机落煤装煤、PF6/1142 型前部刮板输送机和 PF6/1132 型后部刮板输送机运煤、ZF13000/25/38 型低位放顶煤支架进行支护。根据地质资料,工作面纯煤厚度 13.33 m,工作面采高 3.5 m,放煤高度 9.83 m,采放比 1∶2.81。循环进度为 0.8 m,采用一刀一放的放煤方式,放煤步距为 0.8 m,采用自然垮落法管理采空区顶板。

(3) 特厚煤层煤岩物理力学参数测试

为了研究特厚煤层开采的顶板破断规律、强矿压机理及顶板控制技术,开展了煤岩物理力学性质的测定分析。在工作面顶板取芯并进行物理力学参数测试,包括煤岩密度测试、煤岩抗压强度测试、煤岩抗拉强度测试、煤岩抗剪强度测试等。

(4) 特厚煤层综放开采强矿压显现实测分析

为掌握大同矿区石炭系特厚煤层综放工作面的矿压显现规律,对大同矿区特厚煤层工作面进行现场观测,观测内容包括以下几方面:

① 工作面顶板的活动规律、来压特征及垮断规律;

② 工作面矿压显现规律,包括煤壁片帮、端面冒顶、安全阀开启率;

③ 工作面的动载显现特征以及现场微震检测,包括顶板垮落对支架的冲击影响、立柱活柱的瞬时下缩量、来压期间的动载系数变化率;

④ 工作面支架的承载规律,包括支架的阻力分布及利用率,支架的工作特性、适应性等;

⑤ 工作面顶板支架事故类型及原因分析,对工作面生产的影响;

⑥ 回采巷道围岩变形规律等。

(5) 特厚煤层综放开采强矿压显现规律

通过上述研究,得到大同矿区石炭系特厚煤层工作面综放开采的矿压显现具有如下特征:

① 石炭系 3-5 号特厚煤层大采高综放工作面基本顶初次来压步距和周期来压步距大,动载系数大,表明基本顶岩层很强的稳定性和破断失稳造成的强烈动载特征。基本顶初次来压步距均大于 50 m,最大可达 130.8 m;周期来压步距多大于 18 m,最大达 33 m。

② 基本顶来压期间具有强矿压显现特征。基本顶来压强度大,持续时间长;支架安全阀开启频繁,活柱下缩速度最大为 300 mm/h,工作面每次来压时支架压力较大;煤壁片帮深度可达 1 000 mm 以上;工作面顺槽超前支护段有闷墩响动,个别钢梁压弯,单体支柱折损,顶板下沉,并有帮鼓和底鼓现象。

③ 周期来压强度呈现强弱交替出现的规律性变化特征。每间隔 1～2 次一般强度的周期来压,工作面就会出现一次强烈的周期来压,表现为工作面迅速增阻的支架数量增多,煤壁片帮,有时出现连续的来压现象。

④ 工作面强矿压显现期间,采场围岩动载特征明显,尽管工作面支架支撑强度较高,但工作面时常伴有压架事故,从而影响了工作面的正常生产。

上述矿压显现特征是与石炭系特厚煤层的赋存条件、覆岩中岩层的赋存条件以及开采条件相关的。特厚煤层形成的巨大开采空间、坚硬煤层和覆岩中多层坚硬厚层顶板以及上覆侏罗系煤层群开采形成的多采空区等条件,都会造成煤层开采过程中覆岩顶板破断失稳行为的变化和异常,从而形成与其他矿区特厚煤层综放开采不一样的矿压显现特征[61]。

10.2 大同矿区双系煤层瓦斯治理技术

10.2.1 侏罗系煤层瓦斯治理技术

(1) 瓦斯参数及赋存特征

随着煤层开采工作的推进,侏罗系煤层的开采进入尾声,后期主要开采煤层为最下部的 11 号、12 号、14 号和 15 号煤层。大同矿区矿井侏罗系煤层瓦斯赋存特征如下:

① 侏罗系煤层瓦斯赋存呈现区域不均衡性，其瓦斯含量为 1.10～3.51 m^3/t，属于局部高瓦斯矿区。从矿井瓦斯鉴定结果来看，多年来，侏罗系煤层只有煤峪口、忻州窑、晋华宫、四台、云冈五个高瓦斯矿井，且全部集中在云冈沟内，而且这 5 个矿井的瓦斯相对涌出量均未达到 10 m^3/t，同一矿井内也是个别盘区瓦斯涌出量较大，瓦斯显现很不均衡。从工作面瓦斯涌出量来看，各工作面的瓦斯涌出量差别很大，为 4.07～16.28 m^3/min[62]。

② 侏罗系煤层瓦斯抽采相关参数主要表现为各煤层透气性较好，但流量衰减较快。11 号煤层测定的透气性系数 λ 为 1.107～1.142 $m^2/(MPa^2 \cdot d)$，钻孔瓦斯流量衰减系数为 0.522～0.633 d^{-1}。12 号煤层测定的透气性系数 λ 为 0.841 8～10.348 5 $m^2/(MPa^2 \cdot d)$，钻孔瓦斯流量衰减系数为 0.472 2～1.278 9 d^{-1}。从透气性参数来看，侏罗系煤层属于可以抽采煤层；但从衰减系数来看，流量衰减较快，属于较难抽采煤层。因此，侏罗系煤层属于较难抽采煤层。

(2) 瓦斯涌出规律

通过统计侏罗系煤层工作面的瓦斯涌出情况得到回采期间瓦斯涌出规律，如下：

① 侏罗系煤层综采、综放工作面瓦斯涌出以本煤层为主，邻近层为辅。

② 采煤工作面瓦斯来源主要是本煤层瓦斯和邻近层瓦斯，本煤层瓦斯占 60%～85%，邻近层瓦斯占 15%～40%，在正常开采情况下，工作面瓦斯涌出量一般为 3～10 m^3/min，最高达 18 m^3/min。

③ 生产实际和试验研究发现，采煤工作面开采初期瓦斯涌出量并不是很大，但随着工作面的向前推进逐渐增大，然后达到一个峰值并稳定下来。

④ 采煤工作面高瓦斯点主要出现在上隅角，瓦斯浓度为 0.2%～3.8%，有时甚至更高。

⑤ 正常回采期间，工作面瓦斯涌出量较小，周期性来压时(或大顶来压时)瓦斯涌出量大幅度增加，有时可能出现工作面风流短时逆转，甚至工作面头端部出现瓦斯。

⑥ 在正常开采期间，随着采空区面积的扩大，采空区垮落的矸石块度变大，采空区虽然被压实但透气性很好，上邻近层的瓦斯容易通过透气性较好的采空区涌入下部煤层工作面。

(3) 瓦斯治理方法

根据《煤矿安全规程》《煤矿瓦斯抽采达标暂行规定》(安监总煤装〔2011〕163 号)等相关文件的规定，瓦斯涌出量主要来源于本煤层的工作面时应保证回采前工作面范围内煤的可解吸瓦斯含量达标，侏罗系煤层瓦斯含量为 1.10～3.51 m^3/t，满足要求。从瓦斯抽采指标来看，侏罗系煤层属较难抽采煤层，本煤层预抽方法很难保证瓦斯抽采效果。

侏罗系煤层各煤层层间距相对较小，在工作面回采期间，随着采空区垮落空间不断扩大，围岩、上下邻近层和采空区煤柱内赋存的瓦斯因受采动影响涌出，以及周期来压基本顶垮落对采空区空间的挤压，造成上隅角瓦斯涌出异常。

针对侏罗系煤层工作面邻近层和采空区瓦斯大量涌入上隅角的情况，可采取的治理方法包括：

① 沿本煤层顶板或在上覆岩层中掘一条高位尾巷密闭抽采采空区瓦斯，既可以直接抽采邻近层涌出的卸压瓦斯，也可以通过裂隙抽采工作面采空区裂隙带内的瓦斯，即采用顶板高位巷道(高抽巷)抽采瓦斯。

② 在本煤层回风巷施工上向钻孔直接抽采上层的邻近层卸压瓦斯和本煤层采空区涌出的瓦斯，即回风巷顶板高位钻孔抽采瓦斯。

③ 上隅角插管抽采采空区瓦斯：将瓦斯抽采管路敷设至工作面上隅角区域，利用瓦斯抽采管路直接抽采上隅角区域上覆煤层下泄瓦斯或采空区涌出瓦斯，即现采工作面半封闭采空区抽采。

④ 直接抽采上覆邻近层老空区瓦斯：利用瓦斯抽采系统，通过防火密闭上留设的管路对采空区瓦斯进行全封闭抽采，抑制瓦斯下泄，从而解决下部煤层工作面及上隅角瓦斯超限问题。

10.2.2　石炭系煤层瓦斯治理技术

目前以塔山、同忻两座千万吨级矿井为主的各煤矿正大力开采石炭纪的煤炭资源，主采煤层为 3-5 号煤层、8 号煤层。目前石炭系主采 3-5 号煤层开采区域煤层平均厚度为 15 m 左右，为近水平特厚煤层，采用综采放顶煤开采方法。石炭系煤层瓦斯治理主要体现为特厚煤层大采高综放工作面瓦斯防治技术。

特厚煤层大采高综放工作面瓦斯防治技术针对千万吨特厚煤层综放开采工作面瓦斯主要来源于开采层采放煤涌出、邻近层和围岩涌出的瓦斯涌出特征，采用多点、强化抽采采空区瓦斯的工艺与拦截瓦斯涌出的技术，形成千万吨特厚煤层综放开采工作面瓦斯综合治理成套技术。主要研究内容包括大采高综放面高冒落空间采空区瓦斯分布规律及涌出特征以及大采高综放面多点、组合抽采采空区瓦斯工艺技术。另外，为加强瓦斯治理效果，利用地面钻孔对特厚煤层大采高综放工作面进行瓦斯抽采。

1. 研究内容

特厚煤层大采高综放面瓦斯防治技术的主要研究内容包括：

(1) 大采高综放面高冒落空间采空区瓦斯分布规律及涌出特征研究

研究大采高综放开采工作面采空区垮落空间瓦斯流动规律，测定采空区瓦斯浓度分布特征及顶板周期来压对采空区瓦斯涌出的影响；研究得出大采高综放面采空区瓦斯涌出特征，以及大采高综放面采空区瓦斯运移规律。

(2) 大采高综放面多点组合抽采采空区瓦斯工艺技术研究

研究试验大采高综放开采前提下的高位预埋柔性套管抽采邻近层瓦斯技术，上隅角插管截流抽采技术；研究顶排巷抽采采空区瓦斯的技术与工艺。

2. 大采高综放面瓦斯涌出规律预测

通过大采高综放开采工作面采空区瓦斯流动规律的研究，得出采空区瓦斯浓度分布特征、采空区瓦斯涌出特征，为大采高综放开采工作面瓦斯综合治理提供技术支撑。

(1) 大采高综放面瓦斯涌出规律研究

① 钻孔测定瓦斯浓度分布

根据采煤工作面矿山压力显现规律的研究，随工作面回采，在工作面周围将形成一个采动压力场，采动压力场及其影响范围在垂直方向上形成三个带，即垮落带、裂隙带和弯曲下沉带，在水平方向上形成三个区域，即煤壁支撑影响区、离层区和重新压实区(见图 10-1)。

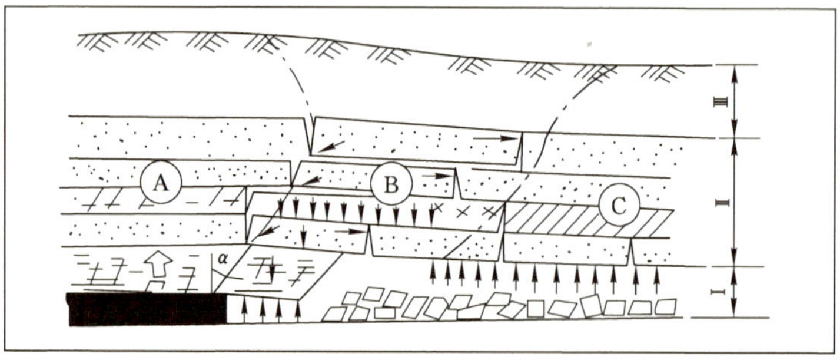

A—煤壁支撑影响区；B—离层区；C—重新压实区；

Ⅰ—垮落带；Ⅱ—裂隙带；Ⅲ—弯曲下沉带；α—煤壁支撑影响角。

图 10-1 采煤工作面上覆岩层沿工作面推进方向的分区

为分析和研究“三带”内瓦斯的浓度分布特征，采用钻孔测定法对塔山煤矿 3-5 号煤层 8104 工作面采空区瓦斯浓度进行测定。在塔山煤矿 8104 工作面回风巷内布置测试钻场，钻场距工作面开切眼距离为 350 m，钻场布置 6 个钻孔，钻孔开孔高度距巷道底板分别为 1.6 m 和 2.1 m，钻孔开孔点水平间距为 0.6 m，钻孔终孔间距为 5 m，钻孔终孔点距回风巷的水平距离为 8～32 m，距煤层顶板的垂直距离为 55 m，钻孔测定方法及钻孔布置示意图如图 10-2、图 10-3 所示。钻孔长度为 100～120 m，钻孔直径为 94 mm。

在 8104 工作面回风巷预打的测试钻孔随工作面的推进逐步进入采空区内，6 个测试钻孔终孔点分布在距煤层顶板 25～55 m 的范围内，距 8104 工作面回风巷右帮距离分别 8 m、13 m、18 m、23 m、

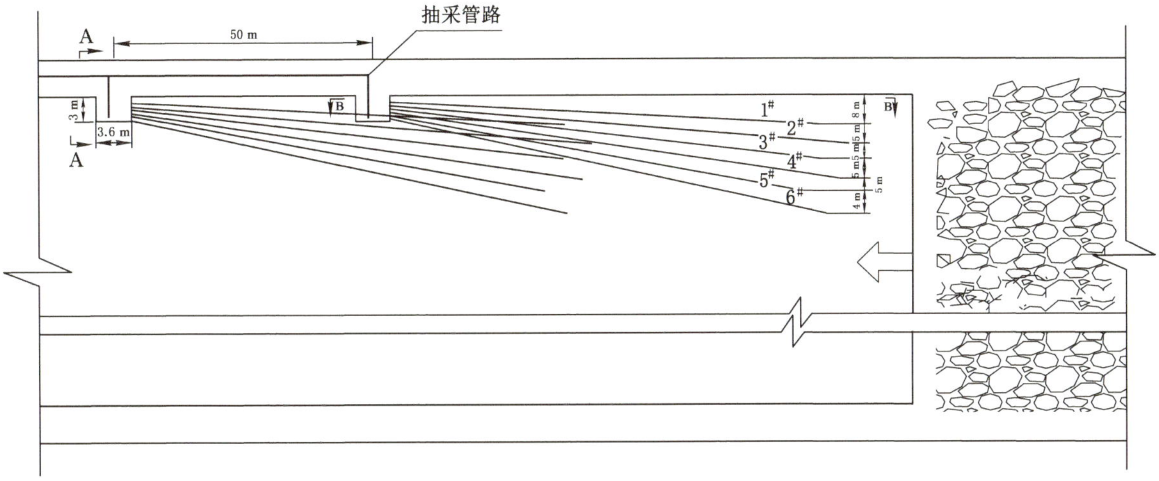

图 10-2　钻孔测定采空区瓦斯浓度示意图

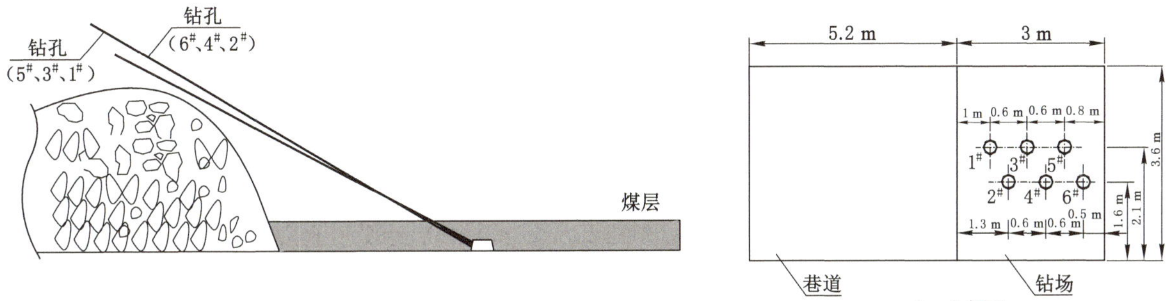

B—B 剖面　　A—A 剖面

图 10-3　钻孔布置剖面图及钻孔开孔布置图

28 m、32 m。钻孔逐步进入采空区高冒落区后，随着工作面的继续推进，钻孔逐段垮落，测试钻孔终孔点的高度逐步降低，降低幅度为 5 m。通过分段测定的方法，测定各钻孔终孔点的瓦斯浓度，可以初步掌握采空区内上隅角附近(横向 32 m，纵向 55 m)煤层顶板瓦斯浓度分布特点。

钻孔布置在工作面采空区上方，采动压力场形成的裂隙空间便成为瓦斯流动通道。钻孔内的负压加速了瓦斯的流动，使顶板钻孔能够抽出采空区高位顶板中的瓦斯。塔山矿 8104 工作面瓦斯富集区在煤层顶板竖直向上 40～60 m、回风巷向下 0～50 m 的裂隙圈范围内。钻孔数据观测结果如表 10-4 所示；根据观测数据作出煤层顶板上方 25～55 m 范围内的瓦斯浓度分布曲线，如图 10-4 所示。

表 10-4　钻孔数据测试结果

测定数据分组	测点距回风巷水平距离/m	测点距煤层顶板距离/m	测点距工作面煤壁距离/m	测点瓦斯浓度/%
1	8	50～55	95	18
	13	50～55	95	19
	18	50～55	95	18
	23	50～55	95	19
	28	50～55	95	19
	32	50～55	95	20

表 10-4(续)

测定数据分组	测点距回风巷水平距离/m	测点距煤层顶板距离/m	测点距工作面煤壁距离/m	测点瓦斯浓度/%
2	5.9	45～50	84	16
	9.5	45～50	84	17
	13	45～50	84	17
	16.7	45～50	84	17
	20.3	45～50	84	18
	23.9	45～50	84	18
3	5.2	40～45	75	14
	8.5	40～45	75	14
	11.7	40～45	75	15
	15	40～45	75	15
	18.2	40～45	75	15
	21.3	40～45	75	15
4	4.5	35～40	65	11
	7.4	35～40	65	11
	10.2	35～40	65	13
	13	35～40	65	13
	15.7	35～40	65	14
	18.5	35～40	65	13
5	3.8	30～35	55	8
	6.2	30～35	55	8
	8.6	30～35	55	9
	11	30～35	55	10
	13.3	30～35	55	10
	15.6	30～35	55	10
6	3.1	25～30	45	6
	5.1	25～30	45	6
	7	25～30	45	7
	9	25～30	45	8
	11	25～30	45	9
	12.8	25～30	45	9

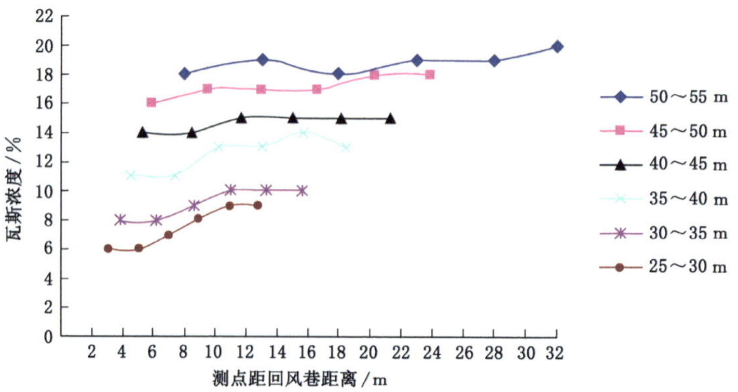

图 10-4　测点瓦斯浓度分布曲线

从表 10-4 中可以看出，塔山矿综放工作面顶板上方 25～55 m 范围内，瓦斯浓度分布自下而上呈增大的趋势，自下而上的最小浓度为 6%，最大浓度可达 20%，增大速度平均为每 5 m 增大 2.3%；自工作面回风巷至内错 32 m 的范围内，同一标高，瓦斯浓度分布也呈增大趋势。以上的测定结果基本上反映了综放工作面采空区内瓦斯浓度纵向分布的情况。

② 采空区束管测定采空区瓦斯浓度分布

在 8104 工作面回风巷布置束管，监测采空区内瓦斯分布的情况。通过束管监测系统可以实现对井下气体进行连续采样分析，准确监测测点处气体成分；通过采空区埋管利用束管监测系统连续分析采空区气体组分，可以考察采空区内瓦斯浓度随工作面推进的变化规律，同时，还可以总结出大采高综放工作面采空区内沿推进方向的瓦斯分布规律。本研究截取部分束管的监测数据进行分析。

在 8104 综放工作面回风巷距切口 1 136 m 处埋设的束管采集了采空区以里 0～200 m 范围内的瓦斯浓度数据，数据如表 10-5 所示。

表 10-5　采空区沿推进方向瓦斯浓度分布数据

测点与工作面距离/m	瓦斯浓度平均值/%	测点与工作面距离/m	瓦斯浓度平均值/%
0	0.5	110	3.9
10	2.1	120	3.9
20	2.5	130	3.9
30	2.7	140	3.6
40	2.8	150	4.0
50	2.8	160	4.6
60	3.6	170	5.7
70	3.6	180	5.8
80	4.0	190	5.9
90	3.7	200	6.1
100	3.8		

通过对表 10-5 的数据进行整理，作出沿工作面推进方向的瓦斯浓度分布曲线，如图 10-5 所示。对曲线图进行分析可以看出，采空区的瓦斯浓度分布由外到里呈增大趋势，且瓦斯浓度的增大幅度并不是呈线性分布，而是分为三个阶段：工作面以里 0～60 m，瓦斯浓度从 1.5%增大到 2.8%；工作面以里 60～160 m，瓦斯浓度从 3.6%增大到 4.6%；工作面以里 160～200 m，瓦斯浓度从 5.7%增大到 6.1%。以上增大趋势与塔山煤矿测定的“三带”范围基本重合(塔山煤矿散热带最大宽度为56 m，氧化带最大宽度为 186 m)，由此可以推断出瓦斯浓度在大采高综放工作面采空区的分布也呈“三带”式，增大趋势呈非线性。

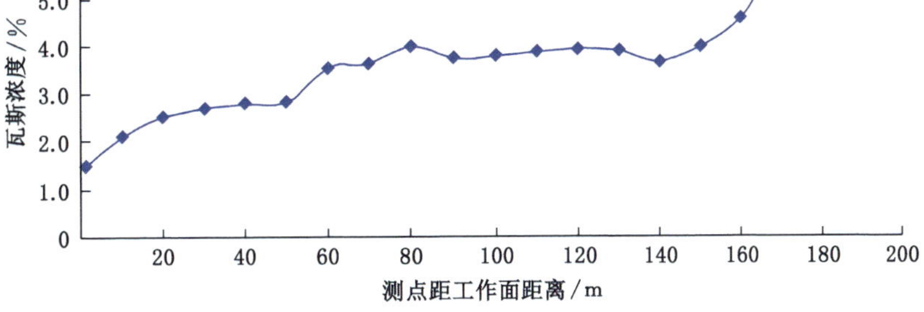

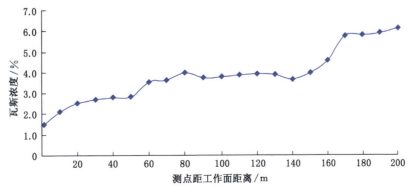

图 10-5　采空区沿推进方向瓦斯浓度分布曲线

③ 综放工作面采场内瓦斯分布规律

根据国内综放工作面瓦斯涌出研究成果，放顶煤工作面瓦斯涌出在空间分布上极不均衡。其主要表现在涌出地点与工作面风速分布的关系上，工作面后部输送机上方浓度最高；前部输送机上方瓦斯浓度最低。以综放工作面为例，其风速及瓦斯涌出分布情况如图 10-6 所示。据测定 B 区的平均风速是 A 区平均风速的 80%，C 区的平均风速是 A 区平均风速的 70%，A、B、C 区的瓦斯浓度比为 1∶2∶3。这说明综放工作面 B、C 区是瓦斯涌出的主要地点，工作面瓦斯主要由采空区涌出，其中放煤涌出瓦斯量占工作面总瓦斯涌出量比例较大。

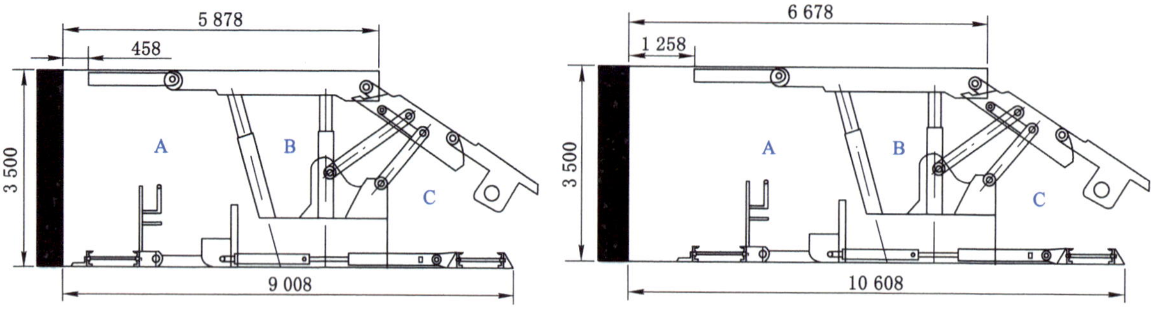

(a) 最小控顶距　　(b) 最大控顶距

图 10-6　综放工作面风速及瓦斯涌出分布示意图

另外，由于综放工作面放煤高度较大，放煤后在采空区顶部形成空间较大的高位垮落空间，垮落矸石堆积在采空区下部，在高冒区形成瓶颈，造成瓦斯流动不畅，使高冒区上部积聚大量高浓度瓦斯；在工作面通风负压作用下，采空区漏风将采空区高冒区积存的高浓度瓦斯逐步带出来，再加之工作面风流在上隅角处拐弯形成涡流，上隅角附近瓦斯易于积聚超限和异常涌出。

为摸清工作面瓦斯浓度分布特征，以及上隅角瓦斯浓度的变化规律，在工作面横向和纵向分别布置测定断面。横向布置 10 个测定断面，其中回风巷内布置 3 个测定断面，第 1 断面距回风巷上帮 0.3 m，第 2 断面距回风巷上帮 2.6 m，第 3 断面距回风巷下帮 0.3 m；工作面内从 91 号支架开始，每隔 5 架支架布置一个测定断面，共计 7 个测定断面，第 4 测定断面至第 10 测定断面分别在工作面第 121、116、111、106、101、96、91 号支架处。每个测定断面布置 5 个测点，第 1 测点距工作面煤壁 0.1 m，第 2 测点在前部输送机道正上方，第 3 测点布置在人行道内，第 4 测点布置在后部输送机道正上方，第 5 测点布置在距采空区垮落煤壁 0.1 m 处，每个测点距支架顶梁 0.3 m(见图 10-7)。

通过对 8104 工作面各测点观测，测点的瓦斯浓度变化与工作面采煤工序、采煤机的位置有直接关系，主要表现为：

a. 高位抽采巷未塌通，采煤机在 90 号支架以前进行采、放煤作业，10 个断面中 1、2 和 3 号测点瓦斯浓度变化不大，4 和 5 号测点瓦斯浓度变化范围较大，其中 1 号测点瓦斯浓度在 0.2%～0.25%之间，2 号测点瓦斯浓度在 0.15%～0.2%之间，3 号测点瓦斯浓度在 0.3%～0.4%之间，4 号测点瓦斯浓度在 0.85%～1.5%之间(见图 10-8)，5 号测点瓦斯浓度在 1.15%～2.5%之间(见图 10-9)，工作面瓦斯浓度分布特征见图 10-10。

b. 高位抽采巷密闭抽采(混合抽采量 500 m^3/min)，采煤机在 90 号支架以前进行采、放煤作业，10 个断面中 1、2 和 3 号测点瓦斯浓度变化与上隅角抽采基本相同，4 和 5 号测点瓦斯浓度大幅度降低，其中 1 号测点瓦斯浓度在 0.18%～0.2%之间，2 号测点瓦斯浓度在 0.13%～0.17%之间，3 号测点瓦斯浓度在 0.2%～0.3%之间，4 号测点瓦斯浓度在 0.25%～0.43%之间(见图 10-11)，5 号测点瓦斯浓度在 0.38%～0.5%之间(见图 10-12)，工作面瓦斯浓度分布特征见图 10-13。

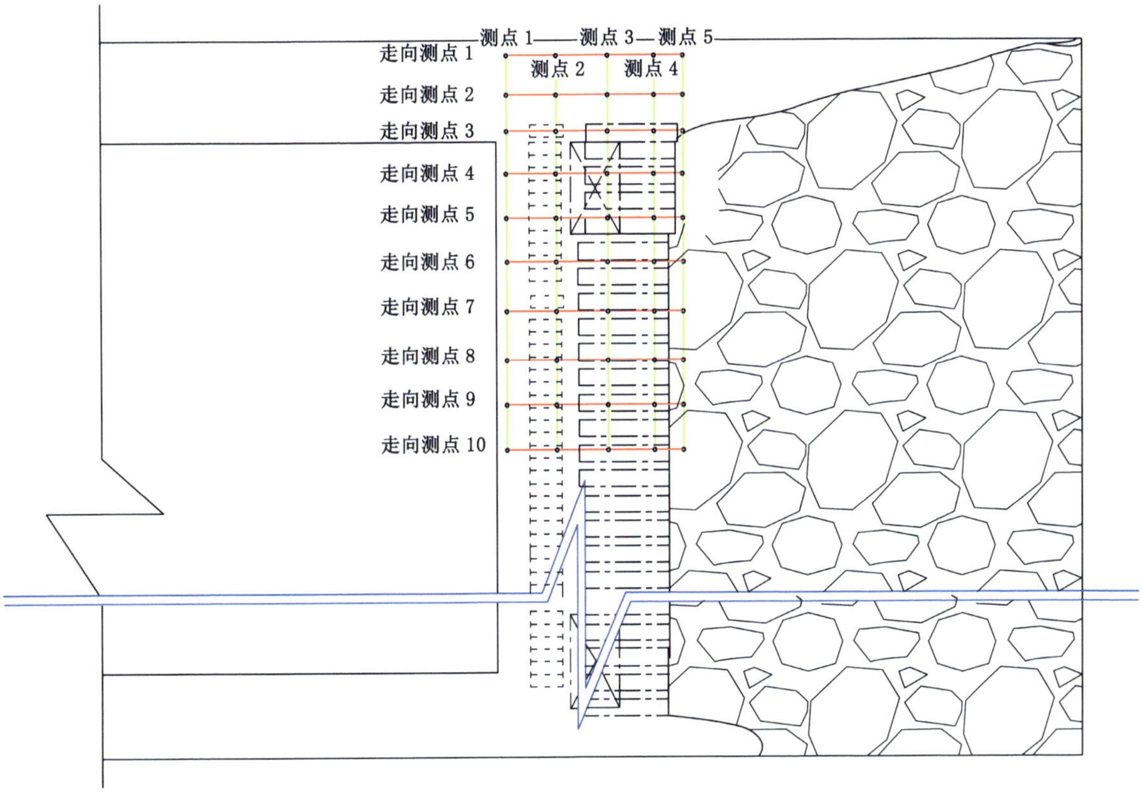

图10-7 8104工作面瓦斯浓度测点布置图

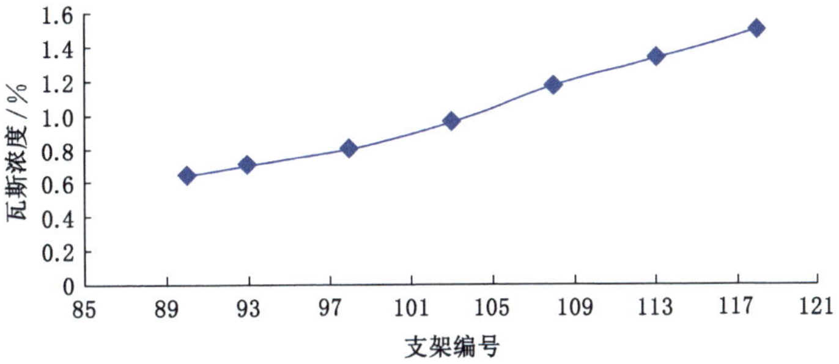

图10-8 4号测点瓦斯浓度变化趋势图

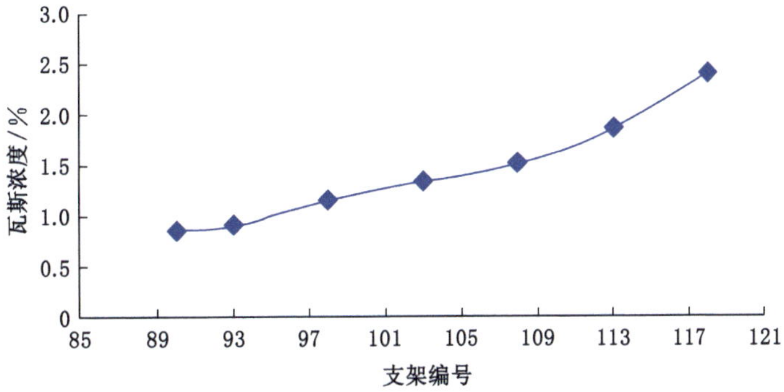

图10-9 5号测点瓦斯浓度变化趋势图

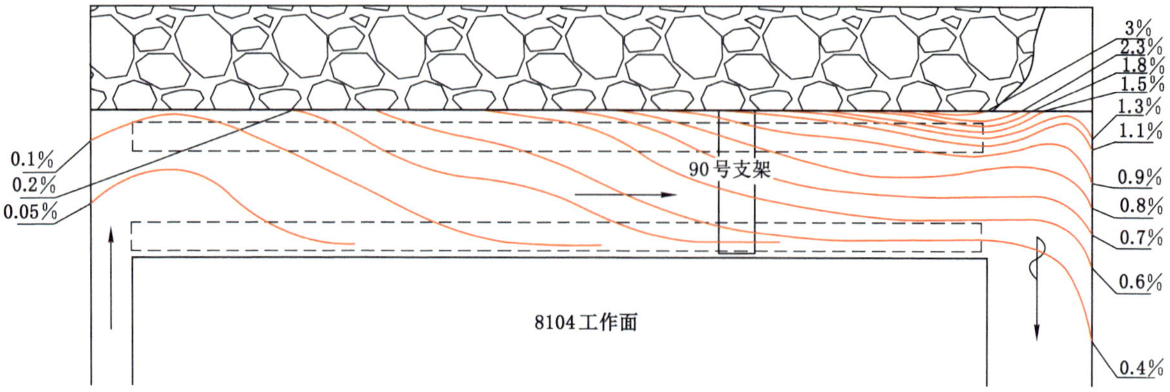

图 10-10　8104 工作面瓦斯浓度分布特征

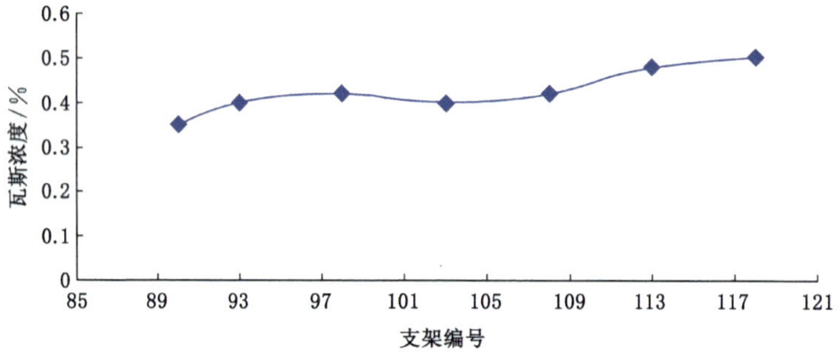

图 10-11　4 号测点瓦斯浓度变化趋势图

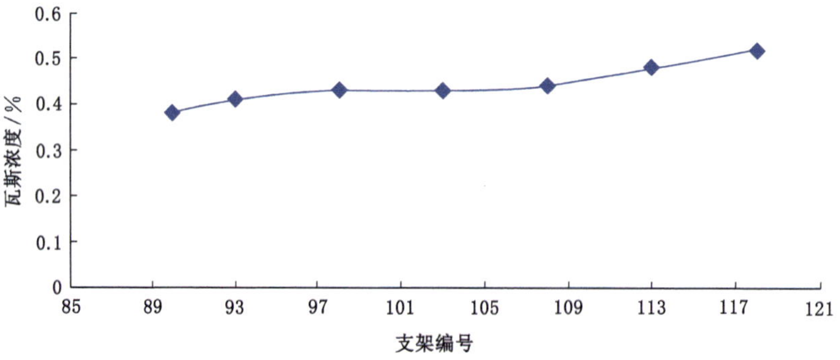

图 10-12　5 号测点瓦斯浓度变化趋势图

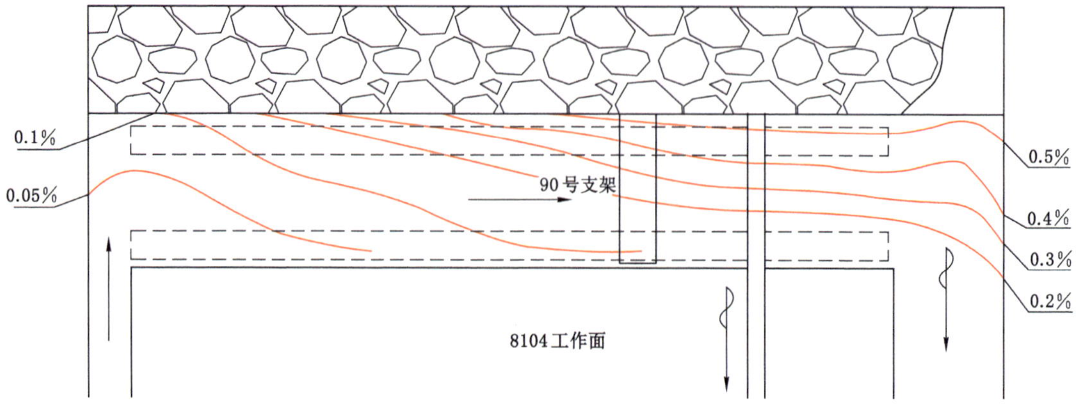

图 10-13　8104 工作面瓦斯浓度分布特征

通过以上测定结果可以看出，大采高综放面的瓦斯在通风负压的影响下，从上部、深部集中到上隅角区域涌出。工作面 100 号支架至上隅角之间的区域是采空区瓦斯涌出集中的区域，该区域占整个工作面长度的 10%，在进行瓦斯治理地要以这部分区域为主要治理区域。

(2) 大采高综放面采空区瓦斯涌出规律数值模拟

采场由采煤工作面及其相邻的采空区组成，是矿井通风系统的重要组成部分；对采煤工作面通风，其相邻的采空区内部的气体将产生相应的流动。采场是采煤的主要场所，是瓦斯涌出比较集中的地方，在矿井瓦斯构成中，采场瓦斯占有很大的比例。因此，研究采场气体流动和瓦斯分布规律对预防煤炭自燃、防治瓦斯，以及矿井安全生产具有重要的理论和实际意义。采场瓦斯涌出后，将混溶于流动的采场空气中，并产生相应的流动扩散，瓦斯在采场空气中的运移遵循流体动力弥散规律。

本次模拟以塔山煤矿 3-5 号煤层一盘区 8104 工作面为物理原型，根据计算流体动力学、流体力学和渗流力学等基本理论建立数学模型，对采用上隅角抽采、顶回引排/顶回抽采等方法条件下采空区瓦斯涌出规律进行研究，对比分析采用不同方法进行采空区瓦斯防治的效果，为防治方法的进一步改进和优化提供理论基础。工作面模型尺寸如图 10-14 所示，利用 FLUENT 软件进行模拟。

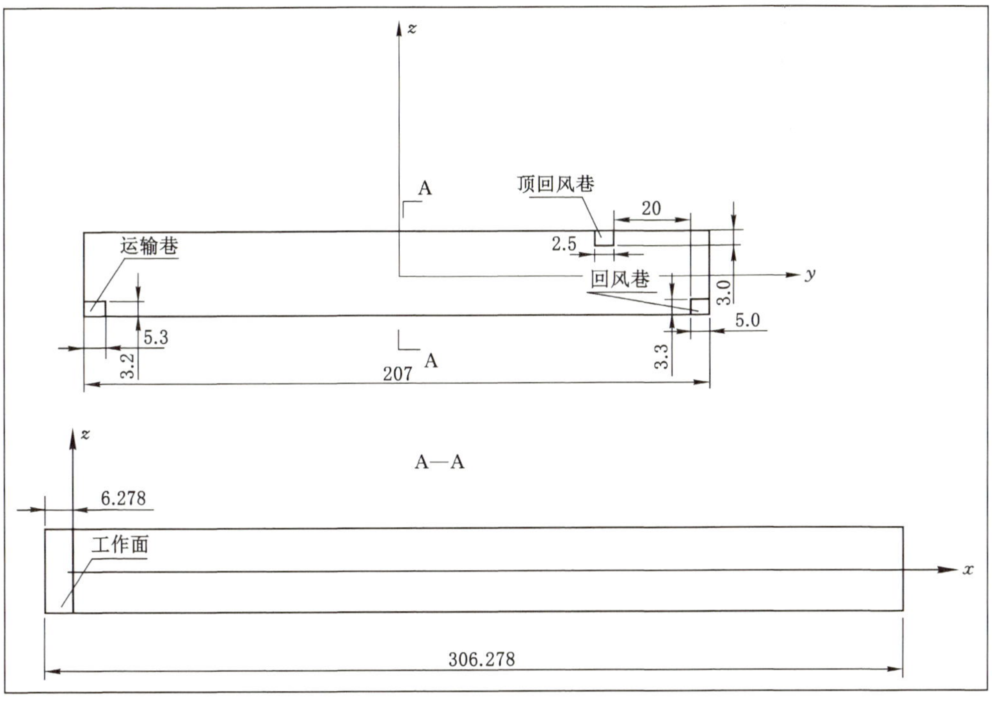

图 10-14　工作面采空区沿 x、y 方向的剖面图及尺寸示意(单位：m)

① "U"形综放面通风情况下瓦斯浓度分布规律与涌出特征模拟

模拟计算塔山矿 8104 工作面采用"U"形通风(不采取任何瓦斯抽采措施)条件下工作面瓦斯涌出情况，得出工作面瓦斯涌出规律，可为瓦斯治理提供基础数据。

根据塔山矿 8104 工作面作业规程，在正常通风条件下，工作面风量为 2 225 m^3/min，瓦斯涌出量为 35 m^3/min，采空区瓦斯从底板四个入口涌入采空区。

图 10-15 给出了"U"形通风条件下沿工作面开切眼到采空区之间 9 个截面(即 x 向坐标分别为 −3.14 m、10 m、20 m、40 m、80 m、120 m、160 m、200 m 和 240 m 时的位置)以及工作面顶板下部 z 向坐标为 3.45 m、3.0 m 和 1.5 m 位置处瓦斯浓度的计算结果，图 10-15 中(a)～(c)横坐标和纵坐标分别设为沿 y 方向和 x 方向。

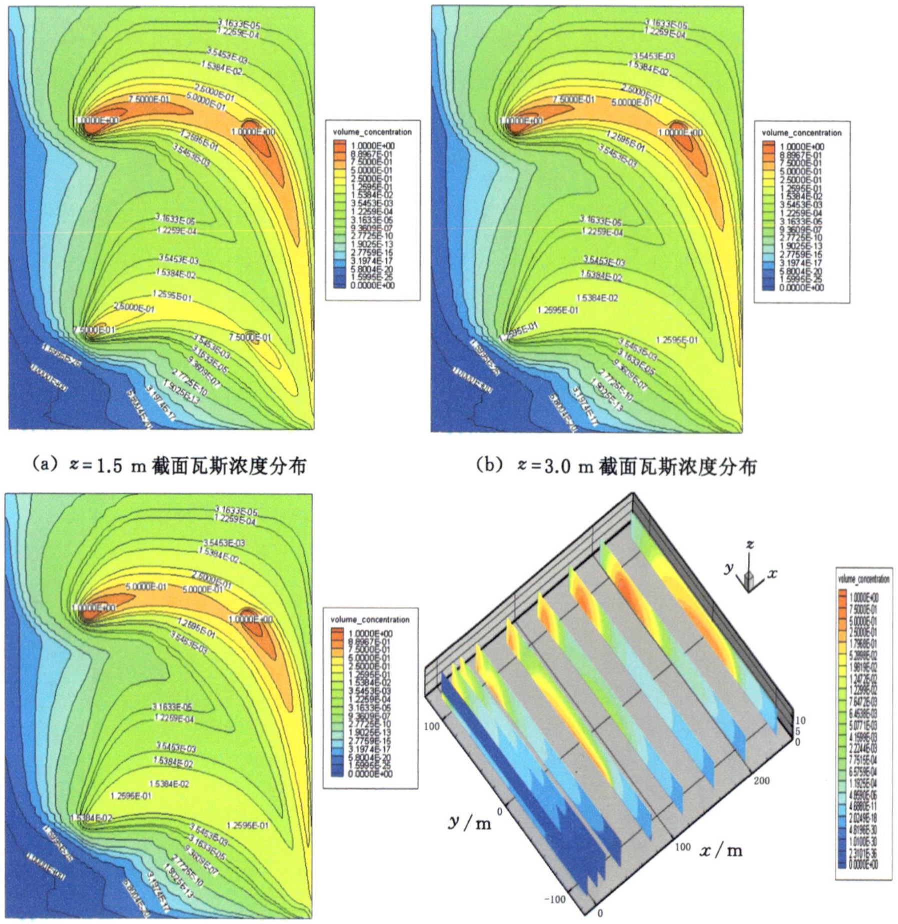

(a) $z=1.5$ m 截面瓦斯浓度分布

(b) $z=3.0$ m 截面瓦斯浓度分布

(c) $z=3.45$ m 截面瓦斯浓度分布

(d) 瓦斯浓度分布

图 10-15　瓦斯浓度分布计算结果

观察瓦斯浓度分布图可知，靠近工作面附近采空区顶板岩层刚刚开始垮落，煤岩块空隙较大，漏风流速度较大，越靠近工作面风速越大，因而对瓦斯的稀释、运移作用大，瓦斯浓度小，从而这一区域存在较大的瓦斯浓度梯度；并且由于采空区风流流动对瓦斯的运移作用，采空区瓦斯出现向回风侧运移的趋势，从进风侧向回风侧方向瓦斯浓度逐渐增大，在未采取任何措施的情况下，回风侧上隅角的瓦斯浓度会逐渐增大，呈明显积聚现象，为瓦斯事故发生提供了条件，因此，上隅角瓦斯的治理一直都是瓦斯防治的重点。随着继续向采空区深处发展，采空区瓦斯来源进一步减少，但采空区内风流速度逐渐减小，因而对瓦斯的扩散、运移作用减弱，瓦斯浓度呈上升趋势。

② 上隅角抽采时瓦斯分布规律与涌出特征模拟

在上一节中，针对不采取任何措施条件下的“U”形通风工作面采空区瓦斯涌出与运移规律进行了研究。由数值模拟结果可知，从进风巷沿工作面到回风巷瓦斯浓度逐渐增加，进风侧风流瓦斯浓度较低，上隅角靠近采空区一侧风流瓦斯浓度较高，工作面漏风带出大量采空区瓦斯是上隅角瓦斯积聚的主要原因。为此，项目组采用上隅角瓦斯抽采的方法解决瓦斯积聚问题，抽采的对象即上隅角瓦斯聚积点的风流。

利用数值模拟方法计算了回风风量为 2 500 m^3/min、抽采量为 250 m^3/min 和回风风量为 3 400 m^3/min、抽采量为 400 m^3/min(分别简称为工况 1、工况 2)条件下工作面及采空区瓦斯浓度分布情况。模拟结果如图 10-16至图 10-18 所示。

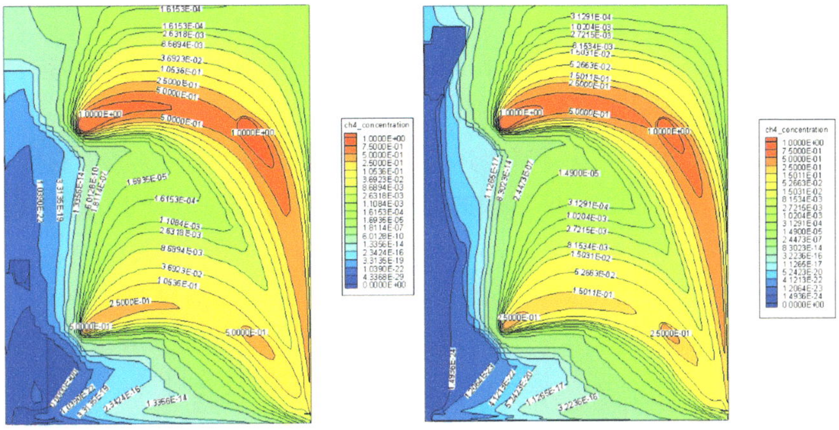

(a) 工况 1　　　　(b) 工况 2

图 10-16　$z=1.5$ m 瓦斯浓度分布

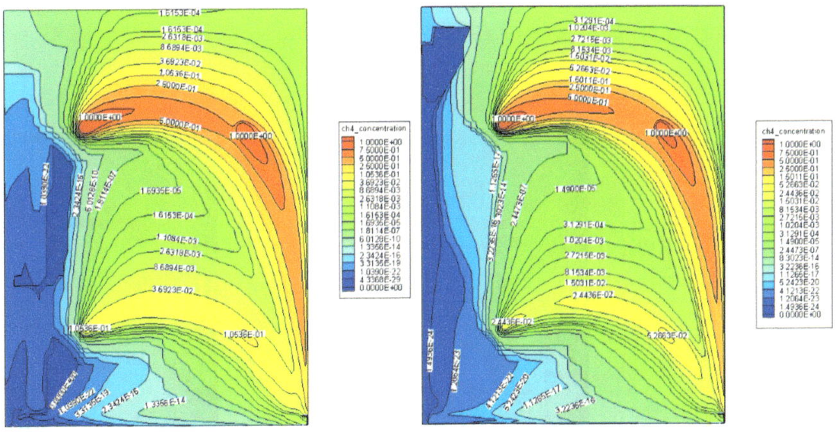

(a) 工况 1　　　　(b) 工况 2

图 10-17　$z=3.0$ m 瓦斯浓度分布

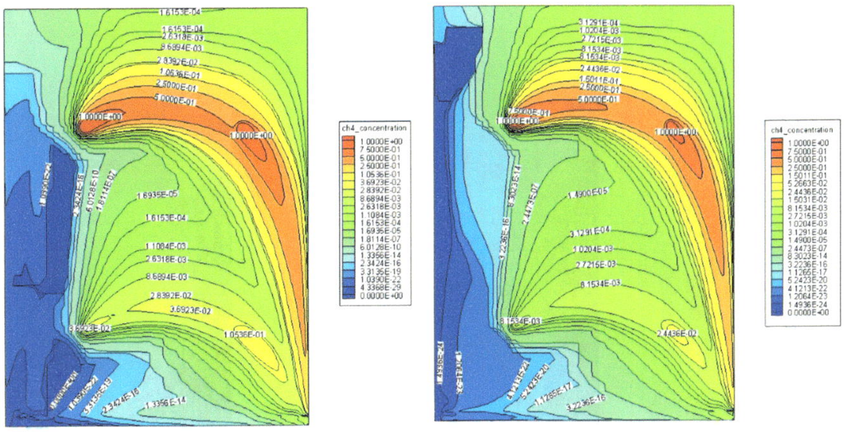

(a) 工况 1　　　　(b) 工况 2

图 10-18　$z=3.45$ m 瓦斯浓度分布

图 10-16 至图 10-18 给出了上述计算条件下沿 z 向不同截面瓦斯浓度分布情况，这些截面沿 z 向的位置坐标分别是 1.5 m、3.0 m 和 3.45 m。从图中可以看出，沿 z 向不同截面瓦斯浓度的分布趋势一致。在进风侧的采空区区域，由于漏入的是新鲜风流，沿程瓦斯被稀释并带走，所以该区域瓦斯浓度很小。

采用抽采措施后，瓦斯经抽采系统排至地面或被利用。抽采掉的风流占深部漏风流的大部分，抽采风流带形成了一条“屏障”，阻止了采空区深部瓦斯向上隅角涌入，从而降低了上隅角瓦斯浓度。从工况 1 和工况 2 的计算结果来看，在工况 2 条件下，工作面回风风量、抽采量较大，对于上隅角瓦斯积聚问题具有更好的缓解作用，但是也会使工作面新鲜风流大量漏入采空区；而且在采空区存在漏风源的条件下，较大的风量和抽采量势必造成瓦斯等有毒有害气体的涌入，对于易自燃煤层则会成为采空区自燃的重大隐患。因此，该办法仅适用于采空区一侧无漏风源、抽采系统开启后不至于增大采空区漏风的情况。

③ 顶板巷抽采瓦斯时瓦斯分布规律与涌出特征模拟

当工作面采用顶板巷抽采的方法治理采空区涌出瓦斯时，利用数值模型计算了回风风量为 2 500 m^3/min、抽采量为 800 m^3/min 和 500 m^3/min，以及回风风量为 1 800 m^3/min、抽采量为 500 m^3/min(分别简称为工况 1、工况 2 和工况 3)条件下工作面及采空区瓦斯浓度分布情况。图 10-19 至图 10-21 给出了上述计算条件下 z 向不同截面瓦斯浓度分布情况，这些截面沿 z 向的位置坐标分别是 1.5 m、3.0 m 和 3.45 m。

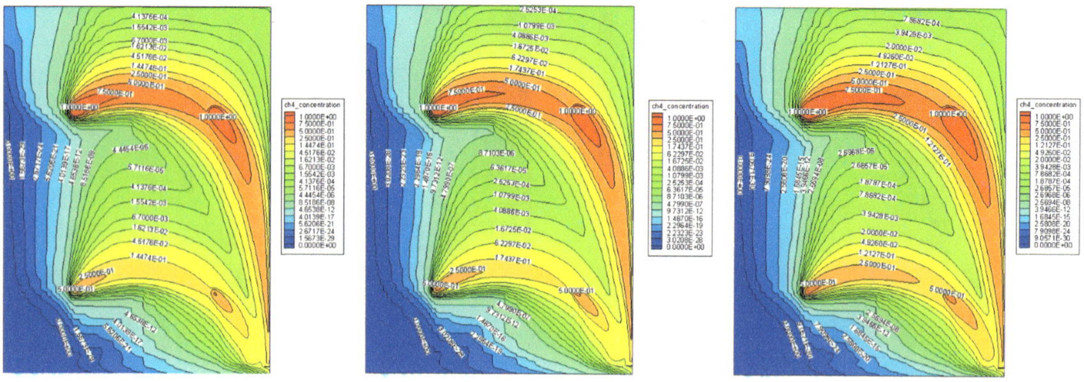

(a) 工况 1　　(b) 工况 2　　(c) 工况 3

图 10-19　z=1.5 m 截面瓦斯浓度分布

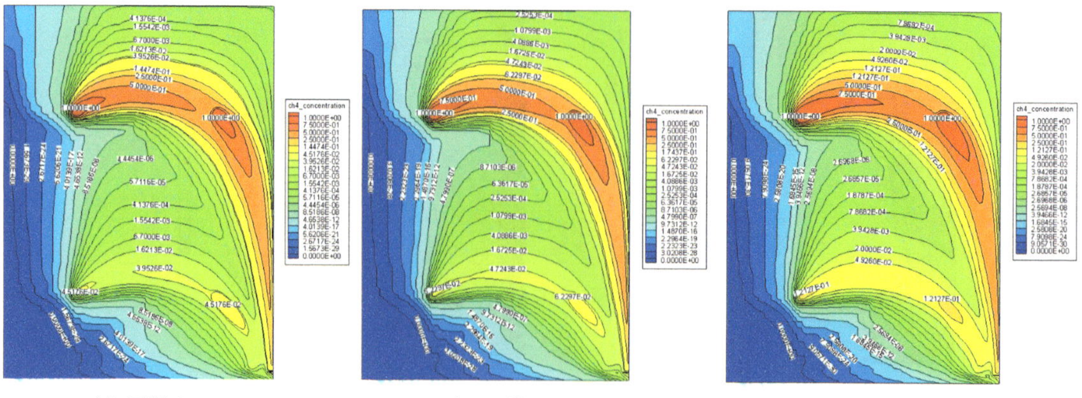

(a) 工况 1　　(b) 工况 2　　(c) 工况 3

图 10-20　z=3.0 m 截面瓦斯浓度分布

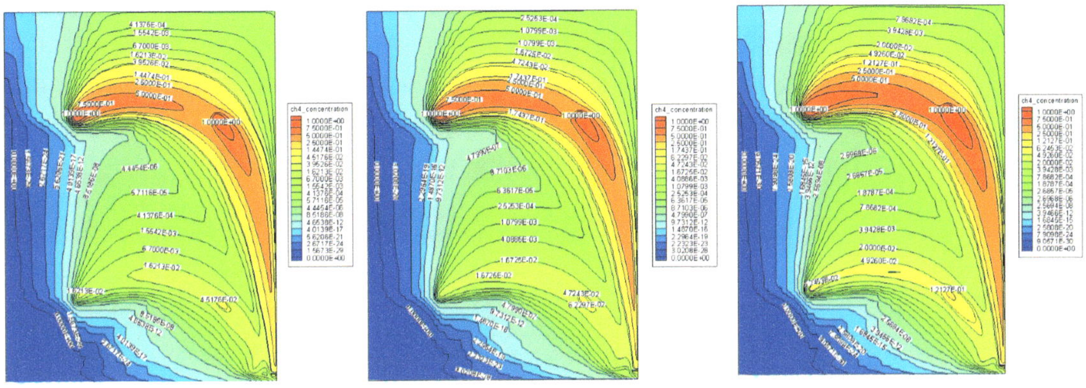

(a) 工况1　　(b) 工况2　　(c) 工况3

图 10-21 $z=3.45$ m 截面瓦斯浓度分布

从图中可以看出，经过在顶板巷抽采瓦斯，采空区回风上隅角处瓦斯浓度大幅度降低，基本控制了采空区向工作面的瓦斯涌出，起到"分流"瓦斯的作用，降低了采空区瓦斯浓度，对于防止上隅角瓦斯积聚效果明显。当回风风量一定时，抽采量越大，导流风量的作用越大，越有利于采空区瓦斯排出；观察工况2和工况3的瓦斯浓度分布图，当抽采量一定时（均为500 m^3/min），回风风量较小的工况3中采空区瓦斯浓度低于工况2，因此，为增强顶回风巷抽采瓦斯效果，应当以"大风量"导流。该方法实施过程中，若实际漏风导流风量达不到排放要求，可适当采取增阻调压措施。

（3）大采高综放面瓦斯分布特征与涌出规律

① 通过现场测定与模拟计算，基本确定了大采高综放工作面采空区内的瓦斯分布特征。

在采空区纵向空间内，瓦斯浓度分布自下而上呈增大的趋势，在煤层顶板以上25～55 m范围内，瓦斯最小浓度为6%，最大浓度可达20%，瓦斯浓度增大速度平均为每5 m增大2.3%左右，呈线性分布。在沿工作面推进方向上，采空区内的瓦斯浓度呈台阶状分布，浓度从1.5%增大至6.1%，深部瓦斯浓度最大可达7.9%。在工作面范围内的瓦斯浓度分布情况为头小尾大，在工作面120号支架至上隅角区域内瓦斯浓度保持在0.4%以上。同时，瓦斯浓度分布在时间上呈现不均衡性，即采煤工序不同瓦斯涌出量的差异较大，工作面割煤时瓦斯涌出量相对较小，放顶煤、移架时瓦斯涌出量增大，当采空区顶板周期来压、割煤和放煤同步时采空区瓦斯涌出量最大。

② 塔山煤矿8104综放工作面开采的特点是特厚煤层综采放顶煤，与其他采煤方法相比，综放面对围岩及上邻近层的影响范围及程度有所不同，瓦斯涌出具有以下方面的特征：

a. 采空区局部瓦斯涌出加剧。采空区局部瓦斯涌出特点是，在工作面100号支架至上隅角之间的区域内瓦斯经常超限；放煤口、架间缝隙实测瓦斯浓度一般为2%～3%，有时会更大。"U"形通风工作面上隅角瓦斯浓度超限严重，在不采取任何措施的情况下，上隅角瓦斯浓度经常超过5%。在工作面尾部10%的区域内，涌出了工作面九成以上瓦斯。

b. 瓦斯涌出具有不均衡性。塔山煤矿8104综放工作面的瓦斯涌出源主要分为三部分：一是采空区高顶处的瓦斯，包括上邻近层的瓦斯；二是采空区深部瓦斯，包括下邻近层的瓦斯；三是工作面漏风流携带的采放煤瓦斯。这三部分瓦斯的涌出都会受到工作面来压、基本顶垮落、放煤等因素的影响，呈现出不均衡性，瓦斯涌出不均衡系数可达1.8。

3. 大采高综放面瓦斯多点组合抽采采空区瓦斯工艺技术研究

（1）工作面瓦斯治理技术路线

大采高综放工作面由于采放高度较大，采空区垮落高度和采动影响范围增大，从而导致工作面采空区瓦斯涌出量大。如前所述，3-5号煤层首采面的瓦斯来源主要为采空区瓦斯涌出，造成上隅角和回风巷瓦斯经常超限，影响了综放工作的效能，且带来安全隐患。因此，根据矿井的瓦斯赋存状况、矿井开拓情况，结合抽采瓦斯方法选择的原则，决定对综放工作面采空区和邻近层瓦斯进行抽采。

采空区瓦斯抽采的方法较多，最常用的抽采方法为采空区埋管抽采、高位钻孔抽采、顶板走向长钻孔抽采、高位预埋立管抽采、倾斜高抽巷抽采、尾巷和顶板走向巷道抽采等方法。由于大采高工作面开采强度大，原有的许多用于薄及中层煤层的瓦斯治理技术无法应用。结合塔山矿的实际情况，开展大采高综放工作面高位预埋立管和高位钻孔抽采采空区及邻近层瓦斯技术的研究工作，以保障大采高综放工作面高效安全生产。大采高综放面瓦斯治理技术研究路线如图 10-22 所示。

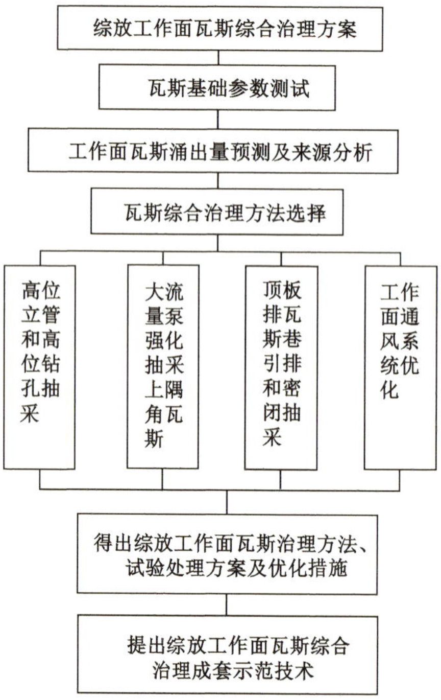

图 10-22　8105 工作面瓦斯综合治理技术研究路线

8105 工作面开采前期采用“U”形通风巷道布置，后期采用“U＋I”形通风巷道布置，为能有效利用工作面巷道资源，提高工作面瓦斯治理效果，本设计方案采用分三步走的综合治理措施：

第一步是在 8105 工作面大流量抽采瓦斯系统建立之前，采用通风法，上下隅角封堵、风帘引风稀释法治理工作面上隅角瓦斯超限问题；

第二步是大流量抽采瓦斯系统建立后，采用高位预埋立管抽采、高位钻孔抽采、上隅角插管抽采和工作面通风系统优化措施治理瓦斯；

第三步采用专用排瓦斯巷全风压引排和专用排瓦斯巷密闭抽采采空区瓦斯方法。

(2)“U”形通风工作面瓦斯治理方法

① 工作面大流量抽采瓦斯系统建立前治理措施

塔山矿 8105 工作面巷道采用“U”形布置，2010 年 9 月 5 日正式投产，投产时，工作面回采巷道布置不合理。在此情况下，对工作面瓦斯治理难度较大，只能有限度地抽采采空区涌出的瓦斯，同时采用通风方法、利用风帘等措施改变工作面风流方向，稀释上隅角超限瓦斯。

根据工作面瓦斯涌出特点，结合回采巷道实际情况，制定 8105 工作面瓦斯综合治理措施，具体为：a. 对工作面上、下隅角实施有效封堵，减少采空区漏风量，降低采空区瓦斯涌出量；b. 在工作面回风巷打高位钻孔和高位立孔，利用井下移动抽采泵抽采采空区高位顶板内瓦斯，减少采空区瓦斯涌出；c. 加强超限地点的局部通风，利用风帘分流法，合理引导风流的流向，增加上隅角通风流量，用通风方法稀释上隅角超限瓦斯；d. 确定工作面合理配风量，加强工作面通风管理，降低工作面通风阻力，减小工作面通风压差，控制采空区漏风量。8105 工作面瓦斯综合治理措施见图 10-23。

a. 上下隅角封堵、引导风流稀释瓦斯措施

在工作面抽采瓦斯系统未建立之前，在上隅角处每隔 10 m 构筑封堵墙，改变采空区漏风流流场，

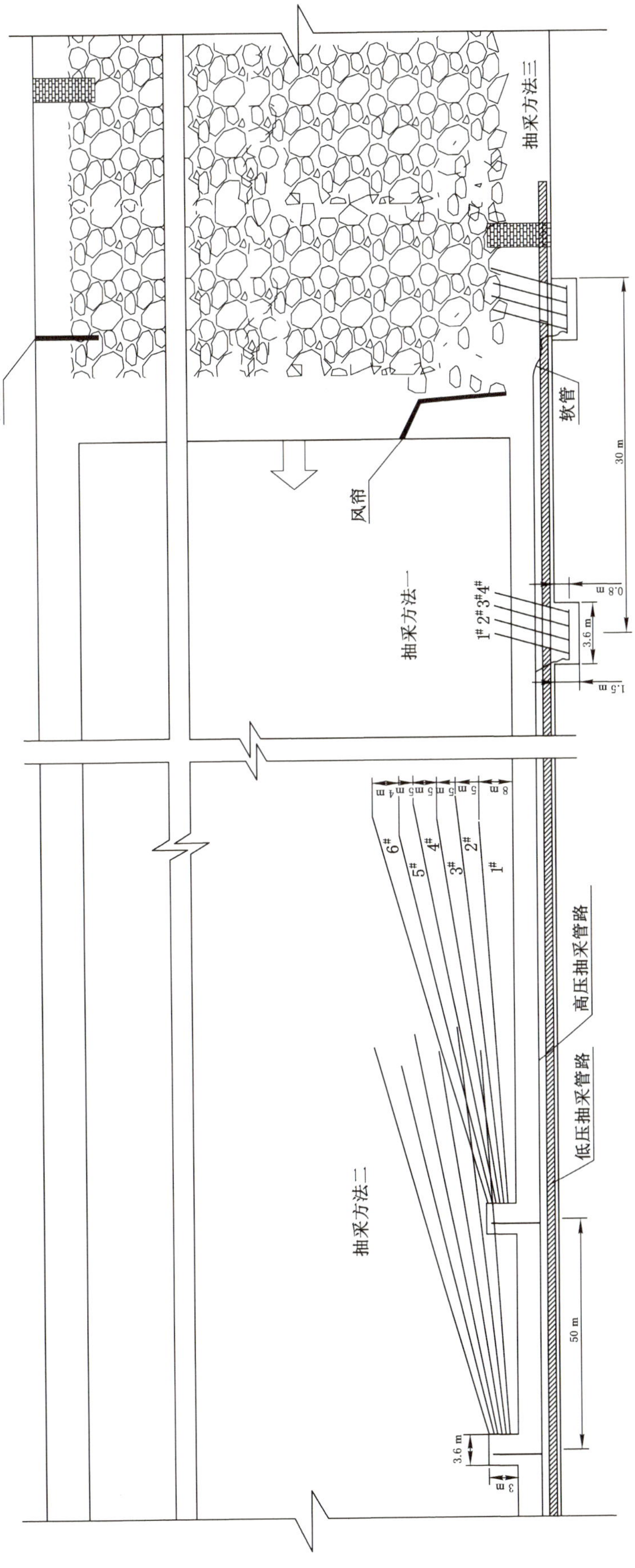

图 10-23　工作面瓦斯综合治理方法总图

将涌向上隅角处的采空区瓦斯引导到工作面深部，再利用风帘将涌出的瓦斯合理稀释，有效降低工作面上隅角处的瓦斯浓度。构筑封堵墙前与构筑封堵墙后的采空区瓦斯涌出对比如图 10-24 所示，在工作面下隅角处构筑封堵墙，可以相对减小工作面的长度，减少向采空区的漏风量，缩小采空区漏风带的宽度，减小采空区漏风携带瓦斯量；在工作面上隅角处构筑封堵墙，可以改变上隅角采空区漏风流动方向，缓解工作面上隅角瓦斯超限压力，有利于上隅角超限瓦斯稀释。

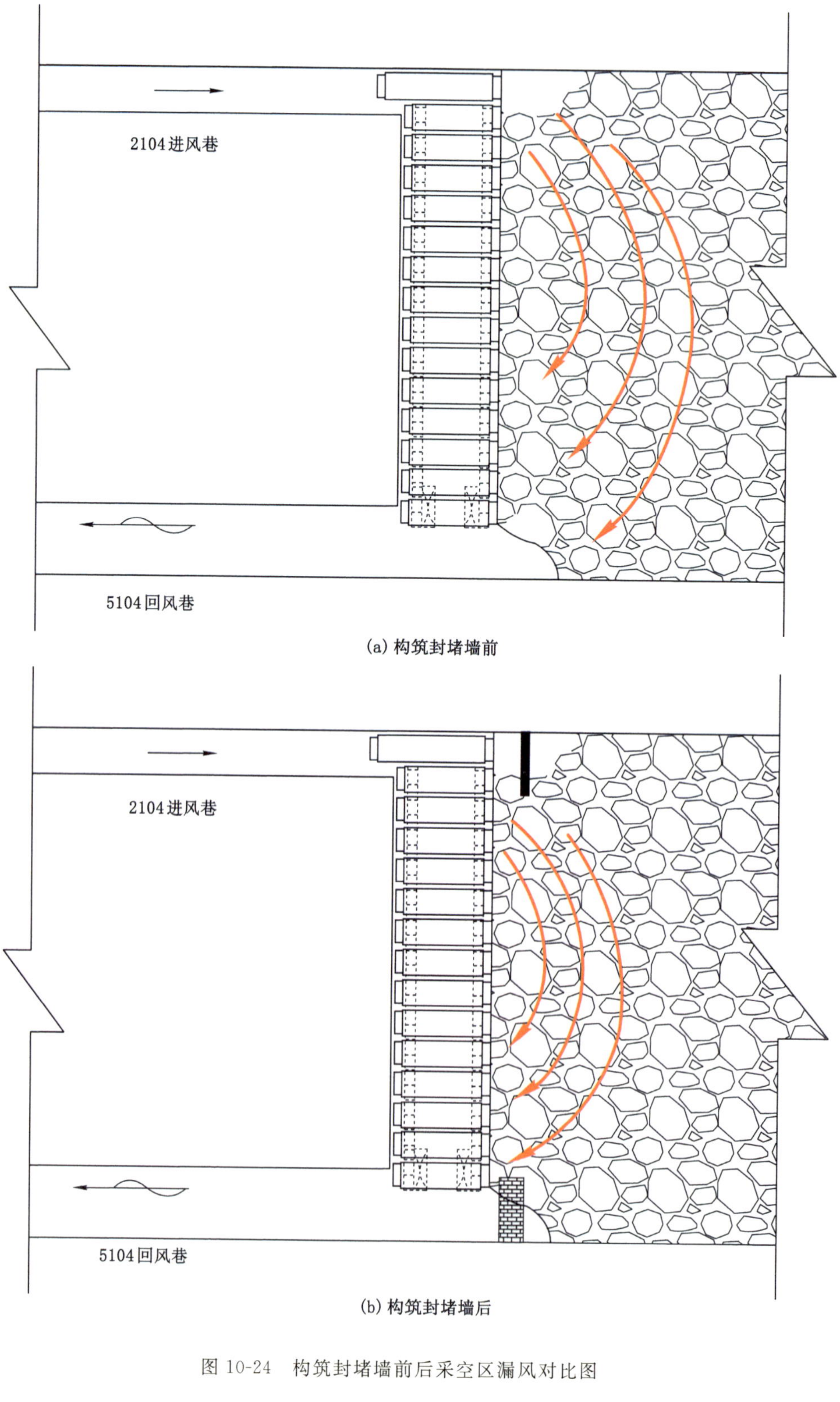

图 10-24　构筑封堵墙前后采空区漏风对比图

b. 抽采采空区瓦斯措施

采用高位钻孔和高位立孔抽采采空区高冒区内的高浓度瓦斯。

ⅰ. 高位预埋立管抽采

高位预埋立管抽采方法为：在工作面裂隙带范围内布置抽采钻孔抽采邻近层涌出的卸压瓦斯和放煤涌出瓦斯。高位预埋立管抽采采空区瓦斯方法在回风巷内每隔 30 m 垂直回风巷开钻场（钻场规格为长 1.5 m、宽 3.6 m、高 3.0 m），然后在各钻场内向采空区裂隙带内打扇形钻孔。在每个钻场内打 4～6 个扇形钻孔（本设计暂定打 4 个），钻孔开孔高度与钻场顶板高度相同，钻孔开孔点水平间距为 0.8 m，钻孔终孔间距为 5 m，钻孔终孔点距回风巷的水平距离为 4～5 m，距煤层顶板的垂直距离为 55～58 m（煤层顶板裂隙带内）。钻孔长度为 60 m，钻孔直径为 108 mm（暂定）。高位预埋立管抽采瓦斯方法见图 10-25、图 10-26 和图 10-27。

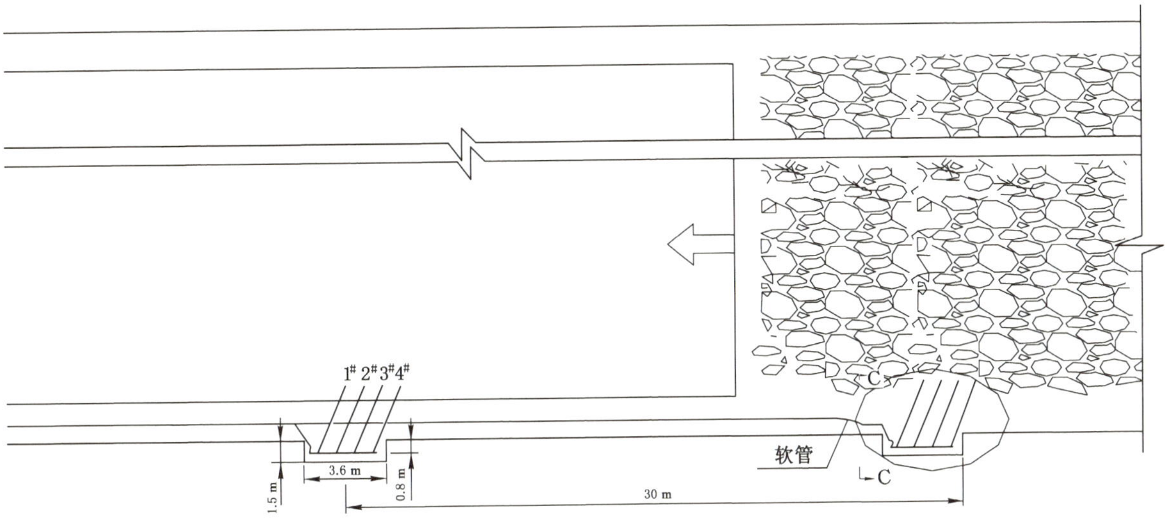

图 10-25　高位预埋立管抽采瓦斯平面示意图

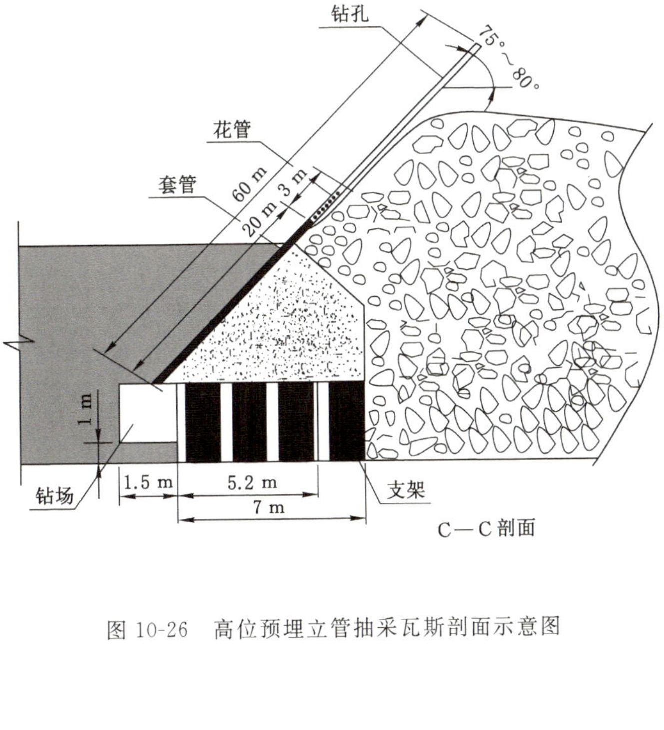

图 10-26　高位预埋立管抽采瓦斯剖面示意图

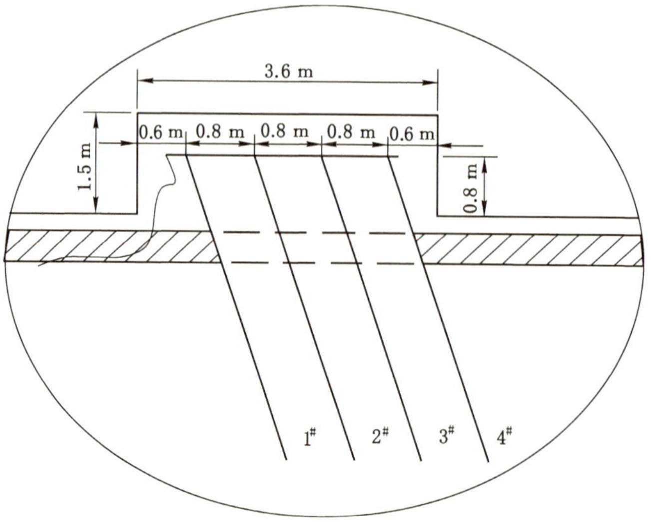

图 10-27 钻场布孔局部放大图

ⅱ. 高位钻孔抽采

在回风巷内每隔 50 m 垂直回风巷开掘一条短平巷作为钻场(钻场规格为长 3 m、宽 3.8 m、高 3 m)。在各钻场内迎着工作面推进方向打双排扇形钻孔,每个钻场内打 6 个扇形钻孔,钻孔开孔高度距巷道底板分别为 1.6 m(高位)和 2.1 m(低位),钻孔开孔点水平间距为 0.6 m,钻孔终孔间距为 5 m,钻孔终孔点距回风巷的水平距离为 8～32 m,距煤层顶板的垂直距离为 55 m(煤层顶板裂隙带内)。钻孔长度为 20～100 m,钻场间保持 50 m 以上的超前距,钻孔直径为 94 mm。见图 10-28、图 10-29 和图 10-30。

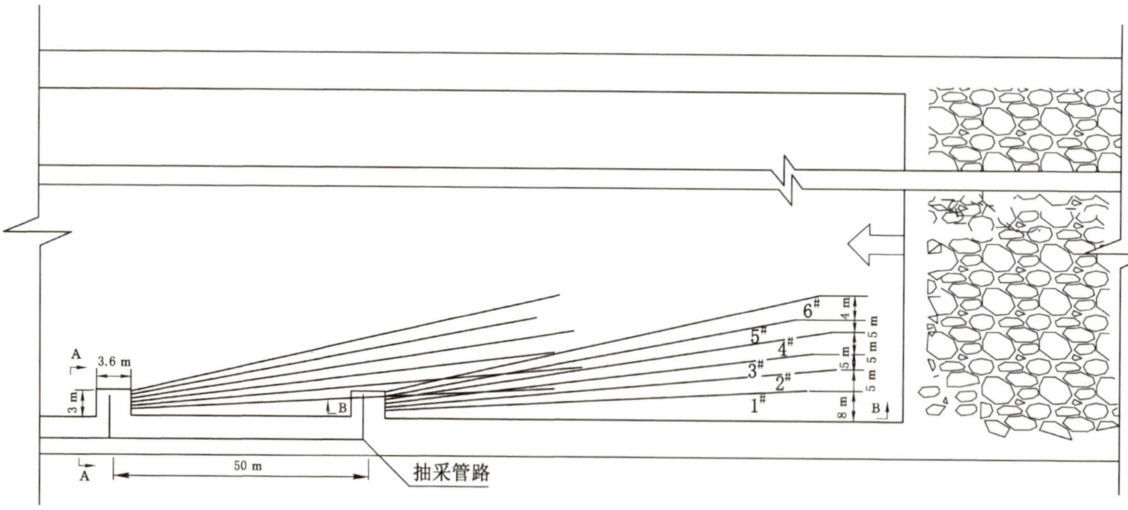

图 10-28 高位钻孔抽采采空区瓦斯方法平面示意图

c. 加强超限地点的局部通风措施

根据对 8105 工作面的瓦斯涌出预测和已采工作面初采区的实际瓦斯涌出结果可以看出,开采初期工作面正常瓦斯涌出量不大,一般在 6～10 m^3/min 之间,仅靠传统的“U”形通风方式就可解决回风瓦斯超限问题;但由于放顶煤工作面的瓦斯涌出在时间、空间上极不均衡,即采煤工序不同瓦斯涌出量差异较大,工作面割煤、放顶煤和煤层顶板周期垮落同步时,采空区瓦斯涌出量最大,上隅角后部输送机上方及放煤口瓦斯超限,必须要加强回风隅角、回风处局部通风。

治理上隅角和支架后部输送机上方及放煤口等地点瓦斯超限的方法是采用风帘法,从第 121 号或

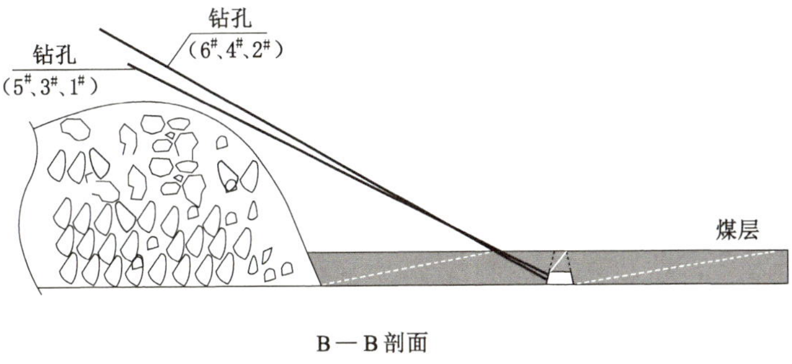

图 10-29　高位钻孔布置剖面图

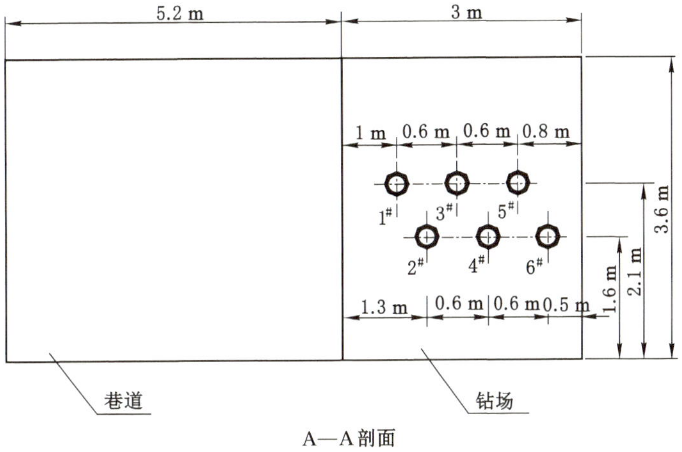

图 10-30　高位钻孔开孔布置图

第 120 号支架处挂风帘（见图 10-31），增加支架后部输送机上方及放煤口的通风量，降低该处的瓦斯浓度。

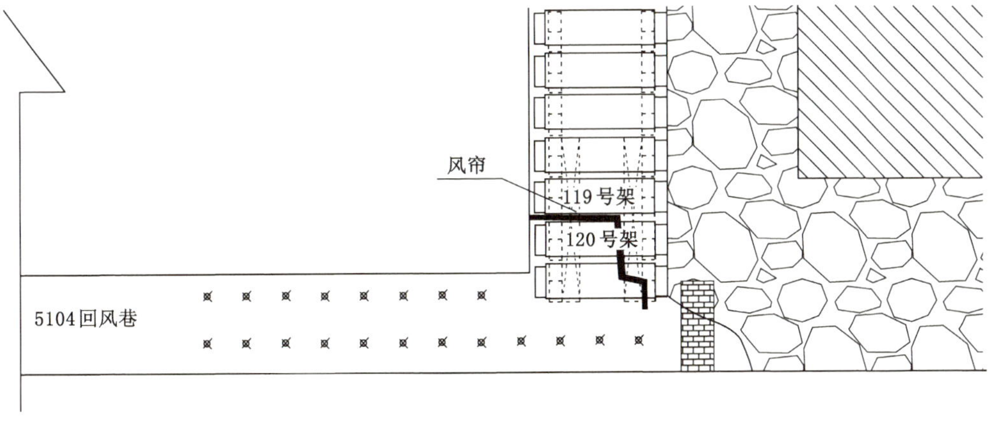

图 10-31　风帘法处理局部瓦斯超限方法示意图

d. 加强通风管理

确定工作面合理配风量，加强工作面通风管理，降低工作面通风阻力，减小工作面通风压差，控制采空区漏风量。按工作面瓦斯涌出量计算配风量，尽量减小工作面配风量，防止供风过大、采空区内的通风区域相对增大而使采空区内的大量瓦斯随风流涌出至回风隅角或靠近隅角处的支架部位，造成局部瓦斯超限。

② 工作面大流量抽采瓦斯系统抽采上隅角瓦斯措施

8105 工作面自开采以来，随着工作面推进，采空区垮落空间逐步增大，工作面瓦斯涌出量增加至 12 m^3/min 以上，上隅角和支架后部输送机道瓦斯浓度增加较快，放煤时瓦斯浓度超过 1%。为减轻工作面通风负担，利用大流量抽采瓦斯泵对上隅角瓦斯进行抽采，减少采空区瓦斯涌出量，防止上隅角和支架后部输送机道瓦斯浓度超限。

a. 单系统上隅角插管抽采瓦斯措施(500 mm 管路系统)

井下大流量抽采瓦斯系统建成，采用单套系统对 8105 工作面采空区瓦斯进行抽采。具体方法是在回风巷内敷设大直径抽采瓦斯管道，在距工作面 30 m 处改成 ϕ600 mm 钢丝骨架风筒(伸缩风筒)，同时在上隅角切顶线处构筑粉煤灰封堵墙，在墙上方预埋 ϕ500 mm PE 管，再将 ϕ600 mm 钢丝骨架风筒与墙上方预埋 ϕ500 mm PE 管连接，随着工作面的推进，粉煤灰封堵墙和钢丝骨架风筒被埋入采空区内，对采空区瓦斯进行抽采，截断采空区瓦斯涌出，控制上隅角瓦斯超限。当粉煤灰封堵墙进入采空区 10 m 深位置时，重新再构筑一道粉煤灰封堵墙，重复进行。见图 10-32。

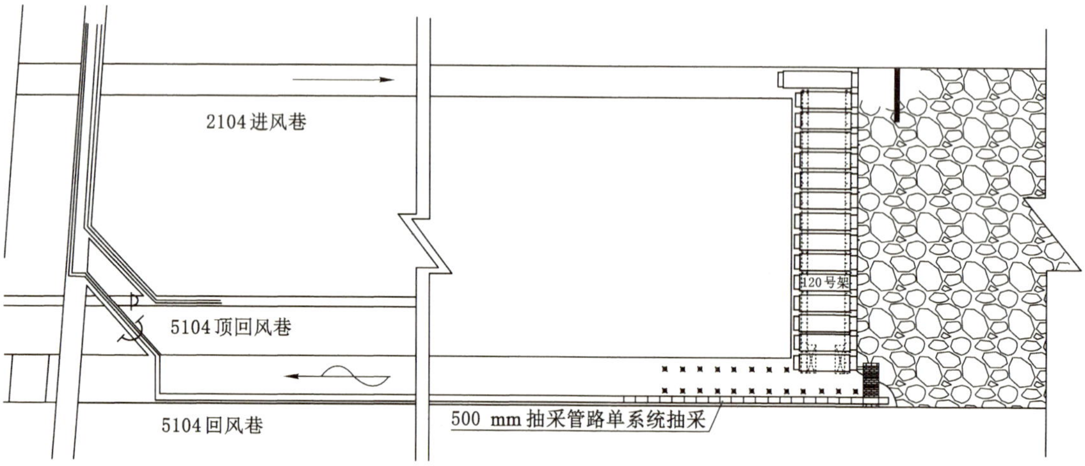

图 10-32 单系统上隅角插管抽采瓦斯示意图

b. 双系统上隅角插管抽采瓦斯措施(400 mm、500 mm 管路两套独立系统)

随着工作面的推进，采空区瓦斯涌出量急剧增加，工作面瓦斯绝对涌出量增至 50 m^3/min 左右(含抽采瓦斯量)，上隅角瓦斯浓度在 0.7%～1.4%，周期来压时高达 2%。为加大采空区瓦斯抽采量，将 2BEC62 型备用泵与现有 ϕ400 mm 管道连接，再建立一套独立系统，形成双系统上隅角插管抽采采空区瓦斯，见图 10-33。

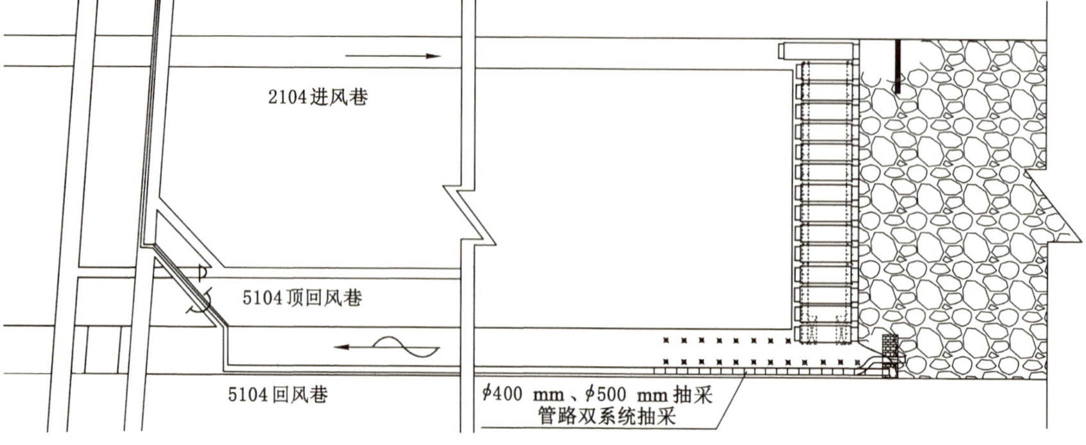

图 10-33 双系统上隅角插管抽采瓦斯示意图

(3) 工作面均压通风与上隅角抽采瓦斯综合治理措施

2011 年 3 月，工作面累计推进 900～1 000 m，工作面瓦斯涌出量达最大值 60 m^3/min 左右，特别是煤层顶板周期垮落时，工作面上隅角瓦斯超限严重。在这种特殊的情况下，采取了上隅角“一巷两道”固定风帘引排瓦斯措施(见图 10-34)，目的是将工作面周期来压时顶板垮落煽出的采空区瓦斯通过固定通道排出上隅角，防止上隅角瓦斯积聚。上隅角“一巷两道”改变了工作面的通风参数，工作面通风系统阻力增大，工作面与采空区通风压差降低，上隅角处漏风量减少。

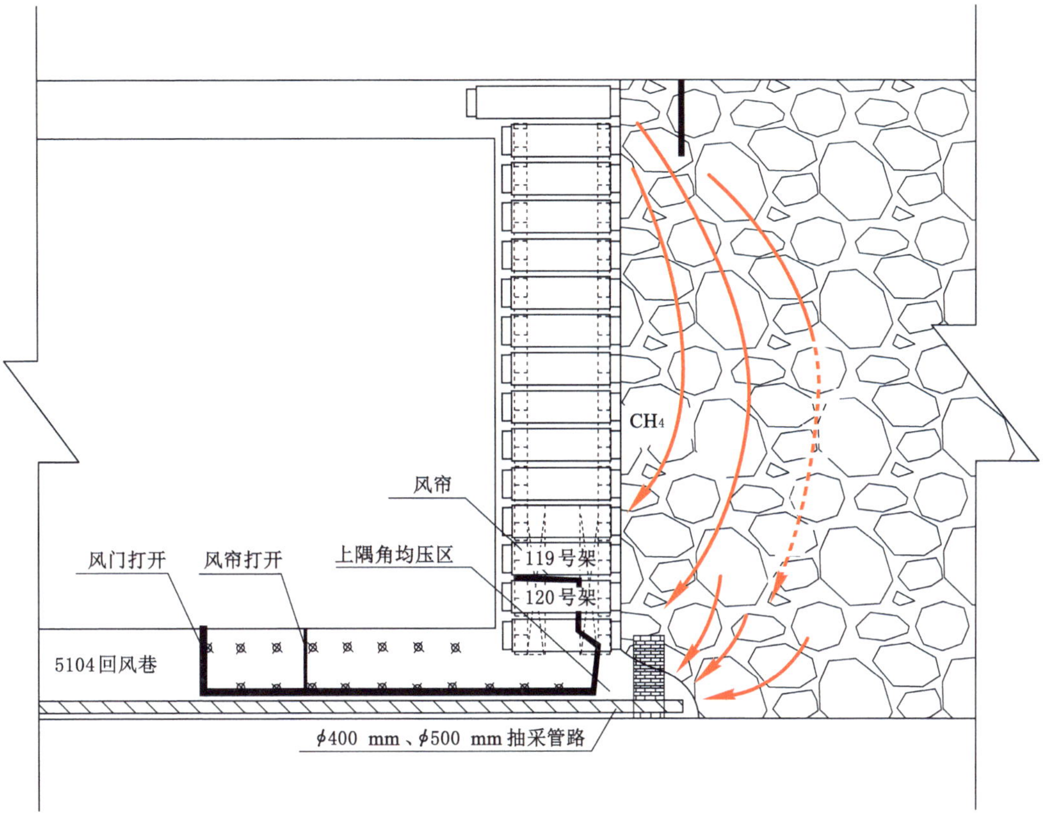

图 10-34　工作面均压通风与上隅角抽采瓦斯综合治理措施示意图

(4) “U＋I”形通风巷道布置工作面瓦斯治理措施

专用回风巷沿 2 号煤底板布置，内错 20 m，距 5104 回风巷顶板 10～20 m，这个位置正处在采空区垮落带内。考虑专用回风巷与采空区垮落带沟通，专用回风巷回风量大小受采空区垮落煤和岩石堆积疏密程度限制，专用回风巷的风量调节和回风瓦斯浓度较难控制，再加上煤层顶板垮落带高位顶板垮落空间内瓦斯浓度较高，将专用回风巷回风瓦斯浓度控制在 2.5%以下难度较大。针对这一情况，本方案在 8105 工作面现实施的瓦斯治理方案基础上，共设计两套工作面瓦斯治理试验方案：方案一是专用排瓦斯巷(专用回风巷)全风压引排采空区瓦斯；方案二是专用排瓦斯巷密闭抽采采空区瓦斯，见图 10-35。

① 专用回风巷全风压引排

利用 5104 回风巷回风绕道处的调节风门，采用增阻调风的方法，增加 5104 回风巷的通风阻力，增加专用回风巷的通风量，迫使采空区漏风尽量流向 8105 专用回风巷，以此来引排采空区垮落带高位顶板垮落空间内的瓦斯，减小工作面上隅角和回风巷的瓦斯涌出量，防止上隅角瓦斯积聚和回风流瓦斯浓度超限。方案一瓦斯治理方法见图 10-36。

② 专用回风巷密闭抽采

当采取增阻、增加专用回风巷风量等辅助措施后，仍不能使专用回风巷回风瓦斯浓度降到 2.5%以下时，不允许采用专用回风巷全负压通风措施引排采空区瓦斯，此时应将专用回风巷进行密闭(在工作面停采线位置处)，作为高位瓦斯抽采巷进行管理，并在密闭墙中预埋抽采瓦斯管道，对专用回风巷进行

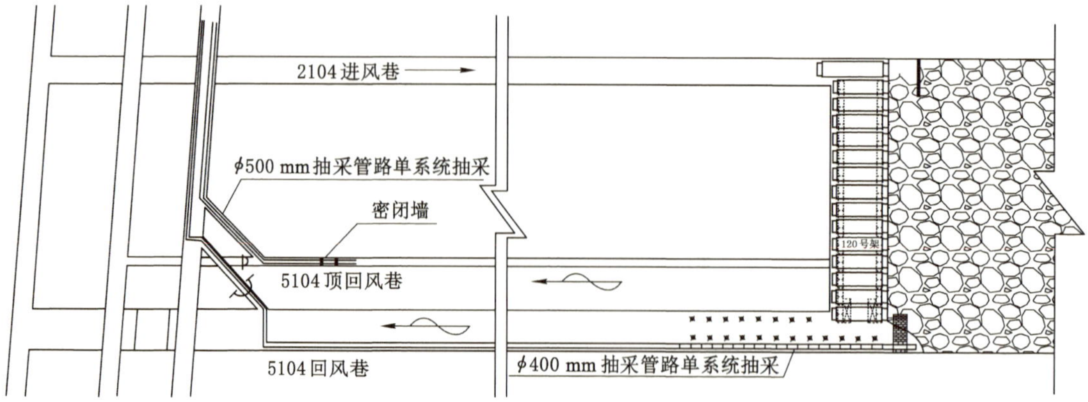

图 10-35 “U＋I”形通风巷道布置工作面瓦斯综合治理方法总图

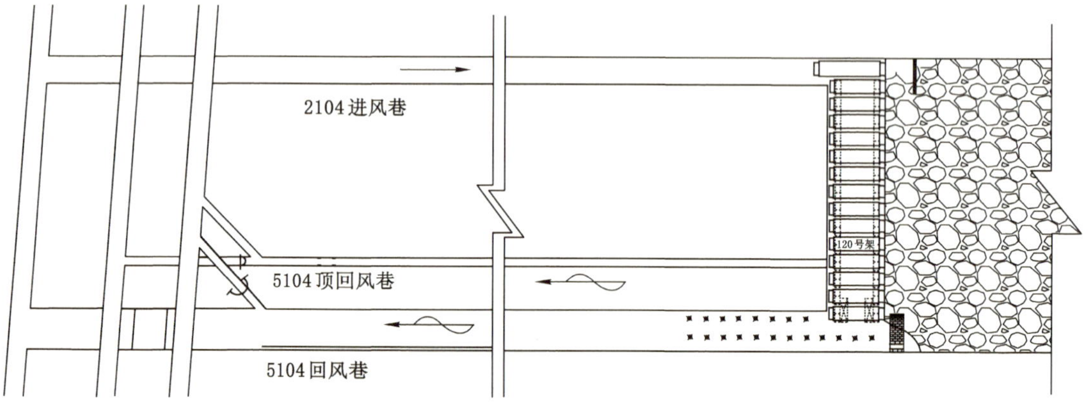

图 10-36 专用回风巷全风压引排方法示意图

大流量抽采。试验方法见图 10-37，专用回风巷密闭方法见图 10-38。

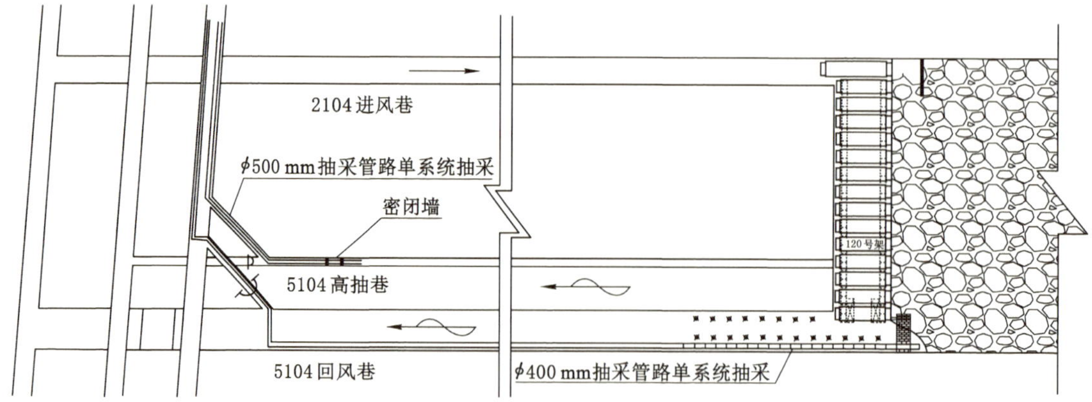

图 10-37 专用回风巷密闭抽采方法示意图

4. 特厚煤层综放面地面钻孔瓦斯抽采技术

(1) 地面钻孔抽采可行性分析

随着钻进装备的发展，大直径地面钻孔逐渐被引入煤炭行业，主要用于煤层气抽采、密闭采空区抽采、采空区防灭火等领域，但地面钻孔治理采煤工作面瓦斯的应用较为少见。研究表明，采空区内气体存在较明显分层现象，瓦斯浓度自上至下整体呈下降趋势，在采空区上部形成瓦斯富集区；采空区作为一种多孔块体，内部气体能够自由流动，利用抽采设备能够引流高浓度瓦斯[63-66]。根据采煤工作面矿

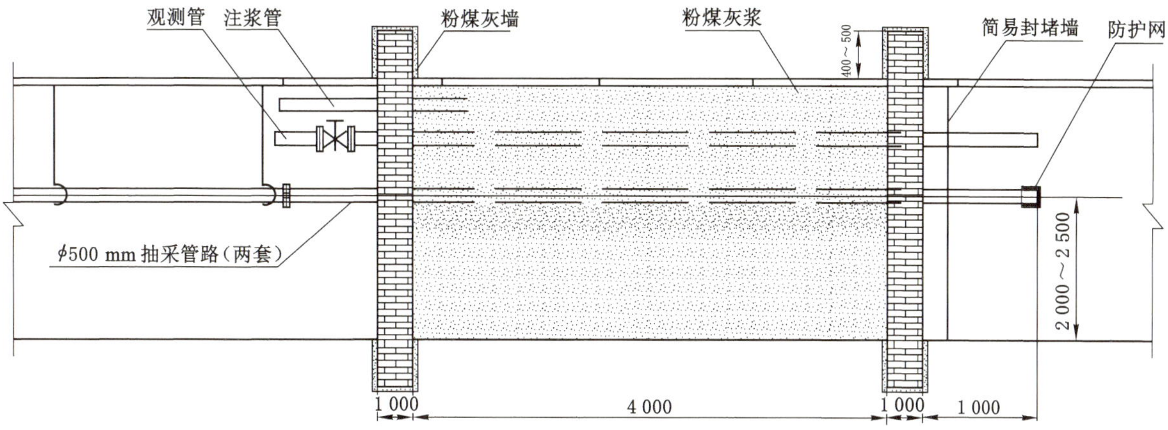

图 10-38　专用回风巷密闭施工示意图

山压力显现规律及采场覆岩移动规律、采空区“O”形圈等理论，结合传统地面钻孔全孔段套管护孔的施工特点，决定通过改变地面钻孔施工套管长度，实现裂隙带、垮落带瓦斯同时抽采，即仅将地面钻孔套管施工至裂隙带中部，下部钻孔选用裸孔，施工至距煤层底板 10 m 处，通过人造孔洞、顶板垮落裂隙抽采工作面瓦斯。这种抽采工艺关键是确定地面钻孔套管施工长度与钻孔间距。

（2）地面钻孔布置施工

瓦斯抽采钻孔主要是利用工作面上方相互导通裂隙进行抽采，而工作面上方产生裂隙的根本原因是工作面顶板垮落。根据采场覆岩移动规律、采空区“O”形圈等理论，考虑钻孔沿程阻力损失，认为地面钻孔抽采半径应为 1 个工作面周期来压步距，该矿周期来压步距约为 30 m，考虑 5 m 压茬间距，将地面钻孔抽采间距定为 50 m 左右[67]。地面钻孔布置示意图如图 10-39 所示。

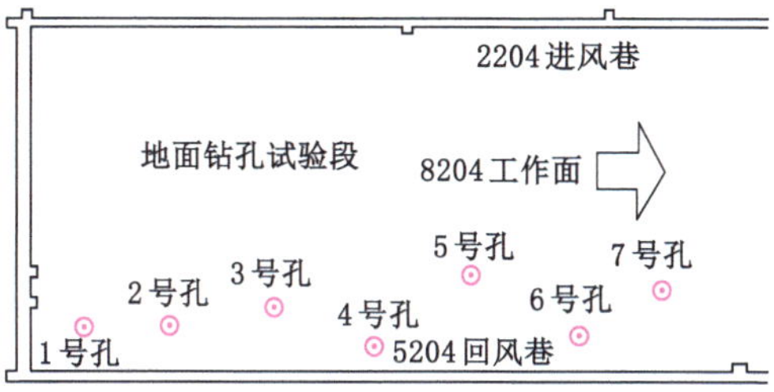

图 10-39　地面钻孔布置示意图

回采期间保证 3 个钻孔同时工作，当采位距离下一钻孔 50 m 左右时开启下一钻孔，关闭采空区深部钻孔，以期随着工作面推进，单孔实现煤体预抽、工作面上部煤体卸压抽采、采空区抽采的三重作用；一旦采空区出现发火征兆，直接将瓦斯抽采孔作为注氮、注浆孔使用。地面钻孔采用临时泵站内布置的 2 台额定抽采量为 750 m^3/min 的 2BEC87 型水环真空泵，一用一备，通过 DN900 主管路抽采；利用地面二风井 4 台额定制氮量为 3 200 m^3/h 的制氮机，两用两备，通过工作面预埋 2 趟 ϕ108 mm 管路对采空区进行注氮作业，注氮量保证 2 500 m^3/h，工作面及上、下隅角喷洒阻化剂，防止工作面发火。

（3）地面钻孔抽采效果考察

通过对 1～6 号地面钻孔抽采数据整理分析（7 号孔数据丢失），得出各钻孔抽采浓度随采位变化关系，如图 10-40 所示。整体上来看，6 个地面钻孔抽采瓦斯浓度均呈现先升高后降低的趋势，钻孔最大抽采浓度出现在终孔位置距工作面水平距离 7～10 m 处。结合矿井采煤工艺判定该位置应处于后部输送机附近，工作面放煤作业导致上部煤体松动卸压，释放大量瓦斯，而卸压作业导致煤体缝隙迅速发育，位于垮落带内的地面钻孔直接将该部分瓦斯引流；另外，地面钻孔内错回风巷 20～44 m，位于采空区漏风通道内，可以截流部分采空区涌向工作面上隅角的瓦斯，两种作用叠加使得该位置附近抽采瓦斯浓度最高。根据

图 10-40,选取抽采瓦斯浓度 5%为最佳抽采界限,结合钻孔终孔位置与工作面采位关系可以得出:1～6 号钻孔超前作用距离分别为 11 m、15 m、10 m、14 m、17 m、11 m,平均为 13 m;滞后作用距离分别为 42 m、45 m、46 m、40 m、45 m、41 m,平均为 43 m;最佳作用距离分别为 53 m、60 m、56 m、54 m、61 m、52 m,平均约为 56 m。排除仪器测试、人工取样等误差,可以得出地面钻孔最佳抽采距离约为工作面 2 个周期来压步距 60 m,抽采半径约为工作面 1 个周期来压步距 30 m,但抽采范围具有不均衡性;平均滞后作用距离是平均超前作用距离的 3.3 倍。

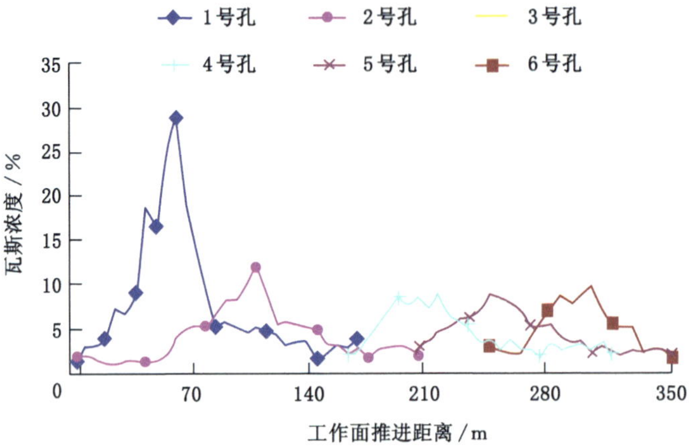

图 10-40　钻孔抽采浓度随采位变化关系

1 号钻孔最大抽采瓦斯浓度达 28.69%,2 号钻孔最大抽采瓦斯浓度达 12.11%,其余钻孔最大抽采瓦斯浓度约为 9%。造成这种现象的原因是工作面初采期间关键层未垮落,采空区面积较小,瓦斯聚集较为集中,瓦斯流通通道有限,采空区与地面钻孔沟通后瓦斯被集中抽采,浓度较高;随着工作面推进,采空区面积增大,特别是工作面初次来压后,瓦斯流通通道增多,瓦斯相对分散,地面钻孔抽采瓦斯总量减少,而非工作面前方钻孔对煤体预抽起到降低煤层瓦斯含量作用造成的。工作面同时工作的 3 个钻孔利用一趟抽采系统,主管路负压相同,第 1 个钻孔与工作面沟通后必然影响其他 2 个钻孔的孔内负压,难以实现预抽效果,这一推断从 2、3 号钻孔前期平均抽采瓦斯浓度仅为 1.3%可以得到验证。因此,本次实践可以证明,在进行煤层预抽、采空区抽采时应分高、低负压 2 套系统进行抽采,1 套系统同时进行煤层预抽与采空区抽采基本不能达到煤层预抽效果。

由工作面上隅角瓦斯浓度随采位关系(图 10-41)可知:随着工作面采位与钻孔终孔位置距离的减小,上隅角瓦斯浓度逐渐降低,在工作面推过终孔位置 7～10 m 时上隅角瓦斯浓度最低,随后逐渐增大,此时地面钻孔位于后部输送机上部附近,抽采范围基本涵盖了采空区瓦斯涌向工作面的通道,截流了预放煤体、采空区释放的瓦斯,瓦斯来源减少,上隅角瓦斯浓度降低,与上文叙述的钻孔抽采高浓度瓦斯范围相重合;整体来看,上隅角瓦斯浓度控制在 0.5%以下区域,位于钻孔前后 60 m 范围内,这也印证了地面钻孔最佳抽采距离约为工作面 2 个周期来压步距的观点。

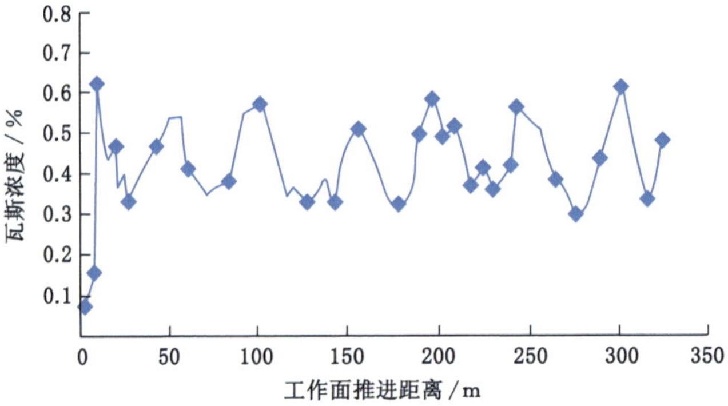

图 10-41　工作面上隅角瓦斯浓度随采位变化关系

从整体上来看，在钻孔交界处上隅角瓦斯浓度均在 0.5% 以上，但并未超过瓦斯浓度小于 0.8% 的界限，该现象与钻孔边缘抽采效果相对减弱、抽采效率降低有关。采用地面钻孔与顶抽巷治理效果相比，上隅角最高瓦斯浓度由 0.55% 上升至 0.63%，仅升高了 0.08%，平均瓦斯浓度由 0.34% 上升至 0.41%，仅升高了 0.07%。推测产生这种现象的原因：一方面与其他工作面采用顶抽巷可以实现采空区线性连续抽采，而地面钻孔为点式扩散抽采，达到同样效果所需时间较长有关；另一方面与小煤柱整体密闭性相对较差，回采期间邻近采空区有害气体涌入工作面总量更大有关，该矿尚未在宽煤柱工作面应用地面钻孔抽采技术，因此无法进行直接对比。工作面回采期间未出现煤层自燃、CO 超限等问题，证明该技术能够保证工作面的安全生产。

10.2.3　本煤层瓦斯治理技术

随着石炭系煤层开采深度的增加，瓦斯含量增大，为提高瓦斯治理效果，需要采取煤层瓦斯预抽的瓦斯治理方式。从治理空间上看，瓦斯预抽可以分为采煤工作面瓦斯预抽治理技术和掘进工作面瓦斯预抽治理技术两种。

1. 采煤工作面瓦斯预抽技术

(1) 顺层普通钻孔预抽采煤工作面瓦斯

顺层钻孔预抽工作面瓦斯是目前晋北地区工作面回采前瓦斯抽采达标的主要治理方式，适用于 5 号煤层工作面回采前瓦斯抽采。

当工作面长度小于 150 m 时，可在工作面回风巷施工单侧顺层钻孔预抽工作面瓦斯，顺层钻孔预抽煤层瓦斯布置图如图 10-42 所示。当工作面长度大于 150 m 时，在工作面进、回风巷施工顺层钻孔预抽工作面瓦斯。也可根据现场条件施工与开切眼方向夹角为 60°的倾斜钻孔，以保证工作面边采边抽效果。

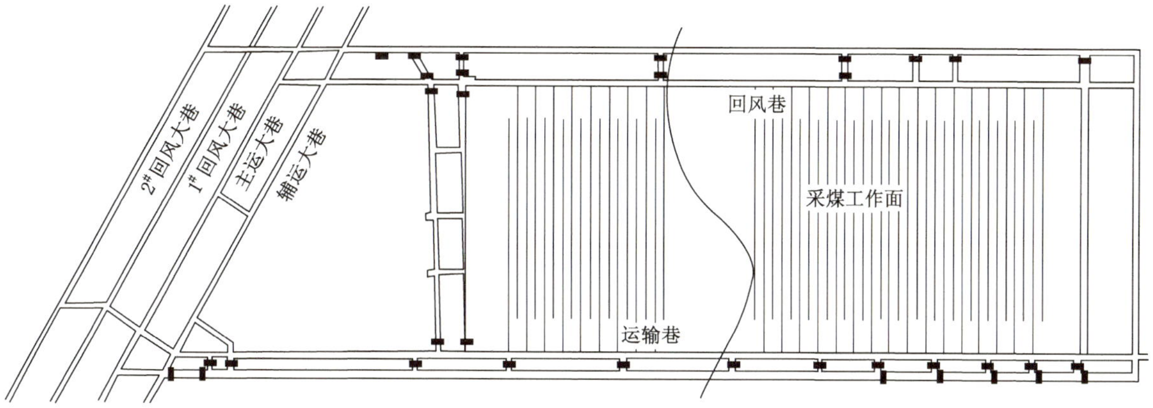

图 10-42　顺层钻孔预抽煤层瓦斯布置图

钻孔布置方式：不设钻场，钻孔沿煤层平行于工作面（垂直巷道）布置或者沿煤层与开切眼方向夹角为 60°布置。

钻头直径：一般选用 ϕ75～113 mm 钻头，考虑在本煤层内施工钻孔的实际情况，一般选用钻头直径为 94 mm 或 113 mm。

钻孔长度：工作面内钻孔设计长度为 170～240 m，钻孔间距取 3～5 m，钻孔开孔位置离底板 1.5～1.8 m。

(2) 扇形钻孔预抽采煤工作面瓦斯

在工作面回风巷一侧每隔 50 m 施工一个钻场，在钻场内施工顺层扇形钻孔预抽工作面瓦斯。钻场尺寸（长×宽×高）为 5 m×4 m×3 m，钻场内施工 3 排钻孔，每排施工 9 个钻孔，钻孔开孔间距为 0.5 m，钻孔孔径为 94 mm。回风巷瓦斯抽采钻孔设计见图 10-43、图 10-44。

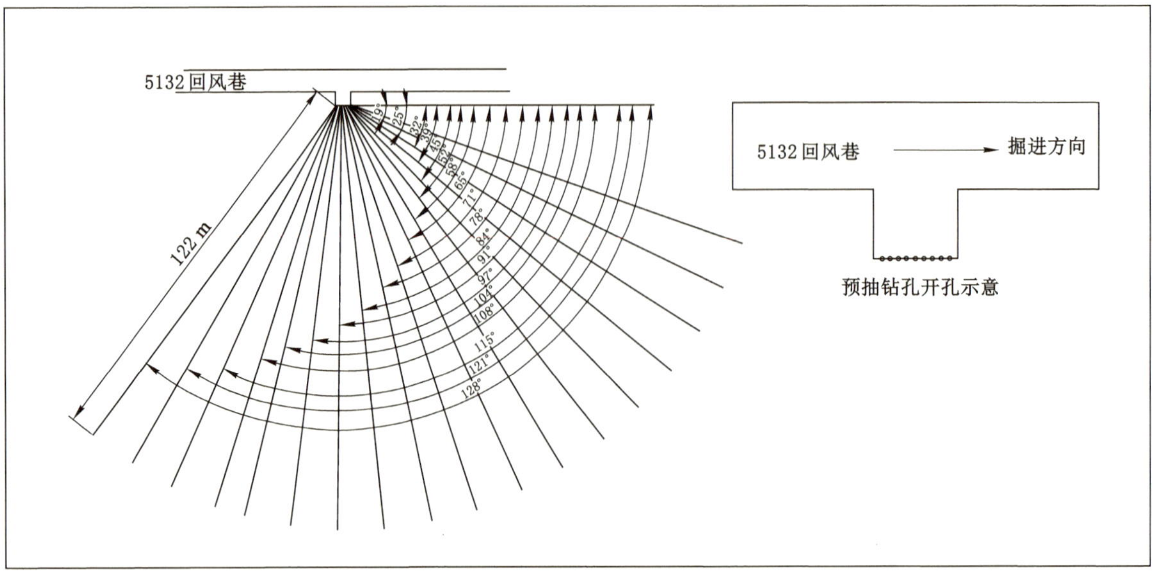

图 10-43　回风巷钻场工作面预抽钻孔俯视图

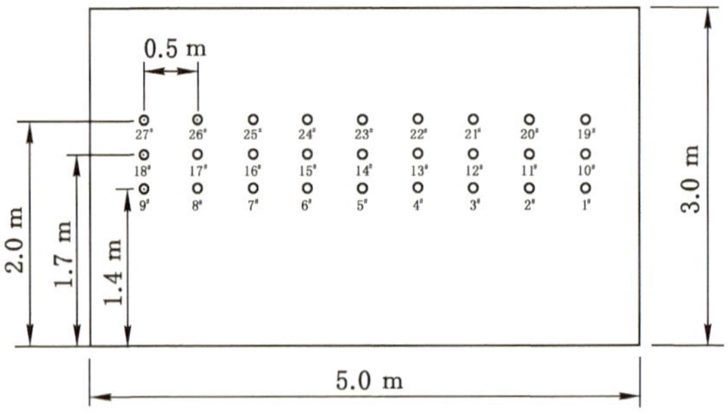

图 10-44　回风巷钻场工作面预抽钻孔正视图

有时为了保证初采期间工作面瓦斯涌出量处于较低水平，在工作面的开切眼向工作面施工顺层预抽钻孔预抽煤层瓦斯，预抽钻孔按上下两排布置，钻孔间距 2.0 m，施工范围为进、回风巷内侧各 15 m 范围内的煤体，钻孔深度 120 m，开切眼顺层预抽钻孔布置如图 10-45 所示，钻孔开孔布置如图 10-46 所示。

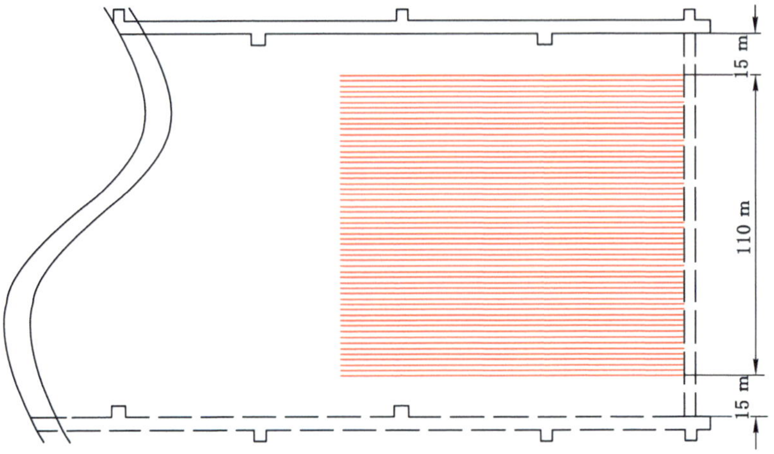

图 10-45　开切眼顺层预抽钻孔布置示意图

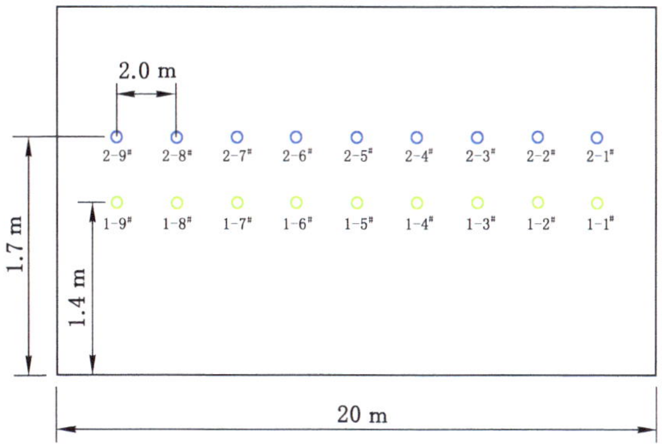

图 10-46　开切眼顺层预抽钻孔开孔布置示意图

(3) 底抽巷穿层钻孔预抽工作面瓦斯

底抽巷穿层钻孔预抽工作面瓦斯是工作面回采前瓦斯抽采达标的重要治理方式，主要用于 5 号煤层底抽巷施工穿层钻孔预抽工作面瓦斯。

5 号煤层工作面底抽巷一般沿工作面中部布置，底抽巷与 5 号煤层底板垂距 7～10 m。工作面底抽巷属于卸压开采，其掘进后可施工穿层钻孔预抽工作面瓦斯。具体为在 5 号煤层工作面底抽巷上、下帮施工内错钻场，钻场断面尺寸：宽×高×深＝4.0 m×3.0 m×4.0 m，钻场间距为 30 m。钻场内施工 3 排钻孔，每排 15 个钻孔，共 45 个钻孔，钻孔直径为 75～94 mm，孔深为 18～80 m，终孔位置在穿过 5 号煤层顶板向上 1 m 左右，终孔呈网格布置(10 m×10 m)，对 5 号煤层工作面进行预抽瓦斯。钻孔施工示意图如图 10-47 所示。

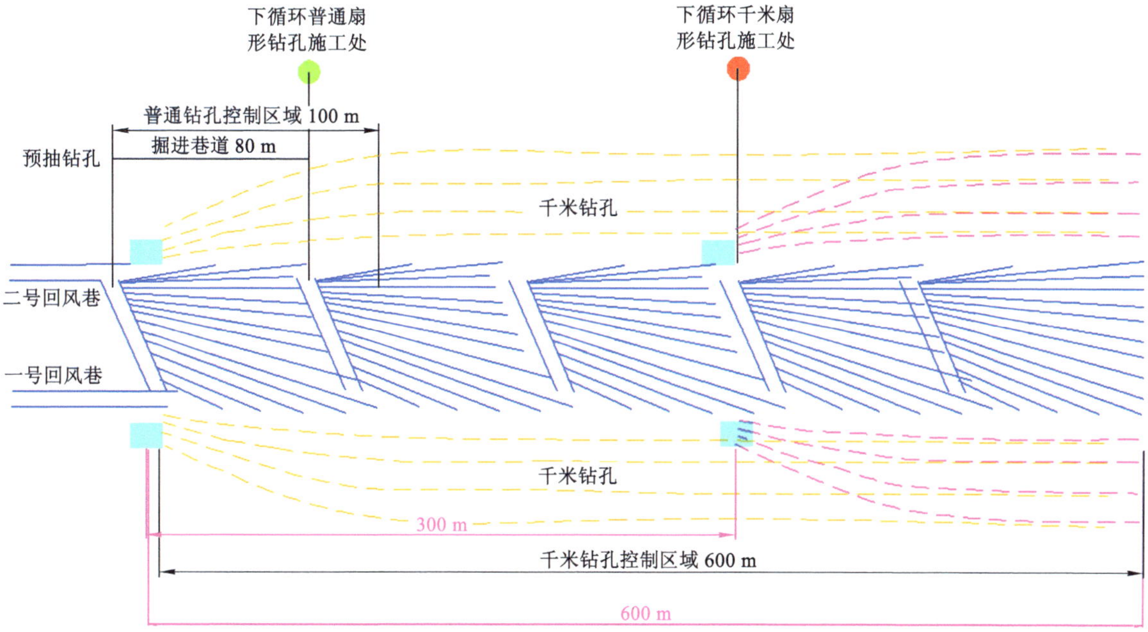

图 10-47　工作面底抽巷穿层预抽工作面瓦斯钻孔布置示意图

2. 掘进工作面瓦斯预抽技术

(1) 普通钻孔预抽煤巷条带煤层瓦斯

掘进工作面瓦斯涌出量小于 3 m^3/min 的区域，一般不进行抽采。掘进工作面瓦斯涌出量大于 3 m^3/min的区域，设计掘进面向巷道前方及联络巷施工抽采钻孔，掘进面迎头各布置 10 个钻孔，钻孔呈三花形双排布置，钻孔开孔间距为 1 m，钻孔倾角上下排与煤层倾角保持一致，联络巷中钻孔呈 2 m

间距布置，倾角为煤层倾角，钻孔长度平均为 200 m，掘进面预抽一段时间经检验抽采效果达标后方可掘进。掘进面瓦斯抽采方法示意图如图 10-48 所示。

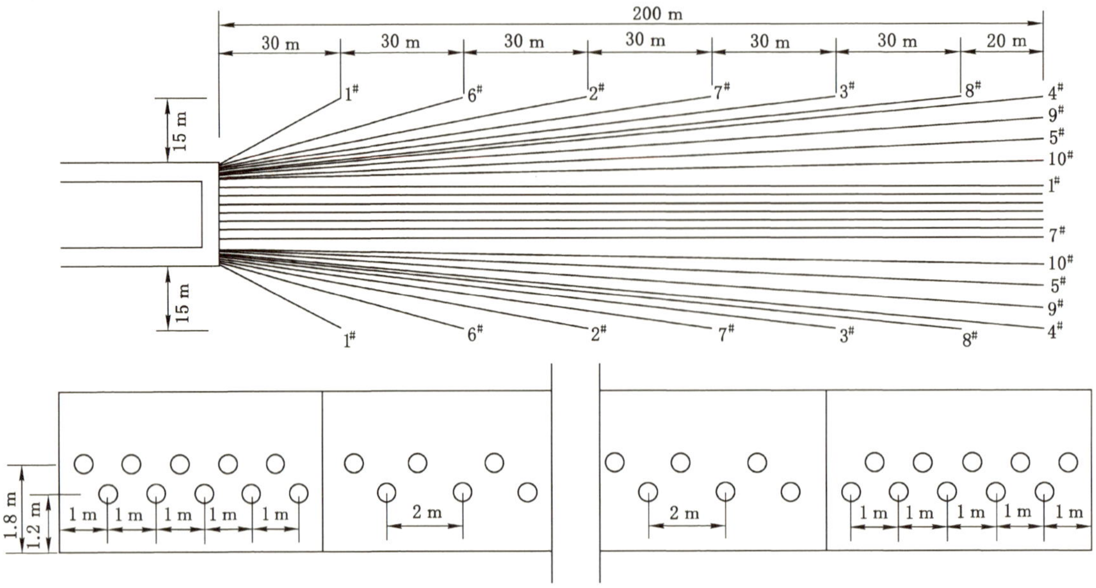

图 10-48　掘进面瓦斯抽采方法示意图

掘进钻孔在巷道前方及联络巷施工，最低开孔位置距巷道底板 1.2 m、开孔高程差 0.5 m，钻孔终孔点离巷帮水平距离控制在 15 m。在巷道内侧可将联络巷作为煤柱抽采钻孔的钻场，施工煤柱瓦斯抽采钻孔。根据掘进工作面瓦斯涌出情况，掘进巷道正前方各布置钻孔 10 个，联络巷布置钻孔 7 个，每循环共布置钻孔 27 个，孔深 200 m。

边掘边抽钻孔工程量比较大，在通风满足要求的情况下，可根据实际情况适当减少钻孔数量，降低边掘边抽钻孔工程量。

(2) 掘进工作面扇形长钻孔模块化预抽

准备采煤工作面时的巷道掘进在原始煤体中，采用先抽后掘的方式进行双巷掘进。随着上一工作面回风巷的掘进，在其后方具备条件时，在回风巷侧布置扇形定向长钻孔对下一个工作面的待掘巷道进行预抽。

定向长钻孔采用钻场扇形施工，钻场间距 300～350 m，钻场内布置 3～5 个主孔，每个主孔上施工 3～5 个分支钻孔，钻孔距待掘联络巷 50 m 处开始上探从巷道顶部穿过，避免巷道掘进过程中揭露钻孔。钻孔深度 320～750 m，钻孔控制下一个工作面回风巷巷帮外 20 m，终孔间距 10～15 m，开孔位置距底板 1.5～1.8 m。钻孔布置方式如图 10-49 所示。

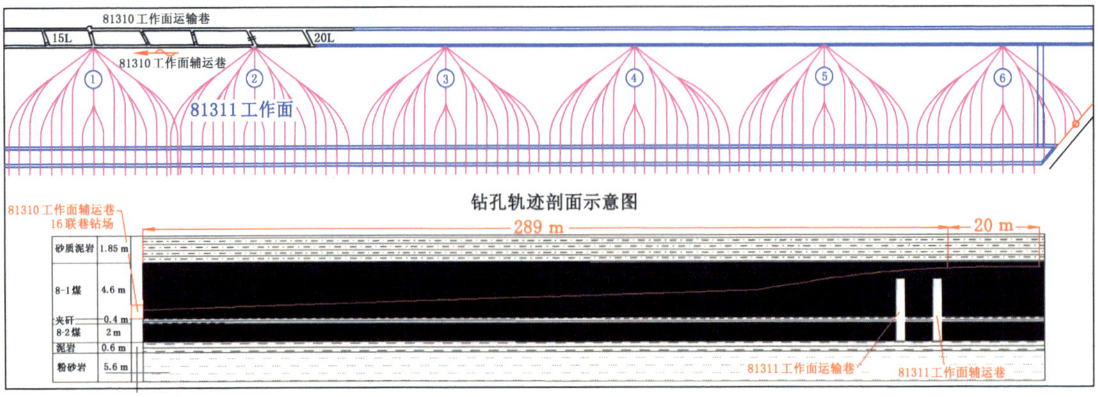

图 10-49　扇形长钻孔预抽钻孔布置方式示意图

(3) 掘进面多巷交替预抽条带煤层瓦斯

在双巷迎头及联络巷内，根据情况施工密集区域预抽短钻孔，钻孔长度 80～100 m，钻孔间距 3～5 m；同时在巷道两侧每 300 m 施工 8～10 个倾向 600 m 定向长钻孔进行超前预抽(压茬 300 m)，钻孔控制巷道两帮外至少 15 m 范围，开孔高度控制在距离底板 1.3～1.6 m，开孔方位角控制在设计要求 ±5° 范围内，避开锚杆锚索影响，抽采达标后掘进。

(4) 单巷双挂耳钻场瓦斯抽采

实施超前预抽钻孔，在巷道两帮钻场施工顺层钻孔预抽煤巷条带煤层瓦斯，两帮钻场间距为 50 m(中对中)，单边钻场间距为 100 m(中对中)，抽采钻场的规格尺寸为：深×宽×高＝4 m×4 m×3 m。钻孔控制范围为巷道轮廓线外不小于 15 m，终孔间距不大于 3 m。两帮钻场及钻孔布置方式见图 10-50，巷道停掘位置必须留不小于 20 m 的超前距。需要说明的是，瓦斯治理过程中需根据钻机能力及瓦斯抽采效果及时调整钻场间距及钻孔深度，提高抽采效果。

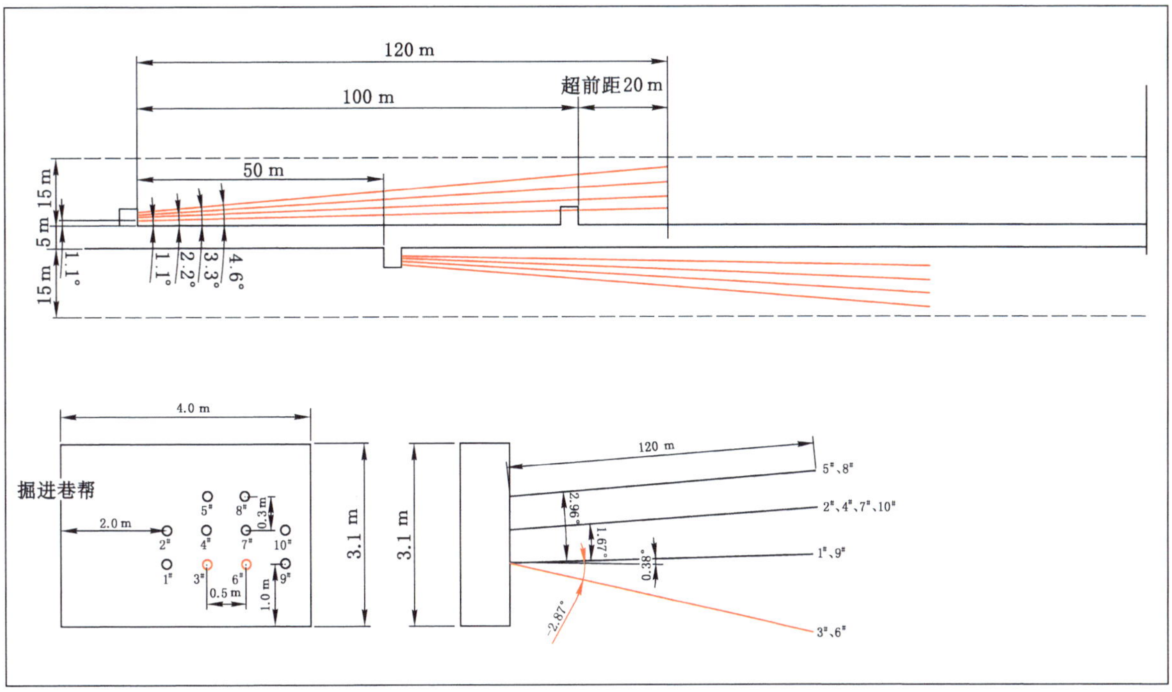

图 10-50　单巷双挂耳钻场瓦斯抽采示意图

当工作面采用的钻屑解吸指标法测试参数 K_1、Δh_2 值或 S 值超过临界值时，或者工作面掘进过程中迎头瓦斯浓度居高不下时，需要在工作面迎头增加条带预抽钻孔，钻孔布置方式如图 10-51 所示。

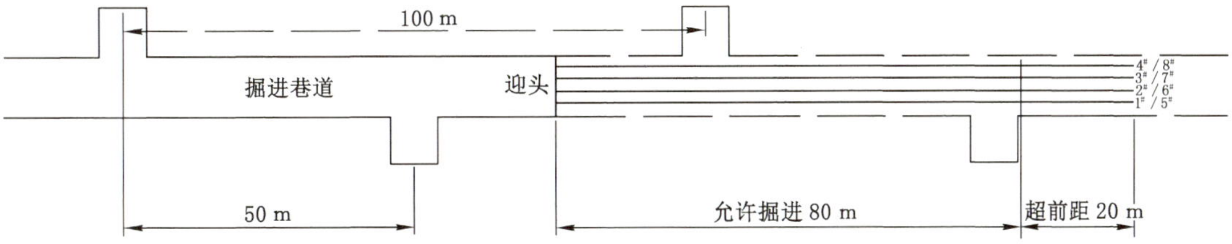

图 10-51　单巷双挂耳钻场瓦斯抽采迎头补充钻孔示意图

若出现煤层赋存变化较大，区域抽采孔一次施钻达不到预计深度时，必须施工地质前探孔，并依据地质前探孔揭露的前方煤层变化或构造情况，针对性地补充该区域钻孔的设计图和安全措施。补充的钻孔设计必须满足顺层钻孔控制上下帮不小于 15 m，停掘位置必须留超前距 20 m。

10.2.4 采空区以孔代巷瓦斯治理技术

轩岗煤电有限责任公司隶属晋能控股集团，总部位于山西省原平市轩岗镇，以煤炭生产为主业，主要生产矿井为焦家寨矿、刘家梁矿、梨园河矿等。轩岗矿区位于宁武煤田东北部，宁武煤田为一长约178 km的窄长复式向斜，西邻北北东走向的管涔山复式大背斜，东靠北北东转北东向的云中山、恒山复式背斜，煤系的发育及赋存状态等受纬向构造、经向构造、华夏系构造等多种构造体系控制、改造和影响。轩岗矿区北北东向、北东向压扭性断裂十分发育，地质构造复杂，其内断层多为正断层。受复杂地质构造影响，轩岗矿区煤矿瓦斯赋存情况与宁武矿区煤层瓦斯赋存情况存在较大差异。

焦家寨矿、刘家梁矿为高瓦斯矿井，主采煤层为2号、5号煤层，其中5号煤层是典型的顶板软、底板软、煤层软的“三软”煤层，瓦斯含量高、透气性差、预抽钻孔成孔率低、瓦斯抽采效果不佳，多年来瓦斯问题是制约轩岗矿区特厚煤层综采放顶煤工作面高效高产的主要因素；2号煤层和5号煤层皆属于自燃煤层，工作面防火难度大。

1. 煤层赋存情况

轩岗矿区主要含煤地层为石炭系上统本溪组、上统太原组和二叠系下统山西组。煤层情况如下。

(1) 含煤性

井田含煤地层为石炭系上统本溪组、上统太原组和二叠系下统山西组。本溪组和山西组不含可采煤层。太原组共含煤6～8层，其中全区可采和大部可采煤层共3层，自上而下编号为2号、3号和5号煤层。4号煤层为局部可采煤层，6号煤层为零星可采煤层。太原组厚度73.64～113.21 m，平均厚度96.11 m。其中，煤层总厚度20.7 m，含煤系数21.5%。可采煤层平均总厚度19.21 m，可采含煤系数20.0%。

(2) 可采煤层

井田内可采煤层为2号、3号、5号煤层，现分述如下：

2号煤层俗称“四七尺”，位于太原组顶部，上距K_2砂岩0～8.81 m。煤层厚度2.60～8.30 m，平均5.81 m。煤层厚度沿走向变化不大，沿倾向由东南部向西北部逐渐增厚。2号煤层可采性指数$K_m=1$，变异系数$r=19.51\%$，为全井田稳定可采煤层。煤层结构复杂，含夹石1～5层，夹石总厚0.4～1.35 m，多集中在中部或中上部，岩性为页岩或碳质页岩，夹石在开采中较难剔除。煤层伪顶泥岩在全井田普遍存在，厚度0.05～0.3 m，一般0.1 m；直接顶以砂质页岩为主，平均厚度1.69 m；基本顶为K_2砂岩，平均厚度6.81 m，在井田中部，K_2砂岩有时与煤层直接接触，使局部煤层变薄，这说明煤层及直接顶遭受了河流后生冲刷，冲刷面较为平整；底板为深灰色中细砂岩，平均厚度4.02 m。

3号煤层俗称“腰渣”，与2号煤层间距2.71～10.21 m，平均7.89 m。3号煤层厚度0.36～2.30 m，平均厚度1.18 m，沿走向及倾向变化均不显著。煤层可采性指数$K_m=0.92$，厚度变异系数$r=25.8\%$，为较稳定的薄煤层，结构简单，大部可采。煤层直接顶一般为砂质页岩，平均厚度3.87 m；基本顶为细砂岩、中砂岩(即2号煤层底板)，平均厚度4.02 m；底板为细粒砂岩，平均厚度3.59 m。

5号煤层俗称“上冒丈”，与4号煤层间距10.94～42.92 m，平均19.34 m。5号煤层厚度5.10～22.15 m，平均12.34 m。煤层可采性指数$K_m=1$，厚度变异系数$r=26.06\%$，为稳定厚-特厚煤层，全区可采。5号煤层层位稳定，厚度变化较大，减薄区多分布在大中型断层下盘，与断层走向基本平行。煤层结构复杂，含夹石0～7层，多数为2～3层，单层夹石厚度一般为0.1～0.6 m。5号煤层底部含有较多的黄铁矿结核，形状一般为椭圆状、不规则球状等，最大直径10～15 cm。煤层直接顶一般为砂质页岩，平均厚度6.87 m；底板为中粒砂岩，平均厚度1.47 m。在轩岗矿区，5号煤层受构造应力作用产生塑性流变，煤层和夹石发生了破碎、揉皱、滑动等变形，从而导致煤层时薄时厚，夹石时断时续，给回采带来一定的影响。

2. 高位定向钻孔以孔代巷瓦斯抽采技术

瓦斯灾害是影响矿井安全高效开采的最主要的灾害形式，被称为矿井安全的“头号杀手”。随着矿井生产技术的革新、开采强度的提高和开采深度的增大，采空区瓦斯涌入工作面的问题越来越严重。其对生产工作最直接的影响是造成工作面上隅角瓦斯超限，不仅迫使工作面停产，还有可能酿成瓦斯爆炸等安全事故。因此，防治采空区瓦斯是矿井生产所要面临的难题。目前常见的比较成熟的采空区瓦斯治理技术有顶抽巷抽采技术、高抽巷抽采技术、尾巷抽采技术、斜交高位钻孔抽采技术等，虽然这些技术瓦斯抽采效果较好，但是存在抽采不稳定、抽采量变化大、有效抽采率低、施工的周期太长、成本高且不易于管理的缺点。相比较而言，近年来，随着煤矿井下定向钻进技术的飞速发展与大规模推广，越来越多的煤矿企业将其应用于顶板高位定向钻孔施工，顶板高位定向钻孔具有轨迹可控、工程量小、施工周期短、钻孔有效长度长等优点。顶板高位定向长钻孔已成为现阶段煤矿工作面瓦斯治理的重要技术手段。

在工作面初采期间，由于工作面的开采，采场上部关键层发生较大面积的断裂，采空区中间部位的采动裂隙趋近压实状态，采空区四周存在联动效果较为显著的采动裂隙发育区域；随着工作面的逐渐推进，该采动裂隙发育区域缓慢移动，最终形成瓦斯库。由于瓦斯的自然特性和进入裂隙带以下受工作面风流压力的综合作用，瓦斯向工作面上隅角方向流动，经工作面回风巷排出，往往造成工作面上隅角瓦斯积聚和超限，甚至造成回风流瓦斯超限。

在采用顶板高位定向钻孔抽采瓦斯时，将高位定向钻孔布置于顶板裂隙带内，此时抽采钻孔与工作面上隅角区域构成一个连通系统，致使钻孔的抽采负压大大高于工作面处的风流负压，在瓦斯升浮和运移作用下，聚集在顶板裂隙中的瓦斯会逐渐被抽采钻孔抽出，进而有效降低上隅角区域的瓦斯浓度。

3. 覆岩“三带”演化高度及裂隙带“四区”发育范围确定

(1) 覆岩“三带”及裂隙带“四区”划分

理论和实践表明，采用全部垮落法管理顶板的情况下，在竖直方向上，根据采空区上覆岩层移动破坏程度，可以分为“竖三带”，自下而上分别为垮落带、裂隙带和弯曲下沉带。在裂隙带高度范围内将覆岩采动裂隙按照其分布特征划分为“横四区”，分别为原岩裂隙区、拉伸裂隙区、结构裂隙区和压实裂隙区。“竖三带、横四区”划分如图 10-52 所示[68]。

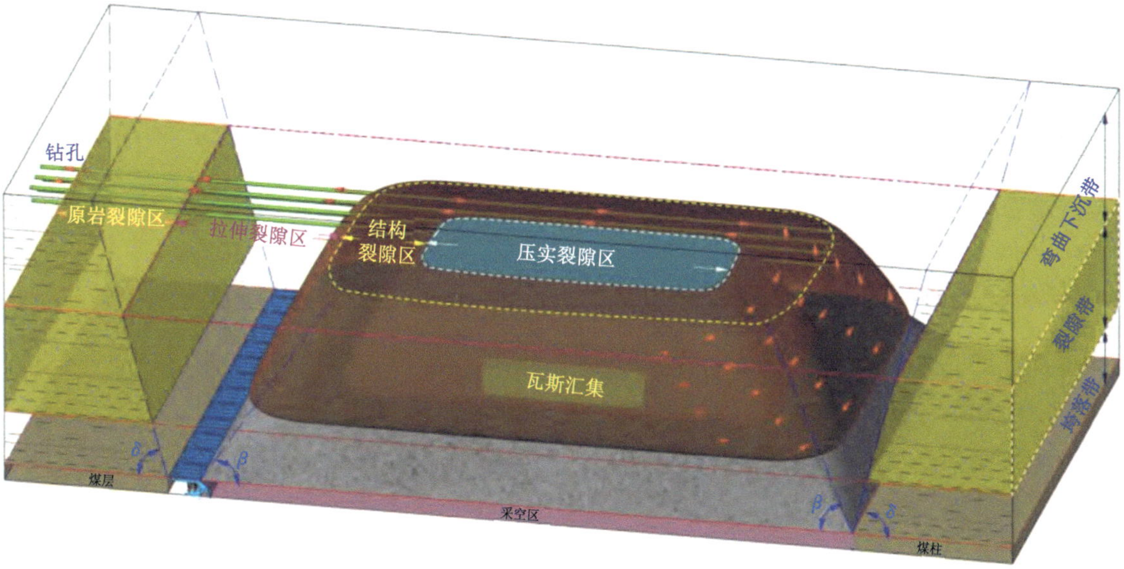

图 10-52　采动覆岩“竖三带、横四区”划分

① “竖三带”划分

a. 垮落带：垮落带是指煤层开采后引起的上覆岩体完全垮落的那部分岩层，垮落带中岩层发生的位移最大，岩层垮落后形成极不规则的岩石碎块，松散堆积，无序排列，松散系数可达 1.0～1.5。一般垮落带的岩层范围为伪顶至直接顶之间。

垮落带内岩层垮落，呈破碎状堆积在采空区，孔隙率和渗透率成级数倍增加。区域内岩层在局部(两侧邻近“砌体梁”结构处、局部结构支撑处)离层发育明显，但是突变很大，不稳定，区域内瓦斯与空气混合气体浓度相对较低。

b. 裂隙带：岩层破断后，岩块仍然排列整齐的区域即裂隙带。它位于垮落带之上，由于排列比较整齐，碎胀系数较小。

裂隙带内岩层离层和穿层裂隙随着周期来压向上发育并相互贯通，形成瓦斯运移及汇聚的裂隙网络；岩层破断至上覆关键硬岩层（中粒砂岩）时停止，穿层裂隙至此高度不再向上发育。该带中下部岩层离层率较大且较稳定，区域内瓦斯浓度较高且能长时间保持较高浓度；上部承载受压离层率显著降低，瓦斯浓度也降低。

c. 弯曲下沉带：弯曲下沉带位于裂隙带之上并直至地面，其内部的岩体在自身重力和上覆岩层载荷的共同作用下整体产生弯曲下沉，但弯曲变形量较小。该部分岩体一般可以较好地保持其原有的完整性结构，不会产生相互连通的裂隙网络。

弯曲下沉带内离层裂隙以“发育-闭合”的循环模式向上传递，最终至地表形成下沉盆地。该带内岩层层间有少量离层产生，但是离层会闭合并向上传递，整体离层率小；区域内没能与采空区瓦斯通道连通，很难抽采采空区瓦斯，瓦斯抽采浓度较低。

② “横四区”划分

a. 原岩裂隙区：岩层受采动影响很小，基本保持原岩状态，无新裂隙生成扩展，且受超前支承压力影响，原始微裂隙会发生闭合现象，从而使原渗透率较低的岩层渗透性更差。

b. 拉伸裂隙区：岩层先后经历“原岩应力—承载（支承压力）—卸载”的过程，且在煤柱支撑作用下呈悬伸弯曲特征，岩层裂隙张开变大，次生裂隙发育，瓦斯解吸能力增强。以岩层开始出现水平变形处为边界点，与开采边界连线得到拉伸裂隙区起始界面，即采动裂隙发育进入拉伸裂隙区，工作面停采处起始界面角度根据覆岩岩性不同而不同，坚硬顶板条件下拉伸裂隙区起始界面与水平面夹角 δ 约为 65°～75°。

c. 结构裂隙区：随着工作面开采，岩层沿一定角度发生破断，破断岩层以“砌体梁”式结构向上传递，扩展至整个采场空间，覆岩四周断裂岩块相互铰接，形成“环形承载梁”结构。此环状结构宽度基本保持不变，而长度与工作面推进距离保持一致。覆岩破断“环形承载梁”结构为瓦斯提供了环形流动裂隙通道和汇聚空间场所，形成了瓦斯汇流的环形区域，以覆岩破断界面为外界面，即岩层裂隙发育进入结构裂隙区，称之为采动裂隙“O”形圈，这是采空区漏风渗流的主要通道，也是采空区内卸压瓦斯的主要流通通道。其破断界面角度根据顶板覆岩岩性不同而变化，坚硬顶板条件下破断界面角度约为 55°～65°。

d. 压实裂隙区：随着基本顶的周期来压，采空区中部穿层裂隙和层间离层逐渐闭合，裂隙率和渗透率显著下降。大量观测数据表明，当层间离层率为 3‰时，向采空区中部延伸，离层和穿层裂隙开始闭合。因此，以岩层离层率 3‰处为界，定义为内界面，即采动裂隙发育进入压实裂隙区，区域范围与结构裂隙区同步动态变化。

拉伸裂隙区岩层仅有微离层裂隙产生。结构裂隙区离层裂隙明显发育，宽度 30～50 m，且能长时间维持，区域内部外界面侧岩层离层裂隙发育程度最优，中部岩层次之，内界面侧岩层最差。压实裂隙区内离层裂隙在承载后逐渐闭合。因此，从采动裂隙区域分布特征分析，横向上，结构裂隙区裂隙发育明显且能长期保持，是布置定向钻孔的最佳区域，且区域内横向外界面侧-中部岩层范围为核心区域。

（2）覆岩“三带”高度及裂隙带“四区”范围确定

① “三带”高度范围经验计算

采空区垮落带和裂隙带的高度主要与煤层的开采厚度、煤层倾角、采空区顶板管理方法以及上覆岩层的岩性有关。“三带”理论在我国煤矿开采系统中已累积大量的实践经验和资料，有着较为准确的计算公式。其中经验计算公式主要针对我国最常用的全部垮落顶板管理法，将采空区上方岩石的岩性划分为坚硬、中硬、软弱和极软四个等级，依次对“三带”高度进行计算。其中，垮落带、裂隙带高度计算公式如表 10-6 所示。

表 10-6　厚煤层开采垮落带及裂隙带高度的经验计算公式

上覆岩层岩性（单轴抗压强度/MPa）	垮落带高度 H_m/m	裂隙带高度 H_1/m	
		计算公式之一	计算公式之二
坚硬(40～80)	$H_m=\frac{100M}{2.1M+16}\pm 2.5$	$H_1=\frac{100M}{1.2M+2.0}\pm 8.9$	$H_1=30\sqrt{M}+10$
中硬(20～40)	$H_m=\frac{100M}{4.7M+19}\pm 2.5$	$H_1=\frac{100M}{1.6M+3.6}\pm 5.6$	$H_1=20\sqrt{M}+10$
软弱(10～20)	$H_m=\frac{100M}{6.2M+32}\pm 1.5$	$H_1=\frac{100M}{3.1M+5.0}\pm 4.0$	$H_1=10\sqrt{M}+5$
极软弱(<10)	$H_m=\frac{100M}{7.0M+63}\pm 1.2$	$H_1=\frac{100M}{5.0M+8.0}\pm 3.0$	

注：M 为煤层采高。

根据河南理工大学2020年编制的《刘家梁煤矿2号煤层煤岩冲击倾向性研究》报告，2214工作面顶板各岩层单轴抗压强度基本都大于80 MPa，顶板岩性属于坚硬顶板。该工作面煤层平均厚度为5.54 m，煤层平均倾角为8°，采用综采放顶煤采煤法开采。

刘家梁煤矿2214工作面开采煤层厚度为5.54 m，根据公式得出垮落带的高度范围 $H_m=17.55\sim22.55$ m，平均高度为20.05 m。

裂隙带的高度范围 $H_1=55.16\sim72.96$ m，平均高度为64.06 m。结合以上垮落带高度可知裂隙带高度应该在17.55～72.96 m范围内。

弯曲下沉带一般在裂隙带上方，其范围一般为裂隙带上方至地面，因此弯曲下沉带的高度范围为煤层底板上方72.96 m至地面。

② 裂隙带高度理论计算

煤层开采后顶板上覆岩层发生自下而上移动破坏，并发育至关键层下部，当层间的下沉变形量协调不一致时，上覆岩层开始发育离层裂隙[69]。关键层下部离层量随着工作面推进距离的增加而不断增大，当岩层破断距离小于工作面推进距离时，岩层发生破断产生纵向穿层裂隙，导通覆岩离层裂隙，瓦斯运移渗流通道得以形成[70]。

据岩层控制关键层理论[71-72]，当开采煤层上部顶板有多层变形岩层时，最下部岩层即为关键层，因第 $n+1$ 层岩层形变小于第 n 层岩层，所以第 n 层岩层不承担第 $n+1$ 层岩层及上部岩层的载荷，则作为关键层的第 $n+1$ 层岩层需符合刚度判别条件：

$$q_{n+1}<q_n$$

式中，q_n 为计算至第 n 层岩层最下部关键层所承受的载荷，MPa；q_{n+1} 为计算至第 $n+1$ 层岩层最下部关键层所承受的载荷，MPa。当第 $n+1$ 层岩层满足刚度条件后，即可能为关键层，要确定第 $n+1$ 层岩层作为关键层还需要满足载荷的强度条件：

$$l_{n+1}>l_n$$

$$l_{n+1}=h_{n+1}\sqrt{\frac{2R_{n+1}}{P_{n+1}}}$$

式中，R_{n+1} 为第 $n+1$ 层岩层的抗拉强度，MPa；P_{n+1} 为第 $n+1$ 层岩层承受的载荷，MPa；h_{n+1} 为第 $n+1$ 层岩层的厚度，m；l_{n+1} 为第 $n+1$ 层关键层的破断距，m。

在一定的开采工况下，上覆岩层关键层破断后的纵向裂隙发育高度存在一定的临界值，其为上覆岩层导气裂隙带的导通发育高度，是确定高位定向钻孔层位参数的重要依据，关键层破断裂隙贯通的临界高度为[73]：

$$H=\frac{M-\frac{L}{h}K}{k_p-1} \tag{10-1}$$

式中 H——关键层破断裂隙贯通的临界高度,m;

L——第 n 层关键层破断块体长度,m;

h——第 n 层关键层厚度,m;

K——第 n 层关键层破断裂隙贯通时的张开度,m;

M——开采煤层采高,取 5.53 m;

k_p——第 n 层关键层破断后下部岩层综合残余碎胀系数,取 1.1～1.15。

根据 2214 工作面柱状图中 2 号煤层顶板各岩层厚度、弹性模量、重度和抗拉强度,可计算得出 2 号煤层顶板以上 74.82 m 位置的粗粒砂岩是主关键层。将采高和综合残余碎胀系数代入上式可计算出裂隙贯通的临界高度,为 36.93～55.4 m。由此可知,关键层破断裂隙贯通临界高度小于主关键层高度,所以 74.82 m 即为采动裂隙带发育高度。

③ "三带"高度时空演化模拟分析

在煤矿实际生产过程中,由经验公式计算所得到的"三带"高度范围与实际存在一定的差异。因此,为了更加精准地判断"三带"高度范围,采用能够较好模拟岩层内部裂隙发育的 UDEC 数值模拟软件,对刘家梁煤矿 2214 工作面开采时上覆岩层破坏后所形成的"三带"高度范围进行模拟,并将垮落带及裂隙带发育高度情况绘制成曲线图,如图 10-53 所示。

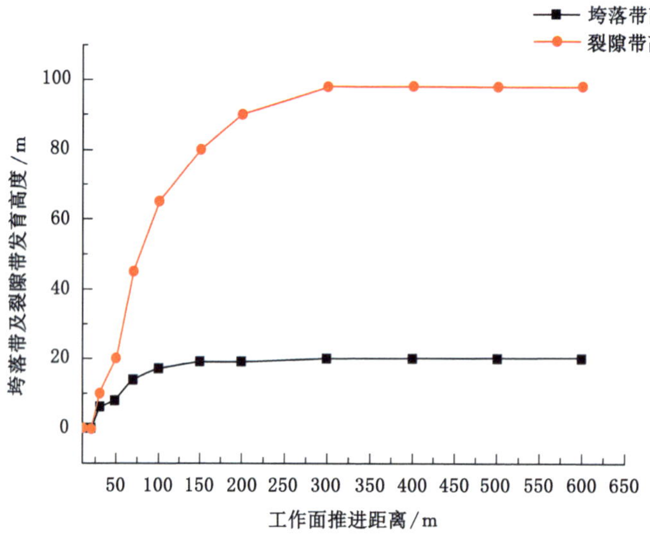

图 10-53 "两带"发育高度随工作面推进距离变化曲线

从图 10-53 中可以看出,垮落带发育高度最终稳定在 20 m 左右,裂隙带最大发育高度可达 94 m 左右。

④ "横四区"范围分析

为了能比较准确地判断采空区覆岩裂隙带"四区"宽度,采用 FLAC3D 数值模拟软件,对刘家梁煤矿 2214 工作面开采时上覆岩层破坏后所形成的"四区"分布情况进行模拟。

随着工作面的不断推进,中部煤岩体压实越来越明显,而采空区周围煤岩体由于受到拉伸作用,产生大量裂隙,没有被压实,形成了拉伸裂隙区和结构裂隙区。该区域在靠近工作面的平面上达到了最大值,而随着与工作面垂直距离的增大,该区域逐渐呈现减小的趋势,这和煤岩体的卸压角演化规律密切相关。同时,根据工作面不同推进距离下各层位位移切片云图,采空区覆岩垮落后裂隙带所形成的结构裂隙区宽度大致为 38～46 m。

4. 高位定向钻孔瓦斯抽采技术试验

(1) 高位定向钻孔布置参数

① 钻孔层位确定

基于顶板高位抽采钻孔的布置原理可知，工作面采用高位钻孔进行上隅角瓦斯抽采达到的效果与高抽巷抽采相同。基于顶板抽采瓦斯流程可知，抽采技术的应用效果主要取决于钻孔层位的合理布置，当抽采钻孔布置在顶板裂隙带内时，通过抽采负压能够实现将裂隙带内高浓度瓦斯有效抽出的目的。若高抽巷及钻孔位置不合理，当将其布置在垮落带内时，此时抽采的瓦斯浓度会很低；当将其布置在弯曲下沉带内时，由于弯曲下沉带内裂隙发育较少，会出现抽采量较小的情况。

根据以上“三带”高度经验计算值与数值模拟分析结果，2214 工作面垮落带最大发育高度为距煤层顶板 12.02～17.02 m，裂隙带最大发育高度为距煤层顶板 49.63～70.43 m。理论计算的顶板高位钻孔合理层位为距煤层顶板 12.02～70.43 m，即钻孔分布在裂隙带内。结合刘家梁煤矿的具体情况，煤层顶板上方约 45 m 赋存多层厚度较厚泥岩，泥岩稳定性差，钻孔成孔率低，高位定向钻孔布置在距煤层顶板垂距 12～45 m、距离巷帮平距 10～40 m 之间较为合理。

② 钻孔孔径及抽采负压的选择

已有学者研究表明，相同的抽采负压下，抽采半径随着孔径的增大逐渐增大，但是有效抽采半径增长幅度越来越小，增大到一定程度后，增幅减小，两者呈幂指数关系。2214 工作面瓦斯抽采管路为 ϕ377 mm 管路，抽采能力有限，同时考虑施工设备及打钻成本，认为选取抽采孔径为 153 mm 的大直径钻孔最为合理。结合矿井泵站的实际抽采能力，确定合理的抽采钻孔孔口负压为 20～30 kPa。

③ 钻孔个数及孔间距确定

2214 工作面前半段(615 m 范围)顶抽巷瓦斯抽采纯量约为 2～3 m^3/min，后半段(615～1 210 m 范围)采用高位定向钻孔代替顶抽巷后，为了有效控制上隅角瓦斯浓度，设计高位定向钻孔瓦斯抽采纯量≥4 m^3/min。钻孔孔径 153 mm，钻孔平均抽采流速取 10 m/s(孔口负压不低于 20 kPa)，则钻孔流量为(流量不均衡系数取 1.2)：

$$Q=(0.153/0.145\ 7)^2\times 10/1.2=9.19\ (m^3/min)$$

钻孔单孔抽采纯量为(平均浓度取 10%)：

$$Q_C=9.19\times 10\%=0.92\ (m^3/min)$$

根据以上计算结果，为了保证高位钻孔的抽采效果，结合现场实际条件，设计每个钻场钻孔布设个数为 5～7 个。根据前述“O”形圈范围，孔底间距定为 5～10 m。

④ 定向钻孔参数的确定

a. 1 号钻场钻孔布置参数

根据理论计算结果，同时考虑试验不同层位钻孔瓦斯抽采效果，对 2214 工作面 1 号钻场的高位定向钻孔的参数进行了设计，钻场布置于距工作面开切眼 890 m 处，钻场内设计施工 5 个高位钻孔，层位为煤层顶板以上 11～38 m，距回风巷帮 17～37 m。其中垮落带布置 1 个钻孔，裂隙带布置 4 个钻孔，设计钻孔孔径 153 mm，钻孔长度 234～348 m，钻孔设计参数见表 10-7，钻孔布置如图 10-54 所示。

表 10-7　2214 工作面 1 号钻场定向钻孔设计参数

钻场	孔号	孔径/mm	设计孔深/m	距煤层顶板垂距/m	距回风巷平距/m
1#	1-1#	153	234	35	17
	1-2#	153	348	11	30
	1-3#	153	280	18	20
	1-4#	153	264	32	37
	1-5#	153	252	38	24

b. 2 号钻场钻孔布置参数

2 号钻场布置于距工作面开切眼 1 210 m 处，钻场内设计施工 7 个钻孔，钻孔层位为煤层顶板以上 17～40 m，距回风巷帮 14～38 m。垮落带布置 2 个钻孔，裂隙带布置 5 个钻孔，孔径 153 mm，设计参数见表 10-8，钻孔布置如图 10-55 所示。

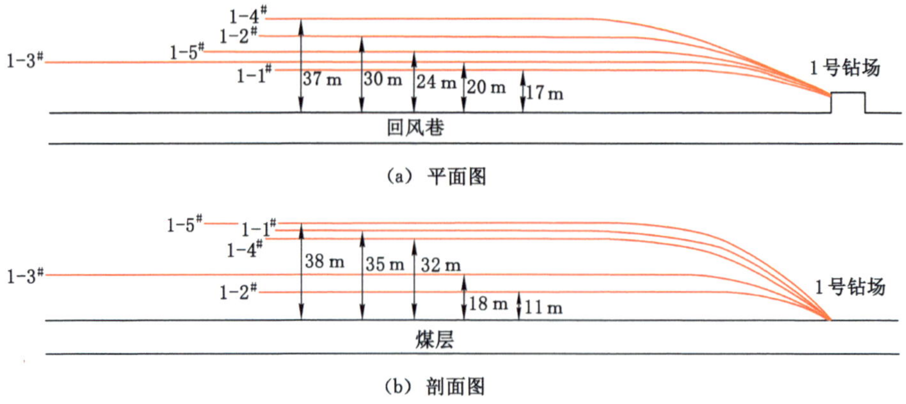

图 10-54　1 号钻场各钻孔布置平剖面图

表 10-8　2214 工作面 2 号钻场定向钻孔设计参数

钻场	孔号	孔径/mm	设计孔深/m	距煤层顶板垂距/m	距回风巷平距/m
2-1#	2-1#	153	265	17	14
	2-2#	153	354	20	20
	2-3#	153	381	32	29
	2-4#	153	403	40	38
	2-5#	153	426	35	25
	2-6#	153	421.2	36	32
	2-7#	153	450	38	37

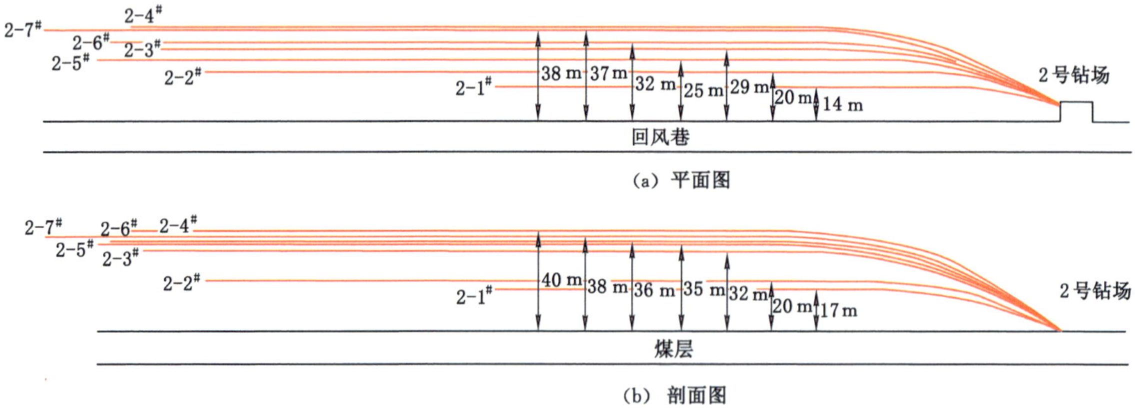

图 10-55　2 号钻场各钻孔布置平剖面图

(2) 高位定向钻孔瓦斯抽采效果

① 瓦斯抽采参数变化情况

利用上述高位定向钻孔布置参数，在刘家梁矿 2214 工作面回风巷进行了钻孔施工，统计了 1 号、2 号钻场内各个钻孔单孔瓦斯抽采浓度和纯量变化规律，分别如图 10-56、图 10-57 所示。

由图 10-56、图 10-57 可知，1 号钻场 5 个钻孔服务期间平均瓦斯抽采浓度分别为 7.6%、2.69%、9.57%、6.72%和 5.43%，平均抽采纯量分别为 1.10 m^3/min、0.42 m^3/min、1.03 m^3/min、0.83 m^3/min

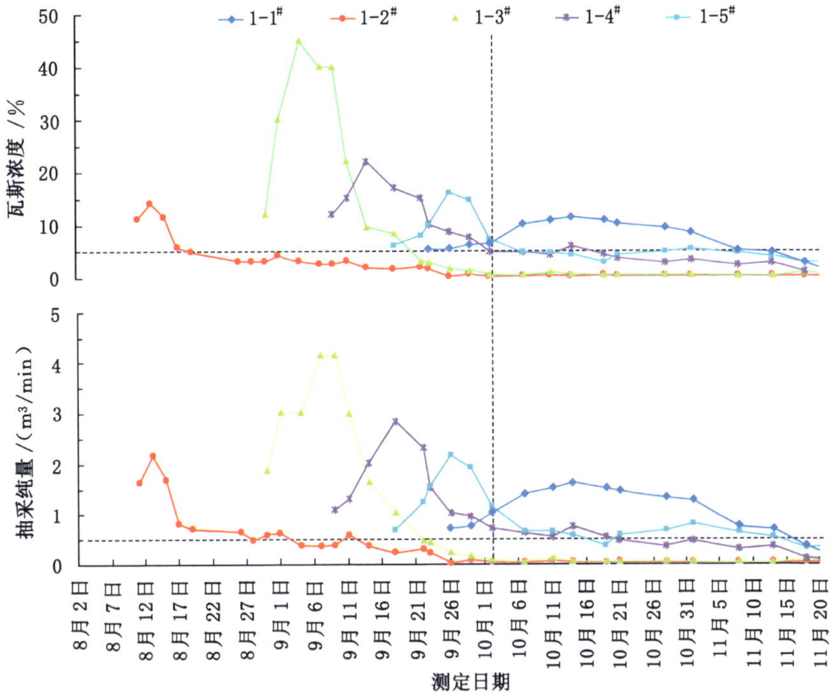

图 10-56 1 号钻场高位定向钻孔瓦斯抽采效果

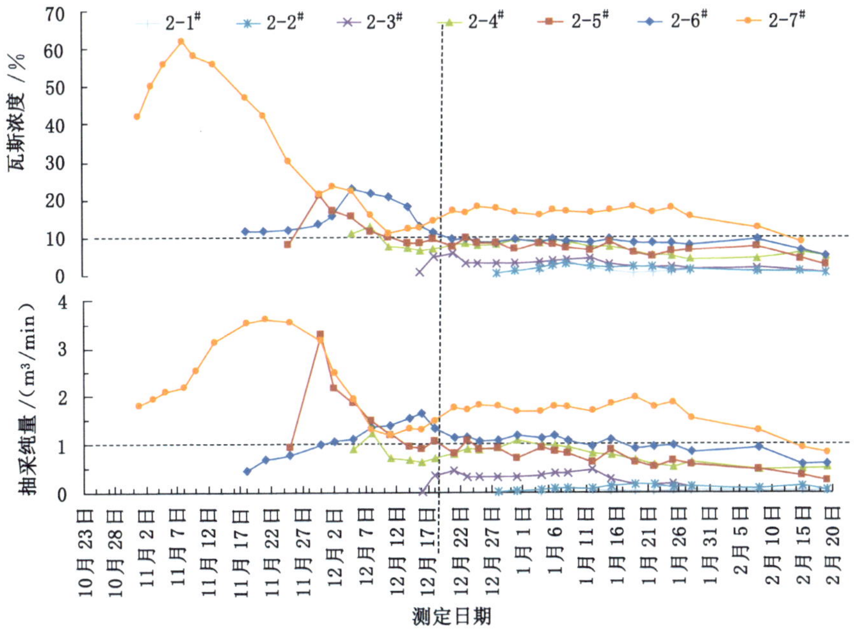

图 10-57 2 号钻场高位定向钻孔瓦斯抽采效果

和 0.76 m^3/min。2 号钻场 7 个钻孔服务期间平均瓦斯抽采浓度分别为 1.19%、1.71%、2.95%、7.77%、9.24%、11.81%、26.47%，平均抽采纯量分别为 0.04 m^3/min、0.09 m^3/min、0.31 m^3/min、0.83 m^3/min、1.10 m^3/min、1.09 m^3/min、2.05 m^3/min。

② 上隅角瓦斯浓度变化情况

高位定向钻孔的作用主要在于抽采采空区裂隙带内瓦斯，减少采空区涌向工作面和上隅角的瓦斯量，因此其防治效果可以通过采空区瓦斯抽采量和上隅角瓦斯浓度来直接体现。为了对采用以孔代巷后的工作面整体瓦斯防治效果进行分析，将 2214 工作面全过程生产期间的采空区瓦斯抽采量和上隅角瓦斯浓度变化规律分别进行对比，如表 10-9 和图 10-58 所示。

表 10-9　2214 工作面瓦斯抽采效果测定情况

抽采阶段	抽采浓度/%		抽采纯量/(m^3/min)		抽采流量/(m^3/min)	上隅角瓦斯浓度/%
	最大值	平均值	最大值	平均值		
第一阶段	8.0	4.8	5.40	2.49	50.91～77.90	0.50～0.72
第二阶段	18.4	7.1	5.58	2.61	34.13～72.08	0.42～0.62
第三阶段	62.0	20.7	7.42	4.45	61.10～73.40	0.32～0.50

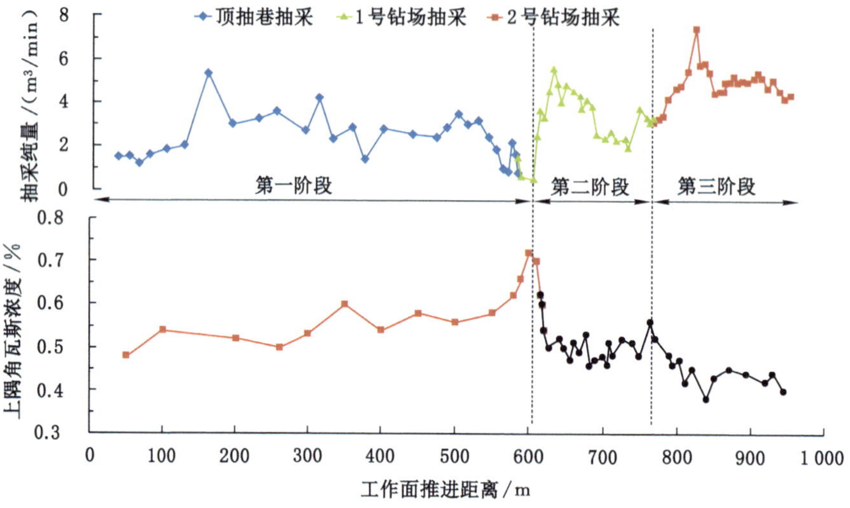

图 10-58　2214 工作面上隅角瓦斯浓度变化曲线

由图 10-58 可知，2214 工作面瓦斯抽采主要经历 3 个阶段，分别为顶抽巷瓦斯抽采阶段、1 号钻场瓦斯抽采＋上隅角插管瓦斯抽采阶段和 2 号钻场瓦斯抽采阶段。第一阶段平均抽采纯量为 2.49 m^3/min，最大瓦斯抽采纯量为 5.4 m^3/min。生产期间上隅角瓦斯浓度保持在 0.50%～0.60%。工作面回采至接近顶抽巷巷口处时，上隅角瓦斯浓度最大值达 0.72%。第二阶段平均瓦斯抽采纯量为 2.61 m^3/min，最大瓦斯抽采纯量为 5.58 m^3/min。生产期间上隅角瓦斯浓度保持在 0.42%～0.56%，在 1 号钻场与顶抽巷交接初期，上隅角最大瓦斯浓度达 0.62%。第三阶段平均瓦斯抽采纯量为 4.45 m^3/min，最大瓦斯抽采纯量为 7.42 m^3/min。生产期间上隅角瓦斯浓度保持在 0.32%～0.50%。2 号钻场服务期间瓦斯防治效果明显好于顶抽巷抽采与 1 号钻场服务期间，且瓦斯抽采纯量相对比较稳定。这表明工作面采用以孔代巷瓦斯治理技术，能有效地降低工作面上隅角瓦斯浓度，保障工作面安全生产。

5. "一面四巷"立体瓦斯治理技术

轩岗矿区 5 号煤层具有顶板软、底板软、煤层软的"三软"煤层特性，瓦斯含量高、透气性差、预抽钻孔成孔率低、瓦斯抽采效果不佳，瓦斯问题是制约石炭系特厚煤层综采放顶煤工作面高产高效生产的主要因素。

以轩岗矿区"三软"煤层(5 号煤层)瓦斯防治问题为研究对象，结合大同矿区主采煤层瓦斯赋存特征、瓦斯防治技术，通过对特厚煤层放顶煤工作面瓦斯涌出规律分析，提出以"一面四巷"为主的立体瓦斯防治技术，并采用理论分析、数值模拟、现场测试及实际应用相结合的方法确定相关技术参数；通过实际应用对瓦斯防治效果进行验证，取得较好的社会、经济效益。

(1) 瓦斯治理方法选择

轩岗矿区 5 号煤层可解吸瓦斯量达 6.4 m^3/t，具备煤层预抽的必要性，如上文所述，5 号煤层本煤层预抽效果不佳，认为在底板巷完成施工后，由底板巷向采煤工作面施工穿层预抽钻孔能够有效降低工作面掘进和回采期间煤层可解吸瓦斯量，减少工作面瓦斯涌出量。

根据放顶煤工作面瓦斯涌出特征可知，工作面放煤期间瓦斯容易集中涌出，从而导致工作面或上隅角瓦斯浓度超限，因此可采用大直径、大流量抽采的瓦斯治理方法，顶抽巷瓦斯治理技术已在大同矿区放顶煤工作面成功推广；工作面上隅角是采空区瓦斯集中涌出区，是工作面瓦斯治理的难点区域，在工作面上隅角进行插管抽采，能够有效拦截采空区涌出瓦斯；高位钻孔对裂隙带高浓度瓦斯抽采，能够降低采空区瓦斯浓度，减少采空区瓦斯涌出量，具有针对性，抽采浓度高，操作方便，治理上隅角局部瓦斯超限问题效果较好。因此，以顶抽巷抽采为主，高位钻孔及上隅角插管抽采为辅，对整个采煤工作面形成高、中、低立体抽采瓦斯治理模式。

综上所述，轩岗矿区瓦斯治理以"一面四巷"治理方式为主，以局部措施为辅的治理方法在技术上可行。"一面四巷"即一个工作面布置四条巷道：两条工作面回采巷道＋一条底抽巷＋一条顶抽巷（见图 10-59）。其中，底抽巷布置在两条回采巷道中间，通过穿层钻孔预抽煤层瓦斯，掩护工作面回采巷道掘进，并降低采煤工作面可解吸瓦斯量；顶抽巷内错回风巷布置，抽采采空区卸压瓦斯，减少采空区瓦斯涌出量。

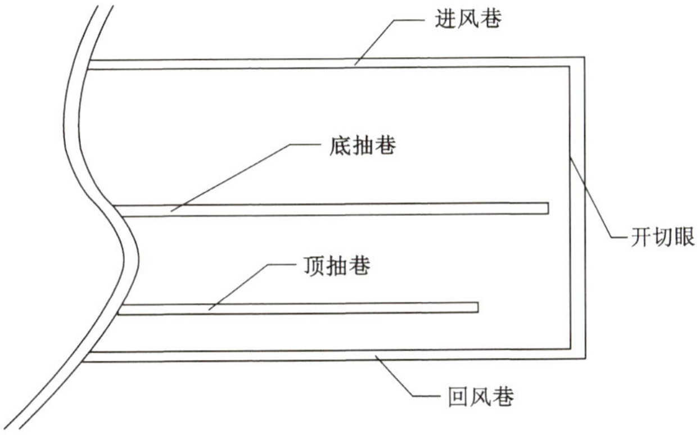

图 10-59　"一面四巷"布置示意图

(2) 采煤工作面立体抽采参数确定

轩岗矿区采煤工作面采用高、中、低立体抽采的瓦斯治理模式，以顶抽巷为主，高位钻孔、上隅角插管为辅。顶抽巷的布置参数主要包括垂直层位（与煤层垂直距离）和水平错距（其水平投影与工作面回风巷之间的距离）；高位钻孔布置参数包括终孔位置与水平覆盖范围；上隅角插管布置参数包括抽采量、插管步距等。

① 顶抽巷及高位钻孔垂直层位确定

采空区垮落带和裂隙带的高度主要与煤层的开采厚度、煤层倾角、采空区顶板管理方法以及上覆岩层的岩性有关。"三带"理论计算公式主要针对我国最常用的全部垮落顶板管理法，将采空区上方岩石的岩性划分为坚硬、中硬、软弱和极软四个等级，依次对"三带"高度进行计算。其中，垮落带、裂隙带高度计算公式如表 10-6 所示。

结合 5 号煤层 5136 工作面顶板岩性及相关资料，5136 工作面煤层厚度为 9 m 左右，工作面直接顶为泥岩与砂质泥岩，其单轴抗压强度为 38.3 MPa。

通过计算得到垮落带的高度范围为 12.48～16.88 m，裂隙带高度范围为 12.48～55.6 m，弯曲下沉带的高度范围为煤层上方 55.6 m 至地面。

根据上文对放顶煤工作面瓦斯涌出特征分析，其瓦斯治理措施应重点针对放煤涌出瓦斯兼顾采空区涌出瓦斯，因此顶抽巷和高位钻孔最佳层位应位于垮落带上部或裂隙带下部，同时抽采放顶煤与采空区瓦斯；结合5136工作面岩层赋存情况及生产实际，5136工作面顶板较软，存在随采随垮现象，工作面周期来压显现不明显，采空区悬顶距较小，5号煤层直接顶为泥岩，受其遇水膨胀岩性的影响，顶板垮落后裂隙发育相对较少，瓦斯运移速度相对较慢，顶抽巷若要抽采采空区高浓度瓦斯，顶抽巷底板所需滞后顶板垮落距离较大，不利于对顶煤卸压瓦斯抽采；考虑顶抽巷布置在基本顶（砂岩）中时，其掘进速度慢，施工成本大，矿井采掘接替紧张，因此选择将顶抽巷沿工作面顶板布置（见图10-60）。对于高位定向钻孔，它作为辅助抽采方式，将其布置在裂隙带内对采空区高浓度瓦斯进行抽采，结合上文计算结果，高位钻孔终孔位置位于工作面顶板上方30～35 m处。

② 顶抽巷及高位钻孔水平错距确定

采用长壁后退式采煤方法时，工作面采空区顶板裂隙发育稳定后形成"O"形圈，顶抽巷及高位钻孔布置在"O"形圈裂隙带内。顶抽巷与回风巷的水平距离S可采用下式计算。

$$S=[H-(B+H\cot\theta)\tan\alpha]\sin\alpha+(B+H\cot\theta)/\cos\alpha$$

式中 S——顶抽巷距回风巷的水平距离；

H——顶抽巷与煤层的垂直距离；

B——顶抽巷距"O"形圈的外边界距离，一般条件下，B取值范围为0～34 m；

α——煤层倾角；

θ——"O"形圈外边界与开采边界的连线与煤层的夹角。

对于5号煤而言，取$H=0$ m，$\theta=62°$，$\alpha=8°$，经计算，顶抽巷及高位钻孔与回风巷的水平距离S为0～35.0 m。

利用SF_6示踪气体对5136工作面进行3次漏风测定。测定结果如图10-61所示。

由图10-61可以看出，工作面前20架支架范围基本无示踪气体涌出，划分为漏入区，即工作面新鲜风流以流入采空区为主；工作面20架至57架支架范围为过渡区，即采空区风流逐渐涌向工作面空间；工作面57架至84架支架范围为漏出区，即采空区风流以漏出为主，其中70架至84架支架范围为集中涌出区，是工作面瓦斯治理重点区域。

根据以上理论计算结果及漏风带测试结果，顶抽巷及高位钻孔与回风巷的水平错距应在0～35 m范围内，并且其抽采范围能够有效覆盖工作面70架至84架支架范围。对于顶抽巷而言，当顶抽巷与回风巷水平错距较小时，不利于两巷道维护且易相互沟通；当顶抽巷与回风巷水平错距较大时，顶抽巷有可能布置到"O"形裂隙圈外部，影响其抽采效率。同理，对于高位钻孔而言，其水平错距也不宜过大或过小。考虑5136工作面实际情况，选择顶抽巷的水平错距为20 m，即顶抽巷水平投影与回风巷距离为20 m；高位钻孔抽采应覆盖回风巷至工作面20 m范围，相邻钻孔终孔间距为4 m。

③ 上隅角插管抽采参数确定

上隅角插管抽采能有效抽采上隅角局部瓦斯，减少工作面瓦斯涌出量，刘家梁矿、焦家寨矿上隅角采用4～6趟ϕ108 mm钢丝骨架胶管进行插管抽采，主管选用ϕ273 mm钢管进行低负压抽采，插管步距3～5 m。

④ 底抽巷及抽采钻孔布置参数

根据5136工作面实际情况，以及其他工作面底抽巷布置经验，最终选择将底抽巷布置在5号煤层底板以下7～10 m的层位。

根据5136工作面实际情况，底抽巷掘进期间，在其上、下帮施工内错钻场，钻场间距为30 m；在底抽巷内向5号煤层施工穿层钻孔，抽采5136工作面及工作面回采巷道条带瓦斯。

根据煤层倾角及工作面长度，在底抽巷每排布置15个钻孔，钻孔深度为18～80 m，终孔深入5号煤层顶板2 m左右，终孔呈网格布置，终孔间排距为10 m×10 m，每3排钻孔为一个分组，单组钻孔布

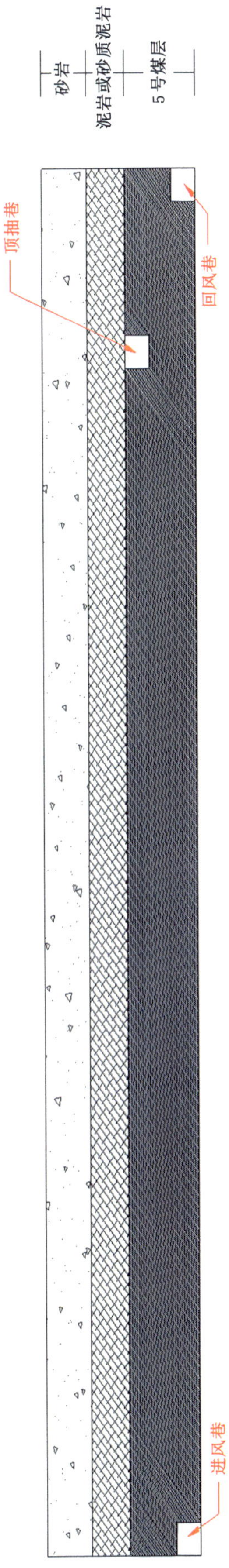

图 10-60　顶抽巷布置层位示意图

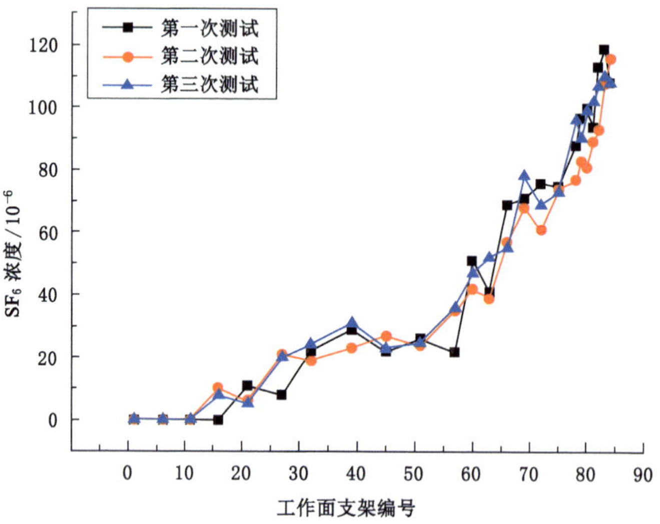

图 10-61　示踪气体浓度沿工作面面长方向的分布规律

置如图 10-62 和图 10-63 所示。

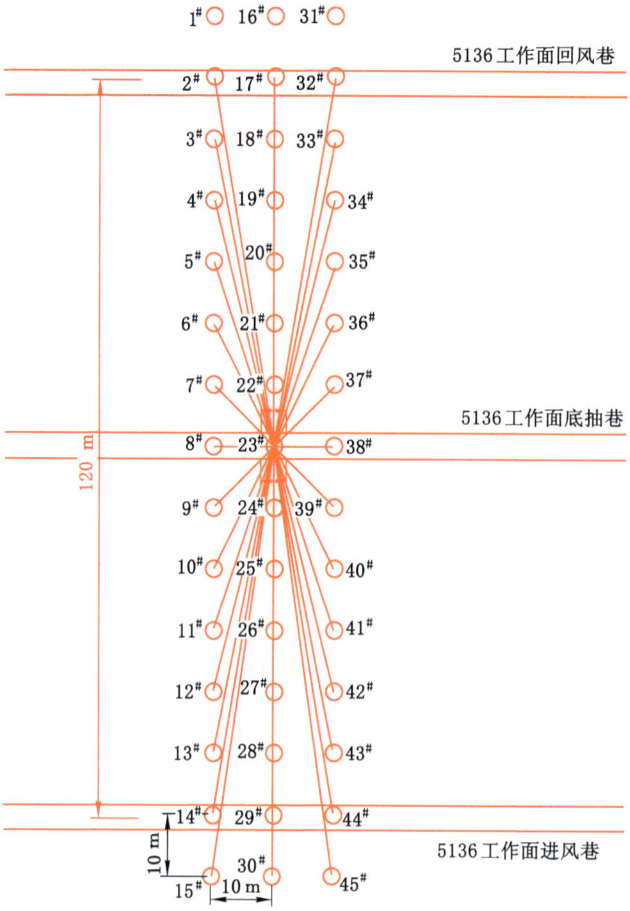

图 10-62　单组钻孔布置平面图

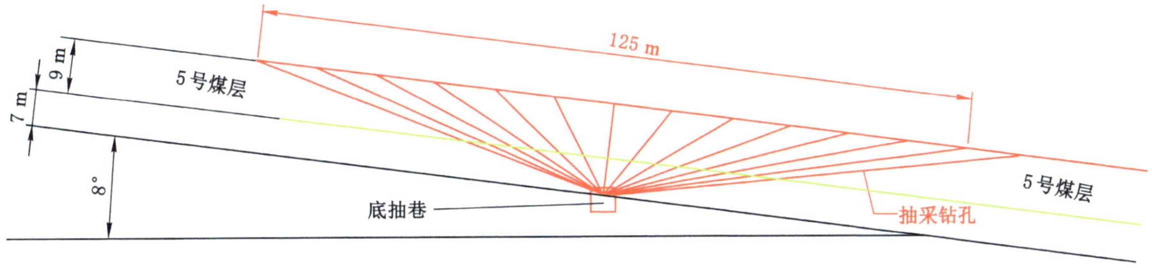

图 10-63　单组钻孔布置剖面图

(3) 瓦斯治理效果分析

根据以上研究结果，将"一面四巷"瓦斯治理技术应用到刘家梁矿 5136 工作面和焦家寨矿 52105 工作面。其中，顶抽巷沿 5 号煤层顶板布置，底抽巷布置在 5 号煤层底板下方 7～10 m 的岩层中。通过对两工作面顺槽掘进及工作面回采过程中的瓦斯浓度进行监测，分析其瓦斯治理效果。

刘家梁矿 5136 工作面底抽巷在 2016 年 2 月施工完毕，抽采时间累计 550 天后，工作面顺槽依次在 2017 年 10 月至 2018 年 10 月期间完成施工。经实测，抽采前期底抽巷抽采主管路瓦斯浓度为 10%～14%，抽采后期瓦斯浓度降低到 2%～4%。据统计，工作面顺槽掘进前，底抽巷抽采瓦斯量已达 365.65 万 m^3。5136 工作面工业储量为 135.562 万 t，按照瓦斯含量 7.80 m^3/t 计算，该面瓦斯储量达1 057.38 万 m^3，即工作面顺槽掘进前该面瓦斯储量已减少 34.58%。并且在该工作面顺槽掘进过程中，掘进工作面瓦斯浓度最大为 0.26%。

焦家寨矿 52105 工作面底抽巷在 2015 年 8 月施工完毕，抽采时间累计 780 天后，工作面顺槽依次在 2017 年 10 月至 2018 年 3 月期间完成施工。经实测，抽采前期底抽巷抽采主管路瓦斯浓度为 10%～12%，抽采后期瓦斯浓度降低到 3%左右。据统计，工作面顺槽掘进前，底抽巷抽采瓦斯量已达 401.25 万 m^3。52105 工作面工业储量为 136.14 万 t，按照瓦斯含量 7.80 m^3/t 计算，该面瓦斯储量达1 061.89万 m^3，即工作面顺槽掘进前该面瓦斯储量已减少 37.79%。另外，通过对该工作面顺槽掘进过程中瓦斯浓度的监测，其掘进工作面瓦斯浓度最大为 0.24%。

如上所述，5136 工作面顺槽掘进期间瓦斯浓度最高为 0.26%，52105 工作面顺槽掘进期间瓦斯浓度最高为 0.24%，这表明底抽巷的预抽效果较好，能够有效控制掘进工作面的瓦斯浓度。为充分说明底抽巷的抽采效果，将焦家寨矿 52105 工作面与该矿未施工底抽巷的 52107 工作面顺槽掘进期间瓦斯浓度进行对比，如图 10-64 所示。

由图 10-64 可以看出，未施工底抽巷的 52107 工作面顺槽掘进期间平均瓦斯浓度为 0.48%，最大瓦斯浓度为 0.76%；52105 工作面顺槽掘进期间平均瓦斯浓度为 0.15%，最大瓦斯浓度为 0.24%。52107 工作面顺槽掘进期间瓦斯浓度远远大于 52105 掘进工作面。因此，52105 工作面底抽巷瓦斯治理效果明显，能够很好地保护工作面顺槽安全掘进，并有效地控制掘进期间工作面的瓦斯浓度。

刘家梁矿 5136 工作面顶抽巷施工完成时间为 2019 年 2 月，焦家寨矿 52105 工作面顶抽巷施工完成时间为 2018 年 8 月，两工作面顶抽巷施工完后，为保证工作面安全生产，均在顶抽巷内敷设两趟 ϕ377 mm 抽采管路，并在顶抽巷巷口施工两道密闭，利用两趟 ϕ377 mm 抽采管路对工作面采空区瓦斯进行抽采。经实测，5136 工作面回采期间，顶抽巷抽采瓦斯浓度基本保持在 4.0%，抽采混量总和为 600 m^3/min，抽采瓦斯纯量为 24 m^3/min；该工作面上隅角插管及高位钻孔抽采瓦斯纯量分别为 1.23 m^3/min 和 2.64 m^3/min。52107 工作面回采期间，顶抽巷抽采瓦斯浓度基本保持在 5.0%，抽采混量总和为 570 m^3/min，抽采瓦斯纯量为 28.5 m^3/min。该工作面上隅角插管及高位钻孔抽采瓦斯纯量分别为 1.14 m^3/min 和 2.46 m^3/min。工作面风量由 1 400 m^3/min 降低至 1 100 m^3/min，工作面通风阻力降低，并有效缓解了粉尘危害。

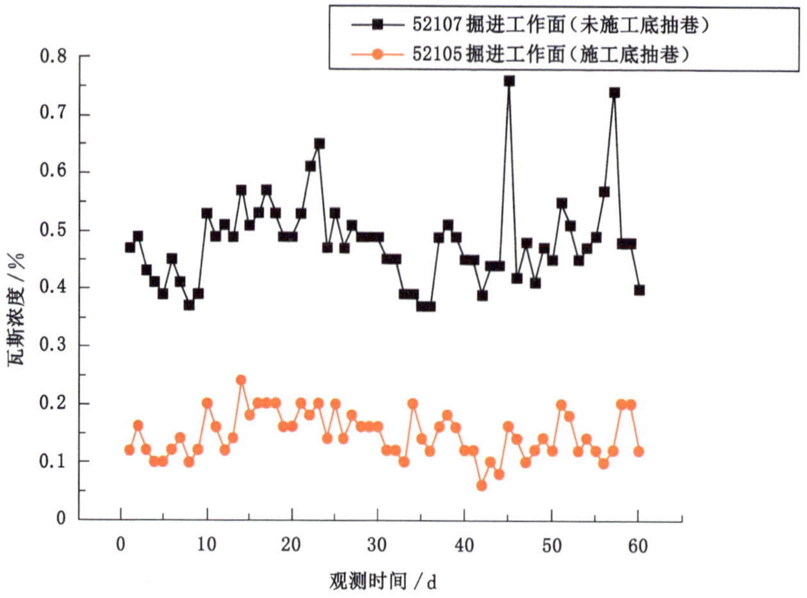

图 10-64　掘进工作面瓦斯浓度对比

为说明"一面四巷"瓦斯治理技术的实际应用效果，在 2019 年 8 月至 11 月期间，对 5136 工作面和 52105 工作面回采期间上隅角瓦斯浓度进行监测，并绘制成曲线图，如图 10-65 所示。

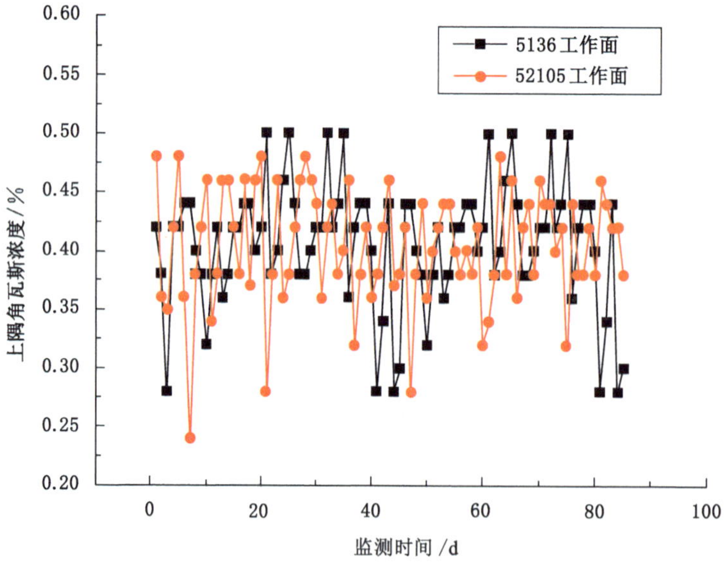

图 10-65　5136 和 52105 工作面上隅角瓦斯浓度变化曲线

从图 10-65 中可以看出，5136 和 52105 工作面回采期间，上隅角瓦斯浓度基本在 0.2%～0.5%之间波动，主要集中在 0.35%～5%。其中，5136 工作面上隅角瓦斯浓度最大为 0.5%，52105 工作面上隅角瓦斯浓度最大为 0.48%，在割煤和放煤期间均未出现上隅角瓦斯浓度超限现象，这说明所采取的"一面四巷"瓦斯治理技术能够有效控制轩岗矿区"三软"煤层综采放顶煤工作面上隅角瓦斯浓度。

综上所述，利用底抽巷对 5136 和 52105 工作面进行预抽的情况下，工作面顺槽掘进期间，掘进工作面瓦斯浓度最高为 0.26%；在用底抽巷对本煤层进行抽采后，5136 和 52105 工作面回采期间，利用顶抽巷抽采采空区瓦斯的方法，上隅角瓦斯浓度最大为 0.5%，两工作面均无瓦斯超限现象。这充分说明"一面四巷"瓦斯治理技术能够有效治理轩岗矿区"三软"煤层——5 号煤层瓦斯问题。

10.3　大同矿区双系煤层火灾治理技术

10.3.1　侏罗系煤层火灾治理技术

大同侏罗纪煤田东南部含煤地层，大片被覆“红色地层”，它并非红层沉积，而是煤层曾大面积着火的结果，印证了大同侏罗纪煤田就是一片古火区[74]。侏罗系煤层变质程度较低、抗风化能力差，加上该煤种丝炭组分多、含氢量低、无黏结性、疏松多孔、吸氧性强，以及含有大量的黄铁矿结核，这都是煤层本身易于氧化自燃的内在原因，并且大同矿区开采的侏罗系煤层，存在煤层层数多、间距小、顶板坚硬、埋藏浅的特点，煤层开采后采空区顶板垮落后矸石粒径大、垮落矸石间隙宽度平均值大，许多区域顶板垮落不完全、不能充分塌落压实，漏风通道多，容易诱发采空区火灾。采空区自然发火问题[74]严重影响了大同矿区矿井的安全生产，造成了重大经济损失，已经成为制约大同矿区健康可持续发展的最大难题[75]。

1. 大同矿区自然发火预测预报技术

矿井自然发火的早期预测预报是取得防灭火工作主动权的关键。近年来，随着各种气体监测仪表和矿井集中安全监测系统的发展，井下自然发火监测预报代替了过去完全手工操作的气体分析方法。大同矿区自然发火矿井已配束管监测系统，它能连续监测 CO、CO_2、CH_4、O_2 等气体[76]，根据指标气体浓度的变化趋势实现对煤炭自燃的预测预报，四老沟矿 12# 层四盘区火下开采工作面从 1991 年 8 月装备该系统运行至今，效果良好，实现了火灾事故早期预测预报的目的[77]。1988—1991 年以煤峪口矿为试验点的“均压灭火自动监测与调节”国家“七五”科技攻关项目，采用先进的电子技术与计算机技术，实现均压灭火主要工艺环节的自动监测和自动调节，克服了过去人工监测造成的误检、漏检和不及时的弊病，进一步提高了均压灭火的效果和技术水平[78]。近年来，大同矿区生产矿井已装备了多种不同类型的安全监测系统，并与通风处、生产调度室联网，形成了全局通风安全、生产调度管理体系，实现了控制自动化和办公管理现代化，不仅能及时为各级管理人员的决策提供信息依据，而且能有效地预防“一通三防”事故，增强了矿井抗灾能力[79]。

2. 侏罗系火灾治理技术

大同矿区侏罗系煤层的火灾采用的均压灭火技术和综合防灭火技术，在大同各矿迅速推广应用，先后在煤峪口、永定庄、云冈、同家梁、大斗沟、忻州窑、白洞、晋华宫等矿建立了均压系统[80]，形成了单侧均压、双侧均压、卸压均压、综合式有升有卸均压形式，总结出了“降压减风、管风防火、堵风防漏、以风治火、惰化火区、治灌并举”的综合治理措施[81]，取得了显著的经济效益和社会效益。实践证明，利用均压防灭火技术治理大面积火区，投资少，工期短，见效快，并能在防灭火的同时实现火下安全开采[82]。

大同矿区综合防灭火技术多采用两种或两种以上的防灭火技术[83]。例如，大同四老沟矿在采用德国产的制冷机降温和均压通风方法的同时，又试验喷洒阻化剂，边采边喷以防止新火区的产生[84]，阻化剂的配比为 20％的 $CaCl_2$ 和 15％～20％的 $MgCl_2$，试验证明 20％的 $CaCl_2$ 防火效果最佳。云冈矿采用阻化剂掺黄泥进行灭火试验，氯化镁、黄土、水的配比为 3∶5∶21，301 南翼 5108 火区火势得到有效控制，达到了预期目的，从而保证了盘区原煤按时采出，经济效益十分可观[85]。通过现场试验研究证明，阻化剂具有良好的防灭火性能，阻化剂防灭火技术较先进，工艺流程简单，投资少，能克服均压灭火由于地面裂缝、小窑漏风以及受采动影响而常造成均压系统失控的弊端[86]。阻化剂防灭火试验的成功，有效地控制了新火区的产生，目前这一技术正在大同矿区逐步扩大使用，前景十分乐观[87]。

大同矿区矿井装备了采空区注氮系统，主要采用井下移动泵站对开采工作面实施注氮[88]。注氮防灭火技术注入的氮气可进入采空区微小缝隙，灭火效果好，可惰化火区气体，抑制瓦斯和煤尘爆炸；降温效果好，有利于救护工作[89]；对机械设备和井下设施无损伤和污染，易于恢复生产和操作[90]；但是，氮气不易贮存，贮存需用低温设备。注氮可在预防区产生正压，可防止或阻止新鲜空气流入[91]，从而保持预防区氮气惰性；氮气在压力作用下通过管道输送，并且氮气的密度与空气相似，容易与空气混合。氮气分子可以渗透到所有采空区，扩散半径大，惰化覆盖范围广[92]。注氮后氧化带内氧浓度可反映注氮效果。因此，以氧含量临界值作为惰化指标，当空气中的氧含量下降到10%以下时，煤不易被氧化。将采空区氧含量惰化至7%以下，则注氮防灭火技术有效[93]。

大同矿区部分矿井装备了灌浆防灭火系统。灌浆防灭火技术不仅具有效果好、操作简单、成本低的特点，而且大同矿区灌浆材料丰富，黄土覆盖厚度大，土质满足灌浆要求，便于就地取材，能够降低运费、节约成本，因此，灌浆防灭火技术不失为一种理想的、直接的、长效性的防灭火方法。目前，大同矿区灌浆方法有：利用废旧井筒、巷道灌浆，采用地面钻孔灌浆、井下埋管灌浆，利用巷道、钻孔灌浆等多种形式[94]。灌浆以黄土浆液为主，黄土浆液是一种以水、黄土为主，添加其他成分组成的具有良好防灭火效果的浆液，其主要特点是注浆时浆液的扩散半径易于控制，浆液固化时收缩率比纯水泥浆或粉煤灰浆液低。在实施过程中，合理的浆液配比是取得良好防灭火效果的关键因素。

10.3.2 石炭系煤层火灾治理技术

石炭系煤层火灾治理主要体现为特厚煤层大采高综放工作面火灾防治技术。特厚煤层大采高综放面采空区火灾防治技术针对特厚煤层大采高综放面采空区的立体空间增大，顶煤垮落不均衡性增加，工作面推进速度减慢、漏风强度大，采空区氧化带加宽，自然发火危险性增加等特点，研究适用于大采高特厚煤层综放面采空区自然发火的预测预报技术、采空区自燃“三带”的分布规律以及煤层自然发火的防灭火技术。同时针对特厚煤层综放面研发大流量（2 000 m^3/h）井下移动式碳分子筛制氮装置。

1. 研究内容

特厚煤层大采高综放面火灾防治技术的主要研究内容包括：

（1）煤的自燃机理研究

煤自燃机理研究主要从煤的分子结构、煤样氧化过程中不同温度下结构和官能团变化规律等方面开展。

（2）大采高综放面煤的自燃倾向性规律

煤的自燃倾向性研究目的是揭示煤自燃难易程度的内在因素。煤的自燃倾向性鉴定方法很多，目前，国内外较为成熟的煤自燃倾向性鉴定方法主要有奥氏法、着火点法、交叉点温度法、差示量热法、静态及动态吸氧法等。本研究以着火活化能为煤的自燃倾向性分类指标，鉴定塔山煤矿8105综放面煤的自燃倾向性。

（3）大采高综放面煤样自然发火指标气体

应用SK-2.5-13T型管式电阻炉和TENSOR 27型傅立叶变换红外光谱仪，测试分析塔山煤矿8105综放面煤样在升温氧化过程中煤结构和官能团的变化规律，研究此种煤样在不同温度下氧化自燃生成气体的红外光谱图谱，确定此煤样在氧化自燃过程中在不同温度下出现的指标气体。

（4）大采高综放面防灭火技术研究及应用

塔山煤矿采空区防灭火以注氮为主，同时结合黄泥注浆、注三相泡沫和上下端头垒砌沙土墙堵漏风的综合防灭火措施。

（5）大流量井下移动式碳分子筛制氮装置研发

充分考虑变压吸附塔速度效应、吸附床大小影响及碳分子筛吸附平衡等影响因素，设计变压吸附塔，并采用振动台式填充与粗细结合的填充工艺进行吸附塔填充。选择适合的变压吸附工艺，通过装置控制系统完成变压吸附制氮过程控制，确保变压吸附时间、吸附剂再生时间。并通过成品气反吹再生技术，增强变压吸附制氮的能力，提升氮气纯度，达到制氮纯度≥98%的要求。利用活性炭过滤，C、T、A三级精过滤相结合的方式，除去压缩气体中大于0.1 μm的水、油、尘颗粒，保障吸附剂使用寿命，同时减小吸附床阻力，为保持高制氮纯度提供保障。

采用两套PLC控制器控制变压吸附过程，为变压吸附制氮机吸附、解吸过程的顺利完成提供了有力的保障。经24 h连续运转试验，制氮机在制氮纯度大于98%的条件下，氮气流量大于2 000 m^3/h。

2. 自燃机理研究

(1) 煤的分子结构

煤分子结构的研究方法可分为物理和化学研究方法。本次采用红外光谱研究方法。从煤样的红外光谱图分析可以得出煤样官能团归属。分析可知，塔山煤矿8105综放面煤层中含有的特征基团为羟基、苯酚、伯胺、R—X—CH_3基团、芳香亚甲基、羧酸、酯等C=O双键、芳香醚、乙烯醚环氧化合物等。

(2) 煤样氧化过程中不同温度下结构和官能团的变化规律

将煤样在实验室条件下升温氧化自燃，应用红外光谱检测分析技术研究煤分子结构及化学键和官能团在不同温度下的变化规律，并与应用量子化学理论研究的煤的自燃机理结论进行对比，从而得到煤的自燃机理。

通过试验得到如下结论：

① 从煤样在不同温度下氧化自燃红外光谱图官能团变化的峰面值来看，从室温25 ℃到100 ℃的升温过程中，煤分子中氨基基团的红外光谱图峰面值变小。从红外光谱图峰面值变化曲线来看，在25～100 ℃氨基基团峰面值变化的斜率比其他基团的斜率都大，这说明煤在氧化自燃的开始阶段，主要是氨基基团中的氢被氧化生成了水，并放出热量。

② 甲基R—CH_2—CH_3在100～150 ℃峰面值逐渐变小，变化呈递减的线性关系，从变化曲线来看斜率较大，说明在这一温度段内甲基基团被氧化的速度较快。从生成的产物来看，有甲烷、一氧化碳和二氧化碳。

③ 从乙烯基团—CH=CH_2的氧化峰面值来看，25～120 ℃峰面值逐渐变小，到120～170 ℃以后峰面值变大。这说明在25～100 ℃的氧化过程中与苯环相连的—CH=CH_2被氧化生成一氧化碳、二氧化碳、水等；到120～170 ℃以后，苯环断裂，生成大量的—CH=CH_2基团和乙烯。

3. 自燃倾向性规律

以着火活化能为煤的自燃倾向性分类指标，鉴定塔山煤矿8105综放面煤的自燃倾向性。

(1) 自燃倾向性试验

试验选取8105综放工作面煤样，热重分析是在STA 449C型TG/DAT综合热重分析仪上进行的。试验条件为：将煤样研磨成粒度<50目，升温速率为5 ℃/min，反应气体N_2、O_2流速分别为40 mL/min和10 mL/min，模拟在空气中氧化自燃。样品质量为13～14 mg，反应温度范围为25～800 ℃，得到的TG-DSC曲线和程序升温曲线如图10-66所示。

试验结果分析：

① 由TG曲线可以看出，煤氧化自燃过程可分为三个阶段：失水失重阶段、氧化增重阶段和燃烧失重阶段。DSC曲线表明，在失水失重阶段，25～60 ℃为吸热反应，之后为放热反应，到大约400 ℃之后为吸热反应。在煤的自燃过程中，一般在25～60 ℃要吸收热量，所吸收热量的来源是煤与氧发生物理化学吸附的吸附热。

② 分析热重曲线可知，煤体温度25～113.1 ℃为失水失重阶段，113.1～288.3 ℃为氧化增重阶段，288.3 ℃以后为着火燃烧阶段。在失水结束后的增重阶段，经过失水干燥后的煤大量吸附氧气，并发生复杂的化学反应，生成过渡中间体和过渡态，表现在TG曲线上为增重。煤中的官能团发生氧化反应放出热量，从煤的结构和化学反应来看，煤有机大分子中稠环芳香体系周围的烷基侧链、含氧官能团、桥键及其他小分子开始断裂或分解，并生成新的中间体、过渡态。从增重转为失重的拐点温度为煤的着火温度，本书定义增重阶段所对应的活化能为着火活化能。

③ 从加热失重到失重结束转为增重阶段的温度为失水结束点温度，从增重阶段转为失重阶段的温度为着火温度。试验煤样的着火温度与失水结束点温度见表10-10。

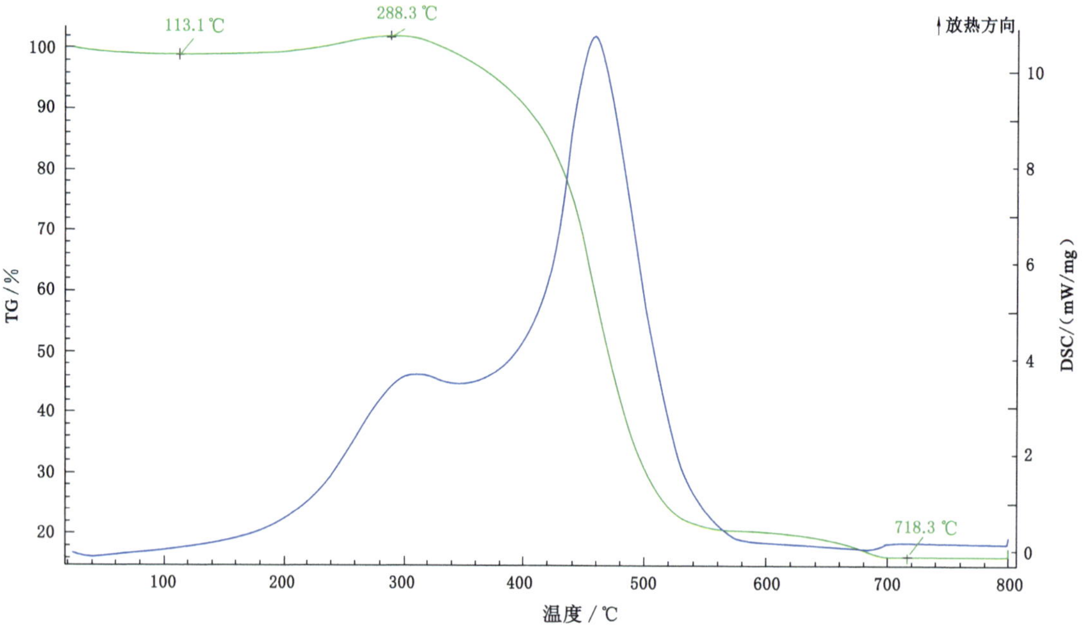

图 10-66　塔山煤矿 8105 综放面煤样 25～800 ℃升温氧化热重曲线

表 10-10　试验煤样各阶段温度汇总表

采样地点	失水结束点温度/℃	着火温度/℃	燃尽温度/℃
塔山煤矿 8105 综放面	113.1	288.3	718.3

④ 温度继续升高，约在 400 ℃，煤样在 DSC 曲线上出现了第一个放热峰，此峰对应温度反映了挥发物的最大燃烧温度，从放热转为吸热，从而也指示着煤焦的开始燃烧。

(2) 大采高综放工作面煤炭自燃难易程度判定

将塔山煤矿 8105 综放面煤样在热重分析仪上燃烧(温度 25～800 ℃)，应用化学反应动力学方程对煤样的失水活化能、着火活化能和燃烧活化能进行计算。

塔山煤矿 8105 综放面煤样 25～113.1 ℃失水阶段 $\ln F(x)$ 与 $1/T$ 关系曲线，见图 10-67。

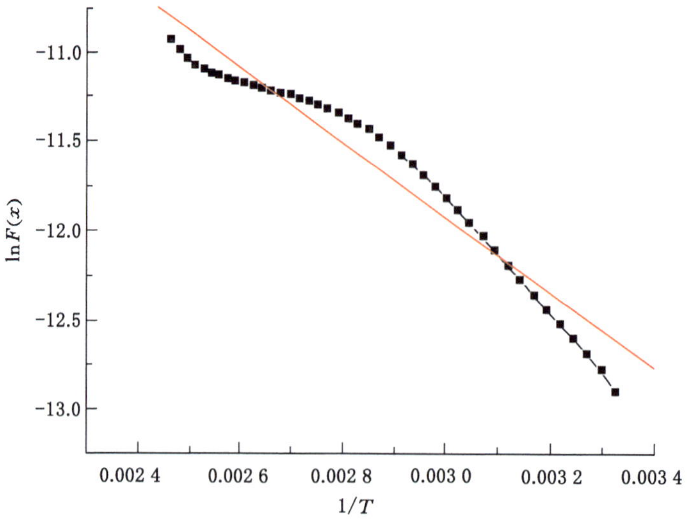

图 10-67　塔山煤矿 8105 综放面煤样失水阶段 $\ln F(x)$ 与 $1/T$ 关系曲线

煤样氧化自燃第一阶段即失水阶段动力学参数拟合方程为：

$Y=0.132\ 092-3\ 769.015\ 648X$，相关系数为 0.974 001，失水活化能 $E=31.34$ kJ/mol。

煤样 113.1～288.3 ℃着火阶段 ln $F(x)$与 $1/T$ 关系曲线，见图 10-68。

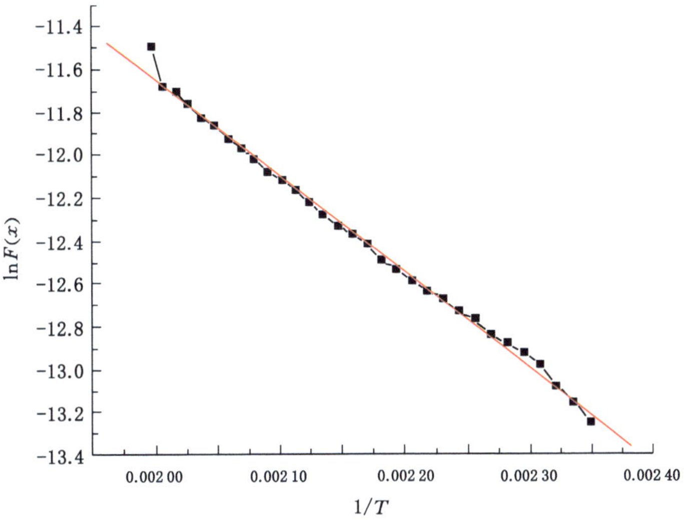

图 10-68　塔山煤矿 8105 综放面煤样着火阶段 ln $F(x)$与 $1/T$ 关系曲线

煤样氧化自燃第二阶段即着火阶段动力学参数拟合方程为：

$Y=19.465\ 399-16\ 632.012\ 969X$，相关系数为 0.995 657，着火活化能 $E=138.28$ kJ/mol。

煤样 288.3～600 ℃燃烧阶段 ln $F(x)$与 $1/T$ 关系曲线，见图 10-69。

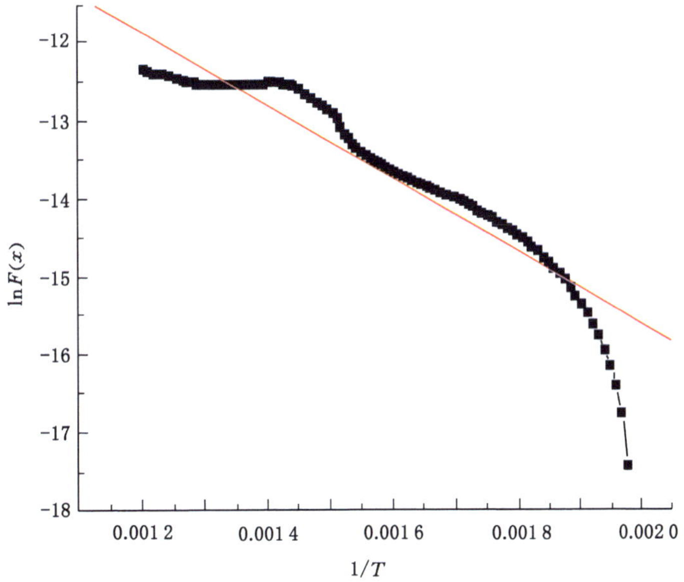

图 10-69　塔山煤矿 8105 综放面煤样燃烧阶段 ln $F(x)$与 $1/T$ 关系曲线

煤样氧化自燃第三阶段即燃烧阶段动力学参数拟合方程为：

$Y=3.933\ 383-13\ 631.442\ 769X$，相关系数为 0.939 434，燃烧活化能 $E=113.33$ kJ/mol。

塔山煤矿 8105 综放面煤的着火活化能在 130～150 kJ/mol 之间。

4. 自然发火标志气体

根据氧化自燃生成的气体红外光谱图可知，煤氧化自燃生成的气体产物有 H_2O、CO_2、CO、CH_4 和 C_2H_4 等。在加热到 30～100 ℃时有 H_2O 和 CO_2 气体析出；温度升至 100～150 ℃时，有 CO 生成；温度升至 120～170 ℃时，有 CH_4 和 C_2H_4 生成；在温度达到 200～300 ℃时，H_2O、CO_2、CO、CH_4、C_2H_4 出现强峰，但强峰出现后 CH_4 和 C_2H_4 由强变弱再变强，说明 CH_4 和 C_2H_4 是由侧链、苯环和环烷生成的。在温度低的时候，CH_4 是由甲基支链生成的，C_2H_4 是由带乙烯基的侧链生成目的；当温度很高时，CH_4 和 C_2H_4 是由芳香环和环烷生成的。

5. 大采高综放面防灭火技术研究及应用

(1) 大采高综放面采空区漏风测定

矿井中流至各用风地点，起到通风作用的风量称为有效风量。未经用风地点而经过采空区、地表塌陷区、通风构筑物和煤柱裂隙等通道直接流(渗)入回风巷或排出地表的风量称为漏风量。工作面新风由于部分进入采空区而造成漏风。

漏风使工作面和其他用风地点的有效风量减少，环境恶化，增加无益的电能消耗，并可导致煤炭自燃等事故。减少漏风、提高有效风量是通风管理部门的基本任务。

经测定，8105 工作面采空区漏风量为 439 m^3/min。

(2) 大采高综放面采空区自燃“三带”研究

工作面采空区存在一定的破碎遗煤，并且有漏风存在，有供氧条件。随着工作面的推进，采空区的状态逐步发生变化，煤的自燃情况随之改变。采空区遗煤的自燃状态一般可划分为三个带：散热带、自燃带(氧化带)、窒息带。

目前，一些研究者提出划分采空区自燃“三带”的指标有采空区漏风风速(V)、采空区氧浓度和采空区温升速率 3 种：

① 采空区漏风风速(V)。漏风风速可以体现氧浓度分布、氧化生热与散热的平衡关系。

目前，一般认为：$V>1.2$ m/min 为散热带；1.2 m/min$\geqslant V\geqslant$0.06 m/min 为自燃带；$V<$0.06 m/min 为窒息带。

② 采空区氧浓度(C)。采用氧浓度指标不能划分散热带和自燃带，这是因为在自燃带中氧浓度也有可能达 20%以上。

划分自燃带和窒息带的采空区氧浓度指标一般认为是 7%～10%。如一般应用可取 7%，即 $C<$7%为窒息带，$C\geqslant$7%为自燃带。

③ 采空区遗煤温升速率(>1 ℃/d 为自燃带)。由于缺少深入的理论研究和试验结果，此指标目前尚难以应用，仅作为参考。

根据塔山煤矿 8105 综放面 2105 巷原有实际监测数据，当氧浓度降至 7%以下时，工作面推进距离达到 91 m。

根据氧气浓度为 7%的各点位置拟合出采空区窒息带位置，如图 10-70 所示。

利用 FLUENT 软件对大采高综放面采空区自燃“三带”进行数值模拟。塔山煤矿 8105 综放面进回风量根据现场实际取 $Q_{入}=2\ 770\ m^3/min$，$Q_{回}=2\ 806\ m^3/min$；运输巷断面积为 21.86 m^2，入风风速测量值为 2.11 m/s，回风巷断面积为 21.98 m^2，回风风速测量值为 2.13 m/s。基本的物理模型参数：根据束管监测数据，采空区氧浓度 7%等值线距工作面切顶线距离 98 m 左右，确定模型采空区走向长度 130 m；工作面长度 207 m，进风巷宽度 4 m，回风巷宽度 6 m，设置总长度 217 m；开切眼宽度 8 m。数值模拟结果如图 10-71 所示。

工作面进风巷距离工作面煤壁约 20 m 处、回风巷距离工作面煤壁 10 m 处和工作面中部距离工作面煤壁 11 m 处漏风风速等于 0.02 m/s，即 1.2 m/min，工作面开切眼宽度定为 8 m，因此可知从切顶线计算工作面散热带宽度为 2～12 m。

由图 10-71 可以看出，自燃带主要分布在距离切顶线 2～98 m 范围内，自燃带宽度在工作面中部至靠近回风巷区域较大，为 98－3＝95 (m)；窒息带主要分布在距工作面切顶线 98 m 之外。

处于自燃带的松散煤体氧化放出的热量聚积，使其温度从常温上升到燃点需要一定的蓄热时间。当工作面推进速度大于某一临界值时，自燃带的煤温还没有上升到自燃温度就被甩到窒息带，从而不会发生自燃，这个临界速度就是最小推进速度 V_{min}。根据自燃带的最大宽度可以确定工作面的最小推进

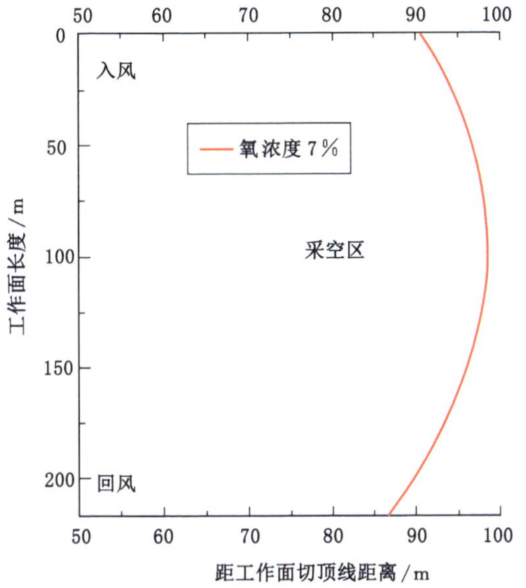

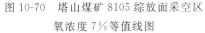

图 10-70　塔山煤矿 8105 综放面采空区氧浓度 7%等值线图

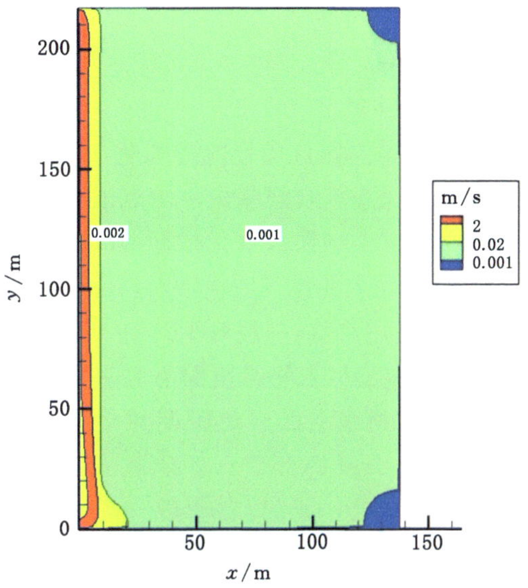

图 10-71　数值模拟漏风风速云图

速度 $V_{min}=\dfrac{L_{max}}{\tau_{min}}$。塔山煤矿 8105 综放面在注氮流量 2 500 m^3/h 的情况下，自燃带宽度 $L_{max}=95$ m，采空区浮煤最短自然发火期 $\tau_{min}=68$ d，可以得到综放工作面最小推进速度为 1.4 m/d。

(3) 大采高综放面防灭火技术应用

塔山煤矿采空区防灭火以注氮为主，氮气防灭火机理为：

① 降低氧气浓度。当采空区内注入高浓度氮气后，氮气占据了大部分空间，氧气浓度相对减小，氮气部分替代氧气而进入煤体裂隙中，这样就抑制了氧气与煤的接触，减缓了遗煤的氧化放热速度。

② 提高采空区内气体静压。将氮气注入采空区，提高了采空区内气体静压，减少了流入采空区的漏风量，也就减少了空气中的氧气与煤直接接触的机会，同样减缓了煤氧化自燃的速度。

③ 氮气吸热。氮气在采空区内流动时，会吸收煤炭氧化产生的热量，从而减缓煤炭氧化升温的速度；持续的氮气流动会把煤炭氧化产生的热量不断地吸收，对抑制煤炭自燃十分有利。

氮气防灭火技术已作为综采和综放工作面的主要防灭火措施。由于每个矿井的地质条件、煤层开采条件及外围因素各不相同，因此，确定防灭火注氮流量就成为一个比较棘手的问题。从理论上讲，注氮流量越大，防灭火(特别是灭火)的效果就越好，反之就越差，甚至不起作用。要使选用的制氮能力既能满足防灭火所需注氮流量的要求，又能充分体现经济技术上的合理性，根据我国应用氮气防灭火的经验，在设计时应着重考虑采空区防火惰化指标。

预防综放面采空区内煤炭自然发火，重点是将采空区氧化带进行惰化，使氧含量降到能阻止煤炭氧化自燃的临界值以下，从而使氧化带内的煤炭处于不氧化或氧化减缓的状态。

按煤炭氧化自燃的观点，采空区气体组分中除氧气外，氮气、二氧化碳等均可视为惰性气体，对煤炭的氧化起抑制作用。氧气是煤炭自燃的助燃剂，注氮后采空区自燃带内氧气浓度的高低反映注氮效果的好坏，因此把氧含量临界值作为惰化指标是合理的。采空区防火惰化指标为氧含量降至 7%。

防火注氮量的计算：

工作面防火注氮量主要取决于采空区的几何形状、氧化带空间、岩石垮落程度、漏风量及区内气体成分的变化等诸多因素。防火注氮量的计算方法很多：按采空区自燃带氧含量计算、按产量计算、按吨煤注氮量计算、按瓦斯量计算等。《煤矿用氮气防灭火技术规范》(MT/T 701—1997)中推荐的计算方法为按采空区自燃带氧含量计算，其余的计算方法仅作参考。

此法计算的实质是将采空区自燃带内的原始氧含量降到防火惰化指标以下，按下式计算注氮量：

$$Q_N = 60Q_0 k \frac{C_1 - C_2}{C_N + C_2 - 1} \tag{10-2}$$

式中 Q_N——注氮量，m^3/h；

Q_0——采空区自燃带内漏风量，m^3/min；

C_1——采空区自燃带内平均氧浓度，7%～21%，取 14%；

C_2——采空区防火惰化指标，取 7%；

C_N——注入的氮气浓度，97%；

k——备用系数，一般取 1.2～1.5，现取 1.3。

塔山煤矿采空区自燃带范围为 2～98 m，自燃带中部位置距离工作面切顶线 50 m，此处氧气浓度为 11.5%，可求得采空区自燃带漏风量为 28.5 m^3/min。要把采空区氧含量惰化到 7%则所需注氮量为：

$$Q_N = 60Q_0 k \frac{C_1 - C_2}{C_N + C_2 - 1} = 60 \times 28.5 \times 1.3 \times 1.75 = 3\ 890\ (m^3/h)$$

根据以上计算可知，在现有注氮量 2 500 m^3/h 的情况下，塔山煤矿 8105 综放面还需注氮1 390 m^3/h 以上，才能使自燃带平均氧浓度下降到 7%以下。

6. 大流量井下移动式碳分子筛制氮装置研发

碳分子筛制氮装置是根据“PSA”变压吸附原理，利用空气为原料，高质量的碳分子筛为吸附剂，运用加压吸附减压解吸的原理从中分离制取氮气的。井下移动式碳分子筛制氮装置主要由空气压缩系统、空气净化系统、碳分子筛吸附塔和集中控制系统组成。2 000 m^3/h PSA 制氮装置工作流程如图 10-72 所示。

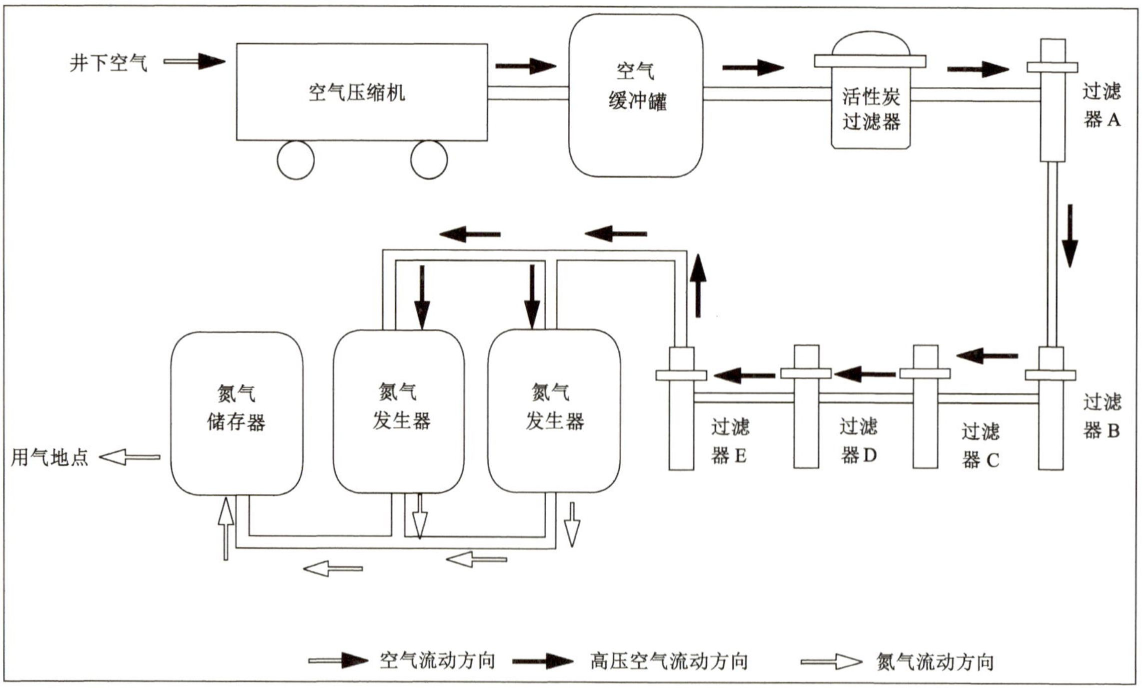

图 10-72 碳分子筛制氮装置工作流程

井下大流量碳分子筛制氮装置空气压缩系统设计流程：井下空气经空气压缩机压缩，产生连续高压空气，并在空气压缩机内部进行初次除水、除油、除尘。在空气压缩机内部，采用旋风式除水器将高压空气中大部分的水、油(井下空气经过空气压缩机后带出的油微粒)、尘自动排除，旋风式除水器自动排污。高压空气经过空气缓冲罐，进入过滤系统。过滤系统由 5 级过滤组成，过滤级别为 A—E 级，过滤后高压空气中所含水、尘、油颗粒直径小于 0.1 μm。过滤后洁净高压气体进入吸附塔，变压吸附除氧，形成高纯氮气并输送使用。

(1) 大流量制氮机工艺与性能研究

组装中的制氮机如图 10-73 所示，图 10-74 为现场试验中的制氮机。

图 10-73　组装中的制氮机

图 10-74　组装完成的制氮机

研发的大流量可移动式井下胶轮车制氮机具有以下技术特点：

① 对比并参考美国粗细颗粒结合吸附塔填充法、欧洲粗细颗粒结合吸附塔填充法和“暴风雪”式吸附塔填充法、振动台式填充法等国内外先进的吸附塔填充方法，研发振动台填充与粗细粒填充相结合的碳分子筛填充方式，极大地延长了碳分子筛使用寿命。

② 利用活性炭过滤，C、T、A 三级精过滤相结合的方式，利用活性炭除去压缩空气中的大颗粒水、油，在保障吸附剂使用寿命的同时减小吸附床阻力，极高地保持了制氮机长时间在高制氮纯度状态下运行，延长了碳分子筛使用寿命，并提高了碳分子筛制氮效率。

③ 研制双 PLC 自动控制系统，通过双控制系统控制，4 个吸附塔在运行过程中避免了因双塔同时变压吸附而引发的相互影响造成的系统不稳定问题。经 24 h 连续运转试验，制氮机在制氮纯度大于 98%的条件下，氮气流量大于 2 000 m^3/h。

(2) 注氮防灭火技术井下试验

通过风量测试，确定了采空区漏风量。通过在采空区埋设束管监测，以及采空区风流流场的三维模拟，分析了采空区氧浓度场，确定了试验工作面的采空区自燃“三带”分布特征，得出了不同推进速度下的注氮方法和注氮量。

针对塔山矿 8105 综放面的实际条件，优化了注氮参数，制定了相应的注氮工艺和方法。经过计算，需达到注氮量 3 890 m^3/h，才能使自燃带平均氧浓度下降到 7%以下。在采煤工作面的进风巷沿采空区埋设一趟注氮管路，埋入一定深度后开始注氮，同时埋入第二趟注氮管路(注氮管口移动步距 50 m)。当第二趟注氮管路埋入采空区自燃带中部后向采空区注氮，同时停止第一趟管路的注氮，并重新埋设注氮管路，如此循环，直至工作面采完为止。注氮方式根据对火情的预测情况而定，在注氮量 2 500 m^3/h 的情况下，当工作面推进速度为 1.4 m/d 时，必须采取连续注氮方式；当工作面推进速度小于 1.4 m/d 或停产时，必须加大注氮量，若停采时间达 68 d 以上，注氮量应不小于 6 390 m^3/h；当工作面推进速度大于 1.4 m/d 时，可适当减少注氮量。

10.4　双系煤层开采瓦斯、火灾耦合共治技术实例

大同矿区侏罗纪含煤地层为大同组，石炭-二叠纪含煤地层为山西组、太原组。目前大同侏罗纪煤田的煤炭资源已经全部开发利用，仅剩零星资源可采。目前以塔山、同忻两座千万吨级矿井为主的各煤矿正大力开采石炭系的煤炭资源，主采煤层为 3-5 号煤层、8 号煤层。

石炭系太原组煤层埋深 400～600 m，与侏罗系煤层间距约 250～350 m，煤层赋存厚度大，结构相对复杂，其上部为侏罗系煤层大部分采空区。双系煤层开采需重点攻克的主要问题是石炭系特厚煤层开采时面临本煤层和上覆煤层采空区产生的瓦斯、火灾双重困难。

针对石炭系特厚煤层大采高综放面生产过程中的瓦斯、火灾问题开展研究，完成“特厚煤层综放开采瓦斯治理技术与防灭火装备研制”项目，且已在塔山煤矿8105工作面应用并取得良好的治理效果。邻近矿井同忻煤矿采用均压通风系统治理大采高综放面瓦斯、火灾问题同样取得良好的治理效果。

10.4.1 顶抽巷大流量抽采拦截配合注氮束管监控

1. 大采高综放工作面瓦斯治理技术

(1) 大采高综放工作面瓦斯分布特征

塔山煤矿3-5号煤层原始瓦斯压力为0.14～0.17 MPa，煤层瓦斯含量为1.6～1.97 m^3/t，平均为1.78 m^3/t。煤层透气性系数为171.71～428.80 $m^2/(MPa^2 \cdot d)$，百米钻孔瓦斯流量为0.015～0.021 2 $m^3/(min \cdot hm)$，钻孔瓦斯流量衰减系数为0.602～0.742 7 d^{-1}。3-5号煤层原煤瓦斯残存量为1.17 m^3/t。煤层属自燃煤层，最短发火期为60 d；煤层具有煤尘爆炸危险性，爆炸指数为37%。通过现场试验分析，得出大采高综放工作面瓦斯涌出与分布存在4个显著特点：

① 低瓦斯赋存，高瓦斯涌出。受煤层厚度大、开采强度高等影响，厚煤层大采高综放开采呈现“低瓦斯赋存，高瓦斯涌出”的特点。井田内3-5号煤层工作面绝对瓦斯涌出量普遍超过40 m^3/min，最高绝对瓦斯涌出量达65 m^3/min。

② 瓦斯涌出具有不均衡性。瓦斯涌出源主要分为三部分：一是采空区高位顶板处的瓦斯，包括上邻近层的瓦斯；二是采空区深部瓦斯，包括下邻近层的瓦斯；三是工作面漏风流携带的采放煤瓦斯。这三部分的瓦斯涌出都会受到工作面来压、基本顶垮落、放煤等因素的影响，呈现出不均衡性，瓦斯涌出不均衡系数可达1.8。

③ 采空区局部瓦斯涌出加剧。瓦斯涌出特点是在工作面110号支架至上隅角之间的区域瓦斯经常超限；放煤口、架间缝隙实测瓦斯浓度一般为2%～3%，有时会更大。“U”形通风工作面上隅角瓦斯超限严重，在不采取任何措施的情况下上隅角瓦斯浓度经常超过5%。在工作面尾部10%的区域内，涌出了90%以上的瓦斯。

④ 采场瓦斯浓度分布呈非线性规律。大采高综放工作面沿顶板高度方向及工作面推进方向瓦斯浓度分布如图10-75所示。采空区内竖直面上瓦斯浓度分布自下而上呈增大趋势，每5 m增大2.3%；自工作面回风巷至内错32 m的范围内，同一高度瓦斯分布呈增大趋势。从工作面支架至采空区深部200 m范围内瓦斯浓度呈阶梯式分布，从工作面支架至采空区内部0～50 m，瓦斯浓度从1.5%增大到2.8%；采空区内部60～160 m范围内，瓦斯浓度从3.6%增大到4.6%；采空区内部170～200 m范围内，瓦斯浓度从5.7%增大到6.1%，与采空区自燃“三带”范围基本重合。

(2) 大采高综放工作面瓦斯治理技术井下应用

针对工作面瓦斯赋存特征，采取“强化采空区瓦斯抽采为主，工作面通风系统优化为辅”的方法，开发了以顶板高抽巷为主的大采高综放工作面瓦斯综合治理技术。制定了三步走的综合治理方案：第一，在开采初期，采用上下隅角封堵、风帘引风稀释法治理上隅角瓦斯超限问题；第二，通过建立大流量瓦斯抽采系统，采用高位预埋立管抽采、高瓦斯富集区域定向水力压穿强化抽采、上隅角插管抽采和工作面通风系统优化等措施治理瓦斯；第三，通过施工顶板高抽巷，密闭抽采采空区瓦斯。

8105工作面与顶板高抽巷贯通后开启一台2BEC80型瓦斯抽采泵抽采，高抽巷内瓦斯浓度保持在1.5%～2.2%，上隅角瓦斯浓度保持在0.2%～0.3%，后部输送机尾部瓦斯浓度保持在0.2%～0.3%，回风流瓦斯浓度保持在0.15%～0.25%，工作面瓦斯治理工作取得了很好的效果。

图10-76显示了8105工作面开采以来的上隅角、工作面、回风瓦斯浓度变化情况。现场监测结果表明：以顶板高抽巷为主的大采高综放工作面瓦斯综合治理技术，使采空区回风隅角处瓦斯浓度大幅降低，控制了采空区向工作面的瓦斯涌出，起到了“分流”瓦斯的作用，降低了采空区瓦斯浓度，对于防止上隅角瓦斯积聚效果明显；采空区瓦斯抽采率达到40%以上，实现了瓦斯零超限，瓦斯治理取得了满意的效果。

2. 大采高综放工作面防灭火技术研究

研制了大流量可移动式井下胶轮车制氮机，并在塔山煤矿8105综放面进行了应用，取得了满意的

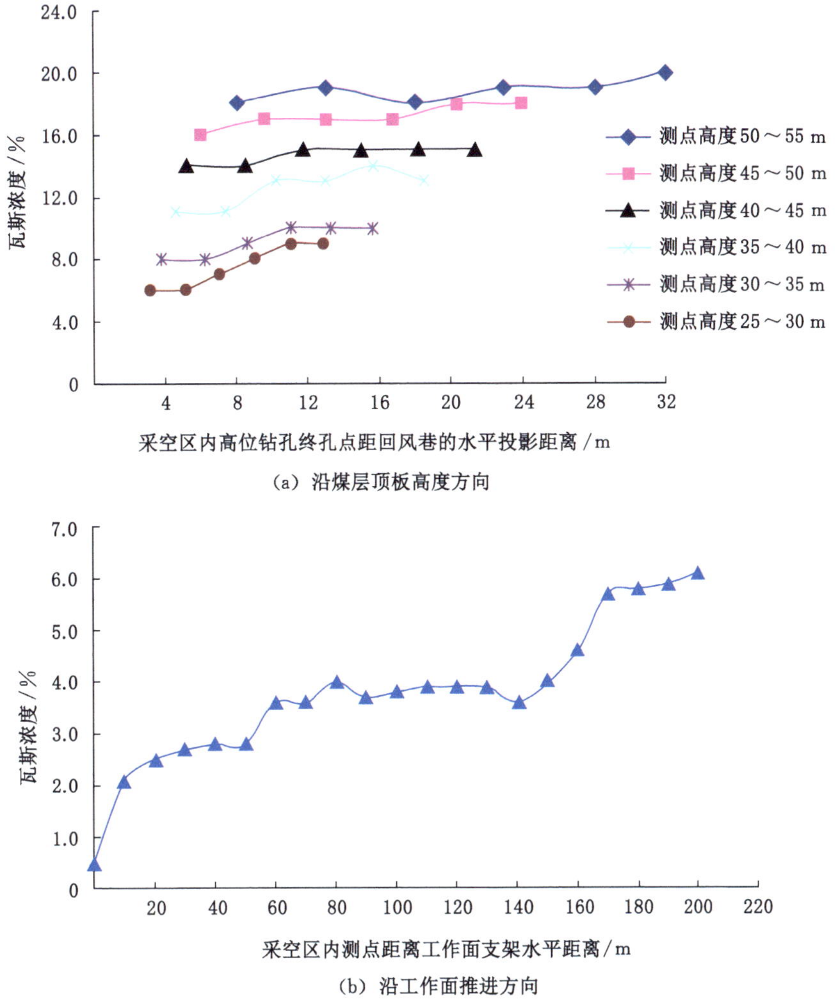

图 10-75　采空区内沿顶板高度方向及工作面推进方向瓦斯浓度分布曲线

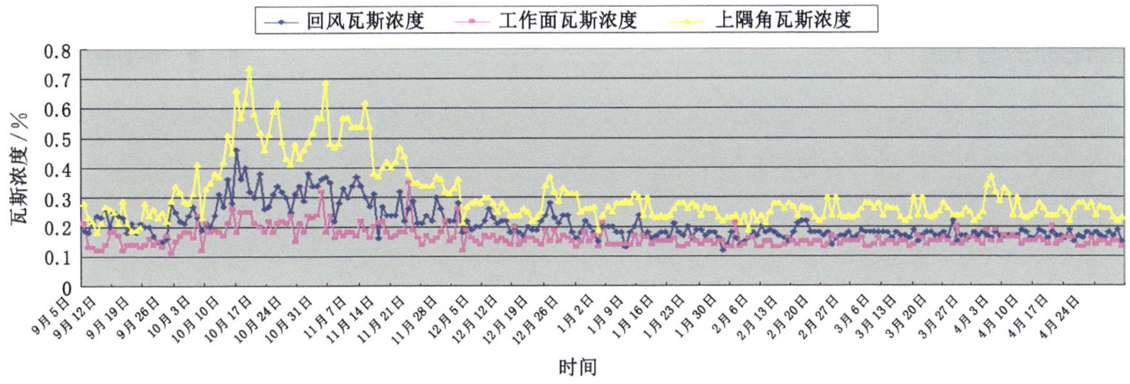

图 10-76　工作面开采后上隅角、工作面、回风瓦斯浓度变化曲线

效果，此处不再赘述。

3. 经济效益

煤矿的瓦斯与火灾事故不仅造成巨大的资源浪费和设备损失，而且也威胁着煤矿工人的生命安全，往往给矿井生产造成毁灭性打击。除直接影响煤矿生产的产量和效益外，灾害治理及事故处理费用等间接经济损失也是煤矿企业难以承受的负担。本研究提出的大采高综放工作面安全保障关键技术为治

理塔山煤矿特厚易自燃煤层综放工作面的瓦斯与火灾问题提供了全新的解决方案，保障了工作面安全回采。

3-5 号煤层 1070 水平一盘区 8105 工作面可采煤炭储量为 756.02 万 t，由于该工作面是国家"十一五"科技支撑计划课题的试验工作面，国家与企业投资巨大，如果该工作面发生灾害事故，将造成巨大的经济损失。在同煤集团和煤炭科学研究总院沈阳研究院有限公司的共同努力下，塔山煤矿首采工作面实现了安全回采，如果按回采率 75%、每吨煤的毛利润 100 元计算，产生的经济效益约为 6 亿元。

大采高综放工作面安全保障关键技术的综合运用，为煤矿提供了可操作的技术途径。本项目的研究成果，对大同矿区 3-5 号煤层的开采规划影响巨大，可以为特厚煤层综放开采在该矿区的广泛应用提供安全保障，从而大大提高煤矿生产效率。随着这一技术的不断推广应用，每年创造的经济效益更为可观。

4. 社会效益

我国是世界产煤大国，煤炭赋存条件复杂，瓦斯与火灾灾害严重。据不完全统计，我国煤矿每年平均自然发火 300 余次，不但冻结了大量煤炭，还造成了较大的安全隐患和环境污染，近年来发生的瓦斯事故更是带来了极坏的社会影响。

近年来我国在煤矿瓦斯和火灾防治技术工艺、材料装备等方面有了较大发展，有的已经达到了世界先进水平；但问题还远没有得到根本解决，其原因主要是现有技术水平和能力与实际需求还存在着较大差距，需要我们在一些重大关键技术上取得突破。本项目通过对特厚煤层大采高综放面瓦斯、火灾等灾害防治技术的攻关研究，提出大采高综放面瓦斯、火灾等灾害治理体系，为大采高综放面开采提供整套安全保障技术与装备，可改善作业环境，为实现大采高综放面安全、高产、高效提供技术支撑，同时对于其他类型的采煤工作面也有着重要的推广价值。本项目针对大采高综放工作面安全保障的关键问题进行了深入研究，并在实践中取得了多项技术突破与创新，顺应了国家战略需求，满足了企业技术需求，具有广泛的技术市场和广阔的应用前景。

10.4.2 均压系统下瓦斯、火灾治理技术

同忻煤矿设计生产能力为 8 Mt/a，采用综采放顶煤法开采石炭-二叠系 3-5 号煤层，煤层平均厚度为 16 m，瓦斯含量约为 2.5 m^3/t，煤层赋存稳定，属自燃煤层，CO 作为预测预报煤自然发火的指标气体，C_2H_4、C_2H_6 作为自然发火标志性气体，距离煤层顶板约 140 m 处为侏罗系 14 号煤层采空区。矿井 3-5 号煤层特厚煤层综放工作面生产过程中，在裂隙带充分发育情况下，上覆侏罗系 14 号煤层老采空区内 CH_4、N_2、CO、CO_2 等气体经裂隙通道进入 3-5 号煤层工作面采空区内，导致上隅角瓦斯浓度超限、氧气浓度降低，严重威胁现场作业人员人身安全，影响矿井安全生产。

针对上述情况，同忻煤矿为预防上覆采空区气体下泄和邻侧采空区气体涌出对工作面安全造成影响，采用均压通风系统进行瓦斯、火灾治理。

1. 工作面概况

8311 综放工作面位于同忻矿三盘区，开采石炭-二叠系 3-5 号煤层，煤层厚度 9.16～19.27 m，平均厚度 14.88 m。工作面设计走向长度 2 763 m，倾斜长度 200 m，机采高度 3.9 m，放顶煤厚度 10.98 m。

8311 工作面位于井田西部、三盘区的西南部，东部为三盘区三条盘区大巷，北部为实煤区，南部为三盘区 8309 工作面采空区，西部为同忻矿与马脊梁矿井田边界。三盘区辅运巷帮往里 876 m 范围内上部对应同家梁矿侏罗系 14 号煤层 8910、8912、8914 工作面，层间距为 178～206 m；876 m 至开切眼处对应上部为白洞矿侏罗系 14 号煤层 81001、81003 及 81006 工作面采空区，层间距为 206～248 m。工作面供风由三风井主要通风机担负，工作面回风直接进入三盘区回风大巷后由三盘区回风立井排出地面。

2. 启用均压系统原因

8311 综放面上覆为同家梁矿、白洞矿侏罗系 14 号煤层采空区，层间距 178～248 m。从 2311 巷(进风巷)向上覆采空区钻孔取样化验分析，采空区内主要气体成分为：CH_4(0～22.63%)、N_2(72.53%～

93.08%)、CO_2(0.65%～5.49%)、O_2(2.16%～4.03%),相对 2311 巷压差为 25～40 mmH_2O (1 mmH_2O≈9.8 Pa)。

8311 工作面 2311 进风巷侧为实煤区,5311 回风巷邻侧为 8309 工作面采空区,保护煤柱宽度为 6 m。根据邻侧采空区内钻孔取样化验分析,8309 工作面采空区内主要气体成分为:CH_4(0.10%～0.78%)、N_2(81.74%～87.07%)、CO_2(3.88%～10.78%)、O_2(2.02%～13.58%),相对 5311 巷压差为 5～40 mmH_2O。

根据技术部提供的钻孔窥视采空区垮落带实测数据,同忻矿综放面采空区垮落带高度约为 5 倍采高,裂隙带高度约为 10 倍采高,8311 工作面煤层厚度 9.16～19.27 m,平均煤厚 14.88 m,预计采空区垮落带发育高度为 45.8～96.35 m,裂隙带发育高度为 91.6～192.7 m,而 8311 工作面开采的 3-5 号煤层与上覆侏罗系煤层采空区间距为 178～248 m,恰好处于采空区裂隙带发育范围,特别是在局部厚煤层区域裂隙带发育后极易与上覆采空区导通形成气体下泄的漏风通道。

3. 均压系统启动条件

8311 工作面回采期间,需对工作面的进回风巷的风量进行测定,并每班安排专职的瓦斯检查员对工作面头、中、尾、上隅角及回风流的 CH_4、CO、CO_2 以及上隅角 O_2 浓度进行测定,若符合以下判定条件,工作面启动均压系统:

工作面在开采前和回采期间,对上覆地表裂缝和漏风通道进行了全面排查和治理,仍难以控制周围及上覆区域有毒有害气体侵入影响,导致工作面漏风量持续增加并超过工作面配风量的 10%,且连续 2 天观测工作面上隅角氧气浓度低于 18.5%,此时应启动均压系统进行治理。

4. 工作面通风、抽采系统

(1) 通风系统

8311 工作面为"一进二回"三巷布置,2311 巷、5311 巷沿 3-5 号煤层底板布置,8311 顶抽巷沿 3-5 号煤层顶板布置,与 5311 巷内错 15 m。工作面采用 2311 巷进风,5311 巷回风,8311 顶抽巷抽排瓦斯。

(2) 抽采系统

在顶抽巷密闭墙上预埋 4 趟 DN900 瓦斯抽采管路(两趟备用),管路与三盘区回风大巷内瓦斯抽采管网对接,利用二风井地面瓦斯抽采泵站两台 2BEC120 型瓦斯抽采泵进行瓦斯抽采。

在非周期来压时,利用 1 趟 DN900 瓦斯抽采管路进行抽采,来压时或采空区瓦斯涌出较大时,利用 2 趟 DN900 瓦斯抽采管路进行抽采。根据工作面的瓦斯涌出情况,及时调整顶抽巷的抽采量。

5. 工作面风量计算及风机选型

(1) 工作面风量计算

综放工作面配风量根据工作面最多工作人数、稀释割煤及放煤后涌出的有害气体、冲淡无轨胶轮车释放的尾气增配风量、确保工作面有适宜作业的空气环境等因素确定。

配风量按上述要求分别计算,选取各项中的最大值后再加上防爆车辆和顶抽巷增配风量。

① 按气象条件计算

$$Q_{采} = 60 \times 70\% \times V_{采} \times S_{采} \times k_{采高} \times k_{面长}$$
$$= 60 \times 70\% \times 1.0 \times 23.6 \times 1.2 \times 1.3 = 1\,547\ (m^3/min)$$

式中　$V_{采}$——采煤工作面的风速,按采煤工作面进风流的温度从表 10-11 中选取,采煤工作面进风流温度为 18 ℃,风速 $V_{采}=1.0$ m/s;

$S_{采}$——采煤工作面的平均有效断面积,按最大和最小控顶距有效断面的平均值计算,m^2,$S_{采} = 1/2 \times (5.655 + 6.455) \times 3.9 = 23.6\ (m^2)$;

$k_{采高}$——采煤工作面采高风量系数,具体取值见表 10-12,取 1.2;

$k_{面长}$——采煤工作面长度风量系数,具体取值见表 10-13,取 1.3;

70%——有效通风断面系数;

60——单位换算产生的系数。

表 10-11　采煤工作面进风流气温与对应风速

采煤工作面进风流气温/℃	采煤工作面风速/(m/s)
<20	1.0
20～23	1.0～1.5
23～26	1.5～1.8
26～28	1.8～2.5
28～30	2.5～3.0

表 10-12　采煤工作面采高风量系数

采高/m	<2.0	2.0～2.5	>2.5 及放顶煤面
系数($k_{采高}$)	1.0	1.1	1.2

表 10-13　采煤工作面长度风量系数

采煤工作面长度/m	长度风量系数($k_{面长}$)
<150	1.0
150～200	1.0～1.3
200～250	1.3～1.5
>250	1.5～1.7

② 按瓦斯涌出量计算

$$Q_{采} = 100 \times q_{采CH_4} \times k_{采CH_4} = 100 \times 2.55 \times 1.6 = 408\ (m^3/min)$$

式中　$q_{采CH_4}$——采煤工作面回风巷风流中平均绝对瓦斯涌出量，m^3/min。进行瓦斯抽采的工作面，应扣除瓦斯抽采量进行计算，根据经验取值为 2.55 m^3/min。

$k_{采CH_4}$——采煤工作面瓦斯涌出不均匀的备用风量系数，取 1.2～1.6。如果实际测定值大于 1.2～1.6，取实际测定值(实际测定值为正常生产条件下，连续观测 1 个月，日最大绝对瓦斯涌出量与日平均绝对瓦斯涌出量的比值)。取 $k_{采CH_4}=1.6$。

100——按采煤工作面回风流中瓦斯的浓度不应超过 1%的换算系数。

③ 按照二氧化碳涌出量计算

$$Q_{采} = 67 \times q_{采CO_2} \times k_{采CO_2} = 67 \times 3 \times 2 = 402\ (m^3/min)$$

式中　$q_{采CO_2}$——采煤工作面回风巷风流中平均绝对二氧化碳涌出量，m^3/min，根据经验取 3 m^3/min。

$k_{采CO_2}$——采煤工作面二氧化碳涌出不均匀的备用风量系数，取 2。如果实际测定值大于 2，取实际测定值(实际测定值为正常生产时连续观测 1 个月，日最大绝对二氧化碳涌出量和日平均绝对二氧化碳涌出量的比值)。

67——按采煤工作面回风流中二氧化碳的浓度不应超过 1.5%的换算系数。

④ 按工作人员数量计算

$$Q_{采} \geqslant 4N_{采} = 4 \times 40 = 160\ (m^3/min)$$

式中　$N_{采}$——采煤工作面同时工作的最多人数，取值 40；

4——每人每分钟需风量，m^3/min。

以上分类计算结果如表 10-14 所示，从中选取最大者，故 $Q_{采}$ 为 1 547 m^3/min。

表 10-14　工作面供风量计算结果

计算依据	气象条件	瓦斯涌出量	二氧化碳涌出量	工作人员数量
风量/(m^3/min)	1 547	408	402	160

⑤ 按采煤工作面运行最多车辆增配风量计算

行驶车辆的巷道，还必须按照 4 $m^3/(min \cdot kW)$ 的标准额外增加配风量。

$$Q_{车} = 4 \times P_{总} = 4 \times 65 = 260\ (m^3/min)$$

式中　$Q_{车}$——使用防爆柴油动力装置机车的工作面需额外增加的风量，m^3/min；

$P_{总}$——同时进入该工作面车辆的总功率，kW，$P_{总} = 65$ kW。

⑥ 按布置顶抽巷增配风量计算

工作面实际需风量除依照前述方法计算外，还必须按照抽采量额外增加工作面配风量。顶抽巷内绝对瓦斯涌出量的取值和确定应符合表 10-15 的规定。顶抽巷抽采量按以下标准计算：

$$Q_{抽} = 40 \times q_{抽} \times k_{采CH_4} = 40 \times 4 \times 1.6 = 256\ (m^3/min)$$

式中　$Q_{抽}$——顶抽巷抽采量，m^3/min。

$q_{抽}$——顶抽巷中平均绝对瓦斯涌出量，取 4 m^3/min。

$k_{采CH_4}$——采煤工作面瓦斯涌出不均匀的备用风量系数，取 1.2～1.6。如果实际测定值大于 1.6，取实际测定值(实际测定值为正常生产条件下，连续观测 1 个月，日最大绝对瓦斯涌出量与日平均绝对瓦斯涌出量的比值)。取值 1.6。

40——按顶抽巷中瓦斯浓度不超过 2.5％的换算系数。

表 10-15　采煤工作面瓦斯抽采率应达到的指标

工作面绝对瓦斯涌出量 $q/(m^3/min)$	工作面瓦斯抽采率/％
$5 \leqslant q < 10$	≥20
$10 \leqslant q < 20$	≥30
$20 \leqslant q < 40$	≥40
$40 \leqslant q < 70$	≥50
$70 \leqslant q < 100$	≥60
$q \geqslant 100$	≥70

综合以上各项，确定 8311 工作面配风量为：

$$Q_{总} = 1\ 547 + 260 + 256 = 2\ 063\ (m^3/min)$$

⑦ 按风速进行验算

a. 验算最小风量

$$S_{控max} = l_{控max} \times h_{采高} \times 70\% = 6.5 \times 3.9 \times 70\% = 17.75\ (m^2)$$

$$Q_{采} \geqslant 60 \times 0.25 \times S_{控max} = 60 \times 0.25 \times 17.75 = 266\ (m^3/min)$$

b. 在采取煤层注水和采煤机喷雾降尘等措施后，验算最大风量

$$S_{控min} = l_{控min} \times h_{采高} \times 70\% = 5.7 \times 3.9 \times 70\% = 15.56\ (m^2)$$

$$Q_{采} \leqslant 60 \times 5.0 \times S_{控min} = 60 \times 5.0 \times 15.56 = 4\ 668\ (m^3/min)$$

式中　$S_{控max}$——采煤工作面最大控顶距有效断面积，m^2；

$l_{控max}$——采煤工作面最大控顶距，m，取 6.5 m；

$h_{采高}$——采煤工作面实际采高，m，取 3.9 m；

$S_{控min}$——采煤工作面最小控顶有效断面积，m^2；

$l_{控min}$——采煤工作面最小控顶距，m，取 5.7 m；

0.25——采煤工作面允许的最小风速，m/s；

5.0——综合机械化采煤工作面，在采取煤层注水和采煤机喷雾降尘等措施后允许的最大风速，m/s。

266 $m^3/min \leqslant Q_{总} \leqslant$ 4 668 m^3/min，风量合理。

综上，8311 工作面配风量 $Q_{总} = 2\ 063$ m^3/min。

（2）均压风机选型

8311 综放工作面配风量为 2 063 m^3/min，外加 2311 进料斜巷配风量 300 m^3/min、2311 胶带联巷配风量 700 m^3/min、2311 回风绕道配风量 300 m^3/min，故要求 8311 综放工作面均压风机吸风量不低于 3 363 m^3/min，初选风机的吸风量为 3 800 m^3/min。选择 FBD-No8.0/2×75 型均压风机。

6. 工作面均压系统启动步骤及调试方法

① 一旦工作面具备启动均压系统的条件，并经领导组研究决定同意启动均压系统后，由领导组下达启动均压系统的命令，并由指挥部统一指挥协调，总工程师在调度室协调指挥，通风部长在现场指挥启动均压工作。

② 均压系统启动前，必须先将工作面所有作业人员全部撤出至盘区辅运巷新鲜风流中，并切断均压区域内全部非本质安全型电气设备的电源，并由安监站在 5311 进料斜巷口、2311 进料斜巷口设置拦人警戒，禁止人员入内。以上工作结束后方可进行下述通风系统调整工作。

③ 首先关闭 2311 巷、5311 巷所有均压风门（若风门处 CO 浓度大于或等于 2.4×10^{-5} 或 O_2 浓度低于 18.5%，关闭均压风门工作必须由矿救护队员佩戴正压呼吸器完成），然后逐台开启 2311 升压措施巷内的 4 台均压风机，继而逐步调整工作面通风系统。

④ 启动均压系统后，通风部要密切关注工作面气体参数变化，不断调整均压调节风门，确保工作面气体正常与通风系统的稳定。调整的最终结果为：进风巷进风量保持在 2 000～2 200 m^3/min，采空区漏风量控制到 50～100 m^3/min（$Q_{总进}-Q_{总回}=50\sim100$ m^3/min）；同时密切关注上下层采空区及邻侧采空区压差情况，确保压差均不超过 10 mmH_2O，且工作面各地点有毒有害气体浓度均满足要求。

⑤ 启动均压系统时所有人员不得进入均压区。均压系统试运行 24 h 以上并稳定后，由救护队员进入 8311 工作面检查上隅角、工作面及回风流气体情况，确定 CH_4 浓度小于 1.0%、CO 浓度小于 2.4×10^{-5}、CO_2 浓度小于 1.5%、O_2 浓度大于 18.5%后，将气体参数情况向领导组汇报，经领导组研究决定同意恢复生产并下达指挥命令后，方可允许其他人员进入工作面作业。

⑥ 初期调压结束后，必须经过 24 h 连续观察，通风部安排干部盯班上岗，密切关注工作面头尾压差及工作面各地点气体变化情况。一旦发现气体异常，工作面必须先断电撤人，通风部负责重新观察调整工作面压差，待气体及压力情况稳定后，方可允许为工作面送电，恢复生产。通风部每班要安排专人观察工作面及上隅角的气体情况，每天安排专人测定风量，并做好记录，发现问题及时汇报通风调度人员和领导组，查明原因，采取措施进行处理。

⑦ 工作面启动均压系统后，通风部试验停止顶抽巷瓦斯抽采泵，并将顶抽巷瓦斯抽采管路从总回风巷绕道口断开，利用工作面正压和主要通风机负压进行通风抽排，并使用管路上安设的蝶阀对管路风量进行调控，持续对排放风量和工作面气体、压差情况进行测定，经连续观测 48 h 后确认工作面各地点气体、风量、压力满足要求后，在抽排管口两侧安设栅栏，确认实施敞口抽排方案；若顶抽巷风量不稳定或工作面风量、压差、气体等不能满足要求，则恢复抽采泵运行。采取该措施，可最大限度降低顶抽巷对采空区的烟囱效应，防范抽采压力过大对采空区深部持续供氧引起自然发火隐患。

7. 安全技术组织措施

（1）均压系统启动前

① 工作面均压前及均压期间，由通风部联合地测部对工作面上覆地表开展漏风通道及裂缝排查，对排查出的裂缝及其他漏风通道进行回填治理，消除地面漏风对工作面的影响。

② 通风部负责对工作面通风参数进行测定，准确掌握工作面均压区域风压和风阻资料，定期观测分析均压区域内瓦斯浓度、氧气浓度、一氧化碳浓度及压差变化情况，并有防止瓦斯积聚的安全措施。

③ 通风部负责在工作面两顺槽每隔 500 m 设置一个自救器补给站，每个补给站存放的自救器数量不少于 10 台，并设置清晰、醒目的标识。

④ 由通风部负责分别在 5311 巷、2311 巷距工作面 50 m 范围内安装两道净化水幕，在距回风绕道口 50 m 处及巷道中部各安装一道净化水幕；并在 2311 巷、5311 巷距三岔口 60～200 m 处各安装一组隔爆装置，距工作面 60～200 m 安装一道隔爆装置，距离工作面第一组隔爆装置 200 m 处安装一道隔

爆装置,工作面隔爆装置始终距工作面 60～200 m。

⑤ 由机电部组织综采二队对 8311 工作面的所有电气设备的防爆性能进行一次全面检查,杜绝设备失爆,同时对均压风机供电线路进行一次全面检查,并对存在的问题及时组织处理。

⑥ 通风部对工作面的压风自救与供水施救两大避灾系统进行检查、维护(供水施救与压风自救装置安装在距带式输送机机头 40 m 范围内和距工作面不大于 40 m 范围内),确保两大系统均能正常使用。

⑦ 地测部查明工作面上下层间位置关系,并绘制好位置关系图。由通风部负责分析均压防灭火可能对上覆采空区的影响,加强各影响区域气体及风量观测。

⑧ 在均压系统启动前,通风部负责将该措施向所有进入 8311 均压工作面的人员进行贯彻,并留有记录可查;同时加强对进入 8311 均压工作面的作业人员的自救器使用培训,确保所有人员熟练使用自救器。

⑨ 一旦发现工作面出现 CO 浓度大于或等于 2.4×10^{-5} 或 O_2 浓度小于或等于 18.5%时,综采二队现场跟班干部、安检工、瓦检工及救护队员必须立即组织将现场所有作业人员撤出至盘区辅运巷。

⑩ 均压系统开启前 24 h,由同忻矿总工程师负责书面通知同家梁矿、白洞矿和四老沟矿。

(2) 均压系统启动后

① 当工作面 CO 浓度大于或等于 2.4×10^{-5} 或 O_2 浓度小于或等于 18.5%时,必须立即切断工作面及其进回风巷内所有非本质安全型电气设备电源,并将工作面所有作业人员全部撤出至盘区辅运巷,然后由领导组研究制定调压方案后进行工作面均压系统调整,确保工作面气体浓度符合规程要求。

② 通风部组织专人看管 2311 巷的均压设施及 5311 巷的均压调节风门:1 人看 2311 巷风门,1 人看 5311 巷风门。同时通风部每班安排专人对 2311 巷回风绕道调节设施进行巡查,确保设施完好。要求看管人员手拉手交接班,并熟知均压设施在均压系统运行、停止期间所有的状态。待均压系统运行稳定后,取消风门看管。

③ 均压系统运行期间:2311 进料斜巷及胶带联巷内的均压风门、5311 巷的均压调节风门应处于关闭状态。均压系统停止期间:一旦发现均压风机出现无计划停电停风,立即恢复工作面全风压通风,将 2311 进料斜巷、胶带联巷及 5311 巷均压调节风门全部敞开。若发现两巷均出风,则必须由救护队员佩戴正压呼吸器将 2311 进料斜巷及胶带联巷的均压风门、5311 巷的均压调节风门予以关闭,以防采空区的有毒有害气体大量涌向 8311 工作面及盘区大巷内,待采取措施确保安全的情况下及时启动均压系统,严禁均压系统启动期间两巷均压风门和均压调节风门同时打开作业。

④ 瓦检员除配带瓦检仪外,还需配带便携式 CO 检测报警仪、便携式 O_2 检测报警仪和温度计。瓦检员必须每班对 8311 工作面头、中、尾、上隅角及回风流 CH_4、CO、CO_2、O_2 浓度及温度、压力等情况进行检查,做好记录,并及时向通风调度人员汇报。同时,将每次检查的结果与传感器进行比对,比对的结果汇报通风调度人员,以防两种仪器存在误差时,可及时进行调校。

⑤ 8 台均压风机,4 台使用,4 台备用,并保证实现主、备风机的自动切换,每天二班检修时间必须对主、备风机的自动切换进行试验,每 10 天必须确保备用风机至少连续运行 2 h,每天测试语音报警装置。4 台均压风机必须保证连续运转,做到“三专”供电,严禁出现无计划停电停风。

⑥ 领导组必须定期组织人员进行停均压试验,测试气体下泄时间、下泄速度、出风情况、压力变化情况、撤人时间等参数,为应急避灾提供依据。定期组织综采二队、通风部、安监站相关人员进行 8311 均压工作面应急演练,行走避灾路线,并对应急演练结果进行分析总结,同时对措施进行复审完善,确保人人熟悉避灾路线和方法,人人会使用自救器。

⑦ 通风部每天负责组织对工作面风量、压差等参数进行测定并做好记录,以便掌握瓦斯、一氧化碳、二氧化碳涌出量与压差、风量之间的关系。

⑧ 通风部每周至少对 8311 工作面上覆采空区观测钻孔取样化验分析一次,当发现气体异常时,及时采取措施进行处理。

⑨ 8311 工作面的 O_2、CO、CH_4 传感器及风机开停传感器、声光报警器等由信息中心定期派人进

行调校，由综采二队负责随采移动、吊挂及日常看管。

⑩ 均压系统风量、气体不稳定时期（如工作面初次或周期来压、过地质构造等），8311 工作面每班需安排 2 名救护队员在现场监护，充分做好工作面风量和气体异常期间的应急处置工作。

⑪ 8311 工作面必须按要求安装各类传感器，各类传感器的报警断电值必须符合规程要求，并实现“瓦斯电”“故障”闭锁功能，定期对工作面设备进行巡检，每 15 天必须对传感器和“瓦斯电”“故障”“风电”闭锁功能进行调校、测试，确保其数据准确、断电灵敏可靠。

⑫ 在日常机电管理中，由机电部负责对 8311 工作面均压风机的专用变压器、专用开关、专用电缆及“风电”闭锁（工作面均压风机只要有 1 台主风机停止运转，工作面必须实现“风电”闭锁，待所有主风机均恢复正常运转后方可恢复送电）进行检查和测试，发现问题，及时处理；由机电部监督，综采二队负责每班对 8311 工作面及其进回风巷内所有电气设备进行检查，杜绝设备失爆；由通风部组织责任单位定期对均压风机、开关、线路进行检查，对声光报警器进行测试。发现问题及时通知矿调度室、通风调度人员。

⑬ 加强对上隅角处的标准化管理，综采二队负责将该处的浮煤、杂物及时清理干净；每班必须对工作面及上隅角进行冲洗，杜绝粉尘超标；另外，必须保持尾架至煤帮通风畅通，其间距不得小于 0.8 m。

⑭ 均压时期如有系统调整，必须安排矿领导现场盯班处理。

⑮ 8311 均压工作面现场所有跟班干部、瓦检员、安检工、流动电钳工必须配带便携式 CH_4 检测报警仪。

⑯ 在改变主要通风机工况及井下通风系统时，对均压工作面均压状况及时进行调整。

⑰ 其他未提及事宜严格按照《煤矿安全规程》要求执行。

⑱ 安监站负责监督落实本措施的贯彻及执行情况。

第 11 章　强突煤层综合治理技术与示范

华晋焦煤有限责任公司沙曲一号煤矿为煤与瓦斯突出矿井，主采煤层原始瓦斯压力达到 2 MPa 以上，属于强突煤层。该矿多年来始终贯彻落实“安全第一、预防为主、综合治理”的安全生产方针，坚持区域防突措施先行、局部防突措施补充的原则，将防突工作由过程防突向源头防突、措施防突向工程防突转变，实现了工程防突常态化、措施防突再补充，有效地确保了矿井安全生产，防患于未然[95]。

沙曲一号煤矿瓦斯治理技术示范内容：

① 因地制宜形成以“三区联动-转化”为核心的沙曲防突及瓦斯综合治理模式，实现煤与瓦斯安全、高效共采与利用。

② 树立“多措并举、可保必保、应抽尽抽、效果达标”的防突理念，全面实现“瓦斯抽采系统智能化、精细化”“瓦斯抽采作业远控化”，最终实现瓦斯抽采效率最大化。

③ 实施“区域消突”为主的防突措施，在采用地面钻井抽采的基础上，利用本煤层巷道及底抽巷有利条件，使用大功率定向钻机施工大孔径、长距离钻孔，大面积实施本煤层、裂隙带的精准钻孔区域消突措施，增加瓦斯抽采量，实现防突及瓦斯治理由措施型向工程型转变。

④ 坚持“用促抽”的瓦斯抽采理念，实现“变废为宝、循环利用、持续发展”的绿色发展。

⑤ 树立“科技兴矿”的理念，实现瓦斯抽采泵站智能化提标，钻机装备性能一流，瓦斯抽采数据自动采集与分析。

11.1　示范矿井概况

11.1.1　沙曲一号煤矿基本情况

沙曲一号煤矿位于吕梁山脉的中段西部、河东煤田中段，行政区划属山西省吕梁市柳林县管辖，由华晋焦煤有限责任公司开发建设，矿井现工业场地距柳林县城约 5 km。沙曲一号煤矿是在原沙曲矿北翼(生产能力 180 Mt/a)的基础上进行的改扩建矿井。矿井北以聚财塔南断层与双柳井田为界；东南与沙曲二矿相邻，以三川河、太中银铁路、孝柳铁路、汾军高速、307 国道、三川河两岸村庄及建筑形成的保护煤柱带为界；西部与郭家沟井田相邻，以采矿权边界为界；东部与地方煤矿井田相邻，以采矿权边界为界。井田大致呈北西-南东走向弧形，总体为一缓倾斜单斜构造，倾向西-南西。井田走向长 10.12～10.86 km，倾斜宽 5.32～8.18 km，井田面积 68.381 7 km^2。

沙曲一号煤矿井田开拓方式为斜、立井混合开拓，采用倾斜长壁采煤法、大采高综采一次采全高回采工艺，区内后退式回采，全部垮落法管理顶板。矿井水文地质类型为中等，全区带压开采。

全井田由两个水平开拓。目前，矿井开采＋400 m 水平，开采上煤组 2#、3＋4#、5# 煤层；二水平标高＋260 m，开采下煤组 6#、8#、10# 煤层。

根据原山西省煤炭工业厅综合测试中心 2014 年 5 月提供的《华晋焦煤有限责任公司沙曲一号煤矿矿井瓦斯涌出量预测报告》，4# 煤层瓦斯含量增长梯度为 2.06 $m^3/(t\cdot hm)$，3＋4# 煤层瓦斯含量增长梯度为 2.02 $m^3/(t\cdot hm)$，5# 煤层瓦斯含量增长梯度为 2.15 $m^3/(t\cdot hm)$。2018 年，沙曲一号煤矿绝对瓦斯涌出量为 177.19 m^3/min，相对瓦斯涌出量为 28.17 m^3/t。煤层瓦斯基本参数如表 11-1 所示。

表 11-1　煤层瓦斯基本参数表

煤层编号	瓦斯含量 $\left(\frac{\text{最小—最大}}{\text{平均}}\right)$ /(m^3/t)	瓦斯压力 /MPa	煤层透气性系数 λ /[m^2/(MPa^2·d)]	钻孔瓦斯流量衰减系数 /d^{-1}	百米钻孔初始瓦斯涌出量 /[m^3/(min·hm)]	瓦斯含量增长梯度 /[m^3/(t·hm)]
2#	$\frac{7.92\sim12.10}{9.64}$	0.74～1.85	2.12～2.17	0.033～0.038	0.53	2.06
3+4#	$\frac{6.05\sim14.59}{11.06}$	0.97～2.15	3.52～3.78	0.024～0.028	0.59	2.02
5#	$\frac{6.36\sim15.42}{11.16}$	1.41～2.40	1.99～2.23	0.037～0.038	0.65	2.15

根据 2014 年 5 月煤炭科学研究总院提供的《华晋焦煤有限责任公司沙曲一号煤矿 2#、3+4#、5# 煤层煤与瓦斯突出危险性鉴定报告》，矿井鉴定为煤与瓦斯突出矿井。

11.1.2　煤与瓦斯突出危险性鉴定单项指标实测值

煤与瓦斯突出危险性鉴定单项指标实测值如表 11-2 所示。

表 11-2　煤与瓦斯突出危险性鉴定单项指标实测值

煤层编号	煤的最大破坏类型	煤的坚固性系数 f	煤的瓦斯放散初速度(ΔP)/mmHg	瓦斯压力/MPa	鉴定结论
2#	Ⅲ类	0.41～0.44	8.0～14.0	1.15	突出煤层
3+4#	Ⅲ类	0.47～0.76	7.5～12.3	1.48	突出煤层
5#	Ⅲ类	0.38～0.67	7.6～10.8	1.49	突出煤层
临界值	Ⅲ类及以上	≤0.5	≥10	≥0.74	

根据煤炭科学研究总院沈阳研究院有限公司提供的《山西华晋焦煤沙曲一号煤矿 2#、3+4#、5#、6# 煤层瓦斯抽采半径考察研究报告》，各煤层瓦斯有效抽采半径见表 11-3。

表 11-3　各煤层瓦斯有效抽采半径汇总表

煤层	抽采孔径/mm	抽采天数/d	有效抽采半径/m
2# 煤层	94	88	5.0
未卸压 3+4# 煤层	94	85	6.0
卸压开采后 3+4# 煤层	94	82	7.5
未卸压 5# 煤层	94	88	6.0
卸压开采后 5# 煤层	94	88	7.5
6# 煤层	94	85	5.0

根据原山西省煤炭工业厅综合测试中心编制的《煤尘爆炸性鉴定报告》及《煤层自燃倾向性鉴定报告》，2#、3+4#、5# 煤层均具有煤尘爆炸危险性；2#、5# 煤层为Ⅱ类自燃煤层，3+4# 煤层为Ⅲ类不易自燃煤层。

矿井含煤地层综合柱状图如图 11-1 所示。

11.1.3　矿井通风系统

沙曲一号煤矿采用混合式通风方式，抽出式通风方法。现有 6 个风井，其中 4 个进风井，2 个回风井。总进风量为 29 496 m^3/min，总回风量为 29 750 m^3/min。矿井有效风量率 94.50%，通风富余系数

界	系	组	层厚/m	柱状 1:200	岩石名称	岩性描述
古生界	二叠系	山西组	7.3		中砂岩	灰白色中砂岩，以石英为主，次为长石，具均匀层理
			2.07		泥岩	黑色泥岩
			1.04		2# 煤层	半亮煤，粉末状
			1.75		碳质泥岩	黑色，含植物化石碎片
			1.61		细砂岩	灰色，中厚层状，以石英为主，次为长石，具均匀层理
			4.5		中砂岩	灰白色，厚层状，以石英为主，次为长石，具均匀层理
			0.5		砂质泥岩	灰黑色，含植物化石碎片
			0.59		粉砂岩	深灰色，薄层状，具脉状层理
			5.5		砂质泥岩	灰黑色，含植物化石碎片，上部有菱铁矿，局部含砂
			4.62（4.30～4.75）		3+4# 煤	半光亮煤，玻璃光泽，内生裂隙发育，夹石为碳质泥岩
			1.1		中砂岩	灰色，可见大量的白云母碎片，顶部渐粗
			2.5		粉砂岩	黑色，有植物化石碎片
			2.0		泥岩	黑色
			3.3		5# 煤	半光亮煤，玻璃光泽
			2.6		砂质泥岩	黑灰色，可见大量植物根茎化石
			1.7		K_3 砂岩	褐灰色，泥质胶结

图 11-1　矿井含煤地层综合柱状图

大于 1.2，可满足通风需要。各风井均安装两台同型号轴流式通风机，一用一备。各井筒风量及主要通风机参数详见表 11-4。

表 11-4　各风井风量及主要通风机参数

风井名称	主要通风机型号	主要通风机负压/Pa	电机功率/kW	风量/(m^3/min)	叶片角度/(°)
高家山回风立井	GAF31.6-16.8-1	2 894	1 600	13 640	0
下龙花垣回风立井	GAF33.5-20-1	2 837	2 000	16 110	5
总回风量				29 750	
主斜井				948	
副立井				4 934	
高家山进风立井				8 657	
下龙花垣进风立井				15 047	
总进风量				29 496	

矿井布置有轨道大巷、胶带大巷和回风大巷三条大巷，其中轨道大巷和胶带大巷并联进风，回风大巷回风。通过在回风大巷 3 000 m 处构筑一道永久密闭，实现了高家山回风立井和下龙花垣回风立井分区通风。

高家山回风立井担负 4307 已采面(包括 4307 已采面)以南工作面用风，主要用风点为 4307 已采面、5103 综采面、4305 后部综采面、5207 备用面、5104 工作面胶带外返巷、4206 工作面机轨合一巷、4206 工作面回风巷、4206 工作面进风巷、5303 工作面轨道巷、1 500 m 处管子道、高家山中央变电所、高家山局部通风机变电所、注氮硐室、高家山风井低浓度管子道、$1^{\#}$ 永久避难硐室、三采区变电所、高家山火药库、高家山充电硐室等；下龙花垣回风立井担负 4209 综采面(包括 4209 综采面)以北的工作面用风，主要用风点包括 2204 综采面、4209 综采面、2206 保护层工作面瓦斯治理工程、2401 工作面轨道巷、二采区 $2^{\#}$ 底抽巷、四采区 $1^{\#}$ 底抽巷联络巷、胶带大巷延伸巷、轨道大巷延伸巷、回风大巷延伸巷、4502 工作面轨道巷、4502 工作面胶带巷、4503 工作面轨道巷、六采区 $1^{\#}$ 变电所、下龙花垣爆炸材料库、二采区变电所、$2^{\#}$ 永久避难硐室、下龙花垣变电所、下龙花垣充电硐室等。

综采工作面采用沿空留巷“Y”形或“U”形通风系统，均实现独立通风；井下机电硐室、变电所均按要求采用独立通风系统；掘进工作面通风采用机械压入式通风方式，配备对旋式轴流局部通风机通风，所有局部通风机全部实现了“双风机双专供”和“三专两闭锁”管理，并配套使用大直径强力风筒。$2^{\#}$、$3+4^{\#}$ 煤掘进工作面配备 FBD-No7.1 型 2×45 kW 局部通风机供风可满足生产需求，风量 460～710 m^3/min；$5^{\#}$ 煤掘进工作面配备 FBD-No6.3 型 2×30 kW 局部通风机供风可满足生产需求，风量 380～600 m^3/min。

11.1.4　矿井瓦斯抽采系统

矿井目前共有 2 个瓦斯抽采泵站[$1^{\#}$ 瓦斯泵站、高家山瓦斯抽采泵站(以下简称 $2^{\#}$ 瓦斯泵站)]，共安装 10 台水环真空泵及 3 台 GM240S 型干式罗茨真空泵，总装机能力为 6 720 m^3/min，额定抽采量为 3 480 m^3/min。$1^{\#}$ 瓦斯泵站(6 台水环真空泵)的地面 4 趟管路，通过 4 个地面负压管路与井下 2 趟抽采主管路相连；$2^{\#}$ 瓦斯泵站(4 台水环真空泵)的地面 2 趟管路分别通过 2 个地面负压管路与井下 2 趟抽采主管路相连，实现了高、低浓度瓦斯分源抽采。如表 11-5 所示。

表 11-5　瓦斯抽采系统情况

泵站	泵型号	数量/台	额定抽采量/(m^3/min)	使用情况	功率/kW	主管径/mm	井下主管长度/m	备注
$1^{\#}$ 瓦斯泵站	2BEC67	4	350	二用二备	450	地面 DN500(ϕ530)、井下 DN450(ϕ530)+DN600(ϕ630)+DN800(ϕ820)	DN450(ϕ530)管路 2 680、DN600(ϕ630)管路 2 700、DN800(ϕ820)管路 3 620	高负压、高浓度(30%以上)，发电
	2BEC72	2	600	一用一备	900			
	GM240S(新增)	3	240	二用一备	573			

表 11-5(续)

泵站	泵型号	数量/台	额定抽采量/(m^3/min)	使用情况	功率/kW	主管径/mm	井下主管长度/m	备注
$2^{\#}$瓦斯泵站	2BEC87	4	850	二用二备	1 120	DN600(φ630)+DN800(φ820)	DN600(φ630)管路 2 700	低负压、低浓度(22%~30%)，发电
							DN800(φ820)管路 3 620	
						DN800(φ820)	5 220	低负压、低浓度(<4%)，排空
合计		13	3 480				20 540	

沙曲一号煤矿现使用各类瓦斯抽采钻机 20 台，分别为：VLD-1000 型定向钻机 2 台、ZDY-4000L 型钻机 6 台、ZDY-4000LP 型钻机 1 台、ZDY-4000LD 型定向钻机 1 台、ZDY-3200L 型钻机 2 台、ZDY-1200L 型钻机 1 台、ZYJ-390/190 型钻机 4 台、ZYWL-6000 型钻机 1 台、ZYWL-6000DS 型定向钻机 2 台。沙曲一号煤矿钻机装备情况见表 11-6。

表 11-6　沙曲一号煤矿钻机装备情况表

钻机型号	生产地点或厂家	电机功率/kW	钻杆规格/mm	孔径/mm	使用/在册数量/台	实际单孔最深值/m
VLD-1000	澳大利亚	95	φ70×3 000	96	2/2	548
ZDY-4000L	西安煤科院	55	φ73×1 500	94	6/6	260
ZDY-4000LP	西安煤科院	55	φ73×1 500	108	1/1	170
ZDY-1200L	西安煤科院	37	φ50×1 500	85	1/1	170
ZDY-3200L	西安煤科院	45	φ73×1 500	94	2/2	195
ZDY-4000LD	西安煤科院	55	φ73×3 000	96	1/1	350
ZYWL-6000	重庆煤科院	75	φ73×1 500	94	1/1	360
ZYWL-6000DS	重庆煤科院	75	φ73×3 000	96	2/2	360
ZYJ-390/190	石家庄开目机械有限公司	22	φ42×1 000	80	4/4	100
合　计					20	

11.2　沙曲模式突出防治方法与手段

沙曲一号煤矿为近距离突出煤层群开采。$2^{\#}$煤层局部可采，可采区域煤层厚度为 0.6～1.2 m，$2^{\#}$煤层与主采的 $3+4^{\#}$煤层平均层间距为 12.58 m，$3+4^{\#}$煤层与 $5^{\#}$煤层平均层间距为 4.8 m。本着“可保必保”的原则，达到一层开采多层卸压的效果，在大巷西翼把 $2^{\#}$煤层作为 $3+4^{\#}$、$5^{\#}$煤层的保护层进行开采；大巷东翼标高随着巷道掘进随之提高，埋深随着巷道掘进随之减小，瓦斯含量较西翼降低，大巷距矿界仅 1 700 m 左右，采取预抽煤层瓦斯的区域防突手段。

11.2.1　$2^{\#}$煤层突出防治方法与手段

(1) $2^{\#}$煤层掘进工作面

① 采用底抽巷施工穿层钻孔进行区域条带预抽，对于底抽巷钻孔辐射不到的区域采取“迎头＋

巷帮钻场”施工顺层钻孔进行区域预抽后掘进。采用顺层钻孔预抽条带煤层的瓦斯，预抽钻孔要控制在巷道两帮轮廓线外不小于 15 m 范围内，孔深应不小于 60 m，正前方预抽钻孔超前距保持 20 m。如图 11-2 和图 11-3 所示。

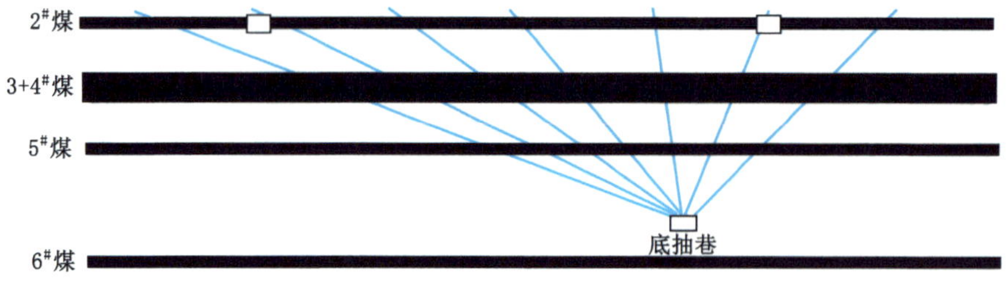

图 11-2　底抽巷穿层钻孔预抽 2# 煤层区域瓦斯预抽钻孔布置示意图

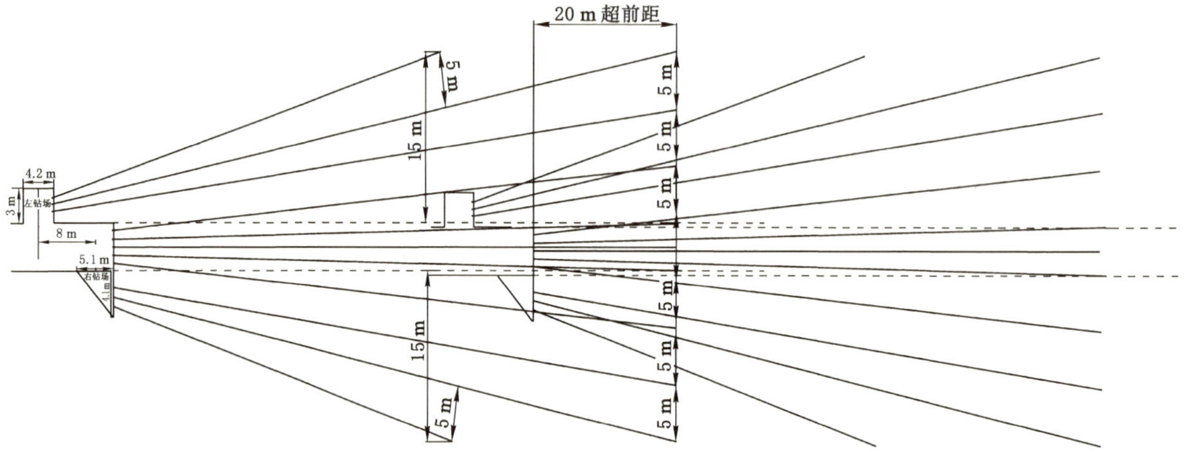

图 11-3　巷道迎头及巷帮钻场预抽 2# 煤层区域瓦斯预抽钻孔设计图

② 区域效果检验采用 WP-1 型瓦斯含量快速测定仪实测残余瓦斯含量的方法。在工作面正前方沿煤层施工 3 个区域效果检验钻孔，每个钻孔检验范围不少于 60 m。当实测残余瓦斯含量值小于 8 m^3/t 时，判定工作面区域防突措施有效，并根据区域效果检验钻孔深度允许保留 20 m 超前距向前掘进；否则，继续补充区域防突措施。如图 11-4 所示。

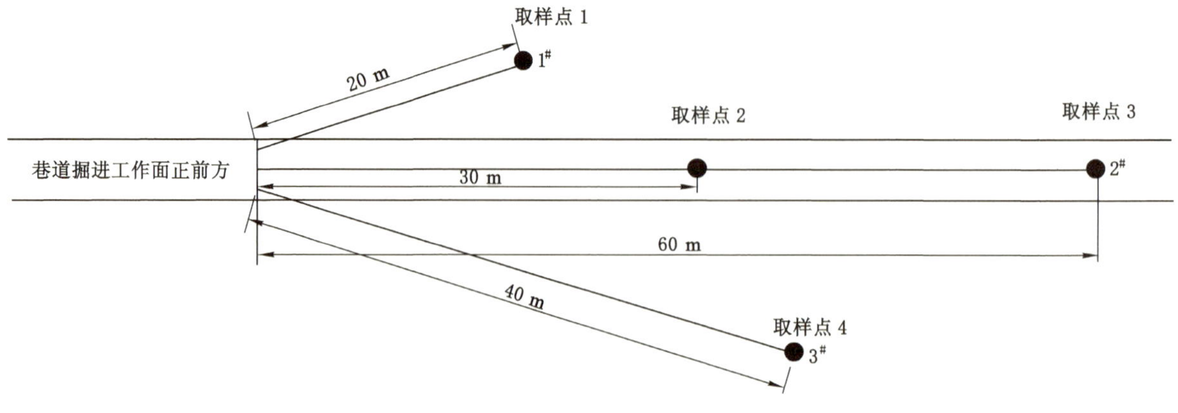

图 11-4　区域效果检验钻孔设计图

③ 区域验证使用 WTC 型瓦斯突出参数仪实施钻屑指标法，实测 K_1 值和 S 值，实现 2 份煤样同时测定，每 7.2 m 实施连续验证。在工作面正前方沿煤层施工 5 个区域验证孔，每个钻孔验证范围不少于

10 m。若实测 K_1 值小于 0.43，S 值小于 5 kg/m，并且未发现其他异常情况，则该工作面允许在采取防护措施后掘进 7.2 m；否则，实施局部综合防突措施，并进行工作面效果检验。如图 11-5 所示。

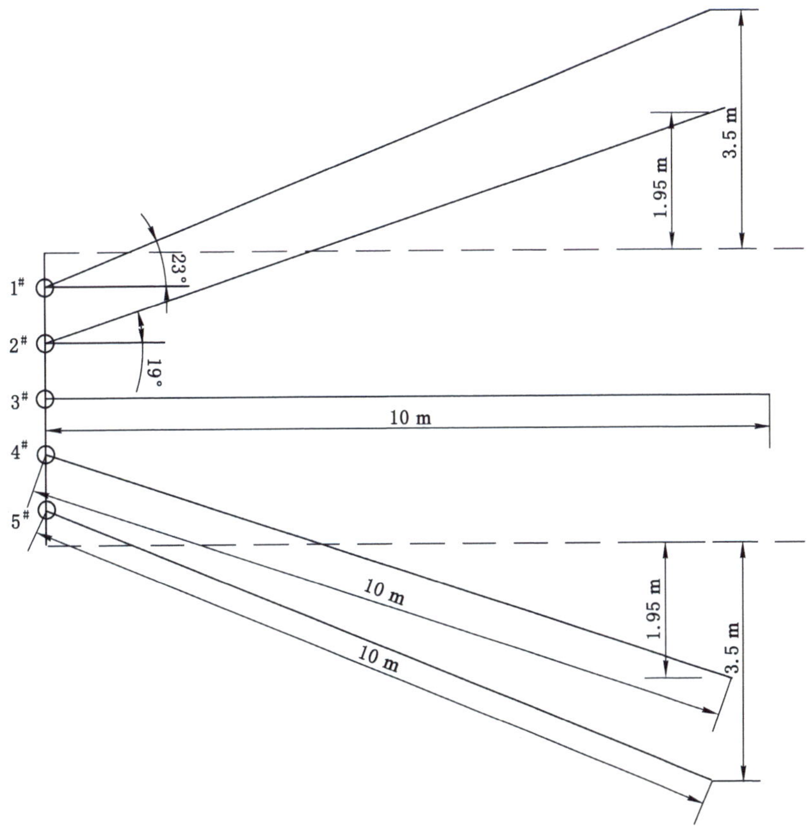

图 11-5　2# 煤层区域验证钻孔布置图

④ 实施完工作面防突措施后，工作面效果检验由使用 WTC 型瓦斯突出参数仪改为 YTC10 型煤层瓦斯突出预测仪实施钻屑指标法，实测 K_1 值和 S 值，实现 2 份煤样同时测定。在工作面正前方沿煤层施工 5 个工作面效果检验孔，每个钻孔检验范围不少于 10 m。若实测 K_1 值小于 0.3，S 值小于 5 kg/m，并且未发现其他异常情况，则该工作面允许在采取防护措施后掘进 7.2 m；否则，继续补充实施局部综合防突措施，并进行工作面效果检验。

(2) 2# 煤层采煤工作面

① 采用在工作面两侧顺槽施工本煤层条带顺层钻孔的区域防突措施，钻孔辐射工作面整个区域，如图 11-6 所示。

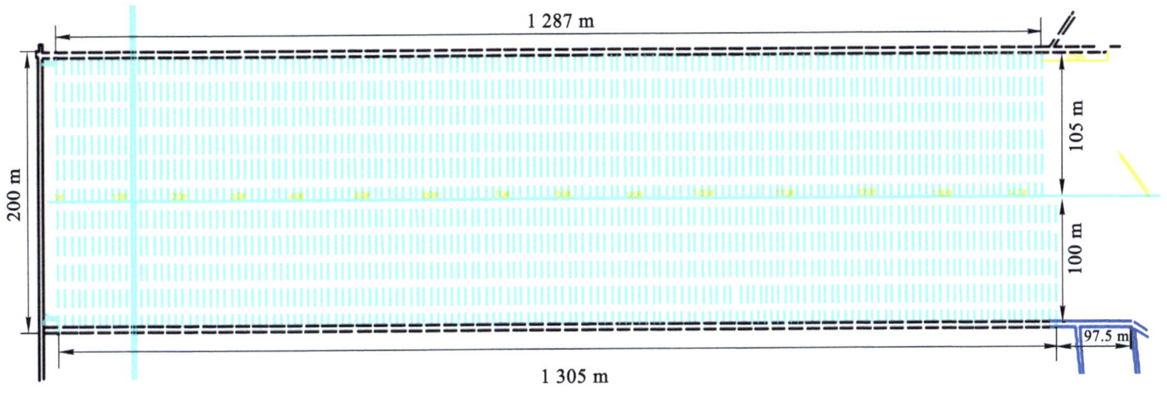

图 11-6　2# 煤层采煤工作面区域预抽钻孔布置图

② 区域效果检验采用 WP-1 型瓦斯含量快速测定仪实测残余瓦斯含量的方法。在工作面两侧顺槽分别施工检验钻孔，两巷每隔 50 m 交替施工 1 个钻孔，检验钻孔深度设计为 100 m，分别在 50 m 深处和孔底 100 m 深处采煤样。当实测残余瓦斯含量值小于 8 m^3/t 时，判定工作面区域防突措施有效；否则，继续补充区域防突措施，如图 11-7 所示。

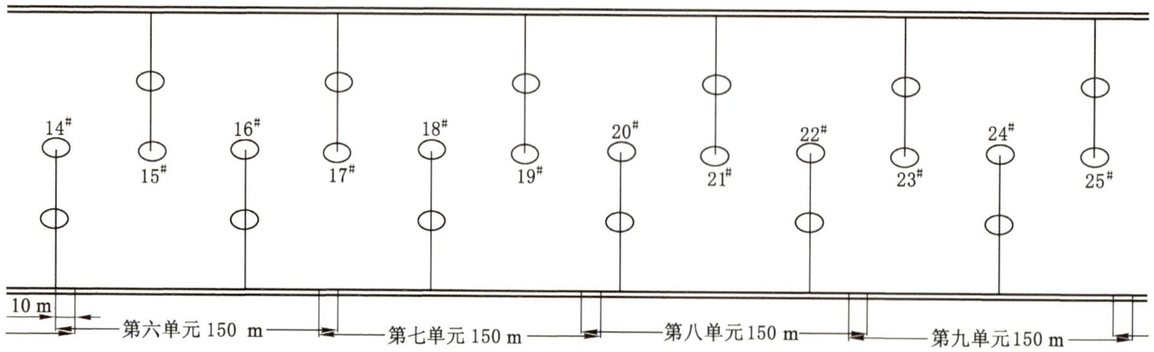

图 11-7　区域效果检验钻孔布置图

③ 区域验证使用 WTC 型瓦斯突出参数仪实施钻屑指标法，实测 K_1 值和 S 值，实现 2 份煤样同时测定，连续进行两次区域验证，若实测 K_1 值小于 0.43，S 值小于5 kg/m，并且未发现其他异常情况，可回采 50 m；否则，实施局部综合防突措施，并进行工作面效果检验。在工作面每隔 10～15 m 布置一个验证孔，验证孔尽量布置在煤层软分层中。区域验证钻孔孔径 42 mm、孔深 10 m，平行于工作面推进方向，如图 11-8 所示。

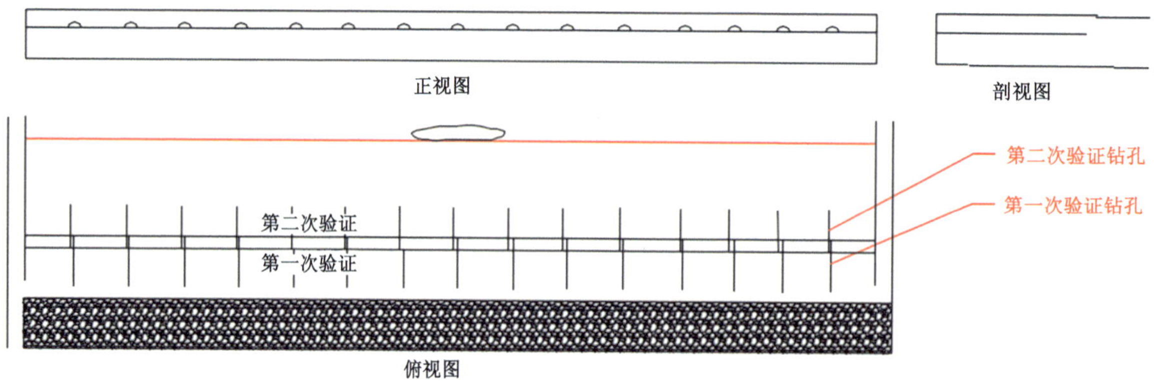

图 11-8　区域验证钻孔设计图

④ 实施完工作面防突措施后，工作面效果检验由使用 WTC 型瓦斯突出参数仪改为 YTC10 型煤层瓦斯突出预测仪实施钻屑指标法，实测 K_1 值和 S 值。视工作面实际情况在超前钻孔 10 m 左右范围内每 2 m 施工 1 个瓦斯释放钻孔。瓦斯释放钻孔孔径 75 mm、孔深 13 m，瓦斯释放钻孔超前距保持 5 m。若实测 K_1 值小于 0.3，S 值小于 5 kg/m，并且未发现其他异常情况，则该工作面允许在采取防护措施后进行回采；否则，继续补充实施局部综合防突措施，并进行工作面效果检验。

下一步计划在 2# 煤层掘进工作面试验深孔卸压控制爆破快速消突及瓦斯抽采技术，最终形成适合沙曲一号煤矿 2# 煤层掘进工作面精准高效的消突方法，实现 2# 煤层掘进工作面快速消突及快速抽采达标，2# 煤层掘进单进由 80 m/月提高到 100 m/月。

11.2.2　3+4# 煤层突出防治方法与手段

(1) 西翼区域采掘工作面

① 西翼区域 3+4# 煤层采取开采 2# 煤层保护层的区域防突措施。结合煤层赋存条件和采掘巷道布置，在大巷西翼 5# 煤层下方的 L_5 灰岩中布置底抽巷。在底抽巷左、右两帮每隔 25 m 交替施工一个迈步式钻场，利用大功率定向钻机在钻场内布置上向扇形钻孔，对 3+4# 煤层施工前部穿层后部顺层的定向钻孔，对上覆主采煤层提前进行区域预抽，释放煤层瓦斯压力，消除煤与瓦斯突出危险，解决 3+4# 煤层掘进和回采期间的瓦斯问题。每条底抽巷两侧钻孔辐射范围达 1 000 m 以上，主采煤层单层煤区域预抽面积超过 130 万 m^2。底抽巷还可抽采开采保护层后煤层卸压瓦斯和提前解决上覆煤层回采过程中疏排水问题。底抽巷穿层定向钻孔预抽 3+4# 煤层区域瓦斯预抽钻孔剖面图和布置图如图 11-9 和图 11-10 所示。

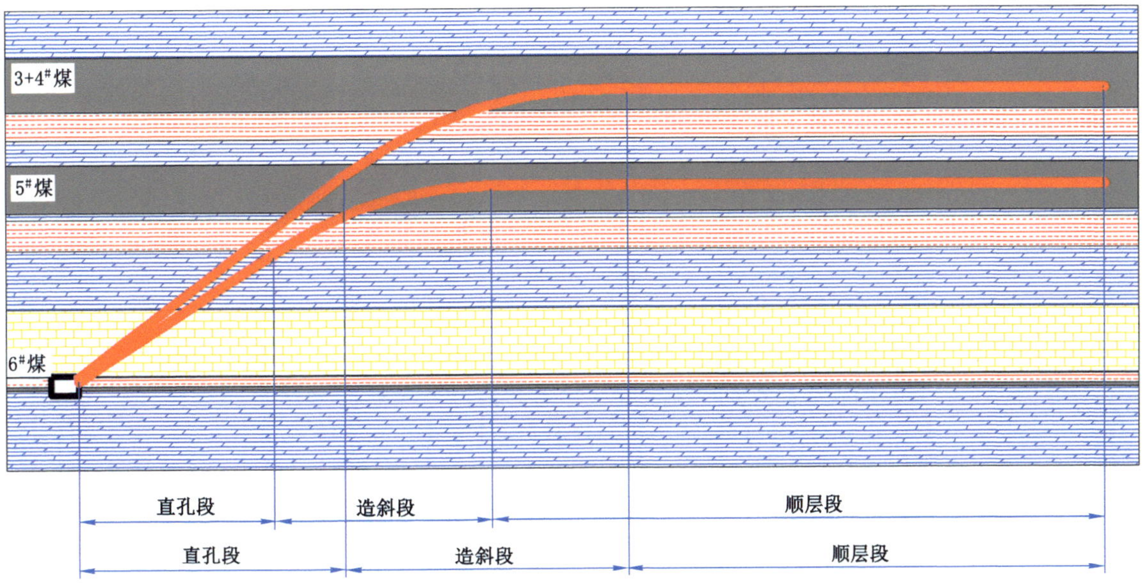

图 11-9　底抽巷穿层定向钻孔预抽 3+4# 煤层区域瓦斯预抽钻孔剖面示意图

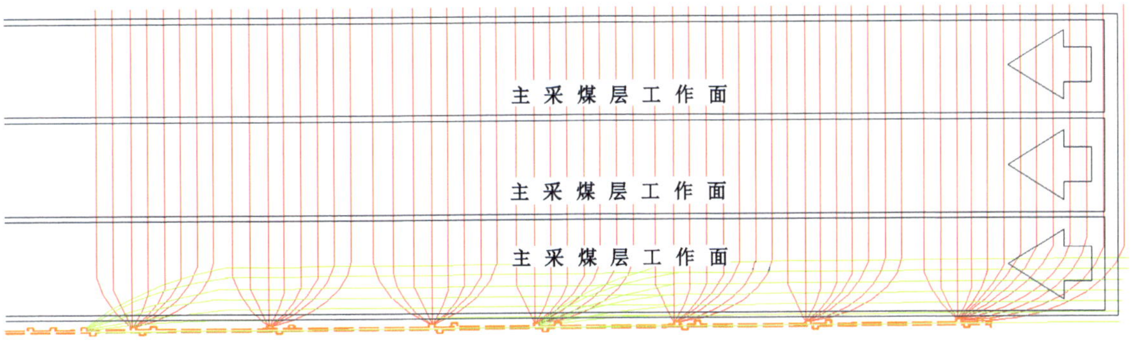

图 11-10　底抽巷穿层定向钻孔预抽 3+4# 煤层区域瓦斯预抽钻孔布置示意图

底抽巷穿层定向钻孔区域预抽时间可达 3 年以上，孔深为 500 m 的单孔瓦斯抽采纯量可达 0.8 m^3/min。区域预抽范围内 3+4# 煤层掘进前，经计算，煤层残余瓦斯含量由原始含量 11.06 m^3/t 降低至 5 m^3/t 左右，达到了消除采掘过程中突出危险的目的。

另外，在开采 2# 煤层保护层后，在下伏 3+4# 煤层巷道掘进时和回采前，矿井不断对被保护层防突指标进行测试。以 4209 工作面为例，巷道位于 2201 和 2202 工作面保护范围内。

4209 工作面轨道巷掘进时，实测残余瓦斯含量最大值为 4.25 m^3/t，远小于 8 m^3/t 的临界值和

11.06 m^3/t的原始瓦斯含量;实测区域验证 K_1 值最大为 0.21,远小于 0.43 的临界值,达到了消突的效果。

4209 工作面回采前,在工作面施工瓦斯压力检测钻孔 12 个,实测瓦斯压力最大值为 0.12 MPa,远小于 0.74 MPa 的临界值和 1.5 MPa 的原始瓦斯压力,达到了被保护层消突的效果。

在 3＋4[#] 煤层巷道掘进过程中,直接进行区域效果检验和区域验证,巷道掘进单进可以达300 m/月。

② 区域效果检验和区域验证,同 2[#] 煤层采掘工作面。

(2) 东翼区域采掘工作面

东翼区域 3＋4[#] 煤层采取递进式区域预抽、巷道掘进方向区域预抽和地面水平分支井及直井区域预抽的区域防突措施。

① 递进式区域预抽

在现有煤层巷道布置区域预抽钻场,在钻场内利用定向钻机向相邻工作面施工长距离顺层或下邻近层定向钻孔,钻孔长度为 300～400 m,钻孔孔径不小于 96 mm,钻孔间距为 12～15 m。利用钻孔提前对待采掘工作面进行区域瓦斯预抽,用于抽采工作面回采煤体瓦斯和解决下个工作面巷道掘进和回采的消突问题。如图 11-11 和图 11-12 所示。

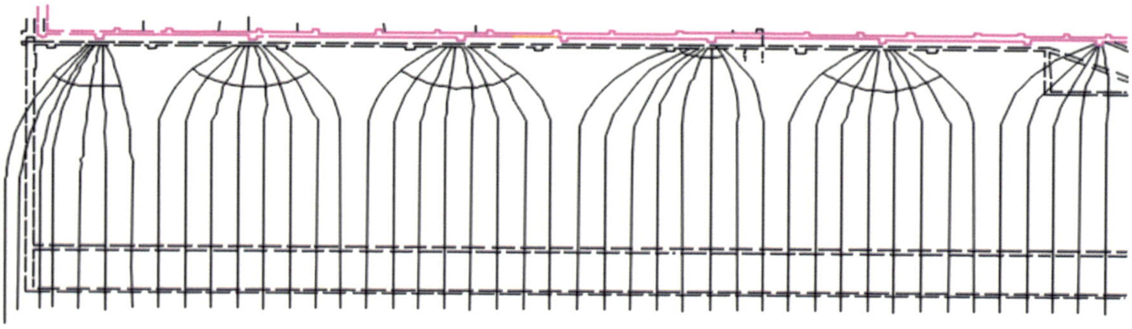

图 11-11　递进式定向长钻孔区域预抽本煤层瓦斯钻孔设计示意图

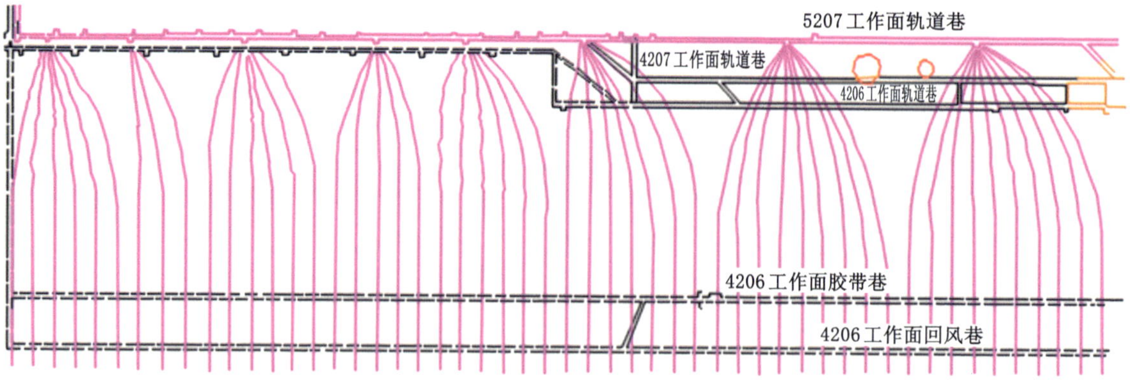

图 11-12　递进式定向长钻孔区域预抽邻近层瓦斯钻孔设计示意图

递进式定向长钻孔区域预抽时间可达 1 年以上,孔深为 350 m 的单孔瓦斯抽采纯量可达 0.3 m^3/min。区域预抽范围内 3＋4[#] 煤层掘进前,经计算,煤层残余瓦斯含量由原始含量 11.06 m^3/t 降低至 5 m^3/t 左右,达到了消除采掘过程中突出危险的目的。在 3＋4[#] 煤层巷道掘进过程中,直接进行区域效果检验和区域验证,区域验证实测 K_1 值最大为 0.25,巷道掘进单进可以达到 300 m/月。

② 巷道掘进方向区域预抽

在现有煤层巷道布置区域预抽钻场，在左、右钻场内利用额定转矩不小于 4 000 N·m 的定向钻机向巷道掘进方向和采煤工作面提前施工长距离顺层或下邻近层定向钻孔，钻孔长度在 600 m 以上，钻孔孔径不小于 96 mm，钻孔间距为 12～15 m。利用钻孔提前对巷道前方待掘区域和回采区域实施大范围区域瓦斯预抽，用于解决巷道掘进和回采时消突问题。如图 11-13 至图 11-15 所示。

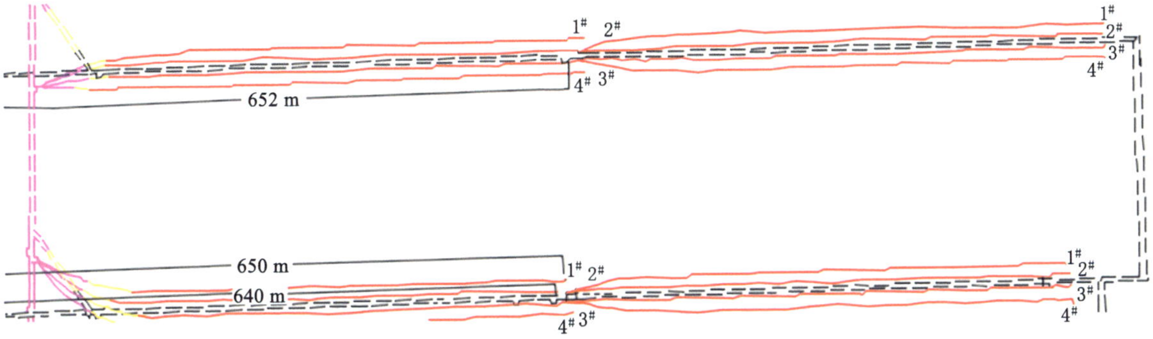

图 11-13　掘进工作面左右钻场定向长钻孔区域预抽顺层钻孔布置示意图

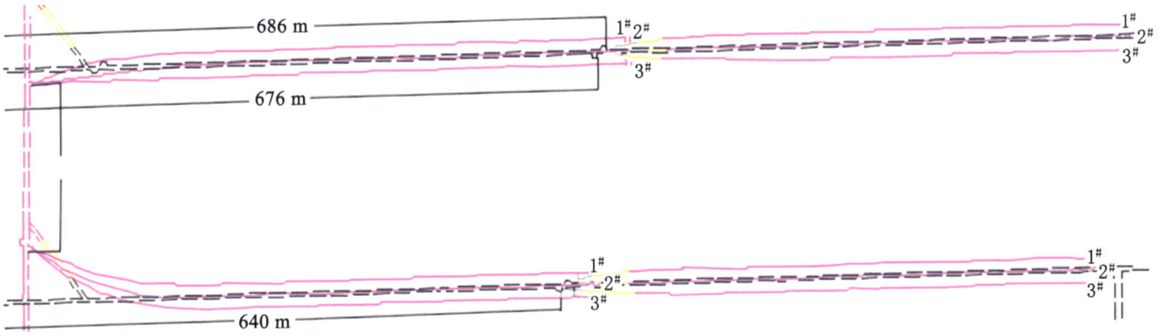

图 11-14　掘进工作面左右钻场定向长钻孔区域预抽邻近层钻孔布置示意图

左右钻场定向掘进预抽钻孔区域预抽时间为 3 个月以上，孔深为 600 m 的单孔瓦斯抽采纯量可达 2.5 m^3/min。区域预抽范围内 3＋4# 煤层掘进前，经计算，煤层残余瓦斯含量由原始含量 11.06 m^3/t 降低至 5 m^3/t 左右，达到了消除采掘过程中突出危险的目的。在 3＋4# 煤层巷道掘进过程中，直接进行区域效果检验和区域验证，区域验证实测 K_1 值最大为 0.25，巷道掘进单进可以达到 250 m/月。

左右钻场定向回采区域预抽钻孔区域预抽时间为 1 年以上，孔深为 600 m 的单孔瓦斯抽采纯量可达 2.5 m^3/min。区域预抽范围内 3＋4# 煤层工作面回采前，经计算，煤层残余瓦斯含量由原始含量 11.06 m^3/t降低至 5 m^3/t 左右，达到了消除回采过程中突出危险的目的。

③ 地面水平分支井及直井区域预抽

针对矿井 3#、4# 煤层合并区煤层平均厚度达 4.2 m 的有利条件，在地面利用钻井技术施工多分支水平井，与井下进行对接，提前对 3＋4# 及 5# 煤层规划工作面实施长距离、大范围区域预抽。以 4307 工作面为例，在 4307 工作面开切眼对应地面附近，向矿井轨道大巷方向施工 4# 煤层多分支水平井，在轨道大巷施工两个对接钻孔，分别与水平井的两个主支对接；封闭地面井口后，将井下对接钻孔接入矿井井下抽采系统，利用矿井井下抽采系统提前抽采 4307 工作面本煤层瓦斯。如图 11-16 所示。

该多分支水平井由井下抽采，共计采气 1 700 d，累计抽采瓦斯 1 830 余万立方米，平均浓度达 80% 以上。在该分支水平井保护区域内布置的 4307 工作面轨道巷掘进过程中，煤体残余瓦斯含量最大值为 5.81 m^3/t，K_1 值最大为 0.25，实现了工作面的连续安全掘进，掘进单进可达 300 m/月。

地面直井是指从地面施工垂直井，钻穿全部目标煤层，对目标煤层实施压裂增产措施后，从地面抽

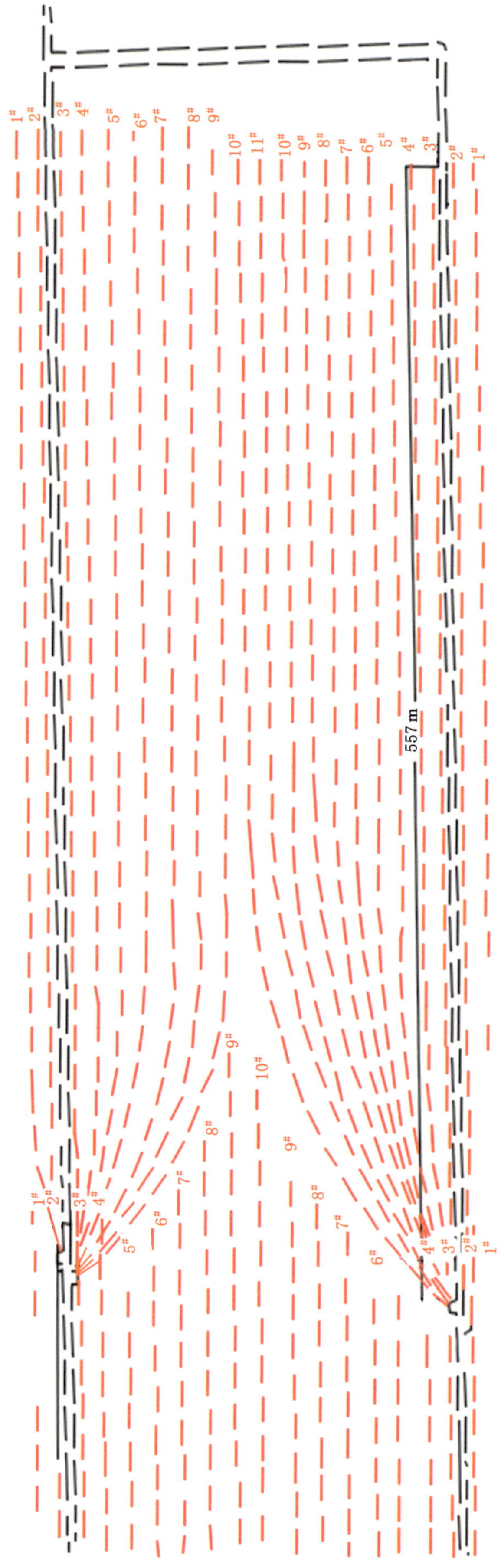

图 11-15 采煤工作面左右钻场定向长钻孔区域预抽顺层钻孔布置示意图

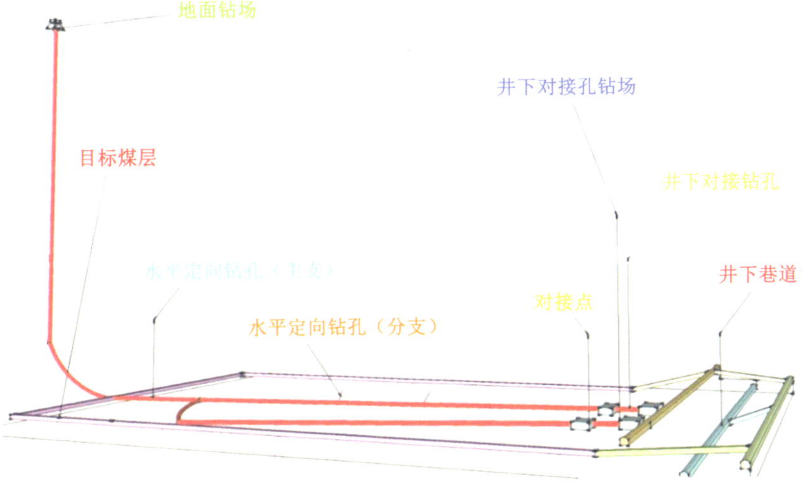

图 11-16　多分支水平井布置示意图

采，单井的服务年限一般在 15 年以上。目前，已施工 10 口地面直井，日产气量为 500～1 000 m^3，平均日产气量为 750 m^3。

下一步将推广使用 105 mm、120 mm 大孔径区域预抽钻孔，完成定向长钻孔周围煤体裂隙演化及抽采影响范围时空分布规律研究，最终形成一套适合沙曲一号煤矿近距离煤层群定向长钻孔精准高效消突钻孔布置方式及抽采技术。

11.2.3　5$^{\#}$ 煤层突出防治方法与手段

矿井 5$^{\#}$ 煤层工作面布置在已采 3＋4$^{\#}$ 煤层工作面下方，3＋4$^{\#}$ 煤层工作面开采后，5$^{\#}$ 煤层工作面经过长时间的瓦斯释放，煤层残余瓦斯含量由原始含量 11.16 m^3/t 降低至 3.5 m^3/t 左右，达到了消除 5$^{\#}$ 煤层工作面采掘过程中突出危险的目的。

在下伏 5$^{\#}$ 煤层巷道掘进时和回采前，矿井不断对被保护层防突指标进行测试。在 5$^{\#}$ 煤层掘进过程中，无须实施区域预抽，直接进行区域效果检验和区域验证。区域效果检验测定方法和钻孔布置与 2$^{\#}$ 煤层工作面一致；区域验证测定方法与 2$^{\#}$ 煤层工作面一致，区域验证在工作面正前方沿 5$^{\#}$ 煤层施工 3 个区域验证孔，每个钻孔验证范围不少于 10 m。经过开采 3＋4$^{\#}$ 煤层保护层后，5$^{\#}$ 煤层工作面掘进过程中实测 K_1 值最大仅为 0.23，远小于 0.43 的临界值。

11.3　沙曲模式瓦斯综合治理方法与手段

11.3.1　2$^{\#}$ 煤层保护层工作面瓦斯综合治理

(1) 回采前瓦斯治理：实施区域防突“四位一体”措施，通过超前区域预抽本煤层瓦斯进行消突，使工作面煤体残余瓦斯含量低于 6 m^3/t、残余瓦斯压力小于 0.4 MPa，达到抽采达标、消突有效。

(2) 回采期间瓦斯治理：采用沿空留巷“Y”形通风＋本煤层瓦斯抽采＋裂隙带瓦斯抽采＋下邻近层瓦斯抽采＋采空区埋管瓦斯抽采措施，见图 11-17。

① 本煤层瓦斯抽采：在胶带巷、轨道巷的采帮和采帮钻场，向回采煤体布置平行于工作面的顺层孔和以钻场形式布置扇形顺层钻孔抽采本煤层瓦斯。

② 裂隙带瓦斯抽采：利用沿空留巷侧进风巷道的采帮钻场或回风巷钻场向回采煤体上方施工顶板裂隙带集群孔或顶板裂隙带定向钻孔，抽采工作面采动卸压的裂隙带瓦斯。

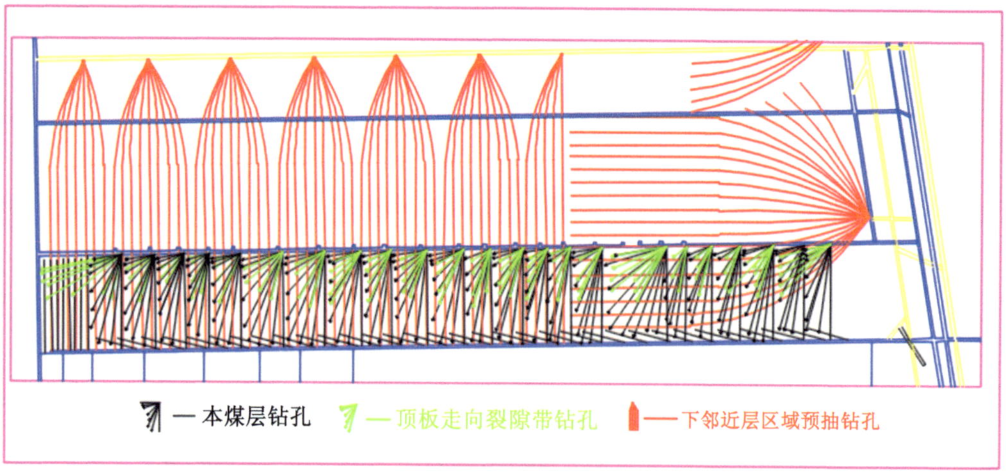

图 11-17　2# 煤层保护层"Y"形通风工作面瓦斯综合治理示意图

③ 下邻近层瓦斯抽采：在底抽巷或下邻近层巷道布置区域预抽钻场，利用定向钻机向工作面下伏煤层施工长距离穿层区域预抽钻孔，采前预抽下伏煤层瓦斯，回采过程中拦截抽采下伏煤层的采动卸压瓦斯。

④ 采空区埋管瓦斯抽采：回采过程中在留巷段充填墙体内每间隔 9 m 预留一根 4 寸抽采管，抽采管超出墙体 1 m，外端与留巷段内瓦斯抽采管路连接进行抽采。采用切顶留巷工艺的工作面，在留巷侧顶板施工低位钻孔，结合高位裂隙带钻孔代替埋管治理采空区瓦斯。

11.3.2　不具备开采上保护层条件的 3+4# 煤层工作面瓦斯综合治理

(1) 回采前瓦斯治理：实施区域防突"四位一体"措施，通过井上下超前区域预抽本煤层瓦斯进行消突，使煤体残余瓦斯含量低于 6 m^3/t、残余瓦斯压力小于 0.4 MPa，达到抽采达标、消突有效。

(2) 回采期间瓦斯治理：优先采用"Y"形通风(不具备"Y"形通风条件的采用"U"形通风)＋本煤层瓦斯抽采＋裂隙带瓦斯抽采＋下邻近层瓦斯抽采＋采空区瓦斯抽采措施(图 11-18 和图 11-19)。

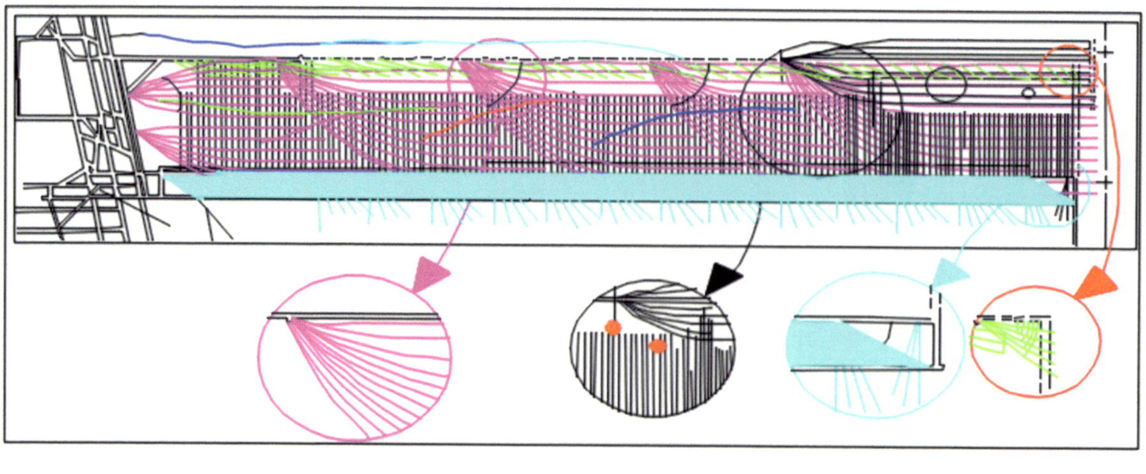

图 11-18　不具备开采保护层条件的 3+4# 煤层"U"形通风工作面瓦斯综合治理示意图

① 本煤层瓦斯抽采：采取地面多分支水平对接井辐射或本煤层顺层钻孔抽采本煤层瓦斯。一是从地面向目标煤层施工地面多分支水平对接井，并在煤层中分支，在相对应大巷施工对接钻孔，与水平井对接。封闭地面井口后，将井下对接钻孔接入井下抽采系统，利用井下抽采系统抽采工作面回采煤体本煤层瓦斯。二是利用定向钻机施工长距离顺层钻孔和非定向钻机施工顺层钻孔抽采本煤层瓦斯。

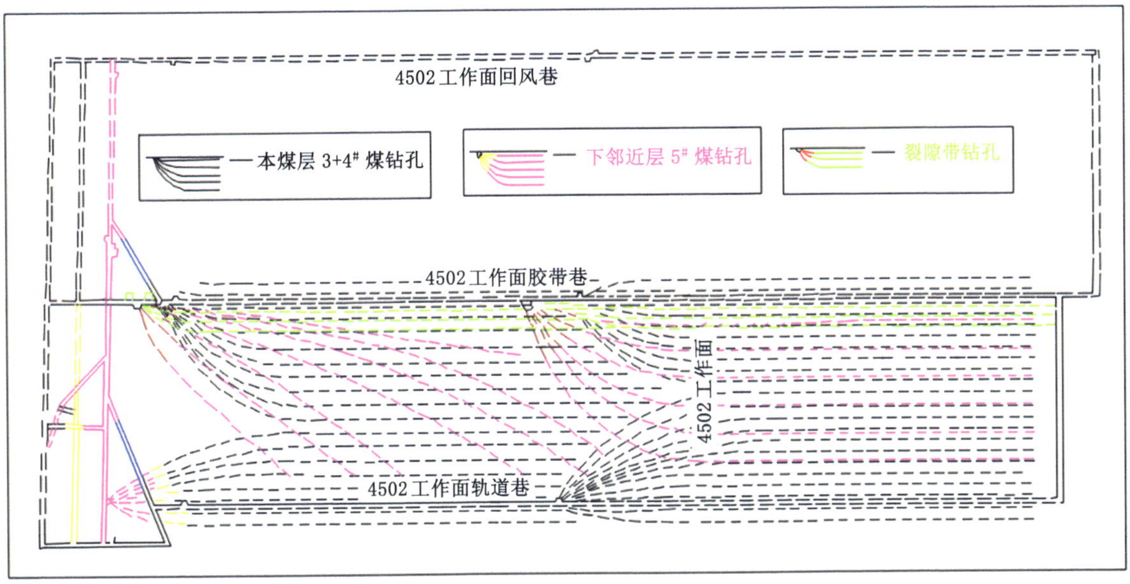

图 11-19　不具备开采保护层条件的 3＋4# 煤层“Y”形通风工作面瓦斯综合治理示意图

② 裂隙带瓦斯抽采：在靠回风巷一侧布置大孔径高位钻孔抽采回风侧裂隙带瓦斯，钻孔终孔孔径 192 mm，垂高位于 8～10 倍采高位置。

③ 下邻近层瓦斯抽采：利用顺槽内钻场，从本煤层开孔穿层进入下邻近层，沿下邻近层定向钻进，抽采和拦截工作面下邻近层瓦斯，以减少下邻近层瓦斯涌出。

④ 采空区瓦斯抽采：“Y”形通风系统工作面回采过程中在留巷段充填墙体内每间隔 9 m 预留一根 4 寸抽采管，抽采管超出墙体 1 m，外端与留巷段内瓦斯抽采管路连接进行抽采。“U”形通风系统工作面在回风侧顺槽内靠非采帮铺设一趟 ϕ320 mm 瓦斯抽采管路，每隔 3～9 m 安设一个 ϕ320 mm 变 ϕ219 mm 三通，每个三通加设 ϕ219 mm 堵片；当工作面回采至管路三通位置时，拆除三通上的 ϕ219 mm 堵片，抽采采空区瓦斯。

11.3.3　被保护层 3＋4# 煤层工作面瓦斯综合治理

（1）回采前瓦斯治理：保护层开采时被保护层卸压渗透率增大，对被保护层 3＋4# 煤层工作面进行了卸压区域瓦斯预抽，回采前对被保护层消突效果和抽采效果进行达标评判。

（2）回采期间瓦斯治理：优先采用“Y”形通风（不具备“Y”形通风条件的采用“U”形通风）＋本煤层瓦斯抽采＋上覆采空区瓦斯抽采＋下邻近层瓦斯抽采＋采空区瓦斯抽采措施（图 11-20）。

① 本煤层瓦斯抽采：工作面回采前，在两顺槽（胶带巷、轨道巷）的采帮向回采煤体布置平行于工作面的顺层钻孔抽采本煤层瓦斯。

② 上覆采空区瓦斯抽采：在回风巷布置顶板采空区钻孔抽采上覆采空区瓦斯。

③ 下邻近层瓦斯抽采：利用顺槽内钻场，从本煤层开孔穿层进入下邻近层，沿下邻近层定向钻进，抽采工作面下邻近层瓦斯。

④ 采空区瓦斯抽采：“Y”形通风系统工作面回采过程中在留巷段充填墙体内每间隔 9 m 预留一根 4 寸抽采管，抽采管超出墙体 1 m，外端与留巷段内瓦斯抽采管路连接进行抽采。“U”形通风系统工作面在回风侧顺槽内靠非采帮铺设一趟 ϕ320 mm 瓦斯抽采管路，每隔 3～9 m 安设一个 ϕ320 mm 变 ϕ219 mm 三通，每个三通加设 ϕ219 mm 堵片；当工作面回采至管路三通位置时，拆除三通上的 ϕ219 mm 堵片，抽采采空区瓦斯。

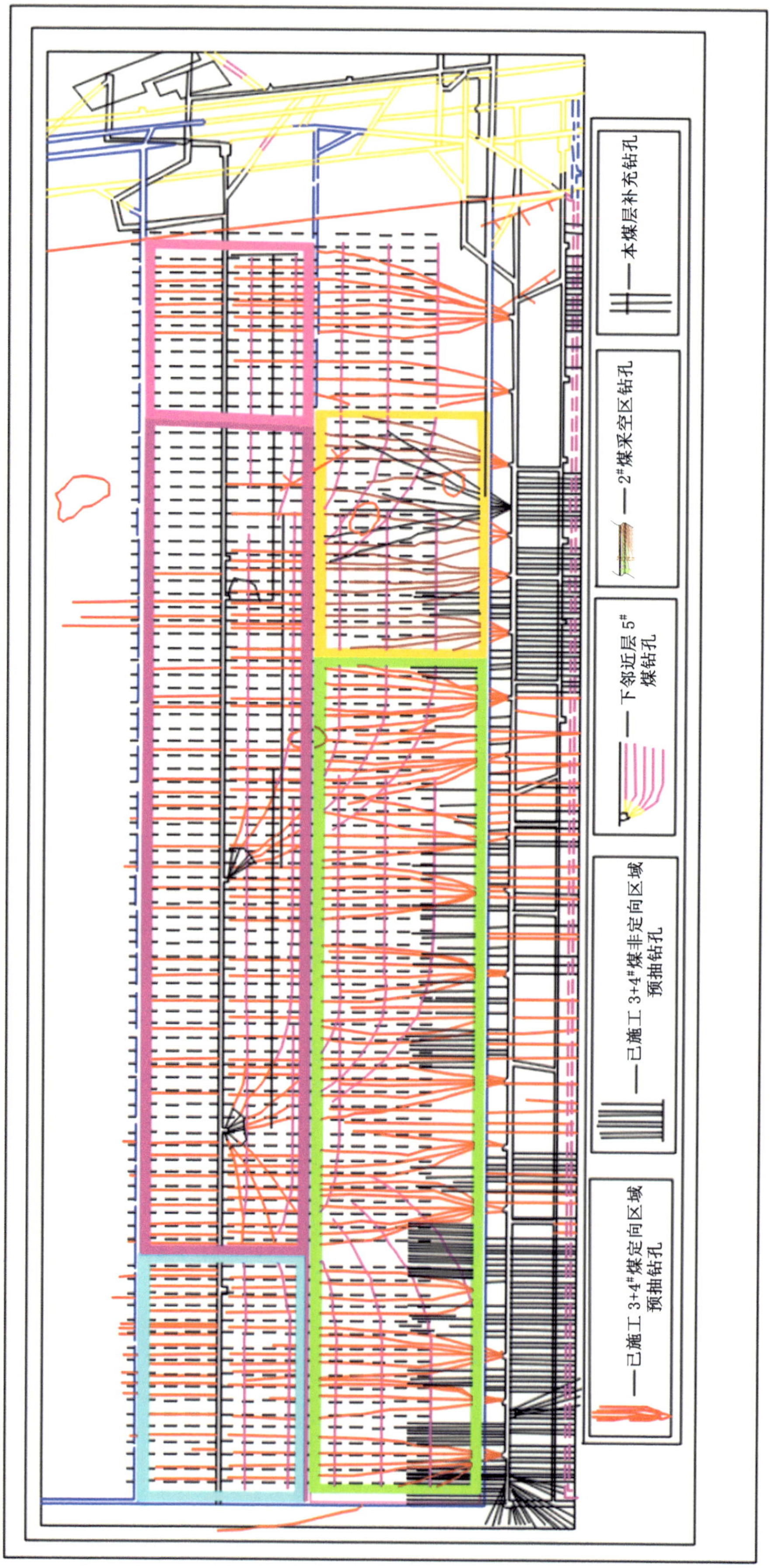

图 11-20　被保护层 3+4#煤层“U”形通风工作面瓦斯综合治理示意图

11.3.4 5# 煤层工作面瓦斯综合治理

(1) 回采前瓦斯治理：2# 煤及 3+4# 煤开采之后开采 5# 煤，因此 5# 煤层卸压渗透率增大，对 5# 煤层工作面进行了卸压区域瓦斯预抽，回采前对消突效果和抽采效果进行达标评判。

(2) 回采期间瓦斯治理：优先采用"Y"形通风(不具备"Y"形通风条件的采用"U"形通风)＋本煤层瓦斯抽采＋上覆采空区瓦斯抽采＋采空区瓦斯抽采措施。

① 本煤层瓦斯抽采：工作面回采前，在两顺槽(胶带巷、轨道巷)的采帮向回采煤体布置平行于工作面的顺层钻孔抽采本煤层瓦斯。

② 上覆采空区瓦斯抽采：在回风巷布置顶板采空区钻孔抽采上覆采空区瓦斯。

③ 采空区瓦斯抽采："Y"形通风系统工作面回采过程中在留巷段充填墙体内每间隔 9 m 预留一根 4 寸抽采管，抽采管超出墙体 1 m，外端与留巷段内瓦斯抽采管路连接进行抽采。"U"形通风系统工作面在回风侧顺槽内靠非采帮铺设一趟 ϕ320 mm 瓦斯抽采管路，每隔 3～9 m 安设一个 ϕ320 mm 变 ϕ219 mm 三通，每个三通加设 ϕ219 mm 堵片；当工作面回采至管路三通位置时，拆除三通上的 ϕ219 mm堵片，抽采采空区瓦斯。

11.4 防突体系优化建设

11.4.1 区域措施施钻装备升级管理

一是针对常规定向钻机不能满足长距离采煤工作面瓦斯预抽钻孔和顶底板岩层大直径钻孔需求，引进额定扭矩不小于 12 000 N·m 的定向钻机，提高井下超深定向钻孔、大直径定向长钻孔的施工能力；二是在综采工作面采用大扭矩定向钻机施工直径 200 mm 以上大孔径裂隙带定向长钻孔，实施卸压裂隙带瓦斯精准抽采；三是在底抽巷和 4502 工作面施工孔深超过 600 m 且孔径为 105～120 mm 的钻孔，进行大范围预抽消突和瓦斯治理；四是在每台钻机施工地点安装 1 套一钻一视频监控系统，在地面通过视频对钻孔施工现场的施钻过程进行实时监控，代替人工验孔，杜绝假报进尺现象；五是推广应用手持式钻机开孔定向仪，提高钻工开孔的准确率和开孔效率；六是应用轨迹测斜装置对普钻钻孔轨迹进行抽样测斜，科学评价钻孔施工质量和效果，便于发现盲区，实现钻孔合理布置。

11.4.2 区域效果检验及区域验证快速精准测定

一是试验使用新型瓦斯含量自动测定装置，购置 1 套 DGC-A 型瓦斯含量自动测定装置，配合 4 套 CWH20 型瓦斯含量快速测定仪，实现各煤层原始瓦斯含量自主测定及各工作面残余瓦斯含量快速精准测定；二是试验使用新型瓦斯突出预测仪，购置 12 台 YTC10 型煤层瓦斯突出预测仪，进一步实现区域验证 K_1 值、S 值快速精准测定(该仪器可以实现 2 份煤样同时测定，测定 5 个 10 m 的钻孔比 WTC 型瓦斯突出参数仪节省测定时间 1 h)；三是使用防突验证校正仪，实现瓦斯突出预测仪自主自动标校，提高仪器区域验证测定的精准率；四是在全矿所有采掘工作面推广使用钻屑采集除尘装置，提高煤样收集精准度。

11.4.3 顺层区域效果检验钻孔、穿层测压孔快速施工

试验新型履带式气动钻机，在 4502 工作面顺槽掘进期间施工区域效果检验钻孔，在六采区 1# 底抽巷材料斜巷揭煤期间施工穿层测压钻孔，而后在全矿各掘进工作面进行推广。

11.4.4 抽采作业机械化、系统管控自动化管理

一是在井下所有定向钻机施工地点配备瓦斯和视频监控系统、抽采负压表、矿用钻孔瓦斯缓冲释压抽采装置(专利)；二是对履带式钻机进行远距离遥控操作行走升级改造；三是采用轻质气水渣分离器，容积 0.5～0.8 m^3，质量小于 50 kg，全部加装高负压自动放水装置。

11.5 瓦斯抽采系统优化建设

11.5.1 瓦斯抽采泵站智能化管理

(1) 实现水封阻火泄爆装置自动化

1#、2# 瓦斯抽采泵站拆除不符合现行标准的老旧防护装置，更换安装新型水封阻火泄爆装置。该装置将先进的 PLC 控制技术与火焰传感器探测技术相结合，能够实现瓦斯输送管道的阻爆、抑爆、泄爆功能。当瓦斯输送管道发生爆炸时，火焰传感器在 5 ms 内迅速捕捉爆炸信息并传递至抑爆控制器，抑爆控制器在 15 ms 内打开抑爆器阀门，高速喷出灭火介质，瞬间生成高能抑爆屏障，抑制爆炸蔓延与扩散；抑爆控制器同时将爆炸信息传至阻爆控制器，阻爆控制器在 15 ms 内发出阻断指令，阻爆、截止阀在 90 ms 内快速关闭，彻底阻断火焰蔓延，爆炸火焰可从水封阻火泄爆装置的泄爆口排出，为瓦斯管道输送系统提供三重安全保障。

(2) 实现 1# 瓦斯抽采泵站机械通风自动化

1# 瓦斯抽采泵站安设矿用防爆轴流风机。该轴流风机采用非金属叶片，质量轻、噪声低，在室外复杂作业环境下的适应性能力强，安全性能得到有效保障。

(3) 实现 1# 瓦斯抽采泵站监控系统智能化

一是在瓦斯抽采泵站改造升级现有监控系统，实现实时准确采集管道抽采参数、环境参数、供水参数、抽采泵运行参数和供电参数。二是安装升级操作台及 PLC 控制箱，实现冷却水自动循环、缺水超温停泵、瓦斯超限自动断电联锁控制等自动化控制功能。安装在现场的服务器与 PLC 控制系统及监测分站实时通信，完成数据显示、设备控制等功能，并将监控数据上传至调度中心的管理层服务器。

(4) 实现 1# 瓦斯抽采泵站控制阀门智能化

升级改造现有人工控制阀门为电动远程控制阀门。该阀门系统可根据不同的需要，选择远程(自动)、就地(手动)等控制模式。在自动模式下，当监控系统接收到启动、停止或者切换等信号时，可以根据工艺流程按顺序自动启动、自动停止或者切换抽采泵和相应设备，在例行倒泵及突发故障时能快速地操作阀门，从而可节约时间，减少人员的工作量，避免出现负压中断的现象。

(5) 实现 1# 瓦斯抽采泵站巡检智能化

结合瓦斯抽采泵站提标改造后的实际条件，适时进行智能巡检机器人装置的开发研究，提高泵站管理效率，降低人员劳动强度和风险。该机器人具备以下几项基本功能：环境有害气体的检测功能、视频分析功能、图像采集功能、智能防撞与自主避障功能、数据存档功能、语音播报功能。

(6) 增加干式智能瓦斯泵

安装 3 台涡轮旋转式罗茨真空泵(一用两备)。该瓦斯泵可以实现：① 露天安装，不需要厂房，可移动性强，占地面积少，采用并联安装方式组合灵活，扩能方便。② 智能化和自动化水平高，根据参数设定自动调节运行状态，即固定流量运行、固定负压运行、固定浓度运行，实现了无人值守，并能实现一键启动和自启动。③ 性能稳定，泵体及齿轮润滑油箱不需要用水，采用 380 V 或 1 140 V 电压供电，耗电量低，单台效率最大可达 90%，两台并联运行效率一般在 70%以上。④ 通过变频系统对真空泵转速进行调节，可以根据实际需要调节系统负压和流量，满足多种工况需求。⑤ 噪声低，比水环式瓦斯泵减少 35 分贝。

11.5.2 井下瓦斯抽采系统分源抽采及自动化管理

(1) 实现井下所有瓦斯抽采主、支管路系统分源抽采

一是延伸三趟 DN820 瓦斯抽采主管路，共计 3 060 m，至 4503 工作面轨道回风巷口，实现五、六采区所有分支管路高浓度利用、低浓度利用、低浓度排空系统切换抽采；二是拆除回收回风大巷废弃、不进

行抽采的所有瓦斯抽采管路，进一步优化抽采系统；三是持续推进优化井下主管路抽采系统建设，回风大巷新增一趟高家山进风井以南的 DN450 低浓度排空管路，1 050 m；恢复 DN450 高浓度瓦斯利用管路。

（2）实现井下瓦斯抽采系统自动化管理

一是井下采掘工作面进一步完善瓦斯抽采监控系统，接入综合监控系统平台，实现瓦斯抽采参数实时监控、自动化管理；二是在全矿所有瓦斯抽采管路低洼处及容易积水处、集中放水箱处安装高负压自动放水器，实现自动化放水管理。

（3）实现井下支管路系统瓦斯抽采浓度“两头靠”

对井下高、低浓度瓦斯抽采系统进行全面合理调整，使井下所有工作面支管路抽采系统的抽采浓度达到 22%以上或降到 4%以下，确保矿井抽采系统安全稳定运行。

11.6　通风系统优化建设

（1）实现矿井通风系统合理高效运转

一是加快四采区 1# 底抽巷联络巷施工进度，尽快与二采区 2# 底抽巷贯通构成全风压通风系统；二是根据矿井采掘部署，结合高家山、下龙花垣回风井主要通风机性能及时调整分区通风密闭墙位置，科学分配两回风井担负区域；三是持续优化通风系统，封闭无用通风巷道，提高矿井有效风量率。

（2）实现固定化采煤工作面通风系统

坚持“少掘突出头、取消上隅角”基本原则，努力实现无煤柱开采。一是 2# 煤层工作面继续使用“两面三巷”沿空留巷“Y”形通风系统，并加快推进速度，实现保护层开采的超前性；二是在被保护层 3+4# 煤层或 5# 煤层工作面优先采用“Y”形通风系统，不具备“Y”形通风系统条件的采用“U”形通风系统；三是在不具备开采保护层条件的 3+4# 煤层工作面全面采用“两面三巷”沿空留巷“Y”形通风系统。

（3）实现通风系统精准化管理

引进“基于真三维通风模型的实时解算矿井通风系统研究”项目成果，根据《智慧矿山信息系统通用技术规范》（GB/T 34679—2017），借助通风网络解算软件模拟沙曲一号煤矿通风系统现状，进行科学的通风系统管理与调整，及时预测和发现通风系统薄弱环节，提高矿井抗风险能力。

（4）实现通风设施高标准化管理

一是所有风门全部实现气动自动化开启，并将材料巷等地点需要过大件的风门逐步改为套装风门，即大门套小门；二是在现有防突门固定调节风窗的基础上，在其内侧安装合页型反向防逆流装置；三是打造全新的带有刻度的调节风窗，实现刻度量化风量调节。

第12章 露天矿典型灾害防治技术与示范

12.1 井采影响下安家岭矿露井时空关系与边坡稳定性研究

我国的煤炭工业正进入一个迅猛发展的时期，煤炭产量逐年增加，并向高效、安全、环保、现代化方向发展，每年均有不少大型高产、高效矿井建设和投产。平朔矿区地质构造简单，煤层倾角较小，近水平埋藏，适宜大规模的露天与井工开采。为了提高煤炭产量，减少煤炭资源的浪费，中煤平朔集团有限公司在露天矿边界之外的不合适露天开采的区域建设井工矿，形成了中煤平朔集团有限公司独具特色的露天和井工协调开采模式。这种开采模式亦称为露井协采，采矿工艺亦从单一露采工艺向露井协采工艺转变，形成了一个露天矿矿坑与内排土场、外排土场、井工矿同时多元布局的空间形态，从而为露天矿边坡稳定性研究提出了许多新的课题与理论问题。

在由露天采矿向露井协采方式转变的过程中，其中最为典型的是中煤平朔集团有限公司安家岭露天煤矿。井工矿与露天矿时空关系如何确定，井工开采形成的边坡沉陷变形规律、露井协采下各井采工作面合理停采线及目前措施的有效性评价等问题亟待解决。并且这种露井协采导致的岩层变形、破坏及相关的生态环境问题等已经成为大型露天开采的一大潜在危害，因此应加大力度进行科学系统研究[96]。同时，露井协采属于复杂岩层结构承受多次开挖、回填等复杂受力过程的岩石力学难题，因此，探讨露井协采条件下岩层的活动规律，制定合理的开采方案，提出灾害发生的预测预报方法，采取相应的灾害防治措施，不仅具有重要的科学价值，而且在提高煤炭产量、减少煤炭资源的浪费、利于环境保护与治理方面具有优越性，并可为优化露天矿矿坑、内排土场、外排土场、井工矿同时存在的多元空间布局提供理论依据。

12.1.1 露井协采井工采场上覆岩层运动规律

1. 露井协采井工采场上覆岩层破坏的基本形式

采场上覆岩层悬露后发展到破坏有两种运动形式：弯拉破坏和剪切破坏。弯拉破坏的发展过程是：随采场推进，上覆岩层悬露→在重力作用下弯曲→岩层悬露达一定跨度，弯曲沉降发展到一定限度后，在伸入煤壁的端部开裂→中部开裂形成“假塑性岩梁”→当其沉降值超过“假塑性岩梁”允许沉降值时，悬露岩层即自行垮落。岩层运动由弯曲沉降发展至破坏的力学条件是岩层中的最大弯曲拉应力达到其抗拉强度。悬露岩层中部拉开后，是否发展至垮落，则由其下部允许运动的空间高度决定。只有其下部允许运动的空间高度超过运动岩层的允许沉降值，岩层运动才会由弯曲沉降发展至垮落。否则，将保持“假塑性岩梁”状态。岩层剪(切)断破坏的发展过程是[97]：岩层悬露后只产生不大的弯曲，悬露岩层端部开裂→在岩层中部未开裂(或开裂很小)的情况下，整体切断塌垮。

2. 露井协采井工采场上覆岩层在纵向上的运动发展规律

(1) 岩层离层发生的位置和条件

采场上方悬露的岩层，可视为在均布载荷作用下的多层嵌固梁[98]。该岩梁弯曲沉降过程中，必然在平行于轴向的各层面(或接触面)上出现剪应力。随采场推进，剪应力随岩梁悬跨度和外载的增加而增大，当剪应力值超过层面(或软弱夹层的接触面)上黏结力和摩擦阻力所允许的限度时，层面或软弱夹层的接触面被剪坏[99]，岩层的离层随即发生。因此，离层发生的力学条件为：

$$\tau = c + \sigma_n \tan\varphi$$

式中　τ——层面（或软弱夹层接触面）的剪应力；

c——层面或接触面上的黏结力；

φ——层面或接触面上的摩擦角；

σ_n——层面或接触面上的压应力。

大量理论研究和工程实践表明：

① 离层一般发生于岩层的接触面或软弱夹层上。

② 接触面的破坏，只有在相应接触面上的剪应力超限时才会发生，即悬露岩层的跨度达到极限时，离层才会发生。

③ 离层出现的位置取决于组合岩梁中各岩层的弯曲刚度和各夹层的强度。当下部岩层弯曲刚度小、夹层（或接触面）强度低时，离层在下部发生；反之，离层可能在上部夹层中出现。

④ 各岩层受采场推进的影响，其悬露时间、悬露跨度和所受外载由下而上是不相同的。一般来说，最下部的岩层最先悬露，越靠近上部的岩层悬露越晚。各岩层的悬露跨度由下而上是依次递减的。研究证明，如果下部岩层端部断裂前悬露跨度为 L_1，则上部岩层的反弯点将由两端向采场方向移动，约从 L_1 处开始，其实际悬露跨度 L_2 将比下部岩层小 20%，即 $L_2 = 0.8L_1$。

⑤ 由于岩梁的悬露跨度由下而上依次减小，而剪应力大小又与岩梁悬露跨度成比例，因此剪应力大小也是由下而上递减的。因此，即使各岩层的岩性、厚度均相同，各接触面的抗剪强度也相同，离层将从下开始往上逐步发展，故岩层的运动发展趋势是由下而上的。

（2）传递岩梁形成的力学机理

“以岩层运动为中心的矿山压力理论体系”认为，采场上覆岩层中除邻近煤层的采空区已垮落岩层外，其他岩层保持“假塑性”状态，两端由煤体支承，或一端由工作面前方煤体支承，一端由采空区矸石支承，在推进方向上保持传递力的联系。把每一组同时运动（或近乎同时运动）的岩层看成一个运动整体，称为“传递力的岩梁”，简称“传递岩梁”。

对于相邻的两岩层，是同时运动组成一个传递岩梁，还是分开运动形成两个传递岩梁，可用两岩层沉降中的最大曲率（P_{max}）和最大挠度（W_{max}）来判断。

当 $P_{max上} \geqslant P_{max下}$ 或 $W_{max上} \geqslant W_{max下}$ 时，两岩层组合成一个传递岩梁同时运动。

当 $P_{max上} < P_{max下}$ 或 $W_{max上} < W_{max下}$ 时，两岩层将形成两个传递岩梁分别单独运动。

（3）上覆岩层“三带”划分

① 上覆岩层“三带”

采场上覆岩层运动过程中，根据各岩层运动性质的不同可以划分为三部分（“三带”）：垮落带、裂隙带和弯曲下沉带，如图 12-1 所示。

其中，对采场矿压显现有明显影响的是垮落带和裂隙带中的下位 1～2 个传递岩梁。一般情况下，我们把垮落带岩层称为直接顶，把对采场矿压显现有明显影响的 1～2 个下位传递岩梁称为基本顶，直接顶与基本顶的全部岩层为采场需控岩层范围。

理论研究结果表明，在采场推进过程中，采场上覆岩层中会形成一个压力拱。正是由于该压力拱的存在，工作面支架上所受的压力大大小于采场上覆岩层的总重力，该压力拱的拱迹线为裂隙带中各传递岩梁的端部断裂线和裂隙带与弯曲下沉带的分界线。垮落带和裂隙带中已发生明显运动的岩层位于压力拱内，而垮落带和裂隙带中尚未发生明显运动的部分岩层及弯曲下沉带岩层位于压力拱外。

② 上覆岩层“三带”高度确定

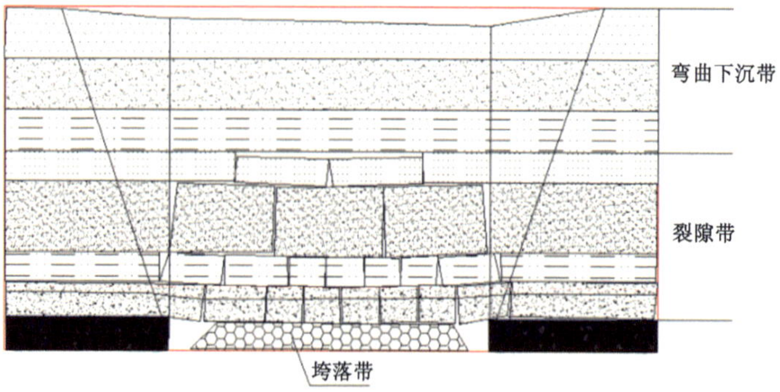

图 12-1　上覆岩层“三带”

上覆岩层“三带”高度计算方法前文已介绍，此处不再赘述。

12.1.2　露井协采岩层移动的关键层理论研究

1. 控制岩层移动的关键层理论

(1) 关键层的定义及特征

由于煤系的分层特征差异，因而各岩层在岩体活动中的作用是不同的，有些较为坚硬的厚岩层在活动中起控制作用，即起承载主体与骨架作用；有些较为软弱的薄岩层在活动中只起加载作用，其自重大部分由坚硬的厚岩层承担。因而，钱鸣高院士等提出了“关键层理论”，即对采场上覆岩层局部或直至地表的全部岩层活动起控制作用的岩层称为关键层[100]。关键层的断裂将导致全部或相当部分的上覆岩层产生整体运动，上覆岩层中的亚关键层可能不止一层，而主关键层只有一层。采场上覆岩层中的关键层一般为相对厚而坚硬的岩层。

关键层判别的主要依据是其变形和破断特征，在关键层破断时，其上部岩层的下沉变形是相互协调一致的。

一般来说，关键层即主承载层，在破断前可以“板”或“梁”结构的形式承受上部岩层的部分重力，断裂后则形成砌体梁结构，其结构形态即岩层移动的形态。采动岩体中的关键层有以下特征：

① 几何特征：相对其他岩层而言厚度较大；

② 岩性特征：相对其他岩层而言较为坚硬，即弹性模量较大、强度较高；

③ 变形特征：在关键层下沉变形时，其上部全部或局部岩层的下沉量是同步协调的；

④ 破断特征：关键层的破断将导致全部或局部岩层的破断，从而引起较大范围的岩层移动；

⑤ 支承特征：关键层破坏前以“板”或“梁”结构的形式作为全部岩层或局部岩层的承载主体，断裂后则成为砌体梁结构。

(2) 关键层的判据

直接顶初次垮落后，随着采煤工作面继续推进，覆岩关键层将会破断与运动。为了研究具体条件下覆岩关键层的破断运动规律，首先应对覆岩中的关键层位置进行判断。

根据关键层的定义和变形特征，在关键层变形过程中，其所控制上覆岩层随之同步变形，而其下部岩层不与之协调变形。若有 n 层岩层同步协调变形，则其最下部岩层为关键层。

有关关键层破断距的分析表明，基岩层初次破断距较大、周期破断距较小，针对具体煤层工作面，则可依据煤岩构成及力学性质参数确定出基岩层的初次破断距与周期破断距，为分析预测工作面初次来压及周期来压特征提供理论依据。

(3) 覆岩初次垮落与工作面初次来压过程

随着工作面推进，顶板基岩层裸露的跨度增加，基岩层发生挠曲变形，当工作面推进一定距离后，基岩层下部分层沿分层界面滑移，与其上岩层离层垮落，即直接顶初次垮落，关键层（组）裸露出来，如图 12-2 所示。

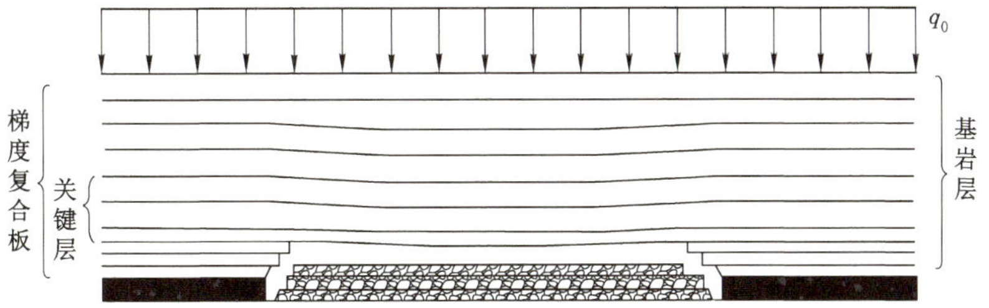

图 12-2 工作面直接顶板初次垮落

随着工作面继续推进，基岩关键层裸露跨度增大，其挠曲变形增大。当工作面推进距离达关键层初次破断距时，关键层破断，工作面呈现初次来压。关键层破断垮落后，基岩层余下表层分层失去关键层的支承，随之破坏，如图 12-3 所示。

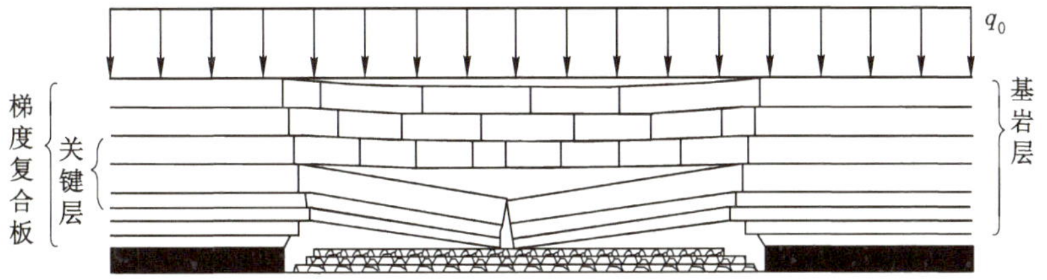

图 12-3 工作面初次来压示意图

余下基岩层破裂垮落，并形成对关键层的冲击载荷，使其发生再次破坏。基岩层垮落后，松散载荷层由于自身特性，将经历瞬间静止后整层垮落下来，并对已垮落的关键层及工作面形成冲击过程。因此，由上述分析可知工作面初次来压经历如下三个过程：

① 关键层破断垮落，来压开始；

② 关键层上基岩层分层的破坏垮落，形成第一次冲击载荷；

③ 松散载荷层滞后垮落，形成第二次冲击载荷。

2. 采场上覆岩层在推进方向上的运动规律

(1) 采场需控岩层范围内覆岩运动规律

采场需控岩层范围包括直接顶（垮落带）和基本顶（裂隙带中下位 1～2 个传递岩梁）两部分。在采场推进过程中，由于各岩层承受的矿山压力大小不同和支承（约束）条件的差异，就其运动发展状况来说可分为两个阶段：初次运动阶段和周期运动阶段。

初次运动阶段：从岩层由开切眼开始悬露，到对工作面矿压显现有明显影响的 1～2 个传递岩梁第一次断裂运动结束为止，为需控岩层的初次运动阶段。如图 12-4(a)和图 12-4(b)所示。其中包括直接顶岩层的第一次垮落。该阶段岩层两端由煤壁支承，其受力状态可视为固定梁。岩层初次运动在采场的压力显现称为采场的初次来压。

周期运动阶段：从岩层初次运动结束到工作面采完，基本顶岩梁按一定周期有规律地断裂运动，称作周期运动阶段，如图 12-4(c)至图 12-4(f)所示。在此阶段岩层的约束条件发生了根本性变化：直接顶岩层在采场里为一端固定的“悬臂梁”；基本顶岩梁则为一端由煤壁支承，另一端由采空区矸石支承的不等高的传递岩梁。周期运动在采场的矿压显现称为采场周期来压。

在上述两个运动阶段中，岩层运动都将经历两个发展过程。

① 相对稳定过程

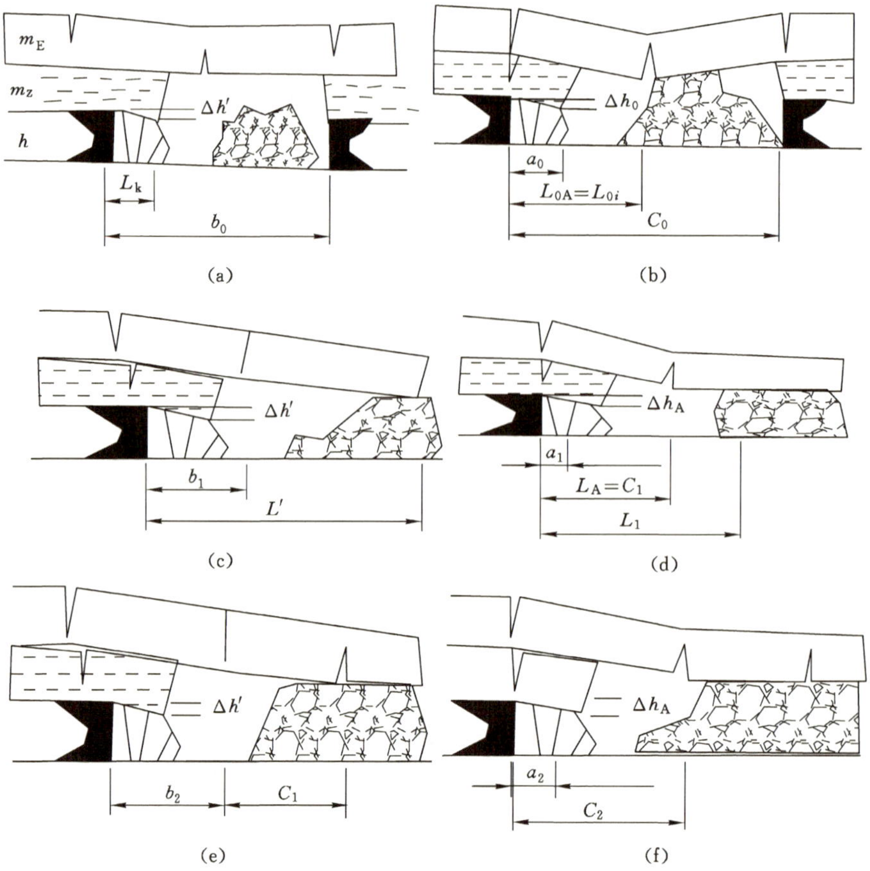

图 12-4　覆岩运动变化图

把岩梁运动幅度小对采场矿压的影响不明显的过程，称为岩梁相对稳定过程。描述该过程长短的参数是岩梁的相对稳定步距，即岩梁处于相对稳定状态时，工作面推进的距离，用 b 表示，如图 12-4(a)、图 12-4(c)和图 12-4(e)所示。

② 显著运动过程

把岩梁运动幅度较大，对采场矿压显现影响极为明显的过程，称为岩梁显著运动过程，即通常所说的“来压”过程。描述这一运动过程的参数是岩梁的显著运动步距，也就是岩梁大幅度运动开始到运动基本结束为止，工作面推进的距离，用 a 表示，如图 12-4(b)、图 12-4(d)和图 12-4(f)所示。

岩梁经历了一次相对稳定和显著运动的全过程，就完成了一个运动周期。描述岩梁运动的基本参数为岩梁的运动步距。

(2) 岩梁运动基本参数确定

初次运动阶段岩梁运动基本参数：岩梁的相对稳定步距为 b_0，岩梁的显著运动步距为 a_0，岩梁的初次运动步距为 C_0，其相互关系为：$C_0=b_0+a_0$。

周期运动阶段岩梁运动基本参数：岩梁的相对稳定步距为 b，岩梁的显著运动步距为 a，岩梁的周期运动步距为 C，其相互关系为：$C=b+a$。

计算岩梁初次运动步距的力学模型如图 12-5 所示。

岩梁断裂发生显著运动的判据为：

$$\sigma=\frac{M}{W}[\sigma_1] \tag{12-1}$$

式中　M——岩梁端部的弯矩；

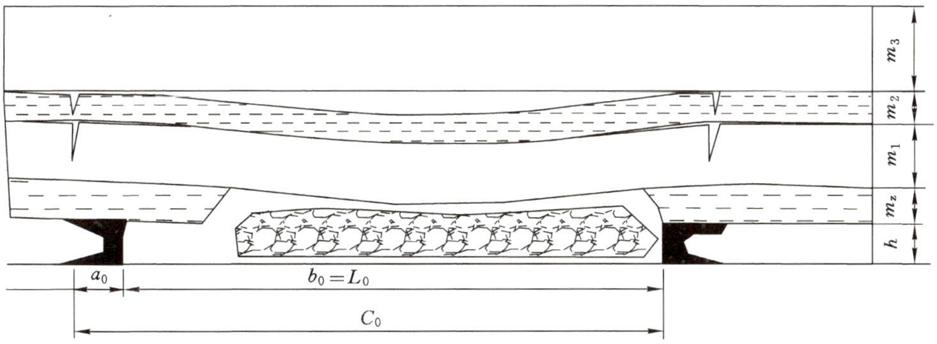

图 12-5　岩梁初次运动步距的力学模型

W——岩梁截面模量；

$[\sigma_1]$——岩梁的抗拉强度。

由此导出岩梁初次运动步距为：

$$C_0=\sqrt{\frac{2m_1^2[\sigma_1]}{(m_1+m_2)\gamma}} \tag{12-2}$$

式中　m_1——岩梁承载厚度；

m_2——上部随动层厚度；

γ——岩层重度。

计算岩梁周期运动步距的力学模型如图 12-6 所示。

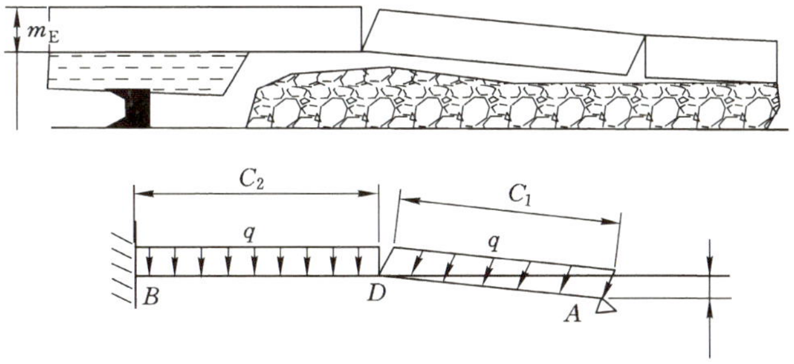

图 12-6　岩梁周期运动步距的力学模型

岩梁周期运动步距计算公式：

$$C_i=-\frac{1}{2}C_{i-1}^2+\sqrt{\frac{1}{2}C_{i-1}^2+\frac{4m_1^2[\sigma_1]}{3\gamma(m_1+m_2)}} \tag{12-3}$$

3. 开采 9# 煤关键层分析

根据剖面图岩体参数以及关键层判别方法，判定泥砂岩互层为关键层，$h=35$ m，$E=150$ GPa。开采 9# 煤关键层模型如图 12-7 所示。

9# 煤的开采对边坡稳定性的影响主要表现在对 4# 煤停采线以外的实体煤产生扰动，停采线以外煤体的稳定性受到影响，势必对边坡产生影响。泥砂岩互层是关键层，泥砂岩互层受到扰动将直接反映到露天矿边坡受到扰动，因此选择泥砂岩互层作为研究对象。

在开采 9# 煤的过程中，4# 煤上部垮落岩体与 4# 煤及 9# 煤之间的垮落区逐渐贯通，形成统一垮落区。由于垮落的岩体在关键层上堆积，因此在垮落区可以把垮落岩体的自重作为关键层上部的载荷，而在非垮落区可以把 4# 煤上部关键层的地基反力作为载荷。为了简化计算，把上部载荷看作三角形载荷，分析模型如图 12-8 所示。

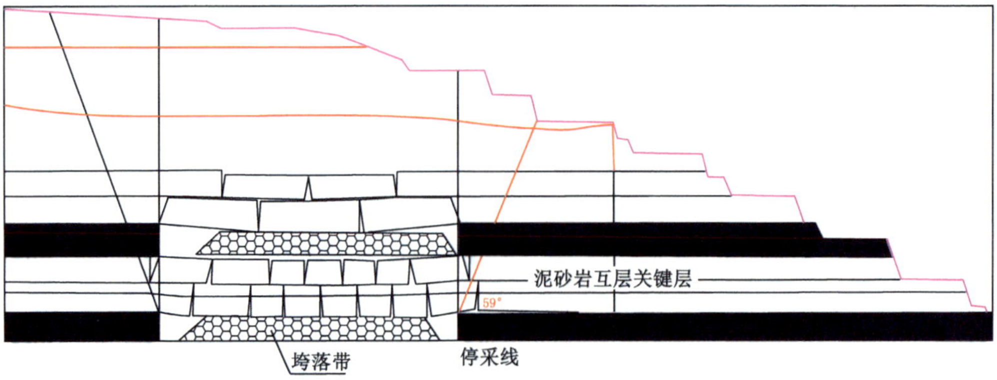

图 12-7　开采 9# 煤关键层模型

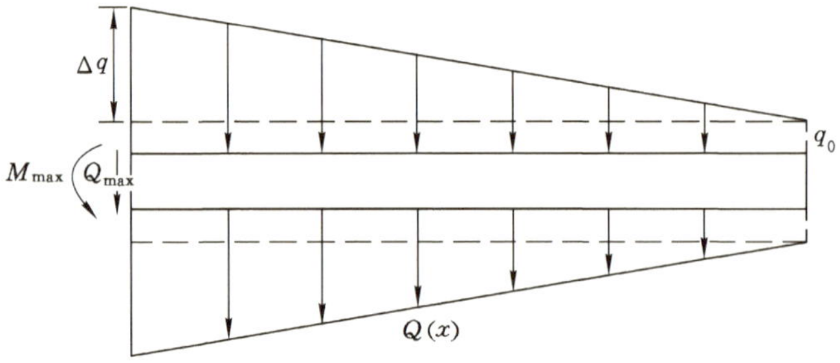

图 12-8　弹性关键层岩梁模型

因此，由岩梁运动规律和关键层判别软件可得亚关键层的破断距为38.9 m，即初次来压步距为38.9 m，周期来压步距为 19.4 m；主关键层的破断距为 71.2 m，即主关键层初次来压步距为 71.2 m，周期来压步距为 19.6 m。

12.1.3　井工开采对露天边坡影响及停采线确定

1. 平朔井工二号矿“三带”确定

根据安家岭露天矿具体地质条件，井采影响下安家岭矿露井时空关系与边坡稳定性评价项目在井工开采工作面与边坡的时空关系确定、井工二号矿开采方式所形成的边坡岩移规律、井工二号矿合理停采线确定等方面进行研究[101]。

井工二号矿开采对露天边坡影响，主要是确定近距离煤层开采时的上“三带”，尤其确定组合煤层开采时裂隙带高度；建立露井协采模型，如图 12-9 所示，以确定 9# 煤停采线。计算参数：4# 煤均厚 11 m，9# 煤均厚 12 m，层间距 35 m；岩层移动角 59°。具体计算结果如下。

(1) 单一煤层开采时

4# 煤：垮落带高度 $m_{z4}=(2\sim3)h=22\sim33$ (m)；裂隙带高度 $m_{LX4}=(4\sim6)h=44\sim66$ (m)。

9# 煤：垮落带高度 $m_{z9}=(2\sim3)h=44\sim66$ (m)；裂隙带高度 $m_{LX9}=(4\sim6)h=48\sim72$ (m)。

(2) 近距离组合煤层开采时

根据矿山压力与岩层控制理论，当层间距小于下煤层开采形成的垮落带高度时，上下煤层的垮落带发育范围重合[102]。

上煤层的裂隙带高度按该层的厚度计算，下煤层的裂隙带最大高度按综合开采厚度计算，取其中标高最大值作为两层煤的裂隙带最大高度(见图 12-10)。

总体上井工开采上覆岩层破坏高度取最大值为 135 m。

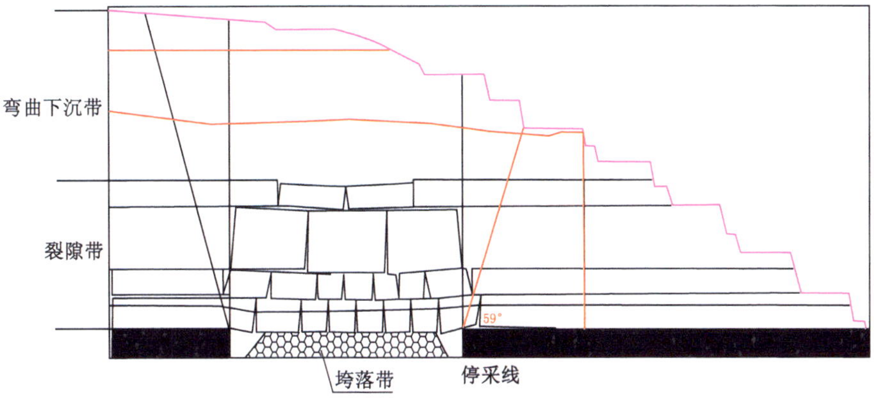

图 12-9　露井协采模型

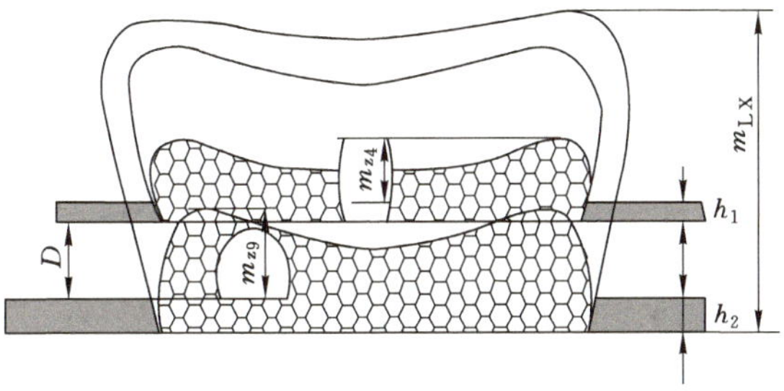

图 12-10　近距离组合煤层开采裂隙带

2. 平朔井工二号矿 9[#] 煤停采线确定

结合“三带”高度和考虑保护安家岭露天矿 1390 运输平盘(不使得 1390 运输平盘变形继续恶化),调整最终停采线方案为:将 29210 工作面原设计停采线沿采掘推进方向向后调整 30 m,如图 12-11 所示;将 29211 工作面原设计停采线沿采掘推进方向向后调整 15 m,如图 12-12 所示。

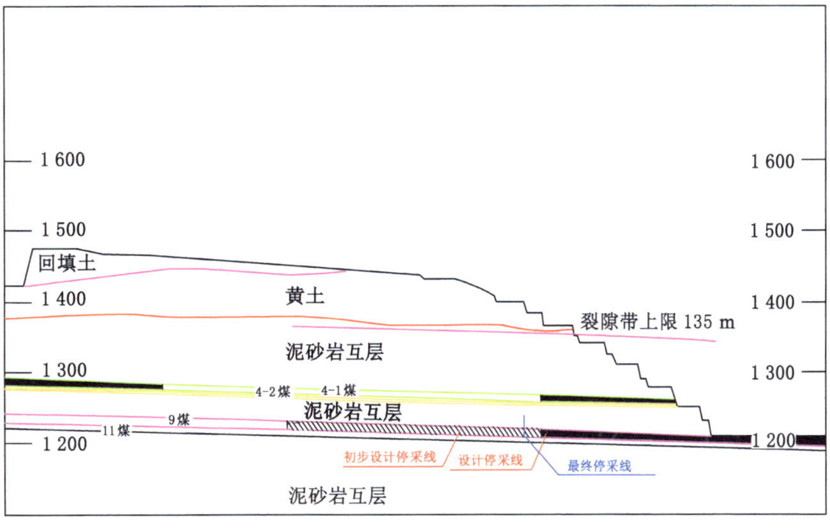

图 12-11　29210 工作面最终停采线确定

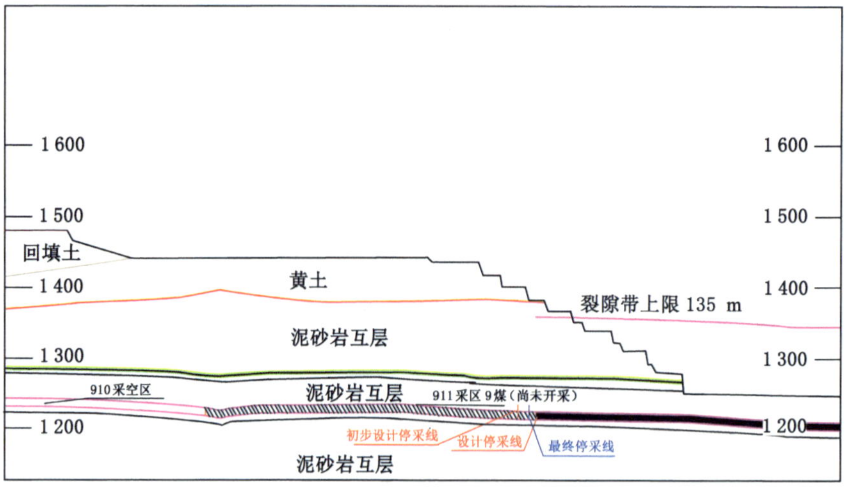

图 12-12　29211 工作面最终停采线确定

12.1.4　安家岭北帮露井协采边坡稳定分析及对井工巷道影响

1. 安家岭北帮露井协采对井工巷道影响

为了说明滑坡体对 4# 煤、9# 煤大巷和工作面巷道的影响，能否造成破坏性影响，从滑坡体应力传递深度和巷道应力集中程度的角度来具体分析[103]。

(1) 滑坡体应力传递深度

假设滑坡体为一个均布载荷，滑坡体应力在下部岩层内传递是由近及远、由大到小的[104]。应力在下部岩层内将传递相当远的范围，而且随着远离滑坡体而逐渐衰减，其应力影响范围可以简化为两条曲线包络下的范围，如图 12-13 所示。由图 12-13 可知，随着远离滑坡体，向下部岩层中的深度越大，产生的垂直应力越小[105]。

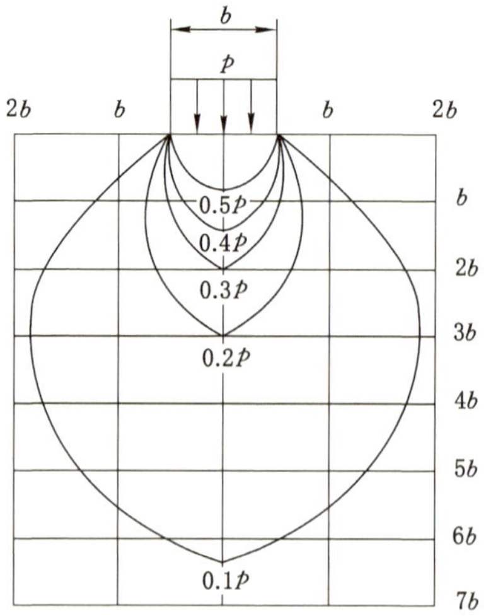

图 12-13　均布载荷条件下下部岩体中的应力分布规律

根据应力分布图可对滑坡体进行假设，将滑坡体简化为宽 50 m 的均布载荷，4# 煤巷道距离滑坡体 50 m，此处应力为滑坡体载荷的 0.48 倍；9# 煤巷道距离滑坡体 80 m，此处应力为滑坡体载荷的0.32倍。

(2) 巷道应力集中程度

应力集中是由于截面急剧变化或载荷急剧变化所引起的应力局部增大的现象。应力集中的程度用

应力集中系数 K 表示：

$$K=\frac{\sigma_{\max}}{\sigma_{n}} \tag{12-4}$$

在安家岭北帮露井协采条件下，名义应力 σ_n 是在不考虑边坡有滑动的条件下求得的，而 $\sigma_{\max}$ 是在考虑边坡有滑动的条件下求得的。由于边坡体边界条件、受力复杂，考虑采用数值模拟的方法求解，模拟结果如图 12-14 和图 12-15 所示。

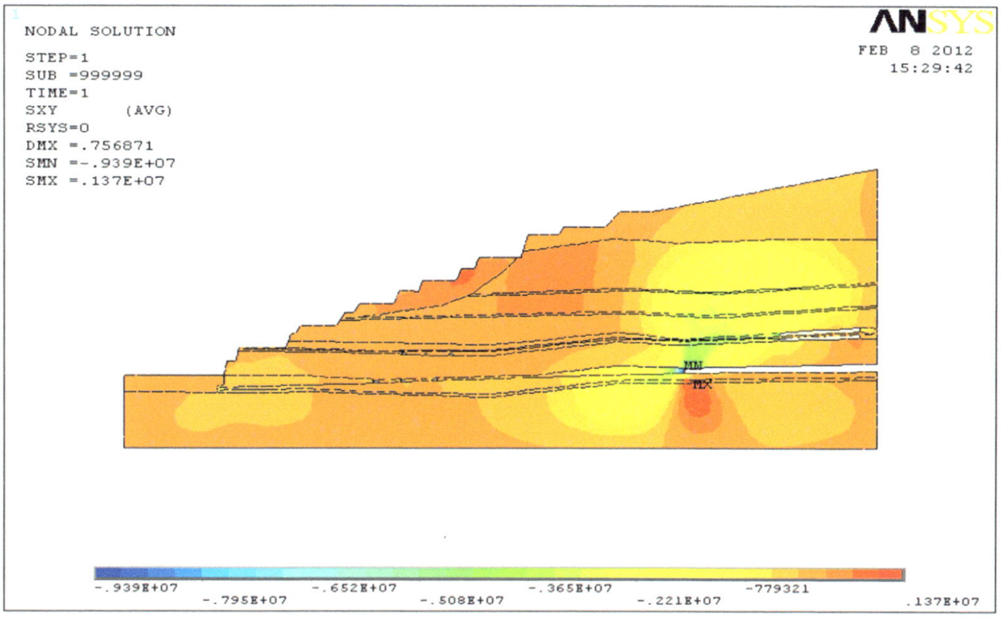

图 12-14　不考虑边坡有滑动时应力计算结果

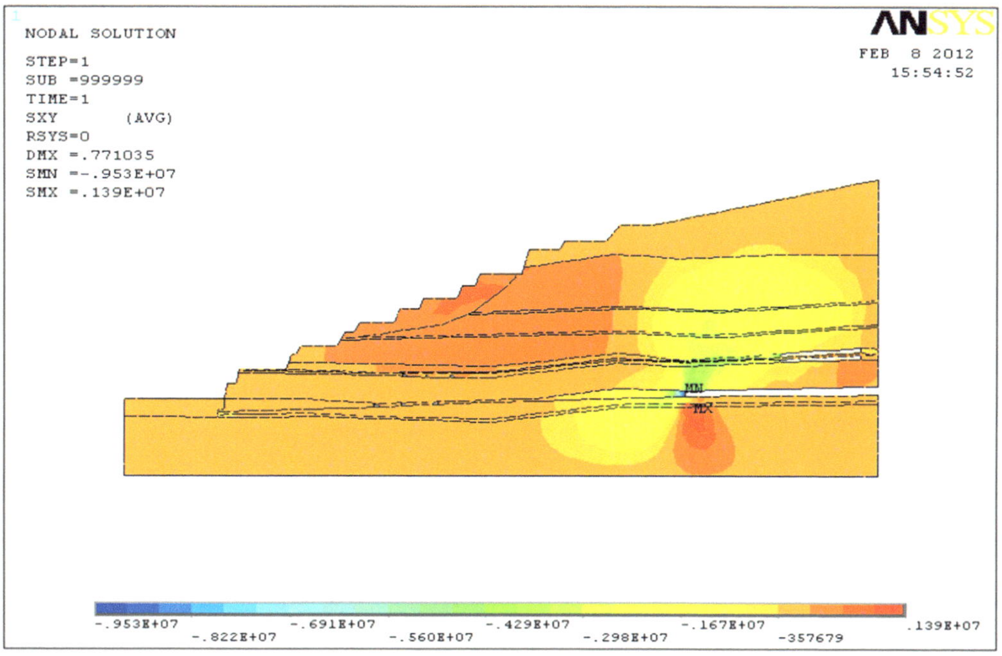

图 12-15　考虑边坡有滑动时应力计算结果

通过计算可知，4# 煤巷道应力集中系数为 1.04，9# 煤巷道应力集中系数为 1.02。

2. 结论

① 变形区潜在滑面为 1280 平盘和 1310 平盘处的弱层，当以 1280 平盘弱层为滑坡底部控制边界时，滑面距离 4# 煤大巷的距离约 50 m，距离 9# 煤大巷的距离约 80 m，滑面若发生滑坡不会经过 4# 煤大巷和 9# 煤大巷，故不会对其产生直接影响。

② 目前滑坡区已经开展上部 1390 平盘和 1405 平盘的削坡减重工作和下部内排跟进压脚措施，该措施已经对滑坡区变形起到了有效控制，滑坡的可能性大大降低。另外，由于边坡变形属于蠕动变形，根据目前边坡变形动态和已经开展的防治措施，滑坡区突发失稳的可能性很小，滑坡区变形所产生的应力会逐渐释放，这种应力释放方式对巷道变形影响较小，即便发生滑坡，也不会对 4# 煤大巷和 9# 煤大巷产生破坏性作用。

③ 对于大巷来说，其采取的永久性支护支护强度高，且其尺寸远远小于边坡系统几何断面尺寸，所以边坡滑动对其影响程度有限。

④ 从滑坡体应力传递深度角度得出了 4# 煤巷道距离滑坡体 50 m，滑坡体对 4# 煤大巷处的应力传递为 0.48 倍滑坡体载荷；9# 煤巷道距离滑坡体 80 m，滑坡体对 9# 煤大巷处的应力传递为 0.32 倍滑坡体载荷。从巷道应力集中程度的角度得出了 4# 煤巷道应力集中系数为 1.04，9# 煤巷道应力集中系数为 1.02。滑坡体对 4# 煤大巷和 9# 煤大巷有影响，对 4# 煤大巷影响比对 9# 煤大巷影响大，但影响有限。

12.1.5 安家岭露井协采岩体变形规律

通过对安家岭露天矿北帮的现场踏勘及井上下位置关系的研究，初步确定北帮出现大范围边坡片帮、裂缝是内、外因相互作用的结果，其内因主要取决于北帮边坡岩体构造及岩体物理力学性质，而外因则是北帮露井协采扰动。

1. 井工开采引起的岩层破坏力学特征

当在煤岩体内开掘巷道或进行开采时，原来的应力平衡状态遭到破坏，巷道或采场周围岩体的应力重新分布。在应力重新分布过程中，巷道和采煤工作面周围煤岩体内形成一个与原岩应力场截然不同的新的应力场，其形成过程就是煤岩体中应力重新分布的过程[106]。

在煤层开采之前，原岩应力线相互平行，没有变形。在煤层开采后，形成地下采空区，岩体应力重新分布后的压力线变形，压力大的地方压力线变密，形成支承压力带，压力线变稀的地方形成卸压带。原岩应力线与地下开采后压力线分布对比示意图如图 12-16 所示。

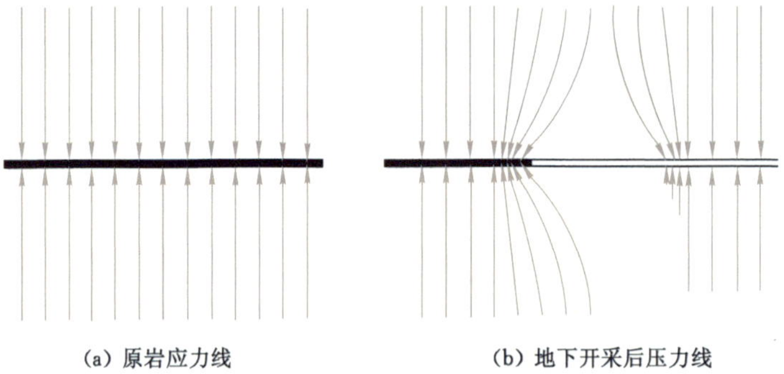

(a) 原岩应力线　　(b) 地下开采后压力线

图 12-16　原岩应力线与地下开采后压力线分布对比示意图

2. 井工开采引起覆岩破坏规律

采动覆岩的破坏具有一定的范围和形态。大量现场实测研究结果表明，在水平及缓倾斜煤层(0°～35°)开采条件下，覆岩垮落带、裂隙带范围的最终形态类似于马鞍形；在倾斜煤层(36°～54°)开采条件下，覆岩垮落带、裂隙带范围的最终形态呈上大下小的抛物线形态；在急倾斜煤层（55°～90°）开采条件下，覆岩破坏最终形态呈拱形[107]。

覆岩破坏的最大高度主要取决于采出煤层厚度、煤层倾角及覆岩岩性，在采用全部垮落法管理顶板开采缓倾斜及中倾斜煤层条件下，覆岩垮落带及裂隙带最大高度可用下式表示（充分采动条件下）：

$$H_{垮} = \frac{M}{aM + b} \tag{12-5}$$

$$H_{裂} = \frac{M}{cM + d} \tag{12-6}$$

式中　$H_{垮}$——垮落带最大高度；

$H_{裂}$——裂隙带最大高度；

M——累计采厚，m；

a，b，c，d——与覆岩性质有关的系数。

一般按离采空区的垂直距离来划分开采影响范围，形象地将被采煤层上覆直到地表的岩土层分为上、中、下三段。对于上段的移动变形与破坏研究历来是矿山测量学科开采沉陷界的主要研究范畴，对下段的垮落、来压及稳定性研究，则是采矿学科矿山压力界的研究范畴。对于中段，由于条件复杂，研究手段缺乏，一直缺乏较深入、较系统的研究，而事实恰恰是：中段是上、下两段移动变形与破坏的关键所在，是“下段的力量来源，上段的幕后主宰”。开采沉陷主要受地层结构及覆岩物理力学性质的影响，而其中的制约因素是上覆厚硬岩层的空间位置与几何力学特性，因此对中段的研究，首先应关注上覆厚硬岩层受采动影响的应力应变规律这个核心问题。

3. 露井协采条件下边坡岩体变形机制

依据采区的空间对应关系，两种采动影响域中的一部分相互重叠，致使采动效应相互作用和相互叠加，表现为一种采动效应对另一个平衡体系的干扰或破坏作用，这使得两种开挖体系之间相互诱发或相互扰动，从而组成一个复合动态变化系统。在该系统内的岩体应力状态与变化过程完全不同于单一露天开采条件下的边坡岩体变形问题[108]。

地下煤岩体未受采动以前，由于自重作用在其内部引起的应力通常称为原岩应力，这种应力在地下处于相对平衡状态。露天矿开挖破坏了原地质体的应力平衡状态，导致应力重新分布，当边坡轮廓形成后，便形成新的应力场，边坡体处于稳定状态[109]。

由于两种采动效应的相互作用和叠加，影响域内不同空间单元同时受到两种采动效应的影响，其合成矢量的大小和方向在不同空间位置是不一致的，一般情况下合成矢量更多表现出“强势采动效应”的属性。地下采区下山方向的最大拉裂缝极易构成滑坡体的后缘，同时沿着地下采区倾向边界线附近的拉裂缝构成滑坡体的侧边缘，使得滑体与滑床分离，侧阻力减小，特别是地下采区沿走向长度不大时可能构成滑坡内因，导致滑坡[110]。

另外，两种采动效应的影响随着单元体的空间位置改变而改变，随着深度的增加，露天采动影响逐渐减弱直至消失，岩体变形将表现为地下采动特性。因此，对于边坡稳定而言，露天矿坑越浅、地下采区位置越深，越有利于边坡稳定。井采影响下边坡岩体变形机制示意图如图 12-17 所示。

4. 地表移动特征

随着采煤工作面向前推进，新采动的岩层开始移动，当采空区范围很大、采空区埋深小于上覆岩层的影响高度时，亦即小于垮落带、裂隙带、弯曲下沉带高度之和时，岩层移动发展到地表，引起地表移动，在地表形成一个范围较大的洼地（图 12-18）。

5. 井采影响下边坡岩体强度的变化

当采空区面积扩大到一定范围时，岩层移动波及地表，使地表产生移动和变形。走向主断面上的地表各点移动，可以分为垂直移动和水平移动两个分量，其中垂直移动分量表征的是下沉，而水平移动分

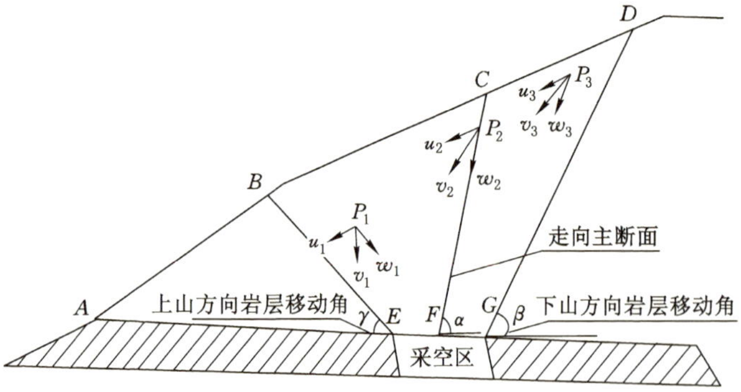

图 12-17　井采影响下边坡岩体变形机制示意图

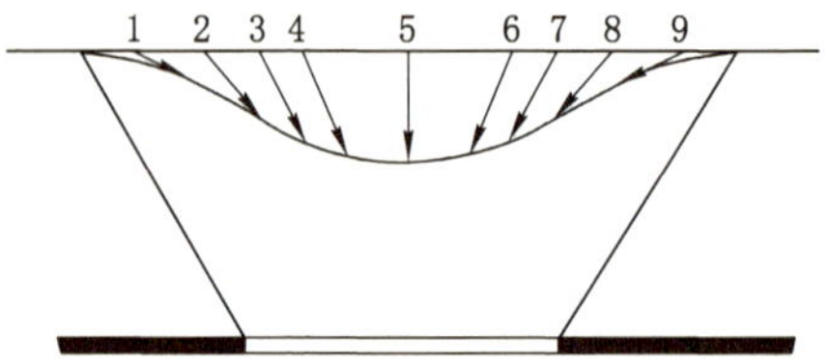

图 12-18　主断面上地表各点移动示意图

量表征的是水平移动。这些移动伴生大量的节理、裂隙和岩体一定程度的破碎，从而大大降低采空区上覆岩土体的力学强度。另外，在采动过程中和采动后，地表和地下水系径流改变、调整和破坏，从而对边坡的稳定产生不利的影响。同时，开采沉陷所形成的沉陷带和拉张裂缝，容易导致雨季降水大量入渗。大量的事实已经证明，水的物理、化学及力学作用是导致岩土体失稳的一个极为重要的因素，水对岩土体力学系统有很大的影响，水的作用可降低岩土体的强度指标，尤其可以使断层介质或弱层的强度大幅度降低，使之更易破坏。水的作用还可使岩土体介质的弹性模量降低，使断层及弱层储存弹性势能的能力降低。另外，水在结构面中的流动、存储的结果还将产生浮托力，使结构面有效正压力减小，同时也会导致阻尼力的减小。比如，由于下沉的不均匀性，地下采区下山方向的最大拉裂缝很容易构成滑坡体的后缘，如再遇有大气降雨等因素的诱发作用，将有可能导致滑坡。

6. 井采影响下边坡变形破坏一般规律

① 边坡表面出现围绕井采采空区的环状裂缝，下部发生局部底鼓，边坡轮廓变化很大，沉陷严重，但并不一定构成闭合贯通滑面而引起整体滑坡。

② 如果井采工作面距矿坑的保安煤柱过近，裂缝及沉陷位置将会出现在边坡坡角处(即滑坡体的被动段)，边坡抗滑力减小，对边坡的稳定性影响最大；如果井采工作面距矿坑的保安煤柱足够远，裂缝及沉陷位置将会出现在边坡中部或后部，边坡的下滑力可能减小，虽然边坡轮廓外貌变化较大，但对整体边坡的稳定性影响不大。可以根据有关“三下”采煤煤柱留设标准、采煤沉陷有关试验数据与理论计算公式及边坡稳定性计算理论与方法，通过分析计算边坡稳定性来确定合理的保安煤柱宽度。

③ 井采对边坡的影响主要表现在两方面：一是井采沉陷导致其上覆岩土体、边坡产生裂缝、沉陷与变形，一旦遇到暴雨，则降雨与地表水、地下水可能通过裂缝渗入边坡体内，大大降低岩体强度；二是井采沉陷改变岩土体原有的完整性，可导致边坡岩土体强度降低，目前可以采用抗剪强度指标折减的方法及数值模拟方法进行计算。

由上述分析可知：北帮下部矿井的开采，导致北帮局部边坡产生向井采采空区中心的移动和变形，随着井采工作面向前推进，变形将会随之进一步扩展，并在地表形成多条动态弧形裂缝。当边坡岩体强度足够克服井采岩层移动造成的附加应力时，地表移动最终将达到一相对稳定状态，这时仅会在地表形成一系列动态的开采沉陷盆地，对边坡稳定性不会造成影响；反之，随着井采工作面的推进，边坡岩体受到一定程度的扰动，加之北端边坡岩体节理、裂隙发育，边坡岩体更易破碎，这样就会大大降低边坡岩体强度，当边坡岩体强度不足以克服井采岩层移动造成的附加应力时，将会发生滑坡。

12.2　边坡稳定性及安全开采境界研究

目前安家岭露天矿已经形成了一个由露天矿矿坑与内排土场、外排土场、井工矿同时多元布局的空间形态，从而为露天矿边坡稳定性研究提出了许多新的课题与理论问题。

安家岭露天矿继续向东推进过程中即将遇到芦子沟背斜，背斜东翼煤层倾角急剧增大，煤层平均倾角在 8°～12°，局部最大倾角达 22°，煤层落差达 270 m，地表和基岩下降 50～100 m。安家岭露天矿北帮 E11400—E11700 范围于 2012 年 10 月下旬出现变形，1375 平盘出现裂缝，1360 至 1375 台阶出现局部片帮，1360 平盘距离挡墙约 10 m 的范围内形成环形裂缝。

原采矿设计方案没有考虑芦子沟背斜带来的地表缓慢下降、煤层急剧下降、开采深度增加(北部平均采深 240 m)的不利影响。如果全部采出矿权境界内的 4# 煤，北帮坡顶境界须向北外扩，930E 维修车间与北部地表境界的最近距离约为 50 m，不能满足对建筑物安全距离要求规定。而安家岭露天矿北帮边坡在向东推进过程中，还将遇到多条纵横交错的断层，同时，还将遇有陷落柱。逆断层对北帮边坡的影响程度将随逆断层的下延而增加，这是因为断层破碎带可视为边坡系统的软弱结构面，软弱结构面赋存越深，说明软弱结构面上的载荷越大，若发生边坡失稳灾害，则灾害越严重，加上其他断层、芦子沟背斜、陷落柱等构造的耦合作用，北帮边坡地质条件会变得异常复杂，这将成为控制北帮边坡稳定的主要因素。

安家岭露天矿向东推进过程中采矿方向将进行局部调整，转向处位于芦子沟背斜附近，转向后受芦子沟背斜影响将形成局部凸边坡，背斜东翼将出现高边坡，且北帮边坡存在复杂特殊的地质构造；另外，存在露天矿地表境界与 930E 维修车间安全距离不满足安全储备要求的情况。因此，需要对北帮边坡及其对应的运输系统设计方案开展研究。

12.2.1 露天矿边坡岩体加卸载破坏力学机理

1. 岩石加卸载破坏机理

(1) 岩石单向压缩条件下的变形特征

在单向压力下，岩石典型的全程应力-应变曲线如图 12-19 所示，曲线大致可分为四个区域：

Ⅰ区：*OA* 段。应力从零开始逐渐增加，岩石裂隙在应力作用下开始闭合，孔隙被压密。此段曲线渐向上弯，表征在原有变形基础上，再增加同样大的应变所需要增加的应力越来越大，这是岩石中原有孔隙被逐渐压密闭合所导致的。对于细密的岩石，这个区域很小或没有。

Ⅱ区：*AB* 段。近似线弹性变形阶段，此段应力-应变曲线接近直线，*B* 点是线弹性变形阶段的终点，该点应力相当于一般弹塑性材料的弹性极限。

在Ⅰ、Ⅱ区如果卸载，大部分变形可弹性恢复，小部分变形不能立即恢复，需经一段时间才能恢复，即出现弹性后效现象。

Ⅲ区：*BC* 段。曲线逐渐变缓，即变形增量随载荷增加而递增。该阶段岩石产生破裂并逐渐扩展，在接近 *C* 点时破裂明显增加并贯通，*C* 点处达到应力峰值，为岩石的强度极限。在 *BC* 段内任何一点 *P* 卸载，应力-应变曲线沿 *PQ* 线下降至坐标轴。*P* 点产生的应变 *OS* 由弹性应变 *QS* 和塑性应变 *OQ* 组成。如果从 *Q* 点重新加载，应力-应变曲线将沿 *QR* 线上升，*PQR* 构成岩石达强度极限前反复加卸载的一般变化规律。

Ⅳ区：*CD* 段。应力达峰值 *C* 点后，应变继续增加而应力减小，表征岩石软化过程，此阶段内裂隙发生不稳定传播，岩石近于解体，但仍可承受一定载荷。直到某一时刻，试件完全丧失承载力而解体时，岩石破坏。在该区域内任何一点 *T* 卸载，应力-应变曲线沿 *TU* 线变化，将留下较大的永久变形 *OU*，若在 *U* 点重新加载，则应力-应变曲线将沿 *UV* 线上升，*TUV* 构成 *CD* 段中岩石承受反复载荷的一般变化规律。

(2) 岩石在三轴压缩条件下的变形特征

岩石工程中所遇的大部分问题是双向或三向应力状态问题。目前，多向应力状态研究较多的为对称三向应力状态($\sigma_1>\sigma_2=\sigma_3$)下的岩石变形特征。

图 12-20 所示为岩石在三轴压缩条件下的典型变形曲线，图中纵坐标以 $\sigma_1-\sigma_3$ 表示。由于有侧向

压力作用，岩石的变形特征与单向受压时大不相同，首先，岩石的总变形量大大增加；其次，随着侧压力的增大，岩石逐渐显现出较大的塑性。当侧压力达到一定程度时，应变曲线与 ε 轴大致平行，岩石几乎呈现出理想的塑性变形。当侧压力继续提高时，岩石变形随压力增加而改变的程度开始降低。

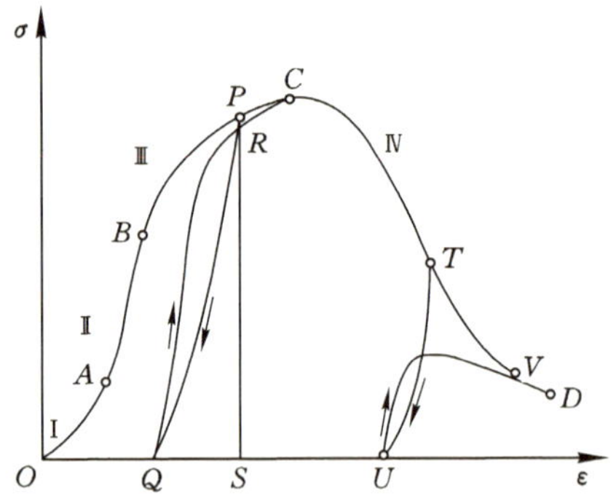

图 12-19　一般岩石单轴压缩全程应力-应变曲线

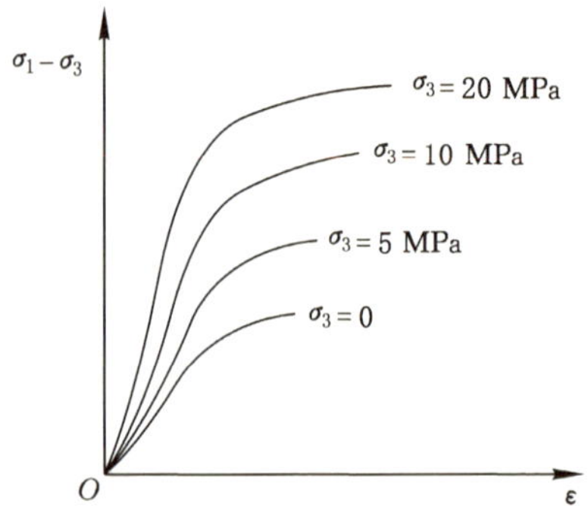

图 12-20　三轴压缩下岩石变形曲线

2. 边坡岩体加卸载破坏机理

边坡的变形阶段一般分为卸荷回弹和边坡流变两个过程。卸荷回弹由边坡岩体内积存的弹性应变能释放而产生，当积存的能量释放完毕时，这种变形即告结束，一般在成坡后较短时期内完成。边坡流变则是坡体应力长期作用下发生的一种缓慢而持续的变形过程。露天矿开采最终将形成岩体边坡，随着采矿技术的发展，露天开采形成的边坡向高陡边坡发展，因此高陡边坡的移动与变形成为关注的焦点。高陡边坡即使局部失稳，也会造成极大的损失。岩体开挖引起岩体上载荷的变化，将出现岩体裂隙的开裂，出现非连续非线性载荷变化，以至引起流变和大变形，从而露天采动边坡的稳定安全受到威胁。

边坡岩体的破坏实际上是岩体在外部载荷的作用下闭合、滑移、起裂、张开的过程，研究表明，边坡开挖过程中，卸荷和加载同时存在。

12.2.2　露天岩质边坡持续变形机理及岩移规律

1. 露天开采边坡岩体移动变形机理

(1) 露天矿边坡持续变形原因

工程实践与研究表明，岩土边坡工程的破坏与失稳，在许多情况下并不是在开挖以后立即发生的，岩土体应力与变形随时间变化发展和不断调整，其调整的过程往往需要延续一个较长的时期[111]。边坡蠕变是指组成边坡的岩体和土体在自重应力以及以水平应力为主的构造应力场的作用下，变形随时间而持续增加的性质[112]。露天矿边坡发生持续变形的作用机理非常复杂，其中一个重要机制为岩石的蠕变特性。对于露天矿岩质边坡来讲，围岩的岩性是影响边坡蠕变性质的主要因素。软岩变形大、强度低、结构性明显、赋存环境和时间效应强烈，是特定环境下的具有显著塑性变形的复杂岩石介质[113]。岩土体材料的蠕变包括岩石和土的蠕变。应力水平较低时，蠕变过程可能以恒速进行；当应力水平较高时，蠕变过程可能加速进行。蠕变曲线包括四个阶段：瞬时弹性变形阶段、初始蠕变阶段、稳定蠕变阶段、加速蠕变阶段。在低应力水平下，只出现蠕变的第一阶段，蠕变具有衰减特性；在中等应力水平下，出现蠕变的第一和第二阶段，变形（黏塑性流动）可以不断地发展，但不过渡到第三阶段；当应力较大时，蠕变的三个阶段都出现，变形加速发展直至土体破坏；当应力很大时，蠕变第三阶段几乎是在加载之后立即发生的，岩土体马上就发生破坏。根据岩石蠕变特征曲线，在恒定的应力作用下，软岩材料一般都出现蠕变速率减小、稳定和增大三个阶段，但各阶段出现与否以及延续时间则与岩性和所施加的应力水平有关。坚硬岩石发生流变变形相对较小。

岩体中存在着大量断层、节理以及软弱夹层等不连续面，这些不连续面造成了岩体与岩石材料的巨大差别，岩体结构控制岩体变形、破坏以及力学特性。其中，岩体中的断层、裂隙及节理，由于挤压破碎以及地下水的活动，经常会形成软弱带或泥化带，即软弱夹层，其强度低且变形较大，具有显著的时间效应，因而软弱夹层的蠕变力学特性直接影响着边坡岩体的长期稳定性。所以软弱夹层的蠕变特性也是边坡岩体蠕动变形的重要组成部分。

另外，影响边坡岩体流变特性的因素还包括边坡开挖的深度，开挖深度直接影响原岩应力大小，随着深度的增加，采场围岩的应力及变形都增加。由于自重而积存的弹性能与深度的平方成正比，而弹性能又是应力和应变的函数，所以开挖深度影响边坡围岩的蠕变特性。

以上各种因素的影响，导致边坡岩体发生流变的机理不同，但围岩蠕变的根本原因是开挖引起的应力状态的变化和结构中应力重新分布，岩层中节理、裂隙以及结构面在重新进行调整过程中发生破裂失稳，微观表现就是沿层面的剪切塑性滑移和拉断破坏。应力平衡的破坏引起岩体结构随时间的不断变化，这种随时间变化的结构变形即边坡岩体的蠕变。

(2) 岩土体结构面的剪切蠕变性能

结构面的蠕变特性十分复杂，除载荷条件外，还取决于结构面本身的性状，包括接触状态、有无充填物、岩壁风化程度等。根据结构面本身的性状，可将结构面分为泥化结构面、破碎结构面和硬性结构面等。

在每一级剪应力加载的瞬间，结构面产生瞬时位移，之后在恒定切向载荷的作用下位移随时间而增加，位移速率随着时间的延长而逐渐减小。在多数应力水平下，试样沿结构面随时间变化的位移将趋于稳定。从初始蠕变到变形趋于稳定的过程，一般持续 4～7 d，时间长短与切向应力值有关。部分试样在较高的应力水平下，可以观测到衰减蠕变后的匀速蠕变。当应力水平增加到某一定值时，结构面出现明显滑移而迅速破坏。

在恒定的法向应力作用下，结构面剪切变形随剪应力的增加而增大；在不同的法向应力作用下，法向应力水平越高，结构面沿切向达到某一相同蠕变量所需的切应力越大。试验表明，结构面剪切蠕变的发展过程也可划分为三个阶段：第Ⅰ阶段蠕变速率逐渐衰减；第Ⅱ阶段蠕变速率近似为常数；第Ⅲ阶段蠕变速率急剧增大，试样沿结构面产生明显的滑动破坏。然而，结构面的第Ⅲ阶段蠕变特征和岩石不同，没有明显的加速蠕变阶段，破坏过程持续时间极为短暂。究其原因，主要在于两者破坏机理不同：岩体蠕变破坏是微破裂不断累积和发展、裂隙相互连通而导致宏观断裂的过程；而结构面的蠕变破坏是剪切蠕变破坏，在蠕变过程中结构面两侧岩壁以爬坡或啃断的方式产生相对位移，岩壁之间的镶嵌和摩擦产生较大的黏滞阻力，当剪应力大于某一应力水平时黏滞阻力迅速降低，试样在短时间内出现大位移并发生破坏。相对岩体而言，结构面的破坏呈现出更明显的瞬态特征，且与应力水平的关系也更为密切。

(3) 边坡蠕变破坏过程

边坡在复杂的地质作用下形成，又在各种地质营力作用下变化发展。严格来讲，所有边坡都处在不断变形过程中，通过变形逐步发展至破坏。风化可以使表层坡体剥落，卸荷可以使坡体产生张裂，暴雨可以使边坡表部碎屑物质流动，在适宜条件下还会出现崩塌、塌滑、滑动或蠕动。总之，边坡的变形和破坏是边坡发展过程中的必然现象。

边坡变形以坡体中未出现贯通性破裂面为特点，而边坡破坏除已有贯通性破裂面外，岩体还以一定速度发生位移。变形或破坏是边坡变化过程的不同阶段，二者相互联系。边坡岩体的变形破坏可以各种不同形式出现，其基本变形破坏形式主要有松弛张裂、滑动、崩塌、塌滑、倾倒、蠕动、剥落和流动。大范围的边坡变形破坏，都是上述基本变形破坏形式中的一种或多种组合。本书主要讨论边坡的蠕动破坏形式。

边坡的蠕动破坏主要包括两种情况：

① 一种情况是作为脆性材料的岩体，沿已有结构面或绕一定的转点长期缓慢地滑动或转动。它的基本变形是滑移和转动(倾倒)即发生剪切位移和角位移。岩块本身的形态不发生显著变化，但岩块与

岩块之间，由于蠕动而发生位置相对变化，或出现岩块间的拉裂，从而使岩体出现松动架空现象。岩体的这种蠕动可以连续进行，也可以间歇性地、跳跃式地进行。这种蠕动可以延续很长的时间。如层状或似层状结构的脆性陡倾角岩石组成的边坡蠕变现象主要表现为各层岩块依次向临空一侧倾倒歪斜，因而表层岩层倾角逐渐变化，层与层之间发生层间相对错动。岩块的倾倒变形幅度自坡面向深部逐渐变小。由于边坡岩块本身在自重应力作用下发生的蠕变变形很小，边坡应力的释放和调整使岩块之间产生滑动、转动、张裂，从而使岩层倾斜，同时伴随出现上窄下宽的张裂隙。岩块重心的偏移产生转动力矩，当转动力矩产生的拉应力大于岩块的拉应力或者拉应力使岩块产生蠕变变形导致岩块分段折裂时，整个岩石边坡坡面上岩块倾倒破坏。

这种层状岩石边坡变形有一定分带性。一般情况是表层岩块层序由于滚动已经扰乱，并夹有大量泥土，风化严重者已形成坡积覆盖层；向里是蠕动变形带，岩层扭转倾倒、倾角变化，但层序正常，越靠近表面张裂隙发育越厉害；蠕动变形带后面是张裂隙发育带，张裂隙多伴随原有构造节理产生并向深部发展，发育程度逐渐减小；张裂隙发育带后面是完整的岩石带。

② 另一种情况是具有塑性的薄层岩层（如页岩、泥岩、千枚岩、片岩等）、软硬相间的互层岩体（如砂岩、页岩互层，页岩、灰岩互层等）以及黏土层、软土层组成的边坡在长期载荷作用下发生的一种与时间有关的变形效应，即载荷的大小不变，边坡随着时间的延长而发生的变形。

层状岩质边坡的蠕变是岩石蠕变和其他不连续界面蠕变在宏观上的总体表现，其基本变形是材料的黏塑性变形。此类蠕动变形主要表现为岩层出现塑性弯曲，层与层之间出现蠕变滑动。蠕变滑动主要是由于软岩微观结构在相应外部环境（如应力释放、地应力调整、温度和湿度）下的调整，比如晶格缺陷的扩散、孔隙裂隙的张合、颗粒间协调变形及微观破裂的产生、扩散贯通等。这种调整不是在瞬间就能完成的，而随着时间渐进积累发展，逐渐表现为岩体宏观上的蠕变现象，也就是表现为层状岩石的非构造弯曲。即通称为“点头弯腰”，也表现为柔性岩石沿边坡表层的“揉皱”（表层蠕动），或为淤泥质软土边坡的塑性流动。当坚硬岩层中夹有塑性岩层夹层（即不连续面，如黏土岩、泥化夹层等）时，可以导致上覆坚硬岩层沿不连续面缓慢滑动。上覆坚硬岩层由于下伏软弱岩层的蠕变，甚至可以沉陷挤入软弱夹层中。当坡脚分布有软弱岩层时，岩块的挤入还可能导致坡脚软弱岩层的隆起。

故层状岩体边坡蠕变变形过程大体上是：由于应力释放、地应力的调整以及重力等各种地质营力的长期作用，边坡坡顶出现张性裂隙，软弱夹层被压缩并出现层间相互错动，一般上盘向下、下盘向外位移，进而岩层出现剪切滑移或弯曲。当边坡蠕变变形发展到加速蠕变阶段时，岩层就沿切向节理裂隙折断，出现崩塌或滑动。

2. 露天矿边坡岩体移动规律

露天矿开采引起边坡岩体移动变形是一个复杂的、不可逆的、动态的耗散过程，边坡的演变是作用于边坡岩体上的内外应力作用的结果。边坡岩体的变形破坏取决于边坡岩体中的应力分布和岩体强度特性。如果边坡应力变化的范围在边坡岩体容许强度之内，则应力调整不会带来边坡的破坏，否则，将导致边坡的变形破坏。影响边坡岩体应力状态的因素很多，可以分为内在因素和外在因素。内因包括组成边坡岩体的力学性质、地质构造、岩体结构、地应力场以及地下水等；而外因则包括工程载荷条件、地震作用、气象条件以及植被等。内因是边坡岩体变形破坏的主要因素，而外因是边坡岩体变形破坏的诱发因素，外因通过内因起作用。

（1）岩体岩性特征

边坡岩体的岩性是决定边坡稳定性及邻近地表变形程度的关键因素。根据已有资料关于滑坡的研究，页岩、砂页岩、黏土岩、石灰岩、板岩等五种岩组为最易滑坡岩组，白云岩、凝灰岩、石英岩为非易滑坡岩组。岩石的种类不同，其矿物成分、颗粒大小、胶结物性质和胶结程度差别甚大，具有显著的物理力学性质差异。一般来说，矿物软，岩石强度较低；但矿物硬，岩石强度不一定高，岩石强度除取决于组成其矿物成分外，还取决于矿物颗粒间的组合特征。岩体的物理性质主要包括密度、重度、孔隙率、含水率、吸水率、透水性、饱和度、可溶性、热涨性等；岩体的力学性质包括抗拉强度、抗压强度、抗剪强度、残余强度、黏聚力、摩擦系数、阻尼系数、弹性模量、泊松比等。上述物理力学参数相互效应明显，一个参数的变化在一定的工程地质条件下会引起另外几个参数的相应变化[114]。

(2) 岩体结构

岩体是地质历史上遭受变形、破坏、多种结构面切割的地质体。岩体结构是结构面性状和结构面切割程度的反映，表征地质构造作用严重程度和结构面发育情况，是岩体的基本特性之一。岩体结构发育特征是岩体强度、变形、渗透性和边坡岩体移动变形破坏模式的控制因素。在区域构造比较复杂、褶曲断裂、新构造运动活跃地区，边坡稳定性就差；断裂带岩石破碎，风化严重，又是地下水富集和活动地区，极易发生岩体变形甚至滑坡。地质构造因素对岩质边坡的稳定性影响十分明显，岩层或结构面的产状对边坡稳定有很大影响。岩体结构面的成因类型很多，性质也很复杂，各有其不同的特征，考察结构面的状态主要考虑以下几点：① 结构面的物质组成；② 结构面的延展性与贯通性；③ 结构面的平整光滑程度、平直完整程度、光滑度以及起伏差等特征；④ 结构面的密集程度。

岩体的岩性和岩体结构虽然是自然地质运动形成的，但是人类活动也可以改变其结构和形态。采矿活动破坏了岩体的完整性，使其上覆岩层产生垮落和裂隙；在水或其他因素的作用下，坚硬岩性的岩石组成的岩体也可以弱化或软化，容易被破坏。为了保护岩体或与岩体相关的建筑物，通过有意识的治理，也可以改善岩体的强度或结构，使其向有利的方向发展。

(3) 地质构造

地质构造对边坡稳定性的影响是十分明显的，在区域构造复杂、新构造运动比较活跃的地区，边坡稳定性较差，失稳斜坡发育的方式、分布的疏密与构造线的方向及部位有密切的关系。地质构造构成斜坡失稳的破坏面或周界，直接控制斜坡变形破坏的形式和规模。

(4) 地应力及地震

地应力是控制边坡岩体节理裂隙发育及边坡岩体变形的重要因素之一。边坡内部的地应力主体是自重应力和构造应力。坡体中结构面的存在使边坡内部应力场分布变得复杂，在结构面周边会产生应力集中或应力阻滞现象，当应力集中的量值超过岩体的强度时，边坡岩体便会发生破坏。

(5) 地下水及气象条件

地下水对斜坡岩体变形破坏的影响主要表现在几个方面：软化组成岩石的矿物，降低岩体特别是滑面岩体的强度，对于软弱岩体，其强度软化系数一般仅为 0.5～0.7；地下水的静水压力一方面降低了滑面上的有效法向应力，从而降低了滑面的抗滑力，另一方面切割面中的静水压力又增加了滑坡体的下滑力，从而使边坡的稳定条件恶化；在节理化岩体中，地下水还会产生渗透力，增加岩体变形失稳的作用力。气象条件影响边坡稳定的方式多种多样，有风化作用、降雨作用、风蚀作用以及冻融作用等，但较为突出的是降水作用，尤其是暴雨，大量的边坡失稳均发生在暴雨季节。

12.2.3　破碎带影响下露天矿边坡变形破坏规律

1. 破碎带影响下露天矿边坡变形失稳演化

发育于岩层中的断层、陷落柱形成的破碎带或受应力与风化作用后形成的断层破碎带，岩性接近碎石土、黏性土或混合土的性质。破碎带岩土体物理力学性质与周围岩体相比要差很多，这也是多数断层带岩土体所表现出来的性质。由于物理力学性质软弱，工程开挖揭露后，边坡容易产生变形失稳。

(1)"挡墙"作用与卸荷作用

如图 12-21(a)所示，工程边坡开挖前，破碎带岩土体由其前方的岩体支挡，前方岩体起了类似于挡墙的作用抵抗土压力，维持破碎带岩土体的稳定。前方岩体被开挖后，相当于"挡墙"被拆除，破碎带岩土体前方形成临空面，如图 12-21(b)所示，原有的平衡条件被打破，为边坡体产生变形提供了条件。

(2) 初期崩塌与后期滑坡

随着开挖向前推进，开挖面逐渐接近破碎带。由于构造应力的作用，破碎带两侧岩体节理裂隙等软弱结构面发育，形成破碎岩体。随着开挖面的推进，其变形失稳大致表现为 3 个阶段，即破碎带上部岩体崩塌到破碎带坍塌、滑坡到破碎带下部岩体出现拉裂变形：第一阶段，当开挖接近破碎带或少部揭露破碎带时，节理裂隙较发育的岩体发生掉块、崩塌现象；第二阶段，崩塌和开挖使破碎带岩体部分或大部分暴露，若滑坡条件成熟，便会产生滑坡；第三阶段，滑坡后，破碎带下部岩体处于新的临空面，边坡岩体应力重新

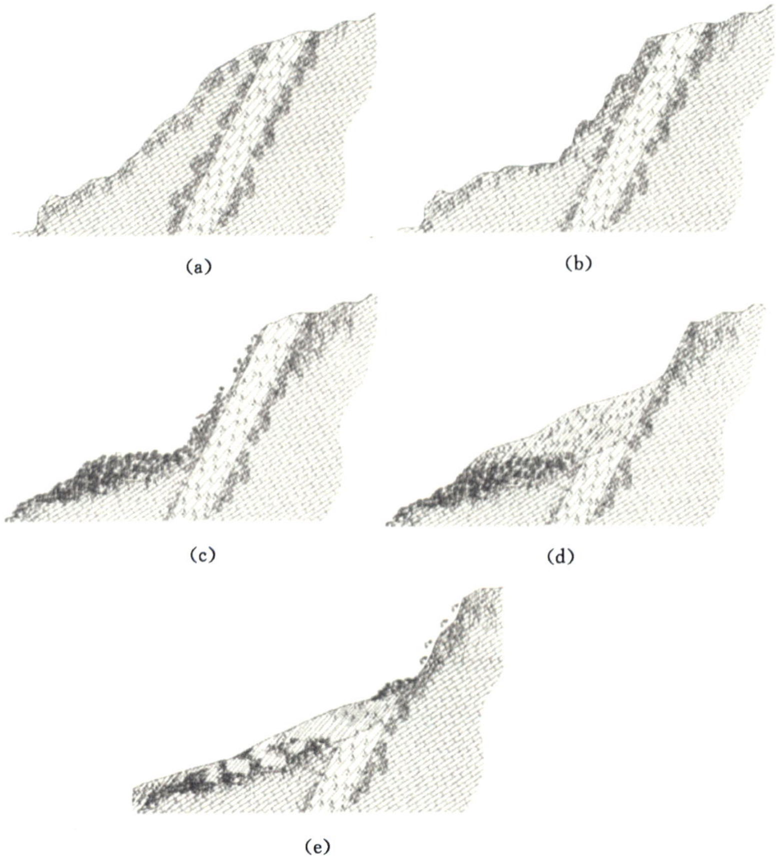

图 12-21　含破碎带边坡变形失稳演化图

调整分布，致使节理裂隙较发育的岩体产生拉裂变形，形成新的危岩乃至不稳定斜坡。

2. 破碎带影响下露天矿边坡稳定性研究

应用有限元强度折减分析方法，研究在露天矿开采端帮形成过程中，不良地质条件影响下边坡岩体力学特性和露天开采过程中边坡稳定系数变化规律。在逆断层破碎带处选取剖面 1、剖面 4 为研究对象，在陷落柱破碎带处选择剖面 6 为研究对象，基于北帮原设计方案、最终优化方案、提前降盘方案、提前转向并降盘方案，研究运输系统与断层、陷落柱破碎带处于不同空间形态时的北帮边坡的力学特性和边坡在连续开采过程中的稳定性。

(1) 断层破碎带影响区域边坡力学稳定性分析

FB_{22}逆断层影响区域为剖面 1 到剖面 5 区间，该区间边坡走向由西向东，逆断层走向北东、倾角 36°。在逆断层与边坡空间交错关系上，可能出现以下四种情况：① 逆断层破碎带完全处于边坡体内部；② 逆断层上部揭露部分逆断层，逆断层下部处于边坡体内部；③ 边坡上部区域剥离了逆断层破碎带，下部区域揭露逆断层；④ 逆断层破碎带大部暴露于边坡坡面。剖面 1 上部揭露破碎带，破碎带下部位于坡体内部，逆断层主要影响区域为 1 300 水平左右，目前剖面 1 已揭露逆断层上部影响区域，因此选取剖面 1 来研究露天矿开采过程对边坡稳定性的影响。而剖面 4 位于背斜轴部，煤层埋深较浅，因此针对剖面 4 边坡与逆断层在空间上处于不同位置时逆断层破碎带的力学特征进行研究。其中，方案一为最终优化方案，方案二为提前降盘方案，方案三为提前转向并降盘方案。

① 断层破碎带影响下边坡的力学分析

断层破碎带影响下的边坡，剪应力主要集中在断层破碎带与下盘接触面，剪切应变和水平位移最大值出现在边坡上部。三个方案中由于坡面与破碎带距离不同，作用在断层破碎带上部的载荷不同。

方案一中，逆断层破碎带上部揭露部分出现较大水平位移，在垂直方向应力云图上未形成连续贯通面，而逆断层下部距离坡面位置较远，由于破碎带上部载荷较大，剪应力集中出现在下盘逆断层破碎带接触面上，边坡易在坡脚处形成剪切口(图 12-22)。

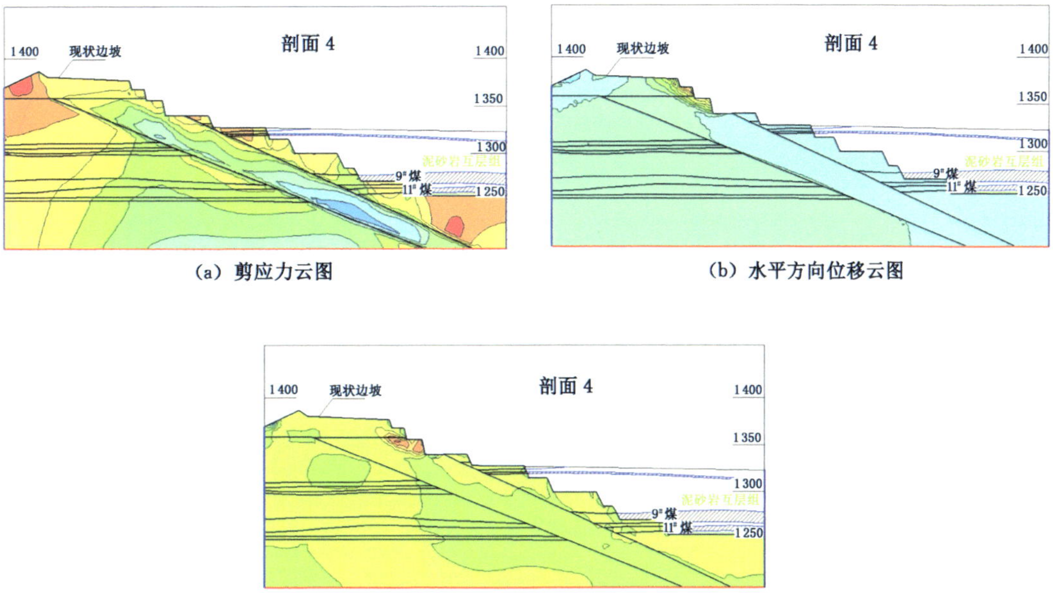

(a) 剪应力云图　(b) 水平方向位移云图

(c) 垂直方向应力云图

图 12-22　方案一最终优化方案

方案二中，边坡揭露上盘逆断层破碎带接触面，垂直方向应力云图上在上部揭露的破碎带处形成连续贯通面，揭露部分岩体破碎带，岩石力学性质较差，剪应力在各个台阶处形成应力集中，因此剪应力在台阶下方易形成剪切口(图 12-23)。

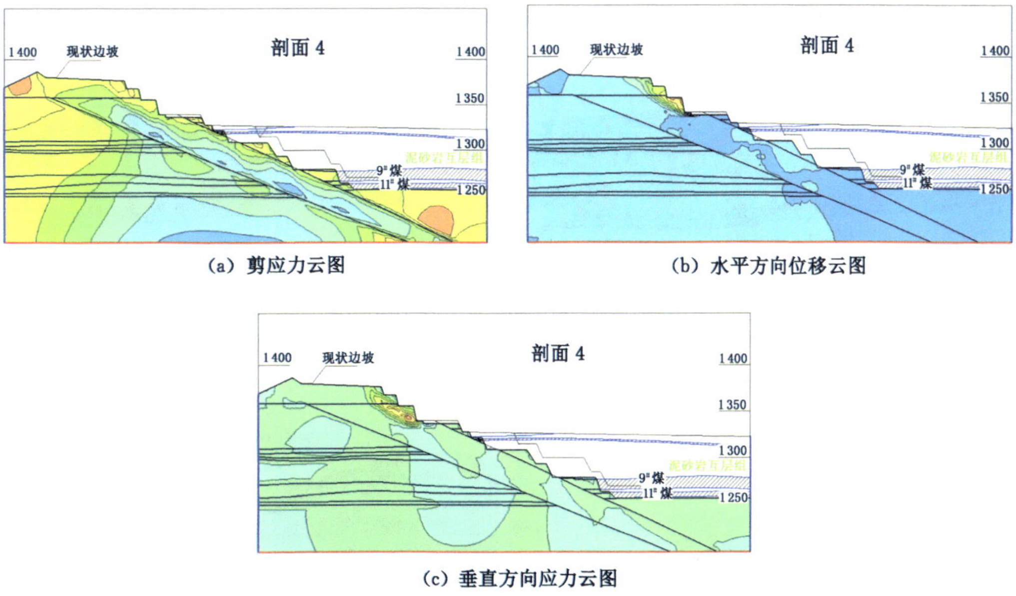

(a) 剪应力云图　(b) 水平方向位移云图

(c) 垂直方向应力云图

图 12-23　方案二提前降盘方案

方案三中，转向使边坡向外扩帮，使逆断层破碎带暴露于坡面上部，在水平方向位移与垂直方向应力云图中，在各个台阶处均出现了贯通面(图 12-24)。

② 断层破碎带对露天矿边坡稳定性影响分析

露天矿开采过程中，随台阶向下延深，断层破碎带处边坡稳定性逐渐降低。在同一滑动面处，稳定

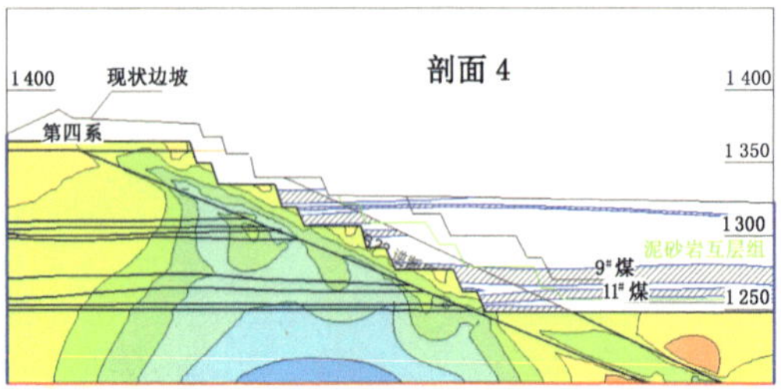

(a) 剪应力云图

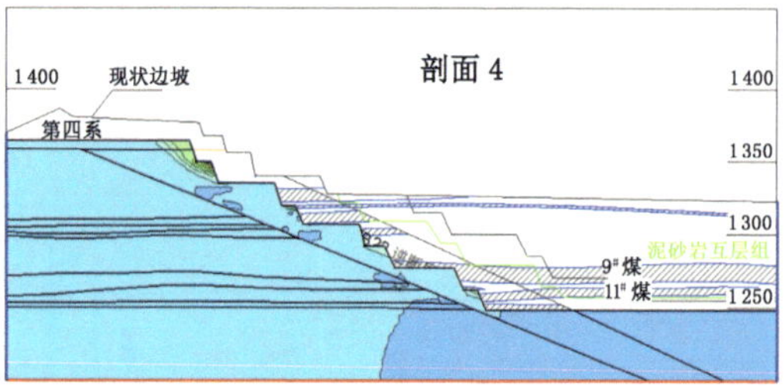

(b) 水平方向位移云图

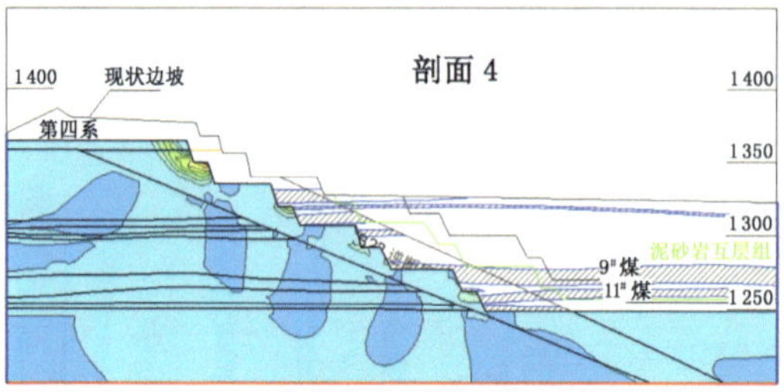

(c) 垂直方向应力云图

图 12-24 方案三提前转向并降盘方案

性系数呈现由小逐渐增大再变小趋势。其主要原因为前期开采滑动面处于坡底，导致剪应力集中，稳定性系数较小；随着开采深度的增加，剪应力不断变化，稳定性系数呈现先升后降的趋势。见图 12-25。

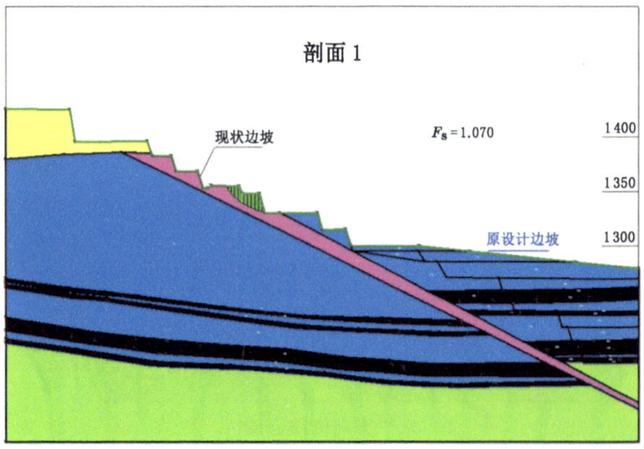

(a)

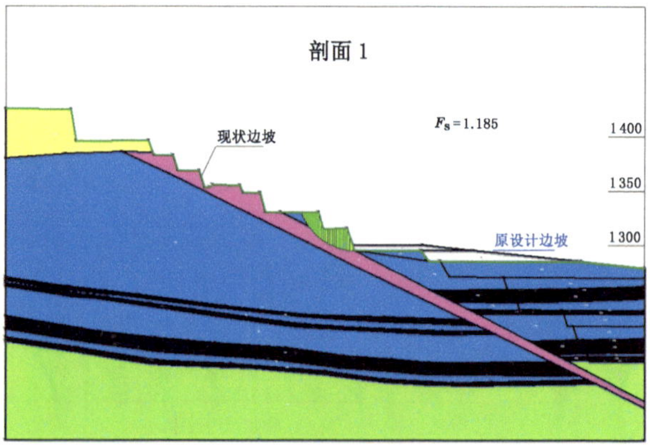

(b)

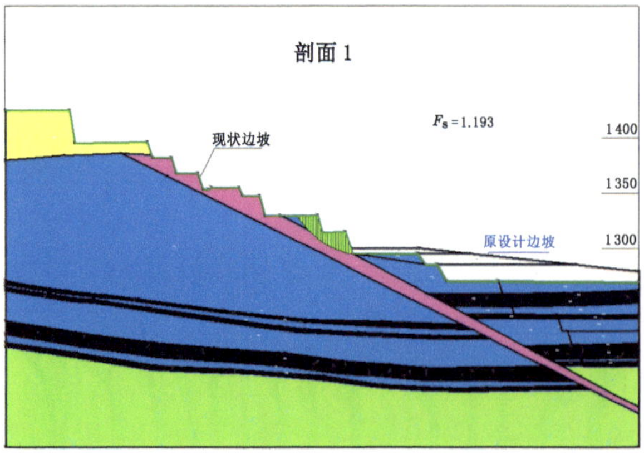

(c)

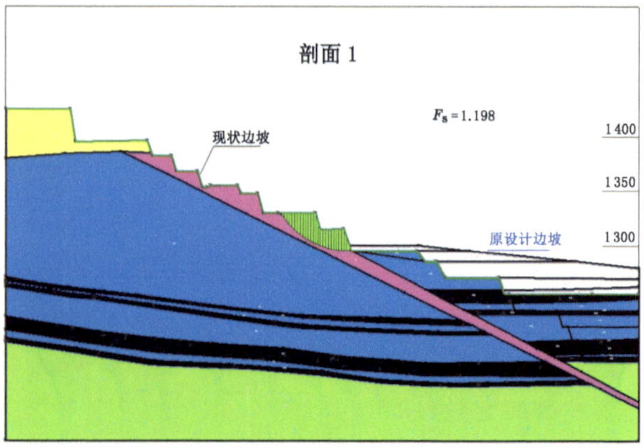

(d)

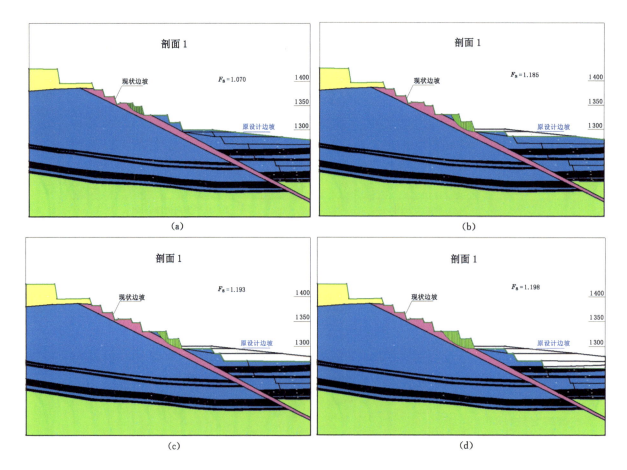

图 12-25 断层破碎带处逐步开挖边坡稳定性变化过程

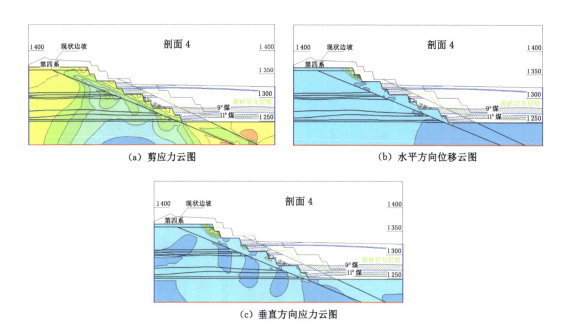

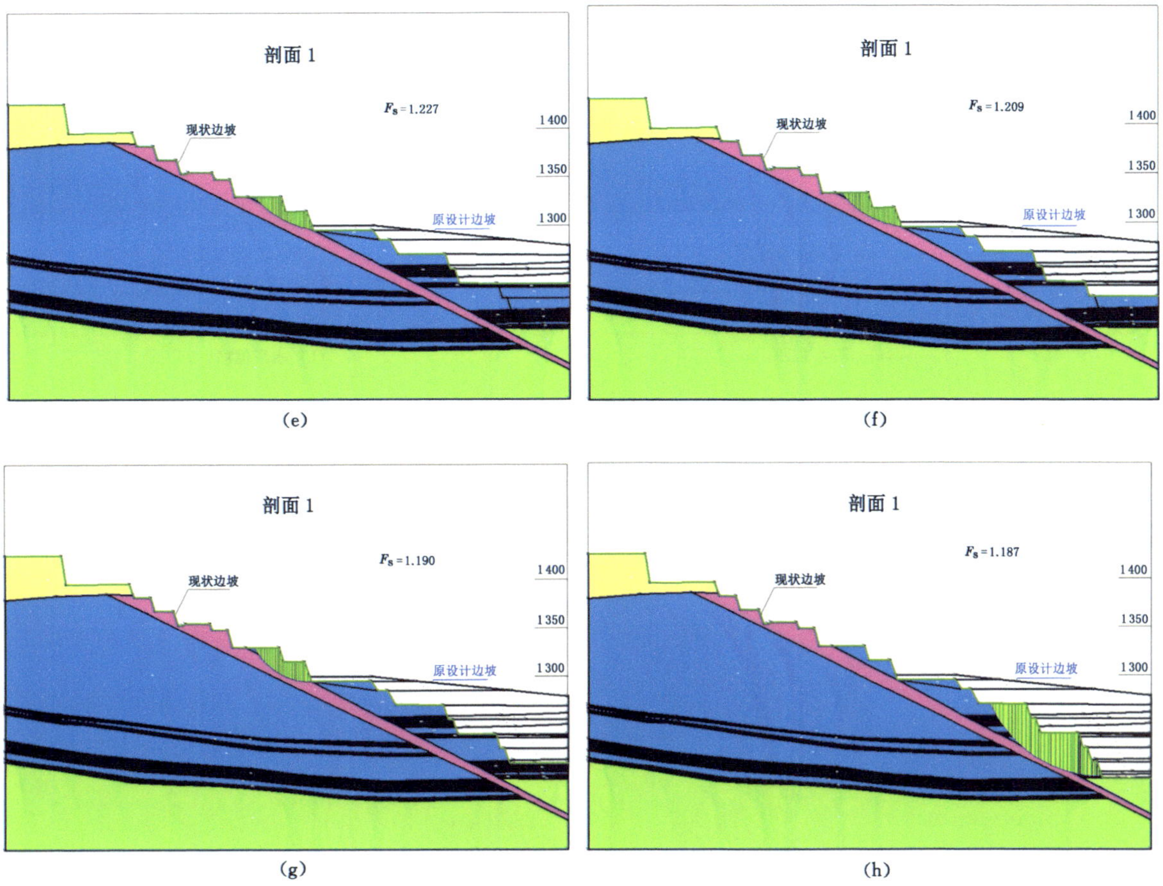

图 12-25(续)

(2) 陷落柱破碎带影响区域边坡力学稳定性分析

陷落柱位于背斜东翼靠近背斜轴部，在陷落柱东侧煤层底板出现迅速下降趋势，且陷落柱区域为露天矿边坡转向区域，将会在此区域形成凸边坡，所以开展了端帮运输系统过陷落柱时的力学稳定性分析研究。因此，需在原设计方案基础上进行北帮运输系统过陷落柱时连续开挖过程中边坡稳定性分析。力学分析方案主要考虑有以下四种情况：① 原设计方案；② 提前转向并降盘方案，即原设计基础上边坡上部削坡减重过陷落柱方案；③ 避让陷落柱方案，即原设计基础上边坡下部加宽过陷落柱方案；④ 最终优化方案，即原设计基础上边坡上部削坡减重下部平盘加宽过陷落柱方案。陷落柱影响下边坡稳定性主要研究陷落柱影响下开采过程中边坡稳定性变化规律。

① 陷落柱破碎带影响下边坡的力学分析

陷落柱破碎带影响下边坡的力学分析中，剪应力变化主要集中在陷落柱中心逆断层影响区域，水平位移最大值出现在边坡上部黄土台阶或陷落柱破碎带处。

方案一原设计方案中，边坡向临空面水平位移，水平位移图中明显存在沿黄土台阶与陷落柱破碎区域的滑动面，水平位移最大值发生在陷落柱破碎带处(图 12-26)。

方案二提前转向并降盘方案，即上部削坡，向临空面的水平位移最大值处于上部黄土台阶和揭露的陷落柱破碎带处(图 12-27)。

方案三避让陷落柱方案，加宽下部平盘后，其破坏模式同方案二(图 12-28)。

方案四最终优化方案，即上部黄土台阶削坡、下部平盘加宽，向临空面水平位移最大值处于边坡上部黄土台阶处，但是未形成滑动贯通面(图 12-29)。

② 陷落柱破碎带对露天矿边坡稳定性影响分析

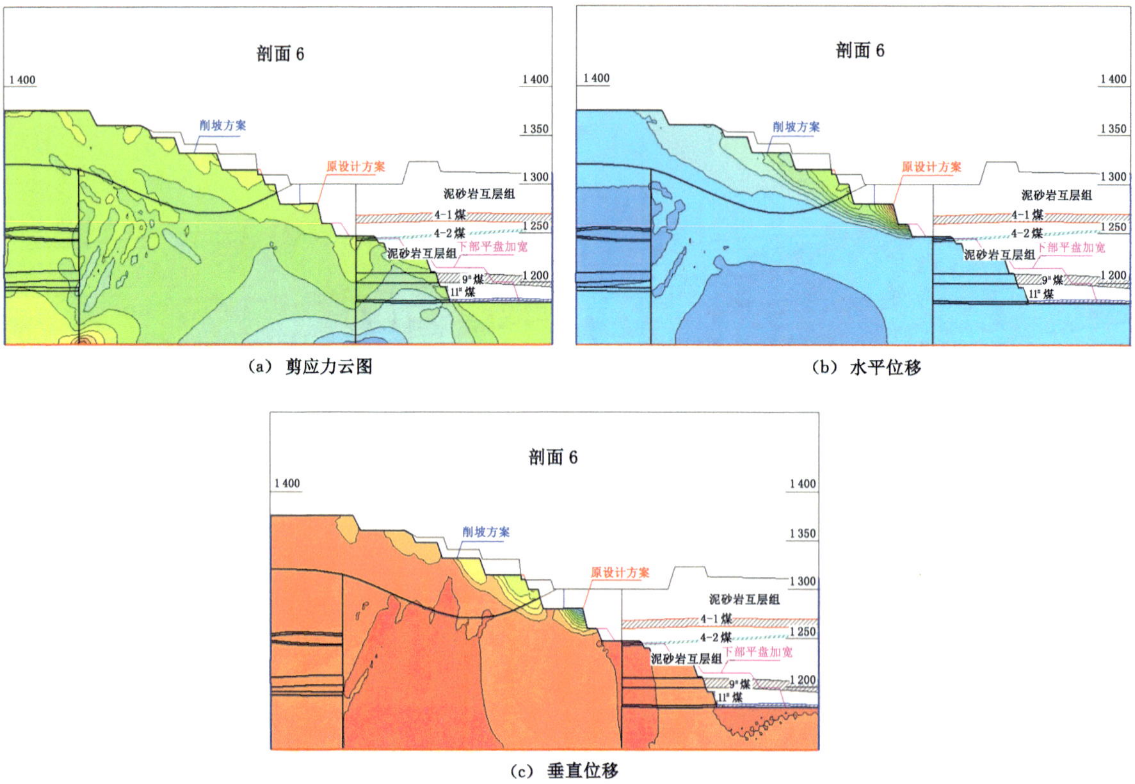

(a) 剪应力云图　(b) 水平位移　(c) 垂直位移

图 12-26　方案一原设计方案

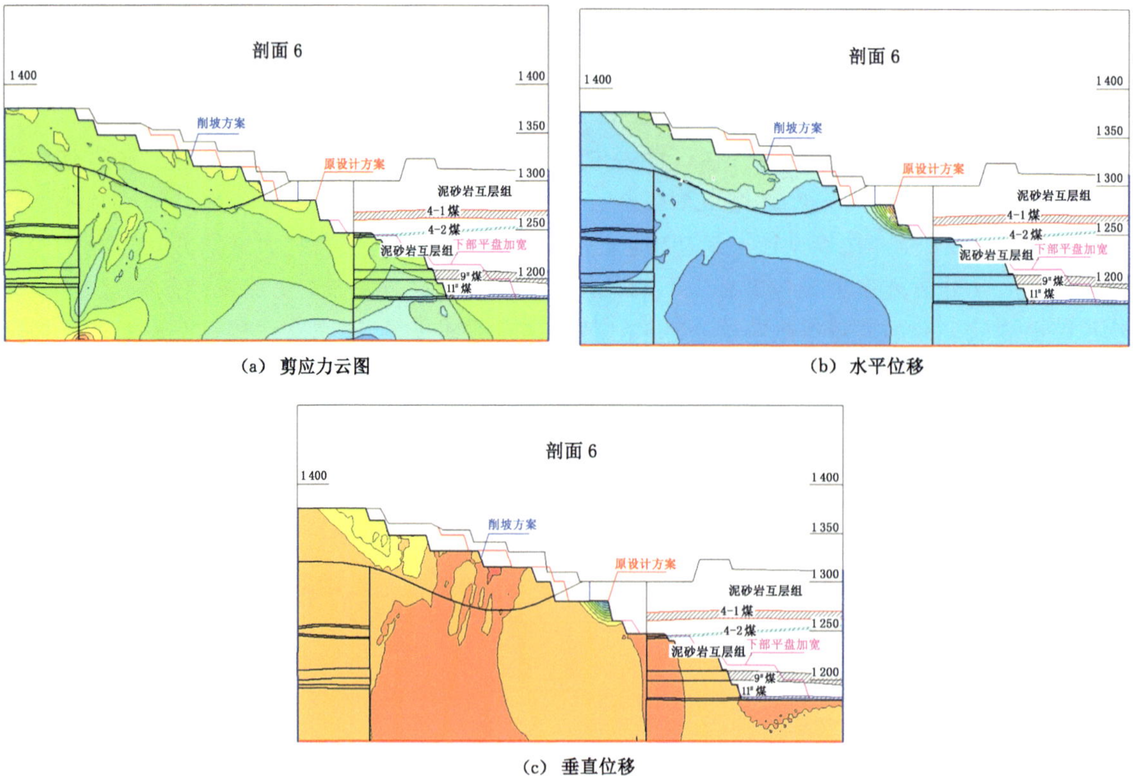

(a) 剪应力云图　(b) 水平位移　(c) 垂直位移

图 12-27　方案二提前转向并降盘方案

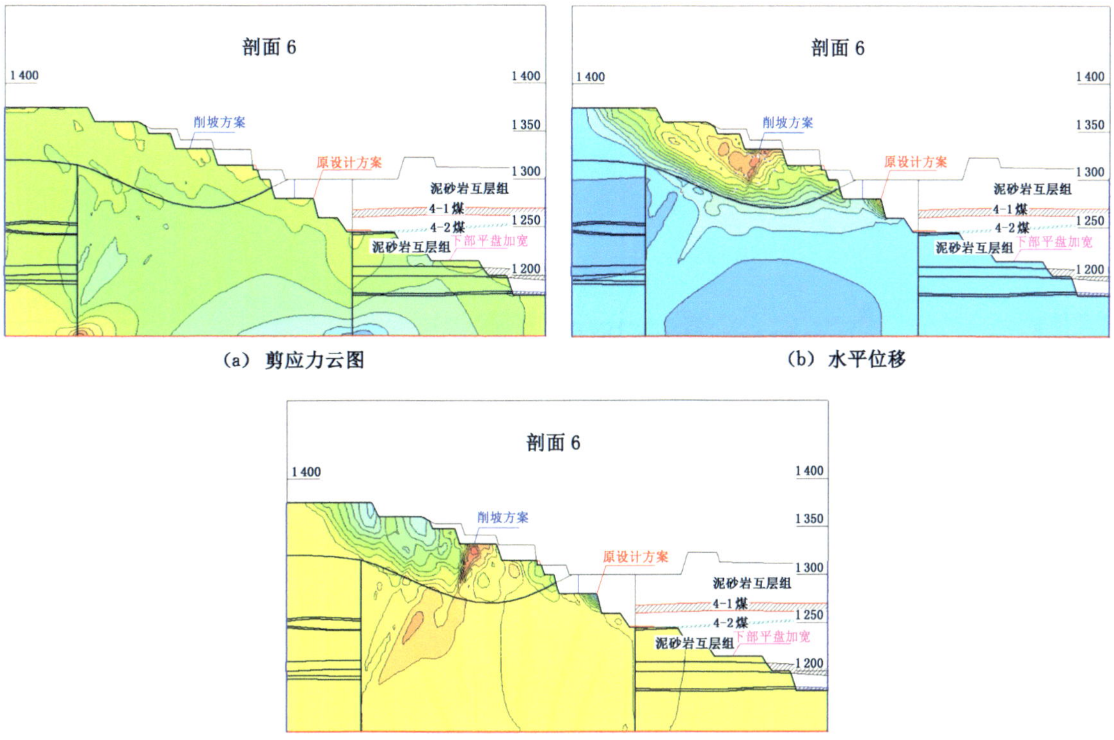

(a) 剪应力云图　　(b) 水平位移

(c) 垂直位移

图 12-28　方案三避让陷落柱方案

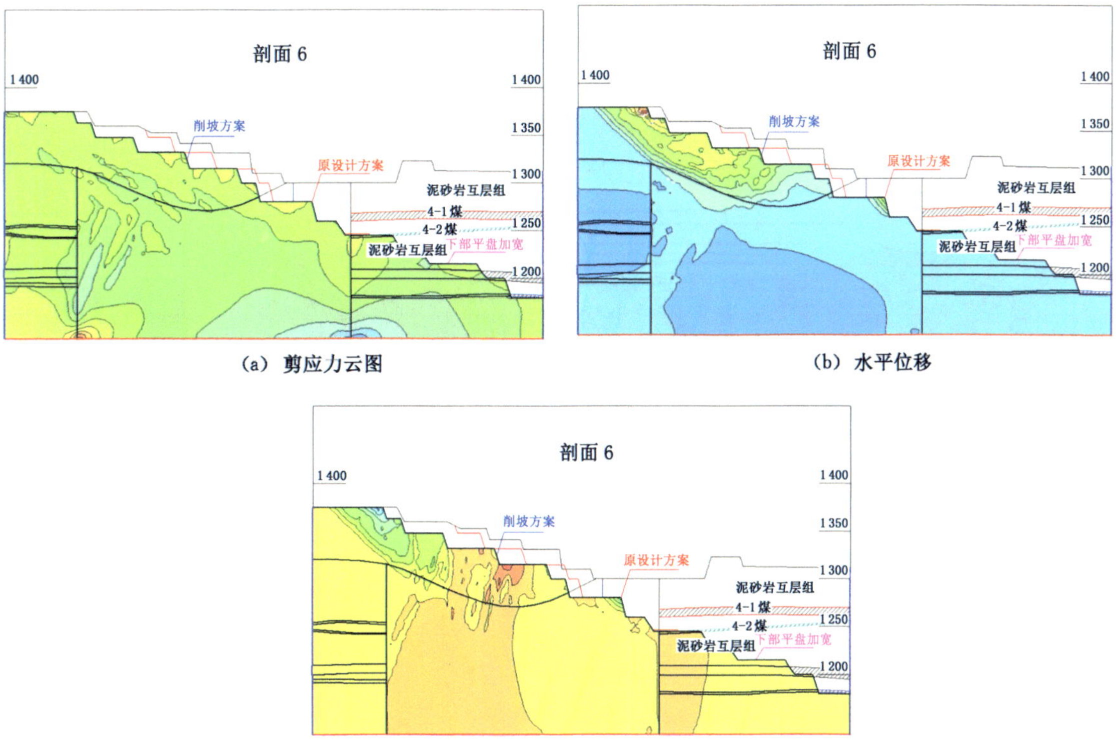

(a) 剪应力云图　　(b) 水平位移

(c) 垂直位移

图 12-29　方案四最终优化方案

在露天矿陷落柱区域，边坡在开采过程中稳定性系数变化规律与断层破碎带边坡开采过程中相同，均呈现由小逐渐增大再变小趋势。其主要原因为前期开采滑动面处于坡底，导致剪应力集中，稳定性系数较小；随着开采深度的增加，边坡应力重新调整，坡底剪应力不断发生改变，稳定性系数出现升高现象，但整体表现为随采深的增加边坡稳定性系数逐渐降低。见图 12-30 至图 12-41。

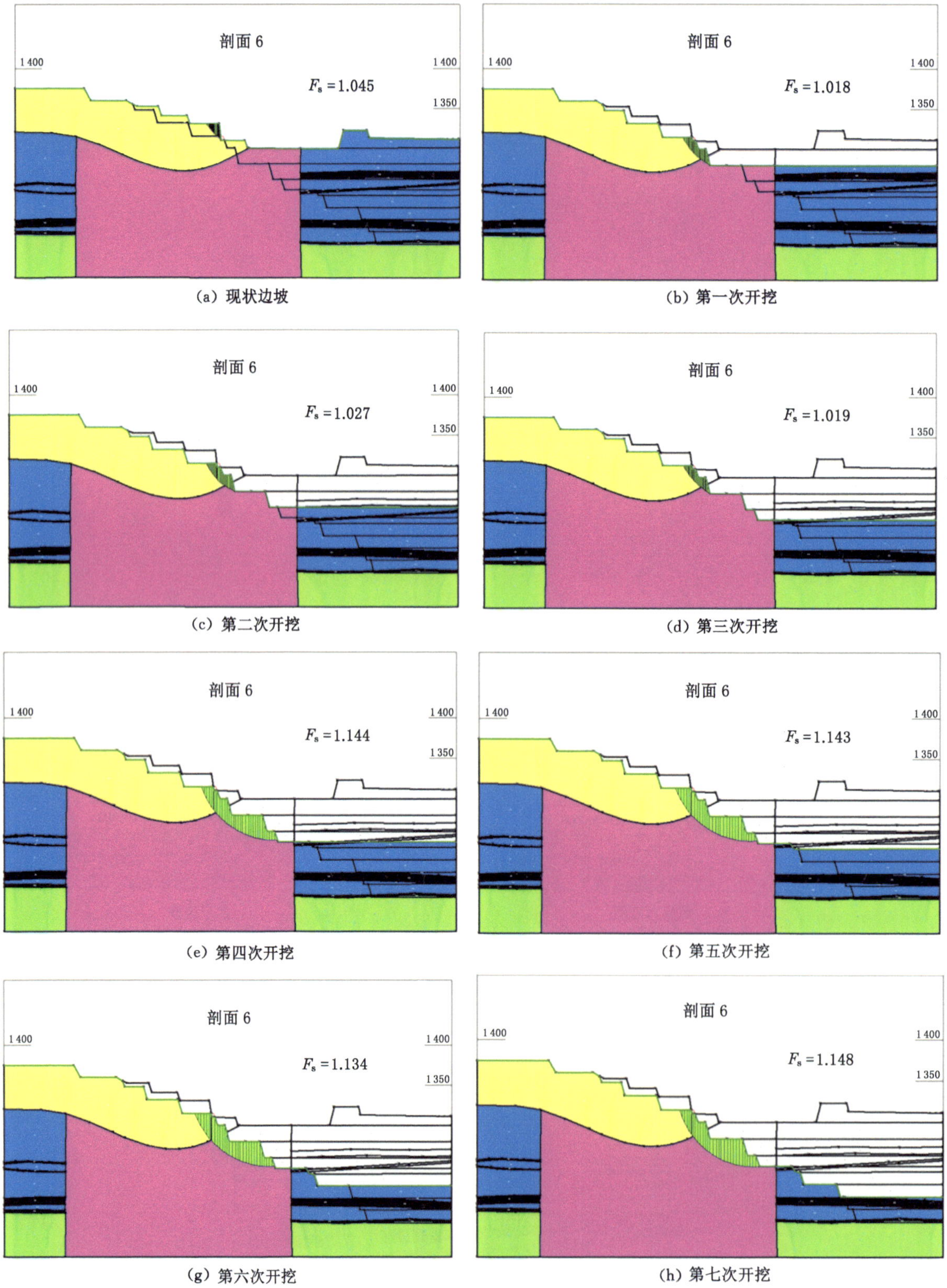

图 12-30　陷落柱区域逐步开挖边坡稳定性变化过程

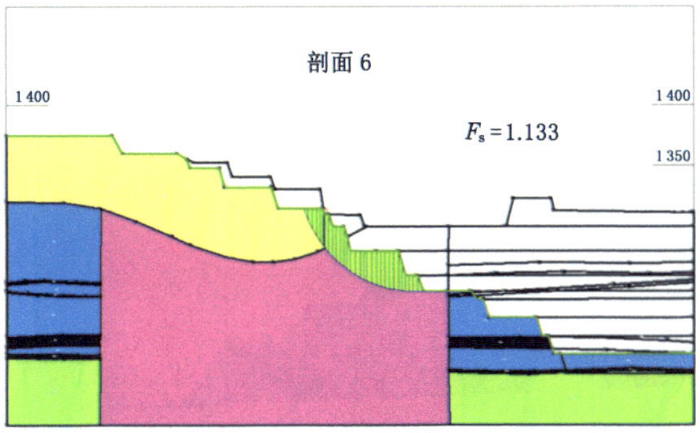

(i) 第八次开挖

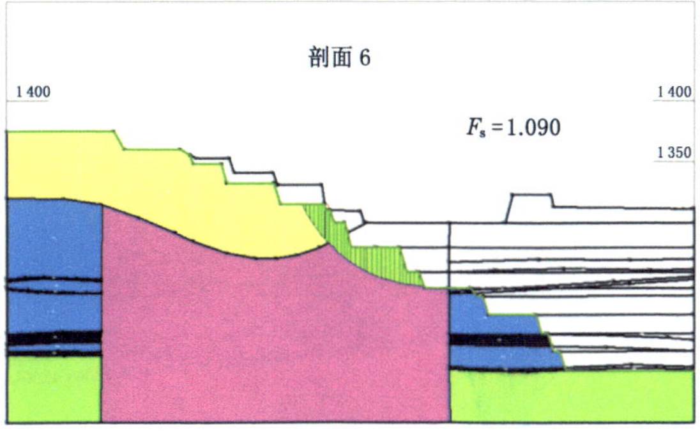

(j) 第九次开挖

图 12-30(续)

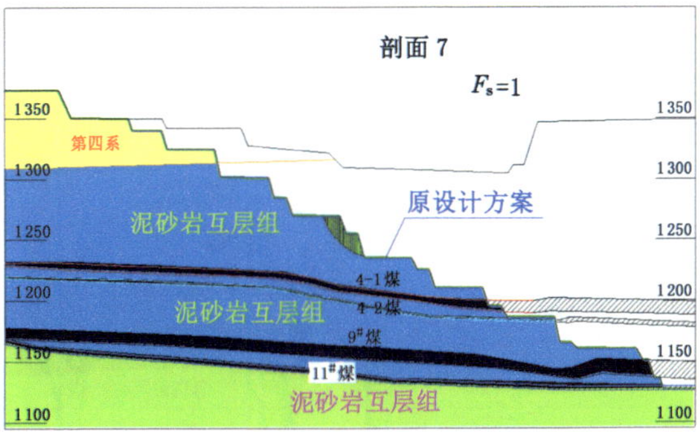

图 12-31　边坡稳定计算结果

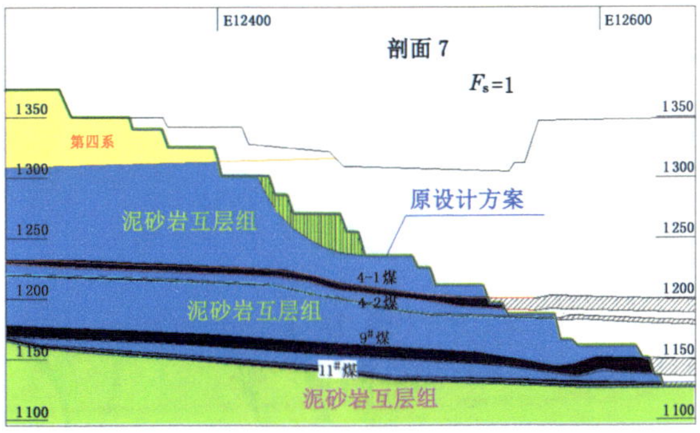

图 12-32　边坡稳定计算结果(整体滑动趋势)

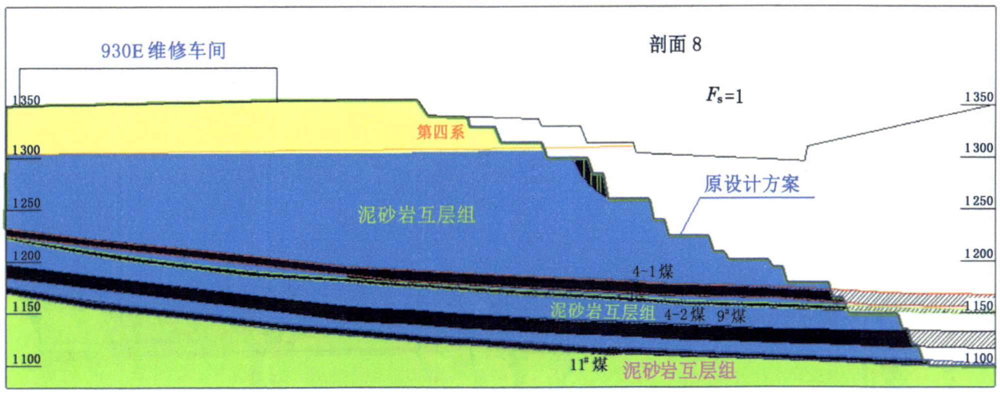

图 12-33　边坡稳定计算结果(上部滑动趋势)

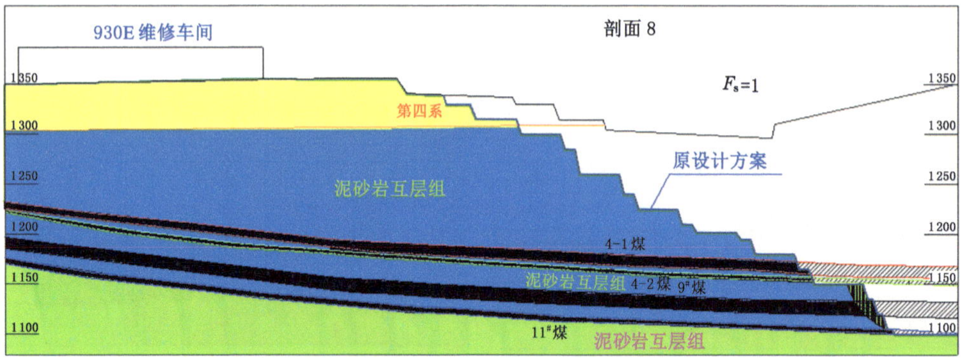

图 12-34　边坡稳定计算结果(下部滑动趋势)

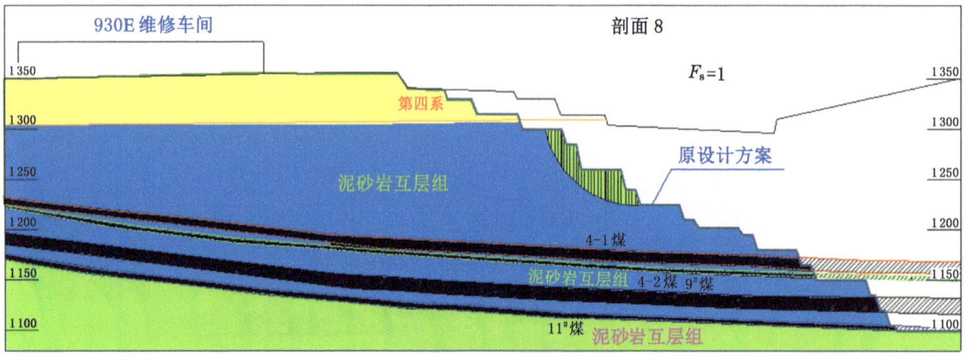

图 12-35　边坡稳定计算结果(整体滑动趋势)

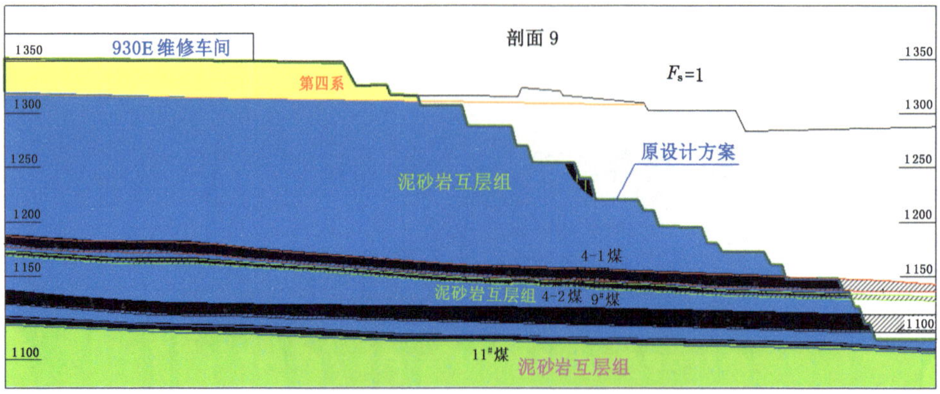

图 12-36　边坡稳定计算结果(上部滑动趋势)

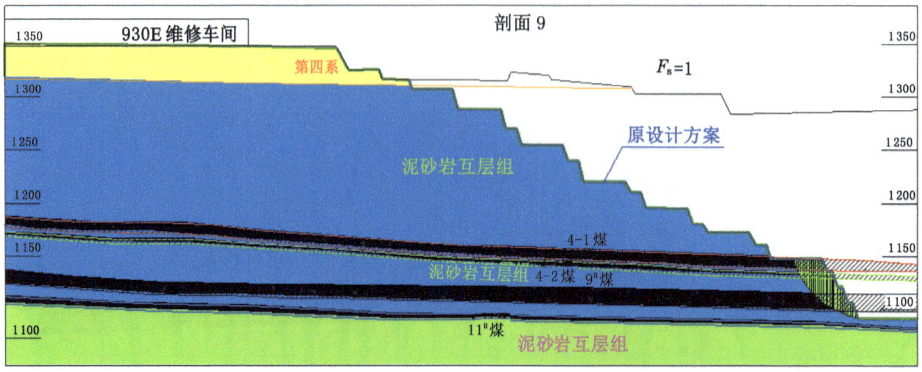

图 12-37　边坡稳定计算结果(下部滑动趋势)

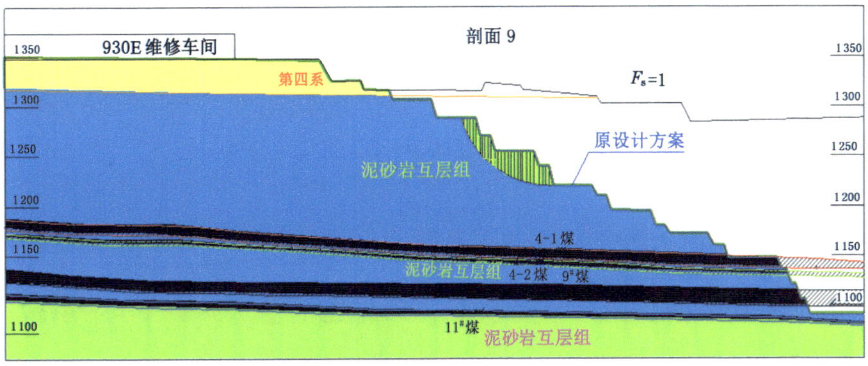

图 12-38　边坡稳定计算结果(整体滑动趋势)

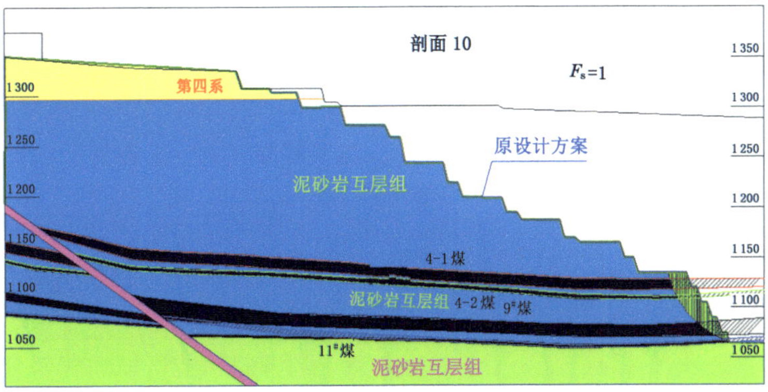

图 12-39　边坡稳定计算结果(上部滑动趋势)

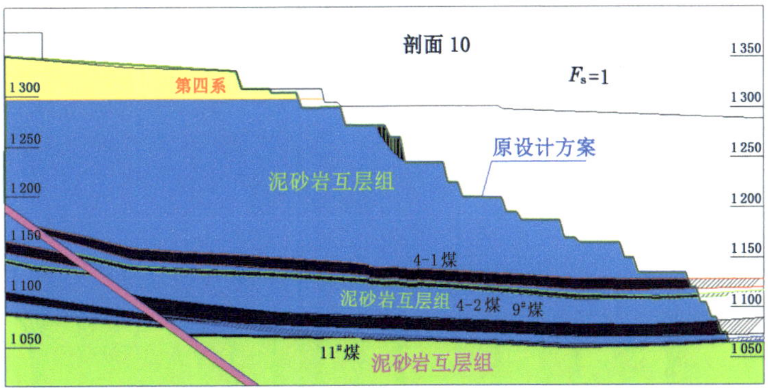

图 12-40　边坡稳定计算结果(下部滑动趋势)

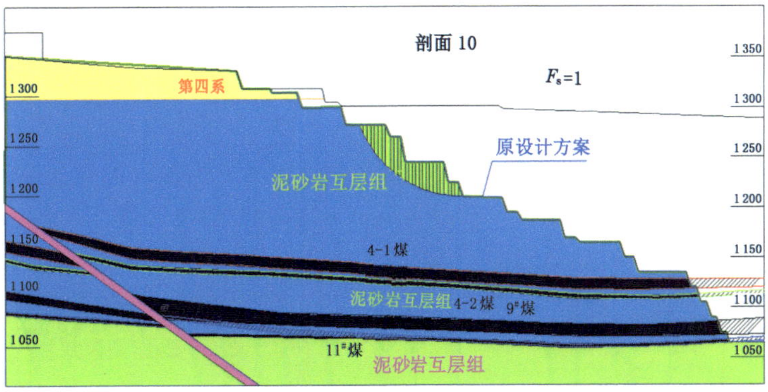

图 12-41　边坡稳定计算结果(整体滑动趋势)

12.2.4 930E 维修车间与采场安全距离研究

《煤炭工业露天矿设计规范》(GB 50197—2015)6.0.6 条要求:机修车间、选煤厂或其他重要建(构)筑物与采掘场地表境界的安全距离,应经采掘场边坡稳定验算后确定。当开采深度小于 200 m 时,安全距离不宜小于最大开采深度;当开采深度大于 200 m 时,安全距离不宜小于 200 m。因此,选取原设计方案与 930E 维修车间为研究对象。

在北帮原运输系统设计方案中,露天矿边坡距离 930E 维修车间最近为 140 m 左右。在边坡稳定性计算中,高陡边坡区域剖面 7、8、9 边坡出现单平盘或多个平盘不满足安全储备系数要求,但其滑动影响范围均在露天矿区范围内;剖面 10 所在区域,由于下部台阶过高(60～75 m),稳定性系数为1.014,边坡下部处于极限平衡状态。因此地表境界与 930E 维修车间距离能够满足安全要求,但由于剖面 10 区域在 930E 维修车间下方存在断层破碎带,破碎带处易成为爆破震动波反射面,易对建筑构成影响,因此在该区域露天矿应控制爆破。

12.3 大型陡倾基底内排土场优化设计与高边坡安全控制技术

安太堡露天煤矿位于山西省朔州市平鲁区境内,煤炭资源丰富、开采条件优越,1987 年 9 月 10 日建成投产,设计生产能力为 15 Mt/a,2018 年原煤生产能力为 15.1 Mt。岩石台阶高度为 15 m,采煤分 4# 煤、9# 煤、11# 煤 3 个台阶,台阶高度分别为 8～12 m、10～15 m 和 3～5 m,工作平盘宽度为 100 m,采掘带宽度为 40 m。剥离物初期外排,目前已经实现全部内排,内排土场最下台阶坡底线距 11# 煤台阶坡底线最小安全距离为 50～100 m,采剥工作线与排土工作线同步推进。

安太堡露天煤矿剥、采、排工程 2013 年开始进入芦子沟背斜构造区域。背斜延伸距离约 1 200 m,11# 煤层落差高达 270 m 左右,背斜区北部煤层倾角 12°、南部 18°,局部最大达 22°。安太堡露天煤矿采用单斗卡车工艺纵向开采,遭遇芦子沟背斜构造后,由于煤层底板倾角突然增大,背斜大倾角区域难以进行内排,只能通过加高内排土场和增加外排来解决内排空间严重不足的问题。自 2014 年以来,剥采工程进入背斜区,运距和高差不断增加,目前运距已达 5.14 km,运输高差在 220 m 左右。经初步预测,未来几年过背斜期间运距会达到 6.06 km,运输高差会达到 270 m 左右。煤层倾角的变大、内排土场的加高、运距和运输高差的显著增加,致使安太堡露天煤矿过背斜期间面临如下主要困难:

① 过背斜期间剥采比增大,剥离成本增加。开拓延深困难,产能接续紧张(经预测产能由 30.80 Mt/a降低到 12.00 Mt/a)。

② 内排土场建设发展十分困难,内排空间严重不足,剥离物运距和提升高度显著增加,极大地降低了设备效率和缩短了设备寿命,生产成本剧增,而且该问题已经凸显,迫切需要解决。

③ 随着剥采工程的发展,内排土场基底的倾角越来越大,且露天矿坑自北向南内排土场基底越来越陡,内排土场倾角变大对排土场边坡稳定性造成极为不利的影响,在边坡不断增高、排弃物载荷增加的情况下,同时受露天矿高强度、高频次爆破及地下水影响,可能会诱发内排土场大规模滑坡。

④ 南帮缩界排土后,将形成高度达200 m 以上的排土边坡的同时,在排土坡底需要形成高约100 m 的采场端帮边坡,此时排土场边坡和采场边坡将形成高度达 300 m 以上的土-岩复合边坡,造成很大的滑坡隐患。

上述几大问题直接导致剥、采、排工程及产能接续困难,特别是排土空间得不到充分释放和利用,严重恶化了经济效益。安太堡露天煤矿过背斜期间既然地质条件发生了大的变化,相应的开采方法、剥采排程序、开拓运输系统布置等技术方案也应在开采现状的基础上随之做优化调整,才能有效解决过背斜期间遇到的困难,扭转生产经营的被动局面,以确保矿山安全、经济、高效运行。因此,安太堡露天煤矿过背斜期间强化内排的开拓开采方法、工作线布置及发展方式、内排土场的建设及发展方式、排土场稳定性控制技术、开拓运输系统布置及衔接方式等问题是亟待解决的关键技术问题[109]。

12.3.1 过背斜区开采程序及背斜影响区的确定

如图 12-42 所示,安太堡露天煤矿开采境界范围背斜区 11# 煤层底板倾角由北向南从 11°逐渐增大为 19°，煤层底板走势为北部先变缓走平，底板标高北高南低。南部煤层底板倾角较陡必然会对内排土场的形成产生影响。由于背斜区北部内排土场底板倾角较小且先于南部变缓走平，因此内排设计可选择优先在采场北帮肘轴部背斜区进行排土，采场南部背斜区倾角较大可滞后该区域内排。内排工作线垂直或斜交背斜轴，可有效避免因 11# 煤底板倾角大导致内排土场失稳的隐患，保证排土场安全稳定，充分利用内排空间。针对安太堡露天煤矿过背斜期间北部煤层底板倾角小并先于南部煤层底板变缓走平，且在北部已形成“肘形”内排区域，在开采过程中可以考虑工作线“Z”字形布置，加快北部推进，实现最大限度释放和利用内排空间的目标。

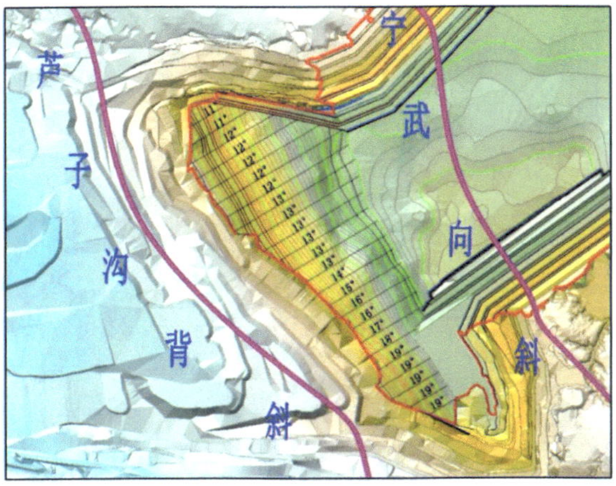

图 12-42　背斜区坡度变化示意图

12.3.2　开采现状分析及排土场规划

1. 开采现状分析

安太堡露天煤矿北端帮受林场未征地边界限制，地表向东推至马关河西岸。2018 年采场处于过背斜后期，背斜延伸距离约 1 200 m，现状已推至背斜 570 m 处，如图 12-43 所示，受芦子沟背斜影响，煤层仍未走平。坑底延深至 1 120、1 090 两个水平，矿坑剥离工作线长度为 1.3 km，采煤工作线长度为 1.2 km，剥离工作平盘宽度平均为 100 m，采煤工作平盘宽度平均为 60 m，工作帮坡角为 8.5°。北部物料主要通过工作帮折返及端帮道路到排土场，南部将形成南帮 3 号路、南帮 1 号路和并帮区 1180 干线。原煤经坑下及中部土场折返到上部，经原煤运输道路到达破碎口和 1390 煤堆。

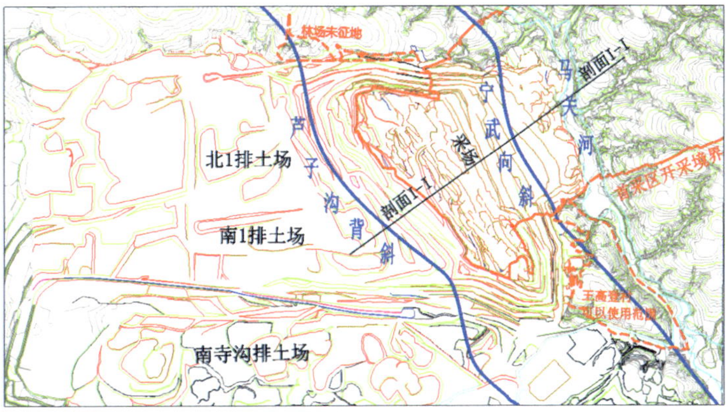

图 12-43　安太堡露天煤矿 2018 年 12 月末开采现状图

2. 现有排弃空间分析

安太堡露天煤矿目前受背斜区影响，内排土场跟进排土不具备条件。截至 2018 年 12 月末，依据各排土场设计排弃参数、排弃范围以及最终排弃水平，计算安太堡露天煤矿最大排弃空间，现有排土场最大排弃空间规划图见图 12-44，可排弃量见表 12-1。其中包括南寺沟外排土场及背斜轴西部已建内排土场。具体排土场如下。

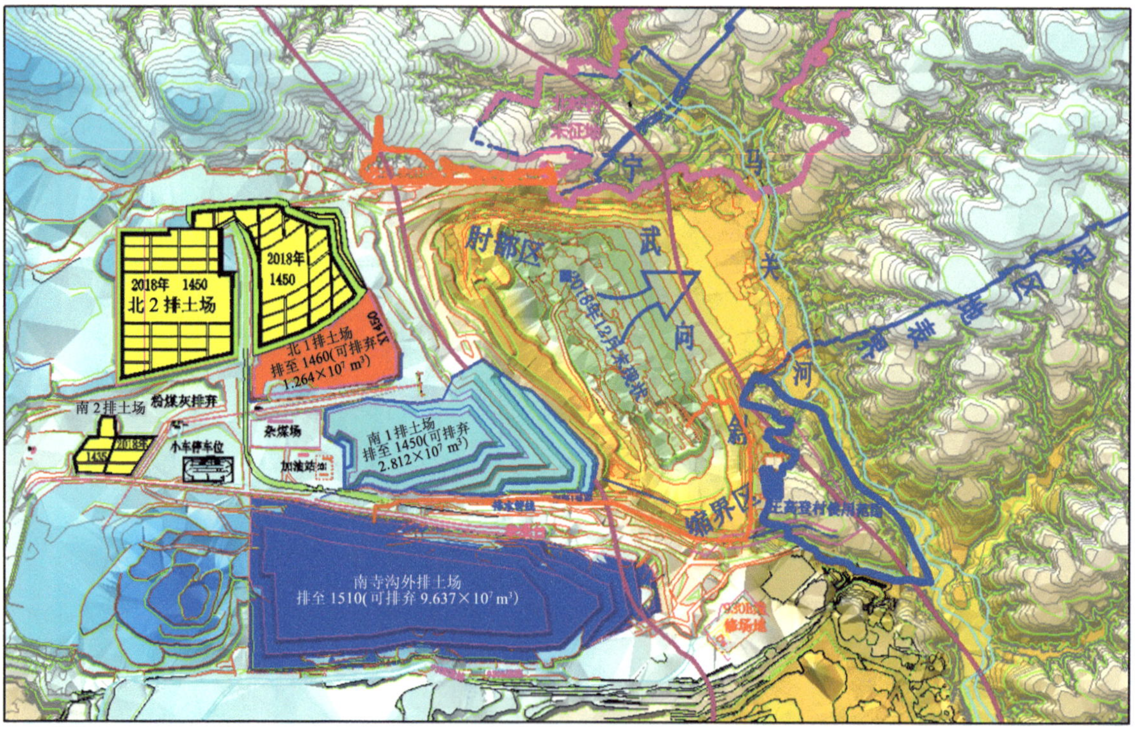

图 12-44　安太堡露天煤矿现有排土场最大排弃空间规划图

表 12-1　安太堡露天煤矿现有排土场最大排弃空间规划量

排土场名称	北 1 排土场	南 1 排土场	南寺沟外排土场
排弃空间/万 m^3	1 264	2 812	9 637
排土标高/m	1 460	1 450	1 510
总排弃空间/万 m^3	13 713		

(1) 北 1 排土场

排土界：受土地复垦的影响。

可利用截止时间：北 1 排土场以南排土区域，排土终止时间为 2019 年年末。

最终排土标高：外包排黄土 1.6×10^6 m^3，可排期标高 1 460 m。

剩余排弃容量：1.264×10^7 m^3。

(2) 北 2 排土场

2018 年年底土地复垦完毕，复垦标高为 1 450 m，2018 年之后无排弃空间。

(3) 南 1 排土场。

排土界：为杂煤场地和加油站，无排弃空间。南 1 排土场南以南帮 1 号路为界，压南帮 2 号路排弃。

可利用截止时间：排土终止时间为 2021 年年末。

最终排土标高：可排期标高 1 450 m。

剩余排弃容量：2.812×10^7 m^3。

(4) 南 2 排土场

南 2 排土场受土地复垦、粉煤灰排弃场地及小车停车位的限制，2018 年之后无排弃空间。

(5) 南寺沟外排土场

排土界：位于安太堡露天煤矿矿坑南部，井工二号矿境界范围地表，排土场南以通往参观台路为界，排土场北以安家岭露天煤矿 930E 运输路为界，排土场西以安太堡露天煤矿去往 930E 维修场路为界。

可利用截止时间：排土终止时间为 2020 年年末。

最终排土标高：可排期标高 1 510 m。

剩余排弃容量：9.637×10^{7} m^3。

(6) 背斜区排土场

排土界：排土场西以林场未征地为界。

(7) 南部缩界区排土场

排土界：排土场南以工业大道为界，东以马关河为界。

通过对安太堡露天煤矿现有排弃空间分析可知：安太堡露天煤矿现有排弃空间为 13 713 万 m^3，不能满足过背斜期间排弃空间要求，同时剥离运距和运输高差较大，生产成本较高，设备作业效率低。因此，需要对背斜区及缩界区的排弃空间进行详细分析，充分释放和利用过背斜区的排弃空间，缩短剥离运距，降低提升高程。

12.3.3　过背斜区开采程序方案

构建三维地质地形、采场、排土场模型，结合开采现状，对资源开采条件作出分析评价，进一步明确安太堡露天煤矿过背斜期间面临的实际困难和技术问题，以及剥、采、排程序和运输系统布置、边坡稳定性等在矿山工程发展过程中的时空制约关系，充分考虑已形成的现状条件、地形条件、征地条件，提出技术可行的开采方案：过背斜构造工作线伪倾斜布置局部超前降深开采方案，以下简称为北部超前开采方案。

在分析开采现状、地质、地形条件的基础上，采用采煤工作帮 Z 形布置的开采方式，见图 12-45。工作线采用“Z”形布置，“Z”形一侧为纵采帮向东推进，“Z”形另一侧为伪横采与内排土场平行布置，两侧工作线的长度、推进强度综合考虑产能、设备能力，以及充分释放和利用内排空间等因素协同优化确定。北部超前开采方案可利用北部煤层较南部先走平的地质条件，加快推进北部作业面，以充分释放并利用背斜区内排空间，重点研究工作线“Z”形布置的初始工程位置、北部超前降深推进位置、超前坑形状和参数、剥采程序、内排土场的建设及发展程序、开拓运输系统布置方案。通过研究提出过芦子沟背斜构造期间北部超前开采方案，实现充分释放和利用内排空间、缩短运距、降低提升高度、扩大产能、提高经济效益的目的，并对产能、剥采比、运距等技术经济指标作出分析评价。

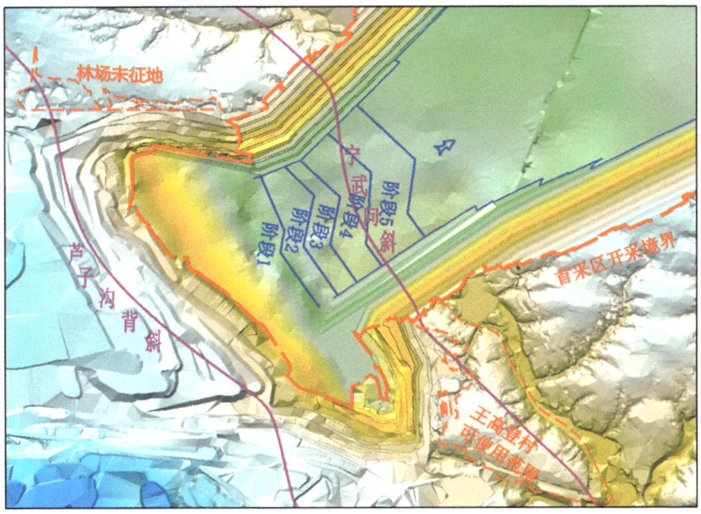

图 12-45　北部超前开采方案示意图

开采方案设计时满足马关河改河的要求，满足产能、剥采比要求，充分利用内排、外排空间并结合内排土场建设发展程序进行设计及优化。

① 针对安太堡露天煤矿过背斜期间 11# 煤底板产状特征、工程地质条件和开采现状，优化采排程序、强化内排，最大限度释放和利用内排空间，缩短剥离运距，降低剥离物提升高度，提高工艺设备效率。

② 优化背斜区 11# 煤底板处理方案和内排参数，有效控制高陡内排土场安全稳定，充分利用内排空间。

③ 根据安太堡露天煤矿过背斜不同阶段可利用的内、外排空间条件，规划排土空间利用方案、运输道路布置方案和剥离物流量流向，编制剥采排工程进度计划，确保矿山工程和产能的顺利接续，实现露天矿安全、经济、高效的生产目标。

12.3.4 北部超前开采方案背斜影响区的确定

背斜区北部排土场的建设、发展需要随采场降深，在空间条件具备时下部台阶向下“延深”并与采场台阶以一定安全距离追踪排弃，北部超前开采方案可利用北部煤层较南部先走平的地质条件，加快推进北部作业面，以充分释放并利用背斜区内排空间，在确保背斜区排土场边坡安全、稳定的前提下，优先实现背斜区北部排土，形成背斜区北部排土场。

当剥采工程位置推至刚过向斜轴到煤层水平位置时，此时若背斜区煤层底板倾角大于背斜区计划排土工作帮坡角，不满足建立排土台阶的空间条件，背斜区下部排土台阶工作线不能向南延伸至南部缩界区排土场，所以此刻剥采工程位置并没有完全过背斜。

随着剥采工程位置继续推进，煤层底板逐渐走平，当采场最下部台阶与背斜区达到一定距离以上时，背斜区排土场的建设已不受背斜区煤层底板倾角的影响，已具备建立背斜区排土台阶的空间条件。此时背斜区排土工作线可与南部缩界区排土工作线贯通，背斜区排土空间大量释放，背斜区排土场即可按常规方式建设发展，从而实现背斜区完全内排。

过背斜期间剥离、采煤、排土参数如下：剥离台阶高度为 15 m，台阶坡面角为 70°，最小工作平盘宽度为 60 m。当煤层倾斜分层、剥离水平分层时，煤层顶板以上、底板以下剥离台阶随剥离物厚度不同而变化。

根据煤层倾角、露煤方式、煤层开采方法的不同，采煤台阶高度为全煤层厚度或 15 m。煤层水平分层时，台阶坡面角为 70°，最小工作平盘宽度为 80 m；倾斜分层时，当顶板以上剥离台阶随煤层顶板起伏变化而尖灭时，采煤台阶局部平盘宽度较大。

排土台阶高度为 30 m，排土场排土台阶最小工作平盘宽度为 65～75 m，到界排土台阶平盘宽度为 55 m，台阶坡面角为 35°。

北部超前开采方案背斜影响区范围内总煤量为 7 050 万 t，剥离量为 43 452 万 m^3，平均剥采比为 6.16 m^3/t，见表 12-2。

表 12-2 北部超前开采方案背斜影响区煤岩量

煤岩属性	4# 煤	9# 煤	11# 煤
煤量/万 t	3 682	2 504	864
总煤量/万 t	7 050		
剥离量/万 m^3	43 452		
平均剥采比/(m^3/t)	6.16		

12.3.5 过背斜期间内排土场边坡变形演化机理

1. 排土场边坡稳定性影响因素分析

排土场边坡发生失稳破坏，是多种影响因素共同作用的结果，不同的影响因素引发的排土场边坡失稳破坏机理不同，不同排土场的影响环境和应力状态也是不一样的，准确掌握控制排土场稳定性的主控因素是研究排土场破坏模式和稳定控制技术的关键。影响排土场稳定性的因素主要包括排土场结构、排土工艺、降雨、排土参数、散体的物理力学性质、地震和人类活动的影响等，大体上可以归纳为自然因素和人为因素[115]。

（1）自然因素

排弃物料的物理力学性质以及排土场所处环境的动态变化是影响排土场边坡稳定的自然因素。一般情况下，自然因素对排土场边坡的影响可以归为以下几种[116]：

① 基底特征及稳定性

基底的选择很大程度上影响排土场的稳定性，基底地形、岩性特征、物理力学参数、发育程度等直接影响排土场的稳定性。基底地形是影响排土场稳定性的重要因素，基底面的倾向与排土场边坡倾向的几何关系有三种，分别为：倾向相反、倾向相同和基底面倾角大于堆排体自然安息角。排土场边坡的倾向和基底的倾向相反时，对排土场的稳定性较为有利；排土场边坡的倾向和基底的倾向相同时，对排土场的稳定性不利；如果基底面的局部倾角大于排土物料的自然安息角，堆排体便不会在基底面的陡坡上形成边坡，堆排作业面离开陡坡一定距离后，才能形成排土台阶，此时基底面对排土场稳定性的影响不大。

② 水文环境

水文环境会直接影响排土场的稳定性，如果排土场处于容易积水的低洼地带，排土场会一直受到水的浸泡、侵蚀，最终达到塑性或流体状态，此时排土场的稳定性将会受到很大的威胁。大多数排土场边坡发生变形破坏甚至滑坡几乎都与水有关系，因此，雨季和冰雪解冻期是边坡失稳灾害的高发期，为了避免灾害的发生，这一时期需要做好防范措施。水对边坡稳定性的作用主要表现在：第一，如果排土场内有较多水分，下滑力会变大，当抗滑力比下滑力小时，则发生滑坡。第二，排弃物料的力学性质与其湿度和含水率有很大的关系，研究表明，在一定范围内，松散介质的力学参数会随湿度增大而升高，当达到一定值时，如果继续增大湿度，则力学参数会急剧降低。在水的慢慢侵蚀作用下，黏聚力等力学强度会减小，最终形成滑坡。第三，水呈酸性或碱性是由水中的电解质决定的，排土场内的材料可以和水中物质发生化学反应，减小土体强度。第四，在排土场内，流动的水冲刷堆排体，使其内部形成沟壑，损坏其整体性，增大了发生灾害的概率。第五，排土场内流动的水产生动水压力，动水压力是水在流动过程中作用在岩土体上的压力，也称作渗透压力。动水压力可使滑动力增大、摩擦力减小，使岩土体抗剪强度降低，为边坡失稳创造条件。

③ 散体物理力学性质

不同比例的坚硬岩石、松软岩石和土体混合形成的排弃物料，其物理力学性质是不一样的。当边坡体上的剪应力超出载重时，发生塑性变形，这是排土场发生滑坡的原因。当排土场的抗滑力大于失稳破坏的下滑力时，排土场不容易发生失稳。所以，影响排土场边坡稳定性的一个重要因素是排土物料的力学参数。排土场内部岩土的力学性质和结构特征与排土物料的粒径级配息息相关，很大程度上影响排土场的稳定性。

④ 气候条件

气候条件对边坡稳定性的影响以降雨作用最为突出。一次大的降雨引起区域性的大规模滑坡的例子比比皆是，有些易发滑坡的地区存在大雨大滑、小雨小滑、无雨不滑的特点。具有不同水动力学特征的边坡，对降雨的敏感度有所差别。例如，裂隙充水承压型边坡，大多在降雨峰值强度出现时发生失稳破坏；而一般边坡的失稳往往滞后于降雨峰值强度期，这是因为边坡内最大水力梯度形成需要一定时间。评价降雨对边坡稳定性影响的主要指标是临界降雨强度和降雨时间，在边坡稳定性分析中考虑降雨作用时往往采用临界降雨强度作为衡量指标，有些地区也以某一时段的降雨量作为滑坡发生的临界值。

（2）人为因素

人为因素主要包括排土场建设、运营以及管理中出现的对排土场稳定性产生影响的因素，还包括露天矿爆破、人工开挖等[117]。

① 排土场几何参数

在排土场设计过程中，主要考虑排土总高度和边坡角问题。一般认为堆排高度越大，边坡稳定性越低；边坡角对排土场的稳定性影响比较明显，如果边坡角大于堆排体的自然安息角，排土台阶难以保持稳定形态，则会影响边坡整体的稳定性。

② 堆排方式

排土场的堆排方式有很多种，包括压坡脚式多台阶排土、全覆盖式多台阶排土和单台阶排土等方式，不同的堆排方式对稳定性的影响是不同的，通常认为多台阶排土的稳定性优于单台阶排土。

③ 震动作用

震动作用包括地震和人工爆破。它对边坡稳定性的影响表现在累积和触发两个方面的效应。地震或爆破在边坡中引起的附加应力的大小通常以边坡变形体的重力和震动系数的乘积表示。在边坡稳定性分析中，震动附加力常考虑为水平指向坡外的力，实际上应以垂直方向和水平方向震动力的合力作为计算依据。研究表明，变形体只有沿滑移面累积位移超过滑移面起伏波长的 1/4 时边坡才有可能失稳。总位移的大小不仅与震动强度有关，也与经历的震动次数有关，频繁的小震对边坡的累积性破坏起十分重要的作用，其累积效应使影响范围内的岩体松动、结构面强度降低。震动引起的触发效应有多种表现形式。高陡的陡倾层状边坡，震动可促使陡倾结构面扩展，并引发结构面中孔隙水压力激增而导致其变形与破坏。安太堡露天煤矿内排土场长期处于爆破震动的环境中，震动对排土场稳定性的影响不容忽视。

④ 人工开挖

人工开挖包括坡面、基坑和地下开挖，相对自然营力来说，其对边坡的改造作用要快得多，是影响边坡稳定的重要因素。人工开挖由于在极短的时间内改变了边坡的地形特征和平衡条件，如处理不当，往往容易引发滑坡。如近些年来在我国高速公路建设中发生的大量滑坡，很多都与路基施工时边坡的切脚有关。

分析认为，正常情况下影响安太堡露天煤矿背斜影响区内排土场边坡稳定的主要因素为顺倾基底和露天矿爆破震动。

2. 排土场基底承载力分析

排土场边坡工程是采矿剥离的土岩堆积形成的人工边坡，其基底承载力是排土场各项排土参数设计的基础[118]。

(1) 考虑基底表土层厚度的排土场极限堆高方法

排土场底部废石与基底表土间接触是不连续的，离散呈蜂窝状，刚性与塑性体间嵌合式接触。这种接触是由废石排放逐步形成的。随着排土场加高及载荷增加，在较低承载力下基底表土发生冲剪破坏。冲剪破坏并不影响土场废石骨架承受土场散体载荷的总格局，也不会导致土场滑坡与失稳。冲剪破坏时表土强度指标 C^* 和 φ^* 与整体剪切破坏时的相应强度指标 C 和 φ 的关系如下式。

$$C^* = 0.67C \tag{12-7}$$

$$\varphi^* = \arctan(0.67\tan\varphi) \tag{12-8}$$

冲剪破坏导致表土挤入废石间隙的量主要取决于废石体孔隙比 e 或孔隙率 n。

表土层底鼓临界厚度 h_m 可写成：

$$h_m = \frac{2C\cot\beta}{\gamma} \tag{12-9}$$

式中 C——表土层黏聚力；

γ——土场散体重度；

β——总体边坡角。

当 $h < h_0 < h_m$ 时，排土场堆高取决于表土下伏基岩强度与变形。基岩承载能力可取单轴抗压强度的 1/3，而变形形态取决于变形模量与载荷分布形式。

当 $h<h_0<h_m$ 时，此时排土场堆高可按下式确定。

$$\Delta h=\alpha hH\gamma/(1+e) \tag{12-10}$$

式中　α——基底表土压缩系数，$\alpha=\dfrac{3(1-2\mu)}{E}$；

e——孔隙比；

H——排土场堆高；

γ——排土场散体重度；

Δh——基底表土层压缩变形；

h——基底表土层厚度，当相对变形 $\Delta h/h$ 达 15%～20%时，表土层破坏，并以此来确定排土场堆高 H。

在排土场堆载作用下，由基底表土层内摩擦角 φ 和黏聚力 C 等可导出极限承载力 P_0，见下式。

$$P_0=H\gamma=\frac{10.2\pi C\tan\varphi}{\cot\varphi+\dfrac{\pi\varphi}{180}-\dfrac{\pi}{2}} \tag{12-11}$$

(2) 安太堡露天煤矿内排土场基底承载力计算

通过现场试验及室内试验得到排土物料及基底力学参数，见表 12-3 和表 12-4；排土场堆积物料散体重度 $\gamma=19.1\ \text{kN/m}^3$，底部废石平均粒径 $d_m=790$ mm，相应孔隙比 $e=0.61$。基底为 11[#] 煤层底板，浅部为泥砂岩互层，深部为石灰岩。煤层底板下部泥砂岩互层总厚度较大，抗剪强度较低，对排土场稳定性不利；煤层底板 23.2 m 以下为坚硬的石灰岩层，抗剪强度较大，为内排土场下部较为稳固的岩层。泥砂岩互层重度 $\gamma=24.6\ \text{kN/m}^3$，单轴抗压强度 $\sigma_c=16.27$ MPa，$C=1.05$ MPa，$\varphi=28.6°$；石灰岩层重度 $\gamma=25.2\ \text{kN/m}^3$，单轴抗压强度 $\sigma_c=54.31$ MPa，$C=3.83$ MPa，$\varphi=35.3°$。

表 12-3　内排物料土工试验结果

岩性	平均密度 ρ /(g/cm³)	含水率 w/%	干密度 ρ_d /(g/cm³)	孔隙比 e	孔隙率 n /%	饱和度 S_r/%	饱和含水率 W_{max}/%	渗透系数 /(m/s)	直剪强度		备注
									C/kPa	φ/(°)	
排弃物料	1.91	18.75	1.64	0.61	37.89	70.44	23.17	1.07×10^{-4}	19.67	29.75	

表 12-4　内排土场基底岩石物理力学性质测试结果

岩性	密度 ρ /(g/cm³)	黏聚力 C /MPa	内摩擦角 φ/(°)	弹性模量 E/GPa	泊松比 ν	单轴抗压强度 /MPa	抗拉强度 /MPa
泥砂岩互层	2.46	1.05	28.6	17.71	0.29	16.27	0.05
石灰岩	2.52	3.83	35.3	7.54	0.35	54.31	3.21

泥砂岩互层作为排土场基岩，其承载能力可取单轴抗压强度的 1/3，即 5 423.33 kPa，依据上述公式推算可堆置高度为 283.9 m。

3. 背斜区内排土场边坡变形破坏模式

根据计算结果，过背斜期间内排土场建设是个循序加载过程，在排土场建设过程中，边坡系统应力场和位移场动态调整。根据背斜区地质条件及岩层赋存特点，应力集中区和位移塑性区主要有 2 个，即排弃物料内部和 11[#] 煤层底板。因背斜区排土场最大特点是大角度倾斜基底排弃，排弃物料与基底岩层(11[#] 煤层底板)的力学指标差异所衍生的刚体触发型顺滑现象控制着内排期间排土场边坡的安全；因排土场总体边坡角比较缓(17°)，发生在排弃物料内部的滑动可通过简单调整平盘宽度和台阶角度等措施加以解决；而基底型和地基型滑坡的危害最大，须对基底进行抑滑、止滑处理。本研究将内排土场潜在滑坡模式分为三种:排弃物料型滑动、基底型滑动和地基型滑动。

(1) 排弃物料型滑动

排弃物料型滑动是指滑坡集中发生在排弃物料内部。在排土段高度达到一定数值后,外载荷作用诱使排弃物压密,变形增大;达极限平衡后,排土场后部区在自重载荷下先期压实沉陷而形成的主动楔形区,在其他外力或降雨等因素的诱发下,下部阻挡被动楔体难以支撑,从而滑坡。

(2) 基底型滑动

基底型滑动是指沿排土场堆置的基底表面产生滑坡。这类滑坡的主要控制因素是基底表面赋存形态及与排弃物料之间的强度差异,一般可通过调整排弃方式增强基底表面与排弃物料之间的摩擦力来排除这类滑坡,如基底爆破处理等。通过模拟可知,爆破基底可以有效减缓翼部排土场的位移,采用爆破处理基底后,在模拟相同排弃物料时翼部区域未形成变形破坏区域。

(3) 地基型滑动

地基型滑动是指排土场之下的地基因水、过载(或边坡过陡)等因素导致的滑坡。其特点是基底破坏,滑动面切入排土场地基内产生滑坡。

12.3.6 安太堡露天煤矿背斜现状与排土参数敏感度稳定性分析汇总

① 在背斜区选取 5 个剖面,针对现状边坡进行了稳定性计算。现状边坡的排弃位置处于基底岩层下倾的起始位置,坡脚抗滑段无阻挡结构,应力集中区出现在坡脚区域;考虑沿 11# 煤底板的基底型滑动模式时,边坡稳定性均不满足安全储备要求,排弃物料型滑动模式下的边坡稳定性满足安全储备要求。内排土场现状边坡变形破坏主要受控于 11# 煤底板在煤炭采出后形成的弱面结构,潜在滑动模式为基底型滑动。

② 在背斜区选取剖面 3 和剖面 4,研究背斜区域排弃标高和排弃角度与边坡稳定性的关系。分析不同帮坡角(16°、18°、20°)的情况及从 1 300 水平增高至 1 390 水平时边坡的稳定性。结果表明,当采用基底爆破处理方案时,同时满足 1.3 的安全储备系数,剖面 3 区域边坡有一定的增高扩容可能性,帮坡角可提高至 20°,增高至 1 390 水平。剖面 4 区域因基底倾角大,采用爆破处理基底后,排土边坡可增高至 1 390 水平,但帮坡角须控制在 16°。

参考文献

[1]《山西煤炭工业志》编纂委员会.山西煤炭工业志(1978—2010)[M].北京:煤炭工业出版社,2015.

[2]《山西煤炭工业志》编纂委员会.中国煤炭工业志 省级志系列 山西煤炭工业志[M].北京:煤炭工业出版社,2015.

[3] 赵超.近代山西煤炭产业研究[M].北京:中国社会科学出版社,2018.

[4] 丁钟晓.山西煤炭简史[M].北京:煤炭工业出版社,2011.

[5] 山西省煤炭工业协会.山西煤炭工业 70 年巨变[M].太原:山西人民出版社,2019.

[6] 韩东娥.山西煤炭产业政策研究[M].太原:山西人民出版社,2018.

[7] 胡千庭,吴江杰,李全贵,等.山西煤矿近 20 年瓦斯事故统计及致因分析[C]//中国职业安全健康协会 2020 年学术年会(科技奖颁奖大会)暨黄金行业职业安全健康管理现场会会议手册,2020.

[8] 阴晶辉.山西省煤矿安全生产政府监管问题研究[D].呼和浩特:内蒙古师范大学,2017.

[9] 邢媛媛,李影,李冰.2001 年～2016 年山西煤矿重特大事故统计分析[J].煤炭技术,2018,37(11):376-378.

[10] 李波,巨广刚,王珂,等.2005—2014 年我国煤矿灾害事故特征及规律研究[J].矿业安全与环保,2016,43(3):111-114.

[11] 雷毅.中国煤矿灾害防治区域战略初探[J].煤矿安全,2012,43(6):183-186.

[12] 山西省煤炭地质局.山西省煤炭资源潜力评价[M].北京:煤炭工业出版社,2017.

[13] 山西省煤炭地质局.山西煤质特征及煤的工业利用[M].北京:煤炭工业出版社,2014.

[14] 倪倩.山西煤田构造及控煤构造特征[J].西部探矿工程,2015,27(9):113-116.

[15] 张涛.山西煤田地质分析与对策[J].神州,2012(29):59.

[16] 刘万铣,万振声,刘吉昌.山西煤田开采[M].太原:山西科学教育出版社,1987.

[17] 郭建行.上保护层开采底板卸压规律及瓦斯治理技术[J].煤炭工程,2022,54(10):80-85.

[18] 黄兴.近距离煤层群保护层开采底板卸压及效果考察[J].中国矿山工程,2022,51(4):45-50.

[19] 崔振.突出煤层条带瓦斯定向钻孔预抽技术研究[J].机械管理开发,2022,37(10):148-150.

[20] 田燚,舒仕海,王维建,等.下保护层开采扰动断层区覆岩应力及滑移变形规律研究[J].采矿技术,2022,22(4):84-87.

[21] 彭志昊,朱杰.高瓦斯矿井火灾致因分析与评价[J].现代矿业,2020,36(9):212-214.

[22] 侯欣然,乔建,王福生.煤炭自燃机理的研究进展[J].煤炭与化工,2018,41(6):104-107.

[23] 位爱竹.煤炭自燃自由基反应机理的实验研究[D].徐州:中国矿业大学,2008.

[24] 石婷.醛醇催化缩合和煤自燃初期的反应机理研究以及某些酰腙类铜配合物的电子结构计算[D].西安:西北大学,2007.

[25] 王丽敏.煤氧化自燃过程吸附氧气机理研究[D].阜新:辽宁工程技术大学,2007.

[26] 龚幸,章卫星.浅谈煤自燃过程的原理与预防措施[J].化肥设计,2017,55(6):16-19.

[27] 王学哲.松软低透气性煤层煤层气抽采技术研究[J].中国石油和化工标准与质量,2022,42(15):148-150.

[28] 陈彝龙,黄文军.松软煤层抽采钻孔护孔技术探讨[J].江西煤炭科技,2015(4):112-114.

[29] 曹丁涛,李文平.煤矿导水裂隙带高度计算方法研究[J].中国地质灾害与防治学报,2014,25(1):63-69.

[30] 甘林堂.地面钻井抽采被保护层采动区卸压瓦斯技术及展望[C]//第四届煤炭科技创新高峰论坛：煤矿安全与应急管理论文集,2018.
[31] 潘凤龙.穿层钻孔预抽瓦斯区域消突效果分析[J].同煤科技,2019(3):44-46.
[32] 陈小强.顺层钻孔预抽区段煤层瓦斯区域防突措施在煤矿中的应用[J].石化技术,2020,27(5):245-246.
[33] 许超,李泉新,刘建林,等.煤矿瓦斯抽采定向长钻孔高效成孔工艺研究[C]//2011年中国矿业科技大会论文集,2011.
[34] 贾进章,吴禹默,李斌,等.低渗透煤层合增透技术应用[J].辽宁工程技术大学学报(自然科学版),2020,39(3):208-213.
[35] 刘杰.低透气性煤层水力化增透抽采技术研究:本煤层中压注水技术研究与应用[J].低碳世界,2017(27):43-45.
[36] 曹运兴,田林,傅国廷,等.低渗透煤层气相压裂均化瓦斯涌出快速掘进技术研究[C]//煤层气勘探开发技术新进展:2018年全国煤层气学术研讨会论文集,2018.
[37] 刘五车,李贺,鲁义,等.低透煤层化学改性增透技术研究现状及展望[J].能源与环保,2022,44(1):207-214.
[38] 闫发志.基于电破碎效应的脉冲致裂煤体增渗实验研究[D].徐州:中国矿业大学,2017.
[39] 董全.大功率超声波增透技术对低渗透性煤层增透效果试验研究[J].煤炭技术,2022,41(2):153-156.
[40] 高廷瑞.在工作面上隅角瓦斯治理中均压系统的建立[J].采矿技术,2018,18(5):51-53.
[41] 陈学习,金文广,毕瑞卿,等.气动风机配合涡流区置换治理上隅角瓦斯技术[J].辽宁工程技术大学学报(自然科学版),2014,33(12):1590-1593.
[42] 何磊,杨胜强,孙祺,等.Y型通风下采空区瓦斯运移规律及治理研究[J].中国安全生产科学技术,2011,7(2):50-54.
[43] 赵会波.顶板走向高位钻孔在综放面上隅角瓦斯治理中应用[J].煤炭工程,2018,50(12):69-72.
[44] 李德参,何有巨.高抽巷和斜切钻孔联合抽采上隅角瓦斯技术[J].煤炭科学技术,2018,46(增刊2):122-125.
[45] 周爱桃,李志磊,杜锋,等.采空区埋管抽采治理上隅角瓦斯技术研究[J].煤炭技术,2015,34(2):114-116.
[46] 凌志迁,杨百顺,吴强,等.高位钻孔技术在治理对拉工作面上隅角瓦斯中的应用[J].工业安全与环保,2015,41(11):54-56.
[47] 叶根飞.大直径钻孔替代顺槽横贯成孔工艺的初探[J].煤田地质与勘探,2004,32(增刊1):172-175.
[48] 谢生荣,何富连,张守宝,等.尾巷超大直径管路横接采空区密闭抽采技术[J].煤炭学报,2012,37(10):1688-1692.
[49] 高宏,杨宏伟.超大直径钻孔采空区瓦斯抽采技术研究[J].煤炭科学技术,2019,47(2):77-81.
[50] 王鲜,许超,王四一,等.本煤层Φ650 mm大直径钻孔技术与装备[J].金属矿山,2017(8):157-160.
[51] 阴永生.马兰矿临近巷道大直径钻孔埋管抽采技术研究[J].山西焦煤科技,2017,41(8):144-147.
[52] 陈殿赋,杨晓东,师泽敏,等.煤矿井下大直径水平钻孔替代瓦斯抽采联巷新工艺[J].煤矿安全,2015,46(3):122-125.
[53] 王海东,王哲.近距煤层群高瓦斯矿井采空区大直径钻孔抽采瓦斯技术研究[J].煤炭技术,2018,37(5):149-151.
[54] 汪开旺.超大直径钻孔治理上隅角瓦斯工艺研究[J].矿业安全与环保,2020,47(2):90-93.
[55] 孙月明,汪开旺.超大直径钻孔治理上隅角瓦斯技术应用研究[J].煤炭技术,2021,40(1):90-93.
[56] 贝尔.多孔介质流体动力学[M].李竞生,陈崇希,译.北京:中国建筑工业出版社,1983.

[57] 秦玉金，苏伟伟，姜文忠，等.我国矿井瓦斯涌出量预测技术研究进展及发展方向[J].煤矿安全，2020，51(10)：52-59.

[58] 左建平，孙运江，文金浩，等.岩层移动理论与力学模型及其展望[J].煤炭科学技术，2018，46(1)：1-11，87.

[59] 苏楠，王栋栋，梁海汀，等.定向钻孔“以孔代巷”技术抽采裂隙卸压瓦斯研究与应用[J].内蒙古煤炭经济，2022(15)：29-31.

[60] 赵军.大同双系开采强矿压显现机理及控制技术探讨[J].同煤科技，2019(1)：1-7.

[61] 于斌.大同矿区特厚煤层综放开采强矿压显现机理及顶板控制研究[D].徐州：中国矿业大学，2021.

[62] 李兴.大同矿区现采侏罗系煤层瓦斯治理初探[J].山西煤炭，2008，28(4)：42-43，51.

[63] 钱鸣高，张顶立，黎良杰，等.砌体梁的“S—R”稳定及其应用[J].矿山压力与顶板管理，1994(3)：6-10.

[64] 柏建彪，侯朝炯，黄汉富.沿空掘巷窄煤柱稳定性数值模拟研究[J].岩石力学与工程学报，2004，23(20)：3475-3479.

[65] 张宝安，黄明利，梁宏友.窄煤柱护巷机理的数值模拟分析[J].辽宁工程技术大学学报(自然科学版)，2003，22(增刊)：91-92.

[66] 王卫军，侯朝炯，李学华.老顶给定变形下综放沿空掘巷合理定位分析[J].湘潭矿业学院学报，2001(2)：1-4.

[67] 李杰.特厚煤层综放工作面地面钻孔抽采治理瓦斯技术[J].煤炭科学技术，2019，47(3)：150-155.

[68] 郭明杰，郭文兵，袁瑞甫，等.基于采动裂隙区域分布特征的定向钻孔空间位置研究[J].采矿与安全工程学报，2022，39(4)：817-826.

[69] 钱鸣高，缪协兴，许家林.岩层控制中的关键层理论研究[J].煤炭学报，1996，21(3)：225-230.

[70] 许家林，钱鸣高，金宏伟.岩层移动离层演化规律及其应用研究[J].岩土工程学报，2004，26(5)：632-636.

[71] 张杰，杨相海.采场覆岩的流固耦合损伤分析[J].西安科技大学学报，2010，30(2)：141-144.

[72] 李树刚，钱鸣高，石平五.煤层采动后甲烷运移与聚集形态分析[J].煤田地质与勘探，2000，28(5)：31-33.

[73] 王庆全.大同侏罗系煤层古火区地质特征[J].煤田地质与勘探，1982(6)：25-30.

[74] 张恒源，朱旭东，郎学聪，等.山西低阶煤分布特征分析和开发利用前景[J].矿产勘查，2020，11(11)：2440-2447.

[75] 梁胜男.大同矿区煤中有益微量元素的分布赋存和富集特征[D].徐州：中国矿业大学，2020.

[76] 任晓旭.砂质辫状河构型界面附近岩性和物性分布模式研究[D].北京：中国石油大学(北京)，2020.

[77] 庞叶青，史波波，张奇，等.大同矿区侏罗系/石炭系双系煤的热重性能研究[J].中国煤炭，2019，45(11)：107-111.

[78] 任晓旭，侯加根，刘钰铭，等.砂质辫状河不同级次构型表征及其界面控制下的岩性分布模式：以山西大同盆地侏罗系辫状河露头为例[J].石油科学通报，2018，3(3)：245-261.

[79] 尹伟强.宁武煤田潞宁井田侏罗系大同组煤层稳定性评价及煤厚控制因素探讨[J].山西大同大学学报(自然科学版)，2017，33(2)：62-64，88.

[80] 张明媚，薛永安，李军，等.基于 3S 的大同侏罗系采煤区地质灾害空间特征分析[J].煤矿安全，2017，48(2)：185-187，191.

[81] 刘东娜.大同双纪含煤盆地煤变质作用与沉积—构造岩浆活动的耦合关系[D].太原：太原理工大学，2015.

[82] 李大庆.大同煤田侏罗系使用支架在石炭系应用的分析研究[J].科技创新与应用，2015(28)：126.

[83] 于斌.大同矿区侏罗系煤层群开采冲击地压防治技术[J].煤炭科学技术，2013，41(9)：62-65.

[84] 杨丽莎，陈彬滔，李顺利，等.基于成因类型的砂质辫状河泥岩分布模式：以山西大同侏罗系砂质辫

状河露头为例[J].天然气地球科学,2013,24(1):93-98.

[85] XIA H C,GAO G S,YU B.Research on the overlying strata in full-mechanized coal mining of Datong jurassic coal multi-layer goaf[J]. Advanced materials research, 2012, 616/617/618: 402-405.

[86] 李溪枝.大同矿区侏罗系瓦斯治理研究[J].中小企业管理与科技,2010(1):141-142.

[87] 全春阳,高卫国.大同矿区资源整合矿井综合防灭火技术研究[J].中国煤炭,2014(4):110-113,134.

[88] 刘文轩.大同侏罗系煤和石炭二叠系煤配煤入选的探讨[J].煤炭工程,2006,38(6):97-100.

[89] 朱斌.特厚煤层综放工作面防灭火技术探讨[J].能源与节能,2014(5):174-176.

[90] 郭鹏,张玉年,李一波.侏罗系大同组煤层在国际煤分类中的位置[J].江苏煤炭,2002(3):12-13.

[91] 洪雷,高宇平,刘胜.大同侏罗纪煤田地质构造探测技术与方法的应用[C]//中国煤炭学会矿井地质专业委员会 2001 年学术年会论文集,2001.

[92] 梁春.大同矿务局防灭火技术的回顾与展望[J].煤炭工程师,1996(3):31-33.

[93] 李志中,赵长英.大同侏罗系煤盆地遥感解译断层的氡气测量验证研究[J].同煤科技,1994(3):22-26,21.

[94] 陈庸勋,戴东林.山西省大同地区侏罗系的沉积相[J].地质学报,1962(3):321-336,354.

[95] 刘宜平,张朝举,赵文斌,等.复杂地质条件下强突煤层工作面瓦斯综合治理技术研究[J].能源技术与管理,2021,46(2):48-51.

[96] 罗科,李天翔,吕贵龙,等.河曲露天煤矿西端帮边坡稳定性研究[J].露天采矿技术,2022,37(5):28-31.

[97] 贺伟明,石胜伟,蔡强,等.考虑膨胀作用对抗剪强度影响的膨胀土边坡稳定性分析[J].岩石力学与工程学报,2022,41(增刊2):3524-3533.

[98] 石兴国,韩永生,赵斌.露天煤矿边坡稳定性数值模拟分析[J].能源与环保,2022,44(7):27-30.

[99] 焦步青,王燕涛,焦泽珍.露井协采条件下的开采沉陷研究[J].露天采矿技术,2015,30(8):31-33.

[100] 闫晓宇,袁绍国.关键层对采动边坡变形破坏的控制作用[J].煤炭技术,2018,37(4):74-75.

[101] 张金山,郝文刚,任杰.山西某矿井工开采对露天矿边坡稳定影响[J].煤炭技术,2018,37(4):7-8.

[102] 李伟,马明,刘玉凤.井工开采对露井协采边坡的偏态扰动规律研究[J].地下空间与工程学报,2014,10(6):1469-1475.

[103] 侯成恒.安家岭矿端帮煤开采边坡稳定性分析与控制[J].煤矿安全,2022,53(7):235-240.

[104] 邓焱,郝喆,尹亮亮,等.露天矿逆层高边坡稳定性及滑坡机理分析[J].采矿技术,2021,21(3):73-76.

[105] 杨军.露天矿边坡稳定和滑坡防治的技术措施[J].山西焦煤科技,2015,39(4):42-44.

[106] 闫晓宇,袁绍国.采动边坡变形破坏力学机制分析[J].煤炭技术,2018,37(5):63-65.

[107] 王振伟,丁鑫品,刘博文,等.露井协采边坡变形破坏规律与失稳机理研究[J].煤矿安全,2020,51(4):231-234.

[108] 王创业,李俊鹏,刘伟,等.露井联采下边坡稳定性及时效性研究[J].煤矿安全,2018,49(8):258-261,265.

[109] 陈德锋.云南文山都龙矿东帮高边坡岩体损伤研究[D].昆明:昆明理工大学,2020.

[110] 李绍臣,周杰,丁鑫品,等.露井协调开采顺序对露采边坡变形破坏影响规律研究[J].煤炭工程,2013,45(10):7-10.

[111] 巴曼.也门马里卜露天矿边坡的稳定性分析[D].徐州:中国矿业大学,2021.

[112] 常远.露天矿节理岩体高边坡卸荷损伤与能量突变研究[D].北京:中国矿业大学(北京),2019.

[113] 方庆红.含缓倾软弱夹层露天高边坡坡态控制参数优化及稳定性研究[D].武汉:武汉科技大学,2021.

[114] 方庆红,胡斌,盛建龙,等.含软弱夹层露天矿高边坡台阶宽度及台阶坡面角协同优化研究[J].矿

冶工程,2021,41(5):5-9.
[115] 吕拥军,许敏,马明康.某露天矿内排土场边坡治理措施研究[J].现代矿业,2022,38(6):128-130,135.
[116] 陈毓,周西华.黑山露天矿内排土场边坡稳定分析及治理措施[J].煤矿安全,2019,50(12):231-233,238.
[117] 翟正江.露井平面协调开采下边坡失稳机理和防治对策研究[J].露天采矿技术,2012,27(4):4-6.
[118] 谷运峰.高排土场下露天矿采场边坡稳定性研究[D].包头:内蒙古科技大学,2020.